Handbuch der Fertigungstechnik
Band 3/2

Spanen

Handbuch der Fertigungstechnik

Herausgegeben
von Prof. Dr.-Ing. Günter Spur
und Prof. Dr.-Ing. Theodor Stöferle †

Band 1 Urformen
Band 2 Umformen und Zerteilen
Band 3 Spanen (in zwei Teilbänden)
Band 4 Abtragen, Beschichten und Wärmebehandeln
Band 5 Fügen, Handhaben und Montieren
Band 6 Fabrikbetrieb

Carl Hanser Verlag München Wien

Handbuch der Fertigungstechnik

Herausgegeben von
Prof. Dr.-Ing. Günter Spur
und Prof. Dr.-Ing. Theodor Stöferle †

Band 3/2
Spanen

Mit 654 Bildern und 79 Tabellen

Carl Hanser Verlag München Wien 1980

CIP-Kurztitelaufnahme der Deutschen Bibliothek

Handbuch der Fertigungstechnik / hrsg. von Günter Spur
u. Theodor Stöferle. – München, Wien: Hanser.

NE: Spur, Günter [Hrsg.]

Bd. 3. Spanen.
Teil 2. – 1980
  ISBN 3-446-12648-1

Dieses Werk ist urheberrechtlich geschützt.
Alle Rechte, auch die der Übersetzung, des Nachdrucks und der Vervielfältigung des Buches oder Teile daraus, vorbehalten.
Kein Teil des Werkes darf ohne schriftliche Genehmigung des Verlages in irgendeiner Form (Fotokopie, Mikrofilm oder ein anderes Verfahren), auch nicht für Zwecke der Unterrichtsgestaltung, reproduziert oder unter Verwendung elektronischer Systeme verarbeitet, vervielfältigt oder verbreitet werden.

© Carl Hanser Verlag München Wien 1980
Satz und Druck: C. H. Beck'sche Buchdruckerei, Nördlingen
Printed in Germany

Autorenverzeichnis*

Dr.-Ing. *E. Altmann,* Geschäftsführer, Wilhelm Fette GmbH, Schwarzenbek (Abschn. 13.7.6 gemeinsam mit Dipl.-Ing. G. Lechler und Ing. W. Müller, Abschn. 16.4 gemeinsam mit Dr.-Ing. W. Eggert, Dr.-Ing. H. I. Faulstich, Ing. (grad.) E. Kotthaus und Ing. (grad.) A. Schmidthammer)

Ing. (grad.) *A. Bauschert,* Technischer Leiter, Friedrich Dick GmbH, Esslingen (Abschn. 11.1 bis 11.4)

Dr.-Ing. *G. Becker,* Geschäftsführer, Nordd. Schleifmittelindustrie Christiansen & Co., Hamburg (Abschn. 13.8 gemeinsam mit Ing. (grad.) K. Dziobek)

Dr.-Ing. *P. Bloch,* Technischer Direktor, Maag-Zahnräder AG, Zürich (Abschn. 16.5 gemeinsam mit Ing. (grad.) E. Kotthaus und Dr.-Ing. R. Thämer, Abschn. 16.8 gemeinsam mit Ing. (grad.) E. Kotthaus)

G. Blum, Leiter der Versuchs- und Entwicklungsabteilung, Peter Wolters GmbH & Co., Rendsburg (Kap. 15)

Dipl.-Ing. *G. Brüheim,* Leiter der Konstruktion, Naxos-Union, Schleifmittel- und Schleifmaschinenfabrik, Frankfurt/M. (Abschn. 13.6 gemeinsam mit o. Prof. Dr.-Ing. G. Spur und Prof. Dr.-Ing. G. Werner)

Dr.-Ing. *R. Druminski,* Wissenschaftlicher Mitarbeiter, Oberingenieur, Lehrstuhl und Institut für Werkzeugmaschinen und Fertigungstechnik der TU Berlin (Kap. 17 gemeinsam mit Dipl.-Ing. H. Grage, Abschn. 17.6.7 gemeinsam mit Dipl.-Ing. H. Grage, Dipl.-Ing. L. Löffler und M. Worbs)

Ing. (grad.) *K. Dziobek,* Leiter der Zerspanungsforschung, Nordd. Schleifmittelindustrie Christiansen & Co., Hamburg (Abschn. 13.8 gemeinsam mit Dr.-Ing. G. Becker)

Dr.-Ing. *W. Eggert,* Leiter des Geschäftsbereichs Technik, Hermann Pfauter Wälzmaschinenfabrik, Ludwigsburg (Abschn. 16.2 gemeinsam mit Dr.-Ing. H. I. Faulstich und Ing. (grad.) E. Kotthaus, Abschn. 16.4 gemeinsam mit Dr.-Ing. E. Altmann, Dr.-Ing. H. I. Faulstich, Ing. (grad.) E. Kotthaus und Ing. (grad.) A. Schmidthammer, Abschn. 16.7 gemeinsam mit Dr.-Ing. H. I. Faulstich)

Dipl.-Ing. *E. Eichler,* Naxos-Union, Schleifmittel- und Schleifmaschinenfabrik, Frankfurt/M. (Abschn. 13.5)

Dr.-Ing. *H. I. Faulstich,* Leiter der Hauptabteilung Forschung, Hermann Pfauter Werkzeugmaschinenfabrik, Ludwigsburg (Abschn. 16.2 gemeinsam mit Dr.-Ing. W. Eggert und Ing. (grad.) E. Kotthaus, Abschn. 16.4 gemeinsam mit Dr.-Ing. E. Altmann, Dr.-Ing. W. Eggert, Ing. (grad.) E. Kotthaus und Ing. (grad.) A. Schmidthammer, Abschn. 16.7 gemeinsam mit Dr.-Ing. W. Eggert)

Dipl.-Ing. *H.-G. Fleck,* Geschäftsführer, Deutsche Industrieanlagen GmbH (DIAG), Berlin, Abschn. 13.7.7 gemeinsam mit Ing. (grad.) H. Gerner und W. Haferkorn)

Ing. (grad.) *H. Gerner,* Leiter der Konstruktionsabteilung Schleif- und Poliermaschinen, Adolf Waldrich-Coburg, Werkzeugmaschinenfabrik, Coburg, (Abschn. 13.7.7 gemeinsam mit Dipl.-Ing. H.-G. Fleck und W. Haferkorn)

Dipl.-Ing. *J. Goebbelet,* Wissenschaftlicher Mitarbeiter, Lehrstuhl für Werkzeugmaschinen im Laboratorium für Werkzeugmaschinen und Betriebslehre der TH Aachen (Abschn. 16.1 und 16.3 gemeinsam mit o. Prof. Dr.-Ing. M. Weck)

Dipl.-Ing. *H. Grage,* Wissenschaftlicher Mitarbeiter, Lehrstuhl und Institut für Werkzeugmaschinen und Fertigungstechnik der TU Berlin (Kap. 17 gemeinsam mit Dr.-Ing. R. Druminski, Abschn. 17.6.7 gemeinsam mit Dr.-Ing. R. Druminski, Dipl.-Ing. L. Löffler und M. Worbs)

* Die genannten Positionen nahmen die Autoren zur Zeit der Manuskripterstellung ein.

Dr.-Ing. *G. Haasis*, Leiter der Versuchs- und Entwicklungsabteilung, Nagel Maschinen-und Werkzeugfabrik GmbH, Nürtingen (Kap. 14)

W. Haferkorn, Direktor, Waldrich-Siegen Werkzeugmaschinenfabrik GmbH, Siegen (Abschn. 13.7.7 gemeinsam mit Dipl.-Ing. H.-G. Fleck und Ing. (grad.) H. Gerner)

Dr.-Ing. *H. Hübsch*, Leiter der Konstruktion und Entwicklung, K. Jung GmbH, Göppingen (Abschn. 13.7.4 gemeinsam mit Prof. Dr.-Ing. H. Krug)

o. Prof. Dr.-Ing. *W. König*, Lehrstuhl für Technologie der Fertigungsverfahren im Laboratorium für Werkzeugmaschinen und Betriebslehre der TH Aachen (Abschn. 13.1 gemeinsam mit o. Prof. Dr.-Ing. G. Spur und Prof. Dr.-Ing. G. Werner, Abschn. 13.4 gemeinsam mit Prof. Dr.-Ing. G. Werner, Kap. 18)

Ing. (grad.) *E. Kotthaus*, Leiter der Entwicklung und Konstruktion Verzahnmaschinen, Werkzeugmaschinenfabrik Oerlikon-Bührle AG, Zürich (Abschn. 16.2 gemeinsam mit Dr.-Ing. W. Eggert und Dr.-Ing. H. I Faulstich, Abschn. 16.4 gemeinsam mit Dr.-Ing. E. Altmann, Dr.-Ing. W. Eggert, Dr.-Ing. H. I. Faulstich und Ing. (grad.) A. Schmidthammer, Abschn. 16.5 gemeinsam mit Dr.-Ing. P. Bloch und Dr.-Ing. R. Thämer, Abschn. 16.6, Abschn. 16.8 gemeinsam mit Dr.-Ing. P. Bloch)

Prof. Dr.-Ing. *H. Krug*, Vorstand der Diskus Werke AG, Frankfurt/M. (Abschn. 13.7.4 gemeinsam mit Dr.-Ing. H. Hübsch)

Dipl.-Ing. *G. Lechler*, Wissenschaftlicher Mitarbeiter, Oberingenieur, Lehrstuhl und Institut für Werkzeugmaschinen und Fertigungstechnik der TU Berlin (Abschn. 13.7.6 gemeinsam mit Dr.-Ing. E. Altmann und Ing. W. Müller)

Dipl.-Ing. *L. Löffler*, Leiter der Konstruktion, Herbert Lindner GmbH., Berlin (Abschn. 17.6.7 gemeinsam mit Dr.-Ing. R. Druminski, Dipl. -Ing. H. Grage und M. Worbs)

Dipl.-Ing. *G. Lutz*, Leiter der Versuchsabteilung, Tyrolit Schleifmittelwerke Swarovski KG, Schwaz/Österreich (Abschn. 13.7.5)

W. Meyer, Oberingenieur, Klopp-Werke KG, Solingen (Kap. 8 gemeinsam mit Dipl.-Ing. E. Weber)

o. Prof. Dr.-Ing. *K. G. Müller*, Lehrstuhl und Institut für Werkzeugmaschinen und Betriebswissenschaften der TU München (Kap. 10)

Ing. *W. Müller*, Fertigungs- und Beratungsingenieur, Wilhelm Fette GmbH, Schwarzenbek (Abschn. 13.7.6 gemeinsam mit Dr.-Ing. E. Altmann und Dipl.-Ing. G. Lechler)

Dr.-Ing. *H. Müller-Gerbes*, Fachgebiet Technologie und Werkzeugmaschinen der TH Darmstadt, Schweinfurt (Kap. 12)

Ing. (grad.) *A. Schmidthammer*, Leiter der Forschung und Entwicklung, Wilhelm Fette GmbH, Schwarzenbek (Abschn. 16.4 gemeinsam mit Dr.-Ing. E. Altmann, Dr.-Ing. W. Eggert, Dr.-Ing. H. I. Faulstich und Ing. (grad.) E. Kotthaus)

Dipl.-Ing. *G. Scholz*, Leiter der Konstruktionsabteilung Schleifmaschinen, Wotan-Werke GmbH, Düsseldorf (Abschn. 13.7.2)

Prof. Dr.-Ing. *K. Schweitzer*, Leiter der Versuchsabteilung, Kurt Hoffmann Räumwerkzeug- und Maschinenfabrik, Pforzheim (Kap. 9)

o. Prof. Dr.-Ing. *W. Schweizer*, Institut für Feinwerktechnik und biomedizinische Technik der TU Berlin (Abschn. 11.5)

o. Prof. Dr.-Ing. *G. Spur*, Lehrstuhl und Institut für Werkzeugmaschinen und Fertigungstechnik der TU Berlin (Abschn. 13.1 gemeinsam mit o. Prof. Dr.-Ing. W. König und Prof. Dr.-Ing. G. Werner, Abschn. 13.2 und 13.3, Abschn. 13.6 gemeinsam mit Dipl.-Ing. G. Brüheim und Prof. Dr.-Ing. G. Werner)

Ing. *H. Strate*, Leiter der Konstruktionsabteilung Schleifmaschinen, Deutsche Industrieanlagen GmbH (DIAG), Berlin (Abschn. 13.7.3)

Dr.-Ing. *R. Thämer*, Vorstandsmitglied, Lorenz GmbH & Co., Ettlingen (Abschn. 16.5 gemeinsam mit Dr.-Ing. P. Bloch und Ing. (grad.) E. Kotthaus)

Autorenverzeichnis

Dipl.-Ing. *E. Weber,* Leiter der Versuchsabteilung, Adolf Waldrich-Coburg Werkzeugmaschinenfabrik, Coburg (Kap. 8 gemeinsam mit W. Meyer)

o. Prof. Dr.-Ing. *M. Weck,* Lehrstuhl für Werkzeugmaschinen im Laboratorium für Werkzeugmaschinen und Betriebslehre der TH Aachen (Abschn. 16.1 und 16.3 gemeinsam mit Dipl.-Ing. J. Goebbelet)

Prof. Dr.-Ing. *G. Werner,* Massachusetts Institute of Technology, Dep. of Mechanical Engineering, Cambridge Mass./USA (Abschn. 13.1 gemeinsam mit o. Prof. Dr.-Ing. W. König und o. Prof. Dr.-Ing. G. Spur, Abschn. 13.4 gemeinsam mit o. Prof. Dr.-Ing. W. König, Abschn. 13.6 gemeinsam mit Dipl.-Ing. G. Brüheim und o. Prof. Dr.-Ing. G. Spur)

M. Worbs, Geschäftsführer, Herbert Lindner GmbH, Berlin (Abschn. 17.6.7 gemeinsam mit Dr.-Ing. R. Druminski, Dipl.-Ing. H. Grage und Dipl.-Ing. L. Löffler)

Dipl.-Ing. *E. Zillig,* Geschäftsführer, Schaudt Maschinenbau GmbH, Stuttgart (Abschn. 13.7.1)

Dr.-Ing. *G. Zug,* Wissenschaftlicher Mitarbeiter, Institut für Produktionstechnik und Automatisierung der Fraunhofer-Gesellschaft e. V. (IPA), Berlin (Kap. 19)

Vorwort

Der zweite Teil des Bandes Spanen setzt die Reihe des Handbuchs der Fertigungstechnik fort. In Anlehnung an die Norm DIN 8580 wird durch die Behandlung der Fertigungsverfahren Hobeln und Stoßen, Räumen, Sägen, Feilen und Rollieren, Schaben, Schleifen, Honen und Läppen der inhaltliche Anschluß an den im Frühjahr 1979 erschienenen Band 3/1 Spanen hergestellt. Auch wird in ausführlichen Beiträgen über spezielle Fertigungsverfahren, wie die spanende Verzahnungs- und Gewindeherstellung sowie über die Zerspanung von Sonderwerkstoffen und Kunststoffen zusammenhängend berichtet.

Weitgehend einheitlich gliedert sich jedes Kapitel in eine allgemeine Einführung mit technologischen Grundlagen, in eine systematische Übersicht der einzelnen Fertigungsverfahren und Werkzeugmaschinen, in eine Zusammenfassung der Berechnungsverfahren und in eine Beschreibung der Spannmittel und Werkzeuge sowie vor allem in eine umfassende, nach der Bauart der Werkzeugmaschinen geordnete Darstellung der Fertigungstechnologie. Dem Charakter der Buchreihe entsprechend wurde besonders auf Anschaulichkeit, reiche Bebilderung, einheitliche Terminologie und Übersichtlichkeit geachtet.

Es ist mir eine besondere Freude, durch das dem Handbuch der Fertigungstechnik allseits entgegengebrachte Interesse das Konzept dieses Werkes bestätigt zu sehen. Gemeinsam mit den Autoren wurde angestrebt, den textlichen Inhalt und die Auswahl der Bearbeitungsbeispiele sowohl an den Bedürfnissen der Ausbildung zu orientieren als auch für den gezielten Gebrauch durch Praktiker in der Art eines Handbuches zu gestalten. Wie bereits im ersten Teil dieses Bandes wird durch Behandlung der technologischen Verfahren unter Einschluß der dazugehörigen Werkzeugmaschinen den betriebspraktischen Aspekten unter weitgehender Berücksichtigung des neuesten Standes der Technik große Aufmerksamkeit gewidmet.

Die gute Zusammenarbeit mit den Autoren der einzelnen Beiträge möchte ich dabei dankend hervorheben.

Dem Verlag bin ich für das in jeder Hinsicht entgegengebrachte Vertrauen, für die reibungslose Abwicklung bei der Herstellung und für die aufwendige Ausgestaltung des Buchwerkes zu großem Dank verpflichtet.

Mein weiterer Dank gilt Herrn Dipl.-Ing. Klaus Schrödter, der wiederum mit zahlreichen Hinweisen und Anregungen zum Gelingen des Buchs beigetragen hat sowie auch Herrn Dr.-Ing. Thomas Stöckermann für seine organisatorische Unterstützung.

Auch sei meinen Mitarbeitern, die wesentlich geholfen haben, die umfangreichen Aufgaben im Zusammenhang mit der redaktionellen Bearbeitung des Buchs zu bewältigen, an dieser Stelle mein herzlicher Dank ausgedrückt. Hervorheben möchte ich hierbei die tatkräftige Mitwirkung meiner Assistenten Dr.-Ing. Reiner Druminski, Dr.-Ing. Uwe Heisel und Dipl.-Ing. Fritz Klocke.

Berlin, im November 1979 *Günter Spur*

Inhalt

8 Hobeln, Stoßen 1

  8.1 Allgemeines 1
  8.2 Übersicht der Hobel- und Stoßverfahren 1
  8.3 Übersicht der Hobel- und Stoßmaschinen 3
  8.4 Berechnungsverfahren 6
      8.4.1 Leistungsbedarf 6
      8.4.2 Zeitbestimmung 12
      8.4.3 Bestimmung von Haupt- und Nebenzeiten 15
  8.5 Werkstückaufnahme 15
  8.6 Werkzeuge und Werkzeugaufnahme 16
  8.7 Bearbeitung auf Hobel- und Stoßmaschinen 19
      8.7.1 Hobelmaschinen 19
           8.7.1.1 Allgemeines 19
           8.7.1.2 Bauarten von Hobelmaschinen 19
           8.7.1.3 Verfahrenskombination 21
           8.7.1.4 Typische Werkstückformen 22
           8.7.1.5 Abmessungsbereiche von Standard-Maschinen ... 23
           8.7.1.6 Maß- und Formgenauigkeit und Oberflächengüte 24
           8.7.1.7 Weitere Bearbeitungsmöglichkeiten 25
           8.7.1.8 Automatisierung des Programmablaufs 26
      8.7.2 Waagerecht-Stoßmaschinen 26
           8.7.2.1 Allgemeines 26
           8.7.2.2 Mechanisch angetriebene Waagerecht-Stoßmaschine 28
           8.7.2.3 Hydraulisch angetriebene Waagerecht-Stoßmaschine 28
           8.7.2.4 Betriebsverhalten 28
           8.7.2.5 Erzielbare Maß- und Formgenauigkeit und Oberflächengüte .. 29
           8.7.2.6 Nachformstoßen 30
      8.7.3 Senkrecht-Stoßmaschine 32
           8.7.3.1 Allgemeines 32
           8.7.3.2. Bauarten von Senkrechtstoßmaschinen 32
      8.7.4. Sonderbauarten von Hobel- und Stoßmaschinen 34
  Literatur zu Kapitel 8 38

9 Räumen 39

  9.1 Allgemeines 39
  9.2 Übersicht der Räumverfahren 40
  9.3 Übersicht der Räummaschinen 42
  9.4 Berechnungsverfahren 42
      9.4.1 Zerspankräfte 42
      9.4.2 Schneidengeometrie 45
      9.4.3 Zerspanleistung und Maschinenauslegung 48
  9.5 Werkstückaufnahme 49
  9.6 Räumwerkzeuge 50
      9.6.1 Allgemeines 50
      9.6.2 Staffelung und Gefälle 52
      9.6.3 Ausführungsformen von Räumwerkzeugen 53
      9.6.4 Werkzeugbefestigung 56

	9.6.5 Werkzeugverschleiß	56
	9.6.6 Werkzeuginstandhaltung	58
9.7	Bearbeitung auf Räummaschinen	60
	9.7.1 Allgemeines	60
	9.7.2 Innen-Räummaschinen	63
	9.7.3 Außen-Räummaschinen	68
	9.7.4 Kettenräummaschinen	72
	9.7.5 Sonderräummaschinen	74
	Literatur zu Kapitel 9	75

10 Sägen 77

- 10.1 Allgemeines 77
- 10.2 Bearbeitbare Werkstoffe 79
- 10.3 Übersicht der Sägeverfahren 79
- 10.4 Übersicht der Sägemaschinen 80
  - 10.4.1 Hubsägemaschinen 80
  - 10.4.2 Bandsägemaschinen 81
  - 10.4.3 Kaltkreissägemaschinen 83
  - 10.4.4 Kettensägemaschinen 85
- 10.5 Be- und Entladeeinrichtungen 85
- 10.6 Wirtschaftlichkeit 85
- Literatur zu Kapitel 10 86

11 Feilen, Rollieren 87

- 11.1 Allgemeines 87
- 11.2 Übersicht der Feilverfahren 87
- 11.3 Werkzeuge für die Feilbearbeitung 89
  - 11.3.1 Grundlagen und Begriffe 89
  - 11.3.2 Einteilungsgesichtspunkte 90
- 11.4 Feilen 93
- 11.5 Rollieren 94
- Literatur zu Kapitel 11 98

12 Schaben 99

- 12.1 Allgemeines 99
- 12.2 Übersicht der Schabverfahren 99
- 12.3 Werkzeuge und Zubehör 100
  - 12.3.1 Handwerkzeuge 100
  - 12.3.2 Maschinenwerkzeuge 101
  - 12.3.3 Zubehör und Meßzeuge 102
- 12.4 Schabbearbeitung 103
- 12.5 Kosten der Schabbearbeitung 106
- Literatur zu Kapitel 12 106

13 Schleifen 107

- 13.1 Allgemeines 107
- 13.2 Übersicht der Schleifverfahren 112
- 13.3 Übersicht der Schleifmaschinen 114
  - 13.3.1 Einteilungsgesichtspunkte 114

13.3.2 Rundschleifmaschinen 115
13.3.3 Flachschleifmaschinen 116
13.3.4 Trennschleifmaschinen 116
13.3.5 Werkzeugschleifmaschinen 116
13.3.6 Sonderschleifmaschinen 116
13.3.7 Bandschleifmaschinen 117
13.4 Berechnungsverfahren 117
  13.4.1 Mechanik des Schleifvorgangs 117
  13.4.2 Definition der Schleifkenngrößen 120
  13.4.3 Zerspankraftkomponenten 121
  13.4.4 Zerspantemperatur 123
  13.4.5 Verschleiß der Schleifscheibe und Einfluß des Kühlschmierstoffs ... 125
  13.4.6 Oberflächenrauheit 128
13.5 Werkstückaufnahme 131
  13.5.1 Außenrundschleifen 131
  13.5.2 Innenrundschleifen 133
  13.5.3 Flachschleifen 133
  13.5.4 Spitzenloses Schleifen 135
13.6 Schleifwerkzeuge und Werkzeugaufnahme 135
  13.6.1 Aufbau von Schleifkörpern 135
  13.6.2 Werkzeugaufnahme 141
  13.6.3 Auswuchten 143
  13.6.4 Abrichten 144
  13.6.5 Schutzeinrichtungen beim Schleifen 145
13.7 Bearbeitung mit Schleifscheiben 149
  13.7.1 Außenrundschleifmaschinen 149
    13.7.1.1 Allgemeines 149
    13.7.1.2 Konstruktiver Maschinenaufbau 149
    13.7.1.3 Herstellbare Formelemente und Fertigteile 151
  13.7.2 Innenrundschleifmaschinen 157
    13.7.2.1 Allgemeines 157
    13.7.2.2 Bauarten von Innenrundschleifmaschinen 158
    13.7.2.3 Konstruktiver Aufbau einer Waagerecht-Innenrundschleifmaschine 160
    13.7.2.4 Besonderheiten des Innenrundschleifens 162
    13.7.2.5 Bearbeitungsmöglichkeiten mit Zusatzeinrichtungen .. 166
  13.7.3 Spitzenlose Außenrundschleifmaschinen 169
    13.7.3.1 Allgemeines 169
    13.7.3.2 Bauarten spitzenloser Rundschleifmaschinen 171
    13.7.3.3 Maschinenaufbau 172
    13.7.3.4 Werkzeuge, Regelscheibe, Werkstückauflage und Abrichteinrichtung 173
    13.7.3.5 Arbeitsbereich und Arbeitsgenauigkeit 173
    13.7.3.6 Programmsteuerung und Automatisierung 176
  13.7.4 Flachschleifmaschinen 182
    13.7.4.1 Allgemeines 182
    13.7.4.2 Bauarten 182
    13.7.4.3 Maschinenaufbau 184
    13.7.4.4 Ausführung des Flachschleifens 185
    13.7.4.5 Stirnschleifmaschinen (Seitenschleifmaschinen) ... 189
    13.7.4.6 Automatisierung 192

Inhalt   XIII

       13.7.5 Trennschleifmaschinen 194
            13.7.5.1 Allgemeines 194
            13.7.5.2 Anwendung des Trennschleifens 195
            13.7.5.3 Theoretische Kennwerte und Einflußgrößen 197
            13.7.5.4 Trennschleifen und Umweltschutz 210
            13.7.5.5 Arbeitsweisen beim Trennschleifen metallischer Werkstoffe 202
            13.7.5.6 Automatisierung 204
       13.7.6 Werkzeugschleifmaschinen 209
            13.7.6.1 Allgemeines 209
            13.7.6.2 Übersicht der Werkzeugschleifmaschinen 209
            13.7.6.3 Werkstückaufnahmen, Vorrichtungen, Schleifscheiben ... 210
            13.7.6.4 Scharfschleifen von Werkzeugen 211
       13.7.7 Sonderschleifmaschinen 226
            13.7.7.1 Walzenschleifmaschinen 226
            13.7.7.2 Doppel-Einstechschleifmaschine 232
            13.7.7.3 Nockenwellenschleifmaschine 232
            13.7.7.4 Kurbelwellenschleifmaschinen 234
            13.7.7.5 Führungsbahnenschleifmaschinen 238
 13.8 Bearbeitung mit Schleifmitteln auf Unterlagen 249
       13.8.1 Allgemeines 249
       13.8.2 Übersicht über die Schleifverfahren 252
       13.8.3 Theoretische Kenngrößen 263
       13.8.4 Einflußgrößen beim Schleifen 266
       13.8.5 Werkzeuge aus Schleifmitteln auf Unterlagen und zugehörige Spann- oder Stützelemente 276
            13.8.5.1 Allgemeines 276
            13.8.5.2 Werkzeugarten und Abmessungen 277
            13.8.5.3 Werkzeugschleifflächengestalt 281
       13.8.6 Schleifmaschinen für Schleifwerkzeuge aus Schleifmitteln auf Unterlagen 284
            13.8.6.1 Allgemeines 284
            13.8.6.2 Planschleifmaschinen 285
            13.8.6.3 Rundschleifmaschinen 285
            13.8.6.4 Formschleifmaschinen 286
            13.8.6.5 Maschinen zum Fein- und Strukturschleifen 287
 Literatur zu Kapitel 13 288

14 Honen 294

 14.1 Allgemeines 294
       14.1.1 Einführung 294
       14.1.2 Kinematik beim Langhubhonen 295
       14.1.3 Kinematik beim Kurzhubhonen (Superfinish) 296
 14.2 Übersicht der Honverfahren 296
       14.2.1 Langhubhonen 296
       14.2.2 Kurzhubhonen 298
       14.2.3 Planhonen 301
       14.2.4 Elektrochemisches Honen 302
 14.3 Übersicht der Honmaschinen 302
       14.3.1 Langhubhonmaschinen 302
       14.3.2 Kurzhubhonmaschinen 307

14.4 Berechnungsverfahren 308
  14.4.1 Langhubhonen 308
    14.4.1.1 Hublänge und Schnittgeschwindigkeit 308
    14.4.1.2 Schnittkräfte 310
    14.4.1.3 Anpreßdruck 312
    14.4.1.4 Bearbeitungszugaben und Honzeit 313
    14.4.1.5 Oberflächenrauhigkeit 314
    14.4.1.6 Zeitspanungsvolumen 316
  14.4.2 Kurzhubhonen 317
14.5 Werkstückaufnahme 317
  14.5.1 Langhubhonen 317
  14.5.2 Kurzhubhonen 322
14.6 Werkzeuge und Werkzeugaufnahmen 322
  14.6.1 Werkzeuganordnung 322
  14.6.2 Innenhonwerkzeuge 323
  14.6.3 Außenhonwerkzeuge 327
  14.6.4 Honbeläge 327
  14.6.5 Kühlschmierstoffe 329
14.7 Bearbeitung auf Honmaschinen 330
  14.7.1 Langhubhonmaschinen 330
    14.7.1.1 Allgemeines 330
    14.7.1.2 Senkrecht-Langhubhonmaschinen 333
      14.7.1.2.1 Konstruktiver Aufbau 333
      14.7.1.2.2 Zusatzeinrichtungen 337
      14.7.1.2.3 Arbeitsbeispiele 342
    14.7.1.3 Waagerecht-Langhubhonmaschinen 348
    14.7.1.4 Sonder-Langhubhonmaschinen 350
  14.7.2 Kurzhubhonmaschinen 353
    14.7.2.1 Allgemeines 353
    14.7.2.2 Kurzhubhongeräte 354
    14.7.2.3 Spitzen-Kurzhubhonmaschinen 355
    14.7.2.5 Kombinierte Kurzhubhonmaschinen 356
    14.7.2.6 Kurzhub-Bandhonmaschinen 357
Literatur zu Kapitel 14 361

15 Läppen 366

15.1 Allgemeines 366
15.2 Übersicht der Läppverfahren 367
  15.2.1 Läppen auf Läppmaschinen 367
  15.2.2 Sonderverfahren 368
  15.2.3 Polieren, Kantenverrunden, Entgraten 369
15.3 Prinzipieller Aufbau von Läppmaschinen 370
  15.3.1 Einscheibenläppmaschinen 370
  15.3.2 Zweischeibenläppmaschinen 371
  15.3.3 Innenläppmaschinen 372
15.4 Bearbeitungsparameter 373
  15.4.1 Bearbeitungsart und Maschinenauswahl 373
  15.4.2 Läppmittel 373
  15.4.3 Flächenbelastung und Läppgeschwindigkeit 375
  15.4.4 Werkstückaufmaße 375
15.5 Werkstückaufnahme 376

15.6 Werkzeuge, Läppmittel ... 377
15.7 Bearbeitung auf Läppmaschinen ... 378
15.8 Automatisierung ... 383
Literatur zu Kapitel 15 ... 383

16 Spanende Verzahnungsherstellung ... 384
  16.1 Allgemeines ... 384
  16.2 Bestimmungsgrößen und Benennungen ... 387
    16.2.1 Zylinderräder ... 387
    16.2.2 Kegelräder ... 391
    16.2.3 Schnecken ... 395
    16.2.4 Schneckenräder ... 398
  16.3 Übersicht der spanenden Verzahnungsmaschinen ... 399
    16.3.1 Wälzfräsmaschinen ... 399
    16.3.2 Profilfräsmaschinen ... 408
    16.3.3 Wälzhobel- und Wälzstoßmaschinen ... 410
    16.3.4 Zahnradräummaschinen ... 412
    16.3.5 Wälzschälmaschinen ... 415
    16.3.6 Zahnradschabmaschinen ... 417
    16.3.7 Zahnflankenschleifmaschinen ... 418
    16.3.8 Profilschleifmaschinen ... 424
    16.3.9 Zahnradhonmaschinen ... 425
    16.3.10 Zahnradläppmaschinen ... 425
  16.4 Bearbeitung auf Fräsmaschinen ... 426
    16.4.1 Wälzfräsen von Zylinderrädern ... 426
      16.4.1.1 Allgemeines ... 426
      16.4.1.2 Maschinenaufbau ... 431
      16.4.1.3 Berechnungsverfahren ... 432
      16.4.1.4 Besonderheiten beim Wälzfräsen von Zylinderrädern ... 437
    16.4.2 Profilfräsen von Zylinderrädern ... 438
    16.4.3 Wälzfräsen von Kegelrädern ... 442
      16.4.3.1 Teilwälzfräsen von Kegelrädern ... 442
      16.4.3.2 Kontinuierliches Wälzfräsen von Kegelrädern ... 447
    16.4.4 Profilfräsen von Kegelrädern ... 452
    16.4.5 Sonderverfahren zur Herstellung von Kegelrädern ... 453
    16.4.6 Herstellen von Schnecken ... 457
    16.4.7 Herstellen von Schneckenrädern ... 459
    16.4.8 Fräswerkzeuge für die Verzahnungsherstellung ... 462
      16.4.8.1 Allgemeines ... 462
      16.4.8.2 Wälzfräser zur Herstellung von Zylinderrädern mit Evolventenflanken ... 463
      16.4.8.3 Wälzfräser zur Herstellung von Schneckenrädern ... 466
      16.4.8.4 Messerköpfe zur Herstellung von Kegelrädern ... 466
      16.4.8.5 Werkzeugverschleiß ... 468
  16.5 Bearbeitung auf Hobel- und Stoßmaschinen ... 474
    16.5.1 Herstellen von Zylinderrädern ... 474
      16.5.1.1 Wälzstoßen mit Kammeißel ... 474
        16.5.1.1.1 Allgemeines ... 474
        16.5.1.1.2 Maschinenaufbau ... 475
        16.5.1.1.3 Berechnungsverfahren ... 476
        16.5.1.1.4 Werkzeuge ... 477

```
            16.5.1.2  Wälzstoßen mit Schneidrad .......................... 479
                     16.5.1.2.1  Allgemeines ........................... 479
                     16.5.1.2.2  Maschinenaufbau ....................... 480
                     16.5.1.2.3  Sondermaschinen und Zusatzeinrichtungen ... 484
                     16.5.1.2.4  Bearbeitungsablauf ..................... 485
                     16.5.1.2.5  Werkzeuge und Arbeitsbeispiele ............ 490
        16.5.2  Herstellen von Kegelrädern ................................. 491
            16.5.2.1  Wälzstoßen ........................................ 491
            16.5.2.2  Nachformstoßen .................................... 493
   16.6  Bearbeitung auf Räummaschinen ................................... 494
   16.7  Bearbeitung auf Wälzschälmaschinen ............................... 495
        16.7.1  Wälzschälen von Innenverzahnungen ........................ 495
        16.7.2  Wälzschälen von Schnecken ................................. 497
   16.8  Bearbeitung auf Zahnflankenschleifmaschinen ...................... 498
        16.8.1  Allgemeines .............................................. 498
        16.8.2  Herstellen von Zylinderrädern ............................. 499
            16.8.2.1  Teilwälzschleifen mit Tellerschleifscheiben ............ 499
            16.8.2.2  Teilwälzschleifen mit Doppelkegelschleifscheibe ........ 503
            16.8.2.3  Kontinuierliches Wälzschleifen von Zahnrädern ........ 504
            16.8.2.4  Profilschleifen von Zahnrädern ..................... 507
        16.8.3  Herstellen von Kegelrädern ................................ 508
   16.9  Bearbeitung auf Zahnradläppmaschinen ............................ 508
   Literatur zu Kapitel 16 ................................................. 510

17  Spanende Gewindeherstellung ........................................... 514
   17.1  Allgemeines ..................................................... 514
   17.2  Übersicht der Gewindeherstellverfahren ............................ 515
   17.3  Übersicht der Maschinen zur Gewindeherstellung ................... 517
   17.4  Berechnungsverfahren und Begriffsbestimmungen ................... 517
   17.5  Werkzeuge, Werkzeug- und Werkstückaufnahme .................... 524
   17.6  Verfahren der spanenden Gewindeherstellung ...................... 524
        17.6.1  Gewindedrehen ........................................... 524
        17.6.2  Gewindestrehlen .......................................... 528
        17.6.3  Gewindeschneiden ......................................... 530
        17.6.4  Gewindebohren ........................................... 534
        17.6.5  Gewindewirbeln ........................................... 539
        17.6.6  Gewindefräsen ............................................ 543
            17.6.6.1  Kurzgewindefräsen ................................. 544
            17.6.6.2  Langgewindefräsen ................................. 546
        17.6.7  Gewindeschleifen .......................................... 546
            17.6.7.1  Anwendungsgebiete ................................ 546
            17.6.7.2  Arbeitsverfahren ................................... 548
            17.6.7.3  Besonderheiten des Gewindeschleifens ................ 551
            17.6.7.4  Ausführung des Gewindeschleifens .................. 552
            17.6.7.5  Konstruktiver Aufbau von Gewindeschleifmaschinen ..... 561
                     17.6.7.5.1  Allgemeines und Kinematik ............... 561
                     17.6.7.5.2  Arbeitsbereiche ......................... 563
                     17.6.7.5.3  Automatisierungsgrad ................... 563
                     17.6.7.5.4  Abrichteinrichtungen .................... 564
                     17.6.7.5.5  Zusatzeinrichtungen ..................... 564
            17.6.7.6  Arbeitsgenauigkeit ................................. 565
   Literatur zu Kapitel 17 ................................................. 566
```

Inhalt   XVII

18 Zerspanung von Sonderwerkstoffen und schwerzerspanbaren Werkstoffen 570
    18.1 Einleitung 570
    18.2 Hochschmelzende Werkstoffe 570
        18.2.1 Wolfram und Wolframlegierungen 570
        18.2.2 Molybdän und Molybdänlegierungen 572
        18.2.3 Tantal und Tantallegierungen 575
        18.2.4 Niob und Nioblegierungen 577
    18.3 Kobalt und Kobaltlegierungen 578
    18.4 Nickel und Nickelbasislegierungen 579
    18.5 Titan und Titanlegierungen 587
    Literatur zu Kapitel 18 591

19 Zerspanung von Kunststoffen 592
    19.1 Entwicklung und Bedeutung der Kunststoffe 592
    19.2 Anwendung spanend gefertigter Kunststoffteile 593
    19.3 Zerspaneigenschaften der Kunststoffe 594
        19.3.1 Allgemeines 594
        19.3.2 Spanbildung und Spanformen 599
        19.3.3 Oberflächengüte und Oberflächenstrukturen 605
        19.3.4 Zerspantemperaturen 613
        19.3.5 Zerspankräfte 615
        19.3.6 Werkzeugverschleiß 621
        19.3.7 Richtwerte für die Zerspanung von Kunststoffen 625
    Literatur zu Kapitel 19 630

Bildnachweis 633
Sachwortregister 635
Anzeigenanhang 649

Inhaltsübersicht zu Band 3, Teil 1

1 Einführung in die Zerspantechnik

    1.1 Geschichtliche Entwicklung
    1.2 Bedeutung der Zerspantechnik
    1.3 Grundbegriffe und Einteilung der spanenden Fertigungsverfahren

2 Grundlagen der Zerspanung

    2.1 Kinematik des Zerspanvorgangs und Schneidkeilgeometrie
        2.1.1 Kinematik
        2.1.2 Schneidkeilgeometrie
    2.2 Spanbildung und Spanarten
    2.3 Spanformen
        2.3.1 Beurteilung der Spanform
        2.3.2 Einflußgrößen auf die Spanform
    2.4 Beanspruchung des Schneidkeils
        2.4.1 Mechanische Beanspruchung
        2.4.2 Thermische Beanspruchung

2.5 Verschleiß am Schneidkeil
   2.5.1 Verschleißformen und -meßgrößen
   2.5.2 Verschleißursachen
2.6 Standzeit
   2.6.1 Zerspanversuche zur Ermittlung der Standzeit
2.7 Schneidstoffe
   2.7.1 Werkzeugstähle
   2.7.2 Hochleistungs-Schnellarbeitstähle
   2.7.3 Stellite
   2.7.4 Hartmetalle
   2.7.5 Schneidkeramik
2.8 Kühl- und Schmierstoffe

3 Werkstücksystematik
   3.1 Grundlagen der Werkstücksystematik
   3.2 Ziele der Werkstücksystematik
      3.2.1 Ziele des Anwenders von Werkzeugmaschinen in den Bereichen Konstruktion und Arbeitsvorbereitung
      3.2.2 Ziele des Anwenders von Werkzeugmaschinen in den Bereichen Fertigung und Montage
      3.2.3 Anforderungen an Werkzeugmaschinen
   3.3 Ermittlung und Interpretation der Daten
   3.4 Ergebnisse der Werkstücksystematik
      3.4.1 Ergebnisse in den Bereichen Konstruktion und Arbeitsvorbereitung
      3.4.2 Ergebnisse in den Bereichen Fertigung und Montage
      3.4.3 Qualität der Ergebnisse

4 Wirtschaftlichkeitsbetrachtungen für die Beschaffung spanender Werkzeugmaschinen
   4.1 Grundbegriffe
      4.1.1 Kostenbegriffe, Kostengliederung, Kostenfunktionen
      4.1.2 Wirtschaftlichkeit
   4.2 Investitionen als Wirtschaftlichkeitsproblem
      4.2.1 Investitionsarten
      4.2.2 Investitionskriterien
      4.2.3 Investitionsrechnungen
      4.2.4 Praxis der Investitionsrechnung
   4.3 Kostenrechnung als Entscheidungshilfe
      4.3.1 Platzkostenrechnung (Maschinenstundensatz)
      4.3.2 Eigenfertigung oder Fremdbezug
      4.3.3 Einschicht-oder Mehrschichtbetrieb
      4.3.4 Einstellen- oder Mehrstellenarbeit
      4.3.5 Wirtschaftliche bzw. optimale Losgröße
      4.3.6 Wirtschaftliche bzw. optimale Schnittgeschwindigkeit
   4.4 Wirtschaftliche Orientierungsdaten

5 Drehen
   5.1 Allgemeines
   5.2 Übersicht der Drehverfahren
   5.3 Übersicht der Drehmaschinen

Inhalt   XIX

     5.3.1 Einteilungsgesichtspunkte
     5.3.2 Universaldrehmaschinen
     5.3.3 Revolverdrehmaschinen
     5.3.4 Drehautomaten
     5.3.5 Nachformdrehmaschinen
     5.3.6 Karusselldrehmaschinen
     5.3.7 Frontdrehmaschinen
     5.3.8 Sonderdrehmaschinen
  5.4 Berechnungsverfahren
     5.4.1 Kinematik
     5.4.2 Zerspankraftkomponenten
     5.4.3 Zerspanleistung
     5.4.4 Hauptzeit
  5.5 Werkstückaufnahme beim Drehen
     5.5.1 Allgemeine Forderungen
     5.5.2 Spannmöglichkeiten umlaufender Werkstücke
     5.5.3 Handspannfutter
     5.5.4 Kraftspannfutter
     5.5.5 Spannzangen
     5.5.6 Spanndorne
     5.5.7 Mitnehmer
     5.5.8 Sonderspanneinrichtungen
     5.5.9 Betätigungselemente für Kraftspanneinrichtungen
     5.5.10 Arbeits- und Unfallsicherheit
     5.5.11 Berechnungsgrundlagen
     5.5.12 Anwendungsbreite neuzeitlicher Drehfutter
  5.6 Werkzeuge zum Drehen
     5.6.1 Allgemeines
     5.6.2 Drehwerkzeuge mit Schneiden aus Schnellarbeitsstahl
     5.6.3 Drehwerkzeuge mit Schneiden aus Hartmetall
     5.6.4 Drehwerkzeuge mit Schneiden aus Schneidkeramik
     5.6.5 Drehwerkzeuge mit Diamantschneiden und Schneiden aus polykristallinen Stoffen
  5.7 Bearbeitung auf Drehmaschinen
     5.7.1 Universaldrehmaschinen
     5.7.2 Revolverdrehmaschinen
     5.7.3 Einspindeldrehautomaten
     5.7.4 Langdrehautomaten
     5.7.5 Mehrspindeldrehautomaten
     5.7.6 Nachformdrehmaschinen
     5.7.7 Karusselldrehmaschinen
     5.7.8 Frontdrehmaschinen
     5.7.9 Sonderdrehmaschinen

6 Bohren, Senken, Reiben

  6.1 Allgemeines
  6.2 Übersicht der Bohrverfahren
     6.2.1 Begriffe und deren Erklärung
     6.2.2 Richtlinien für die Bohrzerspanung
  6.3 Übersicht der Bohrmaschinen
  6.4 Berechnungsverfahren

6.4.1 Schneidengeometrie
6.4.2 Zerspankräfte beim Bohren
6.5 Werkstückaufnahme, Bohrvorrichtungen
6.5.1 Einleitung
6.5.2 Bohrvorrichtung
6.5.3 Haltesysteme
6.5.4 Einfluß der Werkstück-Beschaffenheit
6.6 Werkzeuge und Werkzeugaufnahmen
6.6.1 Werkzeuge
6.6.2 Werkzeugaufnahmen
6.7 Bearbeitung auf Bohrmaschinen
6.7.1 Einspindelige Ständerbohrmaschinen
6.7.2 Mehrspindelige Bohrmaschinen
6.7.3 Radialbohrmaschinen
6.7.4 Feinbohrmaschinen
6.7.5 Koordinatenbohrmaschinen
6.7.6 Tiefbohrmaschinen
6.7.7 Sonderbohrmaschinen

7 Fräsen

7.1 Allgemeines
7.2 Übersicht der Fräsverfahren
7.2.1 Fräsverfahren und erzeugbare Formelemente
7.2.2 Fräsen im Gleich- oder im Gegenlauf
7.2.3 Störquellen beim Fräsen (Rattern)
7.3 Übersicht der Fräsmaschinen
7.3.1 Gemeinsame Anforderungen an alle Bauarten
7.3.2 Bauformen von Fräsmaschinen
7.4 Berechnungsverfahren
7.4.1 Allgemeines
7.4.2 Kräfte am Werkzeug
7.4.3 Schnitt- und Antriebsleistung
7.5 Werkstückaufnahme
7.5.1 Anforderungen an die Werkstückaufnahme
7.5.2 Ausführungsbeispiele für Werkstückaufnahmen und deren Elemente
7.6 Werkzeuge und Werkzeugaufnahmen für die Fräsbearbeitung
7.6.1 Benennungen und Begriffe
7.6.2 Schneidstoffe
7.6.3 Werkzeugarten und -typen
7.6.4 Werkzeug- und Schneidengeometrie
7.6.5 Werkzeugaufnahmen
7.6.6 Konstruktive Gestaltung
7.7 Bearbeitung auf Fräsmaschinen
7.7.1 Konsolfräsmaschinen
7.7.2 Bettfräsmaschinen
7.7.3 Bohr- und Fräswerke – Langfräsmaschinen
7.7.4 Universal-Werkzeugfräsmaschinen
7.7.5 Nachformfräsmaschinen
7.7.6 Waagerecht-Bohr- und Fräsmaschinen
7.7.7 Bearbeitungszentren
7.7.8 Sonderfräsmaschinen

8 Hobeln, Stoßen

Obering. W. Meyer[1], Solingen
Dipl.-Ing. E. Weber[2], Coburg

8.1 Allgemeines

Die Bearbeitungsverfahren Hobeln und Stoßen gehören wie das Drehen und Bohren zu den ältesten Verfahren der spanenden Fertigungstechnik. Ihr Ursprung liegt in den handwerklichen Tätigkeiten Meißeln und Feilen bei der Metallbearbeitung, bzw. Hobeln und Stemmen bei der Holzbearbeitung. Ihr gemeinsames Kennzeichen ist das Spanen mit einschneidigem, nicht ständig im Eingriff stehendem Werkzeug. Der Unterschied zwischen beiden Bearbeitungsverfahren liegt darin, daß beim Hobeln das Werkstück eine im allgemeinen geradlinig reversierende Schnittbewegung und das Werkzeug eine intermittierende Vorschubbewegung ausführt (Bild 1 A), während dies beim Stoßen umgekehrt ist, d.h. das Werkzeug wird in Schnittrichtung und das Werkstück in Vorschubrichtung bewegt (Bild 1 B).

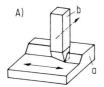 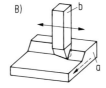

Bild 1. Arbeitsprinzip
A) beim Hobeln, B) beim Stoßen
a Werkstück, b Werkzeug, → Schnittbewegung, ----→ Vorschubbewegung

8.2 Übersicht der Hobel- und Stoßverfahren

Beim Hobeln und Stoßen besteht ein Arbeitszyklus aus einem Arbeitshub und einem Rückhub, nach dem die im allgemeinen senkrecht zur Schnittbewegung erfolgende Vorschubbewegung ausgeführt wird. Je nach der Richtung der Vorschubbewegung, die beim Hobeln und Waagerechtstoßen in horizontaler, vertikaler oder beliebig geneigter Richtung liegen kann, lassen sich Flächen in jeder Lage bearbeiten (Bild 2 A). In derselben Weise lassen sich auch Nuten und Einstiche herstellen (Bild 2 B).
Durch Verwendung von Hobel- bzw. Stoßmeißeln, deren Form dem gewünschten Werkstückprofil angepaßt ist, können auch von der Ebene abweichende Formen, wie Außen- und Innenrundungen, Schrägen und dgl., erzeugt werden (Bild 2 C). Mit Nachformeinrichtungen, die sowohl auf Hobel- als auch auf Waagerecht-Stoßmaschinen zum Einsatz

---

[1] Abschnitte 8.1 bis 8.6, 8.7.2, 8.7.3 und 8.7.4
[2] Abschnitte 8.1 bis 8.6, 8.7.1 und 8.7.4

kommen, ist auch die Herstellung beliebiger, in der Horizontalen gleichbleibender Formen möglich (Bild 2 D). Darüber hinaus werden gelegentlich Steuerungseinrichtungen verwendet, bei denen die Höhenlage des Meißels auch während des Arbeitshubs verändert werden kann, was die Herstellung zweiseitig konvex oder konkav gewölbter Flächen ermöglicht. In derselben Weise werden z.B. auf Hobelmaschinen auch Führungsbahnen von Drehmaschinen nach vorgegebenen Überhöhungswerten ballig oder hohl bearbeitet.

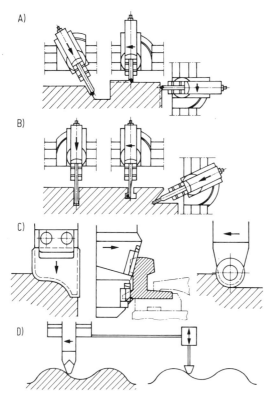

Bild 2. Arbeitsmöglichkeiten beim Hobeln und Waagerecht-Stoßen
A) Flächen in schräger, horizontaler und vertikaler Richtung, B) Nuten und Einstiche, C) Profil-Hobeln und -Stoßen, D) Nachform-Hobeln und -Stoßen

Beim Senkrechtstoßen erfolgt im Gegensatz zum Hobeln und Waagerechtstoßen die Schnittbewegung in senkrechter bzw. in einer von dieser um den möglichen Schwenkwinkel des Stößels abweichenden Richtung.
Dadurch können vorzugsweise Innen-, aber auch Außenflächen mit Formen bearbeitet werden, die sich durch Fräsen oder Drehen nur schwer oder gar nicht herstellen lassen oder für die wegen des zu hohen Aufwands für Werkzeuge, Vorrichtungen und dergleichen das sonst dafür geeignete Räumen unwirtschaftlich ist. Beispiele einiger typischer Werkstückformen für das Senkrechtstoßen zeigt Bild 3.
Typisch für alle durch Hobeln und Stoßen bearbeitete Flächen ist deren parallelzeilige Linienstruktur, deren Oberflächengestalt von der Schneidenform, der Schnittiefe und der Größe des Vorschubs abhängt (Bild 4 A und B). Durch Breitschlichten mit einem

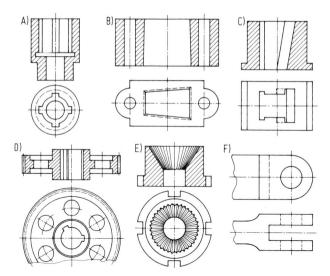

Bild 3. Durch Senkrecht-Stoßen herstellbare Formen
A) Kuppelmuffe, B) Formrahmen, C) Führungsstück, D) Getriebeteil, E) Mahlkegel, F) Stangenende

Hobel- oder Stoßmeißel, deren parallel zur Werkstückoberfläche stehende Schneide etwa anderthalb- bis zweimal so breit wie der Wert des Vorschubs ist (Bild 4 C), erhält man besonders bei kurzspanenden Werkstoffen, z.B. Gußeisen, hochwertige Oberflächen, bei denen Mittenrauhwerte (nach DIN 4768 Teil 1) von $R_a = 2$ bis $4\,\mu m$ erreicht werden.

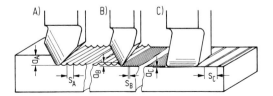

Bild 4. Beim Hobeln und Stoßen entstehende Oberflächen
A) mit großer Schnittiefe und großem Vorschub (Schruppen), B) mit geringer Schnittiefe und kleinem Vorschub (Schlichten), C) mit sehr geringer Schnittiefe (Breitschlichten)

8.3 Übersicht der Hobel- und Stoßmaschinen

Eine Übersicht über die gebräuchlichsten Hobel- und Stoßmaschinen vermittelt Bild 5.
Einständer-Hobelmaschinen (Bild 5 A) bestehen aus einem einseitig offenen Gestell, dessen höhenverstellbarer Ausleger im Bedarfsfall von einem wegnehmbaren Hilfsständer abgestützt werden kann. Ein auf der offenen Seite angeordnetes Stützrollen-Bett ermöglicht außerdem das Abstützen seitlich überragender Werkstücke.

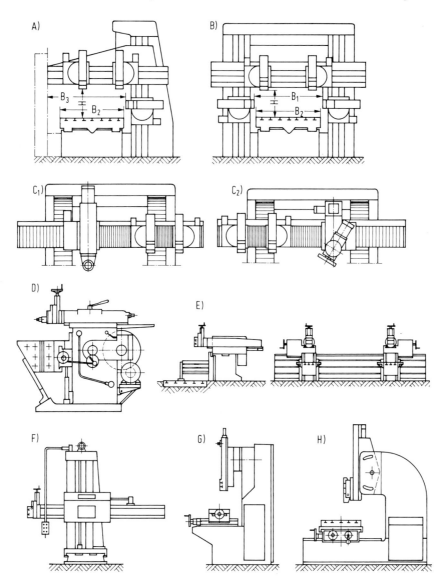

Bild 5. Gebräuchliche Hobel- und Stoßmaschinen
A) Einständer-Hobelmaschine, B) Zweiständer-Hobelmaschine, C_1) kombinierte Hobel- und Fräsmaschine, C_2) kombinierte Hobel- und Schleifmaschine, D) Waagerecht-Stoßmaschine, E) traversierende Waagerecht-Stoßmaschine, F) transportable Waagerecht-Stoßmaschine, G) Senkrecht-Stoßmaschine mit einteiligem Ständer und Bett, H) Senkrecht-Stoßmaschine mit zusammengesetztem Ständer und Bett

Hobelsupporte werden vorzugsweise am Ausleger, aber auch am Ständer angeordnet. Ihr Haupteinsatzgebiet ist der Großmaschinenbau, vor allem zur Bearbeitung sperriger Werkstücke, die im geschlossenen Rahmen einer Zweiständer-Hobelmaschine nicht untergebracht werden können.

Der Hauptantrieb des einteiligen Tisches oder des quergeteilten Doppeltisches erfolgt entweder durch einen Gleichstrom-Nebenschlußmotor über ein Kupplungsgetriebe und Zahnstange oder ölhydraulisch. Beim ölhydraulischen Antrieb verwendet man meist von Drehstrommotoren angetriebene Pumpen, deren Förderstrom in geeigneter Weise auf entsprechende Zylinder-Kolben-Systeme gesteuert wird.

Zweiständer-Hobelmaschinen (Bild 5 B) weisen einen geschlossenen Portalrahmen hoher Steifigkeit auf, an dessen senkrechten Ständern der mit einem oder mehreren Hobelsupporten versehene Querbalken in der Höhe verstellbar ist. Bei größeren Maschinen werden auch an den Ständern Supporte angebracht. Hauptantrieb und Tischausführung (einteilig oder Doppeltisch) sind im Prinzip denen der Einständer-Maschinen gleich.

Kombinationen von Hobelmaschinen in Ein- und Zweiständerbauart *mit Fräs- oder Schleifmaschinen* werden gelegentlich ausgeführt (Bild 5 C). Die dabei zusätzlich am Querbalken bzw. Ausleger angeordnete, von einem eigenen Motor angetriebene Fräs- oder Schleifeinheit bedarf eines besonderen Vorschubantriebs, einer Kühlmitteleinrichtung und ggf. zusätzlicher Führungsbahnenabdeckungen. Solche Maschinen werden eingesetzt, wenn an Werkstücken zusätzliche, durch Hobeln nicht erreichbare Flächen- oder Formteile bearbeitet oder vorgehobelte Flächen in derselben Aufspannung geschliffen werden sollen.

Waagerecht-Stoßmaschinen (Bild 5 D) sind durch den auf der Oberseite des Maschinengestells hin- und hergehenden Stößel zur Ausführung der Schnittbewegung des Werkzeugs und den an der Stirnseite des Gestells angeordneten Tisch zur Aufnahme des Werkstücks gekennzeichnet. Der Stößel wird entweder mechanisch über ein Räderschaltgetriebe und eine Kurbelschwinge oder hydraulisch angetrieben. Der Einsatz dieser Maschinen, die auch als Kleinstoßmaschinen mit universell verstellbarem Tisch mit Quer- und Rundvorschub gebaut werden, erstreckt sich vor allem auf die Bearbeitung von Flächen an kleinen bis mittelgroßen Werkstücken.

Für die Bearbeitung schwerer und sperriger Werkstücke im Großmaschinenbau und für Instandsetzungswerkstätten eignen sich *traversierende Waagerecht-Stoßmaschinen,* bei denen ein oder zwei Stößel mit je einem Schlitten auf einem Maschinenbett in Querrichtung verfahrbar sind (Bild 5 E). Diese arbeiten mit ölhydraulischem Antrieb. Die Werkstücke werden auf möglichst steifen Tischen oder Spannplatten aufgespannt.

Transportable Waagerecht-Stoßmaschinen (Bild 5 F) haben einen auf einem Bett in Querrichtung verfahrbaren Ständer, in dessen vertikal verfahrbarem Schlitten der hin- und hergehende Stößel angeordnet ist. Solche Maschinen können entweder stationär aufgestellt oder z.B. bei Montagearbeiten im Großanlagenbau an den jeweiligen Arbeitsplatz gebracht werden.

Senkrecht-Stoßmaschinen werden in kleineren Ausführungen (Bild 5 G) mit einteiligem, in größeren Bauformen (Bild 5 H) mit zusammengesetztem Ständer und Bett ausgeführt. Der Stößel ist bei beiden Ausführungen entweder nur für genau senkrechte Arbeitsweise oder für die Bearbeitung geneigter Flächen in einer oder zwei Richtungen verstellbar angeordnet. Er wird entweder mechanisch über Räderschaltgetriebe und Kurbelschwinge oder ölhydraulisch angetrieben. Zur Aufnahme des Werkstücks dient ein Kreuzsupport auf dem Bett, auf den zusätzlich ein Rundtisch aufgesetzt werden kann.

Zur Bearbeitung unregelmäßiger, nicht geradlinig begrenzter Flächen werden auch *Senkrecht-Stoßmaschinen mit Nachformeinrichtungen* versehen, die aus einem Schablonenträger und einem Nachformfühler bestehen und deren Bewegungen über Hydraulikzylinder oder Kugelrollspindel mit Servomotor auf die Vorschubsteuerung der Kreuztische übertragen werden.

8.4 Berechnungsverfahren

8.4.1 Leistungsbedarf

Bei der Berechnung des Leistungsbedarfs einer Hobelmaschine sind die wichtigsten Bestimmungsgrößen die maximale Schnittkraft (Durchzugkraft) und die Schnittgeschwindigkeit, bis zu der die gewünschte Schnittkraft noch erreicht wird. Bei einer Standard-Maschine geht man davon aus, daß die maximale Schnittkraft nur bis zu mittleren Schnittgeschwindigkeiten erreicht werden soll. Oberhalb dieser Grenze fällt dann die nutzbare Schnittkraft bei konstanter Leistung ab (Bild 6). Dies entspricht in

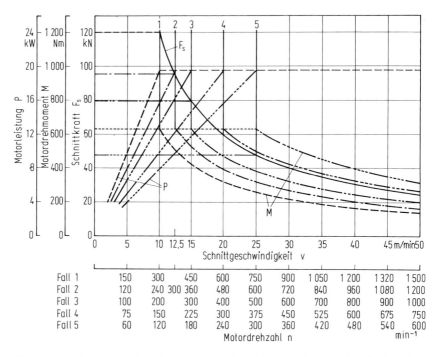

Bild 6. Schnittkraft F_s, Motordrehmoment M und Motorleistung P in Abhängigkeit von der Schnittgeschwindigkeit v bzw. der Motordrehzahl n bei einer Hobelmaschine mit Antrieb durch Gleichstrom-Nebenschlußmotor

vielen Fällen den Gegebenheiten der Praxis, weil kraftzehrende Schnitte mit großen Vorschüben und kleineren Schnittgeschwindigkeiten bessere Werkzeugstandzeiten ergeben. Die Fälle 1 bis 5 in Bild 6 behandeln Beispiele mit unterschiedlichen Regelbereichsaufteilungen für den Motor im Ankerregelungs- bzw. Feldregelungsbereich und verschiedene Motorgrunddrehzahlen bei gegebener maximaler Leistung. Bild 7 zeigt die nutzbaren Schnittkräfte in Abhängigkeit von der Schnittgeschwindigkeit bei verschiedenen Leistungen für den Tischantrieb ausgeführter Maschinen. Dabei ist zu beachten, daß die Supporte der Hobelmaschinen oft nicht dafür ausgelegt sind, einzeln die zur Verfügung stehende Schnittkraft aufzunehmen. Grenzwerte gibt der Hersteller an.

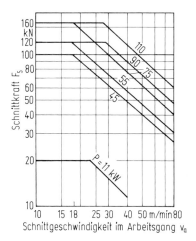

Bild 7. Nutzbare Schnittkräfte in Abhängigkeit von der Schnittgeschwindigkeit v_a bei verschiedenen Motorleistungen und Auslegungsarten

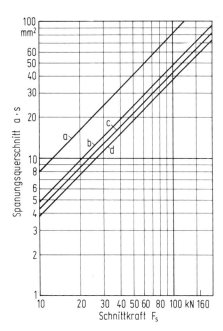

Bild 8. Richtwerte für die Abhängigkeit des Spanungsquerschnitts (bei einer Spanungsdicke h = 1 mm) von der Schnittkraft bei verschiedenen Werkstoffen
a Gußeisen GG–25, b Stahlguß GS–60, c Stahl St 50 bzw. 55NiCrMoV6 ($\sigma_B \approx 920$ N/mm^2), d Stahl St 70 bzw. 18CrNi6 ($\sigma_B \approx 620$ N/mm^2)

Die Abhängigkeit der Schnittkraft vom Werkstoff, von der Schneidengeometrie des Werkzeugs und vom Vorschub – gelegentlich auch, z. B. bei hochlegierten Chrom-Nikkel-Stählen, von dem Verhältnis Schnittkraft zu Vorschubkraft – ist bekannt. Die Maschinenhersteller liefern für den Praktiker geeignete Diagramme, aus denen die Zusammenhänge ausreichend genau entnommen werden können; ausgewählte Beispiele zeigen die Bilder 8 bis 11.
Die Berechnungsgleichung für die erforderliche Antriebsleistung lautet:

$$P = \frac{(F_S + F_R) \cdot v}{60 \cdot 10^3 \cdot \eta} = \frac{[a \cdot s \cdot k_s + (G_T + G_W) \cdot \mu] \cdot v}{60 \cdot 10^3 \cdot \eta} \quad [\text{kW}]$$

Darin bedeuten
P die Antriebsleistung in kW,
F_S die Schnittkraft in N,
F_R die Reibkraft infolge Tischführungsreibung in N,
v die maximale Tischgeschwindigkeit in m/min, bei der die volle Schnittkraft noch aufgebracht werden muß,
a die Schnittiefe in mm,
s den Vorschub in mm,
k_s die spezifische Schnittkraft in N/mm^2,
G_T die Gewichtskraft des Maschinentisches in N,
G_W die Gewichtskraft des größten Werkstücks in N,
μ den Reibungsbeiwert der Bewegung (etwa 0,05),
η den Wirkungsgrad des Antriebs (0,5 bis 0,8).

8 Hobeln und Stoßen [Literatur S. 38]

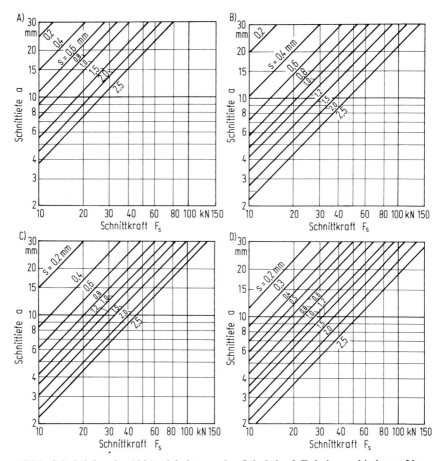

Bild 9. Schnittiefe a in Abhängigkeit von der Schnittkraft F_s bei verschiedenen Vorschüben s, gültig für einen Einstellwinkel $\varkappa = 60°$ (bei anderem Einstellwinkel $\varkappa_2$ ist $F_{S_2} = F_S \frac{0{,}866}{\sin \varkappa_2}$)
A) Gußeisen GG–25,
B) Stahlguß GS–60,
C) Stahl St 50 bzw. 55NiCrMoV6 ($\sigma_B \approx$ 920 N/mm²),
D) Stahl St 70 bzw. 18CrNi6 ($\sigma_B \approx$ 620 N/mm²)

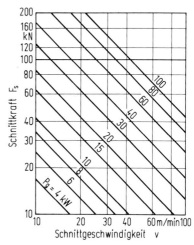

Bild 10. Für die Schnittkraft F_S aufzuwendende Leistung P_S in Abhängigkeit von der Schnittgeschwindigkeit v ($\eta_S = 0{,}7$ bis 0,75)

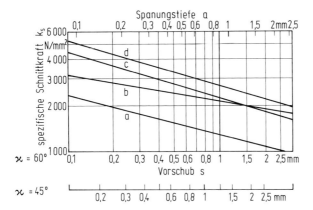

Bild 11. Spezifische Schnittkraft k_s in Abhängigkeit vom Vorschub s
a Gußeisen GG–25, b Stahlguß GS–60, c Stahl St 50 bzw. 55NiCrMoV6 ($\sigma \approx 920$ N/mm²), d Stahl St 70 bzw. 18CrNi6 ($\sigma_B \approx 620$ N/mm²)

Schnittgeschwindigkeiten und Vorschübe werden in der Praxis je nach Arbeitsaufgabe und Standkriterien gewählt. Oft ist es aus Maschinenkostengründen sinnvoller, die Schnittgeschwindigkeiten und Vorschübe höher zu wählen, als es herkömmliche Standzeitvorstellungen vorsehen. Wichtig bei der Wahl der Schnitt- und Rücklaufgeschwindigkeit ist auch die Beachtung der Hublänge. Oft beschleunigt der Tischantrieb bei kurzen Hüben wegen seiner Charakteristik nicht auf das gewünschte Geschwindigkeitsniveau. Bild 12 gibt die Grenzwerte der Hublängen in Abhängigkeit von den Rücklaufgeschwindigkeiten für eine Maschinenauslegung an (siehe auch unter 8.4.2).

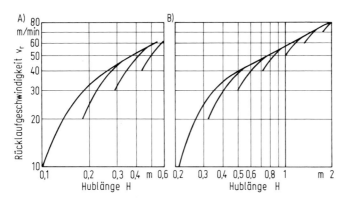

Bild 12. Grenzwerte für die kleinstmöglichen Hublängen H in Abhängigkeit von der Rücklaufgeschwindigkeit v_r für eine Maschinenauslegung
A) bei $t_a = t_r = 0{,}45$ s, B) bei $t_a = t_r = 1$ s (vgl. 8.4.2)

Die Tabellen 1 und 2 nennen Richtwerte für Schnittgeschwindigkeiten beim Hobeln mit Werkzeugen mit gelöteten Hartmetall-Schneidplatten bzw. aus Hochleistungs-Schnellarbeitsstahl für einige gebräuchliche Werkstoffe. Mit vielen neuzeitlichen Klemmwerkzeugen mit Hartmetall-Wendeschneidplatten lassen sich die in Tabelle 1 angegebenen

Tabelle 1. Richtwerte für Schnittbedingungen beim Hobeln mit Werkzeugen mit gelöteten Hartmetall-Schneidplatten (Standzeit T = 240 min)

Werkstoff		Vorschub s	Zerspanungs-anwendungs-Gruppe	Schnittge-schwindigkeit v	Schneidkeilgeometrie		
Bezeichnung	Zugfestigkeit [N/mm²] bzw. Brinellhärte				Freiwinkel α	Spanwinkel γ	Neigungs-winkel λ
		[mm]		[m/min]	[°]	[°]	[°]
Grauguß	bis 180 HB	0,4 bis 1,0	K 20	45 bis 30	8	15 bis 20	−10
		1,0 ... 1,6	K 20	30 bis 25	8	15 bis 20	−10
			K 30	25 bis 20		20	
		1,6 bis 2,5	P 40	30 bis 25	8	20	−10
			K 30	20 bis 15			
	180 bis 220 HB	0,4 bis 1,0	P 30	60 bis 45	8	20	−10
			M 20	50 bis 35		10	
			K 10	50 bis 35		10	
			K 20	40 bis 30		10 bis 20	
		1,0 bis 1,6	P 30	45 bis 35	8	20	−10
			K 20	30 bis 25		10 bis 15	
		1,6 bis 2,5	P 40	25 bis 20	8	20	−10
	220 bis 250 HB	0,4 bis 1,0	P 30	40 bis 30	8	20	−10
			M 20	35 bis 25		10	
			K 10	35 bis 25		10	
			K 20	30 bis 22		10 bis 15	
		1,0 bis 1,6	P 30	30 bis 23	8	20	−10
			K 20	22 bis 18		5 bis 10	
legierter Grauguß	250 bis 450 HB	0,4 bis 0,8	K 10	26 bis 20	8	10	−10
		0,5 bis 1,2	P 30	20 bis 15	8	10	−10
Bau-, Einsatz- und Vergütungs-stahl	bis 700	0,4 bis 1,2	P 30	60 bis 45	8	15	−10
			P 40	60 bis 45		20	
			P 50	55 bis 35		20	
		1,2 bis 2,0	P 40	45 bis 35	8	20	−10
			P 50	38 bis 30			
		2,0 bis 2,5	P 50	30 bis 22	8	20	−10
Bau-, Werkzeug- und Vergütungs-stahl	700 bis 1000	0,4 bis 1,0	P 30	45 bis 30	8	10 bis 15	−10
			P 40	45 bis 30		20	
			P 50	40 bis 28		20	
		1,0 bis 1,6	P 40	30 bis 25	8	20	−10
			P 50	28 bis 22			
		1,6 bis 2,0	P 50	22 bis 18	8	20	−10
Stahlguß	bis 700	0,4 bis 1,2	P 30	45 bis 30	8	10 bis 15	−10
			P 40	40 bis 28		20	
			P 50	30 bis 22		20	
		1,2 bis 2,0	P 40	28 bis 22	8	20	−10
			P 50	22 bis 16			
		2,0 bis 2,5	P 50	16 bis 12	8	20	−10

großen Spanwinkel nicht realisieren. Das hat zur Folge, daß der Anteil der Passivkräfte am Werkzeug wesentlich größer wird. Mit gleicher Tendenz ändert sich auch die Deformation des Maschinensupports. Insofern hat die Schneidengeometrie der Werkzeuge oft einen wesentlichen Einfluß auf die Schnittaufteilung.

Tabelle 2. Richtwerte für Schnittbedingungen beim Hobeln mit Werkzeugen aus Schnellarbeitsstahl (Standzeit T = 60 min)

Werkstoff		Vorschub s	Schnitt-geschwindig-keit v	Schneidkeilgeometrie		
Bezeichnung	Zugfestigkeit [N/mm²] bzw. Brinellhärte			Frei-winkel α	Span-winkel γ	Neigungs-winkel λ
		[mm]	[m/min]	[°]	[°]	[°]
Grauguß	bis 200 HB	0,4 bis 1,0	18 bis 13	8	8	8
		1,0 bis 2,5	13 bis 10	8	8	8
	200 bis 250 HB	0,4 bis 1,0	12 bis 9	8	6	8
		1,0 bis 2,5	9 bis 7	8	6	8
legierter Grauguß	250 bis 450 HB	0,4 bis 1,0	11 bis 9	8	6	8
		1,0 bis 2,5	9 bis 7	8	6	8
Bau-, Einsatz- und Vergütungs-stahl	500	0,4 bis 1,0	18 bis 12	8	14	8
		1,0 bis 2,5	12 bis 8	8	14	8
	600	0,4 bis 1,0	12 bis 8	8	12	8
		1,0 bis 2,5	8 bis 6	8	12	8
	700	0,4 bis 1,0	11 bis 7	8	10	8
		1,0 bis 2,5	7 bis 5	8	10	8
Stahlguß	700	0,4 bis 1,0	11 bis 7	8	10	8
		1,0 bis 2,5	7 bis 5	8	10	8

Bei Stoßmaschinen liegen andere kinematische Verhältnisse (Kurbelschwingschleife) als bei Hobelmaschinen vor. Die Bewegungsgrößen ändern sich periodisch während jedes Hubs. Dabei ist das Verhältnis von Vorlauf- zu Rücklaufgeschwindigkeit nicht beliebig einstellbar, sondern abhängig von der Hublänge. Bild 13 A zeigt diese Änderungen von Beschleunigung c, Geschwindigkeit v und Weg l des Stößels bzw. des Werkzeugs über dem Kurbelwinkel für einen bestimmten Maschinentyp. Dementsprechend ändern sich auch die Schnittkraft F_s und die Schnittleistung P_s periodisch über dem Kurbelwinkel (Bild 13 B). Bei der Maschinenauslegung sind besonders die Spitzenwerte der Schnittkraft bei 0- und 180°-Kurbelwinkel zu beachten, weil hier auch die Beschleunigung ihre höchsten Werte erreicht. Die Leistungsberechnung wird man in der Praxis mit einer mittleren Stößel- bzw. Schnittgeschwindigkeit ausführen (Bild 13 A zeigt v_m als mittlere Geschwindigkeit des Arbeitshubs).

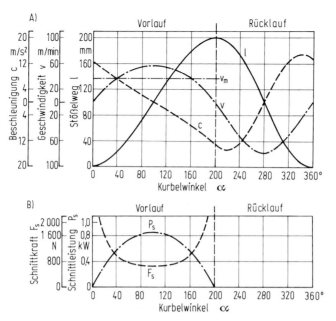

Bild 13. Verlauf der beim Stoßen maßgebenden Größen in Abhängigkeit vom Kurbelwinkel für eine ausgeführte Waagerecht-Stoßmaschine
A) Beschleunigung c, Geschwindigkeit v und Weg s des Stößels, B) bei P = konst = 0,85 kW erzielbare Schnittkraft F_S und bei F = konst = 640 N abgegebene Schnittleistung P_S

8.4.2 Zeitbestimmung

Die für den Doppelhub beim Hobeln benötigte Zeit beträgt

$$t_{DH} = t_{Ha} + t_{Hr} \text{ [s]}. \tag{4}$$

Dabei sind

$t_{Ha} = \dfrac{60 \cdot H}{v_a \cdot 1000} + t_a$ [s] die Hubzeit im Arbeitsgang,

$t_{Hr} = \dfrac{60 \cdot H}{v_r \cdot 1000} + t_r$ [s] die Hubzeit im Rücklauf,

$t_a = t_{a_{max}} \cdot \dfrac{v_a}{v_{a_{max}}}$ [s] die Steuerzeit im Arbeitsgang bei eingestellter Arbeitsgeschwindigkeit v_a in m/min und

$t_r = t_{r_{max}} \cdot \dfrac{v_r}{v_{r_{max}}}$ [s] die Steuerzeit im Rücklauf bei eingestellter Rücklaufgeschwindigkeit v_r in m/min.

Ferner bedeuten

$v_{a_{max}}$ die größte Arbeitsgeschwindigkeit in m/min,
$v_{r_{max}}$ die größte Rücklaufgeschwindigkeit in m/min,

$t_{a_{max}}$ die Steuerzeit im Arbeitsgang bei größter Arbeitsgeschwindigkeit in s,
$t_{r_{max}}$ die Steuerzeit im Rücklauf bei größter Rücklaufgeschwindigkeit in s,
H die Hublänge in m.

Die Anzahl der Doppelhübe pro Minute errechnet sich zu

$$z = \frac{60}{t_{DH}} \, [\text{min}^{-1}]. \tag{5}$$

In Bild 14 sind die Hubzeiten für verschiedene Hublängen und Tischgeschwindigkeiten für einen bestimmten Maschinentyp zusammengestellt. Den kleinstmöglichen Hub ermittelt man aus der Gleichung

$$H_{min} = s_{v_r} + s_{an_r} + a + s_{an_a} + s_{v_a} \, [\text{m}]. \tag{6}$$

Hierin bedeuten die in Bild 15 dargestellten Bezeichnungen

$s_{v_r} = \frac{v_r \cdot t_r}{120}$ den Verzögerungsweg im Rücklauf in m,

$s_{an_r} = t_{an} \cdot \frac{v_r}{60}$ den Ansprechweg im Rücklauf in m,

t_{an} die Ansprechzeit (0,1s) in s,

a den kleinstmöglichen Knaggenabstand (55 bis 150 mm je nach Maschinentyp) in m,

$s_{an_a} = t_{an} \frac{v_a}{60}$ den Ansprechweg im Arbeitsgang in m,

$s_{v_a} = \frac{v_a \cdot t_a}{120}$ den Verzögerungsweg im Arbeitsgang in m.

Damit wird

$$H_{min} = \frac{v_r \cdot t_r}{120} + \frac{v_a \cdot t_a}{120} + t_{an} \frac{v_a + v_r}{60} + a \, [\text{m}]. \tag{7}$$

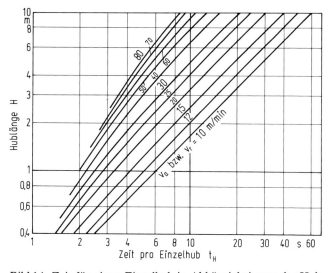

Bild 14. Zeit für einen Einzelhub in Abhängigkeit von der Hublänge und der Arbeits- bzw. Rücklaufgeschwindigkeit

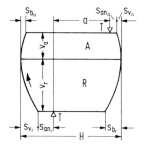

Bild 15. Bezeichnungen für die Weganteile eines Doppelhubs zur Ermittlung der kleinstmöglichen Hublänge
A Arbeitsgang,
R Rücklauf,
T Tischknaggen

Der Beschleunigungsweg ist bei gleicher Steuerzeit gleich dem Verzögerungsweg. Somit wird der Beschleunigungs- bzw. Verzögerungsweg im Arbeitsgang bei eingestellter Geschwindigkeit v_a

$$s_{b_a} = s_{v_a} = \frac{v_a \cdot t_a}{120} \ [m] \tag{8}$$

und der Beschleunigungs- bzw. Verzögerungsweg im Rücklauf bei eingestellter Geschwindigkeit v_r

$$s_{b_r} = s_{v_r} = \frac{v_r \cdot t_r}{120} \ [m]. \tag{9}$$

Bei kleiner Arbeitsgeschwindigkeit und großer Rücklaufgeschwindigkeit tritt häufig der Fall ein, daß

$$s_{b_r} = a + s_{an_a} + s_{v_a} \tag{10}$$

wird. Dann lautet die Gleichung für den kleinstmöglichen Hub

$$H_{min} = \frac{v_r \cdot t_r}{60} + t_{an} \frac{v_r}{60} \ [m]. \tag{11}$$

Aus entsprechenden Diagrammen können die kleinstmöglichen Hübe in Abhängigkeit von der Rücklaufgeschwindigkeit v_r und der Arbeitsgeschwindigkeit v_a abgelesen werden.
Beim Stoßen ist die Geschwindigkeit des Stößels nicht konstant (vgl. Bild 13 A), und man arbeitet an Stoßmaschinen mit festgelegten Hubzahlen. In der Praxis rechnet man deshalb mit einer mittleren Arbeitsgeschwindigkeit v_m aus Vor- und Rücklauf

$$v_m = \frac{2 H z}{1000} \ [m/min], \tag{12}$$

wobei die Hublänge H in mm und die Hubzahl z in min^{-1} angegeben werden. Die maximale Schnittgeschwindigkeit ist bei Maschinen mit Kurbelschwingenantrieb etwa 25 bis 30% größer als v_m und kann aus den genauen Maschinenabmessungen ermittelt werden.
Mit der jeweils fest eingestellten Hubzahl kann die Zeit je Doppelhub t_{DH} einfach aus der Gleichung

$$t_{DH} = t_{Ha} + t_{Hr} = \frac{60}{z} \ [s] \tag{13}$$

ermittelt werden.
Ändert man durch Verstellen des Kurbelradius die Hublänge, so bleibt die Zeit je Doppelhub konstant; nur die Schnittgeschwindigkeit ändert sich. Bei Langhobelmaschinen sind diese Zusammenhänge gerade umgekehrt.
Die Zeit T zum Hobeln oder Stoßen einer Werkstückfläche der Breite B beträgt dann

$$T = \frac{B + 2 \ddot{U}}{s \cdot z} \ [min]. \tag{14}$$

Mit Ü wird der notwendige Anlauf- und Auslaufbetrag in Richtung des Vorschubs s entsprechend der Darstellung in Bild 16 bezeichnet.

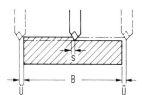

Bild 16. Vorschub s, Werkstückbreite B und Anlauf- und Auslaufbetrag Ü beim Hobeln und Waagerechtstoßen

8.4.3 Bestimmung von Haupt- und Nebenzeiten

Die Zeitelemente zur Vorkalkulation von Hobel- und Stoßarbeiten, d. h. Rüstgrundzeit, Hauptzeit und Nebenzeit, sind vom REFA in entsprechenden Lehrunterlagen [1] definiert und durch Beispiele präzisiert. Je nach den örtlichen Verhältnissen sind die zutreffenden Werte jeweils festzulegen.
Die den REFA-Unterlagen entnommene Gleichung für die Hauptzeit lautet

$$t_h = \frac{B \cdot 2H \cdot i}{s \cdot v_m \cdot 1000} \; [min]. \tag{15}$$

Darin bedeuten

B die Hobelbreite einschließlich An- und Überlauf in mm,
H die Hublänge (Werkstücklänge einschließlich An- und Überlauf) in m,
i die Anzahl der Schnitte,
s den Vorschub je Doppelhub in mm,
$v_m = \dfrac{2 \cdot H \cdot z}{1000}$ die mittlere Tischgeschwindigkeit in m/min,
z die Anzahl der Doppelhübe in min^{-1}.

Die vom REFA [1] genannten Richtwerte für die Rüstgrundzeiten an Hobel- sowie Waagerecht- und Senkrecht-Stoßmaschinen erstrecken sich auf Zeiten für den Empfang der Arbeitsunterlagen und Werkzeuge, für das Umstellen von Maschine, Werkzeugen, Zusatzeinrichtungen und Spannmitteln sowie für einige Sonderarbeiten. Zu den in Richtwerten angegebenen Nebenzeiten gehören bei Hobelmaschinen u. a. die Zeiten für das Ein- und Ausschalten der Maschine, das Einstellen der Tischgeschwindigkeit, des Vorschubs, der Hublänge, der Supporte, des Querbalkens sowie von Anschlägen, außerdem Zeiten für das Ein- und Ausspannen verschiedener Werkzeuge. An die Stelle einiger bei den Stoßmaschinen entfallender Nebenzeiten treten bei diesen vor allem die Zeiten für das Einrichten des Tisches. Für beide Maschinenarten gelten die Richt-Nebenzeiten für das Auf- und Abspannen der Werkstücke.

8.5 Werkstückaufnahme

Auf Hobel- und Waagerecht-Stoßmaschinen werden die Werkstücke normalerweise auf einem Tisch der Maschine aufgespannt, der mit T-Nuten nach DIN 650 versehen ist. Die T-Nutenabstände sind in DIN 55200 angegeben. Als Spannzeuge werden genormte Spannmittel verwendet.

Bei Hobelarbeiten mit hohen Schnittkräften werden am Ende des Werkstücks, an dem das Werkzeug aus dem Schnitt geht, auf dem Tisch kraft- und formschlüssig verbundene Anschlagriegel vorgesehen, gegen die über sog. Stoßleisten das Werkstück, gegen Längsverschiebung gesichert, gespannt wird. Bei der Bearbeitung von Serien- oder Wiederholteilen werden die Werkstücke gelegentlich auch in Spannvorrichtungen aufgenommen, die nur einmal auf dem Maschinentisch ausgerichtet und aufgespannt zu werden brauchen. Dadurch lassen sich die Nebenzeiten ggf. wesentlich verkürzen.

Senkrecht-Stoßmaschinen sind für die Aufnahme der Werkstücke in der Regel mit einem Kreuzsupport für zwei rechtwinklig zueinander stehende Achsen und einem wahlweise aufsetzbaren Rundtisch ausgestattet. Dadurch lassen sich Formen bearbeiten, die sich aus runden und beliebig liegenden geraden Grundelementen zusammensetzen. Bild 17 zeigt die Bewegungsrichtungen des Werkstücks auf einer Senkrecht-Stoßmaschine und die dadurch möglichen Grundformen der zu bearbeitenden Flächen.

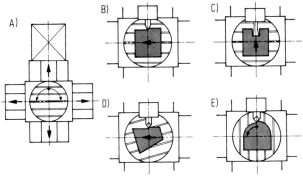

Bild 17. Bewegungsrichtungen des Werkstücks auf Senkrecht-Stoßmaschinen
A) mögliche Bewegungsrichtungen, B) Bearbeiten einer Außenfläche durch Längsbewegung des Kreuzsupports, C) Einstechen einer Nut durch Querbewegung des Kreuzsupports, D) Bearbeiten einer Fläche durch Drehen des Rundtisches um den Schrägungswinkel und Längsbewegung des Kreuzsupports, E) Bearbeiten einer halbkreisförmigen Außenfläche durch Drehbewegung des Kreuzsupports.

Zum Befestigen und Justieren des Werkstücks sind auch hier auf dem Tisch T-Nuten und außerdem in dem Rundtisch eine Zentrierbohrung vorgesehen. Der Tisch kann normalerweise in jeder der drei Achsen von Hand oder mit maschinellem Vorschub bewegt werden. Größere Maschinen sind außerdem mit maschinellem Eilgang in allen Achsen ausgestattet. Die Vorschübe sind feinstufig oder stufenlos einstellbar. Für die Ausführung von Teilarbeiten können die Rundtische – je nach den gestellten Anforderungen – mit verschiedenen Teileinrichtungen ausgestattet sein. Einfache Raststifte, Teilapparate mit Schnecke und Lochscheibe, Differentialteilapparate, Schalttische mit festen oder wählbaren Teilungen oder auch NC-Rundtische werden eingesetzt.

8.6 Werkzeuge und Werkzeugaufnahme

Die verhältnismäßig einfachen Werkzeuge tragen wesentlich zum weitverbreiteten Einsatz von Hobel- und Stoßmaschinen bei. In ihrer äußeren Form sind sie den Drehmeißeln (nach DIN 4951 bis 4956, 4960 und 4961, 4963 bis 4965, 4971 bis 4978 sowie 4980 und

4981) sehr ähnlich. Der Unterschied besteht nur in dem verfahrensbedingt etwas größeren Freiwinkel (vgl. auch Tabellen 1 und 2) und den oft größeren Schaftquerschnitten. Schneidplatten aus Schnellarbeitsstahl (DIN 771) und Hartmetall (DIN 4950) werden auf die Werkzeugschäfte aufgelötet. In manchen Fällen erweisen sich auch massiv aus Schnellarbeitsstahl gefertigte Werkzeuge als vorteilhaft.

Sonderwerkzeuge sind einfach herstellbar. Bild 18 zeigt ein Hobelwerkzeug zur Endbearbeitung von vorgefertigten Nuten. Bei der Schwerzerspanung auf leistungsstarken Maschinen werden häufig Werkzeuge mit Wendeschneidplatten eingesetzt (Bild 19). Bei Satzwerkzeugen haben sich Konstruktionen bewährt, bei denen Kurzklemmhalter oder Klemmblöcke von Schäften großen Querschnitts aufgenommen werden (Bilder 20 und 21).

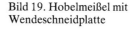

Bild 19. Hobelmeißel mit Wendeschneidplatte

Bild 18. Hobelmeißel zur Endbearbeitung von vorgefertigten Nuten

Bild 20. Trägerbauteile für Hartmetall-Wendeschneidplatten
A) Kurzklemmhalter, B) Klemmblock

Bild 21. Hobelmeißel mit drei gestaffelten Kurzklemmhaltern

Wichtig für die Wahl des Schneidstoffs ist die Beachtung der Stoßbeanspruchung durch die Schnittunterbrechung bei jedem Doppelhub. Deshalb wählt man für das Schruppen die zäheren und für das Schlichten die verschleißfesteren Hartmetallsorten. Bei Sonderbauarten von Hobel- und Stoßmaschinen findet man zahlreiche Werkzeugvarianten (vgl. auch unter 8.7.4).

Zur Werkzeugaufnahme dient bei der Standardmaschine die Meißelklappe, die beim Rücklauf des Maschinentisches zur Schonung der Werkzeugschneide abgehoben wird. Bild 22 zeigt eine auf verschiedene Höhen pneumatisch anhebbare Meißelklappe. Maschinen in Sonderbauart haben oft senkrecht abhebende Meißelaufnahmen. Gelegentlich muß das Abheben des Werkzeugs auch in Querrichtung erfolgen.

Die Werkzeuge werden entweder mit Meißelhaltern auf der Meißelklappe festgespannt oder auf senkrecht abhebenden Schiebern form- und kraftschlüssig fixiert (Bild 23). Den Einsatz von voreingestellten, schnellwechselbaren Satzwerkzeugen zeigt die in Bild 30 B wiedergegebene NC-Hobelmaschine.

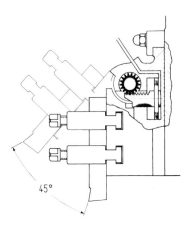

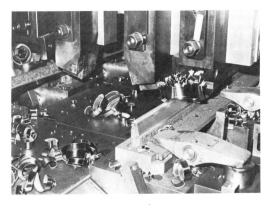

Bild 22. Meißelklappe

Bild 23. Senkrecht abhebender Schieber mit form- und kraftschlüssig fixierten Hobelmeißeln beim Hobeln der Fahrseite einer Weichenzunge

An Senkrecht-Stoßmaschinen werden die Werkzeuge entweder in einem „Stichelhaus" direkt in der Meißelklappe (Bild 24 A) oder mit in T-Nuten gehaltenen Spannbügeln (Bild 24 B) befestigt. Bei schlanken Innenformen arbeitet man mit einem Werkzeughalter, der in einer Werkzeughalteraufnahme hoher Steifigkeit befestigt ist (Bild 24 C). Bei diesem Bearbeitungsproblem wählt man möglichst Stoßwerkzeuge mit großem Schaftquerschnitt, damit die schnittkraftabhängige Durchbiegung des Werkzeughalters so gering wie möglich bleibt. Das Werkzeug sollte einen positiven Spanwinkel haben, damit die Richtung der Schnittkraft möglichst wenig von der Längsachse des Werkzeughalters abweicht.

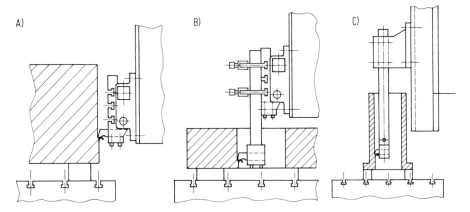

Bild 24. Aufnahme von Werkzeugen an Senkrecht-Stoßmaschinen
A) im „Stichelhaus" der Meißelklappe, B) mit Spannbügeln in T-Nuten, C) langer Stoßmeißelhalter in Werkzeughalteraufnahme hoher Steifigkeit

Die Meißelklappe einer Senkrecht-Stoßmaschine, die hydraulisch angehoben und mit Federkraft wieder in Arbeitsstellung gebracht und dort selbsthemmend verriegelt wird, zeigt Bild 25.

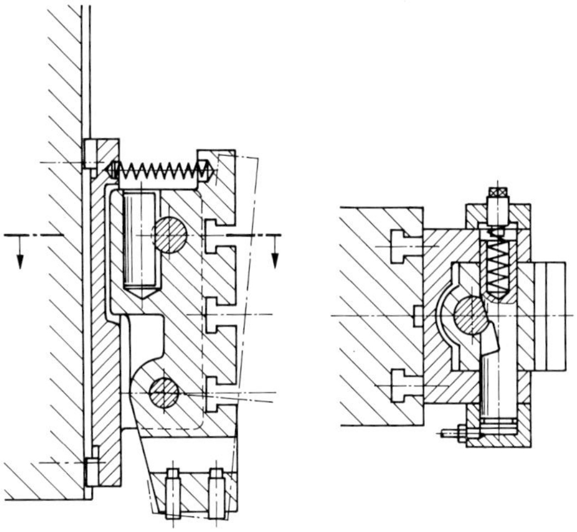

Bild 25. Hydraulisch angehobene und mit Federkraft in Arbeitsstellung gebrachte Meißelklappe für Senkrecht-Stoßmaschinen

8.7 Bearbeitung auf Hobel- und Stoßmaschinen

8.7.1 Hobelmaschinen

8.7.1.1 Allgemeines

Hobelmaschinen haben gegenüber Langfräsmaschinen ihren Platz als wirtschaftliches Fertigungsmittel dann behaupten können, wenn mit einfachen Werkzeugen schmale, lange Werkstücke (Führungen, Leisten) oder Profile (T-Nuten, Schienenköpfe) bearbeitet werden müssen. Sie erweist sich in der Fertigung auch als zweckmäßig, wenn Zunderschichten und Schweißnähte in Stahlkonstruktionen bearbeitet werden müssen.

8.7.1.2 Bauarten von Hobelmaschinen

Wie bei den Stoßmaschinen unterscheidet man Maschinen mit mechanischem oder hydraulischem Tischantrieb. Bei Hobellängen über 14 m verwendet man ausschließlich den mechanischen Hauptantrieb.
Beide Antriebsarten haben sich bewährt. Bei den kombinierten Maschinen ist für das Schleifen der hydraulische, für das Fräsen der mechanische Antrieb vorteilhaft.
Die Grundausführungen beider Antriebe zeigen die Bilder 26 und 27. Beim hydraulischen Hauptantrieb unterscheidet man je nach der Größe der Schnittkraft und der Hobellänge Niederdruck- oder Hochdruckpumpenantriebe, erstere mit etwa 30 bar, letztere mit 80 bis 100 bar.
Die Maschinen sind sowohl für die Verwendung von Schnellarbeitsstahl- als auch von Hartmetall-Werkzeugen ausgelegt, weil beide Schneidstoffe ihre speziellen Einsatzbereiche behaupten.
Die Tischrücklaufgeschwindigkeiten werden im Rahmen sinnvoller Leistungsauslegung zur Steigerung der Mengenleistung so hoch wie möglich gewählt. Bei den meisten Hauptantrieben sind die Tischgeschwindigkeiten stufenlos einstellbar.
Die unter 8.4 in Bild 5 A und B dargestellten Bauarten sind als die Grundtypen anzusehen. Sie haben die größtmögliche Zahl von Hobelsupporten an Querbalken, Auslegern

und Ständern. Die Unterschlitten der Supporte sind zu den Trägerelementen, die Schieber zu den Unterschlitten in Vorschubschritten und im Eilgang verstellbar. Der Schieberträger ist oft schwenkbar, so daß auch zur Tischebene geneigte Flächen gehobelt werden können, z. B. V-Führungsbahnen oder schwalbenschwanzförmige Führungsprofile.

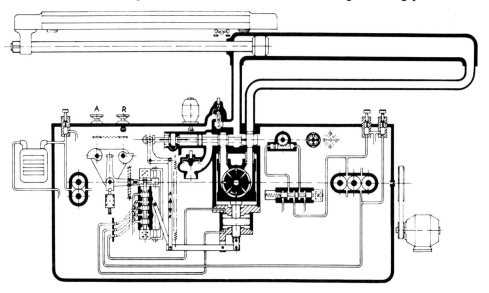

Bild 26. Funktionsschema des hydraulischen Tischantriebs einer Hobelmaschine

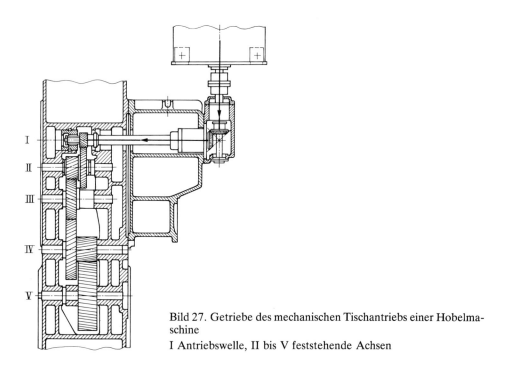

Bild 27. Getriebe des mechanischen Tischantriebs einer Hobelmaschine
I Antriebswelle, II bis V feststehende Achsen

Die Supporte können Schwenk- oder Senkrechtabhebung für die Meißelträger haben. Die Entscheidung für die Wahl der einen oder anderen Art der Abhebung vom Werkstück ergibt sich aus der Arbeitsaufgabe. Fehlen z.B. bei der Bearbeitung von radiallaufenden Spannuten in Planscheiben die notwendigen Auslaufwege für den Einsatz der Schwenkabhebung, so ist nur die Senkrechtabhebung möglich.

Die Führungen der Hauptelemente der Maschinen sind mit geeigneten Gleitpaarungen ausgestattet. Nachdem die Tischführungen seit etwa 30 Jahren mit Kunststoffen als geeigneten Gleitwerkstoffen ausgestattet werden, findet man jetzt auch Supportführungen und Keilleisten der Maschinen in ähnlich armierter Form [2].

Die Tische der Maschinen gleiten auf den Bettführungen hin und her. Sie werden gelegentlich quergeteilt (Doppeltisch-Ausführung). Diese Lösung ermöglicht während der Hauptzeit die Kontrolle und den Wechsel des Werkstücks auf dem abgestellten Tisch.

Hobelmaschinen müssen wegen der Beschleunigungskräfte besonders sorgfältig aufgestellt werden [3]. Zur Verankerung der Maschinen mit dem Fundament und zum Ausrichten des Bettes benutzt man Stellelemente; ein Ausführungsbeispiel zeigt Bild 28. Die Stellkeile werden bei der Aufstellung des Bettes mit den Ankerschrauben am Flansch verschraubt. Dazu hat die Ankerschraube unter der Basisfläche des Stellkeils einen mit Schweißpunkten angehefteten Ring. Danach wird das Bett über das Fundament gehoben und auf das vorgesehene Niveau gesenkt. Dabei tauchen Ankerschrauben und Keilschuhgehäuse in die im Fundament ausgesparten Löcher ein. Nach dem Grobausrichten wird der Hohlraum um die Ankerschrauben und unter den Stellkeilsohlen mit Vergußmörtel ausgegossen. Nach dem Abbinden und Aushärten des Vergußmörtels wird das Bett zusammen mit den ebenso untergossenen anderen Gestellelementen fein ausgerichtet. Die handelsüblichen Vergußmörtel erreichen nach wenigen Stunden bereits hohe Anfangsfestigkeiten, so daß die Aufstellung heute wesentlich schneller als früher erfolgen kann.

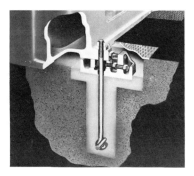

Bild 28. Stell- und Verankerungselemente für ein Hobelmaschinenbett

8.7.1.3 Verfahrenskombinationen

Die Tischantriebe und die Gestellkonstruktion der Hobelmaschinen bieten gute Voraussetzungen für Kombinationen mit den Verfahren Schleifen und Fräsen. Dadurch wird die Maschinengattung für den praktischen Einsatz vielseitiger und wirtschaftlicher. Diese Vorteile nutzen oft kleinere Betriebe, die auf Einzweckmaschinen verzichten müssen. Die Kombinationen sind in der Ausstattung für das alternative Verfahren mit mehr oder weniger großen Kompromissen behaftet. In der Praxis geht die Skala von der Hobelmaschine mit Schleifkopf auf der Supportklappe bis zur Maschine mit gesondert geführten Schleifsupporten und der Möglichkeit der Feinzustellung (Bild 29).

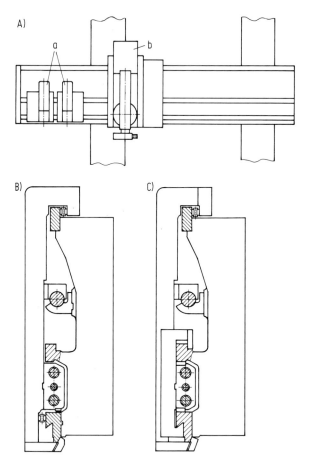

Bild 29. Schema der Quersupportführungen einer kombinierten Hobel- und Schleifmaschine
A) Frontansicht (a Hobelsupporte, b Schleifsupport), B) Führung des Schleifsupports, C) Führung des Hobelsupports

8.7.1.4 Typische Werkstückformen

Gemeinsames Merkmal aller durch Hobeln vorteilhaft zu bearbeitender Werkstücke ist der schmale, langgestreckte Bearbeitungsbereich. Dieser kann aus der Aneinanderreihung einer Serie gleicher Bauteile, die in einer Tischbelegung bearbeitet werden (Bild 30 A), oder aus einem Langhobelwerkstück mit Führungsprofilen und Nuten (Bild 30 B) bestehen. Durch den räumlich am Werkstück konzentrierten Einsatz mehrerer Hobelwerkzeuge (Bild 30 C) oder die Verwendung von Teileinrichtungen zur Herstellung von Längsverzahnungen (Bild 30 D) ergeben sich weitere geeignete Bearbeitungsmöglichkeiten.

Bild 30. Typische Werkstückformen und -anordnungen für die Bearbeitung durch Hobeln
A) höhengleiche Serienbauteile, B) Bauteile mit Führungsprofilen und Nuten, C) Mehrschnittbearbeitung, D) Einsatz von Teileinrichtungen zum Herstellen von Längsverzahnungen

8.7.1.5 Abmessungsbereiche von Standard-Maschinen

Die Abmessungen der Erzeugnisse eines Herstellers sind unter Bezugnahme auf Bild 5 A und B in Tabelle 3 zusammengefaßt. Die Hobellängen der Maschinen sind

Tabelle 3. Abmessungen von Standard-Hobelmaschinen eines Herstellers

	Einständer-Hobelmaschinen [mm]	Zweiständer-Hobelmaschinen [mm]
Arbeitsbereich		
Höhe H	630 bis 3000	800 bis 3250
Breite B_1	500 bis 2600	800 bis 3500
Tischbreite B_2	520 bis 2500	750 bis 3000
Durchgangsbreite mit Hilfsständer B_3	630 bis 3150	— —
Vorschub		
Querbalkensupport		
waagerecht	0,1 ... 10 bis 0,1 ... 24	0,1 ... 10 bis 0,1 ... 24
senkrecht	0,1 ... 5 bis 0,1 ... 12	0,1 ... 5 bis 0,1 ... 24
Seitensupport		
waagerecht und senkrecht	0,1 ... 5 bis 0,1 ... 12	0,1 ... 5 bis 0,1 ... 12

jeweils um 500 oder 1000 mm gestuft. Je nach Größe und Typ sind Maschinen mit Hobellängen von 1 bis 30 m gebaut worden. Maschinen mit Sonderabmessungen für Breite, Höhe und Länge werden von den Herstellern auf Wunsch angefertigt. Alle Maschinen sind für den Einsatz von Werkzeugen sowohl aus Schnellarbeitsstahl als auch mit Hartmetallschneidplatten konzipiert.

8.7.1.6 Maß- und Formgenauigkeit und Oberflächengüte

Die beim Hobeln erreichbare Arbeitsgenauigkeit geht aus Tabelle 4 hervor.

Tabelle 4. Arbeitsgenauigkeit von Hobelmaschinen

	[mm]
Ebenheit der bearbeiteten Fläche bei Grauguß	0,01/1000
a) in Längsrichtung ≦ 2 m	0,02
> 2 bis 5 m	0,03
> 5 bis 8 m	0,04
> 8 bis 10 m	0,05
> 10 bis 15 m	0,06
> 15 m	0,08
b) in Querrichtung ≦ 1 m	0,012
> 1 m	+0,005/500
Parallelität der bearbeiteten Fläche zur Auflagefläche	0,015/1000
a) in Längsrichtung ≦ 2 m	0,02
> 2 bis 5 m	0,03
> 5 bis 8 m	0,04
> 8 bis 10 m	0,05
> 10 bis 15 m	0,06
> 15 m	0,08
b) in Querrichtung ≦ 1 m	0,02
> 1 m	+0,01/1000
Flucht von bearbeiteten Führungsflächen	0,01/1000
in Längsrichtung ≦ 2 m	0,015
> 2 bis 5 m	0,02
> 5 bis 8 m	0,03
> 8 bis 10 m	0,04
> 10 bis 15 m	0,06
> 15 m	0,08
Rechtwinkligkeit der mit dem Seitensupport bearbeiteten Fläche zur Auflagefläche	0,02/500

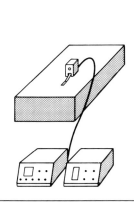

Rauhigkeit der feingeschlichteten Fläche	max. Rauhtiefe R_t [μm]	arithm. Mittenrauhwert R_a [μm]
a) Grauguß und Meehanite HB = 1800 bis 2200 N/mm²		
in Längsrichtung	5 bis 10	1,2 bis 2,5
in Querrichtung	6 bis 12	1,5 bis 3,0
b) Stahl bis 500 N/mm²		
in Längsrichtung	4 bis 10	1,0 bis 2,5
in Querrichtung	5 bis 12	1,2 bis 3,0
c) Stahl über 500 bis 800 N/mm²		
in Längsrichtung	3 bis 8	0,7 bis 2,0
in Querrichtung	4 bis 10	1,0 bis 2,5

8.7.1.7 Weitere Bearbeitungsmöglichkeiten

Der Einsatz von Hobelmaschinen kann u.a. durch folgende Maßnahmen erweitert werden:
– Vielseitigere Spannutenanordnung auf dem Tisch durch Quernuten,
– Paletten-Wechselbetrieb zur Herabsetzung der Nebenzeiten,
– keilförmige Spann-Unterlagen oder Spann-Beilagen zur Herstellung von genauen Keilleisten oder Keilflächen,
– Einsatz von Zusatzaggregaten zum Fräsen und Schleifen,
– Anbau von Einrichtungen zum Nachformhobeln nach Schablone oder Modell (Bild 31),
– Doppeltischmaschinen zur besseren Ausnutzung, wenn Palettenbetrieb wegen der Werkstückabmessungen oder -gewichte nicht möglich ist.

Bild 31. Einrichtungen zum Nachformhobeln
A) nach Schablone, B) nach Modell

8.7.1.8 Automatisierung des Programmablaufs

Die Anwendung numerischer Steuerungen blieb bisher, abgesehen von Versuchsmaschinen, auf Sondermaschinen mit stark werkstückgebundener Anwendung begrenzt. Bei einer Versuchsmaschine für NC-Betrieb (Bild 30 B) wurde als Werkzeugträger ein Fünffach-Revolverkopf mit voreingestellten Werkzeugen verwendet.
Ein Beispiel für Teilautomatisierung ist z.B. eine Sonderhobelmaschine für die Bearbeitung von Weichenbauteilen, über die im Absatz über Sonderbauarten berichtet wird. Diese Maschinen haben zum Teil auch frei programmierbare Steuerungen [4 bis 7], so daß neue Arbeitszyklen lediglich durch Programmänderung im Speicherteil der Steuerung ausgeführt werden können. Der Betrieb solcher Maschinen setzt eine entsprechende Arbeitsplanung voraus.

8.7.2 Waagerecht-Stoßmaschinen

8.7.2.1 Allgemeines

Die Waagerecht-Stoßmaschine (Bild 32), auch bekannt unter den Bezeichnungen Schnellhobler, Kurzhobler oder Shapingmaschine, dient zur Flächenbearbeitung an kleinen und mittelgroßen Werkstücken mit Längen bis zu etwa 1000 mm.

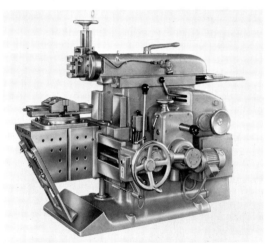

Bild 32. Waagerecht-Stoßmaschine

Da für den größten Teil der Bearbeitungsaufgaben nur wenige einfache Werkzeuge benötigt werden, ist die Maschine schnell betriebsbereit. Die relativ geringen Investitionskosten führen zu einem niedrigen Maschinenstundensatz. Außerdem ist bei vielen Arbeiten eine Mehrmaschinenbedienung möglich, so daß auch bei der Fertigung von größeren Serien mit der Waagerecht-Stoßmaschine wirtschaftlich gearbeitet werden kann. Ihr Haupteinsatzbereich ist die Einzel- und Kleinserienfertigung, wie sie insbesondere im Werkzeugbau und Reparaturbetrieb vorkommt, und die Produktion von einfachen Teilen in der Serienfertigung, sie eignet sich besonders auch für die Schulung in Ausbildungswerkstätten.

In Verbindung mit Spezialeinrichtungen ergeben sich auch eine Anzahl von Sonderbauformen der Waagerecht-Stoßmaschinen für die Lösung von speziellen Bearbeitungsproblemen.

8.7 Bearbeitung auf Hobel- und Stoßmaschinen

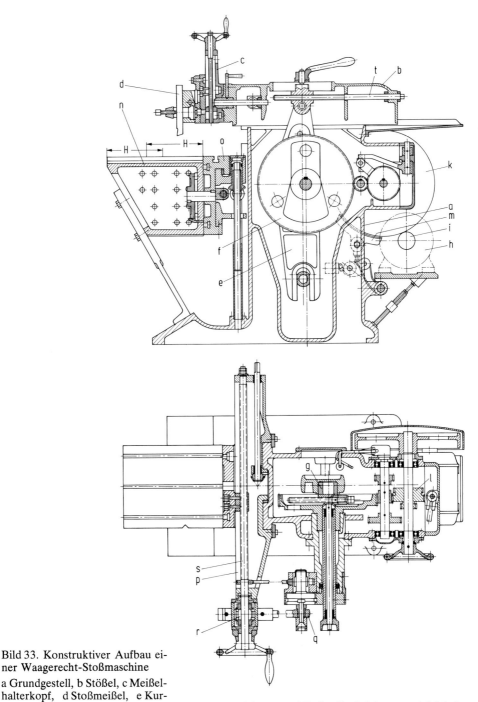

Bild 33. Konstruktiver Aufbau einer Waagerecht-Stoßmaschine

a Grundgestell, b Stößel, c Meißelhalterkopf, d Stoßmeißel, e Kurbelschwinge, f Kulissenrad, g Kulissenstein, h Antriebsmotor, i Reibrolle, k Schwungrad, l Schaltgetriebe, m Bremseinrichtung, n Tisch, o Vortisch, p Support, q Kurbeltrieb für Vorschub, r Wendegetriebe, s Vorschubspindel, t Verstellspindel

8.7.2.2 Mechanisch angetriebene Waagerecht-Stoßmaschine

Bei der am meisten verbreiteten Bauart der Waagerecht-Stoßmaschine wird der die Schnittbewegung ausführende Stößel von einer Kurbelschwinge angetrieben. Bild 33 zeigt einen Längs- und Querschnitt, aus denen der konstruktive Aufbau ersichtlich ist. Der waagerecht hin- und hergehende Stößel gleitet auf der als Führung ausgebildeten Oberseite des Grundgestelles. An der Stirnseite des Stößels befindet sich der Meißelhalterkopf, der das Werkzeug aufnimmt. Der Meißelhalterkopf ist auf seiner Basis drehbar angeordnet und besteht aus einem Drehteil, auf dem ein Schlitten mit einer Spindel verschoben werden kann. Auf dem Schlitten sind der Meißelklappenhalter und die Meißelklappe angeordnet. Der Meißelhalterkopf dient zum Zustellen des Werkzeugs in vertikaler Richtung. Die Meißelklappe hebt beim Rücklauf des Stößels das Werkzeug vom Werkstück ab. Innerhalb des Stößels ist eine Verstellspindel angeordnet, mit deren Hilfe die Lage des Stößelhubs insgesamt zum Maschinentisch verändert werden kann. Die hin- und hergehende Bewegung des Stößels wird von einer Kurbelschwinge erzeugt, die oben mit dem Stößel und unten mit einem Festpunkt im Grundgestell verbunden ist. Das gleichförmig umlaufende Kulissenrad erteilt über einen Kulissenstein, dessen Kurbelradius von außen verstellbar ist, der Kurbelschwinge die Pendelbewegung.
Die Drehbewegung des Antriebsmotors wird über eine Reibrolle, das Schwungrad und ein Stufenschaltgetriebe auf das Kulissenrad übertragen. Durch einen polumschaltbaren Motor in Verbindung mit dem Getriebe ergeben sich mehrere Hubgeschwindigkeiten. Mit Hilfe einer Bremseinrichtung kann der Stößel zum Einrichten an jeder Stelle stillgesetzt werden.
Das zu bearbeitende Werkstück wird auf dem mit T-Nuten versehenen Tisch aufgespannt. Der Tisch ist drehbar am Vortisch befestigt, der seinerseits auf dem Support in Querrichtung verfahrbar ist und beim Querhobeln die Vorschubbewegung ausführt. Der Support kann in der Höhe auf die günstigste Arbeitsposition verstellt werden. Er führt in der Regel keine Vorschubbewegung aus.
Der Vorschub ist eine vom Hauptantrieb abgeleitete Hilfsbewegung. Ein Kurbeltrieb mit einstellbarem Kurbelradius erzeugt im Wendegetriebe eine veränderliche Hubbewegung, die über eine Klinkenschaltung die Vorschubspindel bei jedem Rücklauf des Stößels um einen bestimmten Betrag dreht, so daß der Vortisch den Vorschub ausführt.

8.7.2.3 Hydraulisch angetriebene Waagerecht-Stoßmaschine

Bei dieser wird die hin- und hergehende Schnittbewegung des Stößels von einem doppelt beaufschlagten Hydraulikzylinder erzeugt. Das erforderliche Drucköl liefert eine im Grundgestell eingebaute Pumpe. Die Einstellung der Schnittgeschwindigkeit erfolgt durch Veränderung der Fördermenge der Pumpe. Bild 34 zeigt den Aufbau einer hydraulisch angetriebenen Waagerecht-Stoßmaschine. Durch eine Differentialschaltung im Steuerblock ergeben sich zwei Geschwindigkeitsstufen. In der ersten Stufe wirkt der Pumpendruck auf die volle Kolbenfläche. Das Verhältnis der Flächen von Kolben und Kolbenstange beträgt 2:1, so daß der Rücklauf mit doppelter Geschwindigkeit erfolgt. Die zweite Stufe ist eine Schlichtstoßstufe mit gleicher Vor- und Rücklaufgeschwindigkeit.

8.7.2.4 Betriebsverhalten

Die wesentlichen Unterschiede im Betriebsverhalten zwischen der Waagerecht-Stoßmaschine mit mechanischem Antrieb und der Maschine mit hydraulischem Antrieb ergeben

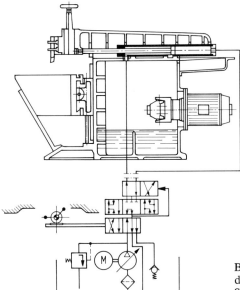

Bild 34. Prinzipieller Aufbau einer hydraulisch angetriebenen Waagerecht-Stoßmaschine

sich aus dem in Bild 35 dargestellten Geschwindigkeitsverlauf des Stößels. Daraus ist ersichtlich, daß die mittlere Geschwindigkeit bei der mechanisch angetriebenen Maschine (Bild 35 A) niedriger ist als die Maximal-Geschwindigkeit. Bei der hydraulisch angetriebenen Maschine (Bild 35 B) liegt die mittlere Geschwindigkeit über der tatsächlichen Arbeitsgeschwindigkeit. Da die hydraulisch angetriebene Maschine außerdem über den gesamten Hub mit konstanter Durchzugkraft arbeitet, wird sie vorwiegend für schwere Zerspanungsarbeiten eingesetzt.

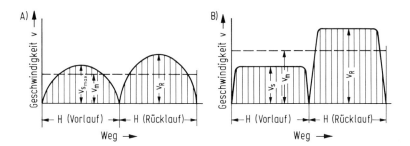

Bild 35. Geschwindigkeitsverhältnisse an Waagerecht-Stoßmaschinen
A) mit mechanischem Antrieb, B) mit hydraulischem Antrieb

8.7.2.5 Erzielbare Maß- und Formgenauigkeit und Oberflächengüte

Die mit einer Waagerecht-Stoßmaschine erzielbaren Maß- und Formgenauigkeiten entsprechen im allgemeinen denen von Fräsmaschinen. Im Mittel werden Toleranzqualitäten IT 8 erreicht. In Sonderfällen sind auch Toleranzqualitäten von IT 6 bis IT 7 möglich.

Die erzielbare Oberflächengüte wird neben dem Werkstoff, dem Werkzeug und seiner Schneidengeometrie in erster Linie vom Vorschub und der Schnittiefe bestimmt (siehe unter 8.2).

8.7.2.6 Nachformstoßen

Insbesondere im Formen- und Werkzeugbau kommen häufig Werkstücke mit Formelementen vor, die nicht durch ebene Flächen begrenzt sind, sondern deren Oberfläche gekrümmt ist (Bild 36). Derartige Werkstücke lassen sich mit der nur in den normalen Bewegungsachsen arbeitenden Maschine nicht fertigen. Behelfsmäßig werden solche Formen häufig nach Anriß durch Führen des Meißels von Hand hergestellt. Das ist naturgemäß recht ungenau und im allgemeinen nur als grobe Vorbearbeitung zu betrachten. Das Arbeitsergebnis ist von der Geschicklichkeit des Bedienenden abhängig. Höhere Genauigkeit und selbsttätigen Arbeitsablauf erreicht man durch Einsatz einer Waagerecht-Stoßmaschine mit Nachformeinrichtung.

Bei der in Bild 37 gezeigten Waagerecht-Stoßmaschine mit einfacher hydraulischer Nachformeinrichtung und konstantem Quervorschub erfolgt die Höhenverstellung des Werkzeugs über das Nachformgerät, das von einer Schablone, welche die Vorschubbewegung mit ausführt, gesteuert wird (Bild 38).

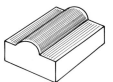

Bild 36. Werkstück mit gekrümmter Oberfläche

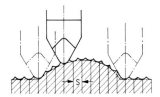

Bild 37. Waagerecht-Stoßmaschine mit einfacher hydraulischer Nachformeinrichtung

Bild 38. Arbeitsweise der einfachen Nachform-Stoßeinrichtung mit konstantem Vorschub

Sollen Profile mit stark geneigten oder auch senkrechten Flanken bearbeitet werden, so muß der Quervorschub in Abhängigkeit von der Flankenneigung gesteuert werden (Bild 39). Hierbei ist der Vorschub entlang der Flanke konstant. Das wird erreicht durch einen Zwei-Richtungs-Nachformfühler, bei dem eine bestimmte Ölmenge so auf zwei unabhängige Hydromotoren aufgeteilt wird, daß die Vorschubkomponenten s_x und s_y den resultierenden Vorschub in Flankenrichtung s_{res} ergeben. Eine hierfür geeignete Maschine zeigt Bild 40.

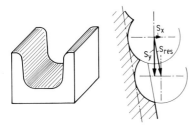

Bild 39. Werkstück mit geneigten Flanken und zu deren Bearbeitung erforderliche Vorschubkomponenten

Bild 40. Waagerecht-Stoßmaschine mit hydraulischer Stetigbahn-Nachformsteuerung

Bei den vorbeschriebenen Nachformeinrichtungen erfolgt die vertikale Zustellung des Werkzeugs während des Rücklaufs bzw. im Umsteuerpunkt. Während des Arbeitshubs verändert das Werkzeug seine Lage in der Höhe nicht mehr. Dadurch ergeben sich Werkstücke, die nur quer zur Schnittrichtung gekrümmt sind.

Für die Fertigung von Werkstücken, die zusätzlich noch in Schnittrichtung gekrümmt sind (Bild 41), muß die Nachformeinrichtung während des Stoßvorgangs die Höhenlage des Stoßmeißels ständig verändern.

Nach dem Funktionsschema (Bild 42) einer solchen Nachformstoßeinrichtung sind Fühlerstange und Meißelhalterkopf durch einen geschlossenen Lageregelkreis so miteinander verbunden, daß die Meißelschneide stets die gleiche Bewegung ausführt, die der Fühler am Modell abtastet, so daß ein Werkstück entsteht, das dem Modell formgleich ist.

Bild 41. Werkstück mit räumlich gekrümmter Oberfläche

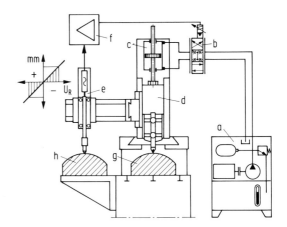

Bild 42. Funktionsschema einer elektro-hydraulischen Nachform-Stoßeinrichtung
a Hydraulik-Aggregat, b Servoventil, c Arbeitszylinder, d Stahlhalterkopf, e Nachformfühler mit elektrischem Wegaufnehmer, f Verstärker, g Werkstück, h Modell

8.7.3 Senkrecht-Stoßmaschine

8.7.3.1 Allgemeines

Die Senkrecht-Stoßmaschine dient zur spanenden Bearbeitung von Innen- oder Außenflächen mit Formen, die durch Fräsen oder Drehen nicht oder nur schwer herstellbar sind. Einige Beispiele für typische Werkstückformen, die vorzugsweise auf Senkrecht-Stoßmaschinen gefertigt werden, wurden bereits unter 7.2 in Bild 3 gezeigt. Daraus geht hervor, daß es im wesentlichen kompakte Werkstücke mit größeren Abmessungen sind, die in der Regel nur als Einzelteile oder in Kleinserien gefertigt werden. Für die Groß-Serien- und Massenfertigung wird die Senkrecht-Stoßmaschine im allgemeinen nicht eingesetzt; hier verwendet man vorzugsweise Räummaschinen.

Die Automatisierungsmöglichkeiten der Senkrecht-Stoßmaschinen sind begrenzt und beschränken sich auf einfache, über Nocken gesteuerte Programm-Zyklen, ggf. auch in Verbindung mit einem Teilvorgang. Für die Lösung von speziellen Fertigungsproblemen werden gelegentlich auch Senkrecht-Stoßmaschinen mit Nachformeinrichtungen eingesetzt.

Die Arbeitsgenauigkeit der Senkrecht-Stoßmaschinen entspricht bei der Außenbearbeitung derjenigen von Waagerecht-Stoßmaschinen (siehe unter 8.7.2.5). Das gleiche gilt für die erreichbare Oberflächengüte.

8.7.3.2 Bauarten von Senkrechtstoßmaschinen

Nach der Antriebsart unterscheidet man Senkrecht-Stoßmaschinen mit mechanischem und hydraulischem Antrieb. Bei kleineren Maschinen mit Hublängen bis etwa 630 mm überwiegt der mechanische Antrieb. Bild 43 zeigt mechanisch angetriebene Senkrecht-Stoßmaschinen, einmal mit querliegendem Kurbelgetriebe (Bild 43 A) und zum anderen mit einem in der Längsebene der Maschine liegendem Antrieb (Bild 43 B).

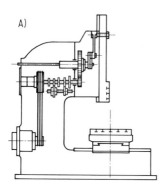
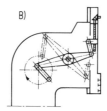

Bild 43. Mechanischer Antrieb von Senkrecht-Stoßmaschinen

A) mit querliegendem Kurbeltrieb, B) mit Kurbeltrieb in Längsebene der Maschine

Da es bei größeren Hublängen schwierig ist, die Bauelemente für den mechanischen Antrieb in dem begrenzten Bauraum unterzubringen, wählt man hier vorzugsweise den hydraulischen Antrieb. Bild 44 zeigt den Getriebeplan für eine hydraulisch angetriebene Senkrechtstoßmaschine. Im Hydraulikaggregat wird der Öldruck für die Bewegung des Arbeitszylinders erzeugt. Es enthält eine Hochdruck-Axialkolbenpumpe, die von einem Drehstrommotor mit konstanter Drehzahl angetrieben wird. Durch Ausschwenken des Pumpenkörpers wird eine stufenlos veränderliche Ölmenge gefördert. Die Einstellung erfolgt über ein Handrad.

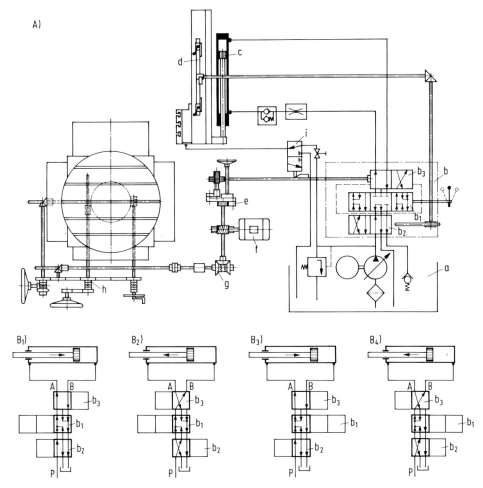

Bild 44. Hydraulischer Antrieb einer Senkrecht-Stoßmaschine (Tisch in Bildebene gedreht)
A) Schema des Antriebs (a Hydraulik-Aggregat mit Pumpe und Motor, b Steuereinheit mit zweistufigem Einschaltkolben b_1, Vorsteuerkolben b_2 und Hauptsteuerkolben b_3, c Arbeitszylinder, d Hebel mit Umsteuernocken, e Kurbelschwinge, f Eilgangmotor, g Wendegetriebe, h Verteilergetriebe, i Dreiwegeventil), B_1) und B_2) Schaltstellungen der Steuerung für Rücklauf und Vorlauf beim Schruppen, B_3 und B_4) Schaltstellungen der Steuerung für Rücklauf und Vorlauf beim Schlichten

Der Ölstrom wird über die Steuereinheit dem Arbeitszylinder zugeführt. Die Steuereinheit enthält einen Einschalthebel mit einem Einschaltkolben, mit dem die Maschine wahlweise in zwei Stufen ein- oder ausgeschaltet werden kann, und einen Vorsteuerkolben, der über ein Schaltgestänge von dem am Stößel angebrachten Umsteuerhebel betätigt wird. Der Vorsteuerkolben beaufschlagt den Hauptsteuerkolben, der den Ölstrom wechselseitig dem Arbeitszylinder zuführt.
Beim Schruppen (Bild 44 B_1 und B_2) geht der Ölstrom direkt zum Arbeitszylinder. Die Kolbenfläche verhält sich zur Kolbenstangenfläche wie 2 : 1, so daß sich die Geschwindigkeiten für den Vor- und Rücklauf wie 1 : 2 verhalten.

Beim Schlichten (Bild 44 B$_3$ und B$_4$) wird durch eine Differentialschaltung beim Vorlauf das vor dem Kolben befindliche Rücköl wieder in die Druckleitung zurückgeführt. Dadurch vergrößert sich die beim Vorlauf zugeführte Ölmenge um 50% und entsprechend die Vorlaufgeschwindigkeit.

Die Vorschubbewegung wird durch den Hub des Hauptsteuerkolbens erzeugt. Eine Zahnstange überträgt den konstanten Hub des Hauptsteuerkolbens auf eine Kurbelschwinge mit veränderlichem Hub, die über Klinke und Klinkenrad bei jeder Umsteuerung von Rück- auf Vorlauf eine bestimmte Drehung auf das Wendegetriebe überträgt. Hier wird die Vorschubrichtung gewählt, die dann über das Verteilergetriebe auf eine der drei Achsen geschaltet werden kann.

Die Eilgangbewegung wird von einem getrennten Motor über Schnecke, Schneckenrad und Freilauf auf die Vorschubwelle übertragen. Die Meißelabhebung wird von einem Dreiwegeventil über einen mit dem Hauptsteuerkolben verbundenen Schaltnocken gesteuert. Ein Absperrventil in der Zuleitung gestattet das Arbeiten mit oder ohne Abhebung.

Außer in der Antriebsart unterscheiden sich die Senkrecht-Stoßmaschinen in der Art der Stößelführung (Bild 45). Der schräggestellte Stößel ermöglicht die Bearbeitung von geneigten Flächen und Nuten in einer Aufspannung.

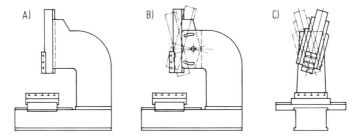

Bild 45. Stößelführungen an Senkrecht-Stoßmaschinen
A) nichtverstellbar, B) nach vorn und hinten schwenkbar, C) seitlich drehbar

8.7.4 Sonderbauarten von Hobel- und Stoßmaschinen

Blechkanten-Hobelmaschinen werden im Stahl- und Schiffbau zur Bearbeitung von Schweißkanten an Blechen verwendet. Großräumige Maschinen sind mit Einrichtungen zum Spannen und Bewegen von schweren Stahlplatten versehen. Der Hobelsupport ist am Maschinenbett verfahrbar. Der Antrieb erfolgt über Gewindespindel, Ritzel mit Zahnstange oder Ölhydraulik.

Weichenzungen-Hobelmaschinen dienen zur Bearbeitung von Eisenbahnschienen und Weichenbauteilen. Dazu werden besonders stabile Portalmaschinen ohne beweglichen Querbalken mit Supporten am Querhaupt für sehr große Hobellängen eingesetzt; Spezial-Spannvorrichtungen sind im Tisch angeordnet. Eine hohe Durchzugkraft ermöglicht die Bearbeitung mit breiten Formmeißeln aus Schnellarbeitsstahl und langen geraden Werkzeugen mit Hartmetall-Wendeschneidplatten [8]. Bild 46 zeigt eine Auswahl von Werkzeugstellungen beim Hobeln von Weichenbauteilen.

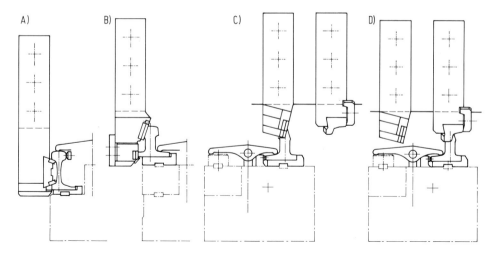

Bild 46. Werkzeugstellungen beim Hobeln von Bauteilen für Eisenbahnweichen
A) Auskammern der Laschenanlagen mit Schnellarbeitsstahl- und Fußflanschbearbeitung mit Hartmetall-Werkzeugen an Flügelschienen U 33, S 49 und UIC 60, B) Bearbeitung von Anschlagseite und Fuß mit Hartmetall-Werkzeugen an Weichenzungen S 49 und UIC 60, C) Vorprofilieren mit Hartmetall-Werkzeugen und D) Fertigprofilieren mit Schnellarbeitsstahl-Werkzeugen der Fahrseite von Weichenzungen S 49 und UIC 60

Riffelwalzen-Hobelmaschinen wurden als Portalmaschinen mit Spezialeinrichtung für die Erzeugung einer Riffelung mit besonderen Anforderungen an die Oberflächengüte für die Fertigung von Riffelwalzen zur Wellpappenherstellung entwickelt. Die Zahnlücken werden mit rd. 0,2 mm Aufmaß vorgehobelt und anschließend – ggf. nach einer Flammhärtung – formgeschliffen [9].

Mit *Aufzugführungsschienen-Hobelmaschinen* werden entweder im Schälschnitt große Abschnitte der Leitflächen der gewalzten und gerichteten Profile bearbeitet oder derartige Profile mit in Kassetten zusammengefaßten Werkzeugsätzen in Vorschubschritten erzeugt. Beim erstgenannten Verfahren [10] werden am einzelnen Profil sehr hohe Durchzugkräfte (320 kN) benötigt. Beim letztgenannten Herstellverfahren sind je nach Auslegung sechs bis acht Schienenstücke in Spannvorrichtungen nebeneinander auf dem Tisch oder einer Wechselpalette gespannt (Bild 47).

Schienenreprofilier-Hobelmaschinen dienen zum Bearbeiten der einseitig durch Roll- und Bremsbeanspruchung deformierten und verschlissenen Kopfprofile von Eisenbahnschienen. Damit wird erreicht, daß solche Schienen auf Strecken niedrigerer Beanspruchung erneut eingesetzt werden können. Bei der Reprofilierung sind sowohl Kopfprofiltoleranzen als auch Profilhöhe über der Länge – sog. Rampenneigung – einzuhalten. Derartige Maschinen gibt es als Tischmaschinen mit 30 m Hobellänge, als Gantry-Typ-Maschinen oder als Durchlaufmaschinen mit Reibrollen- oder Kettenantrieb [11 und 12].

Kohleblock-Hobelmaschinen (Bild 48) werden zum Profilieren von Klebflächen der für die Aluminium-Herstellung in Schmelzöfen erforderlichen Kohleauskleidungsblöcke (Anoden) verwendet. Hierbei sind die Werkzeuge in Schälmessersätzen zusammengefaßt.

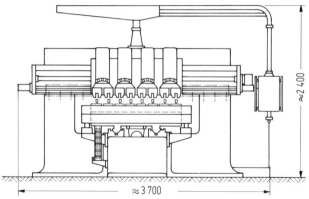

Bild 47. Hobelmaschine zum Profilieren von acht Aufzugführungsschienen

größte Werkstücklänge	5000 mm
Durchgang zwischen den Ständern	1750 mm
Arbeitshöhe über Magnetspannplatte	115 mm
Aufspannfläche der Magnetspannplatte	1300 × 5050 mm
Tischbreite	1300 mm
größter Tischhub	6500 mm
Tischgeschwindigkeit stufenlos im Arbeits- und Rückgang	6 bis 90 m/min
größte Durchzugkraft	60 000 N
Leistung des Hauptmotors für Anwendung der größten Durchzugkraft bis 60 m/min	90 kW

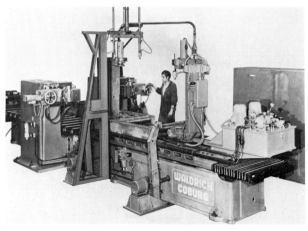

Bild 48. Kohleblock-Hobelmaschine

Hobelbreite	1000 mm
Tischbreite	960 mm
Hobellänge (Fahrweg)	3500 mm
größte Blocklänge	2600 mm
größtes Blockgewicht	2800 kg
größte Schnittkraft je Support	40 000 N
Durchzugkraft	80 000 N
Tischgeschwindigkeit	
im Arbeitsgang	6 bis 60 m/min
im Rückgang	6 bis 80 m/min

Mit *Zelluloid-Hobelmaschinen* (Bild 49) werden von einem nach Art der Palettenspannung auf dem Maschinentisch aufgespannten Zelluloid-Block (sog. Kochplatte) etwa 1800 mm lange Folien oder Scheiben in Dicken zwischen 0,1 und 10 mm abgetrennt. Dazu dienen Messer aus Schnellarbeitsstahl, die über die ganze Breite des Blocks von beispielsweise 900 mm reichen. Maschinen dieser Art benötigen – wie die meisten Sonderhobelmaschinen – sehr hohe Durchzugkräfte.

Bild 49. Zelluloid-Hobelmaschine

Kokillenplatten-Stoßmaschinen werden für die Neuherstellung oder Nachbearbeitung von Kupferkokillenplatten für Stranggießanlagen eingesetzt. Bei diesen traversierenden Waagerecht-Stoßmaschinen wird der Stoßmeißel mit einem Spezial-Nachformgerät während der Hauptbewegung nach einer Schablone zusätzlich in Vertikalrichtung gesteuert. Dadurch können konkave oder konvexe Flächen mit großem Krümmungsradius bei hohen Anforderungen an Formgenauigkeit und Oberflächengüte erzeugt werden.
Bei der in Bild 50 gezeigten *Spezial-Waagerecht-Stoßmaschine* zur Innenbearbeitung von gebogenen Rohrkokillen wird eine dreidimensionale Nachformeinrichtung eingesetzt. Dabei wird durch Außenabtasten eines Modells die Innenform eines gebogenen konischen Rohrs nachgeformt. Der Vorschub erfolgt durch Drehen der Vorrichtung; das Modell wird synchron mit dem Werkstück gedreht.

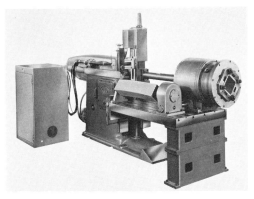

Bild 50. Waagerecht-Stoßmaschine zur Innenbearbeitung von gebogenen Rohrkokillen

Literatur zu Kapitel 8

1. Lehrunterlagen für den Fachlehrgang Hobeln und Stoßen. REFA, Fachausschuß für spanende Fertigung, 1970.
2. *Weber, E.:* Plastisch verarbeitbarer Gleitwerkstoff für den Maschinenbau. Werkst. u. Betr. 106 (1973) 8, S. 595–599.
3. *Rausch, E.:* Maschinenfundamente und andere dynamisch beanspruchte Baukonstruktionen, 3. Aufl. VDI-Verlag, Düsseldorf 1959.
4. *Schaffer, G.:* Guide to machine control. Amer. Mach. 117 (1973) 9, S. 119ff. (Special Rep. No. 659).
5. Steuergeräte SIMATIC 531. Druckschrift Nr. E 329/121b der Siemens AG, Bereich Meß- und Prozeßtechnik, Erlangen.
6. *Offer, V.* u. *Schneider, V.:* Siemens Prozeßrechner 310. Siemens-Z. (1974) 48, S. 675–679.
7. *Dittmann, I.* u. *Wolfgang, E.-R.:* Funktionelle Eigenschaften der Zentraleinheit 310S des Siemens-Prozeßrechners 310. Siemens-Z. (1974) 48, S. 679–682.
8. *Weber E.* u. *Gelineck, W.:* Langhobelmaschinen für besondere Profilformen. Werkst. u. Betr. 107 (1974) 7, S. 401–406.
9. *Gerner, H.* u. *Wieland, K.:* Wirtschaftliche Bearbeitung von Zahnprofilen für Riffelwalzen zur Wellpappe-Herstellung. Werkst. u. Betr. 108 (1975) 6, S. 377–381.
10. *Hartmann, H.:* Das Bearbeiten von Aufzugführungsschienen auf Hobelmaschinen. VDF-Mitt. (1960) 22, S. 6–22.
11. *Hiersekorn, H.-O.:* Höhere Genauigkeit bei Reprofilierung. Masch.-Mkt. 78 (1972) 86, S. 1995–1998.
12. *Völker, A.:* Aufarbeiten von Altschienen mit der Schienenkopfhobelmaschine. Eisenbahning. 12 (1961) 5, S. 131–134.

DIN-Normen

DIN 55005 T3 (8.61) Technische Angaben in Druckschriften über Werkzeugmaschinen; Hobelmaschinen.

DIN 55005 T4 (8.61) Technische Angaben in Druckschriften über Werkzeugmaschinen; Waagerecht-Stoßmaschinen.

9 Räumen

Prof. Dr.-Ing. K. Schweitzer, Karlsruhe

9.1 Allgemeines

Das Räumen ist nach DIN-Entwurf 8589 T2 Spanen mit mehrzahnigem Werkzeug mit gerader, auch schrauben- oder kreisförmiger Schnittbewegung. Die Vorschubbewegung wird durch Staffelung der Schneidzähne des Werkzeugs ersetzt. Die Translationsbewegung wird meist vom Räumwerkzeug bei feststehendem Werkstück ausgeführt. Ausnahmen sind das Außenräumen auf Kettenräummaschinen und das Innenräumen auf Hebetischmaschinen (DIN 55 143 T2), bei denen das Werkzeug feststeht und das Werkstück bewegt wird.

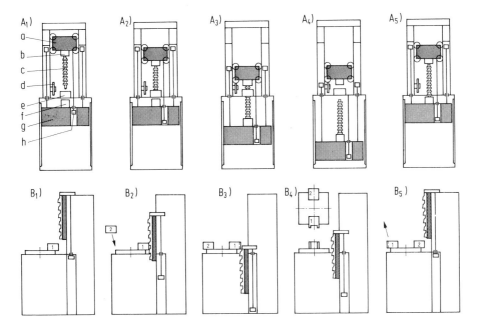

Bild 1. Schema der Arbeitszyklen beim Räumen
A) Innenräumen, B) Außenräumen mit Teiltisch

a Zubringerschlitten, b Endstückhalter, c Räumwerkzeug, d Anschlag, e Werkstück, f Schafthalter, g Räumschlitten, h Zubringerkolben

A_1) Ausgangsstellung, Werkstück eingelegt, Zubringerkolben ausgefahren, A_2) Zubringerkolben eingefahren, Werkzeug an Schafthalter des Räumschlittens übergeben, A_3) Räumvorgang, Zubringerschlitten auf Anschlag gefahren, A_4) Arbeitshub beendet, Werkstück geräumt, A_5) nach Entnahme des Werkstücks Werkzeug an Endstückhalter des Zubringerschlittens übergeben

B_1) Ausgangsstellung, erstes Werkstück eingelegt, B_2) Räumen des ersten Werkstücks, Einlegen des zweiten Werkstücks, B_3) erstes Werkstück geräumt, B_4) Teiltisch um 90° gedreht, Rückhub des Werkzeugschlittens, B_5) Teiltisch um weitere 90° gedreht, erstes Werkstück entnommen

Geräumt werden Innen- und Außenflächen, deren Flächennormale senkrecht zur Schnittrichtung steht und die keinen Bund haben. Es können auch Profile geräumt werden, die sich durch andere Fertigungsverfahren nur sehr aufwendig oder überhaupt nicht erzeugen lassen. Die Formgebung des Werkstücks erfolgt durch eine Abbildung der Schneidenanordnung, die der gewünschten Kontur des Werkstücks entspricht.
Bild 1 zeigt vergleichsweise die Arbeitsabläufe beim Innen- und Außenräumen.
Die Entwicklung des Räumens ist eng mit der Großserien- und Massenfertigung verbunden. Die hohen Werkzeugkosten sollen sich auf möglichst viele Werkstücke verteilen. Vorteilhaft ist, daß beim Räumen sehr enge Toleranzen über längere Zeit ohne Nachstellen eingehalten werden können. Dies verbessert die Austauschbarkeit und mindert die Ausschußgefahr erheblich.
Das Innenräumen wurde schon relativ früh angewendet und kann in vielen Fällen das Bohren, Drehen, Stoßen, Reiben und Schleifen ersetzen. Dagegen konnte sich das Außenräumen zunächst nur langsam gegenüber dem Fräsen, Wälzfräsen, Hobeln, Stoßen und Schleifen durchsetzen, weil seine Werkzeuge komplizierter und die Vorrichtungen für die Werkstückspannung aufwendiger sind.
Durch die Weiterentwicklung anderer Fertigungsverfahren kann in einigen Fällen auch das Räumen wieder teilweise ersetzt werden, z.B. durch Messerkopffräsen mit Wendeschneidplatten aus Hartmetall, durch spezielle Schleifverfahren oder durch Tiefbohren. Aber insgesamt ist eine steigende Anwendung des Räumens festzustellen. Schwerpunkte der Entwicklung sind erhöhte Schnittgeschwindigkeit, eine bessere Werkzeugauslegung, ein gutes dynamisches Verhalten, wirksamere Kühlschmierstoffe und bessere Vorrichtungen. Hierdurch wird die Taktzeit verkürzt, die Werkstückoberfläche verbessert, die Maß- und Formgenauigkeit erhöht und der Werkzeugverschleiß reduziert.
Das Räumen war früher vorwiegend ein Fertigungsverfahren für die Endbearbeitung, ist jedoch heutzutage in allen Fertigungsstufen zu finden. Bei Schmiede- und Gußteilen wird das Räumen häufig als erster Arbeitsgang eingeplant, z.B. bei Einzelteilen von Scheibenbremsen (Bild 10), bei Kurbelwellenlagerdeckeln (Bild 17), bei Pleueln oder bei Getrieberädern. Das Innenräumen sollte man möglichst an den Anfang der Arbeitsfolge legen, damit das Verlaufen des Werkzeugs durch die nachfolgende Bearbeitung der anderen Schnittflächen ausgeglichen werden kann (siehe auch unter 9.7.2).
Das Räumen stellt besondere Anforderungen an die fertigungsgerechte Gestaltung der Einzelteile. Als Beispiel seien Kurbelwellenlagerdeckel angeführt, die keine Anwölbung mehr erhalten [1]. Komplizierte Werkstücke werden aus mehreren einfachen Einzelteilen hergestellt und form- und kraftschlüssig miteinander verbunden. So wurde früher die Kardanwelle in einem Stück geschmiedet, während heutzutage die Welle und die zwei Gabelstücke getrennt gefertigt und anschließend montiert werden. Die formschlüssige Verbindung erfolgt durch eine Kerbverzahnung, die bei beiden Gabelstücken durch Innenräumen hergestellt wird.

9.2 Übersicht der Räumverfahren

Je nach entstehender Form unterscheidet man (Bild 2) Planräumen, Rundräumen, Schraubräumen und Profilräumen. Die einfachste Art des Räumens ist das *Planräumen* (Bild 2 A) einer ebenen Fläche. Anwendungsfälle sind beim Verbrennungsmotor die Trennflächen des Zylinderkopfs und des Zylinderblocks oder die Seitenpaß- und Schraubenauflageflächen eines Kurbelwellenlagerdeckels.

Das *Rundräumen* (Bild 2 B) wird relativ selten angewandt und tritt nur beim Innenräumen als Räumen von Bohrungen auf.

Das *Schraubräumen* (Bild 2 C) findet ebenfalls vorwiegend beim Innenräumen Anwendung. Die Translationsbewegung wird vom Räumwerkzeug, die Rotationsbewegung entweder vom Räumwerkzeug oder vom Werkstück ausgeführt. Beispiele für das Schraubräumen sind Anlasserritzel, schrägverzahnte Stirn- oder Hohlräder.

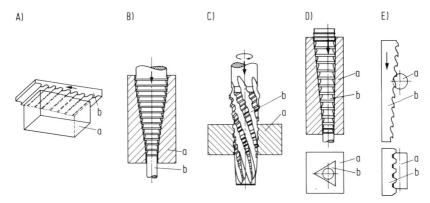

Bild 2. Schema verschiedener Räumverfahren (nach DIN 8589)
A) Planräumen, B) Innen-Rundräumen, C) Schraubräumen, D) Innen-Profilräumen (z.B. Dreieck), E) Außen-Profilräumen (z.B. Lenkmutter)
a Werkstück, b Werkzeug

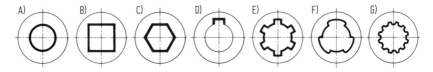

Bild 3. Beispiele für das Innen-Profilräumen
A) Kreis, B) Vierkant, C) Sechskant, D) Nabennut, E) Keilnabe, F) Gleitlager, G) Innenverzahnung

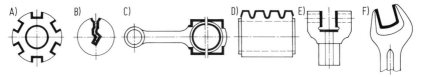

Bild 4. Beispiele für das Außen-Profilräumen
A) Nutmutter, B) Schloßkern, C) Pleuel, D) Lenkmutter, E) Gabelstück, F) Gabelschlüssel

Das *Profilräumen* (Bilder 2 D u. E und 3 B bis G) kommt am häufigsten vor und ist sowohl beim Innen- als auch beim Außenräumen verbreitet. Bild 3 zeigt Beispiele für das Innen-Profilräumen. Die Ausgangsform ist im allgemeinen eine Bohrung, durch die ein Profil-Räumwerkzeug bei gerader Schnittbewegung hindurchgeführt wird. Es können beliebige Profile geräumt werden, doch sollten diese achssymmetrisch sein, um ein

Verlaufen des Räumwerkzeuges weitgehend zu vermeiden. Durch Außen-Profilräumen werden entweder Verzahnungen, z. B. Lenkzahnstange (Bild 12), Lenkmutter (Bild 4D), oder Halbbohrungen, z. B. Pleuelstange und Pleueldeckel (Bild 4C), Kurbelwellenlagerdeckel (Bild 17), oder beliebige Profile hergestellt. Eine besondere Art des Außen-Profilräumens ist das Räumen mit allseitig umschlossenem Werkstück, das auch Umfangräumen, Tubusräumen oder Topfräumen (engl. pot broaching) genannt wird.

9.3 Übersicht der Räummaschinen

Für die verschiedenen Räumverfahren wurden geeignete Bauarten von Räummaschinen entwickelt, um eine optimale Anpassung von Verfahren und Maschine zu erreichen. So gibt es Außen- und Innenräummaschinen sowohl in senkrechter als auch in waagerechter Bauart und in verschiedenen konstruktiven Ausführungsformen. Die typischen Bauarten sind in DIN 55 141 bis 55 145 (Bild 5) festgelegt und in den wesentlichen Haupt- und Anschlußmaßen genormt. Die Kennzeichnung der Bauarten erfolgt durch eine Buchstabenfolge und die der Baugrößen durch eine anschließende Zahlenkombination, die folgende Bedeutung hat:

erste Zahl: Zugkraft,
zweite Zahl: Hublänge bzw. größte Werkzeuglänge bei Kettenräummaschinen,
dritte Zahl: Breite der Aufspannplatte bei Innenräummaschinen, des Werkzeugschlittens bei Außenräummaschinen bzw. des Werkstückträgers bei Kettenräummaschinen,
vierte Zahl: Anzahl der Werkstückträger bei Kettenräummaschinen.

An einem Beispiel sollen die Buchstabenfolge und die Zahlenkombination erklärt werden.

R I S Z 160 × 1250 × 400

Räummaschine
Innen-
Senkrecht-
Zweizylinder-
Zugkraft in kN
Hublänge in mm
Breite der Aufspannfläche in mm

Die Baugrößen der Räummaschinen sind nach einer geometrischen Reihe gestuft, und zwar nach der Normzahlreihe R 5 bei der Zugkraft und R 10 bei den geometrischen Abmessungen. Die einzelnen kennzeichnenden Größen zueinander sind aus Erfahrungswerten sinnvoll zusammengestellt und daher nur bedingt frei wählbar.

9.4 Berechnungsverfahren

9.4.1 Zerspankräfte

Die beim Räumen entstehende Zerspankraft F_z kann in drei Komponenten – Schnittkraft F_s in Schnittrichtung, Vorschubkraft F_V senkrecht zur Schnittfläche und Passivkraft F_P senkrecht zur Arbeitsebene – zerlegt werden (Bild 6).

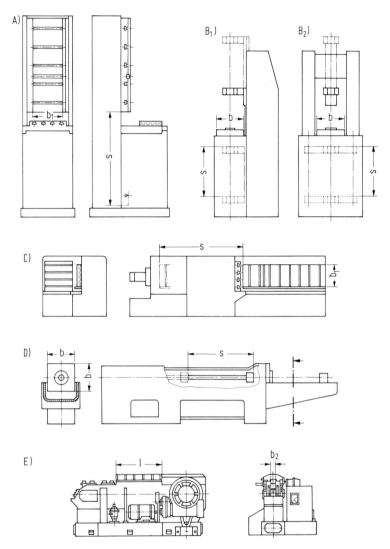

Bild 5. Genormte Bauarten von Räummaschinen

A) Senkrecht-Außenräummaschine RAS (nach DIN 55141), B_1) Einzylinder-Senkrecht-Innenräummaschine RISE (nach DIN 55143), B_2) Zweizylinder-Senkrecht-Innenräummaschine RISZ (nach DIN 55143), C) Waagerecht-Außenräummaschine RAW (nach DIN 55142), D) Waagerecht-Innenräummaschine RIW (nach DIN 55144), E) kontinuierlich arbeitende Waagerecht-Außenräummaschine (Kettenräummaschine) RKW (nach DIN 55145)

b Breite der Aufspannplatte, b_1 Breite des Werkzeugschlittens, b_2 Breite des Werkstückträgers, l Werkzeuglänge, s Hublänge

Bild 6. Zerspankraftkomponenten beim Räumen im Orthogonalschnitt

a Werkstück, b Werkzeug, s_z Spanungsdicke, h_1 Spandicke, F_V Vorschubkraft, F_S Schnittkraft, F_Z Zerspankraft, α Freiwinkel, γ Spanwinkel

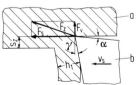

Die Kenntnis der einzelnen Zerspankraft-Komponenten ist wichtig, um eine Maschine auslegen zu können. Die Zugkraft als Summe der Schnittkräfte muß vom Antrieb aufgebracht und vom Aufspanntisch, vom Werkzeug und vom Maschinengestell aufgenommen werden. Die Vorschubkräfte wirken beim Außenräumen auf die Führungen, das Werkstück und die Spannvorrichtungen, heben sich dagegen beim Innenräumen von symmetrischen Profilen innerhalb des Werkzeugs und des Werkstücks auf. Die Passivkräfte treten nur bei einem von 0° abweichenden Neigungswinkel auf und müssen insbesondere von den Führungen, dem Werkstück und der Spannvorrichtung aufgenommen werden.

Die Schnittkraft wird nach der Gleichung

$$F_s = b \cdot h^{1-z} k_{s1.1} \tag{1}$$

von *Kienzle* [2] berechnet. Für den Anstiegwert (1-z) und für den Hauptwert der spezifischen Schnittkraft $k_{s1.1}$ sind die beim Drehen, Fräsen und Hobeln ermittelten Werte [2] für das Räumen nur annähernd gültig. Vor allem müssen bei kleinen Spanungsdicken unter 0,05 mm Zuschläge vorgesehen werden.

Meßergebnisse für das Außenräumen sind bei *Opitz* und *Schütte* [3] und für das Innenräumen bei *Victor* [4] zu finden. Die erforderliche Zugkraft ergibt sich aus der Summe der Schnittkräfte, unter Berücksichtigung der Reibung in den Führungen.

Die Vorschub- und die Passivkraft werden aus der Schnittkraft berechnet. Im Schrifttum [3] ist das Verhältnis von Schnittkraft F_s zu Vorschubkraft F_v wie 2:1 für einen speziellen Fall angegeben. Nach anderen Untersuchungen beträgt die Vorschubkraft meist nur 20 bis 40% der Schnittkraft F_s. Die Passivkraft F_p läßt sich nach geometrischen Beziehungen aus der Schnittkraft berechnen.

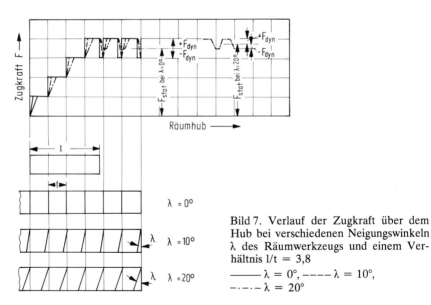

Bild 7. Verlauf der Zugkraft über dem Hub bei verschiedenen Neigungswinkeln λ des Räumwerkzeugs und einem Verhältnis l/t = 3,8
——— λ = 0°, ---- λ = 10°,
—·—·— λ = 20°

Mit zunehmendem Verschleiß steigt die Schnittkraft an. Eine Erhöhung um etwa 30% wird als Standwegende angesehen, sofern nicht schon vorher das Werkzeug nachgeschliffen werden muß, weil die Oberflächengüte zu schlecht geworden ist oder beim Innen-Räumwerkzeug zu starkes Verlaufen eintritt.

Die Zugkraft als Summe der Schnittkräfte ist zeitlich nicht konstant. Zunächst steigt die Schnittkraft stufenförmig bis zum Höchstwert an, bis die größtmögliche Anzahl von Schneiden im Eingriff ist (Bild 7). Danach treten Schneiden sowohl in das Werkstück ein als auch aus dem Werkstück wieder aus. Daher wechselt die Schnittkraft um einen statischen Wert. Am Ende des Räumvorgangs fällt die Schnittkraft wieder stufenförmig auf Null ab. Es entsteht also neben einem statischen ein dynamischer Zugkraftanteil, der durch eine gezielte Abstimmung zwischen Neigungswinkel, Teilung und Schnittfläche beeinflußt werden kann. Man versucht, den dynamischen Zugkraftanteil so klein wie möglich zu halten, um einen kleineren Schwingweg des Räumschlittens, einen geringeren Verschleiß, eine bessere Werkstückoberfläche, eine kleinere Störkraft auf das Fundament und einen niedrigeren Schallpegel zu erreichen.

9.4.2 Schneidengeometrie

Die Schnittgeschwindigkeit beeinflußt sehr stark die wirksame Schneidengeometrie, so daß Räumwerkzeuge für niedrige Schnittgeschwindigkeiten nur bedingt für erhöhte Schnittgeschwindigkeiten eingesetzt werden können, da diese größere Spanraumfaktoren, Span- und Freiwinkel verlangen. Man muß daher zwei Schnittgeschwindigkeitsbereiche unterscheiden, und zwar $v_s = 1$ bis 12 m/min als niedrige und $v_s = 18$ bis 30 m/min als erhöhte Schnittgeschwindigkeit.

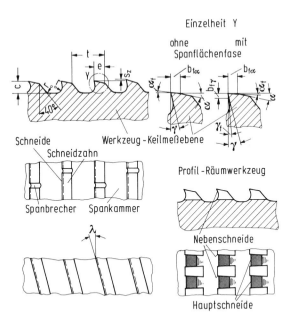

Bild 8. Schneidengeometrie am Räumwerkzeug (nach DIN 1415)

$b_{f\alpha}$ Fasenbreite der Freifläche, $b_{f\gamma}$ Fasenbreite der Spanfläche, c Spankammertiefe, e Zahnrückendicke, r Spanflächenradius, s_z Vorschub pro Zahn, t Teilung (Abstand der Schneiden), α Freiwinkel, α_f Fasenfreiwinkel, γ Spanwinkel, γ_f Fasenspanwinkel, λ Neigungswinkel

Die Begriffe der Schneidengeometrie sind in Bild 8 dargestellt. Die Span- und Freiwinkel werden entsprechend dem Werkstoff festgelegt. Empfohlene Werte sind in den Tabellen 1 und 2 aufgeführt.
Der Neigungswinkel wird beim Innen-Räumwerkzeug mit $\lambda = 0°$ festgelegt, weil sonst erhöhte Werkzeugkosten entstehen würden. Beim Außenräumwerkzeug wird oft ein von 0° abweichender Neigungswinkel gewählt. Damit können folgende Vorteile verbunden

Tabelle 1. Freiwinkel, Fasenfreiwinkel und Fasenbreite bei verschiedenen Werkstoffen und Schnittgeschwindigkeitsbereichen

Werkstückstoff	Freiwinkel α bei Schnittgeschwindigkeit v		Fasenfreiwinkel α_f und Fasenbreite $b_{f\alpha}$
	<12m/min	>18m/min	
GG	2°	3 bis 4°	Schrupp-, Schlicht- und Reservezähne keine Fase
kurzspanende Werkstoffe	2°	3 bis 4°	Schlicht- und Reservezähne in Sonderfällen mit Fase $\alpha_f = 0,5°$; $b_{f\alpha} \leq 0,5$mm
Stahl langspanende Werkstoffe	1,5 bis 3° 3 bis 4°	2 bis 4° 4 bis 5°	Schrupp- und Schlichtzähne keine Fase; Reservezähne beim Innenräumen: $\alpha_f = 0$ bis $0,5°$; $b_{f\alpha} = 0,5$ mm ab 2. Zahn

Tabelle 2. Spanwinkel bei verschiedenen Werkstoffen und Schnittgeschwindigkeiten

Werkstoff	Zugfestigkeit [N/mm²]	Spanwinkel γ bei Schnittgeschwindigkeit v	
		<12m/min	>18m/min
GG		10 bis 6°	15 bis 10°
GTS		12 bis 10°	16 bis 12°
GTW, GS		15 bis 12°	18 bis 15°
GGG		18 bis 15°	20 bis 15°
Automatenstahl		20 bis 15°	25 bis 20°
Einsatz- und Vergütungsstahl	<750 750…1000 >1000	20 bis 16° 18 bis 15° 16 bis 12°	25 bis 18° 20 bis 16° 18 bis 15°
Werkzeugstahl, nichtrostender und hochwarmfester Stahl		16 bis 12°	18 bis 15°
Leichtmetall		22 bis 16°	25 bis 20°
Messing, Bronze, Weißmetall		18 bis 2°	25 bis 5°

sein: Ein schlagartiger Ein- und Austritt der Schneiden in bzw. aus dem Werkstück wird vermieden; der dynamische Schnittkraftanteil kann bei optimaler Abstimmung von Neigungswinkel und Teilung zur Abmessung der Räumfläche minimiert werden [5, S 26 bis 29]; dadurch werden kleinere Schwingamplituden und ein niedrigerer Schallpegel bei beliebigen Räumflächen erreicht. Ferner werden die Späne leichter nach der Seite abgeführt. Außerdem erzielt man eine größere Form- und Maßgenauigkeit am Werkstück durch Beseitigung des Führungsspiels zwischen Räumschlitten und Ständer, wenn eine kleine resultierende Seitenkraft vorliegt.

Als Anhaltswert gilt beim Außenräumen:
$\lambda < 20°$ bei Planräumen in Tiefenstaffelung,
$\lambda < 3°$ bei Profilräumen in Tiefenstaffelung,
$\lambda < 15°$ bei Seitenstaffelung.

Die Spanungsdicke ist aus fertigungstechnischen Gründen abschnittsweise gleich groß. Im Schruppteil ist die Spanungsdicke größer und im Schlichtteil relativ klein. Im Reserveteil ist die Spanungsdicke gleich Null, denn nach mehrmaligem Nachschleifen müssen die verbleibenden Reserveschneiden beim Innenräumwerkzeug noch das geforderte Maß aufweisen, während beim Außen-Räumwerkzeug die Schneiden über Keilleisten oder durch Unterlegelemente nachgestellt werden können.

Profil-Räumwerkzeuge haben normalerweise keinen Schlichtteil, weil die Werkstückoberfläche durch die Nebenschneiden aller Schneidzähne entsteht (Bild 13 B). Nur in Ausnahmefällen wird ein Schlichtteil durch die teuren Vollformschlichtsegmente vorgesehen, bei denen die Hauptschneiden das gleiche Profil wie die zu erzeugende Oberfläche haben. Damit werden hohe Oberflächengüten erreicht.

Für die Spanungsdicke können die in Tabelle 3 aufgeführten Erfahrungswerte empfohlen werden. Die kleineren Werte beziehen sich vor allem auf dünnwandige Werkstücke, um zu starke Verformungen durch die großen Zerspankräfte zu vermeiden. Andernfalls können Maß- und Formfehler sowie Rattermarken am Werkstück entstehen. Am Ende des Schlichtteils befinden sich eine oder zwei Schneiden mit verringerter Spanungsdicke als Übergang zum Reserveteil.

Tabelle 3. Spanungsdicke beim Räumen

Werkstoff	Spanungsdicke s_z [mm]		
	Tiefenstaffelung		Seitenstaffelung
	Schruppen	Schlichten	
Stahl, GS, GGG	0,01 bis 0,15	0,003 bis 0,025	0,08 bis 0,25
GG und NE-Metalle	0,02 bis 0,2	0,01 bis 0,04	0,1 bis 0,5
Kunststoff	0,02 bis 0,06		0,1 bis 0,5

Die Spankammertiefe, die Zahnrückendicke und der Spanflächenradius sind in DIN 1416 festgelegt. Die dort angegebenen Werte sind unbedingt einzuhalten, da zur Herstellung der Spankammer Profilfräser, Profildrehmeißel und Profilschleifscheiben verwendet werden.

Um beim Räumen die oft sehr breiten Späne aufteilen und leichter abführen zu können, werden an den Schneiden Spanbrecher vorgesehen (Bild 8). Diese sind von Schneide zu Schneide im allgemeinen um ihren halben Abstand versetzt angeordnet und liegen mit der übernächsten Schneide auf einer Linie.

Die Teilung t wird nach dem notwendigen Spankammerquerschnitt A_k unter Berücksichtigung weiterer empirisch ermittelter Einflußfaktoren festgelegt. Ihre Berechnung erfolgt nach der Gleichung

$$t = 2{,}5 \cdot \sqrt{A_k} = 2{,}5 \sqrt{s_z \cdot l \cdot x}. \tag{2}$$

Die Spanungsdicke s_z wird Tabelle 3, der Schnittweg l der Werkstückzeichnung und der Spanraumfaktor x Tabelle 4 entnommen. Der Spanraumfaktor x variiert in einem großen Bereich bei verschiedenen Werkstoffen und Räumbedingungen. Die kleineren Werte beziehen sich auf niedrige Schnittgeschwindigkeiten, auf handbediente Maschinen und auf alle Maßnahmen, die den Späneausfall aus der Spankammer unterstützen, z. B. senkrechte Schnittbewegung, kleine Spanungsbreite, von 0° abweichender Neigungswinkel oder eine Abbürsteinrichtung. Der berechnete Wert muß immer auf genormte Werte (DIN 1416) aufgerundet werden.

Tabelle 4. Spanraumfaktor bei verschiedenen Werkstückstoffen und Räumbedingungen

Werkstoff	Spanraumfaktor x			
	Innen-Räumwerkzeug		Außen-Räumwerkzeug	
	Flach-	Rund-	Tiefenstaffelung	Seitenstaffelung
Stahl, GS, GGG	5 bis 8	8 bis 16	4 bis 10	1,8 bis 6
GG, NE-Metalle, Kunststoff	3 bis 7	6 bis 14	3 bis 7	1 bis 5

9.4.3 Zerspanleistung und Maschinenauslegung

Die Nennleistung P_N einer Räummaschine in kW wird aus der Nennzugkraft F in N und der höchsten Schnittgeschwindigkeit v in m/min bestimmt zu

$$P_N = \frac{F \cdot v}{60\,000} \, x. \tag{3}$$

Bei der Berechnung der notwendigen Antriebsleistung braucht der hydraulische Wirkungsgrad von etwa 80% nicht berücksichtigt zu werden, da die Nennleistung nie voll bei 100% Einschaltdauer benötigt wird. Wohl wird die höchste Schnittgeschwindigkeit eingestellt, aber die Nennzugkraft wird meist nur zu 50 bis 60% ausgenutzt.

Die Breite der Aufspannplatte bzw. des Werkzeugschlittens hängt von der Werkstückbreite, der Anzahl der Räumstellen, der Vorrichtungsgröße und der Art der Beschickung ab.

In DIN 55141 bis 55145 ist keine Auslegung für den hydraulischen Antrieb enthalten. Selbstverständlich ist die Pumpengröße nach der vorgesehenen Schnittgeschwindigkeit und nach den vorgesehenen Zylinderdurchmessern des hydraulischen Antriebs zu bestimmen. Aus Kostengründen wird man einen kleinen Zylinderdurchmesser anstreben, doch haben theoretische Überlegungen [5, S 105/107] und experimentelle Untersuchungen gezeigt, daß eine größere Laufruhe des Räumschlittens durch eine angepaßte Steifigkeit des hydraulischen Antriebs erreicht wird. Meist liegt die durch Schnittgeschwindigkeit und Teilung errechnete Erregerfrequenz

$$f_e = v_s/t \tag{4}$$

unterhalb der Eigenfrequenz f_o des Räumschlittenantriebs. Diese beträgt bei Zweizylinder-Senkrecht-Innenräummaschinen zwischen 25 und 35 Hz und Senkrecht-Außenräummaschinen zwischen 12 und 18 Hz, so daß in diesen Fällen ein statisch steifer Antrieb vorteilhaft ist. Nur beim Räumen auf Senkrecht-Außenräummaschinen unter erhöhter Schnittgeschwindigkeit liegt die Erregerfrequenz oberhalb der Eigenfrequenz des Antriebs, so daß in diesem Fall auf einen betont steifen Antrieb verzichtet werden kann. Statisch steife Antriebe erhält man durch kleine Ölvolumina in den Rohrleitungen und durch große Zylinderdurchmesser.

9.5 Werkstückaufnahme

Die Werkstückaufnahmen sind beim Innen- und Außenräumen verschieden.
Beim *Innenräumen* von symmetrischen Profilen heben sich die Vorschubkräfte auf, so daß es normalerweise genügt, das Werkstück auf eine Werkstückvorlage lose aufzulegen (Bild 9) und für eine Vorzentrierung durch Stifte oder eine abgesetzte Planfläche zu sorgen. Nur beim Schraubräumen muß die auftretende Tangentialkraft über eine Spannvorrichtung oder über eine formschlüssige Verbindung aufgenommen werden.

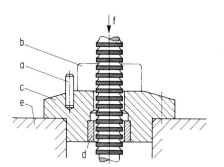

Bild 9. Werkstückvorlage beim Innenräumen

a Vorzentrierung durch drei Stifte,
b Werkstück, c Werkstückvorlage,
d weiche Buchse, e Tischplatte,
f Schnittrichtung

Beim *Außenräumen* müssen die Werkstücke grundsätzlich abgestützt und gespannt werden, um die großen Vorschubkräfte und Passivkräfte aufnehmen zu können. An vorbearbeiteten stabilen Werkstücken gibt es kaum Spannprobleme, wohl aber an labilen Schmiede- und Gußrohlingen. Hier sind die üblichen sechs Anlagepunkte in den drei Spannebenen oft unzureichend. Daher müssen zusätzlich Abstützpunkte vorgesehen werden, die entweder hydraulisch oder durch Federkraft angelegt und dann selbsthemmend verriegelt werden. Nur so kann ein Durchbiegen des Werkstücks unter der hohen

Schnittkraft verhindert werden. Andernfalls können Maß- und Formfehler und Rattermarken auftreten. Bild 10 zeigt eine solche Spannvorrichtung mit vier Abstützpunkten für Scheibenbremsträger. Eine Spannvorrichtung für Kurbelwellenlagerdeckel mit drei Abstützpunkten findet sich im Schrifttum [1, Bild 6].
Die Werkstückaufnahmen werden auf feste oder bewegliche Tische aufgebaut. Für senkrechte Außenräummaschinen sind meist bewegliche Tische vorgesehen, über die unter 9.7.3 näher berichtet wird.

Bild 10. Hydraulische Spannvorrichtung für Scheibenbremsträger
Fixierpunkte: F_1 bis F_3 drei untere Anlagepunkte, F_4 u. F_5 zwei vordere Anlagepunkte, F_6 seitlicher Anlagepunkt
federnd angelegte und selbsthemmend verriegelte Abstützpunkte: A_1 u. A_2 untere, A_3 u. A_4 hintere Abstützpunkte
Spannelemente: S_1 zwei (Pendel) von oben gegen F_1, F_2 u. F_3, S_2 von hinten gegen F_4 u. F_5, S_3 seitlich gegen F_6

9.6 Räumwerkzeuge

9.6.1 Allgemeines

Für die verschiedenen Räumverfahren gibt es entsprechende Räumwerkzeuge. Je nach Lage und Form der zu erzeugenden Fläche unterscheidet man Innen- oder Außen-Räumwerkzeuge für Plan-, Rund-, Schraub- oder Profilräumen.
Um ein Räumwerkzeug richtig auslegen zu können, müssen genaue Angaben über das Werkstück und die vorgesehene Räummaschine vorliegen. Wird für das betreffende Werkstück die Räummaschine erst noch ausgewählt, ist man in der Auslegung des Werkzeugs weniger eingeengt. Im allgemeinen geht man wie folgt vor:
Zuerst wird die Dicke der abzuräumenden Schicht bestimmt. Dabei sind bei Schmiede- und Gußrohteilen die Toleranzen für Längenmaße, für Versatz, Gratansatz und Schräge zu beachten (siehe DIN 7526 für Gesenkschmiedestücke und DIN 1680 bis 1688 für Gußrohteile). Dann ist das Zerspanungsschema festzulegen, bei Innen-Räumwerkzeugen die Anordnung des Profil- und Rundräumteils auszuwählen. Die Spanungsdicke ist

nach Tabelle 3 zu bestimmen und außerdem so auszuwählen, daß eine möglichst gleichmäßige Belastung der Schneiden entlang des Räumhubs entsteht, um Belastungsspitzen mit ihren unerwünschten Begleiterscheinungen zu vermeiden. Beim Räumen von sich verjüngenden Profilen, z. B. Räumen einer Evolventenverzahnung, sollte die Spanungsdicke mit zunehmendem Räumhub entsprechend der abnehmenden Spanungsbreite abschnittsweise erhöht werden, so daß das Produkt b × h etwa konstant bleibt.

Die Schnittgeschwindigkeit wird nach der geforderten Stückzeit, dem Verschleiß und der erwünschten Oberflächengüte festgelegt; außerdem ist der Schneidstoff auszuwählen. Ferner wird die Teilung nach Gleichung 2 und die Zähnezahl aus der Dicke der abzuräumenden Schicht und der Spanungsdicke berechnet.

Die Längen des Schrupp-, Schlicht- und Reserveteils erhält man aus der Teilung und der Zähnezahl. Die sich daraus ergebende Werkzeuglänge darf den Arbeitshub der Räummaschine unter Berücksichtigung der Vorrichtungshöhe und Tischart nicht überschreiten, andernfalls muß eine andere Werkzeugauslegung vorgenommen oder in zwei Zügen geräumt werden.

Der Arbeitshub beim Innenräumen muß größer als die Summe aus Zahnung, Endstück, Werkstückhöhe und einer Reserve von etwa 80 mm sein.

Beim Außenräumen setzt sich für Maschinen mit festem Tisch die Mindestlänge des Arbeitshubs aus der Werkzeuglänge, der Dicke der Abschlußplatte des Werkzeugs, der Werkstückhöhe und einer Reserve von etwa 100 mm zusammen. Für Maschinen mit Schiebetisch ist hierzu noch die Höhe der Vorrichtungselemente hinzuzurechnen, soweit diese in den Bereich des Werkzeugs einfahren. Für Maschinen mit Teiltisch ist außerdem noch die Dicke der Tischplatte zu beachten.

Tabelle 5. Ermittlung der Taktzeit

Vorgang während eines Arbeitstaktes	Zeit [s] RISZ	RISE/RAS
Arbeitshub des Räumschlittens	je nach	
Rückhub des Räumschlittens	Schnittgeschwindigkeit	
Beschleunigen des Räumschlittens für Arbeitshub	0,8 bis 1,0	1,0
Beschleunigen des Räumschlittens für Rückhub	1,0	1,0
Zubringerschlitten ab	1,5 bis 1,8	1,5 bis 1,8
Zubringerschlitten auf	1,5 bis 1,8	1,5 bis 1,8
Öffnen der Endstückhalter, Schafthalter drehverriegeln	0,5	0,5
Schließen der Endstückhalter, Schafthalter entriegeln	0,5	0,5
Querschiebetisch verfahren, indexieren, klemmen 400 bis 800 mm Hub	–	2,0 bis 3,0
Teiltisch je 90° drehen, Werkzeugschlittenbreite 320 bis 630 mm	–	je 1,5 bis 2,5
Beladeschieber anfahren bzw. abfahren	je 2	je 2
Ent- und Beladen, Umladen: automatisch, je nach System, entfällt bei RAST-Bauart	3 bis 5	4 bis 6
von Hand, 2 Räumstellen, leichte Werkstücke	4 bis 6	4 bis 6
von Hand, 3 Räumstellen, leichte Werkstücke	6 bis 10	6 bis 10
von Hand, 1 Räumstelle, schweres Werkstück	6 bis 8	6 bis 8
von Hand, 2 Räumstellen, schwere Werkstücke	8 bis 12	8 bis 12
Summe der Einzelzeiten = Taktzeit		

Die nach Gleichung 1 berechnete Zugkraft mit einem Zuschlag von 30% bei Standwegende ist mit der Nennzugkraft der Räummaschine zu vergleichen; außerdem muß die Belastbarkeit des Schafts bei Innenräumwerkzeugen berücksichtigt werden.

Die Taktzeit setzt sich aus den einzelnen Zeiten für die Bewegung des Räumschlittens und für die Hilfsbewegungen an der Räummaschine zusammen. In der Praxis erprobte Werte hierfür sind in Tabelle 5 zusammengestellt.

Die Stückzeit ist der Quotient aus der Taktzeit und der Anzahl der während eines Arbeitszyklus fertiggeräumten Werkstücke. Die Mengenleistung, d.h. die Anzahl der in der Zeiteinheit gefertigten Teile, wird immer für 100% Auslastung angegeben, da Stillstandzeiten durch persönliche Verteilzeiten, Werkzeug- und Vorrichtungswechsel, Werkzeugnachstellung und Reparaturen von Bedingungen beim Anwender abhängig sind, auf die der Maschinenhersteller keinen Einfluß hat. Als durchschnittliche Auslastung von Räummaschinen kann man 80% ansetzen.

9.6.2 Staffelung und Gefälle

Das durch die Anordnung der Zähne vorgegebene Zerspanschema nennt man Staffelung (Bild 11). Je nach Richtung der Vorschubstaffelung spricht man von Tiefenstaffelung (Bild 11 A) oder von Seitenstaffelung (Bild 11 B).

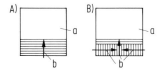

Bild 11. Staffelung beim Planräumen
A) Tiefenstaffelung, B) Seitenstaffelung bei zwei gegenseitig arbeitenden Werkzeugen und anschließendem Schlichten in Tiefenstaffelung
a Werkstück, b „Vorschubrichtung" bei der Zerspanung

In den meisten Fällen wird in Tiefenstaffelung geräumt, um bei großer Spanungsbreite die Antriebsleistung der Maschine ausnützen und mit einem möglichst kurzen Räumwerkzeug auskommen zu können. Beim Räumen von Profilen wird grundsätzlich in Tiefenstaffelung gearbeitet (DIN 1415, Bilder 4 und 5). Nachteilig bei Tiefenstaffelungen ist ein erhöhter Verschleiß, wenn die harte Außenschicht von Guß- oder Schmiedewerkstücken durch kleine Spanungsdicken von außen abgespant wird. Zur Verschleißminderung wird in diesen wenigen Fällen oft die Seitenstaffelung vorgesehen, bei der die harte Guß- oder Schmiedehaut bei größerer Spanungsdicke von der Seite zerspant wird. Allerdings ist bei der Seitenstaffelung gegenüber der Tiefenstaffelung eine größere Anzahl von Zähnen notwendig, wie ein Vergleich der beiden Darstellungen in Bild 11 deutlich zeigt. Um das Werkzeug bzw. den Räumhub bei der Seitenstaffelung nicht zu lang werden zu lassen, werden meist die Räumflächen von beiden Seiten aus mit je einem Werkzeug (Bild 11 B) und außerdem gleichzeitig noch andere Flächen geräumt. Bei der Seitenstaffelung wird die Oberfläche durch die Nebenschneiden nach und nach erzeugt, so daß diese wesentlich rauher als beim Räumen in Tiefenstaffelung ausfällt. Daher wird in vielen Fällen noch ein Schlichtteil, der in Tiefenstaffelung arbeitet, angehängt (Bild 11 B).

Neben der Tiefen- und Seitenstaffelung gibt es – vorwiegend für das Planräumen – noch andere Staffelungen, die aber nur selten angewendet werden. Diese stellen nur Kombinationen oder Varianten der beiden genannten Grundtypen dar. Eine Art von Staffelung stellt auch das Räumen mit einem Aufreißprofil dar. Der erste Werkzeugabschnitt räumt eine Verzahnung. Diese wird mit dem zweiten Werkzeugabschnitt wieder abgeräumt. Ist die Dicke der abzuräumenden Schicht größer, folgen noch weitere Abschnitte mit und ohne Aufreißprofil. Das Aufreißprofil wird vor allem bei Werkstücken mit breiten ebenen Schnittflächen, z. B. Lenkzahnstangen (Bild 12) oder mit größeren Halbbohrungen, z. B. Kurbelwellenlagerdeckel (Bild 17) oder Pleuel verwendet und hat sich besonders bei Guß- und Schmiedestücken bewährt, bei denen andernfalls die harte Außenschicht durch eine lange Seitenstaffelung oder durch eine übliche Tiefenstaffelung mit kleinem, verschleißforderndem Vorschub pro Zahn zerspant werden müßte.

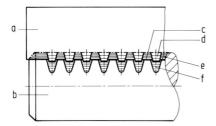

Bild 12. Räumen der Verzahnung von Lenkzahnstangen mit Aufreißprofil
a Räumwerkzeug, b Werkstück, c Zahnkopffläche, d Zerspanung durch erstes Segment (profilierte Zähne), e Zerspanung durch zweites Segment (nicht profilierte Zähne), f Zerspanung durch drittes Segment (Verzahnungsprofil)

Wird ein Profil in Tiefenstaffelung geräumt, muß verhindert werden, daß die Nebenschneiden im bereits geräumten Profilabschnitt klemmen, drücken oder durch Werkstoffansatz die Oberfläche beschädigen. Daher werden die Zahnflanken des Werkzeugs mit Profilgefälle geschliffen (Bild 13). Dies erreicht man beim Schleifen des Profils dadurch, daß das Werkzeugende auf der Schleifmaschine um den Andrückbetrag angehoben wird. Nur die Ecken der Profilzähne liegen noch auf der theoretischen Profillinie, während die Zahnflanken sich unter dem zwangsläufig korrigierten Winkel verjüngen. Daher entsteht beim geräumten Profil eine Art Treppenstufung.

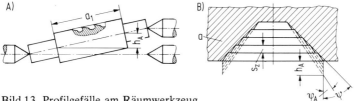

Bild 13. Profilgefälle am Räumwerkzeug
A) Anheben des Werkzeugs beim Schleifen des Profils, B) in Tiefenstaffelung geräumtes Profil (Vorschub pro Zahn übertrieben groß)
a Werkstück, a_l Zahnungslänge des Werkzeugs, h_A Andrückbetrag, s_z Spanungsdicke, ψ Profilwinkel, ψ_A korrigierter Profilwinkel

9.6.3 Ausführungsformen von Räumwerkzeugen

Innen-Räumwerkzeuge (Bild 14) bestehen meist aus einem Stück (Bild 14 A). Bei größeren Werkzeugdurchmessern kann die Zahnung auch aus auswechselbaren Räumbuchsen (Bild 14 B und D), auswechselbaren Leisten (Bild 14 C) und auswechselbaren Schneidringen bestehen, die an Räumwerkzeugaufnahmen befestigt sind.

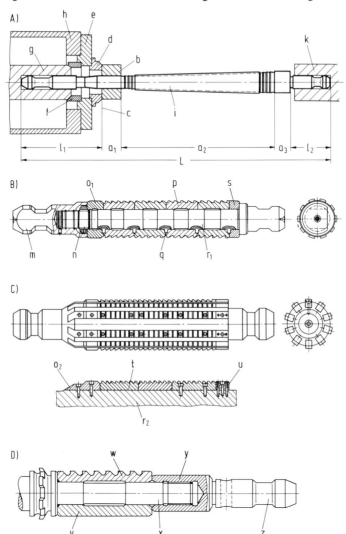

Bild 14. Innenräumwerkzeuge verschiedener Konstruktion (nach DIN 1415)
A) einfache Ausführung (schematisch eingebaut in Räummaschine RIW), B) zusammengesetzt mit Räumbuchsen, C) zusammengesetzt mit Räumwerkzeug-Einsätzen, D) zusammengesetzt mit auswechselbarer Rundräumbuchse

a_1 Einführungslänge, a_2 Zahnungslänge, a_3 Führungsstücklänge, b Werkstück, c Werkstück-Auflagefläche, d Werkstückvorlage bzw. Räumvorrichtung, e Aufspannplatte, f Anschlagring, g Schafthalter, h Maschinenkörper, i Räumwerkzeug, k Endstückhalter, l_1 Schaftlänge, l_2 Endstücklänge, L Räumwerkzeug-Gesamtlänge, m Aufschraubschaft, n Spannmutter, o_1, o_2 Einführungen, p Räumbuchse, q Fixierstück, r_1, r_2 Räumwerkzeug-Aufnahmen, s Führungsstück, t Räumwerkzeug-Einsatz, u Mitnahmeplatte, v Blindbuchse, w Rundräumbüchse, x Aufnahmezapfen, y Aufschraubendstück, z rundes Endstück

Außen-Räumwerkzeuge (Bild 15) enthalten wegen ihrer komplizierten Form meist mehrere Räumwerkzeug-Einsätze, die an Räumwerkzeug-Aufnahmen geschraubt oder geklemmt werden. Schruppräumwerkzeug-Einsätze werden über feste Paßleisten ein- und nachgestellt, während bei Schlichträumwerkzeug-Einsätzen meist die genauer einstellbaren Keilleisten vorgesehen werden.

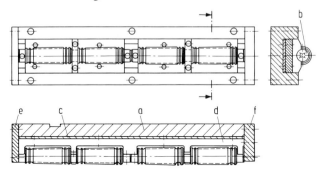

Bild 15. Aus Räumwerkzeugaufnahme und mehreren Räumwerkzeug-Einsätzen zusammengesetztes Außenräumwerkzeug (nach DIN 1415)
a Räumwerkzeug-Aufnahme, b Räumwerkzeug-Einsatz, c Beilageleiste, d Zwischenaufnahme, e Abschlußplatte, f Mitnahmeplatte

Häufig wird für jede Räumstelle eine getrennte Räumwerkzeug-Aufnahme vorgesehen, wenn mit unterschiedlichen Standwegen gerechnet werden muß. Auch erhalten Schrupp- und Schlichtteil oft getrennte Räumwerkzeug-Aufnahmen, die manchmal auf einer gemeinsamen Grundplatte angeordnet sind (Bild 16).

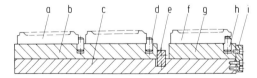

Bild 16. Befestigung von Räumwerkzeug-Einsätzen und Räumwerkzeug-Aufnahme
a Schruppräumwerkzeug-Einsatz, b Zwischenaufnahme für Schruppteil, c Räumwerkzeug-Aufnahme, d Anschlagbolzen, e Anschlagleiste, f Schlichträumwerkzeug-Einsatz, g Zwischenaufnahme für Schlichtteil, h Anschlagbolzen, i Abschlußplatte

An einem Beispiel (Bild 17) soll eine Konstruktion eines Außen-Räumwerkzeugs zur Bearbeitung von Kurbelwellenlagerdeckeln auf einer Räummaschine der RAST-Bauart mit drei Räumstellen kurz beschrieben werden. Entsprechend den drei Räumstellen sind drei Räumwerkzeugbahnen in getrennten Räumwerkzeug-Aufnahmen vorgesehen. An der mittleren Räumwerkzeugbahn wird die Halbbohrung in Tiefenstaffelung fertiggeräumt und die Trennfläche in Seitenstaffelung teilweise vorgeräumt. Die Räumwerkzeug-Einsätze für die Halbbohrung und die Trennfläche sind voneinander getrennt ausgeführt und nochmals in Schnittrichtung aufgeteilt. An der rechten Werkzeugbahn wird die Schraubenauflagefläche in Tiefenstaffelung geräumt. Die Räumwerkzeug-Einsätze sind längs geteilt. Schrupp- und Schlichtteil sind voneinander getrennt. An der linken Werkzeugbahn wird die Trenn- und Seitenpaßfläche teils in Tiefen- und teils in Seitenstaffelung geräumt. An den Schruppteil schließt zunächst der

Schlichtteil für die Trennfläche und dann der Schlichtteil für die Seitenpaßfläche in jeweils getrennten Räumwerkzeug-Zwischenaufnahmen an. Beide Schlichträumwerkzeug-Einsätze werden über Keilleisten nachgestellt.

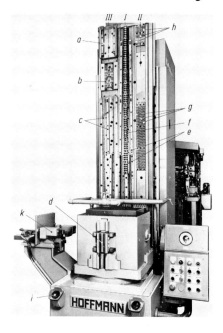

Bild 17. Räumwerkzeug für Kurbelwellenlagerdeckel auf einer Senkrecht-Außenräummaschine

I, II, III Werkzeugbahnen für das Räumen in drei Zügen, a Schlichtteil für Seitenpaßflächen, b Schlichtteil für Trennflächen, c Schruppteil für Trenn- und Seitenpaßflächen, d Werkstück in Spannvorrichtung für erste Bearbeitung an Werkzeugbahn I, e Räumwerkzeug-Einsätze für Trennflächen, f Räumwerkzeug-Einsätze für Halbbohrung, g längsgeteilte Schrupp-Räumwerkzeug-Einsätze für Schraubenauflagefläche, h längsgeteilte Schlichträumwerkzeug-Einsätze für Schraubenauflagefläche i Pilztaste für Zweihand-Bedienung, k Andrückeinrichtung

9.6.4 Werkzeugbefestigung

Innen-Räumwerkzeuge werden an ihrem Schaft und an ihrem Endstück lösbar über dreh- oder hubverriegelte Schaft- und Endstückhalter befestigt (DIN 1415 und 1418), wie Bild 14 A andeutungsweise zeigt. Über den Schafthalter wird die Räumkraft vom Räumschlitten aufgenommen, während der Endstückhalter das Räumwerkzeug über einen Zubringerschlitten zubringt und wieder abhebt. Der Zubringerschlitten ist bei heutigen Innen-Räummaschinen mitlaufend, so daß das Werkzeugende während des Räumens über den Endstückhalter geführt wird. Damit verbunden ist ein geringerer Verschleiß, eine bessere Werkstückoberfläche [6 u. 7] und ein geringeres Verlaufen des Räumwerkzeugs. Schaft- und Endstückhalter können eine Verdrehsicherung für das Räumwerkzeug erhalten, wenn eine bestimmte Stellung des zu räumenden Profils zum Werkstück gefordert wird.

Außen-Räumwerkzeuge werden über die Räumwerkzeug-Aufnahmen am Schlitten verschraubt. Dies erfolgt nach DIN 55 141 meist über Nutensteine oder bei Einzweckmaschinen auch über kostensparende Gewindehülsen.

9.6.5 Werkzeugverschleiß

Wegen der relativ niedrigen Schnittgeschwindigkeit beim Räumen werden die Werkzeuge fast ausschließlich aus Schnellarbeitsstahl hergestellt. Hartmetallbestückte Werkzeuge haben sich beim Räumen von Grauguß bewährt, konnten sich aber bei der Stahlbearbeitung nicht durchsetzen, weil die Schneidkante schon nach kurzer Zeit ausbröckelt.

Die Werkzeugkosten belasten beim Räumen die gesamten Fertigungskosten erheblich. Daher sind alle Maßnahmen zu ergreifen, um den Verschleiß an den teuren Räumwerkzeugen niedrig zu halten. Beim Räumen tritt vor allem ein Freiflächenverschleiß auf, verbunden mit einer Schneidkantenrundung, während ein Spanflächenverschleiß wegen der niedrigen Schnittgeschwindigkeit kaum beobachtet wird. An der Schneidkante sind insbesondere die Ecken zur Nebenschneide gefährdet, weil diese Stellen einer erhöhten Belastung ausgesetzt sind, z. B. beim Profilräumen (Bild 8). Dort bildet sich an der Freifläche der sog. Eckenverschleiß.

Die Einflüsse auf den Werkzeugverschleiß sind sehr vielfältig, so daß selten quantitative, wohl aber qualitative Angaben gemacht werden können. Der Verschleiß hängt vom Werkstück (Werkstoff, Gefügezustand, Festigkeit, Beschaffenheit der Randzone), vom Werkzeug (Schneidstoff, Härte, Zähigkeit, Schneidengeometrie, Schleifgüte, Räumweg) und von der Maschine (Schnittgeschwindigkeit, Kühlung, Schwingungen) ab.

Die Festlegung eines Standwegendes beruht auf Erfahrungswerten, die sowohl niedrige Werkzeug- und Schärfkosten als auch die Einhaltung einer vorgegebenen Oberflächengüte und Maßgenauigkeit einschließen. So liegt das Standwegende im allgemeinen bei einer Verschleißmarkenbreite von 0,2 bis 0,4 mm. Der kleinere Wert gilt insbesondere für das Innenräumen, da die Maßhaltigkeit des Werkzeugs auf diese Weise länger beibehalten werden kann. Eine noch kleinere Verschleißmarkenbreite von 0,1 mm beendet den Standweg beim Umfangsräumen, weil andernfalls der Rundlauffehler zu stark anwachsen würde. Einige Beispiele für den Standweg von häufig vorkommenden Werkstücken sind in Tabelle 6 aufgeführt.

Tabelle 6. Standwege beim Räumen von häufig vorkommenden Werkstücken

Werkstück	Werkstoff	Festigkeit [N/mm²]	Schnittgeschwindigkeit [m/min]	Standweg (Standmenge)
Lenkzahnstange	Cf 45 V	700 bis 900	20 bis 24	180 m (9000 Teile)
Pleuel PKW	Ck 45 V	700	25	250 m (10000 Teile)
LKW	37 Cr 4 V	1000	6 bis 8	320 bis 380 m (10 bis 12000 Teile)
Synchron-Kupplungsnabe	35 S 20 N	700	6	670 bis 950 m (35000 Teile)
Schwinghebel	16 MnCr 5	600 bis 700	6	380 bis 490 m (17000 bis 22000)
Kurbelwellenlagerdeckel	GG 26	260	6; 10; 25	1500 m (10000 Teile)
Scheibenbremszangen	GG 26	260	18 bis 25	1370 m (25000 Teile)
Scheibenbremsbügel	GGG 50	500	16	900 m (15000 Teile)
Scheibenbremsrahmen	GGGk 50	500	25	1200 m (100000 Teile)

Die Lebensdauer von Räumwerkzeugen kann erhöht werden durch Austauschen von Räumwerkzeug-Einsätzen (siehe 9.6.3), bei Flach-Räumwerkzeugen entweder durch Anpassen von Unterlagen oder durch Nachstellen von Keilleisten. Außen-Räumwerkzeuge werden zweckmäßig mit rechteckigem oder quadratischem Querschnitt mit zwei- bzw. vierfachen Schneiden ausgeführt und umsetzbar angeordnet. Rund-Räumwerkzeuge zum Räumen einer Halbbohrung, z. B. für Kurbelwellenlagerdeckel (Bild 17) oder für Pleuel, werden nach Standwegende um 180° gedreht.

Zunehmender Verschleiß macht sich auch durch einen Anstieg der Schnittkraft bemerkbar. Beim Standwegende wird eine um etwa 30% größere Schnittkraft angezeigt. Außerdem steigt die Schneidkantenrundung auf 20 bis 50 µm an, und die höhere Schartigkeit der Schneidkante erhöht die Rauhtiefe der geräumten Fläche.

9.6.6 Werkzeuginstandhaltung

Ist das Standwegende erreicht, wird das Räumwerkzeug geschärft. Zunächst sollten vorhandene Kaltverschweißungen an den Freiflächen beseitigt und die Räumwerkzeuge auf Rundlauf bzw. Geradheit geprüft werden. Gerichtet wird mit Meißel und Hammer durch Druckspannungen auf der hohlen Seite des Rund-Räumwerkzeugs oder durch Erwärmung mit einem Schweißbrenner bei Flach-Räumwerkzeugen.

Grundsätzlich werden die Räumwerkzeuge an der Spanfläche und nur ausnahmsweise an der Freifläche geschliffen. Dies hat sich als die brauchbarste und wirtschaftlichste Methode erwiesen.

Beim Schleifen der Spanfläche an flachen und flachprofilierten Räumwerkzeugen liegen kaum Probleme in bezug auf Maß- und Profiländerungen vor. Der Anstellwinkel δ der Schleifspindel entspricht hier dem Spanwinkel γ.

Dagegen ergeben sich beim Schleifen von Rund- und rundprofilierten Räumwerkzeugen nicht einfach überschaubare Verhältnisse. Der Anstellwinkel δ und der Spanwinkel γ sind nicht mehr identisch. Die geometrischen Zusammenhänge sind im Schrifttum [8] ausführlich behandelt. Die Rechenergebnisse für den Anstellwinkel δ bei einem bestimmten Spanwinkel γ können in Abhängigkeit vom größten Räumwerkzeugdurchmesser d_R und vom Schleifscheibendurchmesser d_s aus Bild 18 entnommen werden.

Vor dem Schleifen der Freiflächen wird im allgemeinen die Steigung des Werkzeugs geschliffen, um eine konstante Spanungsdicke beim Räumen zu erhalten. Dabei entsteht ein negativer Freiwinkel. Anschließend wird der Schleifmaschinentisch entsprechend dem gewünschten Freiwinkel α geschwenkt, die Freifläche mit Tuschierfarbe gefärbt und die Schleifscheibe so lange zugestellt, bis die Tuschierfarbe an der Fase des negativen Freiwinkels gerade weggeschliffen ist (Bild 19). Für Rund- und rundprofilierte Räumwerkzeuge werden gerade Schleifscheiben und für Flach- und flachprofilierte Räumwerkzeuge Topfscheiben verwendet. In beiden Fällen ist der Anstellwinkel δ gleich dem Freiwinkel α.

Das Schleifen der Spanfläche, der Freifläche und der Spanbrecher erfolgt bei geringen Stückzahlen auf Universal-Werkzeug-Schärfmaschinen. Bei größeren Stückzahlen werden spezielle Universal-Räumwerkzeug-Schärfmaschinen der SFR-Bauart eingesetzt. Eine automatisch arbeitende Maschine zeigt Bild 20.

9.6 Räumwerkzeuge

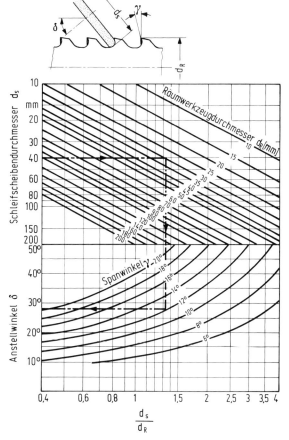

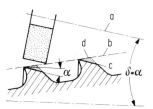

Bild 19. Schleifen der Freifläche an Rund- und rundprofilierten Räumwerkzeugen

a Drehachse der Schleifscheibe,
b Kegelmantellinie nach dem Rundschleifen (Steigungsschleifen),
c Freifläche,
d Tuschierfarbe,
α Freiwinkel,
δ Anstellwinkel der Schleifscheibe

Bild 18. Anstellwinkel δ der Schleifscheibe als Funktion des Räumwerkzeug-Durchmessers d_R, des Schleifscheiben-Durchmessers d_s und des Spanwinkels γ beim Schleifen der Spanfläche an Rund- und rundprofilierten Räumwerkzeugen

Bild 20. Universal-Räumwerkzeugschärfmaschine mit automatischem Arbeitsablauf Typ ASFR 1500

9.7 Bearbeitung auf Räummaschinen

9.7.1 Allgemeines

Räummaschinen werden entweder hydraulisch oder mechanisch angetrieben. Mechanische Antriebe werden mit Ritzel und Zahnstange, Spindel und Kugelumlaufmutter oder als Kettentriebe ausgeführt. Räummaschinen mit hydraulischem Antrieb haben einen oder zwei Zylinder. Beide Antriebssysteme haben Vor- und Nachteile. Der hydraulische Antrieb erlaubt bei niedrigeren Kosten einen großen Schnittgeschwindigkeitsbereich, eine einfache Verstellung der Schnittgeschwindigkeit – sogar während des Räumens –, eine hohe Beschleunigung und Verzögerung des Räumschlittens und ein leichtes Umsteuern der Bewegungsrichtung. Daher bevorzugt man den hydraulischen Antrieb; Ausnahmen sind vor allem Außenräummaschinen der RKW-Bauart und der RAW-Bauart mit langem Hub. Die Hydraulikaggregate werden mit Axialkolben-, Flügelzellen- oder Zahnradpumpen ausgerüstet, wobei Verstellpumpen bevorzugt werden, um die Schnittgeschwindigkeit stufenlos einstellen zu können. Bei Verwendung von Konstantpumpen werden mehrere Pumpenstufen parallel geschaltet und über ein Stromregelventil die stufenlose Einstellung des Volumenstroms erreicht.

Die Steuerung der Hydraulik erfolgt meist über eine Anbaublockhydraulik, die entsprechend der Steuerungsaufgabe aus einzelnen Blöcken kombiniert und erweitert werden kann. Vorteilhaft ist die Aufteilung in zwei Steuerblöcke. Der eine Steuerblock für die Steuerung des Räumschlittens wird an der Rückseite des Maschinenständers angebaut, um das aktive Ölvolumen für einen steifen Antrieb des Räumschlittens klein zu halten. Der andere Steuerblock für die Pumpensteuerung und der Zusatzfunktionen ist auf dem Hydraulikbehälter montiert.

Der durch den periodischen Schneidenein- und -austritt unterbrochene Schnitt führt zu erzwungenen Schwingungen. Die Erregerfrequenz wird nach Gleichung 4 aus der Schnittgeschwindigkeit und der Teilung bestimmt. Liegt die Erregerfrequenz in der Nähe der Eigenfrequenz (siehe 9.4.3), können durch eine geringe Steifigkeit des hydraulischen Antriebs große Schwingungsamplituden des Räumschlittens entstehen (Bild 21), die der Schnittgeschwindigkeit überlagert sind. Dadurch treten im allgemeinen eine schlechtere Oberfläche am Werkstück, ein größerer Werkzeugverschleiß, eine größere Störkraft auf das Fundament und ein höherer Schallpegel auf.

Die Störkraft auf das Fundament wird vor allem durch das Frequenzverhältnis, das Eigenfrequenzverhältnis und durch den dynamischen Anteil der Schnittkraft bestimmt [9]. Dies ist deutlich in Bild 22 zu sehen. Wirksame Abhilfe ist am einfachsten durch eine aktivisolierte Aufstellung auf Isolierkörper zu erreichen (Kennlinien b bis e). Eine an Räummaschinen angepaßte Auslegung der Isolierkörper ist ratsam (Kennlinie e), wobei die Isolierkörper nach Kennlinie e_1 wesentlich preiswerter als die nach Kennlinie e_2 sind. Bild 23 zeigt den Fuß einer aktivisoliert aufgestellten Räummaschine. Die Isolierkörper sind nach Kennlinie e_1 von Bild 22 ausgelegt.

Beim Räumen entsteht durch die auftretenden Schnittgeräusche und durch die lauten Antriebspumpen ein relativ hoher Schallpegel. Die Schnittgeräusche werden vor allem durch den unterbrochenen Schnitt und durch die auftretenden Schwingungen in und senkrecht zur Schnittrichtung verursacht. Gerade die Schwingungen senkrecht zur Schnittrichtung, auch Rattern genannt, sind für das menschliche Ohr besonders unangenehm und haben ihre Ursachen beim Innenräumen in den Biegeschwingungen des Räumwerkzeugs und beim Außenräumen in den Biegeschwingungen des Ständers.

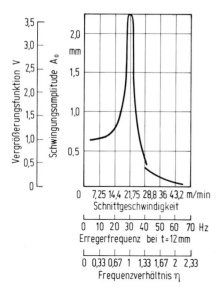

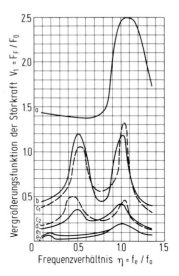

Bild 21. Schwingungsamplitude des Räumschlittens als Funktion der Erregerfrequenz bei einer Innenräummaschine älterer Bauart; F_{stat} = 25,6 kN, f_{dyn} = 4,3 kN (nach *Schweitzer* [6])

Bild 22. Störkräfte von einer Senkrecht-Innenräummaschine RISZ bei verschiedenen Aufstellungsarten

a feste Aufstellung,
b bis e aktivisolierte Aufstellung,
b, c_1, c_2, d niedrige Isolierkörper in Sonderausführung,
e_1 niedrige, e_2 hohe Isolierkörper

Bild 23. Auf Isolierkörper aktivisoliert aufgestellte Innenräummaschine

Um den Schallpegel unter die angestrebte Grenze von 80 dB (A) senken zu können, sollten die Axialkolbenpumpen durch die leiseren Flügelzellen- oder Zahnradpumpen ersetzt, die Schwingungen des Räumschlittens durch einen angepaßt steifen Antrieb (siehe 9.4.3) und durch einen kleinen dynamischen Anteil der Schnittkraft reduziert, die Biegeschwingungen des Innen-Räumwerkzeugs durch eine einwandfreie Führung seines Endstücks [7] vermieden, die Biegeschwingungen des Ständers von RAS-Maschinen durch eine größere Steifigkeit und Dämpfung der im Kraftfluß liegenden Teile reduziert und die Räummaschinen aktivisoliert aufgestellt werden [9].

Mit üblichem Aufwand können beim Räumen Maß-, Form- und Lagetoleranzen von IT 7 bis IT 8, mit hohem Aufwand Werte von IT 6 bis IT 7 erreicht werden.

Beim Innenräumen von Kupplungsverzahnungen nach DIN 5480 Teil 14 (Zahnwellenverbindungen mit Evolventenflanken) wird ohne Vollformschlichtscheiben mit normalem Aufwand die Qualität 9 H und mit hohem Aufwand die Qualität 7 H bis 8 H erreicht.

Beim Räumen von Laufverzahnungen kann mit normalem Aufwand ohne Vollformschlichtelemente die Verzahnungsqualität 8/9 gemäß DIN 3962 und 3963 erreicht werden. Mit hohem Aufwand erzielt man unter Verwendung von Vollformschlichtscheiben bzw. -ringen die Verzahnungsqualität 7/8.

Die Oberflächengüte wird bestimmt von der Welligkeit und der Rauhtiefe. Die Welligkeit entsteht durch Schwingungen senkrecht zur Räumrichtung, das sog. Rattern. Die Rauhtiefe wird durch viele Einflußfaktoren bestimmt. Die wichtigsten sind der Werkstoff, der Gefügezustand des Werkstoffs, die Schnittgeschwindigkeit, die Schartigkeit der Schneide, die Schneidengeometrie, die Staffelung der Schneiden und die Kühlung. Der Einfluß des Gefüges auf die Oberflächengüte von C 45 und von 16MnCr5 wurde untersucht und in Abhängigkeit der Schnittgeschwindigkeit ermittelt [3]. Wie Bild 24 zeigt, nimmt die Rauhtiefe mit steigender Schnittgeschwindigkeit zunächst zu, erreicht bei 8 bis 20 m/min ein Maximum (Bereich der Aufbauschneide) und fällt dann wieder je nach Gefügezustand mehr oder weniger ab. Doch ist diese Gesetzmäßigkeit bei Spanungsdicken von 0,01 mm, wie sie beim Schlichten vorliegen, nach anderen Messungen weniger stark ausgebildet. Beim Innenräumen schließen sich dem Schlichtteil noch Reservezähne an, die beim Zurückfedern des Werkstücks die Oberfläche beschädigen können.

Einsatz- und Vergütungsstähle werden meist normalgeglüht geliefert, so daß eine günstige Spanbildung und Oberflächengüte erreichbar ist, wenn eine gleichmäßige Ferrit-Perlit-Verteilung bei mittlerer Korngröße vorhanden ist. Auch feinkörnige Vergütungsgefüge bringen gute Ergebnisse, wenn der Kohlenstoffgehalt nicht über 0,6% liegt und die Festigkeit 900 bis 1000 N/mm² nicht übersteigt. Mit steigendem Gehalt an Kohlenstoff und Legierungsbestandteilen kann es wirtschaftlicher werden, im weichgeglühten Zustand zu räumen.

Automatenstähle mit erhöhtem Schwefelgehalt sind sehr gut räumbar; hier werden durchweg bessere Oberflächengüten und Standmengen erzielt. Sollte ein erhöhter Schwefelgehalt wegen der Nachteile für die Warmbehandlung nicht möglich sein, hat sich auch schon ein Bleizusatz bewährt.

Nachteilig sind ungleichförmige Gefüge, vor allem Ferrit-Zeilen in Räumrichtung; bei diesen Werkstoffen ist es unmöglich, zufriedenstellende Ergebnisse zu erzielen. Ungünstig sind auch Oberflächenverfestigungen durch vorhergehende Bearbeitungen mit stumpfen Werkzeugen oder bei kaltfließgepreßten Teilen.

Bei Gußwerkstoffen mit Lamellen- und Kugelgrafit können gute Ergebnisse erzielt werden, wenn eine gleichmäßige und feine Grafitverteilung vorliegt und wenn die Gußhaut durch vorhergehendes Kugelstrahlen gesäubert worden ist. Bei Zementitanhäufungen (Weißeinstrahlung), die oft im Winter durch zu schnelle einseitige Abkühlung von Gußstücken auftreten, oder bei Schlackeneinschlüssen verschleißen die Werkzeuge örtlich übermäßig, so daß keine brauchbare Oberflächengüte erzielt wird.

Sehr gut räumbar sind die meisten Leichtmetall-Legierungen und manche Bronzelegierungen, bei denen die Oberflächengüten meist erheblich besser sind als bei Stahl.

Die Art der Staffelung beeinflußt die Oberflächengüte erheblich. So werden mit der Tiefenstaffelung Werte von R_t = 6,3 bis 25 μm bei normalen Aufwand (Bild 24) und $R_t \geqq$ 1 μm bei erhöhtem Aufwand (DIN 4766) erreicht. Beim Räumen in Seitenstaffelung oder Räumen von Profilen entstehen schlechtere Oberflächen, weil diese durch die Nebenschneiden beeinflußt werden, die durch das Profilgefälle freigeschliffen sind. Die Oberfläche erhält Rillen oder hat stufenartigen Charakter (Bild 13 B), die durch eine anschließende Tiefenstaffelung bzw. durch die relativ teueren Vollformschlichtsegmente beseitigt werden können.

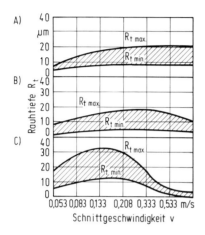
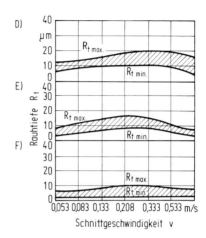

Bild 24. Rauhtiefe der Oberfläche geräumter Flächen in Abhängigkeit von der Schnittgeschwindigkeit bei verschiedenen Werkstoffen und deren Gefügezustand (nach *Opitz* u. *Schütte* [3])
A) C 45N, normalgeglüht (30 min, 850° C/Luft), σ_B = 660 N/mm², B) C 45V, vergütet (30 min, 880° C/Wasser, 2 h, 550° C/Luft), σ_B = 850 N/mm², C) C 45G, weichgeglüht (72 h, 720° C/Ofen), σ_B = 510 N/mm², D) 16MnCr5, Anlieferungszustand, σ_B = 530 N/mm², E) 16MnCr5, geglüht (30 h, 720° C/Ofen), F) C 45V, vergütet (30 min, 880° C/Wasser, 2 h, 550° C/Luft), σ_B = 850 N/mm²
Schneidstoff: Schnellarbeitsstahl S 2-9-2-8; Werkzeug: t = 12,5 mm, α = 2°, γ = 15°, λ = 0°, s_z = 0,04 mm (s_z = 0,01 mm bei F); Schneidöl; Räumweg rd. 1 m

9.7.2 Innen-Räummaschinen

Innen-Räummaschinen werden fast ausschließlich in senkrechter Bauart ausgeführt, um durch mehrere Räumstellen nebeneinander eine größere Ausbringung zu erhalten, um eine bessere Wirkung des Kühlschmierstoff zu erzielen und ein Durchhängen des Räumwerkzeugs durch sein Eigengewicht zu verhindern. Dabei wird die Zweizylinder-Bauart RISZ bevorzugt. Nur in Sonderfällen wird die Einzylinder-Bauart RISE eingesetzt, wenn sowohl Innen- als auch Außenräumarbeiten durchgeführt werden sollen, die Belastung des Räumschlittens stark außermittig ist, die Vorrichtungen einen größeren Platzbedarf beanspruchen, eine größere Zahl von Räumstellen vorgesehen ist und wenn der Einbau in Transferstraßen geplant ist.
Die beiden Maschinen-Bauarten RISZ und RISE zeigt Bild 25. Der konstruktive Aufbau der RISZ-Bauart geht aus Bild 26 hervor. Der Räumschlitten wird über Hydraulik-

zylinder angetrieben und in seitlichen Gleitführungen des Ständers geführt. Deutlich ist in Bild 27 zu erkennen, daß die Kraftentstehung, die Kraftaufnahme und die Führung etwa in einer Ebene liegen und daher die Maschine weit weniger auf Biegung beansprucht wird als bei der RISE-Bauart (Bild 34).

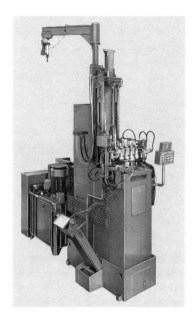

Bild 25. Hydraulische Senkrecht-Innenräummaschinen
links Bauart RISZ, rechts Bauart RISE

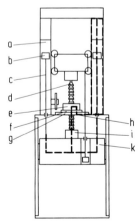
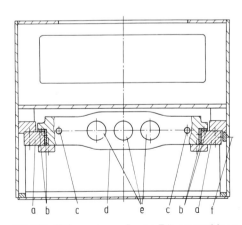

Bild 26. Kraftfluß (gestrichelt) in einer Senkrecht-Innenräummaschine

a Hydraulikzylinder, b Kolben, c Kolbenstange, d Werkzeug, e Werkstück, f Werkstückvorlage, g Tischplatte, h Tisch, i Schafthalter, k Räumschlitten

Bild 27. Führungen an Innen-Räummaschinen der RISZ-Bauart

a gehärtete Stahlleiste, b weiche Leiste, c Bohrung für Kolbenstange, d Räumschlitten, e Aufnahmebohrungen für Schafthalter, f Paßleiste bzw. Einstellschrauben zum Nachstellen

Auf dem Ständer sind die beiden Hydraulikzylinder verschraubt und oben miteinander durch eine Traverse verbunden, so daß ein relativ steifes Rahmengestell entsteht. Bei den meisten Ausführungen wird der Zubringerschlitten über Rollenführungen an den beiden Hydraulikzylindern geführt. Der Zubringerschlitten ist mit dem Räumschlitten verbunden, um während des Räumens das Werkzeugende führen zu können (mitlaufender Zubringer). Zum Einlegen und Entfernen der Werkstücke muß der Zubringer abgehoben und anschließend wieder zugebracht werden. Diese Relativbewegung wird über eine Schubstange durch einen Hydraulikzylinder im Räumschlitten ausgeführt (siehe Bild 1).
Bei dem relativ schlanken Innen-Räumwerkzeug sind *Biegeschwingungen* während des Räumens unvermeidlich. Diese treten insbesondere auf, wenn das nachlaufende Werkzeugende nicht ausreichend geführt ist. Die Folge sind schlechte Oberflächen, ein größerer Verschleiß und ein etwas höherer Schallpegel.
Der Einfluß der Biegeschwingungen auf die Oberflächengüte zylindrischer Bohrungen ist in Bild 28 für ein Räumwerkzeug mit den angegebenen Abmessungen dargestellt.

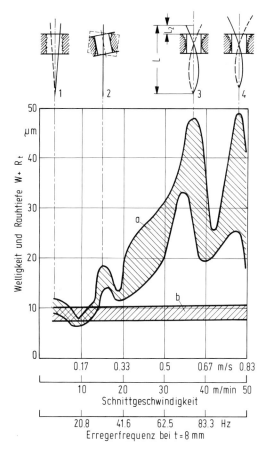

Bild 28. Welligkeit und Rautiefe geräumter Bohrungen als Funktion der Schnittgeschwindigkeit bzw. der Erregerfrequenz (nach *Schweitzer* [6 u. 7])
1 bis 4 erstes bis viertes Maximum, a ohne Werkzeug-Endstückführung, b mit Werkzeug-Endstückführung bis $0,2 \cdot L$ radiale Führung im Endstückhalter wirksam

Zwei stark voneinander abweichende Bereiche der Oberflächengüte sind zu erkennen, die auf eine gute und auf eine nicht ausreichende Führung des nachlaufenden Werkzeugendes zurückzuführen sind [6]. Durch weitere Versuchsreihen konnte nachgewiesen werden, daß das nachlaufende Werkzeugende sowohl radial fixiert als auch bis kurz vor das Werkstück geführt werden muß [7]. Beim Freigeben des nachlaufenden Werkzeugendes sollte das freie Ende kürzer als $0,2 \cdot L$ sein.

Biegeschwingungen können den Verschleiß um 100% und mehr vergrößern [6 u. 7].

Die oben genannten Meßergebnisse beziehen sich auf das Räumen von Bohrungen. Beim Räumen von Profilbohrungen wirken die Nebenschneiden schwingungsdämpfend, so daß der Einfluß der Werkzeug-Endstückführung auf die Oberflächengüte, den Werkzeugverschleiß und den Schallpegel wesentlich schwächer ist. Meßergebnisse liegen bis heute nicht vor.

Die beim Innenräumen möglichen *Abmessungen der Werkstücke* hängen von der Baugröße der Maschine und von der Anzahl der Räumstellen ab. Der größte Außendurchmesser des Werkstücks wird bei Verwendung nur einer Räumstelle durch die Breite der Aufspannplatte begrenzt. Werden zwei oder drei Räumstellen verwendet, muß der größte Außendurchmesser entsprechend kleiner sein. Der zu räumende Innendurchmesser der Werkstücke liegt normalerweise unter 100 mm und beträgt in Ausnahmefällen bis 200 mm. Die Werkstückhöhe beträgt etwa 12 bis 50 mm. Höhere Werkstücke können Schwierigkeiten mit sich bringen, weil der Kühlschmierstoffilm an der Schneide abreißen, die Zugkraft bei den vielen im Eingriff befindlichen Schneiden zu groß sein und der Zubringerhub nicht ausreichen kann. Sind die Werkstücke zu niedrig (unter 10 mm), besteht die Gefahr, daß die Teilung des Werkzeugs nicht kleiner als die Werkstückhöhe ausgelegt werden kann, d. h. das Antriebssystem würde periodisch entlastet werden. Die Folge wäre eine zu große Laufunruhe, die ein Räumen unmöglich machen würde.

Die erreichbare *Maß- und Formgenauigkeit* wird bestimmt durch die Steifigkeit der Werkzeugaufnahme [6, 7], des Werkzeugs [10], des Werkstücks, der Werkstückvorlage und der Maschine [6], durch die Werkzeugauslegung (so können z. B. mit einer auswechselbaren Rundräumbüchse länger sehr enge Toleranzen eingehalten oder durch Innen-Räumwerkzeuge, die an ihrem Ende einen Wechselschneidteil mit abwechselnd angeordneten Rund- und Profilzähnen haben, eine bessere Zentrizität zwischen geräumter Bohrung und geräumtem Profil erreicht werden), durch die Qualität des Innen-Räumwerkzeugs, die Werkstückauflage senkrecht zur Schnittrichtung, die Bohrung des Werkstücks senkrecht zu seiner Auflage und durch Art und Menge des Kühlschmierstoffs, das die Temperatur des Werkstücks und seine Wärmedehnung beeinflußt.

Ein besonderes Problem beim Innenräumen ist das Verlaufen des Werkzeugs bis zu einigen hundertstel Millimeter, das durch verschiedene Einflüsse ausgelöst wird und nur schwer zu beherrschen ist. Das Verlaufen wird immer durch eine Unsymmetrie im Werkzeug (Profil, Auslegung, Verschleiß), im Werkstück (Wanddicke, Härte) oder bei der Räummaschine verursacht. Abhilfe ist im allgemeinen nur dadurch möglich, daß das Innenräumen möglichst an den Anfang der Bearbeitung gelegt wird. Für die nachfolgenden Arbeitsvorgänge wird das Werkstück in der geräumten Bohrung bzw. Profil aufgenommen und so die Lagegenauigkeit in bezug auf das geräumte Profil erreicht.

Beim Räumen ist sowohl teilautomatischer als auch automatischer Betrieb üblich. Beim *teilautomatischen Betrieb* werden die Werkstücke von Hand direkt auf die Werkstückvorlagen oder auf Beladeeinrichtungen abgelegt; durch Betätigen von Pilztastern wird der Räumzyklus ausgelöst. Die Bewegungen des Zubringer- und Räumschlittens (siehe Bild 1) laufen über eine Folgesteuerung selbsttätig ab. Sind die beiden Schlitten in ihre Ausgangsstellung zurückgekehrt, kann das geräumte Werkstück entnommen werden.

[Literatur S. 75] *9.7 Bearbeitung auf Räummaschinen*

An Beschickungseinrichtungen werden Beladeschieber (Bild 29), Schaltteller (Bild 30) oder Schwenkeinrichtung (Bild 31) vorgesehen. Die Funktionsweise von Beladeschiebern und Schalttellern ist allgemein bekannt. Die Schwenkeinrichtung hat quer zur Maschine ihre Achse, auf der für jede Räumstelle eine Beschickungsgabel montiert ist. Die Werkstücke werden von der Beschickungsgabel aufgenommen, auf die Werkstückvorlage abgesenkt, nach dem Räumen durch eine Schwenkbewegung um 180° gewendet und auf einem Abführband abgelegt. Wie die Bilder 29 bis 31 zeigen, arbeiten die Beschickungseinrichtungen von vorne nach hinten oder umgekehrt, um die portalförmige Bauweise der RISZ-Maschinen ausnutzen zu können.

Bild 29. Beladeschieber an Innenräummaschine RISZ

Bild 30. Schaltteller an Innenräummaschine RISZ

Bild 31. Beschickungsgabel an Innenräummaschine RISZ, Zu- und Abführen der Werkstücke (Radnaben) auf Rollenbahnen

Bild 32. Hochförderer aus Vorratsbehälter mit automatischer Be- und Entladeeinrichtung für Stoßdämpferrohre an Innenräummaschine RISZ

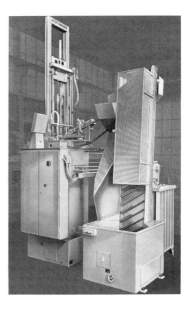

Der teilautomatische Betrieb wird immer häufiger durch einen *automatischen Betrieb* ersetzt, um die hohen Kosten für Bedienungspersonal und aufwendige Sicherheitseinrichtungen zu reduzieren. Wirtschaftlichkeitsberechnungen zeigen, daß im allgemeinen die Beschickung aus Vorratsbehältern (Bild 32) mit automatischer Be- und Entladeeinrichtung oder gar die Verkettung mit Vor- und Folgemaschinen und Zubringespeichern kostengünstiger ist. Die Werkstücke werden zwischen den einzelnen Maschinen und Speichern durch Rollen oder Rutschen der Werkstücke oder durch Schieben und Tragen mit einer Transporteinrichtung transportiert. Das Rollen oder Rutschen ist die billigere aber weniger zuverlässige Lösung. Bild 31 zeigt ein Beispiel für das Rutschen auf einer Rollenbahn. Beim Beschicken aus Vorratsbehältern muß durch Schikanen sichergestellt sein, daß die Werkstücke lagerichtig zugeführt werden.

Die Festlegung eines *wirtschaftlichen Stückzahlbereiches* hängt vor allem davon ab, ob es ein alternatives Fertigungsverfahren zum Innenräumen gibt und wie hoch dessen Fertigungskosten sind. Im allgemeinen sollte eine Räummaschine mit mindestens zwei Räumstellen täglich mindestens einschichtig betrieben werden, was beim Räumen in einem Zug in der Stunde mindestens 200 und pro Tag 1600 Teile ergeben sollte. Eine obere Grenze gibt es nicht, da größere Stückzahlen mit weniger als proportionalen Mehrkosten durch mehr Räumstellen, höhere Schnittgeschwindigkeiten, Zwei- oder Dreischichtbetrieb oder eine automatische Beschickung erreicht werden können.

9.7.3 Außen-Räummaschinen

Außen-Räummaschinen werden in RAS- (senkrecht mit hydraulischem Antrieb), RAW- (waagerecht mit hydraulischem oder mechanischem Antrieb) und RKW-Bauart (waagerecht mit mechanischem Antrieb) ausgeführt.

Davon wird die RAS-Bauart (Bild 33) am häufigsten verwendet, da sie den kleinsten Platzbedarf hat, eine gute Wirkung des Kühlschmierstoffs erlaubt und einen hohen Wiederverwendungswert darstellt.

Bild 33. Hydraulische Senkrecht-Außenräummaschine mit an- und abfahrendem Tisch RASAT

Die RAW-Bauart (siehe Bild 5 C) wird vorwiegend bei großen Werkstücken eingesetzt, die zweckmäßig in Arbeitshöhe gespannt werden, z. B. beim Räumen von Motor- und Zylinderblöcken. Bei Hublängen über 2500 mm wird wegen der geringen Steifigkeit des hydraulischen Antriebs ein mechanischer Antrieb vorgesehen. Der Räumschlitten wird durch tyristorgesteuerte Gleichstrommotoren über Ritzel und Zahnstange angetrieben; Schnittgeschwindigkeiten bis 80 m/min sind üblich.

Die RKW-Bauart (vgl. unter 9.7.4) wird bei großen Stückzahlen und nicht zu schweren Werkstücken empfohlen.

Von den drei Bauarten soll nur die RAS-Bauart näher beschrieben werden. Der Aufbau der Maschine ist aus den Bildern 5 A und 33 zu erkennen. Der Untersatz hat die Aufgabe, den Kühlschmierstoff und die Späne aufzunehmen. Auf dem Tischvorsatz ist der Tisch und darauf die Spannvorrichtung für die Werkstücke aufgebaut. Neben dem Tischvorsatz ist der Ständer montiert, der den Antrieb, die Führungen (Bild 34) und den Räumschlitten aufnimmt. Der Antrieb, die Führungen und die Belastung an den Räumstellen liegen im Gegensatz zur RISZ-Bauart nicht in einer Ebene, so daß beim Räumen große Biegekräfte auftreten. Durch die Schnittkraft wird der Ständer gegenüber dem Tischvorsatz aufgebogen (Bild 35). Da die Schnittkraft einen dynamischen Anteil hat, erfolgt das Aufbiegen des Ständers periodisch mit der Erregerfrequenz des Schneidenein- und austritts. Die Abstandsänderungen zwischen Werkzeug und Werkstück führen zum Rattern und so zu schlechten Werkstückoberflächen. Daher ist auf eine steife und schwingungsdämpfende Verbindung zwischen Ständer und Tischvorsatz bzw. Werkzeug und Werkstück zu achten.

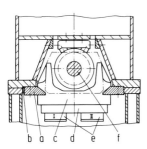

Bild 34. Führungen an Räummaschinen der RAS- und RISE-Bauart

a gehärtete Stahlleiste, b Paßleiste, c Räumschlitten, d Räumwerkzeug-Aufnahme, e Räumwerkzeuge I und II, f Kolbenstange des hydraulischen Antriebs

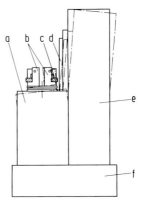

Bild 35. Biegeschwingungen an einer Senkrecht-Außenräummaschine

a Tischvorsatz, b Vorrichtungen, c Werkstück, d Werkzeug, e Ständer, f Untersatz

Räummaschinen der RAS-Bauart können mit verschiedenen Tischarten ausgerüstet werden. Ein Vergleich der Tischarten ist in Tabelle 7 zu finden.

Der *Teiltisch* hat sich als besonders vorteilhaft erwiesen, weil er vor allem durch seine Wiederverwendbarkeit bei Fertigungsumstellungen sehr flexibel ist. Der Teiltisch ist normalerweise als Vier-Stationen-Teiltisch mit zwei einander gegenüberliegenden Vorrichtungen bestückt, von denen abwechselnd die eine Vorrichtung an der Ladestation in sicherem Abstand von den Räumstellen ent- und beladen werden kann. Der Teiltisch

Tabelle 7. Vergleich der Tischarten von Senkrecht-Außenräummaschinen

Bild	Bezeichnung (Maschinen-Kurzbezeichnung)	Eigenschaften
	fester Tisch (RASF)	sehr hohe Steifigkeit in und senkrecht zur Räumrichtung, keine selbsttätige Werkstückabhebung außer in Verbindung mit Automatisierungseinrichtungen, größerer Überhub des Räumschlittens für Werkzeugwechsel
	Teiltisch (4-Stationen-Teiltisch oder 90°-Teiltisch) (RAST)	hohe Steifigkeit in und senkrecht zur Räumrichtung, hohe Genauigkeit, große Spänesicherheit, große Flexibilität, hoher Wiederverwendungswert; durch Abheben beim Teilen verschleißfreie Bewegung, kurze Nebenzeiten; größerer Überhub des Räumschlittens erforderlich, um beim Drehen des Teiltisches am Werkzeug vorbeizukommen.
	Kipptisch (RASK)	gute Steifigkeit in Räumrichtung jedoch geringe Steifigkeit senkrecht zur Räumrichtung, späneempfindlich, geringe Flexibilität daher ungünstigere Wiederverwendung, verschleißempfindlich, daher weniger genau, kurze Nebenzeiten, geringerer Überhub des Räumschlittens erforderlich.
	an- und abfahrender Tisch (RASA)	geringe Steifigkeit, vor allem senkrecht zur Räumrichtung, späneempfindlich, geringere Flexibilität, daher ungünstiger bei Wiederverwendung, verschleißbehaftet, daher weniger genau, kurze Nebenzeiten, geringerer Überhub des Räumschlittens erforderlich.
	an- und abfahrender Teiltisch (RASAT)	geringe Steifigkeit vor allem senkrecht zur Räumrichtung, späneempfindlich, große Flexibilität, hoher Wiederverwendungswert, sehr aufwendige Konstruktion, Abhebeführungen verschleißbehaftet, daher weniger genau, kurze Nebenzeiten, geringerer Überhub des Räumschlittens erforderlich.
	Tisch in Sonderausführung, z.B. Querschiebetisch (RASX)	hohe Steifigkeit in und senkrecht zur Räumrichtung, wenig späneempfindlich, geringere Flexibilität, daher ungünstig bei Wiederverwendung, verschleißarme Konstruktion, daher gute Genauigkeit, weniger kurze Nebenzeiten bei größeren Tischhüben, geringerer Überhub des Räumschlittens erforderlich.

[Literatur S. 75] *9.7 Bearbeitung auf Räummaschinen*

kann aber ebenso mit nur einer Vorrichtung im 90°-Teilbetrieb arbeiten. In diesem Fall wird die Vorrichtung während des Räumschlittenrücklaufs seitlich an der Maschine beladen, was vor allem beim Schnellräumen mit gleicher Vor- und Rücklaufzeit des Räumschlittens sinnvoll ist. Als 90°-Teiltisch ersetzt er weitgehend die RASK- und RASA-Bauart und hat gegenüber diesen Tischen noch den Vorteil der größeren Genauigkeit, Steifigkeit und Eignung für automatisches Beladen.

Der Teiltisch ist gegen Späne und Kühlschmierstoff vollständig geschützt. Für das Teilen wird er hydraulisch aus der Hirth-Verzahnung, die zur Lagebestimmung und Kraftaufnahme dient, angehoben, so daß dort kein Verschleiß auftreten kann. Die Wiederholgenauigkeit liegt über die gesamte Lebensdauer der Räummaschine in der Größenordnung von wenigen Mikrometern, wodurch er jeder anderen Tischart überlegen ist. Die Steifigkeit im Bereich der Hirth-Verzahnung entspricht der des festen Tisches. Außerdem kann der Teiltisch an den Ecken durch einfache Festanschläge zusätzlich abgestützt werden. Auch die Abdrängkräfte werden durch die Hirth-Verzahnung außerordentlich günstig aufgenommen, so daß in dieser Hinsicht erhebliche Vorteile gegenüber der RASA-, RASK- und RASAT-Bauart bestehen.

Für besondere Fälle hat sich der *Querschiebetisch* bewährt, der z.B. ein mehrzügiges Räumen ohne Umspannung erlaubt. Eine weitere Anwendung liegt dann vor, wenn an der Beladestation zwei Positionen für Ent- und Beladen benötigt werden. Die Spannvorrichtung sowie die Betätigungs- und Überwachungselemente sind leicht zugänglich. Vorteilhaft ist der geringere Überhub, um die Räumwerkzeuge in der unteren und oberen Endstellung des Räumschlittens freizubekommen, was gegenüber dem Teiltisch vorteilhaft ist.

Beim Außenräumen hängt die *erreichbare Toleranz* einerseits von der richtigen Räumwerkzeugeinstellung, andererseits von einer exakten Fixierung des Werkstücks in der Spannvorrichtung ab. Die Räumwerkzeug-Einsätze werden im allgemeinen in der Räumwerkzeug-Aufnahme außerhalb der Maschine voreingestellt. Nach dem Proberäumen wird das Werkstück vermessen, und die einzelnen Räumwerkzeug-Einsätze werden entsprechend unterlegt oder durch Keile verstellt.

Außen-Räummaschinen werden teilautomatisch oder automatisch betrieben. Bei *teilautomatischem Betrieb* werden die Werkstücke von Hand in die Spannvorrichtung gelegt; durch Drücken von zwei Pilztastern wird der Räumzyklus ausgelöst (Bild 17).

Aus Kostengründen wird aber immer häufiger automatisch geräumt. Die Werkstücke werden über Zuführrutschen (Bild 36), Zuführmagazine (Bild 37), Zuführkanäle (Bild 38) oder Speicher der Räummaschine zugeführt, über Beladeschieber (Bild 37), Beladekreuz (Bild 36) oder Beladeförderer (Bild 38) vereinzelt und den Spannvorrichtungen übergeben. Sind verschiedene Räumarbeiten an einem Werkstück auszuführen, können mehrere Räummaschinen miteinander zu einer Transferstraße verkettet werden.

Die verschiedenen Tischarten werden mit in die Automatisierung einbezogen. Vor allem der Teiltisch aber auch der Querschiebetisch eignen sich dazu, die einzelnen Automatisierungsaufgaben zu entflechten. So werden das Beladen, Entladen, Umladen, Ausrichten, Andrücken und Teilen voneinander getrennt und in leicht zugänglicher Position des Tisches ausgeführt. Dies geschieht in sicherer Entfernung von Späne- und Kühlschmierstoffbereich.

Die *wirtschaftliche Stückzahl* hängt von vielen Faktoren ab. Normalerweise sollte die Räummaschine mit mindestens einer Räumstelle und einschichtig betrieben werden, was mindestens 100 Werkstücke pro Stunde bzw. 800 Werkstücke pro Tag beim Räumen in einem Zug ergibt. Bei hohen Stückzahlen arbeiten Kettenräummaschinen meist wirtschaftlicher.

Bild 36. Be- und Entladen einer Außenräummaschine RAST mit Beladeschieber (links); Teileinrichtung (rechts) für die in drei Zügen zu räumenden Werkstücke

Bild 37. Beladen einer Räummaschine RIST oder RAST durch drei Zuführmagazine mit Vereinzelung und Beladeschieber; Entladen über Abführrutsche (ggf. auf Transportband)

Bild 38. Automatische Beladeeinrichtung für Lenkzahnstangen; Zuführkanal ohne, Abführkanal mit Fallklappe

Für Sonderfälle kann auch das Außenräumen bei weit geringeren Stückzahlen wirtschaftlich sein. Beispiele sind das Räumen von Schwalbenschwanz- und Tannenbaumnuten in Verdichter- und Turbinenscheiben (vgl. Bild 41) bzw. Verdichterleitringen. Die einzelnen Nuten am Umfang der Scheiben müssen im Teilverfahren und je Nut in mehreren Zügen geräumt werden, so daß lange Fertigungszeiten von 2 bis 7 h pro Werkstück benötigt werden.

9.7.4 Kettenräummaschinen

Die Kettenräummaschine RKW (Bild 39) ist eine Waagerecht-Außenräummaschine mit feststehendem Räumwerkzeug, an dem die Werkstücke in kontinuierlicher Folge vorbeigeführt werden. Der Antrieb erfolgt durch einen Elektromotor, der über einen Keilriemenantrieb ein mechanisches Räder-Getriebe und über ein Schneckengetriebe das auf der Schneckenradwelle befindliche zweifache Kettenrad antreibt. Dort wird die Drehbewegung durch einen umlaufenden zweifachen Kettentrieb in eine Längsbewegung umge-

9.7 Räumbearbeitung

Bild 39. Waagerecht-Kettenräummaschine RKW
a Antriebsmotor, b Untersetzungsgetriebe, c Werkzeugtunnel (Räumtunnel), d Werkstückträger, e Werkstück (Kurbelwellen-Lagerdeckel in Blöcken zu 7 St.)

formt. Zwischen beiden Ketten ist die zur Ausbringung notwendige Anzahl von Werkstückträgern in gleichen Abständen eingehängt. An der dem Antrieb gegenüberliegenden Seite werden die Werkstücke auf die Werkstückträger gegeben, ausgerichtet, gespannt, auf Übermaß kontrolliert und im Werkzeugtunnel unter dem feststehenden Werkzeug durchgezogen und geräumt. Die Schnittgeschwindigkeiten liegen bei 6 bis 8 m/min und können durch Auswechseln der Riemenscheibe auf maximal 10 bis 12 m/min gesteigert werden. Eine zusätzliche Verkürzung der Taktzeit ist oft durch weitere Werkstückträger, die nachträglich zwischen den Ketten eingehängt werden, möglich, doch muß darauf geachtet werden, daß für das Be- und Entladen noch genügend Zeit zur Verfügung steht. Während des Räumens werden die Werkstückträger in zwei seitlichen Flachführungen abgestützt, um die Vorschub- und Passivkräfte während der Zerspanung aufnehmen und die Fertigungstoleranz einhalten zu können.

Kettenräummaschinen werden entweder von Hand be- und entladen, was aus Gründen der hohen Lohnkosten immer seltener wird, oder in den meisten Fällen von Hand beladen und automatisch entladen; auch die *Automatisierung* beider Vorgänge nimmt immer mehr zu.

Automatisch entladen wird über einen schwenkbaren Greifarm, der, kurzzeitig seitlich im Werkstückträger eingerastet, synchron mitläuft, so daß das Werkstück abgenommen werden kann. Bild 40 zeigt eine solche Entladeeinrichtung, welche die Werkstücke lagerichtig und oberflächenschonend auf einer Rutsche ablegt. Näheres hierüber findet man im Schrifttum [1].

Automatisch beladen wird zweckmäßig über eine hin- und herfahrende Beladeeinrichtung, die zur Werkstückübergabe ebenfalls kurzzeitig am Werkstückträger einrastet. Eine ausführliche Beschreibung ist im Schrifttum [11] zu finden.

Die Spannvorrichtungen auf den Werkstückträgern arbeiten rein mechanisch. Die Spannkraft wird vom Kettentrieb abgeleitet. Ein seitlich angeordneter federbelasteter Spannhebel betätigt einen Spannkeil, der die Spannbacken schließt und selbsthemmend fixiert. Um die Spannkraft noch etwas zu erhöhen, ist der Spannhebel an seinem Ende abgesetzt, um so dem Spannkeil zum Schluß noch durch die hohe Kraft der Spannfeder einen harten Schlag (Hammerschlageffekt) zu geben. Nach dem Räumen wird die

Spannvorrichtung in analoger Weise durch ein ebenfalls seitlich angeordnetes Steuerlineal (Bild 40) gelöst. Eine ausführliche Beschreibung von Spannvorrichtungen ist mit Prinzipskizze in Schrifttum [1, 11] zu finden.

Bild 40. Entladeeinrichtung mit Greifarm an einer Kettenräummaschine RKW
a Schwenkeinrichtung, b Greifer, c Werkstückträger, d Werkstück (Kurbelwellen-Lagerdeckel in Blöcken zu 5 St.), e Rutsche, f Schneckengetriebe, g Steuerlineal zum Lösen des Werkstücks, h Werkzeug, i geöffneter Werkzeugtunnel

Die *wirtschaftliche Stückzahl* liegt zwischen 250 und 500 Werkstücken pro Stunde bei 100% Auslastung und der üblichen Verwendung nur einer Räumstelle. Wegen der hohen Abschreibungskosten sollten Kettenräummaschinen mindestens zweischichtig betrieben werden, andernfalls können Räummaschinen der RAS-Bauart oft wirtschaftlicher sein. Außerdem muß sichergestellt sein, daß immer die gleichen Werkstücke bearbeitet werden. Werkstückänderungen können nur in geringem Maße zugelassen werden, um einen aufwendigen Umbau der vielen Vorrichtungen zu vermeiden. Eine Außenräummaschine der RKW-Bauart ist daher im Gegensatz zur RAS-Bauart fast wie eine Einzweckmaschine anzusehen.

9.7.5 Sonderräummaschinen

Für bestimmte Räumaufgaben bzw. Räumverfahren ist es zweckmäßig, Sonderräummaschinen einzusetzen. So erhalten Außenräummaschinen einen Schiebetisch, wenn Werkstücke in mehreren Zügen bei relativ kleinen Stückzahlen geräumt werden sollen. Werden Schwalbenschwanz- und Turbinenscheiben geräumt, muß der Tisch entsprechend der Neigung der Nuten schwenkbar angeordnet werden (Bild 41).
Für das Umfangräumen werden umgebaute Innenräummaschinen der RISZ-Bauart eingesetzt, die im allgemeinen mit feststehendem Räumwerkzeug, bewegten Werkstücken und ohne einen Zubringerschlitten ausgerüstet sind. Die Werkstücke werden von der Seite über zwei Laufrinnen eingegeben, vor der Räumstation durch Schieber einzeln an der Unterseite der Werkzeughalter eingeschoben, in ihrer Innenverzahnung durch Spreizdorne aufgenommen, mit einer Schubstange von unten nach oben durch die Räumwerkzeugtöpfe bewegt und oben auf die Rückseite der Räummaschine ausgestoßen. Eine ausführliche Beschreibung der Werkzeug- und Maschinenkonstruktion sowie die erreichbaren Werkstücktoleranzen sind im Schrifttum [5 u. 13] zu finden.

Für das Schraubräumen werden ebenfalls umgebaute Innenräummaschinen der RISZ-Bauart verwandt. Im allgemeinen wird die Drehbewegung über eine seperate Schraubspindel mit feststehender Führungsmutter erzeugt, die während der Hubbewegung entweder die Werkstückvorlagen samt Werkstücken oder die Schafthalter samt Räumwerkzeugen dreht. Der letztgenannte Fall ist im Schrifttum [12, 6-12-01] dargestellt.

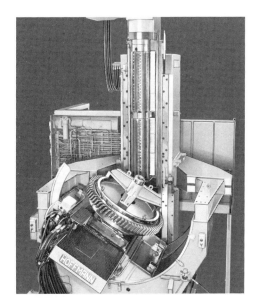

Bild 41. Senkrecht-Außenräummaschine RASX mit schwenkbarem Tisch zum Räumen von Schwalbenschwanz- und Tannenbaumnuten in Verdichter- und Turbinenscheiben

Literatur zu Kapitel 9

1. *Schweitzer, K.:* Räumen von Kurbelwellenlagerdeckeln. Werkst. u. Betr. 108 (1975) 6, S. 367–372.
2. *Victor, H.:* Schnittkraftberechnung für das Abspanen von Metallen. Werkst.-Techn. 59 (1969) 7, S. 317–327.
3. *Opitz, H., Schütte, M.:* Räumen mit erhöhter Schnittgeschwindigkeit. Forschungsber. Nr. 1782 des Lds. Nordrh.-Westf., Westdeutscher Verlag, Köln, Opladen 1966.
4. *Victor, H.:* Schnittkraftberechnungen für das Räumen. CIRP Ann. 25 (1976) 1.
5. *Schweitzer, K.:* Hoffmann Räumpraxis. Eigenverlag der Firma Kurt Hoffmann, Pforzheim 1976.
6. *Schweitzer, K.:* Dynamische Untersuchungen beim Innenräumen, Maschinen- und Werkzeugschwingungen und deren Einfluß auf Oberflächengüte und Standweg bei hohen Schnittgeschwindigkeiten. Diss. U Karlsruhe 1971.
7. *Schweitzer, K.:* Innenräumen, mit oder ohne mitlaufenden Zubringerschlitten. Werkzeugmasch. internat. (1973) 6, S. 13–22.
8 *Cornely, H.:* Das Schärfen von Räumwerkzeugen und deren Pflege. Werkst. u. Betr. 92 (1959) 8, S. 481–493, u. 10, S. 745–747.

9. *Schweitzer, K.:* Aktivisolierte Aufstellung von Räummaschinen. Werkst. u. Betr. 107 (1974) 11, S. 667–672.
10. *Kocetkov, P.:* Untersuchung und Berechnung der Verformung von Zähnen eines Innenräumwerkzeugs in radialer Richtung. Stanki i instrument 43 (1972) 10, S. 20–23.
11. *Schweitzer, K.:* Räumen von Schwinghebeln auf Kettenräummaschinen. Masch.-Mkt. 83 (1977) 58, S. 1131–1133.
12. *Schmidt, W.:* Werkzeugmaschinen-Atlas. VDI-Verlag, Düsseldorf 1959–1966.
13. *Schweitzer, K.:* Räumen der Außenverzahnung von Synchron-Kupplungsnaben. Werkst. u. Betr. 108 (1975) 3, S. 129-133.

DIN-Normen

DIN 1415 T1	(9.73)	Räumwerkzeuge; Einteilung, Benennungen, Bauarten
DIN 1415 T3	(8.70)	Räumwerkzeuge; Runde Schäfte A und B
DIN 1415 T4	(8.70)	Räumwerkzeuge; Runde Endstücke C und D
DIN 1415 T5	(8.70)	Räumwerkzeuge; Rechteckige Schäfte E und Endstücke F (Nicht für Nabennuten)
DIN 1415 T6	(8.70)	Räumwerkzeuge; Rechteckige Schäfte G mit gerader Mitnahmefläche (Für Nabennuten)
DIN 1416	(11.71)	Räumwerkzeuge; Gestaltung von Schneidzahn und Spankammer
DIN 1417 T1	(8.70)	Räumwerkzeuge; Runde Schäfte J und K mit schräger Mitnahmefläche
DIN 1417 T2	(8.70)	Räumwerkzeuge; Runde Endstücke L und M
DIN 1417 T3	(8.70)	Räumwerkzeuge; Rechteckige Schäfte N mit schräger Mitnahmefläche (Nicht für Nabennuten)
DIN 1417 T4	(8.70)	Räumwerkzeuge; Rechteckige Endstücke P (Nicht für Nabennuten)
DIN 1417 T5	(8.70)	Räumwerkzeuge; Rechteckige Schäfte R mit schräger Mitnahmefläche (Für Nabennuten)
DIN 1417 T6	(8.70)	Räumwerkzeuge; Rechteckige Endstücke S (Für Nabennuten)
DIN 1418 T1	(8.70)	Halter für Räumwerkzeuge mit Schäften und Endstücken nach DIN 1417; Schafthalter
DIN 1418 T2	(1.72)	Halter für Räumwerkzeuge mit Schäften und Endstücken nach DIN 1417; Endstückhalter
DIN 1419	(8.70)	Innen-Räumwerkzeuge mit auswechselbaren Rundräumbuchsen; Hauptmaße
DIN 8665	(7.70)	Abnahmebedingungen für Werkzeugmaschinen; Senkrecht-Außenräummaschinen
DIN 8666	(7.70)	Abnahmebedingungen für Werkzeugmaschinen; Waagerecht-Außenräummaschinen
DIN 8667	(7.70)	Abnahmebedingungen für Werkzeugmaschinen; Senkrecht-Innenräummaschinen
DIN 8668	(7.70)	Abnahmebedingungen für Werkzeugmaschinen; Waagerecht-Innenräummaschinen
DIN 55141	(7.68)	Senkrecht-Außenräummaschinen; Baugrößen
DIN 55142	(7.68)	Waagerecht-Außenräummaschinen; Baugrößen
DIN 55143 T1	(9.68)	Senkrecht-Innenräummaschinen; Räumen durch Werkzeugbewegung, Baugrößen
DIN 55143 T2	(2.73)	Werkzeugmaschinen; Senkrecht-Innenräummaschinen mit Hebeschlitten, Räumen durch Werkstückbewegung, Baugrößen
DIN 55144	(9.68)	Waagerecht-Innenräummaschinen; Baugrößen
DIN 55145	(2.73)	Werkzeugmaschinen; Waagerecht-Außenräummaschinen kontinuierlich arbeitend (Kettenräummaschinen), Baugrößen

10 Sägen

o. Prof. Dr.-Ing. K. G. Müller, München

10.1 Allgemeines

Das Sägen ist ein spanendes Fertigungsverfahren mit geometrisch bestimmter Schneide. Es wird angewendet, wenn das Scheren oder das Brechen, das Brennschneiden, das Trennschleifen oder ein Verfahren zum Trennen mit energiereichen Strahlen technisch oder wirtschaftlich nicht eingesetzt werden kann.

Sägen werden seit Jahrtausenden zur Bearbeitung von Holz und zur Bearbeitung von Gestein angewendet. Zum manuellen Sägen von Metall wurden zunächst Bügel- und Stichsägen angewandt. Die ersten maschinellen Metallsägen waren einfache Hub- und Kreissägen. Für das Sägen hochfester oder rostfreier Stähle werden erhöhte Anforderungen bezüglich der Steifigkeit der Sägemaschinen, der installierten Leistung und der Standzeit der Werkzeuge gestellt. Darüber hinaus wird mit steigenden Werkstoffkosten zunehmend angestrebt, die Schnittkanäle schmal bzw. den Schnittverlust möglichst gering zu halten sowie das Verlaufen des Schnitts weitgehend zu verhindern.

Die am Sägewerkzeug definierten Begriffe sind aus Bild 1 ersichtlich.

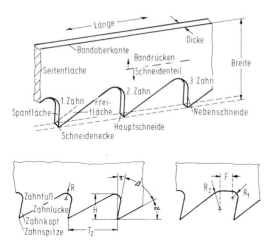

Bild 1. Begriffe bei Sägewerkzeugen (Bandsägeblatt)

Beim Sägen (Bild 2) wird eine Vielzahl von geometrisch bestimmten kurzen bzw. schmalen Hauptschneiden mit zwei Schneidenecken und zwei Nebenschneiden mit einer dem zu schneidenden Werkstoff und dem Werkzeugwerkstoff angepaßten Schnitt- und Vorschubgeschwindigkeit longitudinal oder rotierend gegen das meist stillstehende Werkstück bewegt, so daß von den einzelnen Schneiden (Sägezähnen) in dem Schnittkanal Werkstoff zerspant wird. Das Sägen ist ein Fertigungsverfahren zur Herstellung meist ebener oder einachsig gekrümmter Schnittkanäle bzw. Flächen.

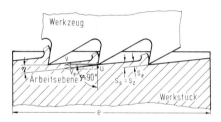

Bild 2. Kinematik beim Sägen

Die Kinematik der verschiedenen Verfahren wird durch die Form des Werkzeugs bestimmt. Sind die Sägezähne auf einem Blatt angeordnet (Bild 3 A), so wird das Werkzeug manuell oder maschinell oszillierend bewegt, wobei es beim Rückhub entlastet werden muß. Sind die Zähne auf einem endlosen Band mit hoher Biegefähigkeit angeordnet (Bild 3 B), so kann man durch den Umlauf des Sägebands über eine Treibrolle und eine Umlenkrolle eine kontinuierliche Schnittbewegung ohne Leerrücklauf kinematisch verwirklichen. Dabei kann das Sägeband senkrecht oder waagerecht ablaufen. Bei senkrechter Anordnung wird das Werkstück von Hand oder maschinell gegen das Werkzeug bewegt. Bei horizontal ablaufendem Sägeband wird das Band von einem Rahmen gegen das stillstehende Werkstück geführt. Um auch lange Abschnitte zu ermöglichen, verwindet man das Band zur Verbesserung der Bandsteifigkeit vor und hinter dem Schnittkanal um etwa 45°.

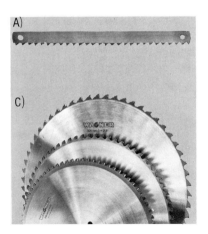

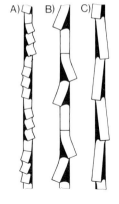

Bild 3. Sägewerkzeuge
A) Hubsägeblatt, B) Bandsägeblatt, C) Kreissägeblätter

Bild 4. Schränkungsarten
A) Rechts-Links-Schränkung,
B) Rechts-Mitte-Links-Schränkung,
C) wellenförmige Schränkung

Sägen ohne Leerrücklauf ist auch dann möglich, wenn die Sägezähne auf einer kreisförmigen Scheibe angeordnet sind (Bild 3 C) und sich diese Kreissäge gegen das stillstehende Werkstück mit geradliniger oder schwenkender Vorschubbewegung bewegt.

Bei Sägewerkzeugen werden die aus Bild 4 ersichtlichen Schränkungsarten unterschieden.

10.2 Bearbeitbare Werkstoffe

Das Sägen wird bei den meisten technisch üblichen Werkstoffen, wie Leicht- und Schwermetallen, z.B. Strangpreßprofilen aus Aluminium oder Kupferrohren, unlegierten und legierten sowie hochlegierten Stählen, z.B. rostfreien Stählen, außerdem Holz und Kunststoffen, Textilien und Leder in Paketen, Natur- und Hartsteinen sowie Glas, angewandt. Zur Verminderung des Verschleißes an den Zähnen bzw. Schneidkanten müssen je nach den zu bearbeitenden Werkstoffen Kühl- und Schmierstoffe eingesetzt werden.

10.3 Übersicht der Sägeverfahren

Nach der verwendeten Art und Bewegung des Werkzeugs werden vier Sägeverfahren unterschieden: Hubsägen, Bandsägen, Kreissägen und Kettensägen.

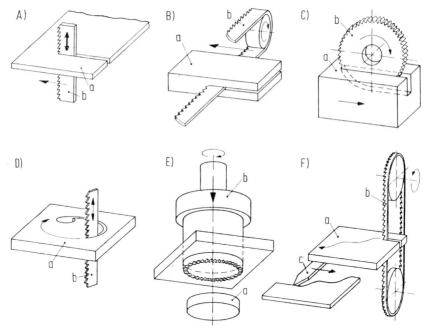

Bild 5. Sägeverfahren
A) Trennsägen mit Hubsäge, B) Plansägen mit Bandsäge, C) Schlitzsägen mit Kreissäge, D) Rundsägen mit Hubsäge, E) Stirnrundsägen, F) Nachformsägen
a Werkstück, b Werkzeug, c Steuereinrichtung

Nach der Form der erzeugten Oberfläche lassen sich nach DIN-Entwurf 8589 Teil 2 ferner drei Verfahren unterscheiden:
Sägen zum Erzeugen von ebenen Flächen mit den Untergruppen Trennsägen, Plansägen und Schlitzsägen (Bild 5 A bis C);

Sägen zum Erzeugen von kreiszylindrischen Flächen als Rundsägen und Stirnrundsägen (Bild 5 D, E), wobei das Stirnrundsägen, aus kinematischer Sicht ein dem Kernbohren ähnliches Verfahren ist;
Sägen zum Erzeugen von beliebig geformten Flächen durch Steuerung der Vorschubbewegung als Nachformsägen durch Abtasten oder durch numerische Steuerung (Bild 5 F).

10.4 Übersicht der Sägemaschinen

10.4.1 Hubsägemaschinen

Die Hub- bzw. Bügelsägemaschinen sind dadurch gekennzeichnet, daß das Sägeblatt in einem Sägerahmen eingespannt ist, der horizontal oder vertikal hubförmig von einem Exzenter oder einer Kurbelschwinge mit ziehendem oder stoßendem Räum- bzw. Bogenschnitt betätigt wird. Angetrieben werden diese Maschinen meist durch einen polumschaltbaren Motor mit einer Leistung von 1,5 bis 6 kW, je nach Größe der Maschine. Die Motordrehzahl wird durch einen Umschlingungstrieb eines Flachriemens ungefähr im Verhältnis 1 : 4 herabgesetzt. Die Drehbewegung wird über eine Kurbelschwinge in eine hubförmige Bewegung des gleitgelagerten Hubbalkens bzw. Sägerahmens mit dem Sägeblatt umgewandelt. Die Hubzahlen betragen zwischen 20 und 25 Hübe pro Minute, woraus sich entsprechend der eingestellten Hublänge die jeweilige Schnittgeschwindigkeit ergibt.

Die Maschine ist meist als kastenförmige Guß- oder Stahlblechschweißkonstruktion aufgebaut (Bild 6). Die Vorschubbewegung des Sägerahmens wird bei den meisten Hubsägemaschinen durch Schwenken des Rahmens um einen Zapfen erzeugt, während die Vorschubkraft durch verstellbare Gewichte oder einen hydraulischen Zylinder für den jeweiligen Arbeitsgang konstant eingestellt werden kann. Bei senkrecht arbeitenden Hubsägemaschinen muß das Werkstück von Hand oder hydraulisch gegen das Sägeblatt geführt werden. Beim Rücklauf muß der Sägerahmen zur Schonung der Sägezähne über eine mechanische oder hydraulische Steuerung abgehoben werden.

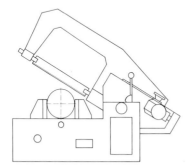

Bild 6. Bügelsägemaschine

Als Werkzeuge werden in Hubsägemaschinen auswechselbare Sägeblätter mit einer Länge von 300 bis 600 mm verwendet. Die Sägeblätter haben im allgemeinen gefräste Spitzzähne mit positivem, negativem oder Null-Grad-Spanwinkel. Die Schränkung zum Freischneiden besteht aus einer Wellenform des Sägeblattes oder als Rechts-Mitte-Links- bzw. Rechts-Links-Schränkung der einzelnen Zähne.

Die Sägeblätter bestehen aus Werkzeugstahl, seltener aus Hochleistungsschnellarbeitsstahl. In zunehmendem Maße werden wegen ihrer höheren Leistungsfähigkeit auch elektronenstrahlgeschweißte Bimetall-Sägeblätter aus einem Trägerband und HSS-Zähnen eingesetzt. Nachgeschärft werden lediglich die Bimetall-Sägeblätter.

10.4.2 Bandsägemaschinen

In der Metall- und Holzbearbeitung sind seit langem Bandsägemaschinen in waagerechter und senkrechter Bauweise üblich.
Im Werkzeugbau werden vorwiegend Bandsägemaschinen mit senkrechtem Umlauf für schmale Bänder, insbesondere zum freihändigen oder gesteuerten Nachformsägen (Kontursägen), angewandt (Bild 7 A und B). In Halbzeuglagern sind Bandsägemaschinen mit waagerechtem Umlauf des Sägebandes ohne oder mit Verwindung des Bandes mit schwenkenden oder absenkenden Vorschubsystemen (Magazinsägen) üblich (Bild 8 A und B).

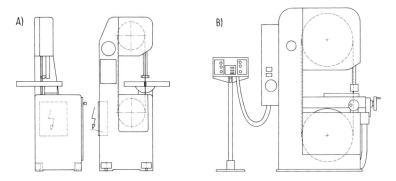

Bild 7. Bandsägemaschinen mit senkrechtem Bandumlauf
A) handgesteuert, B) numerisch gesteuert

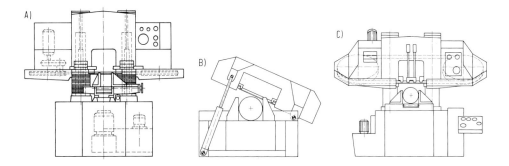

Bild 8. Bandsägemaschinen mit waagerechtem Bandumlauf
A) mit absenkender Vorschubbewegung, B) mit schwenkender Vorschubbewegung, C) Groß-Horizontalbandsägemaschine mit absenkender Vorschubbewegung.

In Stahlwerken und im Stahlbau werden hauptsächlich Bandsägemaschinen für lange Werkstücke eingesetzt, bei denen das Band vor Eintritt und nach dem Verlassen des Schnittkanals im Anschluß an die Führung um etwa 45° verwunden wird. Beim Block- und Profilsägen (Bild 8 C) wird meist der Sägerahmen abgesenkt.

Das kontinuierlich arbeitende Sägeband wird je nach Bauweise und Maschinengröße von einem Asynchron-Motor mit Leistungen zwischen 2,5 und 11 kW angetrieben. Durch eine stufenlose Übersetzung kann die Umfangsgeschwindigkeit der Treibrolle bzw. die Schnittgeschwindigkeit des Sägebands im Bereich von 20 bis 100 m/min stufenlos eingestellt werden. Mit Sägemaschinen in senkrechter Bauweise ist oft auch zusätzlich das Schmelzsägen mit Schnittgeschwindigkeiten von 1500 bis 1800 m/min möglich.

Das Maschinengestell der Bandsägemaschinen für senkrechten Bandablauf besteht aus einem geschweißten, schmalen Gestell zur Aufnahme der Treib- und Umlenkrolle und des Spannsystems. Bei den Bandsägemaschinen mit parallel ablaufendem, absenkbarem Bandführungsrahmen wird ein Sockel mit zwei Führungen als Maschinengestell verwendet, an denen der Bandführungsrahmen hydraulisch gesteuert bewegt wird. Die Bandsägemaschinen mit schwenkbaren Sägerahmen sind auf einem gegossenen oder geschweißten Sockel zur Aufnahme des Schwenkzapfens für den schwenkbaren, schräg liegenden Bandführungsrahmen aufgebaut.

Die Arbeitsweise der Bandsägemaschinen wird vor allem durch das Vorschubsystem bestimmt. Während kleinere Schwenkrahmenmaschinen noch mit gleichbleibender Vorschubkraft über Gewichte arbeiten, haben die größeren Maschinen fast ausschließlich hydraulisch verstellbare Druckzylindersysteme, die einen Vorschub mit gleichbleibender Vorschubkraft ermöglichen. Mit Hilfe eines Mengenregelventils kann auch eine gleichbleibende Vorschubgeschwindigkeit erzeugt werden. Der Vorteil der Vorschubsysteme zur Erzeugung konstanter Geschwindigkeiten besteht in einer gleichbleibenden Zahnbelastung, auch bei unterschiedlichen Querschnitten. Vorschubsysteme dieser Art können auch mechanisch mit Gewindespindeln ausgeführt sein. Bandsägemaschinen mit senkrecht ablaufenden Sägebändern zum Nachformsägen sind für den Tischantrieb meist mit Hydraulikzylindern oder numerischen Steuerungen mit Schrittmotor ausgerüstet.

Als Werkzeuge werden zusammengeschweißte endlose Bänder von 3500 bis 6000 mm gestreckter Länge verwendet. Die Banddicke beträgt zwischen 0,4 und 1,2 mm bei einer Bandbreite von 4 bis 52 mm. Schmale Bänder sind insbesondere beim Nachformsägen üblich, während breite Bänder beim Blocksägen eingesetzt werden. Die Zahnung der Sägebänder beträgt 4 bis 8 Zähne pro Zoll. Als Zahnform ist der gefräste Spitzzahn üblich. Die Schränkung wird ausschließlich als Rechts-Links- bzw. Rechts-Gerade-Links-Schränkung ausgeführt.

Der Werkstoff für die Sägebänder als Schneidwerkstoff und Trägerwerkstoff ist unterschiedlich und vom jeweiligen Verwendungszweck abhängig. Bänder aus Werkzeugstahl und Schnellarbeitsstahl werden zum Sägen von Holz und Kunststoffen sowie für Metall bei geringeren Genauigkeitsanforderungen ohne Verwindung des Sägebands verwendet. Bimetall-Sägebänder mit elastischen Bandrücken als Träger und mit elektronenstrahlgeschweißtem Band aus Schnellarbeitsstahl, in das die Sägezähne eingefräst werden, sowie hartmetallbestückte Sägebänder sind zum Sägen von hochfesten Werkstoffen geeignet. Diamantdiskenbestückte Sägebänder kommen beim Sägen von Natur- und Hartsteinen zum Einsatz, wobei die Diamantdisken auf das vorgearbeitete Trägerband aufgelötet werden.

Die Standzeit der Hochleistungs-Sägebänder ist meist weniger vom Verschleiß der Sägezähne als vielmehr von der Zuverlässigkeit der Verbindung des jeweiligen Schneidstoffs mit dem Trägerwerkstoff abhängig. Außerdem ist die Standzeit der Endlos-Sägebänder, die in Maschinen mit zusätzlicher Verwindung neben der Umlenkung eingesetzt werden, von der Dauerbiegefestigkeit der Schweißverbindung abhängig.

Zum Nachschärfen der Bimetall-Sägebänder sind raumsparende Schleifmaschinen mit senkrecht ablaufenden Sägebändern üblich (Bild 9).

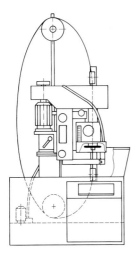

Bild 9. Werkzeugschleifmaschine für Sägebänder

10.4.3 Kaltkreissägemaschinen

Kaltkreissägemaschinen haben meist eine horizontal angeordnete Sspindel für die Aufnahme des Sägeblatts. Sie werden von einem Drehstrom-Asynchron-Motor mit Leistungen von 2,5 bis 12 kW angetrieben. Zwischen Motor und Spindel ist ein fester Umschlingungstrieb mit einem dämpfenden Mehrfachkeilriemen und ein mehrstufiger Schieberradblock angeordnet. Eine weitere Getriebestufe ist als vorschaltbares Schnecken- oder Hypoidgetriebe ausgeführt. Mit diesem Antrieb lassen sich Schnittgeschwindigkeiten zwischen 6 und 34 m/min erreichen. Für die Bearbeitung von Kupfer, Messing und Aluminium sind Antriebe üblich, die Schnittgeschwindigkeiten um 200, 400 oder 1500 m/min bei entsprechend größeren Antriebsleistungen ermöglichen. Der Vorschub kann geradlinig horizontal oder senkrecht von oben nach unten oder von unten nach oben sowie bogenförmig um einen Zapfen schwenkbar oder als Rundvorschub für ein drehendes Werkstück ausgeführt werden.

Die konstante Vorschubkraft zwischen 10 und 60 kN wird hydraulisch erzeugt. Die dadurch entstehende unterschiedliche Vorschubgeschwindigkeit führt jedoch zu ungleichmäßigen Zahnbelastungen, so daß bei neueren Kreissägemaschinen mechanische Vorschubantriebe mit Kugelrollspindel und Elektromotor zur Erzeugung gleichbleibender Geschwindigkeiten üblich sind. Bei Kaltkreissägen mit Schwenkvorschub wird dafür ein Hydraulikzylinder zum Abstützen des Schwenkrahmens vorgesehen.

Das Gestell der Quer- und Schwenkvorschubmaschinen ist als formsteife, kastenförmige Gußkonstruktion ausgeführt (Bild 10 A und B). Kaltkreissägen mit senkrechtem Vorschub werden auf einem geschlossenen geschweißten Rahmen zur Aufnahme der statischen und dynamischen Kräfte aufgebaut (Bild 10 C). Kleinere Kaltkreissägen mit senkrechtem Vorschub von unten nach oben erhalten eine versenkte Schlittenführung in einem kastenförmigen Gestell.

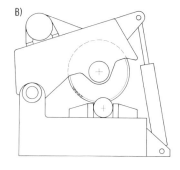

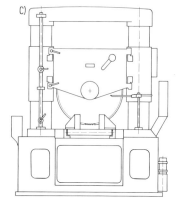

Bild 10. Kaltkreissägemaschinen
A) mit waagerechter Vorschubbewegung,
B) mit schwenkender Vorschubbewegung,
C) mit senkrechter Vorschubbewegung

Die Werkzeuge für Kaltkreissägemaschinen haben Durchmesser von 15 bis 200 mm und Schnittbreiten von 0,5 bis 10 mm. Die Zähnezahlen betragen 8 bis 2 pro Zoll. Die kleinen Sägeblätter werden aus Vollwerkstoff (Werkzeugstahl oder Hochleistungsschnellarbeitsstahl) hergestellt. Größere Sägeblätter sind mit Zahnsegmenten mit mehreren Schnellarbeitsstahl- oder Hartmetallzähnen versehen. Auch gelötete oder geklemmte Hartmetallzähne sind üblich.

Kreissägeblätter werden mit Schärfmaschinen (Bild 11) sowohl an der Spanfläche als auch an den beiden Freiflächen nachgeschliffen. Durch Schleifen der Kaltkreissägeblätter läßt sich eine genaue Schneidkeilgeometrie einhalten.

Bild 11. Werkzeugschleifmaschine für Kreissägeblätter

Bei den hohen Drehzahlen beim Einsatz von Hartmetall als Schneidwerkstoff müssen Schwingungen der rotierenden Trägerscheibe durch geeignete Dämpfungsmaßnahmen so weit herabgesetzt werden, daß die entstehenden Geräusche unterhalb des zulässigen Lärmpegels liegen.

10.4.4 Kettensägemaschinen

Kettensägemaschinen werden als mobiles Werkzeug in verschiedener Größe, insbesondere in der Waldwirtschaft zum Fällen, Abrichten und Ablängen von Baumstämmen, verwendet. Die Werkzeugstahl-Sägezähne der Sägekette sind mit den Kettengliedern fest verbunden. Der Antrieb der Sägekette erfolgt durch einen Verbrennungskraftmotor oder durch einen Elektromotor, der von einer mobilen Stromerzeugungsanlage versorgt wird.

10.5 Be- und Entladeeinrichtungen

In neuzeitlichen Betrieben sind die Sägemaschinen in einer geeigneten Weise in den Materialfluß einbezogen. Dabei sind folgende Tätigkeiten zu erfüllen: Material bereitstellen, Werkstück zuführen, Abschnittlänge vorgeben, Abschnitte abführen und Reststücke in das Magazin zurückführen.
Zur Bereitstellung dienen Rollenbahnen mit nichtangetriebenen oder angetriebenen Rollen, ggf. reversierbar, um eine Rückführung der Reststange zu ermöglichen, Ladetische mit Vereinzelungen durch Werkstückgreifer oder Nachschubschlitten, Bündelmulden oder Bündelkästen, Pendeltische für unterschiedliche Materialarten, Durchlaufmagazine und Fachmagazine.
Zugeführt werden die Werkstücke durch Werkstückgreifer.
Die Abschnittlängen werden mit Hilfe eines Werkstücknachschubschlittens, der das Material gegen den Werkstückmeßanschlag drückt, bestimmt. Die Einstellung wird über Spindeln nach Digitalanzeige von Hand oder mit numerischer Ein-Achsen-Steuerung vorgenommen.
Zum Abführen der Abschnitte und Ablegen der Reststücke werden Rollenbahnen mit nichtangetriebenen oder angetriebenen Rollen mit Abschnittrutsche und Sortierweiche zum Trennen von Gut- und Ausschußteilen oder Kippanlagen mit Sortierklappe verwendet.
Die Sägemaschinen müssen daher so ausgelegt sein, daß diese Fördergeräte einfach angebaut werden können. Dabei ist auch das Spannen der Werkstücke so zu automatisieren, daß der Gesamtablauf der Sägebearbeitung selbsttätig erfolgen kann.

10.6 Wirtschaftlichkeit

Obwohl das Sägen ein verhältnismäßig einfaches Verfahren ist und in den meisten Fällen nur eine ebene Fläche hergestellt werden muß, gehen die Meinungen über die zweckmäßigsten Maschinen auseinander.
Es ist naheliegend, daß wenig ausgenutzte Maschinen, die nur gelegentlich zum Zuschneiden von Werkstoff als Hilfsmaschinen benötigt werden, nur einen geringen Investitionsaufwand rechtfertigen. Die Fertigungszeit spielt nur eine untergeordnete Rolle. In diesen Fällen sind neuzeitliche Hub-Sägemaschinen wirtschaftlich.
Wenn es auf hohe Produktivität ankommt, bei der ein breiter Schnittkanal mit entsprechend hohem Werkstoffverlust keine entscheidende Rolle spielt, stellen vor allem bei kleinen und mittleren Werkstückabmessungen Kaltkreissägemaschinen die wirtschaft-

lichste Lösung dar. Für größere Abmessungen, insbesondere zum Sägen von Blöcken in Stahlwerken, sind Kreissägen sowohl in bezug auf die Maschine als auch auf das Werkzeug zu aufwendig, so daß hier die Bandsägen einen wirtschaftlichen Vorteil bieten. Durch die neuen Bimetall-Hochleistungssägebänder werden in Verbindung mit biegesteifen Maschinenkonstruktionen Bandsägemaschinen auch dort wirtschaftlich eingesetzt, wo bisher vorwiegend Kreissägemaschinen Anwendung gefunden haben.

Der wirtschaftliche Einsatz von Hartmetall beim Sägen mit Band- und Kreissägen ist von der Zuverlässigkeit der Verbindung der Hartmetallplättchen mit dem Tragkörper und dem Beherrschen der Geräuschentwicklung abhängig.

Literatur zu Kapitel 10

1. *Buzas, A.:* Die Kaltkreissägen – Ihr Aufbau und Einsatz. Internat. Masch.-Rundschau (1956).
2. *Degner, W., Lutze, H., Smejkal, E.:* Spanende Fertigung. 3. Aufl. VEB-Verlag Technik, Berlin 1968.
3. *Döpcke, H.:* Sägen von Rohren mit hartmetallbestückten Kreissägeblättern. Diss. TU Braunschweig 1976.
4. *Hollaender, J.:* Das Sägen der Metalle. H. 40 der Werkstattbücher, 2. Aufl. Springer Verlag, Berlin, Göttingen, Heidelberg 1951.
5. *Laika, A.:* Konstruktionsgesichtspunkte für Bandsägemaschinen. Werkst. u. Betr. 110 (1977) 6, S. 339–345.
6. *Leyenstetter, A.:* Fachkunde für metallverarbeitende Berufe. 35. Aufl. Verlag Europa-Lehrmittel, Wuppertal 1970.
7. *Nelson, R. E.:* Bandsawing or Hacksawing. American Mach. 109 (1965) 24.
8. *Politsch, H. W.:* Leistungsschau der europäischen Werkzeugmaschinenindustrie. Werkst. u. Betr. 94 (1961) 12, S. 873–942, Abschnitt: Fräs- und Sägemaschinen, S. 914–918.
9. *Reng, D.:* Das Trennen von Metallen durch Bandsägen unter besonderer Berücksichtigung des Verlaufens des Schnittes. Diss. TU München 1976.
10. *Schmidt, R.:* Vertikale Bandsäge- und Feilmaschinen zur Bearbeitung von Stahl, Gußeisen und Metallen. Ind.-Bl. 54 (1954) 8, S. 326–328.
11. *Taylor, R. W., Tompson, P. J.:* An Analysis of the Lateral Displacement of a Power Hacksaw Blade and its Influence on the Quality of the Cut. Prod. Eng. 55 (1976) 1, S. 25–32.
12. *Willemeit, A.:* Das Trennen von Stählen mit schnellarbeitsstahl- und hartmetallbestückten Kreissägeblättern. Diss. TU Braunschweig 1969.
13. *Yamagutschi, M.:* Metallsägen aus japanischer Sicht. Werkst. u. Betr. 111 (1978) 1, S. 36–42.
14. *Barz, E.:* Entwicklungstrend auf dem Gebiet des Sägens metallischer Werkstoffe. TZ prakt. Metallbearb. 70 (1976) 9, S. 280–286.

DIN-Normen

DIN	1837 (8.70)	Metallkreissägeblätter, feingezahnt.
DIN	1838 (8.70)	Metallkreissägeblätter, grobgezahnt.
DIN	1840 (8.70)	Metallkreissägeblätter; Zahnformen, seitlicher Freischliff, Herstellungsgenauigkeit.
DIN	6495 (9.46)	Sägeblätter für Metall für Bügelsägemaschinen.
DIN	8576 (10.54)	Maschinenwerkzeuge für Metall; Segmentsägeblätter für Kaltkreissägemaschinen.
DIN	55086 (9.75)	Werkzeugmaschinen; Bügelsägemaschinen; Baugrößen.

11 Feilen, Rollieren

Ing. (grad.) A. Bauschert[1], Esslingen
o. Prof. Dr.-Ing. W. Schweizer[2], Berlin

11.1 Allgemeines

Feilen ist Spanen mit meist gerader oder kreisförmiger Schnittbewegung und mit geringer Spanungsdicke mit einem mehrschneidigen Feilwerkzeug, dessen Zähne geringer Höhe dicht aufeinanderfolgen.
Die Feile zählt zu den ältesten Werkzeugen. Sie war schon in früh entwickelten Kulturkreisen verschiedener Völker bekannt. Eine hohe Entwicklungsstufe hatten handwerklich hergestellte Feilen bereits im 15. und 16. Jahrhundert erreicht [1].
Trotz ständig fortschreitender Mechanisierung der Oberflächenbearbeitung im spanenden Bereich ist die Feile bis heute ein unentbehrliches Hand- und Maschinenwerkzeug geblieben. Industrielle Anwendungsbereiche sind insbesondere der Werkzeug-, Formen- und Modellbau. Darüber hinaus gibt es das große Einsatzgebiet in der handwerklichen Fertigung [2].

11.2 Übersicht der Feilverfahren

Eine Übersicht der nach DIN 8589 eingeteilten Feilverfahren ist in Bild 1 wiedergegeben. Die Verfahren lassen sich in *Hubfeilen, Bandfeilen* und *Scheibenfeilen* unterteilen.

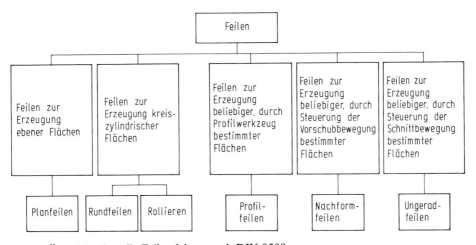

Bild 1. Übersicht über die Feilverfahren nach DIN 8589

---

[1] Abschnitte 11.1 bis 11.4 (Feilen)
[2] Abschnitt 11.5 (Rollieren)

Hubfeilen ist Feilen mit wiederholter, meist geradliniger Schnittbewegung. Bandfeilen ist Feilen mit kontinuierlicher, meist geradliniger Schnittbewegung unter Verwendung eines umlaufenden, endlosen Feilbandes oder einer Feilkette. Scheibenfeilen ist Feilen mit kontinuierlicher, kreisförmiger Schnittbewegung unter Verwendung einer umlaufenden Feilscheibe.

Weiterhin wurden folgende Definitionen festgelegt:
Planfeilen ist Hub-, Band- oder Scheibenfeilen zur Erzeugung einer parallel zur Schnittbewegung liegenden, ebenen Fläche (Bild 2 A).
Rundfeilen ist Hub- oder Bandfeilen mit kreisförmiger Vorschubbewegung zur Erzeugung einer zylindrischen Außenfläche (Bild 2 B).
Rollieren ist Scheibenfeilen mit kreisförmiger Vorschubbewegung zur Erzeugung einer zylindrischen Außenfläche (Bild 2 C).

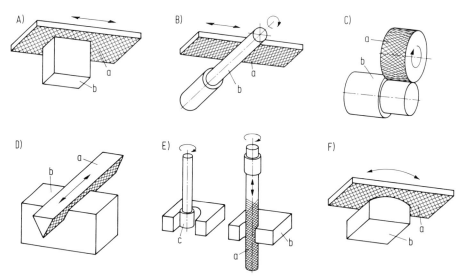

Bild 2. Die verschiedenen Feilverfahren
A) Plan-Hubfeilen, B) Rund-Hubfeilen, C) Rollieren,
D) Profil-Hubfeilen, E) Nachform-Hubfeilen, F) Ungerad-Hubfeilen
a Werkzeug, b Werkstück, c Steuereinrichtung

Profilfeilen ist Hub-, Band- oder Scheibenfeilen unter Verwendung eines Profilwerkzeugs zur Erzeugung einer Profilfläche, wobei das Feilenprofil (Hüllprofil der Hauptschneide) auf das Werkstück übertragen wird (Bild 2 D).
Nachformfeilen ist Band- oder Hubfeilen mit gesteuerter Vorschubbewegung zur Erzeugung einer beliebigen Formfläche (Bild 2 E).
Ungeradfeilen ist Hubfeilen mit gesteuerter Schnittbewegung zur Erzeugung einer beliebigen Formfläche (Bild 2 F).

11.3 Werkzeuge für die Feilbearbeitung

11.3.1 Grundlagen und Begriffe

Aus Bild 3 sind die wichtigsten Grundbegriffe am Beispiel einer Handfeile ersichtlich. Es werden Einhieb und Kreuz- oder Doppelhieb unterschieden.

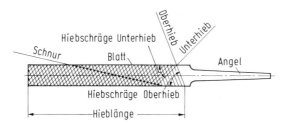

Bild 3. Aufbau und Begriffe einer Kreuzhieb-Handfeile

Der Einhieb besteht aus parallel zueinander und schräg zur Achsrichtung der Feile liegenden schneidenden Zähnen. Der Kreuz- oder Doppelhieb entsteht durch zweimaliges Hauen der Feilenoberfläche, wobei der zuerst gehauene Unterhieb und der anschließend gehauene Oberhieb sich kreuzen. Der Oberhieb bildet wie beim Einhieb die schneidenden Zähne, während der Unterhieb die Aufgabe hat, die Oberhiebzähne in viele kleine Zähnchen zu unterteilen und dadurch als Spanbrecher zu dienen.
Der Kreuzhieb verleiht der Feile eine gute Führung, während beim Einhieb auf Flächen und Kanten ein seitliches Abgleiten der Feile in Richtung der Zahnschneiden auftreten kann. Die Spanbrechereigenschaft des Unterhiebs ermöglicht dem Kreuzhieb, nur kleine Spänchen abzunehmen, die sich leichter aus dem Hieb entfernen lassen als ein breiter zusammenhängender Span.

Die durch den Hieb erzeugte Geometrie am Schneidkeil ist abhängig von der Hiebteilung (Bild 4). Schwere Schrupparbeiten erfordern Zähne mit großer Hiebteilung (Bild 4A). Feilenzähne mit kleiner Hiebteilung für Schlichtarbeiten sind geringeren Belastungen ausgesetzt als Zähne für Schrupparbeiten. Sie lassen ein Zahnprofil nach Bild 4B zu.

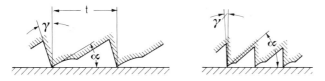

Bild 4. Zahnprofile an gehauenen Feilen
α zwischen 28 und 42°, γ zwischen −15 und −2°, t Zahnteilung

Für große Spanabnahme an weichen Werkstoffen sind grobe Zahnungen mit griffiger Zahnschneide erforderlich. Gefräste Zähne erfüllen diese Eigenschaften besonders gut. Das Fräsen erlaubt positive Spanwinkel und gute Ausrundung im Zahngrund (Bild 5). Wegen des geringen Widerstands weicher Werkstoffe kann der Keilwinkel β klein gehalten werden. Somit ergeben sich neben gut angreifenden Zähnen große Spankammern, die im Zusammenwirken mit dem ausgerundeten Zahngrund ein Festsetzen der Späne verhindern und die Spanabfuhr begünstigen.

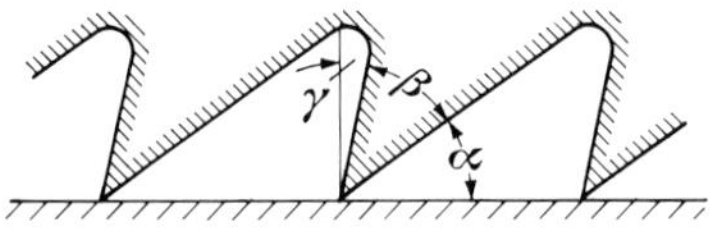

Bild 5. Zahnprofil an gefrästen Feilen (schneidende Wirkung)

Sowohl gefräste als auch gehauene Feilen ermöglichen einhiebige Zahnung und Zahnung mit Spanbrechernuten. Die Schräglage des schneidenden Hiebes bewirkt ein seitliches Abschieben der Späne während der Feilbewegung. Kreisbogenverzahnung ermöglicht Spanabfluß nach beiden Seiten.
Außer Zahnprofil und Hiebart ist auch die Schräge des schneidenden Hiebes von Einfluß auf das Feilergebnis. Ein sehr schrägliegender Hieb, d.h. kleiner Winkel zwischen Feilenachse und Hieb, ergibt einen ratterfreien Schnitt und glatte Oberfläche.
Als Maß für die Grobheit des Hiebs wird die Hiebzahl pro Zentimeter Feilenlänge in Achsrichtung der Feile angegeben. Bei Kreuzhiebfeilen ist die Hiebzahl des Oberhiebes maßgebend. Bei Raspeln werden die Hiebzahlen pro Quadratzentimeter angegeben.
Die Hiebschräge wird gemessen als Winkel zwischen Feilenachse und Hieb. Sie beträgt bei einhiebigen Feilen 60° und bei gebräuchlichen Kreuzhiebfeilen für den Oberhieb 65° bis 70° und für den Unterhieb 45° bis 50°.
Die Verbindungslinie der schräg hintereinander liegenden Zahnrauten bei Kreuzhieb wird Schnur oder Schnürung genannt.

11.3.2 Einteilungsgesichtspunkte

Die unter dem Begriff „Feilen" zusammengefaßten Werkzeuge können nach verschiedenen Gesichtspunkten gegliedert werden.

Feilen und Raspeln

Feilen haben linienförmig durchgehend gehauene, geschnittene oder gefräste Zähne. Sie sind verwendbar für die Bearbeitung von Metallen, Kunststoffen und Holz. Raspeln werden mit punktförmig gehauenen Zähnen versehen und eignen sich für die Bearbeitung von Holz, Leder, Kork, Horn, Gummi, Kunststoffen und Stein.

Handwerkzeuge und Maschinenwerkzeuge

Unter Handwerkzeuge fallen die aus Blatt und Angel bestehenden, von Hand bewegten Feilen und Raspeln, deren Querschnittformen über die ganze Länge parallel oder zur Spitze hin verjüngt verlaufen. Die Angel dient zur Aufnahme eines Heftes aus Holz oder Kunststoff. Zu den Maschinenwerkzeugen gehören translatorisch oder rotatorisch bewegte Maschinenfeilen. Translatorisch bewegte Maschinenfeilen sind zur Aufnahme in speziellen Feilmaschinen bestimmt, sie besitzen zwei Einspannenden und arbeiten meist in vertikaler Richtung. Ihre Querschnittsformen verlaufen über die ganze Länge parallel. Rotierende Feil-, Raspel- und Fräserscheiben (Bild 6) werden bis zu Durchmessern von etwa 300 mm hergestellt und sind sowohl auf speziellen Feilmaschinen als auch auf Dreh-

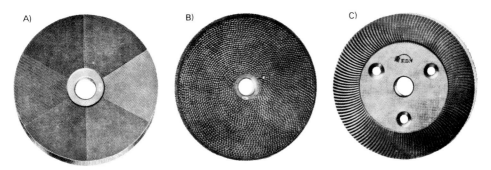

Bild 6. Rotierende Scheibenwerkzeuge für die Feilbearbeitung
A) Feilscheibe, B) Raspelscheibe, C) Fräserscheibe

und Fräsmaschinen zu verwenden. Rotierende Turbo-Feilen, Turbo-Raspeln und Turbo-Fräser (Bild 7) werden bis zu Durchmessern von 30 mm – in Sonderfällen auch größer – in zylindrischer und kugelförmiger Ausführung sowie in anderen Profilformen hergestellt. Als Feilen und Raspeln besitzen sie gehauene, als Fräser gefräste und geschliffene Zähne. Kinematisch ist ein Grenzfall zum Fräsen zu erkennen. Turbo-Feilwerkzeuge sind mit Einspannschaft oder Gewindebohrung versehen. Sie sind geeignet für die Aufnahme in von Hand gehaltenen und geführten, durch Elektro- oder Druckluftmotor angetriebenen Maschinen für rotierende Bewegung.

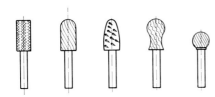

Bild 7. Rotierende Turbo-Feilwerkzeuge

Werkstattfeilen und Präzisionsfeilen

Werkstattfeilen sind von Hand bewegte Feilen und Raspeln für den allgemeinen Bedarf. Abmessungen, Querschnittformen, Hiebdaten und technische Lieferbedingungen sind festgelegt in DIN 7261 bis 7264, DIN 7283 bis 7285 und DIN 8349. Unter den Begriff Werkstattfeilen fallen neben gehauenen Kreuzhiebfeilen im weitesten Sinne auch Sägefeilen (Schärffeilen), Raspeln, gefräste Feilen und Schlüsselfeilen. Präzisionsfeilen (Bild 8) sind Feilen für genauere Arbeiten. Sie sind nicht genormt. Als wesentliche Unterscheidungsmerkmale sind vor allem Verwendung von höherwertigem Stahl und die besonders sorgfältige Ausführung des Hiebes und der Form hervorzuheben. Präzisionsfeilen werden bis zu einer Länge von 200 mm gefertigt. Zu den Präzisionsfeilen gehören auch die für den Werkzeugbau, die Feinmechanik und die Schmuckwarenindustrie bestimmten Nadel- und Riffelfeilen (Bild 9).

Weiterhin können Feilwerkzeuge nach ihrer Querschnittsform, der Hiebart und innerhalb der Hiebart nach Hiebnummern eingeteilt werden. Darüber hinaus sind in der Praxis am Verwendungszweck orientierte Unterscheidungen üblich, wie z.B. Maschinenfeile, Drehmaschinenfeile, Härteprüffeile, Schlüsselfeile, Riefen- oder Cannelierfeile, Dentalfeile, Sägefeile und Raspeln für verschiedene Zwecke.

11 Feilen, Rollieren

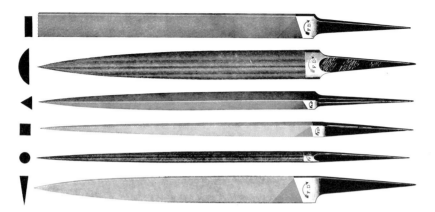

Bild 8. Präzisionsfeilen

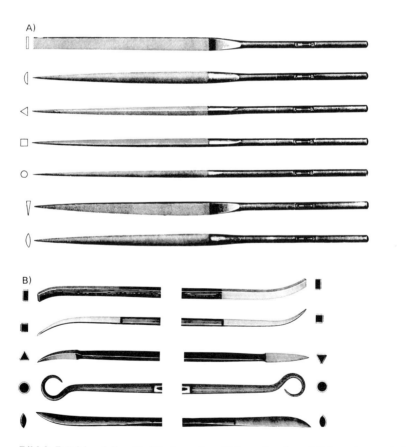

Bild 9. Präzisionsfeilen für Werkzeugbau, Feinmechanik und Schmuckwarenindustrie
A) Nadelfeilen, B) Riffelfeilen

11.4 Feilen

Beim *Handfeilen* werden Vorschub- und Schnittbewegung mit Körperkraft erzeugt. Wichtig für die Handhabung der Feile ist die Verwendung eines nach ergonomischen Gesichtspunkten gestalteten Feilenhefts [3].
Neben der *Feilbearbeitung mit Handmaschinen* verschiedener Art hat vor allem die *Bearbeitung auf Band- und Hubfeilmaschinen* Bedeutung. Arbeiten mit Bandfeilen können auf Bandsägemaschinen in senkrechter Bauweise mit entsprechenden Einrichtungen für die Feilbandführung oder auf ähnlich aufgebauten, speziellen Bandfeilmaschinen durchgeführt werden. Eine für Feil- und Sägearbeiten gleichermaßen geeignete Universal-Hubfeilmaschine zeigt Bild 10. Die vom Motor und Riementrieb auf den Kurbelarm übertragene Drehbewegung wird vom Pleuel über die Kulisse und den Kulissenstein in eine oszillierende Translationsbewegung umgesetzt. Diese wird über den Stößel, zwei Arme und eine Werkzeughalterung als Schnittbewegung auf das Werkzeug übertragen. Die Hublänge wird unter Beibehaltung des oberen Umkehrpunkts durch Verlagerung des Kulissendrehpunkts an einem Hebelarm durch Betätigen eines Handrades eingestellt. Die Vorschubbewegung wird meist von Hand erzeugt. Darüber hinaus werden auch verschiedene Vorrichtungen angewandt, die sowohl der besseren Werkstückführung als auch der Einhaltung konstanter Vorschubkräfte dienen.
Die installierte Antriebsleistung von Hubfeilmaschinen beträgt im allgemeinen weniger als 1 kW. Die Doppelhubfrequenz ist stufenlos einstellbar und liegt etwa zwischen 60 und 400 min^{-1}.

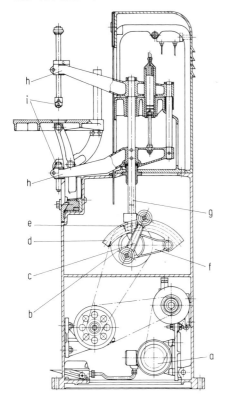

Bild 10. Universal-Hubfeilmaschine
a Motor, b Kurbelarm, c Pleuel, d Kulisse, e Kulissenstein, f Hebelarm, g Stößel, h Arme, i Werkzeughalterung

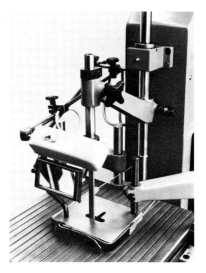

Bild 11. Bearbeitung einer Schneidmatrize auf einer Hubfeilmaschine

Ein typisches Anwendungsbeispiel ist in Bild 11 wiedergegeben. Neben diesem vorwiegend im Werkzeug- und Apparatebau angewandten Feilverfahren haben vor allem in der Feinwerktechnik das Feilen mit Präzisionsfeilen sowie das Rollieren große Bedeutung.

11.5 Rollieren

Das Rollieren ist von der Kinematik her ein dem Außenrundschleifen sehr ähnliches Feinbearbeitungsverfahren und dient hauptsächlich zur Verbesserung der Oberflächengüte an Zapfen von Wellen in der feinwerktechnischen Industrie. Unter Rollieren versteht man die gleichzeitig spanende und umformende Bearbeitung eines Werkstücks durch Werkzeuge mit gerauhten Wirkflächen mit dem Ziel, die Form und Maßgenauigkeit sowie die Oberflächengüte zu verbessern. Das durch Feindrehen vorbearbeitete Werkstück führt eine umlaufende Hauptbewegung aus. Die Werkstückbewegung ist gemäß VDI/VDE-Richtlinie 2032 grundsätzlich der Werkzeugbewegung an der Wirkstelle entgegengesetzt. Anfangs wurde das Rollieren von Hand mit einer Rollierfeile durchgeführt, wobei die Maschine nur die Werkstückhauptbewegung erzeugte. Mit zunehmender Massenfertigung wurde die Rollierfeile durch eine Rollierscheibe ersetzt, die neben ihrer die Umfangsgeschwindigkeit erzeugenden Drehbewegung noch eine radiale Zustellbewegung ausführen kann. Bei einfachen Maschinen wird das Werkstück meist einseitig in einer Spannzange aufgenommen. Die sog. „Brosche", in der sich der zu rollierende Zapfen abstützt, enthält halbkreisförmige oder prismatische Ausnehmungen. Während der Bearbeitung wird die Rollierscheibe gegen das Werkstück gedrückt. Übliche Rollierzeiten liegen zwischen 2 und maximal 40 s.

Das Rollieren eignet sich vorzugsweise für die Bearbeitung von Laufflächen an Wellen oder Spindeln mit Durchmessern von 0,05 bis 8 mm. Abhängig von der Vorbearbeitung sind sehr geringe Rauhtiefen von R_t = 0,1 bis 0,8 µm erreichbar. Vorzugsweise werden Teile aus Messing und Stahl rolliert, jedoch ist die Anwendung auch bei anderen metallischen Werkstoffen möglich.

Für die Bearbeitung werden ausschließlich Maschinen mit umlaufendem Rollierwerkzeug eingesetzt. Das einfachste Rollierverfahren ist das Einstechrollieren (Bild 12 A). Dabei wird die Rollierscheibe nur in radialer Richtung zugestellt. Mit entsprechend profilierten Rollierscheiben können auch nichtzylindrische Zapfen bearbeitet werden.

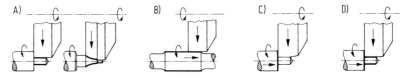

Bild 12. Rollierverfahren nach VDI/VDE-Richtlinie 2032
A) Einstech- und Profilrollieren, B) Längsrollieren,
C) Stirnrollieren, D) Kombination von Längs- und Stirnrollieren

Wenn der zu bearbeitende Werkstückteil länger ist als die Breite der Rollierscheibe, kann das Werkstück einen zusätzlichen Längsvorschub erhalten. Diese Verfahrensvariante nennt man Längsrollieren (Bild 12B). Unter Ausnutzung der Wirkflächen an der Stirnseite der Rollierscheibe lassen sich Stirnflächen und Schultern bearbeiten (Bild 12C). Vielfach wird, wie in Bild 12D gezeigt, das Einstech- und Längsrollieren mit dem Stirnrollieren verbunden. Eine spezielle Art des Einstechrollierens ist das Doppelrollieren (Bild 13). Dabei können beide Lagerzapfen einer Welle gleichzeitig sowohl am Umfang als auch an der Stirnfläche rolliert werden. Die beiden mit ihren Achsen senkrecht auf der Werkstückachse stehenden Rollierscheiben werden in Richtung der Werkstückachse zugestellt. Die Wirkflächen der Rollierscheiben befinden sich am Umfang und an den Stirnseiten.

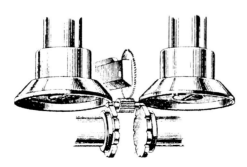

Bild 13. Einstechrollieren mit zwei Rollierscheiben (nach *Häuser* [4])

Zur Rollierbearbeitung müssen die Werkstücke in definierter Lage entweder eingespannt oder beim Doppelrollieren in beiden Broschen abgelegt und dann in Drehung versetzt werden. Zur Aufnahme der Rollierkräfte sind die Werkstücke abzustützen. Gespannt werden die Werkstücke, abhängig von Werkstückform und -durchmesser, in Spannzangen oder zwischen Spitzen. Beim Spannen zwischen Spitzen und beim Doppelrollieren ist für einen geeigneten Antrieb des Werkstücks zu sorgen. Verzahnte Werkstücke, die an beiden Zapfen rolliert werden sollen, können einen Antrieb über Zahnräder erhalten, die, wie aus Bild 13 ersichtlich, in die eigene Werkstückverzahnung eingreifen. Auf nichtverzahnte Werkstücke kann für die Dauer des Rollierens ein entsprechendes Zahnrad aufgeklemmt werden.

In der scheibenförmigen Brosche befinden sich halbrunde oder V-förmige Ausnehmungen, in denen die Zapfen beim Rollieren aufliegen. Bei halbrunden Ausnehmungen ist darauf zu achten, daß der Ausnehmungsdurchmesser gleich dem Werkstückdurchmesser vor dem Rollieren sein muß. Um ein Durchbiegen fest eingespannter Werkstücke während des Rollierens zu vermeiden, soll die Höhe der Brosche sehr fein einstellbar sein. Die Breite der Brosche soll etwas kleiner oder ebenso groß wie die Länge des zu rollierenden Zapfens sein. Im allgemeinen enthält die Brosche mehrere verschiedene Ausnehmungen, so daß durch Weiterdrehen auf einen anderen Werkstückdurchmesser umgerüstet werden kann. Als Werkstoff für die Brosche wird gehärteter Stahl oder Hartmetall verwendet.

Die heute eingesetzten Rollierscheiben besitzen Wirkflächen am Umfang und an der Stirnfläche, die senkrecht aufeinanderstehen. Die Scheiben sind zylindrisch oder schwach kegelig. Als Werkstoffe gelangen Hartmetall oder Oxidkeramik zum Einsatz. Rollierscheiben aus Werkzeugstahl werden nur für Versuche oder für das Formrollieren geringer Losgrößen verwendet. Die Rauhigkeit der Wirkflächen entsteht durch das Schleifen mit Diamantschleifscheiben und ist der Größe der Diamantkörner direkt proportional. Die Schleifrillen schließen mit der Rollierscheibenachse einen Winkel von 0 bis 30° ein. Wird die Rollierbearbeitung in zwei Schritten durchgeführt, so unterscheidet man auch hier zwischen Schruppen und Schlichten. Zum Schruppen verwendet man eine Oxidkeramikscheibe mit einem Rillenneigungswinkel von 30° und zum Schlichten eine Hartmetallscheibe mit einem Rillenneigungswinkel von 0°.

Rollierscheiben für größere Werkstoffabnahme werden mit Schleifscheiben der Korngröße D 250 bis D 150 nach DIN 848 und für das Feinrollieren mit Scheiben der Korngröße D 100 bis D 50 bearbeitet. Durch das Schleifen (Aufschärfen) bildet sich an der Rollierscheibe eine Vielzahl geometrisch unbestimmter Schneiden, die den Werkstoff durch Schaben und Reiben abtrennen. Die Rauhtiefe der Rollierscheiben beträgt je nach Anwendungsfall $R_t = 6$ bis 15 μm.

Um ein Schlagen der Rollierscheibe zu verhindern, soll die Scheibe beim Aufschärfen auf der Arbeitsspindel verbleiben. Rollierwerkzeuge werden auf Spezialmaschinen geschliffen.

Nach dem Aufschärfen ist entsprechend Bild 14 die zeitbezogene Durchmesserabnahme relativ groß; sie sinkt aber je nach Werkstoff der Rollierscheibe mit zunehmender Eingriffzeit des Werkzeugs recht schnell ab. Wichtig ist, daß es nicht auf das Zeitspanungsvolumen, sondern auf die Oberflächengüte der bearbeiteten Werkstücke ankommt. Daher ist eine Rollierscheibe einzusetzen, die den gewünschten Fertigdurchmesser bei möglichst kleiner Rauhtiefe in kurzer Zeit erreichen läßt.

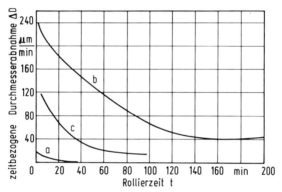

Bild 14. Einfluß verschiedener Rollierscheiben auf die Durchmesser-Abnahme an rollierten Werkstücken in Abhängigkeit von der Rollierzeit (nach *Pahlitzsch* [5])
a sehr dichte weiße Rollierscheibe, b poröse weiße Rollierscheibe, c dichte rote Rollierscheibe (Degussit 44 fein) mit scharfkantigem Profil; bearbeiteter Werkstoff: Stahl 115CrV3 gehärtet

Aufschärfen: mit Diamantscheibe D 70 und Petroleum

Rollieren: Rillenneigungswinkel 0°, Rollierkraft 16 N, $v_{ur} = 1{,}1$ bis 1,3 m/s, $v_{uw} = 0{,}24$ m/s, Hilfsstoff: Petroleum mit Vaseline

In der VDI/VDE-Richtlinie 2032 wird das Rollieren als „feines Spanen mittels Werkzeugen mit gerauhten Wirkflächen" bezeichnet. Das Rollieren ist jedoch ein Bearbeitungsvorgang, der mit zunehmender Einebnung der Oberfläche in ein Umformen übergeht. Durch das Rollieren wird die Werkstückoberfläche verdichtet. Die Härtesteigerung kann, abhängig von den Werkstückabmessungen und dem Werkstoff, bis zu 80% betragen [4]. Dies führt zu einem besseren Verschleißverhalten. Die Steigerung der Oberflächenfestigkeit ist unter anderem von der Anpreßkraft der Rollierscheibe auf das Werkstück abhängig. Das wird besonders daraus ersichtlich, daß bei sonst gleichen Bedingungen mit abnehmendem Zapfendurchmesser eine Steigerung der Oberflächenfestigkeit einhergeht.

Die zu rollierenden Werkstücke werden meist durch Feindrehen, seltener durch Feinschleifen vorbearbeitet. Die damit erreichte Rauhtiefe soll bei $R_t = 1$ bis 3,5 μm liegen.

Für das Rollieren ist eine Bearbeitungszugabe von 10 bis 35 µm vorzusehen. Mit Rollierscheiben aus Oxidkeramik ist eine etwas größere Werkstoffabnahme möglich.
Der eigentliche Bearbeitungsvorgang ist beim Rollieren im Vergleich zu den Nebenzeiten sehr kurz. Je nach Durchmesser des Werkstücks und Art des Werkstoffs dauert das Rollieren zwischen 0,5 und 10 s. In der Praxis wird meist nach vorgegebener Zeit oder auf Anschlag bis zum Erreichen des gewünschten Durchmessers rolliert.
Die Anpreßkraft der Rollierscheibe auf das Werkstück wird in der Praxis empirisch ermittelt. Bild 15 zeigt den Zusammenhang zwischen Rollierzeit und Durchmesserabnahme eines Zapfens bei unterschiedlicher Rollierkraft, die üblicherweise zwischen 10 und 30 N liegt. Die Rollierkraft wird im allgemeinen auch bei automatischen Maschinen durch Federn oder über Gewichte aufgebracht.

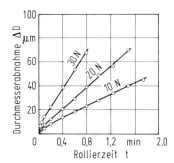

Bild 15. Einfluß der Rollierkraft auf die Durchmesserabnahme an rollierten Werkstükken in Abhängigkeit von der Rollierzeit (nach *Pahlitzsch* [5])
Rollierscheibe C, bearbeiteter Werkstoff: Stahl 115CrV3 gehärtet
Aufschärfen: mit Diamantscheibe D 100 und Petroleum mit Vaseline
Rollieren: Rillenneigungswinkel 0°, v_{ur} = 1,2 m/s, v_{uw} = 0,24 m/s, Hilfsstoff: Petroleum

Die Drehzahlen von Werkstück und Werkzeug werden so gewählt, daß sich für die Rollierscheibe eine Umfangsgeschwindigkeit v_{ur} zwischen 0,8 und 1,3 m/s und für das Werkstück eine solche (v_{uw}) zwischen 0,1 und 0,4 m/s ergibt. Die in VDI/VDE 2032 angegebenen Werte werden häufig unterschritten, jedoch nur beim Bearbeiten von Werkstücken über 1 mm Dmr. überschritten [4].
Bei der Rollierbearbeitung wird generell ein Schmiermittel verwendet. Dessen Hauptaufgabe besteht darin, ein „Fressen" des Werkstücks in der Brosche zu verhindern. Nebenbei hat das Schmiermittel einen positiven Einfluß auf die am Werkstück erreichbare Rauhtiefe. Das Schmiermittel wird bei den meisten Maschinen über ein Stück Filz oder Schaumgummi zugeführt, das mit Schmiermittel getränkt ist und gegen die Rollierscheibe gedrückt wird. Dadurch wird die Scheibe außerdem gereinigt. Als Schmiermittel werden Gemische aus Petroleum und Schneidölen im Verhältnis 1 : 1 verwendet. Insbesondere für oxidkeramische Rollierscheiben findet man Gemische aus Vaseline oder Paraffin und Petroleum. Von den Herstellern der Rolliermaschinen werden außerdem entsprechend dem jeweiligen Anwendungsfall spezielle Schmiermittel empfohlen.
Die Palette der von der Industrie angebotenen Rolliermaschinen reicht von der einfachen Zapfenrolliermaschine, bei der das Einlegen und Spannen des Werkstücks sowie das Aufbringen der Rollierkraft von Hand erfolgt, über teilautomatische bis zu vollautomatischen Maschinen, die mit Einlegegeräten ausgestattet werden können. Eine Beson-

derheit stellen die Doppelrolliermaschinen dar, mit denen beide Zapfen einer Welle gleichzeitig am Umfang und an der Stirnfläche bearbeitet werden können. Bei den meisten Rollierautomaten wird der Rolliervorgang nach Ablauf einer eingestellten Zeit beendet. Alternativ dazu gibt es auch Maschinen, die auf Anschlag rollieren. Sie haben den Nachteil, daß der Werkzeugverschleiß in die Maßgenauigkeit des rollierten Werkstücks eingeht. Eine Alternative bietet das meßgesteuerte Rollieren. Dazu ist die meßtechnische Erfassung des Werkstückdurchmessers erforderlich. Bei den beim Rollieren üblichen Werkstückabmessungen kann im allgemeinen nur indirekt über den Abstand der Rollierspindel von der Brosche gemessen werden. Das einzige direkte Meßverfahren ist ein fluidisches Verfahren, bei dem in die V-förmige Ausnehmung der Brosche eine Meßdüse eingesetzt wird. Aufgrund des beim Rollieren kleiner werdenden Zapfendurchmessers wird der Zapfen tiefer in die Nut hineingedrückt und der aus der Meßdüse austretende Luftstrom beeinflußt. Die Änderung des Luftstromes stellt ein Maß für den Zapfendurchmesser dar und löst das Abschalten der Maschine aus. Die indirekte Messung ist einfacher und meist billiger, jedoch wegen des mitgemessenen Werkzeugverschleißes ungenauer.

Bei der Feinstbearbeitung von Werkstücken unter 2 mm Dmr. gibt es für das Rollieren neben dem Feinschleifen praktisch keine Alternative. Mit dem Feinschleifen ist jedoch nicht die geringe Rauhtiefe erreichbar wie mit dem Rollieren, und außerdem entfällt dort die Oberflächenverdichtung. Der Aufwand für die Rolliermaschinen und die Werkzeuge ist relativ gering. Die Maschinen sind einfach zu bedienen und können durch Schwenken und Justieren der Brosche schnell auf andere Werkstückdurchmesser umgerüstet werden. Durch Handhabungseinrichtungen lassen sich die im Verhältnis zu den reinen Bearbeitungszeiten langen Nebenzeiten verringern.

Literatur zu Kapitel 11

1. *Dick, O.:* Die Feile und ihre Entwicklungsgeschichte. Julius Springer Verlag, Berlin 1925.
2. *Buxbaum, B.:* Feilen. H. 46 der Werkstattbücher, 2. Aufl. Springer-Verlag, Berlin, Göttingen, Heidelberg 1955.
3. *Solf, J.:* Kleine Griffkunde oder: Was der Designer vom Ergonomen lernen kann. Broschüre Bundespreis „Gute Form 1975". Verlag Rat für Formgebung, Darmstadt.
4. *Häuser, K.:* Rollieren, ein Außenfeinbearbeitungsverfahren für kleine Werkstücke. Jahrbuch für Optik und Feinmechanik 1975. Fachverlag Schiele & Schön GmbH, Berlin.
5. *Pahlitzsch, G.:* Untersuchung über das Zapfenrollieren mit oxydkeramischen Scheiben. Werkst.-Techn. 53 (1963) 4, S. 153–160.

DIN-Normen

DIN E 8589 T 2 (11.73)	Fertigungsverfahren Spanen. Spanen mit geometrisch bestimmten Schneiden, Unterteilung, Begriffe
DIN 7261 (05.74)	Werkstattfeilen; Formen, Längen, Querschnitte
DIN 7262 (05.74)	Schärffeilen; Formen, Längen Querschnitte
DIN 7263 (05.74)	Raspeln und Kabinettfeilen; Formen, Längen, Querschnitte
DIN 7264 (05.74)	Gefräste Feilen; Formen, Längen, Querschnitte
DIN 7283 (05.74)	Schlüsselfeilen; Formen, Längen, Querschnitte
DIN 7284 (05.74)	Feilen und Raspeln; Technische Lieferbedingungen
DIN 7285 (05.74)	Feilen und Raspeln; Begriffe
DIN 8349 (04.74)	Feilen und Raspeln; Hiebzahlen

VDI/VDE-Richtlinien

VDI/VDE 2032 (12.75)	Rollieren und Glattwalzen

12 Schaben

Dr.-Ing. H. Müller-Gerbes, Schweinfurt

12.1 Allgemeines

Das Schaben ist ein seit langem bekanntes spanendes Fertigungsverfahren, dessen Bedeutung heute sehr unterschiedlich beurteilt wird. Besonders Werkzeugmaschinenbetriebe wenden dieses Verfahren sehr häufig an. In vielen Fällen wird aufgrund wirtschaftlicher Erwägungen das Schaben sehr stark eingeschränkt oder überhaupt nicht mehr angewandt. Die VDI-Richtlinie 3220 enthält folgende Definition: „Schaben ist das Spanen mit vorzugsweise einschneidigem, nicht ständig im Eingriff stehendem, in einer Hauptrichtung bewegtem Werkzeug zur Verbesserung von Form, Maß, Lage und Oberfläche vorgearbeiteter Werkstücke (Bild 1). Die erzielten Oberflächen weisen unregelmäßig gekreuzte muldige Bearbeitungsspuren auf."

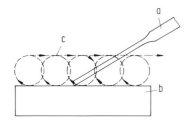

Bild 1. Prinzip des Schabens (Stoßschaben)
a Werkzeug, b Werkstück, c Bewegungslinien des Werkzeugs

Die fertigungstechnische Aufgabe des Schabens ist die Erzeugung bestimmter geometrischer und bzw. oder funktioneller Eigenschaften von Oberflächen. Im Werkzeugmaschinenbau dient das Schaben daher vor allem zur Bearbeitung von Führungsbahnen und von Gleitflächen an Maschinentischen und -schlitten, zur Erzeugung von Paß- und Anschraubflächen und zur Herstellung von Öltaschen in Gleitführungen. Besonders geeignet ist das Schaben für die Nacharbeit an Paß- oder Führungsflächen bei der Endabnahme der Maschine, zur Beseitigung von Beschädigungen und zur Korrektur von Ungenauigkeiten, die durch Verschleiß an den Führungsbahnen entstehen. Kennzeichnend für dieses Fertigungsverfahren sind die erzielbare hohe Lage-, Form- und Maßgenauigkeit, die geringe Schnittgeschwindigkeit sowie die geringe Spanabnahme, da das Schaben entweder von Hand oder mit handbedienten Maschinenwerkzeugen durchgeführt wird.

12.2 Übersicht der Schabverfahren

In Anlehnung an die in DIN 8589 enthaltene Gliederung der spanenden Fertigungsverfahren kennt man beim Schaben zwei unterschiedliche Verfahren: das Handschaben, bei dem die Werkstückoberfläche durch beliebige Steuerung der Schnitt- und Vorschubbewegung von Hand erzeugt wird, und das Maschinenschaben, bei dem die Schnittbewegung durch die Maschine und nur die Vorschubbewegung von Hand ausgeführt wird. Mit beiden Verfahren lassen sich ebene und kreiszylindrische Flächen herstellen; entsprechend ist ihre Benennung Planschaben und Rundschaben. Eine weitere Unterscheidung ergibt sich durch die Schnittrichtung: Hier spricht man vom Stoßschaben (Bild 1) bzw. vom Ziehschaben (Bild 2). Das Stoßschaben wird bevorzugt für die Schruppbearbeitung (Abrichten, Grobschaben) eingesetzt; es ist auch das beim Maschinenschaben verwendete Verfahren. Das Ziehschaben wird vorzugsweise bei der Schlicht- und Feinstbearbeitung (Schlicht-, Fein-, Edelschaben) und für die Herstellung von Öltaschen angewandt, weil es leichter ist, auf diese Weise das beim Schaben entstehende wellenförmige Profil möglichst flach zu gestalten. Dies sollte bei Führungsbahnen im Interesse einer guten Schmierfilmbildung und einer langen Lebensdauer stets angestrebt werden [1].

Bild 2. Ziehschaben einer Befestigungsfläche

12.3 Werkzeuge und Zubehör

12.3.1 Handwerkzeuge

Die unterschiedlichen Bearbeitungsaufgaben beim Schaben erfordern entsprechende Werkzeuge. Für das Planschaben benutzt man entweder Zieh- oder Stoßschaber (häufiger als Flachschaber bezeichnet) und für das Rundschaben sog. Dreikantschaber oder Löffelschaber. Bild 3 zeigt eine Auswahl verschiedener Schabwerkzeuge. Die Stoßschaber sind meist relativ kurze Werkzeuge, die mit einem oder auch zwei Handgriffen versehen sind und vor dem Körper gehalten werden. Die Ziehschaber sind häufig lange Werkzeuge – Rohre, in welche die gekröpften Schneiden eingesetzt werden –, deren Ende während der Bearbeitung auf der Schulter abgestützt wird (Bild 2). Als Schneidstoff kann für alle Schaber Werkzeugstahl verwendet werden. Jedoch werden für die Stoßschaber heute vorzugsweise Hartmetallschneiden benutzt, die entweder mit dem Werkzeugschaft verlötet oder, als Wendeplatten ausgebildet, im Schaft geklemmt werden.
Die Bezeichnung der Winkel an der Werkzeugschneide erfolgt nach DIN 6581. Bild 4 zeigt als Beispiele die Schneide eines Stoßschabers und die eines Ziehschabers. Die Größe der Winkel richtet sich nach der Bearbeitungsaufgabe und nach dem zu bearbeitenden Werkstoff. Von besonderer Bedeutung ist der sich ergebende wirksame Schnittwinkel δ, der bei allen Schneiden größer als 90° sein muß, um ein zu tiefes Eindringen der Schneide in den Werkstoff zu vermeiden. Die tatsächliche Größe des Schnittwinkels δ ist gleich der Summe des durch das Werkzeug bestimmten Keilwinkels β und des Wirkfrei-

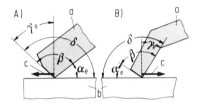

Bild 4. Winkel an Schabwerkzeugen
A) Stoßschaber, B) Ziehschaber
a Werkzeug, b Werkstück, c Schnittrichtung, α_e Wirkfreiwinkel, β Keilwinkel, γ_e Wirkspanwinkel, δ Schnittwinkel

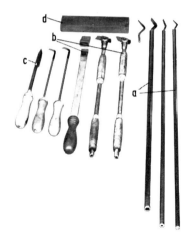

Bild 3. Schabwerkzeuge
a Ziehschaber, b Stoßschaber, c Dreikantschaber, d Ölstein

winkels α_e, unter dem der Schaber am Werkstück geführt wird. Der Schnittwinkel muß umso kleiner sein, je härter der Werkstoff ist und je größer die Schnittiefe sein soll. Der Keilwinkel hat Werte von $\beta = 92$ bis $95°$ für die Bearbeitung von Grauguß und etwa $\beta = 60°$ für die Bearbeitung von Stahl. Der Wirkspanwinkel γ_e ist negativ und kann je nach Größe des Schnittwinkels Werte bis $-45°$ annehmen. Die Schneidkante der 2 bis 3 mm dicken und 15 bis 30 mm breiten Schneiden ist rundgeschliffen mit Radien von 200 bis 300 mm.

Der Werkzeugverschleiß ist werkstoffabhängig. Er ist bei der Bearbeitung von Stahl wesentlich höher als bei Grauguß. Erfahrungswerte der Standzeit für Grauguß sind ungefähr 60 bis 240 min je Hartmetallschneide und für Stahl eine Zehnerpotenz niedriger. Schneiden aus Werkzeugstahl werden oft mehrmals nachgeschliffen und Hartmetallschneiden nachgeläppt. Die Standzeiten der Schneiden lassen sich durch häufiges Abziehen auf dem Ölstein – etwa alle 2 bis 3 min erhöhen.

12.3.2 Maschinenwerkzeuge

Maschinenwerkzeuge arbeiten immer als Stoßschaber. Sie bestehen aus einem elektrischen Antrieb, einem Getriebe, das die Motordrehbewegung in eine lineare Hubbewegung umwandelt, und einer Werkzeughalterung, die sich mit einer Hubzahl von 1200 min^{-1} bewegt. Der Hubweg ist häufig stufenlos von 0 bis 20 mm einstellbar. Bild 5 zeigt einen Maschinenschaber, der zur besseren Handhabung zusätzlich mit einer Lederschlaufe ausgerüstet ist, Bild 6 dessen Einsatz. In die oszillierende Werkzeughalterung wird entweder die hartmetallbestückte Schabeklinge oder der Klemmhalter mit Hartmetall-Schabeplatte eingesetzt. Die Schneidengeometrie dieser Werkzeuge entspricht denen der Handwerkzeuge, ebenso das Verschleiß- und Standzeitverhalten. Maschinenschaber mit unterschiedlichem Gewicht gibt es für die Bearbeitungsfälle Schruppschaben (rd. 6 kg) sowie Schlicht- und Edelschaben (rd. 2,5 kg). Spezielle Maschinenschaber, die sog. Halbmondschaber, werden für das Schaben von Mustern verwendet.

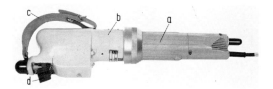

Bild 5. Maschinenschaber
a Antrieb, b Getriebe, c Halteschlaufe, d Werkzeughalterung

Bild 6. Maschinenschaber im Einsatz

12.3.3 Zubehör und Meßzeuge

Wichtigste Zubehörteile für die Schabbearbeitung sind Tuschierlineale und Tuschierplatten. Beide dienen dem Sichtbarmachen der Anzahl und der Verteilung der Tragpunkte einer Oberfläche. Tuschierlineale gibt es in den verschiedensten Größen und Formen mit I-, Winkel-, Dreikant-, Vierkant- und Trapezform. Ihre Genauigkeit ist wie die der Tuschierplatten in DIN 876 in verschiedenen Genauigkeitsgraden festgelegt, von denen die Grade 0, 1 und 2 am häufigsten vorkommen. Die Lineale werden sowohl aus Grauguß als auch aus Stahl hergestellt. Gußlineale unterzieht man nach der Alterung einer Glühbehandlung, um sie anschließend feinzuschaben, wobei die Anzahl der tragenden Punkte auf einem Quadrat von 25 mm Kantenlänge beim Genauigkeitsgrad 0 mindestens 20 und beim Genauigkeitsgrad 00 mindestens 25 betragen muß. Zur Erleichterung der Herstellung und zur Erhöhung der Genauigkeit erfolgt die Fertigung nach einem Mutterlineal. Stahllineale werden geglüht, gealtert, gehärtet und geschliffen. Tuschierplatten sind entweder ortsfeste Platten (Bild 7) mit einer speziellen Verrippung und mehreren Auflagepunkten, die Verformungen der Platte verhindern sollen, oder

Bild 7. Tuschierplatte

bewegliche Platten, die mit Hilfe einer Hebevorrichtung auf das zu tuschierende Werkstück gehoben werden. Geschlossene Profile und eine zusätzliche Diagonalverrippung erhöhen die Steifigkeit.
Um die Tragpunkte einer Oberfläche erkennen zu können, muß Tuschierfarbe durch ein Lineal oder eine Platte auf die Oberfläche gebracht werden. Tuschierfarben sind zum

Beispiel „Preussisch Blau" und „Pariser Rot", Mischungen aus Farbpulver und Öl oder Vaseline. Sie müssen sich gleichmäßig fein verteilen lassen und eine fettende, dünne Schicht ergeben, die mit Gummirollen oder Filzwischern aufgetragen wird.

Die zur Überprüfung des Ergebnisses einer Schabbearbeitung notwendigen Messungen, wie Geradheit, Ebenheit, Parallelität und Rechtwinkligkeit, orientieren sich an den in DIN 8601 formulierten Abnahmebedingungen für Werkzeugmaschinen. Als Meßgeräte dienen für die Messung der Ebenheit der Autokollimator und das Laser-Interferometer, für die Messung der Parallelität die elektronische Wasserwaage und die Koinzidenzlibelle und zur Messung der Winkligkeit Meßuhren und Meßzylinder. Bild 8 zeigt eine Zusammenstellung einiger gebräuchlicher Meßgeräte; in Bild 9 ist die Arbeitsweise des Autokollimators zu sehen. Eine Lichtquelle wirft parallele Lichtstrahlen auf einen Spiegel; das reflektierte Licht wird optisch mit einer verschiebbaren Strichplatte verglichen. Der Spiegel wird während der Messung entlang der Führungsbahn verschoben, und jede Abweichung in der Ebenheit kann durch die Verschiebung der Strichplatte maßlich erfaßt werden. Mit dieser Meßmethode werden insbesondere gewölbt geschabte Führungsbahnen vermessen.

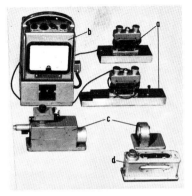
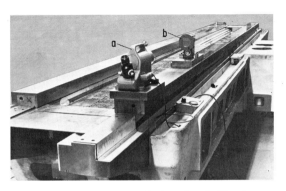

Bild 8. Meßgeräte zum Ausmessen von Führungsbahnen
a elektronische Wasserwaage, b Anzeigegerät, c Autokollimator, d Koinzidenzlibelle

Bild 9. Ebenheitsmessung mit dem Autokollimator
a Meßgerät mit Lichtquelle, b verschiebbarer Spiegel

12.4 Schabbearbeitung

Obwohl man beim Schaben Hand- und Maschinenbearbeitung unterscheidet, gleichen sich beide hinsichtlich des Verfahrensablaufs, da der Vorgang der Spanabnahme wegen der übereinstimmenden Schneidengeometrie ähnlich ist. Im allgemeinen wird jede zu schabende Oberfläche zunächst vorgeschabt, damit die von der Vorbearbeitung herrührenden Riefen beseitigt werden, wobei die Schnittrichtung des Schabers in einem Winkel von 45° zur Richtung der Riefen verläuft. Das Vorschaben (Abrichten, Grobschaben), bei dem pro Überschabung Schnittiefen bis 0,04 mm abgenommen werden, wird meistens maschinell durchgeführt. Nach jedem Durchgang muß tuschiert und anschließend unter einem Winkel von 90° zur vorhergehenden Schnittrichtung weiter geschabt werden. Das sich anschließende Fertigschaben dient der Erzeugung der vorgeschriebenen Anzahl Tragpunkte. Je nach dem geforderten Gütegrad muß in mehreren Durchgängen geschabt werden. Die Schnittiefe je Überschabung beträgt beim Schlicht- und Feinschaben etwa 5 bis 10 µm und ist beim Edelschaben, das bei der Herstellung von Tuschierlinealen und -platten, Meßvorrichtungen und sehr genauen Führungen (z.B. von Lehrenbohrwerken) eingesetzt wird, kleiner als 5 µm. Das Fertigschaben wird vielfach ausschließlich von Hand ausgeführt, jedoch ist es insbesondere bei großen Flächen eine Frage der Wirtschaftlichkeit, ob es von Hand oder maschinell erfolgt.

Tabelle 1 enthält Angaben über die Anzahl der Tragpunkte auf einer Fläche von 25 × 25 mm, die Anzahl der Überschabungen und die Schnittiefe in Abhängigkeit vom Gütegrad der Oberfläche.

Wie bei allen anderen spanenden Fertigungsverfahren unterscheiden sich auch beim Schaben die zu bearbeitenden Werkstoffe hinsichtlich ihrer Zerspanbarkeit. Während kurzspanende Werkstoffe, wie Grauguß mit Härtewerten von 180 bis 220 HB, spärolitisches Gußeisen und Bronzen, ausgesprochen gut für die Schabbearbeitung geeignet sind, lassen sich langspanende Werkstoffe (z.B. Stahl, Stahlguß) und Graugußsorten mit einer Härte von über 220 HB nur schlecht durch Schaben zerspanen. Zum Bereich der leicht bearbeitbaren Werkstoffe zählen auch Kunststoffe und Nichteisenmetalle.

Da beim Schaben nur sehr kleine Schnittiefen abgenommen werden, muß, um den Zeitaufwand gering zu halten, die Werkstückoberfläche sehr sorgfältig vorbearbeitet werden. Durch Schaben können Abweichungen von der verlangten Form- und Lagegenauigkeit klein gehalten werden und liegen bei Führungsbahnen im Bereich von 20 bis 50 µm, bezogen auf eine Länge von 1000 mm. Von den für die Vorbearbeitung möglichen Verfahren Hobeln, Fräsen und – in seltenen Fällen – Schleifen ist das Breitschlichthobeln besonders geeignet, da die parallel verlaufenden, flachen Hobelriefen das erste Überschaben erleichtern, im Gegensatz zu den beim Fräsen entstehenden kreisförmigen Riefen. Beim Fräsen können in der Oberflächenrandzone Kaltverfestigungen auftreten, die wegen der dann vorhandenen höheren Oberflächenhärte das Schaben sehr erschweren. Daher muß bei Werkstoffen, die verstärkt zur Verfestigung neigen, entweder mit kleinen Zustellungen und Vorschüben gefräst oder es muß gehobelt werden.

Die Güte einer geschabten Fläche wird nach der Anzahl der Tragpunkte bestimmt, die eine Fläche von 25 × 25 mm nach dem Aufreiben von Tuschierfarbe mit einer Tuschierplatte nach DIN 876 zeigt. Je höher die Zahl der Tragpunkte ist, desto besser ist die Oberflächenqualität. Die Tiefe der Taschen beträgt etwa 5 µm; die beim maschinellen Schaben erzielbaren Rauhtiefen liegen zwischen 3 und 5 µm, und bei der Handbearbeitung lassen sich Werte von 1 bis 3 µm erzielen. Bild 10 zeigt die Vergrößerungen zweier unterschiedlich geschabter Oberflächen. Neben der Güte ist die Form- und Lagegenauigkeit einer Oberfläche von Bedeutung. Grundsätzlich gilt, daß jede Form, die gemessen werden kann, auch durch Schaben herstellbar ist. So werden horizontale Führungsbahnen häufig „gewölbt" geschabt, um die durch Schlitten- und Werkstückgewichte entstehende Durchbiegung zu kompensieren. Die Wölbung läßt sich mit Hilfe geeigneter Meßmethoden erfassen. Hierbei werden Neigungen von 3 µm/m, in klimatisierten Räumen von 1 µm/m erreicht.

Für die Beurteilung der Wirtschaftlichkeit des Schabens im Vergleich zum Schleifen genügt es nicht, nur die reine Schleifzeit der Schabzeit gegenüberzustellen [2]. Vielmehr müssen die hohen Anschaffungskosten einer Schleifmaschine und die dadurch bedingte Abschreibung und Verzinsung sowie die Betriebskosten den geringen Kosten bei der Schabbearbeitung gegenübergestellt werden. Das Schleifen von Führungsbahnen mittlerer Länge, z.B. bei Revolverdrehmaschinen, ist zweifellos wirtschaftlicher als das Scha-

12.4 Schabbearbeitung

Tabelle 1. Richtwerte für das Schaben

	Gütegrad	Gütebezeichnung	Anzahl der Tragpunkte auf 25 × 25 mm	Anzahl der Überschabungen	Schnittiefe je Überschabung [µm]	Anwendung
Vorschaben	1	Abrichten	1 bis 2	3 bis 5	20 bis 40	ebene Flächen zum Spannen usw.
	2	Grobschaben	3 bis 4	6 bis 8	10 bis 20	Flächen z. Anschrauben mit geringer Oberflächengüte
Fertigschaben	3	Schlichtschaben	6 bis 8	10 bis 12	5 bis 10	genaue Flächen, z. B. Deckelflächen
	4	Feinschaben	10 bis 12	14 bis 18	5 bis 10	Führungen an Werkzeugmaschinen
	5	Edelschaben	20 bis 24	20 bis 24	3 bis 10	sehr genaue Führungen; Tuschierlineale u.-platten

Bild 10. Aufnahmen zweier geschabter Oberflächen (1:1)
A) 20 bis 25 Tragpunkte/Bezugsfläche (25 × 25mm),
B) 35 Tragpunkte/Bezugsfläche

ben, jedoch ist das Schleifen von sehr kurzen (zu große Aufspannzeiten) und sehr langen Führungen (zu hohe Kosten der Schleifmaschine) preislich im Nachteil. Die Erzeugung bestimmter Oberflächenformen sowie einer für die Ausbildung eines Schmierfilms günstigen Oberflächenqualität ist häufig nur durch Schaben möglich. Während das Schaben an Drehmaschinen und Fräsmaschinen sehr stark zurückgegangen ist und meist nur noch an den Gegenführungen der Schlitten durchgeführt wird, hat es für Schleifmaschinen, Lehrenbohrwerke, Bearbeitungszentren, Transferstraßen, Sondermaschinen und Meßmaschinen sowie für die Nacharbeit von Führungsbahnen immer noch eine große Bedeutung.

12.5 Kosten der Schabbearbeitung

Die Kosten der Schabbearbeitung setzen sich zusammen aus den Lohn- und Lohnnebenkosten, den Arbeitsplatzkosten und den Gemeinkosten. Die Arbeitsplatzkosten sind im Vergleich zu den Lohnkosten niedrig, da die Bearbeitung von Hand mit preiswerten Werkzeugen erfolgt. Die Stundenkosten betragen etwa 30,– bis 40,– DM. Die Gesamtkosten einer Schabbearbeitung sind abhängig von der Dauer der Bearbeitung, die bestimmt wird von der Lage der zu schabenden Fläche (Zugänglichkeit), von der geforderten Form, der Genauigkeit und Oberflächengüte und vom Werkstückwerkstoff. Beispielsweise dauert das Schlichtschaben einer 150 mm breiten, ebenen Führungsbahn aus Grauguß ungefähr 4 h je Meter Länge, und für das Edelschaben der gleichen Fläche mit etwa 30 Tragpunkten je Bezugsfläche (25 × 25 mm) wird ungefähr die sieben- bis achtfache Zeit benötigt. Bei der Herstellung horizontaler Lehrenbohrwerke werden außer den Führungen auch alle Paßflächen geschabt. Hierfür benötigt man einige hundert Stunden – für eine mittelgroße Maschine mit 11 t Gewicht etwa 460 h –, so daß die Schabkosten etwa 2,3% der Gesamtkosten der Maschine einschließlich NC-Steuerung betragen. Die Gesellschaft für Arbeitsstudien und Lohnentwicklung – REFA – hat eine Schrift herausgegeben, die Zeitvorgaben für das Schaben von Hand enthält [2]. Auf der Grundlage dieser Tabellen werden in vielen Betrieben die Grundzeiten festgelegt, die auch die Zeiten für Tuschieren, Schaber schärfen und abziehen sowie Messen und Prüfen enthalten.

Literatur zu Kap. 12
1. *Bellmann, R.:* Schaben und Messen bei der Herstellung horizontaler Lehrenbohrwerke. Werkst. u. Betr. 95 (1962) 9, S. 590–594.
2. Zeitvorgabe beim Schaben von Hand. Beiträge zu den Arbeits- und Zeitstudien, H. 5. Hrsg. REFA e.V. Württemberg-Baden. C. E. Poeschel Verlag, Stuttgart 1951.

DIN-Normen
DIN 876   (5.72) Meßplatten aus Gußeisen und Hartgestein; Maße, Technische Lieferbedingungen.
DIN 8350   (4.74) Schaber.
DIN E 8601   (4.75) Werkzeugmaschinen; Abnahmebedingungen für Werkzeugmaschinen für die spanende Bearbeitung von Metallen; Allgemeine Regeln.

VDI-Richtlinien
VDI 3220   (3.60) Gliederung und Begriffsbestimmungen der Fertigungsverfahren, insbesondere für die Feinbearbeitung.

13 Schleifen

13.1 Allgemeines

o. Prof. Dr.-Ing. W. König, Aachen
o. Prof. Dr.-Ing. G. Spur, Berlin
Prof. Dr.-Ing. G. Werner, Cambridge, Mass., USA

Schleifen ist ein spanendes Fertigungsverfahren mit geometrisch unbestimmten Schneiden, die aus einer Vielzahl gebundener Körner von natürlichen oder synthetischen Schleifmitteln bestehen.

Die Anwendung des Schleifens in der industriellen Fertigung wurde lange Zeit ausschließlich von den Bewertungsgesichtspunkten der erforderlichen Oberflächengüte, Maß-, Form- und Lagegenauigkeit des Werkstücks und der Bearbeitungsmöglichkeit schwer zerspanbarer Werkstoffe bestimmt. Im Verlauf der fortschreitenden technischen Entwicklung stiegen die Ansprüche hinsichtlich der Genauigkeit, Härte und Verschleißfestigkeit von Bauelementen. Das führte zu einem sich ständig ausweitenden Anwendungsbereich der verschiedenen Schleifverfahren.

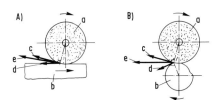

Bild 1. Schnitt-, Vorschub- und Wirkbewegung beim Plan- und Rundschleifen
A) Planscheifen, B) Rundschleifen
a Schleifscheibe, b Werkstück, c Schnittbewegung, d Vorschubbewegung, e Wirkbewegung

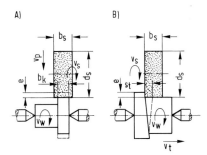

Bild 2. Erklärung einiger Begriffe beim Außenrundschleifen
A) Außenrund-Einstechschleifen,
B) Außenrund-Längsschleifen

In Anlehnung an DIN 6580 zeigt Bild 1 die beim Rund- und Planschleifen (Flachschleifen) wirksamen Bewegungen zwischen Werkstück und Werkzeug. Die wichtigsten Begriffe der Schleiftechnik sind mit den Erklärungen zum Außenrundschleifen in Bild 2:

b_s Schleifscheibenbreite in mm
b_k eingreifende Schleifscheibenbreite in mm
d_s Schleifscheibendurchmesser in mm
f_s Schleifscheibenumlauffrequenz in Hz
$v_s = \dfrac{d_s \cdot \pi \cdot f_s}{1000}$ Schleifscheibenumfangsgeschwindigkeit (Schnittgeschwindigkeit) in m/s
d_w Werkstückdurchmesser in mm
n_w Werkstückdrehzahl in min^{-1}

u   Vorschubgeschwindigkeit in m/min

$u_w = v_w = \dfrac{d_w \cdot \pi \cdot n_w}{1000}$ Werkstückvorschubgeschwindigkeit (Werkstückumfangsgeschwindigkeit) in m/min

u_t, v_t Längsvorschubgeschwindigkeit in m/min

u_p, v_p Einstechvorschubgeschwindigkeit in m/min

s   Vorschub in mm

$s_t = \dfrac{v_t}{n_w \cdot 1000}$ Längsvorschub in mm

$s_p = \dfrac{v_p}{n_w \cdot 1000}$ Einstechvorschub in mm

$U = \dfrac{b_s}{s}$ Überschliffzahl

a   Schnittiefe ⎫
e   Eingriffsgröße ⎬ Zustellung in mm

V_{sc} Verschleißvolumen der Schleifscheibe in mm³

V_w Spanungsvolumen (zerspantes Werkstoffvolumen) in mm³

$G = \dfrac{V_w}{V_{sc}}$ Schleifverhältnis

$V_w{}'$ bezogenes Spanungsvolumen in mm³/mm
Z   Zeitspanungsvolumen in mm³/s
Z'   bezogenes Zeitspanungsvolumen in mm³/mm s

Oft wird im Schrifttum die Tiefe des Schleifscheibeneingriffs senkrecht zur Vorschubrichtung, gemessen in der durch die Schnitt- und Vorschubrichtung aufgespanten Arbeitsebene, als Spanungstiefe a bezeichnet. Nach DIN 6580 wird diese Tiefe hingegen als Eingriffsgröße e definiert. Die Schnittiefe a liegt senkrecht zur Arbeitsebene. Ohne Berücksichtigung des Schleifscheibenverschleißes sowie elastischer Verformungen des Werkstücks und der Schleifscheibe ist der Betrag der Eingriffsgröße e bzw. Schnittiefe a gleich dem Betrag der Zustellung.

Die Vorschubgeschwindigkeit u setzt sich bei den einzelnen Schleifverfahren häufig aus verschiedenen Komponenten zusammen. Sie ergibt sich z.B. für das Außenrund-Längsschleifen (Bild 3) und das Gewindeschleifen zu

$$u = \sqrt{u_w^2 + u_t^2} \qquad (1)$$

mit $u_w = v_w$ Werkstückumfangsgeschwindigkeit und $u_t = v_t$ Längsvorschubgeschwindigkeit.

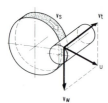

Bild 3. Vorschubgeschwindigkeiten beim Außenrund-Längsschleifen

v_s Schleifscheibenumfangsgeschwindigkeit, v_w Werkstückumfangsgeschwindigkeit, v_t Längsvorschubgeschwindigkeit, u Vorschubgeschwindigkeit

Um von der Schleifscheibenbreite unabhängig zu werden, bezieht man das Spanungsvolumen (zerspantes Werkstoffvolumen) auf eine eingreifende Schleifscheibenbreite $b_k = 1$ mm.

Das Zeitspanungsvolumen Z ist das pro Zeiteinheit zerspante Spanungsvolumen. Es ist gleich dem Produkt aus Spanungsquerschnitt und der senkrecht dazu stehenden mittleren Geschwindigkeit. Da beim Schleifen die Zustellung gering ist, wird hier statt der mittleren die am Umfang vorliegende Geschwindigkeit berücksichtigt. Das Zeitspanungsvolumen errechnet sich für das Außenrund-Längsschleifen zu

$$Z = \frac{e \cdot s \cdot v_w}{60} \cdot 10^3 \qquad (2)$$

mit v_w Werkstückumfangsgeschwindigkeit [m/min], für das Außenrund-Einstechschleifen zu

$$Z = \frac{d_w \cdot \pi \cdot b_k \cdot v_p}{60} \cdot 10^3 \qquad (3)$$

mit v_p Einstechgeschwindigkeit [m/min] und für das Profilschleifen (z.B. Gewindeschleifen) zu

$$Z = \frac{q_w \cdot u}{60} \cdot 10^3 \qquad (4)$$

mit q_w Querschnittsfläche der zerspanten Werkstoffschicht [mm²] und u Vorschubgeschwindigkeit [m/min].

Das bezogene Zeitspanungsvolumen Z' bezieht sich wiederum auf eine eingreifende Schleifscheibenbreite $b_k = 1$ mm und wird in der Fachliteratur häufig mit dem Begriff „Zerspanleistung" bezeichnet.

Das Geschwindigkeitsverhältnis ergibt sich aus dem Quotienten der Schleifscheibenumfangsgeschwindigkeit und der Werkstückumfangsgeschwindigkeit

$$q = \frac{v_s}{v_w} \cdot 60 \qquad (5)$$

mit v_s Schleifscheibenumfangsgeschwindigkeit [m/s] und v_w Werkstückumfangsgeschwindigkeit [m/min].

Um eine thermische Überlastung der Oberflächenrandzone des Werkstücks zu verhindern, wird beim Hochgeschwindigkeits-Außenrund- und -planschleifen ein Grenzwert von q = 60 bis 80 angestrebt. Beim Profilschleifen ist dieser Wert allerdings häufig nicht realisierbar.

Für unterschiedliche Schleifverfahren sind in Bild 4 die auftretenden, auf das Werkstück bezogenen Kräfte wiedergegeben. Abweichend zu den Fertigungsverfahren mit geometrisch bestimmten Schneiden werden beim Schleifen mit F_t die Tangentialkraft, mit F_n die Normalkraft und mit F_v die Vorschubkraft bezeichnet. Aus diesen Kraftkomponenten ergibt sich als Resultierende die Zerspankraft F_z. Die Tangentialkraft F_t entspricht der Schnittkraft F_s und die Normalkraft F_n der Passivkraft F_p. Häufig wird die Vorschubkraft F_v beim Außenrund-Längsschleifen und Gewindeschleifen auch als Axialkraft F_a bezeichnet. Um von der eingreifenden Schleifscheibenbreite unabhängige Größen zu erhalten, werden die Kräfte auf $b_k = 1$ mm bezogen. Damit erhält man

$$F_t' = \frac{F_t}{b_k} \text{ die bezogene Tangentialkraft,} \qquad (6)$$

$$F_n' = \frac{F_n}{b_k} \text{ die bezogene Normalkraft und} \qquad (7)$$

$$F_v' = \frac{F_v}{b_k} \text{ die bezogene Vorschubkraft.} \qquad (8)$$

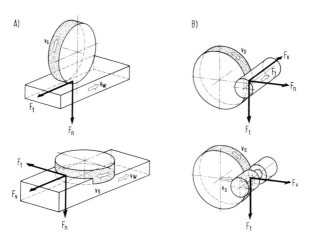

Bild 4. Kräfte beim Schleifen
A) Planschleifen, B) Rundschleifen

Die Ausbildung der abgetrennten Werkstoffteilchen durch die einzelnen in Eingriff gelangenden Schneiden hängt von der Art des zu bearbeitenden Werkstoffs ab und kann sich von einer regelrechten Fließspanbildung bei duktilen, zähharten Werkstoffen (z.B. Stahl mit mittlerem Kohlenstoffgehalt) bis zur Ausbildung von absplitternden Bruchpartikeln bei sprödharten Werkstoffen (z.B. Gestein und Glas) erstrecken. Charakteristisch für den Trennvorgang beim Schleifen sind in allen Fällen die sehr geringen Spanungsquerschnitte bzw. Spanungsdicken, der gleichzeitige Eingriff mehrerer Schneiden in der Kontaktzone zwischen Schleifscheibe und Werkstück, die gegenüber anderen Zerspanverfahren sehr hohe Schnittgeschwindigkeit sowie der deutlich negative Spanwinkel der Schneiden [2, 3]. Diese extremen geometrischen und kinematischen Eingriffsbedingungen bilden andererseits die Grundlage für die Wirkkriterien des Schleifprozesses in Form hoher bezogener Zerspanenergien, hoher Temperaturen in der Kontaktzone sowie geringer Rauheit und gleichmäßiger Struktur der Werkstückoberfläche.
Hinsichtlich des Maschinenaufbaus, der Werkzeugzusammensetzung und des werkstückbezogenen Schleifergebnisses gibt es eine sehr große Zahl sich mehr oder weniger deutlich voneinander unterscheidender Schleifverfahren. In Bild 5 ist schematisch der Zusammenhang zwischen Ausgangskenngrößen, Wirkkriterien des Schleifprozesses und Kenngrößen des Schleifergebnisses aufgezeigt, der fast allen Schleifverfahren eigen ist. Hiernach wird der Ausgangszustand eines Schleifprozesses einerseits durch Art, Eigenschaften und Betriebsdauer der Werkzeugmaschine, durch die Schleifscheibengeometrie und -zusammensetzung, durch Ausbildung und Einsatzart des Abrichtwerkzeugs und durch Zusammensetzung und Zuleitungsart des Kühlschmiermittels sowie andererseits durch die gewählten Arbeitsparameter, wie Schleifscheibenumfangsgeschwindigkeit, Zustellung und Vorschubgeschwindigkeit, bestimmt.
Diese Ausgangskenngrößen bestimmen über die beim Schleifvorgang festgelegten physikalischen Wirkzusammenhänge hinaus die eigentlichen Prozeßkenngrößen, und zwar Zerspankraft, Leistung, Spanbildung, Wärmeentwicklung und -verteilung, Verschleiß und Schleifzeit. Diese zusammen mit den auftretenden Störgrößen auch als

[Literatur S. 288]   13.1 *Allgemeines*   111

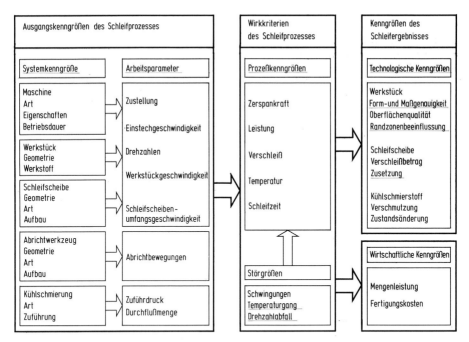

Bild 5. Schema der Kenngrößen eines Schleifprozesses

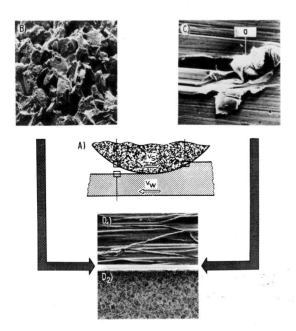

Bild 6. Schwerpunkte bei der Analyse des Schleifprozesses [4]
A) Schema des Schleifvorgangs, B) Schleifscheibenoberfläche, C) Spanbildung (a Schleifkorn), D_1) Werkstückoberfläche, D_2) Randzonengefüge
v_s Schleifscheibenumfangsgeschwindigkeit, v_w Werkstückvorschubgeschwindigkeit

Wirkkriterien des Schleifprozesses zu definierenden Prozeßkenngrößen, stehen in eindeutiger Wechselbeziehung zueinander, wie z.b. Spanbildung, Wärmeentwicklung, Zerspankraft und Leistung, und sie sind ihrerseits bestimmend für die technologischen und wirtschaftlichen Kenngrößen des Arbeitsergebnisses, z.b. Werkstückgeometrie, Randzoneneigenschaften, Oberflächenrauheit, Verschleißbetrag, Kühlschmierstoffbeeinträchtigung und Fertigungskosten.
In Bild 6 ist am Beispiel des Planschleifens schematisch veranschaulicht, wie die Ausgangskenngrößen auf die Prozeßkenngrößen und das Arbeitsergebnis einwirken, indem sie die Struktur der Schleifscheibenoberfläche, deren Eingriffsverhalten und den Spanbildungsprozeß bestimmen. Die Ausbildung dieser drei Kriterien bestimmt bei jedem Schleifvorgang die Güte des Arbeitsergebnisses, in Bild 6 durch die Oberflächenrauheit und die Ausbildung des Randzonengefüges gekennzeichnet.

13.2 Übersicht der Schleifverfahren
o. Prof. Dr.-Ing. G. Spur, Berlin

In Anlehnung an DIN 8589 lassen sich die Schleifverfahren wie folgt unterteilen (Bild 7):
Planschleifen (Flachschleifen) ist Schleifen zur Erzeugung ebener Flächen.
Rundschleifen ist Schleifen zur Erzeugung kreiszylindrischer Flächen.
Schleifen von Schraubflächen ist Schleifen zur Erzeugung von Schraubflächen (z.B. *Gewindeschleifen*).
Schleifen von Verzahnungen ist Schleifen zur Erzeugung von Wälzflächen an Zahnrädern.
Profilschleifen ist Schleifen zur Erzeugung beliebiger, durch ein Profilwerkzeug bestimmter Flächen.
Nachformschleifen ist Schleifen zur Erzeugung beliebiger Formflächen durch Steuerung der Vorschubbewegung.
Schleifen von Hand ist Schleifen, bei dem die Vorschubbewegung von Hand beliebig gesteuert werden kann.

Bild 7. Unterteilung des Fertigungsverfahrens Schleifen

Nach der überwiegend wirksamen Fläche der Schleifscheibe unterscheidet man *Umfangschleifen* und *Stirnschleifen* (Seitenschleifen), nach der Art der Vorschubbewegung *Längsschleifen* und *Einstechschleifen* (Querschleifen).
Eine weitere Unterteilung der einzelnen Schleifverfahren kann nach Art der Werkstückaufnahme (z.B. zwischen Spitzen, im Futter, spitzenlos) und nach Art des Schleifwerkzeugs (z.B. Scheibe, Segment, Schleifmittel auf Unterlagen [Bandschleifen], Stift) erfolgen.

Bild 8 zeigt eine schematische Übersicht der bekanntesten Verfahren beim Planschleifen (Flachschleifen). Auf Rundtisch wird überwiegend mit Segment-Schleifscheiben geschliffen. Beim Planschleifen von Rechteckprofilen unterscheidet man in der Praxis die beiden Verfahren *Pendelschleifen* und *Tiefschleifen* (Vollschnittschleifen), beim Tiefschleifen wiederum Gleichlauf- und Gegenlaufschleifen. Beim Pendelschleifen arbeitet man mit kleiner Zustellung und großer Werkstückvorschubgeschwindigkeit (kurze, dicke Späne), während das in den letzten Jahren ständig an Bedeutung gewinnende Tiefschleifen durch eine große Zustellung und kleine Werkstückvorschubgeschwindigkeit sowie lange, dünne Späne gekennzeichnet ist. Während beim Pendelschleifen der Verschleiß der Scheibe größer ist, treten beim Tiefschleifen Probleme mit einer thermischen Überlastung der Oberflächenrandzone des Werkstücks auf.

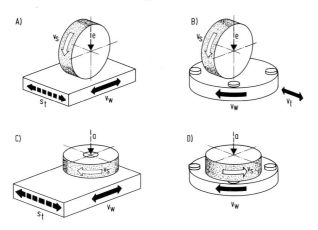

Bild 8. Verfahren beim Planschleifen (Flachschleifen)
A) Umfang-Längsschleifen, B) Umfangschleifen auf Rundtisch, C) Stirn-Längsschleifen, D) Stirnschleifen auf Rundtisch

In Bild 9 sind die bekanntesten Verfahren beim Rundschleifen wiedergegeben. Beim „Norton-Verfahren" bewegt sich das Werkstück längs der Schleifscheibe (feststehender Schleifspindelstock); es findet vorzugsweise beim Schleifen von kurzen bis mittellangen Werkstücken Anwendung. Bei sehr langen Werkstücken arbeitet man überwiegend nach dem „Landis-Verfahren", bei dem sich der Schleifspindelstock mit der Schleifscheibe längs des ortsfesten Werkstücks bewegt. Dadurch kann das Bett der Maschine wesentlich kürzer werden (z.B. Walzenschleifmaschinen, Gewindeschleifmaschinen für lange Spindeln).
Die wichtigsten Gewindeschleifverfahren (Schraubflächenschleifen) sind das Längsschleifen mit einprofiliger Schleifscheibe und das Längs- und Einstechschleifen mit mehrprofiliger Schleifscheibe. Das Gewindeschleifen wird ausführlich im Abschnitt 17.6.7 behandelt.
Beim Schleifen von Verzahnungen unterscheidet man zwischen Teilverfahren und Wälzverfahren (Verfahren nach *Maag*, *Niles*, *Kolb* und *Reishauer*).
Beim Profilschleifen unterscheidet man das Profilschleifen von offenen und geschlossenen Flächen. Ersteres wird im allgemeinen auf Planschleifmaschinen durchgeführt, wobei man wie beim Planschleifen von Rechteckprofilen zwischen Pendelschleifen und Profilschleifen unterscheiden kann.

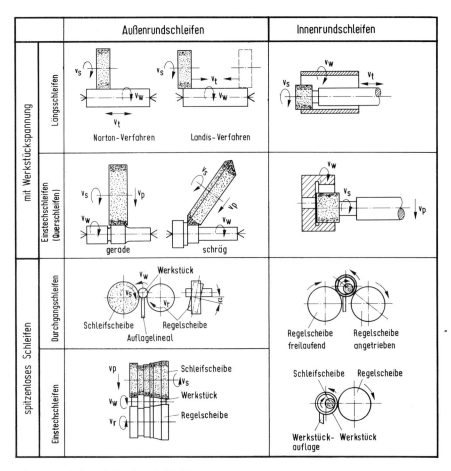

Bild 9. Verfahren beim Rundschleifen

13.3 Übersicht der Schleifmaschinen
o. Prof. Dr.-Ing. G. Spur, Berlin

13.3.1 Einteilungsgesichtspunkte

Die meisten der auf dem Markt angebotenen Schleifmaschinen können nach der Form der erzeugten Werkstückoberfläche, der Lage der zu erzeugenden Fläche, der überwiegend wirksamen Fläche des Schleifkörpers, nach der Art der Vorschubbewegung, der Lage der Hauptspindel, der Art der Werkstückaufnahme sowie nach der erreichbaren Arbeitsgenauigkeit und dem maximalen Zeitspanungsvolumen eingeteilt werden. In Anlehnung an die Einteilung der Schleifverfahren ergibt sich als erster Ordnungsgesichtspunkt die *Form der erzeugten Werkstückoberfläche*. Eine Übersicht zeigt Bild 10.

erzeugte Werkstückoberflächen	Schleifmaschinen
ebene Flächen	Planschleifmaschinen (Flachschleifmaschinen)
kreiszylindrische Flächen	Rundschleifmaschinen
Schraubflächen	Schraubflächenschleifmaschinen
Wälzflächen	Wälzflächenschleifmaschinen
beliebige Oberflächenformen — durch Profilwerkzeug bestimmt	Profilschleifmaschinen
beliebige Oberflächenformen — durch Steuerung der Vorschubbewegung bestimmt	Formschleifmaschinen
beliebige Oberflächenformen — durch Steuerung der Vorschubbewegung von Hand bestimmt	Handschleifmaschinen

Bild 10. Einteilung der Schleifmaschinen nach der Form der erzeugten Werkstückoberflächen

Nach der *Lage der zu erzeugenden Fläche* lassen sich Innen- und Außenschleifmaschinen unterscheiden (z. B. Außenrundschleifmaschinen, Innenrundschleifmaschinen).
Nach der *überwiegend wirksamen Fläche des Schleifkörpers* werden Umfangschleifmaschinen, Stirnschleifmaschinen und Bandschleifmaschinen unterschieden.
Die *Art der Vorschubbewegung* ist ein weiteres Gliederungsmerkmal. Hiernach können die Maschinen in Längsschleifmaschinen und Einstechschleifmaschinen (Querschleifmaschinen) eingeteilt werden.
Nach der *Lage der Hauptachsen* gibt es Senkrecht- und Waagerecht-Schleifmaschinen.
Weiter kann man Schleifmaschinen nach der *Art der Werkstückaufnahme* unterteilen. So werden Schleifmaschinen mit Werkstückspannung (z. B. Spitzenschleifmaschinen, Futterschleifmaschinen) und spitzenlose Schleifmaschinen unterschieden.
Weiterhin gibt es nach der *erreichbaren Arbeitsgenauigkeit* und dem *maximalen Zeitspanungsvolumen* Fein- und Schruppschleifmaschinen.

13.3.2 Rundschleifmaschinen

Sehr lange kreiszylindrische Werkstücke werden überwiegend auf *Außenrundschleifmaschinen* geschliffen, die nach dem Landis-Verfahren arbeiten. Bei diesem führt der Schleifspindelstock mit der Schleifscheibe die Längsvorschubbewegung aus. Dadurch kann die notwendige Bettlänge der Maschine gegenüber Schleifmaschinen, die nach dem Norton-Verfahren arbeiten, wesentlich verringert werden. Der Werkstückspindelstock führt bei Schleifmaschinen nach dem Norton-Verfahren die Längsvorschubbewegung aus, während der Schleifspindelstock feststeht und nur die Einstechvorschubbewegung übernimmt.
Zum Schleifen zylindrischer und kegeliger Bohrungen hoher Maß- und Formgenauigkeit dienen *Innenrundschleifmaschinen*. Nach der Lage der Werkstück- und Schleifspindel unterscheidet man Waagerecht- und Senkrecht-Innenrundschleifmaschinen.
Die Werkstückvorschubbewegung wird entweder durch eine Drehbewegung des Werkstücks oder zum Bearbeiten sperriger Werkstücke, die keine Drehbewegung ausführen können, durch eine Planetenbewegung der Schleifspindel erzeugt. Durch Zusatzeinrichtungen, wie Nuten- und Kugeleinstechschleifeinrichtungen, kann der Anwendungsbereich der Innenrundschleifmaschinen erweitert werden.

Die Technik des Schleifens auf *spitzenlosen Rundschleifmaschinen* hat in den letzten Jahren hinsichtlich der erreichbaren Arbeitsgenauigkeit und Zeitspanungsvolumen besonders große Fortschritte gemacht. Da die beim Schleifen auftretenden Normalkräfte durch die meist in gleicher Breite wie die Schleifscheibe am Werkstück anliegende Regelscheibe gut aufgenommen werden, ist auch die Bearbeitung dünner und langer Werkstücke ohne Biege- und Torsionsbeanspruchung bei hohen Zeitspanungsvolumen möglich. Bei diesem Maschinentyp findet man die meisten Hochgeschwindigkeitsschleifmaschinen mit Zulassungen bis zu einer Schleifscheibenumfangsgeschwindigkeit $v_s = 60$ m/s.

Die Bearbeitung von Werkstücken mit konstantem Durchmesser wird auf Durchgangsschleifmaschinen ausgeführt, während Werkstücke mit Absätzen und Schrägen, die gleichzeitig geschliffen werden sollen, auf Einstechschleifmaschinen bearbeitet werden.

13.3.3 Flachschleifmaschinen

Bei Flachschleifmaschinen gibt es Ausführungsformen mit horizontaler oder vertikaler Hauptspindel sowie mit Längstisch oder Drehtisch. Bei Flachschleifmaschinen mit Rundtisch werden überwiegend Segmentschleifscheiben verwendet. Viele Maschinen sind heute sowohl für das Pendelschleifen als auch für das Tiefschleifen (Profil-Vollschnittschleifen) ausgerüstet. Beim Tiefschleifen kommt die Schleifscheibe im Gegensatz zum Pendelschleifen nur einmal mit den Werkstückkanten in Berührung, was sich günstig auf die Standzeit auswirkt. Die wichtigste konstruktive Voraussetzung der Maschine ist die Realisierung einer extrem langsamen, gleichförmigen, ruckfreien Tischbewegung.

13.3.4 Trennschleifmaschinen

Das Trennen von Stangen, Rohren und Profilen, aber auch das Entfernen von Steigern und Trichtern an Gußstücken, kann wirtschaftlich auf Trennschleifmaschinen erfolgen. Werkstücke, die noch ihre Walz- oder Schmiedetemperatur besitzen, werden mit Heißtrennschleifmaschinen getrennt.

Nach der Art der Vorschubbewegung lassen sich Bauformen mit Kappschnitt, Fahrschnitt, Schwingschnitt und Drehschnitt unterscheiden.

13.3.5 Werkzeugschleifmaschinen

Universal-Werkzeugschleifmaschinen besitzen meist eine in zwei Ebenen schwenkbare Schleifspindel, um gerade- und drallgenutete Werkzeuge schleifen zu können. Durch Erweitern der Maschinen mit verschiedenen Zusatzeinrichtungen lassen sich die verschiedensten Werkzeuge, wie Fräser (einschließlich Messerköpfe), Drehmeißel, Gewindebohrer, Reibahlen und Senker, schleifen. Sehr kleine bzw. sehr große Werkzeuge, aber auch wirtschaftlicheres Scharfschleifen bei großen Stückzahlen, erfordern allerdings spezielle Werkzeugschleifmaschinen.

13.3.6 Sonderschleifmaschinen

Die Benennung der Sonderschleifmaschinen richtet sich nach dem jeweiligen Verwendungszweck. Häufig werden Sonderschleifmaschinen nur für eine spezielle Bearbeitung optimal ausgelegt. So gibt es z.B. spezielle Maschinen zum Schleifen von Walzen, Keilwellen, Nockenwellen, Kurbelwellen, Führungsbahnen, Gewinden, Schnecken, Polygonformen, Trochoiden, Zahnrädern sowie von Zentrierbohrungen.

13.3.7 Bandschleifmaschinen

Die Bandschleifmaschinen können in Plan-, Rund-, Profil- und Formschleifmaschinen gegliedert werden. Planschleifmaschinen werden als Ein- oder Zweiständermaschinen, d.h. mit einem oder zwei Schleifbändern, zum Schleifen von Blechen bis zu 20 m Länge ausgeführt. Bei Profilschleifmaschinen wird die Schmiegsamkeit des Schleifbands ausgenützt, um das Profil des Werkstücks zu erzeugen. Die Unterlage des Schleifbands an der Wirkstelle stellt das Gegenstück zum Werkstückprofil dar. Das Werkstück wird mit einer entsprechenden Anpreßkraft an diesem Gegenstück vorbeigeführt, so daß sich das Schleifband an dieser Stelle der Form des Profils anpaßt.

13.4 Berechnungsverfahren
o. Prof. Dr.-Ing. W. König, Aachen
Prof. Dr.-Ing. G. Werner, Cambridge, Mass., USA

13.4.1 Mechanik des Schleifvorgangs

Nach Auswahl der Schleifscheibe und mit vorgegebenen Maschinen-, Werkstoff- und Kühlschmierbedingungen läßt sich das Arbeitsergebnis nur noch über die Variation der an der Maschine einstellbaren Arbeitsparameter beeinflussen. Gezielte Maßnahmen dieser Art setzen die Kenntnisse der kinematischen und mechanischen Vorgänge in der Kontaktzone zwischen Werkstück und Schleifscheibe sowie deren Auswirkung auf das Schleifergebnis voraus.

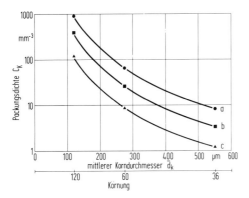

Bild 11. Einfluß der Körnung und des Kornabstands auf die Packungsdichte im Gefügeverband von Schleifwerkzeugen
a keine Bindungsbrücke, b Bindungsbrücke gleich $0{,}33 \times$ Korndurchmesser, c Bindungsbrücke gleich dem Korndurchmesser

Ausgangspunkt solcher Überlegungen ist die Kenntnis der räumlichen Schneidenverteilung in der Schneidfläche der Schleifscheibe [6]. Einen ersten Anhaltspunkt für die Schneidendichte gewinnt man aus der Packungsdichte der Schleifmittelkörner innerhalb des Scheibengefüges. Für Scheibengefüge mit der Korngröße 36, 60 und 120 ergeben sich in Abhängigkeit von der Bindungsbrückenausbildung bei hexagonaler Struktur Packungsdichten von etwa 1 bis 1000 mm^{-3} (Bild 11), und hieraus bilden sich für die Zahl der nach dem Abrichten an der Scheibenperipherie erzeugten Kornquerschnittflächen pro Scheibenflächeneinheit Werte von 1,2 bis 109 mm^{-2} aus (Bild 12). Damit folgt für eine mit einer Geschwindigkeit von 30 m/s umlaufende Schleifscheibe, daß im Rahmen der hier gewählten Bedingungen bei großem Kornabstand und grober Körnung 36 000 Schneiden je Sekunde und bei kleinstmöglichem Kornabstand und kleiner Körnung 3,27 Millionen Schneiden je Sekunde die Werkstückoberfläche über einer Schleifbreite von 1 mm passieren.

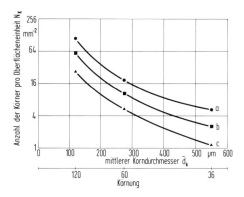

Bild 12. Einfluß der Körnung und des Kornabstands auf die Anzahl der Schneiden an der Oberfläche von Schleifwerkzeugen
a keine Bindungsbrücke, b Bindungsbrücke gleich 0,33 × Korndurchmesser, c Bindungsbrücke gleich dem Korndurchmesser

Wenn die Spitzen dieser Schneiden alle exakt auf der gleichen Umfangsebene lägen, müßten sie – wie die Schneiden eines Umfangsfräsers – unabhängig von Schnittgeschwindigkeit, Vorschubgeschwindigkeit und Zustellung alle in Kontakt mit dem Werkstück kommen. Da aber die radiale Position der Schneidenspitzen in Abhängigkeit von Korngröße und Abrichtbedingungen bis zu 50 µm variieren kann, wird ein Teil der tiefer liegenden Schneiden von den höher positionierten abgedeckt, so daß sie nicht zum Eingriff kommen [7]. Mit steigender Scheibenumfangsgeschwindigkeit v_s, geringerer Werkstückgeschwindigkeit (Werkstückvorschubgeschwindigkeit) v_w, geringerer Zustellung a und größerem Scheibendurchmesser nimmt der Überdeckungsgrad zu und somit die Zahl der pro Scheibenoberflächeneinheit zum Eingriff kommenden Schneiden nach einem exponentialen Gesetz ab. Diese für den Schleifprozeß charakteristischen Zusammenhänge sind in Gleichung 9 für die Zahl N_{dyn} der pro Scheibenoberflächeneinheit eingreifenden Schneiden funktional dargestellt [8]. Für praktische Schlußfolgerungen ist es wichtig zu berücksichtigen, daß sowohl die Schneidendichte C_1 als auch der in A_N enthaltene Schneidenformfaktor mit der verschleißbedingten Änderung der Schneidenfläche andere Werte annehmen kann.
Eine zweite für den Schleifvorgang charakteristische Kenngröße stellt der Mittelwert $\overline{Q}_{max}$ der maximalen Spanungsquerschnitte aller einzelnen, kommaförmigen Spanungskörper dar [7]. Auch diese Kenngröße ist von den Schleifbedingungen abhängig, weil sich die Spanungsdicke mit Zustellung, Schnittgeschwindigkeit, Vorschubgeschwindigkeit und Scheibendurchmesser ähnlich wie beim Umfangsfräsen ändert und weil sich außerdem als zusätzlicher Einflußfaktor für den Spanungsquerschnitt auch die Zahl der eingreifenden Schneiden, wie oben dargestellt, mit den Schleifbedingungen verändert.

Beide Einflüsse wurden bei der Ableitung der Gleichung 10 für $\overline{Q}_{max}$ berücksichtigt [8]. Es ist zu erkennen, daß die beiden Beziehungen strukturell sehr ähnlich aufgebaut sind und daß sich mit $0 < \alpha, \beta < 1$ logische Zusammenhänge ergeben. Mit zunehmender Schneidendichte C_1 nimmt der Spanungsquerschnitt ab, die Zahl der eingreifenden Schneiden in gleichem Maße zu. Demgegenüber nehmen beide Kenngrößen mit der Werkstückvorschubgeschwindigkeit und der Zustellung zu, wenn auch in unterschiedlich starkem Maße, während sie mit größerer Scheibenumfangsgeschwindigkeit und größerem äquivalentem Scheibendurchmesser in ebenfalls unterschiedlichem Maße abnehmen.

Für das Verständnis dieser Beziehungen und ihre Anwendung zur Analyse praktischer Schleifvorgänge muß man berücksichtigen, daß sie exakt nur für das Schleifen mit der zylindrischen Scheibenumfangsfläche im Einstechverfahren gelten. Die Kenntnis dieser Beziehungen und die ihnen zugrundeliegenden Gesetzmäßigkeiten sind von wesentlicher Bedeutung für die Rückführung des Arbeitsergebnisses auf die Schleifparameter, denn es lassen sich hieraus Schlußfolgerungen für die Ausbildung der Zerspankraftkomponenten, Oberflächenrauheit und Verschleiß in Abhängigkeit von den Schleifparametern gewinnen und funktionale Beziehungen für diese Kenngrößen formulieren.

Als zusätzliche Voraussetzung sind hierfür auch Kenntnisse über die Mechanik der Werkstoffabtragung erforderlich [8], denn dieser Komplex ist neben den geometrisch-kinematischen Gesetzmäßigkeiten mitentscheidend für Ausbildung und Verlauf von Zerspankraftkomponenten, Verschleiß, Temperatur und Oberflächengüte. Bei duktilen Werkstoffen mittlerer Bruchdehnung und Zugfestigkeit mit genügend kleinen Werten für Wärmeleitfähigkeit und Wärmekapazität, wie z. B. bei unlegierten Stählen mittleren Kohlenstoffgehalts, tritt trotz der kleinen Spanungsdicken von weniger als 5 µm, der geometrisch unbestimmten und unregelmäßigen Schneidenausbildung und der stark negativen Spanwinkel eine einwandfreie Fließspanbildung auf. Die Späne bilden sich kontinuierlich und haften nicht an der Werkzeugoberfläche. Werkstoffe mit einem solchen Mikrozerspanverhalten weisen mit zunehmender Scheibenumfangsgeschwindigkeit einen deutlichen Abfall der Zerspankraft und nur einen geringfügigen Anstieg der Wärmebelastung der Werkstückrandzone auf.

Mit größerer Bruchdehnung des Werkstoffs und dabei abnehmender Zugfestigkeit (z. B. kohlenstoffarmer, unlegierter Stahl) und bzw. oder erhöhter Wärmeleitfähigkeit und Wärmekapazität (z. B. Kupfer, Aluminium) stellt sich eine zunehmend ungünstigere Mikro-Zerspanbarkeit ein. Spanbildung und Spanabfluß sind gestört, der Werkstoff fließt nicht ab, sondern wird in die Freiräume der Scheibenoberfläche gepreßt; er löst sich schlecht von den Schneiden und hat die Neigung, sich im Schneidenraum festzusetzen. Man spricht hierbei vom Zusetzen der Schleifscheiben. Dieser Vorgang führt zu einer erheblichen Belastung der Scheibe, die ihre Schneidfähigkeit rasch einbüßt, weil die kinematischen und mechanischen Voraussetzungen der Spanbildung bei einer mit Werkstoff zugesetzten Scheibenoberfläche nicht mehr gegeben sind. Eine Verbesserung läßt sich durch die Auswahl einer offenen, grobkörnigen, nicht zu harten Scheibe und die Anwendung erhöhter Kühlschmierstoffdrücke erzielen [9].

Im Gegensatz zu den zuletzt beschriebenen Werkstoffen ist die ebenfalls ungünstige Schleifbarkeit von Werkstoffen mit harten Karbideinlagerungen, wie z. B. Schnellarbeitsstählen, auf den überhöhten Verschleißangriff durch diese Einlagerungen zurückzuführen, deren Härte die der konventionellen Schleifmittel erreichen kann. Hierbei überlagert sich dem eigentlich unproblematischen Spanbildungsvorgang des Grundgefüges der stark abrasive Angriff der Karbide auf die Schleifkornschneiden. Beim Schleifen von Schnellarbeitsstählen mit hohem Vanadinkarbidanteil sind beim Einsatz konventioneller Schleifmittel Schleifverhältnisse von G < 2 nichts außergewöhnliches [20]. Gleiches gilt auch für die Schleifbearbeitung von gesinterten Metallkarbiden (Hartmetalle) und die Bearbeitung spröder und harter Nichtmetalle, wie Gestein, Keramik und Glas.

Eine Steigerung des Schleifverhältnisses ist in diesen Bearbeitungsfällen nur durch härtere Schleifmittel zu erreichen. Daher ist das Schleifen von Hartmetall, Keramik, Gestein und Glas das unumstrittene Anwendungsgebiet des natürlichen und synthetischen Diamants. Der Werkstoff wird hierbei nicht in Form von Spänen abgetrennt, vielmehr sprengt das eindringende Diamantkorn den seiner Bahn im Wege stehenden Werkstoff in Form kleiner splittriger Partikel ab, wobei die entstehende Furchenbreite größer sein kann, als es der Ausdehnung des Diamantkorns entspricht. Diese Partikel haben selbst eine stark abrasive Wirkung, die auf die Scheibenbindung einwirkt und den sog. Bindungsverschleiß von Diamantwerkzeugen hervorruft. Unproblematisch ist demgegenüber der Abtransport der Zertrümmerungspartikel aus der Kontaktzone.

Ein wichtiges Kriterium bei der schleifenden Zerspanung spröder Werkstoffe ist die Ausbildung deutlich niedrigerer Temperaturen im Vergleich zum Schleifen duktiler Werkstoffe. Hierin ist der eigentliche Grund dafür zu sehen, daß Diamant-Schleifwerkzeuge nicht für die Bearbeitung von Stählen geeignet sind, denn hierbei bilden sich in der Spanentstehungszone und in den Kontaktflächen zwischen Schneide und Werkstoff Temperaturen von weit über 1000 °C aus, die einen verstärkten Diamantverschleiß zur Folge haben. Häufig wird dieses Phänomen damit erklärt, daß sich bei erhöhter Temperatur der Kohlenstoff des Diamanten im Stahl zu lösen beginnt. Da aber der Kohlenstoff in der Form des Diamantkristalls von seinen chemischen Eigenschaften her keine Affinität gegenüber Stahl oder auch anderen Stoffen haben kann, ist es wahrscheinlicher, daß der erhöhte Verschleiß des Diamanten beim Schleifen von Stahl auf eine bei Temperaturen von über 1000 °C einsetzende Graphitierung der temperaturbeaufschlagten äußeren Schichten des Diamantkristalls zurückzuführen ist [10]. Da diese Graphitschichten sehr dünn sind und durch den intensiven Kontakt mit dem Werkstoff nach ihrer Entstehung gleich wieder abgetragen werden, lassen sie sich jedoch nicht nachweisen.

Mit dem kubischen Bornitrid steht heute jedoch ein neues, synthetisches, nicht natürlich vorkommendes Schleifmittel von hoher Härte, ausreichend hoher Zähigkeit und deutlich besserer Temperaturbeständigkeit als Diamant zur Verfügung, das die wirtschaftliche Bearbeitung schwer schleifbarer Werkstoffe, wie z. B. Schnellarbeitsstahl und hochwarmfester Metallegierungen, den sog. Superalloys, ermöglicht.

Als letzte Werkstoffgruppe sind die kurzspanenden Werkstoffe mit geringer Bruchdehnung und niedriger Zugfestigkeit zu betrachten, zu denen z. B. Grau- und Hartguß sowie Messing und Bronze zählen. Die Spanbildung erfolgt in Form von kleinen Lamellenspänen, und der Transport der Späne aus der Kontaktzone ist unproblematisch. Als Schleifmittel werden sowohl Siliziumkarbid als auch Elektrokorund eingesetzt. Kennzeichnend ist für diese Werkstoffe – ähnlich wie bei der Bearbeitung spröder und harter Werkstoffe –, daß mit steigender Scheibenumfangsgeschwindigkeit die Schnittkräfte nur geringfügig abnehmen, die Wärmebelastung in der Werkstückrandzone dagegen stark zunimmt.

13.4.2 Definition der Schleifkenngrößen

Die maßgeblichen Kenngrößen zur Bewertung des Schleifprozesses und des Arbeitsergebnisses sind: Zerspankraftkomponenten, Verschleiß, Oberflächengüte, Wärmebeeinflussung der Werkstückrandzone, dynamisches Verhalten des Systems Schleifmaschine – Schleifscheibe – Werkstück und Schleifkosten pro zerspantes Werkstückvolumen. Sie sind abhängig von der Gesamtheit der Schleifbedingungen und lassen sich durch geeigne-

te Wahl der Schleifparameter beeinflussen. Neben den meist vorgegebenen Kriterien Maschine, Werkzeug, Kühlschmierstoff sind es insbesondere die an der Maschine wählbaren Arbeitsparameter, wie Scheibenumfangsgeschwindigkeit, Werkstückvorschubgeschwindigkeit, Einstechvorschubgeschwindigkeit und Zustellung, durch welche die aufgeführten Kenngrößen im Sinne einer optimalen Bestimmung der Arbeitsparameter beeinflußbar sind. Voraussetzung hierfür ist die Kenntnis des mechanisch-physikalischen Zusammenhangs zwischen den Prozeßkenngrößen und den kinematischen Kenngrößen auf der einen Seite und den Arbeitsparametern auf der anderen Seite. Zunächst werden im Folgenden die wichtigsten kinematischen Kenngrößen dargestellt [7, 8]:
Zahl der eingreifenden Schneiden pro Scheibenoberflächeneinheit

$$N_{dyn} = A_N \, (C_1)^\beta \cdot \left(\frac{v_w}{v_s}\right)^\alpha \cdot \left(\frac{a}{d_{se}}\right)^{\frac{\alpha}{2}}, \tag{9}$$

mittlerer maximaler Spanungsquerschnitt

$$\overline{Q}_{max} = \frac{2}{A_N} \cdot C_1^{-\beta} \left(\frac{v_w}{v_s}\right)^{1-\alpha} \left(\frac{a}{d_{se}}\right)^{\frac{1-\alpha}{2}}, \tag{10}$$

Gesamtzahl der momentan eingreifenden Schneiden pro Schleifbreiteneinheit

$$N'_{mom} = \frac{1}{1+\alpha} \cdot l_k \cdot N_{dyn}, \tag{11}$$

geometrische Kontaktlänge zwischen Schleifscheibe und Werkstück

$$l_k = (a \cdot d_{se})^{1/2}. \tag{12}$$

Die Variablen in diesen Beziehungen haben über die im Abschnitt 13.1 erklärten Begriffe hinaus folgende Bedeutung:

$d_{se} = \dfrac{d_w \cdot d_s}{d_w \pm d_s}$ äquivalenter Scheibendurchmesser

(+ Außenrundschleifen, − Innenrundschleifen),

α, β aus der Schneidenverteilung abgeleitete Exponentialkoeffizienten ($0 < \alpha, \beta < 1$),
C_1 Schneidendichte [mm^{-3}],
A_N Proportionalitätskonstante, gebildet aus dem Schneidenformfaktor und einer Integrationskonstanten.

Mit Hilfe dieser kinematischen Grundfunktionen lassen sich die wichtigsten Prozeßkenngrößen, wie Zerspankraftkomponenten, radialer Scheibenverschleiß, Oberflächenrauheit und Bearbeitungskosten, in Abhängigkeit von den Arbeitsparametern beschreiben.

13.4.3 Zerspankraftkomponenten

Die beim Schleifen auftretende Zerspankraft steht in direktem Zusammenhang mit der im Prozeß umgesetzten Energie und stellt in ihrer Abhängigkeit von den Prozeßstellgrößen einen wichtigen Indikator des Prozeßverhaltens bezüglich der Schleifbarkeit des Werkstoffs und der realisierbaren Güte der Oberflächenausbildung (Rauheit und Wärmebeeinflussung) dar.

Die pro Millimeter Schleifbreite wirkende Normalkraftkomponente F'_n der Zerspankraft wird aus der Summe aller momentan in der Kontaktzone wirkenden normalen Einzeleingriffskräfte bestimmt, die ihrerseits wiederum proportional den jeweiligen Spanungsquerschnitten sind. Mit Hilfe der in Abschnitt 13.4.2 angeführten kinematischen Kenngrößen erhält man durch Integration über die Kontaktlänge l_k [11]

$$F'_n = K \cdot \left(\frac{v_w}{v_s}\right)^{2\varepsilon - 1} (a)^\varepsilon (d_{se})^{1-\varepsilon}. \tag{13}$$

Hervorzuheben ist hierin, daß der unterschiedliche Einfluß der Variablen v_w, v_s, a und d_{se} auf die Normalkraft durch einen gemeinsamen Koeffizienten dargestellt wird, der je nach Werkstoff-Schneidstoffpaarung Werte zwischen 0,5 und 1 annehmen kann. Als Grundregel gilt, daß den gut schleifbaren, duktilen und langspanenden Werkstoffen größere ε-Werte zugeordnet sind als spröden, kurzspanenden sowie auch zähen, schmierenden Werkstoffen und somit der Einfluß von v_w und v_s auf die Normalkraft bei der ersten Gruppe ausgeprägter ist als bei der zweiten. Im Proportionalitätsfaktor K der Gleichung 13 sind ein vom Werkstoff und Kühlschmierstoff abhängiger spezifischer Normalkraftwert sowie der Einfluß der Schneidendichte und der durchschnittlichen Schneidenform enthalten.

Während man für das Flacheinstechen mit $d_{se} = d_s$ aus Gleichung 13 die Normalkraftfunktion

$$F'_n = K \left(\frac{v_w}{v_s}\right)^{2\varepsilon - 1} (a)^\varepsilon (d_s)^{1-\varepsilon} \tag{14}$$

erhält, ergibt sich mit den Definitionen für das bezogene Zeitspanungsvolumen $Z' = a \cdot v_w$ und für das Geschwindigkeitsverhältnis $q = v_s/v_w$ für das Außenrundeinstechschleifen aus Gleichung 13 die spezielle Normalkraftbeziehung

$$F'_n = K (Z'/v_s)^\varepsilon \cdot (q \cdot d_{se})^{1-\varepsilon}. \tag{15}$$

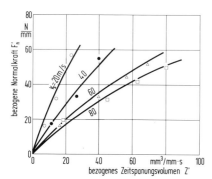

Bild 13. Anwendung des Schnittkraftmodells auf praktische Schnittkraftuntersuchungen beim Außenrundeinstechschleifen (nach Gleichung 15 berechnete Kurven; ○ · △ □ Meßwerte)

K = 8000 N/mm², ε = 0,87, Schleifscheibe EK 80 L 7 Ke, Werkstoff Ck 45 N, Kühlschmierstoff Öl, Geschwindigkeitsverhältnis q = 60, Schleifscheibendurchmesser d_s = 500 mm, Werkstückdurchmesser d_w = 35 mm

Bild 13 zeigt die Anwendung dieser Beziehung auf praktische Normalkraftmessungen beim Außenrundschleifen von Ck 45 N; variiert wurden hierfür die Werte für Z' und v_s,

[Literatur S. 288]   *13.4 Berechnungsverfahren*   123

während d_{se} und q konstant gehalten wurden. Durch korrelative Anpassung des Schnittkraftmodells an die Meßwerte ergibt sich ein ε-Wert von 0,87.

Die zum Aufbau einer Zerspanungsdatenbank durchgeführten experimentellen Bestimmungen der Zerspankraftkomponenten beim Schleifen unterschiedlicher Werkstoffe mit verschiedenen Schleifmitteln bestätigen die aufgezeigten Zusammenhänge.

13.4.4 Zerspantemperatur

Durch die im schleifenden Kontakt mit dem Werkstück stehende Schleifscheibe wird Zerspanungsenergie in Wärme umgewandelt. Man kann sich die Schleifscheibe als eine sich bewegende Wärmequelle vorstellen, aus der ein permanenter Wärmestrom derart in das Werkstück abfließt, daß pro Oberflächeneinheit die Wärmemenge Q' wirksam wird. Eine solche sich bewegende Wärmequelle erzeugt ein sich mit der Quelle bewegendes quasistationäres Temperaturfeld, wie es in Bild 14 anhand praktischer Messungen beim Flachschleifen dargestellt ist [12]. Die Intensität des Temperaturfeldes ist von der in der Kontaktzone zwischen Werkstück und Schleifscheibe generierten Wärmemenge abhängig, die ihrerseits in enger Beziehung zur tangentialen Komponente der Zerspankraft steht, da die pro Zeiteinheit umgesetzte Energie (entsprechend der Schleifleistung P_s) gleich dem Produkt von Tangentialkraft F_t und Schnittgeschwindigkeit v_s ist:

$$P_s = F_t \cdot v_s = \mu \cdot b_k \cdot F'_n \cdot v_s$$

In Bild 14 ist die Kontaktbreite b_k gleich der Schleifbreite b_s und μ das Verhältnis zwischen

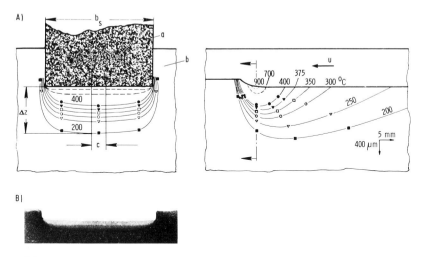

Bild 14. Thermoelektrisch gemessene Isothermen in der Werkstückrandzone beim Flach-Einstechschleifen [12]

Schleifscheibe Ek 100 Jot Ke, Werkstoff C 15, Schleifscheibenumfangsgeschwindigkeit v_s = 60 m/s, bezogenes Zeitspanungsvolumen Z' = 10 mm^3/mm · s, Zustellung a = 0,1 mm, Werkstückgeschwindigkeit v_w = 100 mm/s, ohne Kühlschmierstoff

A) Schema des Schleifvorgangs mit eingetragenen extrapolierten Isothermen in Einstech- und Vorschubrichtung, B) Schliffbild des Einstichs (2:1)

a Schleifscheibe, b Werkstück

Tangential- und Normalkraft. In der Literatur wird in diesem Zusammenhang μ auch häufig als Reibungskoeffizient bezeichnet. Dieses ist jedoch nicht ganz korrekt, weil die Tangentialkraft zum Teil aus Kräften resultiert, die – infolge der kreisbogenförmigen Schnittbewegung und der Neigung der Schneidenkontaktflächen – normal zur Schnittrichtung stehen [8]. Nimmt man vereinfachend an, daß von dieser pro Zeiteinheit generierten Energie ein fester Anteil p in das Werkstück einfließt, während der Rest über die abgetrennten Späne und die Schleifscheibe abgeführt wird, so ergibt sich mit den Gleichungen für die Schleifzeit $t_s = x_s/v_w$ (x_s Schleifweg) und für die überschliffene Werkstückoberfläche $A = x_s \cdot b_s$ aus den Gleichungen 13 und 16 für die pro Oberflächeneinheit in das Werkstück einfließende Wärmemenge die Gleichung

$$Q' = p \cdot \mu \cdot F'_n \cdot \frac{v_s}{v_w} = p \cdot \left(\frac{v_s}{v_w}\right)^{2\,(1-\varepsilon)} \cdot (a)^{\varepsilon} \cdot (d_{se})^{1-\varepsilon}. \tag{17}$$

Für den Fall hoher Werkstückgeschwindigkeiten und kleiner Zustellungen a läßt sich vereinfachend annehmen, daß die maximalen Werkstücktemperaturen T der örtlichen Wärmemenge Q' proportional sind und ihre Abhängigkeit von den Schleifparametern der Struktur von Gleichung 17 entspricht. Für den Einfluß der Scheibenumfangsgeschwindigkeit v_s ist dies in Bild 15 für acht verschiedene Werkstoffe dargestellt [12]. Mit

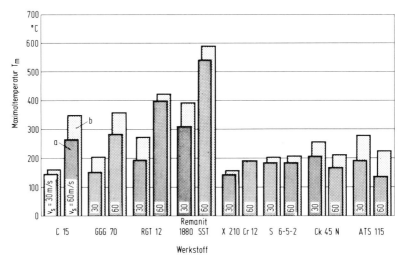

Bild 15. Einfluß der Schleifscheibenumfangsgeschwindigkeit und des Kühlschmierstoffs (a Schleiföl, b 7prozentige Emulsion) auf die Maximaltemperatur in der Werkstückrandzone verschiedener Werkstoffe
Schleifscheibe EK 100 P Ba, bezogenes Zeitspanungsvolumen $Z' = 10$ mm³/mm · s, Zustellung $a = 0,1$ mm, Werkstückgeschwindigkeit $v_w = 100$ mm/s, Kühlschmierstoffdruck $p_k = 12$ bar, Lage des Meßpunktes: $z = 0,1$ mm

Verdoppelung der Schnittgeschwindigkeit von 30 auf 60 m/s ist durchweg eine Steigerung der gemessenen Maximaltemperaturen zu erkennen. Bemerkenswert ist, daß die Gruppe der schmierenden, weichen sowie der kurzspanenden, spröden Werkstoffe sowohl mit Öl als auch mit Emulsion eine durchschnittliche Steigerung der Temperatur von 80% aufweist, was einem ε-Wert in Gleichung 15 von 0,6 entspricht und in Übereinstimmung mit den Aussagen zur Berechnung der bezogenen Normalkraft nach Gleichung 13 steht. Die Werkstoffgruppe mit duktilem, langspanendem Charakter zeigt dagegen im

Mittel keinen Anstieg der Oberflächentemperaturen mit der Schnittgeschwindigkeit v_s, was einem ε-Wert von 1 entspricht. Das gleiche Ergebnis zeigten auch metallographische Untersuchungen der oberflächenbeeinflußten Zone an geschliffenen Kugellagerringen aus 100 Cr 6.

Eine Erklärung für dieses unterschiedliche Verhalten der Werkstoffe hinsichtlich der Wärmebelastung bei Schnittgeschwindigkeitssteigerung läßt sich aus dem Krafteinfluß herleiten. Je stärker der Kraftabfall mit steigendem v_s ist, desto mehr wird die aus dem Produkt $F_t \cdot v_s$ gebildete und mit v_s ansteigende mechanische Leistung wieder reduziert. Wenn im Extremfall der Kraftabfall umgekehrt proportional zu v_s ist (d.h. ε = 1 in Gleichung 14), bleibt die Schleifleistung sogar von v_s unabhängig konstant. Neben der allgemeinen Bedeutung dieser Zusammenhänge für die Schleifpraxis wird hieraus auch deutlich, daß nur bestimmte Werkstoffe für das Hochgeschwindigkeitsschleifen geeignet sind.

Aus Gleichung 17 läßt sich auch der Einfluß der Werkstückgeschwindigkeit v_w ableiten. Je ausgeprägter der temperaturerhöhende Einfluß der Scheibenumfangsgeschwindigkeit ist, desto stärker ist andererseits der temperaturmindernde Einfluß erhöhter Werkstückgeschwindigkeit.

Zum Verständnis von Bild 15 ist noch zu erwähnen, daß das Verschleißverhalten der Schleifscheibe beim Schleifen der untersuchten Werkstoffe nicht mit dem Temperaturverhalten korreliert. Der Schnellarbeitsstahl S 6–5–2 hat z. B. ein ähnlich gutes Temperaturverhalten wie der Stahl Ck 45 N. Der Schleifscheibenverschleiß ist jedoch im ersten Fall deutlich höher.

13.4.5 Verschleiß der Schleifscheibe und Einfluß des Kühlschmierstoffs

Der Schleifscheibenverschleiß wird durch das Verhalten der Schleifkörner und ihrer Bindung unter der Wirkung der im Zerspanungsprozeß auftretenden Kräfte und Temperaturen bestimmt. Dabei können vier Verschleißformen (Bild 16) auftreten [13], und zwar Verschleißflächenbildung durch Druckerweichung der Kornschneide, Absplitterung von Kornkristallgruppen, teilweiser Kornausbruch und vollständiger Kornausbruch.

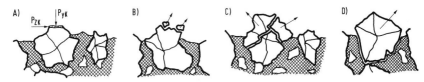

Bild 16. Verschleißformen an der Schleifscheibe [13]
A) Druckerweichung, B) Absplitterung der Kristallgruppen, C) teilweiser Kornausbruch, D) vollkommener Kornausbruch

Während die Druckerweichung der Schneide vorwiegend auf die in der Kontaktzone wirkende hohe Temperatur zurückzuführen ist, werden die drei weiteren Verschleißformen primär durch die mechanische Belastung des Schleifkorns verursacht. Vollständige Kornausbrüche können auch bei thermischer Überbelastung der Schneidfläche auftreten, wenn die Bindung erweicht bzw. zerstört wird. Liegt bei bestimmten Bearbeitungsbedingungen ein großer Verschleiß der Schleifscheibe vor, so muß diese häufig abgerichttet werden. Sowohl die Arbeitsgenauigkeit als auch die Fertigungskosten werden demnach durch den Schleifscheibenverschleiß beeinflußt. Beim Einstechschleifen setzt sich der Gesamtscheibenverschleiß A_{sC} zusammen aus dem Umfangverschleiß A_{sr} und dem Kantenverschleiß A_{sk} (Bild 17). Beide Verschleißerscheinungen sind auf dieselben ursächlichen Kriterien zurückzuführen; da aber an der Scheibenkante die Körner im Strukturverband der Schleifscheibe weniger gut abgestützt sind, stellt sich hier eine stärkere Verschleißgeschwindigkeit ein, so daß sich eine kreisbogenförmige bis elliptische Kantenabrundung ausbildet.

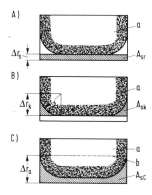

Bild 17. Umfang- und Kantenverschleiß an einer Schleifscheibe beim Einstechschleifen
A) Umfangverschleißfläche A_{sr}, B) Kantenverschleißfläche A_{sk}, C) Gesamtverschleißfläche A_{sC}
a Schleifscheibe, b Abrichtgrenze

Der am einzelnen Korn während des Eingriffs wirksame Reibprozeß ist durch eine hohe Druck- und Temperaturwechselbelastung gekennzeichnet, die zu zwei verschiedenartigen Verschleißprozessen, der sog. Druckerweichung und der Ausbildung von Mikrorissen, führt. Beide Verschleißarten treten gleichzeitig auf und hängen in annähernd gleichem Maße von vier, am einzelnen Korn wirksamen Einflußgrößen, dem Kontaktdruck, der Reibgeschwindigkeit, der Kontaktzeit und der Kontaktlänge, ab [14].
Drückt man diese Einflußgrößen mit Hilfe der in Abschnitt 13.4.2 formulierten kinematischen Kenngrößen in Abhängigkeit von den Schleifparametern aus und verbindet die so entstehenden Ausdrücke untereinander multiplikativ, so ergibt sich folgende allgemeine Gleichung für den Schleifscheibenverschleiß, die als exponentiell modifizierte Funktion der Schleifarbeit interpretiert werden kann:

$$A_{sC} = K_p (v_w)^{m-h} (v_s)^{h+i-e-m} (a)^{\frac{e}{2}+\frac{m}{2}-h} (V')^h. \tag{18}$$

Hierin stellt V' das abgeschliffene Werkstoffvolumen pro Schleifbreiteneinheit dar. Die Exponenten berücksichtigen die unterschiedliche Gewichtung der oben angeführten Einflußgrößen (m für den Kontaktdruck, i für die Reibgeschwindigkeit, e für die Kontaktzeit, h für die Kontakthäufigkeit), die sich in komplexer Weise überlagern. Vom strukturellen Aufbau ist die Verschleißgleichung sowohl für den Umfangverschleiß als auch für den Kantenverschleiß gültig. Nicht identisch sind demgegenüber die als Modellparameter aufzufassenden Exponenten m, i, e, h und der Proportionalitätsfaktor K_p, die das Verschleißverhalten bei einem durch Werkstoff, Scheibenzusammensetzung, Maschine und Kühlschmierstoff gekennzeichneten Schleifvorgang im Bereich des untersuchten Arbeitsfeldes beschreiben. Durch Einsetzen der Beziehungen $Z' = a \cdot v_w$ für das bezogene Zeitspanvolumen und $q = v_s/v_w$ für das Geschwindigkeitsverhältnis folgt aus Gleichung 18:

$$A_{sC} = K_p (q)^{\frac{e-m}{2}} (v_s)^{h+i-\frac{3}{2}e-\frac{m}{2}} (Z')^{e+m-h} (V')^h. \tag{19}$$

Diese Form des Verschleißgesetzes gestattet die Beschreibung des Verschleißes (A_{sC}, A_{sk}, A_{sr}) in Abhängigkeit von den beim Außenrundeinstechschleifen gegebenen Variablen. Die in Bild 18 dargestellten Untersuchungsergebnisse [14] wurden aus der Anpassung der Verschleißbeziehung an die praktisch bestimmten Kantenverschleißwerte mit m = 1,92, i = 1,0, e = 2,56 und h = 1,0 als Exponenten erhalten, die von ihrer numerischen Größe und vom Vorzeichen her physikalisch sinnvoll sind und in Einklang mit ihrer Definition stehen. Setzt man die so bestimmten Exponenten in Gleichung 18 ein, so ergibt sich die explizite Verschleißfunktion in Abhängigkeit von den wichtigsten Schleifparametern

$$A_{sk} = K_p \, (v_w)^{0,92} \, (v_s)^{-2,48} \, (a)^{1,24} \, (V')^1. \tag{20}$$

Demnach nimmt der Kantenverschleiß bei dem untersuchten Werkstoff Ck 45 N mit der Werkstückgeschwindigkeit v_w und der Zustellung a annähernd proportional zu, wobei der Einfluß von a etwas stärker ist. Die Scheibenumfangsgeschwindigkeit v_s hat dagegen einen stark verschleißmindernden Charakter. Der Einfluß des abgeschliffenen Werkstoffvolumens V' ist dem Verschleiß erwartungsgemäß direkt proportional, wobei ein stets vorhandener verstärkter Anfangsverschleiß A_K (Bild 18) als konstanter additiver Faktor außer acht gelassen ist. Bezieht man den Scheiben- und Werkstückdurchmesser mit in die Analyse des Scheibenverschleißes ein, so ergibt sich im hier vorliegenden Fall ein Abfall des Verschleißes mit zunehmendem Scheibendurchmesser ($A_{sk} \approx d_s^{-0,68}$), während mit zunehmendem Werkstückdurchmesser ein degressiver Verschleißanstieg ($A_{sk} \approx d_w^{0,32}$) eintritt.

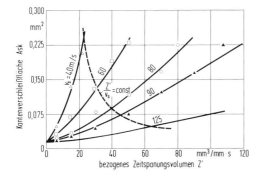

Bild 18. Anwendung des Verschleißmodells auf praktische Verschleißuntersuchungen beim Außenrundeinstechschleifen (nach der Gleichung A_{sk} = 0,01 + 4,12 · 10^{10} · $v_s^{-2,8}$ · $Z'^{1,24}$ berechnete Kurven; ? △ □ ○ ▲ Meßwerte)
Schleifscheibe EK 80 L 7 Ke, Werkstoff Ck 45 N, Kühlschmierstoff Öl, Geschwindigkeitsverhältnis q = 60, bezogenes Spanungsvolumen V' = 500 mm³/mm, Schleifscheibendurchmesser d_s = 500 mm, Werkstückdurchmesser d_w = 35 mm

Die wichtigste Maßnahme zur Reduzierung des Wärmeeinflusses beim Schleifen ist neben der erhöhten Werkstückgeschwindigkeit ein geeigneter *Kühlschmierstoff*. Dieser sollte hohe Wärmeleitfähigkeit, spezifische Wärme und Verdampfungswärme sowie gute Benetzungsfähigkeit und Schmierwirkung haben. Wird mit hohen Zeitspanungsvolumen gearbeitet, muß ein Kühlschmierstoff eingesetzt werden, der den Reibwärmeanteil verringert. Emulsionen haben zwar eine wesentlich größere Wärmeleitfähigkeit und spezifische Wärme, aber die Schmierfähigkeit ist gegenüber den Schleifölen gering. Beim

Hochgeschwindigkeitsschleifen und Profilschleifen werden vor allem reine Schleiföle eingesetzt. Die größere Schmier- und Benetzungsfähigkeit der Öle führt zu einer Verringerung des Reibwärmeanteils und damit zu geringeren Temperaturen [15]. Zerspankraftkomponenten und Oberflächenrauheit sind geringer als bei der Verwendung von Emulsionen. Die erreichbare Grenzzerspanleistung, bei der die Schneidflächen zusammenbrechen, ist bei Schleifölen wesentlich größer als bei Emulsionen [15]. Ein weiteres Problem ist die Zuführung des Kühlschmierstoffs in die Zone der Zerspanung, denn um die rotierende Schleifscheibe bildet sich ein Luftpolster, das mit zunehmender Drehzahl stärker wird. Daher arbeitet man bei höheren Schleifscheibenumfangsgeschwindigkeiten mit Luftablenkblechen (Bild 19) und hohen Drücken (10 bis 30 bar). Die Reinigung der Schleifscheibe von festgesetzten Werkstoffpartikeln ist dadurch allerdings noch nicht gewährleistet. Diese Reinigung kann mit Hilfe von rings um die Scheibe angeordneten Hochdruckdüsensystemen erfolgen, wobei die Oberflächenrauheit mit der Anzahl der wirkenden Hochdruckkühlstellen abnimmt [16].

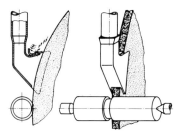

Bild 19. Kühlschmierstoffdüse für das Hochgeschwindigkeitsschleifen [14]

13.4.6 Oberflächenrauheit

Die Schneidfläche einer Schleifscheibe muß man sich als eine in der Scheibenoberfläche statistisch verteilte Anordnung von kleinen kornartigen Schneidkörpern vorstellen, deren Spitzen in einem sehr kleinen Tiefenbereich der Scheibenperipherie (bis zu 50 µm) liegen, und zwar abhängig von Korngröße und Abrichtverfahren. Somit weist die Scheibenoberfläche eine gewisse Rauheit auf, die man in Form von Profilschnitten senkrecht zur Scheibenumfangsrichtung, den sog. Schneidprofilen, bestimmen kann.

An jedem Umfangsort der Schleifscheibe existiert ein anderes Schneidprofil; dennoch weisen diese bei genügender Gleichmäßigkeit der Schneidflächenstruktur alle denselben Charakter hinsichtlich Schneidenverteilung und Schneidenform auf.

Bewegt sich ein derartiges Werkzeug umlaufend durch ein Werkstück, so bildet sich in diesem eine Oberflächenstruktur aus, die als kinematisch verändertes Abbild der Scheibenrauheit aufgefaßt werden kann. Als Einflußgrößen auf diesen Abbildungsvorgang sind das Geschwindigkeitsverhältnis $q = v_s/v_w$ und der äquivalente Scheibendurchmesser d_{se} wirksam. Ohne Einfluß ist dagegen die Zustellung a, wenn sie einen Mindestwert überschreitet, der die Ausbildung eines völlig neuen Oberflächenprofils ermöglicht und den rauheitsvermindernden Einfluß der ursprünglich vorhandenen Werkstückoberflächenrauheit ausschließt. Vereinfachend läßt sich der Abbildungsprozeß so deuten, daß sich mit anwachsendem Geschwindigkeitsverhältnis zunehmend mehr Schneidprofile der Schleifscheibe an jedem Ort der Werkstückoberfläche abbildend überlagern, so daß mit größerem Geschwindigkeitsverhältnis q die Werkstückoberflächenrauheit abnehmen muß (Bild 20). Im Extremfall $q = \infty$, z. B. wenn die umlaufende Scheibe in das stehende Werkstück einschleift, bildet sich die Gesamtheit aller Schneidprofile überlagernd im

[Literatur S. 288]　　　　　　　　　　　　　　　*13.4 Berechnungsverfahren* 　129

Werkstück ab; die Werkstückrauheit quer zur Scheibenumfangsrichtung erreicht dann das mit einer gegebenen Schleifscheibe realisierbare Minimum $R_{t\,(q=\infty)}$. Im anderen, nur theoretisch möglichen Extremfall q = o, wenn also die stehende Schleifscheibe sich bei gegebener Zustellung furchend durch das Werkstück bewegt, würde sich nur ein einziges Schneidenprofil im Werkstück abbilden und die Werkstückoberflächenrauheit einen maximalen Wert $R_{t\,(q=o)}$ annehmen.

In Bild 20 sind diese Zusammenhänge qualitativ dargestellt. Die mit steigendem Geschwindigkeitsverhältnis abfallende Rauheitskurve ist keine Exponentialfunktion, weil sie bei q = o einen endlichen Wert aufweist und sich mit wachsendem q asymptotisch einem Wert größer Null annähert. Bisher ist es nicht möglich, diese zwischen den Schleifparametern und der Werkstückrauheit bestehenden Zusammenhänge funktional zu beschreiben, zumal ein zusätzlicher Einfluß, die sog. kinematische Rauheit, zu berücksichtigen wäre, die sich aus der Zipfelbildung von Bahnkurven aufeinanderfolgender Schneiden ergibt und ebenfalls vom Geschwindigkeitsverhältnis q, vom äquivalenten Scheibendurchmesser d_{se} und von der Schneidenverteilung abhängt. Es wurde daher vorgeschlagen, die Oberflächenrauheit eines festen Geschwindigkeitsverhältnisses q_A als Bezugswert zu verwenden und von der dabei auftretenden sog. Wirkrauhtiefe R_{ts} auf der Grundlage praktischer Untersuchungen auf die sich ausbildende Werkstückrauheit R_{tw} zu schließen, die dem Geschwindigkeitsverhältnis q = q_w zugeordnet ist [17]. In praktischen Untersuchungen hat sich die Wirkrauhtiefe als brauchbare Kenngröße zur Kontrolle der Werkstückrauheit bewährt, mit der insbesondere alle Veränderungen der Werkstückrauheit erfaßt werden können, die auf eine Änderung der Schneidenstruktur und der Werkstoffeigenschaften sowie auf den Einfluß des Kühlschmierstoffs zurückgehen [18]. Voraussetzung hierfür ist, daß der äquivalente Scheibendurchmesser d_{se} und das Geschwindigkeitsverhältnis konstant bleiben. In diesem Fall bildet sich ein festes Verhältnis zwischen der Wirkrauhtiefe R_{ts} und der Werkstückrauheit R_{tw} aus,

$$R_{tw} = K \cdot R_{ts}, \tag{21}$$

das unabhängig von der Schneidstoff-Werkstoff-Paarung, vom Kühlschmierstoff, vom abgeschliffenen Werkstoffvolumen und von der Zustellung a ist (Bild 21) [18].

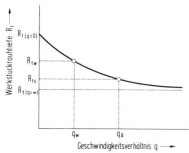
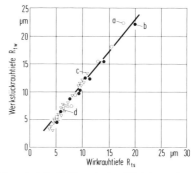

Bild 20. Werkstückrauhtiefe in Abhängigkeit vom Geschwindigkeitsverhältnis für a > R_t und d_{se} = konst

Bild 21. Werkstückrauhtiefe in Abhängigkeit von der Wirkrauhtiefe [18] nach der Gleichung der Regressionsgeraden $R_{tw} = 1{,}14\,R_{ts}$
Schleifscheibenumfangsgeschwindigkeit v_s = 30 m/s, Geschwindigkeitsverhältnis q ≈ 34, Zustellung a = 2,6 bis 10,4 μm, bezogenes Spanungsvolumen V_w = 50 bis 600 mm³/mm
Meßpunkte: a Werkstoff Ck45N, Schleifscheibe EK60K7Ke, b bis d Werkstoff 100 Cr 6, b Schleifscheibe EK60K7Ke, c Schleifscheibe EK80K7Ke, d Schleifscheibe EK120K7Ke

Unter Voraussetzung einer vorgegebenen Kombination zwischen Werkstoff, Schleifscheibe und Kühlschmierstoff sowie konstanter Abrichtbedingungen läßt sich die Oberflächenrauheit auch anhand einer Korrelation zu den Zerspankraftkomponenten bestimmen [19]. Dieser Zusammenhang ist darin begründet, daß beide Größen im wesentlichen auf den mittleren momentanen Spanungsquerschnitt sowie die eingreifende Schneidenzahl zurückzuführen sind und demzufolge tendenziell gleiche Abhängigkeiten von den Einflußparametern des Prozesses aufweisen.

Bei der funktionalen Beschreibung dieses Zusammenhangs muß allerdings der Einfluß der Scheiben- und Werkstückgeschwindigkeit gesondert berücksichtigt werden, da sie zu einer kinematischen Verzerrung der Schneidenbahnen im Werkstück und damit zu einer verfahrensabhängigen Beeinflussung der Oberflächenrauheit führen.

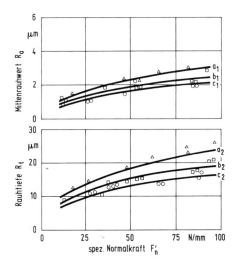

Bild 22. Berechnete und gemessene Abhängigkeit der Oberflächenrauheiten von der spezifischen Normalkraft F_n' beim Außenrundschleifen (mit Abrichten und Ausfunken)

Messungen: Schleifscheibe EK 60 R 8 Ke, Werkstoff Ck 45, q = 60, Kühlschmierstoff: 3prozentige Emulsion (BP SB–C), Kühlschmierstoffdruck 7 bar

Meßwerte △ v_s = 30 m/s, □ v_s = 45 m/s, ○ v_s = 60 m/s

berechnete Kurven nach den Gleichungen

$R_a = 1{,}674\, F_n'^{0{,}438} \cdot v_s^{-0{,}413}$

und

$R_t = 19{,}300\, F_n'^{0{,}393} \cdot v_s^{-0{,}467}$

$a_1, a_2\ v_s$ = 30 m/s, $b_1, b_2\ v_s$ = 45 m/s, $c_1, c_2\ v_s$ = 60 m/s

In Bild 22 ist für einen praktischen Anwendungsfall die empirisch ermittelte Korrelationsfunktion beim Außenrundschleifen aufgestellt. Die Werkstückgeschwindigkeit kann in diesem Beispiel vernachlässigt werden, da sie nur einen untergeordneten Einfluß auf die Oberflächenrauheit ausübt.

13.5 Werkstückaufnahme
Dipl.-Ing. E. Eichler, Frankfurt/M.

13.5.1 Außenrundschleifen

Beim Außenrundschleifen sollte das Werkstück möglichst zwischen nicht umlaufenden Zentrierspitzen gespannt werden. Damit wird die höchste Schleifgenauigkeit erzielt, weil sich Ungenauigkeiten der Werkstückspindellagerung nicht auswirken können. Besonderer Wert ist auf einwandfreie Zentrierungen des Werkstücks zu legen, und zwar auf deren Rundheit und Winkelgleichheit zur Zentrierspitze. Bei hohen Anforderungen an die Rundheit des Werkstücks ist auf eine querkraftfreie Mitnahme zu achten, deren konstruktive Ausführung Bild 23 zeigt.

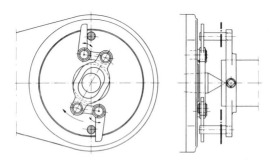

Bild 23. Querkraftfreie Mitnahmeeinrichtung einer Außenrundschleifmaschine

Zum Ausgleich von Längenänderungen des Werkstücks, die sich aus der Erwärmung beim Schleifen ergeben können, soll die Reitstockkörnerspitze nicht festgelegt sein, sondern unter Federbelastung stehen, um Dehnungskräfte aufnehmen zu können. Lange, dünne Werkstücke müssen beim Schleifen durch Setzstöcke abgestützt werden, die entsprechend dem Abschliff feinfühlig nachzustellen sind. Die Bewegung der Setzstockbacken kann entweder von Hand oder bei automatisierten Maschinen durch kraft- oder wegabhängige Steuerungen ausgeführt werden.

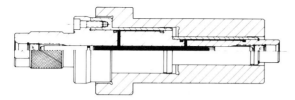

Bild 24. Dehndorn zum Spannen eines Werkstücks mit abgesetzter Bohrung

Werkstücke, deren Außenzylinderflächen geschliffen werden müssen und die bearbeitete Bohrungen haben, werden auf Dornen gespannt. Um die unvermeidliche Fertigungstoleranz des Innendurchmessers auszugleichen, verwendet man entweder normale konische Dorne oder aber Dehndorne, die mechanisch, hydraulisch oder pneumatisch betätigt werden. Ein Beispiel hierfür zeigt Bild 24.

Schwere Werkstücke, z.B. Walzen, die eine lange Schleifzeit erfordern, werden in Tragsetzstöcken aufgenommen, da beim Spannen zwischen Spitzen die Gefahr des Einlaufens der Zentrierungen oder der Spitzen besteht. Normal werden Dreibackensetzstöcke eingesetzt. Sie haben auswechselbare Backen, die auf den gewünschten Durchmesser des Aufnahmezapfens aufgebohrt sind (Bild 25 A). Zweibackensetzstöcke lassen sich so ausbilden, daß auch die Aufnahmezapfen des in den Setzstöcken liegenden Werkstücks mitgeschliffen werden können (Bild 25 B).

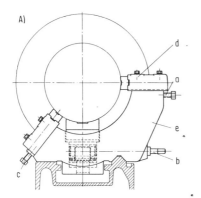 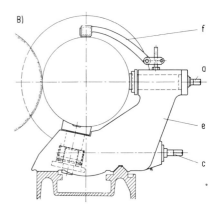

Bild 25. Setzstöcke zum Schleifen
A) Dreibackensetzstock mit unsymmetrischer Backenanordnung, B) Zweibackensetzstock zum Schleifen der Walzenzapfen in den Setzstöcken

a Verstellung der hinteren Setzstockbacke, b Verstellung der unteren Setzstockbacke, c Verstellung der vorderen Setzstockbacke, d hintere Setzstockbacke mit Schmiereinrichtung, e Setzstockkörper, f Schwenkarm mit Schmiereinrichtung

Zur Einstellung der Zylindrizität wird bei zweiteiligen Setzstöcken das Oberteil zum Unterteil verschoben, bei einteiligen Setzstöcken die der Schleifstelle gegenüberliegende Backe verstellt. Der Werkstückspindelstock und das Werkstück sind über eine gelenkige Mitnehmeeinrichtung zwangsfrei miteinander zu verbinden.

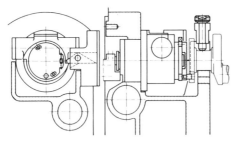

Bild 26. Spannkopf einer Kurbelwellenschleifmaschine mit hydraulischer Teileinrichtung, Teilscheibe und Winkellagenanschlag; Mitnahme der Kurbelwelle über Bolzen und winkeltolerierte Bohrung im Kurbelwellenflansch

Exzentrisch außenrundzuschleifende Werkstücke, z.B. die Hubzapfen von Kurbelwellen, werden mit den zentrischen Lagern in geschliffenen Spannschalen gespannt, die in einem Spannkopf aufgenommen sind. Der Spannkopf ist um die Exzentrizität (z. B. den Hubradius) versetzt auf einer Planscheibe befestigt. Eine Teileinrichtung sorgt für die richtige Winkellage des exzentrisch angeordneten Zapfens zur Mittelachse des Werkstücks, so daß dieser beim Schleifvorgang zentrisch umläuft. Eine Mitnehmeeinrichtung (z. B. ein Zahnmitnehmer oder ein in eine Paßloch eingreifender Stift) verbindet die Teileinrichtung winkelgerecht mit dem Werkstück (Bild 26).

13.5.2 Innenrundschleifen

Auch beim Innenrundschleifen kommt der Werkstückaufnahme große Bedeutung zu. Dickwandige, kurze Werkstücke erfordern beim Einspannen keine besonderen Maßnahmen. Die bekannten Drei- oder Vierbackenfutter mit radial verstellbaren Backen und Spannzangen lassen sich verwenden. Bei dünnwandigen Werkstücken ist darauf zu achten, daß die Backen der Planscheibe oder des Futters das Werkstück nicht verspannen.
In der Serienfertigung ist es deshalb ratsam, Sonderspanneinrichtungen zu verwenden, mit denen das Werkstück nicht am Umfang, sondern von der Stirnseite her gespannt wird, z. B. Stirnspannfutter mit Außen- oder Innenzentrierung. Weiterhin ist es möglich, dünnwandige Büchsen in dem Außendurchmesser angepaßten Dehnfuttern aufzunehmen. Die Futter arbeiten wie die genannten Dehndorne, nur mit umgekehrter Kraftrichtung, und gewährleisten eine gleichmäßige Spannungsverteilung auf den Werkstückumfang.
Lange Werkstücke werden am freien Ende in einem geschlossenen Dreibackensetzstock aufgenommen, der an einen am Umfang vorher angeschliffenen Lünettensitz angestellt wird. Die einzeln einstellbaren Backen gestatten, das Werkstück auf Zylindrizität und Rundlauf auszurichten.

13.5.3 Flachschleifen

Zur Werkstückaufnahme beim Flachschleifen werden häufig Magnetspannplatten verwendet, wenn Werkstückform und Werkstückstoff dies zulassen. Man unterscheidet zwischen permanentmagnetischen Spannplatten, welche die Vorteile haben, keine Zuleitungen oder Schleifkontakte zu benötigen und keine Eigenwärme zu erzeugen, und elektromagnetischen Spannplatten, die im wesentlichen aus Magnetkörper, Erregerwicklung und Polplatte aufgebaut sind.
Die Polplatte ist durch unmagnetische Trennglieder in Nord- und Südpol geteilt und dient zur Feldführung vom Magneten zum Werkstück. Das magnetische Kraftfeld, das von den Magnetkörpern erzeugt wird, schließt sich über das auf zwei ungleichnamige Pole aufgelegte Werkstück. Die Polteilung ist daher nach Form und Größe der Werkstücke zu wählen. Bei rechteckigen Spannplatten sind Quer- oder Längsteilungen üblich, bei Rundplatten Ring-, Stern-, Kreis- oder strahlenförmige Polteilungen (Bild 27).
Elektromagnetische Spannplatten lassen sich nur mit Gleichstrom betreiben; gebräuchliche Spannungen sind 24, 110 oder 220 V. Infolge der Leistungsaufnahme der Erregerwicklung erwärmen sich elektromagnetische Spannplatten. Sie sollen deshalb zur Erhöhung der Schleifgenauigkeit bei eingeschaltetem Magnetstrom überschliffen werden. Die Größe der Haftkraft ist abhängig von der magnetischen Induktion, der Werkstückform und von Größe und Oberflächengüte der Auflagefläche. Bei elektromagnetischen

Spannplatten ist eine Spannkraftregelung vorteilhaft, um die Spannkraft der Steifigkeit des Werkstücks anpassen zu können und bei dünnwandigen Teilen ein Verspannen zu vermeiden.

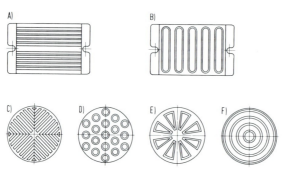

Bild 27. Polplatten für Flachschleifmaschinen
A) Rechteckplatte mit Längspolteilung, B) Rechteckplatte mit Querpolteilung, C) Rundplatte mit Sternpolteilung, D) Rundplatte mit Kreispolteilung, E) Rundplatte mit strahlenförmiger Polteilung, F) Rundplatte mit Ringpolteilung

Werkstücke, die wegen der Form oder der Art des Werkstoffs ein magnetisches Spannen nicht zulassen, werden bei größeren Serien in werkstückspezifischen Vorrichtungen gespannt, die mechanisch, hydraulisch oder pneumatisch betätigt sein können. Ein Beispiel zeigt Bild 28.

Bild 28. Federbetätigte, mechanische Spannvorrichtung zum Schleifen der Trennflächen von Pleuelstangen und -deckeln; Aufnahmen für zwei verschiedene Pleuelstangentypen

Für die Einzel- und Kleinserienfertigung wurde für das Flachschleifen eine Reihe von Spannvorrichtungen hoher Genauigkeit entwickelt, z. B. Schraubstöcke in drehbarer und schwenkbarer Ausführung, letztere auch mit einer Sinuseinrichtung zum Schleifen genauer Winkelflächen, ferner Teilapparate mit auswechselbaren Teilscheiben und Aufsatzrundtische zum Schleifen ringförmiger Körper.
Große Werkstücke werden mit Pratzen gespannt. Die Spannstellen sind so zu wählen, daß sich das Werkstück bei Erwärmung in Längsrichtung frei ausdehnen kann und sich nicht nach oben durchbiegt.

13.5.4 Spitzenloses Schleifen

Beim spitzenlosen Schleifen wird das zwischen Schleifscheibe und Regelscheibe umlaufende Werkstück von einer Auflageschiene getragen (Bild 29). Form und Dicke der Auflageschiene richten sich nach Durchmesser und Form des Werkstücks. Für den Schrägungswinkel γ haben sich Werte zwischen 20 und 40° bewährt. Mit steigendem Werkstückdurchmesser ist der Winkel zu verringern. Kurze Werkstücke erfordern größere Schrägungswinkel. Die Dicke der Auflageschiene ist so auszulegen, daß sie durch die horizontale Kraftkomponente nicht zum Schwingen angeregt wird. Sie soll also nur wenig schmaler als der Druchmesser des zu schleifenden Werkstücks sein. Im Normalfall geht man aber über eine Dicke von 15 mm nicht hinaus.

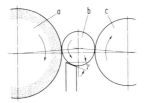

Bild 29. Anordnung von Schleifscheibe, Regelscheibe, Werkstück und Auflageschiene beim spitzenlosen Schleifen

a Schleifscheibe, b Werkstück, c Regelscheibe, γ Schrägungswinkel der Auflageschiene

Auch die Höhenlage der Auflageschiene ist von Bedeutung. Als Faustregel gilt, daß eine höhere Lage (Schleifen über Mitte der Verbindungslinie zwischen Schleifscheiben- und Regelscheibenachse) die Rundheit des Werkstücks und eine tiefere Lage (Schleifen unter Mitte) die Geradheit verbessert.

13.6 Schleifwerkzeuge und Werkzeugaufnahme

Dipl.-Ing. G. Brüheim, Frankfurt a. M.
o. Prof. Dr.-Ing. G. Spur, Berlin
Prof. Dr.-Ing. G. Werner, Cambridge, Mass., USA

13.6.1 Aufbau von Schleifkörpern

Neben der geometrischen Ausbildung und den Hauptabmessungen werden Schleifwerkzeuge durch Schleifmittel, Körnung, Härtegrad, Gefüge und Bindung, welche die Eigenschaften einer Schleifscheibe bestimmen, beschrieben.

Bei den *Schleifmitteln* kann man grundsätzlich zwischen natürlichen (z.B. Sandstein, Bimsstein, Quarz, Naturkorund) und synthetischen unterscheiden. Technische Bedeutung haben nur die synthetischen Schleifmittel, von denen Elektrokorund, Siliziumkarbid, Borkarbid, kubisch kristallines Bornitrid und Diamant die wichtigsten sind.

Elektrokorund wird im Elektrodenofen aus den Ausgangsstoffen Bauxit und Kohle gewonnen. Elektrokorunde unterscheiden sich in ihrem Reinheitsgrad in schwarzen Korund (70 bis 75% Al_2O_3), Normalkorund (94 bis 97% Al_2O_3), Halbedelkorund (97 bis 98% Al_2O_3) und Edelkorund (über 99% Al_2O_3), die je nach den enthaltenen Verunreinigungen eine schwarze, braune, rosa oder weiße Färbung haben.

Bezüglich des Einsatzgebietes gilt allgemein, daß Korundschleifscheiben zur Bearbeitung langspanender Werkstoffe mit hoher Zugfestigkeit, wie unlegierte und legierte sowie gehärtete und ungehärtete Stähle, Stahlguß und Stahlgußlegierungen und zähe Bronze, geeignet sind.

In bezug auf die Schleifverfahren sind zwei Faktoren maßgebend für die Auswahl konventioneller Korund-Schleifmittel, und zwar zum einen die mit der Kontaktlänge proportionale Eingriffslänge der Schneiden und zum anderen die mittlere Eingriffskraft der Schneiden [21]. Je größer die Eingriffslänge ist und je kleiner die Eingriffskräfte sind, desto stärker bildet sich die für den Schleifprozeß ungünstige, verschleißbedingte Kornabflachung aus. In solchen Anwendungsfällen ist der Normalkorund, der für Schrupp-, Putz- und Trennarbeiten geeignet ist, zu stabil. Deshalb hat sich z.B. beim Flach- und Außenrundschleifen mit hohen Scheibenumfangsgeschwindigkeiten der Edelkorund mit seiner stärkeren Splitterfähigkeit bewährt, selbst in Einsatzfällen, in denen gleichzeitig mit der Scheibenumfangsgeschwindigkeit auch das bezogene Zeitspanungsvolumen gesteigert wird. Beim Innenschleifen ergeben sich wegen der spezifischen Schmiegungsverhältnisse große Kontaktlängen und hohe, z.T. dynamisch bedingte Eingriffskräfte. Hier werden häufig Halbedelkorundscheiben eingesetzt, die aus Normal- und Edelkorund bestehen und daher neben ausreichender Splitterfähigkeit auch einen genügend hohen Widerstand gegen die Zerspankraft aufweisen.

Siliziumkarbid wird im elektrischen Widerstandsofen durch Reaktion zwischen reinem Quarz (97 bis 99,5% SiO_2) und Kohle gewonnen. Es eignet sich zum Schleifen von kurzspanenden Werkstoffen mit in der Regel niedriger Zugfestigkeit, wie Grauguß, Hartguß, Hartmetall, gehärtete Schnellarbeitsstähle, Nichteisenmetalle, und nichtmetallische Werkstoffe, wie Glas, Keramik, Gummi und Kunststoff.

Borkarbid ist noch härter als Siliziumkarbid; es findet aber fast ausschließlich als ungebundenes Korn zum Läppen von Hartmetall Anwendung.

Kubisch kristallines Bornitrid ist nach dem Diamanten z.Z. das härteste Schleifmittel. In der Literatur wird es häufig mit den Handelsnamen Borazon, Elbor und Kubonit bezeichnet. Seine Herstellung erfolgt aus dem hexagonal kristallinen Bornitrid durch Kristallumwandlung. Durch ein Hochdruck-Hochtemperaturverfahren wird die Dichte von 2340 auf 3480 kg/m^3 erhöht. Dabei kommen Drücke von 700000 N/cm^2 und Temperaturen von 1650 °C zur Anwendung. Gegenüber dem Diamanten weist kubisches Bornitrid eine höhere thermische Stabilität auf, da es erst oberhalb 1000 °C erste Oxidationserscheinungen zeigt (Diamant bei etwa 700 °C), wobei sich eine schützende, wasserlösliche Oxidschicht bildet. Außerdem fehlt dem kubischen Bornitrid die beim Diamanten vorhandene chemische Affinität zu den Legierungsbestandteilen von Stählen. Kubisches Bornitrid eignet sich besonders für die Bearbeitung schwer zerspanbarer Schnellarbeitsstähle mit hohem Karbidanteil. Es schließt damit eine Bearbeitungslücke für die Werkstoffgruppen, die weder mit Diamant (wegen dessen relativ geringer Temperaturbeständigkeit) noch mit konventionellen Schleifmitteln (wegen unzureichender Härte) zufriedenstellend zu bearbeiten sind. Es zeichnet sich durch ein hohes Standvolumen aus und führt zu geringerer Wärmebelastung der Werkstücke. Einer breiten Anwendung wirken der verhältnismäßig hohe Preis und die Problematik des Abrichtens und Profilierens der Schleifscheibe beim Profilschleifen z.T. noch hemmend entgegen.

Diamant, das härteste Schleifmittel, hatte bereits in seiner natürlichen Ausbildung mit dem steigenden Einsatz des Hartmetalls in der Fertigungstechnik ein festes Anwendungsgebiet gefunden, das heute durch gezielte Eigenschaftssteuerung des synthetischen Diamanten gefestigt und in zunehmendem Maße auch in andere Bereiche der trennenden Bearbeitung von Gesteinen, Keramikwerkstoffen, Glas und Kunststoffen ausgedehnt wird. Beim Schleifen von niedrig-legierten, kohlenstoffarmen Stählen ist der Diamantverschleiß wesentlich größer, als man aufgrund seiner Härte vermuten könnte, da es infolge der chemischen Affinität des Diamanten zu den Legierungselementen von Stahl bei höheren Temperaturen zu einem chemisch bedingten Verschleiß kommt. Auch spielt die Oxidationsneigung, die bereits bei 700 °C einsetzt, eine entscheidende Rolle.

Die *Körnung* ist ein Maß für die Größe des Schleifkorns. In Siebmaschinen wird das Korngemisch über Siebe geleitet, von denen das jeweils nachfolgende die kleinere Maschenweite aufweist. Da das Siebgewebe die Größe der getrennten Körner bestimmt, definiert man bei den konventionellen Schleifmitteln (Elektrokorund, Siliziumkarbid, Borkarbid) die Korngröße durch die Maschenzahl des Siebgewebes pro Zoll, die das betreffende Korn aussiebt. Die Körnung 120 wird demnach durch ein Siebgewebe mit 120 Maschen auf 1 Zoll vom Korngemisch getrennt. Körnungen bis 220 werden durch Siebanalyse bestimmt. Bei noch feineren Körnungen ist dieses Verfahren zu ungenau, und man ermittelt die Korngrößen durch Fotosedimentation. Das Prinzip beruht auf der optischen Dichtheit einer Flüssigkeit, in der sich Partikel befinden. Die Suspension wird von einem Lichtstrahl durchdrungen, und mit Hilfe einer Fotozelle wird die Intensität des austretenden Lichts gemessen. Nach DIN 69100 unterscheidet man die Körnungen grob (6 bis 24), mittel (30 bis 60), fein (70 bis 180) und sehr fein (220 bis 1200). Übliche Körnungen für das Rund- und Flachschleifen sind 36 bis 80 und für das Profilschleifen (Gewindeschleifen) 150 bis 320. Für spezielle Schleifaufgaben werden auch Schleifscheiben hergestellt, die zwei verschiedene Körnungen (Mischkörnungen) enthalten. Die Körnung hat entscheidenden Einfluß auf die Oberflächengüte und die Zerspankraftkomponenten. Mit feinerer Körnung treten kleinere Rauheitswerte, aber auch höhere Kräfte auf.

Diamant- und Bornitridkörnungen werden nicht nach der Anzahl der Maschen pro Zoll des Prüfsiebes, sondern nach der lichten Maschenweite der Prüfsiebe bezeichnet. Die Korngrößenbezeichnung setzt sich zusammen aus einem Kennbuchstaben (D für Diamant, B für Bornitrid) und der Kennzahl für die Korngröße. Übliche Körnungen reichen von D 1181 bis D 46. Auch Mikrokörnungen mit kleinerem Korndurchmesser sind zu erhalten.

Zur Bestimmung der einzusetzenden Körnung, können folgende allgemeine Auswahlkriterien herangezogen werden: Je weicher und dehnbarer der Werkstoff ist, desto größer muß die Körnung gewählt werden. Je besser die verlangte Oberflächengüte sein soll, desto feiner soll die Körnung sein.

Je größer das bezogene Zeitspanungsvolumen sein soll, desto gröber ist die Körnung im allgemeinen zu wählen.

Bei kurzer Kontaktstrecke kann eine feine Körnung auch bei erhöhtem bezogenem Zeitspanungsvolumen verwendet werden.

Die *Schleifscheibenhärte* (Härtegrad) ist definiert als Widerstand des Bindemittels gegen das Herausbrechen des Schleifkorns aus dem Bindungsverband. Der Härtegrad darf nicht mit der Härte des Schleifmittels verwechselt werden.

Nach DIN 69100 unterscheidet man die Härtegrade

A, B, C, D äußerst weich,
E, F, G sehr weich,
H, I, Jot, K weich,
L, M, N, O mittel,
P, Q, R, S hart,
T, U, V, W sehr hart,
X, Y, Z äußerst hart.

Bei der Wahl des Härtegrads ist zu unterscheiden zwischen der eigentlichen Scheibenhärte und der Wirkhärte der Schleifscheibe beim Einsatz, die aus dem Verschleißverhalten und dem dynamischen Kontaktverhalten des Schleifwerkzeugs beim Schleifen abgeleitet wird. Man spricht davon, daß die Wirkhärte einer Schleifscheibe mit höherer Schleifscheibenumfangsgeschwindigkeit und bzw. oder niedrigerer Werkstückumfangsgeschwindigkeit ansteigt, weil hierdurch der Verschleißbetrag bei gleichem bezogenem Zeitspanungsvolumen geringer wird und der Verschleißvorgang verstärkt in Form der Kornabflachung auftritt. Der eigentliche Grund für diese Änderung des Verschleißverhaltens liegt jedoch darin, daß mit höheren Schleifscheibenumfangsgeschwindigkeiten und bzw. oder niedrigeren Werkstückumfangsgeschwindigkeiten die Einzeleingriffskräfte abnehmen, d.h. die Änderung der Schleifscheiben-Wirkhärte beim Schleifen ist auf eine Minderung der Schneidflächenbeanspruchung zurückzuführen.

Bei der Wahl der Schleifscheibenhärte müssen die mechanischen Werkstoffeigenschaften, die Kontaktlänge zwischen Werkstück und Schleifscheibe, die Schleifscheibenumfangsgeschwindigkeit, die Zustellung sowie der Maschinenzustand berücksichtigt werden:

Je härter der Werkstoff ist, desto weicher ist die Schleifscheibe in der Praxis zu wählen.
Je kleiner die Kontaktfläche ist, z.B. beim Außenrund- und spitzlosen Schleifen kleiner Werkstücke, desto größer ist der Härtegrad zu wählen.
Je größer die Schleifscheibenumfangsgeschwindigkeit und je kleiner die Zustellung pro Hub oder Umdrehung ist, desto weicher muß die Schleifscheibe sein und umgekehrt.
Bei verschleiß- oder konzeptionsbedingter Maschineninstabilität wird von den Schleifscheibenherstellern der Einsatz härterer Schleifscheiben empfohlen. Demgegenüber sind selbsterregte Schwingungen oft auf den Einsatz einer für den Schleifvorgang zu harten Schleifscheibe zurückzuführen.

Da es schwierig ist, von Charge zu Charge gleichmäßige Schleifscheiben herzustellen, und sich zudem Schleifscheiben unterschiedlicher Hersteller trotz gleicher Zusammensetzung stark unterscheiden können, ist die *Härteprüfung* sowohl für den Hersteller als auch für den Anwender ein wichtiges Mittel der Qualitätskontrolle. Nachfolgend werden einige Härteprüfverfahren vorgestellt.

Bei der *E-Modulmessung* von Schleifscheiben wird die zu prüfende Schleifscheibe durch Schlag erregt. Die daraus resultierende Schwingung wird am Schleifscheibenumfang mit Hilfe eines geeigneten Aufnehmers gemessen. Der sich ergebende Meßwert ist mit der Eigenschwingungsfrequenz der Schleifscheibe verbunden, und unter Berücksichtigung der Masse und der Abmessungen der Schleifscheibe kann der E-Modul berechnet werden, der geradlinig mit dem Härtegrad der Schleifscheibe zunimmt. Der Nachteil dieses Verfahrens ist, daß nur die Gesamthärte der Schleifscheibe ermittelt werden kann und örtliche Härteunterschiede nicht meßbar sind.

Beim *Sandstrahlprüfverfahren* nach *M. Mackensen* und *C. Zeiss* wird während des Prüfvorgangs bei konstant eingestelltem Luftdruck eine bestimmte Menge Quarzsand mit ausgesiebter Korngröße auf die Schleifkörperoberfläche aufgestrahlt und eine kalottenförmige Auskolkung erzeugt, deren Tiefe ein Maß für die Härte ist. Dem Vorteil, daß örtliche Härteunterschiede meßbar sind, steht als Nachteil die Schwächung der Schleifscheibe gegenüber.

Bei der *Einrollprüfung* nach *Lindner* wird eine in Wälzlagern gelagerte, schmale Stahlscheibe mit konstanter Kraft gegen die zylindrisch abgerichtete Umfläche der langsam rotierenden Schleifscheibe gepreßt. Hierbei wird die Stahlscheibe von der Schleifscheibe angetrieben. Sie bricht Körner aus der Schleifscheibenumfläche aus und erzeugt eine Rille. Die Tiefe der Rille nach einer bestimmten Anzahl von Umdrehungen ist ein Maß für die Härte.

Eine weitere Möglichkeit zur Härtebestimmung ist die *Ritzprüfung* nach *Opitz/Peklenik*. Ein Ritzmeißel, dessen Schneide etwa so breit wie der mittlere Korndurchmesser ist, wird mit einer Geschwindigkeit von 150 bis 200 mm/min über die Schleifscheibenoberfläche gezogen, wobei die Meißelschneide Schleifkörner aus der Bindung ausbricht. Die dabei auftretenden Kräfte werden gemessen und sind ein Maß für die Härte.

Bei dem Verfahren von *Cowell* wird an der sich drehenden Schleifscheibe der *Widerstand der Bindung gegen das Ausreißen des Korns* beim Abrichten ermittelt. Hierbei werden an einem sich im Eingriff mitdrehenden Hartmetallrad die beim Abrichten auftretenden Kräfte bestimmt.

Bei der *Bohrmeißelprüfung* führt ein Meißel unter konstantem Anpreßdruck eine bestimmte Anzahl langsamer Umdrehungen aus und erzeugt ein Loch in der Schleifscheibe, dessen Tiefe ein Maß für die Härte der Schleifscheibe ist.

Beim *Meißelschlagverfahren* nach *Fuchs/Posch* übt ein langsam rotierender Meißel eine Vielzahl rascher Schläge auf die Schleifscheibenoberfläche aus. Hierdurch wird das Schleifkorn gelockert, und es entsteht ein Loch, dessen Tiefe ein Maß für die Härte ist. Man kann entweder eine bestimmte Anzahl von Schlägen ausführen und die Lochtiefe messen oder aber die Schläge zählen, die erforderlich sind, um eine bestimmte Lochtiefe zu erreichen.

Da es kaum möglich ist, die Meßwerte der einzelnen Härteprüfverfahren eindeutig miteinander zu vergleichen, und die Schleifscheibenhersteller nach verschiedenen Prüfverfahren arbeiten, weichen die Härteangaben der Hersteller voneinander ab. Die größte Bedeutung haben die E-Modul-Prüfung und das Sandstrahlverfahren erlangt. Diese beiden Verfahren werden heute überwiegend und oft parallel angewendet.

Das *Gefüge* oder die Struktur der Schleifscheibe ist eng mit dem Abstand der einzelnen Körner verknüpft. Jeder Strukturstufe ist ein bestimmtes Kornvolumen zugeordnet. Nach DIN 69100 wird das Gefüge durch die Zahlen 0 bis 14 gekennzeichnet, wobei mit 0 ein geschlossenes und mit 14 ein offenes Gefüge bezeichnet wird. Der Strukturstufe 0 ist ein Kornvolumen von 62% zugeordnet. Der Strukturstufensprung (arithmetische Stufung) beträgt 2%.

Die anteilmäßige Verteilung des Schleifmittels, der Bindung und der Poren sowie das Verhältnis von Korngröße zu Porengröße bestimmen das Gefüge einer Schleifscheibe und üben einen maßgeblichen Einfluß auf das Wirkverhalten der Schleifscheibe aus. Bei der Wahl des Gefüges sind vorrangig die zerspanungsbezogenen Werkstoffeigenschaften und die verfahrensabhängige Kontaktzonenlänge zu berücksichtigen.

Weicher, zäher und dehnbarer Werkstoff erfordert ein offenes Gefüge, um ausreichenden Raum für die Aufnahme der entstehenden Schleifspäne beim Durchgang durch die Kontaktzone zu erhalten. Diese Forderung gilt in verstärktem Maße bei Schleifvorgängen mit erhöhten bezogenen Zeitspanungsvolumen oder großen Kontaktlängen, wie z. B. beim Flach- und Innenrundschleifen und besonders beim Tiefschleifen. Beim Rundschleifen ergeben sich mittlere bis kleine Kontaktlängen, so daß hierbei vorteilhaft Schleifscheiben mittleren Gefüges eingesetzt werden. Schleifscheiben mit offenem Gefüge schleifen mit weniger Wärmeentwicklung als Schleifscheiben mit dichtem Gefüge gleicher Körnung und Härte; die erreichbare Oberflächengüte ist bei ersteren im allgemeinen nicht so gut.

Die *Bindung* hat die Aufgabe, die Schleifkörner zu halten und soll diese nach Erreichen eines bestimmten Verschleißzustands während des Schleifvorgangs freigeben (Selbstschärfungseffekt). Die gegenüber den Schleifmitteln wesentlich weichere Bindung ist neben einer mechanischen auch einer hohen thermischen Beanspruchung unterworfen. Gebräuchlich sind die keramische Bindung, die Kunstharzbindung sowie mineralische, vegetabile und metallische Bindungen.

Etwa 80% aller Schleifscheiben sind keramisch gebunden. Ihre Eigenschaften sind gute Härteabstufungsmöglichkeit, hohe Porosität, Beständigkeit gegen Wasser, Öl und chemische Einflüsse der Kühlschmierstoffzusätze, hohe Profiltreue, Unempfindlichkeit gegen hohe Erwärmung, Empfindlichkeit gegen schlag- und stoßartige Belastung.

Kunstharzbindungen sind unempfindlich gegen Stöße; sie werden nach den keramischen Bindungen am meisten verwendet. Ein besonderes Anwendungsgebiet sind grobe Schleifarbeiten, wie Entgraten, Putzen und Trennschleifen. Dünne Scheiben von 1 bis 3 mm Breite lassen sich in keramischer Bindung nicht herstellen. Feinschleifscheiben mit Körnungen 200 bis 400 sind meist mit Kunstharz gebunden.

Kunstharzbindungen findet man auch häufig bei Schleifscheiben aus kubisch kristallinem Bornitrid. Da die glatten Bornitridkörner nur schwierig in der Kunstharzbindung haften, werden Körner mit einem Nickelmantel verwendet. Durch diesen Mantel werden zudem Temperaturspitzen beim Übergang auf die temperaturempfindliche Kunstharzbindung ausgeglichen.

Von den mineralischen Bindungen finden Silikatbindungen für das Trockenschleifen von dünnen, wärmeempfindlichen Werkstücken (Messerschliff) Anwendung. Magnesitbindungen haben ähnliche Eigenschaften wie die Silikatbindungen; sie sind allerdings nicht wasserfest und müssen vor Feuchtigkeit geschützt werden.

Zur Gruppe der vegetabilen Bindungen gehören die Gummi- und Naturharzbindungen. Die Eigenschaften der Gummibindung sind Unempfindlichkeit gegen Stoß, hohe Elastizität, kühler Schliff, Empfindlichkeit gegen thermische Überlastung. Sie ist zum Trennschleifen geeignet.

Metallische Bindungen entstehen durch Sintern von Stahl- oder Bronzepulver und finden bei der Fertigung von Diamant- und Bornitridschleifscheiben Anwendung. Ihre Eigenschaften sind hohe Zähigkeit, hohe Wärmebeständigkeit, Öl- und Wasserbeständigkeit und große Haftung der Körner in der Bindung.

Aus der Definition der Scheibenhärte als Widerstand gegen das Ausbrechen einzelner Körner aus dem Bindungsverband ist ersichtlich, daß Bindung und Scheibenhärte in engem Zusammenhang stehen. Von den vielfältigen Bindungsarten werden bei den konventionellen Schleifmitteln heute fast ausschließlich die Keramik- und die Kunstharzbindung verwendet, während bei den ultraharten Schleifmitteln überwiegend die Kunstharz- und Metallbindung (gesintert oder galvanisch) und in geringem Umfang die keramische Bindung eingesetzt werden.

Bei der Auswahl der Bindung sind der Bindungscharakter (spröd, stabilisierend, zähhart), das durch die Schleifaufgabe bestimmte Gefüge der Schleifscheibe, die geometrische Schleifscheibenausbildung sowie die Belastung der Schleifscheibe durch Flieh- und Zerspankraft in Betracht zu ziehen. Spröde keramische Bindungen führen zu einem freien Schnitt, zu einem selbstschärfenden Schnittverhalten und zu niedrigen Schnittkräften. Dem steht aber ein erhöhter Verschleißbetrag und eine geringere Formtreue gegenüber. Eine zähharte keramische Bindung hält das Korn länger im Verband, so daß neben günstigerem Verschleißverhalten mit der sich einstellenden Kornabflachung hohe Schnittkräfte und höhere thermische Belastungen des Werkstücks auftreten. Diesem Einfluß kann wiederum durch erhöhte bezogene Zeitspanungsvolumen sowie durch die gezielte Wahl des Schleifmittels, der Körnung und des Gefüges entgegengewirkt werden [22].

13.6.2 Werkzeugaufnahme

Bei der Werkzeugaufnahme sind aus Sicherheitsgründen die Unfall-Verhütungsvorschriften zu beachten. Bevor die Schleifkörper eingesetzt werden, sind Klangprobe, zwangloses Aufschieben auf die Spannvorrichtung, Spannflansche mit Durchmessern von einem Drittel des Scheibendurchmessers mit einer Überdeckung von einem Sechstel der Schleifscheibenhöhe (Bild 30), Verwendung von elastischen Zwischenlagen (z.B. Weichpappe) und 5 min Probelauf mit voller Betriebsdrehzahl auf der Schleifmaschine vorgeschrieben. Die Bilder 30 und 31 zeigen Schleifscheibenaufnahmen für Schleifscheiben und Schleifsegmente.

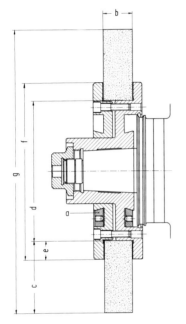

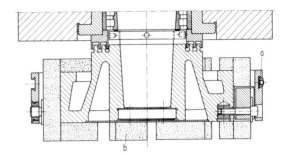

Bild 31. Schleifscheibenaufnahme mit Ausgleichgewichten für Schleifsegmente
a Ausgleichgewichte, b Schleifsegmente

Bild 30. Schleifscheibenaufnahme mit Ausgleichgewichten für Schleifscheiben
a Ausgleichgewichte, b Schleifscheibenbreite, c Schleifscheibenhöhe, d Innendurchmesser des Flansches, e Überdeckung ($\geq \frac{c}{6}$), f Außendurchmesser des Flansches, g Außendurchmesser der Schleifscheibe

Die Schleifkörper müssen nach den Bestimmungen des Deutschen Schleifscheibenausschusses eine Mindestbruchumfangsgeschwindigkeit erreichen, die das 1,8- bis Zweifache der jeweiligen höchstzulässigen Betriebsumfangsgeschwindigkeit beträgt. Tabelle 1 zeigt höchstzulässige Umfangsgeschwindigkeiten für künstlich gebundene Schleifkörper (VBG 7n6 bzw. UVV 11.08). Die Bruchumfangsgeschwindigkeit steigt allgemein mit feiner werdender Körnung und zunehmender Härte der Schleifscheiben.
Den bedeutendsten Einfluß auf die Beanspruchung einer Schleifscheibe üben die Fliehkraftspannungen aus, da sie quadratisch mit der Umfangsgeschwindigkeit zunehmen. Die maximale Tangentialspannung tritt am Bohrungsrand auf. Wegen der günstigeren Spannungsverhältnisse sind daher bohrungslose Schleifscheiben für erhöhte Umfangsge-

schwindigkeiten besonders gut geeignet. Bild 32 zeigt weitere Möglichkeiten, die Bruchumfangsgeschwindigkeiten zu steigern.
In Bild 32 B ist eine Schleifscheibe gleicher Festigkeit dargestellt, in der an allen Stellen die gleiche Tangentialspannung wie am Außenrand auftritt. Da diese Tangentialspannung wesentlich geringer ist als am Bohrungsrand von Scheiben gleicher Dicke, erreicht diese Schleifscheibe eine entsprechend höhere Bruchumfangsgeschwindigkeit. Bei der konischen Form (Bild 32 C) ist die Wahrscheinlichkeit groß, daß bei einem Scheibenbruch die Bruchstücke von den Spannflanschen gehalten werden.

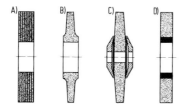

Bild 32. Schleifscheiben für das Hochgeschwindigkeitsschleifen [23]
A) glasfaserverstärkt, B) Schleifscheibe gleicher Festigkeit, C) konische Form, D) Bohrungsrand mit höherer Festigkeit

Tabelle 1. Zulässige Höchstumfangsgeschwindigkeiten für künstlich gebundene Schleifkörper (VBG 7n6)

Bindung	Schleifkörperaußendurchmesser [mm]	Zustellung der Schleifkörper bzw. der Werkstücke	Höchstumfangsgeschwindigkeit [m/s] bei Schleifkörperform	
			vollwandig mit rechteckigem oder sich nach außen verjüngendem Querschnitt, wenig ausgesparte Schleifkörper	tief ausgesparte Schleifkörper, wenn Boden- oder Stegdicke weniger als $^1/_3$ der Gesamtbreite ist, Schleifsegmente
Magnesit	über 1000	von Hand	15	–
		maschinell	15	–
	bis 1000	von Hand	20	15
		maschinell	25	20
keramisch, Kunstharz-, Silikat-, Gummi-	beliebig	von Hand	30	25
		maschinell	35	30

Beim Schleifscheibenbruch verlaufen die Risse infolge der Zentrifugalkräfte radial von der Bohrung zum Umfang. Die Entstehung derartiger Zugbelastungen am Umfang kann dadurch vermieden werden, daß man die Scheibe in Segmente teilt. Diese werden durch Stahlflansche zusammengehalten. Infolge der Neigung der Segmente, sich radial nach außen zu bewegen, entsteht eine starke Druckbelastung im Haltebereich (Bild 33). Das entscheidende Merkmal dieser Konstruktion besteht darin, daß die Scheibe durch Druck- anstelle von Zugbelastung zusammengehalten wird. Schleifscheiben ertragen eine etwa sechsmal höhere Druckbelastung als Zugbelastung. Daher ermöglicht diese Anordnung sehr viel höhere Scheibenumfangsgeschwindigkeiten.

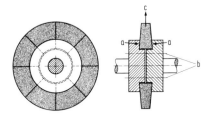

Bild 33. Segmentschleifscheibe (nach *M. C. Shaw*)
a Haltebereich (Haltekraft), b Verschraubung, c Fliehkraft

13.6.3 Auswuchten

Schleifkörper sind nicht homogen; eine ungleichmäßige Verteilung der verschiedenen Bestandteile Schleifkorn, Bindemittel und Poren bei der Herstellung hat eine Unwucht zur Folge. Die zulässige Lieferunwucht darf nach DIN 69106 je nach Durchmesser bei Schleifscheiben über 20 mm Breite gleich dem Moment sein, das durch 2 bis 4% des Scheibengewichts, am Scheibenumfang wirkend gedacht, entstehen würde. Diese Unwucht muß durch Auswuchten der Schleifkörper zusammen mit ihren Aufnahmen ausgeglichen werden.
Bei schmalen Schleifscheiben ist das Auswuchten in einer Ebene (statisches Auswuchten) völlig ausreichend. Bei der Drehung statisch ausgewuchteter Rotoren können trotzdem Schwingungen durch Wechselmomente auftreten, die nur durch dynamisches Auswuchten in zwei Ebenen beseitigt werden können. Aus diesem Grunde wäre bei sehr breiten Schleifscheiben, z.B. solchen für spitzenloses Schleifen, dynamisches Auswuchten auf der Maschine sinnvoll. Vor dem Auswuchten muß die Schleifscheibe auf der Schleifmaschine abgerichtet sein, damit sich durch das Abrichten keine neue Schwerpunktlage ergibt. Außerdem ist zu beachten, daß sich der Auswuchtzustand während des Einsatzes durch Schleifscheibenverschleiß und Abrichten ändert und daß u. U. nachgewuchtet werden muß.
Beim statischen Auswuchten außerhalb der Maschine wird die aufgeflanschte Schleifscheibe auf einem Rollbock durch Verschieben der Ausgleichgewichte (Bilder 30 und 31) im Schleifscheibenflansch ausgewuchtet. Das Prinzip besteht darin, die Massenverteilung eines rotierenden Körpers so zu verbessern, daß eine seiner zentralen Hauptträgheitsachsen mit der Drehachse zusammenfällt. Durch Ausgleichgewichte verschiebt man den Schwerpunkt so, daß die Hauptträgheitsachse eines Rotors mit der Verbindungslinie der Lagermittelpunkte übereinstimmt.

Das statische Auswuchten bei Arbeitsdrehzahl auf der Schleifmaschine mit Stroboskop zeigt Bild 34 [24]. Man erfaßt die gesamte von Schleifspindel, Flansch und Schleifscheibe im Lauf erzeugte Unwucht. Die Unwuchtschwingungen werden durch den Schwingungsaufnehmer in elektrische Schwingungen umgewandelt, von denen das Filter nur Schwingungen mit der Schleifspindelumlauffrequenz durchläßt. Am Meßinstrument wird die Größe des Unwuchtmoments abgelesen. Zugleich wird die von der Unwucht erzeugte Sinusspannung durch den Impulsgeber in Einzelimpulse umgewandelt, wobei jeder Impuls die Lichtblitzröhre zündet. Da die Röhre je Schleifspindelumdrehung einmal kurzzeitig aufblitzt, erscheint die Schleifscheibe bei dieser Beleuchtung stillstehend. Der ortsfeste Zeiger weist demnach auf diejenige Stelle der Schleifscheibe hin, an der eine Zusatzmasse angebracht werden muß. Nachteil dieses Verfahrens ist, daß die Scheibe zum Nachwuchten stillgesetzt werden muß.

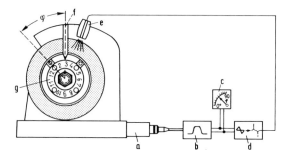

Bild 34. Statisches Auswuchten bei Arbeitsdrehzahl auf der Schleifmaschine [24]
a Schwinungsaufnehmer, b Filter, c Meßinstrument, d Impulsgeber, e Lichtblitzröhre, f ortsfester Zeiger, g Markierung

Beim Drei-Kugel-Verfahren nach *Cincinnati Milacron* stellen sich bei hoher Drehzahl der Schleifspindel drei in einem Ring laufende Kugeln selbständig so ein, daß sie eine vorhandene Unwucht der Schleifscheibe aufheben (Selbstauswuchtverfahren). Der Vorteil dieses Verfahrens ist das sehr schnelle Auswuchten; nachteilig ist, daß Restunwuchten nicht völlig beseitigt werden können.

Das Verfahren nach v. *Mohrenstein* arbeitet mit einem in der Schleifscheibenebene in zwei zueinander senkrechten Richtungen beweglichen Kegel, der von außen bei sich drehender Spindel derart außermittig eingestellt wird, daß er die in der Schleifscheibe vorhandene Unwucht aufhebt. Der Kegel wird über Stellglieder durch die hohle Schleifspindel verstellt.

13.6.4 Abrichten

Schleifkörper müssen genau laufen und eine griffige Schleiffläche aufweisen. Die Schleifmaschinen sind daher mit Abrichteinheiten ausgerüstet, mit denen man verschlissene Schleifscheiben abrichtet. Als Abrichtwerkzeuge kommen Einzelkorndiamant, Vielkornabrichter (mehrere Diamanten sind im Kopf des Abrichtwerkzeugs eingesintert), Diamantfliese, Stahlprofilrolle und Diamantprofilrolle zum Einsatz. Diamanten werden in einer passenden Fassung befestigt. Die Abrichteinrichtung muß den Diamanten schwingungsfrei führen; der Anstellwinkel gegen die umlaufende Schleiffläche soll etwa

10° sein. Beim Abrichten wird am Diamant eine Fläche unter diesem Winkel angeschliffen; dreht man nun die Diamantfassung um ihre Längsachse, so greift der Diamant immer mit einer scharfen Kante ein. Die Abrichtzustellung soll nicht mehr als 0,02 bis 0,03 mm betragen. Für grobe Schleifarbeiten und Segmentschleifkörper in Flachschleifmaschinen werden auch diamantfreie Abrichtgeräte mit Scheiben aus Stahl, Hartmetall oder Keramikkörpern eingesetzt.

Bild 35 zeigt die Tendenz der wirtschaftlichen Anwendungsbereiche verschiedener Abrichtverfahren beim Gewindeschleifen. Die Kurven können sich je nach Bearbeitungsaufgabe zugunsten des einen oder anderen Verfahrens verschieben, ohne daß sich ihre Charakteristik ändert.

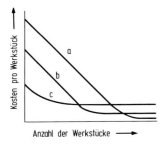

Bild 35. Prinzipielle Abhängigkeit der Kosten pro Werkstück von der Anzahl der zu fertigenden Werkstücke bei verschiedenen Abrichtverfahren
a mit Diamantrolle, b mit Stahlrolle, c mit Einzelkorndiamant

Da Diamantrollen je nach Profil sehr teuer sind, werden sie vorwiegend in der Massenfertigung eingesetzt. Die erreichbare Arbeitsgenauigkeit der Werkstücke ist bei der Anwendung von Diamantrollen größer als bei Stahlrollen.

Die Abrichtbedingungen (Abrichtzustellung, Abrichtvorschub des Einkorndiamanten, Kontaktzeit der Diamantrolle) haben einen entscheidenden Einfluß auf die Ausbildung der Schleifscheibenschneidfläche (Anzahl der Schneiden, die im Schleifprozeß zum Eingriff kommen) und damit auf die Zerspankraftkomponenten und die Oberflächengüte.

13.6.5 Schutzeinrichtungen beim Schleifen

Art und Ausführung von Schutzeinrichtungen für umlaufende Schleifkörper an Schleifmaschinen sind in der Unfallverhütungsvorschrift (UVV) „Schleifkörper, Pließt- und Polierscheiben; Schleif- und Poliermaschinen" (VBG 7n6) festgelegt. Herausgegeben wird diese Vorschrift von den Eisen- und Metall-Berufsgenossenschaften, bei denen der „Deutsche Schleifscheibenausschuß (DSA)" gebildet wurde.

Die Anforderungen, die an Schutzeinrichtungen von Schleifmaschinen gestellt werden, richten sich nach der Maschinenart sowie nach Art und Größe der Schleifkörper und deren Umfangsgeschwindigkeit. Grundsätzlich müssen alle Schleifmaschinen (ausgenommen kleine Handschleifmaschinen, die besonders beschrieben werden) mit nachstellbaren Schutzhauben aus zähem Werkstoff ausgerüstet sein, welche die Gewähr geben, daß beim Zerspringen eines Schleifkörpers die Bruchstücke sicher aufgefangen werden.

Als zähe Werkstoffe ohne besondere Kennzeichnung gelten schmiedbarer Stahl in allen Arten und Legierungen nach DIN 1623 und DIN 17100 sowie Stahlguß nach DIN 1681,

mit Kennzeichnung der Werkstoffqualität und der Fabrikmarke weißer Temperguß GTW 40 nach DIN 1692 für Wanddicken von 4 bis 9 mm, schwarzer Temperguß GTS 38 nach DIN 1692 und Gußeisen mit Kugelgraphit nach DIN 1693 mit mindestens 380 N/mm^2 Zugfestigkeit, 250 N/mm^2 Streckgrenze und 12% Dehnung.
Schutzhauben dürfen nur den für die Arbeit benötigten Teil des Schleifkörpers freilassen, wie in Bild 36 dargestellt. Die Mindestwanddicken für das Umfangschutzteil und die Seitenteile sind in Tabelle 2 aufgeführt. Dabei wird davon ausgegangen, daß das abnehmbare Seitenteil als voll tragend anzusehen ist. Anderenfalls muß das feste Seitenteil in gleicher Wanddicke ausgeführt sein wie das Umfangschutzteil.

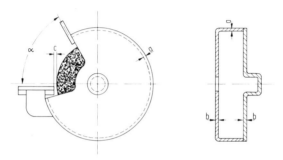

Bild 36. Schutzhaube für eine Schleifscheibe
a Wanddicke des Umfangschutzteils, b Wanddicke der Seitenteile (Mindestwerte siehe Tabelle 2), c Abstand der Auflage, α Öffnungswinkel

Schutzhauben, die den genannten Angaben nicht entsprechen, dürfen nur nach Anerkennung durch den DSA benutzt werden. Dies gilt insbesondere bei Schutzhauben für Schleifkörper über 150 mm Breite, und für Schleifkörper beliebiger Breite, deren Umfangsgeschwindigkeit mehr als 45 m/s beträgt.
Als Konstruktionsprinzipien lassen sich anwenden: Schließen der Arbeitsöffnung mit einer dreh- oder schwenkbaren Innenschutzhaube (z. B. Rotationsvisier), Innenauskleidung der Schutzhaube mit energieumwandelnden Stoffen, z. B. Hartschaumstoffe oder gewellte Bleche über eingeschweißten Stegen und Rohren, wobei die Arbeitsöffnung zusätzlich zu sichern ist, und vollkommenes Schließen des Arbeitsraums der Maschine durch Stahlplatten vor der Schleifscheibe beim Laden und vor dem Werkstück während des Schleifens.
Die Verbindung der Schutzhaube mit der Maschine muß mit Dehnschrauben vorgenommen werden. Für die Schweißverbindungen der Schutzhaubenteile wird eine Durchstrahlungsprüfung der Schweißnähte und die Vorlage des Prüfberichts einer anerkannten Prüfanstalt verlangt. Die vom DSA anerkannten Schutzhauben sind mit einem Warnschild zu kennzeichnen.
Topfscheiben, Schleifringe oder Schleifsegmente, die zum Stirnschleifen eingesetzt werden, müssen durch kreisförmig geschlossene Schutzhauben gesichert sein. Die Wanddicke braucht hier nur das 0,6-fache der in Tabelle 2 genannten Werte zu betragen, da aufgrund dieser Konstruktion bessere Festigkeitswerte erreicht werden. Die Auskraglänge eingespannter Segmente soll 40 mm nicht übersteigen. Auf dieser Grundlage werden auch DSA-Zulassungen erteilt.

Tabelle 2. Mindestwanddicken für das Umfangschutzteil (a) und die Seitenteile (b) von Schutzhauben in mm (a und b siehe Bild 36)

Werkstoff	Schleifscheiben-umfangs-geschwindigkeit [m/s]	Größte Breite d.Schleifscheibe [mm]	Schleifscheibendurchmesser [mm]							
			bis 150	bis 200	bis 300	bis 400	bis 500	bis 600	bis 750	bis 900	bis 1200
			a b	a b	a b	a b	a b	a b	a b	a b	a b
hochwertiger Temperguß, Sphäroguß	bis 30	50 100	6 6 8 8	8 6 10 8	9 8 11 8	12 9 14 10	15 12 17 14	18 14 20 16			
Stahlguß	bis 30 m/s	50 100 150	5 5 6 6 8 6	5 5 6 6 8 6	6 5 7 6 8 6	6 6 8 6 10 6	8 7 10 8 12 10	11 8 13 10 15 12	14 10 16 12 18 14	16 12 18 14 20 16	18 14 20 16 22 18
	bis 45	50 100 150	6 6 8 6 10 6	6 6 8 6 10 6	6 6 8 6 10 8	8 8 10 8 12 10	10 10 12 10 14 12	14 12 16 12 18 14	16 14 18 16 22 18	18 16 20 18 24 18	22 18 26 20 28 20
Baublech	bis 30	50 100 150	2 2 3 2 4 3	2,5 2 4 2,5 5 3	3 2,5 5 3 6 4	4 3 5 4 7 5	5 4 6 5 8 6	6 5 7 6 9 6	7 5 8 6 10 7	8 5 9 6 11 7	9 6 10 7 12 8
	bis 45	50 100 150	3 2 5 3 6 4	4 2,5 5 3 7 4	5 3 6 4 8 5	6 4 7 5 9 6	7 5 8 6 10 7	8 6 9 7 11 8	10 7 11 8 12 9	11 7 12 8 14 9	12 8 14 9 16 10

Bei Flachschleifmaschinen mit Magnetspannplatten ist weiterhin vorgeschrieben, Vorkehrungen gegen das Herausschleudern von Werkstücken zu treffen, z. B. durch Anbringen von Fangblechen. Elektromagnetische Spanneinrichtungen sind so zu schalten, daß der maschinelle Schleifvorschub nur bei eingeschaltetem Magnetstrom wirksam werden kann.

Bei Innenschleifmaschinen muß der Schleifkörper während des Ein- und Ausspannens oder beim Messen des Werkstücks durch eine klapp- oder schwenkbare Schutzeinrichtung gegen Berühren gesichert sein.

Bei Trockenschliff sind wegen der Gefahr von Augenverletzungen durch Schleiffunken Schutzbrillen zu tragen. Darauf kann laut UVV nur verzichtet werden, wenn die Schleifmaschine mit Schutzfenstern gegen Funkenflug ausgerüstet ist und kurzdauernde Arbeiten ausgeführt werden.

Die Unfallverhütungsvorschrift VBG 7n6 schreibt auch die Wanddicken für die Schutzhauben vor, mit denen die Schleifmaschinen für niedrige Schleifscheibenumfangsgeschwindigkeiten ausgerüstet sein müssen. Werden jedoch 45 m/s überschritten oder Schleifscheiben über 150 mm Breite verwendet, so genügen Schutzhauben allein nicht mehr. Die Maschine muß dann zusätzlich mit einem geschlossenen Schutzsystem ausgerüstet sein, das Schutz im Fall eines Scheibenbruchs gewährt, d. h. es dürfen weder Primär-Bruchstücke noch Sekundär-Splitter aus der Maschine austreten. Für das Schutzsystem muß eine besondere Zulassung vom Deutschen Schleifscheiben-Ausschuß (DSA) erteilt sein. Die Maschine wird dann durch ein Schild gekennzeichnet, das die zulässige Umfangsgeschwindigkeit und die Anerkennungs-Nummer zeigt (Bild 37).

Bild 37. Symbolschild für ein geschlossenes Schutzsystem

Der verlangte Schutz wird dadurch erreicht, daß statische oder dynamische Haubenöffnungsverschlüsse die Primärbruchstücke im Falle des Scheibenbruchs abfangen, während Sekundärbruchstücke und Splitter durch die Maschinenverkleidung zurückgehalten werden. Im Falle eines Scheibenbruchs wird besonders beim Hochgeschwindigkeitsschleifen große Energie frei, die auch die Maschine gefährdet. Man versucht deshalb, die durch die Bruchstücke freiwerdende Energie abzubauen, indem man z. B. die Schutzhauben und die anderen Elemente des Schutzsystems mit energieumwandelnden Auskleidungen, z. B. Kunststoff-Hartschaum, versieht. Bild 38 zeigt einige konstruktive Auslegungen der gesamten Sicherungseinrichtungen.

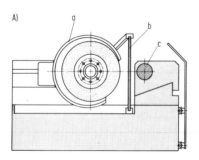
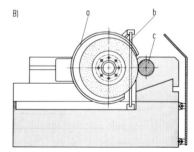
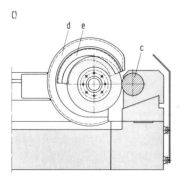

Bild 38. Haubenverschlüsse

A) und B) statischer Haubenverschluß, A) in Werkstückwechselstellung, B) in Schleifstellung, C) dynamischer Haubenverschluß

a Umfangteil, b verschiebbares Schutzschild, c Werkstück, d feststehende Schutzhaube, e bewegliches Schutzvisier

13.7 Bearbeitung mit Schleifscheiben

13.7.1 Außenrundschleifmaschinen
Dipl.-Ing. E. Zillig, Stuttgart

13.7.1.1 Allgemeines

Das Außenrundschleifen läßt sich in zwei unterschiedliche Verfahren aufteilen:
Beim *Außenrundlängsschleifen* wird über den Längsvorschub des Werkstückschlittens das Werkstück an der Schleifscheibe entlangbewegt. Das Zustellen der Schleifscheibe erfolgt meist stufenweise in der linken oder rechten Umkehrstellung des Werkstückschlittens.
Beim *Außenrundeinstechschleifen* wird das zu erzeugende Werkstückprofil in seiner ganzen Breite in einem Einstich durch Vorschub des Schleifwerkzeugs erreicht. Dabei wird das Profil des Werkstücks auf dem Schleifwerkzeug mit Hilfe eines Abrichtgeräts geformt. Durch Neigung der Werkstück- und Scheibendrehachsen ist eine Einstechbearbeitung schräg zur Werkstückachse möglich.

13.7.1.2 Konstruktiver Maschinenaufbau

Die Außenrundschleifmaschine weist die nachfolgend beschriebenen Hauptbaueinheiten (Bild 39) auf. Sie kann mit weiteren Sondereinrichtungen für spezielle Anforderungen der Technik, Ergonomie und Arbeitssicherheit ausgerüstet werden.

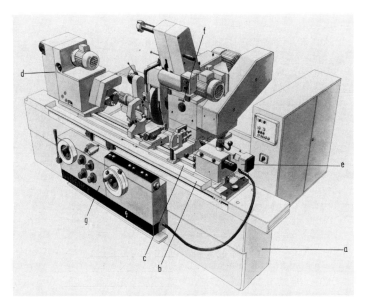

Bild 39. Hauptbaueinheiten einer Außenrundschleifmaschine
a Maschinenbett, b Werkstückschlitten, c Werkstücktisch, d Werkstückspindelstock, e Reitstock, f Schleifspindelstock, g Getriebeplatte mit Bedienpult

Das *Maschinenbett* ist in der Regel in Grauguß ausgeführt. Bei Außenrundeinstechschleifmaschinen und Sonderschleifmaschinen werden häufig geschweißte Stahlblechkonstruktionen und gelegentlich Maschinenunterbauten aus Spezialbeton verwendet.

Der *Werkstückschlitten* gleitet auf Prismen- und Flachführungen; diese werden meistens als Gleit-, seltener als Wälzführungen ausgeführt. Das Schmiersystem hat wesentlichen Einfluß auf den Stick-Slip-Effekt bei kleinen Vorschubgeschwindigkeiten. Der Schlitten wird in der Regel hydraulisch bewegt; elektromechanische Schrittmotorantriebe werden wegen ihrer exakten Positionierbarkeit häufig in numerisch gesteuerten Maschinen (NC-Maschinen) eingesetzt.

Der *Werkstücktisch* läßt sich in der Regel auf dem Werkstückschlitten oder dem Maschinenbett drehen. Damit ist die Einstellung der Zylindrizität am Werkstück und das Schleifen von Kegeln möglich.

Der *Werkstückspindelstock* dient dem Antrieb und zur Aufnahme der Spannmittel für das Werkstück. Die gebräuchlichen Spannmittel reichen von feststehenden oder rotierenden Spitzen bis zu werkstückspezifischen Einrichtungen. Zum Ausgleich von Vormaßtoleranzen ist die Werkstückpinole häufig axial verschiebbar.

Der auf dem Werkstücktisch verschiebbare *Reitstock* dient zusammen mit dem Werkstückspindelstock zur Aufnahme und zum Spannen des Werkstücks. Von besonderer Bedeutung ist eine möglichst steife Bauart. Meist ausgeführt mit hydraulischem Pinolenrückzug, ist die stabil dimensionierte Pinole in vorgespannten Wälzlagern gelagert.

Der *Schleifspindelstock* ist auf einem Spindelschlitten angeordnet, der in Wälzführungen auf einem Unterteil geführt ist. Bei Universalmaschinen ist das Unterteil drehbar zum Maschinenunterbau ausgeführt; bei werkstückspezifischen Maschinen ist es der Bearbeitung entsprechend montiert. Die Neigungswinkel zum Schrägstellen der Schleifscheiben liegen zwischen 15 und 45°.

Der Schleifspindelstock nimmt die Hauptspindel, deren Antrieb und die Schleifscheibenschutzhaube auf. Neben der häufig angewendeten Wälzlagerung werden auch hydrostatische und hydrodynamische Gleitlager als Spindellagerung eingesetzt. Ein Drehstrommotor treibt die Spindel über Riemenscheiben und Treibriemen an. Die Schleifscheibe wird mit Aufnahmeflanschen auf die Spindel montiert. Die Unwucht der Schleifscheibe wird mit einer Auswuchteinrichtung ausgeglichen.

Die *Hydraulikanlage* für die Antriebe der Maschine wird in der Regel außerhalb des Maschinengestells installiert, um thermische Verlagerungen der Maschine durch Wärmeentwicklung auszuschließen. Darüber hinaus kann die Temperatur des Hydrauliköls geregelt werden, um konstante thermische Bedingungen zu gewährleisten.

Der *Kühlschmierstoff* hat einen wesentlichen Einfluß auf die Oberflächenqualität des Werkstücks; dabei sind die Zusammensetzung und der Reinheitsgrad von wesentlicher Bedeutung. Entsprechend der geforderten Oberflächenqualität kommen unterschiedliche Reinigungssysteme zur Anwendung; und zwar Absetzbecken, Magnetfilter, Zyklon-Systeme oder Papierfilter. Bei Anwendung der häufig eingesetzten Zyklonfilter erreicht man Rauhtiefen bis zu $R_t \approx 2$ µm. Für höhere Ansprüche verwendet man Papierfilter.

Die *Bedienelemente* sollen nicht nur übersichtlich angeordnet sein, sondern auch den ergonomischen Gesichtspunkten und den sicherheitstechnischen Bedürfnissen Rechnung tragen. Die verwendeten Symbole auf den Bedienungstableaus müssen international verständlich und sinnvoll ausgeführt sein.

Eine so aufgebaute Außenrundschleifmaschine kann durch eine Vielzahl von Hilfseinrichtungen und zusätzlichen Baueinheiten weiter ausgebaut und für die geforderten Bearbeitungsfälle optimiert werden. Dazu zählen Meß- und Steuereinrichtungen unterschiedlichster Ausführung, Einrichtungen zum Auswuchten der Schleifscheibe während des Betriebs, Abrichtgeräte auf dem Werkstücktisch einschließlich Profil- und Rundungabrichtgeräten, Abrichtgeräte auf dem Schleifspindelstock für Einzeldiamant, Diamantfliese oder Diamantrolle, Einrichtungen für das Innen- und Planschleifen sowie Setzstökke und Werkstückauflagen.

Der Anwendungsbereich einer Außenrundschleifmaschine ist durch die Spitzenhöhe, den maximalen Schleifscheibendurchmesser und die Schleiflänge festgelegt. In der Feinmechanik finden Maschinen bis zu den Maßen 80 mm Spitzenhöhe, 250 mm Scheibendurchmesser und 250 mm Schleiflänge Verwendung. Im Großmaschinenbau werden dagegen Schleifmaschinen mit 1500 mm Spitzenhöhe, 1000 mm Scheibendurchmesser und 10 000 mm Schleiflänge eingesetzt.

13.7.1.3 Herstellbare Formelemente und Fertigteile

Außenrundschleifen ist ein Nachbearbeitungsverfahren, mit dem Werkstücke hoher Genauigkeit geschliffen werden. In der Regel sind die Werkstücke durch ein anderes Verfahren, z. B. Drehen oder Fräsen, für das Schleifen vorbereitet. Als allein formgebendes Verfahren wird es angewendet, wenn Hochgeschwindigkeits- oder Schruppschleifen möglich ist. Die schleifbaren Profilformen sind durch die Abrichtmöglichkeiten vorgegeben.

Die durch Schleifen erzielbaren Qualitäten sind durch die beschriebenen konstruktiven Merkmale der Maschine und die technologischen Arbeitsparameter festgelegt. Sie liegen im Bereich der folgenden Größen, wobei der erste Wert für die Großserie üblich ist: Rauhtiefe R_t 2 bis 6 µm (minimal 0,1 µm), Rundheitfehler 2 bis 10 µm (minimal 0,1 µm), Durchmessertoleranz 5 bis 20 µm (minimal 1 µm).

In Abhängigkeit von der Serienstückzahl, von den Werkstücktoleranzen und den wirtschaftlichen Erfordernissen kommen verschiedene Schleifverfahren zur Anwendung. Komplizierte Werkstücke mit vielen Absätzen unterschiedlichen Durchmessers, die in einer Aufspannung zu schleifen sind, können unter Umständen schon ab Losgrößen von drei Werkstücken mit NC-Maschinen wirtschaftlich bearbeitet werden. Der Einsatz von Meßsteuerungen wird mit Losgrößen ab zwanzig Stück interessant. Die Ausrüstung einer Schleifmaschine mit einer automatischen Werkstückwechseleinrichtung ist erst ab Losgrößen von etwa 5000 Stück wirtschaftlich vertretbar.

Die Auswahl der Verfahren und die Ausrüstung der Maschinen sind im Folgenden an einigen Beispielen aus der Produktion veranschaulicht.

Als Beispiel für die Einzelteil- und Kleinserienfertigung gilt das Schleifen einer Hauptspindel auf einer NC-Außenrundschleifmaschine. Den Einsatz dieser Maschine kennzeichnet eine hohe Automatisierung bei der Bearbeitung kleinster Stückzahlen.

Die Bearbeitungsfolge der Hauptspindel ist: Vorschleifen der Spindel, Spannungsfreiglühen und Richten außerhalb der Maschine, nochmaliges Vorschleifen, Einsatzhärten, Schleifen der Zentrierbohrungen und Fertigschleifen.

Bild 40 zeigt den Arbeitsplan für das Fertigschleifen einer Hauptspindel; die Arbeitspositionen der Schleifscheibe sind in ihrer Reihenfolge numeriert. Da hohe Genauigkeiten gefordert sind, wird das Werkstück zwischen hartmetallbestückten, rotierenden Zentrierspitzen gespannt. Die Mitnahme geschieht über einen aufgeschraubten Mitnehmer. Die Durchbiegung des schlanken, elastischen Werkstücks infolge der Zerspankraftkomponenten wird durch den Einsatz von Setzsstöcken mit selbsttätiger Durchmessereinstellung verhindert. Die Schleifscheibenumfangsgeschwindigkeit beträgt 32 m/s. Fehler durch Unwuchten der Schleifscheibe werden durch Auswuchten bei Arbeitsdrehzahl vermieden.

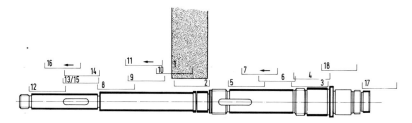

Bild 40. Arbeitsplan für das Fertigschleifen einer Hauptspindel
1 bis 18 Arbeitspositionen der Schleifscheibe

Im vorliegenden Fall ist es ausreichend, die Planschulter mit der Planseite der Schleifscheibe zu bearbeiten. Das geschieht jedoch nicht von Hand, sondern im automatischen Programmablauf. Die grundsätzlich mögliche Schrägstellung der Schleifscheibe wird dann angewandt, wenn Planschultern anderer Abmessungen und Genauigkeiten zu bearbeiten sind. Die Durchmesser- und Längenmaße werden während der Bearbeitung durch einen positionierbaren Meßkopf erfaßt und zur Steuerung der Zustellung durch die NC-Steuerung ausgewertet.
Die Schleifscheibe wird in der X-Achse durch einen Schrittmotor über eine Kugelumlaufspindel zugestellt. Der Antrieb in Z-Achse erfolgt mit einem Gleichstrommotor und einer Kugelumlaufspindel. Die Längsvorschubgeschwindigkeit in Z-Richtung beträgt beim Längsschleifen 100 bis 6300 mm/min, beim Abrichten 10 bis 630 mm/min. Planflächen werden mit einer fest eingestellten Tischgeschwindigkeit geschliffen.
Für die Wegmeßsysteme in der X- und Z-Achse sind bei dieser Maschine Inductosyn-Maßstäbe eingesetzt; der Ist-Wert wird angezeigt.
Das Durchmesser-Meßsystem erfaßt Maße zwischen 0 und 300 mm; der Arbeitsbereich an einem Werkstück ist jedoch auf 160 mm begrenzt. Das Meßsystem ist für unterbrochene Umfangsflächen geeignet. Die Meßtaster werden auf die unterschiedlichen Durchmesser während der Bearbeitung numerisch gesteuert eingestellt. Die Meßunsicherheit des Systems liegt bei 5 µm.
Beim Schleifen ohne zusätzliche Meßschritte hängt die erreichbare Durchmessertoleranz stark von den Genauigkeitswerten der Maschine ab. Bei Durchmesserunterschieden größer als 20 mm sind Toleranzen von etwa 10 µm zu erzielen, sonst von etwa 6 µm.
Durch die exakte Positionierung der Schleifscheibe in der X-Achse und des Werkstücks in der Z-Achse können die unterschiedlichen Schleifstellen der Hauptspindel in einer Aufspannung und in einem numerisch gesteuerten Bearbeitungsablauf fertiggestellt werden. Der Schleifscheibenverschleiß wird nach dem Abrichten als Korrekturwert in der NC-Steuerung verarbeitet.
An Hauptspindeln müssen häufig kegelige Profilelemente geschliffen werden. Dazu besitzt die Maschine eine hydraulische Einrichtung zur Drehung des Werkstücktisches. Die damit erreichbaren Kegelwinkeltoleranzen entsprechen AT5 nach DIN 7178.
Für die Wirtschaftlichkeit der Schleifbearbeitung sind die Bearbeitungszeiten von Bedeutung. Der Einsatz von NC-Maschinen bringt gegenüber konventionell gesteuerten Maschinen eine Zeitersparnis der Hauptzeiten von 10 bis 50% und der Nebenzeiten von 40 bis 90%.
Neben den bisher beschriebenen Merkmalen, welche die Maßgenauigkeit des Werkstücks beeinflussen, sind außerdem technologische Parameter, z.B. Vorschübe, Werk-

stoffe, Schleifscheiben, konstante thermische Bedingungen sowie gleichmäßige Vorbearbeitung und das Aufmaß von Bedeutung.
In folgenden Beispielen der Großserienfertigung wird im wesentlichen auf die fertigungsspezifischen Besonderheiten und die Sonderausrüstungen der Maschinen eingegangen.
In Bild 41 wird das Fertigschleifen der Lagerstellen einer Nockenwelle gezeigt. Das Durchmesseraufmaß beträgt 0,4 mm. Vier Flächen werden gleichzeitig mit einem Scheibensatz von 425 mm Breite und 900 mm Dmr. geschliffen. Die Schleifscheibenumfangsgeschwindigkeit liegt bei 45 m/s. Zwei Meßköpfe dienen der Erfassung der Auf- bzw. Fertigmaße und des Zylindrizitätsfehlers. Dieser wird durch Positionierung der Reitstockpinole ausgeglichen. Ein dritter Meßkopf wird verwendet, um die Lage der Setzstockbacken durchmesserabhängig zu steuern. Die Schleifscheiben werden mit einem Profilabrichtgerät für mehrflächige, rechtwinklige Profile abgerichtet, so daß in einem Arbeitsablauf auch der gestufte Endzapfen am Wellenende bearbeitet werden kann. Zur thermischen Stabilisierung der Maschine wird eine Kühlung des Schmieröls der Schleifspindellagerung vorgenommen. Die Fertigungszeit (Boden- zu Bodenzeit) beträgt 1,6 min; dem entspricht bei einer 80prozentigen Maschinenauslastung eine Produktion von etwa 30 Teilen pro Stunde.

Bild 41. Arbeitsraum einer Maschine zur Bearbeitung der Lagerstellen von Nockenwellen

Als zweites Beispiel aus der Großserienfertigung ist in Bild 42 der Arbeitsplan für das Schleifen vorgefertigter Einstiche an einer Triebwelle dargestellt. Die Umfangsgeschwindigkeit des Schleifscheibensatzes beträgt etwa 60 m/s. Bei der Bearbeitung mit dieser Geschwindigkeit sind bereits besondere Sicherheitsmaßnahmen zum Schutz vor berstenden Schleifscheiben vorzusehen. Eine Besonderheit bei dieser Fertigung ist die Verwendung einer selbsttätigen Werkstücklängsausrichtung. Mit einem Meßfühler wird eine Bezugsfläche des Werkstücks abgetastet und das Werkstück durch Steuerung der Werkstückspindelstockpinole positioniert. Auch bei dieser Fertigung werden die thermischen Fehlereinflüsse durch Kühlung des Schleifspindelöls und des Kühlschmierstoffs gering gehalten.
Als ein weiteres Beispiel der Fertigung großer Serien kann in Bild 43 die Anordnung der Schleifscheiben zum Fertigschleifen einer Automobil-Antriebswelle gesehen werden. Dies geschieht auf einer werkstückspezifischen Außenrundeinstechschleifmaschine mit

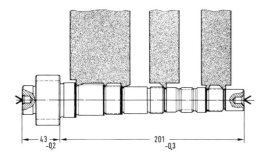

Bild 42. Fertigschleifen der vorbearbeiteten Einstiche einer Triebwelle

zwei Schleifspindelstöcken. Die Scheibensätze haben einen Durchmesser von 900 mm und eine Umfangsgeschwindigkeit von 45 m/s. Die Maschine ist mit Einrichtungen zur Werkstücklängsausrichtung, Zylinderfehlerkompensation und Meßsteuerung ausgerüstet. Auf den Einsatz eines Setzstocks kann in diesem speziellen Fall verzichtet werden, da die Anordnung der Schleifscheiben eine Durchbiegung des Werkstücks verhindert. Bild 44 zeigt die Abrichteinrichtung, die mit einer Diamantrolle arbeitet.

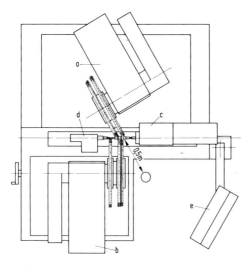

Bild 43. Prinzipdarstellung einer Einstechschleifmaschine mit zwei Schleifspindelstöcken zum Fertigschleifen einer Antriebswelle

a Schleifspindelstock schräg zur Werkstückachse, b Schleifspindelstock parallel zur Werkstückachse, c Werkstückspindelstock, d Reitstock, e Bedienfeld

Bild 44. Diamantrollenabrichtgerät für die Schleifscheibe zum Schrägeinstechschleifen auf der Maschine Bild 43

Eine weitere Variante der Außenrundschleifmaschinen stellt die sog. Kopfschleifmaschine in Bild 45 dar. Sie wird eingesetzt, wenn scheibenförmige Teile zu bearbeiten sind, die meist im Spannfutter oder auf Spanndornen aufgenommen werden. Die Bearbeitung erfolgt häufig im Schrägeinstich; Bild 46 zeigt den Arbeitsplan für das Schleifen einer Getriebebüchse.

[Literatur S. 288] *13.7 Bearbeitung mit Schleifscheiben* 155

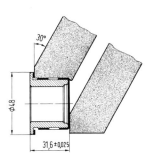

Bild 45. Kopfschleifmaschine für 15° Schrägeinstich

Bild 46. Arbeitsplan für das Fertigschleifen einer Getriebebüchse auf der Maschine Bild 45

Als Beispiel hoher Automatisierung in der Fertigung ist eine Maschine mit Werkstückwechseleinrichtung zu nennen. Die Werkstückwechseleinrichtung besteht aus einzelnen Zuführelementen, die variabel sind und die leichte Umrüstung der Maschine auf andere Werkstücke ermöglichen.
Als weiteres Beispiel der Automatisierung ist in Bild 47 das Prinzip einer Werkstückwechseleinrichtung in Portalbauweise wiedergegeben, wie sie häufig bei Außenrundschleifmaschinen Verwendung findet. Ein Transportwagen, der mit Greifern ausgerüstet ist, pendelt zwischen dem seitlichen Transportband und der Schleifstation hin und her. Auch diese Einrichtung besteht aus verschiedenen Bauelementen, die sich in Abhängigkeit von der Aufgabenstellung und den Möglichkeiten der Werkstückhandhabung kombinieren lassen. Der Anwendungsbereich erstreckt sich auf mittlere bis große Werkstücke, die auf Verkettungseinrichtungen geordnet und lageorientiert zu- und abgeführt werden können. Die Nebenzeit dieser Handhabungseinrichtung liegt bei etwa 0,2 min, dazu zählen die Zeiten zum Werkstückwechsel und -spannen. Bild 48 zeigt die in dieser Weise vorgenommene Verkettung mehrerer Außenrundschleifmaschinen.
Als Beispiel für das Hochgeschwindigkeitsschleifen ist in Bild 49 die Bearbeitung eines Dreiarm-Schweißflansches dargestellt. Unter Verzicht auf eine Werkstückvorbereitung durch Drehen wird das Rohteil in einem Bearbeitungsgang geschliffen. Der Schleifscheibendurchmesser beträgt 750 mm, die Umfangsgeschwindigkeit 60 m/s. Die Bearbeitung erfolgt im Einstich bei 30° Schrägstellung des Schleifspindelstocks. Der Werkstoff wird in mehreren Stufen zerspant. Bei der ersten Schruppbearbeitung wird mit einer Vorschubgeschwindigkeit von 10 mm/min bei einer Zustellung von 8,5 mm geschliffen. Bei dem Aufmaß von 0,2 mm wird auf eine zweite Vorschubgeschwindigkeit von 2,5 mm/min umgeschaltet. Die letzten 0,03 mm Aufmaß werden in einem Schlichtvorgang mit einer Vorschubgeschwindigkeit von 0,25 mm/min abgeschliffen. Der Arbeitsablauf wird über einen Meßkopf gesteuert. Die Schleifscheibe wird mit einer Diamantrolle nach jedem Werkstück in zwei Hüben mit einem Zustellbetrag von je 0,03 mm abgerichtet. Die Abrichtzeit beträgt 0,10 min und läuft während der Werkstückwechselzeit automatisch ab. Damit wird eine Hauptzeit t_h = 0,50 min und eine Gesamtzeit t_g = 0,83 min erreicht.
Das Hochgeschwindigkeitsschleifen kann die Wirtschaftlichkeit erheblich steigern. Die Anwendungsfälle sind jedoch genau zu analysieren, da hinsichtlich der Werkstoffe, der

156   13 Schleifen   [Literatur S. 288]

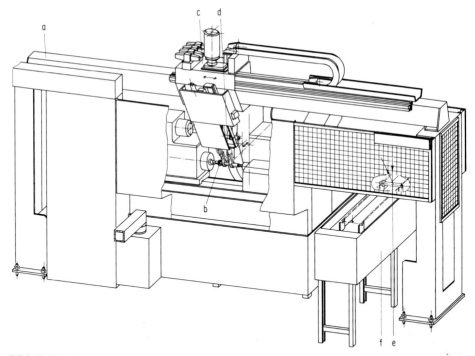

Bild 47. Prinzip einer Werkstückwechseleinrichtung in Portalbauweise
a Portal, b erster Greifer für ungeschliffene Werkstücke, c Transportwagen, d zweiter Greifer für geschliffene Werkstücke, e Übergabestation, f Kettentransport

Bild 48. Verkettete Anlage mit Portalmagazin und Seitentransport

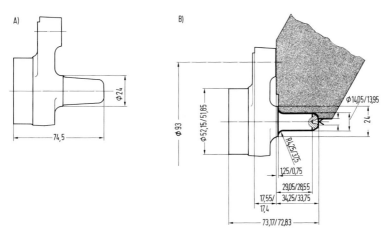

Bild 49. Schleifen eines Dreiarm-Schweißflansches
A) vorbearbeitetes Werkstück, B) Fertigschleifen

Schleifscheibenzusammensetzung, der thermischen Belastungen sowie der Maschinenausführung Bedingungen zu beachten sind, die den wirtschaftlichen Einsatzbereich abgrenzen. Das Außenrundschleifen wird über die gezeigten Beispiele hinaus auch zum Schleifen unrunder Formen eingesetzt. Ein Beispiel hierfür ist die Bearbeitung von Nockenformen für den Motoren- und Einspritzpumpenbau. Die dafür eingesetzten Maschinen arbeiten in der Regel nach einem Nachformsystem, bei dem von einem Meisternockensatz über eine Leitrolle die entsprechende Nockenform abgetastet wird, so daß der Werkstücktisch eine Schwenkbewegung ausführt, die im Zusammenwirken mit der Zustellung der Schleifscheibe zur gewünschten Form führt. Diese Maschinen haben je nach der zu bearbeitenden Serienstückzahl einen teilautomatischen oder automatischen Arbeitsablauf. In der Großserienfertigung werden sie in der Regel für das Vor- und Fertigschleifen in einer Aufspannung eingesetzt und arbeiten mit einer Schleifscheibenumfangsgeschwindigkeit von 60 m/s.

13.7.2 Innenrundschleifmaschinen

Dipl.-Ing. Günter Scholz, Hilden

13.7.2.1 Allgemeines

Unter Innenrundschleifen versteht man die Bearbeitung vorwiegend zylindrischer und kegeliger Bohrungen in meist gehärteten Teilen mit umlaufenden Schleifkörpern zur Erzielung geringer Rauhtiefe und hoher Form- und Maßgenauigkeit. Zwei Arbeitsbewegungen sind notwendig, die Schnittbewegung und die Vorschubbewegung. Die Vorschubbewegung setzt sich aus der Werkstückvorschubbewegung, der Einstechvorschubbewegung und der Längsvorschubbewegung zusammen. Die Schnittbewegung wird von der Schleifscheibe ausgeführt. Der Werkstückvorschub ergibt sich entweder aus einer Drehbewegung des Werkstücks oder einer Planetenbewegung der Schleifspindel. Die Längsvorschubbewegung führt die Schleifscheibe aus, während die Einstechvorschubbewegung bzw. die Zustellung je nach Bauart von der Schleifscheibe oder dem Werkstück erzeugt wird.

13.7.2.2 Bauarten von Innenrundschleifmaschinen

Je nach Lage der Werkstück- und Schleifspindel gibt es Waagerecht- und Senkrecht-Innenrundschleifmaschinen.

Die Grundbauform einer *Waagerecht-Innenrundschleifmaschine* zeigt Bild 50 A. Das auf einem Fundament befestigte Schleifmaschinenbett trägt links auf einer Brücke den zum Kegelschleifen meist drehbaren Werkstückspindelstock mit umlaufender Werkstückspindel und Spannmittel. Auf einem oszillierenden Tisch ist rechts die Schleifspindel mit ihrem Antrieb angeordnet, welche die rotatorische Schnittbewegung sowie die Längs- und Zustellbewegung ausführt.

Senkrecht-Innenrundschleifmaschinen dienen zum Innenschleifen schwerer zylindrischer Werkstücke geringer Breite (Bild 50 B). Durch die senkrechte Spindelanordnung entfallen Biegebelastungen von Schleif- und Werkstückspindel. Ein Maschinenbett trägt den auf waagerechten Führungen verschiebbaren Werkstückschlitten, auf dem der Werkstücktisch als Rundtisch gelagert ist. Der senkrecht oszillierende Schleifspindelstock wird an der Säule geführt und von ihr getragen. Der Werkstückspindelschlitten führt die Zustellung und den Eilhub von Lade- in Schleifstellung aus. Das Kippen des Rundtisches bis 10° bei kleinen und 3° bei großen Tischen ermöglicht das Schleifen schlanker Kegel. Einen Sonderfall bilden Maschinen mit beweglichen Säulen. Solche Säulen besitzen zwei oder drei um 180 oder 120° am Umfang versetzte, senkrechte Führungen zur Aufnahme von Innen-, Plan- und Außenschleifspindelstöcken nach dem Revolverprinzip.

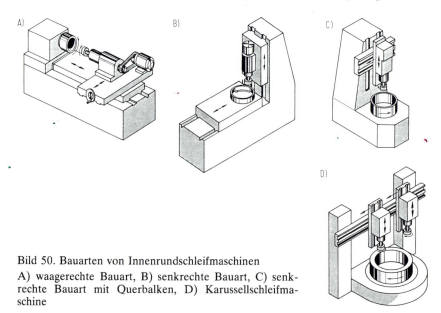

Bild 50. Bauarten von Innenrundschleifmaschinen
A) waagerechte Bauart, B) senkrechte Bauart, C) senkrechte Bauart mit Querbalken, D) Karussellschleifmaschine

Andere Senkrecht-Innenrundschleifmaschinen haben einen Querbalken-Schleifsupport am fest mit dem Bett verbundenen Ständer (Bild 50 C). Dieser Querbalken kann sowohl fest als auch senkrecht verstellbar sein. Er übernimmt die Anstell- und Zustellbewegung in radialer Richtung, so daß hierbei der Werkstückschlitten mit waagerecht verschiebbarem Rundtisch entfällt.

Schwerste Rundtischmaschinen mit zwei Säulen weisen Tischdurchmesser bis über 3,5 m auf; sie werden auch Karussellschleifmaschinen genannt (Bild 50 D). Eine mit waagerechten Führungen versehene Brücke stützt sich links und rechts auf zwei Ständern ab. Auf den Führungsbahnen können Spindelstockeinheiten zum Innen-, Außen- oder Planschleifen angebracht werden. Die Zustellung erfolgt über spielfreie Spindeln und die Führungen des Quersupports. Die Drehung zum Kegelschleifen bis 45° nach links und rechts wird ebenfalls am Schleifspindelstock vorgenommen.

Planeten-Innenrundschleifmaschinen dienen zum Innenschleifen sperriger Werkstücke, die nicht umlaufen können. Sie leiten ihren Namen von der Bewegungsart der Schleifspindel ab (Bild 51 A), die mit ihrer Scheibe auf einer Planetenbahn um die Bohrungsmitte oszillierend an der Bohrungswand entlanggeführt wird. Die Einstellung auf den erforderlichen Durchmesser bzw. die Zustellung erfolgt über exzentrische Spindeln (Bild 51 B) oder schräge Zylinder (Bild 51 C). Das Werkstück ist dabei meist auf einen Kreuzschlitten gespannt, der sehr genau in zwei Koordinatenrichtungen verschiebbar ist. Solche Maschinen werden deshalb auch Koordinatenschleifmaschinen genannt.

Zum Schleifen der Rollbahnen von Kugellagern gibt es Spezialschleifmaschinen, die im Pendelschleifverfahren einstechen (Bild 52 A). Bei der Bearbeitung von Hartmetallen haben sich auch elektrolytische Innenrundschleifmaschinen mit metallgebundenen Diamantscheiben bewährt. Ein besonders in Deutschland noch wenig angewandtes Verfahren ist das spitzenlose Innenschleifen. Das Werkstück läuft dabei zwischen drei Rollen, der Regelrolle, der Stützrolle und der federnd aufgehängten Anpreßrolle. Die Regelrolle treibt das Werkstück und bestimmt dessen Umfangsgeschwindigkeit (Bild 52 B).

In der Wirkung ähnlich ist das Schuhschleifen, dessen Anwendungsgebiet in der Wälzlagerindustrie (Serienfertigung) liegt (Bild 52 C). Die Werkstückspindel trägt eine Magnetspannplatte, auf der kreisförmig Treiber angeordnet sind. Eine einstellbare, verhältnismäßig kleine Magnetkraft bewirkt über die sich drehenden Treiber eine Anlage der Werkstückstirnseite an die Treiber, wodurch ein Drehmoment auf das Werkstück übertragen wird. Die das Werkstück am Umfang stützenden Schuhe werden so eingestellt, daß eine Exzentrizität von mehreren zehntel Millimetern zwischen dem Drehpunkt der Treiber und dem Mittelpunkt des Werkstücks entsteht. Durch das ständig wirkende exzentrische Reibmoment entsteht eine Kraft, die bei richtig eingestellter Lage der Exzentrizität das Werkstück selbstzentrierend zwischen die Schuhe drückt, die als Gleitschuhe oder Rollen ausgebildet sind. Geschliffen wird meist im Gleichlauf. Schuhschleif-

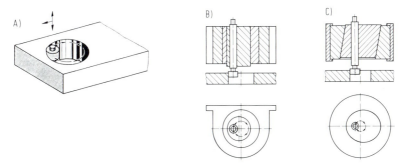

Bild 51. Arbeitsprinzip und Verstelleinrichtungen von Planetenschleifmaschinen
A) Prinzip, B) Verstellung durch Exzenterspindeln, C) Verstellung durch schräge Zylinder

einrichtungen werden für kleine und große Werkstücke bis 600 mm Dmr. gebaut. Bei guter Formgenauigkeit von Laufdurchmesser und Planfläche besitzen durch Schuhschleifen und spitzenloses Innenschleifen bearbeitete Werkstücke einen sehr genauen Rundlauf und hervorragende Wanddickengleichheit.

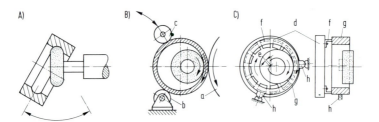

Bild 52. Sonderverfahren des Innenrundschleifens
A) Pendelschleifen, B) spitzenloses Innenrundschleifen, C) Schuhschleifen
a Regelrolle, b Stützrolle, c federnd aufgehängte Anpreßrolle, d Magnetspannplatte, e Exzentrizität, f Treiber, g Werkstück, h Stützschuhe

13.7.2.3 Konstruktiver Aufbau einer Waagerecht-Innenrundschleifmaschine

Der Tisch wird meist auf Gleitführungen oder hydrostatischen Führungen bewegt. Kleinere Maschinen besitzen auch Wälzführungen. Vorteilhaft eingesetzt werden auch kunststoffbeschichtete Flachführungen mit hydrostatischer Seitenführung. Der Tisch mittlerer und großer Maschinen erhält heute seine Querbewegung fast ausschließlich durch hydraulische Zylinder. Für möglichst ruckfreie Tischumsteuerung sorgen hydraulische Umschaltventile bzw. Servoventile. Sie werden von einem Umsteuerhebel durch Tischanschläge gesteuert. Diese verstellbaren Tischanschläge dienen zur Festlegung des Tischhubs in Lage und Größe. Kleine Maschinen besitzen einen mechanischen Längsvorschubantrieb. Das Einrichten wird im allgemeinen mechanisch über Handräder ausgeführt.
Der Werkstückspindelstock befindet sich auf einer am Bett befestigten Brücke. Neben hoher Rund- und Planlaufgenauigkeit der Spindellagerung ist eine ausreichende Steifigkeit notwendig. Obwohl der Entwurf DIN 8631 Rund- und Planlauffehler bis 5 µm zuläßt, liegen diese Fehler bei den meisten der heute gebauten Werkzeugspindeln unter 2 µm, teilweise sogar unter 1 µm. Erreicht wird dies mit Wälzlagerungen (z.B. vorgespannten doppelreihigen Zylinderrollenlagern, Kugellagern oder Kegelrollenlagern) oder hydrostatischen Lagern. Letztere besitzen bessere Dämpfungseigenschaften. Zur Aufnahme von Spannmitteln ist der Spindelflansch mit Kurzkegel nach DIN 55021 ausgeführt. Geometrisch gestufte Drehzahlen werden häufig über Schaltgetriebe erreicht. Der Antrieb wird von einem Drehstrommotor über einen Riementrieb auf die Spindel übertragen. In zunehmendem Maße werden aber auch stufenlos einstellbare Getriebe, frequenzgeregelte Drehstrom- oder Gleichstromantriebe verwendet. Werkstückspindelstöcke zum Kegelschleifen sind bis 30° um eine senkrechte Achse drehbar. Der Winkel wird durch Endmaße (Sinus-Lineal-Prinzip) oder optisch bestimmt.
Der Schleifspindelstock befindet sich auf dem Schleiftisch. Im Schleifspindelhalter werden Spindeln unterschiedlicher Durchmesser gespannt. Wechselbare Riemenscheiben verändern die Drehzahl der Scheibe. Neuerdings werden auch stufenlos verstellbare

13.7 Bearbeitung mit Schleifscheiben

Antriebe verwendet (frequenzgesteuerte Asynchron- oder Gleichstrommotoren). Zum Planflächenschleifen besitzt der Schleifspindelhalter oft eine axiale Führung.

Die meist kugelgelagerten Schleifspindeln haben Fett- oder Ölnebelschmierung. Zur Befestigung der Schleifscheibenaufnahmen besitzen sie Innen- oder Außenkegel mit Rundlauf- und Planlauffehlern von etwa 3 µm. In Sonderfällen wird die Schleifscheibe auch direkt auf die verlängerte Welle gesetzt. Dies ergibt höhere Steifigkeit, besonders wenn diese Welle wegen der unterschiedlichen Elastizitätsmoduln aus Hartmetall statt aus Stahl gefertigt ist.

Zum Schleifen von Hartmetall mit Diamantschleifscheiben sind Steifigkeiten von 100 N/µm an der Scheibe verwirklicht worden. Die Länge der Spindel und ihr Durchmesser richten sich nach der Schleifaufgabe und der notwendigen Drehzahl. Aus Stabilitätsgründen sollte die Spindel so dick und kurz wie möglich sein. Kurze Spindeln sind auch hydrostatisch gelagert.

Die Zustellbewegung im Schleifspindelstock ist bei Maschinen notwendig, bei denen die Werkstücke in Lünetten abgestützt sind. Dabei werden meist hydrostatische Führungen oder vorgespannte Wälzführungen verwendet. Eine Kugelumlaufspindel mit verspannter Mutter überträgt die Zustellbewegung auf den Schlitten, wobei der vorwählbare Zustellbetrag über eine Klinke oder einen Schrittmotor und spielfreie Untersetzung bestimmt wird. Der zeitliche Ablauf wird beim Längsschleifen durch die Tischumkehrpunkte, beim Einstechschleifen über einstellbare Zeitglieder gesteuert.

Eine zerspankraftabhängige Korrektur der Zustellung während des Arbeitsablaufs (z. B. gleiche Passivkraft (Abdrückkraft) beim Schleifen) hat sich nicht durchgesetzt, weil eine fehlerhafte Form erzeugt wird, genausowenig die Zustellung der Schleifscheibe nach vorgegebener Funktion [26].

Fast alle Innenrundschleifmaschinen besitzen heute Geräte, die eine schnelle Anstellung von Schleifscheibe und Werkstück mit Umschaltung auf Schruppzustellung gestatten. Die Schlittenposition wird über Skala oder digitale Anzeige abgelesen. Der Gesamtzustellbereich beträgt bei kleinen Maschinen 30 bis 50 mm, bei mittleren 150 bis 200 mm und bei großen Maschinen 250 mm. Die Zustellfehler liegen bei etwa 2 µm.

Das Abrichtgerät ist meist drehbar auf einer Konsole angeordnet. Diese ist bei Schleifscheibenzustellung am Bett befestigt, bei Werkstückzustellung am Schlitten des Werkstückspindelstocks. Für Planflächen gibt es Einfach- und Doppelplanabrichteinrichtungen. Konvexe und konkave Kreisbogenprofile werden mit Kreisbogenabrichtapparaten erzeugt. Bei Nachformabrichteinrichtungen (häufig als Kopierabrichter bezeichnet) wird ein Einzeldiamant über eine Schablone von einem Taststift gesteuert. Sonderprofile erfordern Spezialabrichteinrichtungen. Für die Serienproduktion geeigneter sind umlaufende Diamantrollen. Der elektrohydraulische Abrichtvorgang ist in den Arbeitsablauf einbezogen. Ein Abrichtanschlag legt die genaue Abrichtstellung des Tisches fest.

Der Kühlschmierstoff soll neben der Ableitung von Wärme und Spänen aus der Schleifzone die Oberfläche verbessern, die Scheibe griffig halten und Korrosion verhindern. Pumpen mit zeitlichen Fördervolumen zwischen 25 und 150 l/min fördern den Kühlschmierstoff über Schläuche und Düsen an die Arbeitsstelle; häufig erfolgt zusätzlich die Zufuhr von Kühlschmierstoff durch die Werkstückspindel. Ventile steuern den Kühlschmierstoff bei Zentralanlagen. Zum Reinigen werden bei der Verwendung von Einzelbehältern mit einem Fassungsvermögen von 100 bis 500 l Filter, Magnetkerzen, Magnetwalzen, Hydrozyklone, Zentrifugen, Papierbandfilter, Druckfilter oder Anschwemmfilter eingesetzt. Zentrifugen und Hydrozyklone erfordern oft zusätzliche Kühlung.

Die Steuerungen von Innenrundschleifmaschinen werden zunehmend als integrierte Schaltkreise ausgeführt und mit Mikroprozessoren ausgestattet. Hohe Betriebssicherheit, einfache Wartung und geringer Platzbedarf sind das Kennzeichen solcher Steuerungen [27].

13.7.2.4 Besonderheiten des Innenrundschleifens

Die meist kleine, stark beanspruchte Schleifscheibe, der große Berührungsbogen und die oft geringe Steifigkeit erfordern beim Innenrundschleifen eine sorgfältige Auswahl von Schleifscheibe und Festlegung der Schleifparameter.

Als Schleifmittel kommen Elektrokorund, Siliziumkarbid, kubisch kristallines Bornitrid und Diamant zur Anwendung. Während Korundscheiben mit keramischer Bindung meist für zähe Werkstoffe (Stahl) verwendet werden, kommt das härtere und sprödere Siliziumkarbid für Werkstoffe geringerer Festigkeit in Betracht (Grauguß, Bronze, Messing) [24]. Für zähharte Werkstoffe (hochvanadiumhaltige Schnellarbeitsstähle) sind wegen der höheren Wärmebeständigkeit bis 1400 °C zunehmend Bornitrid-Scheiben im Einsatz [27, 28, 32]. Sprödharte Werkstoffe (Hartmetalle) werden vorwiegend mit Diamantscheiben bearbeitet [29].

Für gebräuchliche Scheiben geben die Richtlinien AWF 76, die Empfehlungen der Schleifscheibenhersteller und andere Veröffentlichungen Anwendungshinweise [27, 33, 34]. Die neuesten Unfallverhütungsvorschriften der Berufsgenossenschaft sind zu beachten.

Die Schleifparameter [24, 33] umfassen neben der Schleifmaschine, der Schleifscheibe, den Abrichtbedingungen, der Spannung und der Kühlung hauptsächlich folgende Einstellgrößen: die Schleifscheibenumfangsgeschwindigkeit v_s, die Werkstückvorschubgeschwindigkeit v_w, die Längsvorschubgeschwindigkeit v_t, die Zustellung, das Verhältnis von Schleifscheiben- zu Werkstückdurchmesser und die Hublänge.

Richtwerte für die Schleifscheibenumfangsgeschwindigkeit gibt Tabelle 3. Die Umfangsgeschwindigkeit gebräuchlicher Schleifscheiben ist bei v_s = 35 m/s begrenzt. Der Deutsche Schleifscheiben-Ausschuß erteilt bei höheren Geschwindigkeiten nach Prüfung Zulassungen für Schleifscheibe sowie Scheibenschutz [35]. Innenrundschleifmaschinen mit Schleifscheibenumfangsgeschwindigkeiten von 50 m/s (Scheibe mit gelbem Streifen) besitzen oft einen Schutz, der den ganzen Arbeitsraum umfaßt. Hochgeschwindigkeitsschleifen wird beim Innenschleifen aber nicht so häufig angewendet.

Tabelle 3. Richtwerte für Schleifscheibenumfangsgeschwindigkeit v_s in m/s beim Innenrundschleifen

Stahl	Grauguß	Hartmetall (Schleifen mit Diamantschleifscheiben)	Kunststoff	Aluminium
25 bis 35	20 bis 40	10 bis 20	15 bis 20	20

Tabelle 4 gibt Richtwerte für die Werkstückgeschwindigkeit. Höhere Schnittgeschwindigkeit erfordert höhere Werkstückumfangsgeschwindigkeit; bei v_s = 60 m/s gilt etwa v_w = 60 m/min.

Die Längsvorschubgeschwindigkeit v_t liegt bei mittelgroßen Maschinen zwischen 0,5 und 6 m/min beim Schruppen und zwischen 0,25 und 3 m/min beim Schlichten. Richtwerte

[Literatur S. 288] *13.7 Bearbeitung mit Schleifscheiben*

für den Längsvorschub des Tisches je Werkstückumdrehung sind in Bruchteilen der Scheibenbreite b_s in Tabelle 5 angegeben. Der Kehrwert dieses Bruches ist die Überschliffzahl $Ü = \frac{b_s}{s}$. Um die Nebenzeiten zu senken, haben die Tische Eilganggeschwindigkeiten von 8 bis 30 m/min.

Tabelle 4. Richtwerte für die Werkstückgeschwindigkeit v_w in m/min beim Innenrundschleifen

Stahl, hart	Stahl, weich	Grauguß	Aluminium
20 bis 25	18 bis 20	20 bis 24	28 bis 40

Tabelle 5. Längsvorschub (seitlicher Vorschub) s_t beim Innenrundschleifen in Bruchteilen der Schleifscheibenbreite

	Schruppen	Schlichten
Stahl	0,5 bis 0,75	0,2 bis 0,25
Grauguß	0,66 bis 0,75	0,25 bis 0,33

Die Zustellung je Doppelhub soll beim Schruppen 10 bis 30 μm und beim Schlichten 2,5 bis 5 μm nicht überschreiten.
Zur Erhöhung der Leistungsfähigkeit wird der Schleifscheibendurchmesser bei kleinen Bohrungen so groß wie möglich gewählt. Das Verhältnis d_s/d_w sollte aber 0,85 nicht überschreiten, weil sonst die Rauheit steigt. Größere Werkstücke werden mit Schleifscheiben geschliffen, deren Durchmesserverhältnis $d_s/d_w = 0,66$ bis 0,75 ist.
Der Tischhub ist so zu bemessen, daß der Überlauf etwa einem Drittel der Schleifscheibenbreite entspricht.
Das Abrichten geschieht mit Einzeldiamanten oder Vielkornwerkzeugen, z. B. Diamantigel, -fliesen oder -rollen. Einzeldiamanten sollen „ziehend" arbeiten. Sie sind deshalb meist in Drehrichtung 3 bis 10° nach unten und 10 bis 15° von der Vorschubrichtung nach hinten gestellt [30].
Die beim Abrichten entstehende Wirkrauhtiefe der Scheibe hängt von der Abrichtzustellung und besonders vom Längsvorschub ab. Letzterer soll beim Schruppen höchstens 0,1 mm und beim Schlichten höchstens 0,05 mm pro Schleifscheibenumdrehung sein.
Bild 53 zeigt in doppeltlogarithmischer Darstellung die Abhängigkeit der Abrichtvorschubgeschwindigkeit in Längsrichtung vom Schleifscheibendurchmesser.
Die Abrichtzustellung beträgt pro Doppelhub beim Schruppen 20 bis 40 μm und beim Schlichten 5 bis 10 μm. Bis 100 mm Scheibendurchmesser sind Diamanten von 0,1 bis 0,25 Karat und darüber von 0,25 bis 0,5 Karat im Gebrauch. Für stabile Aufnahme und Kühlung ist zu sorgen.
Diamantrollen laufen oft im Gleichlauf und haben einen stufenlosen Antrieb. Beim kurzzeitigen radialen Zustellen der umlaufenden Rolle (10 bis 30 μm) überträgt diese sehr genau ihr Profil auf die Schleifscheibe. Die entstehende Wirkrauhtiefe hängt von der Ausführung der Rolle, ihrer Drehzahl, ihrer Zustellung und besonders der Anzahl der Ausrollumdrehungen ohne Zustellung ab [31].
Mit Einzeldiamanten abgerichtete Schleifscheiben erzeugen Oberflächenwerte von R_a = 0,25 bis 0,6 μm. Mit besonderem Aufwand (kleinere Einstellwerte und Unwuchtam-

plituden unter 0,2 µm) sind Werte von R_a = 0,1 bis 0,2 µm und Welligkeiten von 0,2 bis 0,4 µm zu erreichen. Mit Diamantrollen abgerichtete Schleifscheiben erzeugen beim

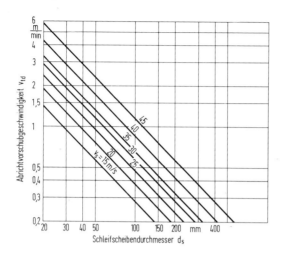

Bild 53. Abhängigkeit der Abrichtvorschubgeschwindigkeit v_{td} vom Schleifscheibendurchmesser d_s und von der Schnittgeschwindigkeit v_s; Abrichtvorschub s_{td} = 0,1 mm

Einstechschleifen arithmetische Mittenrauhwerte R_a = 0,4 µm:
Die Maßhaltigkeit bei Serienfertigung auf Automaten kann je nach Werkstückform und Maschinensteifigkeit ohne direkte Meßsteuerung ISO Qualität 7 betragen.
Kreisformfehler sind häufig durch Vorbearbeitung oder Verspannung bedingt. Sie liegen in der Größenordnung von 1 bis 2 µm.
Brandflecken und Risse sind Folgen thermischer Einflüsse. Veränderte Schleifbedingungen oder bessere Wärmeabfuhr verhindern sie. Rattermarken entstehen durch fremd- oder selbsterregte Schwingungen beim Schleifen. Erstere lassen sich durch die Verwendung genau ausgewuchteter umlaufender Teile einschränken. Selbsterregte Schwingungen sind durch steifere Maschinen, Dämpfungsmassen, Drehzahländerung, gröberes Abrichten oder gröbere Scheiben zu reduzieren.
Das Messen geschieht in der Einzelfertigung von Hand, bei hochgenauer Serienfertigung oft mit elektronischen Meßsteuerungen. Über Meßtaster und induktive Wegaufnehmer wird das Werkstück während der Bearbeitung vermessen. Man unterscheidet die Zweipunkt- und Einpunktmessung. Erstere erfaßt mit zwei Tastern das Durchmesseraufmaß, letztere das Radius- oder Planflächenaufmaß. Bei Erreichen vorgewählter Aufmaße gibt die Meßsteuerung Kommandos an die Maschinensteuerung, die z.B. zum Umschalten von Schruppen auf Schlichten dienen oder bei Erreichen des Sollmaßes den Schleifprozeß beenden. Der Meßbereich umfaßt 0,5 mm, die Meßunsicherheit beträgt maschinenabhängig 0,1 bis 1 µm [25]. An handbedienten Maschinen werden häufig einfache Meßsteuerungen eingesetzt, die nur die Anzeige des Aufmaßes gestatten. Meist sind die Meßköpfe am Tisch, seltener in der Werkstückspindel angeordnet. Abtastende und berührungslose pneumatische Meßgeräte haben einen Meßbereich von 0,1 mm und eine Meßunsicherheit von ± 1 µm. Sie arbeiten träger als elektronische.

Der Arbeitsbereich einer Waagerecht-Innenrundschleifmaschine wird durch den Schleifdurchmesser und die Schleiftiefe gekennzeichnet. Kleine Bohrungsschleifmaschinen beginnen bei wenigen Millimetern Durchmesser und Tiefe. Große Innenrundschleifmaschinen schleifen maximal Bohrungen und Schleiftiefen von 1200 mm und mehr. Die Tragfähigkeit mittlerer Innenrundschleifmaschinen bei einseitiger Einspannung beträgt 800 kg. Große Maschinen sind für Gewichtsbelastungen von 2000 kg und mehr ausgelegt. Zweiständer-Karussellschleifmaschinen gestatten die Aufnahme von Werkstücken mit einem maximalen Durchmesser von 5 m und Gewichten von 25000 kg. Die Antriebsleistung des Schleifmotors liegt bei Maschinen mittlerer Größe bei 7,5 bis 15 kW; große Maschinen haben 22 und Karussellschleifmaschinen bis 30 kW.
Beim Längsschleifen sind die Abrichtpositionen und -beträge sowie die Zustellungsdaten häufig wegabhängig über Dekadenschalter wählbar. Die Abrichtposition ist zugleich Ausgangsposition der Schleifscheibe. Das Erreichen des Nullmaßes bedeutet Fertigmaß. Durch Veränderung des Dekadenschalters der Ausgangsposition wird in Längsrichtung der Bohrungsdurchmesser korrigiert. Schnelles Einrichten ist möglich. Einen normalen Zyklus zeigt Bild 54 A, die schrittmotorgesteuerte Zustellbewegung der Scheibe Bild 54 B. Bei gedrehtem Werkstückspindelstock werden Kegel geschliffen.

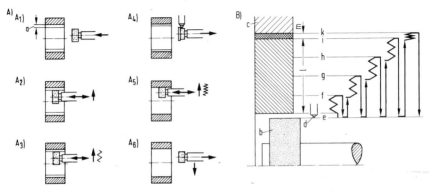

Bild 54. Innenrundschleifen
A) vereinfachter Zyklus (A_1) Einfahren in die Bohrung (a Aufmaß), A_2) Eilgang bis zur Werkstückberührung, A_3) Schruppschleifen, A_4) Abrichten, A_5) Schlichtschleifen und Ausfeuern, A_6) Rücklauf und Ausfahren aus der Bohrung), B) Schleifzyklus mit viermaligem Abrichten
b Schleifscheibe, c Werkstück, d Abrichtdiamant, e Ausgangsposition, f bis i Abrichtpositionen, k Null-Position (Ausfeuern, Fertigmaß), l Schruppaufmaß, m Schlichtaufmaß

Beim Einstechschleifen wird der Schleiftisch hydraulisch gegen einen Anschlag gedrückt. Revolveranschläge ermöglichen bis acht axiale Tischpositionen. Vorwählbare Potentiometer regeln die Einstechvorschubgeschwindigkeit. Das Abrichten geschieht wie beschrieben. Profilschleifscheiben erfordern einen Tischabrichtanschlag für den Kreisbogen, Nachform- oder Rollenabrichter und eine radiale Schnellquerverstellung der Schleifscheibe.
Für das automatische Schleifen von zwei unterschiedlichen Bohrungen gibt es Doppelprogramme, z. B. Oszillieren kombiniert mit Einstechen.
Das Schleifen von Stirnflächen kann im Stirnschliff mit Topfschleifscheibe oder im Umfangsschliff mit Zylinderschleifscheibe erfolgen. Kreuzschliff wird meist mit besonderen Planschleifeinrichtungen, die auf dem Werkstückspindelstock angeordnet sind,

erzeugt. Ein Schwenkarm trägt die Planschleifspindel mit Antrieb. Er ist radial einschwenkbar und axial verstellbar an einer meist hydraulisch gelagerten Pinole angeordnet (Bild 55 A). Der Vorschub erfolgt von Hand, über Klinke oder Schrittmotor. Eine hydraulische Axialbewegung gestattet das Eintauchen zum Schleifen innenliegender Planflächen. Ähnliche Einrichtungen gibt es für Umfangsschliff (Bild 55 B). Manche Hersteller bauen wegen der begrenzten Werkstücklänge Einrichtungen dieser Art rückseitig auf Kreuzschlitten an die Maschine.

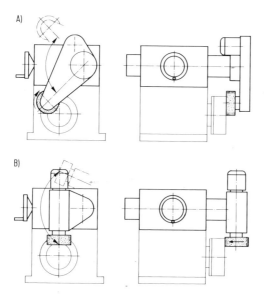

Bild 55. Planschleifeinrichtungen am Werkstück-Spindelstock
A) mit Topfschleifscheibe,
B) mit Zylinderschleifscheibe

Häufig werden Planflächen auch mit Topfschleifscheiben auf kurzen Innenschleifspindeln geschliffen. Dazu wird der Schleiftisch gegen einen Festanschlag angestellt. Der Vorschub erfolgt axial über den Schleifspindelhalter.

Die Kurzhubeinrichtung dient der Erzeugung besserer Oberflächen. Dabei wird einer einstechenden Schleifscheibe eine kleine Oszillationsbewegung überlagert. Wälzlagerschleifmaschinen besitzen mechanische Oszillatoren für hohe Hubfrequenz (400 bis 800 Doppelhübe pro Minute). Hubgröße, -geschwindigkeit und -lage sind meist stufenlos einstellbar.

Eine Tischhaltezeit ist beim Längsschleifen von Grundbohrungen notwendig. Dabei wird die Vorschubbewegung der Schleifscheibe im Umsteuerpunkt der Grundbohrung eine gewisse einstellbare Zeit angehalten, wodurch die Abweichungen von der Zylinderform verringert werden.

13.7.2.5 Bearbeitungsmöglichkeiten mit Zusatzeinrichtungen

Ein querverstellbarer Schlitten für den Werkstückspindelstock (Bild 56) ist bei großen Durchmesserdifferenzen oder zusätzlichem Außenschleifen in einer Aufspannung erforderlich. Der klemmbare Schlitten mit der Werkstückspindel wird mit einer Handkurbel oder einem Elektromotor bewegt. Zur genauen Einstellung dienen Endmaß oder digitale Anzeigen. Außerdem gestattet das Drehen des Werkstückspindelstocks bis 30° das Kegelschleifen.

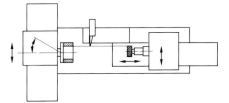

Bild 56. Waagerecht-Innenschleifmaschine mit Werkstück-Querverstellung

Maschinen der eben beschriebenen Art mit einer Werkstückspindelstock-Drehung von 90° werden als Universalmaschinen bezeichnet. Neben steileren Kegeln ist der Umfangschliff von Planflächen mit der Innenschleifspindel möglich.

Auf Langschleifmaschinen mit axial verschiebbarem Werkstückspindelstock (Bild 57) lassen sich große Spindeln bearbeiten. Ein auf der bis 2,5 m langen Brücke um 10 bis 15° nach hinten schwenkbarer Tisch trägt den Werkstückspindelstock. Eine Lünette stützt die Spindel vorn ab. Zylindrische und konische Bohrungen sowie Planflächen können geschliffen werden. Bei fehlender Lünette und nach rechts verschobenem Werkstückspindelstock sind auch kurze Werkstücke einseitig eingespannt schleifbar.

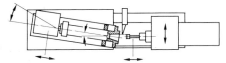

Bild 57. Waagerecht-Innenschleifmaschine für lange Werkstücke

Eine als Zusatzgerät mögliche Nutenschleifeinrichtung ist auf dem rechten Ende der Verlängerungsbrücke montiert und gestattet das Schleifen von stirnseitigen Quernuten im Flansch bei Stillstand der Werkstückspindel. Eine Teileinrichtung erlaubt das genaue Teilen um 90 bzw. 180°, so daß Nutenflanken auf Umschlag schleifbar sind. Für das Schleifen von Längsnuten werden Winkelschleifköpfe benutzt, die statt der Innenschleifspindel im Spindelhalter aufgenommen werden.

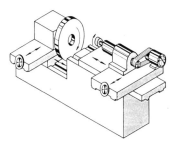

Bild 58. Waagerecht-Innenschleifmaschine mit gestuftem Bett

Für kurze Werkstücke (Schleiftiefe 400 bis 500 mm) mit großem Schwingdurchmesser (bis 1800 mm) werden neben Senkrecht-Innenrundschleifmaschinen auch Waagerecht-Innenrundschleifmaschinen mit gestuftem Maschinenbett verwendet (Bild 58). Ein Kreuzschlitten unter dem Werkstückspindelstock erlaubt neben großer Querverstellung auch eine Längsverstellung. Eine Schwenkbarkeit von 30° (in Sonderfällen 90°) gestattet Kegelschleifen und Planschleifen im Umfangschliff.

Bohrungen mit ungeraden Mantellinien, z.B. in Ziehringen, werden mit Nachformschleifeinrichtungen (Bild 59) bearbeitet. Der Schleifspindelstock liegt über eine Rolle gegen eine Schablone an. Diese steuert die radiale Lage der Schleifscheibe in Abhängigkeit von der stark herabgesetzten Tischbewegung. Das Scheibenprofil erzeugt ein Nachformabrichter. Der Hub (etwa 40 mm) und der Profilsteigungswinkel (max. 20°) sind begrenzt.

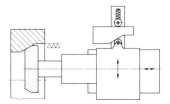

Bild 59. Prinzip des Nachformschleifens

Das Einstechschleifen von Bohrkronen-Laufbahnprofilen mit einem Scheibensatz zeigt Bild 60. Hierzu gibt es in den Schleifzyklus einbezogene, automatische Sonderabrichteinrichtungen. Zum Einstellen der Diamanten dienen Lehren.

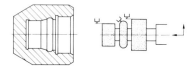

Bild 60. Einstechschleifen von Bohrkronen-Laufbahnen

Kugelinnenprofile werden durch Einstechschleifen mit einem Winkelschleifkopf (Bild 61) erzeugt. Bei Beginn des Schleifvorgangs besteht zwischen der Schleifscheibenkante und der Hohlkugel eine Linienberührung, die mit zunehmendem Kantenverschleiß an der Schleifscheibe in eine Flächenberührung übergeht. Mit dem Ausbilden dieser Kontaktfläche sind hoher Leistungsbedarf, große Wärmeentwicklung und Profilabweichungen verbunden, die durch ständiges Abrichten der Schleifscheibe auf ein Mindestmaß herabgesetzt werden können. Hohe Formgenauigkeit, großer Schleifscheibenverbrauch und Kühlschmierstoffbedarf kennzeichnen das Verfahren.

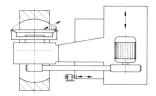

Bild 61. Schleifen von Kugelinnenprofilen

Zur wirtschaftlichen Serienfertigung dienen Automaten mit kurzen Haupt- und Nebenzeiten. Zur Senkung der Nebenzeiten werden direkte Meßsteuerung und automatische Werkstückspann-, Zu-, und Abführeinrichtungen benutzt. Außerdem wird damit die Ausschußquote verringert.

13.7.3 Spitzenlose Außenrundschleifmaschinen
Ing. H. Strate, Berlin

13.7.3.1 Allgemeines

Das spitzenlose Außenrundschleifen unterscheidet sich von den übrigen Rundschleifverfahren dadurch, daß das zu bearbeitende Werkstück nicht in der Maschine oder einer Einrichtung kraftschlüssig eingespannt ist, sondern lose auf einer harten Auflage aufliegt. Schleifscheibe und Regelscheibe sind fast immer horizontal auf einer Ebene zu beiden Seiten des Werkstücks angeordnet und bestimmen zusammen mit der Werkstückauflage durch Berührungskontakt die Werkstückposition innerhalb der Maschine. Die Werkstückachse liegt über der Verbindungslinie zwischen Schleif- und Regelscheibenachse (Bild 62). Die Höhenlage beeinträchtigt die Rundheit des zu schleifenden Werkstücks. Ihr günstigster Wert hängt vom Durchmesser der Schleifscheibe, der Regelscheibe und des Werkstücks sowie vom Auflagewinkel β der Werkstückauflage ab und wird für das Einstechschleifen nach Untersuchungen von *Reeka* [36] mit Stabilitätskarten zur Auswahl von γ in Abhängigkeit von β und Nomogramm (Bild 63) bzw. nach der Gleichung

$$h = \frac{\gamma \cdot \pi}{2 \cdot 180} \cdot \frac{(d_r + d_w) \cdot (d_s + d_w)}{d_r + d_s + 2 d_w} \tag{22}$$

bestimmt. Für das Durchgangschleifen wurden von *Meis* [37] Stabilitätskarten entwickelt, die abhängig vom Tangentenwinkel der Schleifscheiben und Regelscheiben für die entsprechenden Auflagewinkel die Möglichkeit der Ermittlung der Höheneinstellung zulassen.

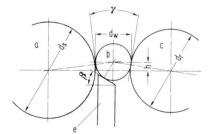

Bild 62. Prinzip des spitzenlosen Außenrundschleifens

a Schleifscheibe, b Werkstück, c Regelscheibe, d_r Regelscheibendurchmesser, d_s Schleifscheibendurchmesser, d_w Werkstückdurchmesser, e Werkstückauflage, h Höhenlage des Werkstücks, β Auflagewinkel, γ Tangentenwinkel

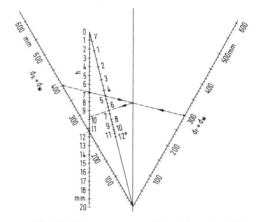

Bild 63. Nomogramm zur Ermittlung der Höhenlage h des Werkstücks

Werkstückauflage und Regelscheibe stützen das Werkstück und nehmen die auftretenden Zerspankräfte auf. Beide versuchen außerdem das Werkstück gegen die antreibende Wirkung der Schleifscheibe abzubremsen. Der Regelscheibenwerkstoff besitzt einen hohen Reibungskoeffizienten, so daß die Umfangsgeschwindigkeit der Regelscheibe etwa gleich der des Werkstücks ist. Zwischen Schleifscheibe und Werkstück entsteht somit eine Relativgeschwindigkeit, die den Trennvorgang am Werkstück ermöglicht. Die Umfangsgeschwindigkeit der Schleifscheibe beträgt je nach Arbeitsaufgabe 35 bis 60 m/s. Versuche mit 90 m/s wurden in Laboratorien durchgeführt. Durch die Steuerung der Regelscheibendrehzahl wird neben der Werkstückumfangsgeschwindigkeit auch die Überschliffzahl am Werkstück verändert.

Das spitzenlose Schleifen ermöglicht gegenüber anderen Rundschleifverfahren eine höhere Fertigungsgenauigkeit. Beim spitzenlosen Außenrundschleifen entspricht die Durchmesserabnahme, abgesehen von elastischen Verformungen, dem Betrag der Zustellung. Dagegen ist die Durchmesserabnahme beim Schleifen zwischen Spitzen oder im Futter gleich der zweifachen Zustellung. Bei gleichen Voraussetzungen für beide Schleifmaschinen ergibt sich für das spitzenlose Schleifen demnach die doppelte Genauigkeit.

Beim spitzenlosen Rundschleifen wird zwischen Durchgangsschleifen und Einstechschleifen unterschieden (Bild 64). Beim Durchgangsschleifen werden Werkstücke mit konstantem Durchmesser in die Maschine von Hand oder automatisch eingebracht und durch die Neigung der Regelscheibenachse an der Schleifscheibe entlanggeführt. Die Längsvorschubgeschwindigkeit v_t ergibt sich aus der Regelscheibendrehzahl n_r, dem Neigungswinkel der Regelscheibenachse α_r und dem Regelscheibendurchmesser d_r aus der Gleichung

$$v_t = d_r \cdot \pi \cdot n_r \cdot \sin \alpha_r. \tag{23}$$

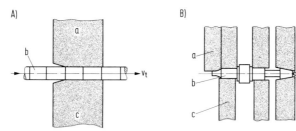

Bild 64. Verfahren beim spitzenlosen Außenrundschleifen
A) Durchgangschleifen, B) Einstechschleifen
a Schleifscheibe, b Werkstück, c Regelscheibe, d Axialanschlag, v_t Längsvorschubgeschwindigkeit

Bild 65. Anwendungsbeispiele für das spitzenlose Außenrund-Durchgangsschleifen
A) Rotorachse, 6 mm Dmr.,
B) Schaltstange, 14 mm Dmr.

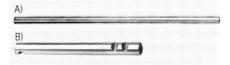

Anwendungsbeispiele für das Durchgangschleifen aus der Wälzlagerindustrie sind Kugellager-Außenringe, Nadellager-Außen- und Innenringe sowie Wälzkörper, aus der Halbzeug- und Kleineisenindustrie Wellen, Achsen und Stangen (Bild 65), Stifte und Schrauben. Aus der Automobilindustrie seien Ventilführungen, Stoßdämpferstangen, Bremskolben, Buchsen, Düsennadeln und Ventilsitzringe genannt und aus der Werkzeugindustrie Bohrer, Läppdorne für Düsenkörper und Bohrbuchsen.

Beim Einstechschleifen wird die Regelscheibenachse nur um maximal 0,5° geneigt, um das zu schleifende Werkstück axial definiert zu positionieren. Ein Anschlag dient für das Werkstück als Lagebegrenzung. Das Einstechschleifen wird angewandt, wenn entweder das zu schleifende Werkstück Absätze, Bunde oder Vorsprünge aufweist oder Zylinder unterschiedlichen Durchmessers, Schrägen, Kreisbögen oder Kurven gleichzeitig in einem Arbeitsgang geschliffen werden sollen. Anwendungsbeispiele für das Einstechschleifen zeigt Bild 66.

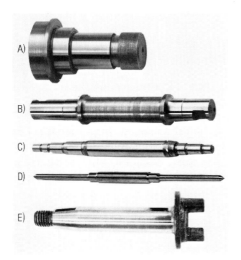

Bild 66. Anwendungsbeispiele für das spitzenlose Außenrund-Einstechschleifen
A) Rollenbolzen, B) Antriebsachse, C) Verteilerwelle, D) Düsennadel, E) Pumpenwelle

13.7.3.2 Bauarten spitzenloser Rundschleifmaschinen

Zwei unterschiedliche Bauarten sind bekannt. Bei der einen ist der Schleifspindelstock fest auf dem Maschinenbett verschraubt; Regelspindelstock und Werkstückauflagehalterung sind auf einem Schlitten angeordnet, der die Zustellbewegung ausführt (Bild 67 A). Bei der anderen Bauart sind Schleif- und Regelspindelstock auf je einem Schlitten angeordnet. Die Schleifzustellung erfolgt durch den Schlitten mit dem Schleifspindelstock. Die Werkstückauflagehalterung ist stationär im Maschinenbett angeordnet und nur in der Höhe verstellbar (Bild 67 B). Maschinen der ersten Bauart eignen sich für

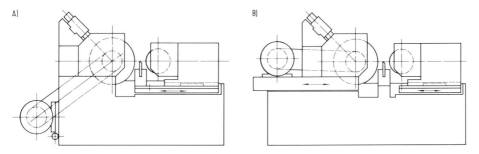

Bild 67. Bauarten von spitzenlosen Außenrundschleifmaschinen
A) mit festem Schleifspindelstock, B) mit Schlitten für den Schleifspindelstock und den Regelscheibenspindelstock

leichte Werkstücke, leichte Beschickungseinrichtungen und für das Durchgangsschleifen bei leichten Zuführeinrichtungen. Mit Maschinen der zweiten Bauart werden vor allem schwere Werkstücke geschliffen, die zur Beschickung schwere stationäre Einrichtungen, z. B. Portalgreifereinrichtungen, Verkettungsbänder, Taktbänder, Stangen- oder Walzenführungen, benötigen. Zum schnellen Abführen des Werkstücks durch die Relativbewegung zwischen Werkstückauflage und Regelscheibe dient ein Transportband im Maschinenbett.

13.7.3.3 Maschinenaufbau

Die wesentlichen Baugruppen einer spitzenlosen Rundschleifmaschine zeigt Bild 68. Durch baugruppenorientierte Maschinenkonzepte für den mechanischen Aufbau und die Steuerung lassen sich die Ausführung und Ausstattung der Maschine vom Hersteller den Bearbeitungsaufgaben anpassen. In diesem Zusammenhang können als Alternativbaugruppen einseitig oder doppelseitig gelagerte Schleif- und Regelscheibenspindel, Abrichteinrichtung mit rechtwinklig oder schräg zur Schleifspindelachse angeordneter Pinole, Abrichteinrichtung zum Abrichten mit Diamant oder angetriebener Diamantrolle, Abrichteinrichtung mit automatischer Pinolenzustellung, Feinzustellung oder Einstechschleifeinrichtung mit integrierter Feinzustellung und eine Einrichtung zum automatischen Kompensieren des Abrichtbetrags an der Schleifscheibe durch die Feinzustellung genannt werden.

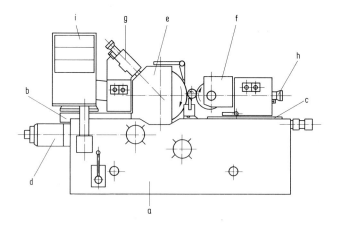

Bild 68. Baugruppen einer spitzenlosen Außenrundschleifmaschine
a Maschinenbett, b Schlitten für Schleifspindelstock, c Schlitten für Regelscheibenspindelstock, d Zustelleinrichtung, e Schleifspindelstock, f Regelscheibenspindelstock, g Abrichteinrichtung für Schleifscheibe, h Abrichteinrichtung für Regelscheibe, i Steuerung

Bei der Steuerung wird die Variationsmöglichkeit durch Block- oder Modulbauweise realisiert. Wird eine automatische Be- und Entladung vorgesehen, ist es vorteilhaft, frei programmierbare Steuerungen einzusetzen. Spitzenlose Außenrundschleifmaschinen können somit durch Austausch oder Vervollständigung von mechanischen und elektrischen Baugruppen bis zur automatisch arbeitenden Maschine erweitert werden. Die Einordnung in eine Bearbeitungslinie ist dadurch problemlos möglich.

13.7.3.4 Werkzeuge, Regelscheibe, Werkstückauflage und Abrichteinrichtung

Am Bearbeitungsergebnis direkt beteiligt sind die Schleifscheibe, Regelscheibe und Werkstückauflage. Zur Anwendung kommen Schleifscheiben aus Normal-, Halbedel- oder Edelkorund und Siliziumkarbid in Keramik-, Bakelit- oder Gummibindung. Diamantschleifscheiben oder Schleifscheiben aus kubisch kristallinem Bornitrid sind ebenfalls im Einsatz.

Die Regelscheibe besteht aus gummigebundenem Normalkorundkorn. In Sonderfällen werden gummibandagierte Stahlregelscheiben oder gehärtete Regelscheiben verwendet.

Die Werkstückauflage besteht aus gehärtetem oder mit Hartmetall bestücktem Stahl, gelegentlich auch aus Perlitguß oder Bronze. Die Nachformschablonen und der Nachformfinger zum Abrichten der Schleif- und Regelscheibe müssen gehärtet (62 bis 64 HRC) und an ihrer Kontaktfläche poliert bzw. geläppt sein, da der Finger kraftschlüssig an der Schablone anliegt und an ihr entlanggleitet. Die Nachformschablonen müssen so gestaltet sein, daß keinerlei Verformung durch ihre Festklemmung auftritt.

Die Abrichtwerkzeuge für die Profilierung der Schleif- und Regelscheibe sind Einkorndiamanten, Diamantfliese, Diamantigel oder auch Diamantrollen. Die Genauigkeit des Abrichtprozesses bestimmt die Formgenauigkeit des zu schleifenden Werkstücks. Aus diesem Grund ist eine gleichförmige Bewegung in den Nachformrichtungen unbedingt erforderlich.

13.7.3.5 Arbeitsbereich und Arbeitsgenauigkeit

Als minimalen Werkstückdurchmesser kann man 0,5 mm annehmen. Die größten bisher geschliffenen Werkstücke hatten einen Durchmesser von etwa 400 mm. Dies sind jedoch Extremfälle. Etwa 80% aller zu schleifenden Werkstücke haben einen Durchmesser im Bereich von 5 bis 60 mm. Ein Kriterium für das spitzenlose Außenrundschleifen sind die Reibungsverhältnisse zwischen Werkstück und Regelscheibe sowie zwischen Werkstück und Werkstückauflage. Die Reibkraft zwischen Werkstück und Regelscheibe muß stets größer als die Reibkraft zwischen Werkstück und Werkstückauflage sein. Ist dies vor dem Kontakt der Schleifscheibe mit dem Werkstück nicht der Fall, so würde dieses durch die Regelscheibe nicht in Drehung versetzt werden. Dabei besteht die Gefahr der Werkstückbeschädigung durch Schleifscheibenanschliffe. Durch hydrostatische bzw. pneumatische Werkstückauflagen können die Reibungsverhältnisse verbessert werden (Bild 69). Die beim Schleifen erzielbaren Maß- und Formgenauigkeiten sind abhängig von der Steifigkeit der Spindellagerungen, der Stabilität des Schleifschlittens und der Schlittenführungen, der Zustellgenauigkeit, der Stabilität der Werkstückauflage und der Werkstückauflagehalterung, der Rundlaufgenauigkeit und der Konstanz der Winkelgeschwindigkeit der Regelscheibe, der Zusammensetzung der Schleif- und Regelscheibe, der Genauigkeit der Schablonen und der Werkstückauflage, dem Abrichtwerkzeug und dem Kühlschmierstoffsystem. Speziell beim Einstechschleifen sind die Wiederholgenauigkeit der Einstech-Endposition sowie die Optimierung der Arbeitsfolge, unterteilt nach Grob-, Fein- und Feinstbearbeitung und Ausfunken, von Bedeutung.

Bei optimaler Maschineneinstellung und Werkzeugauswahl lassen sich folgende Genauigkeiten erreichen:

Durchmessertoleranz 2 µm; hierbei ist eine Zustellungenauigkeit von 0,5 µm und eine maximale Streuung der Einstech-Endlagenposition von 0,5 µm erforderlich, Rundheitsabweichung 0,3 µm, arithmetischer Mittenrauhwert $R_a = 0,1$ bis 0,15 µm; hierbei ist jedoch eine besonders feine Kühlschmierstofffilterung (z.B. durch Papierband), eine

Feinschleifscheibe sowie das Oszillieren der Schleifscheibe erforderlich; die Oszillierung verbessert den arithmetrischen Mittenrauhwert auf $R_a = 0{,}05$ bis $0{,}1$ µm. Die Zylindrizitätsfehler betragen etwa 0,5 µm.

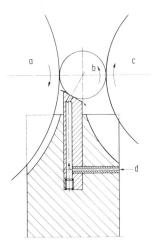

Bild 69. Werkstückauflage mit Druckunterstützung
a Schleifscheibe, b Werkstück, c Regelscheibe, d Druckmedium

Alle gehärteten oder ungehärteten Metalle sowie Hartgummi, Glas, Silizium und Kunststoff können geschliffen werden. Jedoch ist zu beachten, daß Art und Zusammensetzung der Schleifscheibe, der Kühlschmierstoff und der Werkstoff der Werkstückauflage dem jeweiligen Werkstoff des Werkstücks angepaßt sein müssen.
Normalerweise sind die zu schleifenden Werkstücke vorgedreht mit einem Aufmaß von etwa 0,1 bis 0,3 mm, bezogen auf den Werkstückdurchmesser. Immer häufiger werden jedoch gegossene oder geschmiedete Rohlinge, gezogener oder gewalzter Werkstoff mit einem Aufmaß bis zu 5 mm bearbeitet. Bei normalen Bedingungen beträgt das bezogene Zeitspanungsvolumen $Z' = 1$ bis 3 mm^3/mm · s. In speziellen Fällen wurde in der Produktion ein maximaler Wert von $Z' = 12$ mm^3/mm · s erreicht.
Grundsätzlich ist jedes Profil zu schleifen, sofern die Schleifscheibe mit dem entsprechenden Profil abgerichtet werden kann; ausgenommen, wenn mehr als eine Stirnfläche rechtwinklig zur Rotationsachse gegenläufig bearbeitet werden soll.
Das Abrichten der Schleifscheibe ist nach beiden Richtungen entlang der Rotationsachse möglich, sofern der maximale Winkel von 45° zur Waagerechten nicht überschritten wird. Bei Profilen mit 45 bis 90° ist das Abrichten nur noch mit Schrägabrichter in einer Richtung möglich (Bild 70). Mit einer Abricht-Diamantrolle lassen sich auch komplizierte Profile in die Schleifscheibe schnell einbringen (Bild 71). Die relativ hohen Kosten einer Diamantrolle erlauben deren Einsatz jedoch nur bei Nachweis der Wirtschaftlichkeit.
Als Besonderheit gilt das spitzenlose Schleifen von Gewinden. Die Schleifscheibe wird mit einem Rillenprofil versehen und an der Einlaufseite angeschrägt. Die Regelscheibe wird entsprechend dem jeweiligen Steigungswinkel geneigt und ohne Profil abgerichtet. Durch den von der Regelscheibe erzeugten Längsvorschub wird das Werkstück an der profilierten Schleifscheibe vorbeigeführt und das Gewindeprofil erzeugt.
In vielen Fällen wird an einem Werkstück nur ein bestimmter Teil geschliffen. Liegt der Schwerpunkt des Werkstücks außerhalb der unterstützenden Werkstückauflage, werden

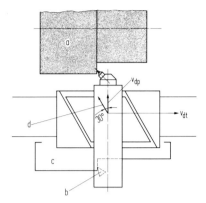 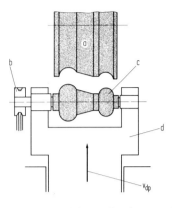

Bild 70. Schrägabrichter
a Schleifscheibe, b Nachformfinger, c Nachformschablone, d Richtung des Nachformschlittens, v_{dt} Abrichtlängsvorschubgeschwindigkeit, v_{dp} Abrichtquervorschubgeschwindigkeit

Bild 71. Abrichten mit Diamantrolle
a Schleifscheibe, b Antrieb für die Diamantrolle, c Diamantrolle, d Abrichtschlitten, v_{dp} Abrichteinstechgeschwindigkeit

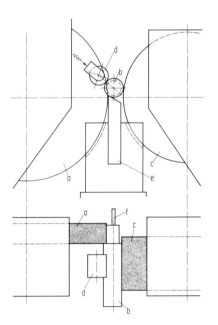

Bild 72. Spitzenloses Außenrundschleifen zu einem Bezugsdurchmesser
a Schleifscheibe, b Werkstück, c Regelscheibe, d Druckrolle, e Werkstückauflage, f Axialanschlag

zum Ausgleich entweder Unterstützungseinrichtungen eingesetzt, oder es werden Oberführungen angewandt, die das Werkstück auf die Werkstückauflage drücken und damit ein Abkippen verhindern.

Häufig besteht eine Bearbeitungsaufgabe darin, zu einem Bezugsdurchmesser am Werkstück einen zweiten Zylinder zentrisch zu schleifen. In diesem Fall wird das sog. fliegende Schleifen angewandt. Der nicht zu bearbeitende Teil des Werkstücks wird mit einer federnden Druckrolle gegen Regelscheibe und Werkstückauflage gedrückt. Die Schleifscheibe greift, axial versetzt, am entsprechenden Werkstückdurchmesser an (Bild 72).

Dabei ist besonders zu beachten, daß die Federkraft der Druckrolle so bemessen wird, daß die Schleifscheibe über die Hebelwirkung das Werkstück nicht von der Regelscheibe und Werkstückauflage abheben kann, und daß im Gegensatz zum normalen spitzenlosen Außenrundschleifen die Maßzustellung nicht auf den Werkstückdurchmesser, sondern auf den Werkstückradius bezogen wird. Folglich sind bei Maßkorrektur halbierte Zustellwerte vorzusehen.

Werkstücke mit Durchmessern unter 5 mm können ohne Hilfseinrichtung nicht mehr der Maschine zugeführt werden. Man benötigt Führungseinrichtungen, wie Winkelrinnen oder Mundstücke. Um das Ausweichen im Schleifspalt nach oben zu verhindern, werden Oberführungsschienen eingesetzt.

Für lange Werkstücke, wie z.B. Achsen, an denen nur Zapfen geschliffen werden, sind Führungseinrichtungen mit in drei Ebenen verstellbaren Auflageprismen erforderlich.

Für das Schleifen von Stangen und Rohren bis zu einer Länge von etwa 6 m werden Führungseinrichtungen eingesetzt, die bis zu einem Werkstückdurchmesser von 15 mm als Winkel- oder Flachleistenführung und über 15 bis 150 mm als Rollenführung ausgebildet sind (Bild 73).

Bild 73. Spitzenlose Außenrundschleifmaschine mit Werkstück-Führungseinrichtung

13.7.3.6 Programmsteuerung und Automatisierung

Eine Automatisierung des Arbeitsablaufes kann bei den Baugruppen Abrichteinrichtung der Schleif- und Regelscheibe, Zustelleinrichtung, Kompensationseinrichtung, Einstechschleifeinrichtung, Drehzahlregelung der Regelscheibe, Auswuchteinrichtung sowie bei der Einrichtung für konstante Umfangsgeschwindigkeit der Schleifscheibe erfolgen.

Bei den Standardausführungen der Maschine werden die Diamantzustellung und das Einleiten der Abrichtbewegung manuell durchgeführt. Aus Gründen rationeller Bedienung wird jedoch der größte Anteil der Maschinen mit automatischer Pinolenzustellung und elektrischer Abrichteinleitung vorgesehen. Hierbei werden Diamant-Zustellbetrag, unterschiedlich in vorderer und hinterer Endposition des Abrichtschlittens, Abrichtgeschwindigkeit und Anzahl der Abrichtzyklen von Hand vorprogrammiert oder codiert bei Prozeßsteuerung eingegeben und durch Zeitwerk oder Stückzähler abgerufen.

Die Zustellung erfolgt im allgemeinen von Hand über Handrad. Automatisiert geschieht dies über Zustellgetriebe nach programmierten Zustellbeträgen. Der Abruf erfolgt durch Drucktaster, Werkstückzähler oder Meßsteuereinrichtungen.

13.7 Bearbeitung mit Schleifscheiben

Die Kompensationseinrichtung stellt eine Verknüpfung von automatischer Abrichteinrichtung und automatischer Zustelleinrichtung dar. Der an der Schleif- bzw. Regelscheibe abgerichtete Betrag wird selbsttätig durch die Zustelleinrichtung kompensiert, wobei durch einen programmierten Korrekturbetrag der Schleif- bzw. Regelscheibendurchmesser nach dem Abrichten in Form einer größeren oder kleineren Zustellung berücksichtigt wird. Im automatischen Betrieb wird außerdem bei einer Zustellung der Abrichtdiamant nachgeführt, so daß der Abstand zwischen Diamant und Schleifscheibe immer konstant bleibt. Wäre dies nicht der Fall, so würde beim nächsten automatischen Abrichten der Diamant „durch die Luft" abrichten und bei der Kompensation träten Fehler auf.

Bei der Standardmaschine wird die Einstechbewegung durch einen Handhebel oder ein Handrad betätigt. Die automatische Einstechschleifeinrichtung läßt die Anpassung der Einstechbewegung an die jeweilige Arbeitsaufgabe zu. Um optimale Werkstückqualitäten und minimale Bearbeitungszeiten zu erzielen, muß die Einstechbewegung unterteilt sein in die Bereiche: Grobweithub, Schrupphub, Schlichthub, Feinschlichthub und Ausfunken. Alle Hübe müssen hinsichtlich Geschwindigkeit und Weg unabhängig voneinander einstellbar sein. Ebenso muß das Werkstückaufmaß vorwählbar und durch Digitalanzeige sichtbar sein. Das Arbeitsprogramm zum Einstechen wird entweder von Hand oder bei Prozeß-Steuerung codiert vorgewählt. Ein weiterer Einsatz der Prozeß-Steuerung ist beim bahngesteuerten Abrichten von Schleif- und Regelscheibe gegeben. Hierbei wird die in die Schleif- bzw. Regelscheibe einzubringende Form durch Programmeingabe in eine Prozeß-Steuerung durch eine Zweieinhalb-Achsen-Bahnsteuerung realisiert (Bild 74). Der Diamant wird in einem konstanten Schleppwinkel zur abzurichtenden Scheibenoberfläche gehalten. Die Relativ-Abrichtgeschwindigkeit ist konstant. Die Bahnauflösung sollte 0,1 μm betragen.

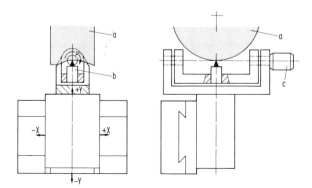

Bild 74. Bahngesteuerter Abrichter in zweieinhalb Achsen
a Schleifscheibe, b Abrichtdiamant, c Schwenkmotor, x Abrichtvorschub in Längsrichtung, y Abrichtvorschub in Querrichtung, φ Abrichtschwenkbewegung

Die Regelscheibendrehzahl wird elektronisch über Thyristoren gesteuert. Hierbei wird eine konstante Regelscheibendrehbewegung auch bei Be- und Entlastung während eines Schleifzyklus erreicht. Bisher noch benutzte mechanische oder über rotierende Umformer betriebene Steuersysteme sind bei hohen Anforderungen an die Werkstückqualität in manchen Fällen nicht mehr ausreichend.

Für besondere Aufgaben ist ein Verknüpfen von Einstechzyklus und Regelscheibendrehzahl notwendig. Einem bestimmten Abschnitt des Einstechvorschubs ist dann eine bestimmte Regelscheibendrehzahl zugeordnet.

Für das Erreichen einer bestimmten Werkstückqualität ist ein genaues Auswuchten der Schleifscheibe erforderlich. Die einfachste Methode ist das statische Auswuchten auf einem Abrollbock. Durch Auswuchtgewichte wird dann die Schleifscheibenunwucht ausgeglichen. Diese Art des Auswuchtens ist jedoch sehr unwirtschaftlich, ungenau und zum Teil nicht ausreichend. Eine Verbesserung ist das elektronische Auswuchten mit Schwingungsaufnehmer, Stroboskoplampe und Anzeigegerät. Jedoch muß auch hier noch eine relativ hohe Nebenzeit durch mehrmaliges Messen und manuelle Gewichtsverstellung in Kauf genommen werden. Eine gute Möglichkeit ist das Einbauen von Auswuchteinrichtungen in die Schleifspindel. Schwingungsaufnehmer geben Größe und Lage der Unwucht an, die automatisch durch elektromotorisch verstellbare Auswuchtgewichte während des Spindellaufs ausgeglichen wird. Bekannt sind ebenfalls dynamisch in zwei Ebenen arbeitende Auswuchteinrichtungen, wobei das Wuchtmoment durch stirnseitiges Einspritzen von Kühlschmierstoff in segmentierte Flansche der Schleifscheibenaufnahme erzeugt wird. Der Auswuchtvorgang erfolgt selbsttätig kontinuierlich während des Schleifprozesses.

Üblicherweise wird die Schleifscheibe durch Drehstrommotor mit einer konstanten Drehzahl angetrieben. Da bei Schleifscheibenabnutzung sich die Umfangsgeschwindigkeit verringert, wird in manchen Fällen der Antrieb über einen Gleichstrommotor durchgeführt. Über eine Meßeinrichtung an der Abrichtpinole für die Schleifscheibe wird bei kleiner werdendem Schleifscheibendurchmesser selbsttätig die Drehzahl des Antriebsmotors erhöht.

Zusätzlich zur Automatisierung der Maschine ist es aus wirtschaftlichen Gründen notwendig, die Be- und Entladung der Maschine mit Werkstücken ebenfalls automatisch ablaufen zu lassen. Hierbei unterscheidet man Einrichtungen für das Durchgangschleifen und solche für das Einstechschleifen.

Beim Durchgangschleifen lassen sich die Werkstücke aufgrund ihrer geometrisch einfachen Form relativ leicht automatisch der Maschine zuführen. Sie werden als Schüttgut (Wälzlagerringe, Wälzkörper, Ventilsitzringe, Ventilführungen u.a.) in Elevatoren, Schwingförderer oder Rotationsförderer eingegeben. Von dort fallen die Werkstücke auf Schrägen, Rutschen, Transportbänder oder Walzenführungen und werden der Maschine zugeführt (Bild 75). Der Abtransport erfolgt ebenfalls über Rutschen, Transportbänder oder Führungen.

Um mehrere Arbeitsgänge automatisch aufeinander folgen zu lassen, können mehrere Maschinen miteinander durch Transportbänder verkettet werden.

Stangen und Rohre werden in einem Magazin gespeichert und über eine Vereinzelungseinheit einer separat angetriebenen Rollenführung oder einer Transportkette zugeführt (Bild 76). Der Stangenvorschub muß stufenlos einstellbar sein, um ihn an die von der Zerspanaufgabe vorgegebene Durchlaufgeschwindigkeit durch die Maschine anpassen zu können. Nach der Bearbeitung werden die Stangen bzw. Rohre in vielen Fällen automatisch gemessen, aus der Führung gehoben und dann einem weiteren Magazin zugeführt.

Durch Einstechschleifen zu bearbeitende Werkstücke besitzen häufig schwierige geometrische Formen. Aus diesem Grund erfordert eine automatische Beschickung der Maschine fast immer, daß die Werkstücke zunächst in eine definierte Lage gebracht, in einem Magazin (Rutsche, Taktkette, Stapelmagazin) gespeichert und anschließend vereinzelt werden (Bild 77). Mehrere Werkstücke können gleichzeitig vereinzelt, zugeführt

[Literatur S. 288] 13.7 *Bearbeitung mit Schleifscheiben* 179

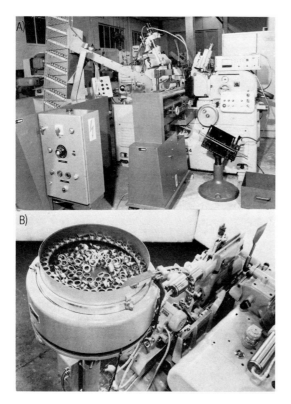

Bild 75. Zuführeinrichtungen für das spitzenlose Außenrund-Durchgangschleifen
A) Elevator, B) Schwingförderer

Bild 76. Zuführeinrichtung für Stangen und Rohre

und geschliffen werden. Vereinzelt wird über Hebel, Sperren oder Greifer. Eine wesentliche Voraussetzung nach der Vereinzelung ist das Führen der Werkstücke bis zur Werkstückauflage. Unkontrollierter freier Fall ist möglichst zu vermeiden.

12*

Bild 77. Magazin und Zuführeinrichtung beim Außenrund-Einstechschleifen

Das Entladen ist auf verschiedene Art möglich. Bei Portal-Greifereinrichtungen (Bild 78 A) wird das Werkstück durch Greifer entnommen und auf einem Transportband oder einer Rutsche abgelegt.
Eine weitere Möglichkeit ist der Regelscheibenweithub (Bild 78 B). Hierbei wird die Regelscheibe hydraulisch von der Werkstückauflage zurückgezogen, so daß das Werkstück durch Eigengewicht auf ein im Maschinenbett befindliches Transportband fällt und wahlweise zur Maschinenbedienungsseite oder -rückseite transportiert wird. Diese Art des Entladens ist jedoch nur bis zu einer bestimmten Werkstückgröße möglich.

Bild 78. Entladen
A) Portalgreifereinrichtung zum Entladen, B) Entladen beim Außenrund-Einstechschleifen durch Regelscheibenweithub

Eine andere Entladeart ist das Ausstoßen der Werkstücke durch pneumatisch oder hydraulisch arbeitende Auswerfer. Während des Schleifvorgangs dient der Auswerferstößel als Axialanschlag. Nach Beendigung der Bearbeitung wird das Werkstück durch eine Ausstoßbewegung ausgeworfen und in einem Auffangbehälter oder in einer Sammelrutsche aufgefangen.

In besonderen Fällen muß das Werkstück aus einem Magazin der Maschine zugeführt und nach dem Schleifen in einem gleichen Magazin wieder abgelegt werden. Diese Magazine sind Bestandteil eines Fertigungssystems und werden bei den der spitzenlosen Rundschleifmaschine vorangehenden und nachfolgenden Werkzeugmaschinen ebenfalls als Magazin benutzt.

Meßsteuereinrichtung

Um die spitzenlose Außenrundschleifmaschine vollständig zu automatisieren, ist außer der Automatisierung von Maschine und Beschickungseinrichtung auch eine Meßsteuerung in den automatischen Prozeß mit einzubeziehen. In diesem Fall ist ebenfalls zwischen Messen beim Durchgangschleifen und Messen beim Einstechschleifen zu unterscheiden.

Der Meßvorgang kann sowohl als In-Prozeß-Messung als auch als Post-Prozeß-Messung erfolgen. Für das spitzenlose Schleifen hat sich in den meisten Fällen die Post-Prozeß-Messung durchgesetzt. Die geringe Zustellabweichung von 0,5 µm ermöglicht das Anordnen der Meßstelle hinter der Schleifposition an geschützter Stelle.

Nach dem *Durchgangschleifen* wird das Werkstück mit einem Förderband der Abtransporteinrichtung zugeleitet, in welche die Meßstelle eingebaut ist. Sie besteht aus Meßprisma und Meßtaster. Dazu kommen die Meßwertverarbeitung und die Meßwertanzeige als getrennte Einrichtungen.

Die Messung kann elektronisch oder pneumatisch vorgenommen werden. Beim spitzenlosen Schleifen überwiegen elektronische Meßeinrichtungen. Im hartmetallbestückten Meßprisma wird das Werkstück positioniert. Der Transport durch die Meßstelle wird bei kürzeren Werkstücken durch eine über dem Transportband angeordnete Druckrolle ausgeführt. Im Bereich des Meßprismas wird das Transportband umgelenkt, so daß nach Verlassen des Meßprismas die Teile sofort weitertransportiert werden. Bei Stangen wird der Vorschub direkt durch die Regelscheibe erzeugt.

Bild 79. Meßeinrichtung beim spitzenlosen Außenrund-Durchgangschleifen

Da die Meßstelle je nach Maschine 100 bis 1000 mm hinter der Schleifscheibenhinterkante liegt (Bild 79), muß der Befehl zur Maßkorrektur so erfolgen, daß auch die während des Messens geschliffenen Werkstücke noch nicht im Ausschußbereich liegen.

Die Meßsteuerung muß so ausgelegt sein, daß erst nach mehrmaligem Feststellen einer erforderlichen Maßkorrektur ein Steuerimpuls an die Maschine gegeben wird. Die Anzahl dieser zu speichernden Meßergebnisse ist vorwählbar. Hierdurch wird gewährleistet, daß durch einmalige „Ausreißer" kein Steuerimpuls ausgelöst wird. Die Größe der Maßkorrektur wird nach Erfahrung an der Maschine vorgewählt. Beim Meßergebnis „Ausschuß" wird die Zufuhr der Werkstücke zur Maschine gestoppt und ein optisches oder akustisches Signal gegeben.

Beim *Einstechschleifen* wird prinzipiell wie beim Durchgangschleifen gemessen. Unterschiedlich ist lediglich die Eingabe der geschliffenen Werkstücke in die Meßeinrichtung. Dieser Vorgang wird durch Greifer oder Schieber ausgeführt. Leichte Werkstücke erfordern zur genauen Messung eine Stabilisierung der Meßposition durch kraftschlüssiges Festlegen mit Hilfe einer Druckeinrichtung. Die Meßtaster fahren nach der Werkstückpositionierung automatisch in Meßposition und nach dem Messen wieder zurück. Anschließend wird das Werkstück wieder aus dem Meßprisma ausgehoben und abgelegt. Der Toleranzbereich für eine Maßkorrektur wird beim Einstechschleifen nach der Anzahl der zwischen Schleifposition und Meßposition gefertigten Werkstücke festgelegt. Bei besonders hoher Anforderung an die Maß- und Formgenauigkeit ist eine Thermostabilisierung der Maschine erforderlich.

Eine weitere Möglichkeit der Automatisierung beim Messen ist das Sortieren der gemessenen Werkstücke in verschiedene Qualitätsbereiche. Außerdem kann mit entsprechendem Meßaufwand außer der Maßkontrolle auch eine Formkontrolle automatisch durchgeführt und angezeigt werden.

13.7.4 Flachschleifmaschinen

Dr.-Ing. H. Hübsch, Göppingen[1]
Professor Dr.-Ing. H. Krug, Frankfurt/Main[2]

13.7.4.1 Allgemeines

Nach DIN 69718 ist Planschleifen (Flachschleifen) das Schleifen von Werkstückflächen, das mit dem Umfang (Umfangschleifen) oder mit einer Seite des Schleifkörpers (Stirnschleifen) ausgeführt wird. Flachschleifmaschinen (Langtisch- und Rundtisch-Flachschleifmaschinen) werden im Schnittwerkzeug-, Formen- und Vorrichtungsbau sowie im allgemeinen Maschinenbau eingesetzt.

13.7.4.2 Bauarten

Flachschleifmaschinen mit waagerechter Spindel können als Langtisch- (Bild 80) oder als Rundtisch-Flachschleifmaschinen (Bild 81) ausgeführt werden. Ihr Einsatzbereich läßt sich durch Automatisierungshilfen, wie Vorrichtungen, Zu- und Abführeinrichtungen, Rundschalttische und Meßsteuerungen, von der Universalmaschine über eine teilautomatische Produktionsmaschine bis zum Einzweckautomaten verändern.

Die konstruktiven Ausführungsmöglichkeiten für Flachschleifmaschinen mit waagerechter Spindel werden in Bild 82 am Beispiel der Langtisch-Flachschleifmaschinen aufgezeigt. Danach bestehen folgende Möglichkeiten:

In der X-Achse (Längsbewegung des Werkstücks bzw. des Schleiftisches) kann der Schleiftisch entweder als Oberschlitten auf dem Unterschlitten des Kreuzschlittens be-

---

[1] alle Abschnitte außer 13.7.4.5
[2] Abschnitt 13.7.4.5

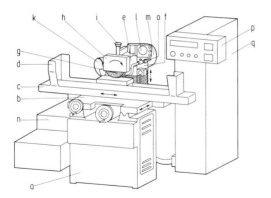
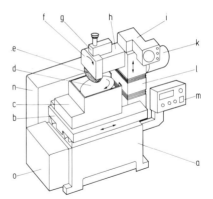

Bild 80. Langtisch-Flachschleifmaschine mit waagerechter Schleifspindel
a Maschinenbett, b Kreuzschlitten (Querschlitten), c Schleiftisch, d Fangschutz, e Schleifspindelstock, f Säule, g Schleifscheibe, h Schutzhaube, i Abrichteinrichtung, k Staubabsaugung, l Zustellarm, m Schleifmotor, n Naßschleifeinrichtung, o Kühlwasserleitung, p Steuertafel, q Steuerschrank

Bild 81. Rundtisch-Flachschleifmaschine mit waagerechter Schleifspindel
a Maschinenbett, b Querschlitten, c Schleifraum-Abdeckung, d Rundtisch, e Schleifscheibe, f Schutzhaube, g Abrichteinrichtung, h Schleifspindelstock, i Zustellarm, k Schleifmotor, l Säule, m Steuertafel, n Steuerschrank, o Hydraulikaggregat

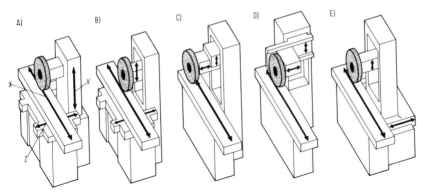

Bild 82. Bauprinzipien von Flachschleifmaschinen mit waagerechter Spindel
A) mit Kreuzschlitten und tauchender Säule, Spindelstock fest, B) mit Kreuzschlitten und fester Rahmensäule, Spindelstock in Y-Achse beweglich, C) mit Längsschlitten, fester Rahmensäule und Spindelstock innen, in Y- und Z-Achse beweglich, D) mit Längsschlitten, fester Säule und Spindelstock außen, in Y- und Z-Achse beweglich, E) mit Längsschlitten, in Z-Achse beweglicher Rahmensäule, Spindelstock innen, in Y-Achse beweglich

wegt (Bild 82 A und B) oder in Maschinenbett-Führungen direkt geführt werden (Bild 82 C bis E).

In der Y-Achse (Senkrechtbewegung des Werkzeugs) kann entweder die Säule mit dem Spindelkasten an Führungen im Maschinenbett eintauchen (Bild 82 A) oder der Spindelkasten in der Säule beweglich angeordnet sein (Bild 82 B bis E). Bei beweglichem Spindelkasten ist die Säule entweder feststehend mit dem Maschinenbett verbunden (Bild 82 B bis D) oder mit einem Querschlitten als Säulenschlitten auf dem Maschinenbett verfahrbar (Bild 82 E).

In der Z-Achse (Querbewegung des Werkzeugs bzw. des Werkstücks) liegt die Bewegungsmöglichkeit entweder im Unterschlitten des Kreuztisches auf dem Maschinenbett (Bild 82 A und B) oder in einem mit dem Spindelkasten verbundenen Ausleger, der innerhalb (Bild 82 C) oder außerhalb der Säule (Bild 82 D) geführt ist. Eine dritte Möglichkeit bildet die auf dem Maschinenbett in Querrichtung verfahrbare Säule (Bild 82 E).
Alle fünf Schleifmaschinen-Konzepte werden von den verschiedenen Herstellern von Flachschleifmaschinen mit Erfolg angewendet.

13.7.4.3 Maschinenaufbau

In Bild 80 sind stellvertretend für alle anderen Maschinenausführungen die wesentlichen Baugruppen der Langtisch-Flachschleifmaschine aufgeführt. Auf einem Maschinenbett ist der Kreuzschlitten für die Quer- und Längsbewegung des Werkstücks meistens in Gleitführungen – gelegentlich auch in Wälzführungen – geführt. Die Querbewegung wird elektro-mechanisch durch steuerbare Drehstrom- bzw. Gleichstromantriebe intermittierend (1 bis 60 mm/Hub) bzw. kontinuierlich (1 bis 1000 mm/min) ausgeführt. Die Längstischbewegung erfolgt durch hydraulische Antriebe (v_w = 1 bis 30 m/min) und in einzelnen Fällen durch elektromechanische Antriebe (v_w = 7,5 bis 15 m/min). Die Senkrechtbewegung der Schleifscheibe wird im Eilgang durch Drehstrom-Asynchronmotoren (v_{max} ≈ 600 mm/min) bzw. bei der Schrupp- oder Schlichtzustellung (e = 1 bis 40 μm) über Hubmagnete, Synchron- oder Schrittmotoren vorgenommen.
Die Schleifscheibenumfangsgeschwindigkeit liegt beim Genauigkeitsschliff bei v_s = 35 m/s. Sie sollte sich der Bearbeitung verschiedener Werkstoffe durch einen Verstellantrieb über statische oder dynamische Frequenzumformer anpassen lassen. Erhöhte Umfangsgeschwindigkeiten von mehr als 45 m/s kommen selten vor.
Einrichtungen zum Naßschleifen für die Kühlung des Werkstücks und das Spülen der Schleifscheibe sowie zur Kühlschmierstoffreinigung sind unbedingt erforderlich. Absaugeinrichtungen für Trockenschleifarbeiten werden immer seltener eingesetzt.
Meßeinrichtungen an Supporten zur schnellen und bequemen Verstellung (Auflösung 1 μm) sind optische Projektionseinrichtungen und statt dieser immer mehr digitale Meßsysteme.
Die Schleifscheibe wird mit einem zylindrischen Abrichtapparat mit Einzeldiamant abgerichtet. Bei Einzeldiamantgeräten unterscheidet man Winkel-, Seiten- und Kreisbogenabrichtgeräte für einfache geometrische Formen sowie schablonengesteuerte Geräte für komplizierte zusammengesetzte Formen.
Die Werkstücke können auf permanent- oder elektromagnetischen Spannplatten gespannt werden.
Eine wichtige Baugruppe der Flachschleifmaschinen ist die Spindellagerung. In Bild 83 sind vier im Schleifmaschinenbau gebräuchliche Lagertypen schematisch dargestellt. Je nach Einsatz der Maschine ist z. B. beim Profilschleifen die wälzgelagerte Spindel infolge vorgespannter Lagerung und Axialspiel Null einzusetzen, während beim Umfangsschleifen die hydrodynamische Spindellagerung durch ihre hohe Laufruhe und Dämpfung vorteilhafter ist.
Die Hybridlagerung ist eine Kombination von Wälz- und hydrodynamischer Lagerung. Sie vereinigt die Eigenschaften der beiden vorgenannten Lagerungen und wird ebenfalls für das Umfangschleifen eingesetzt. Die hydrostatische Spindellagerung besitzt aufgrund der geringen Reibung, hohen Rundlaufgenauigkeit und großen Schwingungsdämpfung zwar ausgezeichnete Laufeigenschaften, findet aber wegen der höheren Kosten nur in Sonderfällen Anwendung als Schleifspindellagerung.

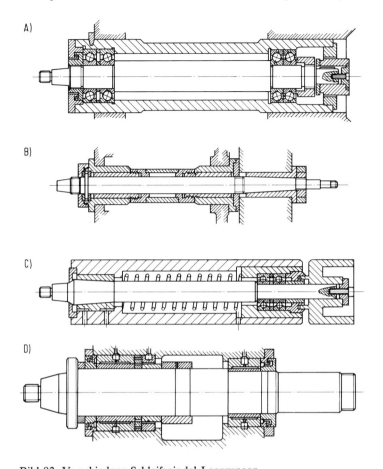

Bild 83. Verschiedene Schleifspindel-Lagerungen
A) wälzgelagert, B) hydrodynamisch gelagert, C) Hybridlager-Schleifspindel, D) hydrostatisch gelagert

13.7.4.4 Ausführung des Flachschleifens

Beim Waagerecht-Flachschleifen unterscheidet man nach Bild 84 zwischen Umfangschleifen und Stirnschleifen. Ersteres kann mit zylindrischer oder profilierter Schleifscheibe im Pendel- oder Vollschleifverfahren (Tiefschleifen) ausgeführt werden. Als weiteres Umfangschleifverfahren gibt es das Rundtisch-Flachschleifen. Das Stirnschleifen kann im Pendel- oder Einstechverfahren vorgenommen werden.

Beim *Umfangschleifen* liegt die Schleifspindel parallel zu der zu erzeugenden Werkstückoberfläche. Der Werkstoff wird mit der Umfläche (Mantelfläche) der Schleifscheibe zerspant, indem das Werkstück längs und quer an der Schleifscheibe oder die Schleifscheibe am Werkstück vorbeigeführt wird. Sichtbares Merkmal sind geradlinig verlaufende Schleifspuren auf der Oberfläche des Werkstücks.

Beim Umfangschleifen kann im Gleichlauf oder Gegenlauf geschliffen werden. Bei gegenläufiger Werkstückbewegung ist die Belastung des Schleifkorns durch das weiche

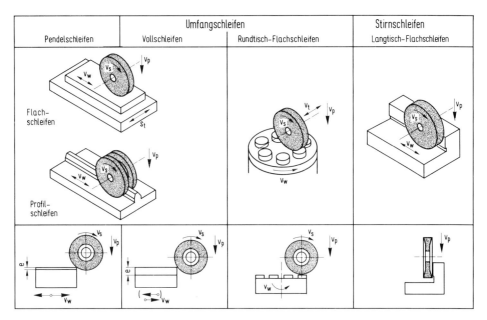

Bild 84. Arten des Flachschleifens

Eingreifen niedriger als beim Gleichlaufschleifen. Bevorzugt sollte im Gegenlauf geschliffen werden.

Im allgemeinen Werkzeugbau und in der Serienfertigung hat das *Profilschleifen* in den letzten Jahren eine immer größere Verbreitung gefunden. Diese Tendenz wird dadurch gestärkt, daß durch steifere Ausführungen der Maschinenelemente und durch Installation höherer Antriebsleistungen die Ausbringung wesentlich erhöht wird, und zwar zum Teil ohne Vorbearbeitung der Profile durch andere Fertigungsverfahren, wie Fräsen, Räumen und Hobeln.

In der Praxis werden zwei Bearbeitungsverfahren unterschieden: Das *Pendelschleifen* ist charakterisiert durch eine hohe Tischgeschwindigkeit (v_w = 25 bis 30 m/min) und geringe Zustellung (e = 5 bis 10 µm), wobei sowohl vor dem Hin- als auch vor dem Rückhub des Werkstücktischs der schrittweise seitliche Vorschub s_e erfolgt. Beim sog. *Vollschleifen,* auch Vollschnitt-, Tief- und Schleichgangschleifen genannt, wird eine Kombination aus hoher Zustellung (e = 5 bis 20 mm) und geringer Tischgeschwindigkeit (v_w = 3 bis 1500 mm/min) angewendet.

In Tabelle 6 sind bei gleichem bezogenem Zeitspanungsvolumen Tendenzen aufgezeigt, die wie folgt ausgedrückt werden können [39]:

Bei gleichem bezogenem Zeitspanungsvolumen kann beim Vollschleifen eine kleinere Rauhtiefe erzielt werden als beim Pendelschleifen, sofern eine thermische Beeinflussung der Oberflächenrandzone des Werkstücks vermieden wird.

Bei geringem bezogenem Zeitspanungsvolumen wird das Pendelschleifen überwiegend als reines Feinbearbeitungsverfahren für das Fertigbearbeiten eingesetzt.

Bei einer Steigerung der Schleifscheibenumfangsgeschwindigkeit oder einer Verringerung des Abrichtvorschubs oder des bezogenen Zeitspanungsvolumens wird beim Vollschleifen die Rauhtiefe in höherem Maße vermindert als bei gleicher Maßnahme beim Pendelschleifen.

Tabelle 6. Vergleich zwischen Pendelschleifen und Vollschleifen [38] bei konstantem bezogenem Zeitspanungsvolumen Z′

Bearbeitungsmerkmal	Profilschleifen	
	Pendelschleifen	Vollschleifen
Scheibenverschleiß	klein	groß
Rauhtiefe	groß	klein
Ratterneigung	groß	klein
Zerspankräfte	klein	groß
thermische Beanspruchung	klein	groß

Bei einem praktischen Anwendungsfall konnte ermittelt werden, daß bei gleichem bezogenem Zeitspanungsvolumen für Rauhtiefen $R_t \leqq 5$ μm das Tiefschleifen kostengünstiger war, für größere Rauhtiefen das Pendelschleifen.

Die dargestellten Folgerungen sind nicht allgemein gültig. Die Ergebnisse können bei verschiedenartigen Werkstücken, Werkstoffen, Schleifscheiben, Kühl- bzw. Spülwassereinrichtungen andere Tendenzen aufzeigen. Gute Schleifergebnisse können jedoch nur in Verbindung mit neuester konstruktiver Gestaltung der Schleifmaschine, wie ruckfreier Tischbewegung bei kleinen Vorschubgeschwindigkeiten, großen Antriebsleistungen und hoher Maschinensteifigkeit, erzielt werden.

Beim *Stirnschleifen* steht die Schleifspindel senkrecht zu der zu bearbeitenden Werkstückoberfläche. Das Werkstück wird längs an der Schleifscheibe oder die Schleifscheibe längs am Werkstück vorbeigeführt. Der Quervorschub erfolgt an den Umkehrpunkten der Werkstückvorschubbewegung. Das Stirnschleifen ist empfehlenswert bei Werkstücken mit größeren Bohrungen, Ausschnitten oder Vertiefungen in der Oberfläche. Die bei solchen unterbrochenen Oberflächen auftretenden Zerspankraftschwankungen, deren sehr nachteilige Auswirkung unebene Flächen sind, sind beim Stirnschleifen geringer als beim Umfangschleifen. Diesem *Hohlschleifen* kann auch mit Hilfe einer Maschine mit umlaufendem Tisch (Rundtischmaschine) entgegengewirkt werden.

Die Gefahr des Brennens ist beim Stirnschleifen allgemein größer als beim Umfangschleifen. Durch die längere Eingriffsdauer können sich die Spanräume im Schleifkörper schneller mit Spänen füllen. Durch geringfügiges Anwinkeln der Schleifspindel läßt sich jedoch die entstehende Kontaktwärme reduzieren. Trotzdem sind insbesondere bei gehärteten, rißempfindlichen Werkstücken die richtigen Werte für die Einstellgrößen, wie Schnittgeschwindigkeit und Vorschubgeschwindigkeit, in Versuchen zu ermitteln. Tabelle 7 zeigt nach VDI-Richtlinie 3391 den Anwendungsbereich keramisch gebundener Schleifscheiben bei der Zerspanung verschiedener Werkstoffe. Die üblichen Schleifscheibenumfangsgeschwindigkeiten v_s beim Umfangschleifen liegen zwischen 18 und 35 m/s; beim Seitenschleifen nicht unter 20 m/s. Auch Hochgeschwindigkeits-Flachschleifen mit Umfangsgeschwindigkeiten von mehr als 60 m/s ist anwendbar. Dabei nehmen die Zerspankraftkomponenten ab; das Verhältnis von abgetrennten Werkstoffvolumen zum Verschleißvolumen des Schleifkörpers, bezogen auf die verbrauchte Leistung, steigt an [16]. Die Anwendung des Hochgeschwindigkeitsschleifens ist jedoch gering.

Tabelle 7. Richtwerte für Schleifscheiben mit keramischer Bindung beim Umfangschleifen nach VDI-Richtlinie 3391

Werkstoff	Werkstückvorschub-geschwindigkeit v_w [m/min]	Schleifscheiben-umfangsgeschwindigkeit v_s [m/s]
weicher Stahl	6 bis 30	25 bis 35
gehärteter Stahl	6 bis 30	20 bis 30
Gußeisen	8 bis 20	18 bis 25
Kupfer Messing Bronze	15 bis 30	18 bis 25
Aluminium	15 bis 30	20 bis 25

Die Werkstückvorschubgeschwindigkeit v_w beeinflußt die Oberflächengüte des Werkstücks. Ein Anhaltswert ist das Verhältnis der Schleifscheibenumfangsgeschwindigkeit zur Werkstückvorschubgeschwindigkeit $q = v_s/v_w$, das bei $q = 60$ liegt.
Bei hoher Werkstückvorschubgeschwindigkeit und geringer Zustellung wird unter der Voraussetzung von gleichem Zeitspanungsvolumen die Oberflächenrauhheit verschlechtert und die thermische Belastung verringert. Eine niedrige Tischgeschwindigkeit und ein großer Zustellwert erhöhen dagegen außerordentlich die thermische Belastung der Werkstückoberfläche. Sie lassen dafür aber eine bessere Oberflächengüte erwarten, sofern eine unzulässige thermische Beeinflussung der Oberflächenrandzone vermieden wird.
In Bild 85 sind typische Schleifaufgaben mit den entsprechenden technischen Angaben wiedergegeben.

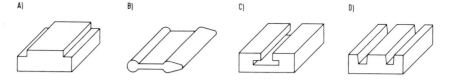

Bild 85. Arbeitsbeispiele zum Flachschleifen
A) Pendel-Flachschleifen (Werkstoff: 16MnCr5; Schleifscheibe: Edelkorund, Körnung 38; $v_s = 35$ m/s, $v_w = 24$ m/min, $s_t = 4$ mm, $e = 0{,}01$ mm, Naßschliff); B) Pendel-Profilschleifen (Werkstoff: X 210Cr12 DIN 2080, gehärtet auf 62 HRC; Schleifscheibe: Edelkorund, Körnung 120, Härte K; $v_s = 30$ m/s, $v_w = 20$ m/min, $e = 0{,}005$ mm, Naßschliff); C) Seitenschleifen (Werkstoff: GG 25; Schleifscheibe: Siliziumkarbid, Körnung 80, Härte Jot; $v_s = 35$ m/s, $v_w = 12$ m/min, $e = 0{,}01$ mm, Trockenschliff); D) Vollschleifen (Tiefschleifen) (Werkstoff: X 210Cr12 DIN 2436, gehärtet auf 62 HRC; Schleifscheibe: Siliziumkarbid, Härte G; $v_s = 30$ m/s, $v_w = 25$ m/min, $e = 5{,}8$ mm bei einem Durchgang, Naßschliff)

13.7.4.5 Stirnschleifmaschinen (Seitenschleifmaschinen)

Beim Stirnschleifen (Seitenschleifen) steht die Schleifspindel senkrecht zur bearbeiteten Werkstückoberfläche. Sichtbares Merkmal auf dem Werkstück sind kreisförmige Schleifriefen, die strahlenförmig oder auch sich kreuzend verlaufen. Seitenschleifen und Umfangschleifen setzen unterschiedliche Maschinenarten und Schleifwerkzeugformen voraus. Die Lage und Richtung der drei Zerspankraftkomponenten F_v, F_t und F_n sind aus Bild 86 ersichtlich; sie sind ein Maß für die statische und dynamische Beanspruchung der Schleifmaschine und bestimmen die Konstruktion des gesamten Maschinenkörpers und der im Kraftfluß liegenden Bauelemente (Antriebswelle, Lagerung). Einen unmittelbaren Einfluß auf die Zerspankraftkomponenten während des Schleifvorgangs nimmt die Größe des Eingriffsbogens. Bei einer Vergrößerung des Eingriffsbogens wächst auch die Normalkraft stark an, wodurch die elastische Verformung des Systems Werkstück – Schleifspindel – Schleifwerkzeug samt Einspannung beeinflußt wird.

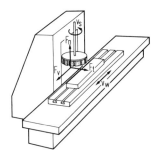
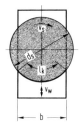

Bild 86. Langtisch-Flachschleifmaschine mit Segment-Schleifkopf

Bild 87. Eingriffverhältnisse beim Stirnschleifen b Werkstückbreite, d_s Schleifscheibendurchmesser, l_k Kontaktlänge

Beim Stirnschleifen hängt die Größe des Eingriffsbogens in erster Linie vom Durchmesser der Schleifscheibe und von der Breite der Bearbeitungsfläche am Werkstück ab; der Eingriffsbogen wächst mit zunehmendem Schleifscheibendurchmesser (für $d_s < b$) und größer werdender Werkstückbreite (für $b < d_s$) (Bild 87).

Beim Umfangschleifen ergeben sich für die Normalkraft F_n bei gleichen Einstellgrößen wesentlich geringere Werte als beim Seitenschleifen. Dennoch erzeugt die Normalkraft hohe Flächendrücke in der Größenordnung von 10^4 bis 10^6 N/cm². Hierdurch wird der Werkstoff, wie neuere elektronenoptische Aufnahmen zeigen, plastisch verformt. Die Einzelschleifkörner verursachen eine Gratbildung, die plastische Randaufwerfungen hinterläßt. Bei Schrupparbeiten entstehen große Kräfte und Momente. Daher verlangen Stirnschleifmaschinen eine hohe statische Steifigkeit. Die in Bild 88 gezeigte Maschine ist besonders für schwere Schruppbearbeitung geeignet. Maschinen in Portalausführung (Bild 89) ermöglichen mit ihrem geschlossenen Kraftfluß ebenfalls die Aufnahme sehr hoher Kräfte.

Mit Schleifautomaten für doppelseitig gleichzeitiges Stirnschleifen an Massenteilen ist neben einer beträchtlichen Mengenleistung eine hohe Arbeitsgenauigkeit erzielbar, was eine hohe Steifigkeit auch bei den Zuführeinrichtungen und der Aufnahme der Schleifwerkzeuge erfordert. Die Doppel-Flachschleifmaschine mit waagerechter Schleifspindel in Bild 90 ist mit einer Rundlaufeinrichtung zum beidseitigen kontinuierlichen Schleifen

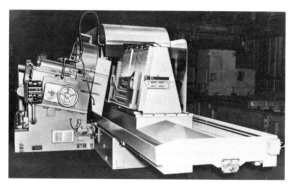

Bild 88. Langtisch-Flachschleifmaschine mit um 10° zur Waagerechten geneigter Schleifspindel
Durchmesser des Segmentschleifkopfs 1600 mm, Antriebsleistung 75 kW, Schleiflänge 2000 mm, Schleifbreite bis 1100 mm, Tischantrieb hydraulisch, Rollenführung

Bild 89. Langtisch-Flachschleifmaschine mit senkrechter Schleifspindel in Portalbauart
Durchmesser des Segmentschleifkopfs 1200 mm, Antriebsleistung 55 kW, Schleiflänge 3000 mm, Schleifbreite 800 mm

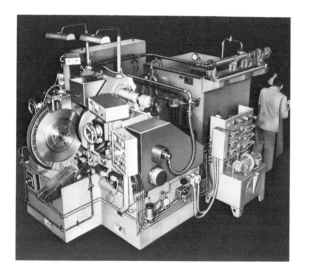

Bild 90. Doppel-Flachschleifmaschine mit waagerechter Schleifspindel

der Stirnseiten von Wälzlagerrollen ausgerüstet und besitzt eine Meßsteuerung zum selbsttätigen Kompensieren des Schleifscheibenverschleißes.
Die Eigenart des Stirnschleifverfahrens mit der verhältnismäßig großen Berührungsfläche zwischen Werkstück und der Schleiffläche des Schleifkörpers verlangt eine besondere Gestaltung der Werkzeuge, die eine gute Griffigkeit der schleifenden Fläche, ein gutes Standzeitverhalten der angreifenden Kanten, eine ausreichende Abfuhr der abgetrennten Späne und der ausgebrochenen Schleifkörner, eine gute Verteilung sowie Zu- und Abfuhr des Kühlschmierstoffs während des Schleifvorgangs besitzen.
Bild 91 zeigt eine Zusammenstellung von Schleifscheiben, Schleifringen und Segmenten für Seitenschleifmaschinen. Einzelsegmente oder Schleiftöpfe mit einer größeren, mittleren Bohrung auf einer gemeinsamen Tragscheibe gewährleisten bei einer guten Kühlung ein griffiges Schleifen.

[Literatur S. 288]   *13.7 Bearbeitung mit Schleifscheiben*   191

Bild 91. Schleifwerkzeuge für Seitenschleifmaschinen

Bild 92. Automatische Abrichtgeräte für Flachschleifmaschinen mit waagerechter Schleifspindel
A) Roll-Profiliergerät, B) Winkel-Abrichtgerät, C) Kreisbogen-Abrichtgerät, D) Zylinder-Abrichtgerät

13.7.4.6 Automatisierung

Die wachsenden Anforderungen an die Genauigkeit der Werkstückbearbeitung machten in der Serienfertigung den Einsatz von Flachschleifmaschinen mit selbsttätigem Arbeitsablauf notwendig. Nur das Beschicken und Entnehmen der Werkstücke erfolgen von Hand, so daß zwei bis drei Maschinen von einem Arbeiter bedient werden können. Diese teilautomatisierten Maschinen können mit verschiedenen automatischen Abrichteinrichtungen (Bild 92) ausgerüstet werden und sind daher in der Serienfertigung vielseitig verwendbar.

Der automatische Arbeitsablauf beim Einstechschleifen kann wie folgt aussehen: Einlegen der Werkstücke, Starten der Maschine zur Inbetriebnahme aller Funktionen, Vorschliff (automatische Schleifscheiben-Zustellung, einstellbar in zehn Stufen von 0,0025 bis 0,025 mm), Abrichtvorgang zwischen Vor- und Feinschliff (das Abrichtmaß wird automatisch kompensiert), Feinschliff (automatische Schleifscheiben-Zustellung, einstellbar in zehn Stufen von 0,0005 bis 0,005 mm), Ausfunk-Vorgang nach Erreichen des Sollmaßes, Rücklauf in Ausgangsstellung zum Werkstückwechsel.

Ein typisches Arbeitsbeispiel für eine teilautomatische Flach- und Profilschleifmaschine zeigt Bild 93. Bei der Verwendung einer Schleifscheibe aus Edelkorund in keramischer Bindung und Körnung 80 beträgt die Bearbeitungszeit für ein Werkstück 1,8 s.

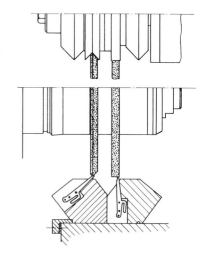

Bild 93. Schleifen von Klinken auf teilautomatischer Flach- und Profilschleifmaschine mit Rollprofiliergerät für Diamant-Abrichtrollen

Die automatische Flachschleifmaschine in Bild 94 ist für das Tauchschleifen von Mitnehmerflächen an Steuerwellen aus gehärtetem Stahl 100 Cr 6 eingerichtet [40]. Sie ist mit einem zentral angeordneten Einlegegerät mit um 90° versetztem Doppelarm mit Greiferzange für zwei Werkstücke ausgestattet. Die Werkstücke werden über Horizontalförderstrecken und eine Übergabestation zugeführt. Im Arbeitsraum der Maschine ist ein

Rundtisch mit zwei Spannstationen aufgebaut, der ein Beschicken der ausgeschwenkten Spannstation während des Schleifvorgangs auf der gegenüberliegenden Seite ermöglicht. In die Ausgabestation werden die fertiggeschliffenen Teile eingehängt, ausgestoßen und über eine Doppelförderstrecke abgeführt. Der Einsatz solcher Schleifautomaten ist nur bei sehr großen Stückzahlen, ggf. bei Zweischichtbetrieb, wirtschaftlich.

Bild 94. Schleifprinzip einer automatischen Flachschleifmaschine

Flachschleifmaschinen mit selbsttätiger Positioniersteuerung für den Quertisch (Bild 95) werden bereits angewendet. Mit dieser numerisch inkrementalen Positioniersteuerung für eine Achse können Werkstücke bei einer Positionierabweichung von ± 0,002 mm geschliffen werden.

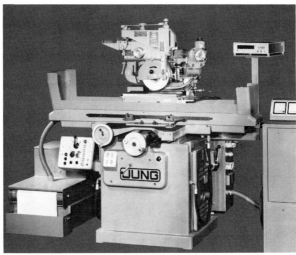

Bild 95. Flach- und Profil-schleifmaschine mit Positioniersteuerung

Numerisch gesteuerte Flachschleifmaschinen mit zweiachsiger Bahnsteuerung sind bisher nur in sehr kleinen Stückzahlen gebaut worden. Die hohen Anschaffungskosten und die gegenüber konventionellen Flachschleifmaschinen schlechtere Arbeitsgenauigkeit haben wirtschaftliche Grenzen aufgezeigt. Es ist jedoch nicht auszuschließen, daß in nächster Zeit auf diesem Gebiet verstärkt Entwicklungen durchgeführt und verbesserte Einsatzmöglichkeiten gefunden werden.

13.7.5 Trennschleifmaschinen

Dipl.-Ing. G. Lutz, Schwaz, Österreich

13.7.5.1 Allgemeines

Trennschleifen ist ein leistungsfähiges Zerspanungsverfahren mit nicht definierten Schneiden und gebundenem Korn. Zum Trennen von Werkstücken wird hierbei eine im Verhältnis zum Durchmesser sehr dünne Trennschleifscheibe mit hoher Schnittgeschwindigkeit angewendet. Man unterscheidet Kalt- und Heißtrennschleifen. Im ersteren Fall besitzt das Werkstück Raumtemperatur; ggf. ist eine nennenswerte Erwärmung der erzeugten Schnittfläche zu vermeiden. Im anderen Fall wird das Werkstück im glühenden Zustand bearbeitet.

Ein wesentliches Kennzeichen des Trennschleifens ist das erreichbare Zeitspanungsvolumen Z, das Werte bis zu 20000 mm^3/s annehmen kann. Die bezogenen Zeitspanungsvolumen Z' liegen je nach Schleifscheibenbreite in der Größenordnung von 1500 mm^3/mm · s und höher. Beim Heißtrennschleifen werden die drei- bis vierfachen bezogenen Zeitspanungsvolumen erreicht. Einen Vergleich verschiedener Schleifverfahren zeigt Tabelle 8. Beispielsweise werden beim Trennschleifen mit Winkelhandschleifer

Tabelle 8. Erreichbare bezogene Zeitspanungsvolumen einiger Schleifverfahren

Schleifverfahren	Zeitspanungs-volumen Z' [mm^3/mm·s]
Honen	3
Innenrundschleifen (Bohrungen von Wälzlagerringen)	10
Außenrundeinstechschleifen (Laufbahnen von Wälzlagerringen)	35
Profilkriechgang	30
Flachschleifen mit Senkrechtspindel und Segmenten	50
Gußputzen auf Pendel- und Ständerschleifmaschinen	30
Hochdruckschleifen von Halbzeugen	300
Trennschleifen mit Winkelbankschleifer	100
Trennschleifen auf stationären Maschinen	1500
Heißtrennschleifen	5000

(Bild 96) bezogene Zeitspanungsvolumen bis 100 mm^3/mm · s erzielt, obwohl dies mit Kleinstaggregaten ausgeführt wird. Im Vergleich dazu ergibt sich bei einer Hochdruckschleifmaschine mit einer Schleifscheibe von 900 mm Dmr. und 100 mm Breite auch nur das verhältnismäßig geringe bezogene Zeitspanungsvolumen von 300 mm^3/mm · s bei Andruckkräften bis zu 30000 N. Vergleichbar mit dem Drehen und Fräsen mit Hartmetall ist das maschinelle stationäre Trennschleifen mit Werten von 1500 mm^3/mm · s.

Es hat nicht an Versuchen gefehlt, die beim Trennschleifen erzielbaren Zeitspanungsvolumen auf Präzisionsschleifverfahren zu übertragen [41]. Erfolgversprechend dabei sind jedoch nur Lösungen, die es ermöglichen, die geforderte Oberflächenqualität und Maßtoleranz mit den hohen bezogenen Zeitspanungsvolumen des Trennschleifens zu kombinieren.

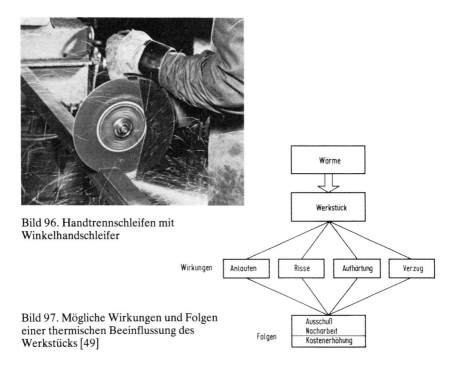

Bild 96. Handtrennschleifen mit Winkelhandschleifer

Bild 97. Mögliche Wirkungen und Folgen einer thermischen Beeinflussung des Werkstücks [49]

Die Wirkung einer unzulässigen thermischen Beeinflussung auf das Arbeitsergebnis ist in Bild 97 dargestellt.
Beim Trennschleifen sind unter allen Ablängverfahren die geringsten Rauhtiefen zu erreichen. Forderungen an die Maßgenauigkeit beziehen sich beim Trennschleifen meist auf Längen- und Winkeltoleranzen, die jedoch nur in Sonderfällen eine Rolle spielen. Die technologischen und wirtschaftlichen Vorteile bilden die Hauptgründe für die Entwicklung des Trennschleifens zum ausgesprochenen Hochleistungs-Zerspanverfahren.

13.7.5.2 Anwendung des Trennschleifens

Kaum ein Ablängverfahren ist so universell einsetzbar wie das Trennschleifen. Dies gilt sowohl für den Dimensionsbereich des Werkzeugs Trennschleifscheibe als auch für das zu bearbeitende Werkstoffspektrum. Trennschleifscheiben gibt es von 30 mm Dmr. und 0,05 mm Breite bis 1800 mm Dmr. und 20 mm Breite. Sämtliche bekannten Schleifmittel finden in Trennschleifscheiben als Schneidstoff Anwendung. Am häufigsten verwendet werden verschiedene Korundsorten.
Trennschleifen findet Anwendung in Walzwerken und Schmiedebetrieben sowie deren Zurichtereien, in Gießereien, im Maschinenbau, in der Werkserhaltung, im Stahlbau und verwandten Industriebetrieben zum Trennen von Rohblöcken, Knüppeln und Halbzeug,

wie gewalzten, stranggepreßten oder -gegossenen sowie geschmiedeten Profilen aller Art, von Mittel- und Grobblechen sowie zum Entfernen von Angüssen und Steigern.
In der Edelstahlerzeugung werden mehrere hundert verschiedene Stahlsorten unterschiedlichster Abmessungen normalerweise mit zwei bis drei unterschiedlichen Trennschleifscheiben getrennt. Dabei sind keine besonderen Einstellungen oder Abwandlungen im Verfahren notwendig. Auch Unterschiede in der Wärmebehandlung sind unbedeutend. Sägen bietet zum Vergleich häufig erhebliche Schwierigkeiten und ist teurer [42].

Tabelle 9. Schnittarten und zugehörige Vorschubbewegungen von Werkstück und Werkzeug als Grundlage für die Konstruktion von Trennschleifmaschinen

Bezeichnung der Schnittart	Kappschnitt	Fahrschnitt	Schwingschnitt	Drehschnitt
Vorschubbewegung des Werkstücks	keine	keine	keine	rotierend v_w
Vorschubbewegung des Werkzeugs	senkrecht zum Werkstück, Vorschubgeschwindigkeit v_p	parallel zum Werkstück, Vorschubgeschwindigkeit v_w	hin und hergehend mit Vorschubgeschwindigkeit v_w; senkrecht dazu Zustellung e	senkrecht zum Werkstück, Vorschubgeschwindigkeit v_p
Prinzip				

Den Konstruktionen von Trennschleifmaschinen liegen die in Tabelle 9 angeführten Schnittarten und zugehörigen Werkstück- und Werkzeugbewegungen zugrunde. Die häufigste Schnittart beim Ablängen metallischer Werkstoffe ist der *Kappschnitt*. Er eignet sich besonders für kleine und mittlere Werkstückabmessungen (Bild 96). Zum Trennschleifen flacher Werkstücke wird der *Fahrschnitt* auf Maschinen in Portalbauart (Bild 98) angewendet.

Bild 98. Portal-Trennschleifmaschine zur Anwendung des Fahrschnitts

13.7.5.3 Theoretische Kennwerte und Einflußgrößen

Der Leistungsfaktor f ist definiert als der Quotient aus der Trennfläche des Werkstücks A_w und der Querschnittabnahme der Trennschleifscheibe ΔA_s;

$$f = \frac{A_w}{\Delta A_s} \, .$$

Er wird von der Zeitspanungsfläche

$$A_z = \frac{A_w}{t} \, [\text{cm}^{\,2}/\text{s}], \tag{25}$$

von der Schnittgeschwindigkeit v_s in m/s und der Kontaktlänge l_k in cm zwischen Trennschleifscheibe und Werkstück beeinflußt, die ihrerseits voneinander abhängig sind. Der Leistungsfaktor ist ein direktes Maß für die Wirtschaftlichkeit des Arbeitsvorgangs und müßte eigentlich Scheibennutzungsfaktor heißen.
Die Abhängigkeit des Leistungsfaktors von der Schnittzeit bzw. der Zeitspanungsfläche ist in Bild 99 dargestellt. Danach nimmt der Leistungsfaktor mit steigender Schnittzeit bis zur Brenngrenze zu, oberhalb derer sich unzulässige thermische Beeinflussungen der Schnittfläche und der Trennschleifscheibe ergeben. Eine Zerstörung nur der Trennschleifscheibe oder der Werkstückoberfläche tritt praktisch kaum auf. Daher ist stets ein Trennschleifen unterhalb der Brenngrenze anzustreben, in Bild 99 als Arbeitsbereich gekennzeichnet. Das Auftreten von Anlauffarben erfordert eine Erhöhung der Zeitspanungsfläche, für die eine ausreichende Antriebsleistung und Stabilität der Maschine zur Verfügung stehen muß.

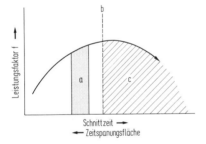

Bild 99. Abhängigkeit des Leistungsfaktors von Schnittzeit und Zeitspanungsfläche
a Arbeitsbereich, b Brenngrenze, c Bereich des Auftretens von Anlauffarben (Scheibenzerstörung)

In der Praxis erzielbare Leistungsfaktoren in Abhängigkeit von der Zeitspanfläche bei zwei verschiedenen Schnittgeschwindigkeiten zeigt Bild 100 für großdimensionales Kalttrennschleifen.
Der sich aus den geometrischen Verhältnissen ergebende Zusammenhang zwischen der Zeitspanungsfläche und der Kontaktlänge und damit der Werkstückabmessung bei Vollquerschnitten ist für drei verschiedene Vorschubgeschwindigkeiten u in Bild 101 wiedergegeben.
Wie sich in der Praxis die Werkstückabmessungen und damit unterschiedliche Kontaktlängen auf den Leistungsfaktor auswirken, geht aus Versuchsergebnissen mit drei verschiedenen Schleifscheibentypen (Bild 102) hervor, die unter gleichen Bedingungen mit Werkstücken quadratischen Querschnitts durchgeführt wurden. Die Erhöhung der Kantenlänge um nur 40 mm ergab in allen Fällen eine deutliche Abnahme des Leistungsfaktors. Diese Tendenz wurde auch durch einen weiteren Versuch mit Werkstücken mit einer Kantenlänge von 300 mm bestätigt. Zwei Ursachen können hierfür genannt werden. Einerseits wird mit zunehmender Kontaktlänge der Spänetransport im Trennspalt

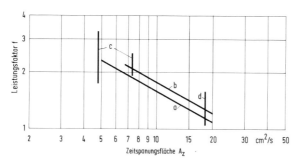

Bild 100. Abhängigkeit des Leistungsfaktors von der Zeitspanungsfläche [50]; Schleifscheibendurchmesser 800 mm

a $v_s = 80$ m/s; b $v_s = 100$ m/s; c Brenngrenze; d Leistungsgrenze

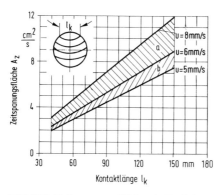

Bild 101. Zeitspanungsfläche als Funktion der Kontaktlänge bei verschiedenen Vorschubgeschwindigkeiten u

a Bereich für hochlegierte Stähle, b Bereich für niedriglegierte Stähle

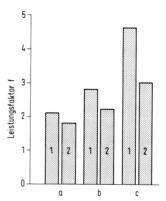

Bild 102. Einfluß der Werkstückabmessung und damit der Kontaktlänge beim Kappschnitt auf den Leistungsfaktor; Zeitspanungsfläche $A_z = 8$ cm²/s, Schnittgeschwindigkeit $v_s = 80$ m/s, Werkstoff Ck 45, Durchmesser der Trennschleifscheibe $d_s = 600$ mm
Trennschleifscheibe: a Typ A24S4B14A, b Typ 9A24R4B14A, c Typ M5A24S4B15A
1 Querschnitt 80 × 80 mm, 2 Querschnitt 120 × 120 mm

durch die Verformung bereits gebildeter Späne erheblich erschwert. Andererseits wird der kritische Eindringwiderstand bei größerer Kontaktlänge und damit geringerem Kontaktdruck pro Korn von einer größeren Anzahl von Körnern nicht erreicht. Die Folge ist erhöhte Reibarbeit dieser Körner ohne Zerspanungsleistung. Nähere Einzelheiten über diese Zusammenhänge zwischen Spanbildung und Temperaturbeeinflussung sind in der Literatur [41 u. 43] zu finden.

Möglichkeiten, die Kontaktlänge zu verringern und damit den Mechanismus der Abführung der erzeugten Späne durch die in der Schleifscheibenoberfläche notwendigen

Porenräume zwischen den Kornschneiden zu begünstigen, bieten der *Fahrschnitt,* der *Schwingschnitt* und der *Drehschnitt* (Tabelle 9). Maschinen für diese Schnittarten benötigen eine geringere installierte Antriebsleistung und eine längere Schnittzeit, die jedoch immer noch nur Bruchteile der beim Sägen erforderlichen Schnittzeit beträgt, und ergeben werkstoffschonende Schnitte.

Beim Drehschnitt kann man außerdem mit Trennschleifscheiben kleineren Durchmessers arbeiten. Dies mindert die Kosten, die für Trennschleifscheiben überproportional mit dem Durchmesser steigen.

Die in der Großserie ermittelte Abhängigkeit des Leistungsfaktors vom Werkstückdurchmesser und damit von der Kontaktlänge zeigt Bild 103.

Nach Ergebnissen aus Grundlagenuntersuchungen steigt die Leistungsfähigkeit aller Schleifverfahren mit der Schnittgeschwindigkeit. Dabei gilt das Prinzip: Viele kleine

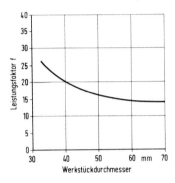

Bild 103. Leistungsfaktor in Abhängigkeit vom Werkstückdurchmesser beim Heißtrennen [44]
Trennschleifscheibe Typ 5 A246 U2 B85A2, Durchmesser $d_s = 800$ mm

Tabelle 10. Beeinflussende Kriterien und Lösungsmöglichkeiten für Trennaufgaben aus dem Bereich des großdimensionierten Trennens

Einsatzbereich / Fakten	allgemeine Trennbearbeitung	Sonderfälle der Trennbearbeitung
Forderung	Vermeiden einer unzulässigen Beeinflussung der Schnittfläche	Wirtschaftlichkeit des Gesamtsystems
Trennaufgabe; zu trennender Werkstoff	Kalttrennen von Knüppeln, Gußsteigern, Stabstahl	Heißtrennen von Knüppeln, Stranggruß, Stabstahl, Rohren. Kalttrennen von Profilen, Grobblechen, Rohren
Schnittgeschwindigkeit [m/s]	80	40 bis 125
Maschinengestaltung	allgemeiner Trennmaschinenbau	gemeinsame Projektbearbeitung durch Anwender, Schleifscheibenhersteller und Anlagenlieferant

Späne pro Zeiteinheit sind günstiger als wenige große. Der Steigerung der Schnittgeschwindigkeit sind jedoch in der Praxis Grenzen gesetzt. Hierbei ist einmal zu berücksichtigen, welche Schnittqualität bei welchem Werkstoff gefordert wird. Zum anderen sind die in Bild 97 dargestellten Wirkungen der Wärmebeeinflussung auf das Werkstück und deren Folgen zu beachten. Auch ein Vergleich der aufgrund der Zukunftsforschung [45] ermittelten Entwicklung der Schnittgeschwindigkeit beim Schleifen mit den im praktischen Versuch ermittelten Werten (Bild 104) gibt hierzu wertvolle Aufschlüsse.
In Tabelle 10 werden Anwendungsbereiche für das Trennschleifen großer Werkstücke aufgezeigt. Dabei besteht bei der allgemeinen Trennbearbeitung durch Kalttrennschleifen die Forderung, daß eine durch Verfärbung erkennbare Wärmebeeinflussung der Schnittfläche nicht eintreten darf. In Sonderfällen, bei denen eine Beeinflussung der Schnittfläche zulässig ist, ist allein die Wirtschaftlichkeit des Gesamtsystems für die Weiterentwicklung der Trennanlagen maßgebend.
Tabelle 11 faßt die wichtigsten Wärmequellen beim Trennschleifen und geeignete Maßnahmen zur Verhinderung von Schleifschäden zusammen. Beim hauptsächlich angewendeten Trockentrennschleifen müssen ggf. Kühlschmierstoffe in das Werkzeug eingebracht werden, um die hohen Zeitspanvolumen (Tabelle 8) ohne Beeinflussung der Werkstückoberfläche zu erzielen.

Tabelle 11. Wärmequellen beim Trennschleifen und mögliche Gegenmaßnahmen

	Wärmequelle	Möglichkeiten zur Verringerung der Wärmeanteile	praktische Wege zur Verringerung der Wärmeanteile
	Trennarbeit, Scherarbeit	gröbere Späne	gröberes Korn, größere Zustellung, höheres Zeitspanungvolumen
		weniger zerspanter Werkstoff	schmalere Scheibe
		scharfes Korn, schnittige Scheibe	geeignetes Schleifkorn, Schutz des Korns durch Füllstoffe, weichere Bindung, geringere Arbeitsgeschwindigkeit
Reibarbeit	Reibung zwischen der Trennscheiben-Umfangsfläche und dem Werkstück	Schmierung	Füllstoffe, Hochdruckschmierfilm
		Verhindern von Aufbauschneiden	Füllstoffe
		Verhindern des Wiederaufschweißens von Spänen	Füllstoffe
	Reibung zwischen der Trennscheiben-Seitenfläche und dem Werkstück		rauhe Seitenfläche, Füllstoffe
	Werkstück (Heißtrennen)	Kühlung	Füllstoffe, Kühlmittel

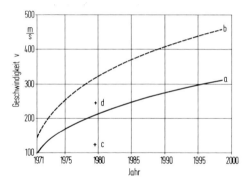

Bild 104. In der Zukunftsforschung vorausgesagte Entwicklung der Schnittgeschwindigkeit beim Schleifen und praktische Versuchsergebnisse
a Arbeitsgeschwindigkeit, b Sprenggeschwindigkeit, c im praktischen Versuch erreichte Arbeitsgeschwindigkeit, d erreichte Sprenggeschwindigkeit

13.7.5.4 Trennschleifen und Umweltschutz

Ursachen einer Umweltbelastung beim Trennschleifen können die Schallerzeugung und die Staubbelastung sein. Bei letzterer muß zwischen dem Metallstaub des zerspanten Werkstücks und dem Staub der sich ständig verbrauchenden Schleifscheibe und ihrer Bestandteile unterschieden werden. Beim Trennen eines Werkstücks mit einem Querschnitt von 120 × 120 mm mit einer Trennschleifscheibe von 600 mm Dmr. und 6 mm Dicke ergibt sich beispielsweise ein Gewichtsverhältnis der beiden Teilmengen von

$$\frac{\text{Werkstoffanteil}}{\text{Scheibenverbrauch}} = \frac{680}{47{,}5} = 14{,}3.$$

Bei einem Gehalt von 15% kühlenden, aber teilweise gesundheitsschädlichen Füllstoffen ist das Verhältnis etwa 100:1. Somit ist es unbedingt notwendig, den Staub, der etwa 1% Füllstoffreste enthalten kann, aufzufangen und abzuführen.

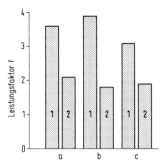

Bild 105. Einfluß des Füllstoffgehalts der Trennschleifscheibe auf den Leistungsfaktor beim Trennschleifen im Kappschnitt auf einer Maschine mit Wippe; Trennschleifscheibe 400 mm Dmr., 4 mm dick, Schnittgeschwindigkeit $v_s = 80$ m/s, Zeitspanungsfläche $A_Z = 5{,}3$ cm²/s, Werkstückdurchmesser $d = 50$ mm
1 füllstoffreiche Schleifscheibe A24 Q4 B14 A,
2 füllstoffarme Schleifscheibe 67A 30 05 B51 A
Werkstoff: a Ck 45, b hitzebeständige Legierung, c Schnellarbeitsstahl S 6–5–2

Welchen Einfluß die Füllstoffe auf den Leistungsfaktor beim Trennschleifen haben, geht aus Bild 105 hervor. Bei allen drei trenngeschliffenen Werkstoffen sank der Leistungsfaktor beim Einsatz der füllstoffarmen Trennschleifscheibe auf etwa die Hälfte gegenüber dem bei füllstoffreicher Trennschleifscheibe.

Nach den einschlägigen Sicherheitsvorschriften betragen für inerte Feinstäube als gesundheitsschädliche Arbeitsstoffe die zulässigen MAK-Werte (maximale Arbeitsplatzkonzentration) 8 mg/m^3. Im angelsächsischen Raum dürfen die nuisance particulates (unter 7 µm Dmr.) bzw. die TLV-Werte (Threshold Limit Value) höchstens 10 mg/m^3 betragen.

Beim Heißtrennschleifen mit Wasserkühlung sind nach mitgeteilten Erfahrungen [46] Staubabsaugung und -filterung nicht nötig.

Der Schallpegel beim Trennschleifen soll 85 dB (A) nicht überschreiten. Bild 106 zeigt eine vollgekapselte, unter ständigem Unterdruck stehende Trennschleifmaschine. Das Stahlblechgehäuse ist mit einer 40 mm dicken Glasfasermatte ausgekleidet. Die zwei Öffnungen für den Rollgang sind mit geschlitzten Gummimatten verschlossen, die den ungehinderten Durchlauf des Stabstahls erlauben. Die Hydraulikeinheit erhielt ebenfalls eine ausgekleidete Schallschutzhaube. Durch diese Maßnahmen betrug der Schallpegel an dem in 1,5 m Entfernung befindlichen Steuerpult weniger als 85 dB (A).

Bild 106. Gegen Staub und Lärmausstrahlung verkleidete Trennschleifmaschine

13.7.5.5 Arbeitsweisen beim Trennschleifen metallischer Werkstoffe

Grundsätzlich ist zwischen Kalt- und Heißtrennschleifen zu unterscheiden. Ein wichtiges Anwendungsgebiet des *Kalttrennschleifens* ist das Trennen von Vollquerschnitten, für das die in Tabelle 10 unter allgemeine Trennbearbeitung angegebenen Kriterien gelten. Unter Anwendung kühlender füllstoffreicher Trennschleifscheiben werden Kappschnittmaschinen mit Schnittgeschwindigkeiten zwischen 80 und 100 m/s eingesetzt. Die Füllstoffe, insbesondere Bleiverbindungen, ermöglichen höchste Zeitspanungsflächen ohne Beeinflussung der Werkstückoberflächen. Die dabei erreichbaren Leistungsfaktoren liegen zwischen 3 und 5.

Aus Gründen des Umweltschutzes werden jedoch zunehmend füllstoffarme, bleifreie Schleifscheiben eingesetzt, die eine Begrenzung der Schnittgeschwindigkeit auf 80 m/s erforderlich machen.

Das Kalttrennschleifen von Rohren, Profilen und Grobblechen gehört zu den Sonderfällen der Trennbearbeitung nach Tabelle 10. Eine Kostenrechnung bringt oft wesentliche Vorteile gegenüber anderen Ablängverfahren, wenn man berücksichtigt, daß die Schallemission geringer ist und infolge hoher Zeitspanungsflächen kurze Schnittzeiten erreicht werden. Die Kosten für das Entgraten entfallen; aufgrund der geringen Kontaktlänge

[Literatur S. 288] 13.7 Bearbeitung mit Schleifscheiben

können harte füllstoffarme Trennschleifscheiben mit entsprechend hohem Leistungsfaktor und Schnittgeschwindigkeiten bis 125 m/s angewendet werden. Man erhält glatte Schnittflächen ohne Riefen oder Schlackenüberzug. Außerdem erfordert das robuste einfache Werkzeug keine Kapitalbindung.
Aus den in Bild 107 dargestellten Versuchsergebnissen kann man ersehen, daß besonders bei Einsatz eines füllstoffarmen, harten Schleifscheibentyps durch die Steigerung der Schnittgeschwindigkeit von 80 auf 100 m/s der Leistungsfaktor bedeutend erhöht werden kann. Dabei zeigten sich durch blaue Anlauffarben geringe thermische Beeinflussungen, die auf Profilen oder Rohren ohne Bedeutung sind.

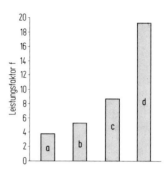

Bild 107. Beim Kalttrennen von Rohren im Kappschnitt auf einer Maschine mit Wippe erzielte Leistungsfaktoren; Schnittzeit t_s = 4,5 s, Stahlträger-Trennschleifscheibe 1200 mm Dmr., 12 mm dick, Werkstück: Rohr 147 × 9 mm aus St 52 Ni 2
a und b füllstoffreiche Schleifscheibe 4 A24 Q4 B14 A2,
c und d füllstoffarme Schleifscheibe M915 A20 R4 B75 A2,
a v_s = 80 m/s, b v_s = 100 m/s, c v_s = 80 m/s, d v_s = 100 m/s
(teilweise blaue Anlauffarbe)

Unter *Heißtrennschleifen* versteht man das Trennschleifen von glühendem Stabstahl, Strangguß, Rohren oder Knüppeln. Das Verfahren gehört zu den Sonderfällen nach Tabelle 10. Seine Wirtschaftlichkeit wird hauptsächlich durch die Kosteneinsparungen für die Schnittausführung und die geringe Umweltbelastung durch Schall bestimmt [44 u. 46]. Die reinen Schnittkosten sind teilweise höher als beim Sägen. Beim Trennschleifen von legiertem Edelstahl können die reinen Schnittkosten (Werkzeugkosten plus Platzkosten ohne Kosten für die Nachbearbeitung) jedoch um etwa 30% niedriger liegen als beim Heißsägen [44]. In Tabelle 12 sind verschiedene Querschnitte von Trennschleifscheiben den damit erzielbaren Arbeitsergebnissen gegenübergestellt. Man sollte daher Schleifscheiben wählen, deren Verschleißfortschritt zu einer Hohlkehle führt.

Tabelle 12. Mögliche Scheibenformen beim Heißtrennschleifen und damit erzielbare Arbeitsergebnisse

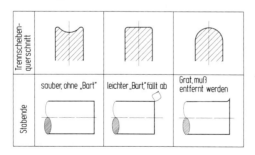

Heißtrennschleifen kennt natürlich nicht das Problem der thermischen Beeinflussung der Schnittfläche. Deshalb können harte Schleifscheiben eingesetzt werden, mit denen Leistungsfaktoren bis 25 erzielbar sind. Hier ist auch der Schnittgeschwindigkeit theoretisch

keine Grenze gesetzt. Heißtrennschleifen wird praktisch mit 100 m/s durchgeführt. Eine Erweiterung auf etwa 125 m/s ist nach dem heutigen Stand der Herstellung von Trennschleifscheiben und der Sicherheitsvorschriften an die Verwendung von Stahlträgerscheiben gebunden. Eine Vorstellung vom Leistungsbedarf beim Kalt- und Heißtrennschleifen vermittelt Bild 108.

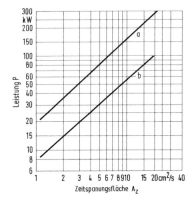

Bild 108. Leistungsbedarf beim Heißtrennen im Vergleich zum Kalttrennen bei Anwendung einer Trennschleifscheibe von 1500 mm Dmr. und 12 mm Dicke und einer Schnittgeschwindigkeit $v_s = 80$ m/s
a Kalttrennschleifen, b Heißtrennschleifen

13.7.5.6 Automatisierung

Die Forderungen nach engen Toleranzen oder bestimmter Oberflächengüte, die bei Präzisionsschleifmaschinen das Hauptziel von Automatisierungsmaßnahmen sind, werden beim Trennschleifen nicht gestellt. Trotzdem gibt es auch bei Trennschleifmaschinen Maßnahmen zur Steigerung der Produktivität, die sich besonders auf Optimierung des Schleifscheibenverbrauchs, Verminderung der Nebenzeiten, Konstanthalten der Schnittgeschwindigkeit, Anpassung der Zeitspanfläche an Werkstoff und Werkstückform und auf die Automatisierung des Werkzeugwechsels erstrecken.

Tabelle 13. Entwicklungsstufen im Trennschleifmaschinenbau

Entwicklungsstufe	praktische Ausführung		
I handbedient	Hand-Trennschleifmaschinen		
II mechanisiert	1 Ablaufsteuerung für Vorschub, Spannen, Trennen	2 Leerhubbegrenzung und Rückzugbeschleunigung	3 Werkzeugschnellwechseleinrichtung
III teilautomatisiert	4 Drehzahlsteuerung v_S=konst konstante Leistung	5 variabler Vorschub konstante Vorschubkraft	6 Längen- und Profilmessung numerische Steuerung
IV automatisiert	7 Trennautomat unter Anwendung der Ausführungen 1 bis 6		

13.7 Bearbeitung mit Schleifscheiben

Bei Auslegung der Maschinen müssen die in Abschnitt 13.7.5.3 genannten Einflußgrößen berücksichtigt werden. Tabelle 13 gibt einen Überblick über die prinzipiell möglichen Entwicklungsstufen. Stufe I umfaßt den Bereich der handwerklichen Ausführung von Trennaufgaben. Der Fortschritt von der handwerklichen zur mechanisierten bzw. automatisierten Fertigung wird durch die Auflösung des Arbeitsvorgangs in Teilfunktionen und deren Realisierung mit mechanischen und steuerungstechnischen Hilfsmitteln erzielt. Stufe III veranschaulicht beispielsweise eine Entwicklungsstufe, die bei den meisten Zerspanungsverfahren, auch beim Schleifen, im Produktionsbereich eingeführt ist. Beim Trennschleifen besteht ein hoher Nachholbedarf hinsichtlich neuzeitlicher Meß- und Steuerungstechnik.

Bereits vor Jahren wurde eine Pilotanlage in Betrieb genommen, die mit adaptiver Regelung die Kosten des Trennschleifens optimiert [47]. Der in Bild 109 dargestellte Verlauf der Gesamtkosten ergibt sich aus den Werkzeug- und den Maschinenkosten. Während die Werkzeugkosten infolge des höheren Schleifscheibenverschleißes bei höheren Vorschubgeschwindigkeiten überproportional steigen, fallen die Maschinenkosten durch die kürzeren Trennzeiten. Durch Addition dieser beiden Kosten ergibt sich der charakteristische Verlauf der Gesamtkosten, der durch ein ausgeprägtes Minimum gekennzeichnet ist.

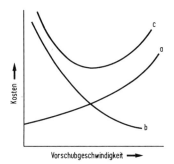

Bild 109. Abhängigkeit der Werkzeugkosten, Maschinenkosten und Gesamtkosten von der Vorschubgeschwindigkeit beim Trennschleifen [47]
a Werkzeugkosten, b Maschinenkosten, c Gesamtkosten

Das Prinzip bei der adaptiven Regelung ist, den Arbeitsablauf im optimalen Bereich zu führen. Die erwähnte AC-Regelung benutzt den Stundensatz für die Anlage (x) und die bezogenen Schleifscheibenkosten (y) der folgenden Gleichung zur Optimierung der Wirtschaftlichkeit:

$$K = x \left(\frac{d_w}{u_f} + t_n \right) + y \cdot d_s \cdot \pi \cdot b_s \cdot \frac{\Delta d_s}{2} + z \cdot b_s \cdot A_w \cdot \varrho. \tag{26}$$

Darin bedeuten
b_s Schleifscheibenbreite,
d_s jeweiliger Schleifscheibendurchmesser,
d_w Werkstückdurchmesser,
t_n Summe der Nebenzeiten,
u_f Vorschubgeschwindigkeit,
x Stundensatz für die Anlage,
y Schleifscheibenkosten pro mm^3,
z Werkstoffpreis,
A_w Werkstückquerschnitt,
K Schnittkosten,
ϱ Dichte des Werkstücks.

Die von *Storm* [47] beschriebene Anlage ermittelt die kostenoptimale Vorschubgeschwindigkeit während der Nebenzeit. Meßgrößen sind dabei die Zeit und der Durchmesserunterschied vor und nach dem Schnitt. Während des Schnitts wird mit konstanter Vorschubgeschwindigkeit gearbeitet. Darüber hinaus dient die Meßgröße Schleifscheibendurchmesser zur automatischen Regelung der konstanten Schnittgeschwindigkeit. Unter Berücksichtigung der Werkstoffpreise muß diese Gleichung durch einen Teil z ergänzt werden, der die Kosten für den Werkstoffverlust aus Schleifscheibenbreite und Werkstückquerschnitt beinhaltet.

In Edelstahlwerken kommen beispielsweise Werkstoffe mit sehr unterschiedlichen Preisen zur Verarbeitung. Um hier bei teuren Werkstoffen die Kosten durch Werkstoffverluste möglichst niedrig zu halten, wird man zweckmäßig mit möglichst kleinen und damit auch dünnen Schleifscheiben arbeiten, wofür der Drehschnitt besondere Vorteile bietet.

Die selbsttätige Anpassung der Vorschubgeschwindigkeit an die Schnittbedingungen stellt einen weiteren Schritt in Richtung Automatisierung und damit Erhöhung der Wirtschaftlichkeit dar. Ein derartiges System paßt sich selbsttätig an veränderliche Betriebsbedingungen mit folgenden Merkmalen an:

Verkürzung der Schnittzeit durch Regelung der Vorschubgeschwindigkeit in Abhängigkeit vom Werkstückquerschnitt, Verkürzung der Nebenzeiten durch Leerhubeilgang, Überlastungsschutz für den Antrieb und ggf. geringere installierte Antriebsleistung, Ausgleich der Unrundheiten bei Anwendung des Drehschnitts, Vermeidung, zumindest Verminderung von Schleifscheibenbrüchen und dadurch Erhöhung der Sicherheit, verbesserte Anpassung an Werkstoff-Unterschiede, Anpassungsmöglichkeit an Schleifscheibenunterschiede (Dicke, Schnittgeschwindigkeit, Zusammensetzung) und Möglichkeit zur automatischen Kostenoptimierung bei Vorhandensein eines Prozeßrechners nach Zeitkosten und Kosten für Schleifscheibenverbrauch und Werkstoffverlust.

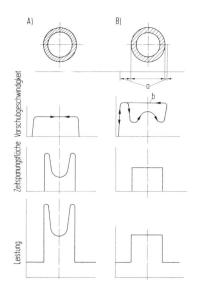

Bild 110. Einfluß des Verlaufs der Vorschubgeschwindigkeit auf die Zeitspanungsfläche und die aufgenommene Leistung
A) bei konstanter Vorschubgeschwindigkeit,
B) bei variabler Vorschubgeschwindigkeit,
a Leerhub, b Rückzug

Bild 110 gibt die Wirkung von veränderlicher und gleichbleibender Vorschubgeschwindigkeit auf Antriebsleistung und Zeitspanungsfläche wieder. Als Meßgröße für die im Schnitt veränderliche Vorschubgeschwindigkeit können die Antriebsleistung oder die Zerspankraftkomponenten gewählt werden.

In einer in der Literatur [48] beschriebenen Anlage ist das Hauptmerkmal die Konstantregelung der Leistung. Meßgröße ist der Motorstrom des Gleichstromantriebsmotors. Der Bedienungsmann stellt die gewünschte bzw. von der Arbeitsvorbereitung vorgeschriebene Stromaufnahme ein. Die Vorschubgeschwindigkeit kann hier auch negativ werden, d.h. bei Überlastungen, deren Grenzen einstellbar sind, wird der Spindelkopf zurückgezogen und neu zum Schnitt angesetzt.
Bei Anwendung von gewebearmierten Hochgeschwindigkeits-Trennschleifscheiben im Trockeneinsatz liegen heute noch nicht genügend Erfahrungen mit veränderlicher Vorschubgeschwindigkeit vor.
Eine andere Lösungsmöglichkeit für eine adaptive Vorschubregelung enthält eine Schutzrechtanmeldung[1]. In dieser ist das Hauptmerkmal der Ausgleich von Unrundheiten bzw. Querschnittsänderungen, wie sie bei Rohrluppen oder Schmiedestücken vorkommen. Das System wurde für Drehschnittanlagen entworfen und regelt nach dem Prinzip konstanter Leistung. Die Anpassung wird durch Regelung der Vorschubgeschwindigkeit erzielt.
Das Prinzip einer einfachen hydropneumatischen Zustellung ist in Bild 111 dargestellt. Die Energie wird aus dem Druckluftnetz bezogen. Die Vorschubgeschwindigkeit wird über ein Drosselventil im Ölteil gesteuert (Bild 111 A). Das Drosselventil befindet sich hier im Ablauf des Ölstroms, wodurch sich ein Gegendruck einstellt. Das System weist im allgemeinen eine kraftabhängige Nachgiebigkeit auf. Ergänzende Maßnahmen erlauben eine Konstanthaltung der Vorschubgeschwindigkeit. Das Blockschaltbild (Bild 111 B) zeigt, daß die Druckdifferenz zwischen Luftraum und Ölraum in Abhängigkeit vom Schleifdruck, verursacht durch ein unregelmäßiges Profil, beeinflußt wird. Ein Restgegendruck im Rücklauf ist zur Vermeidung eines Stick-Slip-Effekts und von Überregulungen vorteilhaft. Zur Regelung der Vorschubgeschwindigkeit nach dem Prinzip konstanter Vorschubkraft wird eine Ergänzung nach Bild 111 C vorgenommen. Durch Einbau eines Regelventils kann ein konstanter Druck im Luftraum (konstanter Druck vor dem Kolben) eingestellt werden. Über den Abgleich zwischen Sollwert und Ist-Arbeitsdruck wird das Regelventil gesteuert. Das System nach Bild 111 C kann rein hydraulisch oder hydropneumatisch ausgeführt werden.

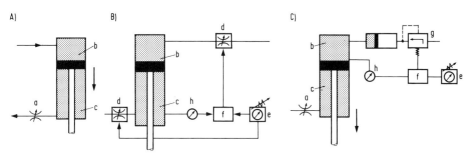

Bild 111. Prinzipien einer hydropneumatischen Zustellung
A) Steuerung der Vorschubgeschwindigkeit über ein Drosselventil im Rückfluß, B) Konstanthalten der Vorschubgeschwindigkeit, C) Regelung der Vorschubgeschwindigkeit nach dem Prinzip einer konstanten Vorschubkraft
a Drosselventil, b Luftraum, c Ölraum, d Stromregelventil, e Sollwertgeber, f Regler, g Druckregelventil, h Manometer

---

[1] Österreichische Patentanmeldung OE 44923 (1975) der Buderus'schen Eisenwerke, Wetzlar

Bei Regelung der Vorschubgeschwindigkeit über die Vorschubkraft oder die Antriebsleistung werden die Meßgrößen durch Prozeßparameter, wie Zeitspanungsvolumen, Flankenreibung im Trennspalt, Spänetransport und -zerkleinerung sowie unvorhersehbare mechanische Einflüsse (Schnittverlauf oder Klemmen), beeinflußt. Deshalb besteht immer noch eine Abhängigkeit vom Bedienungspersonal.

Eine weitgehende Unabhängigkeit vom Bedienungspersonal ist durch die Anwendung der NC-Technik im Trennmaschinenbau möglich. Eine Vorschubsteuerung durch Funktionsgenerator beseitigt die vorgenannten Abhängigkeiten von Störanteilen in den Meßgrößen und vom Bedienungspersonal. Die Elemente der NC-Technik haben allerdings im Trennmaschinenbau trotz der geringen Genauigkeitsanforderungen und sinkender Steuerungspreise bisher kaum Anwendung gefunden. In Tabelle 14 sind die wichtigsten Merkmale automatischer Trennanlagen zusammengefaßt. Darüber hinaus ergeben sich für eine numerisch gesteuerte Trennanlage folgende Möglichkeiten der Eingliederung in bestehende Fertigungssysteme:

Das Trennprogramm für einen gewissen Zeitraum wird nach den Gesichtspunkten der Fertigungssteuerung aufgegliedert; die einzelnen Lose von Werkstoffen, Abmessungen und Profilformen erhalten einen Datenträger, der die Steuerungsfunktion gespeichert hat. Danach läuft der Trennschleifvorgang nach vorgegebenen optimalen Einstellwerten ab.

Ein Profiltaster am Werkstoffeingang der Trennanlage nimmt Profilabmessung und Profilform ab und wandelt diese Information in eine Weg-Geschwindigkeits-Funktion für die Vorschubeinheit um.

Tabelle 14. Merkmale hochentwickelter Trennschleiftechnik

Forderung	Lösungen	Wirkungen
automatische Schnittgeschwindigkeitssteuerung	Hydromotor, Gleichstrommotor mit Thyristor, drehzahlgeregelter Drehstrommotor	Steigerung des Leistungsfaktors (bessere Scheibenausnutzung)
automatisch gesteuerte, variable Vorschubgeschwindigkeit	hydropneumatisch, rein hydraulisch, hydromechanisch, elektromechanisch	erhöhte Sicherheit, bessere Zeitausnutzung, bessere Schnittausführung
Verkürzung des Eingriffsbogens	Drehschnitt, Fahrschnitt, Schwingschnitt	bessere Scheibenausnutzung, Werkstoffschonung
konstruktive Verbesserung	Schnellwechsel der Schleifscheibe, Spannung der Werkstücke, Ablaufsteuerung	erhöhte Sicherheit, Herabsetzung der Nebenzeiten
Umweltschutzmaßnahmen	Kapselung mit schalldämmender Auskleidung, Absaugung	Verbesserung des Arbeitsplatzes, Staubfreiheit, Lärmminderung

13.7.6 Werkzeugschleifmaschinen

Dr.-Ing. E. Altmann, Schwarzenbek
Dipl.-Ing. G. Lechler, Berlin
Ing. W. Müller, Schwarzenbek

13.7.6.1 Allgemeines

Ziel der Bearbeitung von Werkzeugen ist die Erzeugung einer definierten Schneidengeometrie, wobei für die Wahl der Größe der Werkzeugwinkel Richt- und Erfahrungswerte zugrunde gelegt werden. Die Definitionen der Werkzeugwinkel sind in DIN 6581 und DIN 1412 enthalten.
Die Werkzeugschneiden werden auf Universal- oder Spezialwerkzeugschleifmaschinen geschärft. Die erforderlichen Ausrüstungen und der Automatisierungsgrad ergeben sich aus der Häufigkeit und Art der Arbeiten.
Die Bearbeitung auf Werkzeugschleifmaschinen erfordert hohe Genauigkeit, da Formfehler am Werkzeug auf dem Werkstück abgebildet werden und erhöhten Werkzeugverschleiß bewirken können. Die thermische Belastung der Werkzeuge muß gering bleiben, um Gefügeveränderungen und damit eine Verschlechterung der Standgrößen zu verhindern; außerdem soll die Bearbeitung wirtschaftlich erfolgen.

13.7.6.2 Übersicht der Werkzeugschleifmaschinen

Universal-Werkzeugschleifmaschinen sind im Aufbau den Flachschleifmaschinen ähnlich: die Schleifspindel ist höhenverstellbar auf einer Säule montiert, der Tisch kann in Längs- und Querrichtung bewegt werden, Spindelkopf und Arbeitstisch sind in der Regel drehbar. Bild 112 zeigt eine Universal-Werkzeugschleifmaschine.

Bild 112.
Universalwerkzeugschleifmaschine

Auf *Nachform-Scharfschleifmaschinen* können Profildrehwerkzeuge, Fräswerkzeuge mit gekrümmten Profilen nach Schablone im Nachformverfahren scharfgeschliffen werden. Die Freifläche wird mit dem Schleifscheibenumfang erzeugt.
Wälzfräser werden auf *Wälzfräser-Schleifmaschinen* an den Spanflächen nachgeschliffen. Teilgetriebe mit Teilscheiben und weitere Zusatzeinrichtungen ermöglichen einen automatischen Arbeitsablauf, der auch das Abrichten der Schleifscheibe einschließt.

Sinuslineal oder Wechselradgetriebe erlauben das Schleifen von Drallnuten. Geradgenutete Wälzfräser aus Hartmetall oder Schnellarbeitsstahl können auch im Tiefschleifverfahren geschliffen werden.

Auf *Messerkopf-Schleifmaschinen* werden Fräser mit eingesetzten Messern bearbeitet. Mit besonderen Einrichtungen können auch bestimmte Formen nach Schablone nachgeformt werden.

Auf *Gewindewerkzeug-Schleifmaschinen* sind für die Instandsetzung von Gewindebohrern die Spanflächen in den Nuten und der kegelige Anschnitt nachzuschleifen.

Außer dem üblichen Kegelmantel können auf *Spiralbohrer-Schleifmaschinen* mit Zusatzeinrichtungen auch Sonderanschliffe erzeugt werden. Auf speziellen Maschinen ist das Schleifen von zwei-, drei- und vierschneidigen Stufenwerkzeugen und Senkern möglich.

Teilautomatische und automatische *Kreissägeblatt-Schleifmaschinen* werden zur Bearbeitung der Schneiden an Kaltkreissägen und HSS-Kreissägen verwendet.

Auf *Räumwerkzeugschleifmaschinen* werden die Spanflächen, die Freiflächen, die Spankammern und die Spanbrechernuten bearbeitet.

Die Bearbeitung auf Werkzeugschleifmaschinen zur elektro-chemischen Bearbeitung von Werkzeugen erfolgt dadurch, daß die Dreh- oder Hobelmeißel und Schneidplatten überwiegend durch anodische Auflösung des Werkstoffs geschärft werden.

Das Scharfschleifen von Werkzeugen erfordert in der Regel keine Berechnungen. Die zur Bearbeitung der Span- und Freiflächen von genuteten Werkzeugen und hinterdrehten Schneidzähnen benötigen Einstellungen der Werkzeugschleifmaschinen werden mit Hilfe von Nomogrammen ermittelt.

13.7.6.3 Werkstückaufnahmen, Vorrichtungen, Schleifscheiben

Bei der Bearbeitung auf Werkzeugschleifmaschinen müssen Werkstück und Schleifscheibe häufig komplizierte Bewegungen ausführen, die eine Reihe spezieller Einrichtungen erfordern. Für mehrschneidige Werkzeuge, wie Fräser, Sägen und Räumwerkzeuge, werden Teilapparate benötigt. Schraubschleifeinrichtungen ermöglichen die Bearbeitung von Wälzfräswerkzeugen und schraubverzahnten Schaft- und Walzenfräsern. Die Schraubbewegung wird meist mit Hilfe eines Leitlineals erzeugt (Bild 113), an dem

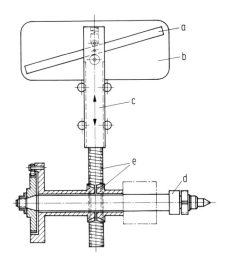

Bild 113. Schraubschleifeinrichtung für drallgenutete Werkzeuge
a Leitlineal, b Leitlinealkörper, c Leitlinealschieber, d Werkstückspindel, e Schraubtrieb

ein verzahnter Schieber montiert ist, der über ein Zahnrad an der Werkstückspindel die translatorische Bewegung des Schiebers in eine rotatorische der Werkstückspindel umsetzt.

Weitere Einrichtungen, welche die Verwendungsmöglichkeit von Werkzeugschleifmaschinen erweitern, sind Rundungsschleif- und Hinterschleifeinrichtungen. Zur Bearbeitung von Räumnadeln werden Ausricht- und Abstützeinrichtungen benötigt. An Wälzfräserschleifmaschinen werden Balligabrichteinrichtungen verwendet, mit denen das Schleifscheibenprofil zur Einhaltung der zulässigen Formtoleranzen der Spanfläche am Fräser korrigiert wird. Da die geometrischen Fehler beim Werkzeugschleifen auf dem Werkstück abgebildet werden, sind an Spannvorrichtungen und Schleif- und Werkstückspindeln erhöhte Genauigkeitsforderungen zu stellen.

Die Wahl der richtigen Schleifscheibe hat erheblichen Einfluß auf das Schleifergebnis. Tabelle 15 enthält Richtlinien über die Zusammensetzung von Schleifscheiben für die häufigsten Werkzeugschärfaufgaben. Für die Bearbeitung von Werkzeugen aus Schnellarbeitsstahl und Hartmetall werden auch Schleifscheiben aus kubisch kristallinem Bornitrid und Diamantschleifscheiben verwendet, häufig in Verbindung mit Tiefschleifverfahren. Schleifscheiben aus Bornitrid oder Diamant minimieren Gefügeveränderungen der zu bearbeitenden Werkzeuge wegen der geringeren thermischen Belastung durch den Schleifvorgang.

13.7.6.4 Scharfschleifen von Werkzeugen

Dreh- und Hobelwerkzeuge

Dreh- und Hobelwerkzeuge werden aus Haltern und Schneidplatten zusammengesetzt, die aufgelötet oder geklemmt werden. Die Bearbeitung gelöteter Hartmetallschneidplatten kann durch die unterschiedlichen Eigenschaften von Schaftwerkstoff und Hartmetallplatte zu Spannungsrissen führen, während geklemmte Schneidplatten im Klemmhalter oder besonderen Schleifhaltern geschliffen werden.

Voraussetzung für einen geometrisch richtigen Schliff sind ebene Werkzeugschäfte und geeignete Bezugsflächen für das Ausrichten der Schneiden und Messen der Winkel, keine zu tiefe Einbettung der Platten im Schaft zur Vermeidung von Schrupparbeit am Schaft (Bild 114) und richtige Winkel des Plattensitzes zur Vermeidung höheren Zerspanungsvolumens. Die Schneidenecke wird meist zur Entlastung rund geschliffen; Haupt- und Nebenschneide sollen dabei tangential an den Eckenradius führen.

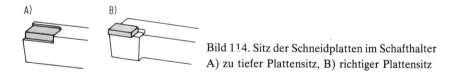

Bild 114. Sitz der Schneidplatten im Schafthalter
A) zu tiefer Plattensitz, B) richtiger Plattensitz

Dreh- und Hobelmeißel werden trocken oder naß geschliffen; Schneidplättchen aus Oxidkeramik werden grundsätzlich naß geschliffen, Hartmetallplättchen nur, wenn das Kühlschmiermittel in die Berührungszone zwischen Werkstück und Schleifscheibe gelangt und so Spannungsrisse in der Hartmetallplatte vermieden werden können. Das Kühlschmiermittel muß so an die Wirkstelle herangeführt werden, daß es nicht von der Schleifscheibe abgeschleudert werden kann; bei Topfscheiben bewirkt eine Zufuhr in den Innenraum durch die Zentrifugalkräfte eine günstige Schmierfilmausbildung.

Tabelle 15. Empfohlene Zusammensetzung von Werkzeugschleifscheiben

Werkzeug	Werkstoff[1]	Schleifvorgang	Schleifmittel[2]	Körnung	Härte	Gefüge	Bindung[3]
Dreh- und Hobelmeißel	WS	Vor- und Fertigschleifen v. Hand	NK	24 u. 30	O	5	Ke
		Vor- u. Fertigschleifen maschinell	NK	24	K	5	Ke
	SS	Vorschleifen	HK	24 bis 36	M bis O	5	Ke
		Fertigschleifen	EK	46 bis 60	K bis M	8	Ke
	HM	Vorschleifen	SC	46 bis 60	I (i) bis K	7,8	Ke
		Fertigschleifen	SC	90 bis 150	H bis I(i)	7,8	Ke
		Feinstschleifen	SC	320	Jot	10	Ke
	HM	Feinstschleifen	DT	D100	–	–	Ba
		Feinstschleifen	DT	D50 bis D30	–	–	Ba
		Schaftwerkst. abschl.	NK	30 bis 46	K bis M	5	Ke
Fräser, allgemein	SS	Scharfschleifen	EK	46 bis 60	Jot bis K	8	Ke
	HM	Vorschleifen	SC	54 bis 60	I(i)	8	Ke
		Fertigschleifen	SC	90	H bis I(i)	8	Ke
	HM	Feinschleifen	DT	D100	–	–	Ba
		Feinstschleifen	DT	D50 bis D30	–	–	Ba
Gewindebohrer	SS	Spannuten schleifen	EK	54 bis 80	L bis M	7	Ke
		Anschnitt hinterschleifen	EK	60 bis 80	Jot bis L	7,8	Ke
Gewindestrehler	SS	Spanfl. schleifen	EK	46	I(i)	8	Ke
Gewindeschneidbacken	SS	Spanfl. schleifen	EK	54	I(i)	8	Ke
		Anschn. schleifen	EK	60	H	12	Ke
Metallkreissägen	SS	Scheibe bis 3 mm	NK	60 bis 80	O u. P	8	Ba
		Scheibe bis 6 mm	EK	60	L	7	Ke
		Scheibe bis 10 mm	EK	54	K	8	Ke
		Scheibe bis 16 mm	EK	46 bis 54	K	5	Ke
Messerköpfe	SS	Freifl. schleifen	EK	46	Jot bis K	8	Ke
		Freifl. vorschl.	SC	46	I(i)	8	Ke
		Freifl. fertigschl.	SC	90	H	8	Ke
	HM	Freifl. feinschl.	DT	D50	–	–	Ba
		Freifl. läppschl.	DT	D30	–	–	Ba

13.7 Bearbeitung mit Schleifscheiben

Räumnadeln	WS	Scharfschleifen	EK	54 bis 60	K	8	Ke
	SS	Scharfschleifen	EK	46	H	8	Ke
Reibahlen	WS	Rundschleifen	EK	60 bis 80	K bis M	5	Ke
		Freifläche	EK	60	K	8	Ke
		Spanfläche	EK	60	L	7	Ke
	SS	Rundschleifen	EK	60	L	5	Ke
		Freifläche	EK	60	K	8	Ke
		Spanfläche	SC	60	L	7	Ke
	HSS	Rundschleifen	EK	60	K	5	Ke
		Freifläche	EK	60	K	8	Ke
		Spanfläche	EK	60	L	7	Ke
Schneideisen	SS	Spanfläche u. Ansch.	NK	80	P	8	Ke
Schneidräder	SS	Spanfläche	EK	60	Jot	8	Ke
Spiralbohrer	WS u. SS	Schärfen v. Hand	EK	46	M	7	Ke
		Schärfen maschinell	EK	54	K	8	Ke
		Schärfen maschinell	SC	60	K	8	Ke
	HM	Schärfen maschinell	DT	70	–	–	Ba
Wälzfräser (gr. Modul)	SS	Schärfen maschinell	EK	46	I(i)	8	Ke
Wälzfräser (mittl. Modul)	SS	schärfen maschinell	EK	54	I(i)	8	Ke
Wälzfräser (kl. Modul)	SS	schärfen maschinell	EK	60	K	8	Ke

[1] WS Werkzeugstahl, SS Schnellarbeitsstahl, HM Hartmetall
[2] NK Normalkorund, HK Halbedelkorund, EK Edelkorund, SC Siliziumkarbid, DT Diamant
[3] Ba bakelitisch, Ke keramisch

Bei Schneidplatten aus Oxidkeramik ist besonders auf geringe Schneidenschartigkeit zu achten, da sonst unter Einfluß der Zerspanungskräfte Schneidenteilchen ausbröckeln können und das Werkzeug vorzeitig erliegt. Daher werden bevorzugt feinkörnige Diamantschleifscheiben verwendet.

Das Scharfschleifen ausgebrochener Schneiden erfordert oft eine vorbereitende Fräsbearbeitung der Schaftfreifläche (Bild 115). Dreh- und Hobelwerkzeuge enthalten häufig Spanleitstufen; schräge Stufenrücken werden mit Topfscheiben geschliffen, Rundungen (Bogenrücken) im Umfangschliff. Die Schräge wird meist durch gleichzeitiges Anheben und Wegbewegen des Tisches von der Scheibe erreicht. Beim Tiefschleifen der Spanleitstufe werden Breite und Tiefe in einem Durchgang fertiggeschliffen.

Bild 115. Fräsbearbeitung des Schafts vor dem Scharfschleifen

Beim Elysierschleifen von Werkzeugen wird der Werkstoff überwiegend anodisch aufgelöst. Dabei ergeben sich hohe Abtragleistungen, gute Oberflächen und wegen des Wegfalls des Feinschleifens kurze Bearbeitungszeiten. Eine gestörte Elektrolytzufuhr führt zu Lichtbögen und damit zu kraterförmigen Vertiefungen in den bearbeiteten Flächen.

Spiralbohrer

Auf Bohrerschleifmaschinen soll eine Schneidengeometrie erzeugt werden, die eine optimale Zerspanung bei hoher Standzeit ermöglicht. Durch verschiedene Anschliffe können folgende geometrische Größen der Bohrerschneide verändert werden: der Spitzenwinkel σ, der Spanwinkel γ_x, die Länge und Form der Querschneide und der Querschneidenwinkel ψ [11].

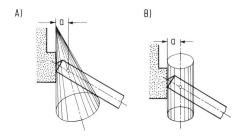

Bild 116. Stellung von Bohrer und Schleifscheibe beim Schärfen

A) beim Kegelmantelschliff, B) beim Zylindermantelschliff

a Abstand des Schnittpunkts der Bohrerachse mit der Kegel- bzw. Zylinderachse von der Stirnfläche der Schleifscheibe

Bild 116 zeigt die Schleifstellungen beim Kegelmantel- und Zylindermantelanschliff. Der Kegelmantelanschliff wird am häufigsten angewendet, wobei durch Ausspitzen der Querschneide, Ändern des Spitzenwinkels σ und Anschleifen von Fasen an der Hauptschneide der Bohrer mit Kegelmantelanschliff der Bohrarbeit und dem Werkstoff angepaßt werden kann. Der Freiwinkel und der Querschneidenwinkel werden beim Scharfschleifen durch den Abstand a (Bild 116), den Abstand des Schnittpunkts der Kegelachse mit der Bohrerachse von der Schleifscheibe, den Winkel zwischen der Kegelachse und der Bohrerachse und durch paralleles Verschieben des Bohrers in der Kegelachse beeinflußt. Außer den bekannten technologischen Vorteilen des Kegelmantelanschliffs ergibt sich auch eine einfache Bedienung der Kegelmantel-Spitzenschleifmaschine.

Das Nachschleifen von Bohrern sollte grundsätzlich auf einer Werkzeugschleifmaschine durchgeführt werden, da beim Nachschleifen von Hand die Schneiden durch Überhitzung beeinträchtigt werden können und keine genaue Schneidengeometrie erreicht werden kann. Handbediente Maschinen (Bild 117 A) werden bei geringen, automatisierte Maschinen (Bild 117 B) bei großen Stückzahlen angewendet.

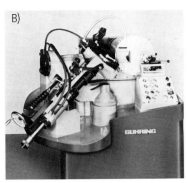

Bild 117. Bohrerschleifmaschinen
A) handbediente Maschine, B) automatische Maschine

Die Zentrierspitze bei Bohrern wird durch Abschrägen der äußeren, stirnseitigen Schleifscheibenkante erzeugt (Bild 118 A). Die Größe der Zentrierspitze wird durch radiales Verschieben der Bohrerachse zur Schleifscheibe bestimmt. Stufenbohrer können nur bis zu dem die Stufen trennenden Einstich nachgeschliffen werden (Bild 118 B). Zum Nachschleifen werden Spitzenschleifmaschinen mit speziellen Einrichtungen oder Sonderschleifmaschinen verwendet. Zum Anschliff auf Spitzenschleifmaschinen wird der Bohrer so weit über die Schleifscheibe hinausgerückt, bis diese die

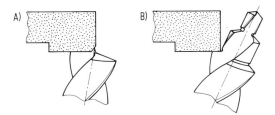

Bild 118. Besondere Formen von Bohreranschliffen
A) Anschleifen der Zentrierspitze, B) Nachschleifen eines Stufenbohrers

zu bearbeitende Freifläche berührt. Zur Bearbeitung von Spitzenwinkeln $\sigma = 180°$ wird die Schleifscheibe leicht kegelig abgerichtet, damit der überragende Spiralteil der Stufen mit geringerem Durchmesser nicht berührt wird. Der an den Stufen nachzuschleifende Betrag ergibt sich aus dem Betrag, der zum Schärfen der am stärksten verschlissenen Stufe zerspant werden muß.
Tabelle 16 zeigt Fehler beim Nachschleifen von Spiralbohrern und deren Folgen.

Tabelle 16. Fehler beim Nachschleifen von Spiralbohrern und deren Folgen

Fehler	Folge
Spitzenwinkel zu klein	Die Schneiden erscheinen, auf die Spitze gesehen, nicht gerade, sondern S-förmig gekrümmt. Dadurch wird die Bohrung rauh, der Bohrer schnell stumpf und kann leicht brechen.
Spitzenwinkel zu groß	Die Schneiden erscheinen, auf die Spitze gesehen, nicht gerade, sondern hakenförmig gekrümmt. Die Schneidecken stehen vor und haken beim Bohren ein. Schneidecken verschleißen rasch, Bohrung wird rauh. Bruchgefahr beim Bohreraustritt.
Schneiden ungleich lang	Die Mitte der Querschneide liegt nicht auf der Bohrerachse. Ungleiche Belastung des Bohrers. Bohrung wird größer als Bohrerdurchmesser. Bohrer verläuft leicht.
Schneiden unter ungleichen Winkeln zur Bohrerachse	Da nur eine Schneide arbeitet, wird der Bohrer einseitig beansprucht. Rascher Verschleiß der arbeitenden Schneide. Bohrer verläuft leicht.
Schneiden ungleich lang und unter ungleichen Winkeln zur Bohrerachse	Einseitige Beanspruchung des Bohrers. Rascher Verschleiß der arbeitenden Schneide. Bohrung wird größer als Bohrerdurchmesser. Bohrer verläuft leicht.
Zu kleiner oder kein Freiwinkel	Der Bohrer trägt auf der Freifläche. Die Axialkraft steigt an und führt in kurzer Zeit zum Ausglühen der Spitze oder zum Bruch des Bohrers.
Zu großer Freiwinkel	Der Schneidkeil wird geschwächt. Der Bohrer hakt ein und bricht an den Schneiden aus. Bruchgefahr beim Austritt.
Falscher Querschneidenwinkel	Große Axialkraft. Querschneide verschleißt schnell. Falscher Winkel an der Querschneide rührt von falschem Freiwinkel her.
Ungenügendes Nachschleifen des Bohrers	Verschlissene Teile der Spitze kommen wieder zum Einsatz. Schneller Verschleiß. Ungenaue Bohrung.
Ungenügende Kühlung beim Schleifen	Weichhautbildung, Brandflecken, Schleifrisse.
Zu große Zustellung pro Überschliff, zu harte Schleifscheibe	Weichhautbildung, Brandflecken, Schleifrisse.

Fräswerkzeuge

Bei der Bearbeitung von Fräswerkzeugen auf Werkzeugschleifmaschinen hat die Genauigkeit der Fräseraufnahme entscheidende Bedeutung für die Arbeitsgenauigkeit. Die hohen Anforderungen an Plan- und Rundlaufgenauigkeit der Aufnahmedorne für das vorbereitende Rundschleifen erfordern in der Regel besondere Dorne. Liegt das Verhältnis von Werkzeuglänge zu Bohrungsdurchmesser zwischen 0,5 und 1,5, werden Drehdorne nach DIN 523, ist es größer, werden Schleifdorne nach DIN 6374 verwendet.

Zum Schleifen der Stirn-, Span- und Freiflächen werden die Werkzeuge in Aufsteckfräsdornen aufgenommen. Zum Schärfen von Genauigkeits-Wälzfräsern werden besondere Preßdorne benötigt, deren Kegelsteigung 2,5 µm auf 100 mm beträgt.

Fräswerkzeuge sollen nachgeschliffen werden, wenn die Verschleißmarkenbreite 0,2 bis 0,5 mm beträgt, da sonst die Gefahr des Erliegens von Schneiden besteht. Vor dem Schleifen von Span- und Freifläche wird das Fräswerkzeug außen rundgeschliffen, da vorstehende Schneiden leicht überlastet werden und schlechte Oberflächen erzeugen. Die ISO-Qualität IT 8 ist für Wälzfräser, Scheibenfräser, Profil- und Schaftfräser ausreichend; für Reibahlen, Gewindefräser und hinterschliffene Fräser wird die Qualität IT 5 benötigt.

Die Schneiden werden durch das Schleifen der Freiflächen geschärft. Ungleiche Teilung der Schneidzähne bei Reibahlen erfordert eine Zahnstütze, die ortsfest zum Werkstück oder zur Schleifscheibe befestigt wird. Sind die Spanflächen mit Hilfe eines Teilapparats geschliffen worden, kann die Freifläche auch ohne Zahnstütze in gleicher Weise bearbeitet werden. Die Spanfläche soll allerdings nur geschliffen werden, wenn Schneiden beschädigt sind oder der Spanraum durch häufiges Nachschleifen zu klein geworden ist. In diesem Fall wird die Spannut mit einer Profilscheibe bei gleichzeitiger Bearbeitung der Spanfläche vergrößert. Die Breite der Freifläche darf in Abhängigkeit vom Werkzeugdurchmesser bestimmte Werte nicht überschreiten, sonst muß der Zahnrücken unter einem größeren Winkel (15 bis 30°) freigeschliffen werden (Bild 119).

Die zur Bearbeitung der Span- und Freifläche an gerad- und drallgenuteten Werkzeugen erforderlichen Einstellungen der Werkzeugschleifmaschinen ergeben sich aus der Anzahl der Achsen, um welche die Schleifspindel gedreht werden kann (Bild 120).

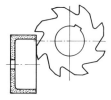

Bild 119. Freischleifen des Zahnrückens am Fräser

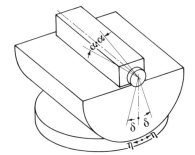

Bild 120. Drehwinkel der Schleifspindel an Fräswerkzeugschleifmaschinen
α um eine im rechten Winkel zur Schleifspindelachse liegende waagerechte Achse, δ um die waagerechte Schleifspindelachse, η um die senkrechte Achse

Bei Maschinen mit einer senkrechten Drehachse (Winkel η) wird aus dem Werkzeugdurchmesser D und dem geforderten Freiwinkel $\alpha = \alpha'$ mit Hilfe des Nomogramms in Bild 121 (Beispiel a) die Größe H bestimmt und mit der Zahnstütze eingestellt (Bild 122 A). Liegen Zahnstütze und Schleifscheibenachse in einer Höhe, dann erfolgt die Schnittbewegung senkrecht zur Schneide. Um bei großen Werkzeugdurchmessern und großen Freiwinkeln das Anschleifen einer zweiten Schneide zu verhindern, wird die Schleifspindelachse zur Senkrechten der Werkzeugachse um $\eta = 1$ bis 2° gedreht (Bild 122 B). Kann die Schleifspindel der Maschine außerdem um eine waagerechte Achse (Winkel α) gedreht werden, wird die Zahnstütze auf Mitte der Werkzeugachse eingestellt (Bild 122 C). Der Drehwinkel α ist gleich dem gewünschten Freiwinkel α. Das Umfangschleifen der Freifläche erzeugt durch die Krümmung der Schleifscheibe hohle Freiflächen, weshalb mit Schleifscheiben großen Durchmessers gearbeitet werden soll.

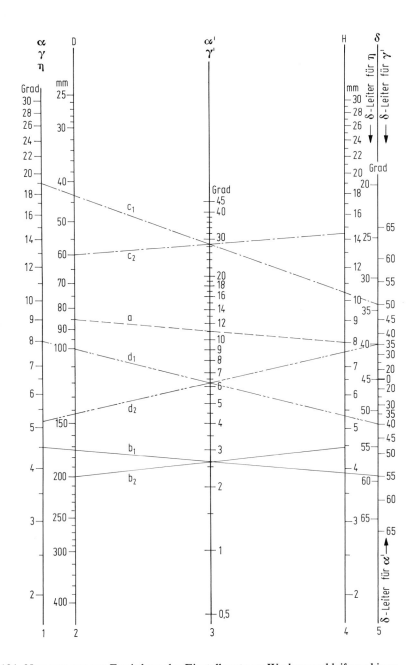

Bild 121. Nomogramm zur Ermittlung der Einstellwerte an Werkzeugschleifmaschinen

α Normalfreiwinkel, α' Stirnfreiwinkel, γ Normalspanwinkel, γ' Stirnspanwinkel, δ Drallwinkel, η Drehwinkel um die senkrechte Achse des Schleifkopfs, D Werkzeug- bzw. Schleifscheibendurchmesser, H Höhen- bzw. Seitenverschiebung der Zahnstütze

a Ermittlung der Verschiebung H bei gegebenem Freiwinkel α bzw. Stirnfreiwinkel α' und Werkzeug- bzw. Schleifscheibendurchmesser D für geradgenutete Werkzeuge, b Ermittlung der Verschiebung H bei gegebenem Normalfreiwinkel α, Drallwinkel δ und Werkzeugdurchmesser D für drallgenutete Werkzeuge, c seitliche Verschiebung H bei gegebenem Normalspanwinkel α, Drallwinkel δ und Werkzeugdurchmesser D für drallgenutete Werkzeuge, d Ermittlung des Stirnfreiwinkels α' und des Drehwinkels η des Schleifkopfs für drallgenutete Werkzeuge

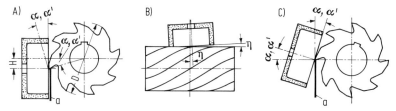

Bild 122. Einstellungen der Schleifscheibe zum Schleifen der Freifläche an Fräswerkzeugen
A) Höhenverschiebung der Zahnstütze um das Maß H, B) Drehen der Schleifspindel um den Winkel η, C) Drehen der Schleifspindel um den Winkel α'
a Zahnstütze, D Werkzeugdurchmesser, α Freiwinkel, α' Stirnfreiwinkel

Die Spanfläche geradegenuteter Fräser wird mit der geraden Stirnseite einer Tellerschleifscheibe (Form B nach DIN 69149) bearbeitet, wobei die Schleifspindelachse um 0,5° gedreht wird. Für Spanwinkel $\gamma = 0°$ steht die Schleifscheibenstirnfläche in Höhe der Werkzeugachse; für positive Spanwinkel $\gamma = \gamma'$ wird das Maß H (Bild 123 A) aus dem Nomogramm in Bild 121 (Beispiel a) bestimmt.

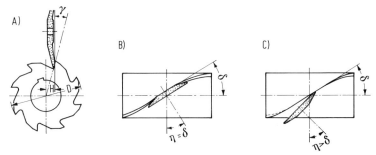

Bild 123. Einstellungen der Schleifscheibe zum Schleifen der Spanflächen an Fräswerkzeugen
A) Höhenverschiebung H beim Schleifen eines geradgenuteten Werkzeugs, B) Drehwinkel η beim Schleifen eines drallgenuteten Werkzeugs, C) Drehwinkel η beim Schleifen eines drallgenuteten Werkzeugs mit der geraden Seite einer Tellerschleifscheibe
D Werkzeugdurchmesser, γ Spanwinkel, δ Drallwinkel

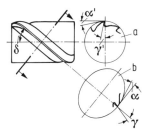

Bild 124. Winkel an drallgenuteten Werkzeugen
a Stirnebene, b Normalebene, α Normalfreiwinkel, α' Stirnfreiwinkel, γ Normalspanwinkel, γ' Stirnfreiwinkel

Der Stirnfreiwinkel drallgenuteter Werkzeuge (Bild 124) ist vom Drallwinkel abhängig. Zur Bearbeitung der Freifläche muß die Schneide um den Stirnfreiwinkel α' aus der Mittenlage gedreht werden (Bild 122 A). Das Maß H ergibt sich wieder aus dem Nomogramm in Bild 121 (Beispiel b). Man bestimmt zunächst den Stirnfreiwinkel α', indem man den Normalfreiwinkel auf Leiter 1 mit dem Drallwinkel δ auf Leiter 5 unten verbindet (Gerade b_1). Ausgehend von dem bekannten Werkzeugdurchmesser D und dem auf Leiter 3 gefundenen Stirnfreiwinkel α' kann im zweiten Schritt das Maß H ermittelt werden (Gerade b_2). Wenn der in der Normalebene geforderte Freiwinkel α eingehalten werden soll, muß die Achse der Topfschleifscheibe in Höhe der Zahnstütze liegen, damit der Schliff parallel zur Werkzeugstirnebene erfolgt.

Bild 124 zeigt, daß auch der Stirnspanwinkel γ' vom Normalspanwinkel γ abweicht. Der zur Bearbeitung der Spanfläche erforderliche Drehwinkel η der Schleifspindel ergibt sich aus dem Drallwinkel δ des Fräsers (Bild 123 B), die seitliche Verschiebung H der Schleifscheibe zur Werkzeugachse aus dem Nomogramm in Bild 121 (Beispiel c), und zwar analog zu der im Beispiel b beschriebenen Weise. Aus den bekannten Größen γ und δ wird zunächst der Stirnspanwinkel γ' ermittelt. Mit dem Durchmesser des Werkzeugs D kann dann die Verschiebung H mit Hilfe der Geraden c_2 bestimmt werden.

Die Spanfläche wird vorwiegend mit Tellerschleifscheiben (Form A nach DIN 69149) bearbeitet, wobei sowohl die kegelige als auch die gerade Stirnseite der Schleifscheibe benutzt wird. Im letzteren Fall wird die Schleifscheibe um einige Grade über den Drallwinkel des Fräsers eingestellt (Bild 123 C). Die sich hierbei ergebende muldenförmige Spanfläche wirkt sich günstig auf die Spanbildung aus, bewirkt jedoch nach wiederholtem Anschliff eine Veränderung des ursprünglichen Spanwinkels.

Werden zum Schärfen drallgenuteter Fräswerkzeuge Werkzeugschleifmaschinen verwendet, deren Schleifkopf um zwei Achsen gedreht werden kann, ergeben sich andere Einstellungen an der Maschine. Die Schleifspindel wird um eine waagerechte Achse um den Stirnfreiwinkel α' (Bild 122 C) und zur Freistellung der Schleifscheibe um die senkrechte Achse um den Winkel η = 1 bis 2° gedreht (Bild 122 B). Wenn die Stirnebene der Topfschleifscheibe in die Freiflächenebene gebracht werden kann, wird man von der Schleifrichtung unabhängig. Dazu wird die Schleifspindel um den Winkel α' um die waagerechte, im rechten Winkel zur Spindelachse liegende Achse und um den Winkel η um die senkrechte Achse gedreht (Bild 125). Die Drehwinkel α' und η

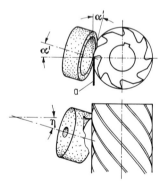

Bild 125. Einstellungen der um zwei Achsen drehbaren Schleifspindel zum Schärfen drallgenuteter Fräswerkzeuge

a Zahnstütze, α', η Drehwinkel der Schleifspindel

werden mit Hilfe des Nomogramms in Bild 121 (Beispiel d) ermittelt. Durch Verbinden des Normalfreiwinkels α mit dem Drallwinkel δ auf der δ-Leiter für α' wird zunächst der Stirnfreiwinkel α' auf der Leiter 3 ermittelt. Die Bestimmungspunkte der Geraden d_2 ergeben sich aus dem Stirnfreiwinkel α' und dem Drallwinkel δ auf der δ-Leiter für η. Der Schnittpunkt der Geraden d_2 mit der Leiter 1 legt den einzustellenden Drehwinkel η fest.

13.7 Bearbeitung mit Schleifscheiben

Wenn die Schleifspindel um drei Achsen gedreht werden kann, ist die Bearbeitung der Freifläche ohne die Bestimmung von Einstellwerten möglich. Freiwinkel α und Drallwinkel δ werden an der Maschine eingestellt, so daß sich eine raumdiagonale Lage der Schleifspindel mit der Stirnebene der Topfschleifscheibe in der Freiflächenebene ergibt (Bild 126). Durch die schräge Lage der Schleifspindelachse zur Werkzeugachse entfällt auch eine Freistellung der Schleifscheibe.

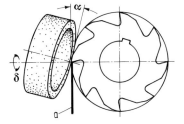

Bild 126. Einstellung der Schleifscheibe zum Schleifen der Freifläche auf einer Werkzeugschleifmaschine mit um drei Achsen drehbarer Schleifspindel
a Zahnstütze, α Normalfreiwinkel, δ Drehwinkel der Schleifspindel

Zum Schärfen von Planmesserköpfen muß aus dem Nomogramm in Bild 121 (Beispiel c) die Verschiebung H der Zahnstütze ermittelt werden, die vom Hauptschneidenwinkel δ abhängig ist (Bild 127). Der Freiwinkel α der Hauptschneide wird mit dem Hauptschneidenwinkel δ auf der Leiter 5 oben rechts verbunden, wobei man im Schnittpunkt mit der Leiter 3 den einzustellenden Winkel α' erhält. Ausgehend von diesem Punkt und dem Messerkopfdurchmesser D auf der Leiter 2, wird eine Gerade bis zum Schnittpunkt mit der Leiter 4 gezogen, auf der dann die Verschiebung H der Zahnstütze abgelesen werden kann.

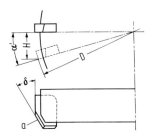

Bild 127. Winkel und Einstellmaße am Messerkopffräser
a Hauptschneide, D Werkzeugdurchmesser, H Einstellmaß, δ Schneidenwinkel, α' Drehwinkel der Schleifspindel

Werkzeuge mit hinterdrehten Zähnen

Profil-, Gewinde- und Wälzfräser, Gewindebohrer und Schrupp-Schaftfräser haben in der Regel hinterdrehte bzw. hinterschliffene Zähne. Das Schärfen dieser Werkzeuge wird dadurch erleichtert, daß nur die Spanflächen bearbeitet werden und die Zähne unter Erhaltung des Profils so weit abgeschliffen werden können, bis das Reststück der Schnittkraft nicht mehr standhält.

Der Spanwinkel beträgt in der Regel $\gamma = 0°$, während der Freiwinkel α zwischen 8 und 20° liegt (Bild 128 A). Als Hinterdrehkurve wird die logarithmische oder aus Fertigungsgründen meist die archimedische Spirale benutzt. Bei der ersteren wird der Freiwinkel durch das Nachschleifen nicht verändert; die letztere bewirkt geringfügige, für die Praxis aber bedeutungslose Veränderungen.

Das Werkzeugprofil bleibt erhalten, wenn der auf dem Werkzeug angegebene Spanwinkel beim Nachschleifen eingehalten wird. Die Verschleißmarkenbreite entscheidet über den nachzuschleifenden Betrag (Bild 128 B). Um großen Schneidstoffverlust zu vermeiden, sollten die Werkzeuge oft geschärft werden. Beim erstmaligen Schärfen können Teilungsfehler durch Härteverzug folgendermaßen ausgeglichen werden: Das hinterdrehte Werkzeug wird zunächst außen rundgeschliffen. Danach wird die Spanfläche geschliffen, bis die Rundschleiffase gerade verschwindet (Bild 129 A). Danach wird der Zahnrücken an allen Zähnen auf gleiche Breite geschliffen (Bild 129 B), wobei der fertiggeschliffene Zahnrücken als Anlage für die Zahnstütze dient (Bild 129 C).

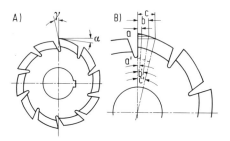
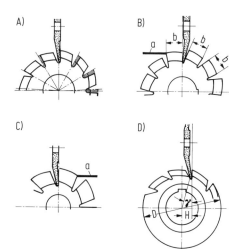

Bild 128. Nachschleifen der Spanfläche an hinterdrehten Fräswerkzeugen
A) Winkel am Werkzeug (α Freiwinkel, γ Spanwinkel), B) von der Verschleißmarkenbreite abhängiger Nachschliff
a, b, c Verschleißmarkenbreiten, a', b', c', entsprechend der Verschleißmarkenbreite notwendige Winkeleinstellung beim Schleifen der Spanfläche

Bild 129. Schleifen eines hinterdrehten Fräswerkzeugs
A) Schleifen der Spanfläche zur Beseitigung der Rundschleiffase, B) Schleifen des Zahnrückens aller Zähne auf gleiche Breite, C) Schleifen der Spanfläche mit Zahnstütze am Zahnrücken, D) Einstellen der Schleifscheibe auf den Spanwinkel γ durch seitliche Verschiebung um das Maß H
a Zahnstütze, b Breite des Zahnrückens, D Werkzeugdurchmesser

Die Spanfläche wird mit Tellerschleifscheiben (Form B nach DIN 69149) geschliffen. Ist der Spanwinkel γ größer als 0°, muß die Stirnfläche der Schleifscheibe um einen Betrag H (Bild 129 D) aus der Werkzeugmitte gerückt werden. Zum Bestimmen der Verschiebung H wird bei Werkzeugdurchmessern über 100 mm das Nomogramm in Bild 121, bei kleineren Durchmessern das Nomogramm in Bild 130 benutzt.
Hinterdrehte drallgenutete Werkzeuge erfordern zum Nachschleifen Werkzeugschleifmaschinen, deren Schleifspindel um eine senkrechte und eine waagrechte Achse gedreht werden kann. Der Drehwinkel α der Spindelachse (Bild 120) ergibt sich aus dem Flankenwinkel der Schleifscheibe (meist 15°), der Drehwinkel η aus dem Steigungswinkel der Spannuten. Um das Unterschneiden am Profilkopf und -fuß zu vermeiden, muß die eingreifende Kegelmantellinie der Schleifscheibe senkrecht zur Werkzeugachse stehen.
Da der Spannutensteigungswinkel am Kopf- und Fußkreis unterschiedlich ist, wird mit geraden Schleifscheibenflanken eine ballige Spanfläche erzeugt (Bild 131). In Bild 132 ist eine Einrichtung dargestellt, mit der die Schleifscheibe ballig abgerichtet werden kann, um ebene Spanflächen zu erzeugen.

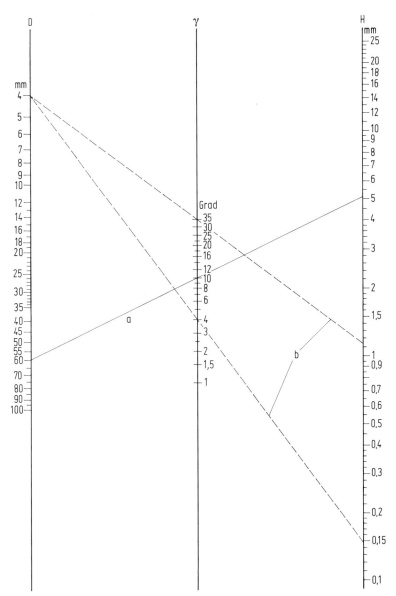

Bild 130. Nomogramm zur Ermittlung der seitlichen Schleifscheibenverschiebung H beim Schleifen der Spanfläche hinterdrehter Werkzeuge
D Werkzeugdurchmesser, γ Spanwinkel; a Ermittlung der Verschiebung H bei gegebenem Werkzeugdurchmesser D und Spanwinkel γ, b Änderung des Spanwinkels γ bei geringer Veränderung der Verschiebung H und gegebenem Werkzeugdurchmesser D

Zum Erzielen einer genauen Spannutensteigung benötigt man eine Drallschleifeinrichtung (Bild 113). Die zulässigen Toleranzen der Zahnteilung an Wälzfräsern sind in DIN 3968 angegeben; die geforderten Genauigkeiten können nur durch sorgfältiges Nachschleifen der Werkzeuge sichergestellt werden.

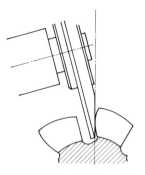

Bild 131. Formfehler an der Spanfläche bei geradlinig abgerichteter Schleifscheibe

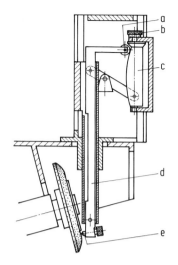

Bild 132. Schema einer automatischen Balligabrichteinrichtung
a Tastrolle, b Einstellknopf, c Kurvenstück, d Abrichtstange, e Abrichtdiamant

Räumwerkzeuge

Räumwerkzeuge sind sehr empfindliche und teure Werkzeuge, deren Konstruktion, Fertigung und Instandhaltung häufig den Herstellern von Räumwerkzeugmaschinen überlassen wird.

Vor dem Schärfen von Räumwerkzeugen sind vorbereitende Arbeiten erforderlich. Kaltverschweißungen werden durch Strahlspanen mit Glasperlen oder durch Abziehen mit Ölstein entfernt; durch Richten werden unzulässige Rundlauf- und Geradheitsfehler beseitigt. Beim Schleifen der Spanflächen muß die Rundlaufabweichung kleiner als 0,05 mm, beim Schleifen der Freiflächen kleiner als 0,02 mm sein. Der Ebenheitsfehler bei Flach- oder flachprofilierten Räumwerkzeugen darf 0,05 mm auf 500 mm nicht überschreiten.

Räumwerkzeuge werden grundsätzlich nur an der Spanfläche geschliffen. Um dabei die Spanungsdicke zu erhalten, müssen alle Zähne um den gleichen Betrag nachgeschliffen werden. Bei der Bearbeitung der Spanflächen an Flachräumwerkzeugen ergibt sich der Anstellwinkel ϱ der Schleifspindelachse aus dem Spanwinkel γ und der Schleifscheibenform (Bild 133 A); wird die Freifläche bearbeitet, wird der Anstellwinkel ϱ gleich dem Freiwinkel gewählt; für die Spanflächen werden Tellerschleifscheiben, für die Freiflächen Topfschleifscheiben verwendet (Bild 133 B).

Bei runden oder rundprofilierten Räumwerkzeugen wird der Anstellwinkel ϱ mit Hilfe des Diagramms in Bild 134 bestimmt. Dafür soll eine möglichst große Schleifscheibe benutzt werden.

Das Schleifen von Räumwerkzeugen soll immer am Werkzeugende beginnen, damit mit abnehmendem Scheibendurchmesser auch der Werkzeugdurchmesser kleiner wird. Dadurch bleibt der Spanwinkel γ annähernd konstant.

Müssen zu klein gewordene Spankammern vergrößert werden, sind nach dem Schleifen die Rundheit und Ebenheit zu überprüfen, da im Spankammergrund Richtspannungen freiwerden können.

13.7 Bearbeitung mit Schleifscheiben

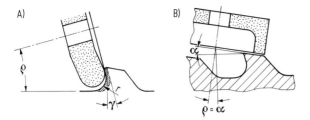

Bild 133. Schleifen von Räumwerkzeugen
A) Schleifen der Spanfläche, B) Schleifen der Freifläche
α Freiwinkel, γ Spanwinkel, ϱ Anstellwinkel der Schleifscheibe, r Spanflächenradius

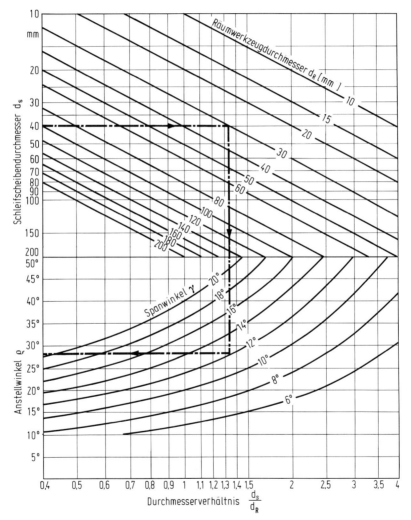

Bild 134. Diagramm zur Ermittlung des Anstellwinkels ϱ der Schleifspindelachse beim Schleifen der Spanfläche von Rundräumwerkzeugen

Rundräumwerkzeuge müssen durch Lünetten abgestützt werden, um Durchbiegungen durch Schleifkräfte zu verhindern. Der Schleifmaschinentisch wird um den Steigungswinkel des Werkzeugs gedreht, wobei der Drehwinkel nicht über die Tischskala, sondern mit Hilfe eines Dorns und einer Meßuhr eingestellt wird.

Spanbrechernuten müssen nachgeschliffen werden, wenn ihre Tiefe nicht mehr der dreifachen Spanungsdicke entspricht. Dafür werden Trennschleifscheiben und für die Teilung Teilapparate verwendet. Sind die Spanbrechernuten versetzt angeordnet, wird im Einstechverfahren geschliffen.

Nach dem Schärfen wird der Schleifgrat durch Strahlspanen mit Glasperlen entfernt, oder es wird in Kauf genommen, daß die ersten geräumten Werkstücke geringfügige Maßabweichungen durch den Grat aufweisen. Ist ein einzelner Zahn des Räumwerkzeugs vollständig zerstört, muß der nachfolgende Zahn die doppelte Spanungsdicke übernehmen. Die Instandsetzung kann auf zweierlei Weise erfolgen: Entweder wird der erste Zahn nach der Lücke auf das Maß des gebrochenen Zahns zurückgenommen und durch eine etwas größere Steigung bis zum letzten Zahn die Spanungsdicke geringfügig vergrößert (Bild 135 A). Sind jedoch genügend Reservezähne vorhanden, wird nach der zweiten Möglichkeit der erste Zahn wieder auf das Maß des gebrochenen Zahns abgeschliffen und der Steigungsteil unter Beibehaltung der Spanungsdicke verlängert (Bild 135 B).

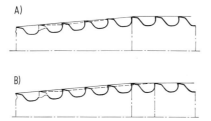

Bild 135. Instandsetzung von Räumwerkzeugen bei einem ausgebrochenen Zahn
A) durch größere Steigung ohne Reservezahnverlust, B) durch gleiche Steigung mit Reservezahnverlust

13.7.7 Sonderschleifmaschinen

Dipl.-Ing. H. G. Fleck, Berlin[1]
Ing. (grad.) H. Gerner, Coburg[2]
Direktor W. Haferkorn, Siegen[3]

13.7.7.1 Walzenschleifmaschinen

Bauarten

Bei den Walzenschleifmaschinen unterscheidet man zwischen Maschinen mit ortsfestem Schleifspindelstock und in Längsrichtung verfahrbarem Werkstück (Bild 136) und solchen mit ortsfestem Werkstück und in Längsrichtung verfahrbarem Schleifspindelstock (Bild 137). Erstere werden zum Schleifen kleiner Walzen bis 800 mm Dmr., 4 m Länge und 6 t Gewicht eingesetzt, während die zweite Bauart für Walzen von 3 bis 250 t Gewicht verwendet wird, deren maximale Durchmesser bei großen Papierwalzen bis 6 m betragen können.

---

[1] Abschnitte 13.7.7.2 bis 13.7.7.4
[2] Abschnitt 13.7.7.5
[3] Abschnitt 13.7.7.1

13.7 Bearbeitung mit Schleifscheiben

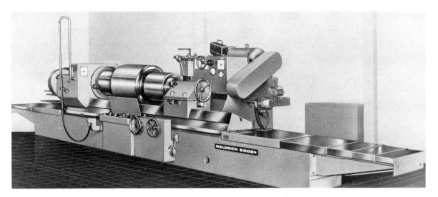

Bild 136. Walzenschleifmaschine mit feststehendem Schleifspindelstock

Bild 137. Walzenschleifmaschine mit feststehendem Werkstück

Maschinenaufbau

Der Schleifspindelstock, der auf dem Längsschlitten geführt wird, trägt die Schleifspindel, von der sehr genauer Rundlauf und schwingungsfreier Lauf verlangt werden. Um diese beiden Forderungen zu erfüllen, muß die Schleifspindellagerung eine sehr hohe Rundlaufgenauigkeit, verbunden mit einer sehr hohen dynamischen Dämpfung, haben. Hierfür sind hydrodynamische Gleitlager bzw. hydrostatische Lagerungen besser geeignet als Wälzlager. Um einen schwingungsfreien Lauf zu gewährleisten, muß die Maschine mit einer Auswuchteinrichtung ausgestattet sein, die nach Möglichkeit bei laufender Schleifscheibe arbeiten und eine externe Anzeige besitzen sollte. Für einen schwingungsfreien Rundlauf der Schleifspindel hat sich deren Antrieb über endlose Keilriemen oder Breitflachriemen allgemein bewährt.

Der Spindelstock führt die Schleifscheibenanstellung, die Endzustellung (Vorschubschritt beim Umsteuern), die Nachstellung als sog. Kontizustellung zum Ausgleich des Schleifscheibenverschleißes und die Bewegungen zum Hohl- und Balligschleifen aus. Die Schleifscheibenanstellung muß ruckfrei in kleinsten Schritten möglich sein, je nach Maschinenausführung automatisch oder von Hand. Die Kontizustellung stellt einen extrem langsamlaufenden Einstechvorschub dar, der ruckfrei verlaufen muß.

Da die Walzen meist nicht zylindrisch sind, sondern nach vorgeschriebenen Kurven hohl oder ballig geschliffen werden, wird die Schleifscheibe entsprechend diesen Kurven am Werkstück entlanggeführt. Dabei bilden Längsvorschub und Quervorschub die voneinander abhängig zu steuernden Größen. Dieser Mechanismus muß nicht nur eine sehr hohe Formgenauigkeit gewährleisten, sondern auch eine große Wiederholgenauigkeit besitzen. Dies bedeutet eine genaue Abstimmung der Umkehrspiele von Längs- und Einstechvorschub.

Für den Mechanismus zum Hohl- und Balligschleifen sind drei Ausführungen üblich, und zwar die Zustellung des Schleifspindelstocks über ein Hebelsystem (Bild 138 A), das Kippen des oberen Teils des Spindelstocks über ein Hebelsystem (Bild 138 B) und das Schwenken der Schleifspindel in einer exzentrischen Lagerung (Bild 138 C).

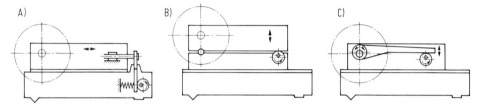

Bild 138. Einstelleinrichtungen zum Hohl- und Balligschleifen
A) Zustellen des Schleifspindelstocks durch ein Hebelsystem, B) Kippen des Schleifspindelstock-Oberteils, C) Schwenken der Schleifspindel in exzentrischer Lagerung

Um die vorgeschriebene Kurve zu erreichen, sind folgende Ausführungen möglich: Abtasten eines Längslineals, das den Kurvenverlauf in einem bestimmten Verhältnis vergrößert, Herstellen einer Kurvenscheibe, die in starker Vergrößerung dem Kurvenverlauf entspricht, Anwendung einer Exzenterscheibe, die eine Sinuskurve erzeugt (durch Änderung des Übersetzungsverhältnisses kann man durch Auswertung verschiedener Winkelbereiche der Sinuskurve unterschiedliche Kurven an der Walze erzeugen), optisches Abtasten einer gezeichneten Kurve und entsprechendes Steuern der Maschine (Bild 139) und schließlich die numerische Steuerung, bei der jedoch das Problem auftritt, daß die verlangte Kurve oft mathematisch nicht genau zu beschreiben ist.

Bild 139. Optisches Abtasten einer Kurve zum Hohl- und Balligschleifen

Die Werkstückseite besteht aus dem Werkstückspindelstock, dem Reitstock und den Lünetten.

Der Werkstückspindelstock muß einen schwingungsfreien Umlauf der Walze gewährleisten. Beim Feinschleifen ist ein ungleichmäßiger Rundlauf des Werkstücks an der Oberfläche der Walze deutlich zu erkennen.

Beim Reitstock unterscheidet man zwischen dem Gegenhalte-Reitstock zum Schleifen in Lünetten und dem Reitstock mit mitlaufender Körnerspitze zum Schleifen zwischen Spitzen. Die Körnerspitzen müssen eine hohe Rundlaufgenauigkeit aufweisen. Walzen werden hauptsächlich in Lünetten geschliffen. Dabei darf keine Erwärmung entstehen, denn diese würde infolge Dehnung der Lünettenbacken und der Walzen eine Mittenverlagerung des Werkstücks hervorrufen, die ihrerseits einen Zylindrizitäts- oder Kurvenformfehler erzeugt.

Leichte Walzen werden in Gleitbacken-Lünetten und schwere Walzen (meist Stützwalzen ab 30 t Gewicht) vorzugsweise in hydrostatischen Lünetten gelagert. Beim Schleifen in Lünetten muß dafür gesorgt werden, daß zwischen Spindelstock und Werkstück durch die Drehübertragung keine zusätzlichen Verformungen entstehen können.

Ein besonderes Qualitätsmerkmal jeder Walzenschleifmaschine ist das Umkehrverhalten beim Richtungswechsel des Längsschlittens mit dem Spindelstock. Diese Baugruppe darf beim Umkehren der Längsbewegung nicht kippen, da sonst eine ungleichmäßige Spanabnahme an den Enden des Werkstücks erfolgt. Das Verhalten der Maschine läßt sich am besten dadurch kontrollieren, daß man beim Anschleifen einen Strommesser, der den Strom des Schleifspindelmotors anzeigt, beobachtet. Die Änderung der Stromaufnahme beim Umkehrvorgang muß unter 1 A liegen. Für Längsführungen, die ihre Führungsgenauigkeit lange Zeit erhalten sollen, setzen sich hydrostatische Führungen in zunehmendem Maße durch.

Die zu schleifenden Walzen sind entweder zylindrisch, ballig oder hohl; auch Kegel müssen geschliffen werden können. Von einer Walzenschleifmaschine hoher Genauigkeit sollten Abweichungen von der Zylinder- und der Kreisform sowie von der festgelegten Hohl- bzw. Balligform von nicht mehr als 1 µm eingehalten werden.

Bearbeitungsbeispiele

Beim Walzenschleifen treten als unterschiedliche Bearbeitungen das Hochleistungs-Schruppschleifen, das Schruppschleifen, Feinschleifen, Feinstschleifen und das Polierschleifen auf, die teilweise sehr unterschiedliche Maschinen erfordern. Bei den zu schleifenden Walzen werden Rohwalzen, Vorwalzen, Warmblechwalzen, Kaltblechwalzen, Folienwalzen und Papierwalzen unterschieden.

Beim *Hochleistungs-Schruppschleifen* (Schleifen von Rohwalzen) wird das Werkstück zwischen den Spitzen oder in Planscheiben bzw. Spezialfuttern aufgenommen. Hierfür verwendete Maschinen haben Antriebsleistungen bis 500 kW. Kunstharzgebundene Schleifscheiben mit Körnung 24 bis 36 (Normalscheiben) oder Körnung 50 bis 60 (Spezial-Hochleistungs-Schruppscheiben) werden verwendet. Das Schleifverhältnis (Quotient aus dem zerspanten Werkstoffvolumen und dem Verschleißvolumen der Schleifscheibe) beträgt bei Normalscheiben 3:1 und bei Spezial-Hochleistungs-Schruppscheiben 5:1 bis 11:1. Die Schleifscheibenumfangsgeschwindigkeit liegt zwischen 35 und 80 m/s, die Werkstückumfangsgeschwindigkeit zwischen 0,7 und 1,5 m/s. Der Längsvorschub beginnt mit etwa dem doppelten Betrag der Schleifscheibenbreite je Umdrehung und wird gegen Ende des Schleifvorgangs auf etwa die Hälfte der Schleifscheibenbreite gesenkt. Bei einer Leistungsaufnahme von 240 kW werden beim Schleifen von Hartguß etwa 200 kg Werkstoff pro Stunde zerspant, beim Schleifen von Stahl etwa 240 kg. Der Längsvorschub wird so groß gewählt, daß auf der Walze gegenläufige Wendel entstehen, an deren Kanten die Schleifkörner stark belastet werden und ausbrechen.

Zum *Schruppschleifen* (Nachschleifen von Walzen) wird das Werkstück in Lünetten oder Spezial-Setzstöcken in den Walzenlagern aufgenommen. Die Antriebsleistung der

Maschine reicht bis 120 kW. Das Verschleißverhältnis beträgt ungefähr 3 : 1, die Schleifscheibenumfangsgeschwindigkeit 30 bis 45 m/s, die Werkstückumfangsgeschwindigkeit 0,7 bis 1 m/s und der Längsvorschub das 0,9- bis 0,3fache der Schleifscheibenbreite je Umdrehung. Bei Hartguß wird in der Stunde etwa 80 bis 100 kg und bei Stahl etwa 90 bis 110 kg Werkstoff zerspant.

Maschinen zum *Feinschleifen*, auf denen das Werkstück in Lünetten, in Sonderfällen auch in den Lagern der Walze aufgenommen wird, haben Antriebsleistungen bis 50 kW. Angewendet werden keramisch oder bakelitgebundene Schleifscheiben, Körnung 60 bis 90. Die Schleifscheibenumfangsgeschwindigkeit beträgt 20 bis 35 m/s, die Werkstückumfangsgeschwindigkeit 0,5 bis 2 m/s; der Längsvorschub wird etwa halb so groß wie die Schleifscheibenbreite gewählt.

Beim Feinschleifen ist das zerspante Werkstoffvolumen von geringerer Bedeutung als die Güte der Werkstückoberfläche.

Deshalb erstreckt sich auch die Werkstückumfangsgeschwindigkeit auf einen größeren Bereich, denn es muß gewährleistet sein, daß die Walze nicht mit einer biegekritischen Drehzahl umläuft und damit Schwingungen verursacht werden, die am Schleifbild zu erkennen sind. Schnittgeschwindigkeiten über 35 m/s sind kaum möglich, da sich die Schleifscheiben dann zusetzen. Dadurch wird der Reibungskoeffizient erhöht, und es kommt zum Anlaufen der Walzenoberfläche (Brandmarken). Bakelitgebundene Schleifscheiben haben einen Selbstschärfeffekt, neigen aber dazu, bei ausgebrochenem Korn feine Markierungen in der Oberfläche zu hinterlassen (Kommas). Keramisch gebundene Schleifscheiben werden schnell stumpf; sie müssen öfter abgerichtet werden. Mit ihnen lassen sich aber bessere Oberflächen erzielen.

Beim *Feinstschleifen* mit matter Oberfläche, bei dem das Werkstück in Lünetten aufgenommen wird, reicht die Antriebsleistung der Maschine bis 25 kW. Je nach der gewünschten Oberflächengüte wird mit keramisch oder bakelitgebundenen Schleifscheiben, Körnung 150 bis 320, gearbeitet. Der dabei erreichbare Mittenrauhwert der geschliffenen Oberfläche beträgt bei Körnung 150 etwa $R_a = 0,3$ bis 0,4 μm und bei Körnung 320 etwa $R_a = 0,13$ μm. Die Schleifscheibenumfangsgeschwindigkeit wird mit 10 bis 30 m/s gewählt. Bei niedriger Schleifscheibenumfangsgeschwindigkeit steigt der Schleifscheibenverschleiß, d. h. die Körner brechen aus, und die Schleifscheibe bleibt schneidfähig. Die Werkstückumfangsgeschwindigkeit soll gering sein (0,2 bis 0,5 m/s), um eine kurze Schleifstruktur zu erhalten, d. h. während der Berührung eines Korns soll der Werkstückweg möglichst kurz sein. Der Längsvorschub beginnt mit einem Wert von etwa der halben Schleifscheibenbreite und wird langsam auf einen Kleinstwert von 5 mm herabgesetzt. Die Schleifscheibenumfangsgeschwindigkeit richtet sich nach dem Härtegrad, dem Korn und der Bindung der Schleifscheibe. Allgemein erfordern bakelitgebundene Schleifscheiben, gröbere Körnung und weichere Schleifscheiben höhere Schnittgeschwindigkeiten.

Das *Polierschleifen* mit Aufnahme des Werkstücks in Lünetten wird im allgemeinen in drei Arbeitsgängen ausgeführt. Dabei werden für ein erstes Vorschleifen Schleifscheiben mit Körnung 90, für ein zweites Vorschleifen solche mit Körnung 220 und für das Fertigschleifen eine Polierscheibe mit Körnung 500 bis 600 angewendet. In Sonderfällen wird auch eine Diamantschleifscheibe mit Körnung 1000 eingesetzt. Die Schleifscheibenumfangsgeschwindigkeit beträgt 10 bis 20 m/s, die Werkstückumfangsgeschwindigkeit 0,15 bis 0,3 m/s. Für den Längsvorschub gilt dasselbe wie beim Feinstschleifen. Der erreichbare Mittenrauhwert liegt bei 0,025 μm.

Für alle Schleifarten gelten folgende allgemeine Regeln: Bei Erhöhung der Schleifscheibenumfangsgeschwindigkeit erhöht sich die Standzeit der Schleifscheibe. Stahl wird mit härteren Schleifscheiben geschliffen als Hartguß. Je härter der Werkstoff ist, desto weicher sollte die Schleifscheibe sein. Dabei ist allerdings zu beachten, daß die Härteangaben für Schleifscheiben von Hersteller zu Hersteller stark variieren.

Die *Kühlschmier-Emulsion* hat die Aufgabe, die Reibungswärme herabzusetzen, Wärme abzuführen und Korrosion zu verhindern. Beim Feinst- bzw. Polierschleifen soll sie außerdem den Poliereffekt erhöhen, weshalb für eine ausreichende Filterung unbedingt zu sorgen ist. Die Maschenweite der Filter muß unter 5 µm liegen, da sonst Beschädigungen an der Werkstückoberfläche unvermeidlich sind.

Um den Maschinenpark gering zu halten und die Maschinen optimal ausnutzen zu können, müssen Walzenschleifmaschinen für die verschiedensten Schleifarbeiten einsetzbar sein. Dafür gibt es *Zusatzeinrichtungen* zum Innenschleifen, zum Kugelschleifen (Bild 140), zum Schleifen von Körnerspitzen und Hohlkehlen, Hilfsdrehsupporte (meist auf der Rückseite der Maschine angeordnet), Frässupporte zum Fräsen von Nuten (z.B. Wasserablaufnuten an Papierwalzen oder Nuten zur Herstellung von Warzenblechen) und Kurzhub-Honeinrichtungen.

Bild 140. Einrichtung zum Kugelschleifen

Bild 141. Walzenschleifmaschine mit Be- und Entladeeinrichtung

Zur *Automatisierung* werden Walzenschleifmaschinen mit Walzenbeladeeinrichtungen (Bild 141), Einrichtungen zum Ausrichten der Walzen in den Lünetten, Meßeinrichtungen, mit Einrichtungen zur Eingabe der Bombierung über die Zeichnung bzw. zur Hubvorwahl- oder Sollmaßeinstellung zum automatischen Schleifen sowie mit Entladeeinrichtungen ausgerüstet. Diese Einrichtungen können auch einzeln zu einer Teilautomatisierung verwendet werden.

13.7.7.2 Doppel-Einstechschleifmaschine

Einstechschleifmaschinen sind leistungsstarke Maschinen mit kurzen Schleifzeiten. Sie werden bei der Fertigung von Werkstücken in großen Stückzahlen, wie Waggonachsen (Bild 142 A) oder Hinterachsbrücken für Lastkraftwagen (Bild 142 B), eingesetzt.

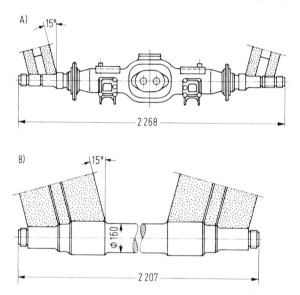

Bild 142 Bearbeitungsbeispiele zum Doppel-Einstechschleifen
A) Komplettschleifen der Lagerabschnitte einer Achsbrücke (Stückzeit 4 min),
B) Komplettschleifen einer Waggonachse (Stückzeit 8 min)

Die doppelt wirkende Einstechschleifmaschine in Bild 143, die Weiterentwicklung einer Rundschleifmaschine, ist mit zwei Schleifspindelstöcken ausgerüstet, so daß eine Achse an zwei Bearbeitungsstellen bearbeitet werden kann. Im allgemeinen entspricht die Schleifscheibenbreite der Breite der zu bearbeitenden Stelle am Werkstück, so daß im Einstechverfahren gearbeitet werden kann. Um auch Seitenflächen an Werkstücken bearbeiten zu können, lassen sich die Schleifspindelstöcke um 15° schräg zur Werkstückachse anordnen und die Seitenflächen im Stirnschliff bearbeiten.

13.7.7.3 Nockenwellenschleifmaschine

Die Maschine nach der Prinzipdarstellung in Bild 144 dient zum Schleifen der Nocken an Nockenwellen. Zu diesem Zweck führt der Schleifspindelstock eine Bewegung im Takt der Werkstückdrehzahl aus, die von einem Meisternocken abgeleitet wird. Die

13.7 Bearbeitung mit Schleifscheiben 233

Bild 143. Doppel-Einstechschleifmaschine

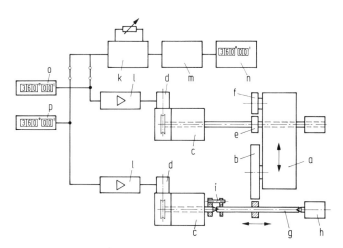

Bild 144. Prinzip einer Nockenwellenschleifmaschine
a Nachformschlitten, b Schleifscheibe, c mechanisches Getriebe, d Schrittmotor, e Schablone, f Tastrolle, g Werkstück, h Gegenhalter, i Mitnehmer, k Ansteuer-Einheit, l Verstärker, m Zähler, n Digital-Winkeleingabe zur Vorwahl, o Winkelanzeige Schablone, p Winkelanzeige Werkstück

synchronisierte Drehbewegung von Meisternocken und Werkstück wird durch eine elektrische Gleichlaufeinrichtung mit zwei Schrittmotoren erzielt. Dabei werden entsprechend der Werkstückdrehzahl Impulse auf die beiden Schrittmotoren gegeben. Beim Einrichten werden die Werkstückwelle und die Schablonenwelle in Nullstellung gebracht. Aus dieser Position laufen die Schrittmotoren gemeinsam an und arbeiten so lange synchron, bis die Maschine ausgeschaltet wird. Das Umstellen des Werkstücks oder der Schablone in eine andere Winkellage wird bei dieser Steuerung elektrisch vorgenommen; es bedarf keines Teilkopfes. Die gewünschte Winkelverstellung wird mit Dekadenschaltern eingegeben, und über Wahlschalter wird gewählt, ob die Winkeländerung am Werkstück oder an der Schablone erfolgen soll. Die Winkellage wird kontinuierlich angezeigt.

Die Meisternocken sind leicht auswechselbar. Ein kompletter Satz Nocken, bestehend aus zwei bis vier Stück, je nach der Anzahl der Zylinder eines Motors, wird in der vorgeschriebenen Winkelanordnung eingesetzt.

13.7.7.4 Kurbelwellenschleifmaschinen

Kurbelwellen stellen wegen ihrer geometrischen Form besondere Ansprüche an die Fertigung. Die vorhandenen Kröpfungen machen das Werkstück sehr nachgiebig. Deshalb kommen zum Schleifen der Zapfen keine Standard-Rundschleifmaschinen, sondern spezielle Kurbelwellenschleifmaschinen zum Einsatz. Auf diesen Maschinen wird im Einstechverfahren (Bild 145) gearbeitet.

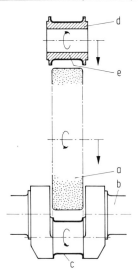

Bild 145. Einstech- und Abrichtvorgang beim Einstechschleifen von Kurbelwellen

a Schleifscheibe, b Kurbelwelle, c Schleifzugabe, d Abrichtrolle, e Diamantbelag

Bei automatisierten Maschinen werden Schleifscheiben verwendet, welche die Breite des Zapfens besitzen und an den Kanten gerundet sind. Zum Profilieren der Schleifscheibe dient eine Diamantrolle. Dabei werden vorteilhaft das Abrichten und der eigentliche Schleifvorgang im Ablauf so miteinander verbunden, daß für das Abrichten ein Minimum an Zeitaufwand anfällt.

Der Schleifvorgang läuft nach folgendem Programm ab: Anstellen der Schleifscheibe im Eilgang; Schleifen der beiden Stirnflächen, verbunden mit Grobabrichten; Schleifen der beiden Rundungen; Anschleifen des Zapfens; Ansetzen der Taster zur Meßsteuerung; Vorschleifen des Zapfens; Haltezeit zum Entspannen der Zustellung, verbunden mit Feinabrichten; Fertigschleifen des Zapfens; Ausfunken bis zum Fertigmaß (bei Nichterreichen des Sollmaßes wird, zeitlich verzögert, der Zustellung ein Restimpuls gegeben); Rücklauf der Schleifscheibe im Eilgang bis zum Startpunkt.

Axial und radial angeordnete Meßwertaufnehmer tasten das Werkstück ab und geben den Istwerten entsprechende Signale an den Soll-Istwert-Vergleicher. Dieser beeinflußt, abhängig von den Maßabweichungen, die Zustelleinheit.
Mit Hilfe von neuartigen, aktiv arbeitenden Lünetten, sog. Synchronlauflünetten, ist es bei diesen Maschinen gelungen, die beim Schleifen von Kurbelwellen auftretenden Formfehler so stark zu reduzieren, daß maß- und formgenaue Werkstücke in vergleichsweise geringen Schleifzeiten hergestellt werden.
Die *Mittelzapfenschleifmaschine* (Bild 146) basiert auf dem Prinzip einer Standard-Rundschleifmaschine mit längsbeweglichem Werkstücktisch und senkrecht dazu verschiebbarem Schleifspindelstock. Dieser trägt die Schleifscheibe mit dem Antriebsmotor und hat eine aufgesetzte, automatisch arbeitende Abrichteinrichtung.

Bild 146. Mittelzapfen-Schleifmaschine mit eingelegtem Werkstück und Synchronlauf-Lünette

Zum Schleifen der Mittellagerzapfen wird die Kurbelwelle in stillstehenden Zentrierspitzen aufgenommen. Diese werden zum Be- und Entladen der Maschine automatisch nach außen verfahren. Mit Rücksicht auf die Nachgiebigkeit einer Kurbelwelle in axialer Richtung und zum Ausgleichen von Wärmedehnungen ist die Zentrierspitze des Reitstocks federbelastet. Der Anpreßdruck ist von Hand einstellbar und bleibt während des Schleifvorgangs konstant.
Wegen der geringen Steifigkeit, die Kurbelwellen in axialer und radialer Richtung haben, muß beim Schleifen der Mittellagerzapfen jede Schleifstelle durch eine Lünette abgestützt werden. Darüber hinaus soll der Antrieb in Form eines Mitnehmers so gestaltet werden, daß das Werkstück biegungsfrei angetrieben wird. Die Maschine besitzt zu diesem Zweck ein in zwei Ebenen nachgiebiges Spannfutter, das nur ein reines Drehmoment überträgt. Mit Hilfe der geschilderten Einrichtungen erfährt das Werkstück beim Schleifen keine von äußeren Kräften hervorgerufenen elastischen Formänderungen.
Die *Hubzapfenschleifmaschine* unterscheidet sich von der zuvor beschriebenen Maschine durch den anders gearteten Werkstückantrieb und eine ortsfeste Lünette. Die Kurbelwelle wird hierbei um den Betrag des Kurbelradius versetzt, also exzentrisch in der Maschine aufgenommen. Diese außermittige Aufnahme führt dazu, daß eine Un-

wucht entsteht, die durch einstellbare, außen liegende Gegengewichte ausgeglichen werden muß. Das Werkstück wird in zwei gleichartigen Spannköpfen unter Verwendung eingelegter Spannschalen aufgenommen und von beiden Seiten angetrieben.
Wegen der außerhalb der Schleifstelle exzentrisch umlaufenden Zapfen kann nur mit einer einzigen Lünette gearbeitet werden. Diese ist ortsfest an dem der Schleifscheibe gegenüberliegenden Maschinenbett montiert und dort mit den zur Steuerung erforderlichen Meßgeräten bestückt.
Der Spann- und Teilkopf zum Aufnehmen der Kurbelwelle ist charakteristischer Bestandteil jeder Hubzapfenschleifmaschine. In diesem können im vorliegenden Fall auch mittelschwere Kurbelwellen aufgenommen werden, die während der gesamten Bearbeitungszeit, auch während des Teilvorgangs, fest eingespannt bleiben. Bei dieser Bearbeitung in einer einzigen Aufspannung werden die bereits geschliffenen Mittellagerzapfen an der Einspannstelle beim Teilen nicht beschädigt (Bilder 147 und 148).

Bild 147. Zum Aufnehmen eines Werkstücks geöffneter Spann- und Teilkopf

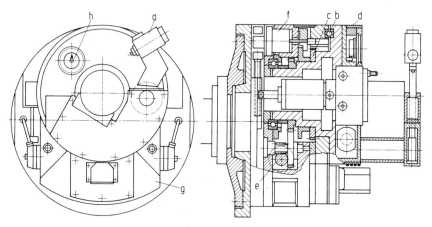

Bild 148. Spann- und Teilkopf für eine Hubzapfen-Schleifmaschine
a Spannhebel, b Drehebene des Vorderteils, c Rastenscheibe zur Teilwinkeleinstellung, d kodierte Nockentrommel zum Rückmelden des Teilvorgangs, e Hydraulikantrieb des Teilapparats, f Federdruck-Klemmzylinder zum Festhalten des Spannkopf-Vorderteils, g auf Kurbelradius eingestelltes Mittelstück, h Meßuhr als Korrekturglied zur Bearbeitung fehlerhaft vorgearbeiteter Werkstücke

Die von einem Schrittmotor angetriebene und mit dem Einstechvorschub synchron laufende Synchronlauflünette ist Kernstück der Maschinensteuerung. Sie ist eine aktiv arbeitende Lünette, die im Gegensatz zu den bekannten, aber passiv arbeitenden Nachlauflünetten das Werkstück unabhängig vom Schleifdruck zum Rundlauf zwingt. Erst mit Einführung dieser Lünette (Bild 149) konnte die Leistung der Maschine gegenüber konventionellen Ausführungen gesteigert werden.

Bild 149. Synchronlauf-Lünnette im Einsatz

Bild 150. Synchronlauf-Lünette im Schnitt
a einstellbare Backen, b Steuerkolben, c Kugelgewindeantrieb, d Schrittmotor

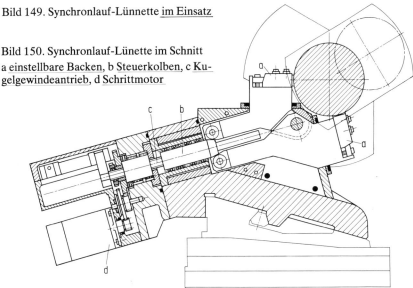

Die Lünetten der Mittelzapfen- und Hubzapfenschleifmaschine haben die gleichen Konstruktionsprinzipien. Die Backen werden beim Einrichten der Maschine so eingestellt, daß sie das vorbearbeitete Werkstück mit entsprechender Vorspannung abstützen. Die Kurbelwelle wird also schon beim Schleifen der seitlichen Stirnflächen wirkungsvoll unterstützt, so daß mit relativ großen Vorschubgeschwindigkeiten gearbeitet werden kann. Das eingebaute elektromechanische Getriebe wird dabei so gesteuert, daß der Synchronlauf der Backen erst dann einsetzt, wenn die Schleifscheibe am Zapfenumfang angekommen ist (Bild 150).

Die Schleifscheibe wird mit Hilfe einer Diamantrolle abgerichtet. Diese Abrichtrollen (Bild 151) haben eine hohe Standzeit und eignen sich deshalb besonders zum Einsatz in automatisch arbeitenden Maschinen. Die Rolle erhält bei der Herstellung ein dem Werkstück entsprechendes Profil und kann nach Ablauf der üblichen Standzeit nachgearbeitet werden. Beim Abrichten wird die Diamantrolle von einem eigenen Motor mit einstellbarer Drehzahl angetrieben und von einem Schrittmotor entsprechend dem vorgegebenen Programm zugestellt. Erfahrungsgemäß kann diese Zustellbewegung während des Schleifvorgangs erfolgen, nur muß die Rolle nach dem Abrichtvorgang von der Schleifscheibe abgehoben werden. Bild 152 zeigt die besonders steife Lagerung einer solchen Abrichtrolle.

Bild 151.
Abrichtrolle an der Schleifscheibe

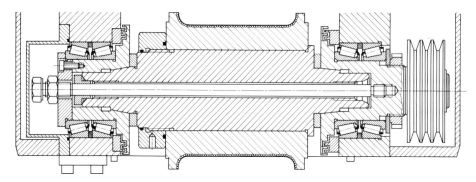

Bild 152. Lagerung der Abrichtrolle in Kegelrollenlagern

Weder bei der Abrichtrolle noch bei der Schleifscheibe dürfen axiale Verschiebungen, etwa durch Temperatureinflüsse, auftreten. Zu diesem Zweck wird die Lagerung der Schleifwelle durch Einbau federbelasteter Präzionswälzlager stabilisiert.

13.7.7.5 Führungsbahnenschleifmaschinen

Der Aufbau einer Führungsbahnenschleifmaschine sei am Beispiel einer Portalmaschine (Bild 153) mit großer statischer und dynamischer Steifigkeit erläutert. Die Mittelpartie des Maschinenbetts unter dem Arbeitsraum muß formsteif sein. In den vorde-

[Literatur S. 288]   13.7 Bearbeitung mit Schleifscheiben   239

ren und hinteren Betteilen soll dagegen die Steifigkeit bis zur zulässigen Grenze vermindert sein, damit ein genaues Justieren des Betts auf dem Fundament ermöglicht wird. Mit dem Bett ist das Portal, das aus den beiden Ständern und der Traverse als oberem Querverband besteht, verschraubt und verstiftet. Wanddicke und Verrippung sind – wie beim Bett – belastungsgerecht, d.h. mit nach oben abnehmenden Widerstandsmomenten, ausgeführt, um bei möglichst großer statischer Steifigkeit eine hohe Eigenfrequenz des Portals zu erzielen. Zum Verankern und Ausrichten des Maschinenbetts und Portals auf dem Maschinenfundament werden Stellkeile verwendet, die entsprechend der Belastung angeordnet werden. Im Bereich der Bettmitte und der Ständer ist der Stellkeilabstand gering, während nach den Bettenden zu die Abstände größer gewählt werden können. Die Stellkeile ermöglichen eine feinfühlige Höhen- und Querjustierung des Maschinenbetts und Portals. Die Maschine wird mit dem Fundament durch eingegossene Ankerschrauben fest verbunden.

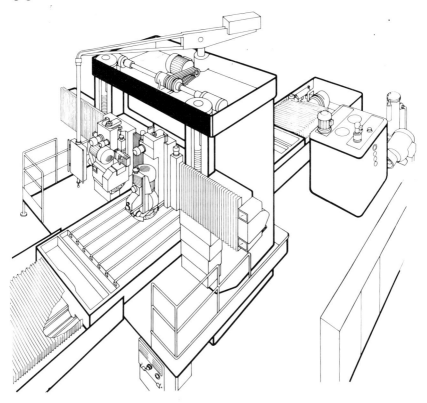

Bild 153. Führungsbahnenschleifmaschine in Portalbauweise

Die Genauigkeit und Reproduzierbarkeit der Tischbewegung sind bei Führungsbahnenschleifmaschinen von besonderer Bedeutung, da Abweichungen der an den Werkstücken erzeugten Führungsbahnen nur wenige Mikrometer pro Meter betragen dürfen. Die Forderungen, denen eine gute Tischführung gerecht werden muß, sind vielfältig und wirken zum Teil einander entgegen. So soll der möglichst dünne Ölfilm zwischen Bett und Tischführungen, unabhängig von Gleitgeschwindigkeit und Temperatureinflüssen, konstant bleiben. Mit Rücksicht auf Wärmeentwicklung durch Reibung ist ein

niedriger Reibwert von Bedeutung. Die meist gebräuchliche V-Flachführung kann diese Forderung nur bis zu einem gewissen Grade erfüllen. Sie läßt sich zwar relativ einfach herstellen, neigt aber infolge Unsymmetrie der Führungen bzw. Schmierfilme zu einseitigem Aufsteigen bei verschiedenen Geschwindigkeiten.
Besser wird den obigen Forderungen die Führungsanordnung nach Bild 154 gerecht, die im Prinzip aus einer Doppel-V-Führung besteht, deren Überbestimmung durch eine horizontal verschiebbar angeordnete V-Bahn beseitigt ist. Der Tisch kann sich bei Wärmeeinwirkungen, auf der losen Bahn gleitend, seitlich verschieben, ohne seine planparallele Lage zu ändern. Der Schmierfilm bildet sich im Gegensatz zur V-Flachführung infolge Symmetrie der beiden V-Bahnen unter gleichen Bedingungen aus. Das Schmieröl wird durch perforierte Rohrleitungen, die oberhalb der V-Bahnen angeordnet sind, in Längsrichtung gleichmäßig verteilt und fließt zügig über die geneigten, sich selbst reinigenden Bettführungsflächen. Im Bereich des Tisches kann das Öl durch geräumige, durchgezogene Rechtecknuten in den Tischführungen zur unteren Abflußnut fließen. So wird der drucklose Aufbau eines sehr gleichmäßigen Schmierfilms ermöglicht.

Bild 154. Führungsbahnanordnung eines Schleifmaschinentisches

Zur Erzielung eines geringen Reibwerts hat sich die Beschichtung der Führungsbahnen am Tisch mit Kunststoffen durchgesetzt. Bei Teflon mit seinem sehr niedrigen Reibwert können extrem dünnflüssige Schmieröle verwendet werden, die einen entsprechend dünnen Schmierfilm ergeben. Trotzdem wird ein Reibungskoeffizient von $\mu = 0{,}06$ erreicht.
Bei großen Tisch- und Werkstückgewichten kann sich jedoch immer noch eine beträchtliche Reibwärme an den Tischführungen entwickeln. Um diese über das Kühlschmiermittel abzuführen, kann der Tisch durch Bohrungen im T-Nutengrund und Austrittsöffnungen an der Seite durchflutet werden. Eine weitere Möglichkeit – vor allem bei sehr hohen Genauigkeitsforderungen – besteht in der Temperierung des Bettbahnöls. Durch geeignete Regeleinrichtungen mit Temperaturfühlern am Maschinenbett und im Öltank wird die Öltemperatur der Bettemperatur nachgeführt.
Die Tischgeschwindigkeit muß stufenlos im Bereich von 1 bis 45 m/min einstellbar sein. Wichtig sind ferner stoßfreie und genaue Beschleunigungs- und Verzögerungsphasen in den Tischumkehrpunkten, die von der jeweiligen Tischbelastung möglichst wenig beeinflußt werden dürfen. Auch müssen die Tischantriebe frei von Schwingungen sein, die sich sehr leicht auf der geschliffenen Oberfläche als Schattierungen zeigen.
Anstelle mechanischer Antriebe mit Ritzel und Zahnstange oder Schneckenzahnstange hat sich bei Führungsbahnenschleifmaschinen der hydraulische Tischantrieb über Zylinder und Kolbenstange durchgesetzt, bei dem im Bett keine rotierenden Massen vorhanden sind, die Schwingungen erzeugen können. Der Zylinder wird von der getrennt aufgestellten Hydraulikeinheit über Schlauchleitungen mit guten Dämpfungseigenschaften gegen hydraulische Schwingungen mit Öl versorgt. Als Hauptpumpe kommt die auch bei Hobelmaschinen verwendete Verstellpumpe zur Anwendung. Die Temperatur des Hydrauliköls wird durch entsprechende Einrichtungen auf einen Betriebswert von etwa 30° C eingestellt.

13.7 Bearbeitung mit Schleifscheiben

Der Querbalken als Träger bzw. Führung der Schleifschlitten ist über zwei synchron laufende, steigungsgleich gefertigte Verstellspindeln am Ständer höhenverstellbar. Durch Drehen nur einer Verstellspindel kann der Querbalken parallel zum Maschinentisch ausgerichtet werden.
Die Querbewegung der Schleifschlitten in Y-Richtung (Bewegungsrichtungen nach DIN 66217) längs der meist gehärteten Querbalkenführungen muß mit höchster Präzision ohne Umkehrfehler und so leichtgängig erfolgen, daß eine zuverlässige seitliche Zustellung in Mikrometerschritten möglich ist. Die Dämpfungseigenschaften der Führung müssen jedoch noch ausreichend groß sein, damit seitliches Schwingen oder Auswandern der Schleifschlitten durch die Zerspankräfte vermieden wird. Diese Forderungen sind nur mit einer Kombination von Gleit- und Rollenführungen zu erfüllen. Ein Ausführungsbeispiel ist in Bild 155 dargestellt. Die untere tragende Führungsleiste ist in zwei voneinander unabhängige Nadelbandführungen aufgeteilt, für jeden Schlitten eine Bahn. Dadurch wird eine unterschiedliche Bahnkorrektur zum Ausgleich der unvermeidlichen Durchbiegung infolge verschiedener Schlittengewichte möglich. Die untere senkrechte Bahn ist als Gleitführung ausgebildet und bewirkt durch geeignete Kunststoffbeläge die Dämpfung. Der obere Hintergriff stützt sich auf möglichst leichtgängige Rollenelemente ab.

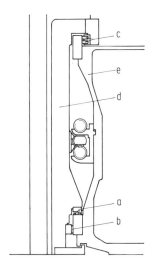

Bild 156. Trapezgewindespindel für die Querbewegung des Supports auf dem Querbalken
a Rollmutter, b Schwinge, c Vorschubspindel

Bild 155. Dreipunkt-Aufhängung des Unterschlittens auf den Querbalkenführungen
a voneinander unabhängige Nadelbandführungen, b untere senkrechte Gleitbahn, c Rollelemente, d Unterschlitten, e Querbalken

Die Bewegung in Y-Richtung wird über Trapezgewindespindeln eingeleitet, die sich in mit Gleitbelag beschichteten Halbschalen abstützen. Im Beispiel nach Bild 156 befindet sich am Unterschlitten eine um den Steigungswinkel schräg gestellte, drehbar gelagerte Rolle, die dem Trapezgewinde der Spindel entsprechende Rillen aufweist (Rollmutter). Über eine Schwingenkonstruktion wird diese Rolle bis zur beiderseitigen Flankenberührung angedrückt und übernimmt so die spielfreie, reibungsarme Vorschubübertragung. Die Trapezgewindespindeln werden über ein am Querbalkenende angeordnetes Vorschubgetriebe mit Eilgang, Schleichgang bzw. mikrometerweiser Tippzustellung angetrieben.

Der Umfangschleifschlitten (Bild 157), der Hauptschlitten der Maschine, ist im vorliegenden Fall mit einer Umfangschleifscheibe von 600 mm Dmr. und 150 mm Breite ausgerüstet.

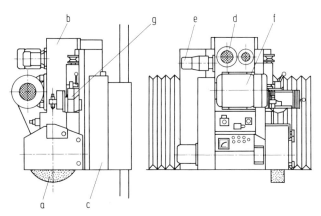

Bild 157. Umfangschleifschlitten
a Schleifscheibe, b Oberschlitten, c Unterschlitten, d Eilgangmotor, e Tippzustellung-Schrittmotor, f Schleifspindel-Antrieb, g Abrichteinrichtung

Der Träger der Schleifspindel, Oberschlitten genannt, ist im Unterschlitten senkrecht verschiebbar angeordnet, wobei die Führungen als vorgespannte Nadelbänder ausgeführt sind. Zur Dämpfung sind zwei Gleitleisten vorgesehen, die über schräge Keilleisten feinfühlig einstellbar sind.
Die Bewegung in Z-Richtung wird über eine Trapezgewindespindel mit Mutter oder eine Kugelrollspindel eingeleitet. Das im Oberschlitten angeordnete Vorschubgetriebe ermöglicht Eilgang, Schleichgang oder Tippzustellung in Schritten von 1 bis 20 µm mit elektronisch gesteuertem Schrittmotor.
Für die horizontal eingebaute, nicht neigbare Schleifspindel werden Antriebsleistungen bis 40 kW vorgesehen. Sie wird durch Drehstrom- oder Gleichstrommotoren über Flachriemen angetrieben.
Die Schleifspindel wird meist in hydrodynamischen Gleitlagerungen aufgenommen. Ein Ausführungsbeispiel zeigt Bild 158. Diese Lagerungen mit hydrodynamischen Gleitkufen zeichnen sich durch einfachen konstruktiven Aufbau, hohe Laufgüte und lange Lebensdauer aus.
Zur Erzielung eines markierungsfreien Schleifergebnisses muß die Spindel mit der umlaufenden Schleifscheibe frei von Massenkräften sein. Dies kann durch Einsetzen von Auswuchtsteinen in den Scheibenflansch erreicht werden, welche die ungleiche Massenverteilung von Flansch und Schleifscheibe ausgleichen. Der Ausgleich kann aber auch über eine eingebaute Auswuchteinrichtung während des Spindellaufs vorgenommen werden. Über mitumlaufende Stellmotoren wird eine in der hohlen Spindelnase untergebrachte Ausgleichmasse in ihrer Lage zur Spindel verdreht und anschließend radial verschoben, bis der Ausgleich hergestellt ist. Die Unwucht wird über einen Schwingungsaufnehmer angezeigt, der die mechanischen Schwingungen der Spindellagerung in eine Wechselspannung umwandelt. Aus diesem Schwingungsgemisch siebt ein elektronischer Filter die umlauffrequenten Schwingungen heraus, die verstärkt auf einem Meßinstrument als Zeigerausschlag abgelesen werden können. Über Regeleinrich-

tungen kann der gesamte Auswuchtvorgang auch automatisiert werden. Er läuft dann auf ein Startkommando in wenigen Sekunden selbsttätig ab.

Zum Herstellen der genauen geometrischen Form und zum Schärfen müssen die Schleifscheiben mit geeigneten Diamantwerkzeugen abgerichtet werden. Je nach der Vorschubgeschwindigkeit, die stufenlos einstellbar sein muß, werden mit einer so abgerichteten Schleifscheibe gröbere oder feinere Oberflächengüten beim Schleifen erreicht.

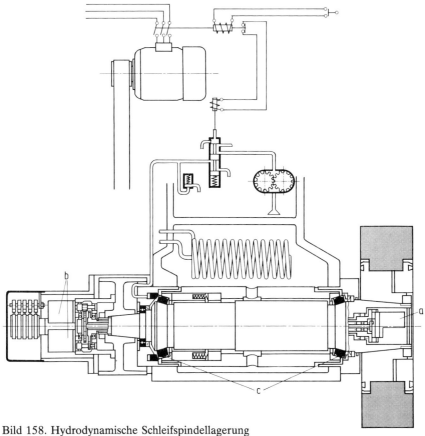

Bild 158. Hydrodynamische Schleifspindellagerung
a Ausgleichmasse, b mitrotierende Stellmotoren, c hydrodynamische Gleitkufen

Zum Abrichten von schräg oder dachförmig profilierten Schleifscheiben muß der Vorschubschlitten für das Diamantwerkzeug drehbar angeordnet sein. Die ganze Einheit, die meist oberhalb des Umfangschleifkopfs gegenüber dem Eingriffspunkt der Schleifscheibe angeordnet ist, wird über einen Senkrechtschlitten bei oben geöffneter Schutzhaube in Abrichtstellung gebracht und nach beendetem Abrichtvorgang wieder nach oben abgestellt. Die untere Abrichtstellung ist durch einen einstellbaren Festanschlag definiert. Die Vorschubbewegungen werden gewöhnlich hydraulisch über Kolben und Zylinder eingeleitet. Für das Positionieren der Drehwinkel kommen vorzugsweise Präzisionsteilscheiben mit Hirth-Verzahnung zur Anwendung, die das Einrasten in festgelegten Winkelschritten (meist 5°-Schritte) ermöglichen.

Der Universalschleifschlitten (Bild 159), früher oft als Hilfsschlitten angesehen, wird heute als leistungsfähiges Schleifaggregat mit Antriebsleistungen bis 15 kW und Schleifscheiben von 600 mm Dmr. und 100 mm Breite gebaut. Der Oberschlitten als Träger der drehbaren Schleifspindel ist im Unterschlitten wie beim Umfangschleifkopf mit vorgespannten Nadelbändern geführt. Der Ausfahrweg ist jedoch wesentlich größer und kann bis 800 mm betragen. Die Lagerung dieser Schleifspindel, die für einen großen Drehzahlbereich geeignet sein muß, wird meist als Wälzlagerung ausgeführt

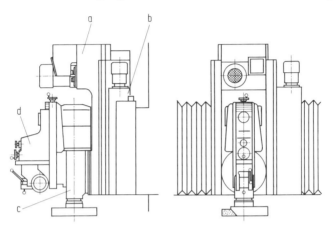

Bild 159. Universalschleifschlitten
a Oberschlitten, b Unterschlitten, c verdrehbare Schleifspindel, d Abrichteinrichtung

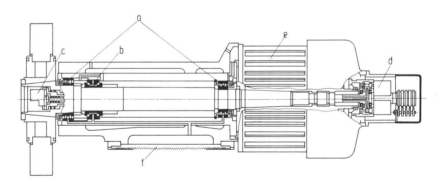

Bild 160. Schleifspindellagerung des Universalschleifschlittens
a doppelreihige Zylinderrollenlager mit kegeligem Innenring, b zweiseitig wirkendes Axialschrägkugellager, c Ausgleichsmasse, d mitrotierende Stellmotoren, e stufenlos regelbarer Gleichstrommotor, f Hirth-Verzahnung

(Bild 160). Eine eingebaute Auswuchteinrichtung ermöglicht die Beseitigung der Unwucht während des Laufs, ähnlich wie beim Umfangschleifkopf. Die Spindel wird durch einen direkt auf das Spindelende aufgesetzten, stufenlos verstellbaren Gleichstrommotor angetrieben.

Die Schleifspindel des Universalschleifschlittens wird meist motorisch gedreht. Zur Arretierung der Winkelstellungen kommen von Grad zu Grad geteilte Präzisionsteilscheiben mit Hirth-Verzahnung zur Anwendung.

Die Abrichteinrichtung wird gewöhnlich vorn am Spindelträger aufgesetzt und macht die Drehbewegung mit. Ähnlich wie bei der Abrichteinrichtung für den Umfangschleifkopf werden die Zustell- und Vorschubbewegungen hydraulisch eingeleitet. Fixiert wird der um 360° drehbare Abrichtschlitten vorzugsweise durch hirthverzahnte Präzisionsteilscheiben.

Die beim Schleifvorgang entstehende Wärme muß durch Kühlschmierstoffe abgeführt werden. Diese werden einmal durch entsprechend geformte Düsen unter Druck direkt in die Kontaktzone gespritzt. Darüber hinaus wird aber auch häufig noch das Werkstück mit Hilfe eines Sprührohrs überflutet, das über die ganze Arbeitsraumbreite unter dem Querbalken angebracht ist. Zum Auffangen und Rückführen des Kühlschmierstoffs sind um die Maschine geführte Wasserrinnen notwendig.

Üblich sind weiterhin, vor allem bei größeren Maschinen, begehbare, mit Gitterrosten belegte Bedienbühnen.

Als Reinigungsanlagen für den Kühlschmierstoff kommen permanentmagnetische Abscheider, Papierbandfilter oder Zyklonanlagen zur Anwendung; auch Kombinationen, z.B. permanentmagnetische Abschneider mit nachgeschalteten Papierbandfiltern, sind üblich. Von der Reinigungsanlage fließt der Kühlschmierstoff zum im allgemeinen in den Boden eingelassenen Kühlschmierstofftank, wo er von Temperaturregeleinrichtungen (Heizung bzw. Kühlung) auf die gewünschte Temperatur gebracht wird. Kühlschmierstoffpumpen fördern den aufbereiteten Kühlschmierstoff zur Maschine zurück.

Der schwenkbare und höhenverstellbare Bedienungsstand enthält alle für den Betrieb der Maschine notwendigen Bedienungselemente. Auch Anzeigeinstrumente, wie elektronische Wasserwaage für die Querbalkenausrichtung, Anzeigen für Tischgeschwindigkeit, Spindeldrehzahlen und Unwucht, sowie elektronische Zählwerke für Eingabe und Anzeige der Tippzustellung und Position der Schlitten (read out) werden vorzugsweise an der Bedientafel angeordnet.

Alle erforderlichen elektrischen Schalt- und Steuergeräte sind in einem separaten Schaltschrank untergebracht, der neben der Maschine aufgestellt wird. Die Verbindungsleitungen werden mit Steckverbindungen ausgerüstet.

Das Fundament wird in der Regel vom Maschinenkäufer nach einem Plan des Herstellers erstellt. Darin sind alle Abmessungen festgelegt und weitere Daten, wie Bodentragfähigkeit, Betonqualität, Armierung sowie Isolation gegen Schwingungen, vorgeschrieben. Ein richtig dimensioniertes, solide ausgeführtes Maschinenfundament ist eine wichtige Voraussetzung für dauerhafte Genauigkeit der Maschine, da die Maschinenbetten nicht selbsttragend sind, sondern sich am Fundament abstützen.

Die Universal-Führungsbahnenschleifmaschine, auf der Führungen in allen im Werkzeugmaschinenbau gebräuchlichen Formen bearbeitet werden können, ist nur für kleinere Stückzahlen wirtschaftlich einsetzbar. Dagegen finden für immer wiederkehrende Bearbeitungsaufgaben bei größeren Werkstückserien hochspezialisierte Einzweckmaschinen Anwendung. Für Führungsbahnen typische Formelemente sind in Bild 161 zusammengestellt.

Bild 162 gibt ein fertig geschliffenes Schleifmaschinenbett mit dem Schlitten wieder. Waren bis vor einigen Jahren noch Maschinen mit Schleiflängen von 10 m und Breiten von 2,5 m die Ausnahme, so werden heute Führungsbahnenschleifmaschinen mit 12 m Schleiflänge und bis 3,5 m Schleifbreite gebaut. Ähnlich verhält es sich mit den Werkstückgewichten, die heute bis zu 100 t betragen können. Die untere Grenze für die Portalbauweise liegt bei Schleifbreiten von etwa 1 m. Kleinere Maschinen werden vorzugsweise in Einständerausführung gebaut.

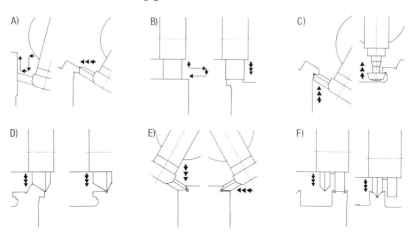

Bild 161. Typische Formelemente für Führungsbahnen und deren Schleifbearbeitung
A) ebene Führungsflächen mit Profilschleifscheiben, B) ebene Führungsflächen mit Umfangschleifscheiben, C) Führungsuntergriffe, D) Prismenführungen, E) Schwalbenschwanzführungen, F) V- und Flachführungen mit Schleifscheibensatz

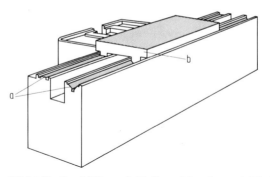

Bild 162. Geschliffenes Schleifmaschinenbett mit Tisch
a geschliffene V-Flachbahnen des Bettes, b geschliffener Schlitten

In Tabelle 17 sind die unter normalen Werkstattbedingungen, also ohne klimatisierten Raum, erreichbaren Abweichungen beim Schleifen auf Führungsbahnenschleifmaschinen aufgeführt.
Häufig wird beim Schleifen von Führungsbahnen die Forderung erhoben, diese nicht geradlinig, sondern nach bestimmten Kurvenformen ballig oder hohl zu schleifen. Das früher gebräuchliche Verfahren, diese Formen durch Vorspannen der Werkstücke beim Fertigschleifen zu erreichen, ist ungenau und schlecht reproduzierbar. Deshalb werden Führungsbahnenschleifmaschinen heute mit einer Nachformeinrichtung versehen. Die Arbeitsgenauigkeit solcher Einrichtungen sind so hoch, daß definierte Überhöhungen mit einer Abweichung von nur -2 μm reproduziert werden können.

Tabelle 17. Erreichbare Genauigkeiten beim Führungsbahnschleifen unter folgenden Voraussetzungen: geschlossener Werkstattraum, normal beheizt, nicht klimatisiert; Maschine auf Betriebstemperatur; Hallentemperatur zwischen 17 und 25°C; Abweichung nicht größer als ±2°C innerhalb 24 h; Gefälle in der Höhe nicht größer als 1°C/5 m; Maschinenfundament gegen Temperatureinwirkungen isoliert

Nr.	Bild der Meßanordnung	Meßeinrichtung	Messung an der geschliffenen Fläche	Abweichungen [mm]
1		Wasserwaage	1.1 Ebenheit in Längsrichtung	≤ 1 m 0.005 >1 bis 2 m 0.006 >2 bis 5 m 0.008 >5 bis 10 m 0.010 > 10 m 0.012
			1.2 Ebenheit in Querrichtung	≤ 1.0 m 0.006 > 1.0 bis 1.5 m 0.010 > 1.5 bis 2.0 m 0.015 > 2.0 m 0.004 / 500
			1.3 Verwindung	± 0.005 / 1000
2		Optisches Fluchtlinienprüfgerät oder Autokollimator	Flucht (in Längsrichtung)	≤ 1 m 0.003 >1 bis 2 m 0.006 >2 bis 5 m 0.008 >5 bis 10 m 0.010 > 10 m 0.012
3		Parallel-Meßgerät (Vorrichtung mit Meßuhr)	Parallelität zweier Flächen	≤ 1 m 0.004 >1 bis 2 m 0.006 >2 bis 5 m 0.008 >5 bis 10 m 0.010 > 10 m 0.012
4		Wasserwaage, Autokollimator	Winkligkeit zweier Flächen	Flächen (Vorschubschliff) 0.010 / 500
		Tuschierwinkel, Tuschierlehre		Führungsbahnen (Tauchschliff) 0.002 / 100 (Tuschiergenauigkeit)
5		Perth-O-Meter	Oberflächen-Rauhigkeit	R_t = 3 bis 5 µm

In Bild 163 ist der Aufbau einer Nachformeinrichtung am Umfangschleifkopf dargestellt. Die Längsbewegung des Tisches wird über Zahnstange, Ritzel und Vorgelege auf eine elektrische Welle übertragen. Die Übersetzungsverhältnisse sind so gewählt, daß der volle Tischhub an der Nachformeinrichtung eine Schablonendrehung um 360° bewirkt. Die auf der Schablone aufgetragene, stark überhöhte Kurvenform wird über einen hydraulischen Fühler und ein 1 : 100 untersetzendes Keilgetriebe auf den Oberschlitten übertragen. Da die Hubbewegung der Nachformeinrichtung am Festpunkt der senkrechten Verstellspindel des Oberschlittens angreift, bleiben die normalen Vorschubbewegungen (Eilgang, Schleifgang, Tippzustellung) erhalten. Bei größeren Überhöhungen kann infolge unvermeidlicher Hysterese der Übertragungsorgane nur in einer Bewegungsrichtung des Tisches nachgeformt werden. Beim Tischrücklauf wird mit einem eingebauten Hubzylinder die Schleifscheibe um einen bestimmten Betrag vom Werkstück abgehoben.

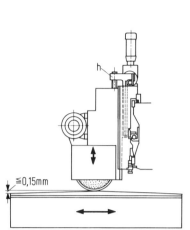
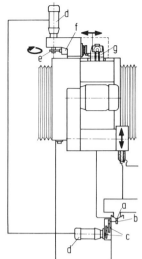

Bild 163. Nachformeinrichtung einer Führungsbahnenschleifmaschine
a Zahnstange, b Ritzel, c Vorgelege, d elektrische Geber und Empfänger, e Schablone, f hydraulischer Nachformfühler, g Keilgetriebe, h Festpunkt der Senkrechtverstellspindel des Oberschlittens

Bild 164. Bearbeitung eines Drehmaschinenbetts
a Schleifscheibensatz, 500 mm breit (Umfangschleifkopf), b Drehmaschinenbett, c Schleifscheiben zum Schleifen der Untergriffe mit Universalschleifkopf

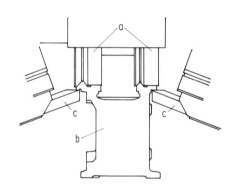

Wie in Bild 164 dargestellt, kann mit bis zu 500 mm breiten profilierten Satzschleifscheiben z.B. ein Drehmaschinenbett in einem Arbeitsgang vor- bzw. fertiggeschliffen werden. Die Schleifscheibenprofile werden mit einer Schablonenabrichteinrichtung abgerichtet, die das auf einer Schablone aufgetragene Sollprofil möglichst genau und reproduzierbar mit Formdiamanten auf die Schleifscheibe überträgt. Gewöhnlich wird der Abrichtvorgang in einem Zyklus zusammengefaßt; er läuft dann automatisch ab.
Bei Universalmaschinen für das Führungsbahnschleifen ist ein automatischer Ablauf der Arbeitsfolgen nicht wirtschaftlich. Dagegen ist es üblich, die Maschinen mit Positionsanzeigen auszurüsten. Auch die Automatisierung einzelner Abläufe, wie Abrichten, Auswuchten, Tippzustellung bis zu einem einstellbaren Abschaltpunkt, abhängig vom Tischhub, und selbsttätiges Abschalten der Anstellbewegung beim Werkstückkontakt der Schleifscheibe, werden vorgesehen.
Bei Einzweckmaschinen kann es wirtschaftlich sein, eine numerische Steuerung vorzusehen. Diese umfaßt dann alle Funktionen, vom Verfahren der Schleifschlitten in Schleifposition und Drehen der Universalschleifspindel über das Vor- und Fertigschleifen der Werkstücke bis zum automatischen Ablauf aller Nebenfunktionen, wie Abrichten, Auswuchten und Messen.

13.8 Bearbeitung mit Schleifmitteln auf Unterlagen

Dr.-Ing. G. Becker und Ing. (grad.) K. Dziobek, Hamburg

13.8.1 Allgemeines

Im Gegensatz zu Werkzeugen aus gebundenen Schleifmitteln verfügen solche aus Schleifmitteln auf Unterlagen über einen breiteren Bereich der Elastizität. Die höchste Drucksteifheit senkrecht zur Werkzeugschleiffläche liegt – für Vulkanfiberschleifscheiben etwa – an der unteren Grenze der kunstharzgebundenen Schleifscheiben. Die niedrigsten Werte treten bei Polyamid-Schleifvlies auf. Schleifwerkzeuge aus Schleifmitteln auf Unterlagen erweitern die Anwendung der Schleifmittel in bezug auf große Werkstückbreiten, beliebige Werkstückformen und zahlreiche Werkstückstoffe. Für leicht verformbare Werkstücke und die verschiedenartigsten Umformteile ist das Schleifen mit Schleifmitteln auf Unterlagen besonders vorteilhaft. Rüst- und Rüstnebenzeiten sind für diese Schleifwerkzeuge sehr kurz; sie werden für die betreffende Arbeitsaufgabe und die jeweilige Fertigungseinrichtung ausgewählt und sind unmittelbar einsatzbereit. Besondere Abrichteinrichtungen oder das Einhalten bestimmter Abrichtbedingungen sind nicht erforderlich.

Hauptbestandteile der Schleifmittel auf Unterlagen sind Schleifmittel, Unterlagen und Bindemittel. Hieraus wird, meist in verfahrenstechnischen Großanlagen, in Fertigungsbreiten bis zu 1600 mm die Schleifmittelrollenware hergestellt. Sie bildet das Ausgangsprodukt für die verschiedenartigen Hand- und Maschinenwerkzeuge aus Schleifmitteln auf Unterlagen.

Die Schleifmittel werden hinsichtlich der Größen, der verschiedenen Korngemenge und der statistischen Verteilung der Korndurchmesser (Körnungen und Korngrößenverteilung nach DIN 69176 Teil 1, 2 und 4) nach Makro- und Mikrokörnungen unterschieden. Die Makrokörnungen der Schleifmittel auf Unterlagen mit den Bezeichnungen P 12 bis P 220 werden durch Siebung bestimmt. Die Mikrokörnungen P 240 bis P 1200 werden durch Sedimentation ermittelt. Als Vergleichsnormale dienen für die Siebung das sog. Mastergrit, für die Sedimentation das US Checking Mineral.

Grundlage für die Bestimmung der Makrokörnungen ist DIN 69176 Teil 1 und 2, die dem FEPA-Korngrößenstandard 30-D-1972 entspricht, für die Mikrokörnungen DIN 69176 Teil 1 und 4, die dem FEPA-Korngrößenstandard Mikro F / Mikro D-1965 entspricht. Mit dem Buchstaben P vor der Körnungsnummer wird die normgemäße Körnung von Schleifmitteln auf Unterlagen aus Elektrokorund und Siliziumkarbid auch auf den Schleifwerkzeugen gekennzeichnet. Einen Hinweis auf Verschleißeigenschaften von Aluminiumoxid und Siliziumkarbid auf Kohlenstoffstahl, Hartguß und Glas gibt Tabelle 18.

Die synthetischen *Kornstoffe* haben als Schleifmittel im gesamten Korngrößenbereich eine immer noch zunehmende Bedeutung gewonnen. Die Bedeutung natürlicher Kornrohstoffe, wie Flint und Schmirgel, ist – auch für Schleifblätter zum Handschliff – nur noch gering. Granat hat lediglich beim Holzschliff noch ein begrenztes Anwendungsfeld.

Als *Unterlagen* für Schleifmittel dienen im allgemeinen Natron- und Sulfat-Zellstoff-Kraftpapiere mit auf den jeweiligen Anwendungsfall abgestimmten Dicken und Flächengewichten sowie besonderen physikalischen Eigenschaften. Tabelle 19 gibt eine

Übersicht über die Flächengewichte der verschiedenen Papiersorten. Papierunterlagen werden in der Regel für Trockenschleifwerkzeuge verwendet. Zum Naßschleifen, z. B. von Lackflächen, benutzt man A- und C-Papier mit wasserfester Latex- oder Lackimprägnierung.

Tabelle 18. Verschleiß-Widerstand R_v und Schneidspitzen-Standzeit T_v von Aluminiumoxid und Siliziumkarbid beim Ritzen verschiedener Werkstoffe (nach [67])

Kornstoff	Werkstoff					
	harter C-Stahl		Hartguß		Glas	
	R_v	T_v	R_v	T_v	R_v	T_v
Aluminiumoxid	hoch	lang	mäßig	–	sehr gering	kurz
Siliziumkarbid	mäßig	kurz	hoch	–	hoch	lang

Tabelle 19. Flächengewicht der Unterlagen-Papiere

Papiersorte	Flächengewicht [g/m²]
A-Papier	< 80
B-Papier	80 bis 105
C-Papier	> 105 bis 125
D-Papier	> 125 bis 160
E-Papier	> 212 bis 300
F-Papier	> 300 bis 355

A-, B- und C-Papiere dienen als Unterlagen von Schleifwerkzeugen für das Schleifen von Hand und mit handgeführten Kleinmaschinen. Wegen der stärkeren Beanspruchung werden auf ortsfesten Maschinen D-, E- und F-Papiere benötigt.
Für erhöhte Anforderungen an die Festigkeit und Verformbarkeit des Werkzeugs durch den Schleifvorgang oder für das Schleifen mit Kühlschmierstoffen sowie für besonders breite oder äußerst schmale Schleifbänder sind Unterlagen aus Baumwoll-, Kunstfaser- oder Misch-Gewebe in Leinen-, Köper- oder Atlas-Bindungen notwendig. Faserart, Gewebebindung, Garnfeinheit, Fadendichte, Flächengewicht und andere textiltechnische Merkmale sowie die Art und die Eigenschaften der Gewebeappretur werden den zu erwartenden Werkzeugbeanspruchungen angepaßt. Für Breit-Schleifbänder zum Trockenschleifen mit Breiten über 1500 mm haben sich, beispielsweise beim Schleifen von Spanplatten, papierkaschierte Gewebe bewährt. Durch das Appretieren erhalten die Gewebe die erforderlichen physikalischen Eigenschaften, wie Biegsamkeit, Adhäsionsfähigkeit gegenüber dem Bindemittel für das Schleifkorn, Gleitfähigkeit der Rückseite für den Einsatz mit feststehenden Stützelementen und Hafteigenschaften für die Energieübertragung an den Antriebsrollen.
Schleifblätter (auf elastischem Spannteller von Handschleifmaschinen aufgespannte Schleifscheiben), erhalten als Unterlage auch Vulkanfiber. Vulkanfiber besteht aus miteinander pergamentierten Lagen ungeleimter Papiere in Dicken von 0,5 bis 0,85 mm und weist eine hohe Zug-, Lagen- und Einreißfestigkeit auf. Die Beanspruchung bei Schleifarbeiten im Apparate-, Schiff-, Automobil- und Maschinenbau ist hier besonders hoch.

Unkaschierte Kunstfaservliesstoffe unterschiedlicher Herstellung und Faserlage mit Papier-, Gewebe- oder anderen Unterlagen oder einlagenverstärkte Kunstfaservliesstoffe haben für Schleifwerkzeuge zur Oberflächenstrukturierung oder zum Entfernen von Fremdstoffschichten in zunehmendem Maße Verwendung gefunden. Flächengewichte und Dicke der Vliesstoffe schwanken je nach Werkzeugart und Einsatzbereich. Die verschiedenartigen Unterlagen lassen sich kombinieren, so etwa verschiedene Papiersorten mit unterschiedlichen Gewebearten oder auch Gewebe mit Vlies. Man hat dadurch die Möglichkeit, die Eigenschaften der einzelnen Stoffe zweckentsprechend miteinander zu verknüpfen.

Die volle Leistungsfähigkeit des Schleifmittels läßt sich erst bei richtiger *Bindung des Korns* auf der Unterlage erreichen. Dazu sind in der Regel zwei Bindemittelschichten notwendig. Die *Grundbindung* fixiert das auf die Unterlage gestreute Schleifmittel in seiner Lage. Die anschließend aufgebrachte *Deckbindung* sorgt für eine sichere Abstützung des Korns. Als Bindemittel werden Hautleim, Kunstharze oder Lacke verwendet. Die Festigkeitseigenschaften der Bindemittelschichten können den Zerspankräften angepaßt werden. Hautleimbindung ist für geringere Beanspruchungen besser geeignet. Eine elastische Hautleimgrundbindung mit einer widerstandsfähigen Kunstharzdeckschicht ist vielseitig einsetzbar. Dies gilt besonders für Profilschleifaufgaben. Sind die Zeitspanungsvolumen groß, so daß große Zerspankräfte auftreten, werden die Schleifmittel ausschließlich in Kunstharz gebunden. Für Schleifarbeiten, die eine Flüssigkeitskühlung des Werkstücks erfordern, bei denen das Zusetzen des Schleifbelags vermieden werden soll oder bei denen eine Wärmeentwicklung durch Kühl- oder Spülflüssigkeiten verhindert werden muß, ist das gesamte Schleifwerkzeug wasserfest ausgeführt. Dies gilt sowohl für das imprägnierte Papier oder das appretierte Gewebe als auch für die verwendeten Bindemittel.

Die Fertigung der Schleifmittel auf Unterlagen erfolgt gewöhnlich im kontinuierlichen Prozeß in langen Bahnen. Dem Bedrucken der Unterlagenrückseite mit den Angaben über den Schleifmitteltyp, die Körnung sowie den Hersteller folgt der Grundierauftrag. Die nächste Fertigungsstelle ist die Streustation für das Schleifmittel. Bei mechanischer Streuung wird das Schleifkorn im freien Fall auf die grundierte Unterlage gebracht. Bei der elektrostatischen Streuung sorgen elektrische Ladungen für die Förderung und Ausrichtung der Körner. Mit dem zuerst genannten Verfahren erhalten die Körner eher eine flache Neigung gegenüber der Unterlage. Beim zweiten werden sie in eine dazu senkrechte Lage gebracht. Die Massen der je Flächeneinheit aufgebrachten Schleif- und Bindemittel werden dosiert. So läßt sich auch die Anzahl der Schneiden je Flächeneinheit des Schleifbelags, die das sog. Streubild ergeben, beeinflussen. Ein „offenes" Streubild mit einem größeren Schneidenabstand verwendet man beispielsweise für das Schleifen von Werkstoffen, die leicht zum Zusetzen neigen oder nur geringe Zerspankräfte aufweisen. Ein „geschlossenes" Streubild ist für höhere Belastungen vorteilhaft. Die Streubildparameter und die übrigen Eigenschaften der Schleifmittel auf Unterlagen sind jedoch nicht voneinander zu trennen. Nach dem Trocknen der Grundbindung, dem Auftrag der Deckbindung und einem abermaligen Trocknen erfolgt das Flexen. Durch diesen Walkvorgang gibt man der Schleifmittelrollenware die für den Einsatz der daraus hergestellten Werkzeuge notwendige Geschmeidigkeit.

Zum Vermeiden unerwünschter chemischer oder physikalischer Reaktionen während des Schleifvorgangs werden Sonderschleifmittel mit zusätzlichen Beschichtungen versehen. Auf diese Weise können auch die Gleiteigenschaften zwischen Schleifbelag und Werkstückstoff verbessert werden. Aus der fertigen Schleifmittelrollenware werden die für die verschiedenen Schleifverfahren benötigten Werkzeuge gefertigt.

13.8.2 Übersicht über die Schleifverfahren

Das Schleifverfahren wird durch das gesamte Arbeitssystem am Arbeitsplatz bestimmt, das für den Zeit-, Personal-, Werkzeug- und Energiebedarf der gesamten Bearbeitung maßgebend ist. Das Schleifverfahren richtet sich nach den Anforderungen, die der Vorbearbeitungszustand des zu bearbeitenden Werkstücks, das fertige Erzeugnis und die nachfolgenden Arbeitsgänge stellen. Das Verfahren bestimmt die Randbedingungen der erforderlichen Betriebseinrichtungen, ihre Konstruktionselemente und die Betriebsbedingungen; es ist fest an die wirtschaftlichen, organisatorischen und technischen Grenzen des Gesamtsystems gebunden. Diese Grenzen sind aber nicht fest; sie werden vielmehr vom jeweiligen Entwicklungsstand der Technik gezogen. Werkzeuge aus Schleifmitteln auf Unterlagen eignen sich für das Abspanen beliebig langer und breiter Schichten von Werkstücken mit geringen Spanungsdicken, von leicht verformbaren Werkstücken oder Werkstückteilen und für das Abspanen und Feinbearbeiten der Oberflächen von Stoffen mit unterschiedlichen physikalischen und chemischen Eigenschaften, wie Metall, Holz, Leder, Glas, Keramik, Stein, Kunststoff und deren Kombinationen. Sie sind ferner geeignet zum Einebnen von Form- und Gestaltabweichungen der Werkstücke sowie zur Oberflächenbearbeitung von Werkstücken mit ebenen, in einer Ebene oder beliebig gekrümmten Flächen und Kanten.

Da Schleifwerkzeuge aus Schleifmitteln auf Unterlagen weniger der Formgebung als vielmehr der Oberflächengestaltung dienen, sind die Normen DIN 4760 bis 4769 eine nützliche Grundlage für die einheitliche Beurteilung der bearbeiteten Oberflächen. Allgemeingültige Richtwerte für die Arbeitsergebnisse lassen sich wegen der Vielzahl der Anwendungsfälle und der unterschiedlichen Anforderungen nicht zusammenfassend geben.

Die Hauptaufgabe der Bearbeitung von Oberflächen beliebig geformter Werkstücke zwingt dazu, bei der Gliederung der Bearbeitungsverfahren vom Rohwerkstück auszugehen. Neben der Benennung der Werkstückart und der Anzahl der zu bearbeitenden Werkstücke, welche die Entwicklungsstufe des Verfahrens beeinflußt, bestimmt außer dem Werkstückstoff und dessen Ausgangszustand daher vor allem die Ausgangsform der zu schleifenden Fläche das anzuwendende Schleifverfahren. Hier stehen die Formtypen und Abmessungen der Werkstücke im Vordergrund. Das Fertigwerkstück wird maßgeblich durch die erzielte Oberfläche, ihre funktionelle Eignung für die Weiterbearbeitung oder Verwendung, den Charakter der Oberfläche und die Oberflächengestaltsmerkmale bestimmt. So ist es zweckmäßig, zwischen Planschleifen, Rundschleifen, Profilschleifen und Formschleifen zu unterscheiden.

Das Plan- und Rundschleifen ist durch die Werkzeugflächenform gekennzeichnet. Für das Profilschleifen ist das Sich-Abbilden der Werkzeugform maßgebend. Vorschub- und Zustellbewegungen einerseits und das elastische Verhalten von Werkzeug und Werkzeug-Stützelement andererseits beeinflussen das Arbeitsergebnis beim Formschleifen. Hierunter ist auch das Schleifen von Konturen zu rechnen.

Die Arbeitsaufgabe und das Verfahrensziel werden gekennzeichnet durch die Art des Schleifens und das angestrebte Arbeitsergebnis. Man unterscheidet Schruppschleifen, Ebenschleifen, Maßschleifen, Feinschleifen und Strukturschleifen.

Aus Werkzeugschleifflächenform und Werkstückflächenform entsteht bei Berührung durch Bewegung ein Wirkpaar. Die beiden Elemente dieses Wirkpaars werden verknüpft durch die Art der Werkstück- und Werkzeugführung, die Lage der Werkstückkoordinaten zur Schnittbewegung, den Werkzeugschleifflächentyp und die Schnitt-, Vorschub- und Zustellbewegungen. Man unterscheidet nach den bewegten Elementen zwischen Schleifen von Hand, Schleifen mit handgeführten Maschinen und Schleifen mit ortsfesten Maschinen. Innerhalb dieser Gruppen wird, soweit möglich, nach ortsfesten, handgeführten und maschinengeführten Werkzeugen bzw. Werkstücken unterschieden. Die enge Koppelung zwischen Verfahren und Maschine gibt hiermit bereits Aufschluß über wichtige Eigenarten des jeweiligen Schleifverfahrens.

Eine weitere Abgrenzung der Schleifverfahren ergibt sich durch die Kennzeichnung der Verwendung von Kühl- und Schmiermitteln. Sie wirken sich nicht nur auf das Arbeitsergebnis aus, sondern auch auf die Auswahl der Schleifwerkzeuge. Eine Berücksichtigung in der Verfahrenssystematik ist daher für Schleifwerkzeuge aus Schleifmitteln auf Unterlagen unerläßlich. Überdies ist auch den konstruktiven Notwendigkeiten und sicherheitstechnischen Richtlinien, beispielsweise für Schleifmaschinen zum Trocken- oder Naßschleifen, Rechnung zu tragen.

Ergänzend zu den vorerwähnten Angaben kann es erforderlich sein, besondere Angaben über Werkzeugabmessungen, Werkzeugformen oder den besonderen Aufbau der Schleifwerkzeuge aus Schleifmitteln auf Unterlagen zu machen. Dies gilt auch für die Anordnung verschiedener Werkzeuge in einem Arbeitssystem.

Besonders wichtig für die Verfahrensgliederung ist eine Angabe über das Werkzeugstützelement, weil durch seine Verwendung, Art, Form, Abmessungen und Eigenschaften die Wirksamkeit des Schleifwerkzeugs grundlegend beeinflußt wird.

Entsprechend einem Modell, das *Saljé* [68] für das Wirkprofil von Werkzeugen darstellte, lassen sich die Grundtypen der Schleifflächen von Schleifwerkzeugen aus Schleifmitteln auf Unterlagen aus einer ebenen Fläche durch Krümmung um die Quer- und Längsachse einer Ebene entwickeln (Bild 165). Man erhält so aus einem blatt- oder bandförmigen Schleifkörper (Typ 1) einen mit dem Schleifbelag nach außen (Typ 2)

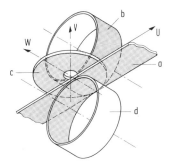

Bild 165. Werkzeug-Schleifflächenformen
a blattförmiger Schleifkörper (Typ 1), b zylindrischer Schleifkörper mit außen liegender Schleiffläche (Typ 2), c scheibenförmiger Schleifkörper (Typ 3), d zylindrischer Schleifkörper mit innen liegender Schleiffläche (Typ 4)

oder nach innen (Typ 4) gekrümmten zylindrischen Schleifkörper. Krümmt man das Blatt vom Typ 1 um die V-Achse in der UW-Ebene, so erhält man im Grenzfall einen scheibenförmigen Körper mit der Symmetrieachse V (Typ 3). Bei zusätzlicher Querkrümmung des Schleifkörpers vom Typ 1, konvex oder konkav zum Schleifbelag, ergeben sich beim Typ 2 eine Außen-Wölbfläche oder eine Außen-Sattelfläche bzw. beim Typ 4 eine Innen-Sattelfläche oder eine Innen-Hohlringfläche. Bei der scheibenförmigen Schleiffläche vom Typ 3 erhält man auf diese Weise eine Wulstringfläche oder eine dazu komplementäre Gegenprofilfläche.

In gleicher Weise sind auch raumgekrümmte Werkstückflächen denkbar. Werkzeugschleifflächenformen und Werkstückflächenformen lassen sich nun, wie Tabelle 20 zeigt, zu einem Wirkpaar einander zuordnen. Im Kopf dieser Tabelle sind hier die verschiedenen Schleifflächenformen (1 bis 6) dargestellt. Darunter sind die Buchstaben der verschiedenen Schleifflächentypen entsprechend Bild 165 angefügt. Auf der linken Seite der Tabelle finden sich die zu bearbeitenden Werkstückflächenformen (A bis F). Für die mögliche Wirkpaarbildung sind in den einzelnen Feldern oben links die Kurzbezeichnung für die Berührungsart zwischen Werkzeugschleifflächenform und Werkstückflächenform und oben rechts der minimal erforderliche Freiheitsgrad für die Bewegung beider Flächen zum Schleifen angegeben. Die darunter aufgeführten Zahlen entsprechen den laufenden Nummern der verschiedenen Schleifmethoden und -maschinen aus Tabelle 21. In Klammern gesetzte Zahlen deuten darauf hin, daß die diesbezügliche Bearbeitungsmöglichkeit mit der zugehörigen Maschinenart praktisch nicht oder kaum genutzt wird.

In Tabelle 21 sind die verschiedenen Schleifmethoden und -maschinen für Werkzeuge aus Schleifmitteln auf Unterlagen schematisch dargestellt. Die Bilder sind mit entsprechenden Symbolen für die Bewegungsart und -richtung für Werkzeug und Werkstück versehen. Die eingezeichneten Koordinaten X, Y und Z erleichtern die Beschreibung der Bewegungen. Ihrer Anordnung liegen folgende Gesichtspunkte zu Grunde:

a) Die X-Achse liegt in der Hauptbearbeitungsrichtung. Sofern dies, wie etwa bei kreisenden Werkzeugen, nicht möglich ist, wurde sie so angeordnet, daß sie bei vergleichbaren Verfahren ähnlich liegt. Die positive X-Richtung (entsprechend eingezeichnetem Pfeil) weist in die Schnittbewegungsrichtung des Werkzeugs. Die X-Achse sollte möglichst parallel zur Werkstückaufspannfläche sein.

b) Die Y-Achse enthält die Schnittiefe. Sie weist stets vom Werkstück zum Werkzeug. Bei der Bearbeitung von Außenflächen entspricht so eine Verringerung der Werkstückabmessung in Y-Richtung einer Maßabnahme. Die Y- und die X-Achse stehen senkrecht aufeinander.

c) die Z-Achse steht senkrecht auf der X-Y-Ebene.

Die Koordinaten sind auf das Werkstück bezogen und entsprechend der VDI-Richtlinie 3255 zueinander angeordnet.

Beim Bandschleifen von Hand, mit handgeführten Maschinen sowie beim Schleifen auf ortsfesten Maschinen mit handgeführten Werkzeugen oder Werkstücken ist die Anzahl der Freiheitsgrade der Zerspanbewegungen z.T. erheblich höher als die minimale. Dadurch wird der Einsatzbereich in diesen Fällen hinsichtlich der bearbeitbaren Werkstückformen und -abmessungen beträchtlich erweitert. Das ist auch der Grund dafür, weshalb beim Schleifen mit Schleifwerkzeugen aus Schleifmitteln auf Unterlagen diese Anwendungsfälle eine so bedeutende Rolle spielen.

Hinsichtlich der Schnittbedingungen unterscheidet man grundsätzlich zwischen dem Schleifen mit konstantem Anpreßdruck und dem Schleifen mit konstanter Zustellung. Für das Abschleifen dünner und empfindlicher Schichten ist das erstgenannte Verfahren vorteilhaft, wenn es sich um Profil-, Rund- oder Formschleifvorgänge handelt. Beim Schleifen von Hand sowie mit handgeführten Maschinen und Werkzeugen wird dieses Verfahren fast ausschließlich angewendet, weniger beim Schleifen mit handgeführten Werkstücken. Beim Schleifen auf selbsttätigen, verketteten Anlagen bemüht man sich, das Schleifen von Hand mit konstantem Anpreßdruck durch elektro-pneumatische Steuerung nachzuahmen.

Anders beim Planschleifen plattenförmiger Werkstücke. Hierbei sind meist Maßschleifarbeiten auszuführen, für die eine konstante Zustellung unumgänglich ist.

[Literatur S. 288]   13.8 Bearbeitung mit Schleifmitteln auf Unterlagen

Tabelle 20. Zuordnungsmöglichkeiten von Werkzeugschleifflächen- und Werkstückflächenformen

Schleifflächentyp [1]		Werkzeugschleifflächenform					
		1	2	3	4	5	6
		a,b,c	a,b,c	a,b,(c),d	a,c	a,(c),d	a,(c),d
A		P $FG_{min} = 4$ (17),(25),64	P 4 9,10,11,17,22,(25),29,30,64	P 3 17,25,27,28,29,30,33,45,50,63	P 3 2,(18),(19),(20),22,(23)	P 3 22,34,45	P 2 1,3,6,7,26,33,51,55,56,58
B		P 4 17,48,49,64	P 3 9,10,11,14,17,22,25,28,29,48,49,59,60,63,64	PL 3 17,27,30,33,45,50	L 3 2,18,19,20,22,23,33	LF 2 1,3,6,7,22,26,33,34,45,55,57,62,66	PLF 2 1,3,6,7,26,33,51,55,56,58
C		PL 3 8,9,10,11,14,15,16,17,25,28,45,46,47,49,53,63,64	PL 2 2,(9,10,11),12,14,15,16,(29),30,45,64	PLF 3 1,3,6,7,17,25,27,28,29,30,33,45,50,53,55,63			
D			L 3 9,10,11,14,16,17,28,29,30,40,41,42,43,50,54,59,(64)		F 2 1,2,4,5,6,7,12,13,18,19,20,21,22,23,24,26,27,31,32,33,35,36,37,38,39,40,44,45,52,56,57,58,66,67		
E		PL 3 8,9,10,11,14,15,16,17,25,45,46,47,50,64	LF 2 1,2,6,7,9,10,11,12,14,15,16,17,22,25,28,29,30,33,45,50,58,59,63,64,65,66				
F		PLF 2 1,(6,7),8,9,10,11,12,14,15,16,17,25,28,33,45,46,47,50,56,61,63,64,67					

Werkstückflächenform

P   Punktberührung
L   Linienberührung
F   Flächenberührung
FG_{min} minimale Anzahl der Freiheitsgrade für das Schleifen der Werkstückflächenform

Die Zahlen in den einzelnen Feldern entsprechen den Nummern der Schleifmethoden und Maschinen von Tabelle 21, die in dem gezeigten Bearbeitungsfall angewendet werden können.
[1] Werkzeugschleifflächenform, die durch einen der bezeichneten blatt-, blattscheiben-, hülsen- oder bandförmig gekrümmten Schleifflächentypen nach Bild 165 verwirklicht werden kann.
( ) bedingt anwendbar.

Tabelle 21. Übersicht über die Schleifmethoden und Maschinen für Werkzeuge aus Schleifmitteln auf Unterlagen

ortsfestes Werkstück

Schleifen von Hand

| 1 Handschleifen 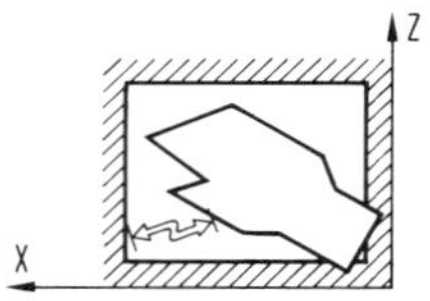 | 2 Klotzschleifen 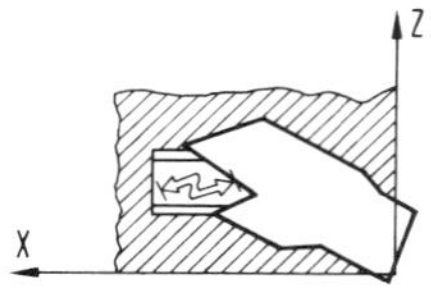 | 3 Handrundschleifen 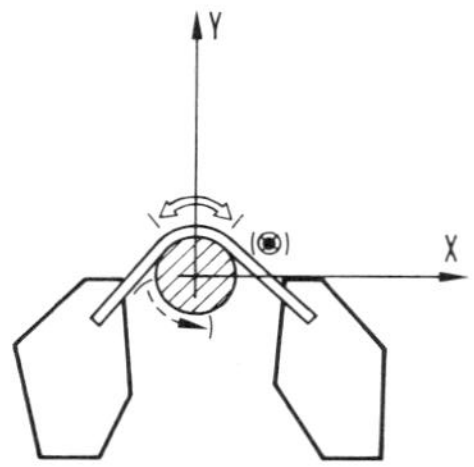 |

Schleifen mit handgeführten Maschinen

| 5 Handmaschinen-Planschleifen 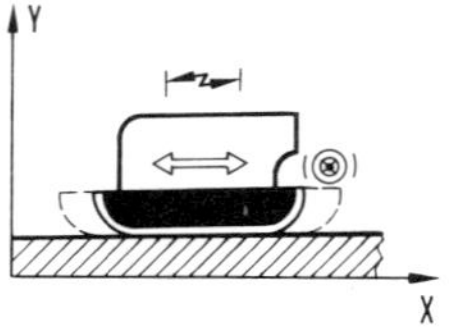 | 6 Handmaschinen-Blattscheibenschleifen 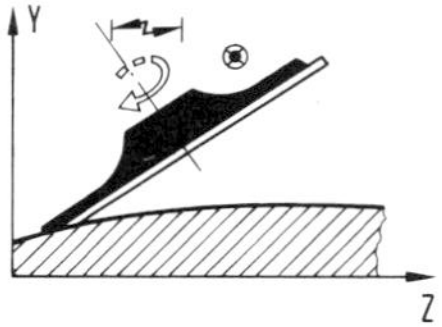 | 7 Handmaschinen-Blattscheiben-Planschleifen 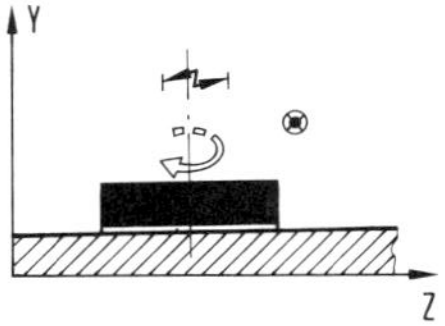 | 8 Handmaschinen-Profilschleifen 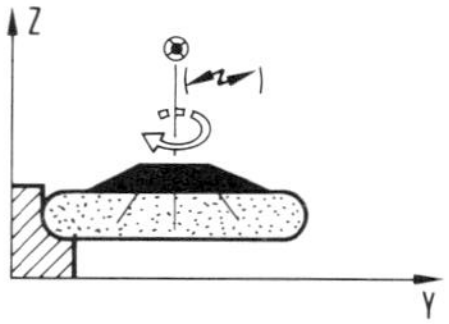 | 9 Handmaschinen-Hülsenschleifen 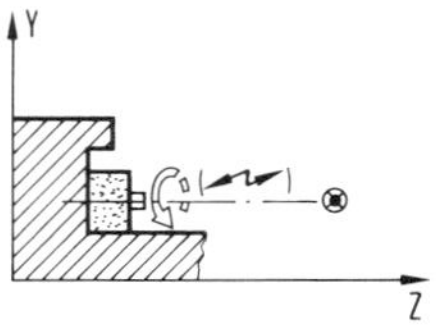 |

| 10 Handmaschinen-Hülsenschleifen 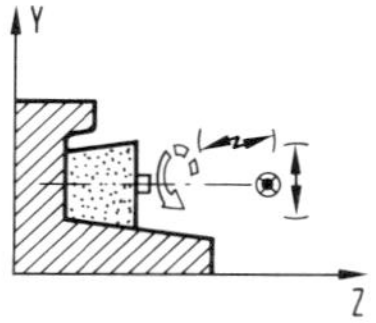 | 11 Handmaschinen-Lamellenscheibenschleifen 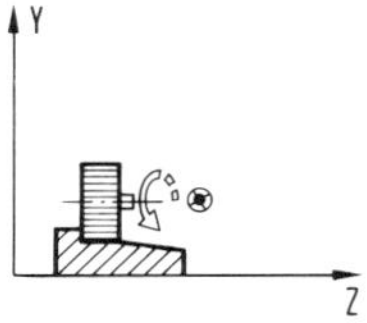 | 12 Handmaschinen-Bandformschleifen 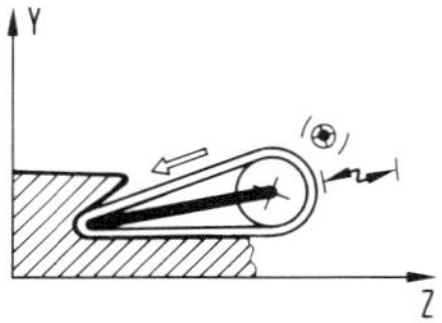 | 13 Handmaschinen-Bandplanschleifen 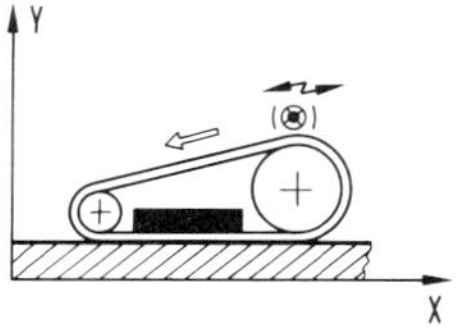 | 14 Handmaschinen-Bandformschleifen 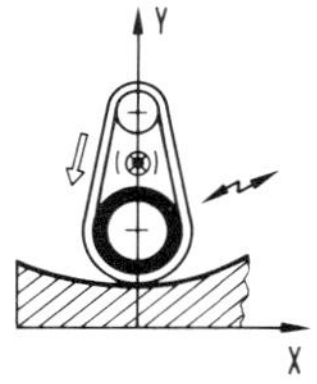 |

13.8 Bearbeitung mit Schleifmitteln auf Unterlagen

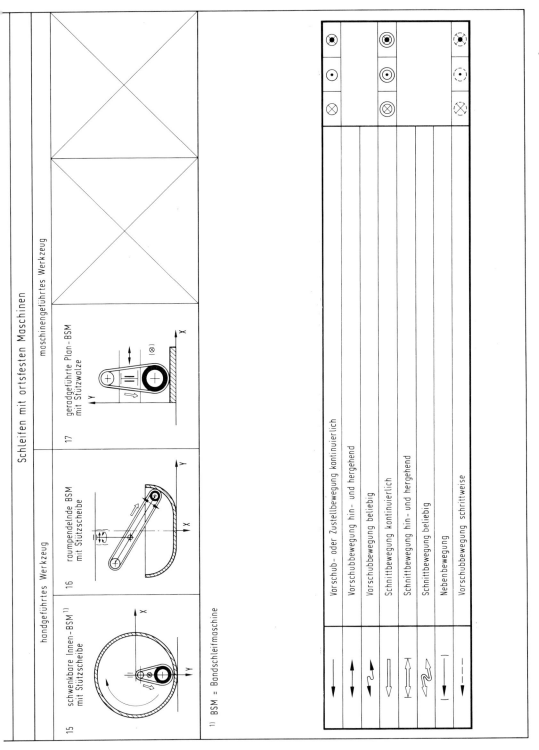

258 13 Schleifen [Literatur S. 288]

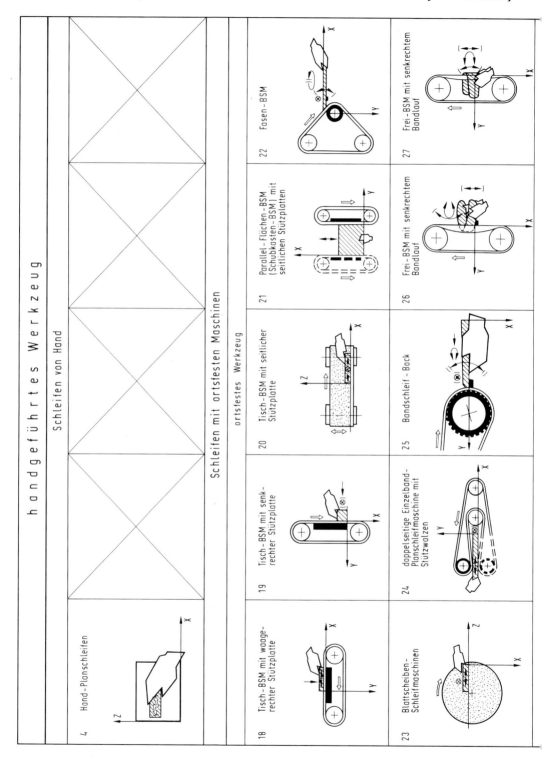

13.8 Bearbeitung mit Schleifmitteln auf Unterlagen

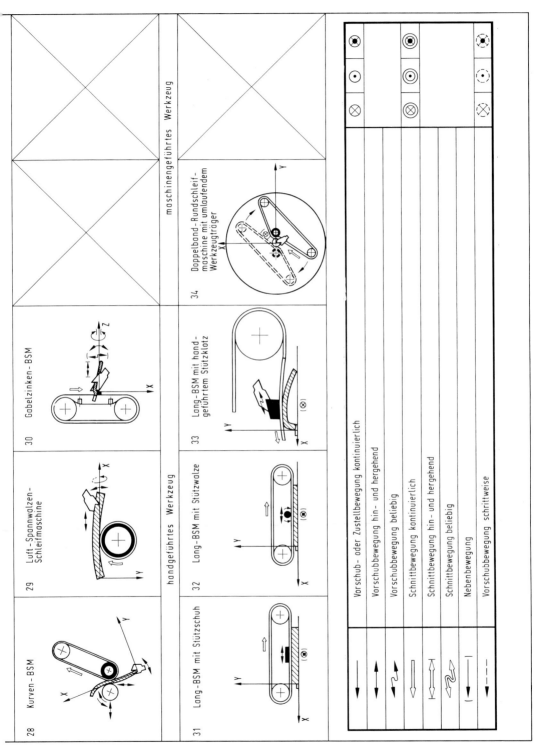

260 13 Schleifen [Literatur S. 288]

		maschinengeführtes Werkstück			
		Schleifen mit ortsfesten Maschinen			
		ortsfestes Werkzeug			
35 Lang-BSM mit Stützbalken	36 Breit-BSM mit Stützbalken	37 BSM mit Stützplatte	38 Doppel-BSM mit schrägem seitlichem Stützbalken	39 doppelseitige Fasen-BSM	
40 kombinierte Breit-BSM mit Stützwalze und -balken	41 Breit-BSM mit Stützwalze und Hubtisch	42 Stützwalzen-Breit-BSM	43 Zylinder-Schleifmaschine	44 Pflock-Schleifmaschine	
45 Profil-BSM mit Stützschuh	46 Profil-Schleifmaschine mit Formschleifhülse	47 Profil-BSM mit Stützwalze	48 spitzenlose Rund-BSM mit Regelband	49 spitzenlose Rund-BSM mit Regelscheibe	
50 Lamellenschleifwalzen-Schleifmaschine	51 Fasen-Rund-BSM	52 Doppelscheiben-Planschleifmaschine	53 Scherenaugen-BSM	54 Planschleifmaschine mit hin- und herlaufender Schleifrolle	

13.8 Bearbeitung mit Schleifmitteln auf Unterlagen

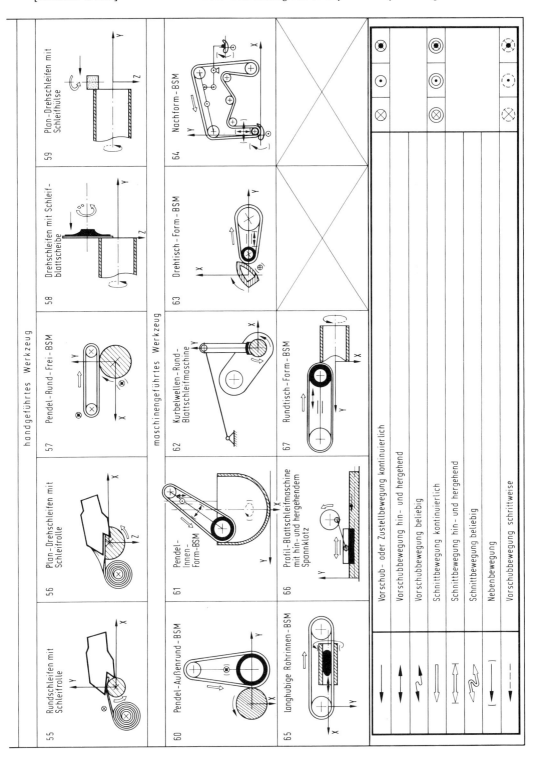

[Literatur S. 288]

In Tabelle 22 sind die verschiedenen Methoden und Maschinen aus Tabelle 21 den vier durch die Gestalt des Werkstücks gekennzeichneten Schleifverfahren, nach Arten gegliedert, zugeordnet. So lassen sich die passenden Maschinentypen leichter auffinden.

Tabelle 22. Gliederung der Schleifmethoden und -maschinen nach den Schleifverfahren (nach Tabelle 21)

Werkzeug- und Werkstückführungsart	Methoden und Maschinen zum			
	Plan-schleifen	Profil-schleifen	Rund-schleifen	Form-schleifen
Schleifen von Hand: ortsfestes Werkstück	1, 2	1, 2	1, 3	1
handgeführtes Werkstück	4			
Schleifen mit handgeführten Maschinen: ortsfestes Werkstück	5, 7, (9), (10), (11), 12, 13	8, 9, 10, 11, 12	9[1]), 10[1]), 11	6, 7, 9, 10, 11, 14
Schleifen mit ortsfesten Maschinen, ortsfestes Werkstück: handgeführtes Werkzeug			15[1])	16
maschinengeführtes Werkstück	17			(17)
Schleifen mit ortsfesten Maschinen, handgeführtes Werkstück: ortsfestes Werkzeug	18, 19, 20, 21, 23, 24	22, (25), 30		18[1]), (19), (20), (23), 25, 26, 27, 28, 29, 30
handgeführtes Werkzeug	31, 32			33
maschinengeführtes Werkzeug	31, 32		34	
Schleifen mit ortsfesten Maschinen, maschinengeführtes Werkstück: ortsfestes Werkzeug	35, 36, 37, 38, 40, 41, 42, 43, 44, 50, 52, 54	39, 45, 46, 47	48, 49, 51	50, 53
handgeführtes Werkzeug			55, 56, 57, 58, 59	(58), (59)
maschinengeführtes Werkzeug		66	57, 60, 61[1]), 62, 65[1]), 67	61[1]), 63, 64, 67

1) Für Innenbearbeitung
( ) bedingt anwendbar

13.8.3 Theoretische Kenngrößen

Die Zusammenstellungen in den Tabellen 20 und 21 erleichtern die Beschreibung der Werkzeugeingrifffläche. In Bild 166 A ist ein Planschleifvorgang auf einer Bandschleifmaschine mit ebenem Druckbalken schematisch dargestellt. Das Schleifband greift momentan in der Eingrifffläche A_e ein, die im vorliegenden Fall aus der Werkstückbreite (in Z-Richtung) B_{wz} und dem Schnittweg w_e gebildet wird. Es gilt

$$A_e = B_{wz} \cdot w_e. \tag{27}$$

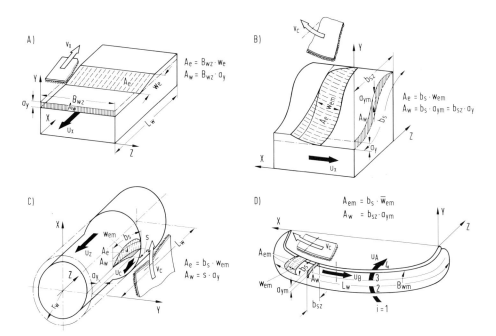

Bild 166. Schematische Darstellung verschiedener Schleifverfahren mit Werkzeugeingriffsfläche A_e und Werkzeugwirkquerschnitt A_w
A) Planschleifen, B) Profilschleifen, C) Rundschleifen, D) Formschleifen

Für den Idealfall von gleichdicker Platte und Werkzeug mit zur Z-Achse parallelem, gleichbreitem Druckbalken ist der Schnittweg w_e über der Plattenbreite konstant. Beim Profilschleifen (Bild 166 B) ist dies in der Regel nicht der Fall. In der Hauptzustellrichtung oder bei fehlerhafter Profilanpassung des Werkzeugs ist die Zustellung über der Profillänge b_s ungleich. Für den Anpreßdruck in der Eingrifffläche ist dann der mittlere Schnittweg w_{em} maßgeblich. Es gilt

$$A_e = b_s \cdot w_{em}. \tag{28}$$

Stärker schwanken meist die Schnittwege über der Eingriffbreite b_s beim Rundschleifen (Bild 166 C). Die Werkstückeinlaufseite des Schleifbands ist gewöhnlich einem höheren Anpreßdruck ausgesetzt als die Auslaufseite. Infolgedessen verformen sich hier Band und Stützelement stärker. Das führt zu einem längeren Schnittweg in diesem Bereich und damit zusätzlich zu einem größeren Verschleiß und vorzeitigem Erliegen. Für die Größe der Eingrifffläche gilt Gleichung 28.

Beim Formschleifen (Bild 166 D) treten zusätzliche Schwierigkeiten auf durch die Formänderung des Werkstücks über der Werkstücklänge L_w. Man muß deshalb hier mit dem Mittelwert des mittleren Schnittwegs $\overline{w}_{em}$ rechnen. Die mittlere Eingriffsfläche ist

$$A_{em} = b_s \cdot \overline{w}_{em}. \tag{29}$$

Die Größe der Eingrifffläche bestimmt das Gesamtabschliffvolumen des Schleifwerkzeugs, das Zeitspanungsvolumen und die Standzeit. Sie beeinflußt die Rauheit der Oberfläche und kann sich maßgeblich auf unerwünschte Oberflächenmerkmale auswirken.

Die Normalprojektion der Eingrifffläche in Richtung der Hauptvorschubbewegung soll im folgenden als Werkzeugwirkquerschnitt A_w bezeichnet werden. Aus A_w und der senkrecht darauf stehenden Vorschubgeschwindigkeit u ergibt sich das Zeitspanungsvolumen zu

$$Z = u \cdot A_w. \tag{30}$$

Mit der senkrecht zur Schnittrichtung, d.h. gewöhnlich in Z-Richtung liegenden Schnittbreite, die jeweils nach dem angewendeten Verfahren der Schnittbreite b_s, der Schleifwerkzeugbreite B_s, der Werkstückbreite B_w oder der Werkstückdicke H_w entspricht, ergibt sich daraus das Gesamt-Zeitspanungsvolumen

$$Z = u \cdot a \cdot b_s. \tag{31}$$

In Abhängigkeit vom Vorschubweg l folgt das *Gesamtabschliffvolumen* V_{ges} bei konstantem Anpreßdruck gewöhnlich der Beziehung

$$V_{ges} = C_1 \cdot l^{m_1}. \tag{32}$$

Der Vorschubweg l ist in Abhängigkeit von der Vorschubgeschwindigkeit u der der Schleifzeit t_s (Hauptzeit)

$$l = u \cdot t_s. \tag{33}$$

Aus den Gleichungen 32 und 33 folgt damit

$$V_{ges} = C_1 \cdot u^{m_1} \cdot t_s^{m_1}. \tag{34}$$

Der Verlauf des Zeitspanungsvolumens in Abhängigkeit von der Schleifzeit ergibt sich daraus durch Differenzieren zu

$$\frac{dV_{ges}}{dt_s} = Z = m_1 \cdot C_1 \cdot u^{m_1} \cdot t_s^{m_1-1} \tag{35}$$

und damit für das schleifbreitenbezogene Zeitspanungsvolumen in Abhängigkeit von der Schleifzeit

$$Z' = \frac{Z}{b_s}. \tag{36}$$

Aus dem Verhältnis dieser Größe zur Schnittgeschwindigkeit ergibt sich die mittlere Spanungsdicke

$$h_m = \frac{Z'}{v_s} = \frac{m_1 \cdot C_1 \cdot u^{m_1} \cdot t_s^{m_1-1}}{b_s \cdot v_s}. \tag{37}$$

h_m entspricht der mittleren Schichtdicke, die vom Werkzeug zur Zeit t_s während eines Berührungsvorgangs mit dem Werkstück von diesem abgetrennt wird. Der Mittelwert der mittleren Spanungsdicke während der gesamten Schleifzeit t_s, bezogen auf die einzelne Schleifbandstelle, ist (mit $v_s = w_s/t_s$)

$$\bar{h}_m = \frac{C_1 \cdot u_1^{m_1} \cdot t_s^{m_1}}{b_s \cdot w_s}, \tag{38}$$

worin w_s den Gesamtschnittweg bezeichnet.
Die Summe aller mittleren Spanungsdicken ergibt sich mit der Anzahl der Werkzeugumläufe während der Schleifzeit t_s zu

$$h_{tges} = \frac{C_1 \cdot u_1^{m_1} \cdot t_s^{m_1}}{b_s \cdot L_s}; \tag{39}$$

darin ist L_s die Länge des Schleifwerkzeugs, beispielsweise die Bandlänge bei Schleifbändern oder der dem betrachteten Schneidenpunkt zugeordnete Scheibenumfang bei runden Schleifblättern.
Beim Schleifen mit konstantem Anpreßdruck folgt die *Schnittkraft* F_s *(Tangentialkraft)* in Abhängigkeit von der Schleifzeit einer Exponentialfunktion von der Form

$$F_s = C_2 \cdot e^{m_2 t_s}. \tag{40}$$

Mit zunehmendem Anpreßdruck wächst die Konstante C_2 etwas überproportional, während sich der Exponentenkoeffizient nur wenig ändert. Trotz wachsender Schnittgeschwindigkeit bleiben beide Größen etwa konstant.
Für die *Schnittleistung* P_s gilt somit

$$P_s = C_2 \cdot e^{m_2 t_s} \cdot v_s. \tag{41}$$

Die spezifische Schnittkraft k_s ergibt sich aus der Gleichung

$$k_s = \frac{F_s \cdot v_s}{Z} = \frac{C_2 \cdot e^{m_2 t_s} \cdot v_s}{m_1 \cdot C_1 \cdot u^{m_1} \cdot t_s^{m_1-1}}. \tag{42}$$

In Abhängigkeit von der mittleren Spanungsdicke ist die spezifische Schnittkraft

$$k_s = \frac{C_2 \cdot e^{m_2 t_s}}{b_s \cdot h_m}, \tag{43}$$

woraus folgt, daß die spezifische Schnittkraft und damit der Energiebedarf für die Zerspanung der Volumeneinheit deutlich anwächst, wenn die mittlere Spanungsdicke mit zunehmender Schleifzeit kleiner wird.
Das *Werkzeugverschleißvolumen* VS_{ges} folgt im allgemeinen einer Funktion

$$VS_{ges} = C_3 \cdot u^{m_3} \cdot t_s^{m_3}. \tag{44}$$

Daraus ergibt sich zur Zeit t_s ein Verschleißvolumen

$$\frac{dVS_{ges}}{dt_s} = VS'_{ges} = m_3 \cdot C_3 \cdot u^{m_3} \cdot t_s^{m_3-1}. \tag{45}$$

Aus den Gleichungen 35 und 45 kann man das Schleifverhältnis G berechnen.

$$G = \frac{dV_{ges}}{dVS_{ges}} = \frac{h_m}{VS} = \frac{m_1 \cdot C_1}{m_3 \cdot C_3}(u \cdot t_s)^{m_1-m_3}, \qquad (46)$$

worin der Schneidenversatz VS sich aus Gleichung 45 entsprechend Gleichung 35 und 36 ableiten läßt zu

$$VS = \frac{m_3 \cdot C_3 \, u^{m_3} t_s^{m_3-1}}{b_s \cdot v_s}. \qquad (47)$$

Die *Rauhtiefe* ist eine wesentliche Ergebnisgröße für alle Schleifverfahren. Sie kann mit guter Näherung durch die Gleichung

$$R_t = C_4 \cdot t_s^{m_4} \qquad (48)$$

ausgedrückt werden. Für den Mittenrauhwert R_a gilt in vielen Fällen angenähert

$$R_a = \frac{R_t}{10}. \qquad (49)$$

Die maximale Rauhtiefe ist vorzugsweise für die Beurteilung der anzuwendenden Schnittbedingungen vor der Feinbearbeitung zweckmäßig, der Mittenrauhwert zusätzlich für feinbearbeitete Flächen.

Die Faktoren C_1 bis C_4 sind Konstante, die für den jeweiligen Bearbeitungsfall experimentell bestimmt werden müssen.

13.8.4 Einflußgrößen beim Schleifen

Sofern eine gleichmäßige Beanspruchung des Schleifwerkzeugs über seine Breite vorliegt, sind Abschliffvolumen und Schnittkräfte der Schnittbreite proportional. Das gleiche gilt hinsichtlich des Abschliffvolumens nach [69] auch für die Bandlänge. Bei Verwendung einer glatten Stützscheibe wird nur ein Drittel der Stückzahl je Band gegenüber der genuteten Stützscheibe erreicht. Eine begrenzte Erhöhung der Stückzahl je Band läßt sich durch das Wiederschärfen erzielen. Ein wesentlicher Einfluß der Bandspannung auf das Zeitspanungsvolumen kann nicht nachgewiesen werden. Maßgeblich für eine erhöhte Abschliffleistung ist vor allem die Zahnung der Stützscheibe.

Die Bruchdehnung eines Schleifbandes in Hautleimbindung ist deutlich größer als die eines Vollkunstharzschleifbands (Bild 167) [70]. Mit zunehmender Schleifzeit erhöht sich die Banddehnung um etwa 50 bis 80%.

Mit zunehmender Bandgeschwindigkeit wächst das Zeitspanungsvolumen etwa proportional [71]. Entsprechendes gilt für die schleifbreitenbezogene Anpreßkraft F_{nb}. Der Einfluß des schnittbreitenbezogenen Gesamtabschliffvolumens auf das Zeitspanungsvolumen und die Rauhtiefe geht aus Bild 168 hervor [72].

Während bei der Kunststoffstützscheibe sich die Rauhtiefe etwa in gleicher Weise vermindert wie das Zeitspanungsvolumen, fällt bei der Gewebelamellenstützscheibe das Zeitspanungsvolumen mit wachsender Schleifzeit beträchtlich steiler ab als die Rauhtiefe. Bild 169 läßt den Einfluß unterschiedlicher Steifheit von Schleifbändern auf die Rauhtiefe in Abhängigkeit von der Schleifzeit erkennen [72]. Auf glatter Stützscheibe erzeugt das steifere Band ein größeres Abschliffvolumen und hinterläßt auch eine etwas höhere Rauhtiefe als das weniger steife. Das hängt mit der Verbreiterung der

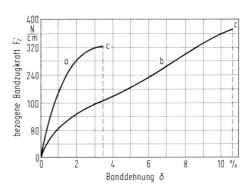

Bild 167. Spannungs-Dehnungsdiagramm von Schleifbändern, 2000 mm lang, 50 mm breit, Gewebedicke 0,5 mm; Schleifbandunterlage: X-Gewebe, Prüfbedingungen nach DIN 53 801 [70]
a kunstharzgebunden, Körnung 40,
b hautleimgebunden, Körnung 60,
c Band gerissen

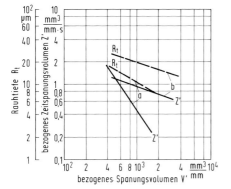

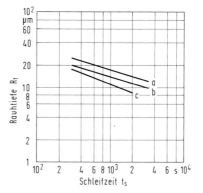

Bild 168. Einfluß des bezogenen Spanungsvolumens auf das bezogene Zeitspanungsvolumen Z' und die Rauhtiefe R_t [72] bei Verwendung verschiedener Stützscheiben
Schleifbedingungen: ortsfeste Maschine mit ortsfestem Werkzeug und maschinengeführtem Werkstück; Schleifband: kunstharzgebunden, J-Gewebe, Halbedelkorund, Körnung 80; Werkstoff: Ck 15; Werkstückabmessungen: Länge $L_w = 90$ mm, Breite $B_w = 40$ mm, Dicke $H_w = 21$ mm; Hilfsstoffe: keine; Schnittgeschwindigkeit $v_s = 33$ m/s, Vorschubgeschwindigkeit $u = 0,015$ m/s, bezogene Anpreßkraft $F_{nb} = 1$ N/mm
a Stützscheibe aus Aluminiumlegierung,
b mittelharte Gewebelamellen-Stützscheibe

Bild 169. Einfluß der Schleifzeit auf die Rauhtiefe bei Schleifbändern unterschiedlicher Steifheit [72]
Schleifbedingungen: ortsfeste Maschine mit ortsfestem Werkzeug und maschinengeführtem Werkstück, Schnittgeschwindigkeit $v_s = 25$ m/s, bezogene Anpreßkraft $F_{nb} = 1,25$ N/mm, kunstharzgebundene Schleifbänder, Körnung 80, Halbedelkorund, gummiummantelte und unprofilierte Stützscheibe (HS = 64)
a Schleifband mit X-Gewebe, relative Biegesteifheit $c_{br} = 1,0$; b Schleifband mit J-Gewebe und einer auf das Band a bezogenen relativen Biegesteifheit $c_{br} = 0,63$; c Schleifband mit J-Gewebe, Biegesteifheit $c_{br} = 0,30$

Werkzeugeingriffzone zusammen, mit deren Breite die Anzahl der auf der gleichen Werkstückstelle eingreifenden Schleifkörner anwächst. Mit zunehmender Schnittgeschwindigkeit ist die Abnahme der Rauhtiefe beim steiferen Schleifband deutlich größer. Dies zeigt sich jedoch erst nach längerer Schleifzeit. Eine Erhöhung der Schnittgeschwindigkeit ist für die Verbesserung der Oberfläche von Vorteil; jedoch nur, wenn die Vorschubgeschwindigkeit nicht in gleichem Maße zunimmt.

Beim Schleifen mit konstanter Anpreßkraft bewirken sowohl eine Erhöhung der Anpreßkräfte als auch der Schnittgeschwindigkeit eine Steigerung des Zeitspanungsvolumens.
Bei zunehmender Anpreßkraft erhöht sich vor allem die Spanungsdicke, darüber hinaus jedoch auch die Anzahl der zum Eingriff kommenden Schneiden. Mit wachsender Schnittgeschwindigkeit vergrößert sich die Anzahl der Schneideneingriffe je Zeiteinheit proportional. Die Abnahme des Zeitspanungsvolumens mit zunehmender Schleifzeit ist umso größer, je höher der Anfangswert ist. Die Ursache hierfür ist der Kornverschleiß. Die Abnahme des Zeitspanungsvolumens ist bei Steigerung der Schnittgeschwindigkeit größer als bei zunehmender Anpreßkraft. Da bei weniger steifen Schleifbändern auch die Schleifbelagdicke geringer ist, ist auch mit einer geringeren Standzeit solcher Bänder zu rechnen, wenn sie unter gleichen Bedingungen wie steife Bänder verwendet werden.
Als Standzeitkriterien gelten das wirtschaftlich vertretbare minimale Zeitspanungsvolumen beim Schleifen mit konstanter Anpreßkraft, die maximal zulässige Radialkraft beim Schleifen mit konstanter Zustellung, das Unterschreiten der geforderten Oberflächengüte und das Auftreten von thermischen Schäden am Werkstück.
Im ersten Fall sind die betrieblichen Gegebenheiten maßgeblich. Im zweiten Fall ist die Bauweise der Maschine und deren Antriebsleistung ausschlaggebend. Ihre Eignung für den Schleifvorgang zeigt sich auch bei den beiden weiteren Kriterien, bei denen unmittelbare Auswirkungen durch den Schleifkornverschleiß zu erwarten sind.
Sehr vielfältig sind die Wirkungen der Körnungsfolgen zum Erzielen eines bestimmten Arbeitsergebnisses. Bild 170 zeigt ein typisches Beispiel für die Wirkung der Körnungsfolge P 120, P 180, P 240 beim Schleifen von Preßblechoberflächen. Im vorliegenden Falle sind drei Bänder verschiedener Körnung erforderlich, um die mit Körnung P 80 vorgeschliffenen Oberflächen bis zur Vorbereitung auf das Polieren zwischenzuschleifen. Die schraffierten Felder auf der linken Seite jedes Diagramms kennzeichnen das Einschleifblech, das erforderlich ist, um die große Anfangsschärfe herkömmlicher Bänder so weit zu verringern, daß die Rauheitstoleranz innerhalb der gesamten Blechcharge das zulässige Maß nicht überschreitet.
Den Einfluß der Körnungsnummer und der Schleifzeit auf die Gesamtabschliffmenge zeigt Bild 171. Mit feiner werdender Körnung nimmt die Gesamtabschliffmenge hyperbolisch ab. Mit der Schleifzeit nimmt sie, wie schon zuvor erwähnt, degressiv zu (Bild 171 A). Die Rauhtiefe nimmt beim Trockenschleifen mit feiner werdender Körnung ebenfalls degressiv ab und weist einen ähnlichen Verlauf auch mit zunehmender Schleifzeit auf. Dies gilt für kunstharzgebundene Schleifbänder (Bild 171 A und B) wie auch für hautleimgebundene (Bild 171 C). Unter Zugabe von Schleiffett vermindert sich die Gesamtabschliffmenge ganz erheblich, jedoch erniedrigt sich auch die Rauhtiefe (Bild 171 B). Entsprechendes gilt für hautleimgebundene Schleifbänder (Bild 171 D). Das Fetten sollte entweder stetig oder möglichst oft, jedoch in kleinen Mengen erfolgen. Ursache für das Absinken der Abschliffmengen ist die Bildung eines Schmierfilms zwischen Werkstück und Werkzeugschleiffläche. Bei der Bearbeitung nichtrostender Stähle sind Korundschleifbänder den Siliziumkarbidschleifbändern in Abschliff und Standzeit erheblich überlegen.
Die Art des Hilfsstoffeinsatzes ist für den Schleiferfolg entscheidend. Beim Grobschleifen ist im wesentlichen nur für ferritischen Stahl ein Hilfsstoff zu empfehlen. Die besten Ergebnisse erhält man beim Aufdüsen des Hilfsstoffs. Für austenitischen Stahl liegt die günstigere Anpreßkraft bei 0,8 bis 1,0 N/mm, für ferritischen Werkstoff bei 1,2 bis 1,4 N/mm.

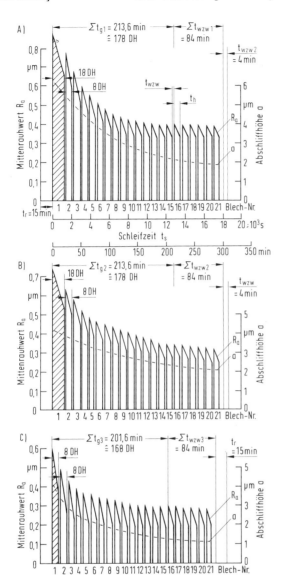

Bild 170. Wirkung der Körnungsfolge beim Feinschleifen von Preßblechen [73]
Schleifbedingungen: ortsfeste Maschine mit maschinengeführtem Werkstück und ortsfestem Werkzeug; Schleifbänder: kunstharzgebunden, X-Gewebe, Halbedelkorund; Werkstoff: nichtrostender Stahl (Werkstoff-Nr. 1.4021); kunststoffummantelte Stützwalze (HS = 93), D_{st} = 200 mm, B_{st} = 2000 mm; Hilfsstoffe: Schleiföl ohne Zusätze, Kühlschmierstoffdurchsatz 0,7 1/m · min, Temperatur ϑ = 20 bis 22°C; Schnittgeschwindigkeit v_s = 20 m/s, Vorschubgeschwindigkeit u = 5 m/min
t_g Grundzeit, t_{wsw} Werkstückwechselzeit, t_{wzw} Werkzeugwechselzeit, t_h Hauptzeit, t_r Rüstzeit, DH Doppelhübe
A) Körnung P 120, B) Körnung P 180, C) Körnung P 240

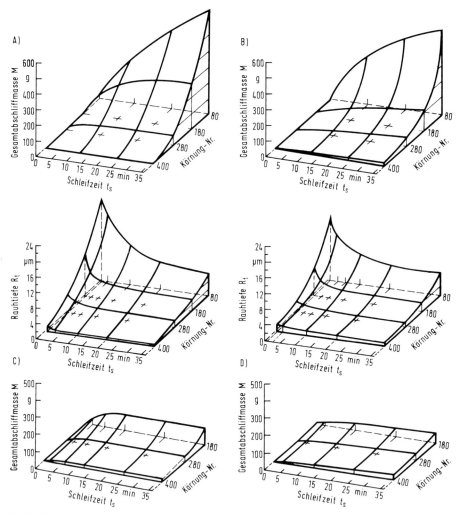

Bild 171. Einfluß der Körnung und der Schleifzeit auf die Gesamtabschliffmasse und die Rauhtiefe beim Schleifen mit kunstharz- und hautleimgebundenen Schleifbändern mit und ohne Fettung [74]
A) kunstharzgebundene Schleifbänder, ohne Fettung, B) kunstharzgebundene Schleifbänder, mit Fettung, Vorfettung 2 g/m Bandlänge, zeitbezogene Fettmenge 2 g/min, C) hautleimgebundene Schleifbänder, ohne Fettung, D) hautleimgebundene Schleifbänder, mit Fettung, Vorfettung 2 g/ m Bandlänge, zeitbezogene Fettmenge 2 g/min

Beim Bandschleifen von Aluminium sind gut benetzende Hilfsstoffe mit niedriger Verdampfungswärme und guter Schmierwirkung vorteilhaft. Auf diese Weise kann nach *Kohblanck* [75] eine beim Trockenschleifen leicht auftretende Preßschweißung der Späne vermieden werden. Die Hilfsstoffe sollen eine gute Kühlwirkung aufweisen [76]. Um die Werkzeugeingriffzone möglichst klein zu halten, sollte die Stützscheibe so hart gewählt werden, wie es die Oberflächengüte zuläßt. Beim Schleifen von Kupfer-Gußwerkstoffen ist es vorteilhafter, trocken zu schleifen. Zum Erzielen geringer Ober-

flächenrauheit ist die Körnung entsprechend fein zu wählen. Die günstigste Schnittgeschwindigkeit liegt zwischen 40 und 45 m/s. Die schleifbreitenbezogene Anpreßkraft sollte 1 N/mm nicht überschreiten [77].
Beim Schleifen mit konstanter Zustellung wachsen die schnittbreitenbezogene Schnittkraft und die bezogene Normalkraft mit wachsendem Gesamtabschliffvolumen progressiv. Die bezogene Normalkraft wächst dabei stärker (Bild 172). Auch die spezifische Schnittkraft wächst progressiv und erreicht 20 bis 50mal höhere Werte als beim Fräsen. Dies ist auf Reib- und Verformungsvorgänge an den Schneiden und die sehr geringen Spanungsdicken zurückzuführen.

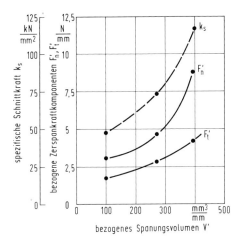

Bild 172. Einfluß des bezogenen Spanungsvolumens auf die bezogenen Zerspankraftkomponenten F'_n und F'_t und auf die spezifische Schnittkraft k_s [72]
Schleifbedingungen: kunstharzgebundenes Schleifband, X-Gewebe, Zirkonkorund, Körnung 80; Werkstoff C 45, Abmessungen: 80 x 40 mm; Stützscheibe: gummiummantelt (HS = 64), gezahnt $\lambda = 60°$, Stegbreite 6 mm, Zahnhöhe 8 mm, Teilung t = 25 mm, $D_{st} = 350$ mm, $B_{st} = 50$ mm; Hilfsstoffe: keine; Schnittgeschwindigkeit $v_s = 27$ m/s, Vorschubgeschwindigkeit u = 0,167 m/s, Zustellung a = 6 µm/Hub; sonstige Schleifbedingungen siehe Bild 169

Beim Schleifen von Holz nimmt das auf die Werkzeugeingrifffläche bezogene Zeitspanungsvolumen mit wachsender Schleifzeit hyperbolisch ab. Bei Erreichen der Stumpfung des Schleifbands fällt das Zeitspanungsvolumen progressiv. Entsprechend steigt das Gesamtabschliffvolumen V_{ges} degressiv in Abhängigkeit von der Schleifzeit. Bei konstantem Anpreßdruck verlaufen die bezogene Schnittkraft F_{SA} und die Rauhtiefe R_t ähnlich wie das Zeitspanungsvolumen. Die spezifische Schnittkraft k_s wächst linear mit der Schleifzeit t_s (Bild 173) [80]. Das flächenbezogene Zeitspanungsvolumen verläuft in Abhängigkeit von der Schleifzeit für die verschiedenen Holzarten sehr unterschiedlich [81] (Bild 174) stark fallend. Ursachen dafür sind unterschiedliches Verschleißverhalten und Wärmeempfindlichkeit sowie die Holzstruktur und besondere Holzinhaltsstoffe. Die flächenbezogene Schnittkraft ändert sich demgegenüber sehr viel weniger (Bild 175).

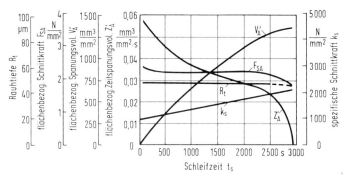

Bild 173. Einfluß der Schnittzeit auf das flächenbezogene Spanungs- und Zeitspanungsvolumen, die flächenbezogene Schnittkraft, die Rauhtiefe und die spezifische Schnittkraft beim Schleifen von Rotbuchenholz [79]

Schleifbedingungen: ortsfeste Maschine mit ortsfestem Werkzeug und maschinengeführtem Werkstück; hautleimkunstharzgebundenes Schleifband, E-Papier, Edelkorund, Körnung 120; Werkstoff: Rotbuche (Feuchte U = 8 bis 14%); Werkstückabmessungen 75 × 190 mm, Schnittrichtung parallel zur Faserrichtung; Stützelement: Stützplatte, Stahl; Hilfsstoffe: keine; Schnittgeschwindigkeit v_s = 24 m/s, Anpreßdruck p_A = 63 mbar

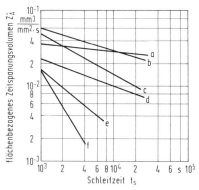

Bild 174. Einfluß der Schleifzeit auf das flächenbezogene Zeitspanungsvolumen beim Schleifen verschiedener Holzarten [81]

Schleifbedingungen: Schleifband, Körnung 120; Schnittgeschwindigkeit v_s = 16 m/s, Anpreßdruck p_A = 34 mbar, sonstige Schleifbedingungen siehe Bild 173

a Rotbuche, b Erle, c Pappel, d Eiche, e Fichte, f Teak

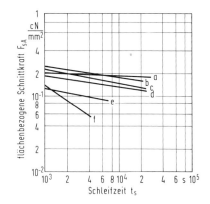

Bild 175. Einfluß der Schleifzeit auf die schleifflächenbezogene Schnittkraft beim Schleifen verschiedener Holzarten [81]

Schleifbedingungen: siehe Bild 174

a Rotbuche, b Erle, c Pappel, d Eiche, e Fichte, f Teak

Mit zunehmendem Anpreßdruck wächst das flächenbezogene Zeitspanungsvolumen etwa proportional (Bild 176). Bei Naturhölzern wird dadurch zwar meist die Rauheit der Oberfläche nicht beeinträchtigt, jedoch ergibt sich infolge eines erhöhten Anpreßdrucks eine stärkere Verformung der oberflächennahen Zone der Schlifffläche, so daß bei Befeuchtung durch Aufquellen von Fasern eine größere Rauheit auftreten kann. In

Abhängigkeit von der Schnittgeschwindigkeit wächst das flächenbezogene Zeitspanungsvolumen leicht progressiv. Die Rauhtiefe ist im wesentlichen unabhängig von der Schnittgeschwindigkeit, jedoch nimmt die Gleichmäßigkeit der Oberfläche zu [82, 83].

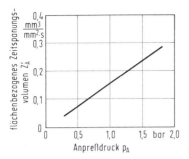

Bild 176. Einfluß des Anpreßdrucks auf das flächenbezogene Zeitspanungsvolumen beim Schleifen von Rotbuche [79]
Schleifbedingungen: Schleifzeit t_s = 100 min, sonstige Schleifbedingungen siehe Bild 173

Sowohl mit wachsendem Anpreßdruck als auch mit wachsender Schnittgeschwindigkeit sinkt die Standzeit des Schleifbands degressiv (Bild 177). Standkriterien sind etwa die gleichen wie beim Schleifen von Metalloberflächen. Eine mit der Werkzeugschleifflächenabstumpfung zusammmenhängende größere Verformung der oberflächennahen Zonen der Werkstückschliffläche sind jedoch oftmals von größerem Einfluß auf die Beurteilung des Standzeitendes. Wegen der leichten Verformbarkeit der Holzwerkstoffe wirken sich vielfach auch Unrundheit und Rundlauffehler umlaufender Stützelemente auf die Güte der geschliffenen Oberfläche aus, vor allem, wenn eine anschließende Beschichtung mit Hochglanzfolien erfolgt, wie etwa bei Holzspanplatten.

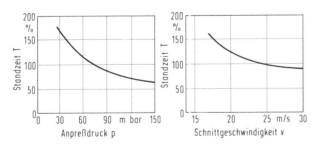

Bild 177. Einfluß des Anpreßdrucks und der Schnittgeschwindigkeit auf die Standzeit der Schleifwerkzeuge beim Schleifen von Holz [79]
Schleifbedingungen: Anpreßdruck: p_A = 75 mbar, sonstige Schleifbedingungen siehe Bild 176, Standkriterien: Grenz-Zeitspanungsvolumen Z'_A = 0,01 m³/mm² · s

274   *13 Schleifen*   [Literatur S. 288]

Tabelle 23 gibt Richtwerte der Schnittgeschwindigkeiten für die verschiedenen Schleifwerkzeuge aus Schleifmitteln auf Unterlagen. Für Schleifwerkzeuge auf Papier-, Gewebe- und Vliesunterlagen ist zunächst die Werkstückstoffart für die Wahl der Schnittgeschwindigkeit maßgebend. In zweiter Linie richtet man sich nach der Schleifaufgabe. Bei Schleifwerkzeugen mit Vulkanfiberunterlagen steht die Schleifaufgabe im Vordergrund. Maßgeblich für die obere Grenze der Schnittgeschwindigkeit sind die Höchstumfangsgeschwindigkeiten entsprechend den amtlichen Richtlinien des Deutschen Schleifscheibenausschusses (DSA). Nach den Richtlinien des DSA müssen alle scheibenförmigen Schleifwerkzeuge mit der zulässigen Arbeitshöchstgeschwindigkeit, den Abmessungen, ggf. der zulässigen Höchstdrehzahl sowie Angaben des Herstellers und der Körnung gekennzeichnet sein.

Tabelle 23. Richtwerte für die Schnittgeschwindigkeit beim Einsatz verschiedener Schleifwerkzeuge aus Schleifmitteln auf Unterlagen

Schleifwerkzeug	bearbeiteter Werkstoff bzw. Schleifart	Schnittgeschwindigkeit [m/s]
Schleifwerkzeuge mit Papier und Gewebe-Unterlagen[2]	Kohlenstoffstahl	30 bis 45
	nichtrostender Stahl, legierter Werkzeugstahl	18 bis 45
	Grauguß	30 bis 45
	Bronze, Zink, Messing, Kupfer	32 bis 45
	Aluminium, Magnesium-Legierungen	32 bis 45
	Naturhölzer	15 bis 25
	technische Holzwerkstoffe	20 bis 35
	härtbare Kunststoffe	10 bis 25
	thermoplastische Kunststoffe	2 bis 10
	Glas, Keramik, Porzellan, Stein	8 bis 16
Schleifwerkzeuge mit Vlies-Unterlagen[2]	Strukturschleifen (Dekorschleifen)	5 bis 15
	Reinigungsschleifen	10 bis 25
	Ebenschleifen (Entgraten)	20 bis 35
Schleifwerkzeuge mit Vulkanfiber-Unterlagen	Kohlenstoffstahl nichtrostender Stahl legierter Werkzeugstahl Grauguß	50 bis 80[1]

1) obere Grenze durch Arbeitshöchstgeschwindigkeit des verwendeten Werkzeugs vorgegeben.
2) Bei Lamellenschleifscheiben- oder -walzen Arbeitshöchstgeschwindigkeit beachten.

Tabelle 24 gibt eine Übersicht über Störungen, die beim Schleifen auftreten können, und ihre Ursachen. Die Ursachen der Störung können in der Bedienung, der Maschine, den Hilfsstoffen, dem Werkzeug oder dem Werkstück liegen. Ihre Auswirkungen erkennt man am Werkzeug, dem Schleifvorgang und dem Arbeitsergebnis. Der Ausgangszustand des Arbeitssystems wird dabei als einwandfrei vorausgesetzt.

Die erfolgreiche Lösung der Schleifprobleme gelingt, wenn man das Arbeitssystem für das Bandschleifen als Ganzes betrachtet. Wissenschaftliche Erkenntnisse, praktische Erfahrungen und die Ergebnisse technischer Entwicklungsarbeiten erleichtern die Arbeit und helfen mit, die Schleifergebnisse zu verbessern.

Tabelle 24. Störungsursachen und ihre Auswirkungen beim Schleifen mit Werkzeugen aus Schleifmitteln auf Unterlage

13.8.5 Werkzeuge aus Schleifmitteln auf Unterlagen und zugehörige Spann- oder Stützelemente

13.8.5.1 Allgemeines

Werkzeuge aus Schleifmitteln auf Unterlagen unterscheiden sich von anderen Werkzeugen wesentlich dadurch, daß eine bedeutend engere Koppelung zwischen Schneidenteil, Werkzeugkörper und Einspannteil besteht. Eine genaue Trennung zwischen diesen drei Bauelementen eines Werkzeugs ist in den meisten Fällen nicht möglich. Rechnet man zum Schneidenteil das Schleifmittel, das mit ihm eng verbundene Bindemittel und in Sonderfällen eine Beschichtung, die den Zerspanungsvorgang erleichtert, zum Werkzeugkörper einen Teil der Bindung und der Unterlage und zum Einspannteil die Unterlage, so findet man einander widersprechende Anforderungen, die es zu optimieren gilt. Das Schleifmittel soll fest im Schneidenteil gebunden sein. Der Werkzeugkörper aber muß biegsam sein, um die Anpassung an das Werkstück zu gewährleisten. Der Einspannteil soll, beispielsweise beim Schleifband, mit ausreichender Einspann-

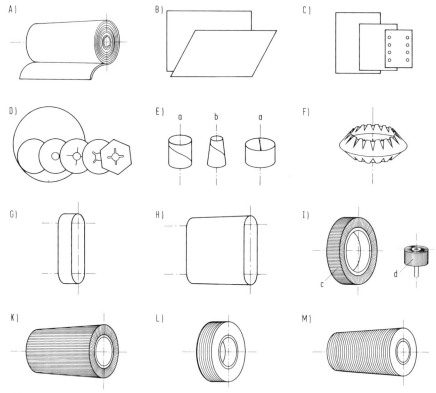

Bild 178. Schleifwerkzeuge aus Schleifmitteln auf Unterlagen
A) Schleifrolle, B) Schleifblatt, Zuschnitt, C) Schleifblatt, Streifen, D) Schleifblatt-Scheibe, E) Schleifhülse (a zylindrisch, b konisch), F) Schleifmanschette, G) Schmalschleifband, H) Breitschleifband, I) Lamellenschleifwerkzeug (c Lamellenschleifscheibe, d Lamellenschleifstift), K) Lamellenschleifwalze, L) Lagenschleifscheibe, M) Lagenschleifwalze

kraft zwischen den Antriebs- und Führungsrollen sowie dem Stützelement gespannt sein und sich doch nicht wesentlich dehnen, um ein Nachstellen zu vermeiden und eine störungsfreie Kraftübertragung zu gewährleisten.

Biegespannungen an den Rollen werden günstiger von dünnen Körpern aufgenommen. Der Werkzeugkörper sollte aber auch eine hinreichende Biege- oder Verdrehsteifheit aufweisen. Außerdem bringt eine grobere Körnung zwangsläufig eine größere Belagdicke mit sich. Es bedarf also einer sehr sorgfältigen Abstimmung der einzelnen Bauelemente des Werkzeugs, um alle notwendigen Eigenschaften quantitativ in richtigem Maße zum Einsatz bringen zu können.

Bild 178 gibt einen Überblick über die verschiedenen Schleifwerkzeuge, Bild 179 zeigt die zugehörigen Stützelemente. (Die wichtigsten Normen für die Werkzeugabmessungen sind im Literaturverzeichnis zusammengestellt.)

13.8.5.2 Werkzeugarten und Abmessungen

Schleifrollen (Bild 178 A) werden in Breiten von 25 bis 600 mm und Längen bis 50 m für verschiedene Schleifverfahren genutzt. Schleifrollen mit Papierunterlagen werden auch mit Ritzungen zur besseren Anpassung an die Werkstückform versehen. Aus Schleifmittelrollenware hergestellte Schleifblätter oder Zuschnitte (Bild 178 B) werden in rechteckiger Form als Geradbespannung (Bild 179 D), in rhombischer Form als Drallbespannung (Bild 179 D) für Zylinder von Walzenschleifmaschinen verwendet. Rechteckige Schleifblätter (Bild 178 C) mit Aussparungen für die Schleifstaubentfernung werden für den Handschliff oder als Bespannung für handgeführte Schleifmaschinen (Spannelement Bild 179 H) eingesetzt. Sehr vielfältig sind die Formen von Schleifblattscheiben (Bild 178 D). Als runde Blätter mit großem Durchmesser werden sie für Scheibenschleifmaschinen verwendet (Tabelle 21) und auf der Spannscheibe (Bild 179 C) befestigt. Schleifblattscheiben für Handschleifmaschinen mit elastischen Spanntellern und Spannscheiben (Bild 179 C) haben Durchmesser von 80 bis 300 mm. Sie werden ohne und mit Aufnahme- oder Mitnehmerlöchern hergestellt. Außen- und Innenrandformen sind aus verschiedenen schleiftechnischen Gründen sehr vielgestaltig. Absicht besonderer Außenrandformen sind eine bessere Sicht auf die augenblicklich zu schleifende Werkstückstelle und das Vermeiden von Markierungen beim Ansetzen, Abheben oder Verfahren der Scheibe.

Schleifblattscheiben werden in verschiedenen Raumformen mit unterschiedlicher Wölbung sowie mit beidseitigem Schleifbelag oder Rückseitenbeschichtung durch Haftkleber oder Klebefolie hergestellt. Für Handschleifmaschinen oder auch andere Schleifaggregate werden zum Bearbeiten von Formteilen zylindrische Schleifhülsen verwendet (Bild 178 E). Ihre Breiten liegen zwischen 25 und 300 mm, ihre Durchmesser zwischen 6,3 und 400 mm. Für die kleineren Werkzeuge verwendet man Spannelemente entsprechend Bild 179 E, für die größeren solche nach Bild 179 K und L. Die zuerst genannten Spannkörper sind im allgemeinen schräg geschlitzte Gummikörper, deren Stege sich unter Fliehkrafteinwirkung radial zu stellen suchen, so den Spannkörperdurchmesser vergrößern und dadurch die Schleifhülse spannen. Die größeren zylinderförmigen Spannkörper bestehen gewöhnlich aus einer Felge, über die ein Luftschlauch gezogen ist (Bild 179 L), der den Arbeitsanforderungen entsprechend mehr oder weniger stark mit Luft aufgepumpt werden kann. Ein anderes Spannelement ist in Bild 179 K gezeigt. Hier wird ein Gummiring mit zylindrischer Außenform nach dem Auflegen der Hülse durch Zusammendrücken der konischen Stahlflansche gespannt.

Konische Schleifhülsen werden in ähnlicher Weise gespannt wie die kleinen zylindrischen. Sie dienen dem Ausschleifen schwer zugänglicher Werkstückoberflächen oder

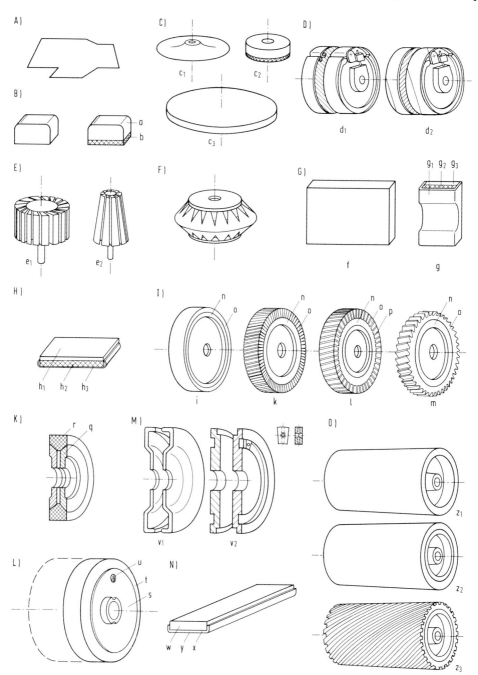

Bild 179. Stützelemente für Schleifwerkzeuge aus Schleifmitteln auf Unterlagen
A) Hand, B) Klotz (a Griffteil, b Druckausgleichbelag), C) Scheiben (c_1 Spannteller und c_2 Spannscheibe für Handschleifmaschinen, c_3 Spannscheibe für ortsfeste Schleifmaschinen), D) Spannwalzen (d_1 für achsparallele Bespannung, d_2 für schraubenförmige Bespannung),

werden zum Anschleifen von Fasen benutzt. Profilmanschetten (Bild 178 F) werden auf entsprechende Spannkörper (Bild 179 F) gespannt oder geklebt. Sie dienen zum Schleifen von Profilen verschiedener Art.
Den weitaus breitesten Einsatzbereich weisen endlos verklebte Schleifbänder auf. Bis zu einer Breite von 500 mm werden sie als Schmalschleifband (Bild 178 G), darüber als Breitschleifband bezeichnet (Bild 178 H). Breitschleifbänder werden maximal über vier, Schmalschleifbänder dagegen z.T. über wesentlich mehr Antriebs-, Umlenk- und Stützrollen gespannt (Nr. 64 in Tabelle 21). Von den genannten Werkzeugen ist die Abmessungsvielfalt bei Schleifbändern weitaus am größten. Bei Abmessungsverhältnissen Länge zu Breite $L_s/B_s = 1{,}2/100$ und maximalen Längen zwischen 100 und 20000 mm ergeben sich oft innerhalb eines Schleifbandtyps hunderte von verschiedenen Abmessungen.
Trotz der Vielzahl verschiedenartiger Bandschleifmaschinen, angepaßt an unterschiedliche Werkstückabmessungen, ließen sich diese Zahlen wesentlich verringern. Die Maschinenhersteller sind offensichtlich bemüht, ihre Konstruktionen den Empfehlungen nach DIN 69130 anzupassen. Als Stützelemente für Schleifbänder werden feststehende oder bewegte Körper verwendet. Für Schmalschleifbänder sind dies Stahl-, Gummi- oder Kunststoffplatten bzw. Stützelemente mit Filzummantelung und Gleitbelag (Bild 179 G). Auch feststehende oder bewegte Druckschuhe mit Filz- und Gleitbelag zur Verminderung der Reibung zwischen Bandrückseite und Stützelement (Bild 179 H) oder zylindrische oder profilierte Stützwalzen, bestehend aus einem Aluminiumkern mit Ummantelungen aus Leder, textilen Geweben, Gummi oder Kunststoffen, werden verwendet. Letztgenannte sind rund oder gezahnt (Bild 179 I) und z.T. aus unterschiedlichen Werkstoffen zusammengesetzt und haben verschiedene Härte (45 bis 95 Shore). Für Breitschleifbänder benutzt man entsprechende Walzen (Bild 179 O), auch Stahlwalzen ohne Ummantelung oder mit Ummantelung nur im mittleren Längenabschnitt. Für Feinschleifarbeiten mit Breitschleifbändern setzt man Druckbalken aus Aluminium mit einem Belag aus Filz und einem Gewebeüberzug (Bild 179 N) ein, der mit einer Graphitschicht versehen ist. Die Anforderungen an Rundheit und Rundlauf der Walzen, an die Gleichmäßigkeit des elastischen Verhaltens der Beläge in radialer Richtung und an die Maßgenauigkeit sind sehr hoch. Die Druckbalkenbespannung für Breitbandschleifmaschinen muß sehr sorgfältig ausgeführt werden, wobei der Filz vornehmlich nach Dicke und Dichte ausgewählt wird. Gebräuchliche Filze, beispielsweise für Druckbalken von Schleifmaschinen für die Spanplattenbearbeitung, haben eine Dichte von 0,36 bis 0,44 g/cm^3 mit Dicken unter 5 mm in der Bezeichnung F2 bis F4. Maximale Abmessungen von Breitbändern liegen bei etwa 3500 mm Breite und 6500 mm Länge. Derartige Schleifbänder werden aus meist schräg miteinander verbundenen Segmenten zusammengesetzt.

E) Spreizspannköpfe (e_1 zylindrisch, e_2 konisch), F) Schleifmanschettenträger, G) Stützplatten (f Stützplatte, Tisch, g Profilstützplatte, g_1 Grundkörper, g_2 Druckausgleichbelag, g_3 Gleitbelag), H) Stützschuh (h_1 Grundkörper, h_2 Druckausgleichbelag, h_3 Gleitbelag), I) Stützscheiben (i zylindrisch ummantelt, k lamelliert, l lamelliert mit Zwischenlagen, m gezahnt (gerillt), n Stützscheibenkern, o Ummantelung, p Zwischenlage), K) Flansch-Spannscheibe (q Spannbelag, r Spannflansch), L) Luftkissenscheibe (-walze) (s Felge, t Luftkissen, u Ventil), M) Spannflansche (v_1 für Gewebelamellen-Scheiben (-walzen), v_2 für Schleifvlieslamellen oder Schleiflagenscheiben (-walzen), N) Stützbalken (w Grundkörper, x Druckausgleichbelag, y Gleitbelag), O) Stützwalzen (z_1 nicht ummantelt, z_2 zylindrisch ummantelt, z_3 gezahnt (gerillt))

Zum Entzundern von Blechen, für Entgratungsarbeiten an Kleinteilen, die Herstellung galvanisierfähiger Oberflächen und zum Strukturschleifen von Metalloberflächen verwendet man Lamellenschleifscheiben aus kunstharzgebundenem Schleifgewebe. Die Lamellen sind radial, ggf. auch in Gruppen, abwechselnd mit Bürsten um einen Kern angeordnet (Bild 178 I und K) und werden sowohl durch Kunstharz am Kern als auch durch einen Spannflansch (Bild 179 M) gehalten. Die Verbindung der Lamellen ist damit sowohl form- als auch kraftschlüssig (Vorschriften des DSA beachten!).
Die Außendurchmesser der Lamellenscheiben liegen zwischen 100 und 500 mm, ihre Breiten zwischen 25 und 100 mm. Der Bohrungsdurchmesser beträgt zwischen 30 und 80 mm.
Ein ähnliches Einsatzgebiet, jedoch für größere Flächen, haben Gewebelamellenschleifwalzen. Sie werden jedoch fast nur zum Planschleifen eingesetzt. Bei Außendurchmessern von 500 mm betragen die Breiten 1000 mm und mehr. Ein anderer Typ von Lamellenschleifscheiben und -walzen sind Vlies-Lamellenschleifscheiben und -walzen. Sie werden für das Feinschleifen, Strukturschleifen und Reinigungsschleifen eingesetzt. Die Schleifvlieslamellen sind auf einem Kern mit Kunststoff verklebt (Bild 178 K) und werden mit einem Spannflansch (Bild 179 M) in der Maschine eingespannt. Hier muß auch das Auswuchten erfolgen. Ein Vorwuchten findet beim Schleifwerkzeughersteller statt. Der Spannflansch ist zum Auswuchten mit einer Ringnut versehen, in die Auswuchtsteine eingelegt werden können. Ausgewuchtet wird in gleicher Weise wie bei breiten Schleifscheiben. Je nach Anwendungszweck, Formanpassung an das Werkstück und Eingriffbedingungen in der Werkzeugeingriffzone werden diese Werkzeuge mit unterschiedlicher Härte hergestellt. Die Außendurchmesser dieser Schleifwerkzeuge liegen zwischen 60 und 400 mm bei Innendurchmessern von 20 bis 270 mm. Ihre Breiten liegen zwischen 10 und 1300 mm. Die Werkzeuge werden als Scheiben bezeichnet, solange der Außendurchmesser D_{sa} größer als die Schleifwerkzeugbreite B_s ist, als Walzen, wenn der Außendurchmesser kleiner als die Schleifwerkzeugbreite ist.
Für Handschleifmaschinen verwendet man für ähnliche Arbeiten, wie sie mit Lamellenschleifscheiben ausgeführt werden, auch Lamellenschleifstifte (Bild 178 I). Sie werden mit Außendurchmessern bis zu 80 mm und Lamellenbreiten bis 50 mm hergestellt. Die Schaftdurchmesser betragen 3,15 bzw. 6,3 mm. Die freie Schaftlänge außerhalb des Spannfutters beträgt 25 bzw. 40 mm; die einzelnen Lamellen können in Gruppen zusammengefaßt oder gleichmäßig über den Umfang verteilt sein. Wie bei größeren Lamellenschleifscheiben und -walzen ist die Biegsamkeit der einzelnen Lamellen oder Lamellengruppen unterschiedlich groß, so daß ihre Schleifwirkung weicher oder härter ist. Die Lamellenschleifscheiben und -stifte können zusätzlich geschlitzt und sowohl für das Umfang- als auch das Seitenschleifen verwendet werden.
Für das Oberflächenfeinschleifen, das Entgraten von Platinen für elektrische Schaltungen, das Strukturschleifen und Reinigungsschleifen in der Industrie, z.B. das Entfernen von Oxidschichten, verwendet man Vlieslagenschleifscheiben oder Vlieslagenschleifwalzen (Bild 178 M). Für diese Werkzeuge werden ebenfalls zum Auswuchten geeignete Spannflansche (Bild 179 M) verwendet. Als Aufbausystem können Vlieslagenschleifscheiben auch aus Einzelelementen zu Walzen zusammengesetzt werden. Zusammengespannt werden sie auf der Werkzeugwelle in der Maschine. Auch diese Werkzeuge werden in verschiedenen Härten hergestellt und mit Kunststoff verdichtet. Bei Außendurchmessern bis zu 200 mm beträgt hier die Scheibenbreite bis zu 600 mm. Walzen können auch, aus Elementen zusammengesetzt, bis über 1000 mm breit sein.

13.8.5.3 Werkzeugschleifflächengestalt

Schleifmittel auf Unterlagen vermögen je nach ihrem Aufbau die Werkzeugschleifflächen unterschiedlich zu gestalten. Obgleich einer geometrischen Beschreibung der Werkzeugschleiffläche Grenzen gesetzt sind, ist sie von großer Bedeutung, weil dadurch maßgebliche Ansatzpunkte für das Erreichen eines bestimmten Arbeitsergebnisses, z. B. einer bestimmten Werkstückoberflächengüte, gewonnen werden können. Beurteilungsverfahren, wie sie z. Z. bekannt sind, stellen ein nützliches Hilfsmittel dar, den Ausgangszustand und die Veränderungen der Werkzeugschleiffläche während des Schleifvorgangs zu überwachen. Wichtige Parameter der Werkzeugschleifflächengestalt sind die Kornhöhenverteilung und der Kornabstand bzw. die Schneidendichte je Längen- und Flächeneinheit. Die Kornhöhenverteilung wird dabei gekennzeichnet durch die Tragkurve und die mittlere Kornbreite in Abhängigkeit von der Profilhöhe. Bild 180 verdeutlicht dies anhand von Versuchsergebnissen von *G. Becker* [85] für drei

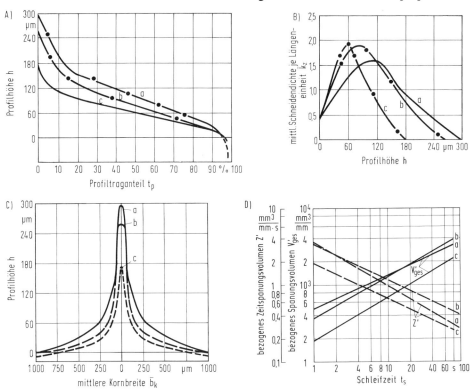

Bild 180. Einfluß der Werkzeug-Schleifflächengestalt auf das Abschliffvolumen [85]
Schleifbedingungen: ortsfeste Maschine mit maschinengeführtem Werkzeug und Werkstück; Schleifband: kunstharzgebunden, Körnung 80; Stützscheibe: Gewebelamellenscheibe; Werkstoff: St 37; bezogene Anpreßkraft F_{sb} = 1 N/mm; Schnittgeschwindigkeit v_s = 36 m/s, Hauptzeit t_h = 30 s/Werkstück
A) Profilhöhe h als Funktion des Profiltraganteils t_p, B) mittlere Schneidendichte $\bar{K}_z$ als Funktion der Profilhöhe h, C) Profilhöhe h als Funktion der mittleren Kornbreite $\bar{b}_k$, D) bezogenes Spanungsvolumen V'_{ges} und bezogenes Zeitspanungsvolumen Z' als Funktion der Schleifzeit t_s
a Schleifband mit spitzem Korn, offene Streuung, b Schleifband mit spitzem Korn, geschlossene Streuung, c Schleifband mit blockigem Korn, geschlossene Streuung

verschiedene Bandtypen gleicher Körnung. Den Profiltragkurven (Bild 180 A) ist eine stark unterschiedliche Profilhöhe des Schleifkornbelags zu entnehmen. Die mittlere Schneidendichte je Längeneinheit (Bild 180 B) hat ihr Maximum nach Erreichen des unteren Drittels der Profilhöhe. Bei weiterer Abnahme der Profilhöhe vermindert sich dann die Schneidendichte, weil das Korn durch das Bindemittel zu Gruppen zusammengeschlossen wird. Die Kurven der mittleren Kornbreite (Bild 180 C) weisen deutliche Unterschiede auf, wobei das Schleifband a bei gleicher Kornbreite die größte und das Schleifband c die geringste Profilhöhe erkennen läßt. In Bild 180 D ist das mit diesen Schleifbändern erzielte Abschliffvolumen in Abhängigkeit von der Schleifzeit aufgetragen. Die Abschliffvolumen für die Schleifbänder a und b liegen auch deutlich höher als das für das Schleifband c. Das zuletztgenannte wirkt wie ein feinkörniges Band. Das geringere Abschliffvolumen des Schleifbandes a hat seine Ursache in einer offeneren Streuung, wie auch Bild 180 B zu entnehmen ist.

In Abhängigkeit von der Schleifzeit verringert sich die Profilhöhe und ändert sich der Verlauf der Tragkurve (Bild 181 A); außerdem verschiebt sich das Maximum der mittleren Schneidendichte zu größeren Profilhöhen (Bild 181 B). Bei gleicher mittlerer Kornbreite verringert sich mit zunehmender Schleifzeit und der damit verbundenen Abstumpfung ebenfalls die Profilhöhe (Bild 181 C). Die Eindringtiefe der Körner in die Werkstückoberfläche wird geringer und dementsprechend sinkt auch das Abschliffvolumen.

Eine weiterreichende Änderung der Werkzeugschleifflächengestalt weisen hautleimgebundene Mehrschichtenbänder auf. Die Bindung darf hier nicht zu stark sein, damit die

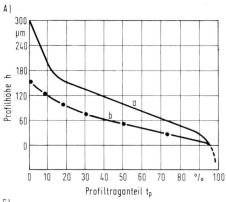

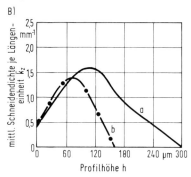

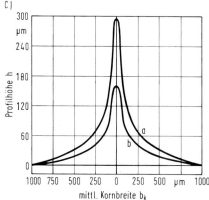

Bild 181. Einfluß der Schleifzeit auf die Werkzeug-Schleifflächengestalt [85]
Schleifband: kunstharzgebunden, Körnung 80; Werkzeugtyp: Schleifband; Werkstoff: St 37; Stützscheibe: Gewebelamellenscheibe; bezogene Anpreßkraft F_{sb} = 1 N/mm; Schnittgeschwindigkeit v_s = 36 m/s, Schleifzeit je Werkstück t_s = 30 s
A) Tragkurve, B) mittlere Schneidendichte in Abhängigkeit von der Profilhöhe, C) mittlere Kornbreite in Abhängigkeit von der Profilhöhe
a Schleifzeit t_s = 0 min, b Schleifzeit t_s = 10 min

[Literatur S. 288]   *13.8 Bearbeitung mit Schleifmitteln auf Unterlagen*   283

unteren Schichten des Schleifbelags auch zum Eingriff gelangen [86]. Bei solchen Bändern fehlen dann Spanräume, und die Leistungsfähigkeit ist wegen der schwachen Bindung begrenzt.

Anders verhält sich ein neuartiger Schleifbelag, bei dem die Schleifkörner in der Wand von Hohlkugeln in ähnlicher Weise wie die Hohlkugel selbst auf der Unterlage mit Bindemitteln fest verankert sind (Bild 182). Die Hohlkugeln können durch den Schleifvorgang Schicht für Schicht abgetragen werden, wobei sich der Traganteil kaum ändert (Bild 183) [73]. In Bild 183 ist der Flächentraganteil t_{pA} über dem auf die gesamte Profilhöhe des Kornhohlkugelbelags bezogenen Höhenabstand des Istprofils vom geometrisch idealen Profil (prozentuale Profilhöhe h_{tp}) aufgetragen. Man erkennt die vielfach größere Profilhöhe gegenüber einem herkömmlichen Schleifbelag und seinen über den größten Teil der Profilhöhe weitgehend gleichbleibenden Verlauf des Flächentraganteils.

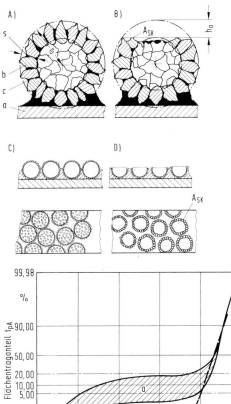

Bild 182. Kornhohlkugelschleifband [73]
A) Schnitt durch geschlossene, anfangsscharfe Kornhohlkugel (a Träger, b Schleikorn, c Bindemittel, r_a Außenradius der Hohlkugel, s Wanddicke der Hohlkugel), B) Schnitt durch geöffnete, arbeitsscharfe Hohlkugel (A_{SK} Querschnitt- (Schleif-) Fläche, h_a Verschleißhöhe), C) Schnitt durch und Draufsicht auf ein Schleifband im anfangsscharfen Zustand D) Schnitt durch und Draufsicht auf ein Schleifband im arbeitsscharfen Zustand

Bild 183. Flächentraganteil in Abhängigkeit von der prozentualen Profilhöhe für Kornhohlkugelschleifbänder [73] im Vergleich zu herkömmlichen Schleifbändern, Körnung P 180
a Flächentraganteil für Kornhohlkugelschleifband (schraffierte Fläche: Streubereich für die verschiedenen Einsatzbedingungen), b Flächentraganteil für herkömmliches Schleifband

13.8.6 Schleifmaschinen für Schleifwerkzeuge aus Schleifmitteln auf Unterlagen

13.8.6.1 Allgemeines

Die Schleifmaschinen sind wesentlicher Bestandteil des Gesamtsystems aus Maschine, Werkzeug und Werkstück, abhängig vom jeweiligen Verfahren, den Hilfsmitteln, den Besonderheiten des Arbeitsplatzes und der Bedienung. Der Arbeitsplatz und seine Umgebung müssen die organisatorischen Voraussetzungen für einen wirtschaftlichen Arbeitsablauf gewährleisten. Dies betrifft die Betriebsorganisation und die Arbeitsplatzgestaltung. Ferner sind auch besonders die Gesundheits- und Unfallschutzvorschriften und -einrichtungen zu berücksichtigen. Dazu gehören die besondere Beachtung von Schmutz-, Lärm- und Schadstoffquellen sowie die Abschirmung des Bedienpersonals vor Strahlungswärme und Dämpfen. Der Arbeitsplatz ist eingeordnet in den gesamten Arbeitsfluß der Vor- und Nachbearbeitung. Ihm muß die Zuführung, Lagerung und Abführung der Werkstücke Rechnung tragen.

Der Schleifer kann durch Werkstückzufuhr- und Haltevorrichtungen, zweckmäßige Bedienelemente und deren übersichtliche Anordnung wesentlich unterstützt werden, so daß er seine Aufmerksamkeit vorwiegend dem eigentlichen Schleifvorgang widmen kann. Die besonderen Kenntnisse der Handschleiftechnik sind überdies vielfach die Voraussetzung für eine erfolgreiche Automatisierung.

Sie ist in den letzten Jahren bedeutend vorangetrieben worden. Die Forderungen nach erhöhten Fertigungsmengen, größerer Arbeitsgenauigkeit, besserer Werkstoffausnutzung, Bedienerleichterungen und erhöhter Unfallsicherheit unter dem Gesichtspunkt der Kosteneinsparung führte zu weitgehender Nutzung von Steuerungsmitteln, der Hydraulik, Pneumatik und Elektronik. Förder- und Werkstückführungseinrichtungen haben unter Nutzung neuentwickelter Werkstoffe eine große Bedeutung erlangt. Dabei ist den Schleifwerkzeugen eine doppelte Aufgabe zugefallen. Sie mußten nicht nur den erhöhten Anforderungen der Betriebsbedingungen gerecht werden, sondern auch auf die besonderen Eigenschaften der zu bearbeitenden Werkstoffe ausgerichtet werden. Viele Bearbeitungsmöglichkeiten durch Schleifwerkzeuge aus Schleifmitteln auf Unterlagen sind überdies auch erst während der Überlegungen zur Automatisierung von Anlagen entdeckt worden. Dies betrifft vor allem die für eine gleichmäßigere Schleifarbeit günstigeren Bewegungsverhältnisse für das Werkstück und das Werkzeug sowie die Auslegung der Maschine hinsichtlich eines zweckmäßigeren Kraftflusses. Dabei kann die Lage des Werkstücks zum Fertigungsablauf oftmals beliebig gewählt werden. Während Bedienpulte mit Kippschaltungen und Kontrollampen, eingebaute Überlastsicherungen und mechanisierte Zufuhr von Hilfsstoffen sowie ein größerer Abstand zu den Geräuschquellen an der Schleifstelle die Bedienung wesentlich erleichtern, sind Schwierigkeiten bei Rüstarbeiten oftmals die Folge größerer Automatisierung. Dies gilt es besonders in Grenzen zu halten. In erhöhtem Maße ist auch auf die Zuverlässigkeit des Gesamtsystems aus einer Vielzahl von Bauelementen zu achten. Die Störquellen vervielfachen sich. Ihre Rückwirkung auf die Kosten ist groß.

Im Folgenden sollen aus der Vielfalt der Schleifmaschinen für Schleifwerkzeuge aus Schleifmitteln auf Unterlagen nur einige für das Planschleifen, das Rundschleifen, das Formschleifen und das Strukturschleifen vorgestellt werden.

13.8.6.2 Planschleifmaschinen

Das Prinzip einer Maschine für die Bearbeitung von Blechen aus kohlenstoff- und chrom-nickel-legiertem Stahl zeigt Nr. 32 der Tabelle 21. In ihrer Grundkonzeption ist sie eine Schmalbandschleifmaschine mit handgeführtem Werkzeug und Vorschubbewegungen in X und Z-Richtung. Bei handgeführten Maschinen wird das Werkstück gewöhnlich an der Eingabestelle bei vor dem Schleifband herausgefahrenem Werkzeugschlitten zu- und wieder abgeführt. Bei selbsttätigen Maschinen wird das Werkstück nach dem Schleifen hinter der Maschine abgeführt. Die Längen der zu bearbeitenden Bleche liegen zwischen etwa 3 m für das Feinschleifen von Blechen von 0,5 mm Dicke und bis zu 20 m für das Schruppschleifen von 120 mm dicken Blechen.
Die Maschinen werden als Ein- und Zweiständermaschinen, d. h. mit ein oder zwei Schleifbändern ausgerüstet. Das hintere Band ist dann gewöhnlich um etwa zwei Körnungsnummern feiner als das vordere. Das Schleifband ist bis zu 50 m lang und bis etwa 400 mm breit. Gleich breit (in Z-Richtung) ist auch die gummiummantelte Stützwalze, die an einer waagerechten Traverse in X-Richtung hin und her bewegt wird. Der Vorschub erfolgt mäanderförmig zur Werkstückoberfläche. Die großen Bleche werden mit Hilfe von Stützwalzen und Führungsrollen in schrittweisem Vorschub auf einem Rollengang gefördert. Der Hauptantrieb wird von einem Elektromotor über Keilriemen vorgenommen, der Nebenantrieb von einem Getriebemotor.
Geschliffen wird gewöhnlich trocken; zur Spanabfuhr ist eine Spanabsaugung vorgesehen. Als Werkzeuge verwendet man Papierschleifbänder mit Edelkorund für Kohlenstoff- und nicht rostenden Stahl. Für Sonderwerkstoffe wird auch Siliziumkarbid verwendet. Für das Schleifen mit Emulsionskühlung werden wasserfeste Gewebeschleifbänder eingesetzt. Besondere Bearbeitungsprobleme liegen hier vor allem im Erzeugen eines streifen- und rattermarkenfreien Schliffs bei dünnen Stahlblechen.
Die Maschine nach dem Prinzip Nr. 31 dient vorwiegend der Bearbeitung von plattenförmigen Holzwerkstücken. Sie unterscheidet sich von der vorstehend beschriebenen im wesentlichen durch den breiten Druckschuh, d. h. eine ebene Eingrifffläche. Diese größere Eingrifffläche ist für Holzwerkstoffe wegen der geringeren spezifischen Zerspanenergie und der damit verbundenen geringeren Anpreßdrücke konstruktiv möglich. Für die Metallzerspanung muß eine kleinere Eingrifffläche gewählt werden, um die Anforderungen an die Steifheit der Maschine nicht unwirtschaftlich zu erhöhen. Die weitere Vergrößerung des Druckschuhs zu einem Druckbalken (vgl. das Prinzip Nr. 35) erfordert in der Regel besondere konstruktive Maßnahmen für die Spanabfuhr auch bei der Holzbearbeitung durch unter dem Schleifband mitlaufende Rippenbänder, welche die Eingrifffläche des Schleifbands begrenzen, oder durch schräggestellte Druckbalken. Die Maschinenbreite ist hier auf etwa 3500 mm begrenzt.

13.8.6.3 Rundschleifmaschinen

Auch bei den Rundschleifmaschinen ist man für großvolumige Stahlwerkstücke von dem in Nr. 57 gezeigten Prinzip mit handgeführtem Werkzeug zu maschinengeführten Werkzeugen übergegangen. Rundkörper aller Art, wie Stangen, Großrohre, Walzen und Behälter mit Außendurchmessern zwischen 200 und 1500 mm, werden auf derartigen Maschinen geschliffen. Sie können wahlweise mit feststehendem Werkzeugträger und in X-Richtung bewegtem Werkstück oder mit ortsfestem, umlaufendem Werkstück und in Z-Richtung bewegtem Werkzeugquerschlitten betrieben werden. Dabei kann der Querschlitten für den Feinschliff auch von Hand bedient werden.

Im Fertigungsablauf werden derartige Maschinen einzeln oder in Gruppen angeordnet. Als Vorschubeinrichtungen dienen Rollenbahnen; wahlweise können die Werkstücke aber auch zwischen Spitzen aufgenommen werden. Das Schleifaggregat wird von einem Elektromotor, der Vorschub über ein Getriebe mit Spindel angetrieben. Beim Naßschliff mit Ölemulsion wird der Hilfsstoff über eine zentrale Filteranlage zugeführt. Für den Trockenschliff ist eine Spanabsaugung vorgesehen. Die Schleifbandbreiten liegen zwischen 50 und 200 mm. Für kohlenstoff- und chrom-nickellegierte Stähle wird Korund als Schleifmittel verwendet, für Grauguß und Sonderwerkstoffe Siziliumkarbid. Die Vorschubgeschwindigkeiten betragen auf diesen Maschinen zwischen 1 und 6 m/min. Auf diesen Maschinen kann sowohl am freien Bandtrum, d.h. am nichtunterstützten Band, als auch an der Stützscheibe geschliffen werden. Letzteres wird vorwiegend für den Zwischenschliff gewählt. Spitzenlose Rundbandschleifmaschinen entsprechen den Prinzipien Nr. 48 und 49 in Tabelle 21.

13.8.6.4 Formschleifmaschinen

Ein Beispiel einer Formschleifmaschine zeigt schematisch Prinzip Nr. 63 in Tabelle 21. Bei den auf diesen Maschinen zu bearbeitenden Werkstücken handelt es sich um Formteile unterschiedlicher Gestalt, z.B. aus Blech und Gußeisen für die Automobil-Industrie und deren Zulieferer, wie Stoßstangen, Türgriffe, Scheinwerfer, oder Haushaltserzeugnisse, wie Spülbecken, Bügeleisenkörper, Gabeln, Armaturen und ähnliche. Die Bearbeitung wird auf selbsttätigen Formschleifmaschinen in Rundtischanordnung oder in linearen oder rechteckigen Transferstraßen ausgeführt. Im Arbeitsablauf werden Vorschleif-, Zwischen- und Feinschleifarbeiten vor der anschließenden galvanischen Beschichtung mit Kupfer, Nickel oder Chrom vorgenommen.

Die Werkstückabmessungen reichen bis 2000 mm Länge und 500 mm Breite; in Sonderfällen können sie auch größer sein. Rundtische sind in Gestellbauweise, Transferstraßen häufig auf Grundplatten mit Ständern ausgeführt, deren Schlitten in verschiedenen Richtungen drehbar sind. Die Ständer nehmen die Bandwinden und die Antriebsspindel für Lamellen-Schleifscheiben auf. Die Werkzeuge sind mit Einzelantrieben versehen und werden von Hand oder elektropneumatisch eingestellt. Die Zustellung erfolgt in gleicher Weise. Die Anzahl der Werkzeugspindeln je Transferstraße beträgt bis zu 60 Stück. Als Werkstückträger dienen Schlitten oder Förderketten mit Paletten bzw. Haltevorrichtungen.

Die Schlitten laufen in Führungsbahnen. Die Werkstückträger werden über Steuerkurven oder Schablonen an Kettenkränzen angetrieben und weisen Längen bis etwa 600 mm auf. Die Werkstücke werden pneumatisch (Unterdruck), magnetisch oder durch mechanische Spannelemente gehalten. Als Hauptantriebe dienen Elektromotoren, als Nebenantriebe Getriebemotoren unter Zwischenschaltung von Frequenzumformern. Auch für die Höhenverstellung von Bandwinden und zur Umrüstung sind Nebenantriebe vorgesehen. Die Maschinen werden elektrisch oder pneumatisch über Endschalter oder elektronisch über Steckkarten gesteuert. Kühlschmierstoffe werden in Intervallen während der Hauptzeit dosiert zugeführt. Bei empfindlichen Werkstoffen werden Druckluft-Kühldüsen eingesetzt. Als Werkzeuge werden Gewebeschleifbänder bis 200 mm Breite mit Schleifmitteln aus Korund in den Körnungen P 40 bis P 320 verwendet. Für Lamellenschleifscheiben liegt der Körnungsbereich zwischen P 180 und P 400. Die Flexibilität der Gewebeschleifbänder wird den jeweiligen Formen und Beanspruchungen der Werkstücke angepaßt. Für die Hilfsstoffzufuhr sorgt eine zentrale Einrichtung. Die Vorschubgeschwindigkeiten der Bearbeitungsstraße liegen bei etwa 3 bis 8 m/min.

Die Vorschubbewegung der Werkstücke ist formabhängig. Die Flexibilität derartiger Fertigungsstraßen ist sehr groß; bei Erzeugnis- bzw. Programmänderung wird umgerüstet. Bedient wird die Anlage von einem zentralen Bedienstand, von dem aus die Kontrolle der einzelnen Bandwinden möglich ist.
Im Falle von Störungen an einzelnen Bandwinden wird die Straße automatisch stillgesetzt. Die Maschinenbedienung besteht aus drei Personen, einem Maschinenführer und zwei Hilfskräften zum Auflegen und Abnehmen der Werkstücke. Die Werkstücke werden gewöhnlich durch Sichtkontrolle in Stichproben geprüft. Für das Einrichten der Anlage sorgt ein Einrichter. Größere Anlagen sind mit einer elektrischen Zentralverstellung zum Umrüsten versehen.

13.8.6.5 Maschinen zum Fein- und Strukturschleifen

Zu den Maschinen dieses Werkzeugmaschinentyps gehören die sog. Pflock-Schleifmaschinen (Prinzip Nr. 44 in Tabelle 21). Ihre Aufgabe ist das Feinschleifen ebener Flächen nach dem Bandschleifen zum Erzielen feinster Oberflächen vor dem anschließenden Polieren. Bearbeitet werden vornehmlich Bleche aus nichtrostendem Stahl, Messing und Zink. Die Maschine dient der Einzelfertigung. Die Pflockbearbeitung erfolgt mit quadratischen Schleifblättern in den Körnungen P 80 bis P 400. Die Werkstücke haben eine Breite von 2300 mm und eine Länge von 5000 mm.
Die Maschine besteht aus einer Grundplatte mit einem Bettschlitten. Die Grundplatte ist mit den Ständern für die Traverse verbunden, an der in zwei oder mehreren Reihen die Schleifspindeln befestigt sind. Die Schleifspindeln oszillieren und werden gemeinsam angetrieben. Als Stützelemente dienen Filz- oder Gummikissen, auf denen als Mitnehmer ein Schleifpapier befestigt ist. Unter diese Mitnehmer werden quadratische Schleifblätter gelegt, die beim Absenken der Spindeln durch Koppelung mit dem Mitnehmer in oszillierende Bewegung versetzt werden. Der Bettschlitten läuft in Führungsbahnen auf der Grundplatte. Endanschläge steuern die Umkehr in den Endlagen des Tischhubs. Als Hauptantrieb wird ein Elektromotor, als Nebenantrieb für den Tischvorschub ein Hydraulikmotor verwendet. Als Schmiermittel wird Schleiföl, von Hand dosiert, zugeführt. Als Werkzeug dienen Schleifpapiere, als Schleifmittel Korund, in Sonderfällen auch Siliziumkarbid, in den Körnungen P 80 bis P 400. Die Vorschubgeschwindigkeit ist kleiner als 1 m/min. Wichtig ist eine einwandfreie Vorbearbeitung der Bleche durch Bandschleifen, so daß keine tieferen Riefen entstehen, für deren Beseitigung ein größerer Arbeitsaufwand erforderlich wäre.
Ein anderes Verfahren der Oberflächenstrukturerzeugung ist die Bearbeitung mit Schleifvliesverkzeugen (Prinzip Nr. 50 in Tabelle 21). Hier wird das zu strukturierende Werkstück unter der Vliesscheibe oder -walze ähnlich wie beim Zylinderschleifen hindurchgeführt. Je nach Umfangsgeschwindigkeit, Härte des Schleifvliesverkzeugs, Dichte der Kornstreuung oder Gestalt des verwendeten Korns ergeben sich unterschiedliche Mikrostrukturen auf der Oberfläche des Werkstücks.
Das Arbeitsverfahren dient zum Mattieren von Platinen oder zur Vor- und Nachbearbeitung bei der Herstellung von Leiterplatten. Es findet in vielen Bereichen der Sichtflächenerzeugung Anwendung, bei denen es darauf ankommt, eine diffuse Lichtbrechung der Oberfläche zu erreichen. Die Oberfläche ist besonders fein. Die Bearbeitung erfolgt in der Regel im Durchlaufverfahren und ist häufig Schleifstationen nachgeschaltet, die nach dem Prinzip Nr. 42 in Tabelle 21 arbeiten.

Literatur zu Kapitel 13

1. *Brümmerhoff, R.:* Beitrag zur Untersuchung des Zerspanungsprozesses und des dynamischen Verhaltens beim Gewindeschleifen. Diss. TU Berlin 1971.
2. *Masslow, E. W.:* Grundlagen der Theorie des Metallschleifens. VEB-Verlag Technik, Berlin 1952.
3. *Opitz, H., Ernst, W., Gühring, K.:* Untersuchung des Schleifvorgangs bei hohen Schnittgeschwindigkeiten und Zerspanleistungen. Forschungsbericht des Landes Nordrhein-Westfalen Nr. 1923. Westdeutscher Verlag, Köln/Opladen 1968.
4. *Lortz, W.:* Schleifscheibentopographie und Spanbildungsmechanismus beim Schleifen. Diss. TH Aachen 1975.
5. *Druminski, R.:* Experimentelle und analytische Untersuchung des Gewindeschleifprozesses beim Längs- und Einstechschleifen. Diss. TU Berlin 1977.
6. *Peklenik, J.:* Ermittlung von geometrischen und physikalischen Kenngrößen für die Grundlagenforschung des Schleifens. Diss. TH Aachen 1957.
7. *Kassen, G., Werner, G.:* Kinematische Kenngrößen des Schleifprozesses. Ind.-Anz. 91 (1969) 82, S. 2087–2090, u. 95, S. 2323–2326.
8. *Werner, G.:* Kinematik und Mechanik des Schleifprozesses. Diss. TH Aachen 1971.
9. *Khudobin, L. V.:* Cutting Fluid and its Effect on Grinding-Wheel Clogging. Machines and Tooling 40 (1969) 9, S. 54–59.
10. *Joung, B.:* Die Graphitierung von Diamant bei der Herstellung von Diamantwerkzeugen. De Beers Diamond Inform. M 2.
11. *König, W., Werner, G.:* Adaptiv Control Optimisation of High Efficiency External Grinding – Concept, Technological Basis and Applications. Ann. CIRP 23 (1974) 1, S. 101–102.
12. *Dederichs, M.:* Untersuchung des Wärmebeeinflussung der Werkstücks beim Flachschleifen. Diss. TH Aachen 1972.
13. *Peklenik, J.:* Untersuchungen über das Verschleißkriterium beim Schleifen. Ind.-Anz. 80 (1958) 27, S. 397–402.
14. *Werner, G.:* Relation Between Grinding Work and Wheel Wear in Plunge Grinding. SME-Paper MR 75-610, Dearborn (USA) 1975.
15. *Gühring, K.:* Hochleistungsschleifen – Eine Methode zur Leistungssteigerung der Schleifverfahren durch hohe Schnittgeschwindigkeiten. Diss. TH Aachen 1967.
16. *Sperling, F.:* Grundlegende Untersuchungen beim Flachschleifen mit hohen Schleifscheibenumfangsgeschwindigkeiten und Zerspanleistungen. Diss. TH Aachen 1970.
17. *Saljé, E.:* Die Wirkrauhtiefe als Kenngröße des Schleifprozesses. Jahrb. Schleif-, Hon-, Läpp- u. Poliertechn., 47. Ausg. (S. 23–35). Vulkan-Verlag, Essen 1975.
18. *Frühling, R.:* Die Abhängigkeit der Werkstückrauhtiefe von der Schleifscheibentopographie. Techn. Mitt. 69 (1976) 7/8, S. 353–357.
19. *Bierlich, R.:* Technologische Voraussetzungen zum Aufbau eines adaptiven Regelungssystems beim Außenrundschleifen. Diss. TH Aachen 1976.
20. *Lutz, G.:* Schleifen von HSS mit Diamant, Borazon oder Korund. Fachber. Oberflächentechn. 11 (1973) 11, S. 78–280.
21. *Thormählen, K.-H.:* Einfluß der Korundkornart auf den Schleifprozeß. Diss. TU Braunschweig 1973.
22. *Britsch, H. B.:* Die Keramik der Schleifscheiben. Berichte der OKG 53 (1976) 5.
23. *Frank, H.:* Schleifscheiben für das Hochgeschwindigkeitsschleifen. HdT-Vortragsveröff. (1967) 149, S. 56–74.
24. *Stade, G.:* Technologie des Schleifens. Carl Hanser Verlag, München 1962.
25. *Ertl, F., Stöckermann, Th.:* Meßregelungen im Fertigungseinsatz. Werkst. u. Betr. 109 (1976) 11, S. 617–627.

26. *Piekenbrink, R.:* Frei programmierbare Steuerungen für Innenrundschleifmaschinen. TZ prakt. Metallbearb. 70 (1976) 10, S. 325–331.
27. *Kishi, K., Eda, H., Okada, S.:* Schleifen von schwerzerspanbaren Metallen. Ind.-Anz. 98 (1976) 24, S. 391–392.
28. *Lach, H.:* Borazon kontra Diamant? Fachber. Oberflächentechn. 10 (1972) 1, S. 25–29.
29. *Meyer, H. R.:* Der wirtschaftliche Einsatz von Schleifscheiben mit kubisch kristallinem Bornitrid und Diamant zum Rund-, Flach- und Profilschleifen. Techn. Mitt. 69 (1976) 7/8, S. 391–396.
30. Industriediamanten – Diamantwerkzeuge. Fachber. Oberflächentechn. 11 (1973) 4, S. 111–118.
31. Diamantabrichtrollen. Druckschrift der Ernst Winter & Sohn GmbH & Co., Hamburg.
32. *Tönshoff, H. K., Triemel, H., Born, J.:* Innenrundschleifen mit Diamant-, Bornitrid- und Korundschleifstiften. wt – Z. ind. Fertig. 64 (1974) 1, S. 11–16.
33. *Kotthaus, H.:* Betriebstechnisches Taschenbuch, Bd. II: Die Fertigung, 7. Aufl. Carl Hanser Verlag, München 1967.
34. *Schamschulla, R.:* Spanende Fertigung. Springer Verlag, Wien, New York 1976.
35. Verzeichnis der Zulassung von Schleifkörpern und der Anerkennung von Schutzhauben. Hrsg. vom Deutschen Schleifscheiben Ausschuß (DSA). ACO Druck GmbH, Braunschweig 1977.
36. *Reeka, D.:* Über den Zusammenhang zwischen Schleifspaltgeometrie und Rundheitsfehler beim spitzenlosen Schleifen. Diss. TH Aachen 1967.
37. *Meis, F. U.:* Leistungssteigerung beim spitzenlosen Durchgangschleifen. Nr. 2540 der Forschungsber. d. Lds. Nordrh.-Westf. Westdeutscher Verlag, Köln, Opladen 1976.
38. *Rotzoll, E.:* Feinbearbeitung durch spitzenloses Schleifen. Deva-Fachverlag, Stuttgart 1961.
39. *Brandin, H.:* Vergleichende Untersuchung zwischen Pendel- und Tiefschleifen. Feinbearbeitungstechn. Kolloquium, TU Braunschweig 1976.
40. *Hübsch, H., Schwarz, W. D.:* Automatisierungsstufen und Anwendungsbeispiele bei Genauigkeits-Flach- und Profilschleifmaschinen. ZwF 71 (1976) 3, S. 92–96.
41. *König, W., Lauer-Schmaltz, L.:* Vermeidung von Schleifschäden durch gezielte Prozeßführung. Ind.-Anz. 99 (1977) 15, S. 252–255.
42. *Lutz, G.:* Trennschleifen oder Sägen. Masch.-Mkt. 80 (1974) 26, S. 432–434.
43. *Werner, G., Dederichs, M.:* Spanbildungsprozeß und Temperaturbeeinflussung des Werkstücks beim Schleifen. Ind.-Anz. 94 (1972) 98, S. 2348–2352.
44. *Koch, H.:* Betriebserfahrungen mit einer Heißtrennschleifmaschine für Stabstahl. Schleifen und Trennen 1976-09-16. Druckschrift der Tyrolit Schleifmittelwerke Swarovski KG, Schwaz 1976.
45. *Merchant, E.:* Forecast of the Future of Production Engineering. 21. CIRP Gen. Assembly, Warschau 1971.
46. *Kaiser, W.:* Heißtrennen von Stabstahl 50 bis 100 mm Durchmesser. Bericht über das Stahlwerksseminar der Tyrolit Schleifmittelwerke Swarovski KG, Schwaz 1974.
47. *Storm, T.:* Adaptive control in cut-off grinding. Advances in Machine Tool Design and Research (S. 455–464). Pergamon Press, Oxford, New York 1971.
48. New Cutoff System reserves Joslyn's Problem. Abrasive Engng. (1974), S. 20–21.
49. *Helletsberger, H.:* Trennschleifen. Schleifen und Trennen 1976-09-16. Druckschrift der Tyrolit Schleifmittelwerke Swarovski KG, Schwaz 1976.
50. *Stiebellehner, W.:* Trennen großer Querschnitte. Werkst. u. Betr. 104 (1971) 11, S. 827–830.
51. *Gühring, M.:* Auswahl und Einsatz von Bohrwerkzeugen. Ind.-Bl. 64 (1964) 9, S. 343–351.
52. *Troester, P.:* Verschiedene Spiralbohreranschliffarten und ihre Problematik in der Praxis. Werkst. u. Betr. 94 (1961) 3, S. 137–140.

53. *Rottler, A.:* Werkzeugschleifen, H. 94 der Werkstattbücher. Springer Verlag, Berlin, Göttingen, Heidelberg 1949.
54. *Borchert, E.:* Sachgemäßes Scharfschleifen spiralgenuteter Schneidwerkzeuge. Werkst. u. Betr. 86 (1953) 5, S. 229–231.
55. *Bossinger, H.:* Das Schärfen der Schneiden spiralgenuteter Werkzeuge am Umfang. Werkst. u. Betr. 88 (1955) 8, S. 441–443.
56. *Hasselnuss, W.:* Ein neues Fräserschleifverfahren. Werkst. u. Betr. 86 (1953) 11, S. 707–709.
57. *Fieseler, A., Braun, K.:* Änderung des Profils von Stirnwälzfräsern durch Nachschärfen. Werkst.-Techn. 46 (1956) 6, S. 295–298.
58. *Zeise, G.:* Das Schärfen von Wälzfräsern. Werkst. u. Betr. 88 (1955) 10, S. 627–635.
59. *Zeise, G.:* Schleiffehler am Abwälzfräser. Werkst. u. Betr. 88 (1955) 1, S. 15–16.
60. Räumpraxis. Hrsg. von Kurt Hoffmann, Räumwerkzeug- und Maschinenfabrik, Pforzheim 1976.
61. *Pahlitzsch, G., Spur, G.:* Entstehung und Wirkung von Radialkräften beim Bohren mit Spiralbohrern. Werkst.-Techn. 51 (1961) 5, S. 227.
62. Schleifscheibenwahl für das Werkzeugschleifen. Werkst.-Bl. 326. Carl Hanser Verlag, München 1964.
63. Schleifen von Dreh- und Hobelmeißeln. Werkst.-Bl. 369. Carl Hanser Verlag, München 1965.
64. Instandhalten von Spiralbohrern. Werkst.-Bl. 389. Carl Hanser Verlag, München 1966.
65. Das Schärfen von Werkzeugen mit gefrästen Zähnen. Werkst.-Bl. 313. Carl Hanser Verlag, München 1964.
66. Das Schärfen von Schneidwerkzeugen mit hinterdrehten Zähnen. Werkst.-Bl. 301. Carl Hanser Verlag, München 1964.
67. *Dow Whitney, E.:* Thermodynamic properties of abrasive materials. Proc. Internat. Grinding Conf., Pittsburg, Penn. USA 1972.
68. *Saljé, E.:* Eine Systematik für Relativbewegungen bei spanender Bearbeitung in Abhängigkeit von Werkstück und Werkzeug. ZwF 68 (1973) 8, S. 404–408.
69. *Pahlitzsch, G., Windisch, H.:* Einfluß der Bandlänge beim Bandschleifen. Metall 9 (1955) 1/2, S. 27–33.
70. *Pahlitzsch, G., Magnussen, M.:* Einfluß der Bandspannung beim Bandschleifen. Metall 11 (1957) 4, S. 286–291.
71. *Namba, Y., Tsuwa, H.:* Coated abrasive belt performance on sheet metal grinding. Vortragsms. Interfinish, Amsterdam 1976.
72. *Ostertag, H.:* Technologisches Verhalten von Schleifbändern beim Schleifen von Stahl. Diss. TU Braunschweig 1970.
73. *Dziobek, K., Osterrath, H.:* Verbesserung der Wirtschaftlichkeit beim Bandschleifen von Preß-Blechoberflächen mit Kornhohlkugelschleifbändern. Vortragsms. Intergrind, Stockholm 1976.
74. *Pahlitzsch, G., Magnussen, M.:* Über die technologischen Auswirkungen von Fett beim Bandschleifen. Met.-Oberfl. 12 (1958) 12, S. 372–375.
75. *Kohblanck, G.:* Schleifhilfsstoffe in weniger geläufigen Zusammenhängen. Fertig.-Techn. u. Betr. 9 (1959) 5, S. 287–294.
76. *Pahlitzsch, G., Becker, G.:* Untersuchungen zum Bandschleifen von Aluminium. Metall 14 (1960) 4, S. 539–544.
77. *Pahlitzsch, G., Becker, G.:* Untersuchungen zum Bandschleifen von Rotguß. Metall 14 (1960) 11, S. 1077–1080.
78. *Pahlitzsch, G., Becker, G.:* Untersuchungen zum Bandschleifen von nichtrostenden Stählen. Oberflächentechn. 1 (1963) 3, S. 71–77.
79. *Pahlitzsch, G.:* Internationaler Stand der Forschung auf dem Gebiet des Schleifens von Holz. Holz als Roh- u. Werkstoff 28 (1970) 9., S. 329–343.

80. *Meyer, H.-R.:* Über das Schleifverhalten von Schleifbändern zum Bandschleifen von Holz. Diss. TH Braunschweig 1969.
81. *Pahlitzsch, G., Dziobek, K.:* Untersuchungen über das Bandschleifen von Holz mit geradliniger Schnittbewegung. Holz als Roh- u. Werkstoff 17 (1959) 4., S. 121–134.
82. *Pahlitzsch, G., Dziobek, K.:* Beitrag zur Bestimmung der Oberflächengüte spanend bearbeiteter Hölzer. 1. Mitteilung: Meßverfahren und Beurteilungsmethoden für handgeschliffene Hölzer. Holz als Roh- u. Werkstoff 19 (1961) 10., S. 403–417.
83. *Pahlitzsch, G., Dziobek, K.:* Beitrag zur Bestimmung der Oberflächengüte spanend bearbeiteter Hölzer. 2. Mitteilung: Einflüsse der Bearbeitungsbedingungen auf die Güte vorgeschliffener Holzoberflächen. Holz als Roh- u. Werkstoff 20 (1962) 4., S. 125–137.
84. Richtlinien für die Kennzeichnung von Schleifkörpern. Hrsg. vom Deutschen Schleifscheiben Ausschuß (DSA). ACO Druck GmbH, Braunschweig 1975.
85. *Becker, G.:* Über das Arbeitsverhalten von Metallschleifbändern und ein Meßverfahren zu ihrer Beurteilung. Diss. TH Braunschweig 1964.
86. *Pahlitzsch, G., Windisch, H.:* Bandschleifen oder Scheibenschleifen? Met.-Oberfl. 8 (1954) 9. S. A 132–A 141.
87. Coated Abrasives Manufacturers' Institute: Coated Abrasives – Modern Tool of Industry. 1. Edition. McGraw Hill Book Company Inc. New York, Toronto, London 1958.

DIN-Normen

DIN 4760 (7.60)	Begriffe für die Gestalt von Oberflächen.
DIN 4761 (8.60)	Begriffe, Benennungen und Kurzzeichen für den Oberflächencharakter.
DIN 4762 T1 (8.60)	Erfassung der Gestaltabweichung 2. bis 5. Ordnung an Oberflächen an Hand von Oberflächenschnitten; Begriffe für Bezugssysteme und Maße.
DIN 4762 T2 (8.60)	Erfassung der Gestaltabweichung 2. bis 5. Ordnung an Oberflächen an Hand von Oberflächenschnitten; Auswertung von Profilschnitten mit geometrisch-idealem Bezugsprofil als Grundlage.
DIN 4762 T3 (8.60)	Erfassung der Gestaltabweichung 2. bis 5. Ordnung an Oberflächen an Hand von Oberflächenschnitten; Auswertung von Profilschnitten mit Form- und Hüllprofil als Grundlage.
DIN 4763 (5.72)	Stufung der Zahlenwerte für Rauheitsmeßgrößen.
DIN 4764 (6.65)	Ordnung der Oberflächen für den Maschinenbau und die Feinwerktechnik nach ihrer Funktion.
DIN 4765 (3.74)	Bestimmen des Flächentraganteils von Oberflächen; Begriffe.
DIN 4767 (9.70)	Zuordnung des Mittenrauhwertes R_a zur Rauhtiefe R_t für durch Spanen hergestellte Oberflächen.
DIN 4768 T1 (8.74)	Ermittlung der Rauheitsmeßgrößen R_a, R_z und R_{max} mit elektrischen Tastschnittgeräten; Grundlagen.
DIN 4769 T1 (5.72)	Oberflächen-Vergleichsmuster; Technische Lieferbedingungen; Anwendung.
DIN 4769 T2 (5.72)	Oberflächen-Vergleichsmuster; Spanend hergestellte Flächen mit periodischem Profil.
DIN 4769 T3 (5.72)	Oberflächen-Vergleichsmuster; Spanend hergestellte Flächen mit aperiodischem Profil.
DIN 6374 (5.61)	Schleifdorne; Werkstück-Aufnahmedorne.
DIN E 8589 T3 (3.75)	Fertigungsverfahren Spanen mit geometrisch unbestimmten Schneiden, Unterteilung, Begriffe.

13 Schleifen

DIN E 8631 T1 (12.76)	Werkzeugmaschinen; Waagerecht-Innenrundschleifmaschinen, Abnahmebedingungen.
DIN E 8631 T2 (12.76)	Werkzeugmaschinen; Waagerecht-Innenrundschleifmaschinen, Planschleifeinrichtungen, Abnahmebedingungen.
DIN 53853 (1.73)	Prüfung von Textilien; Bestimmung der Fadendichte von Geweben.
DIN 53854 (8.75)	Prüfung von Textilien; Gewichtsbestimmungen an textilen Flächengebilden mit Ausnahme von Gewirken und Gestricken.
DIN 60905 T1 (11.70)	Tex-System zur Bezeichnung der längenbezogenen Masse von textilen Fasern, Zwischenprodukten, Garnen, Zwirnen und verwandten Erzeugnissen; Grundlagen.
DIN 60905 T2 (11.70)	Tex-System; Richtlinien für die Einführung.
DIN 60905 T3 (7.73)	Tex-System; Umrechnung und Rundung errechneter Feinheiten.
DIN 60910 (10.73)	Feinheiten von Fasern und Garnen; Umrechnungstabellen für das Tex-System.
DIN 61200 (5.69)	Filze; Härten.
DIN 61205 (2.68)	Filze, Filztuche; Technologische Einteilung.
DIN 61206 (4.76)	Wollfilze; Stückfilze für technische Zwecke.
DIN 61210 (9.70)	Faservliese, Vliesstoffe; Technologische Einteilung.
DIN 69100 T1 (6.72)	Schleifkörper aus gebundenem Schleifmittel; Bezeichnung, Werkstoff, Kennzeichnung.
DIN E 69106 (3.75)	Schleifscheiben aus gebundenem Schleifmittel; zulässige Unwucht.
DIN E 69130 (6.76)	Schleifbänder; Maße.
DIN 69139 (8.75)	Zylindrische Schleiftöpfe für Werkzeugschleifmaschinen.
DIN 69146 T2 (8.75)	Einseitig konische Schleifscheiben für Werkzeugschleifmaschinen.
DIN E 69148 T2 (2.72)	Konische Topfscheiben zum Schleifen mit Handschleifmaschinen.
DIN 69149 T2 (7.77)	Schleifteller für Werkzeugschleifmaschinen.
DIN E 69176 T1 (8/77)	Körnungen für Scheifmittel auf Unterlagen; Bezeichnung, Korngrößenverteilung.
DIN E 69176 T2 (8/77)	Körnungen für Schleifmittel auf Unterlagen; Prüfung der Makro-Körnungen P 12–P 220.
DIN E 69176 T4 (8/77)	Körnungen für Schleifmittel auf Unterlagen; Prüfung der Mikro-Körnungen P 240 bis P 1200.
DIN E 69177 (2/75)	Rechteckige Schleifblätter; Maße.
DIN E 69178 (2/75)	Runde Schleifblätter; Maße.
DIN E 69181 (2.72)	Zylindrische Schleifhülsen; Maße.
DIN 69182 T1 (5.73)	Konische Schleifhülsen, Kegelwinkel 30° − 45° − 50°; Abmessungen.
DIN 69718 T1 (5.76)	Werkzeugmaschinen; Außen-Rundschleifmaschinen, Begriffe und Benennungen.
DIN 69718 T2 (2.77)	Werkzeugmaschinen; Flachschleifmaschinen mit waagerechter Schleifspindel, Begriffe und Benennungen.
DIN 69718 T3 (1.69)	Werkzeugmaschinen; Spitzenlose Außen-Rundschleifmaschinen, Begriffe und Benennungen.

Internationale Normen

ISO E 1929 (1974)	Abrasive belts – Designation, dimensions and tolerances.
ISO 2235 (1972)	Abrasive sheets and abrasive disc – Dimensions.
ISO 2421 (1972)	Cylindrical abrasive sleeves – Designation – Dimensions – Tolerances.
ISO 2422 (1972)	Truncated cone abrasive sleeves – Designation – Dimensions – Tolerances.
ISO E 2976 (1973)	Abrasive belts – selection of width/length-combinations.
ISO 3017 (1973)	Abrasive disc – Selection of disc outside diameter/centre-hole diameter combinations.
ISO 3366 (1975)	Coated abrasives – General purpose rolls – Any backing – Designation and dimensions.
ISO 3367 (1975)	Coated abrasives – Rolls for widths of 50 mm and greater – Any backing – Designation and dimensions.
ISO 3368 (1975)	Coated abrasives – Cloth rolls up to and including 40 mm width – Designation and dimensions.
ISO 3919 (1975)	Coated abrasives – Flap wheels with shafts – Designation and dimensions.
FEPA 22-D (1965)	FEPA Korngrößen-Standard für Schleifmittel Mikro F/Mikro D. Verein Deutscher Schleifmittelwerke, Bonn.
FEPA 30-D (1972)	FEPA Korngrößen-Standard für Schleifmittel auf Unterlagen Körnung 12–220. Verein Deutscher Schleifmittelwerke, Bonn.
USAS-B 74.10 (1972)	Grading of abrasive Mikrogrits.

VDI-Richtlinien

VDI 3255 (12.68)	Programmieren numerisch gesteuerter Werkzeugmaschinen; Festlegung der Koordinatenachsen und Zuordnung der Bewegungsrichtungen
VDI 3391 (1.74)	Flachschleifen.

AWF-Blätter

AWF 76 (1953)	Schleifen, Richtlinien für die Schleifscheibenauswahl und die häufigsten Schleiffehler

Unfall-Verhütungsvorschriften

VBG 7n 6 (10.75)	Schleifkörper, Pließt- und Polierscheiben; Schleif- und Poliermaschinen
DSA 101 (1979)	Zulassungsgrundsätze für Schleifkörper. Deutscher Schleifscheibenausschuß, Hannover.

14 Honen

Dr.-Ing. G. Haasis, Nürtingen

14.1 Allgemeines

14.1.1 Einführung

Das Langhub-Honverfahren verdankt seine Entwicklung der Forderung, in der Metallbearbeitung Bohrungen, vor allem auch lange Bohrungen, form- und maßgenau und mit glatter Oberfläche herstellen zu können. Schon um das Jahr 1910 wurden in Deutschland zum ersten Mal Bohrungen durch Honen bearbeitet. Dabei wurde als Honwerkzeug ein längsgeteilter, mit Schmirgelleinwand belegter Holzzylinder verwendet, dessen Hälften mit Federn an die Bohrungswand angedrückt wurden. Das Werkzeug wurde von Hand gedreht und gleichzeitig in der Bohrung hin- und hergeführt. Später wurde daraus ein Aluminiumkolben, den man auf einer Ständerbohrmaschine auf- und abbewegte und gleichzeitig umlaufen ließ. Dieses Bearbeitungsverfahren wurde damals Ziehschleifen genannt [7].

Nach dem ersten Weltkrieg übernahmen amerikanische Fertigungsleute dieses neuartige Verfahren und entwickelten es weiter für den Einsatz in der anlaufenden Serienfertigung. 1921 wurde von einer Detroiter Firma das erste Patent auf ein „Honing"-Verfahren angemeldet, das bereits ein spreizbares Honwerkzeug und als Verbindungselement zur Maschinenspindel eine Gelenkstange zum Inhalt hatte. Aber auch einige deutsche Maschinenfabriken waren maßgeblich an der Weiterentwicklung beteiligt [8]. Ihre Bemühungen um dieses Feinbearbeitungsverfahren reichen bis in das Jahr 1920 zurück und können durch zahlreiche Patentanmeldungen belegt werden.

Im Jahre 1926 fand dieses Bearbeitungsverfahren auch in europäischen Automobilfirmen Eingang, besonders zur Bearbeitung von Kolbenlaufbahnen an Motorenzylindern. Dabei wurde das Wort „Honing", das Fein-Abschleifen bedeutet, in Honen eingedeutscht [7].

Ein anderer Ursprung ergab sich bei der Entwicklung des Kurzhubhonens (Superfinish-Verfahren) [109]. 1935 wurden beim Bahntransport neuer Kraftfahrzeuge in den USA durch auftretende Stöße und Erschütterungen an den nicht genügend fein bearbeiteten Laufbahnen der Wälzlager immer wieder Lagerschäden in Form von Mulden und Eindrücken festgestellt, die von den Wälzkörpern herrührten. Bei Chrysler (USA) wurden diese Schäden zum ersten Mal richtig erkannt und durch die Erfindung des Superfinish-Verfahrens beseitigt. Das Wort Superfinish, das für dieses Verfahren damals und in der Praxis heute noch verwendet wird, bedeutet dem Sinne nach die „allerletzte" Bearbeitungsstufe [115].

1940 berichtete *Wallace* darüber in einer ersten Veröffentlichung [105]. Damals stellte Chrysler für seinen Eigenbedarf bereits Superfinishmaschinen nach dem heutigen Bewegungsprinzip her. Später waren es mehrere Firmen in den USA, in Deutschland und in der UdSSR, die auf diesem Gebiet Entwicklungen betrieben und Superfinish-Geräte und -Maschinen herstellten und auf den Markt brachten.

Nach der VDI-Richtlinie 3220 ist Honen das Spanen mit einem vielschneidenden Werkzeug aus gebundenem Korn unter ständiger Flächenberührung zwischen Werkstück und Werkzeug zur Verbesserung von Maß, Form und Oberfläche vorbearbeiteter

Werkstücke. Zwischen Werkzeug und Werkstück findet ein Richtungswechsel der Längsbewegung statt. Die erzielten Oberflächen weisen parallele, sich kreuzende Rillen auf.

Weitere Begriffsbestimmungen enthalten die Normen DIN 4766, 8589, 8635, 69100 und 69186.

Die Bearbeitung von Werkstücken mit den unterschiedlichsten Formen und Abmessungen durch Honen ist in den vergangenen 20 Jahren aufgrund seiner Anpassungsfähigkeit beachtlich ausgedehnt worden. Dabei wurden verschiedene Honverfahren entwickelt. Die wichtigste Unterteilung dieser Honverfahren ergibt sich aus der Kinematik des Bewegungsvorganges. Je nach der Umkehrlänge von Werkzeug bzw. Werkstück unterscheidet man zwischen Langhubhonen, bisher Honen oder Ziehschleifen, und Kurzhubhonen, bisher Feinhonen, Superfinishen, Feinziehschleifen und Schwingschleifen. Nach Form und Lage der Bearbeitungsstelle am Werkstück und den Möglichkeiten der Maschine wird weiter unterteilt in Innenhonen, Außenhonen und Planhonen.

14.1.2 Kinematik beim Langhubhonen

Beim Langhubhonen wird mit feinkörnigen, keramisch oder kunststoffgebundenen Honsteinen, in vielen Fällen auch mit Diamant- oder Bornitridhonleisten, Werkstoff von der Werkstückoberfläche abgetrennt. Das Honwerkzeug, der Trägerkörper für die Honleisten, führt dabei gleichzeitig eine Dreh- und Hubbewegung (Bild 1 A u. B) aus.

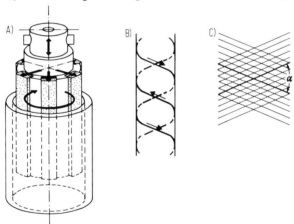

Bild 1. Arbeitsvorgang beim Langhubhonen
A) Arbeitsprinzip, B) Honbewegung des Werkzeugs,
C) Oberflächenstruktur (α Überschneidungswinkel)

Während dieser Bewegung werden die Honleisten durch den Spreizmechanismus des Honwerkzeugs hydraulisch oder mechanisch an die zu bearbeitende Oberfläche gedrückt. Dabei entstehen kleine Späne, die mit einem Kühlschmierstoff, dem Honöl, weggeschwemmt werden. Aus der dauernden Überlagerung der beiden Bewegungsrichtungen ergibt sich eine Überschneidung der Bearbeitungsspuren im Oberflächenbild. Die erzeugten Honspuren werden durch immer wieder neu hinzukommende überdeckende Spuren in jeweils anderer Schnittrichtung durchbrochen. Dies ergibt eine spezielle Honstruktur der Oberfläche (Bild 1 C) [73].

14.1.3 Kinematik beim Kurzhubhonen (Superfinish)

Ein feinkörniger Honstein wird auf das umlaufende Werkstück gedrückt und dabei parallel zur Bearbeitungsfläche zum Schwingen gebracht (Bild 2). Die Schwingbewegung wird mit Druckluft oder elektromechanisch erzeugt. Das Anpressen erfolgt in der Regel mit Druckluft [109]. Härte und Körnung der Honsteine werden so gewählt, daß sie sich selbsttätig schärfen. Der Abrieb wird mit gefiltertem Honöl weggespült. Schwingzahlen von 1400 bis 2800 min^{-1}, Schwinghübe bis 6 mm und Anpreßdrücke zwischen 10 und 120 N/cm^2 sind üblich.

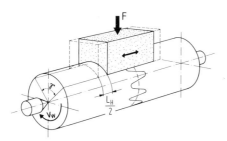

Bild 2. Honbewegung beim Kurzhubhonen
F Anpreßkraft des Honsteins, L_H Hublänge des Honsteins, v_w Umfangsgeschwindigkeit des Werkstücks, γ Umschlingungswinkel

14.2 Übersicht der Honverfahren

14.2.1 Langhubhonen

Beim Langhubhonen entsteht durch die verhältnismäßig geringe Schnittgeschwindigkeit von 30 bis 90 m/min kaum eine Erwärmung. Die großflächige Anlage der Honsteine ergibt eine schnelle Verbesserung der Formfehler. Die gegenseitige Orientierung von Werkzeug und Werkstück bringt eine gleichachsige Bearbeitung mit sich. Durch Wahl der Schneidmittel, des Anpreßdrucks und der Art der Zustellung der Honsteine wird neben einer schnellen Oberflächenglättung außerdem auch eine beachtliche Schneidleistung erzielt. Dem Langhubhonen wird dadurch eine Doppelfunktion zugeordnet, nämlich Spanen und Glätten. Die Einhaltung enger Maßtoleranzen ist durch einstellbare kleine Spanabnahmen und geeignete Honmeßeinrichtungen möglich. Die Genauigkeit gehonter Werkstücke hat sich durch die Entwicklung von Honmaschinen, Honwerkzeugen und Honvorrichtungen sowie durch bessere Schneidbeläge in den vergangenen Jahren von den ISO-Klassen 7 oder 6 auf 5 bis 2 verlagert. Ferner wird eine hohe Formgenauigkeit durch bohrungsfüllende Honwerkzeuge, eine frei wählbare Oberflächengüte bis R_z = 0,3 µm bei leichter Automatisierbarkeit und großem Anwendungsspektrum erzielt [79].
Weitere Unterteilungen ergeben sich zweckmäßig nach Lage und Form der durch Honen zu bearbeitenden Flächen. In der Reihenfolge der in der Praxis bevorzugt angewendeten Honverfahren läßt sich für das Langhubhonen folgende Übersicht aufstellen:
Innenrundhonen wird von den Langhub-Honverfahren am häufigsten angewendet. Es ist das Honen kreiszylindrischer Innenflächen und kann für glatte und unterbrochene Durchgangsbohrungen, auseinanderliegende Bohrungen und Stufenbohrungen mit gleicher Bohrungsachse eingesetzt werden (Bild 3). Bei Sacklochbohrungen (Bild 4)

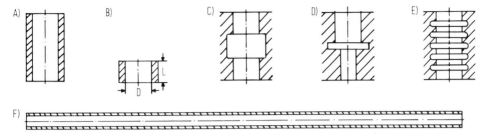

Bild 3. Honbare runde Durchgangsbohrungen
A) glatte Bohrung, B) kurze Bohrung mit L/D ≦ 1, C) auseinanderliegende kurze Bohrungen mit gleicher Bohrungsachse, D) Stufenbohrung, E) mehrfach unterbrochene Bohrung, F) überlange Bohrung mit L/D ≧ 10 bis 80

wird das Honergebnis dadurch verbessert, daß die Langhubbewegung des Honwerkzeugs durch mehrmals sich wiederholende zusätzliche Kurzhubphasen am Bohrungsgrund ersetzt oder kurzzeitig unterbrochen wird. Diamanthonleisten mit ihrer außerordentlich hohen Formhaltigkeit tragen wesentlich dazu bei, Sacklochbohrungen zylindrisch bearbeiten zu können [57 u. 93].

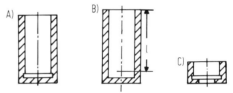

Bild 4. Honbare runde Sacklochbohrungen
A) mit Freistich am Bohrungsende, B) ohne Freistich, jedoch mit vorgegebener Bearbeitungslänge l, C) kurze Durchgangsbohrung (L/D ≦ 1) mit kleinem Freistich

Für die Herstellung hochgenauer zylindrischer Bohrungen wurde erst in jüngster Zeit das *Dornhonen* entwickelt, das neben der Bearbeitung von glatten Durchgangsbohrungen besonders auch für Bohrungen mit Unterbrechungen und anderen schwierigen inneren Konturen neue Möglichkeiten der Rationalisierung bietet. Anstelle von vielen Hüben wird beim Dornhonen in nur einem Arbeitshub der gesamte Werkstoff in einer Intensivzerspanung abgetragen [101].

Innenprofilhonen ist das Honen nicht zylindrischer, z. B. kegeliger und unrunder Innenflächen. Hierzu kann auch die Bearbeitung von Axial- und Drallnuten sowie Verzahnungen in kreiszylindrischen Innenflächen gerechnet werden (Bild 5). Das Honwerkzeug ist hierbei auf die Form der Innenfläche abgestimmt [50 u. 75]. Bei der Verzahnung wälzt sich ein als Zahnrad (Schneidrad) ausgebildetes Honwerkzeug mit Hubbewegung innen im sich drehenden Werkstück ab.

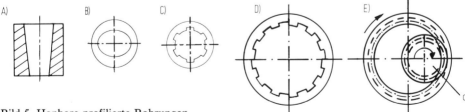

Bild 5. Honbare profilierte Bohrungen
A) konische Bohrung, B) unrunde Bohrung, C) Bohrung mit Mehrkantprofil, D) Bohrung mit Zügen und Drall (z.B. Waffenläufe), E) Innenverzahnung (a Honwerkzeug)

Außenrundhonen ist das Honen von kreiszylindrischen Außenflächen wie Wellen und Lagerzapfen. Es ist nach dem Bearbeitungsvorgang eine Umkehrung des Innenhonens (Bild 6). Abweichend dabei ist die Anordnung des Außenhonwerkzeugs auf dem Arbeitstisch einer Honmaschine und die Zustellung der Honsteine nach innen [23 u. 82].

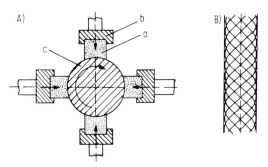

Bild 6. Prinzip des Außenrundhonens
A) Honsteinanordnung (a Honstein, b Honsteinhalter, c Werkstück), B) Oberflächenstruktur einer gehonten Welle

Außenprofilhonen wird im wesentlichen zur Oberflächenverbesserung der Zahnflanken von Außenverzahnungen mit einem als Zahnrad ausgebildeten Honwerkzeug durchgeführt (Bild 7).

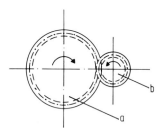

Bild 7. Profilhonen einer Außenverzahnung
a Werkstück mit Verzahnung, b Honwerkzeug

14.2.2 Kurzhubhonen

Kurzhubhonen ist ein spanendes Feinbearbeitungsverfahren zur Verbesserung von Oberflächengüte und Rundheit. Dabei ergibt sich zunächst eine Unterteilung durch die Bearbeitung der Werkstücke mit einem *Honstein* oder einem *Honband*.
Für die Bearbeitung mit Honsteinen läßt sich folgende weitere Gliederung durchführen: Bei der *Außenrundbearbeitung zylindrischer und kegeliger Flächen* wird ein Honstein durch seinen Träger radial an ein umlaufendes Werkstück mit kurzhubiger Axialbewegung angedrückt. Dabei kann je nach Bearbeitungslänge mit oder ohne Vorschub (Einstechverfahren) gehont werden. Die Werkstückform führt außerdem zu der jeweils zweckmäßigen Einspannung, Auflage oder Mitnahme des Werkstücks: zwischen Spitzen, im Spannfutter, spitzenlos im Durchlaufverfahren oder mit hydrostatischer Stützschuhauflage (Bild 8) [109].

[Literatur S. 361]   14.2 Übersicht der Honverfahren   299

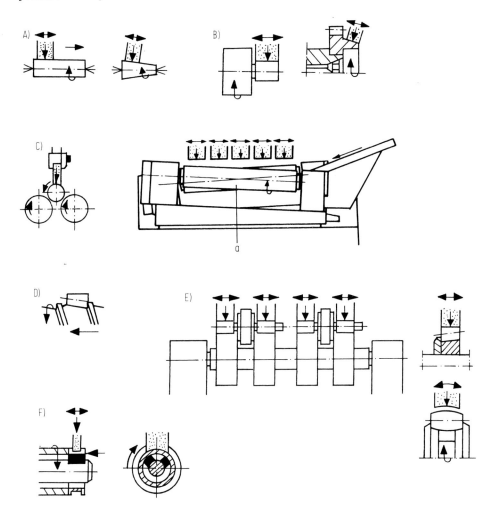

Bild 8. Bearbeitungsverfahren beim Kurzhubhonen
A) Werkstückaufnahme zwischen Spitzen, Honstein mit Vorschubbewegung, B) Werkstückaufnahme im Spannmittel, Einstechbewegung des Honsteins, C) Werkstückaufnahme spitzenlos auf Vorschubwalzen (a), Durchlauf der Werkstücke, D) Kegelrollen spitzenlos auf Vorschubwalzen mit Formgewinde, Zwangsvorschub durch den Bund des Formgewindes, hier keine Neigung der Vorschubwalzen, E) Werkstückaufnahme spitzenlos, Einstechbearbeitung, F) Werkstückaufnahme in Stützschuhen, Einstechbearbeitung

Bei der *Außenbearbeitung profilierter zylindrischer Flächen,* wie z.B. Nockenwellen, läuft der Honstein der Form des Werkstücks nach (Bild 9). Er wird dabei über den Honsteinträger durch eine Meisterform geführt. Das Werkstück wird hier ebenfalls zwischen Spitzen oder im Spannfutter aufgenommen.
Bei der *Bearbeitung von Laufbahnen* an Kugellager-Innenringen oder Kugelumlaufspindeln führt der Honstein eine kreisbogenförmige Schwingbewegung um einen Drehpunkt aus. Kugellagerringe werden wie Rollenlagerringe meist in Stützschuhen aufgenommen und durch axiales Anpressen an der Stirnseite mitgenommen.

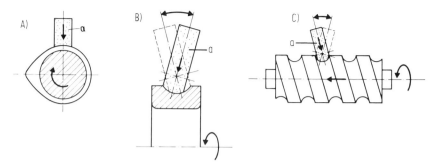

Bild 9. Kurzhubhonen profilierter Außenflächen
A) zylindrische unrunde Werkstücke (z. B. Nockenwellen) (a Honstein), B) Laufbahnen an Kugellagerinnenring, kreisbogenförmige Schwingbewegung des Honsteins (a), C) Kugelumlaufspindel, kreisbogenförmige Schwingbewegung des Honsteins (a) und Drehvorschub des Werkstücks

Bei der *Bearbeitung kreiszylindrischer und kegeliger Innenflächen* wird der Honsteinträger meist als Ausleger ausgebildet (Bild 10).

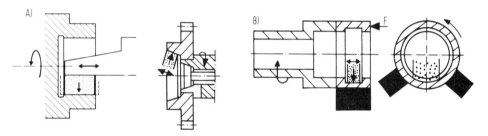

Bild 10. Kurzhubhonen kreiszylindrischer und kegeliger Innenflächen
A) Werkstückaufnahme im Futter, B) Werkstückaufnahme in Stützschuhen, Mitnahme durch Anpreßkraft F an der Stirnseite

Bei *profilierten Innenflächen,* wie z. B. an Kugellager-Außenringen oder Kugelumlaufmuttern, wird die Bewegung des Honsteins durch eine bogenförmige Schwingung um einen Drehpunkt erreicht. Die Honsteine stützen sich dabei im Werkstückprofil ab (Bild 11).

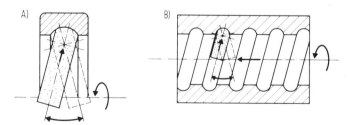

Bild 11. Kurzhubhonen profilierter Innenflächen mit kreisbogenförmiger Bewegung des Honsteins
A) ohne Vorschub des Werkstücks (Kugellageraußenring), B) mit Drehvorschub des Werkstücks (Kugelumlaufmutter)

Das *Kurzhub-Bandhonen* ist ein Honverfahren für die Feinbearbeitung kreiszylindrischer und gewölbter Flächen bei Verwendung eines die Bearbeitungsstelle umschlingenden Honbands, das mit Schneidkörnern bestückt ist und nach jedem Arbeitstakt nachgezogen wird, um durch jeweils neue unverbrauchte Schneidkörner gleiche Arbeitsbedingungen zu schaffen. Kurbelwellen-Lagerstellen oder Getriebewellen werden vorzugsweise damit bearbeitet (Bild 12) [51].

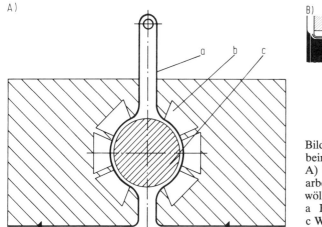

Bild 12. Prinzip der Bearbeitung beim Band-Kurzhubhonen
A) Umschlingungsprinzip, B) Bearbeitung zylindrischer und gewölbter Flächen
a Honband, b Andrückschalen, c Werkstück

14.2.3 Planhonen

Zur Bearbeitung ebener Flächen sind in den vergangenen Jahren Planhonverfahren zur Verbesserung der Maß- und Formgenauigkeit sowie der Oberflächengüte entwickelt worden. Diese Bearbeitungsart gewinnt an den Ringflächen von Brems- und Kupplungsscheiben immer mehr Einsatzmöglichkeiten [109].

Die zum Planhonen erforderlichen zwei Bewegungskomponenten können durch Zusammenwirken einer Dreh- und Hubbewegung (Bild 13 A) oder durch zwei Drehbewegungen erzielt werden (Bild 13 B, C).

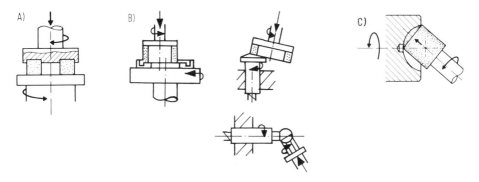

Bild 13. Kurzhubhonen ebener und gewölbter Flächen
A) Bearbeitung ebener Außenflächen mit Honsteinkranz, B) Bearbeitung ebener und gewölbter Flächen mit Honsteinkranz, C) Bearbeitung konkaver Flächen mit Honsteinstift

14.2.4 Elektrochemisches Honen

Das elektrochemische Abtragen beruht auf der anodischen Auflösung von Metallen mit Hilfe der Elektrolyse. Die Bewegung des Honwerkzeugs wird wie beim normalen Langhubhonen ausgeführt. Das Honwerkzeug selbst ist als Kathode ausgebildet und trägt zwischen den spreizbaren Honleisten feste oder spreizbare Kathodenflächen. Es wird mit dem Minuspol einer Gleichstromquelle verbunden, während das Werkstück die Anode darstellt und mit dem Pluspol verbunden ist (Bild 14). Als Spülmittel dient eine elektrolytische Flüssigkeit (Kochsalzlösung), die unter Druck über das Honwerkzeug in den Abtragbereich (Spalt zwischen Kathode und Anode) geleitet wird [44, 45, 50 u. 54]. Durch die Überlagerung der beiden Bearbeitungsverfahren ergeben sich für das elektrochemische Honen folgende Merkmale:
Der Werkstoffabtrag wird weitgehend elektrochemisch bewirkt und ergibt keinen Verschleiß des Honwerkzeugs (Kathode). Das Werkstoffgefüge wird weder thermisch noch mechanisch beeinflußt. Querbohrungen, Einstiche, Nuten oder ähnliches werden entgratet; es bildet sich kein neuer Grat. Die Oberflächengüte entspricht etwa den Werten des normalen Honens. Eine Verminderung des Formfehlers kann nur durch besondere Gestaltung des Honwerkzeugs erreicht werden [88 bis 90].

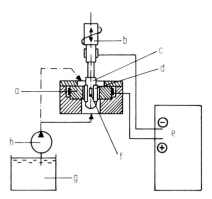

Bild 14. Arbeitsprinzip beim elektrochemischen Honen
a Werkstück (Anode), b Honspindel, c Honwerkzeug, d Kathodenfläche am Honwerkzeug, e Gleichstromgenerator, f Honstein, g Elektrolyt-Tank, h Pumpe

Elektrochemisches Honen wird heute durch den großen Aufwand der Ausrüstung der Langhubhonmaschinen (Isolation von Kathoden und Anoden, Verwendung rostfreier Werkstoffe), des Gleichstromgenerators und der Elektrolytversorgungseinheit nur in Sonderfällen eingesetzt.

14.3 Übersicht der Honmaschinen

14.3.1 Langhubhonmaschinen

Für die wirtschaftliche Bearbeitung unterschiedlicher Werkstücke in der Einzel- und Serienfertigung sind verschiedene Honmaschinenbauformen entstanden, die eine optimale Anpassung des jeweiligen Honverfahrens an die Honmaschinen ermöglichen [32, 34 u. 36].

14.3 Übersicht der Honmaschinen

Eine Einteilung der Standardbauformen der heutigen Honmaschinen, deren Arbeitsbereich sich von 1 bis 1500 mm Dmr. bei praktisch vorkommenden Längen bis 12 000 mm erstreckt, kann vor allem nach der zu bearbeitenden Werkstückgröße erfolgen. Damit wird der geforderten Honlänge und dem Bohrungs- oder Wellendurchmesser konstruktiv durch den einstellbaren Arbeitshub und die Leistung des Drehantriebs der Hauptspindel Rechnung getragen.

Honmaschinen mit *senkrechter Hauptspindel* werden dabei wegen der häufig verwendeten gelenkigen Verbindungselemente zwischen Hauptspindel und Honwerkzeug bevorzugt [13].

Interessant ist, daß ausgerechnet die kleinsten und die größten Standardhonmaschinen, allerdings aus unterschiedlichen Gründen der Handhabung, *waagerechte Hauptspindeln* aufweisen.

Neben der relativ schnellen, gleichgängigen und stoßfreien Hubbewegung bis v_a = 30 m/min unterscheiden sich Honmaschinen von artverwandten Werkzeugmaschinen durch ihre besondere Zustelleinrichtung für das Honwerkzeug. An sämtlichen Honmaschinen können die verschiedenen Arten dieser Zustellungen in mechanischer oder hydraulischer Ausführung eingebaut werden [73]. Ferner ist es heute üblich, den Honvorgang durch automatische Meßeinrichtungen zu steuern. Auch die unterschiedlichen Honmeßeinrichtungen können je nach zu bearbeitender Werkstückgröße und -form an alle Honmaschinen angebaut werden [79] (siehe unter 14.7.4.2).

Zu den *Einfachhonmaschinen* zählt man waagerechte Handhonmaschinen und Hubbalkengeräte. Sie zeichnen sich durch ihren einfachen Aufbau, ihre problemlose manuelle Bedienung und ihre universellen Einsatzmöglichkeiten aus. Besonders in der Kleinteilefertigung sowie auch bei der Fertigung größerer Einzelwerkstücke bis zu mittleren Losgrößen kommen sie zur Anwendung [15].

Auf *Handhonmaschinen* (Bild 15 A) werden vor allem Werkstücke mit geringem Stückgewicht bearbeitet. Die Hubbewegung mit dem Werkstück wird dabei manuell vom Bedienungsmann ausgeführt. Das sich drehende Werkzeug kann hier über einen Fußhebel gespreizt werden. In den letzten Jahren sind zur Entlastung des Bedienungsmanns horizontale Handhonmaschinen häufig auch mit einer zusätzlichen Hubautomatik ausgerüstet worden. Damit lassen sich erhebliche Honzeitverkürzungen erreichen [65].

Hubbalkengeräte (Bild 15 B) sind dagegen heute vielfach in Reparaturwerkstätten im Einsatz. Damit können nicht nur kleinere Werkstücke, sondern mit entsprechendem Zeitaufwand auch größere und teilweise sperrige Teile gehont werden. Die Zustellung der meist verwendeten Leichtbau-Honwerkzeuge (Bild 38) erfolgt manuell über eine Zustellmutter.

Senkrechte Produktionshonmaschinen gelten allgemein als typische Bauformen für Langhubhonmaschinen [34]. Die Ausbildung der Maschinenständer in C-Bauform, Portal- oder Kastenbauform mit Spindelsupport ergibt je nach Einsatz bei entsprechender Werkstückgröße eine Einteilung in leichte und schwere Baureihen. Ihr Durchmesserbereich reicht von 5 bis 250 mm; ihre Hublänge dagegen ist so ausgelegt, daß Werkstücke bis zu 1500 mm Bohrungs- oder Wellenlänge innen- oder außengehont werden können (Bild 15 C u. D).

Senkrechte Rohrhonmaschinen werden für 20 bis 400 mm Bohrungsdurchmesser und nutzbare Honlängen bis 4500 mm gebaut. Aufgrund der großen Hublängen werden senkrechte Rohrhonmaschinen in Kastenbauform mit Spindelsupport ausgeführt, die auf gehärteten und geschliffenen Stahlschienen mit einstellbarem Laufspiel auf- und abfahren. Um auf diesen Maschinen Rohre bis zu 4 m Länge aufnehmen zu können,

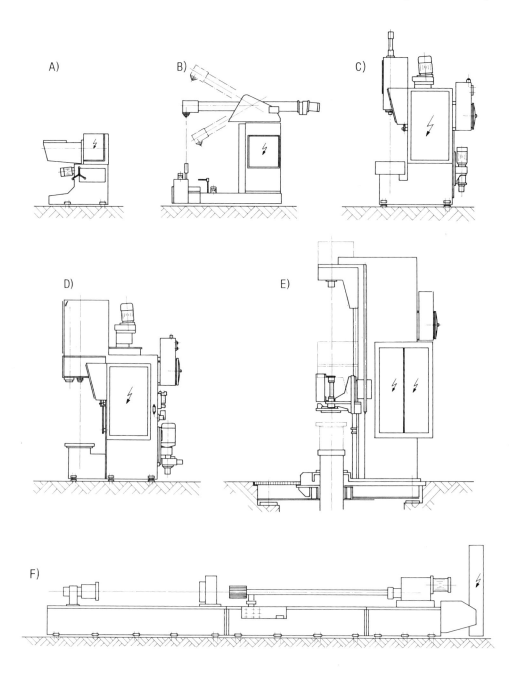

Bild 15. Senkrechte und waagerechte Standardausführungen von Langhubhonmaschinen
A) waagerechte Handhonmaschine, B) Hubbalkenhonmaschine, C) Produktionshonmaschine (leichte Bauart), D) Produktionshonmaschine (schwere Bauart), E) senkrechte Rohrhonmaschine mit Spindelsupport, F) waagerechte Langrohrhonmaschine mit Spindelsupport

[Literatur S. 361]   14.3 Übersicht der Honmaschinen   305

müssen sie über einer Arbeitsgrube aufgestellt werden (Bild 15 E). Damit ergibt sich auch hier ein ebenerdiger Zugang zum Arbeitsbereich. Ein hydraulischer Pendeltisch mit zwei Aufnahmevorrichtungen dient zur Verkürzung der Nebenzeiten. Das Zustellsystem bei diesen Maschinen ist je nach Bedarf mechanisch oder hydraulisch.

Großhonmaschinen, z.B. Portalhonmaschinen, dienen besonders zum Honen großer und sperriger Werkstücke, wie z.B. großer Dieselmotoren-Zylinderbüchsen, Pressenzylindern, Rammenzylindern u.dergl. Die Portalbauweise des Ständers mit gewölbten Wangen gibt dieser Konstruktion eine hohe Steifigkeit und erlaubt die Anordnung starker Antriebe. Diese Maschinen werden ebenfalls über einer Arbeitsgrube aufgestellt. Die Werkstücke können somit über oder unter Flur aufgenommen werden. Auf den ausfahrbaren hydraulischen Schiebetisch können die Werkstücke aufgesetzt oder eingehängt werden, so daß ein Werkstückwechsel jeweils außerhalb des Ständerportals mit einem Kran möglich ist.

Waagerechte Produktionshonmaschinen (siehe Bild 73) dienen für die Bearbeitung von Zahnrädern, Kühlkompressoren oder Kurbelwellenlagerbohrungen an Motorblöcken. Kleinere Werkstücke, wie Planetenzahnräder, werden auf diesen Maschinen vielfach in einem Paket zusammen gehont [92]. Ebenfalls sind waagerechte Langrohrhonmaschinen (Bild 15 F) für die Bearbeitung langer Werkstücke, besonders von Rohren mit über 4 m Länge, ausgelegt. Sie werden heute bis zu 12 m Honlänge und 1000 mm Bearbeitungsdurchmesser gebaut [101].

Bei *Sonderhonmaschinen* fällt der Automatisierbarkeit eine besondere Bedeutung zu. Diamanthonwerkzeuge bringen dazu mit ihrer hohen Formhaltigkeit und gleichbleibenden Schneidleistung zusätzlich eine gute Voraussetzung. Neben dem automatischen Funktionsablauf mit Meßeinrichtungen ist das sichere Zuführen der Werkstücke wichtig [10, 16 u. 21]. Besonders mehrspindelige Honmaschinen zählen zu den Sondermaschinen. Sie werden je nach Bedarf und Anforderung in verschiedenen Ausführungen gebaut. Bei der Reihenbauweise sind mehrere Honspindeln in einem Ständer in C-Bauform nebeneinander untergebracht. Separate, manuell oder automatisch betätigte Ladeeinrichtungen dienen zur rationellen Beschickung (Bild 16 A).

Häufig wird bei mehrspindeligen Honmaschinen auch eine Rundtischanordnung gewählt, wobei die verschiedenen Bearbeitungsstufen durch den Transport der Werkstücke auf den Rundtisch nacheinander ausgeführt werden. Eine Lade- und Entladestation ist dabei ortsfest. Somit kann die Beschickung aller Spindeln durch einen Bedienungsmann oder durch eine automatische Ladeeinrichtung (Förderer oder Stangenmagazin) erfolgen. Die Werkstücke verbleiben an den verschiedenen Honstationen in der gleichen Honvorrichtung (Bild 16 B).

Bei zweispindeliger Ausführung wird meistens die herkömmliche C-Bauweise bevorzugt, während bei drei- bis achtspindeliger Ausführung die Portalbauweise durch die gute Zugänglichkeit der Arbeitsbereiche der Honspindeln von Vorteil ist (Bild 16 C). Für große Serien werden mehrspindelige Honmaschinen vielfach auch mit *Transfereinrichtungen* ausgerüstet. Damit lassen sich Honbearbeitungen sowohl in Transferstraßen (z.B. für Motorblöcke) als auch in Verkettungslinien (z.B. für Zylinderblöcke) sinnvoll durchführen. Die Honspindeln sind dabei ebenfalls nebeneinander in einem Maschinenständer vertikal angeordnet. Transferhonmaschinen können je nach Werkstückform und Aufnahmemöglichkeit mit Gleitschienen (Bild 16 D), Rollenbändern, Transportwagen, mit umlaufenden An- und Abtransportbändern (Bild 16 E) oder mit automatischem Schrittransport durch Schritthubbalken oder Transportstange ausgerüstet werden. Eine feste Werkstückspannung mit Indexierung sowie eine schwimmende oder kardanische Werkstückaufnahme sind dabei ebenfalls durchführbar. Auch waagerechte

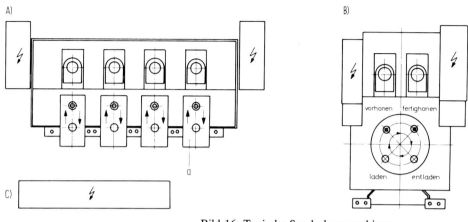
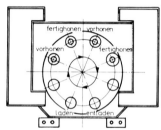

Bild 16. Typische Sonderhonmaschinen
A) Reihenhonmaschine mit vier senkrechten Honspindeln, je mit Ladeeinrichtung (a), B) Zweispindel-Rundtisch-Honmaschine in Portalbauart, C) Vierspindel-Rundtisch-Honmaschine in Portalbauart, D) Siebenspindel-Transferhonmaschine für Zylinderblöcke mit Transportstange und Gleitschienen (I Vor- und Fertighonen der Bohrungen 1, 3 u. 5, II Vor- und Fertighonen der Bohrungen 2, 4 u. 6, III Fertighonen der Kurbelwellenbohrung), E) Dreispindel-Transferhonmaschine für Zylinderlaufbüchsen mit An- und Abtransportband

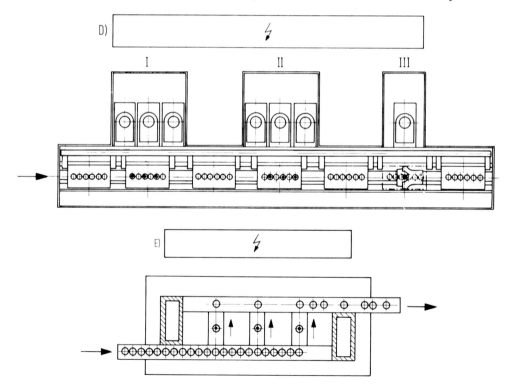

Spindelanordnungen sind besonders bei bestimmten Werkstücken möglich (z. B. Zweitaktpleuel oder Planeten-Zahnräder). In einigen Fällen sind aufgrund der Werkstückform bereits auch schräggestellte Honeinheiten mit Erfolg im Einsatz.

14.3.2 Kurzhubhonmaschinen

Kennzeichnend für das Kurzhubhonen ist die oszillierende Bewegung des Honsteins. Zum Erzeugen der Schwingbewegung des Honsteins gibt es verschiedene Systeme. Verbreitet sind die mechanische und pneumatische Ausführung. Die Schwingbewegung beim mechanischen System wird von einem Elektromotor über einen Exzenter abgeleitet. Die gebräuchliche Schwingfrequenz liegt hier bei 20 Hz. Bei der pneumatischen Ausführung werden Schwingfrequenzen zwischen 40 und 50 Hz erreicht, wobei ebenfalls ein guter Massenausgleich erzielt wird.

Bei den Kurzhubhonmaschinen unterscheidet man zwischen Geräten, die auf Spitzendrehmaschinen aufgesetzt werden, und teilautomatischen oder automatischen Kurzhubhonmaschinen. Letztere sind in der Serienfertigung meist mit automatischen Beschickungseinrichtungen ausgerüstet. Die Entwicklung in der Hontechnik geht zu höherer und gleichmäßigerer Schneidleistung bei geringem Steinverschleiß, ohne den Steindruck zu steigern. Sie wird durch hohe Werkstück-Umfangsgeschwindigkeiten erzielt. Diese führen zudem zu besserer Rundheit und kürzeren Bearbeitungszeiten der Werkstücke. Deshalb entwickelte man Honsteine, die auch bei Umfangsgeschwindigkeiten von 600 m/min noch in scharfem Schnitt arbeiten. Hohe Umfangsgeschwindigkeiten bedingen jedoch eine große Steifheit aller Maschinenteile; hierauf wird bei Neukonstruktionen besonderer Wert gelegt.

Die ebenfalls zu den Kurzhubhonmaschinen gehörenden Bandhonmaschinen zeichnen sich dadurch aus, daß gleichzeitig mehrere nebeneinanderliegende Bearbeitungsstellen gehont werden können. Dies wird durch verschiedene bewegliche Honarme, die jeweils ein die Bearbeitungsstellen umschlingendes und nachziehbares Honband andrücken, erreicht. Während sich die Werkstücke drehen, wird ihnen außerdem eine kurze Hubbewegung in Achsrichtung erteilt. Getriebewellen, Kurbelwellen, Nockenwellen und ähnliche Werkstücke werden damit vorteilhaft bearbeitet. Der Maschinenständer ist meist in Portalbauform ausgeführt. Die rotationssymmetrischen Werkstücke werden für die Bearbeitung zwischen Spitzen aufgenommen. Zum einfachen Beladen der Maschinen bei manueller Bedienung oder zum Verketten in Taktstraßen dienen Schiebevorrichtungen mit prismatischen Werkstückauflagen, Vorrichtungswagen oder Durchlaufeinrichtungen mit Kettentransport (Bild 17).

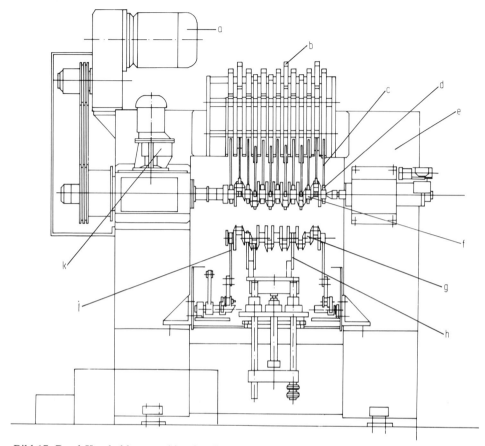

Bild 17. Band-Kurzhubhonmaschine für die Bearbeitung von Kurbelwellen
a Antriebsmotor für die Drehbewegung des Werkstücks, b auf Rollen aufgespulte Honbänder, c Honarme, d Andrückschalen, e Ständerportal, f Werkstück in Bearbeitungsstellung, g Werkstück in Transport- bzw. Ladestellung, h Ladehubeinrichtung, i Transporteinrichtung, k Richtgetriebe zum Einstellen einer bestimmten Lade- und Entladestellung des Werkstücks

14.4 Berechnungsverfahren

14.4.1 Langhubhonen

14.4.1.1 Hublänge und Schnittgeschwindigkeit

Aufgrund der vielschichtigen Einflüsse beim Honverfahren sind rein zahlenmäßige Berechnungen der Kennwerte nur in wenigen Fällen möglich; meist dienen Erfahrungswerte als Grundlage für die Berechnungsgrößen.

Für die einzustellende Hublänge L_H zur Erzielung zylindrischer Bohrungsformen gilt

$$L_H = L_B - \frac{L_S}{3} \text{ [mm]}.$$

Darin ist L_B die Länge der Bohrung und L_S die Länge des Honsteins.
Der notwendige Überlauf der Honsteine von etwa einem Drittel der Honsteinlänge an den Bohrungsenden (Bild 18) ist u. a. durch den Druckanstieg an den verbleibenden Honsteinflächen, die Schärfung der Schneidkörper an den Bohrungskanten, den Überschneidungswinkel α der Honspuren und durch die Fehler der Vorbearbeitung (Engstellen u. dgl.) bedingt. Die Summe dieser Einflüsse führt zu der obengenannten Überschlagsformel.

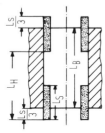

Bild 18. Hubbewegung bei Durchgangsbohrungen
L_B Bohrungslänge, L_H Hublänge, L_S Honsteinlänge

Die Schnittgeschwindigkeit v_s setzt sich beim Honen aus den beiden Komponenten Umfangsgeschwindigkeit v_u und Hubgeschwindigkeit v_a zusammen, die an den Honmaschinen getrennt eingestellt werden können (Bild 19). Es gilt die Gleichung

$$v_s = \sqrt{v_u^2 + v_a^2} \; [\text{m/min}].$$

Optimale Arbeitsergebnisse erhält man erfahrungsgemäß bei einem Überschneidungswinkel α der Bearbeitungsspuren zwischen 45 und 90°. Die Axialgeschwindigkeit liegt zwischen 12 und 35 m/min, während die Umfangsgeschwindigkeit zwischen 15 und 80 m/min eingestellt wird. Die oberen Grenzwerte gelten vor allem für das Honen mit Diamant- und Bornitrid-Honwerkzeugen.

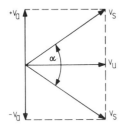

Bild 19. Komponenten der Schnittgeschwindigkeit beim Langhubhonen
v_a Axialgeschwindigkeit, v_u Umfangsgeschwindigkeit, v_s resultierende Schnittgeschwindigkeit, α Überschneidungswinkel der Bearbeitungsspuren

Das Verhältnis von Hubgeschwindigkeit zu Umfangsgeschwindigkeit ergibt den Überschneidungswinkel α der Bearbeitungsspuren, wobei

$$\tan \frac{\alpha}{2} = \frac{v_a}{v_u}$$

gilt. Bereits 1951 hat *Kessler* [1 u. 2] nachgewiesen, daß sich für die Schnittgeschwindigkeit v_s beim Einsatz von keramischen Honsteinen bei etwa 30 m/min ein Optimum ergibt.

Ein Vergleich der Verfahren Honen und Schleifen zeigt vor allem Unterschiede in der Schnittgeschwindigkeit. Für das Honen gilt als Richtwert 30 m/min, für das Schleifen 30 m/s. Das Verhältnis der im Eingriff befindlichen Arbeitsfläche der Honsteine zu der sich im Eingriff befindenden Arbeitsfläche einer Schleifscheibe beträgt etwa 1000 : 1 [73].

Heute liegen die erprobten Werte für die Schnittgeschwindigkeit v_s etwa zwischen 50 und 65 m/min und für den Überschneidungswinkel α zwischen 60 und 90°. Daraus ergibt sich für die Hubgeschwindigkeit ein Bereich von $v_a = 15$ bis 30 m/min und für die Umfangsgeschwindigkeit von $v_u = 20$ bis 50 m/min.

Für die Spindeldrehzahl n gilt nach der vorgegebenen Umfangsgeschwindigkeit für einen bestimmten Bohrungsdurchmesser d die Beziehung

$$n = \frac{v_u}{\pi \cdot d} \; [\text{min}^{-1}].$$

Die Anzahl der Hübe zur Erreichung einer bestimmten Hubgeschwindigkeit beträgt

$$z = \frac{v_a}{2L_H} \; [\text{min}^{-1}].$$

Der Einfluß der verzögernd wirkenden Umsteuerzeit ist vernachlässigbar klein. Aus Nomogrammen, wie in Bild 20 dargestellt, können diese Werte direkt abgelesen werden.

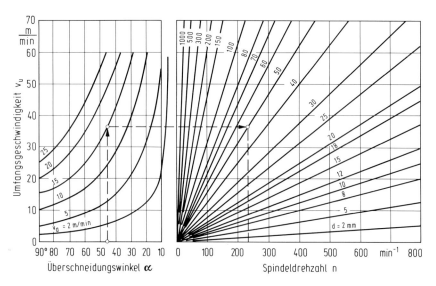

Bild 20. Nomogramm zur Ermittlung der Axialgeschwindigkeit und Spindeldrehzahl bei vorgegebenem Überschneidungswinkel α und Bohrungsdurchmesser d

14.4.1.2 Schnittkräfte

Der Verlauf der Schnittkräfte beim Honen wird ebenfalls von verschiedenen sich überlagernden Einflußgrößen bestimmt (Bild 21) [67]. Bei hydraulischen Zustelleinrichtungen entspricht der Schnittkraftverlauf der Verbesserung der Oberflächenrauhigkeit, wie in Bild 22 dargestellt. Zu Beginn des Honvorgangs trifft das Honwerkzeug auf erhebliche Unrundheiten, Verengungen und Oberflächenrauhigkeiten. Dadurch treten besonders beim Vorhonen Drehmomentspitzen auf, welche die dreifachen Werte der Normalbelastung erreichen können [7 u. 67].

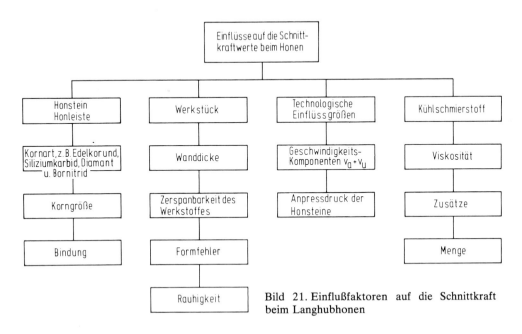

Bild 21. Einflußfaktoren auf die Schnittkraft beim Langhubhonen

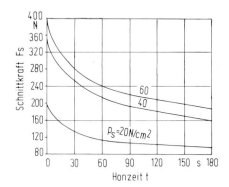

Bild 22. Verlauf der Schnittkraft beim Honen mit hydraulischer Zustelleinrichtung (nach [7 u. 67])
p_s flächenbezogene Anpreßkraft

Von allen in Bild 21 aufgeführten Einflußgrößen wirkt sich der Anpreßdruck der Honsteine am stärksten aus. Dadurch wird der Reibfaktor µ, der sich zwischen dem Honstein und der Bohrungswand einstellt, direkt bestimmt. Daraus läßt sich auch folgern, daß sich bei den heute häufig eingesetzten mechanischen Zustellsystemen ein anderer Schnittkraftverlauf ergibt, der sich den Zustellimpulsen entsprechend auf die Anpreßkraft auswirkt (siehe Bild 52D).

Hier wird der Anfangswert nach dem Anlegen der Honleisten nur dann unterschritten, wenn die Pausenzeit zwischen den einzelnen Zustellimpulsen genügend groß ist, so daß der Zustellweg der Spanrate entspricht.

Der Zustellweg ist bei mechanischen Zustellsystemen ein Erfahrungswert. An heutigen Honmaschinen wird die Stromaufnahme des Spindelantriebs gemessen, die dem Verlauf der Schnittkraft entspricht. Dieser Schnittkraftverlauf ist abhängig von der Werkstückform, d.h. Engstellen und Unrundheiten wirken sich darin aus. Während des Honablaufs kann damit die stetige Verbesserung der Werkstückform sichtbar gemacht werden.

Aufgrund dieser Zusammenhänge ist anstelle der Berechnung des Leistungsbedarfs aus der Schnittkraft eine Ersatzrechnung sinnvoll. Es gilt die Beziehung [36]:

$$M = F_r \cdot r \cdot \mu \text{ [Nm]};$$

darin bedeuten

M das Drehmoment in Nm,
F_r die Anpreßkraft der Honsteine in N,
r den Radius der zu honenden Bohrung in m und
μ den Reibfaktor, der sich zwischen dem Honstein und der Bohrungswand einstellt.

Außerdem gilt $M = \dfrac{9550 \cdot P}{n}$ [Nm];

darin sind P die Leistung in kW und n die Drehzahl in min^{-1}.

Für die Antriebsleistung P gilt somit

$$P = \frac{F_r \cdot \mu \cdot r \cdot n}{9550} \text{ [kW]}.$$

Erfahrungsgemäß können die Reibwerte für einfaches Honen mit hydraulischen Zustellsystemen mit $\mu = 0,7$ eingesetzt werden, während beim Schrupphonen mit Reibwerten $\mu = 1$ oder größer zu rechnen ist.

14.4.1.3 Anpreßdruck

Der Anpreßdruck p_s der Honbeläge bestimmt ihr Schneidverhalten beim Honvorgang. Er wird an der im Eingriff stehenden Schneidfläche gemessen oder errechnet. Je nach der geforderten Oberflächengüte oder Spanleistung kann der Anpreßdruck stufenlos eingestellt werden. Dazu sind die Honmaschinen mit hydraulischen oder mechanischen Zustelleinrichtungen für die Spreizbewegung der Honwerkzeuge ausgestattet.

Bei hydraulischen Zustelleinrichtungen an Honmaschinen läßt sich der Anpreßdruck der Honsteine p_s aus dem am hydraulischen Zustellzylinder eingestellten Öldruck p_h berechnen (Bild 23) [30].

Aus der axialen Zustellkraft

$$F_a = A_k \cdot p_h \text{ [N]}$$

und der radialen Zustellkraft

$$F_r = \frac{F_a}{\tan \beta} \text{ [N]}$$

erhält man den Anpreßdruck

$$p_s = \frac{A_k \cdot p_h}{A_s \cdot \tan\beta} \left[\frac{N}{cm^2}\right].$$

Darin bedeuten

A_k die Kolbenfläche in cm²,
A_s die arbeitende Honsteinfläche in cm²,
p_h den Öldruck in N/cm² und
β den Winkel der Aufweitkonen am Honwerkzeug.

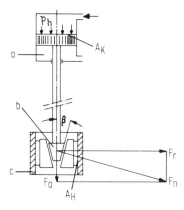

Bild 23. Schema einer hydraulischen Zustelleinrichtung
a hydraulischer Zustellzylinder, b Honwerkzeug, c Werkstück
A_H arbeitende Honsteinfläche, A_K Kolbenfläche, F_a Axialkraft, F_n Normalkraft, F_r Radialkraft, p_h Öldruck, β Winkel des Zustellkonus

Für die Bedienung einer Honmaschine ist das Einstellen des Anpreßdrucks der Honsteine von besonderer Bedeutung. Richtwerte hierfür sind in Tabelle 1 angegeben.

Tabelle 1. Empfohlene Anpreßdrücke der Honsteine, Diamant- und Bornitridhonleisten

Honwerkzeug	Anpreßdruck p_s	
	Vorhonen [N/cm²]	Fertighonen [N/cm²]
keramisch gebundene Honsteine	150 bis 250	80 bis 120
kunststoffgebundene Honsteine	250 bis 500	100 bis 150
Diamant-Honleisten	300 bis 800	150 bis 300
Bornitrid-Honleisten	200 bis 400	100 bis 200

14.4.1.4 Bearbeitungszugaben und Honzeit

Beim Honen spielt die Bearbeitungszugabe eine wichtige Rolle. Daraus ergibt sich in erster Linie die Honzeit, wobei die Griffigkeit der Honbeläge und der Anpreßdruck selbstverständlich ebenfalls mit zu betrachten sind. Aufgrund der verbesserten Schneidmittel, die seit einigen Jahren auf dem Markt sind, ist die Bearbeitungszugabe jedoch nicht mehr so eng begrenzt wie in früheren Jahren. Um eine wirtschaftliche Honzeit einzuhalten, wird besonders in der Serienfertigung angestrebt, daß beim Erreichen des Fertigmaßes die Vorbearbeitungsspuren an den gehonten Oberflächen beseitigt sind. Als Richtwerte für eine wirtschaftliche Bearbeitungszugabe gelten bisher für die Serienfertigung (auf den Durchmesser bezogen) 0,05 bis 0,07 mm, bei speziellem Vor- oder Schrupphonen, auch bei hartem Werkstoff, bis 0,15 mm, für die Einzelfertigung bis 0,3 mm.

Für eine wirtschaftliche Honzeit in der Serienfertigung wird in den meisten Anwendungsfällen heute eine Taktzeit von 30 bis 60 s angesehen, was wiederum von der Werkstückgröße und der geforderten Oberflächengüte abhängt. Für einzelne Honzeiten liegen Erfahrungswerte vor, für die Bild 24 ein Beispiel zeigt. Die Honzeit kann ferner aus dem möglichen Zeitspanungsvolumen errechnet werden (siehe unter 14.4.1.6).

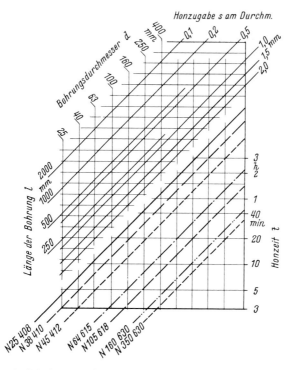

Bild 24. Beispiel einer Rechentafel für die Ermittlung der Honzeit bei der Bearbeitung von Stahlrohren und Kokillen mit Honwerkzeugen der Typenreihe N mit langen Leisten

In diesem Zusammenhang ist zu erwähnen, daß als Erfahrungswerte für die Bearbeitung von Stahlrohren auf leistungsstarken Rohrhonmaschinen folgende Faustregel gilt: Für 0,1 mm Honzugabe wird bei einer Bohrungsabmessung von 100 mm Dmr. und 1000 mm Länge nur 1 min Honzeit benötigt.

Um für unterschiedliche Werkstücke Honzeitwerte vergleichen zu können, sei auf Tabelle 7 hingewiesen.

14.4.1.5 Oberflächenrauhigkeit

Einflußgrößen für die erzielbare Oberflächenrauhigkeit beim Honen sind die Korngrößen der verwendeten Schneidkörner und der Anpreßdruck der Honsteine. Natürlich spielt die Werkstoffhärte ebenfalls eine Rolle. Um hierfür einen Überblick zu vermitteln, sind in den Tabellen 2 und 3 Erfahrungswerte für erzielbare Oberflächengüten bei verschiedenen Werkstoffen nach den eingesetzten Korngrößen zusammengestellt [73 u. 79].

Tabelle 2. Erzielbare Oberflächenrauhigkeit bei unterschiedlicher Honsteinkörnung und verschiedenen Werkstoffbindungen

Körnungsfeinheit in Mesh	Rauhtiefe R_z [µm] bei Gußeisen			
	180 HB		250 HB	
	Keramik	Bakelit	Keramik	Bakelit
80	10	–	6 bis 8	–
120	7 bis 9	–	4 bis 6	–
150	5 bis 7	–	3 bis 5	2 bis 3
220	4 bis 6	2 bis 4	2 bis 4	1 bis 2
400	2 bis 4	1 bis 3	1 bis 3	0,5 bis 1,5
700	–	0,5 bis 1	–	0,5 bis 1
1000	–	0,5	–	0,3 bis 0,8

Körnungsfeinheit in Mesh	Rauhtiefe R_z [µm] bei Stahl			
	50 HRC		62 HRC	
	Keramik	Bakelit	Keramik	Bakelit
80	8 bis 12	8 bis 10	5 bis 7	4 bis 5
120	7 bis 9	6 bis 8	4 bis 6	3 bis 4
150	5 bis 7	4 bis 6	3 bis 5	2 bis 3
220	3 bis 5	2 bis 4	2 bis 4	1,5 bis 2,5
400	2 bis 4	1 bis 2	2 bis 3	1 bis 2
700	1 bis 3	0,5 bis 1	1 bis 2	0,2 bis 1
1000	0,5 bis 1	0,2 bis 0,5	0,2 bis 1	–

Tabelle 3. Mit Diamanthonleisten erzielbare Oberflächenrauhigkeit bei verschiedener Diamantkörnung und verschiedenen Werkstoffqualitäten

Bezeichnung und Körnungsfeinheit	Rauhtiefe R_z [µm] bei Gußeisen		Rauhtiefe R_z [µm] bei Stahl	
	180 HB	250 HB	50 HRC	62 HRC
D 7	0,8	0,6	0,8	0,3
D 15	1,8	1,2	1,8	0,6
D 20	2,0	1,8	2,0	0,8
D 30	2,5	2,0	2,5	1,2
D 40	3,5	2,5	3,0	1,5
D 50	4,0	3,5	3,5	2,0
D 60	4,5	4,0	4,0	2,5
D 70	5,5	4,5	4,5	3,0
D 80	6,0	5,5	5,5	3,5
D 100	6,5	6,0	6,0	4,0
D 120	7,0	6,5	6,5	4,5
D 150	8,0	7,0	7,0	5,0
D 180	9,0	8,0	8,0	5,5
D 200	10,0	9,0	9,0	6,0

14.4.1.6 Zeitspanungsvolumen

Die Beurteilung der Wirtschaftlichkeit beim Honen stützt sich ähnlich wie beim Schleifen neben den Maschinen- und Lohnkosten auf die Honzeit, das Zeitspanungsvolumen und den Werkzeugverschleiß.
Aus dem Verhältnis des abgespanten Werkstoffvolumens zum Honsteinabrieb erhält man den Wert

$$G = \frac{\Delta V_w}{\Delta V_s}.$$

Ferner gilt für das bezogene Zeitspanungsvolumen

$$V'_w = \frac{\Delta V_w}{t \cdot A_s} \left[\frac{mm^3}{s \cdot mm^2}\right].$$

In diesen Gleichungen bedeuten

ΔV_w das abgespante Werkstoffvolumen,
ΔV_s das Volumen des Honsteinabriebs,
A_s die arbeitende Honsteinfläche und
t die Honzeit

Da bei einem echten Vergleich entsprechende Voraussetzungen aufeinander abgestimmt sein müssen, können die Zahlenwerte in Tabelle 4 nur für gleichartige Werkstücke gelten. Andererseits kann man aber heute mögliche Bearbeitungszeiten sowie Standzeiten der Schneidbeläge auch bei verhältnismäßig großer Spanrate vorausbestimmen, um das Honverfahren optimal in einen Fertigungsablauf einzugliedern. Für die Berechnung der Honkosten ergeben sich somit erfaßbare Größen.

Tabelle 4. G- und V'_w-Werte für verschiedene Werkstücke

Werkstück	Zylinderbüchse	Zahnrad	Einspritz-pumpenelement	gezogenes Stahlrohr
Werkstoff	GG	gehärteter Stahl (62 HRC)	gehärteter Stahl (62 HRC)	St 52
Bohrungsabmessung Durchm. [mm] Länge [mm]	130 310	45 30	10 62	100 1500
Werkzeugtyp	Achtleisten-Werkzeug	Vierleisten-Werkzeug	Einleisten-Werkzeug	Sechsleisten-Werkzeug
Schneidfläche [mm]	8 x 5 x 200	4 x 4 x 30	1 x 2 x 60	6 x 13 x 150
Schneidmittel	synthetischer Diamant	Bornitrid	Bornitrid	Edelkorund
$G = \frac{\Delta V_w}{\Delta V_s} \left[\frac{mm^3}{mm^3}\right]$	10 000	1500	2000	10 bis 18
Honzeit t [s]	90	60	20	240
$V'_w = \frac{\Delta V_w}{t \cdot A_s} \left[\frac{mm^3}{s \cdot mm^2}\right]$	0,044	0,017	0,02	0,02

14.4.2 Kurzhubhonen

Die Umfangsgeschwindigkeit des Werkstücks v_w ist die entscheidende Arbeitsgröße. Sie beträgt

$$v_w = \frac{\pi \cdot d \cdot n}{1000} \, [\text{m/min}];$$

darin sind d der Werkstückdurchmesser in mm und n die Drehzahl des Werkstücks in $\min^{-1}$.
Durch Änderung dieser Geschwindigkeit läßt sich das Schneidverhalten des Honsteins beeinflussen; hohe Umfangsgeschwindigkeiten ergeben eine gute Korrektur des Kreisformfehlers.
Die Steinanpreßkraft beträgt

$$F_r = p_h \cdot A_s \, [\text{N}];$$

darin ist p_h der pneumatische oder hydraulische Druck in N/cm² und A_s die Kolbenfläche der Steinführung in cm².
Der auf die Arbeitsfläche des Honsteins bezogene Anpreßdruck ergibt sich dann zu

$$p_s = \frac{p_h \cdot A_s}{L_S \cdot B_S} = \frac{F_r}{L_S \cdot B_S} \, [\text{N/cm}^2];$$

darin bedeuten L_S die Steinlänge in cm und B_S die Steinbreite in cm. Erfahrungsgemäß wird mit einem Steinanpreßdruck von 10 bis 120 N/cm² gearbeitet.
Je nach dem zwischen 1 und über 50 mm betragenden Bearbeitungsdurchmesser d der zu honenden Werkstücke wählt man die Steinbreite B_S zwischen 0,5 und 20 mm. Dabei gilt als Faustregel für die Steinbreite $B_S = d/2$, bei der sich ein Umschlingungswinkel von $\gamma = 60°$ ergibt. Sind große Korrekturen des Kreisformfehlers notwendig, dann sollte der Umschlingungswinkel bis auf 80° erhöht werden; noch größere Umschlingungswinkel ergeben keine höhere Korrektur. Steinbreiten über 20 mm sollten wegen ungenügender Spülwirkung vermieden werden. Man nimmt dann besser zwei schmalere Steine in einem geringen Abstand (Steinbrücke) voneinander, in deren Zwischenraum ein kräftiger Strahl Spülmittel geleitet wird.
Die Länge des Honsteins L_S wird für die Durchlaufbearbeitung mit etwa 50 bis 60 mm gewählt. Bei der Einstechbearbeitung ist sie zweckmäßig etwa 1 mm größer als die Bearbeitungslänge.

14.5 Werkstückaufnahme

14.5.1 Langhubhonen

Beim Langhubhonen von Bohrungen ist die gegenseitige Orientierung von Werkzeug und vorbearbeitetem Werkstück kennzeichnend. Man ordnet entweder dem Werkzeug oder dem Werkstück die entsprechenden Freiheitsgrade zu, damit ein selbständiges Ausrichten nach dem jeweiligen festliegenden Teil erfolgen kann. Daraus ergibt sich eine Gleichachsigkeit der zu honenden Bohrung vor und nach der Bearbeitung. Diese Maßnahmen wurden bereits mit den ersten Entwicklungsschritten des Honens in den zwanziger Jahren durchgeführt. Einerseits lassen sich damit kleinste Honzugaben ohne Achsversatz, auch bei nicht genauer Ausrichtung der Werkzeugachse zur Bohrungsachse zerspanen, andererseits kann man damit ungleiche Abriebe der Honsteine ohne Beeinflussung der Bohrungsachse in Kauf nehmen [9, 13 u. 26]. Lagefehler der zu bearbeitenden Bohrung können bei dieser gleichachsigen Bearbeitung nicht bzw. nur mit besonderem Aufwand verbessert werden. Dagegen lassen sich Formfehler auch bei schlechter Vorbearbeitung bezüglich der Zylindrizität und Rundheit weitgehend ausgleichen (Bild 25).

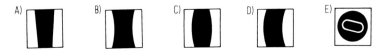

Bild 25. Beim Langhubhonen korrigierbare Formfehler von Bohrungen
A) Konizität, B) Vorweite, C) Tonnenform, D) Krümmung, E) Ovalität

Bei den heute zu erzielenden hochgenauen Bohrungsformen kann man jedoch auf ein exaktes Ausrichten nicht mehr verzichten. Abhängig von der Positioniergenauigkeit der zu honenden Bohrung zur Achse der Honspindel wird das Werkstück festgespannt, schwimmend gelagert oder kardanisch aufgenommen (Bild 26).

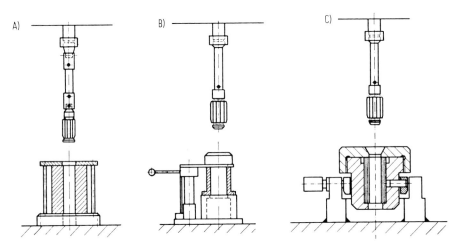

Bild 26. Werkzeuganordnung und Werkstückaufnahme beim Langhubhonen
A) pendelnde Anordnung des Honwerkzeugs, feste Werkstückaufspannung, B) feste Anordnung des Honwerkzeugs, schwimmende Werkstückaufnahme, C) feste Anordnung des Honwerkzeugs, kardanische Werkstückaufnahme

Bei *Vorrichtungen mit fester Einspannung* (Bild 27), die bei einem Großteil der zu honenden Werkstücke zum Einsatz kommen, wird das Werkstück stirnseitig gespannt. Voraussetzung am Werkstück ist dabei eine genügend genaue Planbearbeitung der Spannflächen.

Eine andere, einfache und wirkungsvolle Spannmöglichkeit ergibt sich durch *Bandspannvorrichtungen*. Durch die Selbstklemmung des Spannbandes wird das gesamte Drehmoment aufgenommen.

Bei druckempfindlichen Werkstücken, wie beispielsweise dünnwandigen Zylinderlaufbüchsen, haben sich *Umfangsspannvorrichtungen* bewährt. Als Werkstückaufnahme dient dabei ein hydraulisch oder pneumatisch betätigter Gummimantel, der sich der Außenform des Werkstücks kraftschlüssig anpaßt und völlig gleichmäßig – selbst auch bei unbearbeiteten Gußflächen – das Werkstück allseitig spannt (Bild 28) [26].

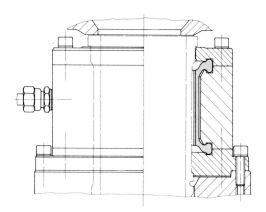

Bild 27. Arbeitsraum einer senkrechten Produktionshonmaschine mit Stirnspannvorrichtung für Stahlrohre (Spannbrücke)

Bild 28. Pneumatische Umfangsspannvorrichtung für eine Zylinderlaufbüchse

Vorrichtungen mit schwimmender Lagerung (Bild 29) werden häufig bei kleinen und leichten Werkstücken eingesetzt. Dabei kann das Honwerkzeug über eine feste Verbindungsstange angetrieben werden. Viele schwierige Bearbeitungsaufgaben lassen sich damit einfach lösen. Die Werkstücke werden lediglich in die Vorrichtung eingelegt und vorzentriert. In ihrer Aufnahme haben sie ein geringes axiales Spiel. Beim Einfahren in die Bohrung übernimmt das Honwerkzeug selbständig die Feinzentrierung. Das Werkstück wird während des Honens gegen Verdrehen festgehalten [9].

Bei der schwimmenden Werkstücklagerung ist es jedoch wichtig, daß die Verbindungsstange des Honwerkzeugs genügend stabil ist, damit unter dem Einfluß der Schnittkräfte keine Auslenkung erfolgt und sich keine schiefe Bohrungsachse ergibt. Dies ist besonders dann zu beachten, wenn die Drehmomentenabstützung nur einseitig erfolgt und dem durch die Schnittkräfte eingeleiteten Drehmoment eine restliche Mittenkraft entgegensteht. Vereinfacht sind diese Kräfteeinwirkungen in Bild 30 dargestellt.

Auch schwerere Werkstücke, bei denen eine pendelnde Anordnung des Werkstücks nicht möglich ist, können auf einem Tisch schwimmend gelagert werden. Die Schwimmbewegung wird durch zwei Kugelbahnen ermöglicht, die rechtwinklig zueinander angeordnet sind. Das Werkstück kann sich dadurch bei geringsten Verschiebekräften auf die Werkzeugachse einstellen und behält seine rechtwinklige Bohrungsachse.

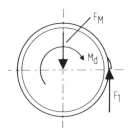

Bild 30. Verbleibende Mittenkraft F_M beim Honen mit schwimmender Lagerung und einseitiger Abstützung
F_1 Abstützkraft, M_d Drehmoment

Bild 29. Durchschub-Honvorrichtungen mit schwimmender Werkstücklagerung für PKW-Pleuelstangen (Bearbeitung des großen Auges)

Bild 31. Kardanische Werkstückaufnahmevorrichtung für Kühlkompressorenteile mit Gewichtsausgleich

Eine Weiterentwicklung der schwimmenden Lagerung ist die *kardanische Aufnahme* der Werkstücke. Ihre Beweglichkeit ist dabei noch um zwei Freiheitsgrade erweitert, so daß bei der Bearbeitung praktisch kein äußerer Zwang auf das Werkstück einwirkt. Der Schwerpunkt der Werkstücke wird dabei möglichst nahe an die Kardanebene gelegt. Kardanische Aufnahmevorrichtungen werden besonders dann gewählt, wenn hochgenaue Werkstücke bearbeitet werden müssen, z. B. Einspritzpumpenelemente oder hydraulische Steuergehäuse. Bei unsymmetrischen Werkstücken wird die Gleichgewichtslage durch die Anbringung eines Gegengewichts erreicht (Bild 31).
Um die Anwendungsmöglichkeit des Honverfahrens vorgegebenen Fertigungsvoraussetzungen anpassen zu können, sind oft *Sondervorrichtungen* notwendig. Hier sollen nur einige Ausführungen genannt werden:
Bei Werkstücken, deren Aufspannflächen zur Bohrungsachse nicht genau rechtwinklig vorbearbeitet sind, werden *Stirnspannvorrichtungen mit Richtdorn* verwendet.
Wenn in einer einzigen Spann- oder Einlegevorrichtung mehrere Werkstücke gleichzeitig zu bearbeiten sind und somit die Effektivität des Verfahrens sowie die Ausbringung der Honmaschine vervielfacht werden soll, können *Paket- oder Mehrfachspannvorrichtungen* eingesetzt werden. Voraussetzung dazu sind geeignete Spannmöglichkeiten, angepaßte Werkzeugkonstruktionen und nicht zuletzt griffige und formhaltige Honleisten auf abgestimmten Honwerkzeugen. Besonders beim Honen von Werkstücken mit kleinen Bohrungsabmessungen können Pakethonvorrichtungen eingesetzt werden. Die

einfachste Vorrichtung ist dabei die *Spannpatrone,* in der vier bis sechs Werkstücke zusammengespannt werden. Auch übereinandergeschichtete Vorrichtungstaschen werden aufgrund ihrer einfachen Ausführung häufig eingesetzt (Bild 32).

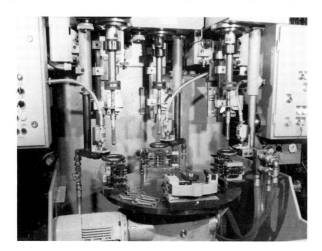

Bild 32. Pakethonvorrichtung für Zweitakt-Pleuelstangen mit schwimmender Lagerung

Mehrfach-Kardanspannvorrichtungen (Bild 33) dagegen sind aufwendig. Sie erfüllen aber alle Genauigkeitsforderungen für ein sehr gutes Honergebnis. Bei Zahnrädern kann hier die Drehmomentenabstützung durch einen Stift in einer Zahnlücke erfolgen. Scheibenförmige Werkstücke müssen in jeder Einzelkardanvorrichtung stirnseitig gespannt werden [92].

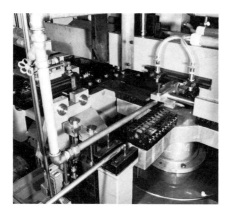

Bild 33. Zehnfach-Kardanvorrichtung in horizontaler Anordnung für Planetenzahnräder

Allgemein gilt, daß Lagefehler der Bohrungsachse durch die Honbearbeitung nicht beseitigt werden können. In besonderen Fällen kann jedoch in einer Sonderspannvorrichtung, in der das Werkstück gegenläufig zur Drehrichtung des Honwerkzeugs angetrieben wird, ein vorhandener Planschlag zu einer entsprechenden Zentrierfläche verbessert oder ausgeglichen werden [31].

Durch den Einsatz von *spitzenlosen Honeinrichtungen* läßt sich andererseits die Achslage der zu honenden Bohrung zur Außenform eines Werkstücks verbessern. Die Bohrung wird dabei durch ein zweiseitig geführtes Honwerkzeug bearbeitet.

14.5.2 Kurzhubhonen

Beim Kurzhubhonen werden die Werkstücke je nach ihrer Form und Größe und der Art der zu bearbeitenden Fläche im Futter (Bild 34 A), in einer berührungslosen hydrostatischen Lagerung, in der sie von einer seitlich angeordneten Andrückrolle gehalten werden (Bild 34 B), zwischen Spitzen oder spitzenlos auf zwei umlaufenden Walzen (Bild 34 C) aufgenommen. Im letzteren Fall können die Werkstücke entweder im Durchlauf- oder im Einstechverfahren bearbeitet werden.

Bild 34. Werkstückaufnahmen beim Kurzhubhonen
A) Kugelkopf im Futter, B) hydrostatische Lagerung von Kugellageraußenringen, C) spitzenlos auf Walzen für Durchlaufbearbeitung langer zylindrischer Werkstücke

14.6 Werkzeuge und Werkzeugaufnahmen

14.6.1 Werkzeuganordnung

Zu den unterschiedlichen Werkstückaufnahme- oder Vorrichtungsarten gehört jeweils eine bestimmte Werkzeuganordnung (Bild 35). Eine feste Werkstückaufnahme erfordert eine pendelnde Anordnung des Honwerkzeugs mit einer Doppelgelenkstange. Eine schwimmende Werkstücklagerung läßt eine feste Anordnung des Honwerkzeugs zu. Dies gilt ebenfalls für die kardanische Aufnahme, um dem Prinzip der gegenseitigen Orientierung des Werkzeugs zu der zu bearbeitenden Bohrung zu entsprechen. Bei der Wahl dieser Anordnung sind jedoch jeweils die Werkstückform, das Werkstückgewicht, die Größe der zu honenden Bohrung und die Bohrungslage am Werkstück zu berücksichtigen.
Die *pendelnde Aufnahme* des Honwerkzeugs durch eine Doppelgelenkstange gibt dem Werkzeug eine Beweglichkeit nach allen Seiten. Kleinere Versetzungen zwischen Spindelachse und Bohrungsachse können dadurch ausgeglichen werden. Allerdings kann man bei den heute angestrebten hohen Fertigungsgenauigkeiten in den meisten Fällen auf ein genaues Ausrichten der Werkstücke zur Spindelachse nicht verzichten. Die Aufgabe der Gelenkstange besteht außerdem darin, einen möglichen ungleichen Honsteinabrieb auszugleichen [28 u. 69].

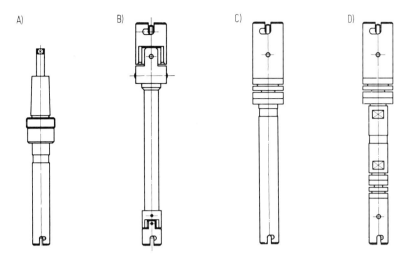

Bild 35. Verbindungselemente zwischen Honspindel und Honwerkzeug
A) feste Antriebsstange, B) Doppel-Gelenkstange mit Anschlagbegrenzung, C) einfache Pendelstange mit Anschlagbegrenzung, D) Doppel-Pendelstange mit Kugelgelenken und einstellbarer Anschlagbegrenzung

Pendelnd angeordnete Honwerkzeuge werden heute vielfältig eingesetzt, vor allem auch beim Honen von schweren Werkstücken oder langen Rohren. Das Werkzeug ist hier in jedem Fall leichter als das Werkstück und wird in der langen Bohrung, die eine mehrfache Honsteinlänge haben soll, geführt. Der untere Gelenkpunkt der Pendelstange wird daher möglichst nahe an die Schneidzone des Honwerkzeugs herangebracht.

Der schwimmenden Werkstücklagerung ist dagegen eine *feste Verbindungsstange* von der Honspindel zum Honwerkzeug zugeordnet. Diese Anordnung bringt gegenüber der Gelenkstange erhebliche Vereinfachungen, insbesondere eine geradlinige Kräfteübertragung der Zustellbewegung. Außerdem ergibt sich durch das einfache Zentrieren der Werkstücke eine einfache Automatisierungsmöglichkeit des Arbeitsablaufs der Honmaschinen. Neben diesen zwei klassischen Aufnahmearten der Honwerkzeuge werden in bestimmten Fällen auch *einfache Pendelstangen* gewählt, die in bestimmten Sonderfällen zu guten Honergebnissen führen können.

14.6.2 Innenhonwerkzeuge

Der Hauptanteil der Honbearbeitung beim Langhubhonen wird mit Innenhonwerkzeugen an Werkstückbohrungen durchgeführt. Diese Honwerkzeuge stehen deshalb von der Häufigkeit der Anwendung her im Vordergrund. Für eine flexible Anpassung an die Forderungen von Fertigungsaufgaben sind sie in den vergangenen Jahren gemäß den Abmessungen und Funktionen von zu honenden Werkstücken ausgebildet worden, um hohe Genauigkeiten zu erreichen. Mit ihnen können somit Durchgangs- und Sacklochbohrungen auch mit Unterbrechungen sowie auseinanderliegende Bohrungen und Stufenbohrungen mit gleicher Achse gehont werden. Anwendungsgebiete erstrecken sich von kurzen Bohrungen mit einem Verhältnis $L/D = 1$, z.B. bei Zahnrädern oder

Pleuelstangen, bis zu sehr langen Bohrungen, z. B. bei Hydraulikzylindern oder bei Gewehrläufen und Geschützrohren.

Neben hoher Oberflächengüte können dabei auch Entgraten, Verbessern der Geradheit, Zylindrizität und Rundheit sowie neuerdings immer häufiger auch die Einhaltung oder Verbesserung der Rechtwinkligkeit von Bohrungsachsen zur Auflagefläche des Werkstücks gefordert werden.

Das besondere Merkmal fast aller Innenhonwerkzeuge liegt in der Möglichkeit der Zustellung der Honsteine während der Bearbeitung durch einen Spreizmechanismus mit Keilwirkung (Bild 36). Innenhonwerkzeuge sind bohrungsfüllend und stützen sich durch die Honleisten oder Honbeläge gleichmäßig am Umfang der Bohrung ab. Im allgemeinen befindet sich im Werkzeugkörper ein längsverschiebbarer Doppelkonus, der bei seiner Abwärtsbewegung die Honsteinhalter, die ebenfalls eine konische Doppelabstützung haben, nach außen drückt (Zustellung). Die Honsteinhalter sind in radialen Schlitzen im Werkzeugkörper untergebracht und werden dort geführt [14 u. 69].

Die zum Zerspanen notwendigen Honsteine mit ihren Schneidkörnern sind auf den Honsteinhaltern aufgeklebt oder aufgeklemmt. Nachfolgend sind die wichtigsten Ausführungsformen aufgezählt.

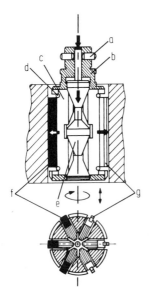

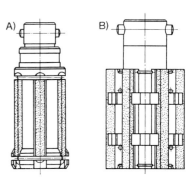

Bild 37. Mehrleisten-Honwerkzeuge A) mit geschlossenem Werkzeugkörper für Bearbeitungsdurchmesser bis 100 mm, B) in Flanschbauform für über 100 mm Dmr.

Bild 36. Aufbau eines Honwerkzeugs
a Bajonettanschluß, b Werkzeugkörper, c Steinhalter, d Rückholfedern für die Steinhalter, e Doppelkonus für die Zustellung, f aufgeklebter Honstein oder g aufgelötete Diamanthonleiste

Am häufigsten werden *Mehrleisten-Honwerkzeuge* (Bild 37) eingesetzt. Sie sind für Bohrungsdurchmesser von 6 bis 1500 mm geeignet und in Standardreihen gegliedert. Sowohl keramisch und kunststoffgebundene Honsteine als auch Diamant- oder Bornitridhonleisten können mit diesen Werkzeugen eingesetzt werden. Aufgrund ihrer Vielzahl von Schneidkanten, je nach Baugröße mit einer Zweier- bis Achterteilung, erreicht man mit ihnen große Spanleistungen. Dank ihres großen Spreizbereichs, je nach Durchmesser von 5 bis 20 mm, sind sie nicht an ein bestimmtes Nennmaß gebunden. Bei

Bearbeitungsdurchmessern bis etwa 100 mm werden Mehrleisten-Honwerkzeuge mit geschlossenen Werkzeugkörpern hergestellt, während für Durchmesser über 100 mm aus Gründen des Werkzeuggewichts Honwerkzeuge mit Flanschabstützung bevorzugt werden. Daneben werden besonders auf Einfachhonmaschinen oder auch Bohrmaschinen sogenannte *Leichtbau-Honwerkzeuge* (Bild 38) vorteilhaft eingesetzt. Ihre vier Honleisten sind dabei an einem auswechselbaren Flanschkäfig abgestützt. Ihr Verstellbereich ist ungewöhnlich groß und beträgt bis zu 100 mm.

 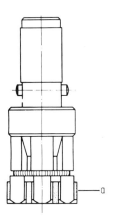

Bild 38. Mehrleisten-Leichtbauhonwerkzeug

Bild 39. Honwerkzeug mit Schwenkleisten (Scharnierform) für das Honen kurzer Sacklochbohrungen a Diamanthonleiste

Neben den zylindrisch zustellbaren Mehrleisten-Honwerkzeugen lassen sich bei Sacklochbohrungen mit kleinen Freistichen am Bohrungsgrund auch *Scharnier-Honwerkzeuge* (Bild 39) einsetzen, die bei der Zustellung ihre Honleisten unten ausschwenken und dadurch an der unteren Schneidzone mit mehr Anpreßdruck arbeiten. Der an solchen Sacklochbohrungen nicht einstellbare Überlauf des Honwerkzeugs wird dadurch weitgehend kompensiert. Diamanthonleisten mit ihrer außerordentlichen Formhaltigkeit tragen hier wesentlich zu einem guten Honergebnis bei.
Einleisten-Honwerkzeuge (Bild 40) werden in Durchmessern von 3 bis 60 mm hergestellt. Charakteristisch für sie ist die unsymmetrische Dreipunktanlage zur Verbesserung der Geradheit und der Rundheit von langen, schlanken Bohrungen.

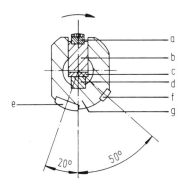

Bild 40. Aufbau eines Einleisten-Honwerkzeugs a Diamanthonleiste, b Tragleiste, c Zustellkeil, d Abstützleiste, e Hauptrückenleiste, f Nebenrückenleiste, g Werkzeugkörper

Zu den *Großflächen-Honwerkzeugen* zählen vor allem Schafthonwerkzeuge, die in Durchmessern von 2 bis 25 mm mit Diamant- oder Bornitridschneidbelägen gute Arbeitsergebnisse liefern; mit Honsteinbelägen können sie auch für die Kleinteilefertigung wirtschaftlich eingesetzt werden (Bild 41).
Segment-Honwerkzeuge von 25 bis 250 mm Dmr. mit Kunststoffbelägen sind vor allem für die Bearbeitung unterbrochener Bohrungen geeignet (Bild 42).

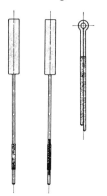

Bild 41. Kleinsthonwerkzeuge mit galvanisch gebundenem Diamantbelag für Bohrungen ab 1 mm Dmr.

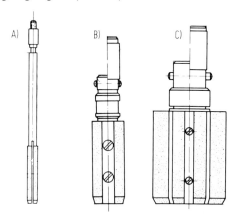

Bild 42. Großflächen-Honwerkzeuge A) in Schaftform, B) in Zylinderform, C) in Segmentform

Mit zweiteiligen *Schalen-Honwerkzeugen* im Durchmesserbereich von 8 bis 200 mm, bestückt mit Diamant- oder Bornitridhonbelägen, erreicht man bei schwierigen, unterbrochenen Bohrungen enge Fertigungstoleranzen und geringen Kantenabfall an den Unterbrechungen [56].

Bild 43. Mehrleisten-Honwerkzeug mit Doppelzustellsystem für das hintereinanderfolgende Vor- (mit Diamanthonleisten) und Fertighonen (mit keramischen Honsteinen) oder für das Plateauhonen

Sonderhonwerkzeuge sind z. B. Sackloch-, Mehrgruppen-, Stufen-, Unrund- und Führungshonwerkzeuge. Mehrleisten-Honwerkzeuge mit Doppelzustellsystem (Bild 43) gestatten das Vor- und Fertighonen mit einer Honspindel. Sie werden besonders häufig beim sog. Plateauhonen eingesetzt.

Hondorne dienen heute für die Herstellung hochgenauer Bohrungen, besonders wenn die Bohrungsfläche, wie bei Steuerschieberbohrungen, mehrfach unterbrochen ist. Diese Honwerkzeuge sind als nachstellbare Präzisionshondorne mit griffigem Diamantschneidbelag und daran nahtlos anschließenden Führungsbelägen ausgebildet. Je nach Bedarf kann der Schneidbelag als Vollbelag oder in Leistenform ausgeführt werden.

14.6.3 Außenhonwerkzeuge

Außenhonwerkzeuge werden auf dem Arbeitstisch der Honmaschine fest aufgespannt und nach dem gleichen Bewegungsprinzip an einer kreiszylindrischen Außenfläche hin- und hergeführt wie Innenhonwerkzeuge in einer Bohrung. Die Drehbewegung wird vom zu bearbeitenden Werkstück ausgeführt [82].
Auch für das Außenhonen wurden Leisten- und Großflächenhonwerkzeuge entwickelt, die über einen Konusring nach innen oder durch Hydraulikkolben – in einigen Fällen sogar über eine Planscheibe wie bei einem Drei- oder Vier-Backenspannfutter auf einer Drehmaschine – zugestellt werden (Bilder 44 und 45).

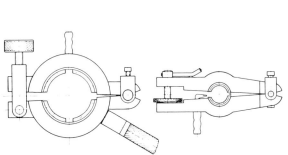

Bild 44. Großflächige Außenhonwerkzeuge für den manuellen Einsatz auf Hon- und Drehmaschinen

Bild 45. Hydraulisch-mechanisches Außenhonwerkzeug für das Bearbeiten langer Kolbenstangen auf senkrechten und waagerechten Honmaschinen

14.6.4 Honbeläge

Keramisch und kunststoffgebundene Honsteine sind ähnlich aufgebaut wie Schleifscheiben. Als Kornarten kommen Edelkorund, Siliziumkarbid und Normalkorund zur Anwendung. Die Einheit der Korngröße ist das Mesh. Die Korngrößen werden je nach verlangter Oberflächengüte von Korngröße 46 bis 1000 zum Vor- und Fertighonen verwendet. Die Bindung ist entscheidend für den Einsatz der Honsteine. Keramische Bindungen sind spröde bis zäh, während Kunststoffbindungen vor allem zäh sind und bei höherem Anpreßdruck eingesetzt werden können. Die Härte der Honsteine wird nach der Norton-Skala gemessen, während für die Gefüge die Zahl 1 „sehr dicht" und die Zahl 9 „sehr offen" bedeutet. Honsteine werden nach DIN 69100 nach folgendem Schema gekennzeichnet:

```
                                    SCG  80  K  Ke  7  046  S
Kornart ─────────────────────────────┘   │  │  │   │   │   │
Körnung ─────────────────────────────────┘  │  │   │   │   │
Härtegrad ──────────────────────────────────┘  │   │   │   │
Bindung ───────────────────────────────────────┘   │   │   │
Gefüge ────────────────────────────────────────────┘   │   │
Herst.-Bezeichnung ────────────────────────────────────┘   │
Nachbehandlung ────────────────────────────────────────────┘
```

Diamanthonbeläge sind am erfolgreichen Einsatz des Honverfahrens und an seinen vielfältigen Anwendungsmöglichkeiten auf dem Gebiet der Feinbearbeitung seit etwa 20 Jahren in hohem Maße beteiligt. Eine sehr gute Formhaltigkeit, eine hohe Standzeit von 20 000 bis 30 000 Bohrungen, eine gezielt erreichbare Oberflächengüte und insgesamt hohe Spanleistungen ergeben gegenüber keramisch oder kunststoffgebundenen Honsteinen eine leichtere Automatisierbarkeit der entsprechenden Honmaschinen bei nur kurzen Stillstandzeiten [30, 32 u. 36].

Durch den Einsatz *synthetischer Diamantkörner* konnte dem Honverfahren ein entscheidender Impuls gegeben werden. Während das natürliche Diamantkorn sehr fest ist, kaum splittert und an seiner aktiven Schneide auch abgenutzt wird, ergibt sich beim synthetischen Diamanten wegen seiner Splitterfähigkeit ein ganz anderes Schneidverhalten. Immer wieder brechen kleine Diamantteilchen ab, so daß neue Schneidkanten entstehen; das führt zu einer dauernden Regeneration des Schneidvermögens [42].

Die Korngrößen von Diamantkörnern werden nicht nach Mesh d. h. nach der Anzahl der Maschen pro Zoll Sieblänge, sondern nach der lichten Maschenweite der Prüfsiebe in Mikrometern bezeichnet. Die Bindung von Diamanthonbelägen ist metallisch, wobei Sinterbindungen, Lötbindungen und galvanische Bindungen mit Erfolg zum Einsatz kommen.

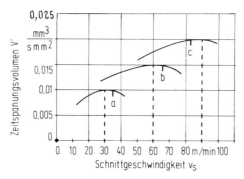

Bild 46. Optimale Schnittgeschwindigkeiten verschiedener Schneidmittel beim Honen
a Edelkorund weiß, b synthetischer Diamant, c Bornitrid

Die Konzentration der Diamantkörner im Honbelag ist ebenfalls von Bedeutung. Es wird die Menge der Diamantkörner in Karat angegeben, die in einem Kubikzentimeter Schneidbelag enthalten ist. Generell wird mit wenigen Körnern ein hohes Zeitspanungsvolumen erreicht, aber eine rauhere Oberfläche erzeugt. Dagegen wird mit vielen Körnern weniger abgespant und eine feinere Oberfläche erzielt. Die Schnittgeschwindigkeit beim Diamanthonen liegt bei etwa $v_s = 50$ bis 60 m/min (Bild 46).

Bornitridbeläge sind seit einigen Jahren neben Diamanthonbelägen auf Honwerkzeugen mit Erfolg im Einsatz. Kubisch-kristallines Bornitrid (CBN) unterscheidet sich vom Diamant nur wenig in seiner Härte. In der *Knoop*schen Härteskala nimmt es hinter Diamant den zweiten Platz ein und ist zweieinhalbmal härter als Korund. Im Gegensatz zu Naturdiamanten verträgt es jedoch nur geringe Druckbelastungen.

Was nur bei einigen synthetischen Diamantkörnern bereits vorteilhaft war, nämlich ihre Splitterfähigkeit, ist bei Bornitrid eine voll ausgeprägte Eigenschaft. Es ist jedoch noch feinsplittriger als synthetischer Diamant. Bornitridbeläge werden deshalb vorzugsweise beim Honen schwer zerspanbarer Werkstoffe, wie gehärtetem Stahl, mit Schnittgeschwindigkeiten bis 90 m/min und geringen Anpreßdrücken eingesetzt [97 u. 101]. Der Nachteil der geringen Druckbelastbarkeit wird durch die hohen Schnittgeschwindigkeiten ausgeglichen, welche die Absplitterung und damit ein günstiges Schneidverhalten bewirken.

14.6.5 Kühlschmierstoffe

Das Hauptmerkmal für die Auswahl des Kühlschmierstoffs beim Honen ist die relativ große Berührungsfläche zwischen den Honsteinen und dem Werkstück. Die Flächendrücke zwischen Werkstück und Werkzeug sind dadurch gering. Ferner muß die verhältnismäßig niedrige Schnittgeschwindigkeit beachtet werden, die kaum eine Erwärmung entstehen läßt [70 u. 102].

Für die Spanleistung beim Honen ist deshalb vor allem der Spüleffekt ausschlaggebend. Die Honsteine müssen durch das Honöl griffig bleiben und sich selbst schärfen. Für die Erzielung einer guten Oberfläche müssen die Abriebteilchen schnell aus dem Zerspanungsbereich entfernt werden. Aus diesem Grunde werden an das Honöl drei unterschiedliche Forderungen gestellt [61], und zwar für die Schneidfähigkeit der Schneidbeläge eine Spülwirkung, für die Begünstigung des Späneablaufs – besonders bei langspanenden Werkstoffen – eine Schmierwirkung und für die Einhaltung enger Maß- und Formtoleranzen eine Kühlwirkung. Je nach Bearbeitungsdurchmesser ist eine Kühlschmierstoffmenge von 5 bis 50 l/min erforderlich.

Auch bei höheren Anpreßdrücken der Honsteine muß eine einwandfreie Spanbarkeit gewährleistet sein. Durch chemische Zusätze – wie Chlor, Schwefel und Phosphor – erreicht man, daß die Honsteine selbst bei größerem Spanungsvolumen von Werkstoffanhäufungen freigehalten werden und sich durch freies Schneiden ihre Standzeit erhöht [102]. Bei entsprechendem Späneanfall müssen die Honöle dauernd durch Magnetwalzenfilter, Papierbandfilter, Zentrifugen oder Anschwemmfilter gereinigt werden. Außerdem sind Kühlaggregate zur Einhaltung enger Maßtoleranzen bei den meisten Produktionshonmaschinen erforderlich.

Honöle werden nach den zu spanenden Werkstoffen klassifiziert. Sie sind auf Petroleumbasis aufgebaut und enthalten vielfach die obengenannten chemischen Zusätze. In der Praxis ist es selbstverständlich nicht möglich, jedem einzelnen Werkstoff ein eigenes Honöl zuzuordnen. Man hat deshalb schon vor Jahren die Honöle in Gruppen zusammengefaßt (Bild 47) [61].

Honöle für kurzspanende Werkstoffe, d.h. für die Bearbeitung von gehärteten Stählen und Gußeisen, sollen eine kinematische Viskosität zwischen 2,8 und $6{,}2 \cdot 10^{-6}$ m^2/s haben, während Honöle für langspanende und weiche Werkstoffe, wie ungehärtete Stähle, insbesondere gezogene Stahlrohre, Bunt- und Leichtmetalle, z.B. Aluminium, Bronze, Kupfer, eine kinematische Viskosität von 7,9 bis $14 \cdot 10^{-6}$ m^2/s besitzen sollen.

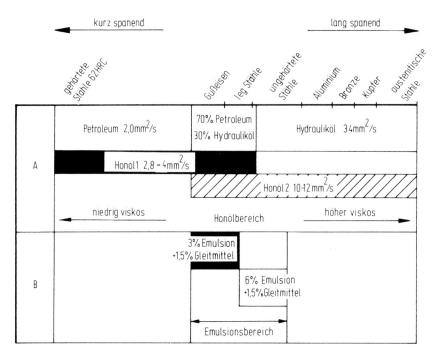

Bild 47. Zuordnung von Kühlschmierstoffen zu Werkstoffen beim Honen
Bereich A: Honöle bei keramisch und kunststoffgebundenen Honsteinen und Diamanthonbelägen, Bereich B: wasserlösliche Emulsionen nur bei Diamantbelägen

Diese Unterteilung hat außerdem auch Gültigkeit bei keramisch und kunststoffgebundenen Honsteinen sowie bei Diamant- und Bornitridhonleisten mit metallischen Bindungen.
In den vergangenen Jahren konnten neben Honölen, speziell bei der Bearbeitung von Gußeisen mit Diamanthonwerkzeugen, auch wasserlösliche Emulsionen verwendet werden. Deren Vorteile liegen darin, daß sowohl bei der Vorbearbeitung in Transferstraßen oder Verkettungslinien, z.B. beim Bohren, Drehen, Fräsen und Gewindeschneiden, als auch beim anschließenden Honen die gleichen Kühlschmiermittel eingesetzt und nachträgliche Reinigungsarbeiten an den Werkstücken auf ein Minimum reduziert werden können [73].

14.7 Bearbeitung auf Honmaschinen

14.7.1 Langhubhonmaschinen

14.7.1.1 Allgemeines

Langhubhonmaschinen werden in der gesamten industriellen Fertigung eingesetzt. Schwerpunkte haben sich im Fahrzeugbau, im Werkzeug- und Werkzeugmaschinenbau, in der Hydraulik- und Pneumatikindustrie sowie in der Kompressoren- und Elektromotorenfertigung ergeben (Tabelle 5) [73].

Tabelle 5. Anwendung des Langhubhonens in verschiedenen Industriebereichen

Industriebereich	Beispiele gehonter Werkstücke
Kraftfahrzeugbau	Kolbenlaufbahnen an Motorenzylindern, Zylinderbüchsen, Pleuelstangen, Bremszylinder, Bremstrommeln, Lenkrollen, Lenkgehäuse, Getrieberäder, Kegelräder, Kipphebel, Einspritzpumpen
Hydraulik- und Pneumatikgeräte	Steuergehäuse, Arbeitszylinder, Pumpengehäuse, Kolbenstangen
Wälzlagerindustrie	Rollenlageraußenringe, Nadellagerringe
Kühlmaschinenbau	Kompressorenzylinder, Schubstangen, Gleitsteinbohrungen, Gleitsteinführungsrohre
Elektromaschinenbau	Lagerschildbohrungen, Statorenbohrungen, Kollektorbohrungen
Werkzeugmaschinenbau	Reitstockbohrungen, Spindellager- und ähnliche Bohrungen

Mit den zur Verfügung stehenden Schneidbelägen können fast alle technischen Werkstoffe, wie gehärtete und ungehärtete Stähle, Gußeisen, Bronze, Messing, Leichtmetalle, Sintermetalle, Hartmetalle, Hartchrom, Preßstoffe, Graphit, Glas und Keramik, bearbeitet werden.

Mit entsprechenden Innenhonwerkzeugen lassen sich die verschiedensten Bohrungsformen, wie Durchgangsbohrungen, Sacklochbohrungen, Bohrungen mit Durchbrüchen oder auch auseinanderliegende Bohrungen, unrunde Bohrungen, wie die Trochoiden des Wankelmotors, oder auch konische Bohrungen, honen. Mit Außenhonwerkzeugen werden in geringerem Umfange auch Wellen bearbeitet und mit Sonderhonwerkzeugen Planflächen gehont.

Die geometrischen Abmessungen der zu bearbeitenden Werkstücke liegen zwischen 2 und 1500 mm Dmr. und bis etwa 12000 mm Länge.

Langhubhonen kann als Zwischen- oder Endbearbeitung in Fertigungsabläufe eingegliedert werden. Die stetige Forderung nach größerer Schneidleistung führte zu einer Erweiterung der Anwendungsgebiete. Diese Steigerung konnte durch leistungsstarke Maschinenantriebe und robuste Honwerkzeuge mit griffigen Schneidbelägen erreicht werden. Neben dem Glätten fällt dem Spanen beim Langhubhonen eine immer größer werdende Bedeutung zu [103]. Die Unterteilung der Honbearbeitung in zwei Stufen, d.h. in Vor- und Fertighonen, wird in der Praxis häufig angewandt. Beim Vorhonen mit grobkörnigen Honbelägen wird ein möglichst großes Zeitspanungsvolumen, beim Fertighonen mit feinkörnigen Honbelägen eine gezielte Oberflächengüte angestrebt. Diese Unterteilung in zwei Arbeitsphasen wirkt sich besonders günstig auf die Formgenauigkeit eines gehonten Werkstücks aus [73]. Durch die bohrungsfüllende Form des Honwerkzeugs und die Möglichkeit, Hublänge und Hublage auf einfache Weise beim Langhubhonen einstellen zu können, lassen sich Formfehler bezüglich der Zylindrizität und Rundheit weitgehend verbessern [79].

Durch die zunehmenden Forderungen hinsichtlich Maß- und Formgenauigkeit sind Langhubhonmaschinen in den vergangenen Jahren mit feineinstellbaren Maß- und Formkorrektureinrichtungen ausgestattet worden. Bei jedem Arbeitshub kann durch Einstellung des Anpreßdrucks der Honbeläge das Spanungsvolumen stufenlos verändert werden. Durch einstellbare kleinste Spanabnahmen sind auch kleinste Maßveränderungen möglich. Damit kann schon durch die Kinematik des Honablaufs eine hohe Maß- und Formgenauigkeit sicher eingehalten werden.

Die Oberflächenstruktur hat einen wesentlichen Einfluß auf Funktion und Lebensdauer eines Werkstücks. Fertigungstechnisch ist beim Honen auf Langhubhonmaschinen eine Vielfalt von Möglichkeiten gegeben, funktionsgerechte Oberflächenstrukturen zu erzeugen. Bis zu $R_z = 0{,}3$ μm Oberflächenrauhigkeit ist erreichbar. Gehonte Flächen mit ihren feinen, sich überkreuzenden Spuren ergeben auch einen hohen Flächentraganteil, der bei großer Beanspruchung eine lange Lebensdauer der Werkstücke gewährleistet. Überlagerte Strukturen werden besonders beim Plateauhonen an Kolbenlaufbahnen zunehmend eingesetzt. Hier sind die Vorteile einer feinen Oberfläche als Tragantei mit denen einer rauhen Oberfläche für die Ölfilmhaftung vereint. Ferner ist der Überschneidungswinkel ebenfalls frei wählbar. Bei Kolbenlaufbahnen von Verbrennungsmotoren kann dadurch ebenfalls auf das Laufverhalten und den Ölverbrauch Einfluß genommen werden. Durch den kühlen Schnitt beim Honen zeigt die Oberflächenschicht keine Veränderung durch lokale Wärmeeinwirkung [79].

Die Honleisten berühren zu Beginn des Honvorgangs nur die Spitzen der vorbearbeiteten Flächen, die meist gebohrt, gedreht oder geräumt sind. Diese Spitzen werden schnell abgespant (Bild 48). Anzustreben ist, daß die gehonte Werkstückfläche dann das Fertigmaß erreicht, wenn die Bearbeitungsfläche gerade geglättet ist. Wird das Honen fortgesetzt, bis ein entsprechendes Maß erreicht ist, ergibt sich kaum eine zusätzliche Glättung der Oberfläche.

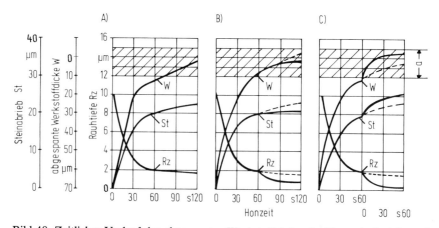

Bild 48. Zeitlicher Verlauf der abgespanten Werkstoffdicke, des Honsteinabtriebs und der Oberflächenrauhtiefe beim Honvorgang
A) einstufige Honbearbeitung, B) Honen mit Verringern des Honstein-Anpreßdrucks nach 60 s, C) Vor- und Fertighonen (zweistufige Bearbeitung)
a Toleranz für Fertigmaß

Durch Verringern des Anpreßdrucks der Honleisten gegen Ende des Honvorgangs ist jedoch eine weitere begrenzte Verfeinerung der Oberfläche möglich. Die Wirkung hierbei ist ähnlich wie das Ausfeuern beim Schleifen.

Die Ausgangsrauhtiefe R_z beim Honen kann bei ungehärteten Werkstoffen zwischen 10 und 30 μm liegen. Die Vorbearbeitung soll sogar nach Möglichkeit mit nicht allzu kleinem Vorschub vorgenommen werden. Zu geringe Ausgangsrauhtiefen verhindern die Selbstschärfung. Bei gehärteten und vorgeschliffenen Teilen sind die Ausgangsrauhtiefen bei $R_z = 4$ bis 5 µm zu wählen. Nach dem Honen erzielt man dann Oberflächenwerte von $R_z = 0{,}3$ bis 3,0 µm.

Die Spanbildung beim Langhubhonen erfolgt mit einem vielschneidenden Werkzeug aus gebundenem Korn unter ständigem Richtungswechsel. Der Spanwinkel ist dabei meist negativ. Durch die Bewegung des Werkzeugs ist die Schnittrichtung des Spans bestimmt. Sie ist durch die Überlagerung der Dreh- und Hubbewegung vorgegeben. Der von der Spanfläche ablaufende Span trifft auf die Bindung, die als Spanleitzone dient und den Span umlenkt. Deshalb wird die Bindung in unmittelbarer Nähe des Schneidkorns besonders stark abgetragen (Bild 49). Da durch die Umlenkung des Spanes die Bindung vor dem Korn hoch beansprucht wird, findet hier ein erhöhter Verschleiß statt. Dieser Vorgang ist vergleichbar mit der Auskolkung eines Drehmeißels.

Bild 49. Spanriefen auf einer Diamanthonleiste mit den Diamantkörnern

Neben dem Schneidkorn entstehen in Richtung des Überschneidungswinkels tiefere Riefen, in denen der Spanfluß stattfindet. Nachfolgende Schneidkörner leiten den Fluß um. Es ergeben sich Späne unterschiedlicher Form. Je nach den Zerspanungsbedingungen am einzelnen Schneidkorn entstehen kommaförmige, spiralförmige und regellose Spanformen [104].

14.7.1.2 Senkrecht-Langhubhonmaschinen

14.7.1.2.1 Konstruktiver Aufbau

Die Maschinenkonstruktion mit senkrechter oder waagrechter Hauptspindel läßt sich der Werkstückform anpassen [100]. Senkrechte Bauformen werden bevorzugt, weil gelenkig aufgenommene Honwerkzeuge auspendeln und kardanische Werkstückaufnahmevorrichtungen angewendet werden können. Ebenso werden die Honölzufuhr und die Späneabfuhr erleichtert.

Für die Ausführung der Maschinenständer in Stahlkonstruktionen mit großer Ausladung ist vor allem der geräumige Arbeitsbereich für eine entsprechende Werkstückaufnahme wichtig. Die Maschinenständer sind in den vergangenen Jahren am häufigsten in der C-Bauweise ausgeführt worden (Bild 50). Daneben sind jedoch auch Portalbauformen im Einsatz. Für die Bearbeitung von langen Stahlrohren werden Maschinenständer in Kastenbauform mit Supportschlitten vorteilhaft ausgeführt. Die notwendigen Hydraulikaggregate für die Hub- und Zustellbewegung lassen sich bei leichteren Bau-

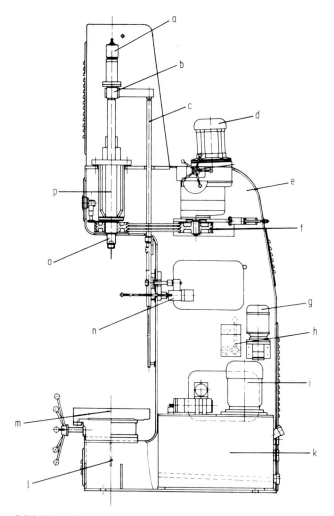

Bild 50. Aufbau einer Senkrechthonmaschine mit geschweißtem Maschinenständer
a Drehverteiler für Ölzufuhr zum Zustellzylinder, b Zustellzylinder, c Umsteuergestänge, d Spindelantrieb, e Maschinenständer, f Keilriemenantrieb der Honspindel, g Pumpenantrieb für die hydraulische Zustellung, h Schmierpumpe, i Pumpenantrieb für die Hubbewegung, k Hydrauliktank, l Ständerfuß, m Arbeitstisch, n Umsteuereinrichtung, o Honspindel, p Spindellagerung

reihen (Leistungsbedarf für Hub- und Drehantrieb je 3 bis 5 kW) im Maschinenständer unterbringen. Bei Honmaschinen der schwereren Baureihen (Leistungsbedarf für Hub- und Drehantrieb je 5 bis 10 kW) werden die Hydraulikaggregate neben dem Maschinenständer separat aufgestellt.

Der Arbeitstisch kann als Fest-, Lang- oder Kreuztisch auf den Fuß des Maschinenständers aufgesetzt werden. Die Hauptspindel wird in einem Spindelstock gelagert, im Supportschlitten oder direkt im Oberteil des Ständers eingebaut. Je nach Einsatzgebiet kann die Hauptspindel direkt in Wälzlagern im Spindelstock oder in einer Pinole gelagert werden. Durch die Pinole wird die Spindel selbst zugentlastet, so daß der Riemen- oder Kettenantrieb nur das Drehmoment der Mitnehmerkeile auf die Spindel überträgt. Die Spindel wird über stufenlos verstellbare Getriebe, durch Keilriemen oder Ketten angetrieben [34]. Ein Bremsmotor zum schnellen Stillsetzen der Spindel nach dem Arbeitstakt wird in vielen Fällen vorgesehen. Der Spindelhub wird hydraulisch über eine Pumpeneinheit und die Hubzylinder (Bild 51) erzeugt. Dadurch wird die Pinole oder der Spindelsupport auf- und abbewegt. Die stufenlose Einstellung der Hubgeschwindigkeit ist üblich. Sie kann durch elektronische Fernbedienung direkt vom Bedienungspult aus auch während des Honvorgangs vorgenommen werden [100].

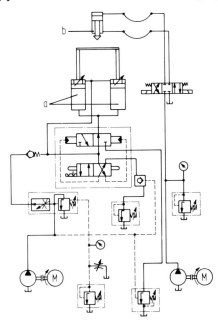

Bild 51. Hydraulikplan für Spindelhubantrieb und hydraulische Zustellung einer senkrechten Produktionshonmaschine
a Hubzylinder, b Zustellzylinder

Für besonders kurze Bohrungen mit einem Verhältnis von Durchmesser zu Länge über 1 sind außerdem Honmaschinen mit hydraulischem Einfahrhub und mechanisch betätigtem Arbeitshub über eine Kurbelschwinge von Vorteil [12].
Für unterschiedliche Bearbeitungsaufgaben können durch die Wahl einer entsprechenden Zustelleinrichtung nicht nur die Schneidleistung des Honwerkzeugs sondern auch die geometrische Formgenauigkeit einer gehonten Bohrung und die erzielbare Oberflächengüte wesentlich beeinflußt werden. Vor allem läßt sich dadurch die Schneidfähigkeit sowohl der Diamanthonleisten als auch der herkömmlichen Honsteine voll ausnutzen. Bei den heute im Einsatz befindlichen Honmaschinen haben sich zwei Zustelleinrichtungen bewährt: die hydraulische oder kraftschlüssige Zustellung und die mechanische oder formschlüssige Zustellung [56 u. 73].
Bei der am häufigsten verwendeten hydraulischen Zustellung werden die Honleisten über den Spreizmechanismus des Honwerkzeugs an die Bohrungsoberfläche angedrückt (Bild 52 A bis C). Diese Zustellung bietet für einen automatischen Ablauf eine einfache Lösung. Die Honleisten werden stufenlos je nach Bedarf schnell oder langsam an die Bohrungswand herangeführt und angedrückt. Eine Erweiterung dieser Zustelleinrichtung ergibt sich durch den Zusatz einer Druckabsenkung am Ende des Honvorgangs. Dadurch läßt sich neben einer weiteren Verbesserung der Formgenauigkeit vor

allem die Oberflächengüte um $R_z = 0{,}5$ bis 1 µm verbessern. Darüber hinaus kann durch das Einschalten von Druckstößen, die ein- oder mehrmalig während einer Honbearbeitung automatisch erfolgen, der Schneidbelag aufgerauht und seine Griffigkeit erhöht werden. Eine solche Stoßzustellung wird besonders bei Bohrungen in dünnwandigen Werkstücken angewandt.

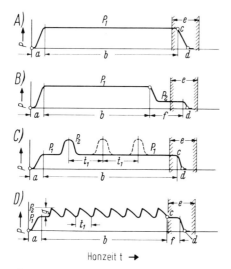

Bild 52. Schema des Druckverlaufs bei verschiedenen Zustellsystemen automatischer Honmaschinen
A) hydraulische Zustellung, B) hydraulische Zustellung mit Druckabsenkung, C) hydraulische Zustellung mit Druckstoß, D) automatisch-mechanische Schrittzustellung
a Anlegen, b Honen, c Meßpunkt, d Abschaltpunkt, e Maßtoleranz, f Ausfeuern, g Druckerhöhung durch Zustellschritt, t_1 Zustellintervall

Steigende Bedeutung gewinnt die mechanische Schrittzustellung (Bild 52 D). Bei dieser werden in bestimmten Intervallen mit einem mechanischen Zustellkopf von einem elektronischen Schrittmotor oder über ein hydraulisch-mechanisches Zustellgetriebe entsprechende Zustellschritte eingeleitet, die in Schrittgröße, Zustellkraft und Schrittintervallen einstellbar sind. Nach bisherigen Erfahrungen wirken sich dabei kleine Zustellschritte bei hoher Zustellkraft in kurzen Intervallen am günstigsten auf die Schneidleistung und auf die erzielbare Formgenauigkeit einer Bohrung aus. Die Honleisten bearbeiten dabei erst die Engstellen einer mit Fehlern behafteten vorbearbeiteten Bohrung und kommen erst nach und nach auf der ganzen Bohrungslänge voll in Eingriff. Mechanische Zustelleinrichtungen werden für hohe Spanleistungen eingesetzt, besonders auch bei gehärteten und verschleißfesten Werkstoffen. Sie erfordern leistungsfähige Schneidbeläge. Um kurze Nebenzeiten zu erreichen, werden die Honbeläge im Eilgang dicht an die Bohrungswand herangeführt und dann auf Arbeitsschritte umgeschaltet [103 u. 104].

Die Vorteile beider Zustelleinrichtungen werden in der Praxis oft auch vereint. Beim Honen in zwei Bearbeitungsstufen kann beispielsweise auf der ersten Spindel formschlüssig und auf der zweiten Spindel kraftschlüssig zugestellt werden. Aber auch auf einer Spindel ist eine kombinierte Zustellung mit Hilfe von Doppelzustelleinrichtungen möglich [104].

14.7.1.2.2 Zusatzeinrichtungen

Honmeßeinrichtungen

Die Entwicklung verschiedener automatischer Meßeinrichtungen beim Honen von Bohrungen ergab die Möglichkeit, enge Maßtoleranzen auch bei schwierigen Bohrungsformen einzuhalten (Tabelle 6). Deshalb sind alle automatischen Honmaschinen heute mit Honmeßeinrichtungen für eine genaue Maßabschaltung ausgerüstet. Damit kann ohne Bezugnahme auf das Maß und die Art der Vorbearbeitung beim Erreichen des Fertigmaßes der Honvorgang abgeschaltet und ein neuer Arbeitstakt eingeleitet werden [63]. Die Abschalttoleranz der automatischen Honmeßeinrichtungen liegt aufgrund der schrittweisen Werkstoffabspanung von Hub zu Hub bei 0,002 bis 0,005 mm.

Die *Kalibermeßeinrichtung* benötigt nur einen geringen Aufwand und wird deshalb oft eingesetzt [79]. Ein Meßkaliber, als Fallhülse ausgebildet, ist über dem Honwerkzeug an der Verbindungsstange zur Honspindel verschiebbar mit Bewegungsspiel angeordnet (Bild 53). Bei jedem Arbeitshub des Honwerkzeugs tastet es die zu honende Bohrung an, bis es beim Erreichen des Fertigmaßes in die Bohrung eintauchen kann. Dabei berührt der obere Rand mit seiner Scheibe einen Kontaktschalter, durch dessen Betätigung sofort der Ausfahrvorgang der Honspindel eingeleitet wird [14]. Die Größe der Bearbeitungszugabe einer Bohrung hat hier keinen Einfluß. Durch Spreizen kann der Tastdurchmesser der Meßhülse eingestellt und bei Verschleiß auch nachgestellt werden (siehe auch Bild 31).

Ebenso häufig werden *Luftmeßeinrichtungen* – besonders für Maßgruppenschaltung – eingesetzt. Diese Meßeinrichtung (Bild 54) arbeitet nach dem gleichen Prinzip wie ein pneumatischer Meßdorn zur Bohrungsvermessung. Zwei Meßdüsen sind diagonal am

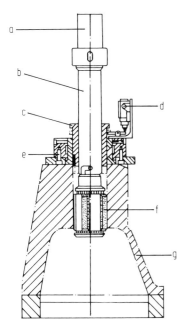

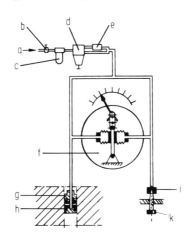

Bild 54. Schema einer Luftmeßeinrichtung beim Langhubhonen
a Druckluftzuführung, b Absperrventil, c Druckluftfilter, d Feindruckminderer, e Ausgleichvolumen, f Differenzdruckmesser, g Meßdorn, h Meßdüse, i Ausströmdüse, k Nullpunkteinstellung

Bild 53. Kalibermeßeinrichtung beim Langhubhonen
a Honspindel, b Antriebsstange, c Meßkaliber, d Maßkontakt, e Kühlschmierstoff-Zuführung, f Honwerkzeug, g Werkstück (Zylinderblock)

Tabelle 6. Übersicht über Ausführung und Einsatzmöglichkeiten von Honmeßeinrichtungen

Honmeßeinrichtung	direkte Meßeinrichtungen				indirekte Meßeinrichtungen		
	Kalibermessung	Luftmessung	pneumatisches Meßkaliber	Meßdorn von unten	Mikroanschlag mit Nachmeßeinrichtung	mechanische Zustellung mit elektronischem Schrittzähler und Kompensation oder Nachmeßeinrichtung	Zeitautomatik
Einsatzgebiete (Werkstückform)	Durchgangs- und Sacklochbohrungen, auch von 8 bis 120 mm Dmr.; unterbrochene Bohrungen	Durchgangs- und Sacklochbohrungen, möglichst ohne Unterbrechungen	Durchgangs- und Sacklochbohrungen mit großen Bearbeitungszugaben	kleine Durchgangsbohrungen mit Unterbrechungen	Durchgangs- und Sacklochbohrungen, besonders kleine Bohrungen von 5 bis 15 mm Dmr.	Durchgangs- und Sacklochbohrungen	Werkstücke aller Art
Anwendungsmöglichkeiten (Honmaschinen)	auf allen Senkrechthonmaschinen	Senkrecht- und Waagerechthonmaschinen	Senkrechthonmaschinen mit langem Hub	Senkrecht- und Waagerechthonmaschinen	Senkrecht- und Waagerechthonmaschinen	Senkrecht- und Waagerechthonmaschinen	alle Maschinen zum Fertighonen und Plateauhonen
Vorteile	hohe Betriebssicherheit	Maßgruppenschaltung, einfache Korrektur	große Bearbeitungszugaben möglich	bei speziellen Gegebenheiten	kleine Sacklochbohrungen	Bohrungen mit schlechter Vorbearbeitung	einfache Einstellung, geringer Aufwand
typische Anwendungsbeispiele	Hydraulik-Steuerbohrungen, Ventilbohrungen in Kompressor-Zylindern	Zylinderblock-, Pleuelbohrungen	Stahlrohre, Zylinderbüchsen, Kurbelwellenlagerbohrungen	Pakethonen von Zahnrädern	Einspritzpumpen-Bohrungen	Einspritzpumpen-Bohrungen	Plateauhonen; Zylinderbüchsen
Richtwerte für Maßabweichungen	bei 8 bis 50 mm Dmr.: 2 bis 5 µm, bei 50 bis 120 mm Dmr.: 3 bis 8 µm	bei 15 bis 100 mm Dmr.: 2 bis 5 µm, bei 100 bis 150 mm Dmr.: 3 bis 6 µm	bei 30 bis 100 mm Dmr.: 4 bis 8 µm, bei 100 bis 150 mm Dmr.: 6 bis 12 µm	3 bis 8 µm	2 bis 5 µm	bei 5 bis 20 mm Dmr.: 2 bis 5 µm, bei 20 bis 100 mm Dmr.: 3 bis 8 µm	vom Vormaß abhängig
charakteristische Elemente	verstellbare Meßhülse	zwei Meßdüsen am Werkzeug	Meßhülse mit zwei Meßdüsen	Meßdorn von unten oder hinter dem Werkstück auch pneumatisch	pneumatischer Meßanschlag und Nachmeßstation bei hydraulischer Zustellung	mechanische Zustellung mit Schleppanschlag oder Schrittzähler	einstellbare Zeituhr

Umfang eines Honwerkzeugs zwischen den Honleisten angeordnet. Für ein sicheres Messen während des Honens muß mit Hochdruckmeßgeräten gearbeitet werden, um Honöl und Abrieb punktuell an der Bohrungswand wegzublasen. Im Bereich einer Durchmessertoleranz von 0,2 mm zum Nennmaß erhält man eine lineare Anzeige. Der Vorteil dieser Einrichtung ist neben dem berührungslosen Messen die jeweilige Anzeige der abgespanten Werkstoffschicht während des Honens. Außerdem ist die Abschaltmöglichkeit nach bestimmten umschaltbaren Maßgruppen von besonderer Bedeutung [79].

Die *Meßsteuerung durch Mikro-Anschlag* (Bild 55) dient besonders der genauen Maßeinhaltung bei Bohrungen kleinen Durchmessers, wenn Meßkaliber und Luftmeßeinrichtung aus Platzgründen am Honwerkzeug nicht mehr eingesetzt werden können. Hohe Standzeit und Formhaltigkeit von Diamanthonbelägen sind dabei eine Voraussetzung. Die Zustellbewegung der Honwerkzeuge wird durch einen Maßanschlag begrenzt. Wichtige Entwicklungsschritte waren dabei, den Maßanschlag mit einer pneumatischen Meßdüse zu kombinieren, die Zustellbewegung an einem Anzeigegerät sicht-

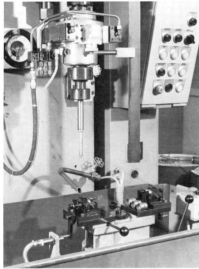

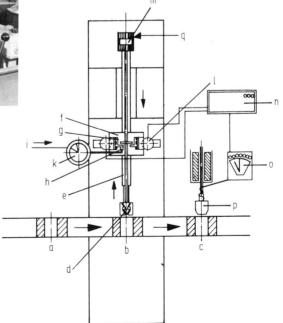

Bild 55. Mikroanschlagkopf mit pneumatischer Meßdüse für die Maßbegrenzung von Honwerkzeugen bei hydraulischer Zustellung

Bild 56. Schema einer Feed-back-Steuerung
a Ladestation, b Honstation, c Nachmeßstation, d Honwerkzeug, e Spindel, f Mikrokopf, g verstellbarer Anschlag, h Luftmeßdüse, i Luftzufuhr, k Anzeige- und Schaltgerät für Maßabschaltung, l Schaltgerät für Anschlagverstellung, m Zustellzylinder, n pneumatisch-elektronischer Wandler, o pneumatisches Anzeigegerät und Meßwertgeber p pneumatischer Meßdorn, q Hydraulikölzufluß

bar zu machen und außerdem den Abschaltpunkt berührungsfrei – aufgrund des vorgewählten Düsenabstands – zu fixieren [79 u. 100]. Genauso kann bei einer mechanischen Zustellung mit elektronischem Schrittmotor und Schrittzähler der Abschaltpunkt genau eingehalten werden. Zusätzlich ist ein automatischer Ausgleich des Honsteinabriebs möglich. An Honmaschinen mit solchen Honmeßeinrichtungen kann darüber hinaus durch eine Nachmeßstation der jeweils gehonte Bohrungsdurchmesser geprüft und, wenn die Maßtoleranz von 0,002 mm durch Verschleiß der Honleisten unterschritten ist, automatisch der Maßanschlag nachgestellt werden (Bild 56) [101].

Formsteuereinrichtungen

Eine gezielte Zylinderform wird vor allem über die Abstimmung von Honsteinlänge und Honsteinüberlauf zur Bohrungslänge erreicht. Für den Honsteinüberlauf hat sich etwa ein Drittel der Steinlänge bewährt. Diese Einstellung der Hublänge und Hublage ergibt in der Regel eine zylindrische Bohrungsform. Dabei ist ein stoßfreies und genaues Umsteuern der Hubbewegung auch bei Hubgeschwindigkeiten bis $v_a = 25$ m/min notwendig [36]. Der Gleichgang der Honbewegung im Auf- und Abwärtshub dient einer symmetrischen Einstellung des Überlaufs am Honwerkzeug. Daraus ergibt sich eine gleichmäßige Belastung der Honsteine und eine Erhöhung ihrer Standzeit.

Für die Bedienung der Langhubhonmaschine ist eine einfache und schnelle Handhabung der Hublängeneinstellung der Hauptspindel wichtig. Bisherige verstellbare Klemmnocken an einer Umsteuerstange wurden durch eine elektronische Fernhubeinstellung ersetzt, die über Digitalzähler direkt an der Steuertafel – auch während der Honbearbeitung – betätigt werden kann (Bild 57).

Bild 57. Digitalzähler für die elektronische Hubferneinstellung an der Steuertafel einer Langhubhonmaschine

Für hochgenaue Werkstückbohrungen werden automatische Hubkorrektureinrichtungen (Bild 58) eingesetzt, die als Macroformsteuerungen bezeichnet werden. Dazu werden von einer Nachmeßstation Meßwerte von drei Meßebenen der zu honenden Bohrung an einen Komparator gegeben und miteinander verglichen. Bei Meßwertunter-

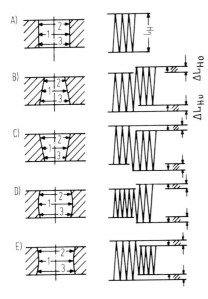
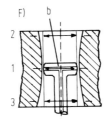
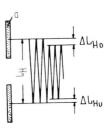

Bild 58. Schema der Wirkungsweise einer automatischen Hubkorrektur durch gemessene weite oder enge Stellen in einer Bohrung
A) zylindrisch, B) konisch steigend, C) konisch fallend, D) tonnenförmig, E) mit Vorweitung, F) Änderung der Hublänge nach gemessener Vorweitung
a Honleiste, b Luftmeßdorn, L_H Hublänge, ΔL_{Ho} obere Korrektur, ΔL_{Hu} untere Korrektur, 1, 2 u. 3 verschiedene Meßebenen

schieden werden über ein Steuergerät Impulse an die Hauptspindel-Umsteuerung zur Änderung von Hublage und Hublänge gegeben. Dadurch ergibt sich eine selbsttätige, ständig optimale Hubeinstellung. Abweichungen von 0,002 mm von einer zylindrischen Bohrungsform werden bereits korrigiert. Damit wird im Automatikbetrieb einer Langhubhonmaschine konstant eine hohe Bohrungsqualität gewährleistet [101].
Auch für die zylindrische Bearbeitung von Sacklochbohrungen in der Serienfertigung, die heute in der Praxis häufig gehont werden müssen, sind schon vor Jahren Formsteuerungen entwickelt worden. Dabei wird der am Bohrungsgrund nicht mögliche Überlauf für eine symmetrische Einstellung der Hublage zur Bohrungslänge durch eine kurzhubige Sekundärhonbewegung in mehrfach sich wiederholenden Intervallen oder durch ein gesteuertes kurzes Verharren des sich drehenden Honwerkzeugs ausgeglichen [57 u. 100]. Pneumatisch-elektronische Meßwerte, die das Honwerkzeug während der Honbewegung über die Abweichung der geforderten zylindrischen Bohrungsform aufnimmt, lösen die Dauer und Häufigkeit der Kurzhübe aus. Formhaltige Diamantschneidbeläge gelten jedoch neben der Formsteuerung ebenso als Voraussetzung für ein gutes Honergebnis (Bild 59) [101 u. 104].

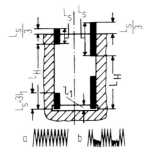

Bild 59. Honbewegung bei der Bearbeitung von Sacklochbohrungen durch Sekundärhonen
L_H Hublänge, L_S Honsteinlänge, l_1 Länge des Freistichs
Schema der Bearbeitungsmöglichkeiten: a mit kurzem Honstein ($L_S = 3 l_1$), normale Hubbewegung, normaler Überlauf, b Sekundärhonen mit normallangem Honstein

14.7.1.2.3 Arbeitsbeispiele

Genauigkeitshonen

Produktionshonmaschinen können mit ihrem Ausrüstungszubehör für unterschiedlich gelagerte Fertigungsaufgaben eingerichtet werden. Einen breiten Raum nimmt dabei das Genauigkeitshonen ein. Unter diesem Begriff versteht man eine Fertigungstoleranz in Form und Maß von höchstens 0,001 bis 0,002 mm. Typische Werkstücke für das Genauigkeitshonen sind Einspritzpumpenelemente, Wälzlagerringe oder hydraulische Ventilgehäuse (Bild 60).

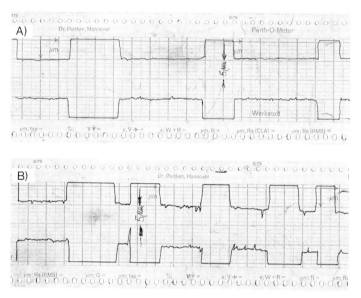

Bild 60. Geradheit und Zylindrizität gehonter Steuerventilbohrungen nach Bearbeitung mit verschiedenen Werkzeugtypen
A) mit Hondorn, B) mit Einleistenhonwerkzeug

Nur durch ein gutes Zusammenwirken aller Einflußgrößen bei einer sorgfältigen Maschineneinstellung sind solche Honergebnisse zu erreichen. Werkzeugausführungen, wie Einleisten- und Schalen-Honwerkzeuge oder Hondorne, tragen hierzu einen wesentlichen Anteil bei. Eine verspannungsfreie und lagerichtige Aufnahme der Werkstücke in der Honvorrichtung ist dabei ebenfalls von großer Bedeutung. Genauso wichtig sind natürlich die Griffigkeit und Formhaltigkeit der Diamant- oder Bornitridbeläge beim Honvorgang [101]. Gehont wird hierbei in mehreren Arbeitsgängen, wobei die Zustelleinrichtung der ersten Hauptspindel zum Vorhonen für ein gutes und schnelles Zerspanen vorteilhaft mechanisch ausgeführt wird und an der zweiten Hauptspindel zur Erzielung einer hohen Oberflächengüte meistens hydraulisch mit Druckabsenkung zugestellt wird. Die Maß- und Formhaltigkeit der Bohrung wird häufig durch eine Nachmeßstation überwacht. Dabei werden Meßwerte in verschiedenen Meßebenen zur ständigen Formkorrektur der gehonten Bohrung miteinander verglichen. Aufgrund dieser Möglichkeiten des Genauigkeitshonens konnten Schleifbearbeitungen und mehrstufige Läppbearbeitungen, die bisher an solchen Werkstücken kostenintensiv angewendet wurden, ersetzt werden.

Leistungshonen

Die stetige Forderung beim Langhubhonen nach einer verbesserten Schneidleistung führte in den vergangenen Jahren zur Entwicklung des Leistungshonens, d.h. zum Honen mit hohem Zeitspanungsvolumen. Die Doppelfunktion des Langhubhonens, nämlich Spanen und Glätten, kommt hierbei voll zur Geltung. Als wirtschaftlich interessante Alternative zum Feinbohren und Schleifen wird das Leistungshonen in vielen Bedarfsfällen sowohl bei weichen Werkstoffen, als auch bei gehärteten Stählen eingesetzt [104]. Diese kombinierte Bearbeitungsmöglichkeit beim Langhubhonen führte dazu, daß bestimmte Werkstücke, wie z.B. Zylinderlaufbüchsen oder Zahnräder, direkt von der Vorbearbeitung ohne Zwischenstufe auf die Produktionshonmaschinen gebracht werden können und dadurch beachtliche Vereinfachungen wirksam werden (Bild 61).

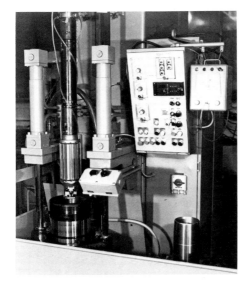

Bild 61. Arbeitsraum einer senkrechten Produktionshonmaschine für das Leistungshonen von Zylinderlaufbüchsen

Leistungssteigerungen ergeben sich aus dem Zusammenwirken folgender Einflußgrößen [103]: Die Honmaschinen müssen leistungsfähige Dreh- und Hubantriebe (je 7,5 bis 15 kW) aufweisen. Die Zustellung der Honbeläge durch das Honwerkzeug muß schrittweise im Rhythmus des Schneidverhaltens der Schneidkörner erfolgen (mechanische Schrittzustellung). Die Splitterfähigkeit von synthetischen Diamantkörnern oder Bornitridkörnern ergibt einen dauernden Selbstschärfeffekt und ein leichteres Abspanen. Schmale oder unterbrochene Schneidleisten bewältigen die anfallenden größeren Spanmengen besser. Honöle als Kühlschmierstoff müssen den Späneablauf begünstigen. Beim Diamanthonen von Gußeisen werden heute bereits auch wasserlösliche Emulsionen erfolgreich eingesetzt. Die Schnittgeschwindigkeit muß um das Zwei- bis Dreifache gesteigert werden.

Die Arbeitsbeispiele in Tabelle 7 zeigen, daß damit eine Erhöhung der Schneidleistung um das Drei- bis Zehnfache möglich ist.

Tabelle 7. Vergleich der Schneidleistung beim Honen verschiedener Werkstücke

Werkstück	Werkstoff	Bohrungs-abmessungen Dmr. [mm]	Länge [mm]	Werkstoff-abspan-dicke [mm]	Honzeit [s]	Bemerkungen
Zylinder-büchse	Gußeisen 240 HB	130	310	heute 0,5 früher 0,15	90 90	wasserlösliche Emulsion (synth. Diamant)
Zahnrad	gehärteter Stahl 62 HRC	45	30	heute 0,2 früher 0,03	40 für drei Werkstücke 40 für ein Werkstück	drei Werkstücke in einem Paket (Bornitrid)
Einspritz-pumpen-element	Stahl 62 HRC	10	62	heute 0,1 früher 0,05	20 40	Druckschmierung (Bornitrid)
gezogenes Stahlrohr	ungehärteter Stahl (St 52)	100	1500	0,3	240	Rohrhonmaschine, Honöl

Plateauhonen

Die Anpassung des Honverfahrens zur Einhaltung bestimmter Oberflächenstrukturen wird besonders beim Plateauhonen gefordert. Durch Plateauhonen soll auf Kolbenlaufbahnen eine Oberflächenstruktur erreicht werden, die durch periodisch auftretende tiefe Honspuren mit dazwischenliegenden feinen Tragflächen, den sog. Plateaus, gekennzeichnet ist (Bild 62). Derartige Oberflächen ergeben für das Laufverhalten eines Motors mehrere Vorteile [71]. In erster Linie ist das Verschleißverhalten der Kolbenlaufbahnen besonders bei Dieselmotoren mit hohen Verdichtungen günstig. Ferner können durch die bessere Haftung des Ölfilms einfache Kolbenringe verwendet werden. Schließlich sind die Senkung des Ölverbrauchs und eine Verkürzung der Einlaufzeit der Motoren, bevor sie mit Vollast betrieben werden, von Bedeutung.
Plateauhonen wird auf Produktionshonmaschinen in zwei Arbeitsgängen durchgeführt. Beim Plateau-Vorhonen wird mit besonders grobkörnigen Honsteinen oder Diamanthonleisten gearbeitet; dabei ist neben dem Abspanvolumen vor allem wichtig, tiefe, dicht beieinander liegende Honspuren zu erzeugen, während beim Fertighonen in 3 bis 6 s lediglich die Profilspitzen der Vorhonstruktur weggenommen werden. Durch die ungleiche Zeitbelastung des Plateau-Vor- und -Fertighonens ist eine Doppelzustellung der Honmaschine sinnvoll, damit in einer Aufspannung gehont werden kann. Dazu eignen sich keramische Honsteine und Diamanthonleisten, die auch kombiniert auf einem Doppelhonwerkzeug aufgebracht sein können (vgl. Bild 42).
Da für plateaugehonte Oberflächen die Vermessung und Charakterisierung nach DIN 4762 in R_t, R_z und R_a nicht ausreicht, wird heute eine Beurteilung nach der Tragrauhigkeit (R_t-Wert) mit Hilfe der *Abbott*schen Tragkurve (Bild 63) vorgenommen [59, 99]. Die Verquetschungstiefe und Blechmantelbildung, die bei hohen Anpreßdrücken beim Diamanthonen von Gußeisen entstehen können und besonders bei Kolbenlaufbahnen schädlich sind, können durch Linkslauf des Fertighonwerkzeugs weitgehend verringert werden [100]. Außerdem ist durch das bessere Ölhaltevolumen der tiefen Honriefen plateaugehonter Oberflächen ein Schaden an Kolben oder Kolbenringen weit weniger gegeben als bei normal gehonten Oberflächen (Bild 64) [99].

14.7 Bearbeitung auf Honmaschinen

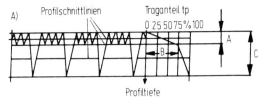
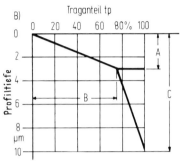

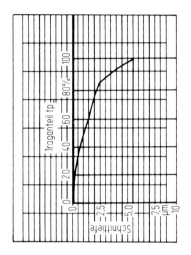

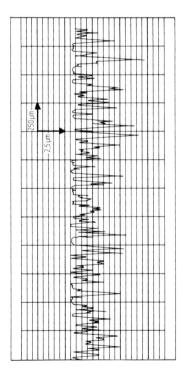

Bild 62. Oberflächenstruktur und Traganteil einer plateaugehonten Kolbenlaufbahn

Bild 63. Kennzeichnung einer plateaugehonten Oberfläche
A) Rauhigkeitsprofil mit Traganteilermittlung, B) Kennzeichnung der Tragrauhigkeit durch die *Abbott*sche Tragkurve

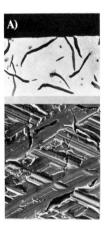
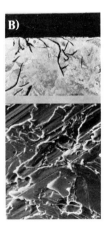

Bild 64. Schliffbild und REM-Aufnahmen gehonter Oberflächen
A) offene Oberfläche mit scharf angeschnittenen Graphitlamellen, B) „verblechte" Oberfläche mit verquetschten Graphitlamellen

Dornhonen

Anstelle von vielen Hüben wird beim Dornhonen in einem einzigen Hub, ähnlich wie beim Räumen, der gesamte Werkstoff abgetrennt. Die dafür vorgesehenen Produktionshonmaschinen müssen für dieses Fertigungsverfahren mit einer Einhub-Automatik und für entsprechend niedrige Hubgeschwindigkeit ausgerüstet werden. Durch die außergewöhnliche Steifigkeit der hier verwendeten Werkzeuge erreicht man mit geringem Aufwand – besonders bei unterbrochenen Bohrungen – hohe Genauigkeiten mit Toleranzen bis 0,001 mm. Bei der Bearbeitung von Gußteilen kann die abgehonte Werkstoffschicht 0,02 bis 0,04 mm betragen [100].

Eine mehrstufige Bearbeitung wie beim normalen Langhubhonen bringt auch hier eine zusätzliche Verbesserung der Honergebnisse. Die Hubgeschwindigkeit beträgt nur 1 bis 2 m/min, während die günstige Umfangsgeschwindigkeit bei etwa 20 m/min liegt. Die Hublänge des Honwerkzeugs wird so eingestellt, daß der Schneidbelag durch die ganze Bohrung hindurchgeführt wird. Spezielle Diamantschneidbeläge ergeben eine hohe Standzeit der Honwerkzeuge. Im Normalfall braucht das Honwerkzeug erst nach etwa 100 Gußbohrungen um nur 0,001 mm von Hand oder automatisch nachgestellt zu werden. Die Verwendung von speziellen Hochleistungshonölen ist hierbei allerdings notwendig [101].

Bild 65 zeigt eine dreispindelige Rundtisch-Honmaschine mit einer Vorhonspindel und zwei Dornhonspindeln bei der Bearbeitung von Steuerventilen aus Stahl. Die Werkstücke werden in den Arbeitsstationen zusätzlich mit einem Druck von 250 bar gespannt, damit unter dieser Belastung, die bei der späteren Funktion des Werkstücks zur

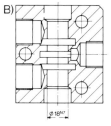

Bild 65. Honbearbeitung hydraulischer Steuerventile
A) mehrspindelige senkrechte Sonderhonmaschine mit Präzisionshondornen, B) Werkstück

Wirkung kommt, die Abweichungen von der Geradheit nicht mehr als 0,002 mm betragen. Als Ergebnisse der Bearbeitung mit einer Taktzeit von 40 s wurden Abweichungen von der Geradheit von 0,0015 mm, von der Zylindrizität und von der Rundheit von 0,001 mm erzielt. Die Oberflächenrauhtiefe betrug $R_z = 1$ µm.

Schrupphonen von Stahlrohren

Außer den leichter ausgebildeten Produktionshonmaschinen, auf denen ebenfalls eine Leistungshonbearbeitung durchgeführt werden kann, dienen senkrechte Rohrhonmaschinen für das Schrupphonen von Stahlrohren oder Gußrohren bis zu 4 m Länge und 400 mm Bearbeitungsdurchmesser. Für das einfache Laden und Entladen großer Werkstücke ist ein ebenerdiger Zugang zum Arbeitsbereich mit Ausfahr- oder Pendeltisch notwendig (Bild 66). Die Werkstücke werden in Spannrohren mit höhenverstellbaren Einsätzen für unterschiedliche Werkstücklängen unter Flur aufgenommen, weshalb solche Maschinen über einer Arbeitsgrube aufgestellt werden müssen. Zur Aufbringung der für die hohen Spanleistungen erforderlichen Kräfte werden Rohrhonmaschinen mit Motoren bis zu 30 kW je für Hub- und Drehantrieb ausgerüstet. Die Hauptspindel wird durch Hydrauliksysteme oder mit thyristorgesteuerten Gleichstrommotoren angetrieben; auch Getriebeanordnungen über eine Keilwelle mit Regelung und Antrieb durch einen Leonardsatz sind üblich. Die Werkzeuge werden fast ausschließlich an einer Gelenkstange angeordnet. Die Spanleistung beim Honen von Stahlrohren ergibt eine abgespante Werkstoffschicht von 0,01 bis 0,02 mm bei 100 mm Bohrungsdurchmesser und 1000 mm Rohrlänge in 1 min oder weniger.

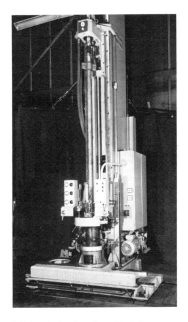

Bild 66. Senkrechte Rohrhonmaschine mit Spindelschlitten und Pendeltisch für hohe Spanungsleistungen (Schrupphonen); Arbeitsbereich bis 400 mm Dmr. und 3500 mm Honlänge

Bild 67. Senkrechte Rohrhonmaschine mit Pendeltisch, rechts für das Innenhonen von Zylinderrohren, links für das Außenhonen von Kolbenstangen

Außenhonen von Kolbenstangen

Auch das Außenhonen, z. B. von langen Kolbenstangen, kann auf senkrechten Maschinen durchgeführt werden. Dabei wird das Werkzeug auf den Arbeitstisch aufgesetzt und das Werkstück an der Hauptspindel pendelnd angeordnet (siehe auch Bild 45). Häufig sind die Maschinen mit einem Zwei-Stationen-Pendeltisch ausgerüstet, auf dessen einer Station die Spannvorrichtungen für Werkstücke für das Innenhonen angebracht sind, während auf der anderen Station das Außenhonwerkzeug montiert ist (Bild 67).

Die Dreh- und Hubbewegung sowie die Hublänge und die Hublage werden wie beim Innenhonen eingestellt. So lassen sich die charakteristischen Überkreuzungsspuren für ein Honbild ebenfalls nach optimalen Erfahrungswerten erzielen. Allerdings sind für denselben Werkstoff nicht die gleichen Honsteinqualitäten für Innen- und Außenhonen einsetzbar. Die unterschiedlichen Belastungen der Honsteine – beim Innenhonen der Honsteinkanten, beim Außenhonen der Honsteinmitte (Bild 68) – ergeben ein völlig anderes Schneidverhalten [82].

Das Außenhonen von Kolbenstangen ist deshalb besonders vorteilhaft, weil außer der hohen Abspanleistung durch Axialhonen auch eine funktionsgerechte Oberfläche erzeugt werden kann. Dazu wird die beim Honen übliche Dreh- und Hubbewegung nach dem eigentlichen Außenhonen ohne einen Werkzeugwechsel in eine Nur-Hubbewegung umgeschaltet, so daß am Werkstück Bearbeitungsspuren in axialer Richtung entstehen. Für Manschettenlaufbahnen ergeben sich ideale Gleitflächen, welche die Lebensdauer der Manschetten oder O-Ringe um ein Vielfaches erhöhen. Um mit den verhältnismäßig schmalen Honsteinen den gesamten Umfang zu erfassen, werden sie nach drei oder vier Axialhüben durch einen kurzen Drehimpuls in Umfangsrichtung weitergestellt, bis der gesamte Umfang mit axialen Bearbeitungsspuren versehen ist (Bild 69) [23].

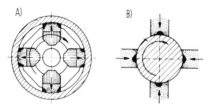

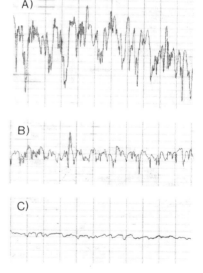

Bild 68. Belastung der Honsteine
A) beim Innenhonen, B) beim Außenhonen

Bild 69. Oberflächenprofile einer Kolbenstange
A) geschliffen, B) außengehont, C) axialgehont

14.7.1.3 Waagerecht-Langhubhonmaschinen

Bei waagerechten Honmaschinen stehen die ungünstigen Gewichtsverhältnisse des Honwerkzeugs und die erschwerte Honölzufuhr den Vorteilen der leichteren Werkstückanpassung gegenüber.

Bei *Handhonmaschinen* mit waagerechter Hauptspindel spielt dies jedoch kaum eine Rolle. Auf ihnen werden Werkstücke mit kleinem Stückgewicht ohne Spannvorrichtung bearbeitet. Über ein mehrstufiges Pedal läßt sich die Honspindel, deren Drehzahl stufenlos eingestellt werden kann, einschalten und das Honwerkzeug bis zu einem einstellbaren Maßanschlag spreizen. Das zu honende Werkstück wird von Hand auf dem fest eingespannten Honwerkzeug hin- und hergeführt. Diese Maschinenkonstruktion hat sich besonders für die Feinbearbeitung kleiner bis mittelgroßer Serien in der Kleinteilefertigung bewährt [15 u. 65]. Die automatische Hubeinrichtung gewinnt dabei eine immer größer werdende Bedeutung (Bild 70) [65].

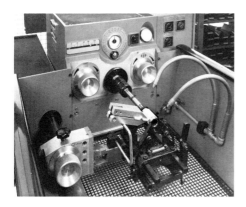 

Bild 70. Arbeitsraum einer waagerechten Honmaschine mit Hubautomatik

Bild 71. Waagerechte Produktionshonmaschine bei der Bearbeitung von Kurbelwellenbohrungen an Motorblöcken

Der konstruktive Aufbau *waagrechter Produktionshonmaschinen* (Bild 71) entspricht dem der vertikalen Bauweise. Wichtig dabei ist jedoch eine Unterstützung des Honwerkzeugs in der vorderen Spindellage außerhalb des Werkstücks zum sicheren Einfahren in die Bohrung und ein geringes Werkzeuggewicht, um unrunde Bohrungen zu vermeiden.

Waagerechte Langrohrhonmaschinen (Bild 72) sind für die Bearbeitung von Rohren mit über 4 m Länge ausgelegt. Sie werden heute bis zu 12000 mm Honlänge und 1000 mm Arbeitsdurchmesser gebaut. Werkstücke mit solchen Abmessungen lassen sich bei waagrechter Bearbeitung besser handhaben. Sie werden in einem Spannfutter oder stirnseitig über Spannglocken aufgenommen. Der gegenläufige Antrieb des Werkstücks zum Honwerkzeug ist besonders für die Erzielung einer einwandfreien Rundheit von Bedeutung. Eine Zwangszuführung des Honöls ist hier notwendig. Das Honwerkzeug muß zum sicheren Einführen in die Werkstückbohrung unterstützt werden. Darüber hinaus werden bei den langen Antriebstangen mitlaufende Stützlünetten eingesetzt. Neben der normalen Feinbearbeitung können – wie auf senkrechten Rohrhonmaschinen – auch Schrupphonvorgänge durchgeführt werden. Die Maschinen sind daher mit bis zu 40 kW Antriebsleistung jeweils für den Hub- und Drehantrieb ausgerüstet. Lange Stahlrohre, Geschützrohre oder Kokillen sind typische Werkstücke für die Bearbeitung auf solchen Maschinen [100].

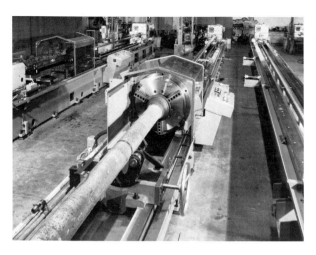

Bild 72. Waagerechte Langrohrhonmaschine bei der Bearbeitung von Kokillen; Arbeitsbereich bis 400 mm Dmr. und 12000 mm Honlänge

14.7.1.4 Sonder-Langhubhonmaschinen

Die praktische Durchführung des Langhubhonens auf Sonderhonmaschinen sei an einigen Bearbeitungsaufgaben beschrieben.

Am bekanntesten ist die Bearbeitung von Kolbenlaufbahnen in Vier-, Fünf- und Sechszylinder-Motorblöcken mit 70 bis 90 mm Dmr. und 150 bis 180 mm Länge für Otto- und Dieselmotoren. Die Werkstücke sind auf einer Transferstraße durch Feinbohren vorbearbeitet. Daran schließt sich die Honmaschine (Bild 73) meist als letzte Bearbeitungseinheit direkt an. Für den Transferdurchschub auf Gleitschienen und für eine mehrstufige Honbearbeitung haben sich Honmaschinen-Bauformen der C-Bauweise gut bewährt. Die Honspindeln sind entsprechend dem Abstand der Kolbenlaufbahnen in Reihen dicht nebeneinander angeordnet. Bei der Übernahme auf die Honmaschine werden die Werkstücke zuerst in eine Vormeßstation gebracht, um die Bearbeitungszugabe, die bei 0,06 bis 0,08 mm, auf den Bohrungsdurchmesser bezogen, liegen soll, zu überprüfen. In den Bearbeitungsstationen sind die Werkstücke indexiert und gespannt. Dafür sind die meist sechsteiligen Leistenhonwerkzeuge pendelnd angeordnet. Beim Vorhonen mit mechanischer oder hydraulischer Zustellung wird mit grobkörnigen Diamanthonleisten 0,04 bis 0,05 mm in 25 s zerspant. In den Fertighonstationen dagegen werden die Werkzeuge hydraulisch zugestellt. Dabei wird im gleichen Zeitintervall 0,02 bis 0,03 mm abgehont und dabei eine gezielte Oberflächengüte von $R_z = 2$ bis $5 \mu m$ erreicht. Zur Verhinderung von verschuppten Oberflächen werden hierbei meist keramisch gebundene Honsteine eingesetzt. Wenn eine plateaugehonte Oberfläche gefordert ist, wird beim Fertighonen mit Honwerkzeugen mit Doppelzustellung gehont. Dabei können beide Bearbeitungsstufen mit Diamanthonleisten durchgeführt werden. Es kann aber auch eine kombinierte Bestückung vorgenommen werden, so daß die erste Stufe mit Diamanthonleisten und die zweite Stufe mit keramisch gebundenen Honleisten erfolgt (siehe Bild 43).

Aufgrund der günstigen Bohrungsform kommen für das automatische Messen während des Honvorgangs sowohl Kaliber- als auch Luftmeßeinrichtungen in Frage. Sollen je-

Bild 73. Achtspindelige Transferhonmaschine für das Vor- und Fertighonen von Vierzylinder-Motorblöcken

doch die Werkstücke für unterschiedliche Kolbengruppen bearbeitet werden, werden ausschließlich Luftmeßeinrichtungen mit Maßgruppenschaltung eingesetzt. Wegen des kurzen Abstands vom unteren Bohrungsrand bis zum Kurbelwellenlager haben Kolbenlaufbahnen an Motorblöcken oft einen Sacklochcharakter. Deshalb werden hierzu häufig Formsteuereinrichtungen eingesetzt, die eine zylindrische Bohrungsbearbeitung mit einer Toleranz von 0,003 bis 0,004 mm gewährleisten. Bei Diamantbestückung der Honwerkzeuge wird als Kühlschmierstoff am häufigsten wasserlösliche Emulsion angewendet, während sich bei keramischen Honsteinen niedrigviskose Honöle am besten bewährt haben [73].

Genauso wichtig wie die Bearbeitung der Kolbenlaufbahnen an diesen Werkstücken ist auch die Feinbearbeitung der Kurbelwellenlagerbohrung, die meist direkt anschließend mit vertikalen oder horizontalen Honeinheiten ausgeführt wird. Das Honwerkzeug ist 300 bis 500 mm lang und hat ebenso lange Diamantschneidleisten. Diese Bearbeitung wird ebenfalls in 20 bis 25 s ausgeführt, nach der die einzelnen Lagerstege nicht mehr als 0,005 mm voneinander abweichen dürfen. Nach dem Abtropfen des Honöls oder der Emulsion auf einer Wendestation werden die Werkstücke zu einer Waschstation weitergegeben.

Beim Leistungshonen von Zylinderbüchsen auf einer Sonderhonmaschine wird ebenfalls mit zwei Honspindeln gearbeitet. Beim Vorhonen der nur vorgedrehten Werkstücke wird eine Schicht von 0,5 mm abgespant [103]. Diese Leistungshonbearbeitung wird mit mechanischer Zustellung und grobkörnigen Diamanthonleisten erreicht. In beiden Stationen werden die Werkstücke mit einer pneumatischen Manschettenspannung aufgenommen und festgehalten (Bild 74). In der ersten Phase des Leistungshonens kann zusätzlich noch eine mechanische Planspannung am Bund der Zylinderbüchsen erfolgen. In der zweiten Phase werden die Werkstücke meist in zwei Stufen plateaugehont. Dabei wird wiederum mit einer hydraulischen Doppelaufweitung und zwölfteiligen Leistenhonwerkzeugen gearbeitet, so daß für das Plateau-Vorhonen und für das Plateau-Fertighonen je sechs Honleisten zur Verfügung stehen. Zwischen den beiden Plateau-Bearbeitungsstufen wird zur Vermeidung von verschuppten Oberflächen die

Drehrichtung umgekehrt. Während das Plateau-Vorhonen der Honzeit der ersten Honspindel angeglichen ist und 60 bis 80 s dauern kann, werden für das Plateau-Fertighonen lediglich 5 s benötigt. Wegen der großen Bearbeitungszugaben werden beim Vorhonen Meßkaliber eingesetzt, während beim Fertighonen auf der zweiten Spindel auch Luftmeßeinrichtungen im Einsatz sind. Zylinderlaufbüchsen werden heute mit einer Toleranz von 0,005 bis 0,01 mm bearbeitet. Die Tragrauhigkeit plateaugehonter Werkstücke beträgt TR = 3 µm/75 %/8 µm.

Bild 74. Arbeitsraum einer zweispindeligen Portalhonmaschine mit Zuführ- und Abtransportband für die automatische Bearbeitung von Zylinderlaufbüchsen

Eine andere Aufgabe für Sonderhonmaschinen ist die Bearbeitung des großen und kleinen Pleuelauges an Pleuelstangen. Diese Werkstücke werden in großen Stückzahlen mit Diamanthonwerkzeugen gehont. Beide Bohrungen müssen nicht nur maß- und formgenau sein, sondern sich auch in einer bestimmten Achsparallelität zueinander befinden (siehe Bild 29) [73]. Die Werkstücke sind aus geschmiedetem Stahl mit einer Festigkeit von 750 bis 900 N/mm². In etwa 20 s werden 0,06 bis 0,07 mm abgespant, wobei die Werkstücke in mehrspindligen Honmaschinen der C-Bauweise schwimmend auf Gleitschienen bearbeitet werden. Als Kühlschmierstoff wird dabei höherviskoses Honöl verwendet.

Ebenfalls in großen Stückzahlen wird die Sacklochbohrung in Hauptbremszylindern auf Sonderhonmaschinen bearbeitet [73]. Hierfür haben sich Maschinen in Portalbauweise mit einem Rundtisch am besten bewährt. Bis zu acht Honspindeln, die vier Werkstücke gleichzeitig vor- und fertighonen, werden dabei auf einer Honmaschine angeordnet (Bild 75). Wegen der komplizierten Außenkonturen von Hauptbremszylindern ist deren automatische Übernahme auf die Honmaschinen bisher nicht möglich. Alle Maschinen werden von Hand beladen. Dabei wird das Werkstück in den Vorrichtungen auf dem Rundtisch schwimmend aufgenommen, während die Honwerkzeuge fest an den Honspindeln eingespannt sind. Bei einer solchen Sacklochbearbeitung sind vor allem die Formsteuereinrichtungen der einzelnen Honspindeln von Bedeutung. 0,08 mm Werkstoff werden in zwei Bearbeitungsstufen von je 15 s zerspant. Als Kühlschmierstoff wird niederviskoses Honöl verwendet.

Rationell ist ferner die Bearbeitung von Zahnradbohrungen auf Sonderhonmaschinen in Paketvorrichtungen. Bohrungen in Zahnrädern werden nach dem Härten vielfach nicht mehr geschliffen, sondern direkt gehont. Dabei wird die Rechtwinkligkeit der

Bild 75. Vierspindelige senkrechte Rundtischhonmaschine in Portalbauform für die Bearbeitung von Sacklochbohrungen in Hauptbremszylindern

Bild 76. Zweispindelige senkrechte Rundtischhonmaschine zum Bearbeiten von Zahnrädern in dreiteiliger Pakethonvorrichtung mit automatischer Lade- und Entladestation

Bohrung durch übereinanderliegende Kardaneinrichtungen oder durch Schwimmeinrichtungen aufrechterhalten oder verbessert. Durch die Bearbeitung von drei bis fünf, bei kleinen Planetenzahnrädern sogar bis zehn Werkstücken werden hierbei große Spanleistungen erreicht (siehe auch Bild 33). Besondere Beachtung gilt dabei der mechanischen Schrittzustellung und Ausbildung der Honwerkzeuge sowie ihrer Bestückung mit Bornitrid- oder Diamanthonleisten [103]. Auf der in Bild 78 gezeigten zweispindligen Rundtischhonmaschine wird beim Vorhonen in der ersten Bearbeitungsstation eine Werkstoffschicht von 0,2 mm in 40 s zerspant, während in der gleichen Zeit beim Fertighonen mit zweischaligen Diamanthonwerkzeugen eine Schicht von 0,02 bis 0,03 mm abgespant wird. Die Formtoleranzen der Konizität nach dem Fertighonen liegen bei 0,001 bis 0,003 mm, während bei der Rundheit eine Toleranz von 0,001 bis 0,002 mm eingehalten wird. Die Oberflächengüte nach dem Fertighonen beträgt R_z = 0,8 bis 1,0 µm. Die Werkstücke werden auf dieser Rundtischhonmaschine in C-Bauweise durch eine spezielle Ladeeinrichtung in die Kardantaschen hineingeschoben und durch den Rundtisch in die Honstationen gebracht und anschließend wieder automatisch entladen.

14.7.2 Kurzhubhonmaschinen

14.7.2.1 Allgemeines

Bei dieser Feinbearbeitung wird eine hohe Oberflächengüte und Formgenauigkeit, besonders bezüglich der Rundheit, erzielt. Auf gehärteten und geschliffenen Werkstücken sind Rauhtiefen von R_z = 0,1 bis 0,2 µm erreichbar (Bild 77). Bei ungehärteten und vorgedrehten Werkstücken erhält man dagegen Werte von R_z = 0,5 bis 2 µm.
Beim Kurzhubhonen sind je nach Art des Kreisformfehlers Rundheitskorrekturen von 30 bis 80% möglich (Bild 77 B und D). Elliptische Formen lassen sich kaum verbessern.

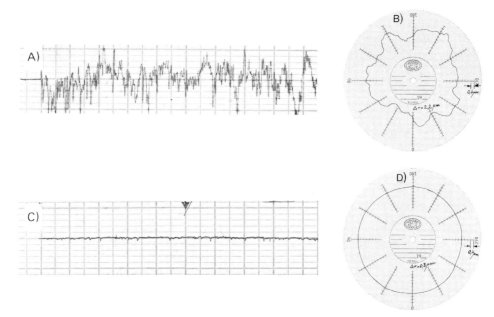

Bild 77. Oberflächenprofil eines Kolbenbolzens vor und nach dem Kurzhubhonen
A) Rauhigkeit und B) Rundheit vor der Bearbeitung, C) Rauhigkeit und D) Rundheit nach der Bearbeitung

Die Zylindrizität bzw. Mantellinie wird in der Regel beibehalten, also durch die Vorbearbeitung bestimmt. Kurze Längswellen können korrigiert werden. Die hohe Oberflächengüte und Formgenauigkeit ergeben durch den hohen Traganteil und die verbesserte Rundheit günstige Lauf- und Trageigenschaften bei einer beachtlichen Verschleißminderung. Die Rundheitsverbesserung bewirkt darüber hinaus einen ruhigeren Lauf bei Wälzlagerteilen und Gleitlagerzapfen [116].

Die hohe Oberflächengüte ergibt an Gleit- und Sitzstellen von Dichtringen und Manschetten bei Kolbenstangen und Wellen eine längere Standzeit und besonders bei großen Drücken eine bessere Abdichtung [115].

Die Einsatzgebiete des Kurzhubhonens liegen auf allen Gebieten, in denen hoch belastbare Bauteile mit hoher Oberflächengüte und besonderer Formgenauigkeit benötigt werden. Dies sind insbesondere der Fahrzeug- und Motorenbau, die Fertigung von Hydraulik- und Pneumatikgeräten sowie die Wälzlagerindustrie [109 u. 113]. Im einzelnen werden Lauf- und Gleitflächen, Wälzlagerteile und Gleitlagerzapfen, Gleit- und Sitzstellen von Dichtringen und Manschetten (Bild 78) im Kurzhubhonverfahren bearbeitet. Dabei sind ebenfalls wie beim Langhubhonen alle technisch vorkommenden Werkstoffe bearbeitbar.

14.7.2.2 Kurzhubhongeräte

Die einfachsten Kurzhubhongeräte sind Aufsetzgeräte (Bild 79), die vorzugsweise auf Drehmaschinen zur Bearbeitung kreiszylindrischer Werkstücke zwischen Spitzen eingesetzt werden. Ihre Schwingbewegung kann mechanisch oder pneumatisch erzeugt werden; der Anpreßdruck wird im allgemeinen pneumatisch oder hydraulisch aufgebracht.

Bild 78. Durch Kurzhubhonen wirtschaftlich bearbeitbare Werkstücke

Bild 79. Aufsetzgerät zum Kurzhubhonen auf Drehmaschinen

Der Einsatzbereich für Kurzhubhongeräte ergibt sich bei der Feinbearbeitung geschliffener, in Einzelfällen fein gedrehter Werkstücke in der Einzelfertigung und bei kleinen Serien auf vorhandenen Werkzeugmaschinen, vorzugsweise Drehmaschinen. Die geschliffenen oder gedrehten Werkstücke können eine hohe Ausgangsrauhigkeit und eine große Bearbeitungsfläche haben. Maßliche Begrenzungen sind nur von der Drehmaschine abhängig.

Typische Werkstücke, die mit Kurzhubhongeräten bearbeitet werden, sind Gleitlagerzapfen, Kolbenstangen, Walzen, Laufstellen von Dichtungsringen, Laufbahnen von Zylinderrollen und Lagernadeln an Getriebewellen und Spindeln.

Die Einsatzgebiete von *Durchlauf-Kurzhubhonmaschinen* sind Lauf- und Gleitflächen, Wälzlagerteile und Gleitlagerzapfen, Sinterlager, Dichtringe und Manschetten [114 u. 116].

14.7.2.3 Spitzen-Kurzhubhonmaschinen

Eine Maschine für die Einstechbearbeitung von Werkstücken in größeren Serien zwischen Spitzen zeigt Bild 80. Die Werkstücke werden mit einer Transporteinrichtung

Bild 80. Automatische Kurzhubhonmaschine zur Einstechbearbeitung zwischen Spitzen

zwischen die Spitzen der Antriebseinheit und des Reitstocks gebracht und in diesen aufgenommen. Mit mechanisch angetriebenen Oszillationseinheiten werden die in Honsteinhaltern aufgenommenen Honsteine mit der erforderlichen Anpreßkraft von oben auf die zu bearbeitenden Werkstückteile gedrückt. Für den automatischen Bearbeitungsablauf sorgt eine elektro-hydraulische Folgesteuerung.

14.7.2.4 Spitzenlose Kurzhubhonmaschinen

Ein entsprechendes Bearbeitungsprinzip gilt auch für die spitzenlose Einstech- (Bild 81) und Durchlaufbearbeitung (siehe Bild 34 C).

Bild 81. Kurzhubhonmaschine zur spitzenlosen Einstechbearbeitung

14.7.2.5 Kombinierte Kurzhubhonmaschinen

Eine kombinierte Schleif- und Kurzhubhonmaschine für die automatische meßgesteuerte Bearbeitung von Bremsscheiben auf beiden Seiten ist in Bild 82 wiedergegeben. Die Werstücke werden unmittelbar nach der Drehbearbeitung auf Transportschienen der Maschine zugeführt, in einer ersten Station gleichzeitig von beiden Seiten geschliffen und in der zweiten dahinterliegenden Station ebenso gehont. Das dazu verwendete Werkzeug besteht aus einem Doppelring mit geklemmten Honsteinsegmenten (Bild 83). Die mit einer Gesamtantriebsleistung von 95 kW versehene Maschine arbeitet mit einer Taktzeit von 15 s.
Die Umfangsgeschwindigkeiten des Werkstücks beim Kurzhubhonen richten sich nach der Zerspanbarkeit des Werkstoffs und nach dem Bearbeitungsverfahren (Art der Werkstückaufnahme). Richtwerte hierfür sind in Tabelle 8 zusammengestellt. Bei der Planbearbeitung sind Werkzeugumfangsgeschwindigkeiten zwischen 1 und 20 m/s üblich, während das Werkstück mit einem Zehntel bis einem Viertel der Werkzeugumfangsgeschwindigkeit in entgegengesetzter Richtung umläuft.
Einige Beispiele für die beim Kurzhubhonen erzielten Ergebnisse zeigt Tabelle 9.

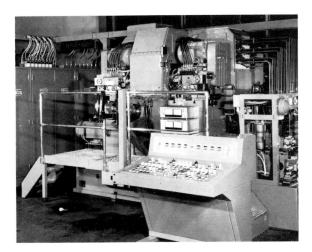 

Bild 82. Kombinierte Schleif- und Kurzhubhonmaschine zur automatischen meßgesteuerten Bearbeitung von Bremsscheiben

Bild 83. Geöffneter Arbeitsraum der Maschine in Bild 82 mit Doppelring-Honwerkzeug

Tabelle 8. Richtwerte für Werkstückumfangsgeschwindigkeiten beim Kurzhubhonen

Werkstückaufnahme	Werkstoff	Umfangsgeschwindigkeit des Werkstücks [m/min]
zwischen Spitzen	gehärteter Stahl	10 bis 15 (beim Vorhonen) 30 bis 80 (beim Fertighonen)
	ungehärteter Stahl (meist mehrere Honsteine)	10 bis 15
spitzenlos (Durchlauf- oder Einstechverfahren)	gehärteter und ungehärteter Stahl	70 bis 250
Stützschuhaufnahme	gehärteter Stahl z.B. Laufbahnen von Kugel- und Rollenlagerringen	400 bis 1000

14.7.2.6 Kurzhub-Bandhonmaschinen

Auf Bandhonmaschinen drücken der Werkstückform angepaßte Honschalen, die keinem Verschleiß unterliegen, das mit Schneidkörnern besetzte Honband an die Werkstückoberfläche an. Dabei wird das Werkstück gleichzeitig in eine Dreh- und eine kurzhubige Axialbewegung versetzt. Die Spuren der Vorbearbeitung – beispielsweise vom Schleifen – werden auf diese Weise schnell beseitigt, und die Oberfläche wird geglättet. In einem Arbeitsgang werden zwei Effekte erzielt: Trennen und Glätten. Die jeweils neuen scharfkantigen Körner auf dem Honband stehen zunächst spanend im Eingriff. Im Verlauf des Honvorgangs nutzen sich die scharfen Spitzen ab, einige Körner brechen aus, oder das Band setzt sich zu; dies ergibt dann einen zusätzlichen Glättungseffekt.

Tabelle 9. Beispiele für die Bearbeitung durch Kurzhubhonen

Werkstück	Art der zu bearbeitenden Oberfläche	Abmessungen der zu bearbeitenden Oberfläche	Werkstoff	Härte HRC (HB)
Stoßdämpferkolbenstange	zylindrische Dichtfläche, im Durchlauf	440 mm lang, 13 mm Dmr.	verchromter Stahl	62
Kurbelwelle	zylindrische Lager, neunmal im Einstich, gleichzeitig	40 mm lang, 60 mm Dmr.	geschmiedeter Stahl	62
Kipphebel	ballige Daumenfläche, auf Rundtisch	12 mm lang, 18 mm breit	Guß	(200)
asymmetrische Tonnenrolle	tonnenförmige Mantelfläche, spitzenlos	68 mm lang, 50 mm Dmr.	Stahl	64
Schaltrad	Synchronisierkegel, im Einstich	14 mm lang, 85 mm Dmr.	Stahl	50
Kugellagerinnenring	Laufbahn toroidal, in Zwei-Schritt-Methode	8 mm lang, 35 mm Dmr.	Stahl	62
Ventilstößel	Stirnfläche plan- und schlagfrei, auf Rundtisch	28 mm Dmr.	Guß	52
Zwischenplatte des Wankelmotors	ebene und planparallele Planflächen	420 mm Dmr.	GG 25	(220)
Pumpenkolben	sphärischer Kugelkopf	24 mm Dmr.	Stahl	60

Werkstück	Vorbearbeitung	Oberflächenrauhtiefe R_z [µm]	Formabweichung [µm]	Traganteil [%]	Stückzeit [s]	Schichtleistung bei 80% Auslastung [St.]
Stoßdämpferkolbenstange	verchromt und geschliffen	0,2	<1 rund	97	7	3300
Kurbelwelle	geschliffen	0,4	<1 rund	92	40 bis 60	385
Kipphebel	Rohling	0,5	<1 rund	85	5	4610
asymmetrische Tonnenrolle	geschliffen	0,2	<1 rund	94	12	1920
Schaltrad	geschliffen	0,4	<1 rund	90	15	1540
Kugellagerinnenring	geschliffen	0,15	<0,5 eben	96	6	3840
Ventilstößel	grob geschliffen	0,5	<10 schlagfrei	96	4	5760
Zwischenplatte des Wankelmotors	gefräst	3 bis 4	<5 eben	58	55	420
Pumpenkolben	geschliffen	0,2	<10 planparallel <1	92	18	1280

Für jedes zu bearbeitende Werkstück werden durch den automatischen Bandvorschub neue, unverbrauchte Körner in Eingriff gebracht und somit für jeden Arbeitstakt technologisch gleiche Voraussetzungen geschaffen. Das Honband wird nach dem Umschlingungsprinzip an das Werkstück angedrückt, liegt also über einen großen Teil des Werkstückumfangs an. Die dahinterliegenden Honschalen können so ausgebildet werden, daß auf die äußeren Partien einer Lagerstelle ein größerer Druck ausgeübt wird als auf die Mitte. So läßt sich ohne großen Aufwand eine leichte Balligkeit erreichen. Außerdem können auch die angrenzenden Rundungen einer Kurbelwellenlagerstelle mitbearbeitet werden, wofür man perforierte Bänder einsetzt, die dann am ganzen Umfang wirksam werden [51].

Die nachziehbaren Honbänder werden durch die Schließbewegung der Honarme von Rollen abgewickelt, in den Arbeitsbereich geführt und nach dem Verbrauch wie eine Filmrolle wieder aufgespult (Bild 84). Einrichtungen zur Bandrißkontrolle erhöhen die Sicherheit bei der automatischen Bearbeitung auf Bandhonmaschinen.

Die unterschiedliche Bearbeitung der Kurbelwellen für PkW-Ottomotoren und LkW-Dieselmotoren durch Bandhonen zeigen die Beispiele in Tabelle 10.

Tabelle 10. Bandhonbearbeitung von Kurbelwellen

Ausführung der Kurbelwelle für	PkW-Ottomotor	LkW-Dieselmotor
Länge	560 mm	1050 mm
Werkstoff	Sonderguß	legierter Stahl
Härte	240 bis 290 HB	54 u. 58 HRC
Vorbearbeitung	geschliffen (R_z = 3,5 bis 4 µm)	geschliffen (R_z = 4,5 bis 5 µm)
Bearbeitung	fünf Hauptlager, vier Kurbelzapfen, ein Öldichtbund, zwei axiale Planflächen	sieben Hauptlager, sechs Kurbelzapfen, ein Öldichtbund, zwei axiale Planflächen
Korngröße des Honbands	320	280
Werkstoffabtrag	5 bis 7 µm	4 bis 6 µm
Oberflächenrauhigkeit nach dem Honen	R_z = 0,8 bis 0,9 µm R_a = 0,18 bis 0,2 µm	R_z = 0,9 bis 1,2 µm R_a = 0,2 bis 0,25 µm
Honzeit	25 s	40 bis 45 s
Stückzahl pro Stunde bei 80% Auslastung	60	40
Honbandverbrauch pro Bearbeitungsstelle	rd. 25 mm	rd. 35 mm
Bearbeitungsprinzip	Meisterwelle zur Gewichtsentlastung der Honarme	Honarme zwangsgeführt am Werkstück

Bild 84. Arbeitsraum einer Kurzhub-Bandhonmaschine für die automatische Bearbeitung von Lagerstellen an Kurbelwellen

Neben dem Nachlauf- oder Umschlingungsprinzip der Honarme, bei dem das Honband die Bearbeitungsfläche fast völlig umschließt (Bild 85 A), wird beim Bandhonen auch nach dem sog. Meisterwellenprinzip (Bild 85 B und C) gearbeitet, bei dem sich die Berührung des Honbands nur auf etwa 60% des Werkstückumfangs erstreckt.

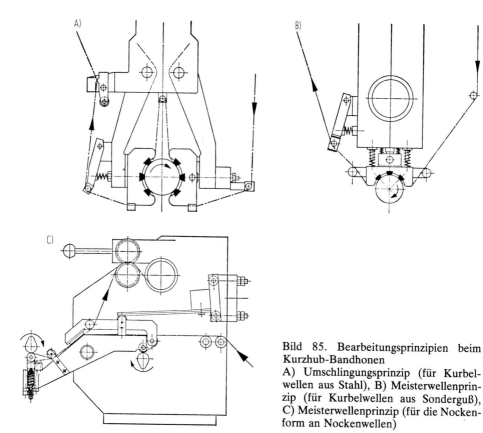

Bild 85. Bearbeitungsprinzipien beim Kurzhub-Bandhonen
A) Umschlingungsprinzip (für Kurbelwellen aus Stahl), B) Meisterwellenprinzip (für Kurbelwellen aus Sonderguß), C) Meisterwellenprinzip (für die Nockenform an Nockenwellen)

Literatur zu Kapitel 14

1. *Kessler, G.:* Honen von Bohrungen. Diss. TH Stuttgart 1953.
2. *Kessler, G.:* Einflußgrößen beim Honen. Werkst.-Techn. u. Masch.-Bau. 43 (1953) 3, S. 112–114.
3. *Gehring, W.:* Honen. Werkst.-Techn. u. Masch.-Bau. 43 (1953) 3, S. 107–112.
4. *Häuser, K.:* Honen für den Praktiker. Techn. Rdsch. 45 (1953) 7, 8, 9 u. 10.
5. *Pahlitzsch, G. Schrader, H. G.:* Über das Ziehschleifen langer Bohrungen. Werkst.-Techn. u. Masch.-Bau. 44 (1954) 3, S. 97–102.
6. *Haasis, G.:* Honen mit Diamantwerkzeugen. Werkst.-Techn. u. Masch.-Bau. 45 (1955) 11, S. 589–591.
7. *Haasis, G.:* Untersuchungen über wirtschaftliches Honen. Diss. TH Stuttgart 1955.
8. *Kessler, G.:* Honen. H. 15 der Schriftenreihe Feinbearbeitung. Deutscher Fachzeitschriften- und Fachbuch-Verlag GmbH, Stuttgart 1955.
9. *Haasis, G.:* Die schwimmende Werkstückaufnahme beim Honen. Ind.-Bl. 56 (1956) 8, S. 1–3.
10. *Haasis, G.:* Honen im Transfersystem. Werkst. u. Betr. 89 (1956) 8, S. 435–438.
11. *Nagel, F., Haasis, G.:* Honen von Passungsbohrungen. Ind. Bl. 57 (1957) 1, S. 1–6.
12. *Haasis, G.:* Kurzhubhonen – ein wirtschaftliches Feinbearbeitungsverfahren für kurze Bohrungen. Automobil-Ind. 2 (1957) 4, S. 3741.
13. *Haasis, G.:* Der Einsatz von Honwerkzeugen bei pendelnder und starrer Aufnahme. Ind.-Rdsch. (1959) 2, S. 1–8.
14. *Haasis, G.:* Honen in der rationellen Fertigung. Techn. Rdsch. 51 (1959) 37, S. 87–95, u. 38, S. 77–87.
15. *Haasis, G.:* Honen in der Kleinteile-Fertigung. TZ prakt. Metallbearb. 53 (1959) 3, S. 89–93.
16. *Gehring, W.:* Zweckmäßiger Einsatz der Honmaschine. Maschine 14 (1960) 1, S. 18–19.
17. *Haasis, G.:* Honen großer Werkstücksbohrungen. Maschine 14 (1960) 1, S. 16–17.
18. *Patterson, M. M.:* Why Honing? Grinding + Finishing (1960) 3 u. 4.
19. *Rosenberger, R.:* Zusammenfassung verschiedener Forschungs- und Versuchsarbeiten über das Honen. Werkst.-Techn. 52 (1962) 2, S. 55–62.
20. *Häuser, K.:* Meßgesteuertes Paarungsschleifen und Paarungshonen. Ind.-Bl. 62 (1962) 8, S. 461–468.
21. *Haasis, G.:* Neue Anwendungsmöglichkeiten für Diamant-Honwerkzeuge. ZwF 57 (1962) 11, S. 474–476.
22. *Hesling, D. M.:* A Study of Typical Bore Finishes and their Effects on Engine Performance. Sonderdruck der Sealed Power Corporation, Muskegon, Michigan, USA 1963.
23. *Haasis, G.:* Axialhonen – ein neues Feinbearbeitungsverfahren für Kolbenstangen. TZ prakt. Metallbearb. 57 (1963) 1, S. 19–21.
24. *Haasis, G.:* Trockenhonen von Statorbohrungen für Elektromotoren. Werkst. u. Betr. 96 (1963) 4, S. 207–210.
25. *Haasis, G.:* Automatische Kleinteile-Honmaschinen ergeben neue Rationalisierungsmöglichkeiten in der Feinbearbeitung. Klepzig Fachber. 72 (1964) 4, S. 132–134.
26. *Haasis, G.:* Honen (Jahresübersicht). VDI-Z. 107 (1965) 25, S. 1240–1244.
27. *Cornely, H.:* Honen mit Diamantwerkzeugen. Werkst.-Techn. 56 (1966) 10, S. 513–520.
28. *Haasis, G.:* Die Ausbildung der Honvorrichtung bestimmt die Genauigkeit beim Honen. Klepzig Fachber. 75 (1967) 4, S. 221–224.
29. *Haasis, G.:* Neue Möglichkeiten beim Honen mit Diamantwerkzeugen. TZ prakt. Metallbearb. 61 (1967) 5, S. 254–258.

30. *Kirmse, W.:* Diamant-Honwerkzeuge in der Serienfertigung. Ind. Diamond Rev. (Deutsche Ausgabe) 2 (1968) 1, S. 53–62.
31. *Haasis, G., Schweizer, M.:* Honen (Jahresübersicht). VDI-Z. 109 (1967) 26, S. 1243–1251.
32. *Haasis, G.:* Wo ist Diamanthonen sinnvoll? Ind. Diamond Rev. (Deutsche Ausgabe) 2 (1968) 2, S. 74–84.
33. *Scholz, E.:* Untersuchung des elektrochemischen Honens. Diss. TH Aachen 1968.
34. *Haasis, G.:* Honen-Honmaschinen-Honwerkzeuge. Lueger, Lexikon der Technik, Band 8: Fertigungstechnik und Arbeitsmaschinen (S. 442–453). Deutsche Verlags-Anstalt GmbH, Stuttgart 1968.
35. *Pahlitzsch, G., Bornemann, G.:* Honen von gehärtetem Stahl mit Korundhonleisten verschiedener Tränkung. Klepzig Fachber. f. Oberflächentechn. (1968) 9/10, S. 160–165.
36. *Schweizer, M.:* Honen mit Diamantwerkzeugen. Oberfläche 19 (1969) 6, S. 213–226.
37. *Rosenberger, R.:* Einflußgrößen beim Elektrochemisch-Honen. Masch.-Mkt. 75 (1969) 32, S. 1169–1172.
38. *Dwyer, J.:* What new in diamond tools. Amer. Mach. 113 (1969) 23, S. 136–137.
39. *Haasis, G.:* Honen (Jahresübersicht). VDI-Z. 111 (1969) 20, S. 1453–1458.
40. *Uetz, H.:* Einfluß der Honbearbeitung von Zylinderlaufbüchsen auf die innere Grenzschicht und den Einlaufverschleiß. MTZ 30 (1969) 12, S. 453–460.
41. *Hush, J.:* Honing to micron tolerances. Precision Tools (1969) 9, S. 19–23.
42. *Libal, H.:* Diamanthonbeläge. Information der Nagel Maschinen- und Werkzeugfabrik GmbH, Nürtingen 1969.
43. *Bornemann, G.:* Honen von gehärtetem Stahl und Kokillengrauguß mit Korund- und Diamanthonleisten. Diss. TH Braunschweig 1969.
44. *Haasis, G.:* Elektrochemischhonen. Masch.-Mkt. 75 (1969) 52, S. 1183–1185.
45. *Rosenberger, R.:* Untersuchungen über die Arbeitsbedingungen und den Einsatz des Elektrochemischhonens. Diss. Univ. Stuttgart 1969.
46. *Haasis, G.:* Neue Entwicklungen und Tendenzen beim Diamanthonen. Information der Nagel Maschinen- u. Werkzeugfabrik GmbH, Nürtingen 1970.
47. *Masch, W.:* Meßgesteuertes Honen. Technica 19 (1970) 15, S. 1288–1297 u. 17, S. 1431–1436 u. 1445–1449.
48. *Haasis, G.:* Die Entwicklung der Zylinderblock-Honmaschinen. VDI-Z. 112 (1970) 3, S. 148–150.
49. *Haasis, G.:* Honen unrunder Pumpenringe. Schweizer Masch.-Mkt. 70 (1970) 39, S. 88–89.
50. *Scholz, E.:* Elektrochemisches Honen – Technologie und Anlagen. VDI-Bericht Nr. 159, 1970, S. 135–140.
51. *Haasis, G.:* Bandhonen ein wirtschaftliches Feinbearbeitungsverfahren. Klepzig Fachber. f. Oberflächentechn. 78 (1970) 9/10, S. 203–208.
52. *Tönshoff, T.:* Formgenauigkeit, Oberflächenrauhigkeit und Werkstoffabtrag beim Langhubhonen. Diss. Univ. Karlsruhe 1970.
53. *Dück, G.:* Zur Laufflächengestaltung von Zylindern und Zylinderlaufbuchsen. Firmenschrift der Friedrich Götze AG, Burscheid 1970.
54. *Strauß, W.:* Elektrochemisches Honen langer Bohrungen. Werkst. u. Betr. 104 (1971) 3, S. 173–177.
55. *Haasis, G.:* Manuelles Honen – nach wie vor aktuell in der Kleinteilefertigung. Firmenschrift der Nagel Maschinen- u. Werkzeugfabrik GmbH, Nürtingen 1971.
56. *Haasis, G.:* Honen (Jahresübersicht). VDI-Z. 113 (1971) 12, S. 914–917.
57. *Haasis, G.:* Honen von Sacklochbohrungen. Firmenschrift der Nagel Maschinen- u. Werkzeugfabrik GmbH, Nürtingen 1971.

58. *Haasis, G.:* Honen, ein Feinbearbeitungsverfahren für die Zukunft. Jahrb. Schleif-, Hon-, Läpp- und Poliertechn. 44. Ausgabe. Vulkan Verlag, Essen 1971.
59. *Trautwein, R.:* Bewertung der Oberfläche von Zylinderlaufbahnen. Firmenschrift der Mahle GmbH, Stuttgart 1971.
60. *Haasis, G., Benkert, H.:* Herstellung und Einsatz von Honsteinen. Jahrb. Schleif-, Hon-, Läpp- und Poliertechn. 45. Ausgabe. Vulkan Verlag, Essen 1972.
61. *Haasis, G.:* Nicht nur Hilfsmittel. Honöle für die spanende Feinbearbeitung. Masch.-Mkt. 78 (1972) 86, S. 1992–1995.
62. *Haasis, G.:* Feinbearbeitung von Sacklochbohrungen durch Honen. Jahrb. Schleif-, Hon-, Läpp- und Poliertechn. 45. Ausgabe. Vulkan Verlag, Essen 1972.
63. *Häuser, K.:* Meßgesteuertes Bohrungshonen. Techn. Rdsch. 65 (1973) 22, S. 29–31.
64. *Assmann, F.:* Honing large parts saves time and improves quality. Machy. N.Y. 78 (1972) 4, S. 54–55 (Ref. in Werkst. u. Betr. 106 (1973) 2, S. 134).
65. *Seyferle, M.:* Honen mit Hubautomatik vereinfacht die Bearbeitung auf Horizontalhonmaschinen. Masch.-Mkt. 79 (1973) 42, S. 917.
66. *Victor, H., Tönshoff, T.:* Verbessern der Rundheit beim Langhubhonen. wt-Z. ind. Fertig. 63 (1973) 1, S. 25–30.
67. *Zebrowsky, H.:* Die Dynamik des Honens. Werkzeugmasch. Internat. (1973) 3, S. 23–27.
68. *Grimm, H., Klink, U.:* Honen von konischen Bohrungen mit Diamant auf Großhonmaschinen. Ind. Diamond Rev. (Deutsche Ausgabe) 7 (1973) 3, S. 148–152.
69. *Haasis, G., Körner, R.:* Honen (Jahresübersicht). VDI-Z. 115 (1973) 12, S. 960 bis 965.
70. *Keyser W.:* Kühlschmierstoffe beim Finishen und Honen. Schmiertechn. u. Tribologie 20 (1973) 1, S. 9–15.
71. *Haasis, G.:* Plateau-Honen als Modifikation einer Feinbearbeitung. Jahrb. Schleif-, Hon-, Läpp- und Poliertechn. 46. Ausgabe. Vulkan Verlag, Essen 1974.
72. *Hoffmann, R.:* Hydraulische Hubsteuerung für Honmaschinen. Herion Inform. 13 (1974) 1/2, S. 23–28.
73. *Haasis, G.:* Moderne Anwendungstechnik beim Diamanthonen. Techn. Mitt. HdT. 67 (1974) 6, S. 264–277.
74. *Zettel, H. D.:* Einfluß der Leisteneigenschaften auf das Arbeitsergebnis beim Langhubhonen. Ind. Anz. 96 (1974) 100, S. 2247–2248 (HGF 74/73).
75. *Haasis, G.:* Honen von Nuten an Keilprofilen bei Getriebeschaltmuffen. Maschine 28 (1974) 9, S. 23–24.
76. *Knobloch, H.:* Kühlschmierstoffreinigung beim Tiefbohren und Honen. TZ prakt. Metallbearb. 68 (1974) 11, S. 409–412.
77. *Zettel, H. D.:* Hydraulische Impulszustellung beim Langhubhonen. Ind.-Anz. 96 (1974) 100, S. 2249–2250 (HGF 74/74).
78. *Zettel, H. D.:* Abtragssteigerung und Formverbesserung beim Langhubhonen. Diss. Univ. Karlsruhe 1974.
79. *Haasis, G.:* Möglichkeiten der Optimierung beim Honen. Werkst. u. Betr. 108 (1975) 2, S. 95–107.
80. *Zettel, H. D.:* Regelung zur Formverbesserung beim Langhubhonen. wt-Z. ind. Fertig. 65 (1975) 6, S. 339–343.
81. *Serebrennik, J.:* Entwicklungstendenzen beim Diamanthonen. Fertigungstechn. u. Betr. 25 (1975) 5, S. 289–292.
82. *Haasis, G.:* Wie wirtschaftlich ist Außenhonen? Oberflächentechn. 24 (1975) 12, S. 348–351.
83. *Schmitz, A.:* Das elektrochemische Honen (ECH) mit gesteuerter Arbeitsspannung. Ind. Anz. 97 (1975) 37, S. 742–743 (HGF 40/75).

84. *Haasis, G.:* Über das Honen von Hartmetallteilen. Jahrb. Schleif-, Hon-, Läpp- und Poliertechn. 47. Ausgabe. Vulkan-Verlag, Essen 1975.
85. *Zettel, H. D.:* Verbesserung der Arbeitsgenauigkeit von Honwerkzeugen. Ind.-Anz. 97 (1975) 14, S. 269–270 (HGF 75/14).
86. *Zettel, H. D.:* Möglichkeiten zur Steigerung der Abtragsleistung. wt-Z. ind. Fertig. 65 (1975) 8, S. 447–452.
87. *Seyferle, M.:* Honwerkzeuge und Anlagen für die Einzelfertigung und Reparatur. Masch.-Mkt. 82 (1976) 8, S. 113–114.
88. *Victor, H. R., Krawitz, G.:* Maßnahmen zur Formverbesserung beim Elektrochemischen Honen. wt-Z. ind. Fertig. 66 (1976) 8, S. 445–449.
89. *Krawitz, G.:* Formverbesserung und Oberflächenausbildung beim Elektrochemischen Honen. Diss. Univ. Karlsruhe 1976.
90. *Krawitz, G.:* Zylinderformkorrektur beim Elektrochemischen Honen. Ind.-Anz. 98 (1976) 37, S. 1731–1732.
91. *Krawitz, G.:* Elektrochemisches Honen – Grundlagen und Erkenntnisse. wt-Z. ind. Fertig. 66 (1976) 5, S. 265–270.
92. *Haasis, G.:* Diamanthonen paketierter Werkstücke. Ind. Diamanten-Rdsch. 10 (1976) 2, S. 91–95.
93. *Martin, K.:* Der Werkstoffabtrag beim Feinbearbeitungsverfahren Honen. Masch.-Mkt. 82 (1976) 60, S. 1074–1078.
94. *Klink, U., Flores, G.:* Das Honen von Sacklochbohrungen. TZ. prakt. Metallbearb. 71 (1977) 1, S. 21–24.
95. *Hummel, M., Köhnert, H. J., Trautwein, R.:* Zylinderlaufflächen – Honqualität. Druckschrift der Mahle GmbH, Stuttgart 1977.
96. *Zettel, H. D.:* Einfluß von Maschine und Werkzeug auf das Arbeitsergebnis beim Langhubhonen. VDI-Z. 119 (1977) 9, S. 456–460.
97. *Klink, U.:* Honen kleiner Bohrungen. Maschine 31 (1977) 5, S. 17–22.
98. *Klink, U.:* Honen (Jahresübersicht). VDI-Z. 119 (1977) 13, S. 674–683.
99. *Haasis, G.:* Praktische Erfahrungen beim Plateau-Honen. Jahrb. Schleifen, Honen, Läppen und Polieren. Verfahren u. Maschinen, 49. Ausgabe. Vulkan-Verlag, Essen 1977.
100. *Haasis, G.:* Neue technologische Gesichtspunkte beim Langhubhonen von Bohrungen. Techn. Mitt. HdT. 71 (1978) 5, S. 253–262.
101. *Haasis, G.:* Honen mit Diamant- und CBN-Werkzeugen. VDI-Z. 120 (1978) 24, S. 96–103.
102. *Keyser, W.:* Kühlschmierstoffe für Kurz- und Langhubhonen. Trennkompendium. ETF Editionen Techn. Fachinform. Berg. Gladbach 1 (1978) S. 441–454.
103. *Haasis, G.:* Honen mit großem Zeitspanvolumen. Jahrb. Schleifen, Honen, Läppen und Polieren, Verfahren und Maschinen, 49. Ausgabe. Vulkan-Verlag, Essen 1977.
104. *Klink, U., Floves, G.:* Honen (Jahresübersicht). VDI 121 (1979) 10, S. 543–554.
105. *Wallace, D. A.:* Superfinish. S.A.E. 46 (1940) 2, S. 69–92.
106. *Wieck, K.:* Außenfeinhonen. H. 12 der Schriftenreihe Feinbearbeitung. Deutscher Fachzeitschriften- u. Fachbuch-Verlag GmbH, Stuttgart 1955.
107. *Ledergerber, A.:* Untersuchung des Kurzhubhonens. Einfluß der Werkstückvorbearbeitung, der Honsteinart und der Arbeitsbedingungen auf das Arbeitsergebnis. Diss. TH Aachen 1965.
108. *Derenthal, R.:* Form- und Meßkorrekturen beim spitzenlosen Kurzhubhonen. Diss. TH Aachen 1968.
109. *Baur, E.:* Superfinishbearbeitung (Kurzhubhonen) (Jahresübersicht). VDI-Z. 109 (1967) 26, S. 1247–1251.
110. Superfinishen. Stanki i instrument 40 (1969) 2, S. 28–29 (Deutsche Übersetzung).

111. *Dreesmann, E.:* Elektrochemisches Außenhonen mit Diamantleisten. Diss. TU Braunschweig 1972.
112. *König, W., Hölper, R.:* Untersuchung des Kurzhubhonens mit erhöhten Umfangsgeschwindigkeiten. Forsch.-Ber. Nr. 2365. d. Lds. Nordrh. Westf. Westdeutscher Verlag, Köln, Opladen 1973.
113. *Baur, E.:* Superfinishbearbeitung (Kurzhubhonen) (Jahresübersicht). VDI-Z. 115 (1973) 12, S. 966–967.
114. *Hölper, R.:* Spitzenloses Kurzhubhonen im Durchlaufverfahren mit erhöhten Werkstückumfangsgeschwindigkeiten. Diss. TH Aachen 1974.
115. *Baur, E.:* Kurzhubhonen (Superfinish) – ein spanendes Feinbearbeitungsverfahren zur Verbesserung von Oberflächengüte und Formgenauigkeit. Jahrb. Schleif-, Hon-, Läpp- und Poliertechn. 46. Ausgabe. Vulkan-Verlag, Essen 1974.
116. *Baur, E.:* Kurzhubhonen (Superfinish) von Lagernadeln, Zylinder-, Kegel- und Tonnenrollen. Jahrb. Schleif-, Hon-, Läpp- und Poliertechn. 47. Ausgabe. Vulkan-Verlag, Essen 1975.

DIN-Normen

DIN 4766	(11.66)	Herstellverfahren und Rauheit von Oberflächen; Richtlinien für Konstruktion und Fertigung.
DIN 4766 T2	(6.75)	Herstellverfahren und Rauheit von Oberflächen; Erreichbare Mittenrauhwerte R_a.
DIN E 8589 T1	(11.73)	Fertigungsverfahren Spanen; Einordnung, Unterteilung, Übersicht, Begriffe.
DIN E 8589 T2	(11.73)	Fertigungsverfahren Spanen; Spanen mit geometrisch bestimmten Schneiden, Unterteilung, Begriffe.
DIN 8635	(1.71)	Abnahmebedingungen für Werkzeugmaschinen; Senkrecht-Honmaschinen bis 500 mm Hublänge.
DIN V 69100 T1	(6.72)	Schleifkörper aus gebundenem Schleifmittel; Bezeichnung, Werkstoff, Kennzeichnung.
DIN E 69186	(6.77)	Honsteine.

VDI-Richtlinien

VDI 3401 T1	(9.70)	Elektrochemische Bearbeitung; Anodisches Abtragen mit äußerer Stromquelle, Form-Elysieren.
VDI 3220	(3.60)	Gliederung und Begriffsbestimmungen der Fertigungsverfahren, insbesondere für die Feinbearbeitung.

15 Läppen

G. Blum, Rendsburg

15.1 Allgemeines

Beim Läppen mit formübertragendem Gegenstück gleiten Werkstück und Werkzeug unter Verwendung lose aufgebrachten Korns und bei fortwährendem Richtungswechsel aufeinander, wodurch ein Werkstofftrennen bewirkt wird. Neue Erkenntnisse über den Zerspanvorgang beim Läppen geben eindeutig Aufschluß über diesen Vorgang und haben in der Praxis bereits teilweise zu höheren Läppflächenbelastungen oder zum Einsatz druckfesterer Läppmittel geführt. Danach besteht die Arbeitsbewegung des Läppkorns in einem Abrollen zwischen Werkzeug und Werkstückfläche. Dabei dringen die einzelnen Kornspitzen in den Werkstoff von Werkstück und Läppscheibe ein und hinterlassen kraterförmige Bearbeitungsspuren (Bild 1).

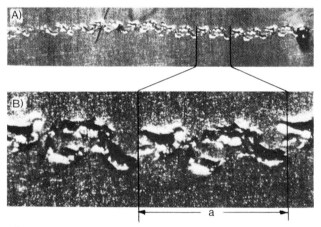

Bild 1. Entstehung einer Läppspur, aufgenommen durch eine Plexiglas-,,Läppscheibe''; Werkstoff AlMgSi 0,5, Läppkorn B_4C 300 µm
A) Vergrößerung 5 : 1, B) Vergrößerung 25 : 1
a abgewickelter Kornumfang, rd. 1,06 mm

Bild 2 verdeutlicht die mit zunehmender Läppzeit fortschreitende Bedeckung einer Werkstückoberfläche mit Läppspuren. Beim Eindrücken der Kornspitzen in den Werkstoff wird dieser zunächst nur verformt. Ein Abspanen oder Herausschälen kleiner Werkstoffteilchen ist nicht möglich, weil dazu eine Relativbewegung zwischen Kornspitze und Werkstückoberfläche erforderlich wäre. Diese ist aber beim Abrollen der Läppkörner bei der im Verhältnis zum Korndurchmesser geringen Eindringtiefe (etwa 1 : 20) nicht zu erwarten.
Aus der Werkstoffkunde ist bekannt, daß sich die meisten Werkstoffe beim Verformen verfestigen, d.h. es wächst der Widerstand gegen weiteres Verformen. Die Verfestigungsmöglichkeit hat aber ihre Grenze, wenn der Verformungswiderstand die Trennfe-

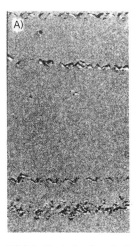 

Bild 2. Fortschreitende Bedeckung einer Werkstückoberfläche mit Läppspuren, Ausgangsfläche feingeläppt; Vergrößerung 12 : 1; Werkstoff AlMgSi 0,5, Läppkorn SiC 150 μm
A) Läppzeit 0,1 s, B) Läppzeit 2 s

stigkeit des Werkstoffs erreicht hat. Beim Läppen bricht in diesem Falle der Werkstoff in kleinen Teilchen aus. Dies konnte durch die Verfestigung des Werkstoffs als Folge der Verformung, durch den Ablösevorgang der Werkstoffteilchen infolge der Verfestigung und durch den abgetrennten Werkstoff in entsprechender Gestalt nachgewiesen werden.

15.2 Übersicht der Läppverfahren

15.2.1 Läppen auf Läppmaschinen

Die vorzugsweise auf Maschinen auszuführenden Läppverfahren können in vier Hauptgruppen unterteilt werden (Bild 3). Planläppen (Bild 3 A) ist das Läppen einer ebenen Fläche an Einzel- und Massenteilen zur Erzeugung einer hochwertigen Oberfläche, sowohl hinsichtlich der Geometrie als auch der Oberflächengüte. Hierfür dienen vorzugsweise Einscheibenläppmaschinen.

Planparallelläppen (Bild 3 B) ist das gleichzeitige Bearbeiten zweier paralleler ebener Flächen. Hierbei werden hochwertige geometrische Flächen, geringe Maßstreuungen innerhalb einer Ladung sowie enge Maßtoleranzen von Ladung zu Ladung erreicht.

Bild 3. Hauptgruppen der Läppverfahren
A) Planläppen, B) Planparallelläppen, C) Außenrundläppen, D) Bohrungsläppen
a Werkstück

Hierfür sollte vor allem die Zweischeibenläppmaschine eingesetzt werden, vorausgesetzt, die vorliegenden Stückzahlen lassen den Einsatz sinnvoll und wirtschaftlich erscheinen.

Eine vorhandene Zweischeibenläppmaschine kann mit entsprechenden Werkzeugen auch für die Bearbeitung von Planflächen eingesetzt werden. Umgekehrt sollte jedoch das Läppen paralleler Flächen auf Einscheibenläppmaschinen aus technischen und wirtschaftlichen Gründen nur dann erfolgen, wenn die Stückzahlen den Einsatz einer Zweischeibenläppmaschine nicht rechtfertigen und die erreichbare Parallelität und Fertigmaßtoleranz den Anforderungen genügen. Die Auswahl der richtigen Maschine ist für die wirtschaftliche Fertigung bei optimaler Qualität entscheidend.

Außenrundläppen (Bild 3C) dient zur Bearbeitung zylindrischer Außenflächen. Dabei werden die zu bearbeitenden Werkstücke auf einer Zweischeibenläppmaschine radial in einem Werkstückhalter geführt, wobei die Teile unter Exzenterbewegung zwischen den beiden Läppscheiben abrollen. Dieses Verfahren wird zum Erreichen sehr genauer geometrischer Formen (Zylinder) und hoher Oberflächengüten angewandt, z.B. bei Düsennadeln für Einspritzpumpen, Präzisions-Hartmetallwerkzeugen, Kaliberlehren und Hydraulikkolben.

Für das Läppen von Bohrungen (Bild 3D) wurden spezielle Läppverfahren entwickelt, um hochwertige geometrische Formen und Oberflächengüten zu erreichen, die durch andere Bearbeitungsarten nicht zu erzielen sind. Dabei muß vorausgesetzt werden, daß die zur Läppbearbeitung vorgesehenen Werkstücke überwiegend vorgehont oder vorgeschliffen sind. Bearbeitet wird mit zylindrischen Läpphülsen als Werkzeug, das eine Dreh- und Hubbewegung ausführt. Typische Beispiele für diese Bearbeitung sind Zylinder für Einspritzpumpen und Hydraulikzylinder. Außerdem kommt das Bohrungsläppen auch für präzise Maschinenteile in Frage, bei denen von feingedrehten oder geriebenen Oberflächen ausgegangen werden kann.

15.2.2 Sonderverfahren

Strahlläppen (Bild 4A) ist Läppen mit losem, in einem Flüssigkeitsstrahl geführtem Korn zur Verbesserung der Oberfläche vorbearbeiteter Werkstücke. Zur Bearbeitung wird das Läppgemisch mit hoher Geschwindigkeit auf die Werkstückoberfläche gestrahlt. Die Oberfläche zeigt gleichmäßige Bearbeitungsspuren, die je nach verwendetem Strahlmittel unterschiedliche Strukturen aufweisen. Eine Formverbesserung kann hierbei nicht erzielt werden.

Tauchläppen (Bild 4B) ist Läppen mit losem Korn, bei dem Werkstücke nahezu beliebiger Form in ein strömendes Läppgemisch eingetaucht werden. Es dient nur zur Oberflächenverbesserung. Die bearbeiteten Oberflächen zeigen unregelmäßigen, geraden oder gekreuzten Rillenverlauf.

Einläppen (Bild 4C) ist Läppen zum Ausgleichen von Form- und Maßfehlern zugeordneter Flächen an Werkstücken. Als Läppmittel werden Pasten und Flüssigkeiten verwendet. In dieser Weise werden z.B. Zahnflanken an Stirnrädern oder Ventilsitze in Kraftfahrzeugmotoren bearbeitet.

Kugelläppen ist ein Sondergebiet der Zweischeibenmethode, bei dem die obere Läppscheibe plan, die untere aber mit einer halbkreisförmigen Nut versehen ist (Bild 4D). Mit diesem Bearbeitungsverfahren wird bei dauernder Änderung der Bewegungsrichtung die Form der Kugel sowie die der Nut verbessert.

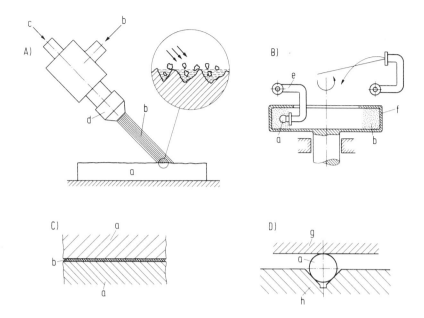

Bild 4. Sonderläppverfahren
A) Strahlläppen, B) Tauchläppen, C) Einläppen, D) Kugelläppen
a Werkstück, b Läppgemisch, c Druckluft, d Düse, e Werkstückhalter, f Trommel, g obere Läppscheibe, h untere Läppscheibe mit Nut

15.2.3 Polieren, Kantenverrunden, Entgraten

Beim Polieren kann man zwischen zwei Grundverfahren unterscheiden. Das eine dient dem Erzeugen von Oberflächen mit extrem geringer Rauhtiefe. Dabei ist die zu erzeugende Ebenheit bzw. Parallelität von untergeordneter Bedeutung. Hierfür wird vom Polierfilz bis zu synthetischen Poliertüchern oder Folien eine Vielzahl von Ausrüstungen angeboten. Beim anderen sollen Oberflächen mit extrem geringer Rauhtiefe und großer Ebenheit bzw. Parallelität erzeugt werden. Dazu werden Polierscheiben aus festeren Werkstoffen, z.B. Kupfer oder Zinn-Antimon, verwendet. Mit dieser Technologie werden u.a. Hartmetall- und Keramiklaufringe, Ferrit-Tonkopfeinsätze und vor allem Endmaße bearbeitet.
In der Hartmetall-Industrie hat sich immer mehr ein neues Verfahren zum Verrunden der Schneidkanten an Wendeschneidplatten durchgesetzt. Hierfür werden Zweischeibenmaschinen mit elastischen Schleifscheiben ausgerüstet. In diese wird das Werkstück eingedrückt, so daß bei Drehbewegungen eine sog. Bugwelle entsteht. Dadurch kommt es zu einem Schleifvorgang, der nur an den Schneidkanten wirksam wird. Durch Änderung der Belastung und Laufzeit können verschiedene Verrundungsgrößen und -formen erreicht werden. Das gleiche Verfahren hat sich auch zum Entgraten vieler anderer Werkstücke bewährt, vor allem, wenn durch komplizierte Formen andere Verfahren sehr aufwendig sind.

15.3 Prinzipieller Aufbau von Läppmaschinen

15.3.1 Einscheibenläppmaschinen

Den prinzipiellen Aufbau einer Einscheibenläppmaschine zeigt Bild 5. Der für eine genaue Bearbeitung von Werkstücken nötige ruhige Lauf wird durch eine stabile Maschinenausführung und Lagerung der Läppscheibe erzielt. Die zur Bearbeitung erforderliche Belastung der Werkstücke wird pneumatisch in den drei Stufen Vor-, Haupt- und Nachlast oder durch Handgewichte erzeugt. Die Werkstücke werden in Ringen aufgenommen, die auch als Abrichtscheiben während der Bearbeitung für die Ebenheit der Läppscheibe sorgen.

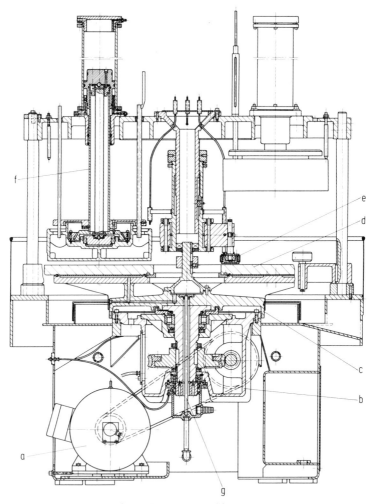

Bild 5. Aufbau einer Einscheibenläppmaschine
a Antriebsmotor, b Getriebegehäuse, c Läppscheibenträger, d Läppscheibe, e Antriebsrolle, f Druckzylinder für pneumatische Belastungseinrichtung, g Zulauf für Läppscheibenkühlung

15.3.2 Zweischeibenläppmaschinen

Wegen der hohen Anforderungen an die Arbeitsergebnisse ist eine sehr stabile Ausführung der Maschine notwendig. Die charakteristischen Bauteile einer Zweischeibenläppmaschine sind in Bild 6 erkennbar. Drei Motoren ermöglichen einen getrennten Antrieb der oberen und unteren Läppscheibe sowie der Läuferscheiben (Werkstückantrieb). Die obere Läppscheibe ist pendelnd aufgehängt, um sich der lagestabilen unteren Läppscheibe anpassen zu können. Wesentlich ist weiter die Laufruhe der Lagerungen der oberen und unteren Läppscheibe. Bei neueren Konstruktionen ist man dazu übergegangen, die untere Läppscheibe in möglichst großen Axiallagern aufzunehmen, um besonders bei größeren Maschinen, die teilweise erhebliche Arbeitsdrücke aufbringen, eine einwandfreie Laufruhe und Formstabilität zu gewährleisten.

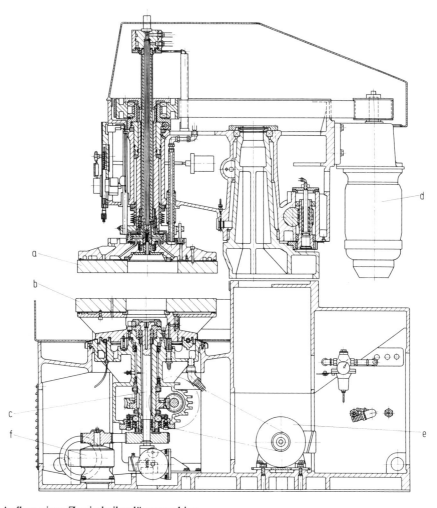

Bild 6. Aufbau einer Zweischeibenläppmaschine
a obere Läppscheibe, b untere Läppscheibe, c Werkstückantrieb, d Antriebsmotor der oberen Läppscheibe, e Antriebsmotor der unteren Läppscheibe, f Motor für den Werkstückantrieb

Die Werkstücke werden in Läuferscheiben aufgenommen. Ein gleichmäßiger Werkstoffabtrag wird durch Änderung der Bewegungsrichtung des Werkstückantriebs, beispielsweise durch Änderung der Drehrichtung der Läuferscheiben erreicht. Dies ist auch für das Ebenhalten der beiden Läppscheiben von großer Wichtigkeit (verbesserter kinematischer Wechsel zwischen Werkstück und Werkzeug).

15.3.3 Innenläppmaschinen

Die wichtigsten Bauelemente einer Bohrungs- oder Innenläppmaschine gibt Bild 7 wieder. Um eine gleichmäßige Abspanung zu gewährleisten, sind der Läppdorn und die Werkstückaufnahme pendelnd gelagert. Der Läppdorn führt eine Dreh- und eine Hub-

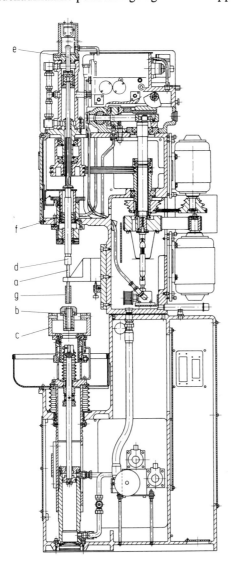

Bild 7. Aufbau einer Bohrungsläppmaschine
a Läppdorn, b Werkstück, c pendelndes Spannstück für das Werkstück, d Pendelfutter für den Läppdorn, e oberer Anschlag für die Läppspindel, f unterer Anschlag für die Läppspindel, g Läpphülse

bewegung aus, während das Werkstück stillsteht. Die senkrechte Bauart hat den Vorteil, daß Form und Eigengewicht der Werkstücke keinen Einfluß auf das Bearbeitungsergebnis haben.

15.4 Bearbeitungsparameter

15.4.1 Bearbeitungsart und Maschinenauswahl

An erster Stelle sollte das Festlegen der für den Bearbeitungsfall richtigen Maschine stehen. Dies gilt besonders für die Bearbeitung ebener bzw. paralleler Flächen, zumal hier einige Grenzfälle zwischen Ein- und Zweischeibenläppmaschinen vorliegen.

Die Bearbeitung paralleler oder planparalleler Flächen erfolgt auf der Zweischeibenläppmaschine allein schon durch die Möglichkeit der gleichzeitigen Bearbeitung beider Flächen rationeller. Bei einer Einscheibenläppmaschine muß das Werkstück immer gewendet und dann auf der zweiten Seite geläppt werden. Hier wird durch eine einseitige Veränderung der Oberflächenstruktur, selbst wenn durch die anschließende Bearbeitung der zweiten Seite ein Ausgleich vorgenommen wird, bei bestimmten Teilen ein Spannungsverzug nicht auszuschließen sein. Bei hohen Ansprüchen an Form und Maß planparalleler Flächen ist die Zweischeibenläppmaschine vorzuziehen.

Für das Außenrundläppen kommt im Regelfall eine Zweischeibenläppmaschine in Frage. Einzelne Werkstücke und Kleinserien, z. B. von Hydraulik-Steuerkolben, können auf einer kombinierten Bohrungs- und Außenrundläppmaschine bearbeitet werden.

Für die vorstehenden Bearbeitungsarten gelten nach Auswahl der Maschinenart für die Festlegung einer bestimmten Maschine noch folgende Gesichtspunkte: Die Größe der Maschine richtet sich nach der notwendigen Kapazität und der Bearbeitungsmöglichkeit der geforderten Werkstückabmessungen. Ihre Wirtschaftlichkeit kann durch die angewandte Technologie der verschiedenen Maschinenhersteller im Zusammenhang mit den Investitionskosten ermittelt werden.

Für das Bohrungsläppen ist zu prüfen, ob die Stückzahlen und die Abmessungen der zu läppenden Werkstücke eine Maschine mit automatischem Programmablauf erfordern oder ob eine von Hand bediente Maschine ausreicht.

15.4.2 Läppmittel

Für die meisten Bedarfsfälle hat sich das Siliziumkarbid (SiC) als Läppkorn bewährt. Gefolgt von Aluminiumoxid und Naturkorunden werden diese Läppmittel in einem weiten Bereich der Läpptechnik eingesetzt.

Die geometrische Form, die Oberflächengüte und die Maßtoleranzen der fertigen Werkstücke bestimmen im Zusammenhang mit der Vorbearbeitung die einzelnen Bearbeitungsparameter. Zunächst ist die geforderte Oberflächenrauhigkeit maßgebend für die Auswahl des Läppkorns. Hierfür steht eine Vielzahl verschiedener Kornarten und -größen zur Verfügung. Innerhalb einer gewählten Korngröße sind dann noch geringe Variationen durch die spezifische Belastung und das Mischungsverhältnis sowie die Art der angewendeten Flüssigkeit möglich. In unmittelbarem Zusammenhang damit steht auch die geforderte Maß- und Formgenauigkeit.

Das bedeutet an einem Beispiel folgendes: Formteile mit den Maßen 30 x 20 x 4 mm aus gehärtetem Stahl (60 HRC) sind planparallel zu läppen. Die geforderte Rauhtiefe beträgt R_z = 0,6 µm, die zulässige Abweichung von der Planparallelität 1,5 µm, die Maßtoleranz ± 0,01 mm. Für diese Fertigung in größeren Stückzahlen eignet sich am besten eine Zweischeibenläppmaschine.

Nach Erfahrungen kommt beim vorliegenden Werkstoff zur Erreichung der geforderten Rauhtiefe ein Läppmittel aus Siliziumkarbid mit einer mittleren Korngröße von 5 µm in Frage. Mit diesem sehr feinen Läppkorn kann auch die verlangte Maß- und Formgenauigkeit erreicht werden, die in diesem Falle nicht allzu hoch ist.

Braucht für dasselbe Bearbeitungsbeispiel bei sonst gleichen Forderungen die Rauhtiefe nur noch R_z = 2 µm zu betragen, kann mit einem gröberen Läppkorn mit einer mittleren Korngröße von 18 µm gearbeitet werden. Dabei ist jedoch zu berücksichtigen, daß mit steigender Korngröße und damit größerer Oberflächenrauhtiefe auch die Ebenheit bzw. Planparallelität und Maßtoleranz beeinflußt wird, während unter sonst gleichen Bedingungen das Zeitspanungsvolumen steigt.

Das Läppmittel (Korn und Flüssigkeit oder Pasten) ist von entscheidender Bedeutung für alle Ergebnisse. Nach den bisherigen Erkenntnissen sollte man für die Bearbeitung von Stahl oder Hartmetall möglichst harte Läppmittel einsetzen. Grenzen sind durch die Betriebskosten gesetzt, so daß z. B. Borkarbid oder Diamant für den Normalfall nur selten zur Anwendung kommen. Diese beiden Läppmittel spielen jedoch bei der Nachbearbeitung eine bedeutende Rolle, wenn in zwei Stufen als Vor- und Feinläppen oder Polieren gearbeitet wird.

Innerhalb einer gewählten Art und Korngröße kommt es für gute Bearbeitungsergebnisse auf die Läppflüssigkeit und das Mischungsverhältnis von Läppmittel zu Flüssigkeit an.

Als Läppflüssigkeit hat sich seit vielen Jahren immer mehr das Wasser mit entsprechenden Zusätzen durchgesetzt. Gegenüber dem früher verwendeten Öl mit Petroleum oder fertigen Läppölen kann bei Verwendung von Wasser mit einer Steigerung des Zeitspanungsvolumens von 10 bis 15% gerechnet werden. In vielen Fällen bringt auch die Beseitigung des sog. Läppschlamms Probleme mit sich, so daß Wasser als Läppflüssigkeit immer mehr an Bedeutung gewinnt. Entsprechende Zusätze geben dem Wasser die notwendigen Eigenschaften, z. B. für den Korrosionsschutz, zur Viskositätserhöhung oder als Gleit- und Netzmittel.

Das Mischungsverhältnis beeinflußt im Zusammenhang mit der Läppmittelmenge pro Zeiteinheit das Spanungsvolumen und die Oberflächengüte. Im allgemeinen werden volumetrische Mischungsverhältnisse zwischen Korn und Flüssigkeit von 1:2 bis 1:6 angewendet, wobei mit zunehmendem Flüssigkeitsanteil eine Steigerung des Zeitspanungsvolumens zu erwarten ist. Hierbei werden jedoch größere Mengen zugeführt, um den notwendigen Kornanteil zur Verfügung zu haben. Es ist zu beobachten, daß durch erhöhten Flüssigkeitsanteil ein schnelleres Abrollen des Korns und somit ein größeres Verformungsvolumen erreicht wird.

Die Grenzen der Flüssigkeitsmengen, die bei verschiedenen Werkstoffen sehr unterschiedlich sind, werden erreicht, wenn kein typisches Läppbild mehr auf der Werkstückoberfläche vorhanden ist. Die Oberfläche gleicht dann eher einem Schleifbild mit gerichteten Arbeitsspuren.

Die notwendige Läppmittelmenge ist von der Maschinengröße und der Werkstückauslegung abhängig und sehr unterschiedlich. Sie sollte in jedem Fall durch Versuche ermittelt werden, da der Läppmittelverbrauch als Kostenfaktor keineswegs unberücksichtigt bleiben darf.

15.4.3 Flächenbelastung und Läppgeschwindigkeit

Beim Läppen ist das abgespante Werkstoffvolumen proportional dem verformten Volumen. Unter sonst gleichen Bedingungen nehmen mit steigender Belastung die Eindrucktiefe der einzelnen Kornspitzen, das verformte Volumen und damit das Zeitspanungsvolumen zu. Nach neueren Erkenntnissen steigt das abgespante Werkstoffvolumen leicht überproportional mit ansteigender spezifischer Flächenbelastung [1]. Das bedeutet, daß man die maximal mögliche Läppflächenbelastung zur Erreichung hoher Zeitspanungsvolumen weitgehend ausnutzen sollte. Grenzen sind der Belastung durch die Werkstückform, das zunehmende Splittern der Läppkörner und das Abreißen des Läppfilms gesetzt. Besonders bei dünnen und empfindlichen Werkstücken muß man oft mit sehr geringen Belastungen arbeiten, um die Fehler der Vorbearbeitung auszugleichen. Heutige Läppmaschinen haben im allgemeinen drei Belastungsstufen, in der Fachsprache als Vor- oder Anfangslast, Haupt- und Nachlast bezeichnet. Einige Bauarten verfügen über einen stufenlosen Aufbau der Vorlast bis zum Erreichen der Hauptlast. Dies ermöglicht eine volle Ausnutzung der optimalen Läppflächenbelastung.

Die Läppgeschwindigkeit beeinflußt ebenfalls das Zeitspanungsvolumen. Je schneller sich die Läppscheiben bewegen, desto schneller rollt das Läppkorn. Die Häufigkeit, mit der sich jede arbeitende Kornspitze eindrückt, steigt proportional der Geschwindigkeit. In gleichem Maße nimmt das in der Zeiteinheit verformte Volumen zu.

Die Läppscheibengeschwindigkeiten werden auf die verschiedenen Arten und Größen von Maschinen abgestimmt. Oft stehen mehrere Drehzahlen, teilweise stufenlos einstellbar, für die verschiedenen Anwendungsfälle zur Verfügung.

Häufig werden in der Praxis die Möglichkeiten der optimalen Läppgeschwindigkeiten noch nicht voll ausgenutzt, so daß in dieser Hinsicht noch Leistungssteigerungen möglich sind.

15.4.4 Werkstückaufmaße

Zu einem der wesentlichen Faktoren für die Wirtschaftlichkeit gehört die Festlegung des Aufmaßes. Im allgemeinen kommen die Werkstücke im rohen, unbearbeiteten Zustand oder durch mechanische Fertigung vorbearbeitet zum Läppen. Ohne Vorbearbeitung können alle Werkstücke aus Sinterwerkstoffen, Hartmetall, Ferrit oder Keramik und auch Rohgläser geläppt werden. Hierbei hängt es von den Forderungen an die fertig bearbeiteten Werkstücke ab, ob die Bearbeitung in einem Arbeitsgang oder durch Vor- und Fertigläppen erfolgt.

Für weiche und leicht zerspanbare Werkstoffe mit zu erwartenden Abspanraten von etwa 25 bis 100 µm/min ist auf alle Fälle die Bearbeitung in einem Arbeitsgang anzuraten. Dasselbe gilt auch für geringe Anforderungen an die zu erreichende Formgenauigkeit und Rauhtiefe, zumal in diesen Fällen schon durch den Einsatz gröberer Läppmittel hohe Abspanraten zu erwarten sind.

Bei der Bearbeitung von Hartmetall hat sich seit einiger Zeit für Werkstücke mit hohen Anforderungen an die Planparallelität, Maßgenauigkeit und Rauhtiefe die Bearbeitung mit zwei Körnungen in einem Arbeitsgang durchgesetzt. Dabei wird ein Siliziumkarbid mit einer Korngröße von 30 µm zum Vorläppen und je nach gewünschter Qualität ein Siliziumkarbid von 18 µm oder Borkarbid von 12 µm Korngröße zum Feinläppen eingesetzt. Der Arbeitsvorgang braucht in diesem Falle nicht unterbrochen zu werden. Nach einem kurzen Spülvorgang während der Bearbeitung folgt direkt die Nachbearbeitung. Dadurch können z.B. bei einer Hartmetall-Schneidplatte von 12 mm Kantenlänge Planparallelitätsabweichungen von 1 µm und Rauhtiefen $R_z < 1$ µm erreicht werden. Diese Methode ist jedoch nur bei sehr harten Werkstoffen anwendbar.

Mechanisch vorbearbeitete Werkstücke werden fast immer mit einem Läppmittel in einem Arbeitsgang bearbeitet. Für die Festlegung des Aufmaßes sollte berücksichtigt werden, daß Formfehler und Maßtoleranzen auf alle Fälle vor Erreichen des Fertigmaßes voll ausgeläppt sein müssen, um eine gleichmäßige Oberfläche zu gewährleisten.

Die Rauhtiefe der Vorbearbeitung kann im allgemeinen gegenüber dem Formfehler vernachlässigt werden. Oberflächenspannungen, Härteverzug oder oft nach dem Schleifen dünner Teile auftretende Durchbiegung müssen bei Festlegung des Aufmaßes besonders beachtet werden. Als Faustregel kann gelten, daß für das Planparallelläppen auf einer Zweischeibenläppmaschine etwa das Zweieinhalbfache des Formfehlers als Aufmaß zur Verfügung stehen sollte. Andererseits braucht das Aufmaß bei einer möglichst rationellen und guten Vorbearbeitung nicht größer als notwendig zu sein, um kurze Maschinenzeiten zu erhalten.

15.5 Werkstückaufnahme

Bei Einscheibenläppmaschinen werden die Werkstücke in Aufnahmeringen aufgenommen, die auch zum Abrichten der Läppscheibe dienen. Je nach ihrer Form und Art können die Werkstücke auch lose in Einsatzscheiben eingelegt und geführt werden. Diese werden überwiegend aus Kunststoff gefertigt. Die Aufnahmefenster entsprechen der Form der Werkstücke und sind den Läuferscheiben bei der Zweischeiben-Bearbeitung vergleichbar.

Beim Planparallelläppen auf Zweischeibenläppmaschinen werden die Werkstücke vorwiegend in verzahnten Läuferscheiben aufgenommen, die auf den Maschinen im Planetenabwälzsystem bewegt werden. Als Beispiel zeigt Bild 8 die Aufnahme von Miniatur-Kugellageraußenringen von 3,5 mm Dmr. auf einer kleinen Maschine mit Triebstockverzahnung.

Besondere Anforderungen an die Läuferscheiben werden bei der Bearbeitung sehr dünner Werkstücke gestellt. Hier ist es gelungen, durch speziellen Werkstoff und ver-

Bild 8. Aufnahme von Miniatur-Lagerringen (3,5 mm Dmr.) auf einer kleinen Maschine mit Triebstockverzahnung

Bild 9. Aufnahme von Siliziumscheiben auf einer Zweischeibenläppmaschine

besserte Fertigungsmethoden auch für große Maschinen Läuferscheiben herzustellen, die nur etwa 160 µm dick sind. Bei kleineren Zweischeibenläppmaschinen liegt die heute erreichte Grenze sogar bei etwa 50 µm. In Bild 9 ist als Beispiel die Aufnahme von Siliziumscheiben von etwa 100 mm Dmr. auf einer großen Zweischeibenläppmaschine mit einem Läppscheibendurchmesser von 905 mm wiedergegeben. Der Teilkreisdurchmesser der Läuferscheiben beträgt 308 mm, die Dicke 0,3 mm.

Ein Beispiel für die Aufnahme von Werkstücken zum Außenrundläppen auf einer Zweischeibenläppmaschine ist in Bild 10 zu sehen.

Für das Bohrungsläppen werden die Werkstücke in einem kardanisch aufgehängten Werkstück-Pendelfutter aufgenommen, dessen Einsätze der Werkstückform entsprechend auswechselbar sind (Bild 11).

An Tauchläppmaschinen werden die Werkstücke in Spannvorrichtungen aufgenommen, in denen sie weitgehend automatisch gespannt und gelöst werden.

Bild 10. Werkstückaufnahme beim Außenrundläppen auf einer Zweischeibenläppmaschine

Bild 11. Werkstückpendelfutter, Läppdorn mit Läpphülse und Läpphülsen-Abstreifscheibe einer Bohrungsläppmaschine

15.6 Werkzeuge, Läppmittel

Hauptwerkzeuge für alle Maschinen sind die Läppscheiben, die überwiegend aus dichtem Perlitguß oder Meehaniteguß hergestellt werden. Je nach Hersteller, Bearbeitungs- oder Maschinenart werden glatte oder genutete Scheiben verwendet. Bei Werkstücken mit Bohrungen, die, bedingt durch die Werkstückaufnahme, keinen Überlauf über die Läppscheibe haben, werden vorteilhaft genutete Scheiben angewendet, da sonst leicht ein Läppmittelstau entstehen kann. Dieser führt zur Fahnenbildung, welche die Ebenheit und auch die Rauhtiefe an bestimmten Stellen der Bohrung (je nach Bewegungsablauf) beeinträchtigt. Wichtig sind ein gleichmäßiges homogenes Gefüge und eine gleichmäßige Härte der einzelnen Läppscheibe, da hiervon das Läppergebnis wesentlich beeinflußt wird. Auch Honscheiben verschiedener Körnungen gehören zu den Standardwerkzeugen.

Sonderscheiben aus Kupfer, Zinn-Antimon, Pech oder Kunstharz, beschichtete Scheiben (z. B. mit Filz), verschiedene Poliertücher und Folien sind ebenfalls in der Werkzeugausrüstung von Läppmaschinen zu finden. Solche Scheiben und Ausrüstungsteile werden überwiegend zur Erzeugung hochwertiger, durch den normalen Läppvorgang nicht mehr erreichbarer Oberflächen verwendet.

Für das Bohrungsläppen und das Außenrundläppen einzelner Werkstücke gibt es dem Werkstückdurchmesser und der Länge angepaßte Läpphülsen und Läppdorne.

Kornarten verschiedenster Körngrößen gibt es eine Vielzahl, so daß für jeden Bedarfsfall – vom Schruppläppen bis zum Polieren – eine genügende Auswahl besteht. Die hauptsächlich verwendeten Kornarten sind Siliziumkarbid, Aluminiumoxid, Naturkorund, Borkarbid, Diamant, Ceriumoxid, Polierrot und Poliergrün. Die Korngrößen reichen von 0,1 bis 150 µm.

Bei einem nach Kornart und -größe festgelegten Läppmittel sollte darauf geachtet werden, Sorten mit einer möglichst geringen Streuung der Korngröße zu verwenden. Dies ist wichtig für die Gleichmäßigkeit der Abtragleistung und besonders bei feinen Körnungen für eine gleichmäßige, riefenfreie Oberfläche.

Nicht alle, vor allem ältere Maschinen, die noch keine Läppscheibenkühlung bzw. Temperaturregelung besitzen, lassen sich ohne weiteres auf die heute überwiegende Anwendung von Wasser als Läppflüssigkeit umstellen. Da je nach Einsatzart teilweise mit großer Erwärmung der Läppscheiben gerechnet werden muß, tritt eine zu schnelle Verdunstung der Flüssigkeit und damit eine Änderung des Mischungsverhältnisses ein. Daraus können unregelmäßiges Zerspanvolumen bis zum Abreißen des Läppfilms und dem damit verbundenen Auftreten von Kaltverschweißungen folgen.

Auf alle Fälle ist es ratsam, bei der Wahl der Läppflüssigkeit Rücksprache mit dem Hersteller der Maschine zu nehmen, da nicht nur der zu bearbeitende Werkstoff, sondern auch die zum Einsatz kommende Maschine bei der Auswahl der Läppflüssigkeit berücksichtigt werden muß.

15.7 Bearbeitung auf Läppmaschinen

Aus der großen Anzahl verschiedener Modelle von Läppmaschinen sollen hier nur einige typische Bauarten ausgewählt werden.

Die große hydraulische Zweischeibenläppmaschine in Bild 12 kann mit Läppscheiben bis zu rd. 1000 mm Dmr. ausgestattet werden. Die Läppscheiben sind gekühlt bzw. mit einer Temperaturregelung versehen. Ihre Ebenheit wird durch einen automatischen Wechsel des Werkstückantriebs aufrechterhalten. Außerdem hat die Maschine eine stufenlos einstellbare, elektronisch gesteuerte Hydraulik und eine Meß- bzw. Zeitsteuerung. Der Programmablauf und die Läppmittelzuführung sind automatisiert.

Die technische Ausstattung der mittelgroßen Zweischeibenläppmaschine (Bild 13) mit einem Läppscheibendurchmesser von 660 mm erstreckt sich auf einen hydraulisch veränderbaren Arbeitsdruck und auf ein Zeitschaltwerk.

Die kleine Zweischeibenläppmaschine (Bild 14) wird für die Bearbeitung besonders dünner, kleiner und empfindlicher Werkstücke eingesetzt. Der Läppscheibendurchmesser beträgt bis zu 310 mm. Die Maschine hat eine Meß- bzw. Zeitsteuerung und eine automatische Läppmittelzuführung. Eine Zusatzeinrichtung ermöglicht die Bearbeitung von Werkstücken bis zu einer Mindestdicke von 0,06 mm.

Der Läppscheibendurchmesser der großen Einscheibenläppmaschine (Bild 15) beträgt 2150 mm. Technische Besonderheiten dieser Maschine sind die automatische Läppmittelzuführung, das Zeitschaltwerk und die pneumatische Auflasteinrichtung für das zusätzliche Belasten von leichten Werkstücken.

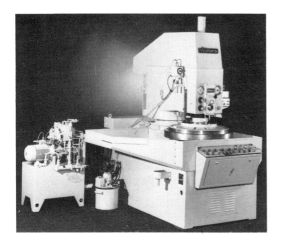
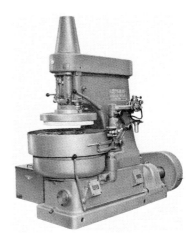

Bild 12. Große hydraulische Zweischeibenläppmaschine

Bild 13. Mittelgroße hydraulische Zweischeibenläppmaschine

Bild 14. Kleine Zweischeibenläppmaschine

Bild 15. Große Einscheibenläppmaschine

Die mittelgroße Einscheibenläppmaschine (Bild 16) hat einen Läppscheibendurchmesser von 800 mm. Sie ist ausgerüstet mit einer Kühlung bzw. Temperaturregelung, einem Zeitschaltwerk, pneumatischer Belastungseinrichtung und mit einem Zwangsantrieb der Werkstückaufnahme. Automatisiert wurden der Programmablauf für die Werkstückbelastung und die Läppmittelzuführung.

Die hydraulische Bohrungsläppmaschine (Bild 17) verfügt über einen mechanisch-hydraulisch gesteuerten Schwinghub, eine automatische Anschlagverstellung zur Werkzeugaufweitung, eine indirekte Meßsteuerung und über ein Bedienungspult zur teilau-

380 15 Läppen [Literatur S. 383]

tomatischen Steuerung. Der Ausgleich des Werkzeugverschleißes wird über eine Mikrometerschraube vorgenommen. Eine Läpphülsenabstreifeinrichtung gewährleistet die Rückstellung der Läpphülse in die Ausgangsposition.

   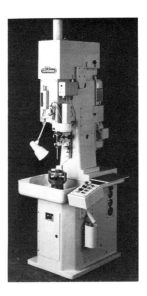

Bild 16. Mittelgroße Einscheibenläppmaschine

Bild 17. Hydraulische Bohrungsläppmaschine

Alle auf Läppmaschinen bearbeiteten Werkstücke müssen unmittelbar nach Beendigung des Arbeitsvorgangs gereinigt werden, um ein Antrocknen der Rückstände zu verhindern. Wichtig ist ferner die Abstimmung des Reinigungsmittels auf die verwendeten Läppflüssigkeiten. In der Praxis hat sich der Einsatz von Ultraschall-Reinigungsgeräten als geeignet erwiesen, vorausgesetzt, die zu fertigenden Stückzahlen lassen den Einsatz sinnvoll erscheinen. Hier stehen von kleinen Geräten bis zu automatischen Mehrkammergeräten (Bild 18) viele Modelle zur Verfügung.

Tauchläppmaschinen kommen als Zwei- und Vier-Stationen-Maschinen (Bild 19) zur Anwendung. Sie bestehen aus einer zylindrischen, um eine vertikale Achse umlaufenden Trommel, in der sich das Läppmittel befindet. Beim Umlauf der Trommel mit einer Geschwindigkeit von etwa 16 bis 18 m/s legt sich das Läppmittel in einem verdichteten Ring, dessen Dicke von der Menge des Läppmittels und dessen Dichte von der Korngröße und der Umfangsgeschwindigkeit der Trommel abhängen, an die Trommelwand an. Die Trommel wird über einen Flachriemen angetrieben. Die um die Trommel angeordneten zwei oder vier Arbeitsstationen sind mit hydraulisch betätigten Schwenkarmen versehen, an denen sich die Werkstückaufnahmen befinden. Mit diesen werden die Werkstücke auf einstellbare Tiefe in den Läppmittelring eingetaucht. Ein durch den Schwenkarm geführter Antrieb ermöglicht außerdem eine Drehung des Werkstücks in beiden Richtungen.

Die erreichbare Abpanmenge und die Oberflächenqualität der bearbeiteten Werkstücke hängen wesentlich von der Korngröße und Zusammensetzung des Läppmittels, von der Arbeitsgeschwindigkeit sowie von Form und Werkstoff der Werkstücke ab. Bild 20 zeigt einige für das Tauchläppen charakteristische Werkstücke.

Bild 18.
Mehrkammer-
Ultraschall-
Reinigungsgerät

Bild 19.
Vierstationen-
Tauchläppmaschine

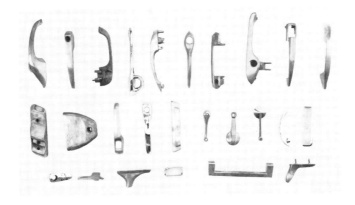

Bild 20.
Arbeitsbeispiele
für das Tauchläppen

An einigen Bearbeitungsbeispielen sollen die auf zwei verschiedenen Maschinentypen erreichbaren Arbeitsergebnisse aufgezeigt werden.

Auf der Zweischeibenläppmaschine, deren prinzipieller Aufbau in Bild 6 wiedergegeben wurde, können ebene, planparallele und zylindrische Werkstücke bearbeitet werden. Beim Planparallelläppen kann der Werkstückdurchmesser bei dieser großen Maschine von 5 bis 420 mm und die Werkstückdicke von 0,2 bis 110 mm reichen. Beim Läppen nur einer Fläche ist die Werkstückdicke nicht durch die Maschine, sondern durch das Verhältnis von Fläche zu Höhe begrenzt. Zylindrische Werkstücke zum Außenrundläppen können einen Durchmesser zwischen 2,5 und 110 mm und eine Länge von 10 bis 300 mm haben.

Auf dieser Maschine wurden vorgeläppte Pumpenplatten aus Gußeisen mit Kugelgraphit in der Größe von 120 x 60 x 20 mm, die ein Aufmaß von 0,03 ±0,003 mm hatten, planparallel geläppt. Die bearbeiteten Platten wiesen Abweichungen von der Planparallelität von 0,8 bis 1,2 µm und von der Ebenheit von 0,8 µm auf. Die Maßtoleranz betrug ± 1,0 µm, die Rauhtiefe $R_z = 1,2$ µm.

Gesägte Siliziumscheiben von 76 mm Dmr. und 0,3 mm Dicke mit einem Aufmaß von 0,06 bis 0,085 mm wurden auf derselben Maschine unter Verwendung einer Meßsteuerung planparallel geläppt. Im Ergebnis betrugen die Abweichungen von der Planparallelität 1,0 µm, die Maßtoleranz ± 1,5 µm und die Rauhtiefe $R_z = 2,4$ µm.

Vorgeläppte Endmaße aus Kugellagerstahl der Abmessungen 30 x 9 x 5 mm mit einem Aufmaß von 0,01 + 0,003 mm sollten vor der Endbearbeitung durch Polieren planparallel feingeläppt werden. Hier ergaben sich bei einer Meßtoleranz von ± 0,15 µm Abweichungen von der Planparallelität von 0,20 µm und von der Ebenheit von 0,15 µm. Die Rauhtiefe betrug $R_z = 0,22$ µm.

Auf einer Einscheibenläppmaschine wurden geschliffene Gleitringe aus gehärtetem Stahl (58HRC) mit einem Außendurchmesser von 60 mm, einem Innendurchmesser von 40 mm, einer Dicke von 12 mm und einem Aufmaß von 0,03 mm an ihrer Lauffläche plangeläppt. Dabei konnte eine Abweichung von der Ebenheit von 0,2 µm und eine Rauhtiefe $R_z = 0,35$ µm erreicht werden.

Werkstück- und werkstoffbedingt wiesen die Ergebnisse beim Planläppen einer 160 x 220 mm großen, feingedrehten Bezugsfläche an einem Getriebegehäuse aus Grauguß entsprechend höhere Werte auf; hier betrugen die Abweichungen von der Ebenheit 1,5 µm und die Rauhtiefe $R_z = 2,0$ µm.

Die hydraulische Bohrungs-Läppmaschine, deren prinzipiellen Aufbau Bild 7 zeigt, kann für Bohrungsdurchmesser von 5 bis 35 mm und Bohrungslängen bis 160 mm eingesetzt werden. Bei einem Durchmesser bis 12 mm und Längen bis etwa 100 mm können Bohrungen erzielt werden, deren Zylindrizität weniger als 1,0 µm, deren Krümmung 1,0 µm und deren Rundheit weniger als 0,5 µm von der Idealform abweichen. Bei größeren, bis an die angegebenen Höchstgrenzen reichenden Werkstückabmessungen gelten entsprechend 1,5 µm für die Zylindrizitäts- und die Krümmungsabweichung und 1,0 µm für die Rundheitsabweichung.

Die Maßtoleranzen liegen bei automatischem Arbeitsablauf mit Meßsteuerung je nach Aufmaß zwischen ± 1,0 und 1,5 µm. Falls erforderlich, können durch Zwischenmessung auch engere Maßtoleranzen erzielt werden.

In den Haupteinsatzgebieten, wie Einspritzpumpen-Elementen und Hydraulikkörpern, werden hohe Anforderungen an die Oberflächengüte gestellt. Derartige Werkstücke werden überwiegend mit feinen Läpp- oder Polierpasten bearbeitet, mit denen Rauhtiefen $R_z = 0,25$ bis 0,5 µm erreicht werden.

15.8 Automatisierung

Eine weitgehende Automatisierung konnte bisher nur bei Einscheibenläppmaschinen durchgeführt werden. Diese Maschinen sind aufgrund ihrer Bauart für einen automatischen Arbeitsablauf geeignet, so daß seit geraumer Zeit Einscheibenläppautomaten in der Produktion eingesetzt werden.

Einer weiterreichenden Automatisierung steht entgegen, daß hinsichtlich der Form nur eine begrenzte Anzahl von Werkstücken für die Automatisierung geeignet ist. Außerdem müssen große Stückzahlen die Investitionskosten rechtfertigen. Für jede Werkstückform müssen spezielle Zuführ- und Entladeautomaten sowie Werkstückaufnahmekörper gefertigt werden, die bei einer möglichen Konstruktionsänderung der Werkstücke in vielen Fällen nicht mehr verwendbar sind. Doch dürften auf diesem Gebiet noch nicht alle Möglichkeiten der Entwicklung ausgeschöpft sein.

Eine gute Lösung zur Vereinfachung des Be- und Entladens auf Einscheibenläppmaschinen sind Ausführungen, die das Beladen der Aufnahmeringe während der Maschinenlaufzeit auf einem Ladetisch gestatten. Die fertigen Werkstücke können dann zusammen mit dem Aufnahmering oder mit anderen Hilfsmitteln gewechselt werden.

Bei Zweischeibenläppmaschinen gibt es verschiedene Möglichkeiten, durch Lade- und Entladehilfen die Maschinen-Stillstandzeiten zu verkürzen. Am gebräuchlichsten für große und mittelgroße Maschinen ist der Ladetisch. Dieser wird während der Maschinenlaufzeit mit einem zweiten Satz Läuferscheiben beladen. Nach Beendigung des Läppvorgangs, Abheben und Ausschwenken der oberen Läppscheibe fährt der Ladetisch, der einen auf den Läppscheibendurchmesser abgestimmten Kreisbogen beschreibt, dicht an die Läppscheibe heran. Der nun folgende Wechsel der Läuferscheiben ist einfach und nimmt im Durchschnitt nur etwa 3 min in Anspruch.

Weitere Hilfsmittel sind Ladeschaufeln oder das Be- und Entladen mit Magnet- oder Vakuumköpfen. Auch auf diesem Gebiet sind weitere Entwicklungen notwendig und zu erwarten.

Zahlreiche Maschinen aller Bauarten haben für die Belastung, den zeitlichen Arbeitsablauf und für die Meßeinrichtungen eine Programmsteuerung, durch die eine einfache Bedienung und gleichmäßige Arbeitsergebnisse erzielt werden. Die Fertigung wirtschaftlicher Stückzahlen ist neben der Technologie weitgehend von der Art und Größe der Maschine abhängig.

Literatur zu Kapitel 15

1. *Martin, K.:* Neue Erkenntnisse über den Werkstoffabtragvorgang beim Läppen. Fachberichte Oberflächentechn. *10* (1972) 6, S. 197–202.
2. *Lichtenberger, H.:* Die Spanmengenleistung beim Läppen ebener metallischer Werkstücke. Diss. TH Hannover 1953.
3. *Martin, K.:* Neuere Erkenntnisse über den Hartmetallabtrag beim Läppen. Masch.-Mkt. *79* (1973) 103/104, S. 2281–2282.
4. *Martin, K.:* Läppen (Fachgebiete in Jahresübersichten). VDI-Z 117 (1975) 17, S. 811–814.
5. *Finkelnburg, H. H.:* Läppen. H. 105 der Werkstattbücher. Springer-Verlag, Berlin, Heidelberg, New York 1951.
6. *Stotko, H.:* Ein neuer Weg zur Prüfung von losem Korn. Diss. TH Braunschweig 1959.

16 Spanende Verzahnungsherstellung

16.1 Allgemeines

o. Prof. Dr.-Ing. M. Weck, Aachen
Dipl.-Ing. J. Goebbelet, Aachen

Zur Herstellung von Zahnrädern sind relativ kompliziert aufgebaute genaue Werkzeugmaschinen erforderlich. Die große Vielfalt nebeneinander existierender Maschinenkonzepte resultiert aus dem Bemühen, für die geometrische Vielfalt der Verzahnungsarten jeweils eine wirtschaftliche Fertigung zu erreichen. Die Anforderungen an die Verzahnmaschinen ergeben sich aus den Anforderungen an das Maschinenelement Zahnrad, wie hohe geometrische Genauigkeit trotz komplizierter Gestalt zur Erzielung einer gleichförmigen Bewegungsübertragung, hohe Werkstoffestigkeiten zur Übertragung großer Leistungen bei geringer Baugröße und große Auslegungsvielfalt – vor allem im Bereich der Kleinserien- und Einzelfertigung – zur Optimierung spezieller Getriebeeigenschaften.

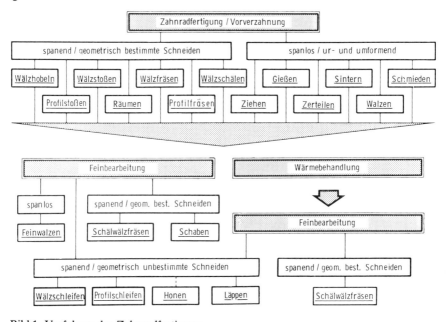

Bild 1. Verfahren der Zahnradfertigung

Eine systematische Einteilung der Verzahnmaschinen ist prinzipiell nach verschiedenen Gesichtspunkten möglich. In Bild 1 sind Verfahren zur Herstellung von Zahnrädern zusammengestellt, wobei unter dem Aspekt der zu erzeugenden Qualität zwischen den Verfahren zur *Vorverzahnung* und zur *Feinbearbeitung* unterschieden ist. Dabei können auch hier unter Vorverzahnung eingeordnete Fertigungsverfahren zur Endbearbeitung eingesetzt werden; dies gilt insbesondere für das Wälzfräsen und Wälzstoßen.

16.1 Allgemeines

Darüber hinaus werden die Verfahren in spanende und spanlose unterteilt, wobei die spanenden Maschinen eine weitere Aufteilung nach der Schneidengeometrie ihrer Werkzeuge erfahren. Die spanenden Fertigungsverfahren zur Zahnradherstellung werden in den folgenden Abschnitten näher erläutert. Um einerseits möglichst wirtschaftlich zu fertigen und andererseits eine hohe Verzahnungsgenauigkeit zu erzielen, wird häufig zunächst mit hohen Schnittgeschwindigkeiten und Vorschüben vorverzahnt, woran sich eine Feinbearbeitung anschließt. Zur Vorverzahnung werden hauptsächlich das Wälzfräsen, das Wälzstoßen und für Großverzahnungen auch das Wälzhobeln eingesetzt; bei den Feinbearbeitungsverfahren ist an erster Stelle das Wälzschleifen zu nennen, das im Gegensatz zum Schaben und Feinwalzen auch nach der Wärmebehandlung am gehärteten Werkstück durchgeführt werden kann.

Nach der Maschinenkinematik lassen sich die Verzahnverfahren nach Bild 2 in *Profilverfahren* und in *Wälzverfahren* unterteilen.

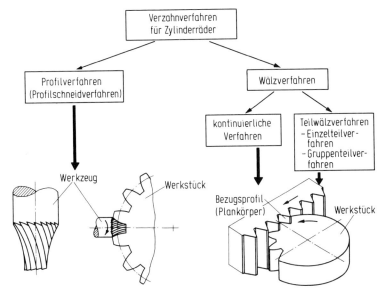

Bild 2. Einteilung der spanenden Verzahnverfahren nach der Maschinenkinematik

Bei der Herstellung von Verzahnungen im *Profilverfahren* besitzt das Werkzeug (Scheibenfräser, Fingerfräser, Schleifscheibe) die Kontur der zu fertigenden Zahnlücke. Jede Zahnlücke wird einzeln fertiggestellt; anschließend wird das Werkstück zur Bearbeitung der nächsten Zahnlücke um den Winkel der Zahnteilung gedreht (Einzelteilverfahren). Das Werkzeugprofil muß hierbei exakt dem Zahnlückenprofil entsprechen, was für jede Werkstückauslegung ein spezielles Werkzeug bedingt. Dieses Verfahren kommt daher schwerpunktmäßig im Bereich der Einzelfertigung sehr großer Werkstücke bzw. der Massenfertigung kleiner Zahnräder in der Feinwerktechnik zum Einsatz. Außerdem ist das Profilverfahren häufig zum Vorverzahnen von Werkstücken großen Moduls (etwa ab Modul 16 mm) unter Verwendung hartmetallbestückter Scheibenfräser wirtschaftlich einsetzbar (siehe Abschnitt 16.4.2).

Bei den *Wälzverfahren* wird die Zahnflanke durch eine relative Wälzbewegung zwischen Werkzeug und Werkstück in der Werkzeugmaschine erzeugt. Dies erreicht man durch eine kinematische Kopplung zwischen Werkzeug und Werkstück, meist in Gestalt eines geschlossenen Getriebezugs. Die Flankenform entsteht als Einhüllende einzelner Werkzeugschnittflächen. Die relative Werkzeuglage, bezogen auf das Werkstück, wird wie bei einem Wälzvorgang abschnittweise (Teilwälzverfahren) oder kontinuierlich (kontinuierliche Wälzverfahren) geändert. Das Werkzeug selbst ist annähernd geradflankig und im Gegensatz zum Profilverfahren bei gleichem Modul über einen praktisch beliebigen Variationsbereich einsetzbar. Zur Normung und Vereinfachung der Werkzeughaltung werden als Bezugsprofile bei Zylinderrädern der Normalschnitt einer Zahnstange und bei Kegelrädern das sog. Planrad definiert, die aus einer Außenverzahnung durch Vergrößern der Zähnezahl auf $z = \infty$ bzw. aus einem Tellerrad durch Vergrößern des Kegelwinkels auf 90° entstehen.

Eine weitere Untergliederung der Verzahnmaschinen ist schließlich nach der Bauart der Zahnräder, die auf ihnen gefertigt werden können, möglich und wird in den folgenden Kapiteln in Form von Unterpunkten vorgenommen. So sind die in Bild 3 aufgeführten, nach der relativen Lage ihrer Drehachsen unterschiedenen Bauarten von Zahnradgetrieben jeweils nur auf ganz bestimmten Verzahnmaschinen wirtschaftlich herstellbar.

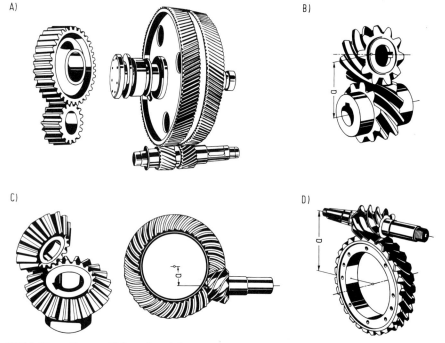

Bild 3. Bauarten von Zahnradgetrieben
A) Zylinderräder, B) Schraubräder, C) Kegelräder, D) Schnecke und Schneckenrad
a Achsabstand

Zylinderräder (parallele Rotationsachsen) können sowohl außen- als auch innenverzahnt sowie gerad-, schräg- oder doppelschrägverzahnt ausgeführt werden.
Kegelräder werden gerad-, schräg- und bogenverzahnt hergestellt, wobei im letzteren Fall die Flankenlinien überwiegend Ausschnitte von Kreisbögen, Evolventen oder Epi-

zykloiden darstellen. Darüber hinaus können die senkrecht aufeinanderstehenden Drehachsen sich schneiden (Wälzgetriebe) oder axial gegeneinander versetzt sein (Kegelschraubgetriebe). Kegelräder werden überwiegend durch Wälzfräsen vorverzahnt und nach der Wärmebehandlung geläppt.

Zylinderschraubräder sind unter gekreuzten Achsen miteinander laufende Zylinderräder unterschiedlicher Schrägungswinkel, wobei der Achsenwinkel der Schrägungswinkelsumme entspricht. Hinsichtlich der Herstellverfahren bestehen keine Unterschiede zu den Zylinderrädern.

Zur Erzielung großer Übersetzungen bei senkrecht zueinander stehenden Drehachsen gelangen *Zylinderschneckengetriebe* oder *Globoidschneckengetriebe* zum Einsatz [1, 2].

16.2 Bestimmungsgrößen und Benennungen

Dr.-Ing. W. Eggert, Ludwigsburg[1]
Dr.-Ing. H. I. Faulstich, Ludwigsburg[1]
Ing. (grad.) E. Kotthaus, Zürich[2]

16.2.1 Zylinderräder

Zylinderräder (Stirnräder) sind Zahnräder, bei denen die Verzahnung auf der Mantelfläche eines zylindrischen Grundkörpers angeordnet ist. Bei Rädern für eine gleichförmige Bewegungsübertragung sind die Grundkörper Kreiszylinder; Räder für nicht gleichförmige Bewegungsübertragung besitzen z.B. elliptische und Räder für Durchflußmesser z.B. ovale Zylinder als Grundkörper. Zylinderräder können außen- oder innenverzahnt (Hohlräder) ausgeführt werden.

Die wichtigsten voneinander unabhängigen Bestimmungsgrößen an Zylinderrädern zeigt Bild 4A; ihre Bedeutung im Zusammenhang mit der Verzahnungsgeometrie ist aus Tabelle 1 zu erkennen.

Das Stirnschnittprofil (Zahnform) einer zylindrischen Verzahnung ergibt sich als Schnittlinie einer Flanke mit einer Ebene senkrecht zur Verzahnungsachse. Als Stirnschnittprofil ist die Kreisevolvente am weitesten verbreitet. Die Gründe dafür sind:

– Die Bezugsprofile von Werkstück und Werkzeug sind geradflankig; dies führt zu einfachen Verzahnwerkzeugen.

– Evolventenverzahnte Zylinderräder mit gleichem Bezugsprofil bilden Satzräder. Satzräder sind nach *Reuleaux* [3] Räder gleicher Teilung, die einen Satz bilden, aus dem man beliebige Räder zu einem einwandfrei zusammen laufenden Paar vereinigen kann. Rad und Gegenrad können im Falle von Außenverzahnung mit demselben Werkzeug gefertigt werden.

– Mit nur einem Werkzeug lassen sich Räder unterschiedlicher Profilverschiebung herstellen.

– Der Achsabstand kann in weiten Grenzen verändert werden, ohne das kinematische Verhalten des Getriebes zu beeinflussen.

– Für zylindrische Verzahnungen gibt es eine Vielzahl von Sonderprofilen [1, 4], wie die Zykloiden- und Triebstockverzahnung, Kreisbogenverzahnung nach *Wildhaber-Novikov*, Kerbverzahnung sowie Verzahnungen für Kettenräder, Zahnriemenscheiben, Keilwellen, Rotoren und Riffelwalzen zur Herstellung von Wellpappe.

[1] Abschnitte 16.2.1., 16.2.3 und 16.2.4.
[2] Abschnitt 16.2.2.

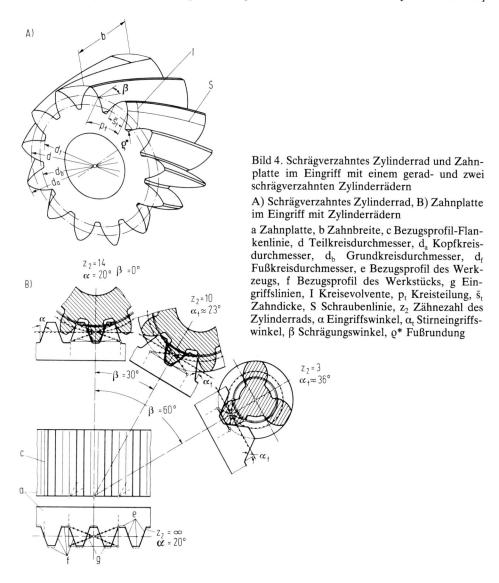

Bild 4. Schrägverzahntes Zylinderrad und Zahnplatte im Eingriff mit einem gerad- und zwei schrägverzahnten Zylinderrädern
A) Schrägverzahntes Zylinderrad, B) Zahnplatte im Eingriff mit Zylinderrädern
a Zahnplatte, b Zahnbreite, c Bezugsprofil-Flankenlinie, d Teilkreisdurchmesser, d_a Kopfkreisdurchmesser, d_b Grundkreisdurchmesser, d_f Fußkreisdurchmesser, e Bezugsprofil des Werkzeugs, f Bezugsprofil des Werkstücks, g Eingriffslinien, I Kreisevolvente, p_t Kreisteilung, $\bar{s}_t$ Zahndicke, S Schraubenlinie, z_2 Zähnezahl des Zylinderrads, α Eingriffswinkel, α_t Stirneingriffswinkel, β Schrägungswinkel, ϱ^* Fußrundung

Form und Abmessungen einer zylindrischen Verzahnung werden durch die zugehörige Planverzahnung (Bezugszahnplatte) festgelegt. Mit einer Zahnplatte können Räder gleichen Normalmoduls aber unterschiedlichen Schrägungswinkels gepaart werden (Bild 4 B). Der mit einem Zylinderrad wälzende Ausschnitt einer Bezugszahnplatte ist die Bezugszahnstange. Die Bezugszahnplatte ist bestimmt durch das Bezugsprofil (das ist das Normalschnittprofil der Bezugszahnstange) und die Flankenlinie.
Bezugsprofile für evolventenverzahnte Zylinderräder (Stirnräder) sind in DIN 867 und DIN 58400, für Verzahnwerkzeuge in DIN 3972 genormt. Die Bezugsprofile von Werkstück und Werkzeug unterscheiden sich in der Kopf- und Fußhöhe, weil der Kopf des Werkstücks in den meisten Fällen nicht mit verzahnt wird und weil im eingebauten Zustand zwischen Fuß eines Rads und Kopf des Gegenrads Spiel vorhanden sein muß.

[Literatur S. 510]   *16.2 Bestimmungsgrößen und Benennungen*   389

Tabelle 1

Bestimmungsgröße	Bestimmungsobjekte				
Grundkreisdurchmesser d_b	Profil	Schraubenfläche			
Schrägungswinkel β	Flankenlinie				
Kopfkreisdurchmesser d_a	Begrenzung der Schraubenfläche		Zahnflanke	Zahn	Verzahnung
Fußkreisdurchmesser d_f					
Fußrundung ρ* [1]					
Zahnbreite b					
Zahndicke $\bar{s}_t$	Lage benachbarter ungleichnamiger [2] Flanken zueinander				
Kreisteilung p_t	Lage benachbarter gleichnamiger [2] Flanken zueinander				

[1] durch den Halbmesser der Rundung der Kopfecken des Werkzeuges festgelegt
[2] Rechtsflanke bzw. Linksflanke

Die gebräuchlichste Form der Flankenlinie des Bezugsprofils ist die Gerade. Die Flankenlinie des Werkstücks, also die Schnittlinie zwischen der Flanke und einem Zylinder konzentrisch zur Verzahnungsachse, ist dann eine Schraubenlinie (Bild 4 A), im Grenzfall der Geradverzahnung eine Gerade. Daneben gibt es Bezugsprofil-Flanken, die aus Geraden zusammengesetzt sind, z.B. bei Doppelschrägverzahnung, Pfeilverzahnung und Bezugsprofil-Flanken, die aus gekrümmten Linien bestehen. Die entsprechenden Zahnräder heißen bogenverzahnt [40].
Verzahnungen werden zum Teil mit Profil- und/oder Flankenlinienkorrektur ausgeführt, um Kopfkanteneingriff [1, 6] bzw. Kantentragen [7] zu vermeiden. Profilkorrekturen, wie Höhenballigkeit, Kopfrücknahme und Fußrücknahme, lassen sich durch Einsatz entsprechend gestalteter Werkzeuge erzeugen. Bei Teilwälzverfahren lassen sich Profilkorrekturen auch dadurch verwirklichen, daß man der Wälzbewegung eine entsprechende Korrekturbewegung überlagert.
Flankenlinienkorrekturen (Breitenballigkeit, Flankenrücknahme) werden durch korrigierte Werkzeuge (z.B. beim Tauchschaben) bzw. durch Einleiten einer Zusatzbewegung zwischen Werkzeug und Werkstück während der Profilausbildung in werkstückaxial benachbarten Flankenbereichen (z.B. beim Wälzfräsen) erzeugt. Als Zusatzbewegungen werden bei Wälz- und Profilverfahren in erster Linie die Änderung des Achsabstands zwischen Werkzeug und Werkstück, beim Teilwälzschleifen das Verschieben des Werkzeugs in Richtung seiner Drehachse angewendet.
Kegelige Verzahnungen, wie sie z.B. bei Laufverzahnungen und Schneidrädern anzutreffen sind, lassen sich wie breitballige Räder herstellen. Leichtkegelige Laufverzahnungen und kegelige Keilwellenverzahnungen sind auch im Diagonalverfahren bei Einsatz eines Sonderwerkzeugs herstellbar [1].
Die wichtigsten Verfahren zur spanenden Bearbeitung von Zylinderrädern, ihre Hauptmerkmale und ihre Einsatzgebiete sind in Tabelle 2 zusammengestellt. Die Bearbeitung

16 Spanende Verzahnungsherstellung

kann im Wälzverfahren oder im Profilverfahren erfolgen; die Verfahren können stetig (kontinuierlich) oder unstetig als Teilverfahren ablaufen. Bei den Wälzverfahren werden Werkzeug und Werkstück so zueinander bewegt, daß die Schneiden das Werkstückprofil ausbilden; das Profil wird also kinematisch entwickelt. Im Gegensatz dazu entsteht die Flankenform bei den Profilverfahren unmittelbar aus dem Profil des Werkzeugs. Die entstehenden Profile liegen bei den meisten Verfahren nicht im Stirnschnitt des Werkstücks. Das beim Messen der Verzahnung erfaßte Stirnschnittprofil (Flankenform) entsteht dann erst durch die der Wälzbewegung überlagerte Schraubbewegung.

Tabelle 2

Verzahnung		Bearbeitungsverfahren												
		Wälzfräsen	Profilfräsen Scheibenfräser	Profilfräsen Fingerfräser	Wälzstoßen	Wälzhobeln	Wälzschälen	Schaben	Schraubwälzschleifen	Teilwälzschleifen	Profilschleifen	Läppen	Räumen	Honen
		stetiges Wälzverfahren	Teilprofilverfahren	Teilprofilverfahren	stetiges Wälzverfahren	Teilwälzverfahren	stetiges Wälzverfahren	stetiges Wälzverfahren	stetiges Wälzverfahren	Teilwälzverfahren	Teilprofilverfahren	stetiges Wälzverfahren	Profilverfahren	stetiges Wälzverfahren
Außenverzahnung	Geradverzahnung	●	●	●	●	●	●	●	●	●	●	●	●	●
	Schrägverzahnung	●	●	●	●	●	●	●	●	●	●	●	●	●
	Doppelschrägverzahnung	●	●	●	●	●	●	●	●	●	●	●		●
	Pfeilverzahnung			●	●						●			●
	Zahnstange		●	●	●	●					●		●	
Innenverzahnung	Geradverzahnung	●	●	●	●	●	●	●			●	●	●	
	Schrägverzahnung	●	●	●	●	●	●	●			●	●	●	

Das Wälzfräsen von Werkstücken mit gerader Innenverzahnung ist aus Arbeitsraumgründen auf Werkstücke mit folgenden Abmessungen beschränkt: $d \geqq 650$ mm bei $m = 6$ mm und $d \geqq 1150$ mm bei $m = 22$ mm und $b_{max} = 350$ mm. Zum Herstellen von schrägen Innenverzahnungen ist dieses Fertigungsverfahren auf Werkstücke mit großem Durchmesser und geringem Schrägungswinkel anwendbar. Profilfräsen mit Scheibenfräser wird häufig zum Vorfräsen von Verzahnungen mit Moduln $m \geqq 16$ mm wirtschaftlich angewendet; bei geringen Qualitätsanforderungen kann dieses Fertigungsverfahren auch zum Fertigfräsen von Verzahnungen eingesetzt werden. Profilfräsen mit Fingerfräser ist sehr zeitaufwendig; es wird deshalb nur in Sonderfällen angewendet. Das Wälzhobeln von geraden Innenverzahnungen ist mit Zusatzeinrichtungen und bei Verwendung stichelförmiger Werkzeuge möglich. Die Anwendung des Wälzschälens auf Außenverzahnungen ist seit 1961 bekannt; bei Schrägverzahnungen entspricht es dem Wälzschälen von Schnecken. Schraubwälzschleifen wird vorwiegend in der Serienfertigung im Bereich d ≦ 700 mm eingesetzt. Das Profilschleifen von außenverzahnten Werkstücken mit Schräg- bzw. Doppelschrägverzahnungen wie auch von Werkstücken mit schräger Innenverzahnung wird nur in Sonderfällen angewendet, weil das Profilieren der Schleifscheibe z.Z. noch schwierig ist.

16.2.2 Kegelräder

Die Bestimmungsgrößen und Begriffsdefinitionen für Kegelräder sind in DIN 3971 genormt. Danach sind Kegelräder Zahnräder, die in Wälzgetrieben mit sich schneidenden Getriebeachsen eine Drehbewegung übertragen. Die zugehörigen Wälzflächen sind Kegelmantelflächen, deren Spitzen im Schnittpunkt der beiden Drehachsen liegen. Eine Ausnahme bilden die Hypoidgetriebe, bei denen die Achsen versetzt sind. Eine Kegelradverzahnung ist eindeutig festgelegt durch den Kegelwinkel des Teilkegels (in Sonderfällen des Erzeugungswälzkegels) und die zugehörige Planradverzahnung. Das Planrad ist eine ebene, verzahnte Scheibe, deren Teilfläche (Planradteilebene) eine kreisförmige Planfläche senkrecht zur Drehachse ist. Die Planradteilebene hat ihre Mitte im Schnittpunkt der Kegelradachsen; sie wird außen vom Planradteilkreis begrenzt. Das Planrad kann als ein Kegelrad mit dem Teilkegelwinkel $\delta_o = 90°$ angesehen werden; dabei gehen die Teilkegelmantelfläche und die Teilkreisfläche des Kegelrads in die Planradteilebene über (Bild 5).

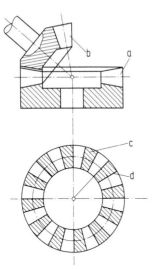

Bild 5. Kegelradverzahnung
a Planrad, b Kegelrad, c Planrad-Teilfläche, d Geradzähne

Nach dem Verlauf der Flankenlinien kann zwischen Gerad-, Schräg- und Bogenverzahnungen unterschieden werden (Bild 6). Bei Geradzahnkegelrädern sind die Flankenlinien der Planradverzahnung Geraden, die durch die Planradmitte gehen (Bild 6 A). Bei Schrägzahnkegelrädern sind die Flankenlinien ebenfalls Geraden, die einen Kreis um die Planradachse tangieren (Bild 6 B). Bei der Bogenverzahnung sind die Flankenlinien der Planradverzahnung Kurven, die je nach dem Herstellungsverfahren verschiedene Formen und Lagen zur Wälzachse haben (Bild 6 C).

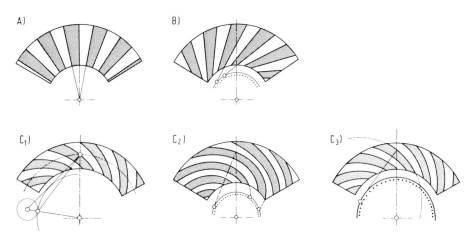

Bild 6. Einteilung der Kegelradverzahnungen nach dem Verlauf der Flankenlinien
A) Geradverzahnung, B) Schrägverzahnung, C_1) Zykloidenverzahnung linkssteigend, C_2) Evolventenverzahnung linkssteigend, C_3) Kreisbogenverzahnung linkssteigend (C_1 bis C_3 Bogenverzahnungen)

Die Zahnformen beider Glieder eines Getriebepaars werden durch Wälzen an zwei komplementären Planrädern mit meist geradlinigen Bezugsprofilen erzeugt.
Bei den Wälzverfahren zur Herstellung von Kegelrädern hüllen die sich bewegenden Schneidkanten des Werkzeugs die Konturen der Zahnflanke eines Planradzahns ein. Werden die sich hin- und herbewegenden Schneidkanten langsam um die Planradachse geschwenkt, so wird, abgeleitet von den Wälzbewegungen des Kegelrads mit dem Planrad, das Kegelradzahnprofil durch Aneinanderreihen von Hüllflächen erzeugt (Bild 7).

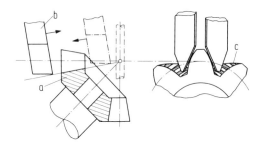

Bild 7. Bearbeitung von Kegelrädern mit geradflankigen Werkzeugen
a Werkstück, b Werkzeug, c Hüllflächen

Die Planradverzahnung ist durch den Planradteilkreis, das Bezugsprofil, die Größen in der Planradteilebene und die Kopf- und Fußmantelflächen gekennzeichnet. Die wichtigsten Bestimmungsgrößen einer Planradverzahnung zeigt Bild 8. Aus Bild 9 sind die Achskreuzungswinkel zu ersehen.
Die geometrischen Hauptgrößen bogenverzahnter Kegelräder sind die gleichen, lediglich die Zahnleitlinien sind gekrümmt. Der Verlauf der Zahnradlängskrümmung ist von dem zum Einsatz kommenden Fertigungsverfahren abhängig und kann, von der Kegelspitze aus gesehen, rechtssteigend (Rechtsspirale genannt) oder linkssteigend (Links-

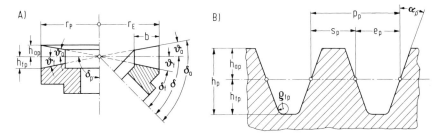

Bild 8. Bestimmungsgrößen einer Kegelrad-Planrad-Paarung
A) Bestimmungsgrößen eines Kegelrads und eines Planrads, B) Bezugsprofil für Stirnräder mit Evolventenverzahnung
b Zahnbreite, e_p Lückenweite auf Planradteilkreis, h_{ap} Kopfhöhe, h_{fp} Fußhöhe, h_p Zahnhöhe, p_p Planteilung, r_E Radius des äußeren Teilkegels, r_p Teilkreisradius des Planrads, s_p Zahndicke auf Planradteilkreis, α_p Flankenwinkel, δ Teilkegelwinkel, δ_a Kopfkegelwinkel, δ_f Fußkegelwinkel, δ_p Planradkegelwinkel, ϑ_a Kopfwinkel, ϑ_f Fußwinkel, ϱ_{fp} Fußrundungsradius

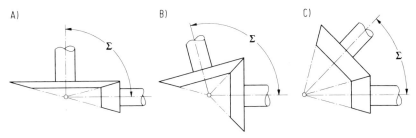

Bild 9. Kegelräder mit unterschiedlichem Achsenwinkel Σ
A) $\Sigma = 90°$, B) $\Sigma > 90°$, C) $\Sigma < 90°$

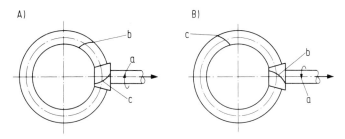

Bild 10. Bogenverzahnte Kegelräder
A) rechtsspiraliges Tellerrad mit linksspiraligem Ritzel, B) linksspiraliges Tellerrad mit rechtsspiraligem Ritzel
a Hauptdrehrichtung, b Rechtsspirale, c Linksspirale

spirale genannt) sein. Zu einem rechtsspiraligen Tellerrad gehört ein linksspiraliges Ritzel und umgekehrt (Bild 10). Die Spiralrichtungen werden allgemein so gewählt, daß die durch die Hauptdrehung erfolgenden Kräfte das Ritzel von der Tellerradachse abdrängen.

Das Bezugsprofil nach DIN 867 findet in seiner reinen Form selten Anwendung. In der Praxis werden aus Gründen der Übertragungsfähigkeit sowie des Laufverhaltens Profilverschiebungen ausgeführt, die sowohl in Richtung der Zahnhöhe als auch in Richtung der Zahndicke vorgenommen werden. Profilverschiebungen werden häufig bei Rad und Gegenrad gleich groß aber gegenläufig ausgeführt. Um bestimmte Tragbilder zu erzeugen, werden häufig Zahnhöhen- und Zahnlängs-Profilkorrekturen ausgeführt.

Sehr verbreitet sind besonders in der Automobilindustrie achsversetzte Kegelradgetriebe, auch Hypoidgetriebe genannt. In Bild 11 A ist ein Hypoidgetriebe gezeigt, bei dem die Achsversetzung A_K positiv gewählt ist, also in Spiralrichtung des Großrads. Bei diesen Getrieben ist dann der Spiralwinkel am Ritzel größer als am Tellerrad, so daß auch der Ritzeldurchmesser größer als am normalen Kegelradsatz ist. Bild 11 B zeigt einen Hypoidsatz mit negativer Achsversetzung A_K. Der Spiralwinkel am Ritzel wird kleiner und somit auch der Ritzeldurchmesser.

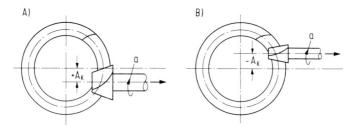

Bild 11. Achsenversetzte Kegelradgetriebe (Hypoidgetriebe)
A) rechtsspiraliges Tellerrad mit linksspiraligem Ritzel und positiver Achsenversetzung, B) rechtsspiraliges Tellerrad mit linksspiraligem Ritzel und negativer Achsenversetzung
a Hauptdrehrichtung, A_K Achsenversetzung

Im Betriebszustand verlagern sich durch die zu übertragenden Kräfte die eingebauten Kegelräder zueinander. Damit durch diese Verlagerung kein Kantentragen an den Zähnen entsteht, werden in Zahnlängsrichtung ballige Zähne gefertigt (Bild 12). Die

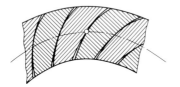

Bild 12. Ballige Zähne

Balligkeit darf nicht zu groß sein, da sonst eine zu hohe Flächenpressung auf den Zahnflanken entsteht. Bild 13 zeigt den Einfluß der Zahnlängskrümmung auf die entstehenden Tragbilder, wenn Verlagerungen normal zum Zahn im Berechnungspunkt P angenommen werden. Man erkennt, daß die Bogenverzahnung in Bild 13 B gegenüber der in Bild 13 A gezeigten Schrägverzahnung (Geradzahn) hinsichtlich der Gefahr des Kantentragens wesentlich unempfindlicher ist. Die Zahnballigkeit kann deshalb auch entsprechend kleiner sein.

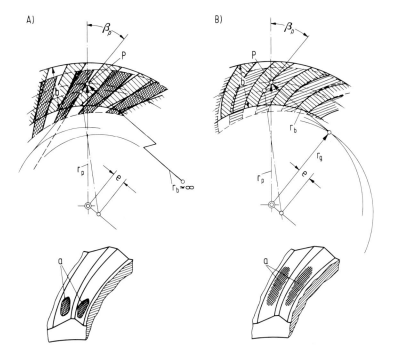

Bild 13. Einfluß der Zahnlängskrümmung auf die entstehenden Tragbilder
A) Schrägverzahnung, B) Bogenverzahnung
a Tragbild, b Verzahnungsbreite, e Exzentrizität, P Berechnungspunkt, r_b Krümmungsradius der Zahnflanken, r_g Grundkreisradius, r_p Teilkreisradius, β_p Zahnschrägungswinkel

Wie bei den Geradzahnkegelrädern dient auch bei den Bogenzahnkegelrädern vorwiegend das Planrad als Erzeugungsgrundlage. Wenn der Teilkegelwinkel des Großrads größer als 60° ist, wird oft aus wirtschaftlichen Gründen eine andere Erzeugungsbasis gewählt. Das Großrad wird dann in der Regel mit geradprofiligen Messern nur eingestochen, so daß sich am gefertigten Rad gerade Zahnhöhenprofile ergeben. Der Teilkegel des Tellerrads dient bei der Herstellung des dazugehörigen Ritzels dann als Erzeugungsgrundlage. So gefertigte Kegelradsätze kämmen ebenfalls einwandfrei zusammen. Dieses Fertigungsverfahren bietet besonders bei der Herstellung von extremen Hypoidgetrieben große Vorteile, da diese Erzeugungsgrundlage gegenüber der des Planrads dann korrekt ist.

16.2.3 Schnecken

Nach der Form des Schneckengrundkörpers unterscheidet man Zylinderschnecken und Globoidschnecken; das zugehörige Schneckenrad besitzt in beiden Fällen Globoidform. Bild 14 zeigt die äußeren Unterschiede zwischen einem Globoidrad und einem Zylinderrad bzw. zwischen einer Globoidschnecke und einer Zylinderschnecke. *Zylinderschnecken* können nach DIN 3975 als ZA-, ZN-, ZK- oder ZI-Schnecken ausgeführt werden; sie besitzen dann die Flankenform A, N, K oder I. Diese haben folgende Bedeutung:

A Axialschnitt der Schnecke gerade,
N Normalschnitt der Schnecke gerade,
K Als Werkzeug ist eine Kegel- bzw. Doppelkegelscheibe (mit geradem Axialschnittprofil) geeignet,
I Abkürzung für Involute (Engl. Evolvente). Das Stirnschnittprofil der Schnecke ist eine Kreis-Evolvente (früher verwendetes Symbol E).

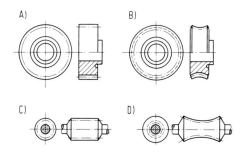

Bild 14. Zylinderrad, Schnecke und Schneckenrad
A) Zylinderrad, B) Globoidrad, C) Zylinderschnecke, D) Globiodschnecke

Eine *ZA-Schnecke* (archimedische Spiralschnecke, Bild 15 A) entsteht durch Drehen, wenn ein Drehmeißel a mit gerader Schneidkante so angestellt wird, daß die Schneide im Axialschnitt der Schnecke liegt. Ein der Flankenform A gut angenähertes Profil läßt sich durch Wälzschälen erzeugen, wenn das Schälrad b kreisevolventisches Profil besitzt und die Schneiden im Axialschnitt des Werkzeugs arbeiten.

Eine *ZN-Schnecke* (Bild 15 B) entsteht durch Drehen, wenn ein trapezförmiger Drehmeißel a (mit geraden Schneiden) so angestellt wird, daß die Symmetrielinie die Schneckenachse unter dem Mittenschrägungswinkel $(90° - \gamma_m)$ schneidet und die Spanfläche um den Mittensteigungswinkel γ_m zur Achse geneigt ist. Die Flankenform N läßt sich auch unter Verwendung entsprechend ausgebildeter Fingerfräser c oder Scheibenfräser d erzeugen.

Eine *ZK-Schnecke* (Bild 15 C) entsteht, wenn ein drehendes Werkzeug (z.B. eine Schleifscheibe), das in seinem Axialschnitt ein trapezförmiges (geradflankiges) Profil besitzt, so angestellt wird, daß sich Werkzeug- und Werkstückachse unter dem Mittensteigungswinkel γ_m kreuzen. Das K-Profil ist durch die Werkstückauslegung allein nicht festgelegt; vielmehr ist das Profil zusätzlich vom Werkzeugdurchmesser abhängig. Das Profil ändert sich also z.B. nach jedem Abrichten der Schleifscheibe.

Eine *ZI-Schnecke* (Evolventenschnecke) entsteht durch Drehen, wenn ein Drehmeißel mit gerader Schneide so angestellt wird, daß die Schneide die Schneckenachse unter dem Winkel $(90° - \gamma_m)$ im Abstand r_b (Grundzylinder-Halbmesser) kreuzt. Eine ZI-Schnecke entsteht auch durch Schleifen mit einer ebenen Schleifscheibe (Bild 15 D), deren Achse zur Schneckenachse unter dem Winkel γ_m geschwenkt und um den Erzeugungswinkel α_0 geneigt ist.

Bei gleich ausgelegten Schnecken unterschiedlicher Flankenform sind die Axialschnittprofile der ZN-Schnecke leicht hohl, die der ZA-Schnecke gerade, die der ZK- und ZI-

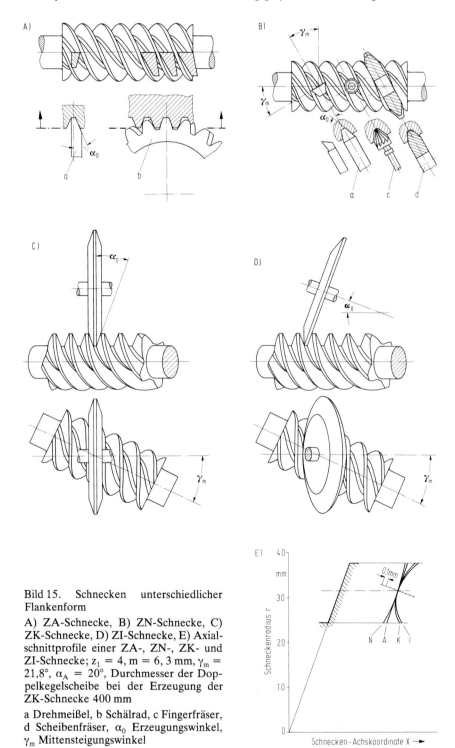

Bild 15. Schnecken unterschiedlicher Flankenform

A) ZA-Schnecke, B) ZN-Schnecke, C) ZK-Schnecke, D) ZI-Schnecke, E) Axialschnittprofile einer ZA-, ZN-, ZK- und ZI-Schnecke; $z_1 = 4$, $m = 6{,}3$ mm, $\gamma_m = 21{,}8°$, $\alpha_A = 20°$, Durchmesser der Doppelkegelscheibe bei der Erzeugung der ZK-Schnecke 400 mm

a Drehmeißel, b Schälrad, c Fingerfräser, d Scheibenfräser, α_0 Erzeugungswinkel, γ_m Mittensteigungswinkel

Schnecke stark ballig [8]; dies wird bestätigt durch das Beispiel in Bild 15 E. Die dargestellte Schnecke ist vierzähnig; sie besitzt einen Teilkreishalbmesser r = 32 mm, einen Modul m = 6,3 mm und einen Mittensteigungswinkel γ_m = 21,8°. Der Erzeugungswinkel der ZA-Schnecke ist α_A = 20°; der Durchmesser der Schleifscheibe beim Profilieren der ZK-Schnecke betrug d_{a0} = 400 mm.

Zylinderschnecken können durch Drehen, Schleifen, Fräsen, Wirbeln und Schälen spanend bearbeitet werden. Durch entsprechende Gestaltung und Positionierung der Werkzeuge können zwar nach jedem dieser Verfahren die vier genormten Flankenformen erzeugt werden; üblich ist dies jedoch nur beim Schneckenschleifen auf Maschinen mit universellem Abrichtgerät.

Globoidschnecken lassen sich herstellen durch Schälen auf Wälzfräsmaschinen im Radial- oder Axialverfahren, außerdem durch Drehen oder Schleifen unter Verwendung von Sondereinrichtungen. Beim Drehen oder Schleifen führt das Werkzeug die Vorschubbewegung aus. Um die Globoidform der Schnecke zu erzeugen, erfolgt diese Vorschubbewegung nicht geradlinig in Richtung der Werkstückachse, sondern auf einer Kreisbahn. Die Drehbewegung des Werkzeugs während des Vorschubs und die Drehbewegung der Schnecke sind über ein Getriebe kinematisch miteinander gekoppelt.

Duplexschnecken sind Schnecken, bei denen beide Flanken mit unterschiedlicher Steigungshöhe ausgeführt werden, die Zahndicke also über der Schneckenbreite kontinuierlich zunimmt. Über die axiale Lage der Schnecke im eingebauten Zustand läßt sich das aufgrund von Fertigungstoleranzen oder Verschleiß vorliegende Flankenspiel einstellen. Die beiden Flanken von Duplexschnecken müssen mit unterschiedlicher Maschineneinstellung bearbeitet werden. Es ist darauf zu achten, daß das Werkzeug im Bereich der großen Zahndicke, also der geringen Lückenweite, die Gegenflanke nicht beschädigt.

16.2.4 Schneckenräder

Schneckenräder lassen sich nur auf Wälzfräsmaschinen verzahnen. Werkzeug und Werkstück drehen sich dabei wie Schnecke und Schneckenrad in einem Getriebe. Bei der Bearbeitung ist neben der Drehung noch eine Zustellbewegung erforderlich. Nach der Richtung dieser Zustellbewegung unterscheidet man die Verfahren Radial-, Tangential- und Radial-Tangentialfräsen (Bild 16). Die Fräserhüllschraube ist ein gedachter, schneckenförmiger Körper, auf dessen Flanken die Schneiden des Wälzfräsers liegen. Schnecke und Fräserhüllschraube müssen bis auf folgende Unterschiede form-

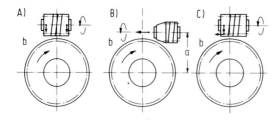

Bild 16. Fräsen von Schneckenrädern
A) Radialfräsen, B) Tangentialfräsen, C) Radial-Tangentialfräsen
a Achsabstand, b Einlaufseite

gleich sein: Der Fräser muß in der Zahndicke um das Flankenspiel und im Kopfkreisdurchmesser um das doppelte Kopfspiel größer als die Schnecke sein; außerdem werden Schneckenradfräser mit geringfügigen Unterschieden zur Schnecke bezüglich Durchmesser, Steigungswinkel (Steigungshöhe) und Erzeugungswinkel ausgelegt, um trotz unvermeidbarer geometrischer Abweichungen bei Fertigung und Montage des Getriebes ein günstiges Tragbild zu erhalten [1]. Schließlich ist auf die Änderung des Kopfkreisdurchmessers beim Schärfen des Werkzeugs hinzuweisen.

16.3 Übersicht der spanenden Verzahnungsmaschinen

o. Prof. Dr.-Ing. M. Weck, Aachen
Dipl. Ing. J. Goebbelet, Aachen

16.3.1 Wälzfräsmaschinen

Zylinderräder

Zylinderradwälzfräsmaschinen arbeiten im kontinuierlichen Wälzverfahren mit einem Wälzfräser als Zerspanwerkzeug. Der Hüllkörper des Wälzfräsers ist eine zylindrische Evolventenschnecke. Aus dieser Schnecke entsteht das Werkzeug, indem die Schneckengänge durch Spannuten unterbrochen und die Flanken der entstehenden Schneidzähne hinterarbeitet werden, damit sie frei schneiden.

Zur Vorstellung der beim Wälzfräsen ablaufenden Bewegungen dient die vergleichende Darstellung mit Stoßen in Bild 17. Während der Wälzbewegung drehen sich Werkzeug und Werkstück wie Schnecke und Schneckenrad; die Fräserdrehung ergibt auch die

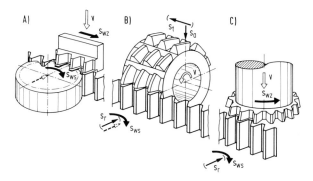

Bild 17. Vergleichende Darstellung der Bewegungen
A) beim Wälzstoßen mit Kammwerkzeug, B) beim Wälzfräsen, C) beim Wälzstoßen mit Schneidrad
s_a Axialvorschub, s_r Radialvorschub, s_t Tangentialvorschub, s_{ws} Wälzvorschub des Werkstücks, s_{wz} Wälzvorschub des Werkzeugs, v Schnittgeschwindigkeit

Schnittbewegung. Die Erzeugung einer Verzahnung ist durch verschiedene Bewegungsabläufe zwischen Werkzeug und Werkstück realisierbar. Diese unterschiedlichen Wälzfräsverfahren werden unter 16.4.1.1 eingehend beschrieben.

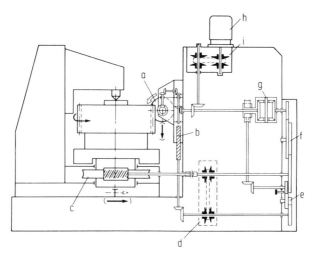

Bild 18. Getriebeschema einer Wälzfräsmaschine
a Fräser, b Vorschubspindel, c Teilschneckenrad, d stufenlos verstellbares Vorschubgetriebe, e Differential-Wechselradgetriebe, f Teil-Wechselradgetriebe, g Differentialgetriebe, h Hauptmotor, i Getriebe zur Einstellung der Frässpindeldrehzahl

Das vereinfachte Getriebeschema einer Wälzfräsmaschine ist in Bild 18 dargestellt. Vom Hauptmotor wird einerseits der Fräser direkt und andererseits der Werkstücktisch über das Teilwechselradgetriebe und eine zwischengeschaltete Teleskop-Schneckenwelle angetrieben. Durch die Wahl der Teilwechselräder wird die Drehbewegung von Werkzeug und Werkstück in Abhängigkeit von der Werkstückzähnezahl und der Frässergangzahl koordiniert. Von der Schneckenwelle wird über ein Vorschubwechselgetriebe oder, wie in Bild 18, über ein stufenlos verstellbares Getriebe die Drehung der Axialvorschubspindel abgeleitet. Bei der Herstellung von Schrägverzahnungen sowie beim Diagonalfräsen wird in das Differentialgetriebe (Summiergetriebe) eine Zusatzbewegung eingeleitet. Dazu wird der Differentialkorb gelöst und über entsprechend ausgewählte Differentialwechselräder in eine Drehbewegung versetzt. Eine ausführliche Darstellung dieser Kinematik der Wälzfräsmaschine zeigt Bild 19. Hier ist auch erkennbar, wie von der Antriebswelle der Axialvorschubspindel die Drehbewegung für die Radialvorschubspindel abgeleitet wird [1].
Bei kleineren und mittleren Universal-Wälzfräsmaschinen (Bild 20) ist der Ständer am Bett verschraubt. Der Werkstückschlitten mit Gegenhalter ist zur Ausführung des Radialvorschubs horizontal verfahrbar und wird über die Radialvorschubspindel angetrieben. Die Hauptspindel ist auf dem Schlitten über Tangentialführung und Tangentialspindel verschiebbar und zur Einstellung des Steigungswinkels der Schnecke bzw. des Schrägungswinkels des Werkstücks neigbar angeordnet. Wälz- und Vorschubgetriebe befinden sich im Ständer.
Bei großen Maschinen und bei Maschinen, die vielfach mit automatischen Beschickungseinrichtungen betrieben werden, ist der Tisch stationär und der Ständer verschiebbar. In letzterem befinden sich nur noch die Hauptantriebswelle und die Vorschubwelle, während die übrigen Antriebselemente aus Gründen einer besseren Wärmeabfuhr in einem separaten Getriebekasten an der linken Maschinenseite untergebracht sind.

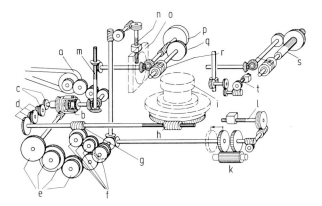

Bild 19. Schema des Antriebssystems einer Wälzfräsmaschine
a Hauptantrieb mit Wechselrädern, b Differentialgetriebe, c Umschalträder, d Teil-Wechselradgetriebe, e Differential-Wechselradgetriebe, f Vorschub-Wechselradgetriebe, g Vorschubantrieb, h Teilgetriebe, i Werkstück, k Schalträder für Radialvorschub, l Radialvorschubspindel, m Stehwelle für Fräserantrieb, n Axialvorschubspindel, o Axialschlitten, p Schwungscheibe, q Fräskopfgetriebe (der Fräskopf ist auswechselbar), r Wälzfräser, s Tangentialfräskopf (auswechselbar), t Tangentialvorschubspindel

Bild 20. Wälzfräsmaschine

Kegelräder

Im Gegensatz zu den Maschinen zum ausschließlich kontinuierlichen Wälzfräsen von Zylinderrädern können Kegelradwälzfräsmaschinen sowohl im Teilwälzverfahren als auch kontinuierlich arbeiten. Als Werkzeuge werden Scheibenfräser, Messerkopffräser und Kegelschneckenfräser eingesetzt.

Kegelrad-Teilwälzfräsmaschinen arbeiten überwiegend mit zwei großen, kammartig ineinandergreifenden Radial-Messerköpfen (Scheibenfräser) mit leicht auswechselbaren

Messern. Die Schneidkanten sämtlicher Messer verkörpern dabei einen Zahn eines gedachten Planrads, an dem der zu verzahnende Radkörper abgewälzt wird. Bild 21 zeigt den Arbeitsraum einer solchen Maschine mit den beiden Werkstückstationen und den ineinandergreifenden Messerköpfen. Bei kleineren Moduln bis m = 6 mm stechen die beiden Scheibenfräser zunächst in das stillstehende Werkstück eine Lücke ein (Tauchfräsen); danach beginnt das Auswälzen, bei dem der Wälzkegel des Werkstücks auf der Wälzebene abrollt. Jede Zahnlücke wird in einem Schnitt aus dem Vollen fertigverzahnt; nach dem Auswälzen der Zahnlücke wird weitergeteilt. Im Modulbereich m ≧ 7 mm wird dagegen in zwei Schnitten getrennt durch Tauchfräsen geschruppt und durch Wälzen geschlichtet. Ein Vorschub in Zahnlängsrichtung ist normalerweise nicht erforderlich, da infolge der großen Messerkopfdurchmesser auch die größte auf der Maschine zu verzahnende Radbreite überdeckt wird, ohne daß der Zahngrund unzulässig hohl geschnitten wird. Tauch- und Wälzvorschub sind bei neuzeitlichen Maschinen stufenlos einzustellen; darüber hinaus kann der Wälzvorschub in Abhängigkeit vom Wälzweg verändert werden.

Bild 21. Arbeitsraum einer Zwillingswälzfräsmaschine für Geradzahnkegelräder

Die Messer des Werkzeugs sind weitgehend universell zu verwenden. Innerhalb eines gewissen Modulbereichs können mit dem gleichen Messersatz auch Werkstücke mit unterschiedlichen Moduln verzahnt werden, was den Einsatz dieser Maschinen mitunter auch bei kleineren Serien wirtschaftlich erscheinen läßt.
Bei einer anderen Bauform der im Teilwälzverfahren arbeitenden Kegelradwälzfräsmaschinen wird als Werkzeug ein Stirn-Messerkopf eingesetzt, der die Herstellung *kreisbogenverzahnter* Kegelräder ermöglicht. Auch bei dieser Verfahrensvariante stellt die Gesamtheit der Messerkopfzähne einen Zahn des imaginären Planrads dar, und das Werkstück führt eine Wälzbewegung auf der Planradebene aus, wodurch das Zahnprofil eingehüllt wird. Die bei einer solchen Messerkopf-Kegelradwälzfräsmaschine zu realisierenden Einstellmöglichkeiten und Bewegungen zwischen Werkzeug und Werkstück bedingen eine Vielzahl von Maschinenfreiheitsgraden, wie unter 16.4.3 eingehend erläutert wird.

Das Getriebeschema der Maschine ist in Bild 22 dargestellt; es läßt sich im wesentlichen in drei Antriebssysteme aufgliedern. Der *Messerkopf* wird über die Messerkopfwechselräder direkt und unabhängig vom übrigen Antriebssystem angetrieben. Der *Wälzgetriebezug* wird von einer Gleichstrom-Antriebseinheit angetrieben; der eigentliche Wälzablauf erfolgt über einen Thyristorantrieb, der von Schaltnocken auf der Wiegensteuertrommel gesteuert wird. Mit einer einfachen Skalensteuerung kann so der Verzahnungstakt in separate Einstech- und Wälzvorgänge unterteilt werden. Der *Teilungsantrieb* erfolgt von einem Hydraulikmotor auf eine Welle, deren Bewegung über ein Differential und Teilwechselräder auf die Werkstückspindel übertragen wird. Elektrische Steuerungen lösen den Teilvorgang aus und überwachen ihn bis zur Beendigung und Verriegelung. Der Anti-Flankenspiel-Motor beaufschlagt den Getriebezug mit einem konstanten Drehmoment. Hierdurch wird die beim Verzahnen auf die Werkstückspindel aufgebrachte Bremslast verringert, wodurch insgesamt die Teilungsgenauigkeit der Maschine erhöht wird.

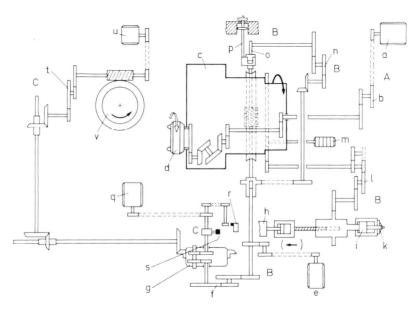

Bild 22. Getriebeschema einer Kegelrad-Teilwälzfräsmaschine
A) Messerkopfantrieb, B) Wälzgetriebezug, C) Teilungsantrieb
a Messerkopfantriebsmotor, b Wechselräder für Messerkopfdrehzahl, c Wiege (Wälztrommel), d Messerkopf, e Gleichstrom-Wälzantriebsmotor, f Wälz-Wechselräder, g Differentialgetriebe, h Schlittengrundplatte, i Zustellkolben, k Einstell- und Zustellskala für Schraubvorschub, l Schraubvorschub-Wechselräder, m Arbeitstakt-Steuertrommel, n Wechselräder für modifizierte Rollung, o Nocken, p Schneckenversetzung für modifizierte Rollung, q Teilungsantriebsmotor, r Teilungszählwerk, s Teilungsverriegelung, t Teil-Wechselrädergetriebe, u Anti-Flankspiel-Motor, v Werkstückspindel

Je nachdem, ob Tellerräder mit relativ geringen Flankenkrümmungen oder Ritzel mit stark gekrümmten Zähnen hergestellt werden sollen, ob die Bearbeitung in einem Fertigschnitt aus dem Vollen oder in einer Kombination aus Schrupp- und Schlichtschnitten erfolgen soll, ob ohne, mit einfacher, doppelter oder modifizierter Wälzung gearbeitet werden soll, können auf diesen Maschinen eine Reihe abgewandelter Bewegungsabläufe eingestellt werden [9].

Durch den Einsatz von mehrgängigen Stirnmesserköpfen und einer festen Getriebeverbindung zwischen Messerkopf- und Werkstückbewegung, deren Übersetzung dem Verhältnis zwischen Gangzahl (Zahl der Messergruppen) des Fräsers und Zähnezahl des Werkstücks entspricht, ist die kontinuierliche Erzeugung von Kegelrädern auf sog. *Spiralkegelrad-Wälzfräsmaschinen* möglich. Die spiralförmigen Flankenlinien im gedachten Planradsystem entsprechen verlängerten Epizykloiden, die den verschiedenen Verfahrensvarianten ihren Namen geben. Der Messerkopf ist stationär auf der Wälztrommel angeordnet; die Vorschubbewegung führt den Messerkopf durch das Eingriffsfeld des zu verzahnenden Rades, wobei seine Schneidmesser zunächst in einem Einstechvorgang die Zahnlücken vom Kopf bis zum Fuß kontinuierlich ausfräsen. Zur Ausformung der Zahnflanken wird anschließend die Wälztrommel bewegt. Dieser Wälzvorschub entspricht kinematisch einer zusätzlichen Drehung des Erzeugungsplanrads, die über ein Differential und Wechselräder in der Werkstückdrehung ausgeglichen wird.

Die Entstehung der epizyklischen Flankenlinien ist an Hand von Bild 23 am Beispiel eines einteiligen Messerkopfs erläutert. Gezeichnet ist die Schnittbahn der jeweils aus zwei Messern bestehenden Messergruppen, von denen eine die konkave und die andere die konvexe Seite der Zahnlücke schneidet. Der Darstellung ist zu entnehmen, daß während einer Umdrehung des Messerkopfs acht Zahnlücken bearbeitet werden, d.h. der Messerkopf ist achtgängig.

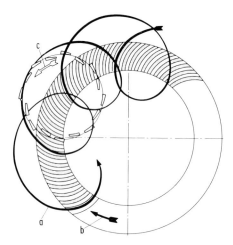

Bild 23. Flankenlinienentstehung beim *Spiromatic*-Verfahren

a abgewickelter Weg eines Zahns am Messerkopf, b Abwälzbewegung des Werkstücks, c Schnittbewegung des Messerkopfs

Bei Verwendung eines zweiteiligen Messerkopfs läßt sich der Abstand der Drehachse der beiden Messerkopfteile, die sog. Exzentrizität, stufenlos einstellen. Die beiden Teile des Messerkopfs, von denen der eine die innen-, der andere die außenschneidenden Flankenmesser und außerdem je ein Mittelmesser trägt, werden über eine Kreuzscheibenkupplung synchron angetrieben. Infolge der Exzentrizität ergeben sich beim Abwälzen mehr oder weniger unterschiedliche Flugkreisradien für die Innen- bzw. Außenmesser, wodurch sich gezielt unterschiedliche Flankenkrümmungen und unterschiedliche Richtungskorrekturen (Balligkeiten) an den Schub- und Zugflanken des Werkstücks herstellen lassen.

Der *Teil- und der Wälzgetriebezug* einer Spiralkegelrad-Wälzfräsmaschine (Bild 24) ähnelt in wesentlichen Teilen denen von Zylinderrad-Abwälzfräsmaschinen. Vom Hauptantriebsmotor wird über die Maschinenhauptwelle nach der einen Seite über ein stark untersetzendes Stirnradvorgelege der Messerkopf und nach der anderen Seite über Teilwechselräder, das Differential und über zwei Winkelgetriebe und die Übertragungswelle der Werkstückspindelstock angetrieben. Ein Kegelradpaar treibt die Schneckenwelle des Teilgetriebes an, die über ein Stirnradpaar mit der Gegenschnecke kinematisch gekoppelt ist. Der Wälzvorschub der Wälztrommel wird von einem separaten Gleichstrommotor in die Schneckenwelle des Wälztrommelantriebs eingeleitet. Für das schnelle Rückwälzen ist eine zweite, durch eine Kupplung einschaltbare Übersetzung zwischen Motor und Schneckenwelle vorgesehen. Die den Wälzvorschub ausgleichende Zusatzdrehung des Werkstücks wird über die Differentialwechselräder und das Differential unter Umgehung der Teilwechselräder unmittelbar der zwangsläufigen Teilungsdrehung überlagert.

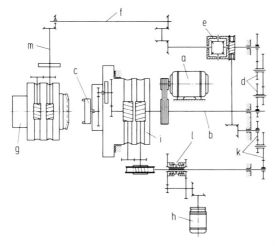

Bild 24. Teil- und Wälzgetriebezug einer Spiralkegelrad-Wälzfräsmaschine (*Zyklo-Palloid*-Verfahren)
a Hauptantriebsmotor, b Maschinenhauptwelle, c Messerkopf (zweiteilig mit vorgeschaltetem Spezialgetriebe), d Teil-Wechselradgetriebe, e Differentialgetriebe, f Übertragungswelle, g Werkstückspindel, h Wälzantriebsmotor, i Wälztrommel mit Planscheibe, k Differential-Wechselräder, l Kupplung für Wälzvorschub und Eilrücklauf, m Schneckenwelle des Teilgetriebes

Mit Hilfe eines weiteren Getriebezugs für den Tauchvorschub, auf den hier nicht näher eingegangen wird, können bei neuzeitlichen Maschinen verschiedene automatische Arbeitsabläufe, wie separates Tauchen, separates Wälzen, Tauchen mit anschließendem Wälzen sowie zweimaliges Tauchen mit anschließendem Wälzen, realisiert werden.

Hierbei kommt dem Tauchen der Charakter der Schruppbearbeitung zu, während beim Wälzen in der Regel nur noch geschlichtet wird.

Der Maschinenaufbau sei an Hand des Bildes 25 erläutert. Das Maschinenbett trägt an seiner rechten Seite auf einer Doppelprismenführung das Maschinengehäuse mit dem Antrieb, der Planscheibe und dem Werkzeugträger und auf seiner linken Seite den Rundsupport mit dem Werkstückspindelstock. Die Wälztrommel mit der den Messerkopf tragenden Planscheibe ist im Maschinengehäuse radial und axial gelagert und wird mit Hilfe eines Ritzels eingeschwenkt, das in eine am Bett befestigte Rollenkette eingreift. Die Höhenverstellung des Supports geschieht über zylindrische Säulenführungen. Im oben liegenden Querbalken verläuft die Getriebeübertragungswelle vom Maschinengehäuse zum Werkstückspindelstock [10].

Durch die Verwendung eines vielschneidigen kegeligen Wälzfräsers gelangt man zu einer kontinuierlich arbeitenden Spiralkegelrad-Wälzfräsmaschine, die in ihrer Kinematik den Zylinderrad-Wälzfräsmaschinen noch ähnlicher ist. Der Fräser, dessen Grundform eine Kegelschnecke ist, verschraubt sich mit dem zu verzahnenden Radkörper wie eine Schnecke und ein Schneckenrad. Er führt dabei zugleich eine kreisförmige

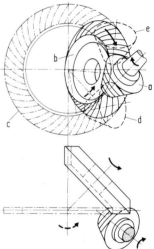

Bild 25. Spiralkegelrad-Wälzfräsmaschine

Bild 26. Flankenlinienentstehung beim Palloid-Verfahren
a Werkzeug, b Werkstück, c gedachtes Planrad, d Anfangsstellung des Werkzeugs, e Endstellung des Werkzeugs

Bild 27. Kegelradfräsen mit Kegelschneckenfräser (*Palloid*-Verfahren)
A) Anschneiden am Umfang, B) Eintauchen auf volle Zahntiefe, C) Endstellung nach dem Auswälzen

Schwenkbewegung, den Wälzvorschub, um die Achse des imaginären Planrads aus, die ihn durch das Eingriffsfeld des zu verzahnenden Rads führt (Bild 26). Da das Fräswerkzeug zu Beginn des Fräsvorgangs gleich auf die volle Zahntiefe eingestellt wird, dringt es allmählich, das Werkstück normalerweise am Umfang anschneidend, in dieses ein und hat die Verzahnung fertiggestellt, wenn es das Profil am Innenrand des Rads ausgewälzt hat (Bild 27). Da der Fräser mit seiner in der Planradteilebene liegenden Teilkegelmantellinie so eingestellt wird, daß diese einen bestimmten Kreis um die Planradmitte berührt, auf dem auch die gedachte Fräserspitze liegen muß, schneidet jeder Fräserzahn auf einem schmalen Ringstreifen die Flanken vom Kopf bis zum Fuß fertig [11].

Schnecken und Schneckenräder

In der Praxis werden vier unterschiedliche Zylinderschneckenprofile unterschieden. Davon entspricht die Flankenform I (ZI-Schnecke; Evolventenschnecke), die hauptsächlich in der Feinmechanik Anwendung findet, der Flankenform von Zylinderrädern mit Evolventenverzahnung und kann daher auch auf Abwälzfräsmaschinen und Wälzschleifmaschinen hergestellt werden.

Für das Wälzfräsen von Schnecken gelangen grundsätzlich die gleichen Maschinen wie für das Wälzfräsen von Zylinderrädern zur Anwendung. Schnecken besitzen jedoch meist kleine Steigungs- und damit große Schrägungswinkel, was den Anteil der Schnittkraft in Umfangsrichtung des Werkstücks stark vergrößert. Um ein Abheben des Teilschneckenrads von der Teilschnecke des Tischantriebs zu vermeiden, wird hier in jedem Fall die Schnittrichtung entgegengesetzt der Tischdrehung gewählt. Darüber hinaus ist die Zähnezahl der zu fertigenden Schnecken im allgemeinen klein, was vielfach den Einsatz spezieller Teilgetriebezüge mit kleinen Teilkonstanten erfordert.

Bild 28. Wälzfräsen eines Schneckenrads auf einer Wälzfräsmaschine

Schneckenräder werden grundsätzlich auf Wälzfräsmaschinen verzahnt (Schraubwälzfräsen). Werkzeug und Werkstück verschrauben sich dabei wie Schnecke und Schneckenrad (Bild 28); deshalb muß der verwendete Wälzfräser mit der Schnecke, die mit dem verzahnten Schneckenrad kämmen soll, hinsichtlich Durchmesser, Gangzahl und Erzeugungswinkel formengleich sein.

16.3.2 Profilfräsmaschinen

Zylinderräder

Profilfräsmaschinen arbeiten generell im Einzelteilverfahren, wobei als Werkzeug sowohl Fingerfräser als auch Scheibenfräser und Messerköpfe Verwendung finden. In allen Fällen enthält der Fräser das Profil der zu fräsenden Zahnlücke und wird werkstückaxial verschoben. Bei der Herstellung einer Geradverzahnung dreht sich das Werkstück nicht; bei der Schrägverzahnung dreht sich das Werkstück während des Axialvorschubs entsprechend dem Zahnschrägungswinkel.

Herkömmliche Universalfräsmaschinen mit Teilkopf oder auch Wälzfräsmaschinen ermöglichen das Profilfräsen (Bild 29). Ein weiterer Vorzug des Verfahrens ist darin zu sehen, daß die Werkzeugspindel direkt vom Hauptmotor angetrieben wird und große Zeitspanungsvolumen möglich sind.

Bild 29. Fräsen einer Innenverzahnung mit Innenfräskopf und Scheibenfräser

Kegelräder

In Abweichung zu den Zylinderrädern ist in der Großserienfertigung das Profilfräsen von Kegelrädern, d. h. von kreisbogenförmig- und spiralverzahnten Tellerrädern üblich. Bei Kegelradgetriebeübersetzungen von 2,5 bis 3:1 und größer kommt nämlich der Normalschnitt der Tellerradflanke der geradlinigen Kontur der theoretischen Planradflanke hinreichend nahe. Aus diesem Grunde wird während des Schneidens der Tellerradverzahnung nur eine axiale Tauchbewegung ausgeführt und auf die Abwälzbewegung zwischen Werkstück und Werkzeug verzichtet. Im Vergleich zu den im Teilwälzverfahren arbeitenden Maschinen entfällt dadurch auch das Zurückdrehen des sonst vom Werkstück durchlaufenen Wegs für den nächsten Teilgang, wodurch eine erhebliche Verkürzung der Verzahnzeit erreicht wird.

Zur Kompensation der Abweichungen der durch alleiniges Tauchen hergestellten Tellerradflanken werden die zugehörigen Ritzel über eine spezielle Tragbildentwicklung mit entsprechenden Korrekturen versehen und an das Tellerrad angepaßt. Bei den kontinuierlich schneidenden Maschinen wird dazu die Messerkopfachse bis zu einem

Winkel von 40° gegenüber der Wälztrommelachse geneigt. Der dabei auf den Teilkegelwinkel des Ritzels eingeschwenkte Messerkopf verkörpert dann mit seinen geraden Messerschneidkanten ein dem Tellerrad entsprechendes Erzeugungsplanrad.

In der Kegelrad-Einzelfertigung gelangt daneben auch das Profilfräsen mit Scheiben- oder Fingerfräser zum Einsatz. Das profilierte Werkzeug fräst die Rechts- und Linksflanken wegen der konischen Form der Zahnlücke abwechselnd nacheinander [10].

Schnecken

Schnecken werden vorzugsweise in der Einzel- und Kleinserienfertigung, jedoch auch in der Großserien- und Massenfertigung durch Profilfräsen auf speziellen Schneckenfräsmaschinen mit Scheibenfräsern oder bei größeren Lückenquerschnitten mit Fingerfräsern vor- und fertigverzahnt. In der Großserie werden auf diese Weise hauptsächlich ZN-Schnecken (Flankenform N) und ZK-Schnecken (Flankenform K) hergestellt. Die Flankenform K ist allerdings vom Durchmesser des Fräs- oder Schleifwerkzeugs abhängig.

Zum Fräsen eines Schneckengangs muß das Werkzeug, das sich mit Schnittgeschwindigkeit dreht, am Werkstück entlang einer Schraubenlinie schneiden. Bei jeder Werkstückumdrehung wird dazu bei der Maschine in Bild 30 das Werkzeug um die Steigung der Schnecke parallel zur Werkstückachse verschoben.

Bild 30. Schneckenfräsmaschine

Schneckenfräsmaschinen sind hinsichtlich ihres Aufbaus mit Universalwälzfräsmaschinen mit horizontaler Werkstückachse vergleichbar, besitzen jedoch meist einen einfacheren Getriebeaufbau. Das Verhältnis der relativen Axialverschiebung zwischen Fräser und Werkstück je Werkstückumdrehung wird maschinenseitig durch die Steigungshöhenwechselräder eingestellt; der zugehörige Getriebezug von der Werkstückspindel (Teilkopf) zum Axialschlitten muß die Drehbewegung schlupffrei weiterleiten. In Abwandlung einer Universalwälzfräsmaschine können bei der Schneckenfräsmaschine die ursprünglichen Differentialwechselräder die Funktion der Steigungshöhen-Wechselräder übernehmen.

16.3.3 Wälzhobel- und Wälzstoßmaschinen

Zylinderräder

Wälzhobelmaschinen zur Herstellung von Zylinderrädern arbeiten nach dem Teilwälzprinzip im Gruppenteilverfahren. Hierbei werden durch die endliche Länge (Zähnezahl) des Kammwerkzeugs mehrere Zahnlücken abwälzend bearbeitet, wobei der Kammeißel die Schnittbewegung und das Werkstück im allgemeinen die Wälzbewegung ausführt. Nach Fertigstellung einer Zahngruppe wird das Werkstück außer Eingriff gebracht, reversiert und zur Herstellung der nächsten Zahngruppe wieder zugestellt.

Als Werkzeug wird ein gerad- oder schrägverzahnter Kammeißel mit hinterarbeiteten Flanken (Freiwinkel) eingesetzt. Im Vergleich zu anderen Verfahren ist das Werkzeug relativ einfach austauschbar. Bei starkem Verschleiß, wie er z.B. bei der Herstellung großer Zahnräder aus hochfesten Werkstoffen auftritt, kann der Hobelkamm auch vor Fertigstellung des Werkstücks ohne große Qualitätseinbuße gewechselt werden. Den schematischen Aufbau einer nach dem Teilverfahren arbeitenden Wälzhobelmaschine zeigt Bild 31. Auf dem Maschinenbett ist der Ständer mit der um eine horizontale

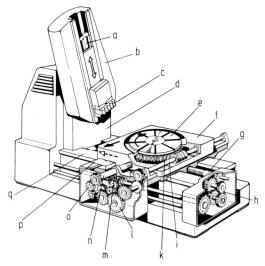

Bild 31. Zahnhobelmaschine

a Hobelschlitten, b schwenkbare Werkzeugführung, c Kammwerkzeug, d Maschinenständer, e Rundtisch, f Wälzschlitten, g Zustellspindel, h Getriebe für Zustellbewegung, i Schneckenwelle, k Schneckenrad, l Teil-Wechselradgetriebe, m Wälzrichtungskupplung, n Modulspindel, o Modul-Wechselradgetriebe, p Zustellschlitten, q Maschinenbett

Achse drehbaren (für Schrägverzahnung) Werkzeugführung verschraubt. Der drehbare Werkstückaufspanntisch liegt auf einem Kreuzschlitten, der den Radialvorschub sowie den tangentialen Wälzvorschub ausführt. Bei großen Maschinen erfolgt die Radialzustellung durch Verfahren des Ständers [19].

Bei einer kontinuierlich arbeitenden Wälzstoßmaschine führt das Schneidrad eine Hubbewegung (Schnittbewegung) aus und wälzt gleichzeitig mit dem Werkstück ab. Bei heutigen Maschinen können auf diese Weise durch die Wahl hoher Doppelhubzahlen Schnittgeschwindigkeiten von mehr als 100 m/min erreicht werden. Das Werkzeug ist ein zahnradähnliches Schneidrad mit hinterschliffenen evolventenförmigen Flanken. Zur Herstellung von Schrägverzahnungen müssen entsprechend schrägverzahnte Schneidräder eingesetzt werden. Die Stoßspindel wird dabei durch eine Schraubenführung (Schrägführungsbuchse) während des Hubs gedreht. Mit einer Schrägführungsbuchse kann in Kombination mit verschiedenen Stoßrädern ein bestimmter Schrägungswinkelbereich überdeckt werden. Aufgrund dieser Einschränkung der universellen Werkzeugverwendbarkeit findet das Wälzstoßen sein Haupteinsatzgebiet bei Innenverzahnungen und bei Verzahnungen mit begrenztem axialen Freiraum, wie z. B. Doppelschräg- und insbesondere Pfeilverzahnungen sowie Verzahnungen an Stufenwellen oder dgl.

Das Getriebeschema einer Wälzstoßmaschine zeigt Bild 32. Zur Erzeugung der Verzahnung sind hauptsächlich vier Bewegungen zu realisieren: Die axiale Bewegung des Schneidrads dient zur Spanabnahme und ist in Arbeitshub und Rückhub aufteilbar. Der Kraftfluß geht direkt vom Hauptmotor auf den Hubantrieb. Da die Bewegung mit einer Kurbelschwinge erzeugt wird, ist die Schnittgeschwindigkeit über der Hublänge nicht konstant. Beim Rückhub erfolgt zusätzlich eine Abhebebewegung, da sonst wegen des kontinuierlichen Wälzvorschubs eine Durchdringung und damit eine Kollision von Werkstück und Werkzeug stattfinden würde. Die rotatorische Vorschubbewegung wird über das Vorschubwechselgetriebe vom Hauptantrieb abgezweigt. Die Wälzbewegung, d. h. die Koordinierung der Drehbewegungen von Werkzeug und Werkstück, erfolgt über das Teilwechselradgetriebe und wird über das obere Teilrad auf die Stoßspindel und über das untere Teilrad auf den Antrieb des Werkstücktisches übertragen. Zu Beginn des Bearbeitungsprozesses führt das Werkstück zusätzlich eine radiale Zustellbewegung aus, um die erforderliche Tauchtiefe zu erreichen [2, 25].

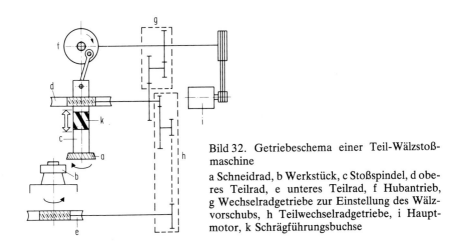

Bild 32. Getriebeschema einer Teil-Wälzstoßmaschine

a Schneidrad, b Werkstück, c Stoßspindel, d oberes Teilrad, e unteres Teilrad, f Hubantrieb, g Wechselradgetriebe zur Einstellung des Wälzvorschubs, h Teilwechselradgetriebe, i Hauptmotor, k Schrägführungsbuchse

Kegelräder

Der Erzeugungsvorgang von Kegelrädern verläuft analog zur Zylinderradherstellung. Anstelle der Zahnstange wird als Bezugsprofil das Planrad definiert, wie die Prinzipdarstellung in Bild 33 veranschaulicht. Durch die Abwälzbewegung zwischen dem Planrad

(Erzeugungsrad mit gerader Profillinie) und dem um den Tellerwinkel δ geneigten Werkstück entsteht als Hüllfläche die Flanke des Werkstücks. Die Schnittbewegung wird in Zahnlängsrichtung ausgeführt.

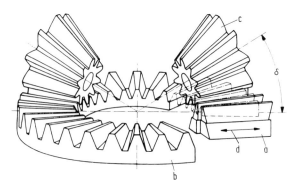

Bild 33. Werkstück und Bezugsplanrad beim Kegelradhobeln
a Werkzeug, b Kegelplanrad, c Werkstück, d Schnittbewegung, δ Teilkegelwinkel

Kegelradhobelmaschinen für Gerad- und Schrägkegelräder arbeiten nach dem Teilwälzverfahren. Ihr Getriebebezug entspricht dem der Hobelmaschinen für Zylinderräder. An die Stelle der Verschiebung des Wälzschlittens tritt die Verdrehung der Wälztrommel (Planrad), auf der die Hobelwerkzeuge zur Realisierung der Schnittbewegung geführt sind.

Ein weiteres Kegelradhobelverfahren, das richtig als Kegelrad-Nachformhobeln bezeichnet werden muß, ist das Schablonenverfahren. Hierbei erzeugt das Hobelwerkzeug, geführt durch eine Schablone, die gewünschte Zahnform. Anwendung findet dieses Verfahren bei der Einzelfertigung großer Kegelräder, wenn die Schnittkräfte bei den sonst üblichen Maschinen zu groß werden; die Leistungsfähigkeit ist jedoch gering. Eine ausführliche Beschreibung dieser Verfahren wird unter 16.5.2.2 vorgenommen.

16.3.4 Zahnradräummaschinen

Zahnradräummaschinen arbeiten im Profilschneidverfahren ohne Wälzbewegung, wobei das Werkzeug die Kontur der Zahnlücke enthält.
Das Räumen von Evolventenverzahnungen wird wegen der hohen Werkzeugkosten und der hohen Leistungsfähigkeit vorwiegend in der Großserienfertigung angewendet. Maschinenaufbau und -kinematik entsprechen weitgehend denen konventioneller Räummaschinen, d.h. die Problematik der Technologie und der Genauigkeit verlagert sich in die Gestaltung der Werkzeuge.

Zylinderräder

Die üblichen Werkzeuge zum Vorräumen von Innenprofilen bestehen aus einem runden Werkzeugträger, in dem die entsprechend der angenäherten Evolventenform geschliffenen Räumwerkzeuge durch Klemmen befestigt sind, wobei die Schneidzähnezahl über dem Umfang normalerweise nur halb so groß ist wie die Zahnradzähnezahl.

Das Innenprofil wird in zwei Zügen geräumt; das Werkstück wird hierzu in einer Teilvorrichtung aufgenommen und um eine Umfangsteilung gedreht. Dieses Verfahren führt neben der Senkung von Werkzeugkosten auch zu niedrigeren Zerspankräften.
Für die Großserien-Vorverzahnung, wie sie am Beispiel von Planeten-Hohlrädern in Bild 34 A dargestellt ist, besteht das Werkzeug aus einem Trägerkörper aus Vergütungsstahl mit angeschraubtem Schaft und Endstück. Der Trägerkörper besitzt genau geschliffene Nuten, in denen auswechselbare Werkzeugteilstücke aus hochwertigem Schneidstoff befestigt sind. Bedingt durch die axiale Tiefenstaffelung und die großen Zerspankräfte kann mit diesen Werkzeugen meist nicht die geforderte Verzahnungsqualität erreicht werden. Die Werkstücke werden dann mit Untermaß vorgeräumt und in einem separaten Arbeitsgang mit einem segmentierten Fertigräumwerkzeug endbearbeitet (Bild 34 B) [12, 13].

Bild 34. Vor- und Fertigräumen einer Innenverzahnung in der Großserienfertigung
A) Vorverzahnen, B) Fertigverzahnen

Zum Räumen von Außenverzahnungen werden im wesentlichen das Shear-Speed-Verfahren und das Tubusräumverfahren unterschieden.
Beim *Shear-Speed-Verfahren* wird das Werkstück von unten senkrecht durch den feststehenden Messerkopf bewegt (Räumbewegung). Im Messerkopf, in Bild 35 zusammen mit einer einzelnen Klinge wiedergegeben, sind als Profilstähle ausgebildete Shear-Speed-Klingen sternförmig so zur Verzahnungsachse angeordnet, daß alle Lücken der Werkstückverzahnung gleichzeitig bearbeitet werden. Die radiale Stellung der Klingen wird durch zwei ineinandergeschachtelte Kegeltöpfe bestimmt, die sich an die Führungsflächen der Klingen-Zungen anlegen (Bild 36). Nach jedem Arbeitshub machen die Kegeltöpfe eine kleine Aufwärtsbewegung, um mit dem äußeren Kegelmantel des inneren Kegels die Schneiden während des Rückhubs des Werkstücks freizustellen. Vor

jedem neuen Arbeitshub bewegen sich die Kegeltöpfe um einen zusätzlichen Zustellbetrag wieder abwärts, um die Freistellung aufzuheben und zusätzlich alle Klingen mit dem inneren Kegelmantel des äußeren Kegeltopfs in Richtung des Werkstücks zuzustellen.

Bild 35. *Shear-Speed* Messerkopf

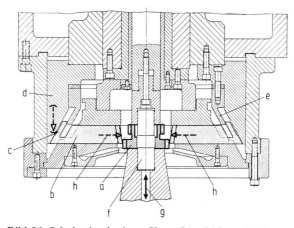

Bild 36. Schnitt durch einen *Shear-Speed* Messerkopf
a Werkstück, b *Shear-Speed*-Klinge, c Klingenzunge, d äußerer Kegelführungstopf, e innerer Kegelführungstopf, f Werkstückdorn, g Vorschubbewegung, h Zustellbewegung

Das Verfahren ist nur bei großer Stückzahl wirtschaftlich einsetzbar, da für jede Radabmessung ein neuer Messerkopf erforderlich ist. In Sonderfällen können auch innenverzahnte Räder nach diesem Verfahren hergestellt werden.
Beim *Tubusräumen* wird wie beim Shear-Speed-Verfahren das Werkstück auf einem Dorn aufgenommen und von unten nach oben durch den Werkzeug-Tubus einer Hohlräumnadel gedrückt und damit geräumt. Im Tubusräumwerkzeug sind die radialen Werkzeugeinsätze in Aufnahmen gebettet, mit axialer Tiefenstaffelung angeordnet und lagefixiert. Zwischen den Einsätzen liegen Führungsleisten zum Führen des Werkstückspannkopfs während des Räumvorgangs [2].

Kegelräder

Kegelradräummaschinen arbeiten in der Regel nach dem *Revacycle*-Einzelteilverfahren, das ausschließlich in der Massenfertigung eingesetzt wird. Während einer Umdrehung des Räumrads kommen – ähnlich wie bei einer Räumnadel – nacheinander

Schrupp- und Schlichtmesser zum Schnitt und erzeugen eine fertige Zahnlücke. Während des Schnitts bewegt sich der Mittelpunkt des Werkzeugs parallel zum Fußkegel des Werkstücks in den angegebenen Grenzen. Nach Fertigräumen einer Zahnlücke wird das Werkstück im messerfreien Bereich des Räumrads um eine Teilung weitergedreht.

16.3.5 Wälzschälmaschinen

Zylinderräder

Das Wälzschälen ist ein vom Wälzstoßen abgeleitetes Verzahnverfahren. Wird der Achsenwinkel (Kreuzungswinkel) zwischen Schneidrad und Werkstück, der beim Stoßverfahren 0° beträgt, zunehmend vergrößert, so wird die Wälzbewegung zur Schraub-Wälzbewegung mit zunehmendem Schraubungs- und abnehmendem Wälzanteil, wie die Darstellung der kinematischen Verhältnisse in Bild 37 veranschaulicht. Der Schraubungsanteil bewirkt eine Bewegungskomponente der Schneidrad-Schneiden in Richtung der Zahnflanken, die bei genügend großem Achsenwinkel die zur Spanabnahme notwendige Schnittgeschwindigkeit ohne zusätzliche Hubbewegung des Werkzeugs liefert. Es ist also ein kontinuierliches Herstellverfahren für Zylinderräder.

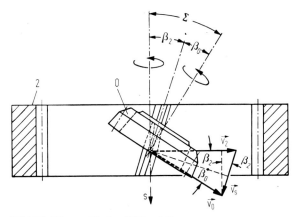

Bild 37. Kinematik des Wälzschälens
0 Schälrad, 2 Werkstück, s Richtung des Axialvorschubs, $\vec{v}_0$ Umfangsgeschwindigkeit des Schälrads, $\vec{v}_2$ Umfangsgeschwindigkeit des Werkstücks, $\vec{v}_s$ Schnittgeschwindigkeit in Zahnlückenrichtung, β_0 Schrägungswinkel des Schälrads, β_2 Schrägungswinkel des Werkstücks, Σ Achsenwinkel (Schwenkwinkel)

Als Schälwerkzeuge dienen Gerad- oder Schrägschneidräder mit Treppenschliff, deren Zähnezahl naturgemäß bedeutend größer ist als die Gangzahl eines Wälzfräsers. Die Wälzschälmaschine ist im Prinzip baugleich mit einer vergleichbaren Wälzfräsmaschine. Sie besitzt aber eine viel kleinere Übersetzung zwischen Werkzeugspindel und Werkstücktisch. Daraus ergeben sich entsprechend höhere Genauigkeitsanforderungen an alle Elemente des Wälzgetriebezugs. Die Drehzahl des relativ großen Werkstücktischs ist wesentlich höher als beim Wälzfräsen; sie erreicht mitunter mehr als die Hälfte der Hauptspindeldrehzahl. Das Verfahren wird hauptsächlich zur Herstellung von Innenverzahnungen eingesetzt, wie Bild 38 zeigt. Da das Schälwerkzeug an dem weit auskragenden Spindelkopf fliegend gelagert ist und keine Abstützung durch einen Gegenhalter möglich ist, muß die Maschinensteifigkeit in diesem Bereich besonders beachtet werden.

Die Leistungsfähigkeit heutiger Wälzschälmaschinen ist mit der von Wälzfräsmaschinen vergleichbar und liegt an der oberen Grenze der mit Wälzstoßmaschinen erreichten Leistung. Allerdings kann ein treppenförmiges Schälwerkzeug mit kreisevolventischem Profil keine korrekten Evolventen erzeugen, da die Eingriffspunkte nicht in lückenloser Folge die in der gemeinsamen Normalebene des jeweiligen momentanen Kreuzungspunkts liegende Eingriffslinie durchlaufen. Der erzeugte Fehler wird ausgeglichen durch relativ aufwendige Zahnformkorrekturen des Schälwerkzeugs [1, 2].

Bild 38. Schälen einer Innenverzahnung auf einer Wälzschälmaschine

Schnecken

Das Schälen von Schnecken ist das ältere Anwendungsgebiet dieses Verfahrens, das vorzugsweise in der Massenfertigung von Schnecken mit A-Profilen (ZA-Schnecke; archimedische Spiralschnecke) und mit I-Flankenform (ZI-Schnecke; Evolventenschnecke) eingesetzt wird. Es ist insbesondere bei Schnecken mit sehr kleinen Steigungswinkeln $\gamma_m \leqq 25°$ (und entsprechend bei Zylinderrädern mit sehr großen Schrägungswinkeln $\beta \geqq 65°$) vorteilhaft anwendbar.

Bild 39. Schneckenschälen auf einer Wälzfräsmaschine

Die Paarung von Schälrad und Schnecke ist mit der Paarung von Werkstück und Wälzfräser beim Wälzfräsen vergleichbar. Als Verzahnmaschine kann daher neben einer speziellen Schälmaschine auch eine Wälzfräsmaschine mit Tangentialspindelstock verwendet werden, die anstelle des Wälzfräsers den Schneckenrohling aufnimmt, während das Schälrad die Stelle des Zylinderrad-Rohlings auf der Werkstückspindel einnimmt, wie in Bild 39 erkennbar [1, 2].

16.3.6 Zahnradschabmaschinen

Bei den Verzahnverfahren, die im Wälzverfahren arbeiten, wird die Flanke durch Hüllschnitte ausgebildet. Diese wird also nicht exakt ausgebildet, sondern durch eine endliche Zahl von Hüllschnitten facettenartig angenähert. Jeder Hüllschnitt des Hüllschnittprofils berührt die theoretisch exakte Flanke in einem Punkt, alle übrigen Punkte weichen davon ab. Der typische Verlauf dieser Abweichungen ist in Bild 40 für wälzgefräste und wälzgestoßene Zahnflanken dargestellt, wobei sich im ersteren Fall den Hüllschnittmarkierungen in Profilrichtung die aus dem Axialvorschub des Fräsers resultierenden Vorschubmarkierungen überlagern. Die wichtigsten Aufgaben der Feinbearbeitungsverfahren, zu denen auch das Schaben zählt, sind, diese Formabweichungen von der exakten Flanke und Riefen, die ggf. infolge von Aufbauschneiden aufgetreten sind, zu beseitigen. Darüber hinaus lassen sich durch Schaben definierte Korrekturen in die Zahnflanke einarbeiten.

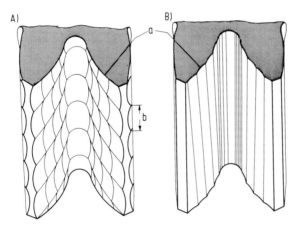

Bild 40. Verfahrensbedingte Hüllschnitt- und Vorschubabweichungen der Vorverzahnung
A) wälzgefräste Zahnflanken, B) wälzgestoßene Zahnflanken
a Hüllschnitt-Abweichungen, b Axialvorschubmarkierungen

Zylinderradschabmaschinen werden zur Feinbearbeitung weicher, d.h. ungehärteter außen- und innenverzahnter Räder eingesetzt (vgl. Bild 1). Das Verfahren selbst zählt zu den kontinuierlichen spanenden Feinbearbeitungsverfahren und weist von seiner Kinematik her gewisse Ähnlichkeiten mit dem Wälzschälen auf.
Als Werkzeug wird ein zahnradähnliches Schabrad eingesetzt, dessen Zahnflanken durch eingearbeitete Nuten unterbrochen sind; dadurch werden Stollen und Schneid-

kanten in Zahnhöhenrichtung gebildet. Da Schabrad und Werkstück einen unterschiedlichen Schrägungswinkel aufweisen, bilden sie ein Schraubwälzgetriebe mit einem bestimmten Achskreuzwinkel zueinander (Bild 41). Der Kämmbewegung in Zahnhöhenrichtung aufgrund des Verzahnungsgesetzes überlagert sich infolge der Achskreuzung eine Gleitbewegung in axialer Richtung, die zur Spanabnahme führt. Die daraus resultierende Gleitbewegung ergibt Schneidspuren von jedem Stollen eines jeden Zahns.

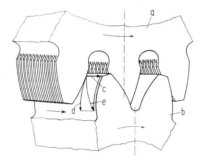

Bild 41. Prinzipvorstellung des Zahnradschabens
a Schabrad (Werkzeug), b Werkstück, c Gleitbewegung in Zahnbreitenrichtung, d Gleitbewegung in Richtung der Evolvente, e resultierende Gleitbewegung (Richtung der Spanabnahme)

Der zur Spanabnahme notwendige Anpreßdruck zwischen den Zahnflanken wird entweder durch radiales Annähern beider Räder oder durch ein Drehmoment zwischen Schabrad und Werkstück aufgebracht, wobei in der Regel keine Getriebeverbindung zwischen den Rädern besteht. Der Antrieb erfolgt bei kleinen Werkstücken durch das Schabrad, bei großen durch das Werkstück.

Bei Schraubgetrieben liegt theoretisch eine Punktberührung vor, die sich infolge der Anpreßkraft zu einer Berührzone erweitert. Um das Werkstück auf der gesamten Breite zu bearbeiten, muß ein entsprechender Vorschub in Richtung der Werkstückachse erfolgen [7, 14].

16.3.7 Zahnflankenschleifmaschinen

Zylinderräder

Entsprechend der Gliederung in Bild 42 lassen sich die Verzahnungsschleifverfahren in Profil-, Teilwälz- und kontinuierliche Verfahren unterteilen. Die Profilverfahren werden im Abschnitt 16.3.8 gesondert behandelt.

Das *Teilwälzschleifverfahren* entspricht in seinem Bewegungsablauf dem Wälzhobeln. Die geraden Flanken des Zahnstangenbezugsprofils werden durch die Flächen der tellerförmigen oder kegeligen Schleifscheibe verkörpert, die mit dem zu erzeugenden Werkstück abwälzt. Durch diese Abwälzbewegung des Werkstücks an der geraden Flanke der Schleifscheibe entsteht eine genaue Evolvente. Der geschilderte Erzeugungsprozeß bedingt maschinenseitig eine kinematische Kopplung der Drehbewegung des Werkstücktischs mit der Längsbewegung des Werkstückschlittens (Wälzbewegung).

16.3 Übersicht der spanenden Verzahnungsmaschinen

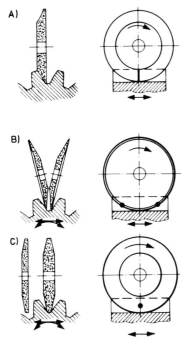

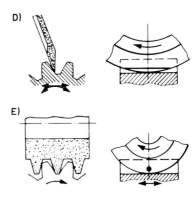

Bild 42. Arten des Verzahnungsschleifens

A) Profilschleifen (Linienberührung), B) Teilwälzschleifen (Zweipunkt-Berührung), C) Teilwälzschleifen (Einpunkt-Berührung), D) Teilwälzschleifen (Punkt-Linien-Berührung), E) kontinuierliches Wälzschleifen (n-Punkt-Berührung)

Bild 43. Arbeitsraum einer Teilwälzschleifmaschine

Bei der in Bild 43 mit ihrem Arbeitsraum wiedergegebenen Teilwälzschleifmaschine mit Doppelkegelscheibe wird diese Kopplung durch einen geschlossenen Getriebezug über die Rollwechselräder hergestellt, wie aus Bild 44 hervorgeht. Beim Schleifen wird die Schleifscheibe in eine Zahnlücke eingeführt und zunächst durch Abwälzen des Werkstücks an der oszillierenden und rotierenden Schleifscheibe die linke Zahnflanke geschliffen. Nach Reversieren der Wälzrichtung des Werkstückschlittens und Spielausgleich wird die rechte Flanke geschliffen. Danach wird die Schleifscheibe aus der Zahnlücke herausgezogen und über die Teilwechselräder und ein Zylinderrad-Differential automatisch die Teilung durch Drehung des Werkstücktischs bei stillstehendem Werk-

stückschlitten eingeleitet. Nach Umsteuerung der Vorschubbewegung und erneutem Spielausgleich wird die Schleifscheibe in die nächste Zahnlücke eingefahren und der nächste Zahn geschliffen. Während der Bearbeitung ist der Teilantrieb blockiert.
Nur in seltenen Fällen werden Zylinderräder mit der theoretisch idealen Evolventenkontur verzahnt; vielmehr werden zur Erzielung bestimmter Geräusch- und Tragfähigkeitsverhältnisse gewollte Abweichungen der Zahnkontur vom Idealprofil angestrebt, die speziell auf Teilwälzschleifmaschinen reproduzierbar erzeugt werden können. Korrekturen in Evolventenrichtung (z.B. Höhenballigkeit, Kopfrücknahme) erzielt man durch entsprechende Profilierung der Schleifscheibe. Für die Korrektur in Flankenlinienrichtung (z.B. Breitenballigkeit) sind in Bild 44 vier Möglichkeiten durch die angegebenen Zusatzbewegungen bei diesem Maschinentyp gegeben [15, 16].

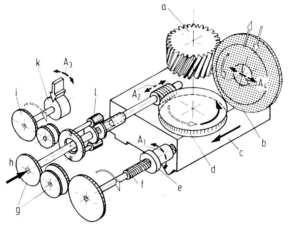

Bild 44. Getriebeanordnung und mögliche Korrekturbewegungen zur Erzielung der Breitenballigkeit beim Teilwälzschleifen [4]
Korrekturbewegungen: A_1 Verdrehung der Spindelmutter, A_2 Axialverschiebung der Schnecke, A_3 Verdrehung des Teilungsapparats, A_4 Radialverschiebung der Schleifscheibe

a Werkstück, b Schleifscheibe, c Werkstückschlitten, d Schneckenrad, e Spindelmutter, f Spindel, g Roll-Wechselradgetriebe (Modulgetriebe), h Wälzantrieb, i Teil-Wechselradgetriebe, k Teilscheibe, l Planetengetriebe

Das Schleifprinzip einer anderen Maschine, die ebenfalls im Teilwälzverfahren, jedoch mit zwei Tellerscheiben arbeitet, zeigt Bild 45. Die Scheiben bearbeiten je eine rechte und eine linke Flanke und sind auf der der Zahnflanke zugekehrten Stirnseite konkavkegelig, so daß sie nur mit einem schmalen Rand schleifen und die Zahnflanke theoretisch nur an einem bzw. zwei Punkten berühren. Dies ergibt eine niedrige thermische Belastung der Zahnflanke und erlaubt das Schleifen ohne Kühlschmierstoff. Verschiedene angewendete Verfahren unterscheiden sich durch die Neigung der Schleifscheiben gegenüber der Vertikalen auf die Wälzebene (Eingriffswinkel). Entsprechend erfolgt die Abwälzbewegung des Werkstücks einmal auf dem Teilkreis (Eingriffswinkel 20°) und im anderen Fall auf dem Grundkreis (Eingriffswinkel 0°).
Die kinematische Kopplung zwischen Werkstückdrehung und Vorschub des Werkstückschlittens wird bei diesen Maschinen durch das Rollbogenverfahren realisiert, das in Bild 46 schematisch dargestellt ist. Die Werkstückspindel ist auf einem Kreuzschlitten (Wälzschlitten und Vorschubschlitten) gelagert und trägt an ihrem Ende einen

[Literatur S. 510]   *16.3 Übersicht der spanenden Verzahnungsmaschinen*   421

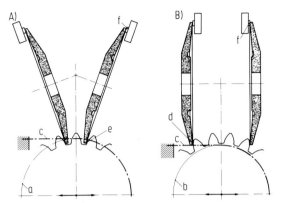

Bild 45. Stellung der Schleifscheiben und Erzeugungswälzkreise beim 15/20°- bzw. 0°-Schleifverfahren
A) 20°-Verfahren, B) 0°-Verfahren
a Teilkreis, b Grundkreis, c Rollband, d Einpunkt-Berührung, e Zweipunkt-Berührung, f Tastdiamant

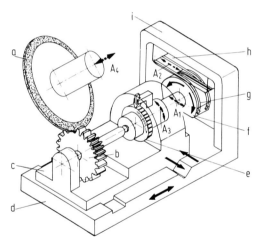

Bild 46. Mögliche Korrekturbewegungen zur Erzielung der Breitenballigkeit beim Teilwälzschleifen mit Rollbogensystem [4]
Korrekturbewegungen: A_1 Exzentrischer Rollbogenversatz, A_2 Verschiebung des Rollbandschlittens, A_3 Verdrehung der Teilungseinrichtung, A_4 Axialverschiebung der Schleifscheibe
a Schleifscheibe, b Werkstück, c Werkstückschlitten, d Vorschubschlitten, e Teilungsapparat, f Rollbogen, g Rollbandpaar, h Rollbandschlitten, i Rollbandständer

Rollbogen bzw. eine Rollscheibe, die von vorgespannten Wälzbändern umschlungen ist und bei Verschiebung des Wälzschlittens der Spindel eine Drehbewegung aufzwingt. In Analogie zu Bild 44 sind auch in diesem Bild die möglichen Maßnahmen zur Erzeugung definierter Zahnrichtungskorrekturen eingezeichnet. Die erzielbare Wälzgeschwindigkeit, die im allgemeinen größer als die Vorschubgeschwindigkeit ist, hängt bei dieser Maschine im wesentlichen von den zu bewegenden Massen (Wälzkopf und Werkstück) ab, die durch den Wälzantrieb über die Rollbänder beschleunigt und verzögert werden. Prinzipiell besteht die Möglichkeit, mit hoher Wälzgeschwindigkeit und langsamen Wälzhüben, wie auch umgekehrt mit niedriger Wälzgeschwindigkeit und hoher Vorschubgeschwindigkeit in Zahnlängsrichtung zu schleifen. Der vertikal verschiebbare Schleifspindelschlitten ist während der Bearbeitung geklemmt.

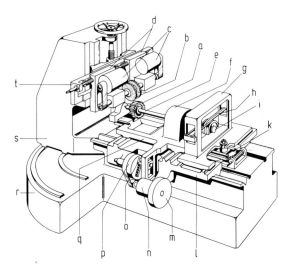

Bild 47. Schema einer horizontalachsigen Teilwälz-Schleifmaschine mit zwei Tellerscheiben

a Werkstück, b Schleifscheiben, c Elektromotoren, d Schleifspindelträger, e Aufspanndorn, f Wälzkopf mit Teilmechanismus, g Rollbandständer, h Rollbänder, i Rollbogen, k Kulissenführung, l Vorschubschlitten, m Schwungscheibe, n Wälzmotor, o Kulissensteinzapfen, p Exzenterscheibe, q Wälzschlitten, r Maschinenbett, s Ständer, t Querbalken

Aufbau und Wirkungsweise einer horizontalen Maschine sind aus Bild 47 ersichtlich. Das Maschinenbett trägt auf seiner Vorderseite die Antriebselemente für die Vorschub-, Wälz- und Teilbewegung; auf seinem rückwärtigen Ende ist der Ständer schwenkbar gelagert. Zum Schleifen wird er um den Schrägungswinkel schräggestellt und auf dem Maschinenbett festgeklemmt. Am Ständer ist der Querbalken mit den beiden Schleifspindelträgern senkrecht in die für den Durchmesser des zu schleifenden Rads notwendige Höhenlage verschiebbar. Die Schleifscheiben werden durch zwei Elektromotoren angetrieben und in vorbestimmten Zeitintervallen abgerichtet. In beide Schleifspindelträger ist außerdem je ein Nachstellapparat eingebaut, der die auftretende Schleifscheibenabnutzung durch axiales Nachstellen der Schleifspindel ausgleicht. Das Werkstück und der Aufspanndorn werden mit horizontaler Achse zwischen Spitzen oder im Backenfutter und in einem Rollensetzstock aufgenommen. Auf der rückwärtigen Verlängerung der horizontalen Werkstückspindel sitzt der bereits erläuterte zylindrische Rollbogen. Der relativ schnell oszillierende Wälzschlitten wird durch den Wälzmotor über eine Exzenterscheibe bewegt, wobei die Länge des Wälzhubs durch Verschieben des Kulissenstein-Zapfens eingestellt wird [19].

Bei kontinuierlich arbeitenden Wälzschleifmaschinen ist die Schleifscheibe schneckenförmig profiliert. Das Verfahren, auch als Schraubwälzschleifen bezeichnet, ist identisch mit dem Wälzfräsen und gewährleistet – wie alle kontinuierlichen Verfahren – hohe Zeitspanungsvolumen. Bild 48 zeigt das Getriebeschema der Maschine. Schleifschnecke und Werkstückspindel werden wegen der relativ niedrigen Zerspankräfte durch je einen Synchronmotor angetrieben. Die Übersetzung zwischen Schnecke und Werkstück wird durch Teilwechselräder in Abhängigkeit von der Gangzahl der Schnecke und der Werkstückzähnezahl eingestellt. Eine hydraulische Bremse auf der Gegenseite des Werkstückantriebs sorgt für den Spielausgleich der Antriebselemente.

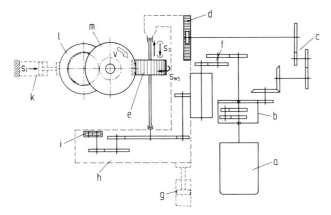

Bild 48. Getriebeschema einer kontinuierlich arbeitenden Zahnflankenschleifmaschine
a Synchronmotor für den Antrieb des Werkstücks, b Differentialgetriebe, c Differential-Wechselradgetriebe, d Antrieb über Zahnstange und Ritzel, e Werkstück, f Teil-Wechselradgetriebe, g hydraulischer Werkstückschlittenantrieb, h Werkstückschlitten, i hydraulische Bremse, k hydraulischer Werkzeugschlittenantrieb, l Synchronmotor für den Antrieb des Werkzeugs, m Schleifschnecke, s_a Axialvorschub, s_r Radialvorschub, s_{ws} Wälzvorschub, v Schnittgeschwindigkeit

Während der Bearbeitung fährt die Schleifschnecke in Zahnlängsrichtung auf und ab; sie wird jeweils in der Endlage zugestellt. Die zur Erzeugung der Zahnschräge beim Schleifen von Schrägverzahnungen erforderliche Zusatzbewegung wird durch Differentialwechselräder festgelegt und über ein Zylinderrad-Differentialgetriebe in den Werkstückantrieb eingeleitet. Die Schleifschnecke selbst ist auf dem Abrichtschlitten verschiebbar angeordnet; während des automatisch ablaufenden Abrichtvorgangs wird dieser Schlitten in Abhängigkeit von der stark reduzierten Schleifspindeldrehzahl scheibenaxial in Richtung auf die Abrichtwerkzeuge verschoben, wodurch die genaue Profilierung der Schleifschnecke erreicht wird.

Der Maschinenaufbau wird unter 16.8.2.3 am Beispiel einer neueren Entwicklung dieses Maschinentyps, bei dem die einzelnen Getriebeverbindungen durch eine elektronische Steuerung ersetzt wurden, eingehend beschrieben. Bei allen drei behandelten Zahnflankenschleifmaschinenarten ist das Zeitspanungsvolumen neben der Wälz- und Vorschubgeschwindigkeit in starkem Maße von der Beschaffenheit des Werkzeugs (Schleifscheibe, Schleifschnecke) abhängig.

Kegelräder

Ähnlich dem Kegelradhobeln ist bei gerad- und schrägverzahnten Kegelrädern ein Flankenschleifen im Teilwälzverfahren mit Tellerschleifscheiben möglich. Aufbau und Wirkungsweise dieser Kegelradschleifmaschinen sind weitgehend mit denen der Kegelradhobelmaschinen identisch und werden deshalb hier nicht gesondert behandelt. Bei kreisbogenförmigen Flankenlinienprofilen kommen Topfschleifscheiben zum Einsatz, die in Bild 49 zu sehen sind. Die Bewegungsabläufe zwischen Werkstück und Schleifscheibe entsprechen hierbei im wesentlichen denen unter 16.3.1 beschriebenen Kegelrad-Teilwälzfräsmaschinen.

Bild 49. Arbeitsraum einer Kegelrad-Teilwälzschleifmaschine

16.3.8 Profilschleifmaschinen

Das Profilschleifen entspricht in seinem Bewegungsablauf dem Profilfräsen und wird als Feinbearbeitungsverfahren hauptsächlich bei gehärteten Zahnrädern eingesetzt. Die Schleifscheiben enthalten das Gegenprofil der gewünschten Verzahnung oder Profilform und sind für jede Werkstückgeometrie entsprechend zu profilieren. Normalerweise werden die Profile berechnet und in Form von Schablonen gespeichert; durch hydraulische oder mechanische Übertragungsmechanismen werden die Abrichtdiamanten auf den Maschinen nach diesen Schablonen gesteuert.

Auf der Schnecken- und Gewindeschleifmaschine in Bild 50 können mit Hilfe eines universell einstellbaren Profil-Abrichtgeräts alle genormten Schneckenprofile (ZA-, ZK-, ZN-, ZI-Schnecke) ohne Verwendung spezieller Schablonen bearbeitet werden. Maschinen dieses Typs werden künftig auch mit CNC-Abrichtgeräten ausgerüstet, die auch das genaue Herstellen von Sonderprofilen, wie z.B. Hohlflanken-, Zykloiden- oder Schraubenpumpenprofilen, einschließlich gezielter Korrekturen gestatten. Hierbei übernimmt ein Kleinrechner die Generierung der geometrischen Solldaten für die Bahnsteuerung des Abrichtdiamanten sowie die Bestimmung der erforderlichen Abrichtgeschwindigkeit. Im Steuerungsteil wird die Bahnsteuerung mit einem Mikro-Prozessor realisiert. Die Führung des Abrichtdiamanten übernimmt die Abrichteinheit.

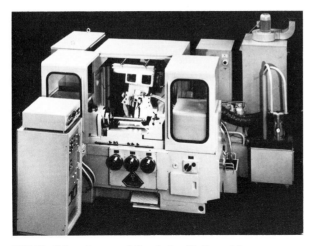

Bild 50. Schnecken- und Gewindeschleifmaschine

16.3.9 Zahnradhonmaschinen

Das Zahnradhonen ist ein relativ selten angewendetes Feinbearbeitungsverfahren für gehärtete Zylinderräder und entspricht in seinem Bewegungsablauf der Kinematik beim Schaben (vgl. Bild 41). Auch die Honmaschine gleicht im Aufbau weitgehend der Schabmaschine. Die auf Zahnradhonmaschinen verwendeten Werkzeuge (Honräder) sind Kunststoffzylinderräder mit eingebettetem Schleifmittel.

16.3.10 Zahnradläppmaschinen

Zylinderräder

Läppen wird als Nachbearbeitungsverfahren hauptsächlich für gehärtete Zahnräder eingesetzt. Während des Läppvorgangs, auch Einlaufläppen genannt, wälzt das Werkstück mit seinem Gegenrad im eigentlichen Getriebe oder mit einem speziellen Läpprad auf der Läppmaschine im Betriebsachsabstand unter Zugabe von Läppmittel. Dabei wird ein Zahnrad angetrieben und das andere abgebremst, wobei letzteres zusätzlich in Zahnlängsrichtung oszillieren kann.

Kegelräder

Da das Flankenschleifen bei kreisbogenverzahnten Kegelrädern äußerst problematisch und bei spiralverzahnten Rädern gar nicht zu verwirklichen ist, kommt dem Kegelradläppen hinsichtlich der Erzeugung definierter Flankenkorrekturen und einer hohen Oberflächengüte eine gesteigerte Bedeutung als Feinbearbeitungsverfahren zu. Das Läppmittel, bestehend aus feinen, in Öl aufgeschwemmten Schleifkörnern, wird in den Zahneingriff der paarweise miteinander laufenden Kegelräder gegeben. Das Läppverfahren ist gekennzeichnet durch drei voneinander unabhängige, getrennt einstellbare räumliche Läppzusatzbewegungen, die in Bild 51 schematisch gekennzeichnet und mit ihren Komponenten in die Planradebene projiziert sind.

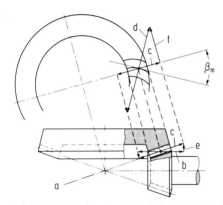

Bild 51. Zusatzbewegungen beim Kegelradläppen
a Planradebene, b Distanzbewegung, c Bewegung in der Planradebene, d resultierende Bewegung, e Tiefenbewegung, f Vertikalbewegung, β_m mittlerer Spiralwinkel

In der Regel wird die Ritzelspindel durch einen polumschaltbaren Motor angetrieben, während die Radspindel mit einem stufenlos einstellbaren Läppdruckmotor gekoppelt ist. Dieser Gleichstrommotor und -generator erzeugt ein in beiden Drehrichtungen einstellbares, bremsendes oder beschleunigendes Drehmoment. Auf diese Weise können bei unveränderter Drehrichtung die Zug- und Schubflanken zur Anlage gebracht werden. Heutige Maschinen arbeiten automatisch nach voreinstellbaren Programmen.

16.4 Bearbeitung auf Fräsmaschinen

Dr.-Ing. E. Altmann, Schwarzenbek[1]
Dr.-Ing. W. Eggert, Ludwigsburg[2]
Dr.-Ing. H. I. Faulstich, Ludwigsburg[2]
Ing. (grad.) E. Kotthaus, Zürich[3]
Ing. (grad.) A. Schmidthammer, Schwarzenbek[1]

16.4.1 Wälzfräsen von Zylinderrädern

16.4.1.1 Allgemeines

Das zum Wälzfräsen erforderliche Werkzeug ist der Wälzfräser; seine Schneiden liegen auf der Fräserhüllschraube (Hüllschnecke). Bei der Fertigung wälzen Werkzeug und Werkstück miteinander ab, ähnlich wie eine Schnecke mit einem Schneckenrad in einem Getriebe. Dabei entsteht ein schmaler, besonders bei Schrägverzahnung stark schräg über die Flanke verlaufender Streifen der Werkstückflanke, der häufig auch als Frässpur bezeichnet wird. Streng genommen ist diese Spur nur eine Linie; auf ihr würde eine Schnecke die Werkstückflanke berühren. Durch Verschieben des Werkzeugs in Richtung der Werkstückachse und gleichzeitige Zusatzdrehung des Werkstücks entsteht die Flankenlinie, bei überlagerter Wälzbewegung aber auch das Profil aller Flanken des Werkstücks.

---

[1] Abschnitte 16.4.8.1 bis 16.4.8.4
[2] alle Abschnitte außer 16.4.3 bis 16.4.5 und 16.4.8.1 bis 16.4.8.4
[3] Abschnitte 16.4.3 bis 16.4.5

Beim Wälzfräsen wird die Werkstückflanke durch Hüllschnitte angenähert. Dadurch entstehen verfahrensbedingt Profil-Formabweichungen f_{fv} und Flankenlinien-Formabweichungen $f_{\beta fv}$. Der Betrag von f_{fv} nimmt vom Fuß zum Kopf der Verzahnung zu; der Maximalwert ist

$$f_{fv\ max} \approx \sqrt{d_a^2 - d_b^2} \left(\frac{\pi \cdot z_0}{2 \cdot i \cdot z}\right)^2. \tag{1}$$

Darin bedeuten

d_a Kopfkreisdurchmesser des Werkstücks,
d_b Grundkreisdurchmesser des Werkstücks,
z Zähnezahl des Werkstücks,
z_0 Fräsergangzahl,
i Anzahl der Schneidstollen.

Für den Betrag von $f_{\beta fv}$ gilt

$$f_{\beta fv} \approx \frac{\sin \alpha_n}{4 \cdot d_{a0} \cdot \cos \beta} \cdot \left(\frac{s_x}{\cos \beta}\right)^2. \tag{2}$$

Darin ist

d_{a0} Kopfkreisdurchmesser des Fräsers,
s_x Axialvorschub,
α_n Normaleingriffswinkel,
β Schrägungswinkel des Werkstücks.

Aus Gl. 1 und 2 folgt, daß die verfahrensbedingten Hüllschnittabweichungen für $i \to \infty$ und $s_x \to 0$ gegen Null gehen. Die „Frässpuren" und demzufolge auch die „Vorschubmarkierungen" verlaufen bei Schrägverzahnung stark schräg über der Werkstückflanke. Aus diesem Grunde wird bei der Messung der Profilformabweichung schrägverzahnter Räder eine Überlagerung von f_{fv} und $f_{\beta fv}$ erfaßt.
Wälzfräsen zylindrischer Verzahnungen ist im Modulbereich unter 0,1 mm bis etwa 40 mm und im Durchmesserbereich unter 1 mm bis 12 m möglich.
Die Grundform der Werkstücke, die sich durch Wälzfräsen verzahnen lassen, kann z. B. eine Scheibe, eine Welle, eine Welle mit Bund neben einer Verzahnung, eine Welle mit mehreren Verzahnungen, ein Segment oder ein Ring mit außen- bzw. innenliegender Verzahnung sein. Bei Werkstücken mit Bund neben einer Verzahnung ist ggf. zu untersuchen, ob die Bearbeitung durch Wälzfräsen möglich ist, ohne den Bund anzufräsen. Der Zwischenraum kann in Anlehnung an die Vorgehensweise bei Doppelschrägverzahnungen bestimmt werden (siehe Abschn. 16.4.1.4); an die Stelle des Durchmessers der zu fräsenden Verzahnung tritt dabei lediglich der Bunddurchmesser. Reicht der Abstand des Bunds auch bei Verwendung eines Werkzeugs mit kleinem Kopfkreisdurchmesser nicht aus, dann kann die Verzahnung durch Wälzstoßen oder Wälzhobeln, bei geringen Qualitätsanforderungen ggf. auch durch Profilfräsen hergestellt werden.
In Tabelle 3 sind die wichtigsten Wälzfräsverfahren, die auf Universal-Wälzfräsmaschinen realisierbar sind, dargestellt. Das Wälzfräsen von Zylinderrädern erfolgt im allgemeinen durch Axialfräsen. In der Mittel- und Großserienfertigung wird z.T. noch das Schrägfräsen angewendet; dabei verläuft die Vorschubrichtung in Richtung der Zahnschräge. Die Bearbeitung kann sowohl im Gleich- als auch im Gegenlauf ausgeführt werden. Beim Gleichlauffräsen besitzt die Schnittkraft eine relativ große Radialkomponente, die insbesondere wellenförmige (labile) Werkstücke stark deformieren kann.

Tabelle 3. Auf Universal-Wälzfräsmaschinen realisierbare Wälzfräsverfahren

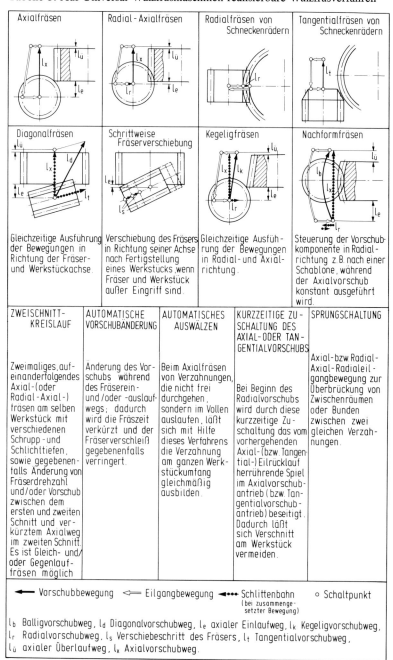

Beim Gegenlauffräsen ist die Radialkomponente der Schnittkraft relativ klein; ihre Richtung ist abhängig von Schnittdaten, Werkzeugaußendurchmesser, vor allem aber von der Schnittiefe. Das Verzahnen langer, dünner Wellen sollte im Gegenlauf erfol-

16.4 Bearbeitung auf Fräsmaschinen

gen, weil dann die Vorschub-Normalkraft eine geringere Durchbiegung des Werkstücks bewirkt und somit eine größere Arbeitsgenauigkeit erreicht wird. Für das Gleichlauffräsen sind in bestimmten Fällen spielfreie Axialschlittenantriebe oder Gleichlauffräseinrichtungen erforderlich.

Das Profil wird beim Gleichlauffräsen kurz vor Ende eines einzelnen Schnitts, beim Gegenlauffräsen unmittelbar nach Beginn eines Schnitts ausgebildet. Dies führt unter bestimmten Bedingungen beim Gleichlauffräsen zu Qualitätsproblemen infolge Aufbauschneidenbildung; beim Gegenlauffräsen können Späne zwischen Werkzeug und Werkstück gequetscht werden und so unerwünschte Markierungen auf der Werkstückoberfläche erzeugen. Die Mindestaufspannhöhe ist beim Gleichlauffräsen größer als beim Gegenlauffräsen. Dies bedeutet größere Nachgiebigkeit auf der Werkstückseite.

Das Radial-Axial-Fräsen erfordert die gleiche Mindestaufspannhöhe wie das Gegenlauffräsen.

Beim Diagonalfräsen führt der Wälzfräser gleichzeitig eine Vorschubbewegung in Richtung der Werkstückachse und in Richtung der Werkzeugachse aus. Aus diesem Bewegungsablauf ergeben sich folgende besondere Merkmale des Verfahrens:
– Die Zone der größten mechanischen und thermischen Schneidkantenbelastung wandert in Richtung der Fräserachse. Dies führt dazu, daß der zur Festlegung des Nachschliffmaßes wesentliche Maximalverschleiß geringer als beim Axialfräsen ist. Demzufolge entfällt die beim Axialfräsen breiter Räder z. T. angewendete Reduzierung der Fräsdaten, die dort erforderlich ist, um eine Standmenge von mindestens einem Werkstück zu erzielen.
– Mit Sonderfräsern, deren Geometrie über der Fräserlänge verändert ist, läßt sich eine über der Zahnbreite des Werkstücks veränderte Geometrie erzeugen. Mit solchen Werkzeugen können z. B. kegelige Laufverzahnungen und Keilwellen mit kegeligem Zahngrund aber parallelen Flanken gefertigt werden.
– Die Profilabweichung am Werkstück infolge geometrischer Abweichungen und/oder Einspannabweichungen des Wälzfräsers ändert ihre Phasenlage und u. U. auch ihren Betrag über der Radbreite. Demzufolge wirken sich Profilabweichungen auch als Flankenlinien-Welligkeit (Schwierigkeiten bei der Beurteilung von Flankenlinien-Diagrammen) und häufig auch als Flankenlinien-Winkelabweichung aus. Die Änderung der Phasenlage bewirkt unter bestimmten Voraussetzungen bei geradverzahnten Rädern, die ohne Nachbearbeitung eingebaut werden, ein günstigeres Laufverhalten [1]; geradverzahnte diagonalgefräste Räder können darüber hinaus z. T. besser geschabt werden.
– Die Bereiche in der Nähe der beiden Enden der nutzbaren Fräserlänge lassen sich weniger als beim Axialfräsen mit Fräserverschiebung (Shiften) nutzen.
– Die Werkzeuge müssen verhältnismäßig lang sein.

Schrägverzahnte Zylinderräder werden normalerweise bei gleichsinniger Steigungsrichtung von Werkzeug und Werkstück bearbeitet. Beim Gleichlauffräsen mit gegensinniger Steigungsrichtung lassen sich jedoch vor allem bei Werkstücken mit großem Schrägungswinkel längere Standzeiten erzielen, weil dabei Späne günstiger Form entstehen. Da beim Fräsen mit gegensinniger Steigungsrichtung die Horizontalkomponente der Schnittkraft in Tischdrehrichtung wirkt, besteht bei großem Werkstückdurchmesser, großem Schrägungswinkel und geringem Reibungswiderstand der Tischlagerung mit zunehmender Schnittleistung verstärkt Gefahr, daß das Teilgetriebespiel durchschlagen wird und demzufolge große Verzahnungsabweichungen auftreten. Dieser Nachteil läßt sich durch konstruktive Maßnahmen verhindern, z. B. durch Einsatz einer Maschine mit Doppelschnecken-Teilgetriebe [1].

In Bild 52 ist die Lage von Werkzeug und Werkstück zueinander beim Axialfräsen von Zylinderrädern dargestellt. Der Fräser gelangt normalerweise beim Verschieben (Shiften) weiter auf die Vorschneidseite. Bei Geradverzahnung liegt die Richtung der Fräserverschiebung nicht eindeutig fest; beim Arbeiten mit großem Axialvorschub wird zum Teil entgegen der eingezeichneten Richtung verschoben. Als einlaufende Seite bezeichnet man die Seite, von der sich der zu zerspanende Werkstoff in den Schnittbereich bewegt.

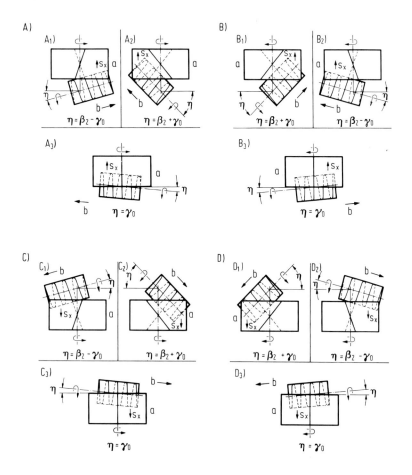

Bild 52. Wälzfrasereinstellung und Fräserverschieberichtung (Shiftrichtung) beim Axialfräsen von Zylinderrädern (Blickrichtung vom Gegenständer auf Werkstück und Werkzeug)

A) Fräser rechtssteigend, Gleichlauf, A_1) Rad rechtsschräg, A_2) Rad linksschräg, A_3) Rad rechtsschräg, B) Fräser linkssteigend, Gleichlauf, B_1) Rad rechtsschräg, B_2) Rad linksschräg, B_3) Rad geradverzahnt, C) Fräser rechtssteigend, Gegenlauf, C_1) Rad rechtsschräg, C_2) Rad linksschräg, C_3) Rad geradverzahnt, D) Fräser linkssteigend, Gegenlauf, D_1) Rad rechtsschräg, D_2) Rad linksschräg, D_3) Rad geradverzahnt

a einlaufende Seite, b Fräserverschieberichtung, s_x Axialvorschub (Bewegung vom Werkzeug ausgeführt), β_2 Schrägungswinkel der Werkstückverzahnung, γ_0 Steigungswinkel des Fräsers, η Schwenkwinkel

16.4.1.2 Maschinenaufbau

Bild 53 zeigt den Getriebezug einer universalen Wälz- und Profilfräsmaschine als Blockschaltbild. Der Fräser wird vom Hauptmotor über das Getriebe zum Einstellen der Fräserdrehzahl angetrieben. Der Wälzgetriebezug verbindet Werkzeug- und Werkstückspindel über das Summiergetriebe (Differentialgetriebe), das Teilwechselradgetriebe zum Einstellen des Verhältnisses von Werkstückzähnezahl zu Frässergangzahl und das Teilgetriebe; dies ist normalerweise ein Schneckentrieb. Der Antrieb der Vorschubspindeln und des Fräskopf-Schwenkgetriebes erfolgt von der Werkstückspindel über das Getriebe zum Einstellen des Axialvorschubs. Für das Diagonal- und Kegeligfräsen wird das Verhältnis Axialvorschub zu Tangentialvorschub bzw. Axialvorschub zu Radialvorschub in zwei weiteren Getrieben eingestellt.

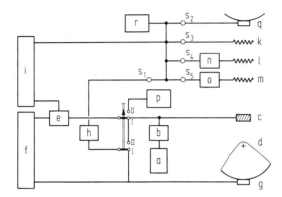

Bild 53. Getriebebezüge einer universalen Wälz- und Profilfräsmaschine
a Hauptantriebsmotor, b Getriebe zum Einstellen der Fräserdrehzahl, c Werkzeug (-spindel), d Werkstück (-spindel), e Summiergetriebe (Differentialgetriebe), f Teil-Wechselradgetriebe, g Teilgetriebe, h Getriebe zum Einstellen des Axialvorschubs, i Differential-Wechselradgetriebe, k Axialvorschubspindel, l Tangentialvorschubspindel, m Radialvorschubspindel, n Getriebe zum Einstellen des Verhältnisses von Axialvorschub zu Tangentialvorschub, o Getriebe zum Einstellen des Verhältnisses von Axialvorschub zu Radialvorschub, p Teileinrichtung, q Fräskopf-Schwenkgetriebe, r Eilgangmotor, $s_1 s$ bis s_5 Kupplungen, I Schaltstellung zum Arbeiten im Wälzverfahren, II Schaltstellung zum Arbeiten im Teilverfahren

Zur Bearbeitung von Schrägverzahnungen ist eine Zusatzdrehung der Werkstückspindel entsprechend dem Schrägungswinkel und dem Axialvorschub erforderlich. Diese Bewegung wird im Axial-Differential-Getriebezug, auch Zusatzgetriebezug genannt, erzeugt. Die Anpassung an die Verzahnungsdaten erfolgt im Differential-Wechselradgetriebe.

Das Arbeiten im Teilverfahren ist auf dieser Maschine ebenfalls möglich. Dazu ist die Maschine von I nach II umzuschalten; zusätzlich ist zur Erzeugung von Geradverzahnungen der Differential-Getriebezug bei i zu unterbrechen und der Antrieb von i zum Differential zu blockieren. Die Teilbewegung wird von der Teileinrichtung über das Differentialgetriebe und Teilwechselradgetriebe auf die Werkstückspindel übertragen; der Axialschlitten wird vom Hauptmotor über die Getriebe zum Einstellen der Fräserdrehzahl und des Axialvorschubs angetrieben.

Wälzfräsmaschinen lassen sich unterscheiden nach der Anordnung der Werkstückachse (horizontal oder vertikal), dem Arbeitsverfahren (Axial- bzw. Schrägfräsen) und der Ausführung der Vorschubbewegungen. Die Axial- bzw. Schrägvorschubbewegung, die Radialvorschub- und die Schwenkbewegung werden je nach Bauform entweder vom Werkzeug oder vom Werkstück ausgeführt. Die Tangential- (Shift-)bewegung ist stets dem Werkzeug zugeordnet. Weitere Unterscheidungsmerkmale von Wälzfräsmaschinen sind allgemeiner Maschinenaufbau, Arbeitsbereich einschließlich Arbeitsraum und Maschinenabmessungen, Bauart, statische und dynamische Steifigkeit, Kinematik, sowie Bedienbarkeit. Bild 54 zeigt eine Wälzfräsmaschine mit senkrechter Werkstückachse bei der Bearbeitung einer Doppelschrägverzahnung. Radial-, Axial-, Tangentialvorschub und die Schwenkbewegung werden bei dieser Maschine vom Fräser ausgeführt.

Bild 54. Wälzfräsmaschine bei der Herstellung einer Doppelschrägverzahnung; Länge × Breite × Höhe der Maschine 8250 mm × 4000 mm × 4400 mm, Gewicht 53 000 kg, größter Werkstückdurchmesser 3000 mm, Axialschlittenweg 1200 mm, Radialschlittenweg 1600 mm, Tangentialschlittenweg 300 mm

16.4.1.3 Berechnungsverfahren

Eine Berührung zwischen Werkzeug und Werkstück kann nur im Durchdringungsbereich der Kopfzylinder von Fräser und Werkstück stattfinden (Bild 55). Die Projektion der Schnittlinie dieser Zylinder auf eine Ebene parallel zu den Achsen von Werkzeug und Werkstück wird als Durchdringungskurve D bezeichnet. Über die Durchdringungskurve lassen sich der axiale Einlaufweg und der Fräserarbeitsbereich auf der Vorschneidseite berechnen. Die Gleichung der Durchdringungskurve lautet

$$x = y \cdot \tan \eta \pm \frac{1}{\cos \eta} \cdot \sqrt{r_{a0}^2 - (a - \sqrt{r_{a2}^2 - y^2})^2}. \tag{3}$$

Darin bedeuten

- x, y Koordinaten der Durchdringungskurve,
- r_{a0} Kopfkreishalbmesser des Wälzfräsers,
- r_{a2} Kopfkreishalbmesser der zu fräsenden Verzahnung.

Der Schwenkwinkel η wird berechnet aus

$$\eta = \beta \,(\pm)\, \gamma_0.$$

Darin bedeuten

β   Schrägungswinkel der zu fräsenden Verzahnung,
γ_0 Fräsersteigungswinkel.

Das positive (negative) Vorzeichen von γ_0 gilt bei gegensinniger (gleichsinniger) Steigungsrichtung von Fräser und Werkstück.

Der Abstand a der beiden Zylinderachsen ist

$$a = r_{a0} + r_{a2} - h. \qquad (4)$$

Darin bedeutet

h   Zahnhöhe (Frästiefe).

Nach Gleichung 3 läßt sich die Durchdringungskurve punktweise berechnen. Dazu empfiehlt sich der Einsatz eines programmierbaren Rechners. Die Bestimmung der Durchdringungskurve ist auch zeichnerisch entsprechend Bild 55 möglich.

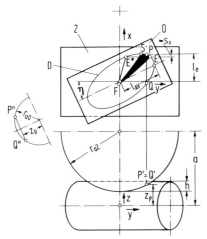

Bild 55. Durchdringungskurve D von Werkzeug- und Werkstückkopfzylinder mit Berechnungspunkten (E, E*, F, S, P, Q)

0 Werkzeug, 2 Werkstück, a Achsabstand, h Tauchtiefe (Zahnhöhe), l_{AV} Länge des Fräserarbeitsbereichs auf der Vorschneidseite, l_e axialer Einlaufweg, r_{a0} Kopfkreishalbmesser des Wälzfräsers, r_{a2} Kopfkreishalbmesser des Werkstücks, s_x Axialvorschub, z_p z-Koordinate des Punktes P, x, y, z Koordinaten der Durchdringungskuve, η Schwenkwinkel

Während des Axialvorschubs wandert die Durchdringungskurve um s_x je Werkstückumdrehung in Richtung der Werkstückachse. Erste Berührung zwischen Werkzeug und Werkstück erfolgt, wenn S die untere Stirnfläche des Werkstücks erreicht (Gleichlauffräsen, vertikale Werkstückachse).
Demnach ist der axiale Einlaufweg

$$l_e = x_S = x_{max}. \qquad (5)$$

Die Grenzen, in denen die Kopfschneiden innerhalb des Durchdringungsbereichs Späne abtrennen können, liegen innerhalb der Fläche SEF (SE'F) bei Einsatz eines linkssteigenden (rechtssteigenden) Fräsers.
Die Strecke vom Fußpunkt des Lots von E auf die Fräserachse bis zum Kreuzungspunkt der Achsen ist

$$l_{AV} = x_E \cdot \sin\eta + y_E \cdot \cos\eta. \qquad (6)$$

Die Länge des Bogens $\widehat{SE}$ und damit die Länge des Fräserarbeitsbereichs nimmt mit zunehmendem Axialvorschub zu beim gleichsinnigen Gleichlauffräsen (also beim Gleichlauffräsen mit gleicher Steigungsrichtung von Werkzeug und Werkstück) und beim gegensinnigen Gegenlauffräsen (also beim Gegenlauffräsen mit unterschiedlicher Steigungsrichtung von Werkzeug und Werkstück). Bei Geradverzahnung und bei Schrägverzahnung mit geringem Schrägungswinkel nimmt die Länge des Fräserarbeitsbereichs erst bei größeren Vorschüben mit steigendem Vorschub zu.

Die Form der Durchdringungskurve ist nach den Gleichungen 3 und 4 abhängig von r_{a0}, r_{a2}, h und η. Welcher Bereich der Kurve die Verhältnisse für einen bestimmten Verzahnungsfall beschreibt, hängt ab vom Fräsverfahren (Gleichlauf: x > 0, Gegenlauf: x < 0) und von der Frästeigungsrichtung (rechtssteigend: $y > y_s$, linkssteigend: $y < y_s$).
Der Fräserarbeitsbereich l_{A0} setzt sich nach Bild 56 aus der Vorschneidzone l_{AZ} und der Profilausbildungszone l_{P0} zusammen

$$l_{A0} = l_{AZ} + l_{P0}. \tag{7}$$

Außerdem läßt sich anhand des Bildes ableiten

$$l_{A0} = l_{AV} + \frac{l_{P0}}{2} \qquad \text{für } l_{AV} \geq \frac{l_{P0}}{2} \tag{8}$$

und

$$l_{A0} = l_{P0} \qquad \text{für } l_{AV} \leq \frac{l_{P0}}{2}. \tag{9}$$

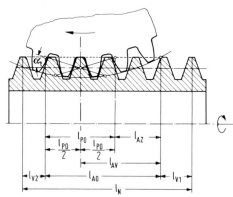

Bild 56. Schnittbereiche am Wälzfräser (Fräser und Werkstück linkssteigend)
l_{A0} Länge des Fräserarbeitsbereichs, l_{AV} Länge des Fräserarbeitsbereichs auf der Vorschneidseite, l_{AZ} Länge der Vorschneidzone, l_N nutzbare Länge des Fräsers, l_{p0} Länge der Profilausbildungszone, l_{V1}, l_{V2} Teile der nutzbaren Fräserlänge, die auf der Vorschneid- bzw. auf der gegenüberliegenden Seite für eine Fräserverschiebung zur Verfügung stehen, α_t Eingriffswinkel im Stirnschnitt der Werkstückverzahnung

Die für eine Fräserverschiebung (Shiften) bei einem Werkzeug mit der nutzbaren Länge l_N zur Verfügung stehende Fräserlänge $l_V = l_{V1} + l_{V2}$ ist

$$l_V = l_N - l_{A0}. \tag{10}$$

Die Länge der Profilausbildungszone hängt ab vom Profilverschiebungsfaktor x der Werkstückverzahnung. Es gilt

$$l_{P0} = 2 \cdot \frac{h_{a0}}{\tan \alpha_n} \cdot \cos \gamma_0 + \frac{\pi \cdot m}{i} \qquad \text{für } x = 0, \tag{11}$$

$$l_{P0} = 2 \cdot g_a \cdot \cos \alpha_{t2} \cdot \frac{\cos \gamma_0}{\cos \beta_2} + \frac{\pi \cdot m}{i} \qquad \text{für } x > 0 \tag{12}$$

und

$$l_{P0} = 2 \frac{h_{a0} - x \cdot m}{\tan \alpha_n} \cdot \cos \gamma_0 + \frac{\pi \cdot m}{i} \qquad \text{für } x < 0. \tag{13}$$

In jedem Fall ist jedoch

$$l_{P0} \leqq 2\,\frac{h_{a0} + |x| \cdot m}{\tan \alpha_n} \cdot \cos \gamma_0 + \frac{\pi \cdot m}{i}\,. \tag{14}$$

Die Kopfeingriffstrecke g_a des Werkstücks (siehe auch DIN 3960) läßt sich berechnen nach der Gleichung

$$g_a = \sqrt{r_{a2}^2 - r_{b2}^2} - r_2 \cdot \sin \alpha_{t2}\,. \tag{15}$$

Darin bedeuten
r_{a2} Kopfkreishalbmesser der zu fräsenden Verzahnung,
r_{b2} Grundkreishalbmesser der zu fräsenden Verzahnung,
r_2 Teilkreishalbmesser der zu fräsenden Verzahnung,
α_{t2} Eingriffswinkel im Stirnschnitt der Werkstückverzahnung.

Bild 57 zeigt, wie ein frisch geschärfter Fräser zur Maschinenmitte eingestellt werden muß, wenn ein linkssteigendes Rad mit einem linkssteigenden Fräswerkzeug im Gleichlauf verzahnt werden soll. Das Hauptlager befindet sich beim Blick vom Werkstück auf den Fräser rechts von der Maschinenmitte.

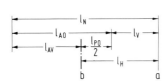

Bild 57. Beispiel für die Einstellung eines Wälzfräsers zur Maschinenmitte
a Hauptspindellagerseite, b Maschinenmitte, l_{A0} Länge des Fräserarbeitsbereichs, l_{AV} Länge des Fräserarbeitsbereichs auf der Vorschneidseite, l_H Einstelllänge auf der Hauptlagerseite, l_N nutzbare Fräserlänge, l_{P0} Länge der Profilausbildungszone, l_V zur Fräserverschiebung nutzbare Fräserlänge

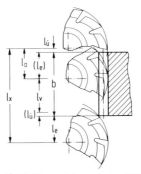

Bild 58. Axialweg beim Wälzfräsen von Zylinderrädern
b Zahnbreite, l_a Auslaufweg, l_e Einlaufweg, $l_ü$ Überlaufweg, l_x Axialweg, l_V Vollschnittbereich

Für den Axialweg l_x gilt nach Bild 58

$$l_x = l_e + b + l_ü + s\,. \tag{16}$$

Darin bedeuten
b   Zahnbreite,
l_e Einlaufweg,
$l_ü$ Überlaufweg,
s   Sicherheitsbetrag (im Bild nicht dargestellt).

Der Sicherheitsbetrag $s = s_x + 1$ mm bis 2 mm ist zur sicheren Profilausbildung über den gesamten Radumfang zusätzlich erforderlich.

Der Überlaufweg läßt sich nach der Gleichung

$$l_ü \approx \frac{l_{P0}}{2} \cdot \sin \eta \tag{17}$$

berechnen. Im Vollschnittbereich

$$l_v = b - l_e - l_ü \tag{18}$$

ist die mittlere Schnittkraft konstant; sie fällt über dem Fräserauslaufweg auf Null ab. In diesem Bereich gehen die im Vollschnitt auftretenden Deformationen zurück; dies führt vor allem bei Schrägverzahnungen, die unter hoher Schnittleistung bearbeitet werden, zu Flankenlinienabweichungen.
Die Schnittgeschwindigkeit v beim Wälzfräsen ist

$$v = d_{a0} \cdot n_0 \cdot \pi. \tag{19}$$

Darin bedeuten
d_{a0} Kopfkreisdurchmesser des Fräsers,
n_0 Fräserdrehzahl.

Die Hauptzeit t_{hx} für das Axialfräsen erhält man aus der Gleichung

$$t_{hx} = \frac{z_2}{z_0 \cdot n_0} \cdot \frac{l_x}{s_x}. \tag{20}$$

Durch Einsetzen von n_0 aus Gleichung 19 wird

$$t_{hx} = \frac{z_2}{z_0} \cdot \frac{d_{a0}}{v} \cdot \frac{l_x}{s_x} \cdot \pi. \tag{21}$$

Darin bedeuten
l_x Axialweg,
s_x Axialvorschub,
z_0 Gangzahl des Fräsers,
z_2 Zähnezahl des zu fertigenden Werkstücks.

Die Hauptzeit beim Radialfräsen t_{hr} und Tangentialfräsen (von Schneckenrädern) t_{ht} erhält man aus Gleichung 20 bzw. 21, indem man l_x/s_x durch l_r/s_r bzw. l_t/s_t ersetzt.

Nach Gleichung 21 läßt sich eine kurze Hauptzeit durch folgende Maßnahmen erzielen:
– Einsatz eines Fräsers mit kleinem Durchmesser (d_{a0}); dadurch wird zusätzlich der Axialweg l_x klein. Nachteile: Derartige Werkzeuge haben entweder nur wenige Schneidstollen und demzufolge eine kurze Standzeit, oder sie besitzen nur eine geringe nutzbare Zahnlänge, so daß nur wenige Nachschliffe möglich sind. Ein Teil des Hauptzeitgewinns geht verloren, wenn der Axialvorschub durch vorgegebene Toleranzen für die verfahrensbedingten Flankenlinien-Formabweichungen begrenzt wird, weil diese Abweichung nach Gleichung 2 entsprechend s_x^2/d_{a0} größer wird.
– Einsatz eines Werkzeugs mit großer Fräsergangzahl (z_0). Nachteile: Mit zunehmender Gangzahl wird normalerweise der Teilkreisdurchmesser größer. Auch die verfahrensbedingten Profil-Formabweichungen können dabei zu groß werden (siehe Gl. 1). Mit zunehmender Zähnezahl des Werkzeugs ergeben sich bei der Bearbeitung von häufig im Getriebebau verwendeten Werkstoffen in verstärktem Maße Schwierigkeiten durch Aufbauschneidenbildung (s. Abschnitt 16.4.8.5).

- Anwendung von hoher Schnittgeschwindigkeit und großem Axialvorschub. Nachteile: Es besteht die Gefahr, daß Werkzeugverschleiß, Verzahnungsabweichungen infolge von Deformationen sowie die verfahrensbedingten Flankenlinien-Formabweichungen unzulässig groß werden. Bei extrem hohen Schnittdaten kann sich der Raum zwischen den Schneidstollen mit Spänen zusetzen; außerdem können Fräserzähne ausbrechen.
- Anwendung von Paketspannung bei scheibenförmigen Werkstücken; dadurch wird der Axialweg klein, weil Ein- und Überlaufweg bei allen Werkstücken des Pakets gemeinsam nur einmal auftreten. Nachteile: Geometrische Abweichungen der Rohlinge führen zu größeren Rund- und Planlaufabweichungen der Verzahnungen als bei Einzelspannung. Die größere Aufspannhöhe bedeutet eine nachgiebigere Werkstückaufspannung.
- Anwendung einer automatischen Vorschubänderung; dabei wird der Axialvorschub im Einlauf und ggf. im Auslauf gegenüber dem Wert im Vollschnittbereich vergrößert. Nachteil: Eine Sondereinrichtung ist erforderlich.
- Verkürzung des Axialwegs durch Radial-Axialfräsen.

16.4.1.4 Besonderheiten beim Wälzfräsen von Zylinderrädern

Doppelschrägverzahnte Zylinderräder besitzen auf einem Grundkörper zwei Verzahnungen mit entgegengesetzter Steigungsrichtung. Die beiden Verzahnungen müssen einen bestimmten Mindestabstand voneinander haben, damit der Wälzfräser beim Ein- bzw. beim Auslauf die andere Verzahnung nicht beschädigt. Die mindestens erforderliche Zwischenraumbreite b_{zw} (Bild 59) hängt unter anderem vom Arbeitsverfahren ab; sie kann mit den Angaben in Tabelle 4 berechnet werden.

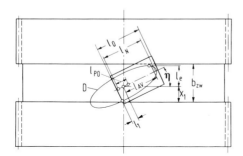

Bild 59. Zwischenraumbreite bei Doppelschrägverzahnung
b_{zw} Zwischenraumbreite, D Durchdringungskurve, l_{AV} Länge des Fräserarbeitsbereichs auf der Vorschneidseite, l_e axialer Einlaufweg, l_N nutzbare Fräserlänge, l_{P0} Länge der Profilausbildungszone, l_0 Fräserlänge, l_1 Abstand Fräserende gegenüber der Vorschneidseite von der Maschinenmitte, x_1 Abstand Zwischenraumende gegenüber der zu fräsenden Verzahnung von der Maschinenmitte, η Schwenkwinkel

Gehärtete Verzahnungen mit einer Härte von 56 HRC bis 64 HRC im Modulbereich 2 mm bis 25 mm können durch Schälwälzfräsen [17] mit hartmetallbestückten Sonderwerkzeugen bearbeitet werden. Die Werkstückverzahnung muß bei der Vorbearbeitung im Fußgebiet freigeschnitten werden. Durch Verschieben des Fräsers in Richtung seiner Achse um l_s lassen sich alle verschlissenen Partien aus dem Eingriffsbereich herausbringen. Es ist

$$l_s = \frac{l'_{max}}{\sin \alpha}. \qquad (22)$$

Darin bedeuten
l'_{max} größte am Fräser vorhandene Verschleißausdehnung in Richtung einer Schneidkante,
α Eingriffswinkel.

Tabelle 4. Zwischenraumbreite bei Doppelschrägverzahnungen

Bearbeitung		Mindest-
der ersten Verzahnung	der zweiten Verzahnung	Zwischenraumbreite [1]
nach innen	nach innen	$b_{zw} = l_e + \frac{l_{p0}}{2} \cdot \sin \eta$
nach innen	nach außen im Axialverfahren	$b_{zw} = l_e + x_1$
nach innen	nach außen im Radial-Axialverfahren	$b_{zw} = x_1 + \frac{l_{p0}}{2} \cdot \sin \eta$

[1] Die Zwischenraumbreite sollte um einen Sicherheitsbetrag zwischen 0.5 und $1 \cdot m$ (m Modul) größer gewählt werden. l_e und x_1 können graphisch oder nach Gleichung 3 ermittelt werden, dazu ist x_1 durch Iteration so zu bestimmen, daß $x_1 = \frac{1}{\sin \eta} \cdot (l_1 - y \cdot \cos \eta)$ ist.

Die Schnittgeschwindigkeit sollte bei einer Härte von 62 HRC zwischen 30 m/min (bei großem Modul) und 90 m/min (bei kleinem Modul) liegen. Der Axialvorschub soll 1,8 mm bis 2,5 mm betragen; zur Vorbearbeitung sind auch Werte um 4 mm anwendbar. Das Flankenaufmaß liegt im allgemeinen zwischen 0,1 mm und 0,3 mm; unter Umständen kann es auch bis 0,8 mm betragen. Bei einwandfreier Anwendung des Verfahrens lassen sich Werkstücktoleranzen bezüglich Profil-, Flankenlinien- und Teilungsabweichung wie beim normalen Wälzfräsen erzielen; es wurden Rauhtiefen $R_t = 1$ μm bis 2 μm bei großer Werkstückhärte und 2 μm bis 4 μm bei Härten unter 56 HRC gemessen.

Die Aussagen zum Fräser-Verschiebebetrag beim Schäl-Wälzfräsen gelten auch für das Schlicht-Wälzfräsen von weichen Zahnrädern. Wird mit einem Werkzeug lediglich eine Schlichtbearbeitung ausgeführt, so läßt sich durch eine relativ kleine Fräserverschiebung nach Erreichen der zulässigen Verschleißmarkenbreite sicherstellen, daß die Bearbeitung ausschließlich durch unbenutzte Schneidenpartien erfolgt.

16.4.2 Profilfräsen von Zylinderrädern

Profilfräsen wird angewendet zur Bearbeitung von gerad- und schrägverzahnten Werkstücken im Modulbereich unter 0,4 mm bis etwa 50 mm mit Scheibenfräser und im Modulbereich von etwa 20 mm bis über 60 mm mit Fingerfräser. Der Durchmesserbereich der Werkstücke liegt zwischen etwa 1 mm und 12 m. Bearbeitet werden die Werkstücke auf Universalfräsmaschinen mit Teilkopf, sofern das erforderliche Verhältnis zwischen Werkstückdrehung und -axialverschiebung einstellbar ist, auf Sondermaschinen, diese werden vorwiegend für kleine Werkstücke gebaut, oder auf Wälzfräsmaschinen mit Teileinrichtung.

In folgenden Bearbeitungsfällen wird häufig das Profilfräsen angewendet:
– Zur Bearbeitung sehr kleiner, meist geradverzahnter Räder mit Hartmetallwerkzeugen auf einfachen Sondermaschinen.
– Zum Verzahnen von Rädern mit mittleren bis großen Toleranzen, wenn kein Wälzfräser oder keine geeignete Maschine zur Verfügung steht. Beim Arbeiten mit Scheibenfräser auf einer Wälzfräsmaschine lassen sich Zahnräder mit einem um etwa 40%, beim Arbeiten mit Fingerfräsern mit einem um etwa 100% größeren Modul als mit einem Wälzfräser herstellen.
– Zum Vorfräsen von Werkstücken großer Teilung. Dabei lassen sich vor allem beim Einsatz von hartmetallbestückten Scheibenfräsern hohe Zeitspanungsvolumen erzielen. Die Werkzeuge sind billiger als Wälzfräser; sie lassen sich vor allem beim Verzahnen von Werkstücken mit großem Durchmesser und großem Schrägungswinkel wesentlich besser als Wälzfräser nutzen, weil die einzelnen Zähne eines Wälzfräsers (vgl. Bild 99) im Gegensatz zum Profilfräser stark unterschiedlich beansprucht sind.

Profilfräser können im Gegensatz zu Wälzfräsern ein einwandfreies Profil nur erzeugen, wenn sie auf den richtigen Achsabstand und, übliche Auslegung vorausgesetzt, auf Maschinenmitte eingestellt werden; sie müssen bei engen Verzahnungstoleranzen der Zähnezahl, dem Schrägungswinkel und der Profilverschiebung des Werkstücks angepaßt werden.

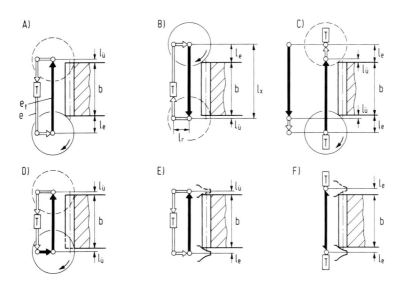

Bild 60. Arbeitsverfahren beim Profilfräsen von Zylinderrädern
A) scheibenförmiges Werkzeug, Gleichlauf axial, B) scheibenförmiges Werkzeug, Gegenlauf axial, C) scheibenförmiges Werkzeug, Wechselschnitt, D) scheibenförmiges Werkstück, Radial-Axialschnitt, E) fingerförmiges Werkzeug, Bearbeitung aller Lükken in gleicher Richtung, F) fingerförmiges Werkzeug, Bearbeitung im Wechselschnitt
b Zahnbreite, e Eilgangbewegung, e_f Vorschubbewegung, l_e Einlaufweg, l_r Vorschubweg in Radialrichtung, $l_ü$ Überlaufweg, l_x gesamter Vorschubweg, T Teilvorgang

In Abhängigkeit von den Fertigungsbedingungen kommen folgende Fertigungsverfahren zum Einsatz (Bild 60):
– Bei scheibenförmigem Werkzeug: Gleichlauf axial, Gegenlauf axial, Wechselschnitt (benachbarte Zahnlücken werden abwechselnd im Gleichlauf und Gegenlauf bearbeitet). Die Verfahren lassen sich jeweils mit dem Radialfräsen kombinieren. Es ist z.T. möglich, im Fräserein- und/oder -auslauf den Vorschub zu verändern (siehe auch Tabelle 3).
– Bei fingerförmigem Werkzeug: Bearbeitung aller Lücken in gleicher Richtung, also z.B. von unten nach oben oder im Wechselschnitt.

Tabelle 5. Einlauf- und Überlaufweg beim Profilfräsen von Evolventenverzahnungen mit Scheiben- oder Fingerfräsern

	Scheibenfräser	Fingerfräser
Geradverzahnung	$l_e = \sqrt{h \cdot (d_{a0} - h)}$	$l_e = \dfrac{d_{a0}}{2}$
	$l_{\ddot{u}} = s_{v1}$ $1 \text{ mm} \leqq s_{v1} \leqq 3 \text{ mm}$	$l_{\ddot{u}} = s_{v1}$ $1 \text{ mm} \leqq s_{v1} \leqq 2 \text{ mm}$
Schrägverzahnung	$l_e = x$ Die Koordinate x der Durchdringungskurve ist über Gleichung 3 mit $\eta = \beta$ durch Iteration so zu bestimmen, daß $x = \dfrac{1}{\sin \beta} \cdot \left(\dfrac{\bar{s}_{a0}}{2} - y \cdot \cos \beta\right)$ ist. Näherung: $l_e \approx \cos \beta_0 \cdot \sqrt{h \cdot (d_{a0} - h)}$	$l_e = \dfrac{d_{a0}}{2}$
	$l_{\ddot{u}} = \dfrac{\bar{e}_{an}}{2} \cdot \sin \beta + s_{v1}$ $2 \text{ mm} \leqq s_{v1} \leqq 5 \text{ mm}$ Näherung: $l_{\ddot{u}} \approx m \cdot [\dfrac{\pi}{4} + (h_a^* - x) \cdot \tan \alpha] \cdot \sin \beta + s_{v1} + s_{v2}$	$l_{\ddot{u}} = \dfrac{d_{a0}}{2} \cdot \sin \beta + s_{v1}$ $1 \text{ mm} \leqq s_{v1} \leqq 3 \text{ mm}$

Die erforderlichen Schlittenwege lassen sich nach Bild 60 unter Berücksichtigung der Hinweise in Tabelle 5 berechnen. Die in dieser Tabelle verwendeten Abkürzungen bedeuten

l_e Einlaufweg,
$l_{\ddot{u}}$ Überlaufweg,
s_{a0} Breite des Werkzeugs am Außendurchmesser,
s_{v1} Sicherheitsabstand, der notwendig ist, weil die Berührung zwischen Werkzeug und Werkstück nicht im Axialschnitt des Werkzeugs erfolgt,
s_{v2} Sicherheitsabstand, der die Krümmung der Werkstückzähne berücksichtigt,
$\bar{e}_{an}$ Zahnlückensehne am Werkstückaußendurchmesser in der Normalschnittebene,
x Profilverschiebungsfaktor,
h_a Zahnkopfhöhe,
h_a^* Zahnkopfhöhenfaktor ($h_a^* = h_a/m$),
d_{a0} Kopfkreisdurchmesser des Fräsers.

Der Einlaufweg l_e und der Überlaufweg $l_ü$ sind zur Erleichterung der Maschineneinstellung um einen mit zunehmendem Modul größeren Sicherheitsbetrag zu erhöhen. Im Modul-Bereich zwischen 20 mm und 40 mm liegt dieser Betrag für Scheibenfräser zwischen 2 mm und 6 mm und für Fingerfräser zwischen 1 mm und 3 mm. Bei Fingerfräsern ist für den Kopfkreisdurchmesser des Fräsers d_{a0} der bei einer Frästiefe h vorhandene Werkzeugdurchmesser einzusetzen. Der krümmungsabhängige Sicherheitsabstand s_{v2} wird zwischen Null und 5 mm gewählt. Für $z \to \infty$ strebt s_{v2} gegen Null; mit abnehmendem z/m und zunehmendem x und β wird s_{v2} größer. Bei $z = 20$, $m = 20$ mm, $x = 1$ und $\beta = 30°$ ist $s_{v2} = 4{,}2$ mm. Die Zahnlückensehne am Werkstückaußendurchmesser in der Normalschnittebene ist

$$\bar{e}_{an} = r_a \cdot \sin \eta_a \cdot \cos \left[\arctan \left(\frac{r_a}{r} \cdot \tan \beta \right) \right] \quad (23)$$

mit $\eta_a = \dfrac{\pi - 4 \cdot x \cdot \tan \alpha}{2 \cdot z} - \tan \alpha + \alpha + \tan \left(\arccos \dfrac{r_b}{r_a} \right) - \arccos \dfrac{r_b}{r_a} \cdot$ (24)

Die Näherung
$$l_e \approx \cos \beta_0 \cdot \sqrt{h \cdot (d_{a0} - h)} \quad (25).$$

liefert für Werkzeuge mit gebräuchlichem Durchmesser im Bereich von 200 mm bis 5000 mm und $\beta \leq 30°$ einen um weniger als 5% zu kleinen, bei sehr kleinen Werkstückdurchmessern einen um weniger als 5% zu großen Einlaufweg. Werkstücke mit großem Modul und engen Toleranzen werden in mehreren Schnitten bearbeitet. Zugestellt wird dabei normalerweise nach einer vollen Werkstückumdrehung.
Für die Maschinengrundzeit t_g (Bearbeitungsfall Bild 60 A) gilt

$$t_g = z \cdot \left(\frac{l_x}{u_x} + \frac{2 \cdot l_r}{u_{r\,max}} + \frac{l_x}{u_{x\,max}} \right) + (z - 1) \cdot t_T^* \quad (26)$$

mit $\quad t_T^* = t_T - \dfrac{l_x}{u_{x\,max}} \quad$ für $\dfrac{l_x}{u_{x\,max}} \leq t_T \quad$ (27)

$\quad t_T^* = 0 \quad$ für $\dfrac{l_x}{u_{x\,max}} > t_T \quad$ (28)

und
$$u_x = s_z \cdot i \cdot n_0 \cdot \cos \beta . \quad (29)$$

Darin bedeuten
z Werkstückzähnezahl,
u_x Axial-Vorschubgeschwindigkeit,
$u_{x\,max}$ Axial-Eilganggeschwindigkeit,
$u_{r\,max}$ Radial-Eilganggeschwindigkeit,
t_T Zeit für einen Teilvorgang,
l_x, l_r Axial- bzw. Radialweg,
s_z Vorschub je Fräserzahn,
i Anzahl der Fräserzähne,
n_0 Fräserdrehzahl,
β Schrägungswinkel.

Die Maschinengrundzeit für die übrigen Beispiele läßt sich analog ableiten, z.B. gilt für das Arbeiten mit scheibenförmigem Werkzeug im Wechselschnitt (Bild 60 C)

$$t_g = z \cdot \left(\frac{l_e + b + l_ü}{u_x} + \frac{l_e - l_ü}{u_{x\,max}} \right) + (z-1) \cdot t_T. \tag{30}$$

16.4.3 Wälzfräsen von Kegelrädern

16.4.3.1 Teilwälzfräsen von Kegelrädern

Kegelräder mit geraden Zähnen

Durch Teilwälzfräsen werden hauptsächlich Kegelräder mit geraden und Kreisbogenzähnen hergestellt. Das Wälzfräsen eines geradverzahnten Kegelrads mit scheibenförmigen Messerköpfen zeigt Bild 61. Beim Fräsen ergibt sich eine gekrümmte Fußebene, deren Tiefenunterschied im Zahnfuß von der Zahnbreite des Kegelrads abhängig ist. Die Fräserachsen werden so zu dem zu fertigenden Radkörper eingestellt, daß die

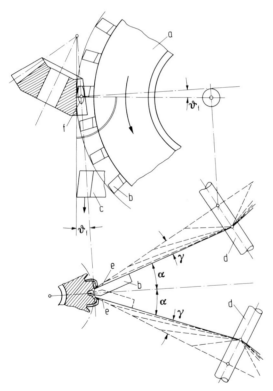

Bild 61. Wälzfräsen mit scheibenförmigen Messerköpfen

a Messerkopf, b Messer, c Hobelwerkzeug, d Drehachsen der Messerköpfe, e gerade Schneidkanten, f Tragbild, α Eingriffswinkel, γ Winkelabweichung der Messerbahnen, ϑ_f Fußkegelwinkel

profilgebenden Schneidkanten im Berechnungspunkt um den Eingriffswinkel α geneigt sind. Damit das gewünschte Tragbild erreicht wird, bewegen sich die Messerbahnen nicht senkrecht zur Drehachse, sondern geneigt um den Winkel γ auf einer Kegelfläche. Der Abstand der Messer in Umfangsrichtung auf dem Fräskopf ist so groß gewählt, daß die Messer eines zweiten Fräswerkzeugs in die Lücken des ersten Werkzeugs eindringen können. Wechselweise bearbeitet dabei ein Messer des einen Messerkopfs die linke und dann das Messer des anderen Messerkopfes die rechte Zahnflanke.

Den Arbeitsraum einer Wälzfräsmaschine zum Herstellen von Geradzahnkegelrädern zeigt Bild 21. Sie besitzt zwei voneinander unabhängige Werkstückaufspannstellen. Auf der einen können beispielsweise Ritzel und auf der anderen die Gegenräder dazu gefertigt werden. Die Wälzbewegungen werden vom Werkstück ausgeführt. Während in der einen Position das Ritzel gefräst wird, kann in der zweiten das Werkstück gewechselt werden. Ist das Ritzel fertigverzahnt, fährt das Tellerrad in Arbeitsstellung, und das Ritzel auf der anderen Aufspannstelle wird ausgespannt und ein neuer Ritzelkörper eingespannt. Das wechselweise Ein- und Ausfahren wiederholt sich nach jedem Verzahnungsablauf. Je nach Radgröße und zu bearbeitendem Werkstoff ergeben sich Hauptzeiten von 6 bis 40 s pro Radzahn.

Kegelräder mit Kreisbogenzähnen

Eines der bekanntesten Fertigungsverfahren zum Herstellen von Kegelrädern mit Kreisbogenzähnen ist das *Gleason-Verfahren*, auf das später ausführlich eingegangen wird. Die grundsätzlichen kinematischen Zusammenhänge können durch die Darstellungen in Bild 62 erläutert werden. Ausgehend von diesem Bild müssen die Teilkegelmäntel mit den zugehörigen Teilkegelwinkeln schlupffrei um die gemeinsame Teilebene des gedachten Planrads wälzen, wobei die Kegelspitzen der beiden Wälzkegel mit der Planradachse zusammenfallen.

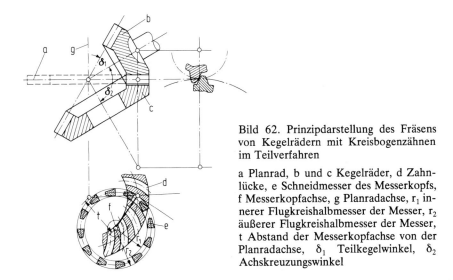

Bild 62. Prinzipdarstellung des Fräsens von Kegelrädern mit Kreisbogenzähnen im Teilverfahren

a Planrad, b und c Kegelräder, d Zahnlücke, e Schneidmesser des Messerkopfs, f Messerkopfachse, g Planradachse, r_1 innerer Flugkreishalbmesser der Messer, r_2 äußerer Flugkreishalbmesser der Messer, t Abstand der Messerkopfachse von der Planradachse, δ_1 Teilkegelwinkel, δ_2 Achskreuzungswinkel

Die um die Messerkopfachse kreisenden Messer mit ihren geradflankigen Messerprofilen arbeiten eine Zahnlücke aus und stellen somit auch eine Zahnlücke des gedachten

Planrads dar. Bei den Wälzbewegungen zwischen dem gedachten Planrad und den Wälzkegeln bewegt sich auch der rotierende Messerkopf mit seiner Drehachse in der Entfernung t von der Planradachse, die, auf die Kegelradfräsmaschine bezogen, auch der Wälztrommelachse entspricht, synchron mit der Planraddrehung. Jede Zahnlücke wird im Teilverfahren nacheinander einzeln ausgearbeitet.

Bei der Kegelradfräsmaschine in Bild 63 fällt die Planradteilebene genau mit der Drehachse des Schwenktischs zusammen. Der Schwenktisch wird auf den Teilkegelwinkel δ_1 oder δ_2 eingestellt. Um die Spitze des Teilkegels auf die Drehachse auszurichten, wird der Spindelstock axial verschoben. Die Verstellmöglichkeit des Werkstückträgers wird vorwiegend zum Herstellen von Hypoidgetrieben angewendet. Beim Fräsen von normalen Kegelrädern ist die Werkstückspindelachse genau auf die Höhe der Wälztrommelachse eingestellt.

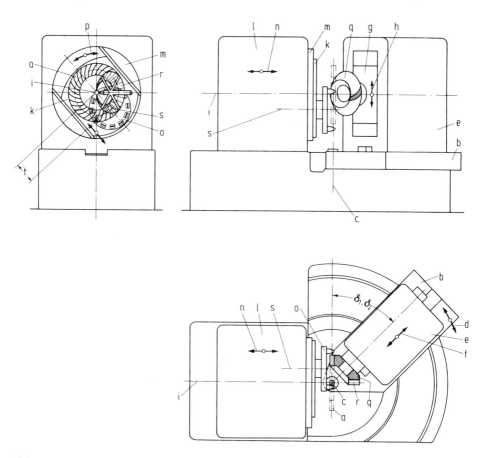

Bild 63. Kegelradfräsmaschine
a Planradebene, b Schwenktisch, c Drehachse des Schwenktisches, d Schwenkrichtung des Tisches, e Spindelstock, f axiale Verschieberichtung des Werkstückträgers, g Werkstückaufnahme, h vertikale Verschieberichtung des Werkstückträgers, i Wälztrommelachse, k Messerkopfschlitten, l Wälzspindelstock, m Wälztrommel, n Bewegungsrichtung des Wälzspindelstocks, o Messerkopf, p Drehrichtung der Wälztrommel, q Werkstück, r Teilkegel, s Messerkopfachse, t Abstand von Wälztrommelachse zur Messerkopfachse, δ_1 und δ_2 Teilkegelwinkel

Je nach dem geforderten Spiralwinkel und dem zum Einsatz kommenden Messerkopf wird die Messerkopfachse durch Verschieben des Schlittens auf die Entfernung t von der Wälztrommelachse mit seiner Wälztrommel soweit auf das Werkstück zubewegt, bis die Teilebene der Messer die Teilebene des Planrads erreicht hat (Bild 62). Bei rotierendem Messerkopf und sich langsam drehender Wälztrommel bewegen sich die Messerbahnen durch das Eingriffsfeld des Radkörpers und fräsen dabei das Zahnprofil aus. Die Wälztrommeldrehung ist dabei über einen Wälzgetriebezug und entsprechende Wechselräder mit der Drehung des zu verzahnenden Rades so abgestimmt, daß das geforderte schlupffreie Wälzen des Teilkegels mit der Planradteilebene während des Arbeitsvorgangs gegeben ist. Nach der Ausarbeitung einer Zahnlücke wird der Messerkopf durch das Ausfahren des Wälzstocks aus der Zahnlücke gezogen, der Radkörper automatisch um die Zahnteilung weitergedreht und die Ausarbeitung der nächsten Zahnlücke eingeleitet. Dieser Arbeitszyklus wiederholt sich, bis alle Zähne fertiggestellt sind.

Bei der Fertigung von Kreisbogenzähnen mit in der Zahnhöhe verjüngten Zähnen müssen einige Besonderheiten beachtet werden. In Bild 62 ist im Verhältnis zur Radgröße ein relativ kleiner Messerkopf gezeigt. Praktisch werden allgemein größere Messerköpfe eingesetzt. Bei über der Zahnbreite gleicher Zahnhöhe entstehen dann parallele Zahnlücken und über die Zahnbreite unterschiedliche Zahndicken (Bild 64).

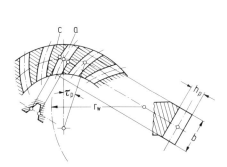 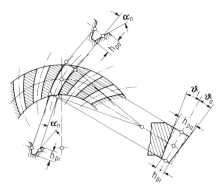

Bild 64. Entstehung paralleler Zahnlücken
a Zahnlücke, b Zahnbreite, c Zahnform, h_p Zahnhöhe, r_w Flugkreisradius für Werkzeug, τ_p Teilwinkel

Bild 65. Entstehung in der Zahnhöhe verjüngter Zähne
h_{pa} Zahnhöhe außen, h_{pi} Zahnhöhe innen, α_n Eingriffswinkel, ϑ_a Kopfkegelwinkel, ϑ_f Fußkegelwinkel

Da in die Zahnlücke der Zahn des Gegenrads eingreift, ergeben sich für Rad und Gegenrad sehr unterschiedliche Zahnformen, was eine Beeinträchtigung der Übertragungsfähigkeit bedeuten würde. Um einen Ausgleich zwischen den unterschiedlichen Zahnformen herzustellen, werden über die Zahnbreite in der Zahnhöhe verjüngte Zähne hergestellt (Bild 65). Die Messerbahnen des Messerkopfs verlaufen nun parallel zur Fußebene der Verzahnung, um den Winkel ϑ_f geneigt zur angenommenen Planradebene. Der erforderliche Neigungswinkel ϑ_f ist vorwiegend vom Eingriffswinkel α_n und den Rad- und Messerkopfgrößen abhängig. Um die durch die Messerkopfstellung längs der Zahnbreite entstehenden unterschiedlichen Abweichungen auf der Vor- und Rückflanke zu verringern und die jeweils gewünschte Zahnlängsballigkeit zwischen Rad und

Gegenrad zu erzeugen, werden beim Schneiden von Radsätzen in der Regel folgende Arbeitsgänge ausgeführt: Das Großrad wird zunächst vorgeschruppt; dann werden beide Zahnflanken fertigbearbeitet. Die Zahnlücken des dazugehörigen Gegenrads werden vorgeschruppt, und in einem weiteren Arbeitsgang werden die Zahnflanken einer Seite dem Großrad angepaßt. Danach werden die Zahnflanken der anderen Seite mit einem anderen Messerkopf und anderen Maschineneinstellungen hergestellt.

Maschinenaufbau

Bild 66 zeigt schematisch die Anordnung des Werkzeugs zum Herstellen von Kreisbogenverzahnungen. In der in Bild 66 B gezeigten Stellung verläuft die Messerkopfachse parallel zur Wälztrommelachse. Bei Drehen der Messerkopfaufnahme, deren Drehachse um den Winkel γ_1 gegenüber der Messerkopfachse geneigt ist, wird der Messerkopf gegenüber der Wälztrommelstirnfläche geneigt.

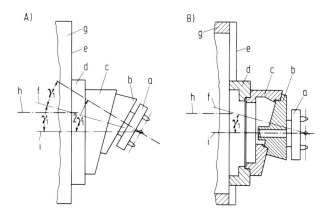

Bild 66. Werkzeuganordnung zum Herstellen von Kreisbogenverzahnungen
A) Seitenansicht, B) Querschnitt
a Messerkopf, b Messerkopfaufnahme, c Hülse, d Schlitten, e Wälztrommel-Stirnebene, f Drehachse der Messerkopfaufnahme, g Wälztrommel, h Wälztrommelachse, i Einstellachse, γ_1 Neigungswinkel der Aufnahme gegenüber der Messerkopfachse

Wenn die Aufnahme um 180° in der Hülse gedreht wird, ist die größtmögliche Messerkopfschiefstellung von $2 \cdot \gamma_1$ erreicht. Die Messerkopfaufnahme ist auf dem Schlitten gelagert und kann ebenfalls gedreht werden. Durch diese Einstellung wird die Schiefstellung des Messerkopfs in bezug zum angenommenen Planrad festgelegt. Der Schlitten kann auf der Wälztrommel verschoben werden, wodurch der erforderliche Abstand der Einstellachse von der Wälztrommelachse bestimmt wird. Bild 67 zeigt eine Kegelradfräsmaschine mit den beschriebenen Merkmalen. Das Getriebeschema einer solchen Maschine ist in Bild 22 dargestellt. Neben den hier beschriebenen Maschinen werden auch Sondermaschinen zum Schruppen und Schlichten gebaut, die sich aber in der Grundkonzeption nicht von den dargestellten Maschinen unterscheiden.

Bild 67. Kegelrad-Teilwälzfräsmaschine
a Wälztrommel, b Werkstück, c Werkzeug (Messerkopf)

16.4.3.2 Kontinuierliches Wälzfräsen von Kegelrädern

Die mit nachfolgendem Fertigungsverfahren hergestellten Kegelräder haben evolventen- oder zykloidenartige Flankenlinien. Sie werden auch als Spiralkegelräder bezeichnet.

Beim Palloid-Fräsverfahren wird ein vielschneidiger, kegeliger Wälzfräser als Werkzeug eingesetzt (Bild 27). Der Verfahrensablauf ist schematisch in Bild 26 dargestellt und in Abschnitt 16.3.1 beschrieben.

Die nach diesem Fräsverfahren hergestellten Zähne sind in Längsrichtung evolventenförmig gekrümmt, so daß die Normalteilungen über die ganze Zahnbreite als etwa gleich anzusehen sind. Zahnlängsballigkeiten werden durch das Fräserprofil erreicht und können durch besondere Fräsmaschineneinstellungen in gewissen Grenzen stufenlos verändert werden. Im Regelfall lassen sich nach diesem Verfahren Kegelräder mit einem Spiralwinkel unter 30° nicht mehr herstellen.

Die Fertigungsverfahren zum Herstellen von Bogenzahnkegelrädern durch kontinuierliches Wälzfräsen mit Stirnmesserköpfen arbeiten nach dem gleichen Grundsystem. Das Werkzeug, ein Stirnmesserkopf, und das zu verzahnende Kegelrad drehen sich in einem bestimmten Verhältnis zueinander unter Zustell- und Wälzbewegungen so lange, bis alle Zahnlücken ausgearbeitet sind. Die Arbeitsweise ist in Bild 68 schematisch gezeigt. Der Messerkopf dreht sich zum gedachten Planrad in einem Verhältnis von r_y/r_b oder auch z_p/z_w, wobei z_p die Planradzähnezahl und z_w die Messergruppenzahl des Messerkopfs bedeuten. Die geometrische Zahnlängsform ist, bedingt durch die kontinuierliche Drehung von Messerkopf und Werkstück, eine Zykloide, und zwar in der Regel eine verlängerte Epyzykloide. Die Mitte der Scheibe stellt die Messerkopfachse dar. Läßt man die zur Wälzung erforderliche Planraddrehung unberücksichtigt, dann ergibt sich ein Drehzahlverhältnis zwischen dem Messerkopf und dem Kegelrad von z/z_w, wobei z die Zähnezahl des Kegelrads bedeutet. Zur besseren Verdeutlichung ist in Bild 68 nur eine Messergruppe, bestehend aus dem Außenmesser zum Bearbeiten der

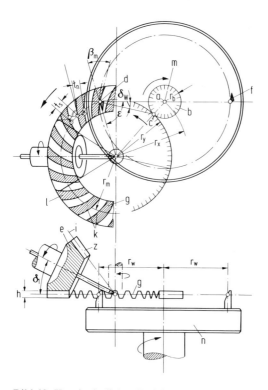

Bild 68. Kontinuierliches Wälzfräsen von Bogenzahnkegelrädern
a Drehachse des Messerkopfs, b Rollkreis des Messerkopfs, c Berührungspunkt zwischen Grund- und Rollkreis des Messerkopfs, d Teilpunkt auf der Messerschneidkante, e Kegelrad, f Innendurchmesser, g Teilebene des Planrads, h Zahnhöhe, i Kegelmantel, k Planradzahnflanken, l Planradzahn, m Messerkopfachse, n Messerkopf, r_b Rollkreisradius des Messerkopfs, r_m mittlerer Planradius, r_w Abstand der Messerkopfteilpunkte zur Messerkopfachse, r_x Abstand der Messerkopfachse von der Planradachse, r_y Grundkreishalbmesser, t_s Schneidradteilung, t_n Normalteilung, z Kegelradzahnflanke, β_m mittlerer Spiralwinkel, δ_1 Teilkegelwinkel, δ_w und ε Winkel zur Beschreibung des betrachteten Schneidenpunktes

hohlen Zahnflanken und dem Innenmesser zum Bearbeiten der erhabenen Zahnflanken, eingezeichnet. Aus diesem Grund ist auch der Rollkreis im Verhältnis zur Gesamtabbildung übertrieben groß dargestellt. Bei regelmäßigem Winkelabstand der Innen- und Außenmesser auf dem Messerkopf werden die Zahnlücken immer wechselweise von einem Innen- und einem Außenmesser durchfahren. Da die Winkelabstände gleich groß sind, werden automatisch die richtigen Zahnteilungen gefertigt. Die Zahnhöhe ist dabei über der Zahnbreite gleich. Da die Messerteilpunkte den gleichen Abstand auf dem Messerkopf haben, sind alle Zahnflankenlinien der hohlen und erhabenen Zahnflanken, bezogen auf die Teilebene des Planrads, gleich. Es wälzen die Teilebenen des Planrads und Teilkegel des herzustellenden Rads einwandfrei zusammen, so daß die Zahnlängskrümmungen von Rad und Gegenrad auch gleich sind. So gefertigte Radsätze weisen infolgedessen kein längsballiges Zahntragen auf. Es ergeben sich volltragende Zahnflanken.

16.4 Bearbeitung auf Fräsmaschinen

In der Praxis werden aber Zähne mit begrenztem Tragen gefordert. Die geforderten Zahnlängsballigkeiten werden – je nach dem eingesetzten Fertigungsverfahren – unterschiedlich erreicht.

Beim *Oerlikon-N-Verfahren* sind im Berechnungspunkt die Zykloidenkrümmung und die Krümmung der Evolvente gleich (Bild 69). Nur unter diesen Voraussetzungen ist es möglich, bei gemeinsamer Messerkopfachse durch Anordnung der Messer auf unterschiedlichen Radien längsballige Zahnflanken zu erzeugen, wenn Kegelräder in einer Aufspannung fertigverzahnt werden sollen. Die geometrischen Zusammenhänge können aus Bild 69 abgeleitet werden.

Wenn die Außenschneider und Innenschneider in einem Winkelabstand von $\varepsilon_1 = \dfrac{360°}{2 \cdot z_w}$ angeordnet sind, dann werden auf den hohlen und erhabenen Zahnflanken übereinstimmend Zahnlängskurven geschnitten. Wird dagegen das Messer zum Bearbeiten der hohlen Zahnflanke um den Winkel ε_2 dem Innenschneider genähert, dann muß der Außenschneider auf dem Radius versetzt werden, damit die vorher festgelegte Zahnlückenweite wieder erzeugt wird. Dieser Unterschied zwischen den Radien r_{wa} und r_{wi} ergibt unterschiedliche Zahnlängsleitlinien, deren tangentiale Berührung praktisch im Berechnungspunkt a liegt, da die Zahnlängslinien evolventenförmig gekrümmt sind. Durch die Verschiebung der Messer im Messerkopf um den Winkel ε_2 wird die Längsballigkeit erzeugt.

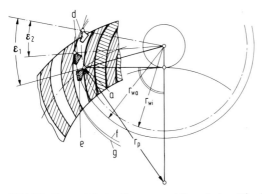

Bild 69. Geometrische Zusammenhänge beim *Oberlikon-N*-Verfahren
a Berechnungspunkt, d Außenschneider, e Innenschneider, f und g Zahnlängsleitlinien, r_p Abstand des Berechnungspunktes zur Drehachse des Planrads, r_{wa} Flugkreisradius der Außenmesser, r_{wi} Flugkreisradius der Innenmesser, ε_1 Winkelteilung zwischen dem Außen- und Innenschneider (Zahnlängskurven der hohlen und erhabenen Flanken sind gleich), ε_2 Näherungswinkel des Außenschneiders zum Innenschneider (Zahnlängskurven der hohlen und erhabenen Flanken sind unterschiedlich)

Beim *Klingelnberg-Zyklopalloid-Verfahren* können durch unterschiedliche Messerkopfradien längsballige Zähne in einer Aufspannung hergestellt werden. Zur Realisierung dieses Verfahrens ist eine Kegelradfräsmaschine erforderlich, die mit einem Antrieb für zwei ineinandergeschachtelte Messerköpfe ausgerüstet ist, deren Drehachsen nicht zusammenfallen. Die wichtigsten geometrischen Zusammenhänge zeigt Bild 70. Die Zentren der Krümmungsradien müssen auf einer Normalen zur gemeinsamen Tangente im Berechnungspunkt liegen. Die Radien c und d tangieren sich im Berechnungspunkt. Ist der Messerkopfradius zum Bearbeiten der erhabenen Zahnflanken bekannt, dann liegt die Drehachse des größeren Messerkopfs auf einer Parallelen zur Normalen im Abstand E_b (Bild 70).

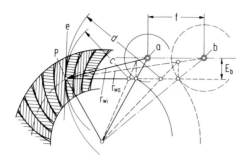

Bild 70. Geometrische Zusammenhänge beim *Zyklopalloid*-Verfahren

a Drehachse des inneren Messerkopfs, b Drehachse des äußeren Messerkopfs, c Krümmungsradius der erhabenen Flanke, d Krümmungsradius der hohlen Flanke, e Normale zur gemeinsamen Tangente der beiden Messerköpfe im Berechnungspunkt P, E_b Abstand der beiden Messerkopfachsen vom Berechnungspunkt P, f Abstand der beiden Messerkopfdrehachsen, r_{wa} Flugkreisradius des äußeren Messerkopfs, r_{wi} Flugkreisradius des inneren Messerkopfs

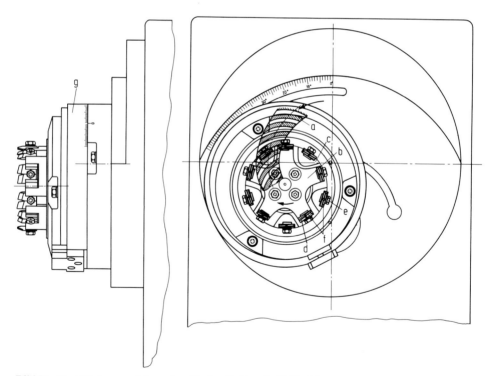

Bild 71. Verhältnisse am Messerkopf beim *Zyklopalloid*-Verfahren

a Planrad, b Innenmesserkopf, c Außenmesserkopf, d Innenmesser, e Außenmesser, f Hilfsmesser, g Drehteil zur Bestimmung der Tragbildlage

Je größer der Achsabstand der beiden Messerkopfdrehachsen gewählt wird, um so größer wird auch der Krümmungsunterschied der hohlen und erhabenen Zahnflanken (Längsballigkeit). Der Messerkopf mit der Messerkopfachse a dient vornehmlich zum Herstellen der erhabenen Zahnflanken und der mit der Messerkopfachse b zum Fertigen der hohlen Zahnflanken. Beide ineinandergeschachtelten Messerköpfe drehen sich mit gleicher Winkelgeschwindigkeit. Bild 71 zeigt die Verhältnisse von Bild 70 auf die Fräsmaschine übertragen. Der Ausschnitt eines Planrads ist auf die Wälztrommel projiziert gezeichnet. Der Innenmesserkopf trägt ein Innenmesser und ein Hilfsmesser. Exzentrisch zum Innenmesserkopf ist die Lagerung des Außenmesserkopfs eingestellt. Im Außenmesserkopf sind die Außenmesser und Hilfsmesser befestigt. In Bild 71 ist ein fünfgängiger Messerkopf gezeigt. Die Planscheibe mit dem exzentrisch eingestellten Außenmesserkopf kann um die Achse des Innenmesserkopfs geschwenkt werden, so daß hierdurch das Tragbildzentrum in Richtung Zahnbreite beliebig verlegt werden kann. Zwischen den Konturen der Innen- und Außenmesserköpfe muß Spielraum sein, damit bei den exzentrisch eingestellten Drehachsen keine Berührung der ineinandergeschachtelten Messerköpfe stattfindet.

Beim *Oerlikon-Spiroflex-Verfahren* werden Kegelräder für Kegelrad- oder Hypoidgetriebe in einer Aufspannung aus dem Vollen fertigverzahnt, wobei die Zähne über die ganze Zahnbreite annähernd gleich hoch sind. Bei der Längsballenerzeugung nach dem genannten Verfahren wird davon ausgegangen, daß die Flugkreisradien der Innenmesser zum Bearbeiten der erhabenen Zahnflanken und die der Außenmesser zum Herstellen der hohlen Zahnflanken gleich groß sind und alle Messer auf einem Messerkopf angeordnet sind. Durch die Neigung des Messerkopfs zur Planradebene (Bild 72) wird

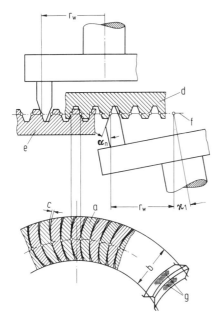

Bild 72. Neigung des Messerkopfs zur Planradebene beim *Spiroflex*-Verfahren
a Zähne in der Teilebene, b Zahnbreite, c erweiterte Zahnlücke, d und e Planräder, f Teilebene, g Tragbild, r_w Messerflugkreisradius, α_n Eingriffswinkel, $\varkappa_1$ Neigungswinkel

an den Zahnenden eine etwas erweiterte Zahnlücke gefertigt. Die Größe der Erweiterung ist von dem Neigungswinkel $\varkappa_1$ des Messerkopfs, dem Eingriffswinkel, der Zahnbreite und dem Messerflugkreisradius abhängig. Bild 73 zeigt vereinfachend die geometrischen Zusammenhänge für das Entstehen der Längsballigkeit. Die Neigung des Messerkopfs bestimmt im wesentlichen die Größe der Längsballigkeit, die Neigungsrichtung die Tragbildebene des Zahns. Verfahrensmäßig lassen sich theoretisch mit einer Messerkopfgröße alle vorkommenden Kegelräder fertigen.

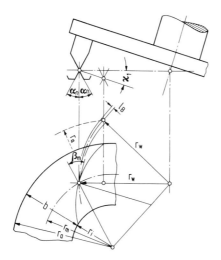

Bild 73. Geometrische Zusammenhänge für das Entstehen der Längsballigkeit beim Spiroflex-Verfahren

b Zahnbreite, l_B Längsballigkeit an der Zahnkante, r_a Außenradius des Werkstücks, r_i Innenradius des Werkstücks, r_m Teilkreisradius des Werkstücks, r_w Flugkreisradius des Messers, α_n Eingriffswinkel, β_m mittlerer Spiralwinkel, $\varkappa_1$ Neigungswinkel

16.4.4 Profilfräsen von Kegelrädern

Die Fertigung von Kegelrädern durch Profilfräsen mit Scheibenfräsern erfordert die getrennte Bearbeitung der rechten und linken Flanke des Kegelrads, weil sich die Zahnprofile über der Zahnbreite verjüngen. Dieses Verfahren wird aufgrund der geringen Arbeitsgenauigkeit außer in Sonderfällen gelegentlich zum Vorverzahnen eingesetzt. Ein Profilfräsverfahren mit Messerkopf zur Herstellung für Kegelräder zeigt Bild 74. Obwohl bei diesem Verfahren der Messerkopf als Räumwerkzeug ausgebildet

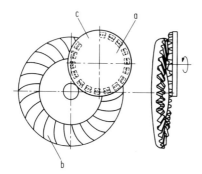

Bild 74. Profilfräsen mit Messerkopf nach dem *Formate*-Verfahren

a Werkzeug (Messerkopf), b Werkstück (Tellerrad), c Lücke für Teilvorgang

ist, wird dieses Verfahren im allgemeinen auf üblichen Universalfräsmaschinen realisiert. Das Tellerrad wird bei dieser Verzahnung zur Vereinfachung der Maschinenkinematik und Abkürzung der Verzahnungszeit ohne Profilabwälzung erzeugt. Die geraden Flanken des Messerkopfs erzeugen ein geradliniges Radprofil.

Der Vorschub kann entweder durch gestufte Anordnung der Messer oder dadurch realisiert werden, daß sich Messerkopf und Werkstück aufeinander zubewegen. Erwähnenswert ist, daß die zugehörigen Ritzel im Wälzverfahren gefräst werden. Zum Profilfräsen können Universalfräsmaschinen mit zusätzlichem Teilkopf eingesetzt werden. Dieses Verfahren ist nur bei großen Stückzahlen wirtschaftlich einsetzbar, da für jede Radabmessung ein eigener Werkzeugkopf erforderlich ist.

16.4.5 Sonderverfahren zur Herstellung von Kegelrädern

Herstellen von Kegelrädern nach dem Erzeugungskegelprinzip

Kegelradsätze, deren Großrad einen kleineren Teilkegelwinkel als etwa 60° hat, werden im Regelfall nach dem Planradprinzip gefertigt. Danach werden die Verzahnungen von Rad und Gegenrad eines Radsatzes durch Wälzfräsen erzeugt, so daß sich Zahnhöhenprofile nach Bild 75 ergeben. Radsätze, bei denen der Teilkegelwinkel des Großrads

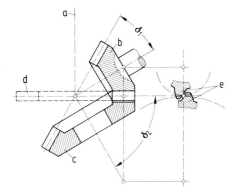

Bild 75. Planradprinzip zum Herstellen von Kegelrädern

a Wälztrommelachse, b Ritzel (Kegelrad), c Tellerrad (Großrad), d Erzeugungs-Planrad, e Zähneform, δ_1 Teilkegelwinkel des Kegelrads, δ_2 Teilkegelwinkel des Großrads

größer als etwa 60° ist, müssen nicht unbedingt ausgehend vom Planradprinzip gefertigt werden. In diesen Fällen kann von einem Erzeugungskegel ausgegangen werden, der gleich dem Teilkegel des zu fertigenden Großrads ist. Stellt man ein solches Großrad (Erzeugungs-Kegelrad) auf Kegelrad-Fräsmaschinen her (Bild 76), dann verlaufen die Messerbahnen parallel zur Teilkegel-Mantelfläche. Dreht man die Wälztrommel (Bild 77) um ihre Achse bei arretierter Werkstückspindel, dann muß sich der Messerkopf, wenn er durch Maschineneinstellungen zum Kegelrad die gleiche Stellung einnimmt wie in Bild 76, mit Hilfe eines Differentialgetriebes und der Differentialwechselräder in Abhängigkeit von der beschriebenen Drehrichtung so bewegen, daß die Messer in jeder Drehstellung der Wälztrommel die Zahnlücken des Rads durchfahren, ohne die Zähne nachzuschneiden. Bei dem in Bild 76 gezeigten Verfahren behält die Messerkopfachse beim Schwenken immer die gleiche Stellung zur Radachse, und die Rad- und Wälztrommelachse fallen zusammen. Auf diese Weise wird ein Nachprofilieren der Zähne vermieden. Die so gefertigten Zahnhöhenprofile sind Abbilder der Messerschneidkanten, in dem gezeigten Fall geradflankige Profile. Bei diesem Fertigungsverfahren ist keine Wälzbewegung erforderlich; die Großräder werden deshalb im Einstechverfahren hergestellt. Das Auswälzen der Zahnprofile, das etwa 35% der Fertigungszeit ausmacht, entfällt hier. Damit kann bei der Tellerradfertigung die Fertigungszeit entsprechend verkürzt werden.

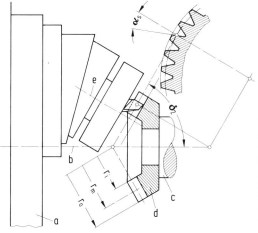

Bild 76. Großradherstellung auf einer Kegelrad-Fräsmaschine
a Wälztrommel, b Werkstückdrehachse, c Werkstückträger, d Werkstück, e Messerkopfdrehachse, r_a Außenradius des Kegelrads, r_i Innenradius des Kegelrads, r_m Radius des Teilkreises, α_s Flankenwinkel, δ_2 Großrad-Teilkegelwinkel

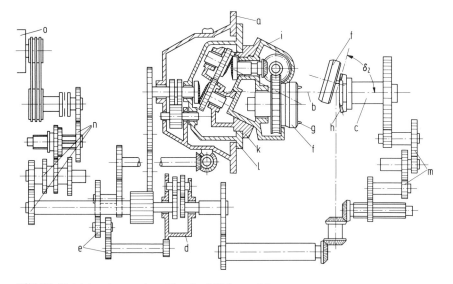

Bild 77. Getriebeschema einer Kegelrad-Fräsmaschine
a Wälztrommel, b Wälztrommeldrehachse, c Werkstückspindel, d Differentialgetriebe, e Differentialwechselräder, f Messerkopf, g Messer, h Werkstück, i Antriebsschneckengehäuse, k Hülse, l Gehäuse, m Teilgetriebe, n Wechselräder, o Hauptantriebsmotor, δ_2 Teilkegelwinkel

Die Verzahnung des Großrads dient als Ausgangsbasis für die Herstellung der dazugehörigen Ritzelverzahnung. In Bild 78 sind die geometrischen Zusammenhänge gezeigt, nach denen die Ritzel gefertigt werden. Gestrichelt ist dort das Kegelrad aus Bild 76 eingezeichnet, das hier als das gedachte Erzeugungs-Kegelrad dient. Der Messerkopf ist so zur Wälztrommelachse der Maschine eingestellt, daß die Messerbahnen parallel zur Teilmantelfläche des Erzeugungsrads und des Ritzels verlaufen. Beim Verzahnen drehen sich der Messerkopf und das Ritzel in einem bestimmten Verhältnis. Bei zusätzlicher Wälzbewegung durch Drehen der Wälztrommel muß das Drehzahlverhältnis über

Differentialgetriebe so geändert werden, daß die Wälzkegel beider Räder schlupffrei abrollen. Die dann durch Aneinanderreihen von Hüllschnitten am Ritzel entstehenden Zahnhöhenprofile (Bild 79) weichen durch die geradflankigen Profile am Großrad von durch Walzfräsen hergestellten Zahnprofilen ab. Wie die Profile aussehen, wenn Ritzel und Rad durch Wälzverfahren hergestellt sind, ist in Bild 79 gestrichelt eingezeichnet. Die nach beiden Verfahren gefertigten Radsätze kämmen jeweils einwandfrei zusammen.

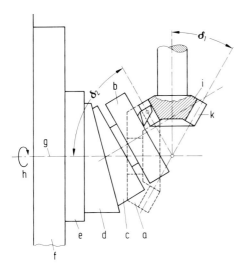

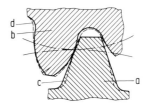

Bild 79. Vergleich von Zahnprofilen
a Geradflankiges Zahnprofil am Tellerrad, b das zu a passende Gegenprofil am Ritzel, c Form des gewälzten Tellerradzahns, d Form des zu c passenden gewälzten Ritzelzahns

Bild 78. Ritzelherstellung auf Kegelrad-Schneidmaschinen mit Erzeugungskegelrad
a Erzeugungskegelrad, b Messerkopf, c Messerkopf-Aufnahme, d Hülse, e Stellring, f Wälztrommel, g Drehachse der Wälztrommel, h Drehrichtung der Wälztrommel, i Werkstück (Ritzel), k Ritzelzahn, δ_1 Teilkegelwinkel des Ritzels, δ_2 Teilkegelwinkel des Erzeugungsrads

Bild 80. Kegelrad-Schneidmaschine zum Herstellen von Kegelradverzahnungen nach dem *Spiroflex*- oder *Spirac*-Verfahren
A) Gesamtansicht, B) Herstellen eines Ritzels nach dem Spirac-Verfahren

Alle Darstellungen in den Bildern 76, 78 und 79 beziehen sich auf unkorrigierte Verzahnungen. In der Praxis finden die zum Herstellen von Zahnlängs- und Zahnhöhenballigkeit geltenden Prinzipien Anwendung, wie sie bei den zuvor beschriebenen Verfahren behandelt wurden. Bild 80 zeigt das Herstellen einer Ritzelverzahnung nach dem beschriebenen Verfahren. Man erkennt hier deutlich die Schiefstellung des Messerkopfs zur Wälztrommelebene.

Hypoidgetriebe

Häufig, besonders im Fahrzeugbau, finden Getriebe mit versetzten Achsen Anwendung. Diese Hypoidgetriebe stellen eine Mischung von Kegelrad- und Schneckengetriebe dar. Aufgrund des zusätzlichen Längsgleitens auf den Zahnflanken sind solche Radsätze laufruhiger.

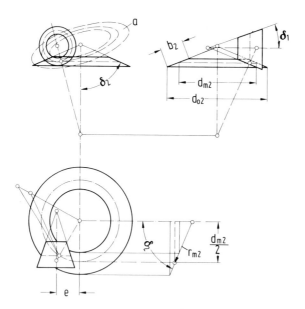

Bild 81. Geometrische Zusammenhänge an einem Hypoidgetriebe
a gedachtes Planrad, b_2 Zahnbreite des Großrads, d_{02} Außendurchmesser des Großrads, d_{m2} Teilkreisdurchmesser des Großrads, e Achsabstand, r_{m2} Teilkreisradius am Teilkegel, δ_1 Teilkegelwinkel des Ritzels, δ_2 Teilkegelwinkel des Rads

Hypoidgetriebe können nach dem Planradprinzip hergestellt werden. Das Ritzel liegt dabei mit seiner Kegelspitze zum Planradzentrum versetzt. Die Abwicklung des dazugehörigen Tellerrads entspricht näherungsweise dem Erzeugungsplanrad. Bild 81 zeigt die kegeligen Radkörper und deren Lage zueinander sowie die Lage des gedachten Erzeugungsplanrads zwischen beiden Radkörpern. Die Kegelgrundkörper von Ritzel und Rad, die sich nach Bild 81 ergeben und in Bild 82 klarer herausgestellt sind, entsprechen nicht den bei Hypoidgetrieben erforderlichen Grundkörpern der klassischen Umdrehungs-Hyperboloiden.

Da bei den Hypoidgetrieben nicht die ganzen Kegellängen, sondern nur die Zahnbreiten Bedeutung haben, sind diese Annäherungen, wenn keine allzu großen Achsverset-

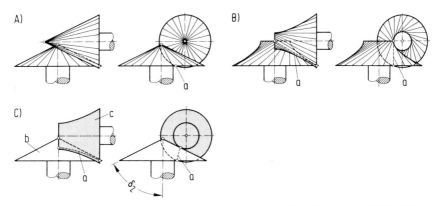

Bild 82. Lage und Form der beiden Grundkörper eines Hypoidsatzes in Abhängigkeit von der Erzeugung
A) Planrad als Erzeugungsgrundlage, B) klassische Drehhyperboloide mit der gemeinsamen Berührung in a, C) nach der Tellerrad-Einstechmethode hergestelltes Hypoidgetriebe
a Berührung, b Großrad, c Ritzel, δ_2 Teilkegelwinkel

zungen vorliegen, praktisch zulässig, ohne daß sich dies auf die Qualität der gefertigten Radsätze negativ auswirkt. Die Wälzfehler nehmen aber mit Zunahme der relativen Achsversetzungen zu und können ab einer gewissen Größe das Laufverhalten oder die Übertragungsfähigkeit so gefertigter Getriebesätze nachteilig beeinflussen. Wird hingegen der Hypoidsatz nach der Tellerrad-Einstechmethode hergestellt, bei der das Großrad als das gedachte Erzeugungs-Kegelrad für die Fertigung des Ritzels angesehen werden kann, dann schmiegt sich der Ritzelgrundkörper dem Teilkegel des Großrads an und berührt diesen auf der Berührungslinie in Bild 82 C. Da in diesem Fall das Planrad als Zwischenglied wegfällt, wird die Verzahnung des Großrads einwandfrei durch die sich auf dem Teilkegel bewegenden Messerbahnen direkt mit dem Ritzel in Verbindung gebracht. So hergestellte Hypoidgetriebe übertragen Drehungen durch die einwandfreien geometrischen Voraussetzungen mit konstantem Übersetzungsverhältnis. Die Ritzelherstellung erfordert eine relativ große Neigungsmöglichkeit der Messerkopfachse zur Walztrommelachse. Um Zahnkorrekturen ausführen zu können, kann die Messerkopfachse häufig in mehreren Richtungen geneigt werden.

16.4.6 Herstellen von Schnecken

Allgemeines

Gesichtspunkte für die Auswahl des Fertigungsverfahrens sind in erster Linie die Stückzahl, Form, Abmessungen und Toleranzen der Schnecken, die vorhandenen Fertigungseinrichtungen und die Fertigungskosten.
Für Einzel- und Kleinserienfertigung kommen folgende Fertigungsverfahren in Betracht:
– Fräsen auf Universalfräsmaschinen mit Teilkopf, sofern das erforderliche Verhältnis zwischen Werkstückdrehung und -axialverschiebung einstellbar ist.
– Fräsen mit Scheiben- oder Fingerfräser (Sonderfräskopf erforderlich) auf Wälzfräsmaschinen ohne Teileinrichtung. Das Verfahren ist anwendbar, wenn der Axialvor-

schub über Wechselräder (nicht über ein stufenlos einstellbares Getriebe) angetrieben wird. Dieses Verfahren ist auf Schnecken geringer Steigungshöhe beschränkt, weil Wälzfräsmaschinen nur einen geringen Axialvorschub je Werkstückumdrehung zulassen.
- Fräsen mit Scheiben- oder Fingerfräser auf Wälzfräsmaschinen mit Teileinrichtung. Das Verfahren ist meist auf mehrzähnige Schnecken mit großer Steigungshöhe beschränkt. Mit Fingerfräsern lassen sich nur geringe Zeitspanungsvolumina realisieren. Sie werden deshalb vorwiegend zur Bearbeitung von Schnecken mit großem Modul auf kleinen Maschinen eingesetzt (Sonderfräskopf erforderlich).
- Fräsen mit Scheiben- oder Fingerfräser auf Schneckenfräsmaschinen. Schneckenfräsmaschinen besitzen eine ähnliche Kinematik wie Leitspindeldrehmaschinen; das Werkzeug wird von einem separaten Motor unabhängig von der Werkstückbewegung angetrieben. Zum Fräsen mehrzähniger Schnecken muß im Teilverfahren gearbeitet werden. Die Umfangskomponente der Zerspankraft auf das Werkstück sollte beim Schneckenfräsen möglichst der Tischdrehrichtung entgegengerichtet sein, um ein Abheben im Teilgetriebe (große Verzahnungsabweichungen) zu verhindern. Aus diesem Grund sollte vor allem beim Schruppen mit Scheibenfräser (hohe Schnittkräfte) im Gegenlauf gearbeitet werden.
- Schleifen der vorverzahnten und ggf. gehärteten Schnecken auf Schneckenschleifmaschinen oder (vorwiegend bei kleinen Abmessungen) auf Gewindeschleifmaschinen.
- In Sonderfällen können Schnecken durch Drehen hergestellt werden. Die dabei auftretenden geometrischen Abweichungen sind allerdings groß.

In der Großserien- und Massenfertigung werden eingesetzt:
- Fräsen mit Scheiben- oder Fingerfräsern auf Schneckenfräsmaschinen.
- Wälzfräsen; die Bearbeitung erfolgt wie bei schrägverzahnten Zylinderrädern. Das Verhältnis Zähnezahl der Schnecke zu Fräsergangzahl muß größer oder gleich der kleinsten auf der Maschine herstellbaren Zähnezahl sein. Das Verfahren wird aus Arbeitsraumgründen nur eingesetzt für Schnecken mit einem mittleren Steigungswinkel größer als etwa 25°.
- Schälen auf Wälzfräsmaschinen.
- Wirbeln auf Gewindewirbelmaschinen oder Leitspindeldrehmaschinen mit Wirbelzusatzgerät.
- Schleifen mit Doppelkegelscheibe (K-Profil), ebener Tellerscheibe (E-Profil) oder in Sonderfällen mit Fingerstein (N-Profil) auf Schneckenschleifmaschinen. Zur Erzeugung von Schnecken mit beliebigem Profil dürfen die Doppelkegelscheibe bzw. der Fingerstein im Axialschnitt nicht gerade abgerichtet werden. Die Wirtschaftlichkeit und die erzielbare Qualität beim Schleifen derartiger Schnecken hängt entscheidend von den Eigenschaften der Schleifscheiben – Profiliereinrichtung ab.

Schneckenwirbeln

Beim Schneckenwirbeln werden Messer in einem Wirbelring untergebracht. Dieser Ring ist außermittig zur Werkstückachse angeordnet; seine Achse schneidet die Werkstückachse unter dem Winkel γ_m (Bild 83). Der Wirbelkopf führt zur Erzeugung der Schnittgeschwindigkeit eine Drehung unabhängig von der Schraubbewegung aus. Die Schraubbewegung setzt sich zusammen aus einer Drehung des Werkstücks und einer Axialverschiebung des Wirbelkopfs. Beim Einsatz geradflankiger Werkzeuge können erhebliche Profilabweichungen entstehen; die Wirbelmesser müssen deshalb abhängig vom Flugkreisdurchmesser berechnet [48], auf geeigneten Profilschleifmaschinen bearbeitet und im Wirbelring einwandfrei positioniert werden. Schneckenwirbeln erfolgt in einem Schnitt. Bei mehrgängigen Schnecken muß je Gang ein Satz Wirbelmesser untergebracht oder im Teilverfahren gearbeitet werden. Die Wirbelmesser sind z. T. hartmetallbestückt.

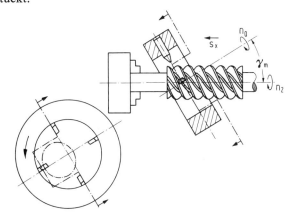

Bild 83. Schneckenwirbeln
n_0 Drehzahl des Wirbelkopfs, n_2 Drehzahl der Schnecke, s_x Axialvorschub des Wirbelkopfs, γ_m Neigungswinkel des Wirbelkopfs

16.4.7 Herstellen von Schneckenrädern

Allgemeines

Schneckenräder lassen sich nur auf Wälzfräsmaschinen verzahnen. Bei der Bearbeitung ist neben der Drehung von Werkzeug und Werkstück noch eine Zustellbewegung erforderlich. Nach der Richtung dieser Zustellbewegung unterscheidet man die Verfahren Radial-, Tangential- und Radial-Tangentialfräsen (Bild 16). Die Fräserhüllschraube ist ein gedachter, schneckenförmiger Körper, auf dessen Flanken die Schneiden des Wälzfräsers liegen. Fräserhüllschraube und Schnecke müssen formgleich bis auf folgende Unterschiede sein: Der Fräser muß in der Zahndicke um das Flankenspiel und im Kopfkreisdurchmesser um das doppelte Kopfspiel größer als die Schnecke sein; außerdem werden Schneckenradfräser mit geringfügigen Unterschieden zur Schnecke bezüglich Durchmesser, Steigungswinkel (Steigungshöhe) und Erzeugungswinkel ausgelegt, um trotz unvermeidbarer geometrischer Abweichungen bei Fertigung und Montage des Getriebes ein günstiges Tragbild zu erhalten [1]. Schließlich ist auf die Veränderung des Kopfkreisdurchmessers beim Schärfen des Werkzeugs hinzuweisen.

Radialfräsen von Schneckenrädern

Radialfräsen von Schneckenrädern (Bild 16 A) wird angewendet, wenn ein geeignetes Werkzeug zur Verfügung steht und weder unzulässiger Verschnitt noch unzulässig große verfahrensbedingte Profil-Formabweichungen auftreten.
Beim Radialfräsen mit Werkzeugen, deren Steigungswinkel größer als etwa 8° ist, werden vor Erreichen der vollen Frästiefe Flankenteile weggeschnitten, die eigentlich stehen bleiben müßten. Bei Schneckenrädern mit geringen Qualitätsanforderungen wird dieser Verschnitt häufig in Kauf genommen und das Radialfräsen auch bei deutlich

größerem Steigungswinkel angewendet. Zum Radialfräsen werden zylindrische Wälzfräser eingesetzt. Während der Bearbeitung wird der Radialschlitten so lange verfahren, bis der Sollwert des Achsabstands a erreicht ist. Es gilt die Beziehung

$$a = a_G + \frac{d_{m0} - d_{m1}}{2}. \tag{31}$$

Darin bedeuten
a_G Achsabstand im Getriebe,
d_{m0} Mittenkreisdurchmesser des Wälzfräsers,
d_{m1} Mittenkreisdurchmesser der Schnecke.

Nach Erreichen des Sollachsabstands erfolgt das Auswälzen; dazu ist etwas mehr als eine volle Werkstückumdrehung erforderlich.

Das Werkzeug ist für das Radialfräsen so zur Maschinenmitte einzustellen, daß es die Profilausbildungszone voll überdeckt. Darüber hinaus zur Verfügung stehende Teile der nutzbaren Fräserlänge sollten zum Vorschneiden benutzt, also auf die einlaufende Seite gestellt werden.

Der Kreuzungswinkel zwischen Werkzeug- und Werkstückachse ist bis auf einen Korrekturwinkel gleich dem Kreuzungswinkel des Schneckentriebs im eingebauten Zustand; der Korrekturwinkel ist gleich der Steigungswinkeldifferenz zwischen Werkzeug und Schnecke [1].

Die Länge der Profilausbildungszone ist u. a. von der Umfassung des Werkzeugs durch das Schneckenrad abhängig; sie läßt sich z. B. zeichnerisch bestimmen. Eine grobe Näherung liefern jedoch die für Zylinderräder gültigen Gleichungen 11 bis 14, wenn man als Schneckenraddurchmesser nicht den in der Mittenebene vorliegenden, sondern den größten Durchmesser einsetzt und darüber hinaus einen Sicherheitsbetrag von $0,5 \cdot \pi \cdot m$ bis $1 \cdot \pi \cdot m$ (m Modul) hinzufügt.

Bei einem kleinen Verhältnis von Werkstückzähnezahl zu Fräsergangzahl und großem Modul können die verfahrensbedingten Hüllschnittabweichungen das Laufverhalten eines Schneckentriebs ungünstig beeinflussen, weil dabei die Anzahl der Hüllschnitte, welche die Schneckenradflanke annähern, klein und der Betrag der verfahrensbedingten Profil-Formabweichungen groß ist. Im Mittenschnitt werden die Schneckenradflanken durch $i \cdot \varepsilon_\alpha / z_0$ Hüllschnitte angenähert (i Stollenanzahl, ε_α Profilüberdeckung, z_0 Fräsergangzahl); der Betrag der verfahrensbedingten Profilformabweichung läßt sich nach Gleichung 1 berechnen. Dabei ist für d_b der Wert einzusetzen, der unter Berücksichtigung des Erzeugungswinkels α_a der Schnecke im Achsschnitt entsprechend $d \cdot \cos \alpha_a$ bei einem Zylinderrad vorliegen würde. Lassen sich die Hüllschnittabweichungen nicht tolerieren, so muß ein Werkzeug mit größerer Stollenanzahl eingesetzt oder im Tangential- bzw. Radial-Tangentialverfahren gearbeitet werden.

Tangentialfräsen von Schneckenrädern

Tangentialfräsen (Bild 16 B) wird angewendet bei einem Frästersteigungswinkel über etwa 8°, in Fällen, in denen die verfahrensbedingten Hüllschnittabweichungen beim Radialfräsen zu groß würden und wenn zum Radialfräsen kein geeignetes Werkzeug zur Verfügung steht. Das Werkzeug arbeitet beim Achsabstand a nach Gleichung 31; die Einstellung des Kreuzungswinkels erfolgt wie beim Radialfräsen. Der Punkt des Werkzeugs, an dem der Anschnittbereich endet, wird um l_1 hinter die Maschinenmitte (gegenüber der Einlaufseite e) eingestellt. Nach Bild 84 ist

$$l_1 = \left(r_a \cdot \frac{1}{\cos \varkappa} - r + h_{a0}\right) \cdot \cot \varkappa. \tag{32}$$

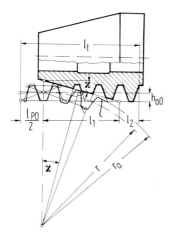

Bild 84. Geometrische Verhältnisse beim Tangentialwälzfräsen von Schneckenrädern
h_{a0} Werkzeugkopfhöhe, l_1 Einstellänge, l_2 Länge des zylindrischen Teils des Werkzeugs, l_{p0} Länge der Profilausbildungszone, l_t Tangentialweg, r Teilkreishalbmesser, r_a Kopfkreishalbmesser (in der Mittenschnittebene), ϰ Anschnittwinkel

Das Werkzeug muß tangential so weit verfahren werden, bis die Verzahnung voll profiliert ist und der zylindrische Teil des Werkzeugs die Profilausbildungszone sicher verlassen hat. Für den erforderlichen Tangentialweg l_t gilt

$$l_t \approx l_1 + l_2 + \frac{l_{P0}}{2} + s. \tag{33}$$

Darin bedeuten

$l_{P0}/2$ halbe Länge der Profilausbildungszone,
l_1 Einstellänge
l_2 die Länge des zylindrischen Teils des Werkzeugs,
s Sicherheitsbetrag (im Bild nicht dargestellt; $s \approx \pi \cdot m$).

Um eine kurze Hauptzeit zu erzielen, sollte die Länge des zylindrischen Teils des Werkzeugs l_2 möglichst kurz ausgeführt sein; es genügt ein voll ausgebildeter Zahn. Die Anzahl k der in der Mittenebene auf eine Flanke entfallenden Hüllschnitte läßt sich beim Tangentialfräsen mit einem Werkzeug, das nur einen voll ausgebildeten Zahn besitzt, über den Tangentialvorschub s_t gezielt beeinflussen. Es gilt

$$k = \frac{\varepsilon_\alpha \cdot z \cdot \pi \cdot m}{z_0 \cdot s_t}. \tag{34}$$

Als Werkzeuge zum Tangentialfräsen sind auch Schlagmesser geeignet. Bei Bearbeitung von Schneckenrädern für mehrzähnige Schnecken mit Schlagmesser sind häufig mehrere Arbeitsgänge erforderlich, zwischen denen ein Teilvorgang einzuschalten ist.

Radial-Tangentialfräsen von Schneckenrädern

Beim Radial-Tangentialfräsen (Bild 16 C) lassen sich die Vorzüge beider Verfahren, die kurze Fräszeit beim Radialfräsen und die große Hüllschnittzahl beim Tangentialfräsen, vereinigen. Die Bearbeitung erfolgt zunächst im Radialverfahren, bis der Achsabstand nach Gleichung 31 erreicht ist; daran schließt sich ein Tangentialfräsvorgang an. Wird die Bearbeitung mit einem zylindrischen Werkzeug vorgenommen, so ist ein Tangentialweg entsprechend dem Abstand benachbarter Hüllschnitte $l'_t \approx \pi \cdot m \cdot z_0$ ($i \cdot \cos \gamma_0$) theoretisch ausreichend; praktisch läßt sich ein so kurzer Tangentialweg jedoch nicht an der Maschine einstellen, so daß ein Mehrfaches von l'_t gewählt werden muß. Entsprechend der gewünschten Hüllschnittdichte wird ein Tangentialvorschub je Werkstückumdrehung von 3/2, 4/3 oder 5/4 des Tangentialwegs zwischen benachbarten Hüllschnitten beim Radialfräsen gewählt. Dadurch wird die Anzahl der das Profil in der Mittenebene ausbildenden Hüllschnitte gegenüber dem Radialfräsen um den Faktor 2, 3 oder 4 erhöht. Nach Durchfahren des notwendigen Tangentialwegs, also nach zwei, drei oder vier Werkstückumdrehungen, ist zur vollen Auswälzung noch eine Werkstückumdrehung erforderlich. Beim Arbeiten mit Schlagmesser muß der Radialfräsvorgang außerhalb der Profilausbildungszone erfolgen; der Tangentialweg ist so groß zu wählen, daß die Profilausbildungszone voll durchfahren wird.

16.4.8 Fräswerkzeuge für die Verzahnungsherstellung

16.4.8.1 Allgemeines

Wälzfräser für Stirn- und Schraubenräder werden in den verschiedensten Ausführungen im Modulbereich von 1 bis 36 mm hergestellt. Als Sonderanfertigung gibt es Wälzfräser für die Herstellung von Schneckenrädern, Innenverzahnungen, Rotoren, Schraubenpumpen, Kettenrädern, Keilwellen, Zahnwellen, Kerbverzahnungen, Zahnkettenrädern, Zahnriemenscheiben und Sonderprofilen bis Modul 50 mm. Die Bilder 85 und 86 zeigen die wichtigsten Wälzfräserarten.

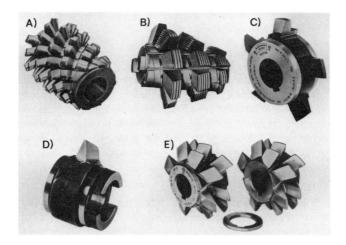

Bild 85. Wälzfräser für die Herstellung von Schneckenrädern
A) Wälzfräser mit aufgeschweißten Schnellarbeitsstahlraupen vor dem Schleifen, B) Wälzfräser mit Anschnitt und Schruppgewinde, C) fünfgängiger Schlagzahnfräser, D) Schlagmesser, E) zweiteiliger viergängiger Wälzfräser mit Zwischenring

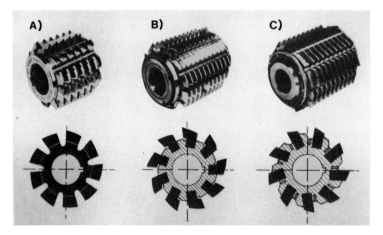

Bild 86. Axial genutete Zylinderrad-Wälzfräser mit Längsnut zur Mitnahme
A) Blockwälzfräser, B) Kippstollenfräser, C) Messerschienenfräser

16.4.8.2 Wälzfräser zur Herstellung von Zylinderrädern mit Evolventenflanken

Der geometrische Ausgangskörper eines *Stirnrad-Wälzfräsers* ist die Evolventenschnecke. Sie weist ein bestimmtes Bezugsprofil auf; sie kann durch Hinterdrehen schneidfähig ausgebildet werden. Bei radialer Hinterarbeitung entsprechend einer logarithmischen Spirale [1] würde der so gefertigte Wälzfräser die größte Profilkonstanz über die gesamte Lebensdauer aufweisen, wenn sich die Geometrie durch den Härteprozeß nicht verändert.

Der *hinterdrehte Stirnrad-Wälzfräser* wird zum Vorverzahnen oder für Verzahnungen mit großen zulässigen Abweichungen verwendet. Der genau hinterdrehte Wälzfräser (Bild 87), mit dem man sich auf die Herstellung kleinerer Verzahnungen beschränkt, wird vielfach zum Vorverzahnen für das anschließende Schaben oder Schleifen des Rads eingesetzt.

Bild 87. Genauhinterdrehte Wälzfräser

Sollen ungehärtete Zahnräder im Wälzfräserverfahren fertigbearbeitet werden, dann wird der *hinterschliffene Stirnrad-Wälzfräser* eingesetzt. Bei diesem Werkzeug wird die Genauigkeit nach dem Härten durch das Hinterschleifen erreicht. Beim Einsatz dieser

Wälzfräserart muß man berücksichtigen, daß er keine absolute Profilkonstanz besitzt. Durch Hinterschleifen können Wälzfräser nach DIN 3968 in den Güteklassen A, AA und feiner hergestellt werden. Auch bei nahezu ideal ausgebildeten Evolventen der Zahnräder treten, bedingt durch die Zahndurchbiegung unter Last, Eingriffsstörungen auf; diese bewirken erhöhten Verschleiß im Kopf- und Fußgebiet der Verzahnung und verstärkte Geräuschanregung. Die Bezugsprofile für Evolventenverzahnungen sind in DIN 3972 genormt. Darüber hinaus werden vielfach Werkzeuge mit vollgerundetem Zahnkopf, mit Protuberanz, mit Kantenbruch oder mit einer Kombination dieser Profilvarianten ausgeführt.

Stollen-Wälzfräser werden vor allem in der Großserienfertigung, z.B. in der Automobil-Industrie, eingesetzt. Sie haben folgende besonderen Eigenschaften: Die große nutzbare Zahnlänge ermöglicht zahlreiche Nachschliffe und gewährleistet eine lange Lebensdauer; sie sind durchgehend profilgeschliffen. Dadurch wird eine hohe Genauigkeit und Profilkonstanz erreicht. Die große Stollenlänge erlaubt große Verschiebewege des Werkzeugs in Achsrichtung und damit lange Einsatzzeiten zwischen den Schärfvorgängen. Die Instandhaltung ist einfach, da die achsparallelen Spannuten leichtes Nachschleifen und Nachmessen ermöglichen.

Stollen-Wälzfräser werden auch mit Hartmetall-Zahnstollen gefertigt. An Wälzfräser für Großräder werden hinsichtlich Genauigkeit und Standzeitverhalten besonders hohe Anforderungen gestellt. Die zum Verzahnen dieser Räder eingesetzten Großwälzfräsmaschinen erfordern Wälzfräser mit entsprechend großen Abmessungen. Der große Außendurchmesser des Wälzfräsers ermöglicht eine hohe Spannutenzahl, die durch ein dichtes Hüllflächennetz hohe Genauigkeit an den gefertigten Zahnrädern ermöglicht. Hohe Spannutenzahl am Wälzfräser bedeutet außerdem eine günstige Schnittaufteilung über der Fräserlänge während des Wälzfräsvorgangs. Hierdurch können lange Schnittwege erreicht werden, ohne daß eine Fräserverschiebung durchgeführt werden muß.

Mit *Messerschienen-Wälzfräsern* (Bild 88) können Zahnräder mit großen Moduln und hoher Qualität fertigverzahnt werden. Eine große Anzahl von Messerschienen erzeugt auch hier ein dichtes Hüllflächennetz. Das gleichmäßige Gefüge der geschmiedeten Messerschienen ermöglicht hohe Schnittgeschwindigkeiten und Vorschübe beim Verzahnungsvorgang und eine lange Standzeit. Die achsparallelen Spannuten erleichtern das Instandhalten des Werkzeugs und ermöglichen das Tiefschleifen.

Bild 88. Messerschienen-Wälzfräser

Hohe Zeitspanungsvolumen beim Vorverzahnen von Zahnrädern ab 6 mm Modul und mit großen Zähnezahlen können insbesondere mit *Räumzahn-Wälzfräsern* (Bild 89) erreicht werden. Gründe für die hohe Leistungsfähigkeit sind die günstige Schneidengeometrie und die Aufteilung des zu zerspanenden Werkstoffvolumens auf eine relativ große Anzahl von Zahnköpfen. Die gleichmäßige Schneidenbelastung bewirkt auch bei großen Vorschüben und Spanungsquerschnitten einen stabilen Zerspanungsprozeß.

Bild 89. Spanbrecher am Zahnkopf des Räumzahn-Wälzfräsers

Hartmetall-Schälwälzfräser (Bild 90) sind dazu bestimmt, gehärtete Zahnräder auf Wälzfräsmaschinen nachzubearbeiten. In einigen Fällen kann durch das Schälwälzfräsen das Schleifen der Verzahnung vollkommen ersetzt werden. Mit dem Schälwälzfräser können Zahnräder bis zu einer Härte von 64 HRC bearbeitet werden. Der Einsatz von Hartmetall-Schälwälzfräsern erfordert steife und leistungsfähige Wälzfräsmaschinen. Die Rauhtiefen bei schälwälzgefrästen Rädern liegen im Bereich von 1 bis 2 µm.

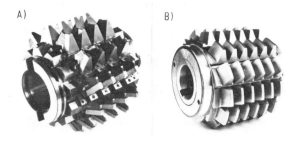

Bild 90. Hartmetall-Schälwälzfräser
A) mit geklemmten Profilplatten, B) als Stollenwälzfräser

Bei *Wälzfräsern für Innerverzahnungen* (Bild 91) bestimmt der Innen-Fräskopf die Maße für den maximalen und minimalen Fräserdurchmesser und die maximale Fräserlänge. Derartige Wälzfräser werden im allgemeinen für ein bestimmtes Rad konstruiert.

Bild 91. Wälzfräser für Innenverzahnungen

Sie sind jedoch auch für gerade und schräge Innenverzahnungen unterschiedlicher Zähnezahlen einsetzbar, sofern die Profilverschiebungen, die Zahnkopf- und Zahnfußhöhen gleich sind. Bei manchen Innenverzahnungen reicht die maximal zulässige Fräserlänge nicht für die vollständige Ausbildung der Verzahnung aus. In diesen Fällen muß man den Modul und den Eingriffswinkel des Wälzfräsers abweichend von denen der Innenverzahnung festlegen; es ist im Einzelfall zu prüfen, ob der Fräser auch für den Einsatz bei Werkstücken anderer Zähnezahl verwendet werden kann.

16.4.8.3 Wälzfräser zur Herstellung von Schneckenrädern

Schneckenrad-Wälzfräser können zylindrisch ausgebildet oder mit einem Anschnitt versehen werden. Beim Arbeiten im Tangentialverfahren setzt man angeschnittene Werkzeuge ein; durch diese Maßnahme läßt sich der Fräsweg erheblich verkürzen. Im Radialverfahren werden grundsätzlich zylindrische Wälzfräser eingesetzt. Schlagmesser lassen sich als Einzahnwälzfräser auffassen; sie werden vor allem bei mehrgängiger Ausführung auch als Schlagzahnfräser bezeichnet. Den niedrigeren Anschaffungskosten dieser Fräser steht die stärkere Abnutzung gegenüber. Schlagmesser können nur im Tangentialverfahren verwendet werden, wobei aus Gründen der Belastung und des Verschleißes mit kleinen Tangential-Vorschüben gearbeitet werden muß [1, 2]. Schneckenrad-Wälzfräser (Bild 92) sind im Gegensatz zum Stirnrad-Wälzfräser nicht frei dimensionierbar, sondern müssen den Schneckenabmessungen angepaßt werden. Abhängig vom Außendurchmesser werden die Werkzeuge als Schaft- oder Bohrungswerkzeuge ausgeführt. Um ein Kantentragen beim Abwälzen der Getriebeschnecke mit dem Schneckenrad zu vermeiden, darf der zur Erzeugung des Schneckenrads erforderliche Schneckenrad-Wälzfräser in keinem Fall einen Mittenkreisdurchmesser aufweisen, der kleiner ist als der der Schnecke. Aus diesem Grund ist der Mittenkreisdurchmesser des Wälzfräsers im Neuzustand größer und wird in Abhängigkeit vom Modul, dem Mittenkreisdurchmesser und der Gangzahl der Getriebeschnecke festgelegt. Um eine Berührung des Zahnkopfs der Schnecke im Schneckenradgrund zu vermeiden, wird der Außendurchmesser des Schneckenrad-Wälzfräsers um das doppelte Kopfspiel vergrößert.

Bild 92. Schneckenrad-Wälzfräser   Bild 93. Mehrgängige Schabeschnecke

Bei Schneckengetrieben höchster Genauigkeit wird mitunter nach dem Vorverzahnen mit einem Schneckenrad-Wälzfräser eine Schabeschnecke (Bild 93) zum Fertigprofilieren verwendet. Die Schabeschnecke besitzt eine Vielzahl von Schneiden, die einen geringen Freiwinkel haben. Sie entspricht weitgehend der Getriebeschnecke und erzeugt im Neuzustand das Größt-, im aufgebrauchten Zustand das Kleinstflankenspiel. Beim Einsatz der Schabeschnecke können darüber hinaus durch geringfügige Achswinkel-Änderungen Tragbildverlagerungen erreicht werden.

16.4.8.4 Messerköpfe zur Herstellung von Kegelrädern

Beim Teilwälzfräsen von Geradzahn-Kegelrädern mit Scheibenfräser bearbeiten zwei kammartig ineinandergreifende Werkzeuge je eine Zahnflanke. Die Werkzeuge sind im allgemeinen mit eingesetzten Messern ausgerüstet, die nach Erreichen des Standzeitendes ausgewechselt werden. Es werden auch Messerköpfe eingesetzt, die vollständig ausgewechselt und deren Schneiden dann nachgeschliffen werden.

Bild 94 zeigt einen Messerkopf, wie er beim Oerlikon-N-Verfahren eingesetzt wird. Eine Messerkopfreihe überdeckt den Arbeitsbereich der jeweils zugehörigen Kegelradfräsmaschinen. Diese Messerköpfe sind im allgemeinen mit Vor- und Fertigschneidern ausgerüstet. Auf diese Weise besteht jede Messergruppe aus zwei Fertigschneidern und einem Vorschneider (Bild 94). Die Messer werden an den Spanflächen geschärft. Je nach Abnutzungsgrad werden die Messer radial neu eingestellt. Neuere Oerlikon-Stirnmesserköpfe sind nicht mehr mit bogenhinterarbeiteten Messern bestückt, sondern mit Messerstäben versehen, deren Schneidprofil und Spanfläche an den Stabenden nach dem Erliegen der Schneiden, außerhalb des Messerkopfes auf einer besonderen Schleifmaschine in Reihe geschliffen werden. Da hierbei die Messerschneidkanten immer die gleiche Lage zur Messerschaftachse beibehalten und die Messerprofile immer wieder auf die gleiche Höhe im Messerkopf eingebaut werden, entfällt das sonst erforderliche radiale Nachstellen der Messer im Messerkopf.

Einen Schlichtmesserkopf, wie er beim Gleason-Verfahren eingesetzt wird, zeigt Bild 95. In die am Umfang des Grundkörpers befindlichen Nuten werden die Messer mit Hilfe von Zwischen- und Keilstücken genau auf den geforderten Radius eingestellt. Das Nachschärfen erfolgt im Einzelteilverfahren im Stirnmesserkopf auf einer besonderen Schleifmaschine.

Bild 94. Messerkopf für *Oerlikon-N*-Verfahren

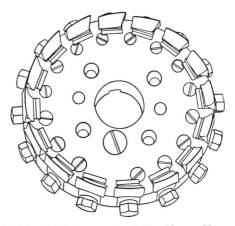

Bild 95. Schlichtmesserkopf für *Gleason*-Verfahren

Bild 96 zeigt einen Messerkopf, der beim Zyklopalloid-Verfahren eingesetzt wird. Eine Messergruppe besteht aus vier Messern, einem Innenschneider und inneren Mittelschneider zum Bearbeiten der konvexen Flanke sowie einem äußeren Mittelschneider mit zugehörigem Außenschneider zum Profilieren der konkaven Zahnflanke. Links- und rechtsspiralige Kegelräder werden mit einem Werkzeug gefertigt, bei dem die Messer so ausgelegt sind, daß sie einen bestimmten Modulbereich überbrücken. Die Messer werden außerhalb des Messerkopfs an den Spanflächen nachgeschliffen und in Abhängigkeit vom Abnutzungsgrad in radialer Richtung im Messerkopf neu eingestellt.

Bild 96. Messerkopf für *Zyklopalloid*-Verfahren

16.4.8.5 Werkzeugverschleiß und Verzahnungsabweichung beim Wälzfräsen von Zylinderrädern

Für die Wirtschaftlichkeit des Wälzfräsens ist der Werkzeugverschleiß von großer Bedeutung. Typische Verschleißformen an Wälzfräsern aus Schnellarbeitsstahl sind Kolkverschleiß, gekennzeichnet durch Kolktiefe und Kolkmittenabstand, und Freiflächenverschleiß, gekennzeichnet durch die Verschleißmarkenbreite (Bild 97).

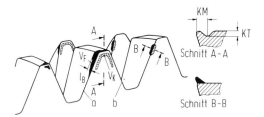

Bild 97. Verschleißformen am Wälzfräser
KM Kolkmittenabstand, KT Kolktiefe, V_F Freiflächenverschleiß, V_K Kolkverschleiß
a auslaufende Flanke, b einlaufende Flanke, l_B Verschleißmarkenbreite

Der Verschleiß wird hauptsächlich durch folgende Einflußparameter bestimmt:
– Eigenschaften des Schneidstoffs (Härte, Abriebfestigkeit, Warmfestigkeit, Biegefestigkeit, Zähigkeit, Kantenfestigkeit),
– Werkzeugauslegung (Durchmesser, Gangzahl, Stollenanzahl, Schneidengeometrie),
– Arbeitsverfahren (Gleichlauf, Gegenlauf, gleichsinnige oder gegensinnige Steigungsrichtung von Werkzeug und Werkstück),
– Schnittdaten (Schnittgeschwindigkeit, Vorschub, Schnittaufteilung),
– Einsatzdauer des Werkzeugs,
– Kühlschmierung und Eigenschaften des Werkstückstoffs (Zugfestigkeit, Warmfestigkeit in Abhängigkeit von der Temperatur, Wärmebehandlung).

Der Freiflächenverschleiß (Bild 98) wächst im Bereich kleiner Axialvorschübe degressiv und im Bereich sehr großer Vorschübe mit zunehmendem Vorschub progressiv an. Im Bereich mittlerer Vorschübe ist die Verschleißzunahme in weiten Grenzen gering (Bild 98 A).
In Bild 98 B ist der Einfluß der Schnittgeschwindigkeit auf die Verschleißmarkenbreite für unterschiedliche Werkstückstoffe angegeben; charakteristisch ist ein relatives Verschleißmaximum im Bereich mittlerer Geschwindigkeiten, das auf Aufbauschneidenbildung zurückzuführen ist [5]. Ohne Aufbauschneidenbildung wäre mit einem Freiflächenverschleiß entsprechend den gestrichelten Kurven zu rechnen.
Bild 98 C zeigt die Verschleißentwicklung, abhängig von der Einsatzdauer des Werkzeugs bei unterschiedlicher Schnittgeschwindigkeit. Beim Einsatz eines frisch geschärften Werkzeugs nimmt der Verschleiß zunächst stark (degressiv) zu; er wächst anschließend verhältnismäßig langsam weiter und steigt bei großer Einsatzdauer progressiv an. Aufgrund dieses Sachverhalts wird häufig empfohlen, das Werkzeug so nachzuschleifen, daß noch eine geringe Verschleißmarkenbreite bleibt. Dadurch erhält man zwar eine geringere Standmenge je Scharfschliff, aber aufgrund der größeren Anzahl möglicher Nachschliffe pro Werkzeug insgesamt eine größere Standmenge. Ob der Standzeitgewinn die zusätzlichen Schärf- und Werkzeugwechselkosten rechtfertigt, muß eine Wirtschaftlichkeitsbetrachtung zeigen.

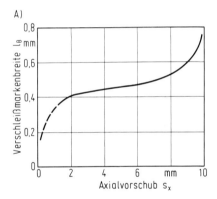

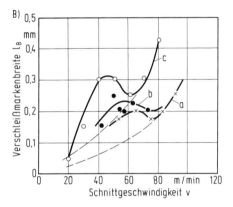

Bild 98. Freiflächen-Verschleißentwicklung beim Wälzfräsen

A) Einfluß des Axialvorschubs s_x auf die Verschleißmarkenbreite l_B (Fräsergangzahl $z_0 = 1$, Kopfkreisdurchmesser $d_{a0} = 70$ mm, Stollenanzahl i = 12, Werkstückstoff 34 Cr 4 N, Zähnezahl $z_2 = 29$, Modul m = 2,75 mm, Schrägungswinkel $\beta_2 = 26,2°$, Zahnbreite $b_2 = 16$ mm, Schnittgeschwindigkeit v = 70 m/min, Frästiefe h = 5,5 mm) B) Einfluß der Schnittgeschwindigkeit auf die Verschleißmarkenbreite l_B bei unterschiedlichen Werkstoffen (a C 45 N, b St 70 N, c 34 Cr 4 N), C) Einfluß der Einsatzzeit (Anzahl verzahnter Werkstücke) auf die Verschleißmarkenbreite l_B bei unterschiedlichen Schnittgeschwindigkeiten v

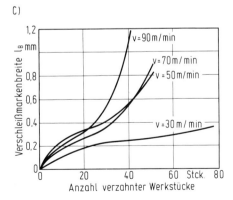

Die Zerspanungsgeometrie läßt sich über die Werkzeugauslegung, das Arbeitsverfahren und die Schnittdaten beeinflussen. Besonders ungünstig sind Kopfspäne, die über der gesamten Länge der Kopfschneide eine große Dicke besitzen und die mit dem Flankenspan zumindest an der einlaufenden Flanke zusammenhängen. Derartige Späne treten normalerweise beim gegensinnigen Gleichlauffräsen und beim gleichsinnigen Gegenlauffräsen von Werkstücken mit Schrägungswinkeln über 20° nicht auf.

Über den Kühlschmierstoff läßt sich ein Teil der Zerspanungswärme abführen und zusätzlich die Reibung zwischen Werkzeug, Werkstück und Span verringern. Dies führt zu niedrigen Werkzeugtemperaturen und damit bei hohen Schnittdaten zu geringem Verschleiß. Beim Verzahnen mit hoher Schnittgeschwindigkeit sind jedoch Fälle bekannt, in denen infolge Kavitation erheblicher Werkzeugverschleiß auftrat [23]. Legierte Öle enthalten Zusätze, die einen Trennfilm zwischen Span und Werkzeug bilden und so metallische Berührung und damit auch Aufbauschneidenbildung verhindern bzw. herabsetzen. Die einzelnen Zusätze sind jedoch jeweils nur in einem bestimmten Temperaturbereich wirksam. Ein im gesamten, beim Wälzfräsen interessierenden Temperaturbereich wirksames Öl ist noch nicht bekannt.

Aufbauschneiden bestehen aus verfestigtem Werkstückstoff, der sich auf der Spanfläche in der Nähe der Werkzeugschneide aufschichtet [5]. Ragt die Aufbauschneide über die Schneidkante hinaus, so übernimmt sie deren Funktion. Aufgrund der unregelmäßigen Form und der Instabilität dieses aufgeschichteten Werkstoffs treten beim Arbeiten mit Aufbauschneiden vor allem beim Gleichlauffräsen große Flankenlinien- und Profil-Formabweichungen sowie große Oberflächenrauheiten auf. Durch Abwandern verfestigter Aufbauschneidenpartikel über die Werkzeugfreiflächen entsteht erhöhter Werkzeugverschleiß. Aufbauschneiden können auftreten beim Zerspanen von Werkstoffen, deren Festigkeit im Bereich höherer Temperaturen mit steigender Temperatur ansteigt; dies ist bei den Stählen zur Zahnradherstellung der Fall.

Zur Vermeidung von Aufbauschneiden gibt es folgende, allerdings nicht in jedem Fall anwendbare Möglichkeiten:
– Arbeiten im Temperaturbereich oberhalb der Aufbauschneidenbildung durch Anwendung von entsprechend hohen Schnittdaten,
– Arbeiten im Temperaturbereich unterhalb der Aufbauschneidenbildung durch Anwendung sehr niedriger Schnittdaten. Die Vermeidung von Aufbauschneidenbildung ist in diesem Fall u. U. nur bei Zweischnittbearbeitung mit sehr geringer Radialzustellung im zweiten Schnitt möglich,
– Anwendung einer gezielten Wärmebehandlung des Werkstückstoffs zur Vermeidung von Aufbauschneiden,
– Einsatz eines legierten Öls als Kühlschmierstoff.

Für den Kolkverschleiß (Bild 97) gilt wie beim Drehen und Umfangfräsen, daß die Kolktiefe mit der Schnittgeschwindigkeit und der Einsatzzeit des Werkzeugs und der Kolkmittenabstand mit der Spandicke zunehmen. Lediglich bei Anwendung sehr hoher Schnittdaten kann eine Auskolkung verschleißbestimmend werden. Ist ein bestimmter Verschleißzustand erreicht, so nimmt der Schneidstoffverlust stark progressiv zu; dies führt über den Kolklippenschwund zu Flankenverschleiß. Das Nachschliffmaß steigt dadurch nahezu sprunghaft an. Aus diesem Grund sollten Schnittdaten, bei denen der Kolkverschleiß dominierendes Verschleißkriterium wird, vermieden werden. Ein ähnliches Verschleißbild wie beim Flankenverschleiß entsteht, wenn ein Werkzeug durch thermische Überlastung zum Erliegen kommt. Während der Bearbeitung treten unterschiedliche Beanspruchungen entlang den Schneidkanten und unterschiedliche Beanspruchungen der Schneiden innerhalb des Fräserarbeitsbereichs auf. Der für die Festlegung des Nachschliffmaßes maßgebende Größtwert der Verschleißmarkenbreite tritt vielfach nur an wenigen Schneiden auf (Bild 99 A). Da alle Fräserzähne um den gleichen Betrag nachgeschliffen werden müssen, wird das Werkzeug dabei schlecht genutzt. Wesentlich günstigere Verhältnisse ergeben sich bei Anwendung einer Fräserverschiebung. Dabei erhält man für einen weiten Bereich aller Schneidzähne nahezu gleichen Verschleiß (Bild 99 B).

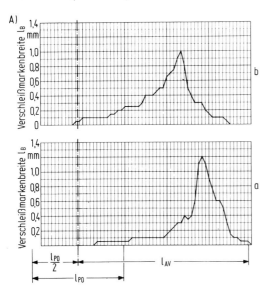

a rechte Zahnkopfecke, b linke Zahnkopfecke, c Verschieberichtung, l_{A0} Länge des Fräserarbeitsbereichs, l_{AV} Länge des Fräserarbeitsbereichs auf der Vorschneidseite, l_{P0} Länge der Profilausbildungszone

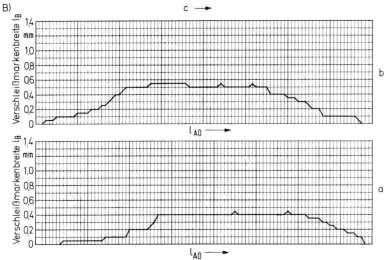

Bild 99. Verschleißverteilung an einem Wälzfräser
A) beim Arbeiten ohne Fräserverschiebung (60 Werkstücke), B) beim Arbeiten mit Fräserverschiebung (120 Werkstücke); Wälzfräser aus Schnellarbeitsstahl rechtssteigend, $z_0 = 1$, $m = 2,5$ mm, $d_{a0} = 100$ mm, $i = 12$, Werkstückstoff 20 MoCr 4, $z_2 = 32$, β_2 30,5°, rechtssteigend, $b_2 = 20$ mm, Spannung von je zwei Werkstücken zu einem Paket, Verschiebeschritt 0.66 mm je Paket, Gleichlauffräsen mit Kühlschmierung

Die günstigsten Schnittdaten (Schnittgeschwindigkeit, Vorschub, Schnittaufteilung, Fräserverschiebebetrag) für das Wälzfräsen einer bisher nicht bearbeiteten Verzahnung lassen sich z. Z. noch nicht vorausbestimmen, weil die Verschleißentwicklung von zahlreichen Größen abhängt und weil die Zusammenhänge zwischen diesen Größen und dem Verschleiß allenfalls qualitativ bekannt sind. Die wichtigsten dieser Einflußparameter sind die Zusammensetzung, Festigkeit und Wärmebehandlung des Werkstoffs, die Festigkeit und Warmhärte des Schneidstoffs, die Zusammensetzung, das zugeführte Volumen je Zeiteinheit und der Verschmutzungsgrad des Kühlschmierstoffs, die Zähnezahl, der Modul, die Profilverschiebung, der Eingriffswinkel und der Schrägungswinkel des Werkstücks, die Gangzahl, Stollenanzahl, Schneidengeometrie, der Durchmesser und die nutzbare Länge des Wälzfräsers und das Arbeitsverfahren (Gleichlauf oder Gegenlauf, gleichsinnige oder gegensinnige Steigungsrichtung von Werkzeug und Werkstück). Darüber hinaus hängen die Schnittdaten von den zulässigen Verzahnungsabweichungen und von der Steifigkeit der Maschine, von der Werkstückaufspannung und Werkzeugeinspannung sowie von der Neigung des Werkstückstoffs zur Aufbauschneidenbildung ab. Schließlich erhält man unterschiedliche Schnittdaten, wenn entweder niedrige Fertigungskosten, kurze Fertigungszeiten oder große Standmengen als oberstes Ziel einer optimierten Fertigung anzustreben sind. Richtwerte können der VDI-Richtlinie 3333 oder den Angaben der Werkzeughersteller entnommen werden.
Da unter anderem das Teile- und Werkstoffspektrum in jeder Firma im allgemeinen eng begrenzt ist, lassen sich auch meist gute Anhaltswerte für günstige Schnittdaten aus der Erfahrung bei der Bearbeitung ähnlicher Werkstücke ableiten.
Der Betrag der beim Wälzfräsen entstehenden Verzahnungsabweichungen hängt von den kennzeichnenden Größen der Fertigungseinrichtung, wie Geometrie, statisches, dynamisches und thermisches Verhalten von Maschine, Werkzeug, Werkstück und Spannvorrichtung, vom Werkstückstoff und seiner Wärmebehandlung, von den Schnittdaten und dem Fertigungsverfahren ab.
Die wichtigsten Ursachen und deren Hauptauswirkung auf die Verzahnungsabweichungen axial gefräster Zylinderräder sind in Tabelle 6 zusammengefaßt. In diesem Zusammenhang sei auch auf die Normen DIN 3960, DIN 3968, DIN 8642, die Richtlinie VDI 3336 und [50] verwiesen.

In Tabelle 6 bedeuten

b	Zahnbreite des Werkstücks,
d_0	Teilkreisdurchmesser des Wälzfräsers,
f_f	Profil-Formabweichung,
f_{pt}	Teilungs-Einzelabweichung im Stirnschnitt der Werkstückverzahnung,
F_f	Profil-Gesamtabweichung,
F_{pt}	Teilungs-Gesamtabweichung im Stirnschnitt der Werkstückverzahnung,
F_β	Flankenlinien-Gesamtabweichung,
$F_{\beta\,R\,(L)}$	Flankenlinien-Gesamtabweichung der Rechts- (R) bzw. Linksflanken (L),
α_t	Stirneingriffswinkel,
ε_α	Profilüberdeckung,
δ_0	Kreuzungswinkel zwischen Dreh- und Verzahnungsachse des Wälzfräsers.

Die Achsteilungsabweichung f_z eines mehrgängigen Wälzfräsers übt nur bei einem nichtganzzahligen Zähnezahlverhältnis $z:z_0$ einen Einfluß auf Profil-Formabweichungen aus. Bei der Berechnung der Auswirkung von Außermittigkeit oder Taumel eines Wälzfräsers auf die Verzahnungsabweichungen sind zusätzlich folgende Zusammenhänge zu berücksichtigen:

Tabelle 6. Die wichtigsten Ursachen und deren Auswirkung auf die Verzahnungsabweichungen axialgefräster Zylinderräder

Ursache	Hauptauswirkung
Eingriffsteilungsabweichung F_e des Wälzfräsers	$F_f \leqq F_e$
Achsteilungsabweichung f_z eines mehrgängigen Wälzfräsers	$f_{pt} = f_z$; $f_f \leqq f_z$
Außermittigkeit e_0 des Wälzfräsers	$f_f = 2 \cdot e_0 \cdot \sin \alpha_t$
Taumel δ_0 des Wälzfräsers	$f_f = d_0 \cdot \delta_0 \cdot \cos \alpha_t$
Schub f_s der Frässpindel	$f_f = f_s \cdot \cos \alpha_t$
kurzwelliger Anteil der Wälzdrehabweichung f_{dk}	$F_f = f_{dk} \cdot \cos \alpha_t$; $0 \leqq f_{pt} \leqq f_{dk}$
langwelliger Anteil der Wälzdrehabweichung f_{dl}	$F_{pt} = f_{dl}$
Außermittigkeit e des Werkstückes in der Meßebene	$F_{pt} = 2 \cdot e$; $f_{pt} = 2 \cdot e \cdot \sin \dfrac{180}{z}$; $F_f = 2 \cdot e \cdot \sin\left(\dfrac{180}{z} \cdot \varepsilon_\alpha\right)$ $0 \leqq F_\beta \leqq 2 \cdot e \cdot \sin\left(\dfrac{180}{z} \cdot \varepsilon_\beta\right)$
Planlaufabweichung f_a der Werkstückauflagefläche zur Führungsachse gemessen am Auflagedurchmesser d'	$F_\beta = f_a \cdot \dfrac{b}{d'}$
Parallelitätsabweichung der Axialschlittenbahn zur Werkstückdrehachse radial f_{rad} und tangential f_{tan}	$F_{\beta R(L)} = f_{rad} \cdot \sin \alpha_t \; (\overset{+}{-}) \; f_{tan} \cdot \cos \alpha_t$
Axialvorschubabweichung F_x	$F_\beta = F_x \cdot \tan \beta \cdot \cos \alpha_t$
Aufbauschneidenbildung	$F_f, f_f, f_{pt}, F_{pt}, F_\beta$
Nachgiebigkeit der im Kraftfluß liegenden Elemente	F_β, F_f, f_f
Erwärmung der im Kraftfluß liegenden Elemente	F_β

Ist die Rundlaufabweichung f_{r0} an beiden Prüfbunden nach Betrag und Phase gleich, so gilt für die Außermittigkeit: $e_0 = f_{r0}/2$. Bei betragsmäßig gleicher aber um 180° phasenverschobener Rundlaufabweichung ist der Kreuzungswinkel δ_0 zwischen Dreh- und Verzahnungsachse: $\delta_0 = f_{r0}/l_0$. Im allgemeinen Fall sind die Rundlaufabweichung f_{r0} und der Kreuzungswinkel δ_0 aus den Rundlaufabweichungen an den beiden Prüfbunden f_{r01} und f_{r02} sowie dem Winkel τ zwischen den Hochpunkten im Verlauf von f_{r0} zu bestimmen. Es sind dann

$$e_0 = \frac{1}{4} \cdot \sqrt{f_{r01}^2 + f_{r02}^2 + 2 \cdot f_{r01} \cdot f_{r02} \cdot \cos \tau} \tag{35}$$

und

$$\delta_0 = \frac{1}{2 \cdot l_0} \cdot \sqrt{f_{r01}^2 + f_{r02}^2 - 2 \cdot f_{r01} \cdot f_{r02} \cdot \cos \tau}. \tag{36}$$

Der kurzwellige Anteil der Wälzdrehabweichung f_{dk} enthält meist mehrere periodisch auftretende Anteile f_{dkp} mit jeweils p Perioden je Werkstückspindelumdrehung. Zwischen f_{dkp} und der maximal möglichen Teilungs-Einzelabweichung besteht die Beziehung $f_{pt\,max} = f_{dkp} \cdot \sin(180° \cdot p/z)$; dabei ist z die Werkstückzähnezahl. Die Beeinträchtigung der Verzahnungsqualität durch Aufbauschneidenbildung kann im wesentlichen aufgrund der Instabilität dieser Schneiden nicht berechnet werden; die Hauptauswirkungen wurden deshalb nur verbal angegeben. Das Berechnen der Verzahnungsabweichungen infolge der statischen und dynamischen Nachgiebigkeit im Kraftfluß liegender Bauelemente sowie infolge Erwärmung dieser Elemente ist nur in Sonderfällen durchführbar.

16.5 Bearbeitung auf Hobel- und Stoßmaschinen

Dr.-Ing. P. Bloch, Zürich[1]
Ing. (grad.) E. Kotthaus, Zürich[2]
Dr.-Ing. R. Thämer, Ettlingen[3]

16.5.1 Herstellen von Zylinderrädern

16.5.1.1 Wälzstoßen mit Kammeißel

16.5.1.1.1 Allgemeines

Die Kinematik dieses Verfahrens ist mit dem Abrollen eines Stirnrads auf einer Zahnstange vergleichbar. Die Zähne des Werkstücks werden dabei während des Eingriffablaufs durch das in Zahnrichtung oszillierende zahnstangenförmige Werkzeug, den Kammeißel, herausgearbeitet. Die Evolventenform der Zahnflanken entsteht durch Hüllschnitte der geradlinigen Werkzeugschneide. Da das Werkzeug in der Regel weniger Zähne besitzt als das Werkstück erhalten soll, muß mehrmals über die aktive Länge des Kammeißels gewälzt werden. Die Wälz- und Rückführbewegungen wiederholen sich so oft, bis das Werkstück auf seinem ganzen Umfang verzahnt ist. Bild 100 zeigt die ablaufenden Bewegungen.

Die Maschinen gestatten neben dem Arbeiten im Wälzverfahren auch das Profilstoßen. Das oszillierende Verzahnwerkzeug, welches das Profil der zu schneidenden Zahnlücken besitzt, wird dabei schrittweise in radialer Richtung zugestellt. Nach Erreichen der Zahntiefe wird das Werkzeug in die Ausgangsstellung zurückgeführt und das Werkstück um eine oder mehrere Zahnteilungen geteilt. Dieses Verfahren wird vor allem zum Vorschruppen von Außenverzahnungen mit großem Modul sowie zum Bearbeiten von Innenverzahnungen, Zahnstangen und nicht wälzbaren Profilen eingesetzt.

Die mit dem Wälzstoßverfahren erzielbaren Verzahnungsqualitäten sind sehr hoch. Dies hat folgende Gründe:
– Das Werkzeug ist sehr einfach und sehr genau herstellbar.
– Die Anzahl der Hülltangenten für die Erzeugung des Zahnprofils ist frei wählbar.
– Die Einhaltung einer genauen Längsrichtung ist infolge des Arbeitsprinzips der Maschine problemlos.

---
[1] Abschnitt 16.5.1.1.
[2] Abschnitt 16.5.2.
[3] alle Abschnitte außer 16.5.1.1 und 16.5.2.

– Die Wälzgenauigkeit wird durch die Schnittkräfte nicht beeinflußt, da der Vorschub jeweils während des Rücklaufs des Stößels vorgenommen wird. Aus diesem Grunde sind auch die Antriebselemente der Wälzbewegung einer sehr geringen Abnützung unterworfen.

Hohe Genauigkeiten können wegen des Arbeitsprinzips und der Robustheit der Maschine insbesondere auch bei sehr harten und schwer bearbeitbaren Werkstoffen erzielt werden.

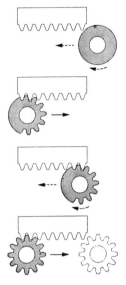

Bild 100. Bewegungsablauf beim Wälzstoßen mit Kammeißel

16.5.1.1.2 Maschinenaufbau

Bei den Zahnradhobelmaschinen wird der Rundtisch mit dem Werkstück senkrecht zu seiner Achse verschoben und dazu genau abgestimmt gedreht. Die Summe beider Bewegungen ergibt die Wälzbewegung. Bild 101 zeigt eine Zahnradstoßmaschine.

Das Werkzeug führt eine geradlinige Auf- und Abwärtsbewegung aus, die in einer parallel zur Werkstückachse liegenden Ebene verläuft. Die Drehung des im Wälzschlitten praktisch spielfrei zentrierten Arbeitstisches besorgt ein Schneckengetriebe. Eine Gewindespindel verschiebt den Wälzschlitten entsprechend der geradlinigen Komponente der Wälzbewegung. Bei den größten Modellen wird statt des Rundtisches der Ständer auf einem Wälzschlitten sinngemäß bewegt. Die Schneckenwelle und die Gewindespindel werden von je einer Gruppe Wechselrädern angetrieben. Mit diesen können die Bewegungen von Wälzschlitten und Rundtisch zueinander – je nach Modul und Zähnezahl des zu fertigenden Rades – ins richtige Verhältnis gebracht werden. Mit einer Kupplung wird die gewünschte Wälzrichtung eingeschaltet. Der Wälzschlitten ist auf dem Tischbett gelagert. Die Zustellung geschieht durch Verschieben des Ständers auf dem Ständerbett mit einer Spindel. Der Stößel wird von einem stufenlos einstellbaren Gleichstrommotor über eine Gewindespindel angetrieben. Die Steuerung von Geschwindigkeit und Reversierung geschieht elektronisch. Der Stößel mit der Werkzeugklappe und dem Werkzeug gleitet in einem zum Schneiden von Schrägstirnrädern nach beiden Seiten drehbaren, im Maschinenständer gelagerten Drehteil auf und ab.

Die Höhenlage des Werkzeugs und der Stößelhub können in weiten Grenzen stufenlos verändert werden. Die Bewegungen von Stößel, Wälzschlitten und Rundtisch sind automatisch gesteuert. An einer Steuerscheibe können durch entsprechendes Einstellen von Nocken die Länge des Einwälzwegs, das mehrmalige Abwälzen längs des Kammeißels, die Teilbewegung sowie das Auswälzen des verzahnten Rads vorgewählt werden. Zahnradstoßmaschinen mit Kammeißel werden für Werkstücke bis 12 000 mm Dmr. und 200 t Gewicht gebaut.

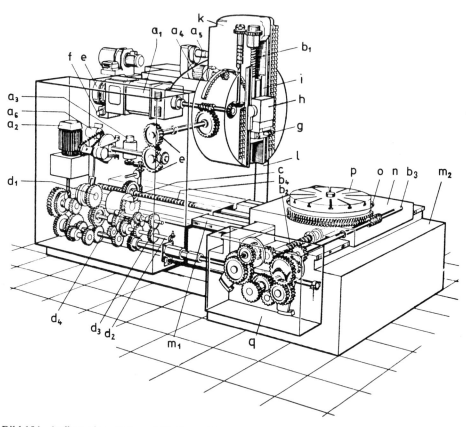

Bild 101. Aufbau einer Zahnrad-Stoßmaschine
a_1 Stößelhubmotor, a_2 Tischrückstellmotor, a_3 Ständerverstellmotor, a_4 und a_5 Drehteilverstellmotor, a_6 Vorschubreguliermotor, b_1 Stößelspindel, b_2 Modulspindel, b_3 Wälzspindel, b_4 Bettspindel, c Steuertrommel, d_1 Schaltwelle, d_2 Hauptwelle, d_3 Vorgelegewelle, d_4 Reversierantriebswelle, e Vorschubwechselräder, f Tachometer-Generator, g Werkzeug, h Werkzeugklappe, i Stößel, k Drehteil, l Ständer, m_1 Ständerbett, m_2 Tischbett, n Wälzschlitten, o Teilrad, p Drehtisch, q Wechselradkasten

16.5.1.1.3 Berechnungsverfahren

Die Leistungsfähigkeit der Maschinen ist vom gewählten Bearbeitungsverfahren abhängig. Zahnräder mit kleinem Modul werden im Teilwälzverfahren geschruppt. Bei großen Moduln ist das Schruppen mit Profilwerkzeug im Einzelteilverfahren wirtschaftlicher. Das Schlichten wird in der Regel bei Zahnrädern mit allen Moduln im Teilwälzverfahren ausgeführt. Schlichten im Profilverfahren ist selten.

Die Bearbeitungszeit für das Schruppen t_V setzt sich zusammen aus der reinen Schruppzeit und aus der Teilzeit. Sie beträgt

$$t_V = (z_e + z) \cdot \frac{S_{pV}}{n} + z \cdot t_{ret} \cdot N_V. \tag{37}$$

Darin bedeuten

z_e Einwälzzähnezahl,
z Zähnezahl des zu bearbeitenden Rads,
S_{pV} Anzahl Hübe pro Teilung, im wesentlichen proportional zum Modul und zur Festigkeit des Werkstoffs,
n Anzahl Doppelhübe,
t_{ret} Teilzeit,
N_V Anzahl Umgänge, abhängig von Modul, Zähnezahl und Werkstoffestigkeit.

Die Bearbeitungszeit für das Schlichten t_F setzt sich wiederum zusammen aus der eigentlichen Schlichtzeit und der Teilzeit und beträgt

$$t_F = (z_e + z) \cdot \frac{S_{pF}}{n} + z \cdot t_{ret} \cdot N_F. \tag{38}$$

Darin bedeuten außerdem

S_{pF} Anzahl Stößelhübe pro Teilung für Schlichten, abhängig von Modul, Zähnezahl, Schrägungswinkel, Werkstoffestigkeit, Anzahl Schlichtumgänge und geforderter Qualität,
N_F Anzahl Schlichtumgänge, abhängig von Modul und geforderter Qualität.

Für das Schruppen von Stirnrädern mit großem Modul und hoher Zähnezahl hat sich die Einstechmethode mit Stufenwerkzeug als besonders wirtschaftlich erwiesen. Beim Einstech-Teilverfahren wird das Werkzeug, das mit Zähnen abgestufter Höhe versehen ist, radial zum Werkstück zugestellt. Damit werden optimale Zerspanungsbedingungen erzielt, die zudem über den ganzen Einstechweg unverändert bleiben. Bei einem dreizahnigen Stufenwerkzeug bearbeitet jeder Zahn ein Drittel der Zahnhöhe. Nach jedem Teilvorgang ist ein Zahn fertig vorgeschruppt.
Die Zeit für das Einstech-Schruppen t_E beträgt

$$t_E = \frac{z \cdot S_{pE}}{z_o \cdot n} + z \cdot t_{ret} \cdot N_E. \tag{39}$$

Darin bedeuten

z_o Anzahl Zähne des Werkzeugs,
S_{pE} Anzahl Hübe pro Teilung, entsprechend der gesamten Einstechtiefe, dividiert durch den Vorschub pro Hub,
N_E Anzahl Radumgänge; normalerweise ist $N_{VE} = 1$.

Die mit dem Einstech-Teilverfahren erzielten Zeitspanungsvolumen liegen bei Zahnrädern mit großem Modul erheblich über den Möglichkeiten des Abwälzfräsens. Nach dem Einstechen der Zahnlücken ist ein Schruppauswälzen und ein Schlichten zur Erzeugung der Evolventenform notwendig.

16.5.1.1.4 Werkzeuge

Die besonderen Eigenschaften und die Einfachheit der zahnstangenförmigen Werkzeuge haben zur weiten Verbreitung dieses Verzahnungsverfahrens beigetragen. Bild

102 zeigt einen Kammeißel zum Schlichten. Die ebenen Begrenzungsflächen dieses Werkzeugs lassen sich einfach bearbeiten und messen, so daß bei niedrigen Kosten eine hohe Herstellungsgenauigkeit erreicht wird. Die geometrische Form des Kammeißels entspricht grundsätzlich dem Bezugsprofil der zu schneidenden Verzahnung. Dank der Anwendung eines besonderen Stützteils kann das Werkzeug bis auf wenige Millimeter Dicke nachgeschärft und damit optimal ausgenutzt werden.

Bild 102. Kammeißel zum Schlichten

Beim Zerspanvorgang bewegt sich das Werkzeug geradlinig; das Werkstück bleibt ortsfest. Eine zusätzliche Relativbewegung zwischen Werkzeug und Werkstück besteht nicht.

Bild 103 zeigt die Projektionsebenen am Werkzeug. Im Normalschnitt werden die Angaben für die Herstellung der Verzahnung des Werkzeugs gemacht; die Kammebene ist für die Schattenbildkontrolle maßgeblich; die Radebene liegt senkrecht zur Schnittrichtung; in ihr ist das Bezugsprofil enthalten. Das Profil im Normalschnitt ändert sich über die gesamte Werkzeugdicke nicht. Damit bleibt auch bei dem in der Kammebene durchgeführten Nachschärfen das Bezugsprofil in der Radebene erhalten.

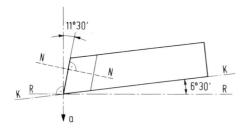

Bild 103. Projektionsebenen am Hobelwerkzeug
K–K Kammebene, N–N Normalschnitt,
R–R Radebene (Werkzeugbezugsebene)
a Schnittrichtung beim Hobeln

Dank der Einfachheit des Werkzeugs lassen sich Korrekturen der theoretischen Evolvente, wie Kopf- und Fußrücknahme, ausführen sowie spezielle Werkzeuge für Protuberanz-Verzahnungen, Kettenräder und andere Spezialprofile kostengünstig herstellen. Für die Fertigung von Pfeilverzahnungen mit kleiner Mittelnut und von Stufenrädern mit Schrägverzahnung, bei denen der für den Ein- und Auslauf des Werkzeugs erforderliche Platz sehr gering ist, werden mit Vorteil Schrägzahnkammwerkzeuge (Bild 104) verwendet. Mit Hilfe einer drehbaren Werkzeugklappe läßt sich das Werkzeug im Stößel horizontal einspannen, so daß in bezug auf die Überlaufwege und den Hub die gleichen Bedingungen herrschen wie beim Fertigen einer Geradverzahnung.

Das Nachschärfen der Kammwerkzeuge ist ebenfalls sehr einfach. Normalerweise kann hierzu eine Flachschleifmaschine verwendet werden. Mit einer speziellen Schärfmaschine kann durch Variation der Winkel am Schneidkeil eine bessere Anpassung an den zu bearbeitenden Werkstoff erreicht werden.

Bild 104. Schrägzahnkammwerkzeug im Einsatz

16.5.1.2 Wälzstoßen mit Schneidrad

16.5.1.2.1 Allgemeines

Beim Wälzstoßen erhält das Werkstück seine Zahnform durch kontinuierliches Abwälzen an einem zahnradförmigen Werkzeug (Schneidrad). Daher können alle Werkstücke im Wälzstoßverfahren bearbeitet werden, die mit einem Gegenrad kämmen. Hierzu gehören neben gerad- und schrägverzahnten Außenstirnrädern, die auch mit einem zahnstangenförmigen Werkzeug bearbeitet werden können, gerade und schräge Innenzahnräder sowie Zahnstangen mit geraden und schrägen Zähnen.

Wegen des kurzen Werkzeug-Überlaufwegs ist das Verfahren besonders geeignet zur Herstellung von Verzahnungen, die dicht neben einem Bund liegen (z. B. Blockräder). Beim Wälzstoßen bilden Werkzeug und Werkstück ein Getriebe mit parallelen Achsen. Werkzeug und Werkstück führen auf der Wälzstoßmaschine eine Drehbewegung entsprechend ihren Zähnezahlen aus. Dabei führt das Schneidrad die zur Spanabnahme notwendige Hubbewegung (Schnittbewegung) in Achsrichtung aus (Bild 105 A). Zum

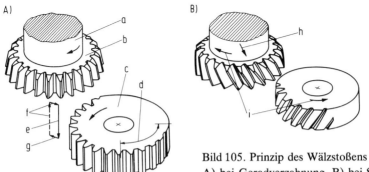

Bild 105. Prinzip des Wälzstoßens
A) bei Geradverzahnung, B) bei Schrägverzahnung

a Stoßspindel, b Schneidrad, c Werkstück, d Anschnitt, e Stoßhub, f Rückhub, g Abhebung (0,3 bis 0,8 mm), h Schnittbewegung, i Wälzbewegung

Herstellen von Schrägverzahnungen erhält das Schneidrad zusätzlich durch die Schraubenführung eine Schraubbewegung (Bild 105 B). Während des Rückhubs (Leerhubs) wird das Werkzeug vom Werkstück abgehoben, um ein Streifen der Zahnflanken zu vermeiden. Das Werkzeug ist ein Gerad- oder Schrägzahnrad, dessen Zahnflanken zum Erzeugen der für die Zerspanung notwendigen Freiwinkel hinterschliffen sind.

Die Wälzbewegung erfolgt beim Wälzstoßen mit Schneidrad kontinuierlich; eine besondere Teilbewegung ist nicht erforderlich. Durch entsprechende Steuerung des Wälzvorschubs können Zahnsegmente besonders wirtschaftlich verzahnt werden. Die einfache Werkzeugform gestattet das wirtschaftliche Verzahnen von beliebigen, wälzbaren Sonderprofilen, wie Rollen- und Zahnkettenrädern sowie von Polygonprofilen.

16.5.1.2.2 Maschinenaufbau

Eine übliche Wälzstoßmaschine zeigt Bild 106. Das Maschinenbett trägt den radial zustellbaren Bettschlitten mit Teilgetriebe und Werkstücktisch sowie den ortsfesten Ständer. Im Ständer ist der Stoßkopf, der die Abhebebewegung ausführt, schwenkbar

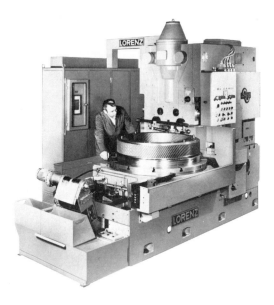

Bild 106. Wälzstoßmaschine

gelagert. In Bild 107 ist der Getriebezug der abgebildeten Maschine dargestellt. Der Hauptmotor treibt über ein stufenlos verstellbares Getriebe und ein dreistufiges Rädervorgelege den Hubantrieb für die Stoßspindel. Der Hubantrieb besteht aus der Hubscheibe mit dem verstellbaren Exzenterbolzen, der Kurbelschwinge und dem Hubrad, das in die Verzahnung der Stoßspindel eingreift. Die Hublänge wird durch Verstellen des Exzenterbolzens auf der Hubscheibe entsprechend der zu stoßenden Verzahnungsbreite eingestellt. Zum Verstellen der Hublage wird das Hubrad von der Schwinge gelöst und die Spindel über das Hubrad mit einem besonderen Verstellmotor in die gewünschte Hublage verfahren. Mit dieser Einrichtung kann das Schneidrad auch nach Beendigung des Verzahnvorgangs über die zum Verzahnen benötigte höchste Schneidradstellung hinaus zurückgezogen werden, um einen unbehinderten Werkstückwechsel vornehmen zu können.

16.5 Bearbeitung auf Hobel- und Stoßmaschinen

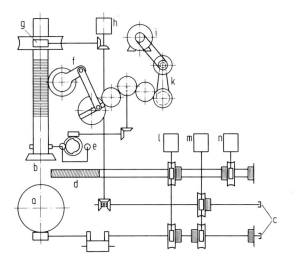

Bild 107. Getriebezug der Wälzstoßmaschine Bild 106
a Tisch, b Schneidrad, c Teilwechselräder, d Radialzustellung, e Abhebung, f Hubantrieb, g Schwenkpunkt, h Wälz-Eilgang-Motor, i Hauptmotor, k PIV-Getriebe, l Radial- und Wälz-Eilgang-Motor, m Wälz-Vorschub-Motor, n Radial-Vorschub-Motor

Für den Antrieb von Wälzvorschub und Radialvorschub dienen vom Hauptmotor unabhängige Regelmotoren. Hierdurch können für jeden Bearbeitungsfall die günstigsten Schnittwerte auch noch während der Bearbeitung eingestellt werden.
Die Zustellbewegung wird über Nockenschalter abgeschaltet. Da sich der Werkzeugdurchmesser beim Nachschärfen ändert, muß die richtige Zustelltiefe entsprechend dem Werkzeugdurchmesser neu eingestellt werden. Hierzu wird die gesamte Nockenplatte verschoben, so daß die Aufteilung der Schnittiefen für die einzelnen Schnitte erhalten bleibt.
Die Abhebebewegung wird durch einen Nocken gesteuert, der vom Hubantrieb angetrieben wird. Der Nocken schwenkt den Stoßkopf so, daß das Schneidrad während des Rückhubs vom Werkstück abgehoben ist.
Die Abheberichtung ist bei Außenverzahnungen von der Werkstückmitte fortgerichtet, während sie beim Stoßen von Innenverzahnungen in Richtung auf die Werkstückmitte erfolgt. Bei Maschinen für Werkstücke mit kleinem Durchmesser fährt die Stoßspindel über die Werkstückmitte hinweg, so daß bei Außen- und Innenverzahnungen immer in die gleiche Richtung abgehoben wird (Bild 108).

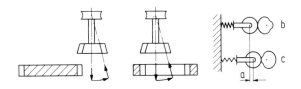

Bild 108. Normale Abheberichtung
a Abhebebetrag, b Arbeitshub, c Rückhub

Bei Maschinen für Werkstücke mit großem Durchmesser wird dagegen die Abheberichtung zwischen Außen- und Innenverzahnung gewechselt. Zu diesem Zweck besitzt der Abhebeblock zwei Nockenrollen, die jeweils am Abhebenocken anliegen. Die Kraftrichtung der Druckfedern für den Stoßkopf wird hierzu ebenfalls geändert (Bild 109). Die Stoßspindel ist hydrostatisch gelagert, da die Arbeitsgenauigkeit der Maschine entscheidend von der genauen Führung der Stoßspindel abhängt. Rundlauffehler der Stoßspindel führen zu periodischen Rundlauf- bzw. Teilungsfehlern am Werkstück mit der Frequenz der Schneidradzähnezahl, während Fehler in der Stoßrichtung zu Flankenrichtungsfehlern führen.

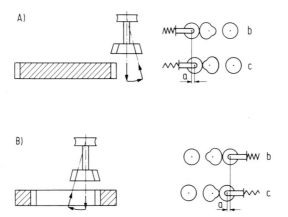

Bild 109. Abheberichtung beim Stoßen von Werkstücken mit großem Durchmesser
A) Außenverzahnung, B) Innenverzahnung
a Abhebebetrag, b Arbeitshub, c Rückhub

Neben dem zuvor beschriebenen Stoßspindelantrieb wird vor allem bei kleineren Maschinen für Radbreiten bis etwa 130 mm der Kurbeltrieb direkt über der Stoßspindel angeordnet. Bei diesen Maschinen wird die Hublage durch Veränderung der Länge des Pleuels eingestellt. Zum Wechseln der Schraubenführung muß das Pleuel gelöst und die Spindel mit einer speziellen Einrichtung gehalten werden.
Hydraulische Hubantriebe wurden bis heute nur in einzelnen Fällen verwirklicht. Sie finden fast ausschließlich bei Maschinen für niedrige Hubzahlen bzw. sehr große Radbreiten Verwendung.
Ein Nachteil mechanischer Hubantriebe mit Exzenterscheibe und Pleuel liegt darin, daß die Schnittgeschwindigkeit während der Hubbewegung nicht konstant bleibt, sondern erst in der Hubmitte die höchste Geschwindigkeit erreicht. Der Rückhub wird mit gleicher Geschwindigkeit wie der Arbeitshub ausgeführt und benötigt infolgedessen die gleiche Zeit. Dieser Nachteil kann durch ein Vorschaltgetriebe mit unrunden Zahnrädern oder durch einen zusätzlichen Kurbeltrieb ausgeglichen werden.
Bild 110 zeigt einen normalen Stoßspindelantrieb und einen Stoßspindelantrieb mit vorgeschalteter Doppelkurbel. Darunter ist jeweils der Verlauf der Stoßspindel-Geschwindigkeit während des Arbeitshubs und während des Rückhubs angegeben. Bei gleicher Hubzahl, also auch gleicher Hauptzeit, wird durch diese Einrichtung die maximale Schnittgeschwindigkeit gesenkt und damit die Werkzeug-Lebensdauer erhöht.

16.5 Bearbeitung auf Hobel- und Stoßmaschinen

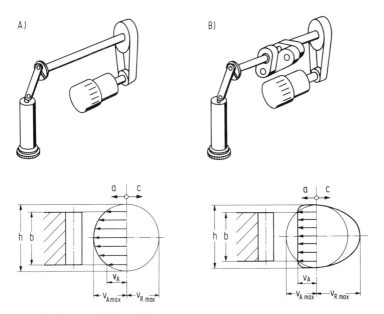

Bild 110. Stoßspindelantriebe
A) normaler Hubantrieb, B) für konstante Schnittgeschwindigkeit
a Arbeitshub, b Radbreite, c Rückhub, h Hublänge, v_A Werkzeuggeschwindigkeit im Arbeitshub (rd. 70% von v_{Amax}), v_{Amax} maximale Werkzeuggeschwindigkeit im Arbeitshub, v_{Rmax} maximale Werkzeuggeschwindigkeit im Rückhub

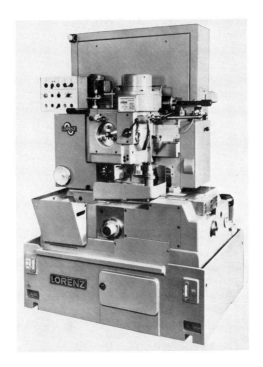

Bild 111. Universal-Stoßmaschine

484 16 Spanende Verzahnungsherstellung   [Literatur S. 510]

In Bild 111 ist eine Stoßmaschine leichterer Bauart wiedergegeben, wie sie heute vorwiegend in der Einzelfertigung, aber beispielsweise auch zum Stoßen von Kupplungsverzahnungen eingesetzt ist. Bei dieser Maschine ist die Stoßspindel in einem Stoßschlitten angeordnet, der über den gesamten Werkstück-Durchmesserbereich verfahren werden kann. Die Zustellung des Stoßschlittens auf Stoßtiefe erfolgt über eine Kurve, die in Abhängigkeit von der Werkstück-Drehbewegung gesteuert wird. Die Kurve kann für mehrere Werkstück-Umläufe ausgelegt werden und steuert den Bearbeitungszyklus automatisch. Nach Beendigung des Verzahnvorgangs fällt der Stoßschlitten in seine Startposition zurück und setzt die Maschine automatisch still. Die Abhebebewegung während des Rückhubs der Stoßspindel wird bei dieser Maschine vom Werkstücktisch ausgeführt.

16.5.1.2.3 Sondermaschinen und Zusatzeinrichtungen

Kupplungsverzahnungen in Fahrzeuggetrieben werden zum Vermeiden des „Gangspringens" häufig leicht konisch „hinterstoßen". Zur Herstellung wird die Achse der Stoßspindel gegenüber der Werkstückachse um den Hinterstoßwinkel geneigt. Hierzu erhält die Maschine entweder eine konstante Neigung durch eine schräge Zwischenplatte oder einen neigbaren Werkstücktisch. Ebenso können hinterstoßene Verzahnungen durch Einsatz eines Spezial-Abhebenockens hergestellt werden. Der Nocken ist so ausgelegt, daß sich der Achsabstand zwischen Schneidrad und Werkstück während des Arbeitshubs über die Radbreite stetig ändert. Die Nockenform ist abhängig von der Verzahnungsbreite des Werkstücks und der Aufspannhöhe und muß daher für jede Verzahnung gesondert festgelegt werden.

Breitenballige Verzahnungen, die im Getriebe zur Vermeidung des Kantentragens bei Achsverlagerungen angewendet werden, können ebenfalls durch Steuerung der Hubbewegung über Spezial-Abhebenocken erzeugt werden.

Gerad- und schrägverzahnte Zahnstangen können durch Wälzstoßen hergestellt werden. Die Rotationsbewegung des Werkstücks wird hierbei durch eine Translationsbewegung ersetzt. Hierzu dient entweder eine auf die Maschine aufsetzbare Zahnstangen-Stoßeinrichtung oder eine spezielle Zahnstangen-Stoßmaschine.

Kronräder oder Planstirnräder besitzen eine ebene Verzahnung und kämmen mit einem zylindrischen Stirnritzel unter sich schneidenden oder kreuzenden Achsen. Sie werden mit einer Kronräder-Stoßeinrichtung hergestellt, die auf den Tischträger der Wälzstoßmaschine aufgesetzt wird.

Bild 112. Verzahnen eines pfeilverzahnten Rades auf einer Pfeilzahn-Stoßmaschine

Die Herstellung echter Pfeilverzahnungen, bei denen die linke und die rechte Schrägverzahnung ohne Nut als Pfeilspitze aufeinanderstoßen, ist nur auf Pfeilzahn-Stoßmaschinen möglich (Bild 112). Zum Verzahnen werden zwei Schneidräder angewendet, die auf einem gemeinsamen Schlitten angeordnet sind und abwechselnd im Hin- und Rückhub arbeiten. Die Maschine kann ebenso zum Verzahnen unechter Pfeilverzahnungen, bei denen beide Verzahnungshälften durch eine Nut getrennt sind, eingesetzt werden. Zum Verzahnen echter Pfeilverzahnungen sind Schneidräder mit Stirnschliff erforderlich.

16.5.1.2.4 Bearbeitungsablauf

Schnittaufteilung, Vorschub und Schnittgeschwindigkeit

Beim Wälzstoßen wird die Verzahnung normalerweise in mehreren Schnitten (Werkstückrundgängen) hergestellt. Hierbei dienen die ersten Schnitte zum Schruppen; ihre Schnittbedingungen werden daher unter Berücksichtigung der Leistungsfähigkeit und Werkzeugstandzeit gewählt, während die Schnittbedingungen für den Schlichtschnitt sich nach der erforderlichen Verzahnungsqualität und Oberflächengüte richten müssen. Eine Leistungssteigerung erstreckt sich daher in erster Linie auf die Bedingungen beim Schruppen.

Untersuchungen in den letzten Jahren führten zu dem Ergebnis, daß eine Steigerung des Wälzvorschubs, entsprechend steife und leistungsfähige Maschinen vorausgesetzt, zu höheren Standmengen führt. Durch größere Wälzvorschübe verringert sich die Zahl der Schnitte je Zahnlücke. Außerdem werden die sehr dünnen Späne, die zu erhöhtem Freiflächenverschleiß an der Werkzeugflanke führen, vermieden.

Empfohlene Richtwerte für Wälzvorschübe liegen bei Einsatzstählen mit einer Festigkeit von 620 bis 650 N/mm^2 zwischen 0,5 und 0,8 mm je Hub, bezogen auf den Umfang des Werkzeugs, wobei die höheren Werte bei größeren Moduln bis etwa m = 10 mm benutzt werden.

Mit Rücksicht auf die auftretende Schnittkraft (Maschinen- und Werkzeugbelastung) wird eine Schnittaufteilung, d. h. ein Verzahnen in mehreren Werkstückumläufen, empfohlen. Für normale Schnittbedingungen wird für Verzahnungen bis etwa Modul 6 in zwei Schnitten, einem Schrupp- und einem Schlichtschnitt verzahnt, während für größere Moduln zwei oder mehr Schruppschnitte durchgeführt werden. Hierbei sollten die Schnittiefen so gewählt werden, daß annähernd gleiche Schnittkräfte bei den einzelnen Schruppschnitten auftreten. Ein bestimmter Wert für die Zustelltiefe läßt sich nicht angeben. Als Näherungswert sollte das Verhältnis der Schnittiefen bei zwei Schruppschnitten bei etwa 3:2 bis 5:3 liegen.

Die Schnittgeschwindigkeit ist abhängig von der Zerspanbarkeit des Werkstoffs und von der Breite der Verzahnung. Kleine Verzahnbreiten können im allgemeinen mit höheren Schnittgeschwindigkeiten verzahnt werden. Für Einsatzstähle mit einer Zugfestigkeit von 620 bis 650 N/mm^2 wird bei 80 mm Radbreite eine Schnittgeschwindigkeit von etwa 25 m/min, bei 15 mm Radbreite eine solche von 45 m/min empfohlen.

Für den Schlichtschnitt muß bei Außenverzahnungen in der Regel beim letzten Schnitt ein kleiner Wälzvorschub gewählt werden, wenn eine hohe Oberflächengüte erreicht werden soll. Bei Innenverzahnungen werden dagegen wegen der größeren Eingriffslänge und der gleichsinnigen Krümmung von Werkzeug- und Werkstückflanke auch bei größerem Wälzvorschub gute Oberflächenqualitäten erzielt. In vielen Fällen kann man bei Innenverzahnungen sogar für den Schlichtschnitt einen höheren Vorschub wählen als beim Schruppen.

Zustellung

Zu Beginn des Arbeitsvorgangs wird der Achsabstand zwischen Werkstück und Werkzeug so weit verändert, bis die vorgesehene Schnittiefe erreicht ist. Je nach den Anforderungen lassen sich verschiedene Zustellungen wählen:
Bei der gestuften Tiefenzustellung (Bild 113 A) wird das Schneidrad während des Wälzens auf die erste Zustelltiefe zugestellt; anschließend führt das Werkstück eine volle Umdrehung durch. Hierauf erfolgt die Zustellung für die Schnittiefe des zweiten Schnitts usw. bis zum Erreichen der vollen Schnittiefe. Diese Art der Zustellung hat den Vorteil, daß während des Rundgangs bei konstanter Zahntiefe eine einwandfreie zylindrische Verzahnung erzeugt wird und daß Ungenauigkeiten, die ggf. durch elastische Verformung während der Zustellung im Zustellbereich auftreten, nach jedem Schnitt wieder beseitigt werden.
Bei der Spiralzustellung (Bild 113 B) wird das Schneidrad während des Wälzens kontinuierlich über mehrere Werkstückrundgänge auf die volle Zahntiefe zugestellt. Hierbei können durch die Wahl großer Wälzvorschübe, verbunden mit kleinen Zustellbeträgen je Hub, die Spanformen im Hinblick auf das Verschleißverhalten optimiert werden. Bei weniger hohen Genauigkeitsanforderungen und auch bei kleinen Werkstückzähnezahlen lassen sich durch die Spiralzustellung die Bearbeitungszeiten verkürzen.
Die Tiefenzustellung ohne Wälzbewegung (Bild 113 C) wird so vorgenommen, daß erst nach Erreichen der vollen Zustelltiefe der Wälzvorschub automatisch eingeschaltet wird. Diese Zustellart wird besonders bei Innenverzahnungen eingesetzt, bei denen Eingriffsstörungen durch die Abhebebewegung eintreten.

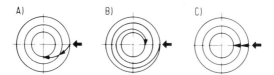

Bild 113. Verschiedene Zustellungen beim Wälzstoßen
A) gestufte Tiefenzustellung, B) Spiralzustellung, C) Zustellung ohne Wälzbewegung

Abhebewinkel und Abhebegröße

Normalerweise wird das Schneidrad beim Rückhub in Richtung der Verbindungslinie zwischen Schneidrad- und Werkstückachse abgehoben. Beim Herstellen von Innen- und auch von Außenverzahnungen mit großem Wälzvorschub kann es jedoch dadurch zu Störungen kommen, daß die nachlaufende Schneidradflanke beim Rückhub an der Werkstückflanke streift. Dieses Streifen während des Rückhubs führt zu Werkstoffaufschweißungen oder zu übermäßigem Freiflächenverschleiß und damit zu vorzeitigem Erliegen des Schneidrads. In diesem Fall muß der Abhebewinkel verändert werden.
Als Beispiel zeigt Bild 114 Schneidrad und Werkstück beim Stoßen einer Innenverzahnung. Um Störungen an der nachlaufenden Flanke des in das Werkstück eindringenden Schneidradzahns zu vermeiden, muß die Abheberichtung so gewählt werden, daß das Schneidrad parallel zu der am Zahnkopf eingezeichneten Tangente abgehoben wird.
Häufig lassen sich Störungen beim Rückhub dadurch vermeiden, daß die Schnittiefen für die einzelnen Rundgänge verändert werden oder daß eine größere Zahl von Rundgängen gewählt wird. Störungen auf der vorlaufenden Flanke können durch Zustellen ohne Wälzvorschub (Bild 113 C) vermieden werden. Für Grenzfälle können die verwendbaren Abhebewinkel und Schnittiefen über Rechnerprogramme ermittelt werden.

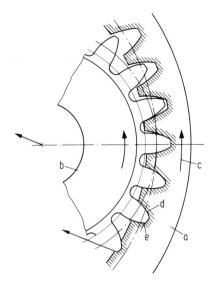

Bild 114. Abhebestörungen beim Stoßen einer Innenverzahnung
a Werkstück, b Werkzeug, c Wälzvorschub, d vorlaufende Flanke, e nachlaufende Flanke

Die Größe der Abhebung ist abhängig von den elastischen Verformungen, von der Größe des Wälzvorschubs und den Eingriffsverhältnissen zwischen Werkstück und Werkzeug. Während die Abhebung mit Rücksicht auf die auftretenden dynamischen Kräfte – vor allem bei hohen Hubzahlen – möglichst klein gewählt wird, bedingen große Wälzvorschübe – insbesondere bei kleinen Außenverzahnungen – eine bestimmte Mindest-Abhebegröße, um das Werkzeug beim Rückhub einwandfrei vom Werkstück zu trennen. Die Abhebegrößen liegen zwischen 0,2 und 0,8 mm.

Schrägverzahnungen

Beim Stoßen von Schrägverzahnungen führt das Schneidrad während des Arbeitshubs eine Schraubbewegung aus, die durch die Schraubenführung erzeugt wird. Schneidrad und Werkstück müssen den gleichen Schrägungswinkel aufweisen, während Schneidrad- und Schraubenführung die gleiche Steigung besitzen müssen. Hieraus folgt, daß mit gleicher Schraubenführung, aber mit Schneidrädern unterschiedlichen Durchmessers Zahnräder mit verschiedenen Schrägungswinkeln gestoßen werden können. Mit den Bezeichnungen in Bild 115 ist

$$\sin \beta = m_n \cdot z_0 \cdot \frac{\pi}{p_{z0}}. \tag{40}$$

Darin bedeuten

m_n Normalmodul,
z_0 Schneidrad-Zähnezahl,
p_{z0} Steigungshöhe der Schraubenführung.

Die Norm DIN 3978 für den Schrägungswinkel wurde auf Grund der Bedingungen beim Wälzstoßen entwickelt. Mit den verschiedenen Schraubenführungs-Steigungen $p_{z0} = 960 \cdot \pi$; $480 \cdot \pi$; $320 \cdot \pi$; $240 \cdot \pi$; $160 \cdot \pi$ können mit den entsprechenden Schneidrad-Zähnezahlen die Schrägungswinkel in genügend enger Stufung erreicht werden. Das System erfüllt daneben die Bedingung, daß für jeden Schrägungswinkel jeweils mehrere Schneidradzähnezahlen zur Verfügung stehen, so daß auch zum Verzahnen von Hohlrädern eine passende Schneidrad-Zähnezahl gewählt werden kann.

Der Winkel der Schraubenführung soll wegen der auftretenden Kräfte 45° nicht überschreiten. Hieraus ergibt sich für jede Maschine die kleinste ausführbare Steigung, die eine wichtige Maschinenkonstante darstellt.

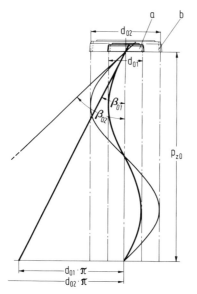
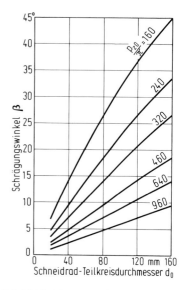

Bild 115. Zusammenhang zwischen Steigungshöhe und Werkzeug-Schrägungswinkel a erstes Stoßrad, b zweites Stoßrad mit größerem Durchmesser, d_{01} und d_{02} Teilkreisdurchmesser der Stoßräder, p_{zO} Steigungshöhe der Schraubenführung, β_{01} und β_{02} Schrägungswinkel

Bild 116. Zusammenhang zwischen Schrägungswinkel (nach DIN 3978), Schneidrad-Teilkreisdurchmesser und Steigungshöhe p_{z0}/π

Der Zusammenhang zwischen Schrägungswinkel, Schneidrad-Teilkreisdurchmesser und Steigungshöhe ist in Bild 116 dargestellt. Danach können für die gewünschten Schrägungswinkel die zugehörigen Schneidraddurchmesser und Steigungshöhen bestimmt werden. Die genauen Werte des Schrägungswinkels sind für die genormten Moduln den betreffenden Tabellen in DIN 3978 zu entnehmen.
Die Steigungsrichtung von Schneidrad und Werkstück ist zwischen Innen- und Außenverzahnung unterschiedlich, und zwar werden rechtssteigende Außenverzahnungen mit linkssteigendem Schneidrad und linkssteigende Außenverzahnungen mit rechtssteigendem Schneidrad gefertigt. Bei Innenverzahnungen haben dagegen Schneidrad und herzustellende Verzahnung jeweils die gleiche Steigungsrichtung.

Innenverzahnungen

Die Erzeugungsbedingungen beim Wälzstoßen von Hohlrädern entsprechen den Paarungsbedingungen des Hohlrads mit dem Hüllstirnrad des Schneidrads.
Schwierigkeiten ergeben sich, wenn die Hohlrad-Zähnezahl klein ist und daher die Zähnezahl-Differenz zwischen Werkstück und Schneidrad, die für eine störungsfreie Erzeugung notwendig ist, nicht erreicht werden kann. In diesen Fällen können Ein-

griffsstörungen durch Überschneiden der Zahnköpfe beim radialen Zustellen oder beim Wälzen sowie Störungen beim Rückhub auftreten.
Für normale Kopf- und Fußhöhen ergeben sich für störungsfreie Erzeugung die in Tabelle 7 angegebenen größtmöglichen Schneidrad-Zähnezahlen z_0 in Abhängigkeit von Werkstückzähnezahl z und Eingriffswinkel α.
Bei größeren Schneidradzähnezahlen ist eine spezielle Störungsuntersuchung durchzuführen.

Tabelle 7. Zähnezahlverhältnis z/z_0 für Innenverzahnungen

Eingriffswinkel α [°]	Zähnezahlverhältnis z/z_0 Werkstückzähnezahl z		
	20 bis 35	36 bis 60	> 60
30	2,0	1,8	1,5
20	2,5	2,3	2,0
15	3,0	2,8	2,5

Arbeitszeitberechnung

Die Hauptzeit errechnet sich zu

$$t_h = \frac{d \pi}{n\, s_w} f + \frac{h}{s_r\, n} \;[\text{min}]. \tag{41}$$

Für die Hubzahl gilt

$$n = \frac{1000\, v_{max} \cos \beta}{H \pi} \;[\text{min}^{-1}]. \tag{42}$$

Die Wälzgeschwindigkeit läßt sich nach der Gleichung

$$v_w = s_w \cdot n \;[\text{mm/min}] \tag{43}$$

berechnen. Darin bedeuten

v_{max} maximale Schnittgeschwindigkeit in Zahnrichtung in m/min,
v_w Wälzgeschwindigkeit in mm/min,
s_w Wälzvorschub in mm,
s_r radialer Tiefenvorschub in mm,
n Hubzahl in min^{-1},
t_h Hauptzeit in min,
H Hublänge in mm,
h Stoßtiefe in mm,
f Anzahl der Schnitte (Werkstückrundgänge),
β Schrägungswinkel in Grad,
d Werkstück-Teilkreisdurchmesser in mm.

Die Hublänge H errechnet sich aus der Verzahnungsbreite b und dem Überlaufweg für Anschnitt und Ausschnitt zu

$$H = b + ü \;[\text{mm}] \tag{44}$$
$$\text{mit } ü \approx 1/7 b + m_n \pi \sin \beta \;[\text{mm}]. \tag{45}$$

16.5.1.2.5 Werkzeuge und Arbeitsbeispiele

Die wichtigsten Bauformen der Schneidräder sind in Bild 117 wiedergegeben. Scheibenschneidräder mit Bohrung (Bild 117 A) werden zur Herstellung von Außen- und Innenzahnrädern eingesetzt. Bei Innenzahnrädern mit beschränktem Werkzeugauslauf kann ggf. die vorstehende Befestigungsmutter zu Störungen führen. Glockenschneidräder (Bild 117 C) werden ebenfalls in der Bohrung aufgenommen. Sie werden eingesetzt, wenn die Werkstückform eine versenkte Befestigungsmutter verlangt. Schaftschneidräder mit Kegelschaft (Bild 117 B) dienen zum Verzahnen von Hohlrädern, die nur einen kleinen Teilkreisdurchmesser erlauben. Hohlglockenschneidräder (Bild 117 D) werden angewendet, wenn die Werkstückform ein Verzahnen mit außenverzahnten Schneidrädern nicht erlaubt.

Bild 117. Bauformen von Schneidrädern
A) Scheibenschneidrad, B) Schaftschneidrad, C) Glockenschneidrad, D) Hohlglockenschneidrad

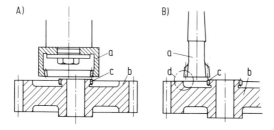

Bild 118. Beispiel für den notwendigen Einsatz eines Hohlglockenschneidrads
A) Einsatz von Hohlglockenschneidrad, B) Einsatz von Schaftschneidrad (hier wegen Kollision nicht möglich)
a Schneidrad, b Werkstück, c herzustellende Verzahnung, d Kollisionsbereich

Bild 118 A zeigt den Einsatz eines Hohlglockenschneidrads. In diesem Fall kann ein Schaftschneidrad nicht mehr zur Herstellung der Verzahnung eingesetzt werden (Bild 118 B), weil hier eine Kollision von Schneidrad und Werkstück möglich ist.

Bild 119 zeigt ein Arbeitsbeispiel, das aufgrund der geometrischen Verhältnisse nur durch Wälzstoßen mit Schneidrad ausgeführt werden kann.

Bild 119. Nur durch Wälzstoßen herstellbares Zahnrad

Die Leistungsfähigkeit des Verfahrens läßt sich in vielen Fällen durch das gleichzeitige Bearbeiten mehrerer Werkstücke steigern; Bild 120A zeigt das Verzahnen im Triplexverfahren. Weitere spezielle Einsatzgebiete des Wälzstoßens sind das Herstellen von Innenverzahnungen, Kronrädern und Zahnstangen (Bild 120 B).

Bild 120. Wälzstoßen verschiedener Verzahnungen
A) Kettenrad, B) Zahnstange

16.5.2 Herstellen von Kegelrädern

16.5.2.1 Wälzstoßen

Die erforderlichen Wälzbewegungen zwischen den Teilkegeln der Kegelräder und den gedachten Planrädern werden beim Hobeln von Kegelradverzahnungen durch das Schwenken der Werkzeugbahnen in der Planradebene um die Planradachse bewirkt.

Wegen des erforderlichen schlupffreien Abrollens des Teilkegels an dem Planrad muß dabei das Kegelrad zwangsläufig auch eine Teildrehung ausführen.

Die zur Ausarbeitung der Zahnlücken erforderliche Stößelbewegung muß so erfolgen, daß die Kopfkanten der Werkzeugschneiden in Richtung der Fußkegelmantellinie des zu verzahnenden Kegelrads verlaufen.

Die bei Geradzahnkegelrädern übliche kegelige Zahnfußhöhe wird je nach der Konstruktion der Verzahnungsmaschine erreicht, indem entweder das Werkstück auf den Fußkegelwinkel eingestellt und die Schneidrichtung der Messer entlang der Fußkegelmantellinie geführt wird (Bild 121 A) oder indem das Werkstück auf den Teilkegelwinkel eingestellt und die kegelige Fußhöhe durch Schwenken des Werkzeugträgers um den Fußwinkel erreicht wird (Bild 121 B). Die Bewegungsrichtung der Werkzeuge bildet danach mit der Planradachse (Wälzachse der Verzahnungsmaschine) entweder einen Winkel von 90° oder aber einen Winkel von 90° − ϑ_f. Da sich hier für Rad und Gegenrad zwei abweichende Planräder ergeben, sind die gefertigten Verzahnungen nach beiden Arbeitsverfahren etwas abweichend von den genauen Zahnformen. Diese

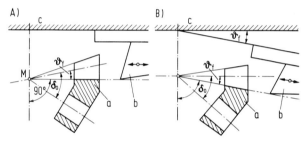

Bild 121. Zahnfußhöhe beim Wälzstoßen von Geradzahnkegelrädern

A) das Werkstück auf den Fußkegelwinkel eingestellt, B) das Werkstück auf den Teilkegelwinkel eingestellt und der Werkzeugträger um den Fußkegelwinkel geschwenkt

a Werkstück, b Werkzeug, c Wälztrommel, δ_0 Teilkegelwinkel, ϑ_f Fußkegelwinkel

Bild 122. Verfahrensablauf beim längsballigen Stoßen

A) vor Beginn des Stoßens, B) das untere Werkzeug arbeitet, das obere schneidet an, C) beide Werkzeuge sind im Schnitt, D) der Zahn ist fertig gewälzt

Abweichungen können durch Berechnungskorrekturen bei den Maschineneinstellwerten nicht ganz beseitigt werden. Verzahnungen, die nach dem in Bild 121 A dargestellten Verfahren erzeugt werden, haben in Richtung der Zahnhöhe eine etwas stärker gekrümmte Form, so daß solche Zähne eine gewisse Zahnhöhenballigkeit aufweisen. Die Stoßmaschinen können auch mit Einrichtungen zum längsballigen Stoßen versehen sein. Hierdurch wird die an sich geradlinige Schnittrichtung gewollt leicht verändert. Bild 122 zeigt die Herstellung eines Kegelrads nach diesem Verfahren.

16.5.2.2 Nachformstoßen

Die Wirkungsweise dieses Verfahrens zeigt Bild 123. Während der Bearbeitung des Zahns bleibt das Werkstück ortsfest. Es ist auf der Spindel befestigt, die mit einer Teileinrichtung verbunden ist. Das Werkzeug ist an seiner Spitze abgerundet. Um die Achse, die mit dem Scheitelpunkt des Teilkegels zusammenfällt, kann der Hebel, der das Führungsstück trägt, gedreht werden. Über die Schablone wird die Bewegung des Werkzeugführungsteils so gesteuert, daß in jeder Stellung die Bewegungsrichtung der Profilspitze des Werkzeugs durch den Achsenschnittpunkt geht. Die Bearbeitung des Zahns beginnt jeweils am Zahnkopf und endet im Zahnfuß. Nach der Ausarbeitung einer Zahnlücke wird das Werkstück mit Hilfe der Teileinrichtung um einen Zahn weitergeteilt und mit der Bearbeitung des nächsten Zahns begonnen.

Theoretisch ist für jeden Teilkegelwinkel eine besondere Schablone erforderlich. Praktisch genügen jedoch 20 bis 30 Schablonen für den gesamten Arbeitsbereich. Die Modulgröße hat keinen Einfluß auf die Zahnformen, da diese durch eine entsprechende proportionale Verkleinerung der durch die Schablone gegebenen Form erreicht wird. Bild 124 zeigt eine Kegelradstoßmaschine, die gleichzeitig mit zwei Werkzeugen arbeitet.

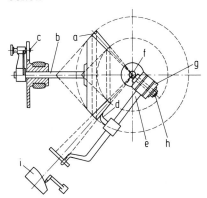

Bild 123. Prinzip des Nachformstoßens
a Werkstück, b Werkstückaufnahmespindel, c Teileinrichtung, d Stoßwerkzeug, e Stoßwerkzeugführung, f Achsenschnittpunkt, g Hebel, h Achse, i Profilschablone

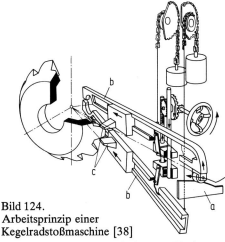

Bild 124. Arbeitsprinzip einer Kegelradstoßmaschine [38]
a Schablone, b Führungsbahnen, c Werkzeuge

Das Nachform-Verfahren ist im allgemeinen nur für die Fertigung von großen Geradzahnkegelrädern bis etwa 5000 mm Dmr. wirtschaftlich. Die Spanabnahme pro Hub wird von der verlangten Genauigkeit und der Werkzeugabnutzung bestimmt. Nach diesem Arbeitsverfahren können genaue Zahnformen hergestellt werden.

16.6 Bearbeitung auf Räummaschinen
Ing. (grad.) E. Kotthaus, Zürich

Für die Herstellung von Geradzahnkegelrädern in großen Stückzahlen werden häufig Räummaschinen eingesetzt. Damit können Räder bis zu einem Modul von 8,5 mm und Zahnbreiten bis etwa 30 mm gefertigt werden. Im Verhältnis zur Radgröße werden relativ große Räumscheiben eingesetzt (Bild 125). Etwa zwei Drittel der am Umfang befindlichen Messer dienen zum Schruppen, die restlichen zum Schlichten einer Zahnflanke. Die Schneidkanten sind Kreisbögen mit den gleichen Halbmessern; die Lage der Krümmungsmittelpunkte ist jedoch verschieden. Die Form der geräumten Flanken längs der Flankenlinie wird erreicht, indem der Räumkopf mit einer Steuerkurve – ohne Tiefenvorschub – geradlinig am Radkörper vorbeigeführt wird. Das Zahnprofil ergibt sich aus dem Schneidenprofil und dem jeweiligen Bewegungszustand des Räumwerkzeugs.

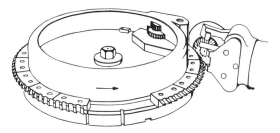
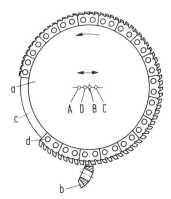

Bild 125. Räumen nach dem *Revacycle*-Verfahren [38]

Bild 126. Prinzipdarstellung des Kegelradräumens nach dem *Revacycle*-Verfahren
a Werkzeug, b Werkstück, c Lücke für das Teilen, d letztes Schlichtmesser

Bild 126 zeigt den prinzipiellen Verfahrensablauf. Bei jeder Umdrehung des Werkzeugs werden die beiden Flanken einer Zahnlücke aus dem Vollen fertigverzahnt. Der Radkörper steht dabei fest. Die Drehbewegung der Räumscheibe ist gleichförmig und kontinuierlich. Das Vorverzahnen beginnt, wenn sich der Mittelpunkt der Räumscheibe in Punkt A befindet. Durch eine Kurvenscheibe wird dann das Räumwerkzeug bis auf volle Zahntiefe zugestellt, wobei sich der Räumkopfmittelpunkt nach B bewegt. Die Spandicken während des Verzahnens werden dabei von der Form der Spirale, welche die Kopfkanten der Räummesser bilden, bestimmt. Anschließend verschiebt sich die Räumscheibe zum Vorschlichten von B nach C. Im Punkt C werden die Flanken mit einem Schlagzahn entgratet. Hiernach wird die Verschieberichtung umgekehrt und bis zum Punkt D mit konstanter Geschwindigkeit geschlichtet. In der Lücke zwischen dem letzten Schlicht- und dem ersten Schruppmesser wird das Werkstück weitergeteilt. Da die Räummesser dem herzustellenden Zahnprofil entsprechen müssen, sind für andere Zahnprofile auch entsprechend andere Messerprofile auf den Räumscheiben erforderlich. Dieses Fertigungsverfahren ist außerordentlich leistungsfähig. Es ergeben sich Hauptzeiten von etwa 2 bis 5,5 s pro Radzahn. Wegen der kurzen Taktzeiten sind die Maschinen häufig mit automatischen Beschickungseinrichtungen ausgerüstet.

16.7 Bearbeitung auf Wälzschälmaschinen
Dr.-Ing. W. Eggert, Ludwigsburg
Dr.-Ing. H. I. Faulstich, Ludwigsburg

16.7.1 Wälzschälen von Innenverzahnungen

Wälzschälen [47] ist ein leistungsfähiges spanendes Bearbeitungsverfahren, das bei der Serienfertigung von Innenverzahnungen eingesetzt wird. Der Schwerpunkt des Werkstückspektrums liegt im Modulbereich zwischen 2 mm und 7 mm und im Durchmesserbereich zwischen 200 mm und 500 mm. Die Anwendung des Verfahrens ist z. Z. etwa bis zu einem Modul von 12 mm und einem Innendurchmesser von 1500 mm möglich. Werkzeug (Schälrad) und Werkstück (Bild 37) werden von einem gemeinsamen Motor in Drehung versetzt; außerdem erhält das Werkzeug eine Vorschubbewegung in Richtung der Werkstückachse und das Werkstück zur Erzeugung von Schrägverzahnung eine Zusatzdrehung über ein Differentialgetriebe.

Für die Schnittgeschwindigkeit v (Bild 37) gilt

$$v_s \approx v_0 \cdot \frac{\sin \Sigma}{\cos \beta_2} = \pi \cdot d_0 \cdot n_0 \cdot \frac{\sin \Sigma}{\cos \beta_2}. \tag{46}$$

Es bedeuten

d_0 größter Kopfkreisdurchmesser des Werkzeugs,
n_0 Drehzahl des Werkzeugs,
β_2 Schrägungswinkel der Verzahnung,
Σ Achsenwinkel.

Den Achsenwinkel Σ erhält man aus

$$\Sigma = \beta_2 + \beta_0. \tag{47}$$

Darin bedeutet

β_0 Schrägungswinkel des Werkzeugs.

Ein Korrekturschwenken zur Erzeugung bestimmter Profilkorrekturen ist hierin nicht berücksichtigt. Die Vorzeichen für die Schrägungswinkel β_0 und β_2 werden nach DIN 3960 festgelegt. Danach besitzt eine Innenverzahnung bei positivem (negativem) Schrägungswinkel eine Linksschräge (Rechtsschräge). Für die Hauptzeit erhält man unter Berücksichtigung der in Bild 127 eingezeichneten Strecken

$$t_h = \frac{z_2}{z_0 \cdot n_0 \cdot s_x} \cdot (l_e + b_2 + l_ü + s). \tag{48}$$

Darin bedeuten

z_2 Zähnezahl des Werkstücks,
s_x Axialvorschub,
s Sicherheitsbetrag (im Bild nicht dargestellt).

Der Sicherheitsbetrag $s = s_x + 1$ mm bis 2 mm ist auf der Auslaufseite (unten) zur sicheren Profilausbildung erforderlich.

Der axiale Einlaufweg l_e läßt sich zeichnerisch oder über das zur Werkzeugauslegung benötigte Rechenprogramm ermitteln. Zur zeichnerischen Bestimmung von l_e wird der Punkt P in Bild 127 benötigt. P ist der Schnittpunkt des Kreises mit dem Halbmesser r_{a2} und der Ellipse mit den Halbmessern r_{a0} und $r_{a0} \cdot \cos \Sigma$ um M_E. Für den Überlaufweg $l_ü$ gilt

$$l_ü < g' \cdot \cos \alpha_{t2} \cdot \tan \Sigma. \tag{49}$$

Darin ist

Σ Achsenwinkel,
α_{t2} Stirneingriffswinkel der Werkstückverzahnung,
g′ die größere der beiden Eingriffsstrecken (Kopfeingriffsstrecke g_a bzw. Fußeingriffsstrecke g_f nach DIN 3960).

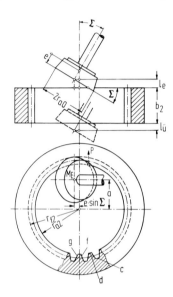

Bild 127. Geometrische Verhältnisse beim Wälzschälen von Innenverzahnungen

a Achsabstand, b_2 Zahnbreite, c Zahnfuß, d Zahnkopf, e Außermittigkeit, f Rechtsflanke, g Linksflanke, l_e Einlaufweg, $l_ü$ Überlaufweg, M_E Mittelpunkt des Werkzeugs in der Ebene mit dem größten Kopfkreishalbmesser, P Punkt, in dem die erste Berührung zwischen Werkzeug und Werkstück stattfindet, r_{a0} größter Kopfkreishalbmesser des Schälrads, r_{a2} Kopfkreishalbmesser der Innenverzahnung, r_{f2} Fußkreishalbmesser der Innenverzahnung, Σ Achsenwinkel

Zur Berechnung von g′ muß der Wälzkreisdurchmesser bekannt sein; dieser ergibt sich aus der Werkzeugauslegung. Der genaue Wert für den Überlaufweg läßt sich ebenfalls über das bereits erwähnte Rechenprogramm ermitteln.
Die Wälzschälmaschine ähnelt im Aufbau einer Wälzfräsmaschine. Sie besitzt jedoch anstelle des Fräskopfs einen Schälkopf und eine den besonderen Verhältnissen des Wälzschälens angepaßte Tischkonstruktion, Kinematik und Maschinensteuerung.
Die durch Wälzschälen erzielbare Verzahnungsqualität wird in starkem Maße von den geometrischen und kinematischen Abweichungen der Maschine, von der Auslegung und den geometrischen Abweichungen des Werkzeugs, aber auch von seiner Einstellung (Achsenwinkel Σ, Außermittigkeit e, Achsabstand a) beeinflußt. Die am Werkstück auftretende Profil-Winkelabweichung ist abhängig von Σ und e. Durch geeignete Kombination dieser Werte läßt sich bei Verwendung eines konventionellen (kegeligen) Werkzeugs die Profil-Winkelabweichung für beide Flanken zu Null machen. Bei enger Profiltoleranz muß die Werkzeugeinstellung während der Nutzungsdauer des Werkzeugs deshalb mehrmals korrigiert werden. Dies gilt nicht für zylindrische Schälräder. Bei diesen Werkzeugen sind die Einstellgrößen Schwenkwinkel und Außermittigkeit vom Abschliffzustand unabhängig; mit zylindrischen Schälrädern lassen sich allerdings nicht in allen Fällen ausreichend große Wirkfreiwinkel verwirklichen.
Die Werkzeugauslegung erfolgte in der Vergangenheit nach einem aufwendigen empirischen Verfahren. Auf heutigen Rechenanlagen lassen sich das Werkzeugprofil und die Einstelldaten, letztere ggf. abhängig vom Abschliffzustand des Werkzeugs, sowie der axiale Einlaufweg und der Überlaufweg berechnen [53]. Bei nicht zu engen Toleranzen

bezüglich der Profilform des Werkstücks können Schälräder mit evolventischem Profil (unkorrigierte Schälräder) eingesetzt werden. Derartige Werkzeuge sind einfacher zu fertigen und zu vermessen als Werkzeuge mit Profilkorrektur. Die zur Bearbeitung von Werkstücken mit Schrägungswinkeln β von 20° bis 40° eingesetzten geradverzahnten Schälräder benötigen auch bei enger Profiltoleranz der Werkstückverzahnung selten eine Korrektur. Als Schnittdaten sind im Modulbereich zwischen 2 mm und 7 mm Axialvorschübe von 0,5 mm bis 0,2 mm bei Schnittgeschwindigkeiten von 10 m/min bis 20 m/min beim Schruppen und von 20 m/min bis 30 m/min beim Schlichten üblich.

Wälzschälen von Innenverzahnungen wurde zunächst als Vorbereitung zum Stoßen eingesetzt. Mit einer geeigneten Maschine und einem zweckmäßig ausgelegten und richtig eingestellten Werkzeug ist jedoch auch Fertigbearbeitung möglich; sie erfordert ggf. zwei Schlichtschnitte. Im Schlichtschnitt lassen sich z.T. bessere Oberflächen als beim Stoßen erzielen; in bestimmten Fällen kann deshalb auf eine Nachbearbeitung durch Schaben verzichtet werden. Bei einwandfreier Anwendung des Verfahrens entstehen Verzahnungsabweichungen, die bezüglich Profil-Gesamtabweichung und Flankenlinien-Gesamtabweichung etwa in Qualität 6 bis 8 und bezüglich Teilungs-Einzel- und Teilungs-Gesamtabweichung etwa in Qualität 4 bis 6 nach DIN 3962 liegen.

16.7.2 Wälzschälen von Schnecken

Schneckenschälen auf Wälzfräsmaschinen läßt sich als kinematische Umkehr des Schneckenrad- bzw. Zylinderradfräsens auffassen. Bild 39 zeigt das Wälzschälen einer Schnecke. Das Werkstück wird von der Frässpindel, das Werkzeug von der Werkstückspindel angetrieben. Dabei entstehen im Tangential-Verfahren zylindrische und im Radial- bzw. Axial-Verfahren globoidische Schnecken.

Zum Schälen von ZA-Schnecken (Bild 128 A) wird ein schrägverzahntes Schälrad mit Stirnschliff angewendet. Schälräder mit einem Schrägungswinkel $β_1 > 5°$ werden zur Vermeidung ungünstiger Schnittwinkel mit Treppenschliff ausgeführt. Um Profilverzerrungen an der Schnecke zu vermeiden, erhalten derartige Werkzeuge eine Profilkorrektur. Zum Schälen von ZI-Schnecken (Bild 128 B) dient ein Geradschälrad. Die Schneckenachse wird um den Winkel $γ_{m1}$ geschwenkt. Das Verfahren ist anwendbar zum Herstellen von Schnecken und schrägverzahnten Zylinderrädern. Zur Erzeugung von Schnecken mit anderem Profil kommen Werkzeuge mit korrigierter Verzahnung zum Einsatz.

Der zum Schneckenschälen erforderliche Tangentialweg (Bild 128 C) ist

$$l_t = l_e + b_1 + l_ü + s. \tag{50}$$

Für den Einlaufweg gilt

$$l_e \leq \sqrt{h \cdot (d_{a0} - h_2)} \tag{51}$$

und für den Überlaufweg

$$l_ü = \frac{l_{p0}}{2}. \tag{52}$$

Bei der Berechnung von l_{p0} ist zu beachten, daß die Indices für Werkzeug und Werkstück in den Gleichungen 11 bis 14 für das Schneckenschälen sinngemäß geändert werden müssen. Als Sicherheitsbetrag s (im Bild nicht dargestellt) ist ein Weg von etwa m/2 (m Modul) erforderlich.

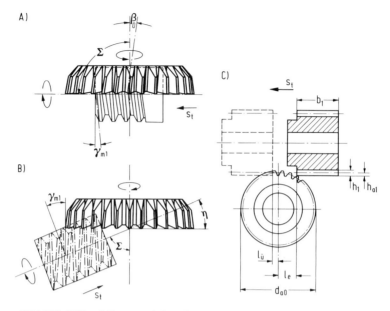

Bild 128. Wälzschälen von Schnecken
A) ZA-Schnecke, B) ZI-Schnecke, C) erforderlicher Tangentialweg beim Schälen von ZA-Schnecken

b_1 Zahnbreite, d_{a0} Kopfkreisdurchmesser des Schälrads, h_1 Zahnhöhe, h_{a1} Zahnkopfhöhe, l_e Einlaufweg, $l_ü$ Überlaufweg, s_t Richtung des Tangentialvorschubs, β_0 Schrägungswinkel des Schälrads, γ_{m1} Steigungswinkel der Schnecke, Σ Achsenwinkel, η Schwenkwinkel

Die Zähnezahl z_0 des Werkzeugs muß größer oder gleich $z_1 \cdot z_{min}$ sein (z_1 Zähnezahl der Schnecke, z_{min} kleinste auf der Maschine im Wälzfräsverfahren fräsbare Werkstückzähnezahl). Bei kleiner Zähnezahl des Werkzeugs wird der Tangentialweg klein, allerdings auch die Gesamtstandzeit des Werkzeugs.

16.8 Bearbeitung auf Zahnflankenschleifmaschinen
Dr.-Ing. P. Bloch, Zürich[1]
Ing. (grad.) E. Kotthaus, Zürich[2]

16.8.1 Allgemeines
Zwei hauptsächliche Vorteile zeichnen das Schleifen als Fertigungsverfahren aus: Erstens können harte Werkstoffe bearbeitet und zweitens maßgenaue und feine Oberflächen erzeugt werden. Diese beiden Grundeigenschaften stecken den Anwendungsbereich des Schleifens weitgehend ab.

---
[1] Alle Abschnitte außer 16.8.3.
[2] Abschnitt 16.8.3.

Ein Maschinenteil, das eine hohe Oberflächenbelastung ertragen und darüber hinaus noch formgenau sein muß, wird vorteilhaft gehärtet und geschliffen. Diese allgemeine Regel des Maschinenbaus gilt auch für das Zahnrad. Die unter großer Pressung teilweise aufeinander abrollenden, aber auch aufeinander gleitenden Zahnflanken sollen eine möglichst feine und widerstandsfähige Oberfläche aufweisen, damit der Verschleiß auf ein Minimum beschränkt bleibt. Ebenso wichtig sind geometrisch genaue Zahnflanken, damit die dynamischen Belastungen bei hohen Drehzahlen klein bleiben und übermäßige Flächenpressungen vermieden werden. Profilform, Teilung, Eingriffs- und Schrägungswinkel sollen möglichst genau sein und an Rad und Gegenrad übereinstimmen, damit keine Beschleunigungsstöße und keine örtlichen Überlastungen auftreten. Zahnräder mit gehärteter und geschliffener Verzahnung erfüllen diese Bedingungen am besten.

Vielfach werden auch die Verzahnungen ungehärteter Räder geschliffen, deren Werkstoffe eigentlich eine Fertigbearbeitung durch Hobeln, Fräsen oder Stoßen erlauben würden, und zwar lediglich, um eine hohe Genauigkeit und eine glatte Flankenoberfläche zu erzielen.

Die Verzahnungs-Schleifverfahren lassen sich einteilen in das Profilschleifen, das im Einzelteilverfahren arbeitet, und in die Wälzschleifverfahren, bei denen die Evolvente durch eine Wälzbewegung zwischen Werkzeug und Werkstück erzeugt wird. Bei den Wälzschleifverfahren unterscheidet man wiederum zwischen dem kontinuierlichen Schraubwälzverfahren und dem Teilwälzverfahren. Bild 42 zeigt eine Übersicht über die möglichen Zahnflankenschleifverfahren.

16.8.2 Herstellen von Zylinderrädern
16.8.2.1 Teilwälzschleifen mit Tellerschleifscheiben

Das Teilwälzschleifen mit Tellerschleifscheiben ist unter dem Namen MAAG-Verfahren bekannt geworden. Bei diesem entsteht das Evolventen-Profil durch Abwälzen des Zahns an zwei tellerförmigen Schleifscheiben, die je eine rechte und eine linke Zahnflanke bearbeiten. Zwei verschiedene Schleifverfahren werden unterschieden, das 15/20°-Verfahren und das 0°-Verfahren. Bei der 15/20°-Schleifmethode bilden die Ebenen der beiden rotierenden Schleifräder einen spitzen Winkel und stellen das Bezugsprofil dar, an dem das zu schleifende Zahnrad abwälzt. Die Neigung der Schleifscheiben gegenüber der Vertikalen auf der Wälzebene ist normalerweise gleich dem Eingriffswinkel der Verzahnung, in den meisten Fällen 15 oder 20°, daher der Name 15/20°-Methode. Erzeugungswälzkreis ist in diesem Fall der Teilkreis der Verzahnung (Bild 45 A).

Auch die 0°-Schleifmethode verdankt ihren Namen der Besonderheit der Stellung der Schleifscheiben, deren Eingriffswinkel 0° beträgt. Das äußere Merkmal sind die parallel zueinander angeordneten, die Zahnflanken mit ihrem inneren Rand berührenden Schleifscheiben. Diese schleifen nur mit einem kleinen Teilstück ihres der Wälzebene am nächsten gelegenen, d. h. des untersten Randes. Die Wälzbewegung erfolgt durch Abrollen auf dem Grundkreis (Bild 45 B).

Grundsätzliche Merkmale aller MAAG-Zahnradschleifmaschinen sind die nur mit einem schmalen Rand und ohne Kühlschmierstoff arbeitenden Tellerschleifscheiben sowie der Nachstellapparat, der mit Diamantfühlern die Schleifräder abtastet und schon kleinste Abnützungen feststellt und ausgleicht. Bild 129 zeigt schematisch den Aufbau und die Wirkungsweise des Nachstellapparats.

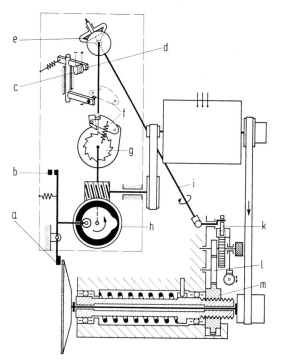

Bild 129. Aufbau und Wirkungsweise des Nachstellapparats einer Zahnradschleifmaschine

a diamantbestückter Schleifscheibentaster, b Kontaktstelle, c Elektromagnet, d Magnetklappe, e Kegelrad, f Klinke, g Klinkenrad, h Schneckenrad, i Gelenkwelle, k exzentrisch bewegte Klinke, l Getriebe, m Zustellmutter

Ein mit einem flachen Diamanten bestückter Hebel tastet den Scheibenrand ab. Ist eine Abnützung der Scheibe eingetreten, kommt das obere Ende des Tasthebels an einer Kontaktstelle zur Auflage, so daß der Stromkreis für den Elektromagneten geschlossen wird. Die Magnetklappe gibt die Klinke frei. Diese rastet im Klinkenrad ein und kuppelt das Kegelrad während eines Umgangs mit dem sich ständig drehenden Schneckenrad. Die Drehbewegung wird über eine Gelenkwelle, eine exzentrisch bewegte Klinke und ein Getriebe auf die Zustellmutter übertragen. Durch die schrittweise Drehung der Zustellmutter verschiebt sich die Schleifspindel so lange in axialer Richtung, bis der Schleifscheibenrand seine ursprüngliche Lage wieder einnimmt und so die Kontaktstelle am oberen Ende des Tasthebels offen hält.

Da die Schleifscheibe bei der 0°-Methode theoretisch nur mit einem Punkt schleift, ergibt sich die Möglichkeit, die Lage dieses Kontaktpunkts für die Korrektur der Evolventenflanke auf einfache Weise zu steuern. Daß in der Praxis statt mit einem Punkt mit einer kurzen Sehne geschliffen wird, fälscht das Ergebnis nicht, da dieser Effekt korrigiert werden kann. Wesentlich ist, daß bei jeder Wälz- oder Vorschubstellung genau bekannt ist, wo der Kontaktpunkt zwischen Schleifscheibe und Zahnflanke liegt, damit der Schleifscheibe im entsprechenden Moment ein genau bemessener Bewegungsimpuls vermittelt werden kann. Wichtig ist, daß der geometrische Zusammenhang zwischen Geber und Kontaktpunkt weder durch den Verschleiß der Schleifscheibe noch durch denjenigen der Abrichtdiamanten verloren geht und daß ferner jeder Flankenseite eine in Form und Größe individuelle Korrektur gegeben werden kann. Die Profilkorrektur wird über den Wälzantrieb und die Längskorrektur über den Vorschubantrieb ausgeführt. Die Korrekturimpulse werden von Schablonen ausgelöst und über ein hydraulisch-mechanisches System auf die Schleifscheiben übertragen (Bilder 130 und 131).

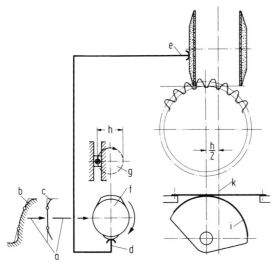

Bild 130. Ausführung der Profilkorrektur über den Wälzantrieb
a rechnerische Transformation, b Zahnflanke, c Profildiagramm, d Geber, e Empfänger, f Korrekturschablone, g Wälzantrieb, h Hub, i Rollbogen, k Maschinenmitte

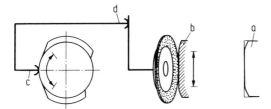

Bild 131. Ausführung der Längskorrektur über den Vorschubantrieb
a Längsdiagramm, b Zahn, c Geber, d Empfänger

In letzter Zeit wurde auch eine elektrisch gesteuerte Korrektureinrichtung entwickelt, bei der dem Zahn eine über die Radbreite veränderliche Profilkorrektur erteilt werden kann. Dies ist vor allem interessant für das Schleifen von Rollrädern, von Schabrädern und von Hochleistungsgetrieben.
Bei der 0°-Zahnradschleifmaschine (Bild 47) liegt die Achse des Werkstücks horizontal. Das Maschinenbett trägt auf der vorderen Seite die Elemente für die Vorschub-, Wälz- und Teilbewegung. Für das Schleifen von Schrägverzahnungen wird der Ständer um den Schrägungswinkel geschwenkt und mit dem Maschinenbett fest verklemmt. Am Ständer ist der Querbalken mit den beiden Schleifspindelträgern befestigt. Er ist senkrecht verschiebbar. Seine Höhenlage richtet sich nach dem Durchmesser des zu schleifenden Werkstücks.

Die Schleifscheiben werden durch zwei schwingungsarme Elektromotoren angetrieben. In unmittelbarer Nähe der Schleifscheiben befinden sich die Abricht- und Nachstelleinrichtungen. Das Werkstück wird auf einem Aufspanndorn entweder zwischen Spitzen oder im Backenfutter und in einem Rollensetzstock aufgenommen. Auf der Verlängerung der horizontalen Werkstückspindel ist der zylindrische Rollbogen angeordnet. Die Rollbänder sind mit einem Ende über den Rollbogen gelegt und festgeschraubt; ihr anderes Ende ist am Rollbandständer befestigt, der sich auf dem Vorschubschlitten befindet. Wenn der Wälzschlitten und mit diesem das Werkstück quer zur Radachse hin- und herbewegt werden, rollt der Rollbogen zwangsläufig an den straff gespannten Rollbändern ab und erteilt dem Werkstück die für die Wälzbewegung notwendige Drehung. Der Wälzschlitten wird durch den Wälzmotor über eine Exzenterscheibe bewegt. Die Länge des Wälzhubs wird durch Verschieben des Kulissensteinzapfens eingestellt. Eine Schwungscheibe sorgt für schwingungsarmen, gleichmäßigen Lauf. Für das Überschleifen der ganzen Zahnbreite wird der den Wälzschlitten tragende Vorschubschlitten hydraulisch zwischen verstellbaren End- und Umsteueranschlägen hin- und herbewegt. Wenn eine Zahnlücke geschliffen ist, wird die Vorschubbewegung in der einen Endlage unterbrochen und das Rad um eine Zahnteilung mit Hilfe einer Teilscheibe weitergeteilt. Diese sitzt mit dem Teilmechanismus im Wälzkopf. Der Wälzkopf ist eine geschlossene drehbare Einheit, die auf einer Seite mit dem Rollbogen und auf der anderen Seite mit dem Werkstück fest verbunden ist.

Schrägstirnräder müssen gleichzeitig mit der Vorschubbewegung eine in Größe und Richtung vom Schrägungswinkel abhängige Drehung erhalten. Diese Aufgabe übernimmt der Rollbandständer, der mit einem Nutenstein in eine Kulissenführung eingreift. Die Führungsplatte wird um den Schrägungswinkel auf dem Erzeugungswälzzylinder schräggestellt. Sie verschiebt den Rollbandständer proportional zum Vorschub quer zur Radachse. Dadurch werden auch die Rollbänder seitlich verschoben und wird das zu schleifende Rad zusätzlich gedreht.

Die 15/20°-Schleifmaschinen sind für eine Anordnung mit vertikaler Achse des Werkstücks ausgelegt und gleichen in Aufbau und Arbeitsweise den MAAG-Zahnradstoß-

Bild 132. 0°-Zahnschleifmaschine

Bild 133. 15/20°-Zahnschleifmaschine

maschinen. Anstelle eines Kammeißels haben sie zwei Schleifscheiben; der Wälzvorschub erfolgt nicht schrittweise, sondern stetig.
Die 0°-Schleifmaschinen (Bild 132) werden für Werkstücke bis 1000 mm Dmr. und 4000 kg Werkstückgewicht gebaut. Auf der größten 15/20°-Maschine (Bild 133) können Werkstücke von 4750 mm Dmr. und 50 t Gewicht bearbeitet werden.

16.8.2.2 Teilwälzschleifen mit Doppelkegelschleifscheibe

Die Wirkungsweise dieses Verfahrens ist schematisch in Bild 134 dargestellt und entspricht im Prinzip dem Zahnradstoßen mit Kammeißel. Die Schleifscheibe stellt in diesem Fall prinzipiell einen Zahn des Kammwerkzeugs beim Stoßen dar. Bild 135 zeigt eine Maschine für diese Arbeitsweise. Auf dem Maschinenbett ist der Werkzeugschlitten mit Werkstücktisch und Gegenständer mit Reitstock gelagert. Die Wälzbewegung wird mit einem Rollbogensystem realisiert. Geteilt wird mit Hilfe von Wechselrädern. Der Maschinenständer ist senkrecht zum Werkzeugschlitten zustellbar. Er trägt den Höhensupport mit Schwenkteil und Stößelschlitten. Eine Hubverlagerung bei Schrägverzahnung ist über den Höhensupport möglich. Das Schwenkteil wird mit Hilfe eines optischen Anzeigegeräts auf den Schrägungswinkel der Verzahnung eingestellt. Der Stößelschlitten trägt den Schleifsupport mit der Doppelkegelscheibe. Eine automati-

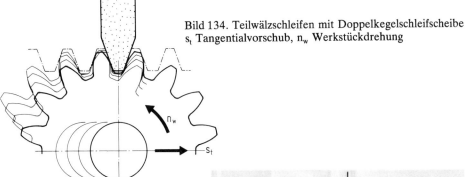

Bild 134. Teilwälzschleifen mit Doppelkegelschleifscheibe
s_t Tangentialvorschub, n_w Werkstückdrehung

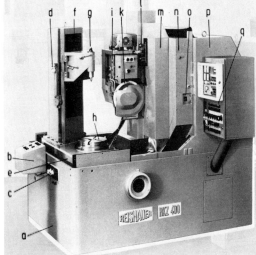

Bild 135. Teilwälz-Schleifmaschine
a Maschinenbett, b Hilfssteuerpult, c Wälzweg-Einstellung, d manuelle Werkstück-Positioniereinrichtung, e Werkstückschlitten, f Gegenständer, g Reitstock, h Werkstücktisch, i Werkzeugschlitten, k automatische Profiliereinrichtung, l Breitenballig-Schleifeinrichtung, m schwenkbarer Werkzeugschlitten, n Höhensupport, o Anzeige des Zahnschrägungswinkels, p Maschinenständer, q Hauptsteuerpult

sche Profiliereinrichtung ermöglicht das Schleifen von höhenballigen Evolventen. Die Breitenballigkeit wird durch radiale Zustellung der Schleifscheibe über eine Breitenballig-Schleifeinrichtung erzeugt. Als Kühlschmierstoff wird Schleiföl verwendet. Die Maschinenabdeckung bildet mit dem Ständer eine vollständige geschlossene Einheit. Diese Bauweise verhindert das Entweichen von Ölnebel und gewährt außerdem einen vollkommenen Schutz gegen das Ausfließen von Schleiföl.

16.8.2.3 Kontinuierliches Wälzschleifen von Zahnrädern

Beim kontinuierlichen Wälzschleifen, auch Schraubwälzschleifen genannt, dient als Werkzeug eine Schleifschnecke mit genauem Zahnstangenprofil. Das Verfahren gleicht dem Abwälzfräsen, zu dem einige grundlegende Analogien vorliegen. Schleifschnecke und Zahnrad werden von je einem separaten Synchron-Reaktionsmotor angetrieben, die eine gleichförmige Drehgeschwindigkeit garantieren. Die Evolventenform wird durch Abwälzen von Schleifschnecke und Zahnrad erzeugt. Geschliffen wird während der Auf- und Abwärtsbewegung des Werkstückschlittens. Die Schleifschnecke wird am oberen und am unteren Umkehrpunkt schrittweise zugestellt. Der Vorschub kann innerhalb fester Grenzen stufenlos eingestellt werden. Ähnlich wie beim Abwälzfräsen besteht auch beim Schraubwälzverfahren die Möglichkeit des Shiftens, d.h. eines tangentialen Verschiebens des Werkstücks gegenüber der Schleifschnecke. Bild 136 zeigt eine Schleifmaschine zum Schraubwälzschleifen. Das Schleifwerkzeug ist auf dem Schlitten gelagert und wird vom Hauptmotor angetrieben. Der Werkstücksupport ist auf dem Maschinenbett senkrecht zur Werkzeugachse zustellbar. Er trägt den Werk-

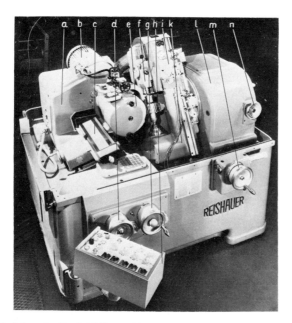

Bild 136. Schraubwälz-Schleifmaschine
a Schleifschlitten, b Schleifmotor, c Schlitten für Profiliereinrichtung, d Handrad für automatische Zustellung, e Schleifwerkzeug, f Reitstock, g Handrad für Handzustellung, h Steuerpult, i Anschläge für Werkstückschlittenvorschub, k Werkstückschlitten, l Werkstücksupport, m Handrad für tangentiale Verschiebung, n Handrad zum Einstellen des Steigungswinkels

zeugschlitten, der zur Einstellung des Schrägungswinkels schwenkbar ist. Das Werkstück ist zwischen der Werkstückspindel und der Reitstockspitze gelagert.
Die Profiliereinrichtung sitzt auf dem Schlitten. Änderungen des Evolventenprofils des Zahns werden durch Profilveränderungen der Schleifschnecke erzeugt, während Änderungen in der Zahnrichtung durch eine gezielte Achsabstandverkleinerung zwischen Werkstück und Schleifschnecke realisiert werden.
Die Schleifschnecke wird entweder mit Diamantscheiben, mit feststehenden Diamantwerkzeugen oder für kleine Zahnprofile mit Profilrollen profiliert. Dieser Vorgang ist grundsätzlich mit der Herstellung eines Gewindes zu vergleichen. Während des Profilierens dreht sich die auf dem Abrichtschlitten montierte Profilrolle mit einer durch Drehzahl und Steigung genau festgelegten Geschwindigkeit und wird parallel zur Schleifspindelachse verschoben. Der Antrieb der Schleifspindel und der Profiliereinrichtung geht aus Bild 137 hervor. Beim Schleifen von Zahnrädern wird die Schleifspindel vom Synchronmotor über Zahnräderpaare angetrieben. Zum Profilieren des Schleifwerkzeugs sind zwei Hauptbewegungen notwendig: die langsame Drehbewegung der Schleifspindel über ein Reduktionsgetriebe und die steigungsabhängige Hin- und Herbewegung des Abrichtschlittens über ein Getriebe, die Wechselräder und die Leitspindel.

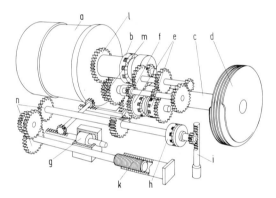

Bild 137. Antrieb von Schleifspindel und Profiliereinrichtung der Schraubwälz-Schleifmaschine
a Schleifspindel-Antriebsmotor, b Kupplung zwischen Motor und Schleifspindel, c Schleifspindel, d Schleifwerkzeug, e Kupplungen für Abrichtschlitten, f Schieberad, g Stellkolben für Schieberad, h Kupplung für Teilkolben, i Teilkolben und Zahnstange zum Abrichten von zweigängigen Schleifwerkzeugen, k Leitspindel für die Längsbewegung des Abrichtschlittens, l und m Antriebsräder, n Wechselräder für Antrieb der Abrichteinrichtung

Bild 138 zeigt den Werkstückantrieb. Die Werkstückspindel wird von einem Motor über ein Differentialgetriebe und Wechselräder angetrieben. Beim Schleifen von schrägverzahnten Rädern erfährt das Werkstück mit Hilfe des im Werkstückantrieb eingebauten Differentialgetriebes eine zusätzliche Drehbewegung. Die Größe der zusätzlichen Bewegung ist von der Drallsteigung des zu schleifenden Zahnrads abhängig. Die Zusatzbewegung für das Differentialgetriebe wird von der am Schlitten montierten Zahnstange über verschiedene Übertragungselemente, darunter die Wechselräder, gesteuert. Beim Schleifen von rechtsspiraligen Verzahnungen wird ein Transportrad in den Wechselrädersatz eingebaut.

Um den Werkstückantrieb gegen die beim Schleifen auftretenden Belastungsschwankungen unempfindlich zu machen, ist im Werkzeugschlitten eine Bremspumpe eingebaut. Es besteht somit zwischen Schleifspindel und Werkstückspindel keine mechanische Verbindung. Der Antrieb erfolgt durch zwei unabhängige, absolut gleichmäßig laufende Synchron-Reaktionsmotoren. Diese Bauart garantiert eine konstante Gleichförmigkeit des Antriebs und damit eine sehr hohe Teilungsgenauigkeit am geschliffenen Zahnrad.

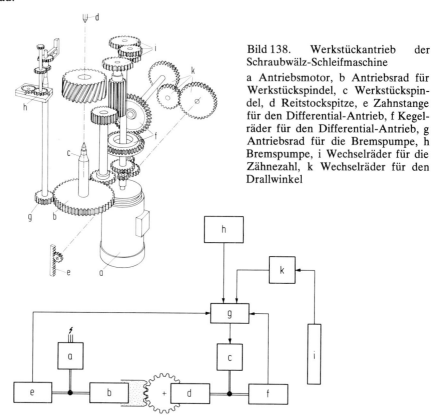

Bild 138. Werkstückantrieb der Schraubwälz-Schleifmaschine

a Antriebsmotor, b Antriebsrad für Werkstückspindel, c Werkstückspindel, d Reitstockspitze, e Zahnstange für den Differential-Antrieb, f Kegelräder für den Differential-Antrieb, g Antriebsrad für die Bremspumpe, h Bremspumpe, i Wechselräder für die Zähnezahl, k Wechselräder für den Drallwinkel

Bild 139. Prinzip einer elektronisch gesteuerten Zahnflankenschleifmaschine
a Schleifscheiben-Antriebsmotor, b Schleifspindel, c Werkstück-Antriebsmotor, d Werkstückspindel, e und f Winkelschrittgeber, g Regler, h Eingabe, i Impulsmaßstab, k elektronisches Differential

Bei einer elektronisch gesteuerten Zahnflankenschleifmaschine wurden die beiden Synchron-Reaktionsmotoren mit den Wechselrädern für die Zähnezahl und vor allem für das Differential durch einen elektronisch gesteuerten Antrieb ersetzt (Bild 139). Die von einem konventionellen Asynchronmotor angetriebene Schleifspindel ist direkt gekoppelt mit einem Winkelschrittgeber mit sehr hoher Auflösung. Die von diesem Geber gelieferten Impulse sind die Führungsgröße für den geregelten Werkstückantrieb. Dieser wiederum besteht aus einem reaktionsschnellen Gleichstrom-Servomotor, der mit einem zweiten Winkelschrittgeber mit sehr hoher Auflösung sowie der eigentlichen Werkstückspindel gekoppelt ist. Angesteuert wird der Werkstückantrieb vom Regler.

Ein Impulsmaßstab, der während des Schleifens die Axialverschiebung bzw. die Vorschubbewegung des Werkstücks gegenüber der Schleifschnecke mißt, erzeugt über das elektronische Differential, den Regler und den Servomotor die beim Schleifen von schrägverzahnten Zahnrädern notwendige Relativdrehung an der Werkstückspindel. Beim Schleifen von geradverzahnten Zahnrädern wird dieser Zweig der Steuerung ausgeschaltet. Über die Eingabe wird der Regler für ein bestimmtes Werkstück programmiert. Einzugeben sind die Zähnezahl sowie der Schrägungswinkel des zu schleifenden Zahnrads.
Als Schneidstoff werden bei den Schleifscheiben konventionelle Schleifmittel verwendet. Bild 140 zeigt ein als Schleifschnecke ausgebildetes Schleifwerkzeug.

Bild 140. Als Schleifschnecke ausgebildetes Werkzeug

16.8.2.4 Profilschleifen von Zahnrädern

Die meisten heute bekannten Profilschleifmaschinen arbeiten mit einer einzigen profilierten Schleifscheibe, welche die Zahnflanken und den Zahngrund gleichzeitig bearbeitet.
Profiliert wird die Schleifscheibe mit Abrichtapparaten, bei denen entweder der Abrichtdiamant mit Hilfe von Schablonen oder Rollenbogensystemen gesteuert oder die Evolventenform über diamantbesetzte Abrichtkörper erzeugt wird. Spezielle Probleme ergeben sich – ähnlich wie beim Profilfräsen von Verzahnungen – beim Schleifen von Schrägverzahnungen. Das Profil der Schleifscheibe in einer Schnittebene durch die Rotationsachse ist nicht mehr eine reine Evolvente; es ändert sich außerdem mit dem Durchmesser der Schleifscheibe.
Das Schleifen von Kopf- und Fußrücknahmen ist mit entsprechend korrigierten Schleifscheiben kein Problem. Auch kann dem Zahngrund eine für Dauerbelastungen günstige, abgerundete Form gegeben werden. Dies wird für hochbeanspruchte Verzahnungen – speziell im Flugzeugbau – häufig angewendet.
Der Grundaufbau der heute bekannten Profilschleifmaschinen ist dem der Flachschleifmaschinen ähnlich. Auf dem hin- und hergehenden Tisch ist das Werkzeug horizontal, meist zwischen Spitzen, aufgespannt. Die Erzeugung des Schrägungswinkels geschieht entweder mit Rollbogen oder mit Schrägführungen. Die Teilung wird mit Teilscheiben ausgeführt. Der Schleifsupport ist an einem Ständer befestigt. Die Ebene der Schleifscheibe kann entsprechend dem Schrägungswinkel eingestellt werden; die Schleifscheibe läßt sich in Richtung des Werkstücks zustellen.
Die Abrichteinheit ist auf dem Werkstücktisch angeordnet. Sie kann durch entsprechendes seitliches Verschieben des Tischs genau in die Abrichtstellung gefahren wer-

den. Bei den heutigen Profilschleifmaschinen ist der gesamte Bearbeitungsablauf automatisch gesteuert. Er umfaßt mehrere Schrupp- und Schlichtarbeitsgänge, das periodische Abrichten der Schleifscheibe, das Zustellen der Schleifscheibe sowie das Teilen.

16.8.3 Herstellen von Kegelrädern

Das Schleifen von Kegelradverzahnungen ist ein sehr teures Fertigungsverfahren. Aus diesem Grund wird es nur angewendet, wenn sehr hohe Anforderungen an die Oberflächengüte und an die Maß- und Formgenauigkeit der Verzahnung gestellt werden. Ein Anwendungsgebiet ist das Schleifen von Kegelradverzahnungen für den Rotorenantrieb an Hubschraubern.

Im Grundaufbau und in der Kinematik entsprechen diese Maschinen den bereits genannten Verzahnmaschinen, bei denen Werkzeuge mit geometrisch bestimmten Schneiden verwendet werden. Bild 141 zeigt das Schleifen eines Geradzahn- und eines Bogenzahnkegelrads.

Bild 141. Schleifen von Kegelrädern [38]
A) eines Geradzahnkegelrads, B) eines Bogenzahnkegelrads

16.9 Bearbeitung auf Zahnradläppmaschinen
Ing. (grad.) E. Kotthaus, Zürich

In der Regel werden Kegelräder einsatzgehärtet. Besondere Werkstoffbehandlungen sowie auch das Härten der Radkörper auf speziellen Härtepressen sorgen für eine möglichst verzugsarme Wärmebehandlung. Nach dem Härten der Radkörper sollen die Fehler – je nach Verwendungszweck – nicht größer als 0,01 bis 0,015 mal Normalmodul sein. Unter diesen Voraussetzungen können durch paarweises Läppen Kegelradsätze in Laufqualitäten hergestellt werden, die den meisten Anforderungen genügen.

16.9 Bearbeitung auf Zahnradläppmaschinen

Durch das Einlaufläppen von Kegelradpaaren soll eine Verbesserung der Oberflächen und auch eine merkliche Steigerung der Laufeigenschaften erreicht werden. Geläppt wird auf eigens dafür vorgesehenen Läppmaschinen. Während des Läppens werden die sich drehenden An- und Abtriebsspindeln so zueinander bewegt, daß bestimmte Tragbilder erzeugt werden. Die dazu notwendigen Zusatzbewegungen sind sehr stark von der Geometrie der zu läppenden Radsätze abhängig. Um auf der Läppmaschine die Flankenflächen voll ausläppen zu können, müssen die Tragzonen während des Läppvorgangs entsprechend verlagert werden. Hierzu wird auf der Läppmaschine oder einer speziellen Laufprüfmaschine die Lage des Tellerrads zu der des Ritzels in drei Richtungen verändert. Ritzel und Tellerrad werden in vertikaler und horizontaler Richtung verstellt, wobei die sich daraus ergebende Lageänderung des Tragbilds registriert wird. Dies wird auch als Vertikal-Horizontal-Prüfung (V-H-Prüfung) bezeichnet.

In Bild 142 sind acht Fälle gezeigt, in welche Richtung das Tragbild auf den Zahnflanken wandert, wenn man die Drehachsen der Radkörper um kleine Beträge in den angegebenen Richtungen verlagert. Je nach Empfindlichkeit der Radsätze sind es Verlagerungen zwischen mehreren hundertstel und mehreren zehntel Millimetern. Wenn sich das Tragbild an der gewünschten Stelle der Zahnflanken befindet, werden die Achsverschiebungen (Maschineneinstellbedingungen) notiert und als Einstellbedingungen auf der Läppmaschine verwendet.

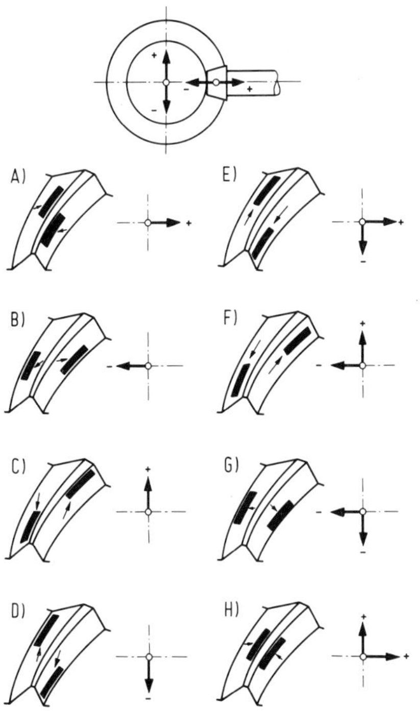

Bild 142. Tragbildverlagerungen beim Läppen

A) bis H) Wandern der Tragbilder durch Verlagern von Ritzel und Tellerrad beim Läppen

In der Regel werden die in Bild 142 E und F gezeigten Bewegungskombinationen gewählt, um das gewünschte Tragbild zu erhalten. Um an den Enden der Verzahnungen Kantentragen zu vermeiden, wird noch eine Zusatzbewegung in der dritten, in Bild 142 nicht gezeigten Ebene durchgeführt. Mit diesem Verfahren kann auch der Härteverzug an Zahnrädern beseitigt werden.

510 16 Spanende Verzahnungsherstellung

Nach dem Läppen werden die Radsätze bei genauen Einbaumaßen geprüft. Entsprechen die Läppergebnisse nicht den Erwartungen, kann durch korrigieren der Läppeinstellungen und Nachläppen der Sätze ein besseres Ergebnis erreicht werden. Sind die richtigen Läppeinstellungen gefunden, können Radsätze in großen Serien geläppt werden, wie es beispielsweise in der Automobilindustrie häufig angewendet wird. Bild 143 zeigt eine Kegelradläppmaschine, deren Spindeldrehzahlen stufenlos den jeweiligen Läppbedingungen angepaßt werden können.

Bild 143. Kegelradläppmaschine

Literatur zu Kapitel 16

1. Pfauter-Wälzfräsen. Teil 1. Springer-Verlag, Berlin, Heidelberg, New York 1976.
2. Verzahnwerkzeuge, 3. Aufl. Verzahntechnik Lorenz GmbH & Co., Ettlingen 1977.
3. *Reuleaux. F.:* Theoretische Kinematik. Verlag Friedr. Vieweg & Sohn, Braunschweig 1875.
4. *Opitz, F.:* Handbuch der Verzahntechnik. VEB Verlag Technik, Berlin 1973.
5. *Weigel, U.:* Ursachen und Vermeidung des typischen Flankenrichtungsfehlers beim Gleichlaufwälzfräsen. Diss. TH Aachen 1971.
6. *Tesch, F.:* Über den Zahneingriff geradverzahnter Stirnräder. Ind.-Anz. 93 (1971) 11, S. 222–223.
7. *Rademacher, J.:* Ermittlung von Lastverteilungsfaktoren für Stirnradgetriebe. Ind.-Anz. 89 (1967) 17, S. 31–34.
8. *Bosch, M., Boecker, E.:* Herstellung von Schneckengetrieben. Antriebstechn. 11 (1972) 2, S. 35–39.
9. Hypoid-Generator No. 641. Gleason Works, New York 1978.
10. Wälzfräsmaschine für Spiralkegelräder AMK 850, AMK 630, AMK 250. W. Ferd. Klingelnberg Söhne, Remscheid 1978.
11. Wälzfräsmaschinen für Palloid-Spiralkegelräder AFK. W. Ferd. Klingelnberg Söhne, Remscheid 1978.
12. Fabrikationsprogramm. Karl Klink Werkzeug- und Maschinenfabrik, Niefern 1978.
13. *Pflesser, K. H.:* Das automatische Räumen von Synchronkörpern für LKW-Getriebe. wt-Z. ind. Fertig. 67 (1977) 3, S. 179–183.
14. Zahnrad-Schabmaschinen Baureihen ZSI, ZSA. Carl Hurth Maschinen- und Zahnradfabrik, München 1977.

15. *König, W., Weck, M., Jansen, W.:* Korrekturmöglichkeiten beim Zahnflankenschleifen. Zahnrad- und Getriebeuntersuchungen. Bericht über die 19. Arbeitstagung. WZL TH Aachen 1976.
16. *König, W., Buschhoff, W., Jansen, W., Mages, W. J.:* Feinbearbeitung von Zahnrädern mit vorgegebenen Korrekturen. Forschungsbericht des Landes Nordrhein-Westfalen Nr. 2659. Westdeutscher Verlag, Köln, Opladen 1977.
17. *Faulstich, H. I.:* Schälwälzfräsen gehärteter Verzahnungen. Trennkompendium. Jahrb. der trennenden Bearbeitungsverfahren und Feinbearbeitung. ETF Edition Technischer Fachinformation, Bergisch Gladbach 1978.
18. Kegelrad-Läppmaschine LKR 400, LKR 401, LKR 630, LKR 850. W. Ferd. Klingelnberg Söhne, Remscheid 1978.
19. Taschenbuch: Berechnung und Herstellung von Zahnrädern und Zahnradgetrieben für Konstrukteure und Betriebsleute. Maag Zahnrad AG, Zürich 1963.
20. *Mages, W.:* Untersuchungen zur Verbesserung der Verzahnungsqualität und zur sicheren Auslegung der Werkzeuge beim Feinwalzen von Zylinderrädern. Diss. TH Aachen 1978.
21. *Joppa, K.:* Leistungssteigerung beim Wälzfräsen mit Schnellarbeitsstahl durch Analyse, Beurteilung und Beeinflussung des Zerspanprozesses. Diss. TH Aachen 1977.
22. *Buschhoff, K.:* Verbesserung der Verzahnungsqualität beim Zahnradschaben durch eine genauere Anpassung des Werkzeuges an das Werkrad. Diss. TH Aachen 1975.
23. *Sulzer, G.:* Leistungssteigerung bei der Zylinderradherstellung durch genaue Erfassung der Zerspankinematik. Diss. TH Aachen 1973.
24. *Weck, M.:* Werkzeugmaschinen. Band I: Maschinenarten, Bauformen und Anwendungsbereiche. VDI-Verlag GmbH, Düsseldorf 1979.
25. *Bouzakis, K.:* Erhöhung der Wirtschaftlichkeit beim Wälzstoßen durch Optimierung des Zerspanprozesses und der Werkzeugauslegung. Diss. TH Aachen 1976.
26. *Pflesser, K.-H.:* Das automatische Räumen von Synchronkörpern für LKW-Getriebe. wt-Z. ind. Fertig. 67 (1977) 3, S. 179–183.
27. *Kopacz, Z., Debinski, A.:* Profilwalzmaschine zum Kaltwalzen von Evolventen-Verzahnung. VDI-Z 119 (1977) 8, S. 389–391.
28. *Niemann, G.:* Maschinenelemente Bd. I u. Bd. II. Springer Verlag, Berlin 1965.
29. *Bruins, D. H.:* Werkzeuge und Werkzeugmaschinen. Teil I, II u. III. Carl Hanser Verlag, München 1975 und 1978.
30. *Dudley, D. W.:* Zahnräder. Berechnung, Entwurf und Herstellung nach amerikanischen Erfahrungen. Springer Verlag, Berlin 1961.
31. *Keck, K. F.:* Die Zahnradpraxis, Teil I u. II. Carl Hanser Verlag, München 1956 und 1958.
32. *Linek, A.:* Spanabhebende Werkzeugmaschinen. Teil VIII: Berechnung, Herstellung und Prüfung der Zahnräder. Fachverlag Schiele u. Schön, Berlin 1962.
33. *Burbeck, E.:* Wirtschaftliche Hochleistung und Verzahngenauigkeit durch richtigen Gebrauch von zweckmäßigen Stirnrad-Wälzfräsern. Werkst. u. Betr. 93 (1960) 1, S. 19–25.
34. *Charchut, W.:* Wälzfräsen. Carl Hanser Verlag, München 1960.
35. *Düniß, W., Neumann, M., Schwartz, H.:* Fertigungstechnik. Trennen, Spanen, Abtragen. VEB-Verlag Technik, Berlin 1969.
36. *Klingelnberg:* Technisches Hilfsbuch. 14. Aufl. Springer Verlag, Berlin 1967.
37. *Krumme, W.:* Klingelnberg Spiralkegelräder. 3. Aufl. Springer Verlag, Berlin 1967.
38. *Krumme, W.:* Praktische Verzahnungstechnik. 5. Aufl. Carl Hanser Verlag, München 1969.
39. *Lindner, W.:* Zahnräder, Bd. I u. II. Springer Verlag, Berlin 1954 und 1957.
40. *Thomas, A. K.:* Zahnradherstellung, Teil I u. II. Hanser Verlag, München 1965/66.

41. Herstellung von Kegelrädern. H. 7 der Technisch-Wissenschaftlichen Veröffentlichungen. Zahnradfabriken Friedrichshafen AG.
42. *Grob, E.:* Kaltwalzen von Vielkeilwellen und Zahnrädern. Grob Kaltwalzmaschinen, Männedorf/Schweiz 1975.
43. *Hauri, H.:* Spanlos hergestellte Zahnräder, Teil I u. II. Schweizer Masch.-Mkt. 64 (1964) 47 u. 51.
44. Zahnrad-Schleifmaschinen H 1250 und H 1500. Firmenschrift Dr.-Ing. W. Höfler Maschinen- und Meßgerätebau, Ettlingen 1977.
45. Zahnrad-Rollmaschine ZRA 7. Firmenschrift der Carl Hurth Maschinen- und Zahnradfabrik, München 1977.
46. *Lange, K.:* Neuere Möglichkeiten der Werkstückherstellung durch Massivumformen. Ind.-Anz. 98 (1976) 102, S. 1817–1824.
47. *Faulstich, H. I.:* Wälzschälen von Innenverzahnungen. ZwF 72 (1977) 3, S. 115–119.
48. *Bilz, R.:* Meßtechnische und fertigungstechnische Voraussetzungen für die Herstellung austauschbarer Zylinderschneckengetriebe. Diss. TU Dresden 1970.
49. *Trier, H.:* Die Zahnformen der Zahnräder. Springer Verlag, Berlin 1958.
50. *Opitz, H., Eggert, W., Faulstich, H. I.:* Untersuchungen über die Fertigungsgenauigkeit beim Wälzfräsen von Stirnrädern. Forschungsbericht des Landes Nordrhein-Westfalen Nr. 1817. Westdeutscher Verlag, Köln, Opladen 1967.
51. *Kotthaus, E.:* Laufverhalten von Kegelradsätzen in Abhängigkeit von den Schneidverfahren mit Stirnmesserköpfen. Werkst. u. Betr. 106 (1973) 2, S. 69–74.
52. *Kotthaus, E.:* Spirac- Schneidverfahren für Kegelrad- Hypoidgetriebe. Werkst. u. Betr. 111 (1978) 3, S. 179–183.
53. *Kojima, M.:* The Geometrical Analysis on Skiving of Internal Gears. Diss. Univ. Tohoku, Japan 1978.

DIN-Normen

DIN 780 T1	(5.77)	Modulreihe für Zahnräder; Modulen für Stirnräder.
DIN 780 T2	(5.77)	Moaulreihe für Zahnräder; Modulen für Zylinderschneckengetriebe.
DIN 867	(9.74)	Bezugsprofil für Stirnräder (Zylinderräder) mit Evolventenverzahnung für den allgemeinen Maschinenbau und den Schwermaschinenbau.
DIN 868	(12.76)	Allgemeine Begriffe und Bestimmungsgrößen für Zahnräder, Zahnradpaare und Zahnradgetriebe.
DIN 3960	(10.76)	Begriffe und Bestimmungsgrößen für Stirnräder (Zylinderräder) und Stirnradpaare (Zylinderradpaare) mit Evolventenverzahnung.
DIN 3961	(8.78)	Toleranzen für Stirnradverzahnungen; Grundlagen.
DIN 3962 T1	(8.78)	Toleranzen für Stirnradverzahnungen; Toleranzen für Abweichungen einzelner Bestimmungsgrößen.
DIN 3962 T2	(8.78)	Toleranzen für Stirnradverzahnungen; Toleranzen für Flankenlinienabweichungen.
DIN 3962 T3	(8.78)	Toleranzen für Stirnverzahnungen; Toleranzen für Teilungen, Spannenabweichungen.
DIN 3963	(8.78)	Toleranzen für Stirnradverzahnungen; Toleranzen für Wälzabweichungen.
DIN 3964	(8.78)	Achsabstandsabmaße und Achslagetoleranzen von Gehäusen für Stirnradgetriebe.
DIN E 3965 T1	(10.78)	Toleranzen für Kegelradverzahnungen; Grundlagen.

DIN E 3965 T2	(10.78)	Toleranzen für Kegelradverzahnungen: Toleranzen für Abweichungen einzelner Bestimmungsgrößen.
DIN E 3965 T3	(10.78)	Toleranzen für Kegelradverzahnungen; Toleranzen für Wälzabweichungen.
DIN 3968	(9.60)	Toleranzen eingängiger Wälzfräser für Stirnräder mit Evolventenverzahnungen.
DIN E 3969 T1	(10.78)	Oberflächenbeschaffenheit von Zahnflanken; Profiltraganteil t_p.
DIN E 3969 T2	(10.78)	Oberflächenbeschaffenheit von Zahnflanken; Rautiefe R_z.
DIN 3971	(5.56)	Verzahnungen; Bestimmungsgrößen und Fehler an Kegelrädern, Grundbegriffe.
DIN 3971 E	(5.78)	Begriffe und Bestimmungsgrößen für Kegelräder und Kegelradpaare.
DIN 3972	(2.52)	Bezugsprofile von Verzahnwerkzeugen für Evolventenverzahnungen nach DIN 867.
DIN 3975	(10.76)	Begriffe und Bestimmungsgrößen für Zylinderschneckengetriebe mit Achsenwinkel 90°.
DIN E 3978	(8.76)	Schrägungswinkel für Stirnradverzahnungen.
DIN 3979	(7.79)	Zahnschäden an Zahnradgetrieben; Bezeichnung, Merkmale, Ursachen.
DIN 3990 T1	(12.70)	Tragfähigkeitsberechnungen von Stirn- und Kegelrädern; Grundlagen und Berechnungsformeln.
DIN 3992	(3.64)	Profilverschiebung bei Stirnrädern mit Außenverzahnung.
DIN 3994	(8.63)	Profilverschiebung bei geradverzahnten Stirnrädern mit 05-Verzahnung; Einführung.
DIN 3995 T1	(5.67)	Geradverzahnte Außen-Stirnräder mit 05-Verzahnung; Achsabstände und Betriebseingriffswinkel.
DIN 3998 T1	(9.76)	Benennung an Zahnrädern und Zahnradpaaren; Allgemeine Begriffe.
DIN 3998 T2	(9.76)	Benennungen an Zahnrädern und Zahnradpaaren; Stirnräder und Stirnradpaare (Zylinderräder und Zylinderradpaare).
DIN 3998 T3	(9.76)	Benennungen an Zahnrädern und Zahnradpaaren; Kegelräder und Kegelradpaare, Hypoidräder und Hypoidradpaare.
DIN 3998 T4	(9.76)	Benennungen an Zahnrädern und Zahnradpaaren; Schneckenradsätze.
DIN 3999	(11.74)	Kurzzeichen für Verzahnungen.
DIN 8000	(10.62)	Bestimmungsgrößen und Fehler an Wälzfräsern für Stirnräder mit Evolventenverzahnung; Grundbegriffe.
DIN 8601	(12.77)	Abnahmebedingungen für Werkzeugmaschinen für die spanende Bearbeitung von Metallen. Allgemeine Regeln.
DIN 8642 V	(5.76)	Werkzeugmaschinen. Wälzfräsmaschinen mit normaler Genauigkeit. Abnahmebedingungen.
DIN 58400	(8.67)	Bezugsprofil für Stirnräder mit Evolventenverzahnung für die Feinwerktechnik.

VDI-Richtlinien

VDI E 2612 Bl.1	(11.78)	Prüfung von Stirnrädern mit Evolventenprofil, Profilprüfung.
VDI 3333	(9.77)	Wälzfräsen von Stirnrädern mit Evolventenprofil.
VDI 3336	(7.72)	Verzahnen von Stirnrädern (Zylinderrädern) mit Evolventenprofil; Spanende Verfahren.

17 Spanende Gewindeherstellung

Dr.-Ing. R. Druminski, Berlin
Dipl.-Ing. H. Grage, Berlin

17.1 Allgemeines

Die technische Anwendung von Gewinden ist seit dem Altertum bekannt. Bereits *Archimedes* (287 bis 212 v. Chr.), der als Erfinder der Schraube im technischen Sinne zwar umstritten ist, baute Bewässerungsmaschinen, die durch eine schraubenförmige Welle Wasser hoben. Bis zur Serienfertigung technisch brauchbarer Gewinde war es dann ein langer Weg. Wenn auch im Mittelalter bei vielen Geräten bereits Schrauben und Spindeln in größerer Stückzahl angewendet wurden, so begann eine wirtschaftliche maschinelle Fertigung von Schrauben mit ausreichender Arbeitsgenauigkeit erst in der zweiten Hälfte des vorigen Jahrhunderts. Diesbezügliche Bemühungen in den USA wurden durch die Einführung der Schraubenschneidmaschine von *Sellers* [1] um das Jahr 1870 gefördert. Im Jahre 1873 erhielt *Spencer* [1] ein Patent auf eine automatisch arbeitende Maschine zur Herstellung von Schrauben, die mit einer kurvenbesetzten umlaufenden Steuerwelle ausgerüstet war. Daraus entstand später der erste Einspindel-Drehautomat mit einer im Maschinenbett liegenden zentralen Steuerwelle.

Die zunehmende Anwendung von Bewegungsgewinden und Gewindewerkzeugen im Maschinenbau führte zu ständig steigenden Anforderungen an die Arbeitsgenauigkeit der Maschinen zur Gewindeherstellung. So entwickelten sich zwangsläufig Verfahren mit hoher Genauigkeit, wie das Gewindewirbeln und Gewindeschleifen. Von den USA ausgehend, begann die Entwicklung des Gewindeschleifens mit der Herstellung genauer und verschleißfester Gewindebohrer in den ersten Jahren des 20. Jahrhunderts. Dabei gelangten zunächst, in Ermangelung geeigneter Schleifmaschinen, Leitspindel-Drehmaschinen zur Anwendung, deren Werkzeugschlitten mit eigens konstruierten Schleifeinrichtungen ausgerüstet wurden. Mit dem zunehmenden Bedarf an Gewindebohrern und anderen gewindeförmigen Schneidwerkzeugen, wie beispielsweise Wälzfräsern, wurden schließlich serienmäßig Gewindeschleifmaschinen hergestellt. Während 1917 in der Schweiz die Neukonstruktion einer derartigen Maschine vorgestellt wurde, stammt die erste in Deutschland gebaute Gewindeschleifmaschine aus dem Jahre 1924. In den USA dauerte es weitere 11 Jahre, bis 1935 – anläßlich einer Werkzeugmaschinenausstellung – die erste amerikanische Gewindeschleifmaschine angeboten wurde.

Die Entwicklung der Gewindesysteme in Europa verlief keineswegs einheitlich. In Frankreich wurde bereits 1857 ein Vorschlag für die Einführung des metrischen Gewindes unterbreitet, der sich sehr bald in der französischen Industrie durchsetzte. In Deutschland gab es vor 1895 elf Gewindesysteme mit 274 einzelnen Gewindesorten, die im Laufe der Zeit ständig reduziert wurden. Ab 1925 waren es nur noch zwei Gewindesysteme mit 72 Gewindesorten, ab 1941 nur noch das metrische Gewindesystem mit 56 Gewindesorten. Durch die Verflechtung der verschiedenen Wirtschaftssysteme mußte in Deutschland nach dem Zweiten Weltkrieg außer dem metrischen Gewinde auch wieder das Whitworth-Gewinde hergestellt werden. Heute ist man auf weltweiter Grundlage um eine Vereinheitlichung der Systeme bemüht, wobei durch das ISO-Gewinde im metrischen Bereich zunächst einmal ein einheitliches Gewindesystem entstanden ist.

Gewinde sind durch die Größen Profil (metrisch, Whitworth-, Trapez-, Rund-, Sägengewinde), Außendurchmesser, Steigung, Gangrichtung, Gangzahl und Toleranzfeld gekennzeichnet. Durch die ersten drei Kenngrößen werden genormte Gewinde eindeutig bestimmt, wenn es sich um eingängige Rechtsgewinde mit Toleranz „mittel" handelt; sonst müssen auch die übrigen Kenngrößen angegeben werden. Als weitere Meßgrößen können Flankenwinkel, Flankendurchmesser, Kerndurchmesser, Radius am Gewindegrund, Gewindetiefe, Teilung, Steigungswinkel und Flankenüberdeckung genannt werden.

17.2 Übersicht der Gewindeherstellverfahren

Gewinde können durch Urformen, Umformen und Trennen hergestellt werden. Die weitere Einteilung geht aus Bild 1 hervor.

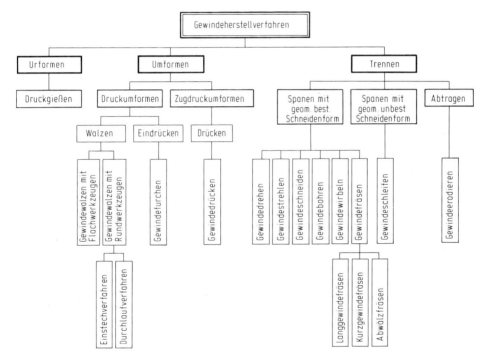

Bild 1. Einteilung der Gewindeherstellverfahren

Das Urformen von Gewinden durch Druckgießen hat nur geringe Bedeutung erlangt. Dagegen zeichnet sich das Gewindewalzen (Umformen) durch hohe Mengenleistung und eine Verbesserung der Werkstoffeigenschaften (z.B. Dauerfestigkeit) aus. Der Anwendung sind jedoch Grenzen gesetzt, wenn hochfeste Werkstoffe bearbeitet werden müssen und besondere Anforderungen an die Arbeitsgenauigkeit gestellt werden.

Trotz der geringeren Mengenleistung werden die spanenden Verfahren der Gewindeherstellung wegen ihrer höheren Arbeitsgenauigkeit bevorzugt. Deren Auswahl richtet sich unter anderem nach der Funktion des Gewindes (z.B. Befestigungsgewinde, Bewegungsgewinde, Gewinde an Meßspindeln) und damit auch nach den geforderten Toleranzen hinsichtlich Maß-, Form- und Lagegenauigkeit und nach der verlangten Oberflächengüte. Sind große Stückzahlen bei geringen Ansprüchen an die Arbeitsgenauigkeit zu realisieren (z.B. Schraubenherstellung), ist das Gewindewalzen das wirtschaftlichste Verfahren. Bei höchsten Anforderungen an die Genauigkeit kommt als Bearbeitungsverfahren nur das Gewindeschleifen in Frage. Eine weitere Unterteilung dieses Verfahrens ist in Bild 2 wiedergegeben. Sie gilt für das Gewindeschleifen von zylindrischen Werkstücken. Auf Universal-Gewindeschleifmaschinen können mit Hilfe von Zusatzeinrichtungen auch kegelige Gewinde oder Gewinde- und andere Profile an flachen Werkstücken (Gewindewalzbacken, Zahnstangen) geschliffen werden. Umfangreiches Schrifttum hierzu ist in der Literatur [2] angegeben.

Neben dem Gewindeschleifen kann das Gewindewirbeln bzw. Gewindeschälen zur Herstellung von größeren ungehärteten Leit- und Meßspindeln mit hohen Genauigkeitsanforderungen eingesetzt werden.

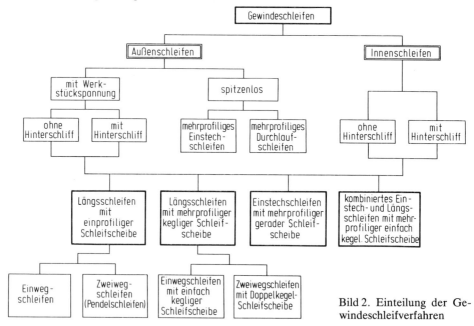

Bild 2. Einteilung der Gewindeschleifverfahren

Hier sollen nur die spanenden Gewindeherstellverfahren behandelt werden. Die Unterteilung der spanenden Gewindeherstellverfahren mit geometrisch bestimmter Schneide erfolgt abweichend von einigen Vorschlägen im Schrifttum in Anlehnung an DIN-Entwurf 8589 Teil 2. Dabei wurde eine klare Abgrenzung zwischen dem Gewindedrehen, Gewindestrehlen, Gewindeschneiden und Gewindebohren vorgenommen. Im Gegensatz dazu wird die spanende Gewindeherstellung mit Drehmeißel, Strehler, Gewindebohrer, Schneideisen, Schneidkluppe und Schneidköpfen im Schrifttum oft unter dem Begriff Gewindeschneiden zusammengefaßt.

Der steigenden Bedeutung der Feinbearbeitung in der Fertigungstechnik wird dadurch Rechnung getragen, daß das Gewindeschleifen ausführlicher behandelt wird als die anderen spanenden Gewindeherstellverfahren, zumal im Kapitel Schleifen darauf nicht eingegangen wurde.

17.3 Übersicht der Maschinen zur Gewindeherstellung

Die Einteilung der Maschinen zur spanenden Gewindeherstellung orientiert sich an den unter 17.2 beschriebenen Arbeitsverfahren. Als reine Einzweckmaschinen für die spanende Gewindeherstellung seien Gewindedrehmaschinen, Gewindeschneidmaschinen, Gewindebohrmaschinen, Gewindewirbelmaschinen, auch Gewindeschälmaschinen genannt, Gewindefräsmaschinen und Gewindeschleifmaschinen genannt. Innerhalb dieser speziellen Maschinengattungen sind weitere Unterteilungen üblich, die sich z. B. auf das Verfahren selbst oder auch auf den Automatisierungsgrad der Maschinen erstrecken. So unterscheidet man bei Gewindefräsmaschinen zwischen Außen- und Innengewindefräsmaschinen und bei beiden Typen wiederum zwischen Lang- und Kurzgewindefräsmaschinen. Bei den Gewindeschleifmaschinen unterscheidet man neben Außen- und Innengewindeschleifmaschinen zwischen Längs- und Einstechschleifmaschinen und bei einer Einteilung nach dem Automatisierungsgrad zwischen Universal-, teilautomatischen und automatischen Gewindeschleifmaschinen.

Insgesamt ist zu beachten, daß die Gewindefertigung oft nicht auf speziellen Maschinen erfolgt, sondern abhängig vom Werkstück z. B. auf Universal-Drehmaschinen oder mit Hilfe von Sondereinrichtungen auf Revolverdrehmaschinen sowie Einspindel- und Mehrspindeldrehautomaten vorgenommen wird.

Gewindedrehen kann auf Universal- und Revolverdrehmaschinen, Einspindel- und Mehrspindeldrehautomaten sowie auf Gewindedrehmaschinen erfolgen. Die Bearbeitung durch Gewindestrehlen wird auf Universal- und Revolverdrehmaschinen sowie Einspindel- und Mehrspindeldrehautomaten durchgeführt. Das Gewindeschneiden ist von Hand (Schneideisen, Schneidkluppe), mit Kluppen mit Motorantrieb, auf Universal- und Revolverdrehmaschinen, Einspindel- und Mehrspindeldrehautomaten oder Gewindeschneidmaschinen möglich. Das Gewindebohren erfolgt von Hand, auf Universal- und Revolverdrehmaschinen, Einspindel- und Mehrspindeldrehautomaten, Bohrmaschinen oder Gewindebohrmaschinen. Zum Gewindewirbeln werden neben Gewindewirbelmaschinen häufig Universal-Drehmaschinen und Langgewindefräsmaschinen mit aufsetzbaren Wirbelgeräten verwendet. Die Bearbeitung durch Gewindefräsen erfolgt entweder auf Einspindel- und Mehrspindeldrehautomaten oder auf Gewindefräsmaschinen. Zum Gewindeschleifen kommen nur Gewindeschleifmaschinen zur Anwendung.

17.4 Berechnungsverfahren und Begriffsbestimmungen

Die Hauptzeit errechnet sich allgemein zu

$$t_h = \frac{V'}{Z'} = \frac{V}{Z} \tag{1}$$

mit
V Spanungsvolumen,
V' bezogenes Spanungsvolumen,
Z Zeitspanungsvolumen,
Z' bezogenes Zeitspanungsvolumen.

Die auf ein zerspantes Werkstoffvolumen von 1 mm³ bezogene Hauptzeit t_h ergibt sich mit Z in mm³/s aus

$$t_h' = \frac{1}{Z}. \tag{2}$$

Für das Gewindedrehen, das Gewindestrehlen, das Gewindewirbeln, das Langewindefräsen und das Längsschleifen mit einprofiliger oder mehrprofiliger Schleifscheibe läßt sich die Hauptzeit auch nach der Beziehung

$$t_h = \frac{L}{P_w n_w} \cdot i \cdot g \tag{3}$$

mit
L Länge des Gewindes zuzüglich der technologisch bedingten Überläufe,
P_w Gewindesteigung des Werkstücks,
n_w Drehzahl des Werkstücks,
i Anzahl der Schnitte,
g Gangzahl des Gewindes,

berechnen. Die Gleichung ist auch auf das Gewindeschneiden und Gewindebohren anwendbar. Statt der Drehzahl des Werkstücks ist dann die Drehzahl des Werkzeugs bzw. die relative Drehzahl zwischen Werkzeug und Werkstück einzusetzen.
Beim Kurzgewindefräsen und Gewinde-Einstechschleifen mit mehrprofiliger Schleifscheibe ergibt sich, da das Gewinde nach 1,1 bis 1,3 Werkstückumdrehungen auf der gesamten Gewindelänge fertig ist, die Hauptzeit zu

$$t_h = \frac{1{,}1 \text{ bis } 1{,}3}{n_w}. \tag{4}$$

In vielen Fällen, z.B. beim Gewindedrehen auf einer Universal-Drehmaschine, wird der Längsvorschub über eine Leitspindel entsprechend der Gewindesteigung durch ein Vorschubgetriebe oder Wechselräder auf die Drehzahl des Werkstücks abgestimmt. Dabei muß gelten:

$$n_w \cdot P_w = n_L \cdot P_L \tag{5}$$

mit
n_L Drehzahl der Leitspindel,
P_L Steigung der Leitspindel.

Kann diese Bedingung nicht durch ein Vorschubgetriebe realisiert werden, so sind entsprechende Wechselräder zu verwenden. Die Berechnung der erforderlichen Zähnezahlen für die Wechselräder erfolgt nach

$$\frac{P_w}{P_L} = \frac{z_t}{z_g} \tag{6}$$

oder

$$\frac{G_L}{G_w} = \frac{z_t}{z_g} \tag{7}$$

mit
G_w Gänge auf 1 Zoll des Werkstücks,
G_L Gänge auf 1 Zoll der Leitspindel,
z_t Produkt der Zähnezahlen der treibenden Wechselräder,
z_g Produkt der Zähnezahlen der getriebenen Wechselräder.

Das Verhältnis P_w/P_L bzw. G_L/G_w ist durch die Bearbeitungsaufgabe und die Leitspindel gegeben. Zähler und Nenner werden mit gleichen Zahlen so lange erweitert, bis sich Zähnezahlen vorhandener Wechselräder ergeben. So müssen z.B. für ein zweistufiges

[17.4 Berechnungsverfahren und Begriffsbestimmungen]

Wechselradgetriebe im Zähler und Nenner jeweils zwei Zähnezahlen bestimmt werden. Die Vorschubgeschwindigkeit u setzt sich beim Gewindewirbeln, Gewindefräsen und Gewindeschleifen (Bild 3) aus der Werkstückumfangsgeschwindigkeit v_w, bezogen auf den Flankendurchmesser d_2, und der Längsvorschubgeschwindigkeit v_t zusammen. Der Betrag der Vorschubgeschwindigkeit ist

$$u = \sqrt{v_w^2 + v_t^2}. \qquad (8)$$

Mit

$$v_w = \frac{\pi \cdot d_2}{t_w} \qquad (9)$$

und

$$v_t = \frac{P}{t_w} \qquad (10)$$

(d_2 Flankendurchmesser, t_w Zeit für eine Werkstückumdrehung, P Steigung des Gewindes) ist die Vorschubgeschwindigkeit

$$u = \frac{1}{t_w} \cdot \sqrt{\pi^2 d_2^2 + P^2} \qquad (11)$$

oder

$$u = v_w \frac{\sqrt{\pi^2 d_2^2 + P^2}}{\pi \cdot d_2}. \qquad (12)$$

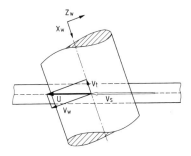

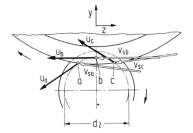

Bild 3. Vorschub- und Schnittgeschwindigkeit beim Gewindeschleifen

a, b und c beispielhaft betrachtete Schneidenpunkte

Die Wirkgeschwindigkeit v_e ist die vektorielle Summe der Vorschubgeschwindigkeit u und der Schnittgeschwindigkeit v, bezogen auf den betrachteten Schneidenpunkt, in Bild 3 an den Punkten a, b und c erläutert. Die Schnittgeschwindigkeit v ist beim Schleifen identisch mit der Schleifscheibenumfangsgeschwindigkeit v_s. Aus Bild 3 ist ersichtlich, daß die Vorschubgeschwindigkeit u und die Schnittgeschwindigkeit v im Punkt b in die gleiche Richtung weisen. Für diesen Fall gilt für das Gewindewirbeln, Gewindefräsen und Gewindeschleifen

$$v_e = v + v_w \frac{\sqrt{\pi^2 d_2^2 + P^2}}{\pi \cdot d_2}. \tag{13}$$

Beim Gewindedrehen, Gewindestrehlen, Gewindeschneiden und Gewindebohren berechnet sich das Spanungsvolumen V aus dem Produkt der senkrecht zur Wirkgeschwindigkeit v_e befindlichen Querschnittfläche der zu zerspanenden Werkstoffschicht A_w und der Länge der Schraubenlinie l_s, bezogen auf den Flankendurchmesser d_2,

$$V = A_w \cdot l_s. \tag{14}$$

Beim einprofiligen Gewindeschleifen, beim Gewindelängsschleifen mit mehrprofiligen Schleifscheiben und beim Langgewindefräsen wird A_w senkrecht zur Vorschubrichtung im Punkt b (Bild 3) bestimmt. Dies gilt auch entsprechend für das Gewindewirbeln. Für das mehrprofilige Gewinde-Einstechschleifen und das Kurzgewindefräsen muß A_w mit der Anzahl der Profile auf dem Werkzeug multipliziert werden.

Die Länge der Schraubenlinie l_s (Vorschubweg) berechnet sich zu

$$l_s = \sqrt{P^2 + \pi^2 d_2^2} \cdot N \tag{15}$$

mit

N Anzahl der Werkstückumdrehungen bzw. Anzahl der Einstiche beim Kurzgewindefräsen und mehrprofiligen Gewinde-Einstechschleifen.

Abhängig vom Gewindeherstellverfahren verändert sich die Lage der Arbeitsebene (siehe unter 2.1.1) und somit ändern sich auch die Bezeichnungen der Tiefe des Werkzeugeingriffs. Beim Gewindedrehen, Gewindestrehlen, Gewindeschneiden und Gewindebohren ist dies die *Schnittiefe a*, die senkrecht zur Arbeitsebene liegt. Hingegen ist beim Gewindewirbeln, Gewindefräsen und Gewindeschleifen die Tiefe des Werkzeugeingriffs als *Eingriffsgröße e* definiert, die in der Arbeitsebene und senkrecht zur Vorschubrichtung gemessen wird. Ohne Berücksichtigung des Werkzeugverschleißes sowie elastischer Verformungen des Werkstücks und des Werkzeugs ist der Betrag der Schnittiefe a bzw. Eingriffsgröße e gleich dem Betrag der Zustellung.

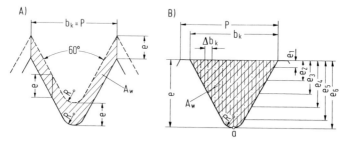

Bild 4. Querschnittfläche A_w, Eingriffsgröße e und Zustellung beim Gewindeschleifen
A) bei spitz vorgeschliffenem Gewinde, B) beim Schleifen in den vollen Werkstoff
a Gewindegrund

Für den Fall eines spitz vorgeschliffenen Gewindes (Bild 4 A) wird von jedem Teilbereich der Schleifscheibe das gleiche Werkstoffvolumen zerspant, und für jeden Punkt der eingreifenden Schneidfläche ist e bei Vernachlässigung des Verschleißes und der elastischen Verformungen gleich der Zustellung. Schleift man dagegen in den vollen Werkstoff (Bild 4B), so wird von jedem Bereich der Schleifscheibe mit der Breite Δb_k ein unterschiedliches Flächenelement $\Delta b_k \cdot e_j$ (j = 1 bis n) zerspant. Für jeden eingreifenden Punkt der Schleifscheibenumfläche ergibt sich eine andere Eingriffsgröße (z.B. e_1 bei e_6). Nur für den Punkt a ist die Eingriffsgröße e gleich der Zustellung. Ähnliche Überlegungen gelten auch für die anderen spanenden Gewindeherstellverfahren.

In Bild 5 ist für das einprofilige Gewindeschleifen eines metrischen Gewindes nach DIN 13 die Querschnittfläche A_w unter Vernachlässigung der Kernrundung bei verschiedenen Bearbeitungsfällen dargestellt. Mit den Gleichungen 14 und 15 ergibt sich das Spanungsvolumen V für die einzelnen Bearbeitungsfälle beim einprofiligen Gewindeschleifen in Bild 5

$$\text{Im Fall A)} \quad V = \frac{1}{\sqrt{3}} \cdot e^2 \cdot \sqrt{P^2 + \pi^2 d_2^2} \cdot N \tag{16}$$

$$\text{im Fall B)} \quad V = \frac{1}{\sqrt{3}} \cdot e_2 \cdot (e_2 + 2e_1) \cdot \sqrt{P^2 + \pi^2 d_2^2} \cdot N \tag{17}$$

$$\text{im Fall C)} \quad V = \frac{1}{2} e \cdot P \cdot \sqrt{P^2 + \pi^2 d_2^2} \cdot N \tag{18}$$

$$\text{und im Fall D)} \quad V = \frac{1}{2} e \cdot P \cdot \sqrt{P^2 + \pi^2 d_2^2 \cdot N}. \tag{19}$$

Für das mehrprofilige Einstechschleifen müssen die Gleichungen 16 bis 19 noch mit der Anzahl der Profile auf der Schleifscheibe multipliziert werden.

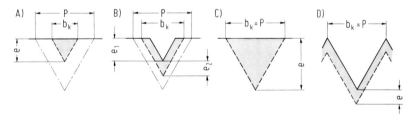

Bild 5. Querschnittfläche A_w der zerspanten Werkstoffschicht bei einem metrischen Gewinde nach DIN 13 unter verschiedenen Arbeitsbedingungen
A) Vorschleifen in den vollen Werkstoff, B) Vorschleifen eines vorgearbeiteten Gewindes, C) Fertigschleifen in den vollen Werkstoff, D) Fertigschleifen eines vorgearbeiteten Gewindes

Als bezogenes Spanungsvolumen V' wird das auf eine eingreifende Werkzeugbreite von 1 mm bezogene Spanungsvolumen bezeichnet. Insbesondere beim Schleifen, hier bezogen auf eine eingreifende Schleifscheibenbreite b_k = 1 mm, wird dieser Wert häufig herangezogen.

Das Zeitspanungsvolumen Z ist das pro Zeiteinheit zerspante Spanungsvolumen V. Es berechnet sich als das Produkt aus der Querschnittsfläche A_W und der Wirkgeschwindigkeit v_e

$$Z = A_w \cdot v_e \tag{20}$$

oder beim Gewindewirbeln, Gewindefräsen und Gewindeschleifen als das Produkt aus A_W und der Vorschubgeschwindigkeit u

$$Z = A_W \cdot u. \tag{21}$$

Beim Kurzgewindefräsen und mehrprofiligen Gewinde-Einstechschleifen ist hier die Gesamtquerschnittfläche einzusetzen, die sich als das Produkt aus der Einzelquerschnittsfläche A_W und der Anzahl der Profile auf dem Fräser bzw. der Schleifscheibe ergibt.

Das bezogene Zeitspanungsvolumen Z' wird auf eine eingreifende Werkzeugbreite von 1 mm, beim Schleifen auf eine Schleifscheibenbreite von $b_k = 1$ mm bezogen.
Für die in Bild 5 dargestellten Bearbeitungsfälle wird das bezogene Zeitspanungsvolumen beim Schleifen metrischer Gewinde bei Vernachlässigung der meist niedrigen Längsvorschubgeschwindigkeit

in den Fällen A) und C) $\quad Z' = \dfrac{1}{2} e \cdot v_w \tag{22}$

im Fall B) $\quad Z' = \dfrac{1}{2} \cdot v_w \cdot \left(e_1 + e_2 - \dfrac{e_1^2}{e_1 + e_2} \right) \tag{23}$

und im Fall D) $\quad Z' = e \cdot v_w. \tag{24}$

Die Gleichungen 22 und 24 gelten auch für das mehrprofilige Einstechschleifen.
Die Gleichungen 16 bis 19 sowie 22 bis 24 ermöglichen nur eine überschlägige Berechnung des Spanungs- und Zeitspanungsvolumens, wobei durch die Vernachlässigung der Kernrundung ein relativ großer Fehler entsteht.
Für das Gewindeschleifen in den vollen Werkstoff (einprofiliges Längsschleifen, mehrprofiliges Einstechschleifen) ergibt sich die Querschnittfläche der zerspanten Werkstoffschicht je Profil mit der Kernrundung R zu

$$A_W = \frac{(e + R)^2}{1{,}732} - 0{,}685 \cdot R^2. \tag{25}$$

Das bezogene Spanungsvolumen

$$V' = \frac{A_W \cdot l_s}{b_k} = \frac{\left[\dfrac{(e + R)^2}{1{,}732} - 0{,}685 \cdot R^2 \right] \cdot l_s}{(e + R) \cdot 1{,}155} \tag{26}$$

stellt in diesem Fall einen Mittelwert dar, da ja die einzelnen Bereiche der eingreifenden Schneidfläche unterschiedliche Volumina zerspanen.
Das gilt auch für das bezogene Zeitspanungsvolumen

$$Z' = \frac{A_W \cdot v_w}{b_k} = \frac{\dfrac{(e + R)^2}{1{,}732} - 0{,}685 \cdot R^2}{(e + R) \cdot 1{,}155} \cdot v_w. \tag{27}$$

Für große Zustellungen und kleine Kernradien vereinfachen sich die Gleichungen 25, 26 und 27, und man erhält

$$A_W = \frac{(e + R)^2}{1{,}732}, \tag{28}$$

$$V' = \frac{1}{2} (e + R) \cdot l_s \tag{29}$$

und
$$Z' = \frac{1}{2}(e + R) \cdot v_w. \tag{30}$$

Beim Gewindeschleifen wirken auf die momentan im Eingriff befindlichen Schneiden flächenhaft verteilte Kräfte, deren vektorielle Summe als *Zerspankraft* F_Z definiert wird. Die *Zerspankraftkomponenten* sind in einem werkstückbezogenen Koordinatensystem die *Normalkraft* F_n, die *Tangentialkraft* F_t und die *Axialkraft* F_a (Bild 6). In einem schleifscheibenbezogenen Koordinatensystem sind es die Komponenten F_{sn} und F_{st}. Entgegengesetzt zur Zerspankraft wirkt am Werkstück eine Reaktionskraft, die mit
$$\vec{F}_W = -\vec{F}_z \tag{31}$$
bezeichnet wird.

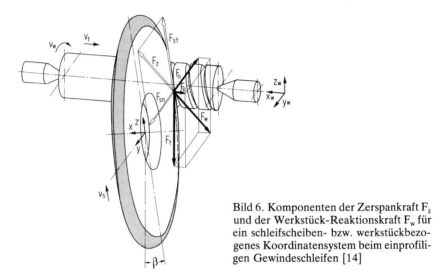

Bild 6. Komponenten der Zerspankraft F_z und der Werkstück-Reaktionskraft F_w für ein schleifscheiben- bzw. werkstückbezogenes Koordinatensystem beim einprofiligen Gewindeschleifen [14]

Zum Schleifen und Wirbeln eines Gewindes sowie zum Langgewindefräsen werden Werkstück und Werkzeug relativ zueinander um den Steigungswinkel des Gewindes gedreht. Abhängig vom Flankendurchmesser d_2 und der Gewindesteigung P errechnet sich der Steigungswinkel nach der Beziehung
$$\beta = \arctan \frac{P}{d_2 \cdot \pi}. \tag{32}$$

Die Abhängigkeit der Zerspankraftkomponenten beim Gewindeschleifen untereinander geht aus den folgenden Beziehungen hervor:
$$\vec{F}_n = -\vec{F}_{sn} \tag{33}$$
$$\vec{F}_{st} = -(\vec{F}_t + \vec{F}_a) \tag{34}$$
$$|\vec{F}_t| = |\vec{F}_{st}| \cdot \cos\beta \tag{35}$$
und
$$|\vec{F}_a| = |\vec{F}_{st}| \cdot \sin\beta. \tag{36}$$

Die auf eine eingreifende Schleifscheibenbreite $b_k = 1$ mm bezogene Zerspankraft wird als *bezogene Zerspankraft* F_Z' bezeichnet. Die für den Zerspanungsprozeß aufzubringende Leistung ist die Zerspanleistung P_Z. Sie wird beim Gewindeschleifen aus dem Produkt der Tangentialkraft und der Wirkgeschwindigkeit v_e ermittelt:

$$P_Z = F_{st} \cdot v_e. \tag{37}$$

Da die Vorschubgeschwindigkeit beim Gewindeschleifen im Verhältnis zur Schleifscheibenumfangsgeschwindigkeit sehr klein ist, kann die Zerspanleistung vereinfacht aus dem Produkt von Tangentialkraft und Schleifscheibenumfangsgeschwindigkeit berechnet werden.

17.5 Werkzeuge, Werkzeug- und Werkstückaufnahme

Zur spanenden Gewindeherstellung werden ein- und mehrprofilige Werkzeuge verwendet. Da in vielen Fällen das Werkzeug das Gewindeherstellverfahren bestimmt, wird in den jeweiligen Unterkapiteln zur spanenden Gewindeherstellung auf diese näher eingegangen. Die Beschreibungen beziehen sich im wesentlichen auf die verfahrensbedingten Besonderheiten. Darüber hinausgehende Informationen über die Werkzeuge gehen aus den Kapiteln Drehen, Bohren, Fräsen und Schleifen hervor. Dies gilt auch für die Werkzeug- und Werkstückaufnahmen, soweit diese nicht näher unter 17.6 beschrieben sind.

17.6 Verfahren der spanenden Gewindeherstellung

17.6.1 Gewindedrehen

Das Gewindedrehen ist nach DIN-Entwurf 8589 Teil 2 ein Schraubdrehen zur Erzeugung eines Gewindes mit einem einprofiligen Werkzeug (Bild 7). Das Profil des Gewindedrehmeißels entspricht dem eines Gewindeganges. Zur Anwendung kommen Schaftprofilmeißel, Rundprofilmeißel und hinterdrehte Rundprofilmeißel (Bild 8). Der Spanwinkel beträgt im allgemeinen $\gamma = 0°$; die Spanfläche wird auf die Mitte des Werkstücks eingestellt. Um den erforderlichen Freiwinkel von $\alpha = 6$ bis $8°$ beim Rundprofilmeißel zu erhalten, muß die Werkzeugmitte um ein bestimmtes Maß h über der Werkstückmitte liegen (Bild 8B). Bei der Herstellung ist daher darauf zu achten, daß der Rundprofilmeißel an dieser Stelle das gewünschte Gewindeprofil aufweist. Beim hinterdrehten Rundprofilmeißel wird der erforderliche Freiwinkel durch die Hinterdrehung erzeugt. Werkzeug- und Werkstückmitte stimmen hierbei überein (Bild 8C). Das Werkzeug wird an der Spanfläche nachgeschliffen, die hierbei radial zur Werkzeugachse liegen muß. Wird ein anderer Spanwinkel als 0° gewählt, muß das Profil des Gewindedrehmeißels zur Vermeidung von Profilverzerrungen korrigiert werden. Die sich aus den geometrischen Verhältnissen ergebenden Korrekturen sind abhängig vom Gewindedurchmesser und dem gewählten Spanwinkel.

Für Innengewinde können die am Beispiel von Außengewinden dargestellten Gewindedrehwerkzeuge in ähnlicher Weise eingesetzt werden.

Der Wirk-Seiten-Freiwinkel α_{xe} soll 3 bis 5° betragen (Bild 9) und ist von der Steigung des Gewindes abhängig. Für kleinere Steigungen genügt ein symmetrischer Anschliff (Bild 9A). Bei größeren Steigungen, wie sie bei Trapez- und Flachgewinden oder bei

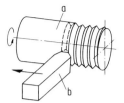
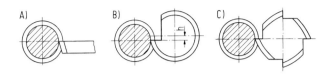

Bild 7. Prinzip des Gewindedrehens
a Werkstück, b Werkzeug

Bild 8. Einprofilige Gewindedrehwerkzeuge
A) Schaftprofilmeißel, B) Rundprofilmeißel, C) hinterdrehter Rundprofilmeißel

mehrgängigen Gewinden vorkommen, wird ein unsymmetrischer Anschliff vorgenommen (Bild 9B). Dadurch ergeben sich unterschiedliche Wirk-Seiten-Keilwinkel β_{xe1} und β_{xe2}, die zu ungünstigen Schnittbedingungen führen können. Um dies – insbesondere bei Steigungswinkeln über 10° – zu vermeiden, wird der Schaftprofilmeißel schräg gestellt (Bild 9B). Dabei ergeben sich zwangsläufig Profilverzerrungen, die aber durch entsprechende Profilierung des Schaftprofilmeißels ausgeglichen werden können.
Als Werkstoff für Gewindedrehwerkzeuge kommen Schnellarbeitsstahl und Hartmetall zur Anwendung. Um mit Hartmetallwerkzeugen eine hohe Standzeit und eine gute Oberflächengüte zu erzielen, muß die Schnittgeschwindigkeit mindestens 70 bis 90 m/min [3] betragen, bei der ein sicherer Rückzug des Gewindedrehmeißels von Hand nicht mehr möglich ist. Die Rückzuggeschwindigkeit muß erfahrungsgemäß mindestens 0,1 m/s betragen, um auch beim Gewindeauslauf eine gute Oberfläche zu erhalten und einen Schneidenbruch durch verschieden lange Ausläufe nach jedem Durchgang zu vermeiden [3]. Daher muß bei Hartmetallwerkzeugen die Werkzeugrückzugbewegung selbsttätig erfolgen, was auf handbedienten Maschinen nicht möglich ist.

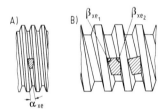
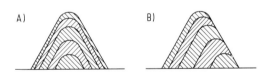

Bild 9. Ausbildung des Schaftprofilmeißels
A) bei kleinen Gewindesteigungen,
B) bei großen Gewindesteigungen

Bild 10. Schnittaufteilung beim Gewindedrehen
A) Zustellung senkrecht zum Werkstück, B) Zustellung längs einer Gewindeflanke

Beim Gewindedrehen wird meist in mehreren Schnitten gearbeitet. Die Zustellung nach jedem Durchgang senkrecht zur Werkstückachse (Bild 10A) hat den Nachteil, daß die von beiden Flanken abfließenden Späne bei ungünstigen Bedingungen zu einer Beeinträchtigung der Oberflächengüte führen können. Bei der Vorbearbeitung kann dies vermieden werden, indem man abwechselnd die linke und rechte Schneide des Gewindedrehwerkzeugs in den Schnitt bringt. Fertigbearbeitet wird dann bei geringer Zustellung mit beiden Schneiden.
Bei größeren Gewindetiefen empfiehlt es sich, zum Schruppen eine Schnittaufteilung nach Bild 10B zu wählen. Hierbei wird längs einer Gewindeflanke zugestellt, so daß das Werkzeug nur mit einer Flanke schneidet. Zur Vorbearbeitung kann in diesem Fall ein

Gewindewerkzeug mit einem kleineren Flankenwinkel eingesetzt werden. Die Endbearbeitung wird dann mit einem dem genauen Gewindeprofil entsprechenden Werkzeug mit senkrechter Zustellung zur Werkstückachse vorgenommen.

Trapezgewinde mit großen Profilen werden mit zwei Drehmeißeln gefertigt. Sie sind auf dem Werkzeugträger hintereinander angeordnet, wobei der erste nur den Gewindegrund und der nachfolgende die beiden Flanken herstellt. Weiterhin werden insbesondere zur Fertigung genauer Gewinde zwei Meißel, die jeweils eine Flanke bearbeiten, eingesetzt.

Außen- und Innen-Gewinde können durch Gewindedrehen auf Universal-Drehmaschinen, Revolverdrehmaschinen, Drehautomaten und Gewindedrehmaschinen hergestellt werden. Auf Revolverdrehmaschinen und Drehautomaten werden Gewindestrehleinrichtungen eingesetzt (Gewindestrehlen siehe unter 17.6.2), wobei anstelle eines Gewindestrehlers mit einem Gewindedrehwerkzeug gearbeitet wird.

Bei Universal-Drehmaschinen erfolgt der Vorschub des Supports mit eingelegter Schloßmutter über die Leitspindel; er muß auf die Drehzahl des Werkstücks genau abgestimmt sein. Die Drehzahl der Leitspindel wird entweder über das Vorschubgetriebe oder über Wechselräder vom Hauptspindelantrieb abgeleitet. Aus dem Verhältnis des Vorschubs zur Drehzahl des Werkstücks ergibt sich die gewünschte Steigung des Gewindes P_w. Für die normalen Gewindesteigungen sind die erforderlichen Übersetzungen meist im Vorschubgetriebe fest eingebaut. Andere Steigungen müssen durch Wechselräder erzeugt werden.

Nach jedem Durchgang muß der Support wieder in die Ausgangsstellung gebracht werden. Ist die Steigung der Leitspindel ein ganzes Vielfaches der zu fertigenden Gewindesteigung, so kann die Schloßmutter am Ende des Gewindegangs außer Eingriff gebracht und an beliebiger Stelle wieder eingelegt werden. Ist dies nicht der Fall, muß entweder bei eingelegter Schloßmutter im Eilgang zurückgefahren werden oder die Einschaltstellung des Supports gekennzeichnet sein. Zum Auffinden der Einschaltstellung der Schloßmutter kann eine Gewindeuhr, die über ein Schneckenrad von der Leitspindel angetrieben wird, eingesetzt werden.

Zum Drehen mehrgängiger Gewinde muß die Stellung des Werkzeugs gegenüber dem Werkstück entsprechend der Gangzahl g verändert werden. Das kann erreicht werden, indem man entweder die Hauptspindel bei stillstehender Leitspindel um den Teil 1/g einer Umdrehung verdreht oder das Werkstück mit Hilfe eines verstellbaren Mitnehmers verdreht. Weitere Möglichkeiten bestehen darin, daß man den Oberschlitten oder den Support um den Betrag $t = P_w/g$, im letzteren Fall durch Verdrehen der Leitspindel gegenüber der Hauptspindel, verstellt. Schließlich kann auch mit mehreren Gewindewerkzeugen gearbeitet werden, die sich entsprechend der Gangzahl nebeneinander im Werkzeughalter befinden und deren Abstände sich aus der Teilung des mehrgängigen Gewindes ergeben.

Den Arbeitsraum einer Gewindedrehmaschine zeigt Bild 11. Derartige Maschinen werden vorzugsweise im Maschinen-, Werkzeug-, Automobil- und Apparatebau zum Drehen von zylindrischen und konischen ein- und mehrgängigen Außen- und Innengewinden verwendet. Alle Bewegungen, wie Vorschub, Zu- und Anstellen sowie Werkzeugrückzug, werden über Kurven gesteuert. Mit Zusatzeinrichtungen zum Nachformen und Plandrehen können weitere Drehbearbeitungsvorgänge am Werkstück in einer Aufspannung durchgeführt werden. Beschickungseinrichtungen ermöglichen einen automatischen Arbeitsablauf.

Der im Maschinenbett untergebrachte Antriebsmotor (Bild 12) treibt über Keilriemen, Kupplungs- und Bremseinheit sowie ein Wechselradgetriebe die Hauptspindel an. Die

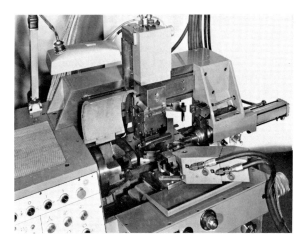

Bild 11. Arbeitsraum einer Gewindedrehmaschine

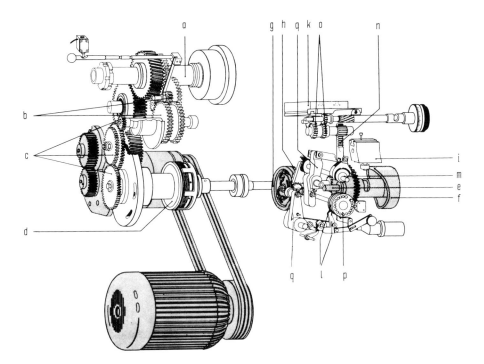

Bild 12. Getriebe einer Gewindedrehmaschine

a Hauptspindel, b Wendegetriebe, c Wechselradgetriebe, d Lamellenkupplung, e Kurvenwelle, f Steigungskurve, g Tiefenzustellkurve, h Anstell- und Rückzugkurve, i Längsschlitten, k Querschlitten, l Klinkenwerk, m Doppelexzenter, n Zahnstange, o Wendegetriebe, p Lochscheibe, q Kurvenhebel

Kurvenwelle wird durch die Hauptspindel über ein Wendegetriebe, ein zweistufiges Wechselradgetriebe und eine Lamellenkupplung angetrieben. Auf der Kurvenwelle befinden sich die Steigungskurve, die Tiefenzustellkurve und die Anstell- und Rückzugkurve. Die Steigungskurve steuert die parallel zur Drehachse verlaufenden Bewegungen des Längsschlittens einschließlich der Wege für Ein- und Auslauf. Der Arbeitsweg der Kurve erstreckt sich auf 240° des Kurvenumfanges; 120° entfallen auf den Eilrücklauf. Die gewünschte Gewindesteigung wird durch die Wahl der Wechselräder erreicht.

Die gleichbleibende oder mit jedem Durchgang abnehmende schrittweise Zustellung des Querschlittens erfolgt während des Eilrücklaufs. Eingeleitet wird die Zustellbewegung durch die Tiefenzustellkurve, deren Bewegung über Winkelhebel, ein Klinkenwerk und ein Zahnsegment auf den Doppelexzenter übertragen wird. Durch Verändern der Exzentrizität wird die Gewindetiefe je Durchgang eingestellt. Über eine Zahnstange und ein Wendegetriebe wird dann der Querschlitten zugestellt. Durch Verdrehen einer Lochscheibe gegenüber dem Klinkenrad wird die Zahl der Durchgänge eingestellt. Der letzte Durchgang löst den Rücklauf des Querschlittens sowie das Stillsetzen der Hauptspindel aus; das Klinkenrad kehrt selbsttätig in seine Ausgangsstellung zurück. Die Anstell- und Rückzugbewegung je Durchgang des Querschlittens werden über einen Kurvenhebel durch die gegeneinander verstellbaren Anstell- und Rückzugkurven gesteuert.

17.6.2. Gewindestrehlen

Das Gewindestrehlen ist nach DIN-Entwurf 8589 Teil 2 ein Schraubdrehen zur Erzeugung eines Gewindes mit einem Werkzeug, das in Vorschubrichtung mehrere Gewindeprofile besitzt (Bild 13). Durch Gewindestrehlen können ein- und mehrgängige Innen- und Außengewinde hergestellt werden. Die Gewindeprofile liegen im Abstand der Gewindesteigung nebeneinander. An der Einlaufseite weist der Strehler meist einen Anschnitt auf, so daß das Gewinde in einem Schnitt gefertigt werden kann (Bild 14).

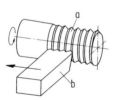

Bild 13. Prinzip des Gewindestrehlens
a Werkstück, b Werkzeug

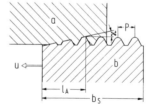

Bild 14. Begriffe am Strehler
a Werkstück, b Strehler, b_S Strehlerbreite, l_A Anschnittlänge, u Vorschubgeschwindigkeit, P Gewindesteigung, $\varkappa$ Einstellwinkel

Als Strehlwerkzeuge kommen entsprechende Schaftprofilmeißel zum Einsatz, die entweder radial oder tangential an das Werkstück herangeführt werden (Bild 15). Bei der Herstellung des Strehlers ist abhängig von den Anstellbedingungen eine gewisse Profilverzerrung zu berücksichtigen. Weiterhin kommen, ähnlich wie beim Gewindedrehen, Rundprofilmeißel als Strehlwerkzeuge zur Anwendung.

Auf Revolverdrehmaschinen und Drehautomaten wird unter Verwendung einer Leiteinrichtung (Bild 16) gestrehlt. Hierbei wird der Strehler über ein Gestänge von einer

Leitpatrone geführt. In die Leitpatrone, die von der Hauptspindel angetrieben wird, greift eine Leitbacke ein und erzeugt entsprechend der Gewindesteigung den Längsvorschub des Strehlers. Nach Beendigung des Strehlvorgangs wird der Strehler automatisch aus dem Schnitt genommen und durch eine Feder wieder in die Ausgangsstellung gebracht.

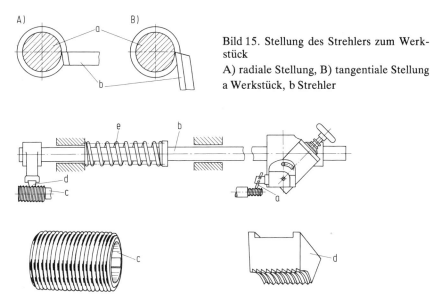

Bild 15. Stellung des Strehlers zum Werkstück
A) radiale Stellung, B) tangentiale Stellung
a Werkstück, b Strehler

Bild 16. Leiteinrichtung zum Strehlen
a Strehler, b Gestänge, c Leitpatrone, d Leitbacke, e Feder

Anstatt der Leitpatrone werden heute meist Gewindestrehleinrichtungen mit Strehlkurven verwendet. Derartige Einrichtungen sind auf Frontdrehautomaten sowie Ein- und Mehrspindeldrehautomaten zu finden. Eine Strehleinrichtung mit Strehlkurve für einen Mehrspindeldrehautomaten ist in Bild 17 dargestellt. Der Strehler, hier ein Rundprofilmeißel, muß während des Arbeitsgangs zwei sich mehrmals wiederholende Bewegungen ausführen, eine Längsbewegung für den Strehlvorgang sowie den Rücklauf zum Gewindeanfang und eine Querbewegung zum Abheben und Anstellen des Strehlers. Zugestellt wird über den Seitenschlitten, auf dem das Gerät montiert ist. Die Strehlkurve, die dem Strehler die notwendige Längsbewegung erteilt, wird über eine Gelenkwelle und ein Wechselradgetriebe angetrieben. Das Wechselradgetriebe erhält die Drehbewegung vom Zentralrad im Antriebständer. Das Übersetzungsverhältnis zwischen Hauptspindel und Strehlkurvenwelle muß bei eingängigen Gewinden ganzzahlig sein, damit der Strehler nach jedem Durchgang an der gleichen Stelle des Umfangs zum Eingriff kommt. Bei mehrgängigen Gewinden ist das Übersetzungsverhältnis abhängig von der Gangzahl und der Strehlerform. Der Strehlerhalter wird in eine prismatische Aufnahme geklemmt, die um einen Drehpunkt schwenkbar gelagert ist. Von einer Nockenkurve, die sich auf der gleichen Welle wie die Strehlkurve befindet, wird der Strehlerhalter so bewegt, daß der Strehler beim Rücklauf zum Gewindeanfang vom Werkstück abhebt. Der Arbeitsweg der Strehlkurve erstreckt sich im allgemeinen über 240 bis 270° des Umfangs und muß in diesem Bereich einen geradlinigen Verlauf

530 17 Spanende Gewindeherstellung [Literatur S. 566]

haben, um eine gleichmäßige Steigung zu erhalten. In Verbindung mit entsprechenden Wechselrädern lassen sich oft mehrere Gewindesteigungen mit der gleichen Strehlkurve fertigen. Unterschiedliche Strehlkurven sind dagegen zur Fertigung von metrischen und Zollgewinden erforderlich. Bei Linksgewinden wird der entsprechende Bewegungsablauf durch Umkehrung der Strehlkurvendrehrichtung erreicht.

Wird ein Werkstück nur in einer Aufspannung hergestellt, so können mit einer Strehleinrichtung auch Gewinde hinter einem Bund gefertigt werden.

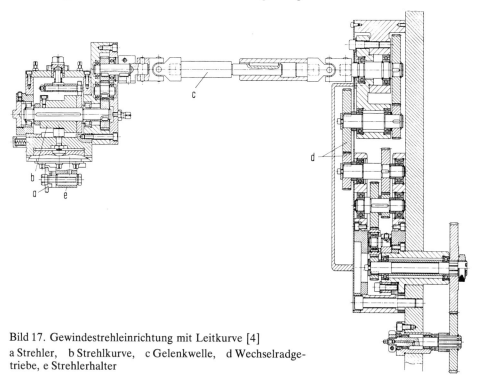

Bild 17. Gewindestrehleinrichtung mit Leitkurve [4]
a Strehler, b Strehlkurve, c Gelenkwelle, d Wechselradgetriebe, e Strehlerhalter

17.6.3 Gewindeschneiden

Nach DIN-Entwurf 8589 Teil 2 ist das Gewindeschneiden ein Schraubdrehen zur Erzeugung eines Gewindes mit einem Werkzeug, das in Vorschubrichtung und Schnittrichtung (Drehachse und Umfang) mehrere Zähne besitzt. Nach dieser Definition wird nur die Herstellung von Gewinden mit Schneideisen, Schneidkluppen und Schneidköpfen zum Gewindeschneiden gezählt.

Das *Schneideisen* (Bild 18) kann geschlitzt oder geschlossen sein und wird in einen Halter eingesetzt. Durch den Schlitz ist ein Nachstellen in gewissen Grenzen auf den genauen Gewindedurchmesser möglich. Angewendet wird dieses Verfahren bei Gewinden mit geringen Oberflächen- und Genauigkeitsanforderungen. Der erforderliche Vorschub wird durch das Werkzeug selbst erzeugt. Auf senkrechten Anschnitt und auf gerade Führung ist zu achten, um Fluchtungsfehler zu vermeiden.

Entsprechend dem Werkstückwerkstoff ist der Spanwinkel ähnlich wie bei Gewindebohrern zu wählen. Der Winkel des Anschnitts, der auf beiden Seiten des Schneideisens vorhanden ist, beträgt im allgemeinen 60°, für Messing und Aluminium 90° und bei schwer zerspanbaren Werkstoffen 45°. Die Fertigung von Gewinden mit Durchmessern ab 30 mm und Steigungen ab 4 mm ist aus dem Vollen nicht mehr möglich. Hier können Schneideisen nur zum Nachschneiden eingesetzt werden.

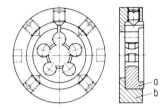

Bild 18. Gewindeschneideisen mit Halter
a Schneideisen, b Halter

Als Nachteile bei der Gewindeherstellung mit Schneideisen sind zu nennen: Bei längeren Gewinden ergeben sich Steigungsfehler. Die nach dem Anschnitt folgenden Gewindeprofile müssen die gesamte Vorschubkraft aufnehmen, so daß Verformungen im Werkstückgewinde entstehen können. Außerdem sind Fluchtungsfehler möglich und man erzielt – vor allem bei zähen Werkstoffen – eine geringere Oberflächengüte. Das Schneideisen muß über das bereits geschnittene Gewinde zurückgedreht werden, wodurch längere Nebenzeiten entstehen und die Möglichkeit der Beschädigung des Gewindes besteht.

Schneidkluppen werden im allgemeinen zum Gewindeschneiden von Hand eingesetzt. Sie besitzen meist vier radial oder tangential angeordnete, verstell- und auswechselbare Schneidbacken, so daß man mit ihnen Gewinde unterschiedlicher Durchmesser und verschiedener Steigungen herstellen kann. Außerdem können sie nach dem Schneidvorgang geöffnet werden, so daß ein Zurückdrehen über das fertig geschnittene Gewinde entfällt. Der Vorschub wird durch die Schneidkluppe selbst erzeugt. Auch größere Gewinde können aus dem Vollen geschnitten werden. Sonderbauarten von Schneidkluppen arbeiten auch mit einem Motorantrieb (Bild 19).

Bild 19. Schneidkluppe mit Motorantrieb

Ähnlich den Schneidkluppen sind *Schneidköpfe* aufgebaut, die ausschließlich für die maschinelle Herstellung von Gewinden angewendet werden. Je nach Anordnung und Form der Schneidbacken gibt es Schneidköpfe mit radialen oder tangentialen Schneidbacken und mit Rundprofilmeißeln (Bild 20).

Die ersteren (Bild 20 A) sind einfacher und meist kleiner als die beiden anderen Schneidkopfarten. Ihre Schneidbacken können jedoch nur wenige Male nachgeschliffen werden, da durch ihre unveränderte Lage im Schneidkopf der Eingriff nach dem Nachschleifen der Spanfläche unter die Werkstückmitte rückt. Dadurch ergeben sich Profilverzerrungen, die nach häufigerem Nachschliff unzulässig groß werden können.
Schneidköpfe mit tangentialen Schneidbacken (Bild 20 B) sind komplizierter aufgebaut; ihre Schneidbacken sind aber wesentlich häufiger und einfacher an den Stirnseiten nachschleifbar, ohne daß sich Profilverzerrungen ergeben. Außerdem ist bei dieser Anordnung die Spanabfuhr günstiger.
Die Rundprofilmeißel von Gewindeschneidköpfen (Bild 20 C) sind ebenfalls häufig nachschleifbar; ihre Herstellung ist jedoch aufwendiger. Sie sind entsprechend der Gewindesteigung schräg gestellt, so daß einige Gewindeprofile über der Werkzeugmitte liegen und zur Führung dienen.
Entsprechend dem vorhandenen Platz im Schneidkopf wird bei der Herstellung der Schneidbacken bzw. der Rundprofilmeißel ein Versatz der Gewindeprofile berücksichtigt. Daher ist bei der Montage zu beachten, daß diese nur aus einem Satz stammen und eine bestimmte Reihenfolge eingehalten wird.

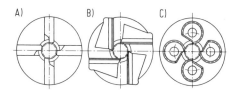

Bild 20. Bauformen von Gewindeschneidköpfen [5]
A) mit radialen Schneidbacken, B) mit tangentialen Schneidbacken, C) mit Rundprofilmeißeln

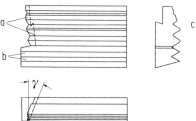

Bild 21. Form einer tangentialen Schneidbacke
a Schneidzähne, b Führungszähne, c Anschnitt, γ Spanwinkel

Die Form einer tangentialen Schneidbacke geht aus Bild 21 hervor. Sie werden meist aus Schnellarbeitsstahl hergestellt. Man unterscheidet zwischen Schneidzähnen und Führungszähnen. Zum leichteren Eingriff der Schneidbacken in das Werkstück und zur besseren Schnittaufteilung sind die Schneidzähne mit einem Anschnitt versehen, dessen Länge sich nach der Art und dem Vorbearbeitungsmaß des Werkstücks richtet.
Die Schnittgeschwindigkeiten beim Gewindeschneiden mit Schneidköpfen sind abhängig vom Werkstoff und Gewindedurchmesser, von der Steigung und der Tiefe des Gewindes sowie von der geforderten Oberflächengüte der Gewindeflanken. Tabelle 1 enthält für Spitz- und Trapezgewinde einige Richtwerte, von denen für kleinere Gewindedurchmesser die oberen und für größere die unteren Grenzwerte gelten.
Der Spanwinkel γ (Bild 21) beträgt für Stahl normalerweise 20°, für Messing und Bronze 0° und für zähe Werkstoffe bis zu 8°, während bei spröden Werkstoffen mit einem negativen Spanwinkel bis zu -8° gearbeitet wird. Für weichen Stahl, Aluminium und Kupfer empfiehlt sich eine Erhöhung des Spanwinkels bis auf 30°.
Beim Gewindeschneiden sollte immer mit einem Kühlschmierstoff gearbeitet werden, wofür wasserlösliche Bohröle oder Schneidöle verwendet werden.
Stillstehende Schneideisen und Schneidköpfe können auf Maschinen eingesetzt werden, bei denen eine Drehzahl- und Drehrichtungsänderung möglich ist, wie Universal-Drehmaschinen, Revolverdrehmaschinen und in einigen Fällen auch Drehautomaten.

Tabelle 1. Richtwerte für die Schnittgeschwindigkeit beim Gewindeschneiden mit Schneidköpfen

Werkstoff	Schnittgeschwindigkeit [m/min]	
	Spitzgewinde	Trapezgewinde
Automatenstahl	7 bis 12	4 bis 6
C 35	5 bis 8	4 bis 6
C 60	3 bis 6	3 bis 5
nichtrostende Stähle	1,5 bis 3	1,5 bis 3
Messing, Bronze	> 15	> 8

Auf Drehautomaten, die keine Drehrichtungs- und Drehzahländerung der Hauptspindel besitzen, werden umlaufende Schneideisen oder Schneidköpfe eingesetzt, die über eine gesonderte Gewindeschneidspindel angetrieben werden. Bei linksdrehender Hauptspindel wird zum Schneiden von Rechtsgewinden das umlaufende Werkzeug in gleicher Richtung mit höherer Drehzahl als die Hauptspindel angetrieben. Die Relativbewegung zwischen Werkzeug und Werkstück ergibt die Schnittgeschwindigkeit. In diesem Fall spricht man vom „überholenden Gewindeschneiden". Wird die Gewindeschneidspindel auf eine niedrigere Drehzahl geschaltet oder stillgesetzt, so läuft das Werkzeug ab. Linksgewinde werden durch „verzögertes Gewindeschneiden" gefertigt, bei dem die Gewindeschneidspindel eine niedrigere Drehzahl als die Hauptspindel hat und das Werkzeug bei erhöhter Drehzahl der Gewindeschneidspindel abläuft. Ist die Hauptspindel rechtsdrehend, sind die Verhältnisse umgekehrt.

Selbstöffnende stillstehende oder umlaufende Gewindeschneidköpfe (Bild 22) brauchen nicht über das bereits geschnittene Gewinde abzulaufen. Fährt der Schneidkopf gegen einen die Gewindelänge begrenzenden Anschlag, so öffnen sich die Schneidbacken selbsttätig, und der Schneidkopf fährt im Eilgang in die Ausgangsposition zurück. Dadurch werden die Nebenzeiten verkürzt und Beschädigungen des Gewindes vermieden.

Bild 22. Selbstöffnender, umlaufender Gewindeschneidkopf

Bild 23. Gewindeschneidmaschine

Gewindeschneidmaschinen (Bild 23) arbeiten meist mit stillstehendem Werkstück und selbstöffnenden umlaufenden Schneidköpfen. Bei Handbetätigung wird das Werkstück nur gegen den Schneidkopf gedrückt, der es von selbst in das Werkzeug hineinzieht. Für höhere Genauigkeit kann der Vorschub des Werkstücks hydraulisch, über eine Leitspindel oder durch Kurven erzeugt werden. Auf der gleichen Maschine lassen sich auch Dreh-, Fräs- und Nachformarbeiten durchführen.

17.6.4 Gewindebohren

Gewindebohren ist Aufbohren mit einem Gewindebohrer zur Erzeugung eines Innengewindes (Bild 24). Innengewinde bis 50 mm Gewindedurchmesser werden am einfachsten und wirtschaftlichsten mit Gewindebohrern hergestellt. Bei größeren Gewinden wird das Werkzeug zu teuer, so daß andere Gewindeherstellverfahren günstiger werden. Die erreichbare Genauigkeit des Innengewindes hängt weitgehend von der Genauigkeit des Gewindebohrers ab. Diese werden aber ausschließlich in der Endbearbeitung geschliffen, so daß sie hinsichtlich der Steigungs- und Formgenauigkeit den gestellten Anforderungen weitgehend genügen.

Wichtige geometrische Kenngrößen eines Gewindebohrers sind aus Bild 25 ersichtlich. Um die Reibarbeit herabzusetzen, werden Gewindebohrer im allgemeinen unter einem Winkel von 2 bis 4° hinterschliffen. Der Anschnitt übernimmt den Hauptanteil der Zerspanung, während der übrige Teil nur weitgehend der Führung dient und sich schwach (1 : 1000) verjüngt [6].

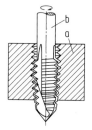

Bild 24. Prinzip des Gewindebohrens
a Werkstück, b Werkzeug

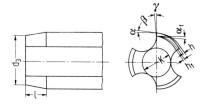

Bild 25. Geometrische Kenngrößen eines Gewindebohrers
d_3 Anschnittdurchmesser, h Hinterschliff, h_1 Hinterschliff am Anschnitt, l Anschnittlänge, α Freiwinkel (Flankenhinterschliffwinkel), $α_1$ Hinterschliffwinkel am Anschnitt, β Keilwinkel, γ Spanwinkel

Den Drehmomenten-Verlauf (Schnittmoment) beim Gewindebohren zeigt Bild 26. Das Drehmoment steigt zunächst an, bis der Anschnitt voll schneidet, und bleibt theoretisch bis zum Austreten des Gewindebohrers aus der Bohrung konstant. Praktisch nimmt es jedoch durch vorhandene Flanken- und Spanreibung weiter leicht zu. Außer vom Werkstoff ist das Drehmoment von der Schneidengeometrie, der Schnittgeschwindigkeit, der Nutenanzahl und -form sowie von der Anschnittlänge abhängig. Eine Erhöhung der Anzahl der im allgemeinen drei oder vier Nuten vergrößert das Drehmoment und vermindert die Belastung des einzelnen Schneidkeils durch die damit verbundene geringere Spanungsdicke [8]. Bei Anschnittlängen, die kleiner als die zu schneidende Gewindelänge sind, nimmt mit kürzer werdendem Anschnitt das Drehmoment, aber auch die Standzeit des Gewindebohrers ab. Eine Verlängerung des Anschnitts auf mehr als 50 % der Gewindelänge führt aber zu einem erheblichen Anstieg des maximalen Drehmoments und zu leichterem Bruch des Werkzeugs. Ist die Anschnittlänge erheblich größer als die Gewindelänge, ist nur ein Teil der Schneiden der Gewindeprofile im Eingriff, so daß das Drehmoment niedriger als bei den üblichen Anschnitten wird. Eine wirtschaftliche Fertigung ist aufgrund der zu langen Maschinenzeiten nur möglich, wenn in mehreren Werkstücken unmittelbar hintereinander Gewinde geschnitten werden [7].

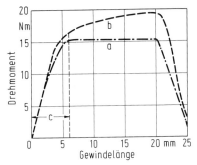

Bild 26. Verlauf des Drehmoments beim Gewindebohren [7]
Einzelschneider M 12, drei Nuten, Lochtiefe 20 mm, Werkstoff St 60
a theoretischer Verlauf, b praktischer Verlauf, c Anschnittlänge

Handgewindebohrer bestehen aus Sätzen zu zwei bis vier Stück. Die Auswahl erfolgt in Abhängigkeit vom zu zerspanenden Werkstoff. Ein gewöhnlich aus drei Gewindebohrern bestehender Satz setzt sich aus einem Vorschneider, einem Mittelschneider und dem Fertigschneider zusammen. Die Schnittaufteilung sowie die unterschiedlichen Anschnitte gehen aus Bild 27 hervor. Von der Zerspanarbeit entfallen im Durchschnitt auf den Vorschneider 50 %, auf den Mittelschneider 30 % und auf den Fertigschneider 20 %.

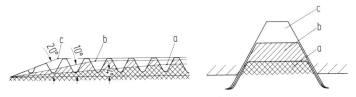

Bild 27. Schnittaufteilung bei Handgewindebohrern
a Vorschneider, b Mittelschneider, c Fertigschneider

Maschinengewindebohrer werden meist als Einschnittgewindebohrer verwendet. Aufgrund der schlechten Spanabfuhr und der dadurch bedingten Bruchgefahr sowie der ungünstigen Reibungsverhältnisse kann beim maschinellen Gewindebohren nur mit verhältnismäßig niedrigen Schnittgeschwindigkeiten gearbeitet werden. Tabelle 2 gibt Richtwerte für die Schnittgeschwindigkeiten und Spanwinkel beim maschinellen Gewindebohren an.
In Bild 28 sind übliche Ausführungsformen für Maschinengewindebohrer wiedergegeben. Häufig wird der gerade genutete Gewindebohrer (Bild 28A) verwendet. Durch den Schälanschnitt (Bild 28B) wird eine bessere Spanabfuhr erreicht [7]. Bei langen Gewindebohrungen in zähen Werkstoffen werden Gewindebohrer mit ausgesetzten Gewindegängen verwendet. Für das Gewindebohren in Blechen werden Gewindeboh-

rer mit kurzen, nicht durchgehenden Nuten (Bild 28 C) eingesetzt. Durch einen großen Drall (Bild 28 D) wird eine bessere Spanabfuhr erreicht. Derartige Gewindebohrer sind bei Grundlöchern mit geringem Auslauf vorteilhaft.

Die Gewinde-Kernbohrung muß etwas größer vorgebohrt werden als der entsprechende Kerndurchmesser. Dadurch wird ein Klemmen infolge der stets vorhandenen Gratbildung – insbesondere bei zähen Werkstoffen – verhindert.

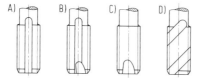

Bild 28. Ausführungsformen für Maschinengewindebohrer
A) gerade genutet, B) mit Schälanschnitt, C) mit nicht durchgehenden Nuten, D) mit großem Drall

Tabelle 2. Richtwerte für Schnittgeschwindigkeit und Spanwinkel beim maschinellen Gewindebohren [7]

Werkstoff	Festigkeit/Härte	Schnitt-geschwindigkeit [m/min]	Spanwinkel [°]
unlegierter Stahl	bis 400 N/mm^2 bis 700 N/mm^2 bis 900 N/mm^2	10 bis 15 8 bis 12 5 bis 10	12 bis 15 8 bis 12 6 bis 8
legierter Stahl	700–900 N/mm^2 über 900 N/mm^2	5 bis 9 2 bis 5	6 bis 8 3 bis 6
Stahlguß Grauguß	bis 180 HB über 180 HB	5 bis 8 8 bis 12 3 bis 8	8 bis 10 2 bis 3 0 bis 2
Messing spröde zäh		16 bis 20 10 bis 16	0 bis 3 3 bis 6
Aluminium-legierung		20 bis 25	12 bis 25
Kunststoffe spröde, hart langspanend		3 bis 6 12 bis 25	0 bis 3 15 bis 25

Beim maschinellen Gewindebohren wird der Vorschub bei Maschinen, die besonders für das Gewindebohren ausgelegt sind, über Leitpatronen oder Wechselräder erzeugt. Bei Universal-Drehmaschinen sollte mit der Leitspindel gearbeitet werden. Ist ein zwangsläufiger Vorschub nicht einstellbar, z.B. auf einer Bohrmaschine, ist ein Gewindebohrerhalter mit axialem Ausgleich zu verwenden.

Den üblichen Bohrmaschinen ähnliche Gewindebohrmaschinen besitzen neben einer Leiteinrichtung (Wechselräder oder Leitpatrone) Umschalteinrichtungen für die Drehrichtung und genaue Tiefenbegrenzungen sowie eine Rutschkupplung, die einen Bruch des Werkzeugs verhindern soll. Sie werden ein- oder mehrspindelig sowie in Reihenbauweise ausgeführt. Ähnliche Einrichtungen wie bei den Gewindebohrmaschinen können auch bei Gelenkspindel-Bohrmaschinen eingesetzt werden.

In einem Arbeitsgang können Kernbohrung und Gewinde mit einem Spiral-Gewindebohrer (Bild 29) hergestellt werden. Durchgehende Gewindebohrungen lassen sich auf diese Weise wirtschaftlicher fertigen. Auf Revolver-Drehmaschinen und Drehautomaten mit möglicher Drehrichtungs- und Drehzahländerung können Gewindebohrer mit stillstehendem Halter eingesetzt werden. Nach Erreichen der Gewindetiefe wird die Drehrichtung umgekehrt, so daß der Gewindebohrer aus der Bohrung herausläuft. Auf Maschinen ohne Drehrichtungs- und Drehzahländerung, z.B. Langdrehautomaten, muß der Gewindebohrer gesondert angetrieben werden.

Bild 29. Spiral-Gewindebohrer
a Spiralbohrer-Teil, b Gewindebohrer-Teil

Bei einer Gewindebohreinrichtung für einen Mehrspindeldrehautomaten (Bild 30) treibt ein besonderes Getriebe das Werkzeug gleichsinnig mit der Hauptspindel an, so daß sich aus der Relativdrehzahl zum Werkstück die erforderliche Schnittgeschwindigkeit ergibt. Durch mechanische oder elektromagnetisch betätigte Schaltkupplungen kann die Gewindespindel während des Arbeitsgangs auf eine höhere oder niedrigere Drehzahl als die Hauptspindel umgeschaltet werden. Bei Rechtsgewinden dreht sich das Werkzeug beim Gewindebohren langsamer und beim Rücklauf schneller als das Werkstück. Dadurch wird die Richtung der Relativbewegung nach erreichter Gewindetiefe umgekehrt und das Werkzeug aus dem fertigen Gewinde herausgezogen. Bei der Fertigung von Linksgewinden verläuft der Vorgang umgekehrt. Der Gewindebohrer wird über ein Gestänge von einer Kurve angedrückt und zieht sich dann selbst in die Bohrung hinein [4]. Um hierbei einen axialen Ausgleich zu ermöglichen, haben sich für Mehrspindeldrehautomaten auslösende Gewindebohrerhalter (Bild 31) bewährt. Dadurch kann sich das Werkzeug unabhängig von der Vorschubbewegung der Einrichtung in das Werkstück hinein- oder herausziehen. Außerdem wird bei Erreichen der Gewindetiefe die Drehbewegung ausgekuppelt. Erst nach Umschalten des Getriebes für den Gewindebohrerhalter wird das Werkzeug durch eine Freilaufkupplung wieder mitgenommen und aus dem fertigen Werkstück herausgeschraubt [4].

Innengewinde mit größeren Durchmessern können mit selbstöffnenden Innengewinde-Schneidköpfen (Gewindebohrköpfe) hergestellt werden. Nach Erreichen der Gewindetiefe werden die Schneidbacken automatisch zurückgezogen, und das Werkzeug fährt im Eilgang aus der Bohrung heraus. Eine Drehrichtungsumkehr der Hauptspindel bzw. Drehzahländerung der Gewindebohreinheit ist nicht erforderlich. Die selbstöffnenden Innengewinde-Schneidköpfe haben meist vier radial angeordnete Schneidbacken. Das Öffnen und Schließen wird durch eine Einrichtung bewirkt, die in der vorderen und hinteren Endstellung des Werkzeugs über Anschläge die notwendigen Schaltvorgänge auslöst.

538   *17 Spanende Gewindeherstellung*   [Literatur S. 566]

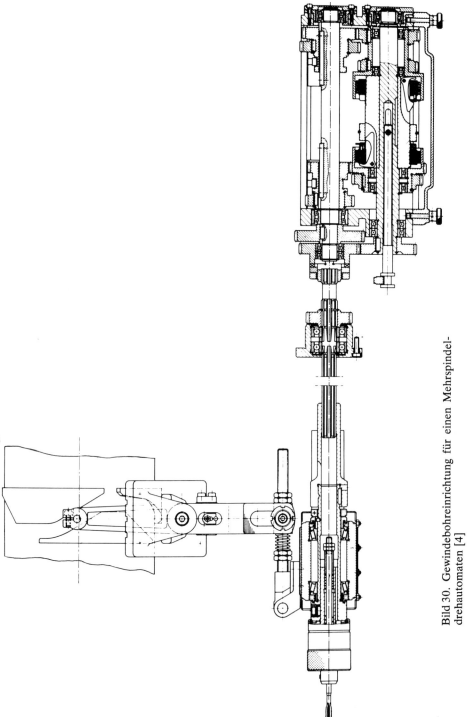

Bild 30. Gewindebohreinrichtung für einen Mehrspindeldrehautomaten [4]

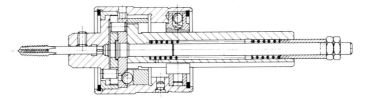

Bild 31. Auslösender Gewindebohrerhalter [4]

17.6.5 Gewindewirbeln

Das Prinzip des Gewindewirbelns, auch Gewindeschälen, Einzahn- oder Schlagzahnfräsen genannt, geht aus Bild 32 hervor. Ein bis vier zum Drehmittelpunkt des Halters (Wirbelkopf) weisende Meißel laufen auf einem Kreis, dem sogenannten Flugkreis, exzentrisch um das Werkstück herum. Dabei ist der Wirbelkopf um den Steigungswinkel zum Werkstück geneigt. Die Schnittbewegung wird von den Werkzeugen, die Vorschubbewegungen werden von dem sich drehenden Werkstück sowie in Längsrichtung des Werkstücks vom Wirbelkopf erzeugt.

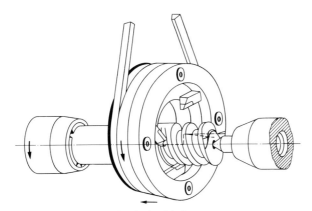

Bild 32. Prinzip des Gewindewirbelns

Für das Gewindewirbeln mit hartmetallbestückten Werkzeugen liegt für Stähle mit einer Zugfestigkeit von 900 bis 1000 N/mm^2 die Schnittgeschwindigkeit bei v = 100 m/min, für Stähle mit einer Zugfestigkeit von 600 bis 700 N/mm^2 bei 125 m/min [9, 22 u. 23]. Die Werkstückumfangsgeschwindigkeiten liegen zwischen 0,5 und 4 m/min. Das Gewindewirbeln kann im Gleichlauf oder Gegenlauf erfolgen. Üblicherweise wird das Gleichlaufwirbeln angewendet. Bei gehärteter oder verzunderter Werkstückoberfläche ist das Gegenlaufwirbeln vorteilhafter, da die Werkzeuge an schon bearbeiteten Flächen in den Schnitt kommen und somit eine günstigere Standzeit erreicht wird.

Das Gewindewirbeln ist eines der wirtschaftlichsten spanenden Gewindeherstellverfahren, da große Zeitspanungsvolumen bei hoher Arbeitsgenauigkeit erreicht werden. Durch die geringen Steigungsfehler und die erreichbare Oberflächengüte kann dieses Verfahren neben dem Gewindeschleifen zur Herstellung langer Gewindespindeln mit hohen Genauigkeitsanforderungen eingesetzt werden.

In Bild 33 sind die Eingriffsverhältnisse beim Gewindewirbeln und Gewindefräsen vergleichend gegenübergestellt. Bei gleichem Außen- und Kerndurchmesser und gleicher Winkelgeschwindigkeit sind die Späne beim Wirbeln und Fräsen flächengleich. Der beim Wirbeln erzeugte Span ist aber länger und hat eine kleinere maximale Spanungsdicke. Dadurch ergibt sich eine geringere, gleichmäßigere Schnittkraft, so daß kleinere elastische Deformationen am Werkstück auftreten. Auch ergeben sich bessere Oberflächen als beim Gewindefräsen. In den meisten praktischen Fällen ist das Verhältnis der maximalen Spanungsdicken beim Fräsen und Wirbeln 3 : 1 [9 u. 22]. Bei gleichgroßen Schnittkräften könnte also mit etwa dreifacher Vorschubgeschwindigkeit gewirbelt werden.

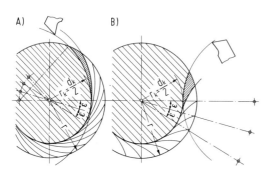
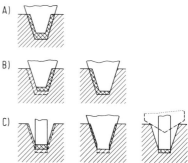

Bild 33. Eingriffsverhältnisse bei der Gewindeherstellung [9]
A) durch Gewindewirbeln, B) durch Gewindefräsen

Bild 34. Schnittaufteilung beim Gewindewirbeln
A) mit einem Meißel, B) mit zwei Meißeln, C) mit drei Meißeln und Entgratmeißel

Die Anzahl der Werkzeuge richtet sich nach der Gewindeart (z.B. Spitz-, Rund- oder Trapezgewinde) und der Gewindetiefe. Die mögliche Schnittaufteilung bei Verwendung unterschiedlicher Werkzeuganzahl geht aus Bild 34 hervor. Beim Schnitt mit einem Meißel ergeben sich ungünstige Zerspanungsbedingungen. Der Spanablauf ist behindert, und es entsteht ein dicker Grundspan. Die Bearbeitung mit zwei Meißeln bewirkt einseitige Schnittkräfte. Üblicherweise werden drei Meißel verwendet, zwei Grundmeißel und ein Flankenmeißel, dem in den meisten Fällen noch ein vierter Meißel zum Entgraten hinzugefügt wird. Bei dieser Anordnung werden die genannten Nachteile vermieden. Die Grundmeißel liegen im Wirbelkopf einander gegenüber, damit möglichst gleiche Spanungsdicken entstehen. Das Verhältnis der Flankenspanungsdicke zur Grundspanungsdicke beträgt etwa 1 : 2. In Bild 34 sind die Grundmeißel zur besseren Darstellung in verschiedenen Höhenlagen gezeichnet, im Wirbelkopf werden sie aber auf gleiche Höhe eingestellt. Die Spanungsdicke für den zweiten Grundmeißel ergibt sich dann durch die Werkstückdrehung von selbst.

Um die erforderliche Arbeitsgenauigkeit zu erreichen, müssen die einzelnen Werkzeuge im Wirbelkopf genau zueinander ausgerichtet sein.

Die Meißel können im Wirbelkopf radial oder tangential angeordnet werden (Bild 35). Vorteile der tangentialen Anordnung sind die günstigere Schnittkraftaufnahme in Längsrichtung des Werkzeugschafts, einfache und häufigere Nachschleifmöglichkeit der Schneiden an den Stirnseiten und relativ einfache Gestaltung und Herstellung der Werkzeuge sowie die genaue Ausrichtung des Werkzeugs ohne optische Hilfsmittel im Werkzeughalter [10]. Nachteilig kann dagegen in Extremfällen ein zu kleiner Freiwinkel und die geringe Veränderungsmöglichkeit des Spanwinkels sein.

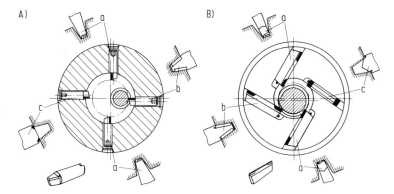

Bild 35. Anordnung der Wirbelmeißel [10]
A) radial, B) tangential
a Grundmeißel, b Flankenmeißel, c Entgratmeißel

Beim Gewindewirbeln wird meist ohne Kühlschmierstoff gearbeitet. Zur Beseitigung der Späne wird häufig Preßluft verwendet, die in geringem Maße auch kühlend wirkt. Mit einer Ölnebelkühlung wird bei zweigängigen oder sehr großen Gewinden gearbeitet. Sinnvoll ist auch die Verwendung von Kühlschmierstoffen bei zum Kleben neigenden Werkstoffen. Die Erwärmung des Werkstücks ist beim Gewindewirbeln im Gegensatz zu anderen spanenden Verfahren verhältnismäßig gering. Die Zerspanungswärme wird größtenteils durch die Späne abgeführt. Eine Temperaturerhöhung vor der Schnittstelle ist kaum feststellbar; dagegen beträgt diese hinter der Schnittstelle etwa 10 bis 20°C [9 u. 22].

Das Wirbeln kann auch für Innengewinde ab etwa 30 mm Dmr. eingesetzt werden (Bild 36). Ein oder mehrere im Werkzeugdorn aufgenommene Werkzeuge laufen exzentrisch zur Bohrung um. Entsprechend der Gewindesteigung müssen der Werkzeugdorn oder nur die Meißel geneigt werden. Bei Neigung des Werkzeugdorns ergibt sich eine erhebliche Einschränkung der möglichen Gewindelänge.

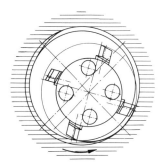

Bild 36. Wirbeln von Innengewinde [11]

Für die Laufruhe und die Güte des Gewindes ist die Anpassung des Flugkreises an den Werkstückdurchmesser von Bedeutung. Der einzustellende Flugkreisdurchmesser soll bei Außengewinden etwa 2 bis 5 mm größer als der Außendurchmesser, bei Innengewinden 2 bis 4 mm kleiner als der Kerndurchmesser gewählt werden.

Durch den Werkzeugverschleiß ergibt sich für das Gewinde eine stetige Zunahme des Flankendurchmessers. Da die Verschleißzunahme etwa linear verläuft, kann bei kurzen Gewinden die Zustellung um den halben Betrag des zu erwartenden Fehlers größer gewählt werden. Bei längeren Gewinden muß die Zustellung entsprechend der Flankendurchmesserzunahme in gewissen Abständen verändert werden. Auf diese Weise lassen sich mit geringem Aufwand z.B. 3 bis 4 m lange Gewindespindeln fertigen, bei denen der Flankendurchmesserfehler nicht größer als 0,015 bis 0,025 mm ist [9 u. 22].

Wirbelgeräte können auf Universal- oder Leitspindeldrehmaschinen und in vielen Fällen auch auf Langgewindefräsmaschinen aufgebaut werden. Die Schnittbewegung wird vom Antriebsmotor des Wirbelgeräts und die Vorschubbewegungen von der verwendeten Werkzeugmaschine erzeugt. Der Längsvorschub über die Leitspindel muß entsprechend der Gewindesteigung durch Wechselräder auf die Drehzahl des Werkstücks abgestimmt sein. Neben Trapez-, Spitz-, Säge- und Rundgewinden lassen sich auch Kugelgewindespindeln, Modulschnecken, Pumpen- und Extruderschnecken (Bild 37) und ähnliche Profile durch Wirbeln herstellen.

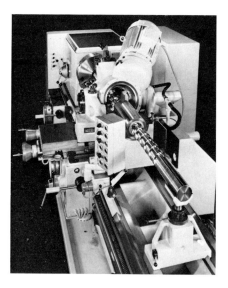

Bild 37. Wirbelgerät auf einer Drehmaschine bei der Herstellung einer Extruderschnecke

Das Schema einer Gewindewirbelmaschine (Gewindeschälmaschine) geht aus Bild 38 hervor. Auf senkrecht angeordneten Führungsbahnen werden der Wirbelschlitten und der Reitstock geführt. Auf dem Wirbelschlitten sitzt der Wirbelkopf mit den Werkzeugen. Auf der Oberseite des Wirbelschlittens befindet sich der Gleichstrom-Antriebsmotor, der mit stufenlos (im Verhältnis 1 : 10) einstellbarer Drehzahl über Keilriemen den Wirbelkopf antreibt. Die Drehebene der Meißel ist entsprechend dem Steigungswinkel einstellbar. Das Werkstück wird auf beiden Seiten des Wirbelschlittens in Lünetten geführt. Der untere Teil der Lünette besitzt einen V-förmigen Führungskopf und wird pneumatisch gegen einen dem Werkstückdurchmesser entsprechend einstellbaren Festanschlag verschoben. Der obere Lünettenteil ist ebenso verschiebbar, besitzt aber einen ebenen Führungskopf [24]. Die Reitstockspitze ist federnd ausgeführt, so daß Dehnungen durch Eigenspannungsänderungen oder Wärme ausgeglichen werden können. Das Werkstück wird durch eine Spannzange in einer Hohlspindel aufgenommen, die von einem im Maschinenbett befindlichen Vorschubmotor über ein Vorschubgetriebe angetrieben wird. Zwischen Hohlspindel und Leitspindel liegt ein Steigungsgetriebe, das die Zuordnung zwischen Werkstückdrehung und Wirbelschlittenvorschub herstellt. Während des Wirbelns wird der Wirbelschlitten vom Reitstock zur Spannzange hin bewegt. Zum Verfahren des Wirbelschlittens im Eilgang dient ein zweiter Motor, der über ein Eilganggetriebe die Leitspindel direkt antreibt. Dabei wird die Verbindung zum Vorschubgetriebe selbtttätig unterbrochen.

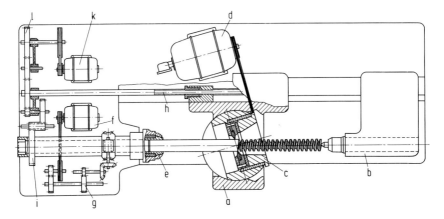

Bild 38. Schema einer Gewindewirbelmaschine (Draufsicht)
a Wirbelschlitten, b Reitstock, c Wirbelkopf, d Gleichstrom-Antriebsmotor, e Spannzange, f Vorschubmotor, g Vorschubgetriebe, h Leitspindel, i Steigungsgetriebe, k Eilgangmotor, l Eilganggetriebe

17.6.6 Gewindefräsen

Das Gewindefräsen ist ein spanendes Gewindefertigungsverfahren mit mehrschneidigem rotierendem Werkzeug. Zwischen der translatorischen und rotatorischen Vorschubbewegung des Werkstücks besteht ein kinematischer Zwangsablauf. Wirtschaftlich lassen sich Außengewinde ab 4 mm und kurze Innengewinde mit kleiner Steigung ab 8 mm Dmr. fräsen. Grundsätzlich unterscheidet man zwischen dem Lang- und Kurzgewindefräsen. Beide Verfahren sind für die Fertigung von Außen- und Innengewinden geeignet. Auch durch Abwälzfräsen lassen sich gewindeförmige Profile fertigen. So können mehrgängige Gewinde mit großen Profilen, wie z.B. Schnecken, wirtschaftlich durch Abwälzfräsen hergestellt werden. Bei einer derartigen Gewindefräseinrichtung (Bild 39), die auf Mehrspindeldrehautomaten Anwendung findet, wälzt sich das Werkzeug auf einer zur Drehachse parallelen Linie am Umfang des Werkstücks ab. Beide Drehzahlen müssen aufeinander nach Gewindesteigung und Fräserdurchmesser abgestimmt sein. Die Einrichtung wird auf den Seitenschlitten gespannt und über eine Gelenkwelle angetrieben. Die Frässpindel liegt tangential zum Werkstück und erhält ihre Drehbewegung über einen Schneckentrieb. Vom Längsschlitten des Mehrspindeldrehautomaten wird die axiale Vorschubbewegung abgenommen.
Lang- und Kurzgewindefräsen sind hinsichtlich der Kinematik mit dem Längs- bzw. Einstechgewindeschleifen vergleichbar (siehe unter 17.6.7).

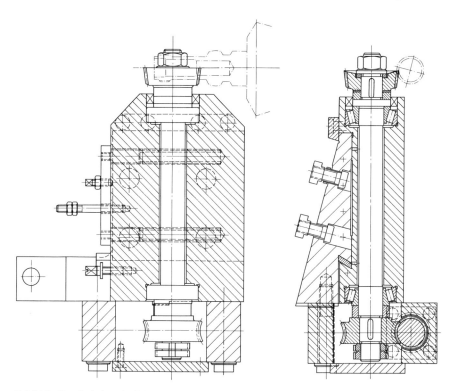

Bild 39. Gewindefräseinrichtung für das Abwälzfräsen auf Mehrspindeldrehautomaten [4]

17.6.6.1 Kurzgewindefräsen

Kurzgewindefräser haben auf ihrer ganzen Breite nebeneinanderliegende Profile ohne Steigung. Die einzelnen Zähne am Umfang des Fräsers sind hinterschliffen. Der Abstand der einzelnen Profile entspricht der Gewindesteigung. Daher können mit einem Werkzeug nur Gewinde gleicher Steigung aber unterschiedlicher Durchmesser gefertigt werden. Während etwa einer sechstel Umdrehung wird der Fräser auf die erforderliche Gewindetiefe radial zugestellt. Nach einer weiteren Werkstückumdrehung ist das Gewinde fertig. Das Werkzeug oder das Werkstück wird dabei entsprechnd der Gewindesteigerung axial verschoben (Bild 40). Die Fräserlänge muß daher mindestens um den Betrag der Steigung größer sein als die zu fertigende Gewindelänge. Grundsätzlich kann sowohl im Gleichlauf- als auch im Gegenlaufverfahren gefräst werden, doch wird beim Kurzgewindefräsen vornehmlich im Gegenlauf gefräst. Da die Achsen von Werkstück und Werkzeug parallel (kein Drehen um den Steigungswinkel) sind, liegt die untere Grenze für den Flankenwinkel, bei dem noch ohne Profilverzerrungen gearbeitet werden kann, höher als beim Langgewindefräsen. Für die Größe der Profilverzerrung ist neben dem Wert des Steigungswinkels auch die Größe des Eingriffbogens maßgebend. Der Eingriffbogen ist aber um so größer, je größer die Profiltiefe, der Fräserdurchmesser und der Steigungswinkel sind.

Da das Gewinde nach 1,1 bis 1,3 Werkstückumdrehungen auf der gesamten Gewindelänge fertig ist, ist das Kurzgewindefräsen sehr wirtschaftlich. Aufgrund der höheren

Zerspankraftkomponenten ist die Maßgenauigkeit allerdings schlechter als beim Langgewindefräsen. Die Anwendungsgrenzen des Verfahrens liegen hinsichtlich der Gewindelängen bei l $\leqq$ 100 mm und hinsichtlich der Steigungen bei P $\leqq$ 6 mm.

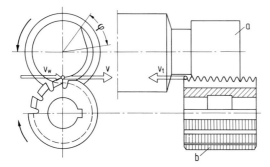

Bild 40. Prinzip des Kurzgewindefräsens
a Werkstück, b Werkzeug, v Schnittgeschwindigkeit, v_w Werkstückumfangsgeschwindigkeit, v_t Längsvorschubgeschwindigkeit, φ Drehwinkel bis zum Erreichen der vollen Zustelltiefe

Den Getriebeplan einer teilautomatischen Kurzgewindefräsmaschine zeigt Bild 41. Von der Steigungskurve, deren Steigungsbetrag bei einer vollen Umdrehung dem Maß der Werkstücksteigung entspricht, wird die Axialbewegung des Werkstücks gesteuert. Da diese Bewegung mit der Werkstückdrehung in kinematischem Zwangslauf stehen muß, ist eine Getriebekette von der Steigungskurve zur Werkstückspindel erforderlich. Für jede Werkstücksteigung ist eine andere Steigungskurve notwendig.

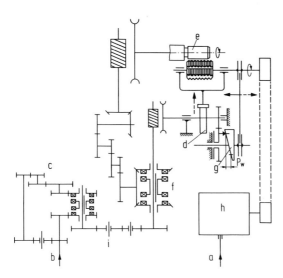

Bild 41. Getriebeplan einer Kurzgewindefräsmaschine [13]
a Hauptantrieb, b Nebenantrieb, c Vorschubwechselräder, d Zustellkurve, e Werkstück, f Wendegetriebe, g Steigungskurve, h Hauptgetriebe, i Eilganggetriebe

Tabelle 3. Richtwerte für das Kurz- und Langgewindefräsen mit Werkzeugen aus Schnellarbeitsstahl [13]

Werkstoff	Zugfestigkeit [N/mm²] (Härte)	Schnittgeschwindigkeit [m/min]	Werkstückumfangsgeschwindigkeit [mm/min] bei Steigungen [mm]					
			Kurzgewindefräsen			Langgewindefräsen		
			<2	2 bis 4	<10	10 bis 20	20 bis 35	>35
Stahl	<500	25 bis 35	50 bis 70	30 bis 40	▽▽ 50 bis 70	30 bis 50	20 bis 30	15 bis 20
Stahl	500 bis 850	15 bis 25	30 bis 50	20 bis 30	▽▽ 30 bis 50	20 bis 30	15 bis 25	10 bis 15
Stahl	850 bis 1100	8 bis 15	15 bis 25	10 bis 20	▽▽ 20 bis 30	15 bis 25	10 bis 15	8 bis 12
Gußeisen	(>200 HB)	15 bis 25	50 bis 70	30 bis 40	▽▽ 15 bis 20	10 bis 15	8 bis 12	6 bis 8
Messing, Bronze		40 bis 70	50 bis 70	30 bis 40	▽▽ 10 bis 15	8 bis 12	6 bis 8	4 bis 6
Leichtmetalle		120 bis 180	50 bis 70	30 bis 40				

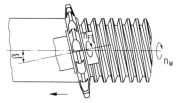

Bild 42. Prinzip des Langgewindefräsens
n_w Werkstückdrehzahl, n_F Fräserdrehzahl, β Steigungswinkel

Bild 43. Gewinde-, Keilwellen- und Wälzfräsmaschine

17.6.6.2 Langgewindefräsen

Beim Langgewindefräsen ist die Gewindelänge am Werkstück unabhängig von der Fräserbreite, so daß sehr lange Gewinde (z.B. Spindeln, Schnecken) gefertigt werden können. Als Werkzeuge werden scheibenförmige, hinterdrehte oder hinterschliffene Profilfräser verwendet, deren Profil bei großen Steigungen korrigiert werden muß. Entsprechend der Gewindesteigung wird die Fräserachse zur Werkstückachse gedreht (Bild 42). Bei Innengewinden wird aufgrund dieser Schrägstellung die Länge des zu fertigenden Gewindes begrenzt. Liegt der Flankenwinkel unter 10°, ergeben sich durch das seitliche Freischneiden des Fräsers erhebliche Profilverzerrungen, so daß z.B. Flachgewinde mit diesem Verfahren nicht hergestellt werden können. Die Vorschubbewegung setzt sich aus der Tischbewegung (axiale Bewegung des Werkzeugs) und der Drehbewegung des Werkstücks zusammen. Dabei wird mit Hilfe einer Leitspindel der Werkzeugträger bei einer Werkzeugumdrehung um den Betrag der Gewindesteigung verschoben.

Es kann im Gleichlauf oder Gegenlauf gefräst werden. Durch die günstigeren Anschnittbedingungen ergeben sich höhere Standzeiten im Gleichlauf. Dagegen weisen im Gegenlauf gefräste Gewinde eine höhere Maßgenauigkeit und eine bessere Oberflächengüte auf [13].

Der Arbeitsbereich heutiger Langgewindefräsmaschinen umfaßt Fräslängen bis maximal 8000 mm bei 300 bis 400 mm größtem bearbeitbarem Werkstückdurchmesser. Viele Maschinen sind durch austauschbare Fräsköpfe für verschiedene Fräsbearbeitungsvorgänge geeignet. So ist neben den eigentlichen Gewindefräsarbeiten, wie Fräsen von Langgewinden, Kurzgewinden (innen- und außen) und Schnecken, auch die Fertigung von Keilwellenprofilen, gerad- und schrägverzahnten Zahnrädern oder Schneckenrädern möglich. Bild 43 zeigt eine numerisch gesteuerte Gewinde-, Keilwellen und Wälzfräsmaschine in der Ausführung zur Herstellung von Extruderschnecken mit einer größten Fräslänge von 4000 mm.

Tabelle 3 gibt Richtwerte für das Kurz- und Langgewindefräsen mit Werkzeugen aus Schnellarbeitsstahl an.

17.6.7 Gewindeschleifen[1]

17.6.7.1 Anwendungsgebiete

Unter den Schleifverfahren hat das Gewindeschleifen eine solche Entwicklung genommen, daß es heute als wichtiger Bestandteil der Feinbearbeitung seinen festen Platz in der spanenden Fertigung einnimmt.

Das Gewindeschleifen ist eines der wirtschaftlichsten Verfahren zur Herstellung von Genauigkeitsgewinden. Neben den klassischen Bearbeitungsaufgaben, wie Schleifen von gehärteten, hinterschliffenen Werkzeugen (z.B. Fräser, Gewindebohrer), Schleifen von Lehren für Innen- und Außengewinde, Schleifen von Gewindewalzrollen und -segmenten für Gewindewalzmaschinen und Schleifen von Präzisionsspindeln einschließlich der zugehörigen Muttern hat heute das Schleifen von Werkstücken mit hohem Zeitspanungsvolumen gleichrangige Bedeutung. Wichtige Anwendungsgebiete in dieser Richtung sind das Vorschleifen von Schnecken und kurzen Kugelumlaufspindeln in den vollen, weichen Werkstoff sowie das Einstechschleifen in gehärtete und ungehärtete

---

[1] Unter Mitarbeit von *M. Worbs* und Dipl.-Ing. *L. Löffler*, Berlin

548 17 Spanende Gewindeherstellung [Literatur S. 566]

Werkstoffe, z. B. Kurzgewinde oder Ölnuten als Innen- oder Außenschleifaufgabe an Synchronisierringen für Fahrzeug-Getriebe, wobei der zu bearbeitende Werkstoff auch Molybdän sein kann.

Heute ist das Gewindeschleifen fast immer in irgendeiner Form an der Gewindeherstellung beteiligt. Ob man nun Gewinde mit Gewindebohrern oder mit tangentialen oder radialen Werkzeugen fertigt, mit zylindrischen oder Flachwerkzeugen walzt, mit Gewindefräsern fräst, die verwendeten Werkzeuge werden in ihrem Gewindeprofil geschliffen sein. Die in der industriellen Fertigung geschliffenen Gewinde kann man grob unterteilen in Befestigungsgewinde, Transport- oder Bewegungsgewinde, Gewinde an Schnecken, Gewinde an Werkzeugen, Gewinde an Meßzeugen. In Bild 44 sind einige typische, durch Gewindeschleifen bearbeitete Werkstücke wiedergegeben.

Bild 44. Typische, durch Gewindeschleifen bearbeitete Werkstücke

17.6.7.2 Arbeitsverfahren

Bild 2 gibt eine Übersicht der möglichen Arbeitsverfahren. Beim Gewindeschleifen wird grundsätzlich zwischen Außen- und Innenschleifen unterschieden. Das Außenschleifen ist aufgrund der Möglichkeit, eine Schleifscheibe mit beliebig großem Durchmesser einzusetzen, unter dem Gesichtspunkt des maximalen Zeitspanungsvolumens das günstigste Verfahren. Eine Ausnahme bildet das Gewindeschleifen von hinterschliffenen Werkzeugen (z. B. Wälzfräser). Hierbei wird der maximal mögliche Schleifscheibendurchmesser durch die Breite der Spannut und die Hinterschliffgröße bestimmt. Beim Einsatz einer zu großen Schleifscheibe besteht die Gefahr, den nächstfolgenden Fräserzahn anzuschleifen. Beim Innenschleifen richtet sich der Schleifscheibendurchmesser naturgemäß nach dem Durchmesser des zu schleifenden Innengewindes. Das Zeitspanungsvolumen (Mengenleistung) ist wesentlich kleiner als beim Außenschleifen. Sowohl beim Außen- als auch beim Innenschleifen kommen die Hauptschleifverfahren (Bild 2) zur Anwendung. Die Wahl des optimalen Gewindeschleifverfahrens hängt im wesentlichen von der erforderlichen Arbeitsgenauigkeit, der Werkstückgeometrie und der Losgröße ab. In Tabelle 4 erkennt man, daß zwischen den einzelnen Verfahren hinsichtlich der erreichbaren Arbeitsgenauigkeit eine klare Abgrenzung vorhanden ist.

Tabelle 4. Hauptarbeitsverfahren des Gewindeschleifens

		Längsschleifen mit einprofiliger Schleifscheibe	Längsschleifen mit mehrprofiliger Schleifscheibe	Einstechschleifen mit mehrprofiliger Schleifscheibe
Schleifscheibenweg	L	L > l	L > l + b_s	L > P
Werkstückumdrehungen	i_w	$i_w = \frac{L}{P}$	$i_w = \frac{L}{P}$	$i_w > 1$
Schleifscheibenbreite	b_s	—	—	$b_s > l + P$
Fehler am				
Flankendurchmesser	[μm]	± 2	Schlichten: ±4 bis 5 Schruppen: ±10 bis 15	±10 bis 20
halben Flankenwinkel		± 5'	± 5' bis 10'	±10'
Steigung auf 25mm Länge	[μm]	±2 bis 3	± 5	± 5 (25mm Scheibenbreite)
Steigung auf 300mm Länge	[μm]	± 5	± 10	

Das *Längsschleifen mit einprofiliger Schleifscheibe* wird immer eingesetzt, wenn höchste Anforderungen an die Arbeitsgenauigkeit der geschliffenen Teile gestellt werden (z. B. bei Gewindelehren, Mikrometerspindeln, Präzisionsgewindespindeln, Schnecken, Wälzfräsern). Hinsichtlich der Steigung gibt es keine Beschränkungen, so daß sich der Anwendungsbereich auch auf diejenigen Steigungen erstreckt, die mit den anderen Verfahren nicht gefertigt werden können (P > 6 mm, P < 0,8 mm).
Die Erfahrung zeigt, daß die Vorschubbewegung beim Fertigschleifen von Genauigkeitsgewinden ausnahmslos in Richtung auf die Werkstückspindel erfolgen muß, die im Gegensatz zur Reitstockpinole axial fixiert ist, damit die durch Schleifprozeßwärme bedingte Längendehnung des Werkstücks von der federbelasteten Reitstockpinole aufgenommen wird. Dies ist deshalb notwendig, weil sich beim Gewindeschleifen nahezu nur der bereits geschliffene Teil des Gewindes ausdehnt, während der noch zu schleifende Teil annähernd Raumtemperatur hat.
Aufgrund der realtiv kleinen Zerspankraftkomponenten eignet sich das einprofilige Längsschleifen auch besonders gut für lange Maschinenteile mit kleinem Durchmesser. Auf einer Gewindelänge von 1000 mm kann man bei entsprechend hohem Aufwand minimale Steigungsfehler von 8 bis 10 μm erreichen. Als Nachteil müssen relativ lange Schleifzeiten in Kauf genommen werden.
Das Längsschleifen mit mehrprofiliger Schleifscheibe ermöglicht gegenüber der einprofiligen Schleifmethode eine Leistungssteigerung, da die Zerspanungsarbeit auf mehrere

„Zähne" der Schleifscheibe verteilt und somit der Standweg der Schleifscheibe erhöht wird. Die einzelnen Profile der Schleifscheibe sind in der Tiefe gestuft. Diese Stufung hat schleiftechnologisch die gleiche Wirkung wie eine Einzahnscheibe, die in mehreren Durchgängen und mit mehreren Zustellungen ein Werkstück schleift. Hierdurch ergibt sich ein sehr wirtschaftliches Schleifverfahren, mit dem ein Gewinde in meist nur einem Schleifdurchgang fertig bearbeitet werden kann.

Durch die mehrprofilige Schleifscheibe tritt jedoch auch eine höhere Normalkraft auf, die zu Durchbiegungen und Rundlauffehlern am Werkstück führen kann. Rundlauffehler können weitgehend ausgeschaltet werden, wenn mit einer gestuften Schleifscheibe in zwei Durchgängen geschliffen wird. Wählt man die Zustellung für den zweiten Durchgang kleiner als die Stufung des letzten Profils auf der Schleifscheibe zum davorliegenden Profil, so ergibt sich praktisch ein einprofiliges Fertigschleifen mit den bereits genannten Vorteilen. Diese Kombination des mehrprofiligen Vorschleifens und einprofiligen Fertigschleifens mit einer Mehrzahnscheibe wird in der Praxis mit Erfolg angewendet.

Ein weiteres Anwendungsgebiet des mehrprofiligen Längsschleifens ist die Bearbeitung mehrzähniger Werkstücke (z.B. mehrzähnige Schnecken oder Rollwerkzeuge). In der Regel wird ein mehrzähniges Werkstück mit einer Einprofilscheibe geschliffen, wobei ein Axialteilen entsprechend der am Werkstück auftretenden Zähnezahl durchgeführt werden muß. Solche mehrzähnigen Werkstücke können jedoch wirtschaftlich unter Umgehung des Axialteilens mit einer Mehrprofil-Schleifscheibe geschliffen werden. Bedingung ist, daß die Anzahl der Zähne auf der Schleifscheibe mit der Anzahl der Zähne am Werkstück übereinstimmt bzw. zueinander in einem ganzzahligen Verhältnis steht.

In der Praxis unterscheidet man beim mehrprofiligen Schleifen zwischen dem Einweg- und Zweiwegschleifen (Bild 2). Das Zweiwegschleifen (Pendelschleifen) wird mit einer abgestuften doppelkegeligen Schleifscheibe durchgeführt und hat gegenüber dem Einwegschleifen den Vorteil, daß Nebenzeiten durch Einsparung des Eilrücklaufs des Werkstücks reduziert werden. Es setzt allerdings maschinenseitig einen sehr genau arbeitenden Spielausgleich voraus, damit bei der Schleifrichtungsumkehr kein Provilversatz im Gewinde auftreten kann. Da die Drehrichtung der Schleifscheibe nicht umgekehrt wird, erfolgt beim Pendelschleifen abwechselnd im Vor- und Rücklauf des Werkstücks ein Gleichlauf- bzw. Gegenlaufschleifen.

Beim Zweiwegschleifen (Pendelschleifen) mit mehrprofiliger Doppelkegel-Schleifscheibe wird eine ggf. notwendige Hinterschliffbewegung nur in einer Schleifrichtung beim Schlichten ausgeführt.

Insgesamt nimmt das Längsschleifen mit mehrprofiliger Schleifscheibe sowohl hinsichtlich der erreichbaren Arbeitsgenauigkeit als auch der Wirtschaftlichkeit eine Mittelstellung zwischen dem einprofiligen Längsschleifen und dem mehrprofiligen Einstechschleifen ein. Der mögliche Steigungsbereich ist eingeengt und reicht von P = 0,8 mm bis P = 4 mm. Am Werkstück muß ein entsprechend großer Auslauf vorhanden sein.

Das *Einstechschleifen mit mehrprofiliger Schleifscheibe* hat in den letzten Jahren aufgrund seiner hohen Wirtschaftlichkeit ständig an Bedeutung gewonnen und wird angewendet, wenn relativ kurze Gewinde (bis 40 mm) bei geringen Ansprüchen an die Arbeitsgenauigkeit gefertigt werden müssen. Dabei wird in den vollen Werkstoff geschliffen. Die Schleifscheibe sticht langsam auf Gewindetiefe ein, während die Werkstückdrehung und der Steigungsvorschub eingeleitet werden. Nach Erreichen der Schleiftiefe muß das Werkstück noch mindestens eine volle Umdrehung mit Steigungsvorschub ausführen. Die Schleifscheibe hebt danach erst langsam und dann im Eilgang aus dem Werkstück aus, so daß ein nahezu absatzloses Gewinde geschliffen wird. Diese Arbeitsweise führt gegenüber dem Längsschleifen mit der kegeligen Mehrprofilscheibe bei gleicher Gewindelänge trotz der wesentlich geringeren Werkstückumfangsgeschwindigkeit zu erheblich kürzeren Schleifzeiten, da ja beim Längsschleifen $i_w = L/P$ Werkstückumdrehungen bis zur Fertigstellung des Gewindes notwendig sind (siehe Tabelle 4). Jedoch sind die Zerspankraftkomponenten wesentlich größer, was die geringere Arbeitsgenauigkeit erklärt, so daß man die Grenzen für die maximale Einstechbreite und Gewindesteigung bei 40 bzw. 4 mm setzen muß. Ein solches Gewinde kann allerdings nur in zwei Durchgängen geschliffen werden, da die installierten Motorleistungen und die statische Steifigkeit von Reitstock und Werkstückspindel der meisten Gewindeschleifmaschinen für ein einmaliges Einstechen auf volle Gewindetiefe bei derart extremen Bedingungen meist nicht ausreichen. Trotz höherer Anforderungen an die Antriebsleistung und die statische und dynamische Steifigkeit ist eine spezielle Einstech-Gewindeschleifmaschine wesentlich billiger, da die sehr teure Leitspindel durch eine Leitpatrone ersetzt wird und sowohl die Betten als auch die Führungen wesentlich kürzer sein können.

Im Einstechverfahren können auch ringförmige Profile geschliffen werden; der Steigungsvorschub ist hierbei auszukuppeln (Anwendungsbeispiel: Stahlprofilrollen).

17.6.7.3 Besonderheiten des Gewindeschleifens

Die Ergebnisse von Forschungsarbeiten auf dem Gebiet des Rund- und Flachschleifens sind auf das Gewindeschleifen mit ein- und mehrprofiliger Schleifscheibe nicht unmittelbar übertragbar. Dafür gibt es eine ganze Reihe von Gründen, von denen nachfolgend einige wichtige genannt seien:

Der Kernradius eines Gewindes ist genormt, wobei das Sollmaß zwar unter-, aber nicht überschritten werden darf. Daraus ergibt sich die Notwendigkeit, sehr feinkörnige Schleifscheiben im Bereich der Körnungen 120 bis 500 einzusetzen. Diese feinkörnigen Schleifscheiben neigen stark zum „Brennen" [15] und zeigen ein anderes Verschleißverhalten als die beim Rund- und Flachschleifen eingesetzten grobkörnigeren Scheiben. Als Verschleiß überwiegt beim Außenrundschleifen die Verschleißflächenbildung durch Druckerweichung und Absplitterung von Kornkristallgruppen, während ein meßbarer Verschleiß beim Gewindeschleifen nur auf teilweisen oder vollständigen Kornausbruch zurückzuführen ist [14, 16].

Aufgrund der speziellen Profilform ist bei metrischen Gewinden die Gefahr einer thermischen Schädigung des Werkstoffs wesentlich größer als beim Rund- oder Flachschleifen. Auch ist der Wärmeausbreitungsmechanismus in den Gewindespitzen weitaus komplizierter [17]. Als Kühlschmierstoff wird fast ausschließlich Schleiföl verwendet.

Durch die Gewindesteigung besteht zwischen der Axial- und Rotationsbewegung des Werkstücks eine feste Kopplung, die beim Rund- und Flachschleifen nicht vorhanden ist. Die dabei verwendeten mechanischen Übersetzungselemente im Antrieb der Werkstückspindel und des Werkstück- bzw. Schleifspindelschlittens (Schneckentrieb, Leitspindel) lassen keine hohen Drehzahlen zu.

Die Bereiche der möglichen Werkstückumfangsgeschwindigkeiten liegen beim Gewindeschleifen auch von der zerspanungstechnischen Seite her wesentlich niedriger als beim Rund- oder Flachschleifen. Die maximalen Werkstückgeschwindigkeiten, die von der Zustelltiefe abhängen, liegen beim einprofiligen Längsschleifen selten oberhalb 1 m/min. Beim mehrprofiligen Längsschleifen müssen 10 m/min als äußerste Grenze angesehen werden, während beim Einstechschleifen maximal etwa 0,6 m/min möglich sind. Bei einer Schleifscheibenumfangsgeschwindigkeit $v_s = 35$ m/s kommt man damit zu folgenden minimalen Geschwindigkeitsverhältnissen $q = v_s/v_w$:

einprofiliges Längsschleifen $\qquad q = 2100$,
mehrprofiliges Längsschleifen $\qquad q = 210$,
mehrprofiliges Einstechschleifen $\qquad q = 3500$.

Beim an Bedeutung ständig gewinnenden Gewinde-Einstechschleifen wird im Gegensatz zum konventionellen Rund- und Flachschleifen mit großen Zustelltiefen und kleinen Werkstückgeschwindigkeiten gearbeitet ($e_{zu} = 0,5$ bis $2,5$ mm; $v_w = 0,025$ bis $0,6$ m/min). Für eine Schleifscheibenumfangsgeschwindigkeit $v_s = 35$ m/s ergeben sich Geschwindigkeitsverhältnisse im Bereich $q = 3500$ bis $84\,000$. Das Einhalten eines Geschwindigkeitsverhältnisses $q = 60$, das sich beispielsweise beim Außenrund-Einstechschleifen mit hohen Schleifscheibenumfangsgeschwindigkeiten hinsichtlich einer geringen thermischen Belastung der Werkstückrandzone als sinnvoll erwiesen hat, ist für das Gewinde-Einstechschleifen völlig unrealistisch.

Beim Gewindeschleifen kommen als Ursache für Werkstückwelligkeiten nur Schwingungen in Frage, deren Frequenzen in der Größenordnung der Schleifspindelumlauffrequenz liegen [14, 15, 18]. Höherfrequente Schwingungsanteile können sich aufgrund der niedrigen Werkstückumfangsgeschwindigkeiten auf dem Werkstück nicht abbilden.

17.6.7.4 Ausführung des Gewindeschleifens

Nachfolgende Einzelheiten sollen die Sonderstellung des Gewindeschleifens gegenüber anderen Schleifverfahren charakterisieren. Ausführliche Darstellungen sind in der Literatur [2, 14 u. 15] zu finden.

Vom Außenrund-Einstechschleifen her ist bekannt, daß das bezogene Grenzzeitspanungsvolumen unter Berücksichtigung der Verschleißgrenze (Kantenverschleiß) mit steigender Schleifscheibenumfangsgeschwindigkeit erheblich gesteigert werden kann. Beim Gewindeschleifen ist neben dem mechanisch bedingten Verschleiß der Kornschneiden auch der durch thermische Überlastung der Bindung hervorgerufene Verschleiß zu beachten.

Der Einfluß der Schleifscheibenumfangsgeschwindigkeit auf das maximal erreichbare Zeitspanungsvolumen beim Gewindeschleifen des Schnellarbeitsstahls S 12–1–2 (D) geht aus Bild 45 hervor. Als Bewertungskriterien kamen die von der Kernrundung des Gewindeprofils bestimmte Verschleißgrenze und die thermische Überlastung des Wirkpaares, die als sog. Brennen der Werkstückoberfläche sichtbar wird, zur Anwendung. Der Vorschubweg war mit $l = 1000$ mm konstant, was bei Variation der Zustelltiefe bedeutet, daß unterschiedliche Werkstoffvolumina zerspant wurden. Dieses muß bei der Beurteilung der in Bild 45 dargestellten Versuchsergebnisse beachtet werden.

Als wesentlicher Unterschied zu anderen Schleifverfahren zeigt sich, daß die Verschleißgrenze bei einer Schleifscheibenumfangsgeschwindigkeit von 35 m/s ein Maximum aufweist. Dieses Verhalten kann durch die thermische Zerstörung der Schleifscheibe erklärt werden, da die Brenngrenze mit höherer Schleifscheibenumfangsgeschwindigkeit ebenfalls absinkt, wodurch die Gefahr der thermischen Überlastung der Bindung wächst. Aus diesen Ergebnissen muß man schließen, daß es sinnlos ist, schwer zerspanbare Schnellarbeitsstähle mit größerer Schleifscheibenumfangsgeschwindigkeit als 35 m/s zu schleifen. Die wirtschaftlichste Arbeitsweise wird erreicht, wenn man mit möglichst kleinem bezogenem Spanungsvolumen, d. h. unter häufigem Abrichten, schleift.

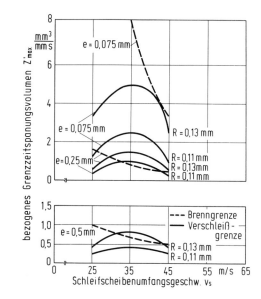

Bild 45. Einfluß der Schleifscheibenumfangsgeschwindigkeit auf das bezogene Grenzzeitspanungsvolumen unter Berücksichtigung der Verschleiß- und Brenngrenze (nach Stade [15])
Schleifscheibe: SC 250 V, Einrolltiefe 0,16 mm, d_s = 350 mm, d_w = 38 mm, P = 1,5 mm, metrisches Gewinde nach DIN 13; Werkstück–Werkstoff: S 12-1-2 (D)

Unter Berücksichtigung der Ergebnisse von *Werner* [19] zeigte *Brümmerhoff* [14], daß die mittlere Normalkraft pro Schneide $\bar{F}_{kn}$ und die bezogene Normalkraft F_n' bei konstantem bezogenen Zeitspanungsvolumen durch die Eingriffsgröße und die Werkstückumfangsgeschwindigkeit unterschiedlich beeinflußt werden. Aus Bild 46 geht hervor, daß die mittlere Normalkraft pro Schneide mit zunehmender Werkstückumfangsgeschwindigkeit bzw. abnehmender Eingriffsgröße degressiv ansteigt, während die bezogene Normalkraft degressiv abnimmt. Der Verlauf der Kräfte ist für den beim Gewindeschleifen und beim herkömmlichen Außen-Rundschleifen üblichen Bereich von Werkstückumfangsgeschwindigkeiten v_w = 0,05 bis 10 m/min bzw. v_w = 10 bis 50 m/min aufgetragen. Bei konstantem bezogenen Zeitspanungsvolumen bewirken unterschiedliche Werkstückumfangsgeschwindigkeiten im Bereich v_w >20 m/min nur geringfügige Änderungen der bezogenen Normalkraft. Mit grobkörnigeren Scheiben, die eine kleinere Schneidendichte aufweisen, sind die Kraftänderungen noch geringer. Im Gegensatz hierzu sind beim Gewindeschleifen mit unterschiedlichen Werkstückumfangsgeschwindigkeiten im Bereich v_w < 2 m/min deutliche Änderungen der Kräfte zu erwarten. Da die mittlere Zerspankraft pro Schneide den Verschleiß und die bezogene Zerspankraft das thermische Verhalten des Wirkpaares beim Gewindeschleifen bestimmen, ist das Verhalten der Kräfte in Bild 46 maßgebend für die Wahl der Werkstückumfangsgeschwindigkeit und der Eingriffsgröße, um das Brennen oder den Kernradiusverschleiß zu beeinflussen.

Die im Gegensatz zum Rundschleifen deutliche Abhängigkeit der Kräfte $\bar{F}_{kn}$ und F_n' von der Eingriffsgröße bzw. der Werkstückumfangsgeschwindigkeit wurde von *Brümmerhoff* [14] bei praktischen Schleifversuchen nachgewiesen. In Bild 47 sind die bezo-

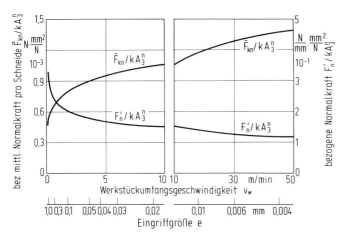

Bild 46. Abhängigkeit der bezogenen mittleren Normalkraft pro Schneide $\bar{F}_{kn}$ und der bezogenen Normalkraft F'_n von der Werkstückumfangsgeschwindigkeit v_w und der Eingriffgröße e bei konstantem bezogenen Zeitspanungsvolumen Z' [14]

$Z' = 3{,}0$ mm³/mm · s, $v_s = 35$ m/s, $d_w = 50$ mm, $d_s = 350$ mm, Schleifscheibe: EK 220 Jot 8 VK

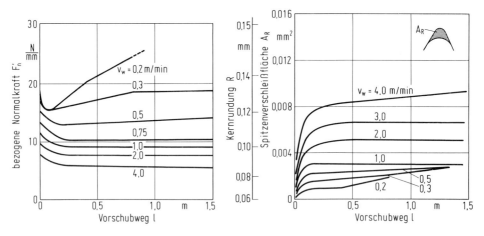

Bild 47. Bezogene Normalkraft und Spitzenverschleißfläche in Abhängigkeit vom Vorschubweg bei verschiedenen Werkstückumfangsgeschwindigkeiten [14]
Schleifscheibe: EK 220 Jot 8 VK, Werkstoff: 90 Mn V 8, $v_s = 35$ m/s, $d_w = 25$ mm, $P = 1{,}5$ mm, $Z' = 1{,}25$ mm³/mm · s, metrisches Gewinde nach DIN 13

gene Normalkraft und die Spitzenverschleißfläche in Abhängigkeit vom Vorschubweg für verschiedene Werkstückumfangsgeschwindigkeiten bei konstantem bezogenen Zeitspanungsvolumen dargestellt. Mit steigender Werkstückumfangsgeschwindigkeit nimmt die bezogene Normalkraft ab, während die Spitzenverschleißfläche größer wird. Parallel zu einem Abfall der bezogenen Normalkraft zu Beginn der Schleifbearbeitung erfolgt ein Anstieg der Spitzenverschleißfläche. Der Verlauf der mittleren Zerspankraft pro Schneide (siehe Bild 46) spiegelt sich hier im Verhalten der Spitzenverschleißfläche wieder, solange der mechanisch bedingte Verschleiß vorherrscht. Für Werkstückumfangsgeschwindigkeiten über 3 m/min nimmt der durch vorwiegend mechanische Krafteinwirkung bedingte Verschleiß zu. Dadurch erfolgte bei der kleinen Zustelltiefe eine spürbare Verringerung der Eingriffsgröße sowie eine Abnahme der Schneidenzahl. Die bezogene Normalkraft wird kleiner. Die hohe thermische Beanspruchung des Wirkpaares bei einer Werkstückumfangsgeschwindigkeit von 0,2 m/min verursacht die zunehmende Bildung von Kornverschleißflächen, die eine größere Reibung und damit steigende Normalkräfte zur Folge haben. Der Knick im Verlauf der bezogenen Normalkraft und Spitzenverschleißfläche kann durch das Ausbrechen von Körnern aus der thermisch erweichten Bindung erklärt werden.

Aufgrund der besonderen Profilform ist die Gefahr einer thermischen Schädigung des Werkstoffs beim metrischen Gewinde besonders groß. Bei thermisch beeinflußten Gewindespitzen ändert sich die Mikro-Vickershärte nicht nur in Abhängigkeit vom Randabstand, sondern auch längs der Gewindeflanken, wie Bild 48 verdeutlicht.

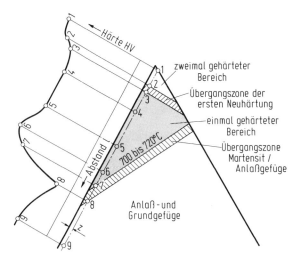

Bild 48. Schema der thermischen Beeinflussung in einer Gewindespitze [17]

Besonders hohe thermische Belastungen der Werkstückrandzonen treten beim Gewinde-Einstechschleifen auf, das durch große Zustelltiefen und kleine Werkstückumfangsgeschwindigkeiten charakterisiert ist. Beim Schleifen von niedrig legierten, gehärteten Werkzeugstählen kann die thermische Belastung durch Verringerung der Schleifscheibenumfangsgeschwindigkeit auf $v_s = 20$ m/s erheblich reduziert werden, wobei bei sinnvoller Schleifscheibenauswahl der Schleifscheibenverschleiß nur eine untergeordnete Rolle spielt. In Bild 49 ist die Abhängigkeit des bezogenen Grenzspanungsvolumens von der Werkstückumfangsgeschwindigkeit bei konstanter Schleifscheibenumfangsgeschwindigkeit $v_s = 20$ m/s für verschiedene Schleifscheiben zweier Hersteller dargestellt. Bei einer Steigung $P = 1,5$ mm wurde als Zustelltiefe ein von der Norm abweichender Wert $e = 0,72$ mm eingestellt. Die Scheiben waren für eine maximale Schleifscheibenumfangsgeschwindigkeit $v_{s\,max} = 60$ m/s zugelassen. Bei der Beurteilung von Bild 49 ist zu beachten, daß teilweise deutliche Differenzen zwischen den

Härteangaben der Hersteller und den eigenen Meßwerten vorhanden waren. Deswegen sind neben der abgekürzten Herstellerbezeichnung die Meßwerte für den E-Modul in kN/mm² sowie die dem jeweiligen Wert zugeordnete Härtestufe mit Bruchteilen einer Stufe angegeben (z. B. 45,0 kN/mm² ≙ K + 0,45).

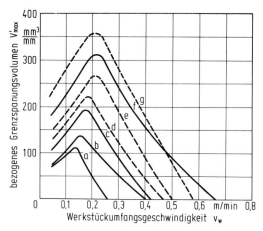

Bild 49. Bezogenes Grenzspanungsvolumen in Abhängigkeit von der Werkstückumfangsgeschwindigkeit beim Gewindeeinstechschleifen mit für $v_{s\,max} = 60$ m/s zugelassenen Edelkorundschleifscheiben in keramischer Bindung (Kriterium: Brenngrenze) [2]

Werkstoff: 90 Mn V 8, Kühlschmierstoff: Schleiföl, $Q = 60$ l/min, $p = 6$ bar, $v_s = 20$ m/s, $d_w = 39$ mm, $P = 1,5$ mm, $e = 0,72$ mm, metrisches Gewinde nach DIN 13
a Scheibe 320 L 7 (45,0 kN/mm² ≙ K + 0,45), b Scheibe 220 Jot 5 (46,8 kN/mm² ≙ L − 0,15), c Scheibe 320 Jot 9 (35,9 kN/mm² ≙ I + 0,42), d Scheibe 220 Jot 4 (43,8 kN/mm² ≙ K + 0,18), e Scheibe 180 Jot 4 (44,3 kN/mm² ≙ K + 0,30), f Scheibe 150 H 5 (38,8 kN/mm² ≙ Jot + 0,07), g Scheibe 220 Jot 7 (30,3 kN/mm² ≙ H + 0,18), ——— erster Hersteller, −−−−− zweiter Hersteller

Der Anstieg und Abfall des Standvolumens mit einem Maximum im Geschwindigkeitsbereich $v_w = 0,14$ bis $0,22$ m/min ist charakteristisch für das Gewinde-Einstechschleifen. Sowohl die Schleifscheibenhärte als auch die Körnung üben einen großen Einfluß auf das Standvolumen aus. Während beim Vergleich der Scheiben a, b und e der Einfluß der Körnung bei ungefähr gleicher Härte (siehe Meßwerte) deutlich hervortritt, zeigen sich beim Vergleich der Scheiben a und c sowie d und g die großen Auswirkungen veränderter Härte bei konstanter Körnung. Bei entsprechend reduzierter Härte kann man durchaus mit feinkörnigeren Scheiben größere Standvolumen als mit grobkörnigeren Scheiben erreichen (vergleiche b und c bzw. f und g). Die besten Ergebnisse wurden mit einer vom Hersteller mit 220 Jot 7 bezeichneten Scheiben erzielt. In Wirklichkeit lag die Härte dieser Scheibe um zwei Stufen niedriger, womit das günstige Ergebnis erklärt werden kann. Bei hohen Werkstückumfangsgeschwindigkeiten ist neben der Verschleißflächenbildung durch Druckerweichung der Kornschneiden in zunehmendem Maße ein Zusetzen der Scheiben zu beobachten, was bei feinkörnigeren Scheiben, die ein kleineres Volumen der Einzelporen zur Aufnahme der Späne aufweisen, besonders augenfällig in Erscheinung tritt. So ist zu erklären, daß im Bereich $v_w > 0,48$ m/min mit der Scheibe f ein höheres Grenzspanungsvolumen als mit der Scheibe g erreicht wird.

Der Einfluß der Werkstückumfangsgeschwindigkeit auf die Zerspankraftkomponenten beim Gewinde-Einstechschleifen ist für verschiedene Schleifscheiben in Bild 50 dargestellt. Analog zur Verschiebung des Maximums der Funktion $V'_{max} = f(v_w)$ in Abhängigkeit von der Schleifscheibenspezifikation (siehe Bild 49), verschiebt sich hier das Minimum der Kräfte in die gleiche Richtung. Wie auch bei anderen Schleifverfahren nehmen die Kräfte mit gröberer Körnung und fallender Schleifscheibenhärte ab.

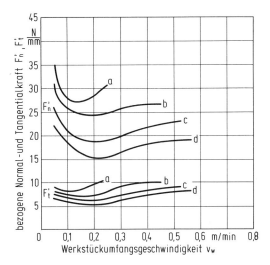

Bild 50. Bezogene Normal- und Tangentialkraft in Abhängigkeit von der Werkstückumfangsgeschwindigkeit bei verschiedenen Schleifscheiben [2]
Werkstoff: 90 Mn V 8, Kühlschmierstoff: Schleiföl, Q = 60 l/min, p = 6 bar, v_s = 20 m/s, d_w = 39 mm, P = 1,5 mm, e = 0,72 mm, metrisches Gewinde nach DIN 13, V' = 115 mm³/mm
a Scheibe 320 L 7 (45,0 kN/mm² ≙ K + 0,45), b Scheibe 220 Jot 4 (43,8 kN/mm² ≙ K + 0,18), c Scheibe 180 Jot 4 (44,3 kN/mm² ≙ K + 0,30), d Scheibe 220 Jot 7 (30,3 kN/mm² ≙ H + 0,18)

Aufgrund der Ergebnisse von Kostenrechnungen [2] muß für das Gewinde-Einstechschleifen von niedrig legierten gehärteten Stählen von einer gegenüber bisherigen Empfehlungen erheblich veränderten Schleifscheibenauswahl ausgegangen werden (Tabelle 5). Dabei muß zwischen Längsschleifen und Einstechschleifen unbedingt unterschieden werden. So können für das Einstechschleifen wesentlich weichere Scheiben empfohlen werden, da der Schleifscheibenverschleiß gegenüber dem beim Längsschleifen nur eine untergeordnete Rolle spielt. Hinsichtlich der empfehlenswerten Schleifscheiben und Werkstückumfangsgeschwindigkeiten muß klar zwischen dem Abrichten mit Stahl- und Diamantprofilrolle unterschieden werden. Beispielsweise kann die für das Gewinde-Einstechschleifen unter Einbeziehung des Abrichtwerkzeugs Diamantprofilrolle völlig ungeeignete Scheibe mit der Herstellerbezeichnung EK 150 F 9 VC (Meßwert: 26,4 kN/mm² ≙ G + 0,3) beim Abrichten mit Stahlprofilrolle bei Beachtung der entsprechenden Werkstückumfangsgeschwindigkeit durchaus empfohlen werden.
Die empfohlenen Werkstückumfangsgeschwindigkeiten sind als Richtwerte zu verstehen, da sich hier in Abhängigkeit vom zerspanten Werkstoff Verschiebungen ergeben können. In der Massenfertigung lohnt sich aber immer eine stichprobenartige

Ermittlung der Funktion $V'_{max} = f(v_w)$, mit deren Hilfe die kostengünstigste Werkstückumfangsgeschwindigkeit schnell berechnet werden kann.
Tendenzmäßig muß sich die kostengünstigste Werkstückumfangsgeschwindigkeit bei größeren Zustelltiefen zu kleineren Werten verschieben, was in Tabelle 5 Berücksichtigung fand. Bei Gewindesteigungen über 3 mm wird man insbesondere bei breiten Schleifscheiben ohne Schnittaufteilung nicht auskommen können.
Die Anwendung relativ weicher und grobkörniger Schleifscheiben für das Gewinde-Einstechschleifen von niedrig legierten gehärteten Werkzeugstählen ergibt in Verbindung mit der empfehlenswerten Schleifscheibenumfangsgeschwindigkeit $v_s = 20$ m/s eine erhebliche Senkung der Fertigungskosten, höhere Maßgenauigkeit infolge kleinerer Zerspankraftkomponenten, größere Lebensdauer (Standzeit) der Abrichtwerkzeuge, Reduzierung der notwendigen Antriebsleistung, eine erhebliche Einengung des Schleifscheibenspektrums (vereinfachte Lagerhaltung) und eine Verringerung der thermischen Belastung der Werkstückrandzonen.
Schleifscheiben aus kubisch kristallinem Bornitrid wurden bereits beim Innenrundschleifen und Werkzeugschleifen mit gutem Erfolg eingesetzt. Als bevorzugtes Anwendungsgebiet für solche Schleifscheiben gilt die Bearbeitung von schwer zerspanbaren Schnellarbeitsstählen mit hohem Gehalt an Vanadium. Diese Werkstoffe sind besonders bei Werkzeugen anzutreffen, die durch Gewindeschleifen bearbeitet werden müssen (Gewindebohrer, Gewindefräser, Abwälzfräser, Schneckenradfräser, Keilwellenfräser). Trotzdem haben sich Schleifscheiben aus kubisch kristallinem Bornitrid beim Gewindeschleifen bisher nicht durchsetzen können, da geeignete Abricht- und Profiliereinrichtungen fehlten. Dieses Problem kann für den Bereich des einprofiligen Gewindeschleifens durch die Beschreibung einer geeigneten Abrichtmethode und -einrichtung, basierend auf der schleifenden Bearbeitung mit Siliziumkarbidscheibe, als zufriedenstellend gelöst angesehen werden [2, 20].
Als maßgebendes Standkriterium muß beim Gewindeschleifen mit Bornitridscheiben ein unzulässiger Flankenwinkelfehler ($\alpha = +30'$ für Werkzeuge) angesehen werden. Der Kernradiusverschleiß spielt meist keine Rolle, wenn man einen Radius $R = 0{,}144$ mm zuläßt, was der genormten Kernrundung für ein Gewinde mit $P = 1$ mm Steigung entspricht. Gewinde mit kleinerer Steigung sollten mit Bornitridscheiben nicht geschliffen werden, da nach dem Abrichten von bronzegebundenen Scheiben im Mittel ein Kernradius $R = 0{,}11$ mm erreicht wurde, während dieser bei kunstharzgebundenen Scheiben mit $R = 0{,}07$ mm etwas niedriger lag. Beim Gewindeschleifen von Schnellarbeitsstahl S 6–5–2 betrug die Radiuszunahme bei einem bezogenen Spanungsvolumen $V' = 25\,000$ mm^3/mm nur $\Delta R = 0{,}015$ bis $0{,}03$ mm, wobei der größere Wert für kunstharzgebundene Scheiben gilt [2].
Beim Gewindeschleifen von schwer zerspanbaren Schnellarbeitsstählen mit großen Zustelltiefen ergeben sich beim Einsatz von Bornitridscheiben gegenüber Siliziumkarbidscheiben kleinere Zerspankraftkomponenten, geringere elastische Deformationen der im Kraftfluß liegenden Bauelemente, höhere Maß- und Formgenauigkeit, wesentlich geringere thermische Belastung der Oberflächenrandzone der Werkstücke, kein Rattern und verringerte Nebenzeiten.
Da auch hinsichtlich der Oberflächengüte beim Vergleich mit Siliziumkarbidscheiben kein entscheidender Nachteil erkennbar ist, kann in Zukunft mit einem stärkeren Einsatz von Bornitridscheiben zum Gewindeschleifen gerechnet werden. Eine Kostenrechnung ergab gegenüber Siliziumkarbidscheiben eine Senkung der Fertigungskosten um 22 bis 49% [2]. Als Nachteil muß eine etwas stärkere Gratbildung auf den Gewindespitzen angesehen werden.

17.6 Verfahren der spanenden Gewindeherstellung

Tabelle 5. Schleifscheibenauswahlliste für das Gewinde-Einstechschleifen von niedrig legierten gehärteten Stählen mit keramisch gebundenen Edelkorund-Schleifscheiben (empfohlene Schleifscheibenumfangsgeschwindigkeit $v_s = 20$ m/s) [2]

Metrisches Gewinde DIN 13			Empfohlene Schleifscheiben und Werkstückumfangsgeschwindigkeiten v_w											
			Abrichten mit Stahlrolle						Abrichten mit Diamantrolle					
			Schleifscheibe						Schleifscheibe					
Steigung P [mm]	Kern-radius R [mm]	Gewinde-tiefe h_3 [mm]	Kör-nung	E-Modul [kN/mm²]	Härte-grad	Struk-tur	Her-steller	v_w [m/min]	Kör-nung	E-Modul [kN/mm²]	Härte-grad	Struk-tur	Her-steller	v_w [m/min]
1,0	0,144	0,613	220 180	29,5 29,5	H H	7 7	B A	0,25 0,25	220 180 180	29,5 38,5 38,5	H Jot Jot	7 8 4	B A B	0,45 0,45 0,40
1,25	0,18	0,767	220 150	29,5 38,5	H Jot	7 5	B A	0,25 0,25	220 180 150	29,5 29,5 38,5	H H Jot	7 7 5	B A A	0,45 0,45 0,50
1,5	0,217	0,92	220 150 150	29,5 38,5 25 bis 29,5	H Jot G-H	7 5 7	B A A	0,25 0,25 0,14	220 180 150	29,5 29,5 38,5	H H Jot	7 7 5	B A A	0,40 0,40 0,45
2,0 bis 2,5	0,289 bis 0,361	1,227 bis 1,534	150	25	G	9	A	0,1[1]	150	38,5	Jot	5	A	0,50[1]
3,0 bis 4,0	0,433 bis 0,577	1,840 bis 2,454	150	20,5	F	9	A	0,1[1]	150	38,5	Jot	5	A	0,50[1]

1 nur beim Arbeiten mit zwei Schnitten.

Bild 51 verdeutlicht, unter welchen Bedingungen das Schleifen mit Bornitrid-Gewindeschleifscheiben bei gleicher Werkstückumfangsgeschwindigkeit (gleicher Hauptzeit) wirtschaftlicher ist als beim Schleifen mit konventionellen Schleifscheiben. Dabei kennzeichnet die Fläche die Grenzfälle für Kostengleichheit. In dem eingezeichneten Beispiel wird beim Schleifen mit Siliziumkarbidschleifscheiben mit einer Werkstückumfangsgeschwindigkeit $v_w = 0{,}1$ m/min ein bezogenes Grenzspanungsvolumen $V'_{max(SC)} = 80$ mm^3/mm erreicht. Hierfür muß beim Schleifen mit Bornitridschleifscheiben bei gleicher Werkstückumfangsgeschwindigkeit ein bezogenes Grenzspanungsvolumen $V'_{max(CBN)} = 10\,000$ mm^3/mm bzw. ein Schleifverhältnis $G_{(CBN)} = 966$ mm^3/mm^3 erreicht werden, um Kostengleichheit zu erzielen. Liegt demnach der Arbeitspunkt beim Schleifen mit Bornitrid-Gewindeschleifscheiben oberhalb der eingezeichneten Grenzfläche, arbeitet man mit diesen Schleifscheiben wirtschaftlicher, liegt er unterhalb der Grenzfläche, sind konventionelle Siliziumkarbidschleifscheiben kostengünstiger.

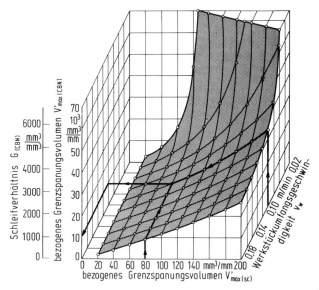

Bild 51. Grenzfläche für Kostengleichheit beim Gewindeschleifen mit Siliziumkarbid- (SC) und Bornitridschleifscheiben (CBN) [2] ($v_{w\,(SC)} = v_{w\,(CBN)} = v_w$)

Bild 51 macht deutlich, daß eine wirtschaftlichere Arbeitsweise mit Bornitridschleifscheiben insbesondere dann zu erwarten ist, wenn mit konventionellen Schleifscheiben nur kleine bezogene Grenzspanungsvolumen erreichbar sind, d. h. wenn schwer zerspanbare Werkstoffe bearbeitet werden müssen. Bei sehr kleiner Werkstückumfangsgeschwindigkeit erfordert ein linear ansteigendes Grenzspanungsvolumen $V'_{max(SC)}$ ein progressiv ansteigendes Grenzspanungsvolumen $V'_{max(CBN)}$, um Kostengleichheit zu erzielen. Hier kann man immer unter der Voraussetzung gleicher Werkstückumfangsgeschwindigkeit beim Schleifen mit konventionellen und Bornitridschleifscheiben in Bereiche kommen, in denen mit konventionellen Schleifscheiben grundsätzlich eine kostengünstigere Arbeitsweise möglich ist. Wird z. B. bei einer Werkstückumfangsgeschwindigkeit $v_w = 0{,}02$ m/min ein bezogenes Grenzspanungsvolumen $V'_{max(SC)} \geq 98{,}75$ mm^3/mm erreicht, arbeitet man mit Siliziumkarbidschleifscheiben immer kostengünstiger, auch wenn das bezogene Grenzspanungsvolumen $V'_{max(CBN)}$ gegen unendlich streben würde. Eine wirtschaftliche Arbeitsweise mit Bornitridschleifscheiben ist in diesem Fall nur bei Steigerung der Werkstückumfangsgeschwindigkeit $v_{w(CBN)}$ möglich. Verfolgt man die Linien konstanten Grenzspanungsvolumens $V'_{max(SC)}$, so erkennt man, daß mit linear abnehmender Werkstückumfangsgeschwindigkeit für Kostengleichheit ein steigendes Standvolumen notwendig ist. Für $V'_{max(SC)} = 20$ mm^3/mm steigt $V'_{max(CBN)}$ linear leicht an, während sich für größere Standvolumen $V'_{max(SC)}$ in zunehmendem Maße ein progressiver Anstieg von $V'_{max(CBN)}$ ergibt, so daß z. B. für $V'_{max(SC)} = 200$ mm^3/mm und $v_w < 0{,}04$ m/min das Schleifen mit konventionellen Schleifscheiben immer wirtschaftlicher ist. Die geschilderten Grenzfälle sind für die Praxis aber ohne Bedeutung, da man aus Kostengründen mit $v_{w(SC)} \gtrsim 0{,}06$ m/min arbeiten wird, wobei je nach Schleifscheibentyp Standvolumen $V'_{max(SC)}$ zwischen 10 und 120 mm^3/mm beim Schleifen von schwer zerspanbarem Schnellarbeitsstahl erreicht werden können [2, 21]. In diesem eingeengten Bereich der Grenzfläche in Bild 51 ist aber beim Schleifen mit Bornitridschleifscheiben eine wirtschaftlichere Arbeitsweise möglich.

17.6.7.5 Konstruktiver Aufbau von Gewindeschleifmaschinen
17.6.7.5.1 Allgemeines und Kinematik
Für die verschiedensten Bearbeitungsaufgaben stehen Gewindeschleifmaschinen in den unterschiedlichsten Automatisierungsgraden und für verschiedene Arbeitsbereiche zur Verfügung, doch werden zur optimalen Anpassung an das jeweilige Bearbeitungsproblem in verstärktem Maße Sonderkonstruktionen verwendet.

Ein Gewinde wird dadurch erzeugt, daß einer Drehbewegung des Werkstücks eine Längsbewegung zwischen Werkstück und Schleifscheibe überlagert wird. Je genauer die Getriebeübertragung zwischen der Dreh- und der Längsbewegung ist, desto größer ist auch die Steigungsgenauigkeit des erzeugten Gewindes.

Die Drehbewegung wird durch die Werkstückspindel, die das zwischen ihr und dem Reitstock eingespannte Werkstück mitnimmt, ausgeführt, während im Normalfall der Schleiftisch über eine Leitspindel in Längsrichtung bewegt wird. Werkstückspindel und Leitspindel sind über ein Getriebe miteinander verbunden. Unterschiedliche Steigungen am Werkstück können dadurch erzielt werden, daß das Drehzahlverhältnis zwischen beiden Elementen über Steigungswechselräder verändert wird. Für die Festlegung der Wechselräder für bestimmte Steigungen am Werkstück müssen die Getriebeübersetzung und die Steigung der Leitspindel berücksichtigt werden. Der Übertragungsweg innerhalb des Getriebes vom Antriebsmotor über die Werkstückspindel bis zur Leitspindel ist aus dem Getriebeplan in Bild 52 ersichtlich. Nach diesem Prinzip ist im allgemeinen der Antrieb von Gewindeschleifmaschinen zur Bearbeitung von Gewindespindeln aufgebaut.

Für weitergehende Bearbeitungsaufgaben sind außerdem im Getriebezug die Zusatzfunktionen Hinterschleifen, Radialteilen und Axialteilen berücksichtigt.

Die meisten Gewindeschneidwerkzeuge, wie z.B. Fräser oder Gewindebohrer, sind mit einem Hinterschliff versehen, wobei die Nutenanzahl unterschiedlich ist. Die Hinterschleifbewegung wird durch eine Relativbewegung zwischen der Schleifscheibe und dem zu schleifenden Werkstück in radialer Richtung zum Werkstück erzeugt. Diese Bewegung muß entsprechend der Nutenanzahl nach ganz bestimmten Drehwinkeln des Werkstücks bzw. der Werkstückspindel einsetzen.

Nach dem Getriebeplan in Bild 52 wird die Hinterschleifbewegung über eine Hinterschleifkurve eingeleitet, die den Schleifschlitten einschließlich der Schleifscheibe entsprechend der Kurvenform bewegt. Zwischen der Werkstückspindel und der Hinterschleifkurve besteht ein fester Getriebezug. Die Anzahl der Nuten des zu schleifenden Werkstücks kann durch die Nutenzahlwechselräder berücksichtigt werden. Die Anzahl der Umdrehungen der Hinterschleifkurve ist identisch mit der Anzahl der Nuten am Werkstück bei einer Umdrehung der Werkstückspindel.

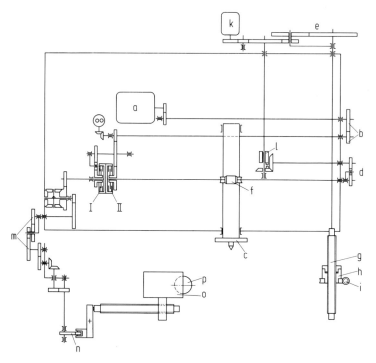

Bild 52. Getriebeplan einer Gewindeschleifmaschine mit Hinterschleif-, Radialteil- und Axialteileinrichtung

a Antriebsmotor, b Drehzahlwechselräder, c Werkstückspindel, d Teilgangwechselräder, e Steigungswechselräder, f Schneckengetriebe, g Leitspindel, h Leitspindelmutter, i Spielausgleich, k Schrittmotor für Axialteilen, l Kupplung für Radialteilen, m Nutenzahlwechselräder, n Hinterschleifkurve, o Schleifschlitten, p Schleifscheibe, I Eilgang, II Arbeitsgang

Sollen mehrzahnige Werkstücke, wie z. B. Schnecken oder Fräser, bearbeitet werden, muß die Gewindeschleifmaschine mit einer Radialteileinrichtung ausgerüstet sein. Die Leitspindel wird vom Schneckengetriebe der Werkstückspindel über Teilgangwechselräder, Kegelräder (einschließlich Einzahnkupplung) und Steigungswechselräder angetrieben. Wird die Kupplung geöffnet, läuft die Werkstückspindel weiter; der Antrieb zur Leitspindel ist jedoch unterbrochen. Da die Einzahnkupplung nach einer Umdrehung des Kegelrads den Getriebezug wieder schließt, ist eine Radialteilung entsprechend den verwendeten Teilgangwechselrädern erfolgt.

Zum Schleifen von Werkstücken mit ringförmigen Profilen, wie z. B. Stahlprofilrollen, wird eine Axialteileinrichtung eingesetzt. Diese besitzt einen eigenen Antrieb und verschiebt über die Steigungswechselräder und die Leitspindel den Schleiftisch. Voraussetzung ist, daß die Einzahnkupplung geöffnet ist.

17.6.7.5.2 Arbeitsbereiche

Die kürzeste *Schleiflänge* besitzen aufgrund der Werkstückcharakteristik die Gewindebohrerschleifmaschinen, beginnend bei etwa 50 mm Schleiflänge. Die größte Schleiflänge beträgt bei Langgewinde-Schleifmaschinen etwa 4000 mm, bei denen zusätzlich die Möglichkeit besteht, durch Verschieben des Werkstücks durch die hohle Werkstückspindel Spindeln zu schleifen, deren Gewindelänge 4000 mm noch überschreitet.
Die kleinste *Steigung* wird beim Schleifen von Gewindebohrern benötigt und beträgt etwa 0,25 mm. Schneckenschleifmaschinen weisen dagegen mit etwa 500 mm die höchste zu schleifende Steigung bei mehrgängigen Schnecken auf.
Der größte bekannte *Schleifdurchmesser* einer Gewindeschleifmaschine beträgt etwa 700 mm, während der minimale Durchmesser theoretisch beliebig klein gewählt werden kann.

17.6.7.5.3 Automatisierungsgrad

Entsprechend der Bearbeitungsaufgabe und der jeweiligen Wirtschaftlichkeit werden Gewindeschleifmaschinen in unterschiedlichen Automatisierungsgraden gebaut, und zwar als Universal-, teilautomatische und automatische Gewindeschleifmaschine.
Mit einer Universal-Gewindeschleifmaschine (Bild 53) können nahezu sämtliche Außen- und Innen-Gewindeschleifarbeiten ausgeführt werden. Sämtliche Maschinenfunktionen sind von Hand durchzuführen bzw. einzuleiten.

Bild 53. Universal-Gewindeschleifmaschine

Unter teilautomatischen Gewindeschleifmaschinen versteht man Maschinen, deren Schleifzyklus in Teilbereichen automatisiert ist bzw. die einen kompletten Schleifzyklus mit Ausnahme des Werkstückwechsels selbsttätig ausführen. Sie sind meist für untereinander ähnliche Schleifaufgaben eingerichtet; ihr Zyklusablauf ist leicht auf die jeweils notwendige Schleiftechnologie umstellbar.
Bei automatischen Gewindeschleifmaschinen vollzieht sich der gesamte Arbeitsablauf einschließlich des automatischen Ladens und Entladens der Werkstücke selbsttätig. Derartige Maschinen können für ein ganz bestimmtes Werkstück nach einem festen Schleifprogramm ausgelegt werden. Zur Bearbeitung von untereinander ähnlichen

Werkstücken auf der gleichen Maschine werden teilweise Kreuzschienenverteiler vorgesehen, um die entsprechenden Schleifzyklen an der Maschine programmieren zu können.

Gewindebohrer-Schleifmaschinen (Bild 54) werden aufgrund der relativ kurzen Taktzeit zur Bearbeitung der Werkstücke in der überwiegenden Mehrzahl als automatische Maschinen gebaut. Je nach Geometrie des Gewindebohrers werden Stapelmagazine (gleicher Durchmesser von Schaft und Schneidteil) oder Kettenmagazine (unterschiedlicher Durchmesser von Schaft und Schneidteil) zur automatischen Beschickung der Maschine verwendet. Nach beendeter Schleifbearbeitung wird das Werkstück automatisch aus der Maschine abtransportiert.

Bild 54. Automatische Gewindebohrerschleifmaschine mit Kettenmagazin und Ablageband

Bei automatischen und gelegentlich auch bei teilautomatischen Gewindeschleifmaschinen werden zum Profilieren der Schleifscheibe vorzugsweise Diamantprofilrollen eingesetzt, die kurze Abrichtzeiten ergeben und eine hohe Lebensdauer haben.

17.6.7.5.4 Abrichteinrichtungen

Zum Abrichten konventioneller Schleifscheiben können wie bei anderen Schleifverfahren nicht umlaufende Abrichtwerkzeuge (Einkorn-Diamant) oder umlaufende Abrichtwerkzeuge (Stahlprofilrolle, Diamantprofilrolle, Diamantscheibe) angewendet werden. Abrichtverfahren für neuere Schleifmittel (Diamant, kubisch kristallines Bornitrid) sind erst in jüngster Zeit untersucht worden. Für den Bereich des einprofiligen Gewindeschleifens stellt das in der Literatur [2 u. 20] beschriebene Verfahren (schleifende Bearbeitung mit getrennt angetriebener Siliziumkarbidscheibe) eine technisch und wirtschaftlich geeignete Lösung dar. Mehrprofilige Schleifscheiben können bei entsprechend geeigneter Schleifscheibenbindung mit einer Stahlprofilrolle profiliert werden (Einrollverfahren, Crushieren).

17.6.7.5.5 Zusatzeinrichtungen

Eine Vielzahl von Zusatzeinrichtungen für Gewindeschleifmaschinen bietet die Möglichkeit, nahezu jede denkbare Gewindeschleifbearbeitung auszuführen und auch Randprobleme zu lösen. Als wichtigste seien die Innenschleifeinrichtung, die Planschleifeinrichtung und die Tangentialschleifeinrichtung genannt. Mit letzterer ist das Schleifen von Gewindeformen und Profilen an ebenen Flächen, wie z. B. die Herstellung von tangentialen und radialen Schneidbacken, Mikrometereinsätzen, Strehlern, Flachlehren, Präzisionszahnstangen und dgl., möglich.

17.6.7.6 Arbeitsgenauigkeit

Die Qualität eines geschliffenen Gewindes wird in erster Linie vom Steigungsfehler, Taumelfehler und Profilformfehler sowie von der Oberflächengüte bestimmt. Die aufgeführte Reihenfolge gibt auch die Wertigkeit der Fehler an.
Der *Steigungsfehler* ist die Abweichung des tatsächlich geschliffenen Gewindes von der theoretischen Steigungsgeraden an jeder beliebigen Stelle der Gewindespindel. Steigungsfehler sind auf mechanische Fehler innerhalb der Gewindeschleifmaschine und auf thermische Einflüsse zurückzuführen. Unter Berücksichtigung aller Fehlermöglichkeiten können ungefähr folgende Steigungsgenauigkeiten beim Gewindeschleifen erzielt werden:

Schleiflänge [mm]	min. Steigungsfehler [μm]
25	2
100	3
300	6
1000	8
2000	10
3000	12
4000	15

Die erreichbare Steigungsgenauigkeit hängt dabei im wesentlichen auch vom Arbeitsverfahren ab (siehe Tabelle 4).
Um diese Werte zu erreichen, ist ein hoher maschinenbaulicher Aufwand notwendig. Daneben müssen jedoch auch thermische Einflüsse beachtet werden. Hierzu gehört in erster Linie, daß die Gewindeschleifmaschine in einem temperierten Raum aufgestellt wird, daß die Temperatur des Kühlschmierstoffs in äußerst engen Toleranzen konstant gehalten wird und daß die Leitspindel durch geeignete Kühlmaßnahmen keine Längenänderung erfährt.
Der *Taumelfehler* ist die Abweichung des tatsächlich geschliffenen Gewindes von der theoretischen Steigungsgeraden an jeder beliebigen Stelle innerhalb eines Gewindegangs. Er hat seine Ursachen im periodisch auftretenden Axialschlag der Werkstückspindel bei einer Umdrehung, im periodisch auftretenden Axialschlag der Leitspindel und im Steigungsfehler der Leitspindel. Trotz des Einflusses dieser Fehlermöglichkeiten kann der Taumelfehler auf 0,002 mm beschränkt bleiben, wobei die thermischen Einflüsse aufgrund der relativ kurzen Länge eines Gewindegangs vernachlässigt werden können.
Nach der Definition für den Steigungsfehler beinhaltet dieser auch den Taumelfehler. Die Angabe des Taumelfehlers ist jedoch aus meßtechnischen Gründen erforderlich, da die meisten Meßmaschinen so ausgelegt sind, daß nur in einer Ebene der geschliffenen Gewindespindel die Steigung gemessen werden kann. Um jedoch bei diesem Meßverfahren die Gesamtgenauigkeit festlegen zu können, muß zusätzlich noch der Taumelfehler berücksichtigt werden. Bei Meßmaschinen, welche die Gewindesteigung kontinuierlich messen können (rotatorische Messung über Drehgeber in Spindelachse, Längenmessung über Laser-Interferometer), ist der Taumelfehler Bestandteil der Messung, da jeder beliebige Punkt des geschliffenen Gewindes meßtechnisch erfaßt wird.

Profilformfehler haben in bezug auf die Steigungsgenauigkeit des Systems Gewindespindel und -mutter einen wesentlich geringeren Einfluß als der Steigungs- bzw. Taumelfehler, die unter diesem Gesichtspunkt als Fehler erster Ordnung zu bezeichnen sind. Profilabweichungen haben zur Folge, daß unterschiedliche Berührungsflächen (z. B. bei Trapezgewinden) bzw. Berührungspunkte (z. B. Kreisprofil bei Kugelumlaufspindeln) längs der nutzbaren Gewindelänge auftreten, die eine zusätzliche Relativbewegung zwischen Spindel und Mutter zur Folge haben. Die hierbei auftretende Axialkomponente beeinflußt die Steigungsgenauigkeit bei den üblichen Gewindeprofilen jedoch nur in geringem Maße und liegt normalerweise bei einem Bruchteil eines Mikrometers.

Zur Beurteilung der *Oberflächengüte* eines Gewindes ist neben der Oberflächenrauhigkeit, die in Abhängigkeit vom angewendeten Abrichtverfahren unterschiedliche Werte annehmen kann, die Welligkeit ein weiteres Kriterium. Diese wird durch periodische Relativschwingungen zwischen dem Wirkpaar Schleifscheibe und Werkstück oder durch eine Schleifscheibenwelligkeit verursacht. Hinsichtlich der erreichbaren Rauheitsmaße ist neben der Schleifscheibenspezifikation die thermische Belastung der Werkstückrandzone von entscheidender Bedeutung [2].

Literatur zu Kapitel 17

1. *Rolt, L. T.:* Tools for the Job. B. T. Batsford Ltd., London 1965.
2. *Druminski, R.:* Experimentelle und analytische Untersuchungen des Gewindeschleifprozesses beim Längs- und Einstechschleifen. Diss. TU Berlin 1977.
3. *Langsdorff, W.:* Gewindefertigung und Herstellung von Schnecken. Springer Verlag, Berlin 1969.
4. *Spur, G.:* Mehrspindel-Drehautomaten. Carl Hanser Verlag, München 1970.
5. *Jäger, H.:* Gewindeherstellung auf Drehautomaten. Werkstattblatt 459. Carl Hanser Verlag, München 1968.
6. Klingelnberg, Technisches Hilfsbuch. Springer Verlag, Berlin, Heidelberg, New York 1967.
7. Stock Taschenbuch. Druckschrift der R. Stock AG, Berlin 1972.
8. *Körsmeier, H.:* Technologie des Gewindebohrens. Technischer Verlag Resch KG, Gräfelfing 1974.
9. *Stender, W.:* Informationen über das Gewindeschälen. Druckschrift von A. Waldrich Coburg, Coburg.
10. *Weber, E.:* Gewindeschälen – Verfahren und Werkzeuge. Werkst. u. Betr. 110 (1977) 5, S. 307–310.
11. *Bertram, F.:* Gewindewirbeln. Techn. Rdsch. (1973) 40, S. 17–23.
12. *Kotthaus, H.:* Betriebstechnisches Handbuch, Bd. 2: Die Fertigung. Carl Hanser Verlag, München 1967.
13. *Düniß, W. Neumann, M., Schwartz, H.:* Trennen. VEB Verlag Technik, Berlin 1969.
14. *Brümmerhoff, R.:* Beitrag zur Untersuchung des Zerspanungsprozesses und des dynamischen Verhaltens beim Gewindeschleifen. Diss. TU Berlin 1971.
15. *Stade, G.:* Technologie des Schleifens. Carl Hanser Verlag, München 1962.
16. *Spur, G., Brümmerhoff, R.:* Einfluß der Kinematik und der Schleifscheibenzusammensetzung auf die Zerspankräfte beim Gewindeschleifen. ZwF 66 (1971) 8, S. 383–390.
17. *Druminski, R.:* Wärmebeeinflussung des Werkstoffgefüges beim Gewindeschleifen von legiertem Werkzeugstahl. ZwF 71 (1976) 3, S. 106–111.
18. *Dürr, H.:* Rattermarken beim Gewindeschleifen. Fachberichte für Oberflächentechnik 6 (1968) 5, S. 171–175.

19. *Werner, G.:* Die Bedeutung der extremen Schnittbedingungen für den Spanbildungsvorgang und die Schnittkraft beim Schleifen. Ind.-Anz. 92 (1970) 6, S. 99–102.
20. *Druminski, R.:* Abrichten von Bornitrid-Gewindeschleifscheiben. ZwF 72 (1977) 3, S. 137–141.
21. *Druminski, R.:* Tiefschleifen von Schnellarbeitsstahl mit Siliziumkarbid- und Bornitrid-Schleifscheiben. ZwF 72 (1977) 8, S. 387–397.
22. *Stender, W.:* Schälen von Gewindespindeln. Werkst.-Techn. u. Masch.-Bau 44 (1954) 11, S. 531–538.
23. *Stender, W.:* Genauigkeitsfragen in der Langgewindefertigung. Ind.-Bl. 56 (1956) 1, S. 27–31, u. 7, S. 267–271.
24. *Weber, E.:* Die Gewindeschälmaschine. Werkst. u. Betr. 110 (1977) 6, S. 355–360.

DIN-Normen

DIN 13 T1	(3.73)	Metrisches ISO-Gewinde; Regelgewinde von 1 bis 68 mm Gewindedurchmesser; Nennmaße.
DIN 13 T2	(3.70)	Metrisches ISO-Gewinde; Feingewinde mit Steigungen 0,2–0,25–0,35 mm von 1 bis 50 mm Gewindedurchmesser; Nennmaße.
DIN 13 T3	(3.70)	Metrisches ISO-Gewinde; Feingewinde mit Steigung 0,5 mm von 3,5 bis 90 mm Gewindedurchmesser; Nennmaße.
DIN 13 T4	(4.70)	Metrisches ISO-Gewinde; Feingewinde mit Steigung 0,75 mm von 5 bis 110 mm Gewindedurchmesser; Nennmaße.
DIN 13 T5	(4.70)	Metrisches ISO-Gewinde; Feingewinde mit Steigung 1 mm und 1,25 mm von 7,5 bis 200 mm Gewindedurchmesser; Nennmaße.
DIN 13 T6	(9.70)	Metrisches ISO-Gewinde; Feingewinde mit Steigung 1,5 mm von 12 bis 300 mm Gewindedurchmesser; Nennmaße.
DIN 13 T7	(9.70)	Metrisches ISO-Gewinde; Feingewinde mit Steigung 2 mm von 17 bis 300 mm Gewindedurchmesser; Nennmaße.
DIN 13 T8	(9.70)	Metrisches ISO-Gewinde; Feingewinde mit Steigung 3 mm von 28 bis 300 mm Gewindedurchmesser; Nennmaße.
DIN 13 T9	(9.70)	Metrisches ISO-Gewinde; Feingewinde mit Steigung 4 mm von 40 bis 300 mm Gewindedurchmesser; Nennmaße.
DIN 13 T10	(9.70)	Metrisches ISO-Gewinde; Feingewinde mit Steigung 6 mm von 70 bis 500 mm Gewindedurchmesser; Nennmaße.
DIN 13 T11	(11.70)	Metrisches ISO-Gewinde; Feingewinde mit Steigung 8 mm von 130 bis 1000 mm Gewindedurchmesser; Nennmaße.
DIN 13 T12	(11.75)	Metrisches ISO-Gewinde; Regel- und Feingewinde von 1 bis 300 mm Durchmesser; Auswahl für Durchmesser und Steigungen.
DIN 13 T13	(7.72)	Metrisches ISO-Gewinde; Gewindeübersicht für Schrauben und Muttern von 1 bis 52 mm Gewindedurchmesser und Grenzmaße.
DIN 13 T14	(3.72)	Metrisches ISO-Gewinde; Grundlagen des Toleranzsystems für Gewinde ab 1 mm Durchmesser.
DIN 13 T15	(3.72)	Metrisches ISO-Gewinde; Grundabmaße und Toleranzen für Gewinde ab 1 mm Durchmesser.
DIN 13 T16	(6.76)	Metrisches ISO-Gewinde; Lehren für Bolzen- und Muttergewinde; Lehrensystem und Benennungen.
DIN 13 T17	(6.76)	Metrisches ISO-Gewinde; Lehren für Bolzen- und Muttergewinde; Lehrenmaße und Baumerkmale.

DIN E 13 T17	(6.75)	Metrisches ISO-Gewinde; Lehren für Bolzen- und Muttergewinde; Lehrenmaße für Gewinde-Ausschußlehrdorn, Toleranzklassen mittel.
DIN 13 T18	(6.76)	Metrisches ISO-Gewinde; Lehren für Bolzen- und Muttergewinde; Lehrung der Werkstücke und Handhabung der Lehren.
DIN 13 T19	(5.72)	Metrisches ISO-Gewinde; Grundprofil und Fertigungsprofile.
DIN 13 T20	(11.72)	Metrisches ISO-Gewinde; Grenzmaße für Regelgewinde von 1 bis 68 mm Nenndurchmesser mit gebräuchlichen Toleranzfeldern.
DIN 13 T21	(2.73)	Metrisches ISO-Gewinde; Grenzmaße für Feingewinde von 1 bis 24,5 mm Nenndurchmesser mit gebräuchlichen Toleranzfeldern.
DIN 13 T22	(2.73)	Metrisches ISO-Gewinde; Grenzmaße für Feingewinde von 25 bis 52 mm Nenndurchmesser mit gebräuchlichen Toleranzfeldern.
DIN 13 T23	(2.73)	Metrisches ISO-Gewinde; Grenzmaße für Feingewinde von 52 bis 110 mm Nenndurchmesser mit gebräuchlichen Toleranzfeldern.
DIN 13 T24	(2.73)	Metrisches ISO-Gewinde; Grenzmaße für Feingewinde von 112 bis 180 mm Nenndurchmesser mit gebräuchlichen Toleranzfeldern.
DIN 13 T25	(2.73)	Metrisches ISO-Gewinde; Grenzmaße für Feingewinde von 182 bis 250 mm Nenndurchmesser mit gebräuchlichen Toleranzfeldern.
DIN 13 T26	(2.73)	Metrisches ISO-Gewinde; Grenzmaße für Feingewinde von 252 bis 1000 mm Nenndurchmesser mit gebräuchlichen Toleranzfeldern.
DIN 13 T27	(8.73)	Metrisches ISO-Gewinde; Regel- und Feingewinde von 1 bis 355 mm Gewindedurchmesser; Abmaße.
DIN 13 T28	(9.75)	Metrisches ISO-Gewinde; Regel- und Feingewinde von 1 bis 250 mm Gewindedurchmesser; Kernquerschnitte, Spannungsquerschnitte und Steigungswinkel.
DIN 14 T1	(11.71)	Metrisches ISO-Gewinde; Gewinde unter 1 mm Durchmesser; Grundprofil.
DIN 14 T2	(11.71)	Metrisches ISO-Gewinde; Gewinde unter 1 mm Durchmesser; Nennmaße.
DIN V 14 T3	(11.71)	Metrisches ISO-Gewinde; Gewinde unter 1 mm Durchmesser; Toleranzen.
DIN V 14 T4	(11.71)	Metrisches ISO-Gewinde; Gewinde unter 1 mm Durchmesser; Grenzmaße.
DIN 76 T1	(9.75)	Gewindeausläufe, Gewindefreistiche für Metrische ISO-Gewinde nach DIN 13.
DIN E 76 T2	(12.76)	Gewindeausläufe, Gewindefreistiche für Whitworth-Rohrgewinde nach DIN 259.
DIN 76 T3	(1.77)	Gewindeausläufe, Gewindefreistiche für Tapez-, Sägen- und Rundgewinde und andere Gewinde mit grober Steigung.
DIN 103 T1	(4.77)	Metrisches ISO-Trapezgewinde; Gewindeprofile
DIN 103 T2	(4.77)	Metrisches ISO-Trapezgewinde; Gewindereihen
DIN 103 T3	(4.77)	Metrisches ISO-Trapezgewinde; Abmaße und Toleranzen für Trapezgewinde allgemeiner Anwendung.
DIN 103 T4	(4.77)	Metrisches ISO-Trapezgewinde; Nennmaße.
DIN 103 T5	(10.72)	Metrisches ISO-Trapezgewinde; Grenzmaße für Muttergewinde von 8 bis 100 mm Nenndurchmesser.

DIN 103 T6	(10.72)	Metrisches ISO-Trapezgewinde; Grenzmaße für Muttergewinde von 105 bis 300 mm Nenndurchmesser.
DIN 103 T7	(10.72)	Metrisches ISO-Trapezgewinde; Grenzmaße für Bolzengewinde von 8 bis 100 mm Nenndurchmesser.
DIN 103 T8	(10.72)	Metrisches ISO-Trapezgewinde; Grenzmaße für Bolzengewinde von 105 bis 300 mm Nenndurchmesser.
DIN V 103 T9	(8.73)	Metrisches ISO-Trapezgewinde; Lehren für Bolzen- und Muttergewinde, Lehrenmaße und Baumerkmale.
DIN V 168 T1	(7.71)	Rundgewinde, vorzugsweise für Glasbehältnisse; Gewindemaße.
DIN 259 T1	(8.77)	Whitworth-Rohrgewinde; Zylindrisches Innen- und zylindrisches Außengewinde, Nennmaße.
DIN 259 T2	(8.77)	Whitworth-Rohrgewinde; Zylindrisches Innen- und zylindrisches Außengewinde, Toleranzen.
DIN 259 T3	(8.77)	Whitworth-Rohrgewinde; Zylindrisches Innen- und zylindrisches Außengewinde, Grenzmaße.
DIN 259 T4	(10.76)	Whitworth-Rohrgewinde; Zylindrisches Innen- und zylindrisches Außengewinde, Lehrung des Außengewindes, Lehrenmaße.
DIN 259 T5	(10.76)	Whitworth-Rohrgewinde; Zylindrisches Innen- und zylindrisches Außengewinde, Lehrung des Innengewindes, Lehrenmaße.
DIN V 380 T1	(11.75)	Flaches Metrisches Trapezgewinde; Gewindeprofile.
DIN V 380 T2	(11.75)	Flaches Metrisches Trapezgewinde; Gewindereihen.
DIN 405 T1	(11.75)	Rundgewinde; Gewindeprofile, Nennmaße, Gewindereihen.
DIN V 513 T1	(1.75)	Metrisches Sägengewinde; Gewindeprofile.
DIN V 513 T2	(1.75)	Metrisches Sägengewinde; Gewindereihen.
DIN V 513 T3	(1.75)	Metrisches Sägengewinde; Abmaße und Toleranzen.
DIN 2244	(1.77)	Gewinde; Begriffe.
DIN 2999 T1	(11.75)	Whitworth-Rohrgewinde für Gewinderohre und Fittings; Zylindrisches Innengewinde und kegeliges Außengewinde, Gewindemaße.
DIN 2999 T2	(8.73)	Whitworth-Rohrgewinde für Gewinderohre und Fittings; Zylindrisches Innengewinde und kegeliges Außengewinde; Lehrensystem und Handhabung der Lehren.
DIN 2999 T3	(8.73)	Whitworth-Rohrgewinde für Gewinderohre und Fittings; Lehrenmaße.
DIN 299 T4	(1.75)	Whitworth-Rohrgewinde für Gewinderohre und Fittings; Kegelige Gewinde-Grenzlehrdorne zur Lehrung des zylindrischen Innengewindes; Baumaße.
DIN 2999 T5	(8.73)	Whitworth-Rohrgewinde für Gewinderohre und Fittings; Zylindrische Gewinde-Grenzlehrringe zur Lehrung des kegeligen Außengewindes; Baumaße.
DIN 2999 T6	(1.75)	Whitworth-Rohrgewinde für Gewinderohre und Fittings; Kegelige Gewinde-Prüfdorne; Baumaße.
DIN 3858	(8.70)	Whitworth-Rohrgewinde; Zylindrisches Innengewinde und kegeliges Außengewinde für Rohrverschraubungen.
DIN 6341 T2	(6.59)	Zug-Spannzangen; Spannzangengewinde, Nennmaße, Toleranzen, Grenzmaße.
DIN 6630	(2.76)	Packhilfsmittel; Gewinde für Faßverschraubungen; Profile, Abmaße, Grenzmaße.
DIN E 8589 T2	(11.73)	Fertigungsverfahren Spanen; Spanen mit geometrisch bestimmten Schneiden, Unterteilung, Begriffe.

18 Zerspanung von Sonderwerkstoffen und schwerzerspanbaren Werkstoffen

o. Prof. Dr.-Ing. W. König, Aachen

18.1 Einleitung

Die Entwicklung auf dem Gebiet des Triebwerks-, Raketen- und Reaktorbaus erfordert zunehmend die Verwendung von Sonderwerkstoffen, die bestimmte, auf den speziellen Anwendungsfall abgestimmte mechanische, physikalische und chemische Eigenschaften aufweisen müssen. Von diesen Werkstoffen werden ein hoher Korrosionswiderstand, eine hohe Warmzeitfestigkeit und -streckgrenze, Verschleißfestigkeit, ein sehr geringer Neutronenabsorptionsquerschnitt oder ein sehr hohes Neutronenabsorptionsvermögen verlangt. Darüber hinaus spielt die Frage nach der Verträglichkeit der Werkstoffe mit den Brennstoffen und den Kühlmedien eine entscheidende Rolle.

18.2 Hochschmelzende Werkstoffe

Von den zehn Elementen, deren Schmelzpunkt über 2000 °C liegt, und zwar Wolfram (3380 °C), Rhenium (3150 °C), Tantal (3000 °C), Osmium (2690 °C), Molybdän (2622 °C), Iridium (2454 °C), Niob (2470 °C), Ruthenium (2500 °C), Hafnium (2260 °C) und Bor (2000 °C), sind nur Wolfram, Molybdän, Tantal und Niob praktisch verwendbar, da die anderen für eine Anwendung in größerem Umfang zu teuer sind. Hinzu kommt noch Graphit.

Bisher sind nur reine Elemente und einige ihrer Legierungen als Konstruktionswerkstoffe näher untersucht worden. Sinterwerkstoffe, bestehend aus Oxiden, Karbiden, Siliziden, Nitriden usw., haben oft auch sehr hohe Schmelztemperaturen; umfangreiche Angaben über den Einsatzbereich dieser Werkstoffe und über deren Zerspanbarkeit liegen aber noch nicht vor.

18.2.1 Wolfram und Wolframlegierungen

Wolfram wird meist durch Sintern, weniger häufig durch Lichtbogenerschmelzung gewonnen. Es ist bei Raumtemperatur sehr spröde.

Die Spanbildung erfolgt bei niedrigen Schnittgeschwindigkeiten auf ähnliche Weise wie bei der Zerspanung von Glas; daher sind auch die bearbeiteten Oberflächen äußerst rauh. Bei höheren Schnittgeschwindigkeiten entstehen wesentlich bessere Oberflächen, sofern die Übergangstemperatur vom spröden zum duktilen Werkstoffzustand (bei etwa 500 °C) an der Spanentstehungsstelle überschritten wird. Die Standzeiten sinken dann allerdings deutlich.

Die Zerspanbarkeit von gesintertem Wolfram wird durch Herabsetzen der Dichte auf unter 90% der theoretischen Dichte sehr günstig beeinflußt. Bei 70% der theoretischen Dichte entstehen schon bei niedrigen Schnittgeschwindigkeiten Fließspäne, und man erhält eine hohe Oberflächengüte. Eine Verbesserung der Zerspanbarkeit wird durch Zulegieren von 0,5% Rhenium erreicht.

18.1 Einleitung

Beim Drehen treten leicht Ausbrüche am Werkstückende und an Absätzen auf; daher sollte nach Möglichkeit vom Rand zur Mitte hin gedreht werden. Die Werkzeuge müssen sehr scharf geschliffen sein. Schnellarbeitsstähle haben sich als Schneidstoffe beim Drehen von Wolfram und Wolframlegierungen (Tabelle 1) nicht bewährt.

Tabelle 1. Richtwerte für das Drehen von Wolfram und Wolframlegierungen [1]

Werkstoff – Dichte	mehr als 90%	85 bis 90%	84 bis 90%, getränkt mit Silber bzw. Kupfer
Schneidstoff	HM: K05	HM: K05 bis K15	HM: K05 bis K20
Schneidkeilgeometrie	$\gamma = 5°$ $\lambda = 0°$	$\gamma = 5$ bis $10°$ $\lambda = 0°$	
Schnittgeschwindigkeit v [m/min]	40 bis 10	45 bis 15	200 bis 80
Schnittiefe a [mm]	0,3 bis 1,0		0,5 bis 2,0
Vorschub s [mm]	0,08 bis 0,2		0,1 bis 0,25
Kühlschmierstoff	Trockenschnitt oder Emulsion		

Fräsen ist im allgemeinen nicht zu empfehlen, da Wolfram zu spröde ist. Sollte es nicht zu umgehen sein, dann bringt das Gleichlauffräsen mit Hartmetallwerkzeugen die besten Ergebnisse hinsichtlich Werkzeugstandzeit und Oberflächengüte (Tabelle 2). Beim Stirnfräsen empfiehlt es sich, das ganze Werkstück in aushärtende Kunststoffe einzupacken oder von beiden Seiten bis zur Mitte zu fräsen.

Tabelle 2. Richtwerte für die spanende Bearbeitung von Wolfram mit 84 bis 90% der theoretischen Dichte [1]

Verfahren	Fräsen	Bohren	Gewindeschneiden
Schneidstoff	HM: K05 bis K15	HM: K10 S 12-1-4-5	S 12-1-4-5
Schneidkeilgeometrie	$\gamma_x = \gamma_y = 15°$	$\sigma = 118$ bis $90°$	–
Schnittgeschwindigkeit v [m/min]	45 bis 15	HM: 40 bis 15 HSS: 10 bis 4	–
Schnittiefe a [mm]	0,08 bis 0,2	–	0,05 bis 0,1
Vorschub s bzw. s_z [mm]	0,05 bis 0,08	0,02 bis 0,05	–
Kühlschmierstoff	Trockenschnitt	hochchlorierte Schneidöle	Trockenschnitt

Das Bohren von Wolfram bereitet größere Schwierigkeiten. Es treten leicht Risse in Ebenen parallel zur Oberfläche und Ausbrüche beim Austritt des Bohrers auf. Der Einfluß der verschiedenen Güteklassen von Schnellarbeitsstahl ist nicht groß. Hartmetall weist gegenüber Schnellarbeitsstahl keine Vorteile auf. Die Ausbruchgefahr beim Austritt des Bohrers kann umgangen werden, indem man das Werkstück auf Stahl auflegt.

Der Wärmeausdehnungskoeffizient von Wolfram ist wesentlich geringer als der von Stahl. Die Folge ist, daß durch die entstehende Zerspanungswärme das Werkzeug klemmen kann, d.h. es muß stets ausreichend gekühlt werden. Hochchlorierte Kühlschmierstoffe oder ein Gemisch aus Luft und Molybdändisulfid haben sich bewährt. Eine Werkstückerwärmung auf 300 bis 350 °C hat sich als vorteilhaft erwiesen.

Gewindeschneiden ist nur sehr schwer möglich, da die Gewindegänge im Wolfram ausbrechen. Als Sonderbehandlung hat sich nur das Aufheizen des Werkstoffs auf 300 °C bewährt. Beim Schneiden von Außengewinden wird das Werkstück zwischen Aluminium oder Stahl gespannt, um den Meißel auslaufen lassen zu können. Die Gewinde haben wegen der großen Sprödigkeit des Werkstoffs aber nur eine geringe Festigkeit.

Ein besonderes Verfahren zum Bearbeiten von Wolfram, das sich bei einigen Werkstückformen gut bewährt hat, ist in den USA entwickelt worden. Nach dem Sintern wird das Wolfram, das 84 bis 90% der theoretischen Dichte haben muß, mit einem Werkstoff ausgefüllt, der nicht mit Wolfram reagiert. Der Füllwerkstoff setzt die Gefahr von Werkstückausbrüchen weitestgehend herab und soll bei der Zerspanung außerdem als Schmierstoff dienen. Er wird nach dem Bearbeiten durch Verflüchtigen wieder entfernt.

Als Füllstoffe eignen sich Gold und Silber sehr gut, ebenso Kupfer, das den Vorzug hat, billiger zu sein. Die Infiltration geschieht in einer Wasserstoffatmosphäre bei 1350 °C. Nach einer derartigen Vorbehandlung kann man die Schnittgeschwindigkeit um 100 bis 300% steigern. Gute Oberflächengüten werden erzielt. Fräsen bereitet keine Schwierigkeiten, da Werkstückausbrüche bei der Bearbeitung nicht mehr auftreten.

Sofern Kupfer als Füllstoff verwendet wurde, wird es nach der Bearbeitung bei einer Temperatur von 1900 °C wieder verflüchtigt. Spektroskopische Untersuchungen zeigten, daß nur ein äußerst geringer Kupferanteil im Wolfram verbleibt. Die durchschnittliche Porengröße beträgt einige Mikrometer.

Die Verwendung von Kühlschmierstoffen ist – außer beim Bohren – umstritten. Es haben sich nur geringe Standzeitverbesserungen erzielen lassen. Eine Verbesserung der Oberflächengüte wird nicht erreicht [1].

18.2.2 Molybdän und Molybdänlegierungen

Aus der Gruppe der hochschmelzenden Metalle weisen Molybdän und Molybdänlegierungen die höchsten Zeitstandwerte oberhalb von 1300 °C auf; sie werden von den neueren Nioblegierungen jedoch schon fast erreicht. Molybdänlegierungen mit etwa 0,5% Titan haben sich im Hinblick auf eine besondere Gleichmäßigkeit des Gefüges und bessere Festigkeitseigenschaften auch bei hohen Temperaturen bewährt. Noch besser ist eine Legierung aus Molybdän mit 1% Titan, 0,1% Zirkon und 0,5% Niob. Reines Molybdän ist bei Raumtemperatur spröde; es neigt zur Schichtenbildung. Die Kornausbildung beeinflußt die Bearbeitbarkeit von Molybdän sehr. Beste Ergebnisse erzielt man bei gleichmäßigem, faserigem Korn. Die Ausgangshärte beträgt hierbei üblicherweise 200 bis 250 HB.

Unverformtes Molybdän ist weicher als verformtes. Es ist jedoch schwierig, bei unverformtem Werkstoff eine zufriedenstellende Oberflächengüte zu erzielen. Stark verformtes Molybdän mit längerem Korn ist dagegen härter, und die spanende Bearbeitung führt zu kürzeren Standzeiten der Werkzeuge. Molybdänlegierungen mit nur geringem Anteil an Legierungselementen können bei einer Herabsetzung der Schnittgeschwindigkeit um etwa 10% wie reines Molybdän zerspant werden (Tabelle 3).

18.2 Hochschmelzende Werkstoffe

Tabelle 3. Richtwerte für die spanende Bearbeitung von Molybdän und Molybdänlegierungen [1, 3]

Verfahren	Schrupp-Drehen	Schlicht-Drehen	Stirn-Fräsen	Walzenstirn-Fräsen	Bohren	Gewinde-schneiden
Schneidstoff	HM: K10 bis K30	HM: K10 bis K30	HM: K10 bis K30 S 6-5-3	S 6-5-3	HM: K10 bis K30 S 6-5-2 S 2-9-1	HM: K10 bis K30 S 6-5-2 S 2-9-1
Schneidkeilgeometrie	γ = 10 bis 15° λ = 0 bis 5° α = 8°	γ = 12 bis 15° α = 8°	γ_y = 10° γ_x = 7° α = 10°	γ_y = 10° γ_x = 7° α = 10°	σ > 118°	zweinutig
Schnittgeschwindigkeit v [m/min]	60 bis 30	150 bis 80	HM: 60 bis 40 HSS: 35 bis 20	35 bis 20	HM: 15 bis 10 HSS: 8 bis 5	HM: 10 bis 8 HSS: 7 bis 4
Schnittiefe a [mm]	1,0 bis 3,0	0,5 bis 1,0	0,5 bis 2,0	max. 0,35·D	–	0,1 bis 0,5
Vorschub s bzw. s_z [mm]	0,15 bis 0,3	0,07 bis 0,2	0,07 bis 0,12	0,07 bis 0,12	0,1 bis 0,15	–
Kühlschmierstoff	Emulsion 5 bis 10% oder Trockenschnitt				Trichlorethan und hochchloriertes Schneidöl 1:1	

Molybdän und seine Legierungen neigen beim Drehen stark zum Verkleben mit dem Werkzeug [1, 2, 3]. Beim Losreißen der Verklebungen durch den ablaufenden Span werden auch Schneidstoffpartikel aus der Spanfläche nahe der Schneidkante herausgerissen. Der Verschleiß der Werkzeuge wird überwiegend durch so entstandene Ausbrüche und weniger durch Abrasion verursacht (Bild 1). Auch durch Steigerung der Schnittgeschwindigkeit auf 250 bis 280 m/min lassen sich die Verklebungen nicht vermeiden.

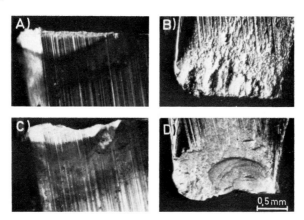

Bild 1. Verschleiß an einem Werkzeug aus Hartmetall K 20 beim Drehen der Molybdänlegierung TZM im Trockenschnitt [3]
Schnittgeschwindigkeit v = 140 m/min; Spanungsquerschnitt a · s = 1,5 · 0,25 mm²; Schneidkeilgeometrie: $\gamma = 20°$, $\alpha = 8°$, $\lambda = 5°$, $\varkappa = 75°$, $\varepsilon = 90°$, r = 0,5 mm
A) Freifläche, Schnittzeit t = 1 min; B) Spanfläche, t = 1 min; C) Freifläche, t = 8 min; D) Spanfläche, t = 8 min

Die praktisch anwendbaren Schnittgeschwindigkeiten liegen innerhalb enger Grenzen, da der Werkzeugverschleiß mit steigender Schnittgeschwindigkeit stark zunimmt. Das deutet auf eine sehr hohe thermische Belastung der Schneide hin. Sie kann durch große positive Spanwinkel reduziert werden. Auf die Verwendung von Kühlschmierstoffen wird häufig verzichtet, um den Wert der Späne zu erhalten. Verunreinigungen durch Kühlschmierstoffe, Oxide oder abgeriebene Metallteile machen sie wertlos.
Beim Herabsetzen der Schnittgeschwindigkeit verschlechtert sich die Oberflächengüte sehr schnell. Selbst bei hohen Schnittgeschwindigkeiten entstehen aber schuppige und meist matte Oberflächen. Um ein Schmieren des Werkstoffs bei Verschlechterung der Oberflächengüte und des Verschleißverhaltens zu vermeiden, empfiehlt es sich, die Schnittiefe a größer als 0,2 bis 0,3 mm zu wählen.
Beim Drehen von Molybdän können bei niedrigen Schnittgeschwindigkeiten Bröckelspäne auftreten. Bei höheren Schnittgeschwindigkeiten und bei Verwendung von Werkzeugen mit hinreichend großem, positivem Spanwinkel ($\gamma \approx 15$ bis $20°$) entstehen bei freiem Spanablauf spröde Bandspäne. Bei Einsatz von Werkzeugen mit Spanbrechern oder Spanleitstufen können sie leicht in kurze Stücke gebrochen werden. Die Spanform und Spanbrechung bereiten beim Drehen von Molybdän im allgemeinen keine Schwierigkeiten.
Als Schneidstoffe kommen sowohl Hartmetall als auch Schnellarbeitsstahl in Frage. Bei Hartmetall haben sich zähe Sorten der Zerspanungsanwendungsgruppe K bewährt.

Hartmetalle der Gruppe P sind dagegen ungeeignet. Beim Bohren, Fräsen und Hobeln werden jedoch häufig Werkzeuge aus Schnellarbeitsstahl verwendet. Hartmetall ergibt beim Feinfräsen allerdings eine bessere Oberflächengüte. Gleichlauffräsen ist dem Gegenlauffräsen vorzuziehen.

Beim Bohren ist ein ausreichender Freischliff der Werkzeuge notwendig. Es empfiehlt sich, die Bohrer auszuspitzen. Die hohe Zerspanungswärme muß durch große Kühlschmierstoffmengen abgeführt werden, da sonst der Bohrer aufgrund des größeren Wärmeausdehnungskoeffizienten des Stahls leicht in der Bohrung festklemmen kann. Ebenfalls empfiehlt es sich, den Bohrer oft zu lüften.

Gewindeschneiden ist infolge der Anisotropie, Sprödigkeit und Verschleißneigung des Molybdäns nur schlecht durchführbar. Ein Ausweichen auf spanlose Verfahren, wie z.B. Rollen oder Walzen, ist nur nach vorangegangener Erwärmung des Werkstoffs auf 160 °C möglich. Lediglich Grobgewinde sind herstellbar. Feingewinde müssen nach einem Vorschnitt durch Schleifen fertigbearbeitet werden. Beim Gewindebohren soll ein Flankenüberdeckungsgrad des zu bohrenden Gewindes von 60% nicht überschritten werden. Der Einsatz eines Kühlschmierstoffes ist empfehlenswert.

Lichtbogenerschmolzenes Molybdän ist etwas besser zerspanbar als gesintertes Molybdän, da es bei der Bearbeitung sehr dünner Teile nicht so stark zum Abplatzen neigt; auch bessere Oberflächengüten sind erreichbar.

Restspannungen sind vor einer weiteren Bearbeitung, besonders aber vor Feinbearbeitungsverfahren, zu beseitigen, um Risse zu vermeiden (3 min Glühen bei 800 bis 1000 °C im Vakuum).

Bei Legierungen mit hohen Wolfram-Anteilen (30 bis 50% Wolfram) muß die Schnittgeschwindigkeit bis zu 50% der in den Tabellen 1 und 2 angegebenen Werte herabgesetzt werden. Eine Verringerung des Vorschubs bis zu 25% ist ebenfalls empfehlenswert.

In vielen Fällen hat sich als Kühlschmierstoff eine Mischung von chloriertem Schneidöl mit Trichlorethan (giftig!) im Verhältnis 1:1 oder reines Trichlorethan bewährt. Auch mit chlorierten Schneidölen allein wurden gute Erfolge erzielt, allerdings wird der Werkstoff stark verunreinigt. Oftmals ist eine Preßluftkühlung vorteilhaft. Beim Drehen kann durch die Verwendung einer Kohlendioxidkühlung eine wesentliche Standzeitverbesserung erreicht werden.

18.2.3 Tantal und Tantallegierungen

Tantal zeichnet sich durch extreme Verformbarkeit und außergewöhnliche Korrosionsbeständigkeit aus. Bei der spanenden Bearbeitung empfiehlt es sich, nicht zu geringe Schnittgeschwindigkeiten und Schnittiefen zu wählen, da der Werkstoff sehr stark zum Schmieren neigt (Tabellen 4 und 5).

Eine zufriedenstellende Oberflächengüte ist nur durch Verringerung des Vorschubs erreichbar. Allerdings ist damit ein Verlust an Standzeit verbunden.

Als Schneidstoff wird Hartmetall nicht empfohlen, da reines Tantal beim Zerspanen mit dem Wolframkarbid des Hartmetalls reagiert. Span- und Neigungswinkel der Werkzeuge sollten möglichst groß gewählt werden.

Drehen, Fräsen und Bohren sind mit scharfen Werkzeugen bei hinreichender Kühlschmierstoffzufuhr einfach durchzuführen. Allerdings wird aufgrund der großen Zähigkeit des Werkstoffs besonders beim Bohren und Fräsen die Spanabfuhr erschwert. Um

Tabelle 4. Richtwerte für das Drehen von Tantal und Tantal mit 10% Wolfram [1]

Werkstoff	Tantal	Tantal mit 10% Wolfram	
Schneidstoff	S 12-1-4-5 S 18-1-2-10	HM: K10 bis K20	S 12-1-4-5 S 18-1-2-10
Schneidkeil- geometrie	$\gamma = 20$ bis $30°$ $\lambda = 10$ bis $20°$	$\gamma = 15$ bis $20°$ $\lambda = 5$ bis $10°$ $\alpha = 8$ bis $12°$ $r = 0,8$ bis $1,5$ mm	$\gamma = 20$ bis $30°$ $\lambda = 10$ bis $20°$
Schnittgeschwindigkeit v [m/min]	18 bis 15	60 bis 30	25 bis 15
Schnittiefe a [mm]	0,7 bis 1,5		
Vorschub s [mm]	0,12 bis 0,3		
Kühlschmierstoff	Emulsion 5 bis 10%		

Tabelle 5. Richtwerte für die spanende Bearbeitung von Tantal mit 10% Wolfram [1]

Verfahren	Stirn-Fräsen	Walzen-Fräsen	Bohren	Gewinde-schneiden
Schneidstoff	S 18-1-2-10	S 12-1-4-5	S 2-9-1	S 2-9-1 S 6-5-2
Schneidkeil-geometrie	$\gamma = 20°$		$\sigma = 118°$	–
Schnittgeschwindigkeit v [m/min]	20 bis 15		L = D: 18 bis 15 L = 2D: 12 bis 6	1,5
Schnittiefe a [mm]	0,7 bis 1,5		–	–
Vorschub s bzw. s_z [mm]	0,15 bis 0,25	0,08 bis 0,15	0,05	–
Kühlschmierstoff	Emulsion: 5 bis 10%		hochdruckfestes Öl mit Chlorzusätzen	
Bemerkungen	–	viernutig	ausgespitzt	zweinutig drallgenutet

einen freien Spanfluß zu ermöglichen, empfiehlt es sich bei diesen Verfahren und beim Gewindeschneiden die Späne in kurzen Zeitabständen zu entfernen.
Die Verwendung geeigneter Kühlschmierstoffe in großen Mengen wird sehr empfohlen. Bewährt haben sich hochdruckfeste, chlorierte Schneidöle sowie Tetrachlorkohlenstoff und Trichlorethan. Letztere sind jedoch heute wegen ihrer gesundheitsschädlichen Wirkung nur in Ausnahmefällen und unter besonderen Vorsichtsmaßnahmen anwendbar.
Die hochfeste Legierung aus 90% Tantal und 10% Wolfram ist wie Tantal zu bearbeiten. Da diese Legierung beim Zerspanen nicht so sehr zum Schmieren neigt, können auch feine Schnitte vorgenommen werden [1].

18.2.4 Niob und Nioblegierungen

Niob weist im Vergleich zu den übrigen hochschmelzenden Metallen eine niedrige Dichte (8,57 g/cm^3) auf. Unlegiert hat es nur eine geringe Warmfestigkeit. Daher wurden Nioblegierungen mit Molybdän und Titan bzw. Hafnium und Titan entwickelt, die neben einer hohen Zugfestigkeit auch eine gute Warmfestigkeit bis etwa 1400 °C aufweisen. Anwendungsgebiete für Nioblegierungen sind u. a. die Luft- und Raumfahrt sowie die Kerntechnik.

Hinsichtlich der Zerspanbarkeit können Nioblegierungen ähnlich wie austenitische korrosionsbeständige Stähle eingeordnet werden. Allerdings sind die erreichbaren Oberflächengüten schlechter, da Niob stark zum Schmieren und zur Aufbauschneidenbildung neigt. Diese läßt sich auch durch höhere Schnittgeschwindigkeiten nur unwesentlich verringern.

Als Schneidstoffe können Schnellarbeitsstahl, Stellit und, besonders beim Drehen, Hartmetall der Zerspanungsanwendungsgruppe K (K10 bis K20) verwendet werden (Tabellen 6 und 7).

Tabelle 6. Richtwerte für das Drehen von Niob und Nioblegierungen [1]

Werkstoff	Niob	Nioblegierungen	
Schneidstoff	S 18–1–2–10	HM: K10 bis K20	S 18–1–2–10
Schneidkeilgeometrie	γ = 20 bis 30° λ = 10 bis 15°	γ = 15 bis 25° λ = 5 bis 10° r = 1mm	γ = 20 bis 30° λ = 10 bis 15°
Schnittgeschwindigkeit v [m/min]	< 50	70 bis 30	40 bis 25
Schnittiefe a [mm]	0,7 bis 1,5		
Vorschub s [mm]	0,12 bis 0,25	0,12 bis 0,30	
Kühlschmierstoff	Emulsion		

Tabelle 7. Richtwerte für die spanende Bearbeitung von Nioblegierungen [1]

Verfahren	Stirn-Fräsen	Walzen-Fräsen	Bohren	Gewindeschneiden
Schneidstoff	S 18–1–2–10	S 12–1–4–5	S 6–5–2	
Schneidkeilgeometrie	γ = 20°		σ = 118 bis 90°	–
Schnittgeschwindigkeit v [m/min]	30 bis 20	25 bis 15	3 bis 1,5	
Schnittiefe a [mm]	0,7 bis 1,5	0,25 · D	–	–
Vorschub s bzw. s_z [mm]	0,12 bis 0,25	0,05 bis 0,12	0,05 bis 0,08	
Kühlschmierstoff	hochdruckfestes Öl mit Chlorzusätzen		hochgeschwefelte Kühlflüssigkeit	5%ige Kaliumnitrat-Lösung
Bemerkungen	–	–	L < 2D ausgespitzt	zweinutig drallgenutet

Besondere Beachtung ist der Schneidkeilgeometrie zu widmen. Möglichst große positive Spanwinkel führen zu erheblichen Standzeitgewinnen und zur Verbesserung der Oberflächengüte.

Als Kühlschmierstoffe haben sich hochchlorierte Schneidöle und – beim Schaftfräsen – auch hoch schwefelhaltige Schneidöle bewährt.

Bei allen Bearbeitungsverfahren ist für eine wirkungsvolle Absaugung von Spänen und ggf. entstehendem Metallstaub zu sorgen, da beides gesundheitsschädigend wirkt.

Neben den erwähnten Legierungselementen Molybdän, Titan und Hafnium wirkt sich der Sauerstoffgehalt (im allgemeinen 0,05%) durch seinen Einfluß auf die Härte stark auf die Zerspanbarkeit aus. Bei höheren als den üblichen Sauerstoffgehalten ist die Schnittgeschwindigkeit um 10 bis 20% zu reduzieren. Derartige Legierungen weisen allerdings bessere Oberflächengüten auf [1].

18.3 Kobalt und Kobaltlegierungen

Kobaltlegierungen, die aufgrund ihrer guten Warmfestigkeit und Zunderbeständigkeit bis etwa 950 °C als Konstruktionswerkstoffe verwendet werden, enthalten als wichtigste Legierungselemente andere hochschmelzende Metalle, wie Chrom, Nickel, Wolfram, Tantal und Niob, daneben Eisen und bis zu 1% Kohlenstoff.

Die endgültigen Festigkeits- und Gebrauchseigenschaften werden im wesentlichen durch drei Mechanismen erzielt: Karbidausscheidung, Mischkristallbildung und Verformung. Durch Wärmebehandlung können die Festigkeitseigenschaften und damit auch die Zerspanbarkeit in weiten Grenzen beeinflußt werden.

Im nicht ausgehärteten Zustand neigen Kobaltlegierungen bei der spanenden Bearbeitung zum Schmieren und zur Kaltaufhärtung, die in etwa mit der von austenitischen, korrosionsbeständigen Stählen vergleichbar ist. Aufgrund dieser Eigenschaften empfiehlt es sich, Kobaltlegierungen möglichst im ausgehärteten Zustand zu zerspanen und die Werkstücke in nur einem Arbeitsgang fertig zu bearbeiten. Im allgemeinen verschlechtert sich die Zerspanbarkeit mit steigendem Kobaltgehalt. Richtwerte für die spanende Bearbeitung enthält Tabelle 8.

Tabelle 8. Richtwerte für die spanende Bearbeitung von Kobaltlegierungen [1, 6]

Verfahren	Drehen	Fräsen	Bohren	Gewindeschneiden
Schneidstoff	HM: K05 bis K30 S 12–1–4–5	HM: K10 bis K30 S 12–1–4–5	S 12–1–4–5	
Schneidkeilgeometrie	γ = 5 bis 15° α = 5 bis 6° λ = 0 bis 3°	γ_x = 3° γ_y = 0°	σ = 135 bis 140°	–
Schnittgeschwindigkeit v [m/min]	HM: 15 bis 8 HSS: 8 bis 3	HM: 12 bis 7 HSS: 7 bis 3	6 bis 3	2 bis 1
Schnittiefe a [mm]	0,2 bis 2,0	0,2 bis 2,0	–	0,1 bis 0,2
Vorschub s bzw. s_z [mm]	0,1 bis 0,3	0,1 bis 0,2	0,05 bis 0,12	–
Kühlschmierstoff	Emulsion oder schwefelhaltiges Schneidöl (mit Kerosin)		schwefelhaltiges Schneidöl (mit Kerosin)	

Die Schneidkanten der Werkzeuge sind hohen thermischen und mechanischen Belastungen ausgesetzt; die Wahl eines geeigneten Kühlschmierstoffs ist daher sehr wichtig. Bewährt haben sich aktive Schneidöle mit Schwefel- und Chlorzusätzen; auch eine Kohlendioxidkühlung kann nützlich sein. Bei Kühlschmierstoffen mit Schwefelzusätzen sind die Werkstücke nach dem Bearbeiten gründlich zu säubern.

Als Schneidstoffe werden vor allem Hartmetalle der Zerspanungsanwendungsgruppe K (K05 bis K30) verwendet. Bei Legierungen mit geringerem Kobaltgehalt, die sich besser zerspanen lassen, sowie beim Bohren und Gewindeschneiden wird häufig Schnellarbeitsstahl S 12-1-4-5 als Schneidstoff eingesetzt. Dabei ist die Schnittgeschwindigkeit um 30 bis 50% gegenüber der für Hartmetallwerkzeuge möglichen herabzusetzen.

Allgemein vergleichende Angaben über die Zerspanung dieser Werkstoffe liegen bisher nur in begrenztem Umfang vor. Als wichtiger Faktor hat sich aber herausgestellt, daß beim Drehen und Fräsen die Vorschübe nicht zu klein sein sollten.

Bei Fräsarbeiten hat das Gleichlauffräsen bessere Ergebnisse als das Gegenlauffräsen erbracht. Um einen ruhigen Lauf zu gewährleisten, sollten so viele Zähne wie möglich im Eingriff sein; aus dem gleichen Grund sollen Walzen- und Schaftfräser schräg verzahnt sein. Man kann hartmetallbestückte Fräser und Werkzeuge aus Schnellarbeitsstahl einsetzen. Bei niedrigen Schnittgeschwindigkeiten wird den Schnellarbeitsstählen der Vorzug gegeben, da Hartmetallfräser leichter zu Ausbrüchen neigen. Der Zahnvorschub s_z hat einen großen Einfluß auf die Standzeit. Optimale Werte liegen bei s_z = 0,15 bis 0,2 mm.

Das Bohren ist eines der schwierigsten Bearbeitungsverfahren bei Kobaltlegierungen. Die Bohrerspitze reibt am Bohrgrund und härtet den Werkstoff auf. Es empfiehlt sich daher, den Bohrer auszuspitzen. Die Seiten der Bohrung werden durch das Reiben der Bohrerfase ebenfalls aufgehärtet. Die Bohrerfase ist deshalb meist nur halb so breit wie bei üblichen Bohrern. Die Bohrer sollen so kurz und steif wie möglich sein. Eine gute Kühlung durch aktive Schneidöle ist sehr wichtig. Hartmetallbestückte Werkzeuge sind einsetzbar.

Reiben läßt sich aufgrund der damit verbundenen Kaltverfestigung nicht durchführen. Beim Gewindebohren ist besonders auf die sehr große Zähigkeit dieser Werkstoffe zu achten. Das Kernloch soll daher 1 bis 3% größer als für zähe Stähle gebohrt werden; das Fließen des Werkstoffs gleicht die größere Bohrung wieder aus. Zwei- bis dreinutige Bohrer mit vergrößertem Spanwinkel und spiralförmig auslaufendem Querschnitt führen zu den besten Ergebnissen [1, 4, 6].

18.4 Nickel und Nickelbasislegierungen

Nickelbasislegierungen sind heute die am meisten verwendeten Werkstoffe für Arbeitstemperaturen bis etwa 1000 °C. Für die vielfältigen und verschiedenartigen Anwendungsgebiete sind Legierungen mit ganz bestimmten Eigenschaften entwickelt worden. Sie lassen sich folgendermaßen untergliedern:
Rein-Nickel-Sorten (mehr als 97,5% Nickel),
Legierungen mit 30% Kupfer und niedrigen Eisen- und Mangangehalten,
Legierungen mit Chrom, Kobalt, Molybdän, Titan und Aluminium (dies sind die am häufigsten für Hochtemperatur-Bauteile eingesetzten),
Legierungen mit Eisen und Kobalt oder Chrom sowie Legierungen mit bestimmten magnetischen Eigenschaften [5].

Neben der chemischen Zusammensetzung hat die Gefügeausbildung einen wesentlichen Einfluß auf die Festigkeit und die Zerspanbarkeit. Sie kann gezielt durch thermische, thermomechanische oder mechanische Behandlungen beeinflußt werden. Im allgemeinen wirkt sich eine Kaltverformung günstig auf die Zerspanbarkeit von Nickelbasislegierungen aus. Bei der Bearbeitung von kaltgezogenem Werkstoff wird eine bessere Oberflächengüte erreicht. Ein Unterschied in der Bearbeitbarkeit zwischen den Guß- und Knetlegierungen gleicher Zusammensetzung besteht praktisch nicht. Lediglich auf eine vorausgegangene Wärmebehandlung ist zu achten, da die Zerspanbarkeit stark schwankt, je nachdem, ob der Werkstoff nur lösungsgeglüht oder auch ausgehärtet wurde. Im geglühten Zustand lassen sich die Werkstoffe viel besser zerspanen, so daß ein Aushärten, wenn überhaupt möglich, erst nach einer spanenden Bearbeitung erfolgen sollte.

Beim Zerspanen neigen Nickellegierungen oft stark zum Schmieren, zur Aufbauschneidenbildung oder zur Kaltverfestigung. Daher sollten sehr scharfe Werkzeuge mit möglichst großem positivem Spanwinkel und ausreichendem Freiwinkel eingesetzt werden. Für derartige Schneidkeilgeometrien eignen sich Schnellarbeitsstähle besser als Hartmetalle. Möglichst groß sollte auch der Vorschub gewählt werden.

Zum Bearbeiten von weniger stark kaltverfestigenden Legierungen eignen sich sowohl Hartmetall- als auch Schnellarbeitsstahlwerkzeuge. Bei Schlichtarbeiten sind auch keramische Schneidstoffe anwendbar. Die beim Zerspanen auftretenden Aufbauschneiden und Verklebungen können beim Wiedereintritt des Meißels in den Schnitt zu Ausbrüchen der Schneidkante führen. Aus diesem Grund hat sich der Einsatz von Hartmetall beim Fräsen nicht bewährt. Während Fräsarbeiten weitgehend mit Schnellarbeitsstahl ausgeführt werden, gibt man beim Drehen Hartmetall den Vorzug. Schneidkantenausbrüche dieser Art treten zum Teil auch bei der Drehbearbeitung auf. Durch periodisches Abwandern oder Ausbrechen der Aufbauschneide werden Partikel des Werkzeugwerkstoffs, bevorzugt an der Schneidkante, mit ausgerissen. Dies führt naturgemäß zu einem schnellen Verschleiß des Werkzeugs.

Die hohe Warmfestigkeit bei außerdem hoher Zähigkeit bewirkt beim Zerspanen eine große thermische Belastung der Schneiden. Bei Verwendung von Werkzeugen aus Schnellarbeitsstahl muß besonders im oberen Schnittgeschwindigkeitsbereich die entstehende Wärme durch große Kühlschmierstoffmengen abgeführt werden. Verglichen mit dem Trockenschnitt sind durch gute Kühlung Standzeitgewinne von 25% möglich. Dagegen hat sich bei der Zerspanung mit Hartmetallwerkzeugen der Einsatz von Kühlschmierstoffen nicht uneingeschränkt bewährt. Besonders bei niedrigen Schnittgeschwindigkeiten kann bei ihrer Anwendung sogar erhöhter Werkzeugverschleiß auftreten. Nennenswerte Standzeitverbesserungen sind nur bei den höchsten Schnittgeschwindigkeiten zu erwarten.

Bei Einsatz von Werkzeugen aus Schnellarbeitsstahl sind Emulsionen – 15 : 1 beim Drehen, 5 : 1 beim Gewindeschneiden – sowie hochviskose Schneidöle vorteilhaft. Sehr oft werden schwefellegierte aktive Schneidöle empfohlen, da sie die Aufbauschneidenbildung weitgehend verhindern. Der Werkstoff ist aber sofort nach der Bearbeitung vom Kühlschmierstoff zu reinigen, da Nickel bei höheren Temperaturen durch Schwefel versprödet. Die Verfärbung der Oberfläche von Nickellegierungen durch Einwirkung von Kühlschmierstoff kann man dadurch beseitigen, daß man das Werkstück 20 bis 30 min in eine kalte 10prozentige Lösung von Natriumcyanid legt. Bei kleinen Bohrungen hat sich auch Terpentin bewährt. Auch eine Preßluftkühlung hat beim Fräsen Vorteile, da hierbei außerdem die Späne entfernt werden.

Tabelle 9. Richtwerte für das Drehen von Nickelbasislegierungen (mit Kühlung) [1]

Schneidstoff: Hartmetall K 05 bis K 20		Schneidstoff: Schnellarbeitsstahl S 12–1–4–5 S 18–1–2–5		Schnitt-geschwindig-keit v [m/min]
Schruppen Vorschub s = 0,2 bis 0,5 mm Schnittiefe a = 0,5 bis 3,0 mm	Schlichten Vorschub s = 0,08 bis 0,2 mm Schnittiefe a = 0,5 bis 2,0 mm	Schruppen Vorschub s = 0,2 bis 0,5 mm Schnittiefe a = 0,5 bis 3,0 mm	Schlichten Vorschub s = 0,08 bis 0,2 mm Schnittiefe a = 0,5 bis 2,0 mm	
	Monel R-405 Nickel 200			120 bis 60
Monel R-405 Nickel 200	Monel 400			100 bis 50
Monel 400	Monel 505 Monel K-500 Inconel 600		Monel R-405 Nickel 200 Monel 400	80 bis 40
Monel 505 Monel K-500 Inconel 600		Monel R-405 Nickel 200 Monel 400	Monel K-500	60 bis 30
	René 41 (a) Waspaloy (a) Hastelloy X	Monel K-500	Monel 505 Inconel 600	40 bis 20
Waspaloy (a) Hastelloy X	Udimet 500 Inconel X-750 (a) Nimonic 80 A (a) Nimonic 90 Inconel 700	Monel 505 Inconel 600		30 bis 15
René 41 (a) Udimet 500 Inconel X-750 (a) Inconel 700 Nimonic 80 A (a) Nimonic 90	Udimet 500 (a) Hastelloy C (a) Nimonic 105 (a) Nimonic 90 (a)			20 bis 10
Hastelloy C (a) Nimonic 105 (a) Nimonic 90 (a)	Inconel 700 (a)		Nimonic 90 Inconel 700 Hastelloy X Udwimet 500	16 bis 8
Udimet 500 (a) Inconel 700 (a)		Nimonic 90 Inconel 700 Hastelloy X Udimet 500	Nimonic 90 (a) Nimonic 105 (a) Nimonic 80 A (a) Inconel X-750 (a) Hastelloy C (a) Waspaloy (a) Udimet 500 (a) Inconel 700 (a)	12 bis 5
	Nimonic 115 (a) Inconel 713 (a) K-42-B (a)	Nimonic 80 A (a) Nimonic 90 (a) Nimonic 105 (a) Inconel X-750 (a) Hastelloy C (a) Waspaloy (a) Udimet 500 (a) Inconel 700 (a)	René 41 (a)	8 bis 3

(a) ausgehärtet

Beim Drehen (Tabelle 9) haben sich Werkzeuge mit negativem Spanwinkel als ungünstig erwiesen. Eine derartige Schneidkeilgeometrie führt zur Erhöhung der Kontaktzonentemperatur und zur verstärkten Verfestigung der Randzone des Werkstücks. Der Spanwinkel sollte daher im Bereich $\gamma = 10$ bis $15°$ gewählt werden. Ein größerer Winkel führt zu einem Standzeitabfall durch starkes Ansteigen des Freiflächenverschleißes [6, 7].

Als kennzeichnende Verschleißerscheinung tritt beim Drehen von Nickelbasislegierungen eine tiefe Verschleißkerbe am Ende des schneidenden Teils der Hauptschneide auf. Diese Kerbe ist stark ausgeprägt auf der Freifläche und weniger stark auf der Spanfläche (Bild 2). Sie hat ihre Ursache in der mechanischen Überlastung des Schneidstoffs; ihre Größe wird stark vom Neigungswinkel λ beeinflußt. Durch die Wahl eines negativen Neigungswinkels von $\lambda \approx -15°$ kann die Bildung der Verschleißkerbe beim Drehen verhindert werden.

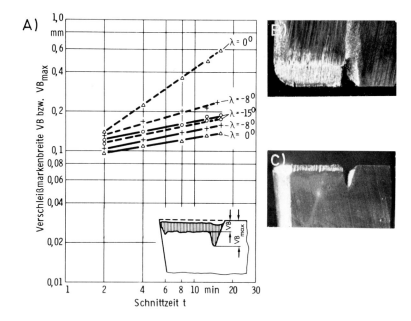

Bild 2. Freiflächenverschleiß an einem Werkzeug aus Hartmetall K 10 beim Drehen der ausgehärteten Nickelbasislegierung NiCr20Co18Ti im Trockenschnitt (nach *Mütze* [6])
Schnittgeschwindigkeit $v = 40 \, \text{m/min}$; Spanungsquerschnitt $a \cdot s = 1,5 \cdot 0,125 \, \text{mm}^2$;
Schneidkeilgeometrie: $\gamma = 15°$, $\alpha = 8°$, $\varkappa = 70°$, $\varepsilon = 90°$, $r = 0,5 \, \text{mm}$
A) Abhängigkeit von der Schnittzeit und dem Neigungswinkel λ (——— VB, - - - - - VB_{max}); B) Spanfläche und C) Freifläche (10:1) nach $t = 10 \, \text{min}$ bei $\lambda = 0°$

Der Verschleiß tritt überwiegend auf der Freifläche der Werkzeuge auf. Beim Bearbeiten von Nickelbasislegierungen bilden sich im unteren Schnittgeschwindigkeitsbereich Aufbauschneiden, die kontinuierlich über die Freifläche abwandern. Dabei reißen sie aufgrund ihrer hohen Festigkeit Schneidstoffpartikel mit.
Dieser Beanspruchung sind bei niedrigen Schnittgeschwindigkeiten Schnellarbeitsstähle besser gewachsen als Hartmetalle (Bild 3). Mit steigender Schnittgeschwindigkeit

nimmt die thermische Belastung erheblich zu, so daß bei Werkzeugen aus Schnellarbeitsstahl oberhalb bestimmter Schnittgeschwindigkeiten ein stark progressiver Verschleißanstieg auftritt, der zum Ausfall der Schneide führt. Bei Hartmetall steigt der Verschleiß zunächst degressiv an, fällt dann mit weiter steigender Schnittgeschwindigkeit ab und nimmt nach Erreichen eines Minimums wieder zu [6].

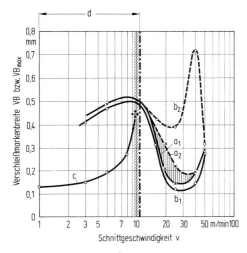

Bild 3. Freiflächenverschleiß an Werkzeugen aus Hartmetall K 10 bzw. Schnellarbeitsstahl S 10–4–3–10 beim Drehen der ausgehärteten Nickelbasislegierung NiCr-20Co18Ti im Trockenschnitt (nach Mütze [6])
Spanungsquerschnitt $a \cdot s = 1{,}5 \cdot 0{,}125$ mm^2; Schnittzeit $t = 10$ min; Schneidkeilgeometrie: $\gamma = 15°$, $\alpha = 8°$, $\varkappa = 70°$, $\varepsilon = 90°$, $r = 0{,}5$ mm

——— VB, – – – – – VB$_{max}$; a_1, a_2 Hartmetall K 10, $\lambda = -15°$; b_1, b_2 Hartmetall K 10, $\lambda = 0°$; c Schnellarbeitsstahl S 10–4–3–10, $\lambda = -8°$; d Aufbauschneidengebiet

Verglichen mit dem Schnittgeschwindigkeitseinfluß ist der Einfluß des Vorschubs auf das Verschleißverhalten der Werkzeuge nur von untergeordneter Bedeutung. Bei niedrigen Schnittgeschwindigkeiten bewirkt eine Vorschubverringerung, daß sich Aufbauschneiden nur noch schwach ausbilden können und somit ihre Schutzwirkung im Bereich der Kontaktzone reduziert wird. Die Folge ist ein geringfügiger Verschleißanstieg bei Vorschüben unter $s = 0{,}1$ bis $0{,}15$ mm. Oberhalb des Aufbauschneiden-Gebiets haben sich Vorschübe von $s = 0{,}2$ bis $0{,}25$ mm als günstig erwiesen. Das Standzeitkriterium ist auch bei Anwendung großer Vorschübe stets der Freiflächenverschleiß. Zwar kann bei hohen Schnittgeschwindigkeiten und Vorschüben auch Kolkverschleiß auftreten; er ist jedoch nicht standzeitbestimmend.

Das Fräsen von Nickelbasislegierungen ist mit Schwierigkeiten verbunden, hauptsächlich infolge der hohen Kaltverfestigung der Werkstoffe und der Neigung der Späne, beim Austritt der Werkzeuge an den Schneiden kleben zu bleiben. Beim Wiedereintritt können dadurch Ausbrüche der Schneidkanten verursacht werden.

Beim Stirnfräsen, das aufgrund der stoßartigen Belastung durch den unterbrochenen Schnitt hohe Anforderungen an die Zähigkeit der Schneidstoffe stellt, haben sich Hartmetallwerkzeuge praktisch nicht bewährt. Vorteilhaft sind hochwolfram- und kobalthaltige Schnellarbeitsstähle.

Tabelle 10. Richtwerte für die spanende Bearbeitung von Nickelbasislegierungen [1, 6, 7, 8]

Verfahren	Drehen		Fräsen		Bohren	Räumen	Gewinde-schneiden
Schneidstoff	HM: K05 bis K15	S 18-1-2-5 S 12-1-4-5 S 18-0-1	HM: K10 bis K20	S 12-1-4-5 S 18-1-2-5	S 12-1-4-5 S 18-1-2-5 S 6-5-2-5	S 18-1-2-5 S 18-1-2-10	S 12-1-4-5 S 6-5-2-5
Schneidkeil-geometrie	$\gamma = 5$ bis $10°$ $\lambda = 0$ bis $5°$	$\gamma = 6$ bis $15°$ $\lambda = 2$ bis $5°$	$\gamma_x = 7$ bis $12°$ $\gamma_y = 15$ bis $25°$		$\sigma = 118°$ bei Monel, $\sigma = 135°$ bei Inconel	$\gamma = 15$ bis $20°$ $\lambda = 8$ bis $10°$ $\alpha = 2$ bis $3°$	$\gamma = 10$ bis $15°$
Schnittgeschwindigkeit v [m/min]	Detaillierte Angaben für verschiedene Legierungen in Tabelle 9		50 bis 70% niedriger als beim Drehen		6 bis 10 bei Monel: 10 bis 15	1 bis 2,5 bei Monel: 3 bis 5	1 bis 2,5 bei Monel: 3 bis 5
Schnittiefe a [mm]					—	—	0,05 bis 0,2
Vorschub s bzw. s_z [mm]					0,01 bis 0,2	0,02 bis 0,08	—

Die anwendbaren Schnittgeschwindigkeiten (Tabelle 10) liegen um 50 bis 70% niedriger als die beim Drehen. Der Schnittgeschwindigkeitseinfluß auf die Standzeit ist stark ausgeprägt. In Bild 4 kommt dies durch den steilen Abfall des Erliegestandvolumens, einer der Standzeit proportionalen Größe, mit steigender Schnittgeschwindigkeit zum Ausdruck [8].
Bei der Wahl des Vorschubs ist die Neigung des Werkstoffs zur Kaltverfestigung zu berücksichtigen. Zu kleine Vorschübe müssen daher vermieden werden. Günstige Zahnvorschübe liegen im Bereich von s_z = 0,125 bis 0,5 mm. Eine zu starke Steigerung kann zu einem steilen Abfall des Erliegestandvolumens führen (Bild 4).

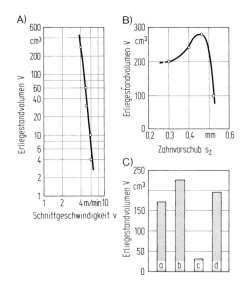

Bild 4. Erliegestandvolumen beim Stirnfräsen der ausgehärteten Nickelbasislegierung NiCr20Co18Ti mit Werkzeugen aus Schnellarbeitsstahl (nach *Opitz* und *Beckhaus* [8])
Schneidkeilgeometrie: γ = 15°, α = 8°, λ = -15°, $\varkappa$ = 70°, ε = 106°, r = 0,5 mm
A) Abhängigkeit von der Schnittgeschwindigkeit, Schnellarbeitsstahl S 18-1-2-10, Spanungsquerschnitt a · s = 2 · 0,46 mm²; B) Abhängigkeit vom Zahnvorschub, v = 4 m/min, a = 2 mm, Schnellarbeitsstahl S 18-1-2-10; C) Abhängigkeit vom Schneidstoff, v = 4 m/min, a · s = 2 · 0,45 mm² (a S 18-0-1, b S 18-1-2-10, c S 10-4-3-10, d S 6-5-3)

Nicht eindeutig beantworten läßt sich die Frage, ob Gleichlauffräsen dem Gegenlauffräsen vorzuziehen ist, da beide Verfahren Vor- und Nachteile aufweisen. Für das Gleichlauffräsen spricht, daß dabei kein schleifender Anschnitt, der eine Kaltverfestigung bewirken kann, auftritt. Auch ist der Werkzeugverschleiß geringer. Allerdings wird die Oberflächengüte schlechter. Beim Gegenlauffräsen läßt sich eine bessere Oberfläche erzeugen; andererseits aber kann es bei dünnen, wenig stabilen Werkstücken nur mit Hilfe besonderer Spannvorrichtungen durchgeführt werden.
Beim Walzenfräsen sind Drallwinkel von 30 bis 45° vorteilhaft. Die Standzeiten werden dadurch positiv beeinflußt, weil Schneidkantenausbrüche vermieden werden. Das ist zum einen auf den kontinuierlich ablaufenden Schneideneingriff und den damit verbundenen ruhigeren Lauf zurückzuführen. Zum anderen ist bei derartigen Werkzeugen die

Neigung der Späne, beim Außerschnittgehen kleben zu bleiben, stark verringert. Drallverzahnte Walzenfräser eignen sich insbesondere für leichte Schlichtarbeiten, bei denen eine gute Oberfläche verlangt wird.

Schlitzfräsen mit Scheibenfräsern ist das einzige Fräsverfahren, bei dem sich Hartmetall als Schneidstoff bewährt hat. Eingesetzt werden dabei vorzugsweise K-Sorten, so z.B. K10 bis K20.

Das Schaftfräsen wird, abhängig von der Steifigkeit des Fräsers, üblicherweise mit Zahnvorschüben von $s_Z = 0{,}05$ bis $0{,}1$ mm durchgeführt. Aufgrund der bereits erwähnten Zusammenhänge zwischen Vorschub, Kaltverfestigung und Anschnitt bei Gleich- und Gegenlauf sollte die Stabilität des Werkzeugs im Hinblick auf einen möglichst großen Vorschub stets voll ausgenutzt werden.

Die Auswahl von Kühlschmierstoffen beim Fräsen ist verfahrensbedingt vorzunehmen. So hat sich beim Stirnfräsen und beim Schlitzen mit Scheibenfräsern hochchloriertes Schneidöl am besten bewährt, beim Schaftfräsen dagegen Emulsion 1:20.

Beim Räumen haben sich Werkzeuge aus Schnellarbeitsstählen mit hohen Wolfram- und Kobaltgehalten am besten bewährt. Die Zahnteilung sollte um etwa 25% größer sein als die zum Bearbeiten von Kohlenstoff- oder niedrig legierten Stählen. Damit soll erreicht werden, daß genügend große Spanräume vorhanden sind und daß eine mechanische Überlastung der Räumnadel vermieden wird. Der Spanwinkel ist möglichst groß und positiv zu wählen. Durch eine ausreichende Zufuhr von Schneidöl kann die Neigung der Späne zum Verkleben mit dem Werkzeug reduziert werden, so daß dadurch bedingte Schneidkantenausbrüche ebenfalls weniger häufig auftreten [1].

Das Bohren von Nickelbasislegierungen kann erhebliche Schwierigkeiten bereiten, da aufgrund von Kaltverfestigung besonders im Querschneidenbereich hohe Werkzeugbelastungen auftreten können. Die Bohrer sollten daher stets ausgespitzt oder mit Kreuzanschliff versehen sein. Neben einer kurzen, steifen Einspannung ist das Fertigbohren eines Loches ohne jegliche Unterbrechung entscheidend für ein gutes Arbeitsergebnis. Hinsichtlich der Schneidkeilgeometrie haben sich Spitzenwinkel von $\sigma = 118$ bis $140°$, Freiwinkel von $\alpha = 12$ bis $15°$ und Drallwinkel von $\delta \approx 20°$ als günstig erwiesen. Dabei gelten die kleineren Spitzenwinkel für weiche, die größeren für ausgehärtete Werkstoffe. Durch einen Drallwinkel $\delta \approx 20°$ bilden sich eng gedrehte kurze Wendelspäne oder Spanlocken aus, und die Kühlschmierstoffzufuhr zur Bohrerspitze ist gut möglich.

Als Schneidstoffe kommen dieselben Schnellarbeitsstähle wie beim Stirnfräsen in Frage. Eine Ausnahme bilden lediglich gegossene Nickelbasislegierungen. Bei diesen haben sich Schnellarbeitsstahlbohrer nicht bewährt. Vorteilhaft sind hier hartmetallbestückte Einlippenbohrer mit exzentrisch angeschliffener Spitze und mit Führungsleisten. Der Rückspanwinkel sollte positiv sein, jedoch den Wert $\gamma_y = 10°$ nicht überschreiten.

Der Verschleiß an Bohrern aus Schnellarbeitsstahl tritt bei ausgespitzten bzw. mit Kreuzanschliff versehenen Werkzeugen an den Hauptschneiden und an den Schneidecken auf, während die Querschneide bis zuletzt schneidfähig bleibt. Besonders bei niedrigen Schnittgeschwindigkeiten führt der Freiflächenverschleiß infolge des damit verbundenen Anstiegs der Schnittkräfte zu Ausbrüchen an den Hauptschneiden. Bei allen Bohrarbeiten muß stets mit ausreichender Zufuhr von Kühlschmierstoff gearbeitet werden. Geeignet sind auch beim Bohren die beim Drehen und Fräsen vorteilhaften Kühlschmierstoffe [8].

Das Gewindebohren ist äußerst schwierig. Nach Möglichkeit sollten daher nur Gewinde mit einem Flankenüberdeckungsgrad von 60 bis 75% gebohrt werden. Mit zweinutigen

Gewindebohrern werden die besten Ergebnisse erzielt. Der Anschnitt sollte mindestens 5 bis 6 Gänge umfassen. Sehr wichtig ist die Wahl eines geeigneten Schneidöls. Hier hat sich eine Mischung aus hochchloriertem Schneidöl und Trichlorethan (giftig) im Verhältnis 3:1 gut bewährt [1].

18.5 Titan und Titanlegierungen

Titanlegierungen haben gegenwärtig vor allem in der Luft- und Raumfahrt breite Anwendung gefunden. Bestimmend dafür sind u. a. das überaus günstige Verhältnis von Festigkeit zu Gewicht, die gute Warmfestigkeit bis zu Temperaturen um 500 °C sowie die guten Dauerfestigkeitseigenschaften.

Bei den technischen Titanlegierungen werden drei Gruppen unterschieden, und zwar α-, β- und (α + β)-Legierungen. In der ersten Gruppe ist die Löslichkeit der Hauptlegierungselemente Aluminium, Zinn und Zirkon in der hexagonalen α-Phase größer als in der kubisch raumzentrierten β-Phase. Hauptlegierungselemente der zweiten Gruppe sind Vanadium, Molybdän, Chrom, Tantal, Niob und Mangan, deren Löslichkeit in der β-Phase größer ist. Die dritte Gruppe kann neben Elementen der ersten und der zweiten Gruppe noch Eisen und Kupfer enthalten, deren Löslichkeit in der β-Phase ebenfalls größer ist. Der Unterschied zur zweiten Gruppe besteht darin, daß β-Mischkristalle bei niedriger Temperatur eutektoidisch zerfallen. Die größte Bedeutung haben heute (α + β)-Legierungen erreicht [9].

Für die Zerspanbarkeit sind folgende Eigenschaften des Titans von besonderer Bedeutung: die niedrige spezifische Wärme und Wärmeleitfähigkeit, der stetige Festigkeitsabfall bei steigender Temperatur, die relativ geringe Dehnung, die geringe Steifigkeit infolge des niedrigen Elastizitätsmoduls, die hohe Verschleißwirkung der β-Phase sowie die Reaktionsfreudigkeit mit Stickstoff, Sauerstoff, Wasserstoff und Kohlenstoff bei hohen Temperaturen.

Besonders die Reaktionsfreudigkeit mit Sauerstoff kann bei der spanenden Bearbeitung im Trockenschnitt eine ernst zu nehmende Gefahrenquelle darstellen. Sie kann zur Entzündung der Späne und in Extremfällen auch des Werkstücks führen. Unbedingt zu vermeiden sind Staubnebel mit einer Konzentration von mehr als 50 g Titan/m³ Luft, da diese mit nur 33 °C Entzündungstemperatur eine große Explosionsgefahr darstellen.

Aufgrund der geringen Spanstauchung und der schlechten Wärmeleitfähigkeit sind die Werkzeugschneiden bei der Titanzerspanung außerordentlich hohen mechanischen und thermischen Belastungen ausgesetzt.

Beim Drehen haben sich Werkzeuge mit Spanwinkeln $\gamma = -5$ bis 5° und Neigungswinkeln $\lambda = -5$ bis 2° (Tabelle 11) bewährt. Eine Steigerung des Spanwinkels über $\gamma = 10°$ sollte auf keinen Fall vorgenommen werden, da sich dann Aufbauschneiden bilden, die über die Freifläche abwandern und dort zu erhöhtem abrasivem Verschleiß führen. Der Einstellwinkel sollte kleiner als $\varkappa = 90°$ gewählt werden, wobei der Wert $\varkappa = 45°$ aus Stabilitätsgründen nicht unterschritten werden sollte.

Beim Schlichten tritt in einem bestimmten Schnittgeschwindigkeitsbereich über lange Schnittzeiten praktisch kein Verschleiß auf. Dies wird auf die schützende Wirkung eines Titanoxidfilms zurückgeführt, der sich bei Schnittgeschwindigkeiten unter $v = 100$ m/min bildet. Die Bildung dieses Films ist weder durch die Schneidkeilgeometrie noch durch die Anwendung verschiedener Kühlschmierstoffe beeinflußbar.

Tabelle 11. Richtwerte für das Drehen von Titan und Titanlegierungen [1, 3]

Verfahren	Titan		Titanlegierungen	
Schneidstoff	HM: K10 bis K20	S 18–1–2–5 S 12–1–4–5 S 6–5–3	HM: K10 bis K20	S 18–1–2–5 S 12–1–4–5 S 6–5–3
Schneidkeil- geometrie	$\gamma = 0$ bis $5°$ $\lambda = 0$ bis $2°$	$\gamma = 6$ bis $8°$ $\lambda = 0$ bis $2°$	$\gamma = 0$ bis $5°$ $\lambda = 0$ bis $2°$	$\gamma = 6$ bis $8°$ $\lambda = 0$ bis $2°$
Schnittgeschwindig- keit v [m/min]	100 bis 60	30 bis 15	50 bis 30	15 bis 6
Schnittiefe a [mm]	0,2 bis 2,0			
Vorschub s [mm]	0,1 bis 0,3			
Kühlschmierstoff	hochdruckfestes Öl mit Chlor- oder Schwefelzusätzen			

Als Schneidstoffe können Hartmetalle der Zerspanungsanwendungsgruppe K und Schnellarbeitsstähle eingesetzt werden. Hartmetalle mit Anteilen aus Titankarbid und Tantalkarbid sind nicht verwendbar, da diese mit dem Werkstoff reagieren.

Zum Verständnis der Verschleißvorgänge an Hartmetallwerkzeugen bedarf der Spanbildungsmechanismus einer näheren Betrachtung, da Titan zu besonders stark ausgeprägter Lamellenspanbildung neigt. Dadurch werden in der Kontaktzone des Werkzeugs periodisch schwankende Druckschwellbelastungen und thermische Wechselbelastungen erzeugt. Ihre Frequenz ist direkt abhängig von den Schnittbedingungen. Nach Erreichen einer bestimmten Standzeit (d.h. Lastspielzahl) beginnt die Schneidkante aufgrund von Ermüdungserscheinungen auszubrechen.

Von den Schnellarbeitsstählen erweisen sich die mit hohem Wolfram- und Kobaltgehalt auch bei der Titanzerspanung als überlegen (Bild 5). Sie werden bevorzugt bei unterbrochenen Schnitten verwendet. Schnellarbeitsstähle können bereits bei niedrigen Schnittgeschwindigkeiten aufgrund thermischer Überlastung erliegen.

Zur Abfuhr der beim Zerspanen entstehenden Wärme sind große Mengen Kühlschmierstoff erforderlich. Bei niedrigen Schnittgeschwindigkeiten sind für Werkzeuge sowohl aus Hartmetall als auch aus Schnellarbeitsstahl gefettete und konzentrierte Schneidöle mit Chlor- und Phosphorzusätzen vorteilhaft. Gegenüber dem Trockenschnitt können sich die Standzeiten verdoppeln. Bei höheren Schnittgeschwindigkeiten steht die Kühlwirkung im Vordergrund. Dafür werden bevorzugt mineralölarme Emulsionen verwendet. In vielen Fällen lassen sich allein durch die Erhöhung der Kühlschmierstoffmenge Standzeitgewinne erreichen [1, 3, 10, 11].

Beim Stirnfräsen wird das Gleichlauf- dem Gegenlaufverfahren vorgezogen, sofern die Stabilität des Werkstücks dies zuläßt. Im Gegenlauf werden vorwiegend nur Werkstücke bearbeitet, an denen eine harte Oberflächenschicht zu entfernen ist. Die Werkzeuge werden durch Freiflächenverschleiß und Ausbrüche unbrauchbar. Durch Verkleben von Werkstoff mit dem Schneidstoff wird die Bruchneigung ungünstig beeinflußt. Günstig auf die Standzeit wirkt sich U-Kontakt beim Anschnitt aus. Zur Verringerung des Freiflächenverschleißes ist der Freiwinkel α möglichst groß zu wählen, etwa 50% größer als bei der Stahlzerspanung (Tabelle 12).

Als Schneidstoffe beim Fräsen werden ebenfalls Hartmetalle der Zerspanungsanwendungsgruppe K (K10 bis K20) und Schnellarbeitsstähle eingesetzt. Die Neigung der

18.5 Titan und Titanlegierungen

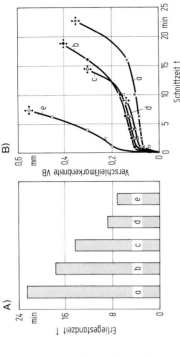

Bild 5. Standzeit und Verschleißverhalten verschiedener Schnellarbeitsstähle beim Drehen der Titanlegierung TiAl6V4 im Trockenschnitt [3]
Schnittgeschwindigkeit $v = 16$ m/min; Spanungsquerschnitt $a \cdot s = 1{,}5 \cdot 0{,}2$ mm²; Schneidkeilgeometrie: $\gamma = 5°$, $\alpha = 8°$, $\lambda = -4°$, $\varkappa = 75°$, $\varepsilon = 90°$, $r = 0{,}5$ mm
A) Abhängigkeit der Erliegestandzeit vom Schneidstoff, B) Abhängigkeit der Verschleißmarkenbreite von der Schnittzeit und dem Schneidstoff
a S 18-1-2-10, b S 10-4-3-10, c S 18-0-1, d S 6-5-3, e S 12-1-4-5

Tabelle 12. Richtwerte für die spanende Bearbeitung von Titanlegierungen [1, 3]

Verfahren	Stirn-Fräsen	Walzenstirn-fräsen	Bohren	Räumen	Gewinde-schneiden
Schneidstoff	HM: K10 bis K20 S 18-0-1 S 12-1-4-5 S 6-5-3		HM: K10 bis K20 S 6-5-2 S 12-1-4-5	S 18-0-1 S 12-1-4-5 S 6-5-3	S 2-9-1 S 6-5-2
Schneidkeilgeometrie	$\gamma_x = 0$ bis $5°$ $\gamma_y = 0$ bis $5°$	$\gamma = 10°$	$D < 5$mm: $\sigma = 130°$ $D > 5$mm: $\sigma = 90°$	$\gamma = 5$ bis $15°$	–
Schnittgeschwindigkeit v [m/min]	HM: 50 bis 30 HSS: 12 bis 6	HM: 30 bis 15 HSS: 8 bis 6	HM: 25 bis 10 HSS: 8 bis 5	3 bis 1,5	2 bis 1
Schnittiefe a [mm]		$< 1, 2$	–	–	
Vorschub s bzw. s_z [mm]	0,07 bis 0,2	0,07 bis 0,12	0,05 bis 0,1	0,02 bis 0,05	0,07 bis 0,2
Kühlschmierstoff	hochdruckfestes Öl mit Chlor- oder Schwefelzusätzen				

Späne zum Verkleben mit dem Werkzeug kann durch Verwendung schwefelhaltiger Schneidöle stark gemindert werden.

Das Walzenfräsen von Titanlegierungen wird üblicherweise mit Werkzeugen durchgeführt, die einen Drallwinkel von 30 bis 45° haben. Neben einem schwingungsarmen Lauf des Fräsers wird eine hohe Oberflächengüte erzielt.

Durch die zunehmende Verwendung von Integralbauteilen aus Titan im Flugzeugbau hat das Schaftfräsen als Bearbeitungsverfahren dort große Bedeutung erlangt. Um möglichst form- und konturgenaue Teile herzustellen, ist vor allem die Einhaltung bestimmter Relationen zwischen axialer und radialer Schnittiefe in Abhängigkeit von den Schnittbedingungen sowie der Form und der Schneidenzahl des Fräsers ausschlaggebend. Man kann die Zerspankraft durch die Maschineneinstellparameter so beeinflussen, daß am Schaftfräser nur eine Verbiegung entgegen der Vorschubrichtung entsteht, die für die Kontur des Werkstücks unschädlich ist [12]. Näherungsweise ist dies bei einer Eingriffsgröße e im Bereich drei Achtel bis ein Viertel mal dem Fräserdurchmesser bei Gegenlauf der Fall.

Aufgrund der geringen Zahnvorschübe und der ebenfalls geringen Spanungsdicken ist die Schartenfreiheit der Schneiden hinsichtlich der Standzeit und des Arbeitsergebnisses von großer Bedeutung. Eine hohe Rundlaufgenauigkeit des Fräsers in der Maschine ist anzustreben. Die Auskraglänge sollte so kurz wie möglich sein.

Vierschneidige Werkzeuge sind zwei- bzw. dreischneidigen aus Stabilitätsgründen vorzuziehen. Als Schneidstoffe eignen sich wie beim Stirnfräsen Hartmetall (K10 bis K20) und Schnellarbeitsstahl. Die Schnittgeschwindigkeiten sind mit denen beim Stirnfräsen vergleichbar.

Übliche Zahnvorschübe liegen bei Verwendung von Hartmetall als Schneidstoff bei s_z = 0,04 bis 0,12 mm, bei Schnellarbeitsstahl etwa ein Drittel höher. Spanwinkel um γ_x = γ_y = 0° sowie Drallwinkel $\lambda \approx 30°$ haben sich als günstig erwiesen. Der Freiwinkel ist wie beim Stirnfräsen etwa 50% größer als bei der Stahlzerspanung zu wählen.

Hinsichtlich der Formgenauigkeit ist Gegenlauf-, hinsichtlich Oberflächengüte Gleichlauffräsen vorzuziehen.

Als Kühlschmierstoffe eignen sich Emulsionen auf synthetischer Basis. Große Mengen sollten im Sattstrahl zugeführt werden, um neben einer ausreichenden Kühlung auch die Abfuhr der Späne sicherzustellen [1, 3, 11, 12].

Zum Bohren werden Werkzeuge sowohl aus Hartmetall als auch aus Schnellarbeitsstahl verwendet. Bei sonst gleichen Bedingungen ist die Standzeit von Hartmetallbohrern etwa doppelt so hoch wie von solchen aus Schnellarbeitsstahl. Wichtig ist das Ausspitzen. Dadurch werden sowohl Standzeit als auch Maß- und Formgenauigkeit der Bohrung verbessert. Vierschneidige Werkzeuge haben bei sonst gleichen Bedingungen etwa 25% längere Standzeit als zweischneidige.

Um bei Bohrungstiefen, die größer als der Bohrungsdurchmesser sind, Werkzeugbruch durch Verklemmen zu vermeiden, ist häufiges Lüften des Bohrers empfehlenswert. Dadurch können sich Werkzeug und Werkstück abkühlen, und es werden die Späne entfernt, so daß der Kühlschmierstoff ungehindert an die Schnittstelle gelangen kann.

Zur Kühlung werden mineralölfreie Emulsionen verwendet und als Sattstrahl in großen Mengen zugeführt. Überaus vorteilhaft ist der Einsatz innengekühlter Bohrer. Ohne Verlust an Standweg kann die Schnittgeschwindigkeit gegenüber normalen Bohrern um etwa 150% gesteigert werden [1, 3].

Gewindebohren ist wegen der Gefahr des Verklemmens der Werkzeuge schwierig. Es läßt sich mit gut angespitzten Bohrern, die eine saubere Führung beim Anschnitt ge-

währleisten, durchführen. Bei kleinen Durchmessern werden zweischneidige, bei großen dreischneidige, drallgenutete Gewindebohrer verwendet.
Beim Räumen lassen sich mit niedrigen Schnittgeschwindigkeiten und kleinen Vorschüben ausreichende Standzeiten und Oberflächengüten erzielen [1].

Literatur zu Kapitel 18

1. *Mütze, H.:* Die Zerspanbarkeit von Sonderwerkstoffen. Ind.-Anz. 87 (1965) 43, S. 831–838.
2. *Zlatin, N., Field, M., Gould, J. V.:* Final Report on Machining of Refractory Materials. Tech. Docum. Rep. Nr. ASD-TDR-581. Metcut Research Ass. Inc., Cincinnati, Ohio 1963.
3. Berichte über die 1. bis 5. Tagung des Arbeitskreises „Bearbeitung schwerzerspanbarer Werkstoffe". Laboratorium für Werkzeugmaschinen der TH Aachen 1972 bis 1977.
4. *Sullivan, C. P., Donachie, M. J. jr., Morral, F. R.:* Cobalt-Base Superalloys – 1970. Cobalt Monograph Series. Centre d'Information du Cobalt, Brüssel 1970.
5. An Introduction to WIGGIN Nickel Alloys. Publication 3558 der Henry Wiggin & Comp. Ltd., Hereford 1975.
6. *Mütze, H.:* Beitrag zur Zerspanbarkeit hochwarmfester Werkstoffe. Diss. TH Aachen 1967.
7. Machining WIGGIN Nickel Alloys. Publ. 2463 der Henry Wiggin & Comp. Ltd., Hereford 1974.
8. *Opitz, H., Beckhaus, H.:* Stirnfräsen und Bohren hochwarmfester Werkstoffe. Abschlußbericht über das DFG-Forschungsprogramm Op/1/ 130, 1969.
9. *Zwicker, U.:* Titan und Titanlegierungen. Reine und angewandte Metallkunde in Einzeldarstellungen, Bd. 21, Hrsg. W. Köster. Springer-Verlag, Berlin, Heidelberg, New York 1974.
10. *Kreis, W.:* Verschleißursachen beim Drehen von Titanwerkstoffen. Diss. TH Aachen 1973.
11. *Kreis, W., Schröder, K.-H.:* Zerspanung der Titanwerkstoffe. Metall 29 (1975) 1, S. 58–62.
12. *Schröder, K.-H.:* Ursachen der Fertigungsungenauigkeiten und deren Auswirkungen beim Schaftfräsen. Diss. TH Aachen 1974.

19 Zerspanung von Kunststoffen

Dr.-Ing. G. Zug, Berlin

19.1 Entwicklung und Bedeutung der Kunststoffe

Mit der Herstellung von Vulkanfiber im Jahre 1859 und von Celluloid im Jahre 1869 sowie mit den um die Jahrhundertwende bekannt gewordenen Kaseinkunststoffen und dem Celluloseacetat (abgewandelte Naturstoffe) und ebenso mit der Erzeugung von Phenol-Formaldehydharzen (erste synthetische Werkstoffe) begann die Entwicklung der synthetisch-organischen Werkstoffe. Nach Ausgangsstoffen und Herstellungsart kann man nahezu eine historische Gruppierung der Kunststoff-Rohstoffe vornehmen. Hierbei zeichnen sich insbesondere vier Hauptgruppen ab, und zwar ab 1870 Kunststoffe aus Naturstoffen, wie Cellulose und Eiweißstoffe (Celluloid, Kunsthorn, Zellglas), ab 1910 Kondensationsharzkunststoffe, die durch mehrstufige Polykondensation aus Phenol, Anilin, Harnstoff, Melamin und Formaldehyd hergestellt werden (technische Harze, Schichtpreßstoffe, Bakelite), ab 1930 Polymerisationskunststoffe, die durch durchlaufende Polymerisation aus Acetylen, Äthylen usw. produziert werden (Polystyrol, Polyvinylchlorid, Polyäthylen) und ab 1940 Kunststoffe, die durch mehrfunktionelle Zwischenprodukte (Polyaddition, Polykondensation) aus Kohle- und Erdölprodukten hergestellt werden. Durch Kombination weniger Grundreaktionen werden die meisten der gegenwärtig verwendeten Kunststoffe erzeugt (Thermoplaste, Duroplaste, Elastomere).

In der Entwicklung sind neue Kunststoffarten, die sich bei sehr hoher Molekülsteifigkeit und bei einem Erweichungspunkt bis nahezu 1000°C weitgehend anders verhalten als die bisher bekannten Kunststoffe, z.B. bor-, phosphor- und siliziumhaltige Polymere. Sie haben allerdings über das Laboratorium hinaus z.Z. noch keine technische Bedeutung erlangt.

Zu den bereits technisch eingesetzten hochwärmebeständigen Thermoplasten zählen die Polyäthersulfone (PES) und das Polyphenylensulfid (PPS). Zu den ebenfalls in jüngster Zeit entwickelten neueren Werkstoffen gehören auch die Polyimide und Polyamidimide, die eine hohe Festigkeit, einen breiten Temperaturbereich (-240 bis $+370°C$) und ein entsprechend günstiges Gleit- und Verschleißverhalten aufweisen.

Auf der Suche nach besseren und anderen Eigenschaften und dementsprechend auch nach neuen Anwendungsgebieten werden bereits bekannte technische Kunststoffe mit gezielt wirkenden Funktions-Zusatzstoffen, Verstärkungs- und organischen oder anorganischen Füllstoffen ergänzt. Neuerdings finden neben den bereits bekannten Füll- bzw. Verstärkungsstoffen auch Mikro-Hohlkugeln aus Glas und Hochmodulfasern auf der Basis von Aluminiumoxid oder Borkarbide Anwendung. Im Bereich der Verknüpfung und Vernetzung unterschiedlicher Thermoplaste und Duroplaste, die als Legierungen (Polyblends) anwendungsspezifische Eigenschaften aufweisen, werden gegenwärtig vielfältige Untersuchungen durchgeführt. Durch die neuerdings als Ausgangsstoffe ebenfalls verwendeten Imide und Diimide werden wiederum entsprechende Voraussetzungen für eine Vielzahl von wärmebeständigen Werkstoffen geschaffen.

Die Möglichkeit, neue Werkstoffe zu entwickeln, die verbesserte Eigenschaften aufweisen und sich noch wirtschaftlicher als bisher herstellen lassen, gibt der Entwicklung

einen weiteren Auftrieb. In den letzten Jahren sind in einigen Industrieländern Untersuchungen darüber geführt worden, inwieweit Kunststoffe Stahl, Eisen und andere Metalle bereits ersetzt haben. Aus amerikanischen Erhebungen geht hervor, daß bis 1970 etwa 7% des Stahlverbrauchs durch Kunststoffe ersetzt wurde.
In der westlichen Welt wurden 1970 mehr als 18 Mio. t Kunststoffe produziert. Hierbei vermittelt die Gewichtsangabe wegen der niedrigen Dichte der Kunststoffe (Stahl etwa 7,8 g/cm^3, Kunststoffe von 0,8 bis 2,2 g/cm^3) nicht das richtige Verhältnis. Bei Betrachtung der Volumina der erzeugten Kunststoffe wird dies viel deutlicher. Stellt man einen solchen Vergleich mit der Rohstahlproduktion an, so ist festzustellen, daß diese mit Kunststoffen bereits 1967 zu etwa 40% erreicht worden ist.
Kunststoffe werden auch in Zukunft die metallischen Werkstoffe nicht voll und ganz ersetzen, sondern neue Werkstoffe darstellen, aus denen sich, zum Teil auch im Verbund mit Metallen, ergänzende und vielseitige konstruktive Möglichkeiten ergeben, die aufgrund der qualitativen und wirtschaftlichen Vorteile die Zuwachsraten der Metallproduktion und -verwendung allerdings auch schmälern können. Beachtenswert ist hierbei, daß die plastomeren Kunststoffe sehr stark an Bedeutung gewinnen. Die thermoplastischen Kunststoffe Polyvinylchlorid (PVC), Polyäthylen (PE), Polystyrol (PS) und auch die Polyamide (PA) mit ihren Modifikationen stellen etwa 60% der gesamten Kunststoff-Weltproduktion dar. Der Anteil der Duroplaste an der Kunststoff-Welterzeugung beträgt etwa 25%.
Hinsichtlich der wichtigsten Anwendungsbereiche der Kunststoffe nimmt die Bauindustrie eine nahezu führende Position vor der Elektroindustrie ein. Es folgen die Konsumgüterindustrie, der allgemeine Maschinenbau und das Verpackungswesen.
Die Welterzeugung an hochpolymeren Werkstoffen wurde im Jahre 1978 auf 45 Mio. t geschätzt. Die Produktion in der Bundesrepublik Deutschland als einem der weltgrößten Kunststoffproduzenten betrug im Jahre 1967 2,6 Mio. t mit einer Zuwachsrate von 15% gegenüber dem Jahr 1966. Im Jahre 1975 stieg die Kunststoffproduktion bzw. der mengenmäßige Verbrauch von Kunststoffen auf 4,17 Mio. t, davon etwa 1,17 Mio. t Halbzeuge. Dabei ist zu berücksichtigen, daß etwa zwei Drittel der z. Z. angebotenen rund 50 unterschiedlichen Kunststoffsorten 1965 noch nicht voll einsetzbar bzw. nicht auf dem Markt waren [1 bis 6].

19.2 Anwendung spanend gefertigter Kunststoffteile

Für die industrielle Anwendung überwiegen im Bereich der spanenden Fertigung die thermoplastischen Kunststoffe. In den Tabellen 1 und 2 sind die wichtigsten Kunststoffe mit ihren wesentlichen Eigenschaften und Anwendungsbereichen zusammengefaßt [1, 7].
Durch die ständig zunehmende Anwendung von Konstruktionsteilen aus Kunststoffen mit unterschiedlichen Abmessungen und geometrischen Formen hat die wirtschaftliche Fertigung dieser Teile eine besondere Bedeutung erhalten [8 bis 10]. Dabei ist die anfänglich wenig beachtete spanende Fertigung in der letzten Zeit angestiegen. Dies ist darauf zurückzuführen, daß eine Vielzahl von Konstruktionsteilen aufgrund ihrer komplizierten geometrischen Formen, Dimensionen und auch Maßgenauigkeiten nicht im sonst bevorzugt angewendeten Spritzgießverfahren hergestellt werden kann. Andererseits sind es aber auch solche Werkstoffe, die sich im Spritzgießverfahren nur schwierig oder gar nicht verarbeiten lassen. Bekannte Kalkulationsbeispiele zeigen, daß –

abhängig von Größe und Form der Werkstücke – Serien bis zu 40 000 Stück, in Sonderfällen bis zu 250 000 Stück, schon auf herkömmlichen spanenden Werkzeugmaschinen wirtschaftlicher gefertigt werden können als nach dem Spritzgießverfahren [11 bis 14].
Obwohl die spanende Fertigung von Teilen aus Kunststoffen unter bestimmten Bedingungen schon dem Spritzgießverfahren überlegen ist, kann diese unter Berücksichtigung günstiger Zerspanbedingungen noch besser gestaltet werden. Um jedoch die günstigsten Zerspanbedingungen anwenden zu können, müssen genaue Kenntnisse über das Verhalten des Wirkpaars Werkstück und Werkzeug während des Zerspanvorgangs in Form von Kenngrößen vorliegen. Eine Anlehnung an die sehr umfangreichen Erkenntnisse und Ergebnisse, die bei Untersuchungen in der Metallzerspanung gewonnen wurden, können jedoch nicht auf die Kunststoffe unmittelbar übertragen werden, da diese Werkstoffe anders strukturiert sind.

19.3 Zerspaneigenschaften der Kunststoffe

19.3.1 Allgemeines

Die Zerspanbarkeit von Kunststoffen ist ebenso wie die Zerspanbarkeit der Metalle abhängig von mehreren Einflußfaktoren. Bei vergleichenden Betrachtungen der physikalischen Eigenschaften von metallischen Werkstoffen und Kunststoffen wird man allgemein feststellen können, daß bestimmte Faktoren, die bei den metallischen Werkstoffen einen großen Einfluß auf die Zerspanbarkeit ausüben, bei den plastomeren und duromeren Kunststoffen einen geringen Einfluß haben bzw. nicht auftreten. Trotz unterschiedlicher Stoffeigenschaften und auch entsprechend anderen Verhaltens bei Verformungs- und Bearbeitungsvorgängen können die bei der Metallzerspanung aufgestellten Kriterien und Bewertungsgrößen für die Beurteilung der Zerspanbarkeit von Kunststoffen herangezogen werden, da es sich hierbei um einen analogen Bearbeitungsvorgang handelt. Die Rangfolge und die Intensität der einzelnen Einflußfaktoren und Bewertungsgrößen ist aufgrund der spezifischen Eigenschaften hierbei jedoch eine andere als bei den metallischen Werkstoffen.
Um richtungweisende Aussagen über das allgemeine Zerspanverhalten von Kunststoffen machen zu können, genügt es, sämtliche Bewertungs- und Kenngrößen bei einem Fertigungsverfahren an Werkstoffen bzw. Werkstoffarten mit gleichen oder ähnlichen mechanischen und thermischen Eigenschaften zu untersuchen. Hierfür können das Längsdrehen und das Orthogonaldrehen als grundlegende Bearbeitungsvorgänge angesehen werden. Zur Beurteilung des Zerspanverhaltens gelten im allgemeinen die Spanbildung und die Form der anfallenden Späne, die erzielbare Oberflächengüte (Mikrogestalt der Oberfläche), die beim Zerspanvorgang wirksamen Kraftkomponenten und Temperaturen sowie der bei der Zerspanung entstehende Verschleiß der Werkzeuge als Kriterien.
Außer diesen muß bei der spanenden Bearbeitung von Kunststoffen zusätzlich folgendes berücksichtigt und beachtet werden:

Stoffeigenschaften

Bei Verwendung von Halbzeugen können die durch den Herstellprozeß entstandenen Spannungen beim Zerspanen zur Beschädigung des Werkstücks führen. Hierbei sind die Hinweise des Halbzeugherstellers hinsichtlich der Halbzeugvorbehandlung bzw. der Werkstücknachbehandlung von besonderer Bedeutung.

Bei feuchtigkeitsaufnahmefähigen Kunststoffen sollte die damit verbundene Volumenänderung berücksichtigt werden. Dabei ist auf den jeweiligen Sättigungsgrad dieser Werkstoffe zu achten. Bei maßgenauen Werkstücken sollte vor der Endmaßbearbeitung ein Konditioniervorgang durchgeführt werden. Unabhängig davon können aufgrund der flüchtigen Bestandteile (Feuchtigkeit) Abbauerscheinungen bzw. geringere Eigenschaftswerte auftreten (Bild 1). Dies ist insbesondere bei den zu Feuchtigkeitsaufnahme neigenden Werkstoffen, wie Polyamid (PA), Polycarbonat (PC), Polymethylmethacrylat (PMMA), Polystyrol (ABS, SAN), Cellulose-Ester (CA) u. ä., zu beachten. Ebenfalls sollte hierbei die von der Schnittgeschwindigkeit abhängige Festigkeit (Sprödigkeit) der Kunststoffe, die sowohl die Spanbildung und Spanform als auch die Oberflächengestalt beeinflußt, berücksichtigt werden.

Im Zusammenhang mit der geringen Wärmeleitfähigkeit und der beachtlich hohen Wärmeausdehnung ist das Abführen der beim Zerspanprozeß entstehenden Wärme von besonderer Bedeutung. Bei den Werkstoffen, die bei niedrigen Temperaturen bereits Umwandlungsbereiche mit stark erhöhter Wärmeausdehnung durchlaufen, sind die Umwandlungstemperaturen zu beachten. Außerdem bewirkt die geringe Wärmeleitfähigkeit eine übermäßige thermische Beanspruchung der Zerspanwerkzeuge, da die Wärme aus der Zerspanzone fast ausschließlich über das Werkzeug abgeführt werden muß. Die ebenfalls geringe Wärmebeständigkeit dieser Werkstoffe sollte bei Forderungen nach bestimmter Mikro- und Makroformgenauigkeit der gefertigten Werkstücke Beachtung finden.

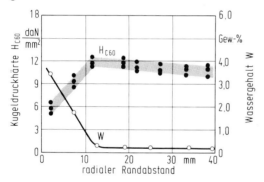

Bild 1. Kugeldruckhärte und Wassergehalt (Feuchtigkeit) von Polyamid-6 in Abhängigkeit vom Randabstand

Füll- und Zusatzstoffe

Füll- und Zusatzstoffe werden sowohl in pulvriger bzw. körniger als auch in faserartiger Form verwendet. Ihre schmirgelnde Wirkung erzeugt einen sich zum Teil sehr kurzzeitig einstellenden hohen Werkzeugverschleiß, durch den sowohl die Oberflächengüte als auch die Maßgenauigkeit stark beeinflußt werden können.

Spannvorrichtungen und Werkstückaufnahme

Beim Spannen der Werkstücke sollten nicht zu große Kräfte aufgebracht werden, da diese bei harten bzw. spröden plastomeren und duromeren Werkstoffen, bedingt durch innere und äußere Spannungen, zu Rißbildung während des Zerspanvorgangs führen

Tabelle 1. Eigenschaften, Anwendungsgebiete und Bearbeitungsverfahren thermoplastischer Werkstoffe [2, 5, 6]

Technische Bezeichnung der Werkstoffe	Kurzzeichen, Normen	Herstell- bzw. Lieferform	Kennzeichnung und spezifische Eigenschaften	Anwendung	Fertigungs- verfahren
Polyamide	PA-6 PA-6,6 PA-6,10 PA-11 PA-12 PA-Guß	Platten Rundstäbe Rohre Profile Folien	teilkristallin, zäh-elastisch, Wasseraufnahme von etwa 1–3 Gew.-$^o/_{oo}$, verschleiß- und abriebfest, hart (PA-Guß)	Zahnräder, wartungsfreie Lager- und Gleitelemente, Walzen	Drehen Bohren Fräsen Sägen (Schleifen)
Polycarbonat	PC DIN 7744	Platten Rundstäbe Rohre Folien	Zähigkeit bis −100°C, transparent, kratz- bzw. abriebfest	Armaturen, Konstruktions- elemente für Apparate- und Gerätebau	Drehen Bohren Fräsen Sägen (Schleifen)
Polyoxymethylen und Polyacetate	POM	Platten Rundstäbe Rohre Profile Folien	teilkristallin, hart, zäh bis −40°C, verschleißfest, gutes Rückstellvermögen	Zahnräder, Buchsen, Gleit- teile, Konstruktionselemente für Fahrzeug- und Maschi- nenbau	Drehen Bohren Fräsen Sägen (Schleifen)
Polyäthylen	PE DIN 7740	Platten Rundstäbe Rohre Folien	teilkristallin, kältefest bis −40°C, verschleißfest, che- mikalienbeständig, mecha- nisch hoch beanspruchbar	Funktions- und Konstruk- tionselemente für Elektro-, Maschinen- und Apparate- bau, Implantat	Drehen Bohren Fräsen Sägen (Schleifen)
Polystyrol	PS DIN 7741 SB SAN ABS VDI 2471	Halbzeug und Halbfertigteile	hohe Schlagfestigkeit, Wär- meformbeständigkeit, allg. mechan. Festigkeit, chemika- lienbeständig, Maßhaltigkeit, amorphe Strurktur, alterungs- beständig	Schwachstrom- und Hochfre- quenzbauteile, Konstruk- tionselemente im Gerätebau	Drehen Bohren Fräsen (Schleifen)

19.3 Zerspaneigenschaften der Kunststoffe

Polymethylmethacrylat, Acrylglas	PMMA DIN 7745 AMMA	Halbzeug und Halbfertigteile	chemische Beständigkeit, Wärmeformbeständigkeit, mechan. Festigkeit, Oberflächenhärte	Konstruktionselemente und Bauteile im Apparate- und Hausgerätebau	Drehen Bohren Fräsen (Schleifen)
Cellulose-Ester	CA CAB CAP DIN 7740/43	Halbfertigteile	hohe Zähigkeit und Dehnung, Wärmeformbeständigkeit, Maß- und Formbeständigkeit (CAB)	maß- und formbeständige Konstruktionselemente im Geräte- und Apparatebau	Drehen Bohren Fräsen (Schleifen)
Polypropylen	PP DIN 7740	Platten Rundstäbe Profile Rohre Folien	Eigenschaften ähnlich wie PE, jedoch geringere Kältebeständigkeit	Konstruktionselemente im Gerätebau (Waschmaschinen), Biegeelemente, Dichtungen	Drehen Bohren Fräsen (Schleifen)
Polyvinylchlorid	PVC PVDC DIN 7748	Platten Rundstäbe Rohre Folien	säurebeständig, witterungsbeständig, schlagzäh bei Kälte	Bauteile für den chemischen Apparatebau, Konstruktionsprofile	Drehen Bohren Fräsen Sägen (Schleifen)
Polytetrafluoräthylen	PTFE	Platten Rundstäbe Rohre Profile	sehr hohe Chemikalienbeständigkeit, (korrosionsfest von −150 bis 260°C), hohe Gleiteigenschaften (äußerst geringer Reibungskoeffizient)	Dichtelemente, Gleitelemente, Konstruktionselemente für den Maschinen- und Apparatebau und für die Flugzeug- und Raumfahrtindustrie	Drehen Bohren Fräsen Sägen
Polyimide	—	Formteile Halbzeuge und Fertigteile (begrenzter Art u. Form	hohe mechan. Eigenschaften von −240 bis 370°C, Gleit- und Verschleißverhalten, säure- und wasserbeständig	Dichtelemente im Antriebsbau (Strahltriebwerke), Lager, Gleit- und Führungselemente im Maschinen-, Apparate- und Gerätebau	Drehen Bohren Fräsen Sägen
Polysulfon	—	Formteile, Fertigteile Halbzeuge (begrenzter Art und Form	Formbeständigkeit von −100 bis 175°C, Kältebeständigkeit, Zähigkeit (Versprödung erst bei tiefen Temperaturen	Konstruktionselemente, Maschinen, Geräte (insbes. medizinisch-techn. Geräte und Einrichtungen)	Drehen Bohren Fräsen Sägen

Tabelle 2. Eigenschaften, Anwendungsgebiete und Bearbeitungsverfahren duroplastischer Werkstoffe [5, 6]

Technische Bezeichnung der Werkstoffe	Kurzzeichen, Normen	Herstell- bzw. Lieferform	Kennzeichnung und spezifische Eigenschaften	Anwendung	Fertigungs- verfahren
Phenolplaste	PF DIN 7708 DIN 7735 DIN 4076	Preßmassen Schichtpreß- stoffe Preßschichtholz	mit Füllstoffen, wie Stein- mehl, Asbest, Holzmehl, Zellstoff-Fasern, Zellstoff-Schnitzelbahnen, Textil-Fa- sern, Hartpapier, Glas-Hart- gewebe, Baumwoll-Hartge- webe: hohe mechanische Verschleiß- und Gleiteigen- schaften	allgemeine temperatur- und feucht-beanspruchte Preßtei- le (Lager, Zahnräder, Gleit- elemente, Laufrollen, Kugel- lagerkäfige u. dgl. Konstruk- tionselemente)	Drehen Fräsen Bohren Sägen (Schleifen)
Ungesättigte Polyester Epoxid-Harze	UP EP DIN 16911 DIN 7735	Preßmassen Schichtpreß- stoffe glasfaserver- stärkte Werk- stoffe (Halbzeu- ge u. Halbfertig- teile)	mit Glasfüllstoffen und ande- ren mineralischen Füllstoffen (Stränge, Melten, Gewebe): hohe mechanische und ther- mische Festigkeit, geringe Feuchtigkeitsaufnahme und Kriechstromfestigkeit	Konstruktions- und Isolier- elemente in der Elektrotech- nik, technische Großteile für Fahrzeug-, Boots- und Flug- zeugbau	Drehen Fräsen Bohren Sägen (Schleifen)
Polyurethane (vernetzend)	PUR	Halbzeuge u. Halbfertigteile (Tafeln, Rohre)	Alterungsbeständigkeit, Ver- schleißfestigkeit, hohe Öl- und Benzinbeständigkeit, gu- tes Dämpfungsvermögen	Lager, Zahnräder, Fede- rungs- und Gleitelemente, Dichtungselemente	Drehen Fräsen Bohren Sägen (Schleifen)
Aminoplaste Harnstoff-Formalde- hydharze Melamin-Formaldehyd- harze	UF MF DIN 7708 DIN 7735	Preßmassen Schichtpreßstof- fe (Halbfertig- teile)	hohe Stoßfestigkeit, Kriech- stromfestigkeit, Glutfestig- keit (Heißwasserbeständig- keit)	kriechstrombeständige Elek- trobauteile, Sanitärbauteile, Verschraubungselemente	Drehen Fräsen Bohren Sägen (Schleifen)

können. Bei den elastischen Werkstoffen können sie bleibende Verformungen hervorrufen, die eine beachtliche Form- und Maßabweichung bewirken. Die Steifigkeit der Werkstücke muß berücksichtigt werden, da bei einem Längen-Durchmesser-Verhältnis der Werkstücke l/d > 5 schon beachtliche Form- und Maßabweichungen auftreten können.

Form- und Maßgenauigkeit

Die Form- und Maßgenauigkeit der spanend gefertigten Werkstücke ist grundsätzlich vom Verfahren, von der Art der Werkzeugmaschine und der Werkzeuge sowie von den gewählten Zerspanbedingungen abhängig. Das betrifft hierbei hauptsächlich die Zerspantemperaturen, die Zerspankräfte sowie den sich einstellenden Werkzeugverschleiß. Kühlschmierstoffe können sich hierbei zum Teil vorteilhaft auswirken [38]. Bei den fluorhaltigen Polymeren sind in diesem Zusammenhang insbesondere die Umwandlungstemperaturen bzw. die Umwandlungsbereiche zu beachten.

Physiologische Eigenschaften und Schutzmaßnahmen

Bei einigen Kunststoffarten können im Schmelz- bzw. Zersetzungstemperaturbereich z. T. gesundheitsschädliche gasförmige Verbindungen entstehen. So werden bei der Bearbeitung von Polyfluorcarbon-Werkstoffen giftige Fluorverbindungen frei. Bei den Polyacetal-Werkstoffen besteht die Gefahr schädlicher Formaldehydabspaltungen. Das in den meisten Harzsorten vorhandene Styrol kann bei entsprechend hohen Bearbeitungstemperaturen Reizwirkungen auf Haut, Nasen- und Augenschleimhäute hervorrufen.
Die durch die unterschiedlichen Füll- und Zusatzstoffe bewirkte Staubentwicklung kann insbesondere bei der Bearbeitung von Asbest-Formaldehydharzen durch entstehenden Asbeststaub Lungenerkrankungen erzeugen [40].
Eine erforderliche und allgemein wirksame Schutzmaßnahme ist hierfür der Einsatz einer Absaugeinrichtung mit einer hohen Saugleistung. Dabei sollten die Dicke der Späne des jeweils zu bearbeitenden Werkstoffs sowie die Staubkorngröße bzw. Spanform berücksichtigt werden.

19.3.2 Spanbildung und Spanformen

Untersuchungen der Spanbildung beim *Drehen* verdeutlichen, daß eine eindeutig erkennbare Scherzone nicht immer auftritt. Dies wurde insbesondere bei den kontinuierlichen Fließspänen festgestellt [33]. Bei dieser Spanart war weder im Spanwerkstoff noch im Grundwerkstoff eine Gefügeveränderung ersichtlich. Das wird auch durch die hierbei nicht meßbare Spandickenstauchung bestätigt. Die mit der Spanentstehung zusammenhängenden Verformungsvorgänge sind hierbei überwiegend elastischer Art (Bild 2 A).
Schnittkraftmessungen haben gezeigt, daß bei Fließspänen keine meßbaren Kraftschwankungen auftreten. Kontinuierliche und diskontinuierliche Scherspäne mit ausgeprägten Scherzonen kann man anhand der gleichen Farbspektren in den Spanwurzel-Dünnschnitten erkennen (Bild 2 B u. C). Es ist anzunehmen, daß diese Späne über eine anfänglich elastische Deformationszone einem anschließenden Schervorgang ausgesetzt werden, der die jeweiligen Werkstoffzonen so weit plastisch verformt, daß bei den diskontinuierlichen Spänen in den entsprechenden Zonen ein Trennbruch eintritt (Bild 3).

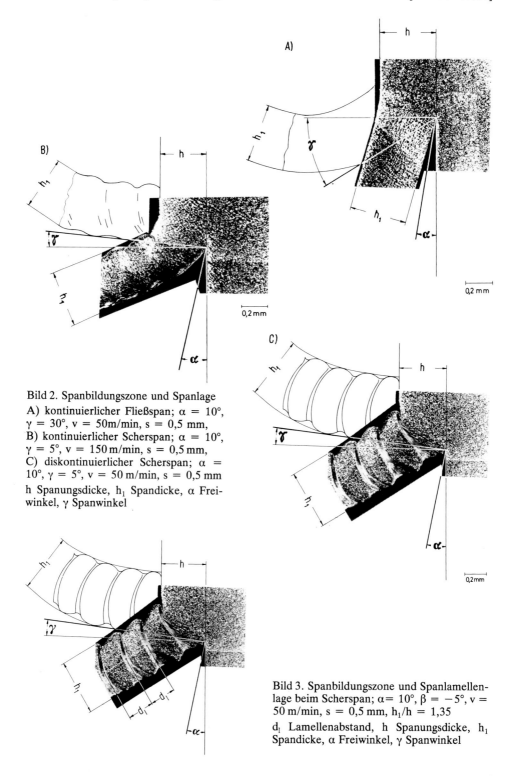

Bild 2. Spanbildungszone und Spanlage
A) kontinuierlicher Fließspan; $\alpha = 10°$, $\gamma = 30°$, $v = 50\,\text{m/min}$, $s = 0,5\,\text{mm}$,
B) kontinuierlicher Scherspan; $\alpha = 10°$, $\gamma = 5°$, $v = 150\,\text{m/min}$, $s = 0,5\,\text{mm}$,
C) diskontinuierlicher Scherspan; $\alpha = 10°$, $\gamma = 5°$, $v = 50\,\text{m/min}$, $s = 0,5\,\text{mm}$
h Spanungsdicke, h_1 Spandicke, α Freiwinkel, γ Spanwinkel

Bild 3. Spanbildungszone und Spanlamellenlage beim Scherspan; $\alpha = 10°$, $\beta = -5°$, $v = 50\,\text{m/min}$, $s = 0,5\,\text{mm}$, $h_1/h = 1,35$
d_l Lamellenabstand, h Spanungsdicke, h_1 Spandicke, α Freiwinkel, γ Spanwinkel

Diskontinuierliche Scherspäne überwiegen bei Spanwinkeln von über 20°, bei Schnittgeschwindigkeiten von mehr als 600 m/min und Spanungsquerschnitten von a · s über 2,0 · 0,25 mm². Im Zusammenhang mit dieser Spanart wurden jedoch auch sehr häufig Oberflächenausbrüche festgestellt. Diese Oberflächenausbrüche sind auf die bei bestimmten Zerspanbedingungen auftretende Richtungsumkehr der Vorschubkraft, die in diesem Falle eine auf den Werkstoff wirkende Zugkraft ausübt, zurückzuführen. Da dies überwiegend bei höheren Schnittgeschwindigkeiten auftritt, wird die dabei auftretende Veränderung des Werkstoffverformungsvermögens hierauf noch zusätzlich einen Einfluß ausüben.

Mikroskopische Untersuchungen an Spanwurzel-Dünnschnitten zeigen, daß bei den meisten thermoplastischen Kunststoffen drei unterschiedliche Spanarten auftreten, und zwar ein Fließspan mit einer elastischen Deformations-Scherzone, einem Anfangs-, Mittel- und End-Scherwinkel Φ_1, Φ_m und Φ_2 (Bild 4 A), ein kontinuierlicher Scherspan mit einer plastischen Deformations-Scherzone mit unterschiedlichen Scherwinkeln Φ_1 und Φ_2 (Bild 4 B) und eine diskontinuierlicher Scherspan mit einer sehr dünnen Scherzone und unterschiedlichen Scherwinkeln Φ_1 und Φ_2 (Bild 4 C).

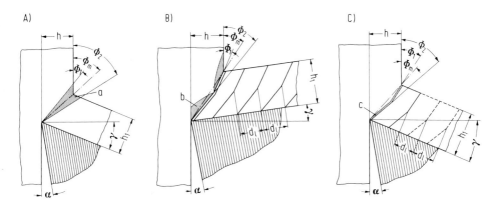

Bild 4. Spanentstehungsarten beim Drehen von thermoplastischen Kunststoffen
A) Fließspan, B) kontinuierlicher Scherspan, C) diskontinuierlicher Scherspan
a elastische Deformationszone, b plastische Deformationszone, c Scherzone, d_l Lamellenabstand, h Spanungsdicke, h_1 Spandicke, α Freiwinkel, γ Spanwinkel, Φ_1, Φ_2, Φ_m Scherwinkel

An den Spanentstehungszonen (Bild 5 A bis C) kann man erkennen, daß die Verformungen recht unterschiedlich sind, daß eine Verformung in der Spanbildungszone beim kontinuierlichen Fließspan kaum feststellbar ist, die Spanbildung beim diskontinuierlichen Scherspan aber eindeutig durch Sprödrisse eingeleitet wird.
Untersuchungen beim *Bohren* haben gezeigt, daß die beim Drehen erzielten Ergebnisse nur mit Einschränkungen auf die Spanentstehung beim Bohren übertragbar sind, da im Gegensatz zum Drehen der Spanwinkel am Bohrwerkzeug (Hauptschneiden) einer kontinuierlichen Veränderung unterliegt [38]. Zusätzlich zu den beim Drehen auftretenden kontinuierlichen und diskontinuierlichen Scherspänen tritt beim Bohren ein Reißspan auf. Im Gegensatz zu den anderen Spanarten werden hierbei Werkstoffpartikel sprödbruchartig aus der Werkstoffoberfläche herausgerissen. Die Spanbildungszone wird auch vom Hauptschneidenradius stark beeinflußt. Ebenso wie beim Drehen ist auch beim Bohren mit zunehmender Schnittgeschwindigkeit eine Veränderung der

Spanarten in Richtung Reißspan festzustellen. Gleiche Reißspäne mit Oberflächenausbrüchen wurden auch beim Fräsen mit hohen Schnittgeschwindigkeiten und positiven Spanwinkeln beobachtet [39 u. 40].

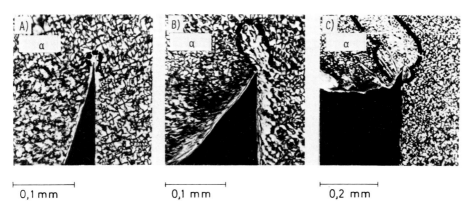

Bild 5. Spanentstehungszonen
A) Fließspan, B) kontinuierlicher Scherspan, C) diskontinuierlicher Scherspan
a Span

Beim Drehen, Bohren und Fräsen duroplastischer Werkstoffe, die überwiegend spröde und z.T. mit entsprechenden Füll-, Zusatz- und Verstärkungsstoffen versehen sind, treten nahezu nur diskontinuierliche Scherspäne auf. Vor allem beim Sägen und Schleifen fallen häufig Reiß- bzw. Pulverspäne (Staubpartikel) an.
Die jeweilige Spanart wird sehr stark von der Zähigkeit bzw. Sprödigkeit des Werkstoffs beeinflußt. Da bekanntlich innerhalb des Werkstoffgefüges auch inhomogene Zonen vorhanden sind, werden während der Bearbeitung ebenfalls Übergangs-Spanarten auftreten.
Beim *Drehen* der meisten thermoplastischen Kunststoffe treten in Abhängigkeit von den Zerspanbedingungen und auch den Werkstoffeigenschaften unterschiedliche Spanformen auf, die hauptsächlich von der Spanentstehung bzw. der Spanart geprägt werden.
In Bild 6 sind die Grundformen der beim Drehen von thermoplastischen Werkstoffen auftretenden Späne wiedergegeben. Man kann einen wesentlichen Formunterschied

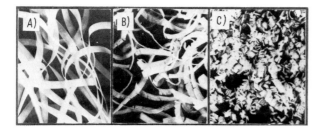

Bild 6. Grundspanformen beim Drehen von thermoplastischen Werkstoffen
A) kontinuierlicher Bandspan ($R_{Bk} = 210$), B) kontinuierlicher Lamellenspan ($R_{Lk} = 145$), C) diskontinuierlicher Lamellenspan ($R_{Ld} = 4,5$)

[Literatur S. 630] 19.3 Zerspaneigenschaften der Kunststoffe   603

feststellen zwischen dem kontinuierlichen Lamellenspan (Lk) und dem diskontinuierlichen Lamellenspan (Ld).
Durch die Spanraumzahl [16] können die einzelnen Spanformen zusätzlich charakterisiert werden. Es gilt hierfür, wie auch aus Bild 6 zu entnehmen ist,

$$R_{Bk} : R_{Lk} : R_{Ld} \approx 50 : 30 : 1.$$

Der kontinuierliche Bandspan kann in Abhängigkeit vom Spanungsquerschnitt und vom jeweiligen Schneidenverschleiß auch in einer welligen bzw. wendelartigen Form auftreten. Das betrifft insbesondere die mit Graphit, Glasfaser und anderen Stoffen gefüllten Thermoplaste. Bei graphithaltigen Werkstoffen kann die Spanform aufgrund des sehr großen Werkzeugverschleißes Formen annehmen, wie sie Bild 7 zeigt. In Abhängigkeit vom Verschleiß geht die Spanform nach einem anfänglich diskontinuierlichen Lamellenspan in einen kontinuierlichen Bandspan über, der nach weiterer Schnittzeit nur noch in einer gefalteten Form auftritt – ähnlich wie beim Bohren. Dies hängt sehr stark mit dem durch den Verschleiß veränderten Spanwinkel und der dadurch bedingten höheren Reibwärme zusammen. Der Spanwinkel geht dabei von einem positiven in einen negativen Wert über.

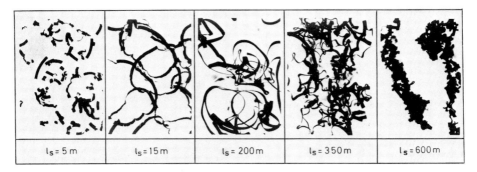

Bild 7. Spanformen in Abhängigkeit vom Schnittweg beim Drehen von graphithaltigen Thermoplasten. Werkstoff: Polyamid + 5 Gew.-% Graphit; Schneidstoff: Hartmetall K 20; Schnittbedingungen: v = 600 m/min, a = 2,0 mm, s = 0,2 mm, α = 10°, γ = 30°
l_s Schnittweg

Tabelle 3 gibt den Einfluß von Schnittgeschwindigkeit, Vorschub und Spanwinkel auf die beim Drehen von Polyamid-Werkstoffen jeweils erzielbaren Spanformen wieder. Dies ist bei allen Thermoplasten annähernd gleich, wenn diese Werkstoffe nicht sehr zähelastisch bzw. wasserhaltig sind (hohe Feuchtigkeit).
Größere Bedeutung als beim Drehen haben die Spanformen beim *Bohren* thermoplastischer Werkstoffe, da sie die Spanabfuhr begünstigen bzw. behindern können. Untersuchungen [38] haben ergeben, daß beim Bohren von thermoplastischen Kunststoffen ebenfalls drei typische Spanformen auftreten, und zwar Wendelspäne, Faltspäne und Lamellenspäne (Tabelle 4). Diese Spanformen kommen jedoch nur selten in diesen eindeutigen Formen vor. Bedingt durch die unterschiedlichen Werkstoff- und Zerspanbedingungen stellen die meisten Späne Übergangsformen (Mischformen) dar. Der Faltspan entsteht grundsätzlich bei geringen Vorschüben und hohen Schnittgeschwindigkeiten, der Wendelspan bei großen Vorschüben und geringen Schnittgeschwindigkeiten und der Lamellenspan bei großen Vorschüben und großen Schnittgeschwindigkeiten.

Tabelle 3. Erzielbare Spanformen in Abhängigkeit von Schnittgeschwindigkeit, Vorschub und Spanwinkel

Schnittgeschw. v [m/min]	Vorschub s [mm]	kontinuierlicher Bandspan				kontinuierlicher Lamellenspan				diskontinuierlicher Lamellenspan (Bröckelspan)			
		6°	20°	30°	40°	6°	20°	30°	40°	6°	20°	30°	40°
600	0,05	●	●	●	●								
	0,10	●	●	●									
	0,20	●					●	●	●				
	0,30	●					●	●					●
	0,40	●									●	●	●
800	0,05	●	●	●	●								
	0,10	●	●	●	●								
	0,20	●					●	●	●				
	0,30	●					●	●					●
	0,40	●									●	●	●
1000	0,05	●	●	●	●								
	0,10	●	●	●									
	0,20	●					●	●	●				
	0,30	●					●					●	●
	0,40	●									●	●	●
1400	0,05	●	●	●	●								
	0,10	●	●	●				●					
	0,20	●					●	●					●
	0,30	●									●	●	●
	0,40					●					●	●	●

Infolge der geringen Wärmeleitfähigkeit der Werkstoffe hat die Spansteifigkeit eine große Bedeutung, da die insbesondere beim steifen Wendelspan mögliche rasche Spanabfuhr keine zusätzliche Wärme erzeugt. Bei höheren Schnittgeschwindigkeiten und geringen Vorschüben kann die erhöhte Schnittemperatur zur Erweichung der Späne führen und somit örtliche Schmelzvorgänge an der Werkstoffoberfläche hervorrufen. Dies führt wiederum zu einer Abstumpfung (Werkstoffbelag) der Spannuten und somit zu qualitativ schlechten Bohrungen. Ebenso wie beim Drehen sind auch hier die Spanformen von den Schnittbedingungen und der Werkzeuggeometrie abhängig.

Beim *Fräsen* treten ähnlich wie beim Bohren und Drehen die drei Spanarten Fließspan, Scherspan und Reißspan auf. Die Spanbildung ist ebenso wie die Spanform stark abhängig vom Verformungsvermögen des jeweiligen Werkstoffs, von den Schnittbedingungen und der Werkzeuggeometrie [39]. Allerdings können beim Fräsen thermoplastischer Werkstoffe Spanformen bzw. Spanarten vorkommen, die sowohl hohe Oberflächenqualitäten als auch Oberflächenbeschädigungen (Werkstoffausbrüche) hervorrufen können. Bei den duroplastischen Werkstoffen gibt es überwiegend Reiß- und Flokkenspäne mit hohem Staubanfall [16 u. 21]. Dies ist allerdings sehr stark von der Lage und Form der Füll-, Zusatz- und Verstärkungsstoffe abhängig.

Tabelle 4. Spanformen in Abhängigkeit von Schnittgeschwindigkeit und Vorschub bei unterschiedlicher Drillsteifigkeit der Bohrwerkzeuge; Werkstoff: Polyamid-Blockpolymerisat [38]

Vorschub s [mm]	a Spiralbohrer Typ N (28/29/90) Spanform bei Schnittgeschwindigkeit v [m/min]					b Spiralbohrer mit innenliegenden Ölkanälen (18/27/90)					c Spiralbohrer mit großen Spannuten (18/39/90)				
	5	10	20	40	80	5	10	20	40	80	5	10	20	40	80
0,16	○	○	○	○	○	○	○	○	○	○	○	○	○	×	×
0,315	○	○	○	○	○	○	○	○	○	○	○	⊗	⊗	×	×
0,5	◉	◉	◉	○	○	◉	◉	◉	○	⊗	✷	⊗	×	×	×
0,8	◉	◉	◉	◉	⊗	◉	◉	◉	⊗	×	✷	⊗	×	×	×
1,25	△	△	◉	◉	⊗	△	△	✷	×	×	✷	×	×	×	×

△ Wendelspan   ◉ Übergangsform Wendel-Faltspan
○ Faltspan   ✷ Übergangsform Wendel-Lamellenspan
× Lamellenspan ⊗ Übergangsform Falt-Lamellenspan

19.3.3 Oberflächengüte und Oberflächenstrukturen

Ergebnisse quantitiver und qualitativer Oberflächenuntersuchungen gedrehter Werkstoffe aus *thermoplastischen Werkstoffen* haben gezeigt, daß in Abhängigkeit von den Zerspanbedingungen und dem Werkstoffzustand (spröde bzw. zähelastisch) jeweils andere Oberflächenstrukturen erzielt werden können (Bild 8). Die Oberfläche mit dem eindeutigen Rillenprofil (Bild 8 A) wird sehr stark vom jeweiligen Wassergehalt bzw. von der Zähigkeit des Werkstoffs und den Schnittbedingungen beeinflußt. Bei glasfaser- und graphitgefüllten Thermoplasten ist die Oberflächenstruktur wiederum stark vom jeweiligen Werkzeugverschleiß abhängig. So kann beim Zerspanen von graphitgefülltem Polyamid schon nach einer Schnittzeit von $t_s = 0,1$ min eine kerbartig aufgerauhte Oberflächenstruktur entstehen, wie Bild 8 E erkennen läßt. Bei glasfasergefüllten Thermoplasten wird mit Zunahme des Schneidenverschleißes die Oberflächenstruktur durch Glasfaserausrisse zusätzlich verschlechtert.
Die Oberfläche mit Ausbrüchen (Bild 8 B) tritt am häufigsten bei spröden Werkstoffen, Schnittgeschwindigkeiten von $v = 400$ bis 1600 m/min und Spanwinkeln von $\gamma = 25$ bis $40°$ auf. Dabei wird der Feuchtigkeitsgehalt der Werkstoffe einen beachtlichen Einfluß auf die Struktur der Oberfläche ausüben, der auch das Auftreten der Oberflächenausbrüche in Richtung höhere Schnittgeschwindigkeiten verschiebt. Die Häufigkeit und die Größe der Oberflächenausbrüche wird hierbei hauptsächlich von der Schnittgeschwindigkeit und vom Vorschub beeinflußt. Die von der Schnittgeschwindigkeit abhängige Zahl der Ausbrüche kann von 3 bis $60/cm^2$ Oberfläche betragen. Bei γ

> 20° und s >0,3 mm sind maximale Ausbrüche mit Tiefen von etwa 0,2 mm und Breiten von etwa 0,25 mm zu erwarten. Bei Polyamid-6 mit 1,0 Gewichtsprozent Molybdän und auch beim glasfasergefüllten Polyamid-6 konnten diese Ausbrüche ab Schnittgeschwindigkeiten von v = 600 m/min beobachtet werden, bei füllstofflosen Werkstoffen hingegen erst bei Schnittgeschwindigkeiten von v > 1000 m/min.

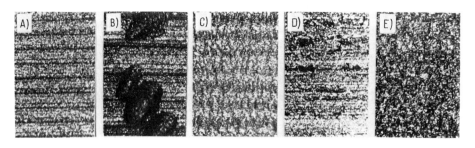

0,2 mm

Bild 8. Erzielbare Oberflächenstruktur beim Drehen thermoplastischer Werkstoffe
A) regelmäßiges Rillenprofil, B) Rillenprofil mit Ausbrüchen, C) Rillenprofil mit Kerben, D) Rillenprofil mit Anschmelzungen, E) unregelmäßiges Rillenprofil mit Kerben und Anschmelzungen

Ähnliche Oberflächenstrukturen wurden auch beim Drehen von Polyvinylchlorid, Polyacetalharz und anderen Thermoplasten festgestellt. Die Oberflächenstruktur in Bild 8 D mit Werkstoffaufschmelzungen (Verschmierungen) tritt bei allen Werkstoffen hauptsächlich bei Vorschüben $s \leqq 0,05$ mm und Spanwinkeln von $\gamma > 0°$ auf. Man kann hierbei annehmen, daß der durch die schlechte Wärmeleitfähigkeit der Werkstoffe erzeugte Wärmestau in der Werkstückrandzone diese z. T. auftretenden Aufschmelzungen verursacht.
Die Oberfläche mit Rillenprofil und kerbartigen Rissen (Bild 8 C) tritt bei fast allen Werkstoffen auf, die mit Spanwinkeln von $\gamma = -10$ bis $0°$ und Vorschüben von $s = 0,15$ bis $0,40$ mm spanend bearbeitet werden.
Die in den meisten Fällen entstehenden Oberflächen haben ein Rillenprofil, ein verschmiertes Rillenprofil oder ein Rillenprofil mit Ausbrüchen (Tabelle 5).
Beim *Bohren* treten an der Bohrungswand ähnliche Oberflächenstrukturen wie beim Drehen auf [38]. Diese sind hauptsächlich von der Reibwärme der Haupt- und Nebenfreifläche des Bohrers, den Schnittbedingungen und der Spanwärme abhängig. Bei geringen Vorschüben (s = 0,16 mm) und hohen Schnittgeschwindigkeiten (v > 40 m/min) treten fast immer verschmierte, örtlich angeschmolzene Bohrungswandstrukturen auf. Bei größerem Vorschub entstehen – wiederum zunehmend – geglättete Rillenflächen. Ab einem Vorschub von s > 1,0 mm bilden sich ebenso wie beim Drehen sprödbruchartige Oberflächenausbrüche.
Beim *Fräsen* ergeben sich – ebenfalls abhängig von der Werkzeuggeometrie, den Schnittbedingungen und den Werkstoffeigenschaften – die bereits erwähnten Oberflächenstrukturen. Rauhe Oberflächen mit entsprechenden Anschmelzungen treten sehr häufig bei geringen Zahnvorschüben und Werkzeugen mit größeren Eckenrundungen auf [39]. Bei großen Spanungsquerschnitten und Schnittiefen, insbesondere aber bei positiven Spanwinkeln ($\gamma_x > 12°$), sind verstärkte Oberflächenausbrüche zu erwarten.

Tabelle 5. Erzielbare Oberflächenstrukturen beim Drehen thermoplastischer Werkstoffe

Schnittgeschw. v [m/min]	Vorschub s [mm]	erzielbare Oberflächen											
		eindeutiges Rillenprofil				Rillenprofil mit Ausbrüchen				verschmiertes Rillenprofil			
		Spanwinkel γ											
		6°	20°	30°	40°	6°	20°	30°	40°	6°	20°	30°	40°
600	0,05		●	●						●			
	0,10	●	●	●	●								
	0,20	●	●	●	●								
	0,30	●	●	●					●				
	0,40	●					●	●	●				
800	0,05			●						●	●	●	
	0,10	●	●	●	●								
	0,20	●	●	●	●								
	0,30	●	●	●					●				
	0,40	●					●	●	●				
1000	0,05			●						●	●	●	
	0,10	●	●	●	●								
	0,20	●	●	●	●								
	0,30	●	●					●	●				
	0,40	●					●	●	●				
1400	0,05									●	●	●	●
	0,10	●	●	●									
	0,20	●	●	●					●				
	0,30	●					●	●	●				
	0,40	●					●	●	●				

Die Oberflächenstrukturen der spanend erstellten Werkstücke aus *duroplastischen Werkstoffen* sind sehr stark abhängig von deren Art und jeweiligen Zusammensetzung (Harz, Füll-Zusatzstoff und Verstärkung). Abhängig von der Art und Lage der Füll- und Verstärkungsstoffe werden sehr häufig rauhe Oberflächenstrukturen erzeugt, ausgenommen beim Schleifen und Polieren. Bei ungünstigen Zerspanbedingungen können sowohl aufgeblätterte (Schichtentrennung) als auch „verkokte" Oberflächen entstehen. Beim *Drehen* thermoplastischer Werkstoffe ist für die Oberflächengüte (Rauhtiefe) die Schnittgeschwindigkeit von geringer, der Spanwinkel dagegen von wesentlicher Bedeutung. Mit zunehmendem Spanwinkel nimmt die Rauhtiefe R_z ab. Die Differenz beträgt bei einer Spanwinkeländerung von $\gamma = 0$ bis 40° bei einem Vorschub s = 0,05 mm etwa 2 µm und bei einem Vorschub s = 0,4 mm etwa 5 µm. Demnach können bei diesen Werkstoffen die geringsten Rauhtiefen mit Spanwinkeln von $\gamma = 30$ bis 40° erzielt werden. In Abhängigkeit vom Vorschub ist bei allen Spanwinkeln ein progressiver Anstieg zu erwarten (Bild 9). Ein ähnlicher Verlauf der Rauhtiefen in Abhängigkeit von Spanwinkel, Vorschub und Schnittgeschwindigkeit ergibt sich auch bei anderen extrudierten Werkstoffen und bei Blockpolymerisaten (Guß-Werkstoffe).

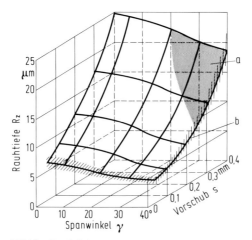

Bild 9. Rauhtiefen und Oberflächenausbrüche in Abhängigkeit von Vorschub und Spanwinkel. Werkstoff: Polyamid-6; Schneidstoff: Hartmetall K 20; Schnittbedingungen: v = 1000 m/min, α = 10°, γ = 2,0 mm
a Ausbrüche in der Oberfläche, b Streubereich der Meßwerte

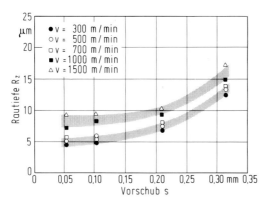

Bild 10. Rauhtiefe in Abhängigkeit von Vorschub und Schnittgeschwindigkeit. Werkstoff: Polyamid-6 + 15 Gew.-% Glasfaser; Schneidstoff: Hartmetall K 20; Schnittbedingungen: a = 2,0 mm, α = 10°, γ = 30°

Nach Messung der Rauhtiefe an Werkstücken aus Polyamiden mit 15 Gewichtsprozent Glasfaser-Verstärkung kann die Streuung der Meßwerte beachtlich groß sein. Dies ist darauf zurückzuführen, daß die kurzen Fasern beim Zerspanen nicht immer getrennt, sondern stellenweise aus dem Grundwerkstoff herausgerissen werden. Schnittgeschwindigkeiten im Bereich von 300 bis 700 m/min üben auch hier keinen bemerkenswerten Einfluß auf die erzielbaren Rauhtiefen aus. Bei Schnittgeschwindigkeiten von über 1000 m/min sind jedoch größere Rauhtiefen zu erwarten (Bild 10). Ursache hierfür ist der durch die höhere Schnittemperatur bedingte weiche Randzonenwerkstoff, aus dem die Glaskurzfaser häufiger herausgerissen wird. Im Vergleich zu anderen Werkstoffen ist in diesem Fall mit zunehmendem Spanwinkel nur eine geringe Rauhtiefenabnahme

[Literatur S. 630]   19.3 Zerspaneigenschaften der Kunststoffe

festzustellen. Wesentlich größer ist der Einfluß des Spanwinkels auf die Rauhtiefe jedoch bei Schnittgeschwindigkeiten über 1500 m/min, und das insbesondere im Bereich der Spanwinkel $\gamma = -5$ bis $10°$. Die bei extrudierten Werkstoffen erzielbaren Rauhtiefen zeigen bis zu einer Schnittzeit von $t_s = 60$ min keine nennenswerten Veränderungen. Man kann annehmen, daß für fast alle thermoplastischen Werkstoffe (ohne besondere Füllstoffe) $R_{ts\ 60} \approx R_{ts\ 1,0}$ gilt (Bild 11).

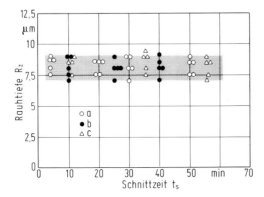

Bild 11. Rauhtiefen in Abhängigkeit von der Schnittzeit bei unterschiedlichen Thermoplasten. Schneidstoff: Hartmetall K 20; Schnittbedingungen: $v = 250$ m/min, $a = 2,0$ mm, $s = 0,2$ mm, $\alpha = 10°$, $\gamma = 30°$
a Polyamid-6, b Polyamid-6,6, c Polyamid-6 + 1,0 Gew.-% M_0S_2

Im Vergleich dazu muß man bei mit Glasfaser verstärkten Werkstoffen mit einem starken Rauhtiefenanstieg rechnen. Die nach einer Schnittzeit von 60 min erzielbaren Rauhtiefen entsprechen etwa dem zweifachen Wert der nach einer Schnittzeit von etwa 1,0 min erzielten Rauhtiefen. Man kann annehmen, daß für die gefüllten Thermoplaste mit mehr als 15 Gewichtsprozent Glasfaser-Verstärkung $R_{ts\ 60} \approx 2\ R_{ts\ 1,0}$ gilt. Die Rauhtiefenzunahme ist hierbei auf die Veränderung der Schneidkeilgeometrie durch den wirksamen Verschleiß zurückzuführen. Die Schneidkantenabrundung hat eine besondere Bedeutung, da durch die stumpfe und auch schartige Schneide das Herausreißen der Glasfaser begünstigt wird.
Ein beachtlich größerer Rauhtiefenanstieg in Abhängigkeit von der Schnittzeit bzw. vom Schnittweg tritt beim Drehen von graphithaltigem Polyamid und anderen Thermoplasten auf. Schon nach einer verhältnismäßig sehr kurzen Schnittzeit ist ein starker Anstieg der Rauhtiefe zu verzeichnen. Die nach einem Schnittweg von 700 m ermittelte Rauhtiefe ist bereits etwa doppelt bis dreimal so groß wie die Anfangsrauhtiefe. Dasselbe gilt für eine Schnittzeit von etwa 1,0 min. Allgemein gilt, daß beim Drehen von Werkstoffen mit einem Graphitzusatz von mehr als 5 Gewichtsprozent bei einer Schnittgeschwindigkeit bis 100 m/min die Rauhtiefe $R_{ts\ 1,0} \approx R_{ts\ 0,1}$ und im Schnittgeschwindigkeitsbereich von 400 bis 600 m/min $R_{ts\ 1,0} \approx 3\ R_{ts\ 0,1}$ ist.
Ebenso wie beim Drehen wird die Oberflächengüte auch beim *Bohren* überwiegend durch die Zerspanwärme und die Art der Spanbildung beeinflußt. Zusätzliche Wärme wird hierbei durch die Reibung der Haupt- und Nebenflächen an der Bohrungswand erzeugt. Allgemein sind die beim Bohren erzeugten Oberflächen sehr stark von den mechanischen (spröd oder zäh-elastisch) und den thermischen (hoher bzw. niedriger

Schmelzbereich) Eigenschaften der Werkstoffe abhängig. Im Gegensatz zum Drehen haben beim Bohren die Rauhtiefen eine beachtliche Streuung, so daß nur Mittelwerte und die Streubreite einen Qualitätsvergleich ermöglichen. Bei den thermoplastischen Werkstoffen mit größerer Härte steigen die Rauhtiefen mit zunehmendem Vorschub progressiv an, wobei nach anfänglich hohen Rauhtiefen bei Vorschüben von s = 0,4 bis 0,6 mm ein Minimum zu erwarten ist (R_z = 10 ± 1 µm). Die maximalen Rauhtiefen können bei den meisten Thermoplasten bis zu $R_z \approx$ 120 ± 16 µm ansteigen. Bei mit Füllstoff versehenen Werkstoffen können die Rauhtiefen den doppelten bis dreifachen Wert haben. Bei Anwendung von Bohrwerkzeugen mit innenliegenden Kühl- und Schmierkanälen und entsprechender Emulsion kann eine beachtliche Verbesserung der Oberflächengüte erzielt werden ($R_z \approx$ 5 µm) [38]. Ähnliche Ergebnisse sind beim Bohren von duroplastischen Werkstoffen zu erwarten, bei denen jedoch die Sprödigkeit sowie die Lage und Art der eingelagerten Füll- und Verstärkungsstoffe mit stark schmirgeliger Wirkung die Oberflächengüte wesentlich verschlechtern können.

Beim *Fräsen* thermoplastischer Werkstoffe beeinflussen gleichfalls Schnittbedingungen, Werkzeuggeometrie und Werkstoffeigenschaften die Oberflächengüte. Bedingt durch die Besonderheiten der Bearbeitung ist in diesem Fall die Gestaltabweichung W + R_t aussagefähiger als die allgemeine Rauhtiefe R_z. Beim Stirn- und Umfangfräsen [39] beeinflußt die Schnittgeschwindigkeit die Gestaltabweichung nur unwesentlich. Von Bedeutung sind vielmehr der Eckenradius, die Werkzeugform, der Spanwinkel und der Zahnvorschub (Bilder 12 und 13). Die Gestaltabweichung steigt mit zunehmendem Zahnvorschub grundsätzlich progressiv. Bei hohen Schnittgeschwindigkeiten und sehr kleinen Spanungsquerschnitten treten sehr häufig Werkstoffanschmelzungen auf, die

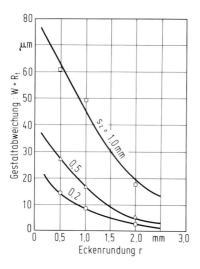

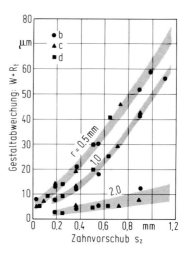

Bild 12. Gestaltabweichung in Abhängigkeit von Eckenrundungen und Zahnvorschub beim Fräsen [39]. Werkstoff: Polyamid-Blockpolymerisat; Schneidstoff: Hartmetall K 10; Schnittbedingungen: v = 527 m/min, a = 3 mm, α = 6°, γ_x = 6°, γ_y = 0°, λ = 0°

Bild 13. Gestaltabweichung in Abhängigkeit vom Zahnvorschub bei unterschiedlichen Schnittgeschwindigkeiten und Eckenrundungen beim Fräsen [39]. Werkstoff: Polyamid-Blockpolymerisat; Schneidstoff: Hartmetall K 10; Schnittbedingungen: a = 3,0 mm, α = 6°, γ_x = 6°, γ_y = 0°, γ = 0°
b v = 527 m/min, c v = 377 m/min, d v = 268 m/min

eine beachtliche Streubreite der $(W + R_t)$-Werte bewirken $(W + R_t \approx \pm 3 \ \mu m)$. Bei sehr großen Spanungsquerschnitten sowie bei entsprechender Schnittgeschwindigkeit und Meißelform sind auch die beim Drehen und Bohren auftretenden Ausbrüche an der Werkstückoberfläche festzustellen. In Abhängigkeit von der Meißelform und vom Zahnvorschub können Gestaltabweichungen von $W + R_t \approx 4$ bis 50 µm erzielt werden. Breitschlicht- und Bogenschneiden im Spanwinkelbereich $\gamma_x = -6$ bis $+6°$ ergeben qualitativ die besten Oberflächengüten; dabei ist bei kleinen Zahnvorschüben ein größerer Freiwinkel erforderlich ($\alpha \approx 15°$). Beim Fräsen von feuchtigkeitsaufnahmefähigen Werkstoffen übt der jeweilige Feuchtigkeitsgehalt einen merklichen Einfluß auf die Oberflächengüte aus. Auch die jeweiligen Füllstoffe sollten berücksichtigt werden.

Bei der Herstellung von Zahnrädern durch Abwälzfräsen sind ähnliche Ergebnisse der Oberflächengüte der Zahnflanken erzielbar. Die erreichbaren Verzahnungsqualitäten (DIN 3862 und DIN 3863) liegen überwiegend zwischen den Qualitäten 7 und 9 (Bild 14).

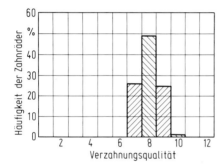

Bild 14. Häufigkeit der erzielbaren Verzahnungsqualitäten beim Abwälzfräsen [39]. Werkstoff: Polyamid-6,6; Schnittbedingungen: v = 157 bis 344 m/min, s = 1,47 bis 3,11 mm

Ergebnisse ähnlicher Art sind auch bei der Fräsbearbeitung von duroplastischen Werkstoffen zu erwarten, jedoch muß den unterschiedlichen Füll- und Verstärkungsstoffen, insbesondere der Lage der Schicht- und Preßstoffe, Rechnung getragen werden. Absplitterungen und Aufblätterungen können die Oberflächengüte wesentlich verschlechtern.

An Randzonen-Dünnschichten, die in polarisiertem Durchlicht untersucht wurden, konnte festgestellt werden, daß bei teilkristallinen Werkstoffen mit einem Wassergehalt von mehr als 0,5 Gewichtsprozent eine transparente (weiche) Randzone mit einer Dicke bis zu 0,05 mm auftritt [33]. Wahrscheinlich wird aufgrund der geringen Wärmeleitfähigkeit und der wirksamen Schnitttemperatur bei der spanenden Bearbeitung nur eine sehr dünne Randzone durch den Zerspanvorgang kurzzeitig aufgeschmolzen und rasch abgekühlt. Die in diesem Bereich häufig festgestellten Spannungslinien (Isochromaten) lassen eine eindeutige Scherbeanspruchung erkennen. Die anschließende polarisationsoptisch sichtbare weiße Zone (Bild 15) läßt einen ähnlichen Verformungsvorgang erkennen. Diese Zone kann je nach Vorschub, Spanwinkel und Schnittgeschwindigkeit bis zu 0,25 mm breit werden. Ähnliche Untersuchungen ergaben nahezu gleiche Ergebnisse [22]. Wie aus anderen Werkstoffuntersuchungen hervorgeht, handelt es sich hierbei um ein verändertes Gefüge, bei dem die stochastisch verteilten amorphen Anteile durch die zerspanungsbedingte Reck-Verformung rekristallisiert wurden. Da die kristallinen Gefügeanteile eine bessere Abriebfestigkeit, Zug-Druckfestigkeit und Oberflächenhärte aufweisen [41], dürfte das durch den Zerspanvorgang beeinflußte Werkstoffgefüge gegenüber dem im Spritzgießverfahren erzeugten Gefüge allgemein einen technischen Vorteil bieten. Bei spröden bzw. amorphen Werkstoffen treten derartige Gefügezonen in sehr geringem Maße bzw. gar nicht auf.

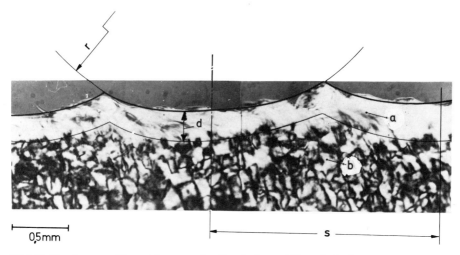

Bild 15. Randzonengefüge nach spanender Bearbeitung; Dünnschnitt 8 µm
a rekristallisierte Randzone, b Grundgefüge, d Verformungsdicke, r Eckenradius, s Vorschub

Beim Bohren ist ebenfalls eine derartige Verformungszone zu erwarten. Entsprechende Untersuchungen [38] haben einen engen Zusammenhang zwischen Schnittgeschwindigkeit, Vorschub, Reibmoment und der jeweiligen Randzone aufgezeigt (Bild 16). Ebenso wie beim Drehen kann diese Verformungszone eine Breite von 0,25 mm erreichen.

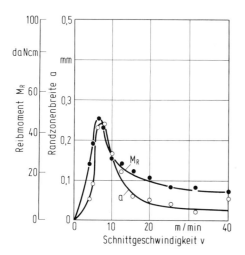

Bild 16. Randzonenbreite und Reibmoment in Abhängigkeit von der Schnittgeschwindigkeit beim Bohren [38]. Werkstoff: Polyamid-Blockpolymerisat; Schnittbedingungen: $s = 0{,}16$ mm, $d = 18$ mm, $\alpha = 15°$, $\gamma_x = 27°$, $\sigma = 90°$, $L_g = 5{,}0$ mm (L_g Querschneidenlänge)

Die Besonderheiten der Spanbildung und Spanform beim Fräsen lassen vermuten, daß beim Umfangfräsen und Stirnfräsen diese Verformungszonen nicht in gleicher Größenordnung wie beim Drehen und Bohren auftreten [39].

19.3.4 Zerspantemperaturen

Beim *Drehen* hat die von Schnittiefe, Vorschub und Schnittgeschwindigkeit abhängige Temperatur bei allen thermoplastischen Werkstoffen einen nahezu ähnlich degressiven Verlauf. Nach dem Temperaturverlauf beim Polyamid-Blockpolymerisat und bei Polyamid-6 mit 15 Gewichtsprozent Glasfaser-Verstärkung liegen die auftretenden Temperaturen bei großen Spanungsquerschnitten am höchsten (Bild 17). Je nach der Schnittgeschwindigkeit können diese Zerspantemperaturen am Werkzeug auf der Spanfläche 350 bis 400°C erreichen. Beim Temperaturverlauf tritt jedoch der Beharrungszustand erst nach einer bestimmten Schnittzeit ($t_s \approx 0,5$ min) ein. Die Abhängigkeit der Temperatur von der Schnittgeschwindigkeit geht aus Bild 18 hervor. Man kann auch hier einen degressiven Verlauf erkennen, der insbesondere im Schnittgeschwindigkeitsbereich von 30 bis 500 m/min steil ansteigt.

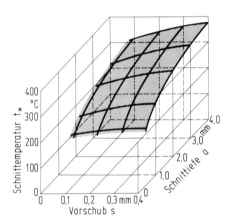
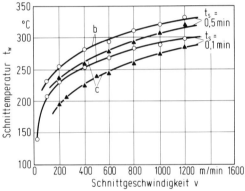

Bild 17. Schnittemperatur am Werkzeug (Spanfläche) in Abhängigkeit von Schnittiefe und Vorschub beim Drehen. Werkstoff: Polyamid-Blockpolymerisat; Schneidstoff: Hartmetall K 20; Schnittbedingungen: v = 1000 m/min, α = 10°, γ = 6°

Bild 18. Schnittemperatur am Werkzeug (Spanfläche) in Abhängigkeit von Schnittgeschwindigkeit und Schnittzeit t_s. Schneidstoff: Hartmetall K 10; Schnittbedingungen: a · s = 2,0 · 0,2 mm², α = 10°, γ = 6°

b Polyamid-6 + 15 Gew.-% Glasfaser, c Polyamid-6 + 1,0 Gew.-% MoS$_2$

Die auftretenden Zerspantemperaturen können auch über der Schmelztemperatur der Werkstoffe liegen. Die verhältnismäßig hohen Temperaturen an der Frei- und insbesondere an der Spanfläche sind unter anderem auf die weitaus bessere Wärmleitfähigkeit des Schneidstoffs zurückzuführen. Dies wird deutlich, wenn man die Wärmleitzahl von Hartmetall mit der Wärmleitzahl der Kunststoffe vergleicht. Ein Beweis für die z. T. über dem Schmelzbereich der Werkstoffe liegenden Zerspantemperaturen sind die an Frei- und Spanfläche der Werkzeuge haftenden Werkstoffrückstände (Bild 19). Die auf der Spanfläche haftenden Aufschmelzungen lassen zersetzte (verkokte) Werkstoffrückstände eindeutig erkennen.

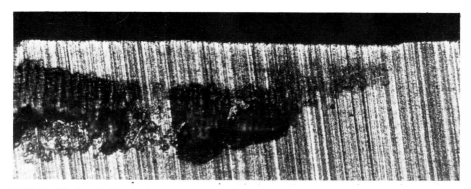

Bild 19. Werkstoffrückstände an der Spanfläche eines Drehwerkzeugs nach spanender Bearbeitung

Beim *Bohren* weicht die auftretende Werkzeugtemperatur umso mehr von der maximal wirksamen Temperatur auf der Spanfläche ab, je kürzer die Bohrzeit ist. Aus Versuchsergebnissen [38] geht hervor, daß diese Temperaturdifferenz den Bohrvorgang nicht wesentlich beeinflußt. Allgemein konnte festgestellt werden, daß bei gleichbleibender Bohrergeometrie, Schnittgeschwindigkeit, Bohrtiefe und gleichem Werkstoff die Bohrarbeit mit zunehmendem Vorschub geringer wird. Das bewirkt auch, daß die Zerspantemperaturen geringer werden. Die wirksamen Temperaturen, die beim Bohren von thermoplastischen Werkstoffen auftreten, liegen zwischen etwa 100 und 250°C. Mit zunehmender Schnittgeschwindigkeit ist ein degressiver Anstieg der Zerspantemperatur zu erwarten. Eine beachtliche Verringerung der Temperaturen kann bei Anwendung von Kühlschmierstoffen erzielt werden. Größte Wirksamkeit erzielt der Einsatz von Bohrwerkzeugen mit innenliegenden Kanälen, die eine Kühlschmierstoffzufuhr von innen ermöglichen. Ein wesentlicher Vorteil dieses Kühlverfahrens ist, daß hierbei eine beachtliche Wärmeabfuhr von Spänen, Werkzeug und somit auch von der Bohrungswand stattfindet (Bild 20).

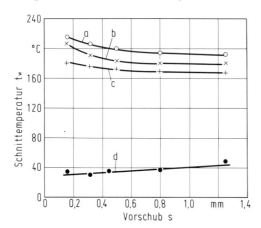

Bild 20. Schnittemperaturen am Werkzeug in Abhängigkeit vom Vorschub bei unterschiedlichen Kühlvorgängen [38]. Werkstoff: Polyamid-Blockpolymerisat; Schnittgeschwindigkeit: $v = 40$ m/min
a ohne Kühlung, b Druckluft von außen, c Druckluft von innen, d Emulsion von innen (10% Shell Dromus B, 90% H_2O)

Einen ebenfalls bedeutsamen Einfluß auf die Werkzeug-Werkstücktemperatur hat auch die jeweilige Zeitfolge der Bohrvorgänge. Durch die bei kurzen Stückzeiten zunehmende Ausgangstemperatur steigt auch die Zerspantemperatur kurzzeitig an. Wer-

19.3 Zerspaneigenschaften der Kunststoffe

den dabei Schnitt- und Kühlbedingungen ungünstig gewählt, kann die wirksame Zerspantemperatur die Schmelztemperatur des zu bearbeitenden Werkstoffs überschreiten und entsprechende Werkstoffanschmelzungen verursachen.

Beim *Fräsen* von Thermoplasten muß bei kleinen Freiwinkeln und bestimmten Schnittbedingungen mit größeren Aufschmelzzonen an der Werkstoffoberfläche gerechnet werden [39]. Dies bedeutet, daß die Zerspantemperatur ebenfalls über der Schmelztemperatur der jeweiligen Werkstoffe liegen kann. Auch beim *Sägen* mit Kreissägen und Bandsägen können bei entsprechend hohen Schnittgeschwindigkeiten und Vorschüben aufgeschmolzene Zonen auftreten.

Beim Drehen, Bohren, Fräsen und Sägen von duroplastischen Werkstoffen sind ähnliche Wärmeentwicklungen und Temperatusverläufe zu erwarten [36, 45].

19.3.5 Zerspankräfte

Verglichen mit den wirksamen Zerspankraftkomponenten bei der Metallzerspanung sind die Schnitt-, Vorschub- und Passivkräfte beim Zerspanen von Kunststoffen allgemein sehr gering. Sie haben daher auch nicht die Bedeutung wie bei der Metallzerspanung, bei der z.B. die verhältnismäßig großen Vorschub- und Passivkräfte einen wesentlichen Einfluß auf die statische Verformung und die Arbeitsgenauigkeit der jeweiligen Werkzeugmaschine ausüben.

Beim *Drehen* von Thermoplasten hängen die Schnittkraft und die Vorschubkraft annähernd linear von der Schnittiefe und vom Vorschub ab, wenn die Voraussetzung einer gleichbleibenden Spanart bzw. Spanform erfüllt ist.

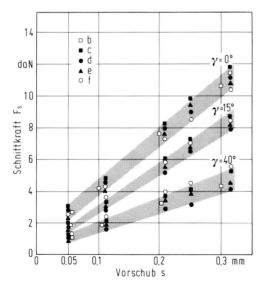

Bild 21. Schnittkraft in Abhängigkeit von Vorschub und Spanwinkel beim Drehen unterschiedlicher Thermoplaste. Schnittbedingungen: $v = 400\,\text{m/min}$, $a = 2{,}0\,\text{mm}$, $\alpha = 10°$; Schneidstoff: Hartmetall K 20
b Polyamid-6 + 15 Gew.-% Glasfaser, c Polyamid 6,6, d Polyamid-6, e Polyamid-Blockpolymerisat, f Polyamid-6 + 3 Gew.-% MoS_2

Wie aus Bild 21 hervorgeht, ist auch die Größenordnung der gemessenen Schnittkräfte bei den jeweiligen Thermoplasten nahezu gleich. Die Unterschiede zwischen den einzelnen Werkstoffen in Abhängigkeit von Spanungsquerschnitt und Spanwinkel sind nicht größer als 20%. Ein zunehmender Spanwinkel bewirkt eine erhebliche Abnahme der Schnittkraft. Sie kann bei $\gamma = 40°$ um mehr als 50% geringer sein als bei $\gamma = 0°$. Dies setzt allerdings voraus, daß der Wassergehalt in den einzelnen Werkstoffen annähernd gleich ist, da dieser einen beachtlichen Einfluß auf die jeweiligen Kraftkomponenten ausübt. Mit zunehmender Schnittiefe und größerem Vorschub nimmt die Schnittkraft linear zu. Tritt während der Zerspanung eine Veränderung der Spanart bzw. Spanform ein, sind erhebliche Abweichungen von der Linearität der Schnittkraft zu erwarten. Dies gilt für fast alle thermoplastischen Werkstoffe.

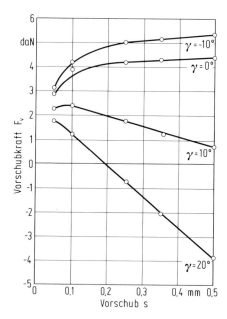

Bild 22. Vorschubkraft in Abhängigkeit von Vorschub und Spanwinkel beim Drehen. Werkstoff: Polyamid-6 + 15 Gew.-% Glasfaser; Schneidstoff: Hartmetall K 20; Schnittbedingungen: $v = 400$ m/min, $a = 2,0$ mm, $\alpha = 10°$

Unter gleichen Bedingungen treten bei den Vorschubkräften sowohl lineare als auch degressive Abhängigkeiten von Vorschub, Schnittiefe und Spanwinkel auf. Eine annähernd lineare Abhängigkeit konnte nur bei sehr großen negativen und positiven Spanwinkeln beobachtet werden (Bild 22). Im Gegensatz zu den Schnittkräften können die Vorschubkräfte mit zunehmenden Spanungsquerschnitten bei bestimmten Spanwinkeln den Nullwert erreichen und anschließend ihre Richtung verändern. Dies tritt bei Thermoplasten im allgemeinen bei Spanungsquerschnitten von $a \cdot s \approx 0,2 \cdot 2,0$ mm^2 und Spanwinkeln über 20° auf. Eine derartige Richtungsumkehr der Vorschubkraft (Bild 23) wurde auch bei anderweitigen Untersuchungen festgestellt [17, 19, 26, 38]. Aus diesen und anderen Meßergebnissen [34] kann gefolgert werden, daß die Vorschubkraft ihre Richtung ändert bzw. negative Werte annimmt, wenn der Spanwinkel größer als der Reibwinkel wird. Messungen der Zerspankraftkomponenten bei unterschiedlichen Schnittgeschwindigkeiten haben gezeigt, daß die Schnittgeschwindigkeit allein keinen direkten Einfluß auf die Schnitt- und Vorschubkraft ausübt, wenn die Spanart während des Drehvorgangs unverändert bleibt. Bei unterschiedlichen Spanarten weisen

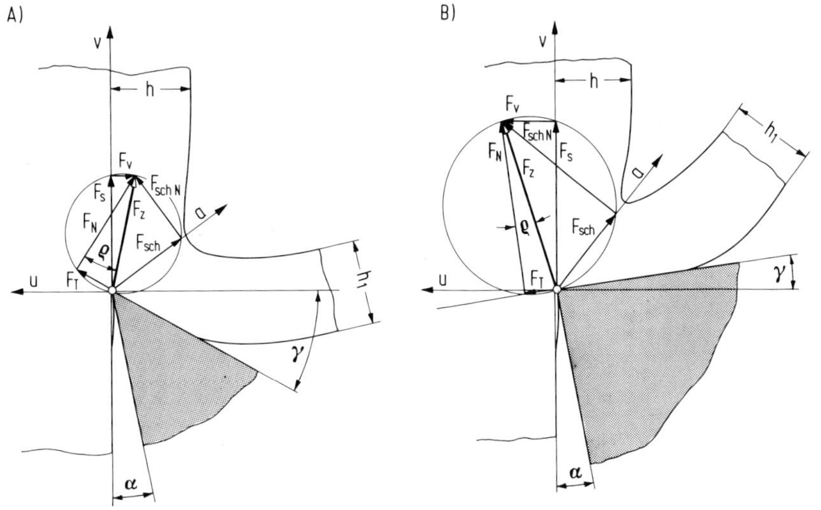

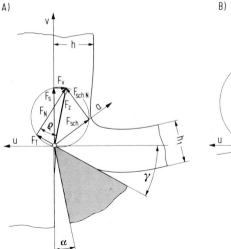

Bild 23. Zerspankraftkomponenten beim Drehen
A) bei positivem Spanwinkel, B) bei negativem Spanwinkel

a Scherrichtung, h Spanungsdicke, h_1 Spandicke, u Vorschubgeschwindigkeit, v Schnittgeschwindigkeit, F_N Normalkraft, F_s Schnittkraft, F_{sch} Scherkraft, $F_{sch\,N}$ Schernormalkraft, F_T Tangentialkraft, F_v Vorschubkraft, F_z Zerspankraft, α Freiwinkel, γ Spanwinkel, ϱ Reibwinkel

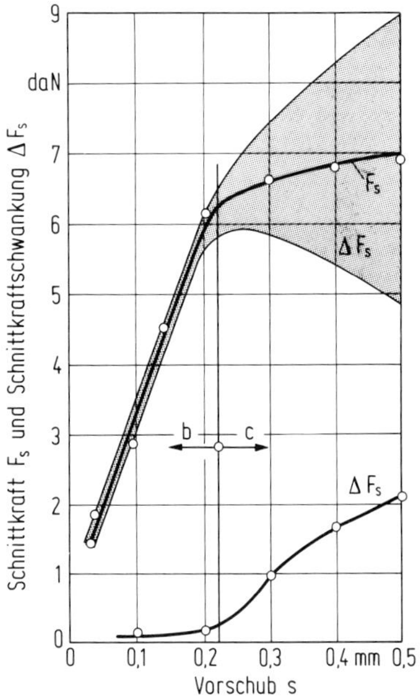

Bild 24. Schnittkraft und Schnittkraftschwankungen beim Drehen in Abhängigkeit vom Vorschub. Werkstoff: Polyamid-Blockpolymerisat; Schneidstoff: Hartmetall K 20; Schnittbedingungen: v = 200 m/min, a = 2,0 mm, α = 10°, γ = 30°
b Fließspan, c Scherspan

Schnitt- und Vorschubkräfte unterschiedliche Kraftschwankungen auf. Die beim Fließspan auftretenden Schnittkraftschwankungen sind vernachlässigbar gering bzw. nicht meßbar, während diese beim kontinuierlichen, insbesondere aber beim diskontinuierlichen Scherspan eine beachtliche Größe bzw. Streubreite erreichen. Die Intensität der Scherlamellenbildung wird sehr stark durch die Zerspanbedingungen beeinflußt. Der Spanwinkel, die Schnittgeschwindigkeit und der Vorschub haben eine besondere Bedeutung. Weitere Einflußgrößen sind die vom Wassergehalt abhängigen Werkstoffeigenschaften und das Formänderungsverhalten der Werkstoffe. Bei kontinuierlichen Scherspänen können die Kraftschwankungen bis zu $\Delta F_s \approx 0{,}3\, F_s$ betragen (Bild 24).

Bei teilweise diskontinuierlichen Scherspänen kann die Schnittkraftschwankung weitaus größere Werte aufweisen als bei kontinuierlichen Scherspänen. Messungen der Kraftschwankungen sind hierbei allerdings sehr erschwert, da die durch den Schervorgang kurzzeitige Be- und Entlastung des Schneidkeils ein Überschwingen des Meßzeugs verursacht. Die bei dieser Spanart ermittelten arithmetischen Mittelwerte der Schnitt- und Vorschubkraft ergeben im Gegensatz zu den kontinuierlichen Scherspänen mit zunehmendem Spanungsquerschnitt einen sehr flachen Kraftanstieg. Bei Schnittgeschwindigkeiten von etwa 1000 m/min tritt der lineare Schnittkraftverlauf nur bis zu einem Spanungsquerschnitt von etwa $a \cdot s = 2,0 \cdot 0,15$ mm^2 auf. Danach ist ein degressiver und anschließend nur noch ein sehr flach zunehmender Schnittkraftverlauf zu verzeichnen (Bild 25). Ein analoger Verlauf ist ebenfalls bei der Vorschubkraft festgestellt worden, jedoch mit einem z.T. auch gegenläufigen Trend. Mit größer werdender Schnittiefe ist ein ähnlicher Vorgang festzustellen.

Bekanntlich werden die Werkstoffeigenschaften durch den Wassergehalt stark beeinflußt. Das betrifft insbesondere die Härte und die Zähigkeit. Durch gezielte Konditionierung oder längere Lagerung der Halbzeuge an der Luft kann man den in den Randzonen der Werkstoffe wirksamen Wassergehalt verändern, der die Zerspankraftkomponenten merklich beeinflußt. Die spezifischen Schnittkräfte können mit geringer werdendem Wassergehalt teilweise sogar um bis zu 50% ansteigen (Bild 26).

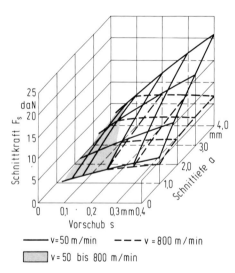

Bild 25. Schnittkraft in Abhängigkeit von Vorschub und Schnittiefe beim Drehen bei unterschiedlichen Schnittgeschwindigkeiten. Werkstoff: Polyamid-6; Schneidstoff: Hartmetall K 20

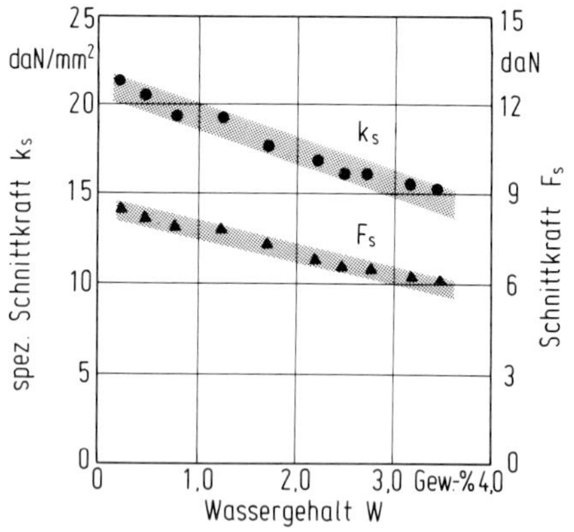

Bild 26. Schnittkraft und spezifische Schnittkraft beim Drehen in Abhängigkeit vom Wassergehalt. Werkstoff: Polyamid-6; Schneidstoff: Hartmetall K 20; Schnittbedingungen: $v = 500$ m/min, $a \cdot s = 2,0 \cdot 0,2$ mm^2, $\alpha = 10°$, $\gamma = 10°$

Beim *Drehen* von Thermoplasten mit Füllstoffen sind mit zunehmendem Füllstoff-Gewichtsanteil höhere Schnitt- und Vorschubkräfte wirksam. Bei Polyamidwerkstoffen mit einem Glasfasergewichtsanteil von 30 Gewichtsprozent kann die Schnitt- und auch die Vorschubkraft bis zu 25% ansteigen. Für die spezifischen Schnittkräfte fast aller thermoplastischen Werkstoffe wurde eine hyperbolische Abhängigkeit von Schnittiefe, Vorschub und Spanwinkel festgestellt.

Ähnliche Merkmale, Vorgänge und Verläufe sind auch beim Drehen von Duroplasten zu erwarten. Durch die bei diesen Werkstoffen überwiegenden Scher-, Reiß- und Flokkenspäne sind die Schwankungen allerdings beachtlich größer.

Beim *Bohren* von thermoplastischen Werkstoffen [15, 18, 23, 38] zeigte sich eine eindeutige Abhängigkeit des Drehmoments, des Schnittmoments und der Vorschubkraft von der Bohrtiefe. Die Schnittbedingungen, bei denen die Lamellenspanbildung beginnt, hängen sehr stark von der Steifigkeit der Bohrwerkzeuge ab [38]. Wie beim Drehen treten bei diesen Spanbildungsvorgängen entsprechende Schwankungen der jeweiligen Meßwerte auf. Eine zusätzliche Streubreite wird auch durch die anschliffbedingte Abweichung der Bohrergeometrie erzeugt. Während beim Drehmoment Schwankungen von etwa ± 130 Ncm zu erwarten sind, haben die Schnittmomente eine Streubreite von nur ± 50 Ncm. Die Streuungen der Vorschubkraft und die Vorschubkraft selbst sind stark abhängig von der Ausspitzung der Bohrer bzw. von der unterschiedlichen Querschneidenlänge. Ebenso wie beim Drehen steigt auch beim Bohren die wirksame Vorschubkraft mit zunehmendem Vorschub linear an.

Bei höheren Schnittgeschwindigkeiten (v = 20 bis 100 m/min) ist eine geringfügige Abnahme des Reibmoments und somit auch des Drehmoments zu erwarten. Dies ist vermutlich auf die bei höherer Erwärmung günstigeren Gleiteigenschaften zurückzuführen. Ebenso nehmen auch die Vorschubkraft und das Schnittmoment geringfügig ab. Bei Änderung des Spitzenwinkels von etwa 30 bis auf 150° wird das Schnittmoment kleiner. Die Vorschubkraft hingegen steigt mit zunehmendem Spitzenwinkel progressiv an. Drehmomentmessungen ergaben ein Minimum bei etwa σ = 90°. Änderungen des Seitenfreiwinkels lassen keine Veränderungen des Drehmoments, des Schnittmoments und der Vorschubkraft erkennen. Aufgrund der geometriebedingten unterschiedlichen Spanwinkel am Bohrer von etwa γ = +30 bis −45° ändert die Vorschubkraft auch ihre Richtung [38]. Durch die beim Bohren von graphitgefülltem Polyamid verschleißbedingte Veränderung der Schneidkeilgeometrie, insbesondere von Span- und Freiwinkel, unterliegen auch die Kraftkomponenten, besonders die Vorschubkraft, einer Veränderung. Sie kann bei entsprechenden Bedingungen bei einer Gesamtbohrtiefe von 1300 mm bis auf das Vierfache des Anfangswertes ansteigen. Der Anstieg des maximalen Dreh- und Schnittmoments ist dabei wesentlich geringer. Bei Anwendung von Kühlschmierstoffen werden mit zunehmendem Vorschub allgemein die Größe und Zunahme von Drehmoment und Schnittmoment und Vorschubkraft geringer (Bilder 27 und 28).

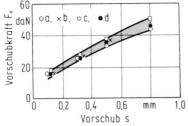

Bild 27. Vorschubkraft beim Bohren in Abhängigkeit vom Vorschub bei unterschiedlichen Kühlbedingungen [38]. Werkstoff: Polyamid-Blockpolymerisat; Schnittbedingungen: d = 18 mm, v = 40 m/min, α_x = 15°, γ_x = 27°, σ = 90°, L_g = 3,7 mm
a ohne Kühlung, b Druckluftkühlung von innen, c Bohremulsion von außen, d Bohremulsion von innen

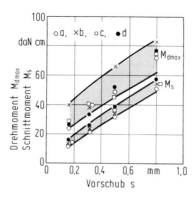

Bild 28: Dreh- und Schnittmoment beim Bohren in Abhängigkeit vom Vorschub bei unterschiedlichen Kühlbedingungen [39]. Werkstoff: Polyamid-Blockpolymerisat; Schnittbedingungen: $v = 40$ m/min, $d = 18$ mm, $\alpha_x = 15°$, $\gamma_x = 27°$, $\sigma = 90°$, $L_g = 3,7$ mm
a ohne Kühlung, b Druckluftkühlung von innen, c Bohremulsion von außen, d Bohremulsion von innen

Ähnliche Größenordnungen, Merkmale und Einflüsse gelten beim Bohren von Duroplasten. Infolge der bei diesen Werkstoffen überwiegenden diskontinuierlichen Spanbildung und der dadurch erzeugten Schwingungen ist mit größeren Streubreiten zu rechnen [16, 20].

Die beim *Fräsen* thermoplastischer Werkstoffe wirksamen Schnittkräfte sind hauptsächlich vom jeweiligen Zahnvorschub, von der Schnittgeschwindigkeit und der Schneidengeometrie abhängig. Die Schnittkraft steigt mit zunehmendem Zahnvorschub progressiv an (Bild 29). Ein ähnlicher Schnittkraftverlauf ist auch bei zunehmender Schnitttiefe vorhanden.

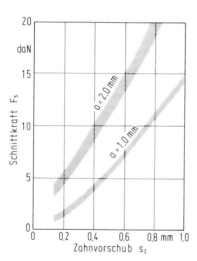

Bild 29. Schnittkraft beim Fräsen in Abhängigkeit von Zahnvorschub und Schnittiefe [39]. Werkstoff: Polyamid-Blockpolymerisat; Schneidstoff: Hartmetall K 10; Schnittbedingungen: $v = 23,1$ bis 516 m/min, $\alpha = 8°$, $\gamma_x = -8°$, $\gamma_y = 12°$

Eine Vergrößerung von Spanwinkel und Freiwinkel bewirkt bei gerader Schneidenform, Breitschlichtschneidenform und auch bei Werkzeugen mit Bogenschneide eine Schnittkraftabnahme (Bild 30). Die Schnittkraft steigt jedoch mit zunehmender Schnittzeit bzw. zunehmendem Verschleiß entsprechend an. Dies gilt insbesondere bei kleinen Freiwinkeln [34]. Die Schnittgeschwindigkeit beeinflußt die Schnittkraft nur geringfügig (Bild 31). Bei hygroskopischen Werkstoffen weisen die Schnittkräfte mit ansteigendem Wassergehalt grundsätzlich geringere Werte auf.

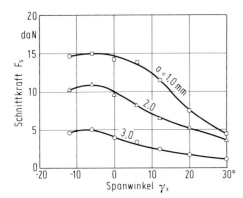

Bild 30. Schnittkraft beim Fräsen in Abhängigkeit von Spanwinkel und Schnittiefe bei gerader Meißelform [39]. Werkstoff: Polyamid-Blockpolymerisat; Schneidstoff: Hartmetall K 10; Schnittbedingungen: v = 366 m/min, s_z = 0,49 mm, α = 15°, $γ_y$ = 0°, γ = 0°

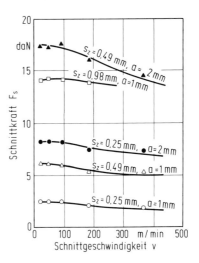

Bild 31. Schnittkraft beim Fräsen in Abhängigkeit von Schnittgeschwindigkeit, Zahnvorschub und Schnittiefe [39]. Werkstoff: Polyamid-Blockpolymerisat; Schneidstoff: Hartmetall K 10; Schnittbedingungen: α = 8°, $γ_x$ = –8°, $γ_y$ = 12°

Nahezu gleiche Schnittkräfte und Schnittkraftverläufe sind auch beim Fräsen duroplastischer Werkstoffe zu erwarten. Durch den kurzzeitig auftretenden Verschleiß ist mit einem größeren Schnittkraftanstieg zu rechnen. Die bereits erwähnte diskontinuierliche Spanart bzw. Spanbildung verursacht dementsprechend auch größere Schwankungen.

19.3.6 Werkzeugverschleiß

Beim *Drehen* thermoplastischer Werkstoffe ohne Füllstoff tritt nahezu kein Verschleiß auf. Schneidstoffe aus Hartmetall der Anwendungsgruppe K 10 zeigen beim Drehen von Polyamid-Werkstoffen mit sehr hohen Schnittgeschwindigkeiten auf den Spanflächen eine Belagbildung. Diese besteht aus aufgeschmolzenen Werkstoff-Schichten bzw. Zersetzungsprodukten, was mit den an der Spanfläche der Werkzeuge ermittelten Temperaturen zu erklären ist. Derartige Spanflächenbeschichtungen ergeben häufig eine sehr stumpfe Spanfläche, die den Spanablauf wesentlich behindern kann. Verschleiß durch Abrieb konnte dabei nicht beobachtet werden.
Beim Zerspanen von spröden und harten Werkstoffen, wie Polyamid-Blockpolymerisat, mit Spanwinkeln über 25°, Schnittgeschwindigkeiten von mehr als 500 m/min und Schnittzeiten über 30 min treten jedoch beachtliche Schneidkanten-Ausbrüche auf (Bild 32). Diese sind eindeutig auf die durch den diskontinuierlichen Schervorgang hervorgerufenen Schwingungen am System Werkzeug und Werkstück zurückzuführen. Einen zusätzlichen Einfluß hierauf hat auch die Anfangsschartigkeit der Werkzeugscheiden. Diese sollten insbesondere bei großen Spanwinkeln möglichst gering sein.
Beim Drehen von graphithaltigen Polyamid-Werkstoffen läßt sich bereits nach einem sehr geringen Schnittweg eine Abrundung der Schneidenkante feststellen (Bild 33).

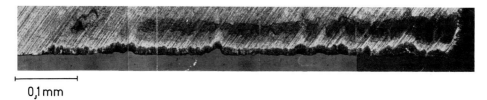

├─────────┤
0,1 mm

Bild 32. Ausbrüche an der Schneidenkante beim Drehen von Polyamid-Blockpolymerisat bei Spanwinkeln über 25°

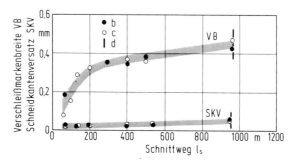

Bild 33. Verschleißmarkenbreite und Schneidkantenversatz beim Drehen in Abhängigkeit vom Schnittweg. Werkstoff: Polyamid-6 + 5 Gew.-% Graphit; Schneidstoff: Hartmetall K 20; Schnittbedingungen: v = 1000 m/min, a = 1,5 mm, s = 0,2 mm, α = 10°, γ = 0°
b VB_γ, SKV_γ, c VB_α, SKV_α, d Ende der Schneidfähigkeit

Eine ähnliche Verschleißform, d.h. Schneidkantenabrundung, wurde auch beim Drehen von glasfaserverstärkten Thermoplasten beobachtet, allerdings erst nach einem wesentlich längeren Schnittweg. Der in Bild 34 dargestellte Werkzeugverschleiß beim Drehen von graphithaltigen Polyamid-Werkstoffen läßt die hierfür typische Verschleißform und -größe erkennen. Der Verschleiß an Frei- und Spanfläche verursacht allgemein einen Schneidkantenversatz. Kolkähnliche Verschleißformen, die bei der Metallzerspanung sehr häufig auftreten, konnten nicht beobachtet werden. Der starke Verschleiß entspricht einem dem Schleifen ähnlichen Abspanvorgang (Abrieb). Dies wurde auch durch Untersuchungen der Verschleißzonen am Rasterelektronen-Mikroskop bestätigt. Durch diesen starken Abriebverschleiß wird die Schneidkeilgeometrie wesentlich verändert. Der anfänglich positive Spanwinkel wird in einen negativen Winkel umgeformt, was zweifellos auch einen Einfluß auf die Zerspankraftkomponenten ausübt. Abbildungen der Verschleißzonen haben gezeigt, daß die durch die harten Graphitkörner erzeugte Riefenbildung (Abriebverschleiß) sehr stark von der Granulatgröße der Graphitkörner und von der Glasfaserart bzw. -form abhängig ist.

Das Ende der Schneidfähigkeit kann auch durch die verschleißflächenbedingte starke Wärmeentwicklung in der Zerspanzone eintreten. Die durch die vergrößerte Kontaktfläche sich erhöhende Temperatur verursacht einen Schmelzvorgang in der Zerspanzone, der eine freie Spanbildung nicht mehr ermöglicht. Es tritt ein Verschweißen der einzelnen Späne auf.

Ein ähnlicher Vorgang ist beim Bearbeiten glasfaserhaltiger Polyamid-Werkstoffe nicht zu erwarten. Der dabei auftretende Verschleiß ist im Verhältnis zu dem bei graphithal-

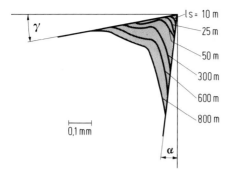

Bild 34. Verschleißgrößen und -formen am Schneidkeil beim Drehen von graphithaltigem Polyamid-6 mit 15 Gew.-% Graphit; Schnittbedingungen: v = 400 m/min, a · s = 2,0 · 0,2 mm², α = 6°, γ = 10°
l_s Schnittweg

tigen Werkstoffen gering. Allerdings kann der Verschleiß beim Bearbeiten glasfaserverstärkten Polyamids mit Hartmetall-Schneidstoffen der Anwendungsgruppe P 10 etwa viermal so groß sein wie beim Bearbeiten mit Hartmetall der Anwendungsgruppe K 10.

Beim *Bohren* von ungefüllten Thermoplasten tritt auch nach einer Vielzahl von Bohrvorgängen bzw. einer großen Gesamtbohrtiefe kein nennenswerter Verschleiß auf [38]. Beim Bohren von glasfaserverstärkten Thermoplasten ist mit zunehmendem Glasfasergehalt auch ein ansteigender Verschleiß an der Hauptschneide zu erwarten, der jedoch geringer ist als bei graphitgefüllten Werkstoffen. Im Gegensatz zu der Verschleißform beim Bohren von graphithaltigen Werkstoffen konnte beim Bohren glasfaserverstärkter Thermoplaste kein Verschleiß an den Nebenschneiden festgestellt werden.

Graphitgefüllte Thermoplaste verursachen neben den Verschleißzonen an den Haupt- und Nebenschneiden einen starken Verschleiß der Schneidenecken. Der durch die Graphitkörner hervorgerufene Abrieb bewirkt – ebenso wie am Drehwerkzeug – einen Abrundungsverschleiß. Der Verschleiß ist schon bei geringen Gesamtbohrtiefen an der Schneidenecke am größten. In Richtung der Querschneide wird er geringer, steigt jedoch im Bereich der Querschneide selbst wieder an. An den Nebenschneiden tritt ebenfalls eine beachtliche Verschleißabrundung auf. Der allgemein von Schnittgeschwindigkeit und Vorschub abhängige starke Verschleiß (Bilder 35 und 36) erfordert sehr häufig einen völlig neuen Spitzenanschliff des im Eingriff gewesenen Bohrerteils. Beim Bohren von duroplastischen Werkstoffen tritt in Abhängigkeit von den jeweiligen Verstärkungs- und Füllstoffen ein ähnlicher Verschleißmechanismus auf wie beim Bohren graphitgefüllter Thermoplaste.

Beim *Fräsen* von ungefüllten thermoplastischen Werkstoffen mit Schnellarbeitsstahl steigt der Verschleiß an der Hauptschneide nach kurzer Zeit beachtlich an, bleibt dann jedoch nahezu konstant. Hierbei bleiben – ebenso wie beim Drehen – auf der Spanfläche im Bereich der Nebenfreifläche zersetzte (verkokte) Werkstoffrückstände haften [39]. Diese Rückstände treten bei geringen Freiflächenwinkeln ($\alpha \approx 6°$) häufiger auf als bei großen Winkeln ($\alpha \approx 24°$). Ein ähnlicher Vorgang tritt auch beim Verschleiß der Nebenfreifläche auf. Dieser ist bei $\alpha \approx 6°$ am größten und bei $\alpha \geqq 15°$ am kleinsten. Bei größeren Freiwinkeln ($\alpha \approx 24°$) ist – nahezu unabhängig von der Schnittgeschwindigkeit – der zu erwartende Verschleiß an der Hauptfreifläche größer als an der Nebenfrei-

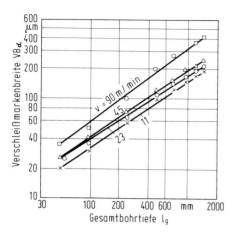 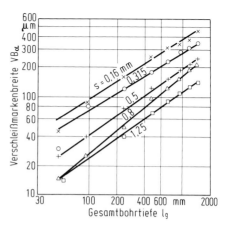

Bild 35. Verschleißmarkenbreite beim Bohren in Abhängigkeit von Gesamtbohrtiefe und Schnittgeschwindigkeit [38]. Werkstoff: Polyamid + 5 Gew.-% Graphit; Schneidstoff S 6-5-2; Schnittbedingungen: s = 0,5 mm d = 18 mm, $\alpha_x = 15°$, $\gamma_x = 26°$, $\sigma = 90°$

Bild 36. Verschleißmarkenbreite beim Bohren in Abhängigkeit von Gesamtbohrtiefe und Vorschub [38]. Werkstoff: Polyamid + 5 Gew.-% Graphit; Schneidstoff: S 6-5-2; Schnittbedingungen: v = 45 m/min, d = 16 mm, $\alpha_x = 15°$, $\gamma_x = 26°$, $\sigma = 90°$

fläche (Bild 37). Bei kleinen Freiwinkeln ($\alpha \leq 6°$) konnte diese Eigenart nicht festgestellt werden. Allgemein hat die Schnittgeschwindigkeit keinen nennenswerten Einfluß auf die Verschleißgröße. Verschleißuntersuchungen mit Hartmetall-Schneidstoffen der Anwendungsgruppe K 10 ergaben, daß der auftretende Verschleiß, verglichen mit dem HSS-Schneidstoff-Verschleiß, etwa doppelt so groß ist.

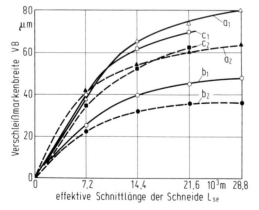

Bild 37. Verschleißmarkenbreite beim Fräsen in Abhängigkeit von der effektiven Schnittlänge der Schneide [39]. Werkstoff: Polyamid-Blockpolymerisat; Schneidstoff: HSS; Schnittbedingungen: a_1, a_2 v = 366 m/min, s = 0,158 mm, b_1, b_2 v = 516 m/min, s = 0,140 mm, c_1, c_2 v = 722 m/min, s = 0,158 mm, $\alpha = 24°$, $\gamma_x = 8°$, $\gamma_y = 0°$
a_1, b_1, c_1 Verschleiß an der Hauptfreifläche, a_2, b_2, c_2 Verschleiß an der Nebenfreifläche

Nach einem Schnittweg von etwa $48 \cdot 10^3$ m tritt beim Stirnfräsen eine Verschleißmarkenbreite je Schneide von etwa 0,15 mm auf [44]. Mit Füllstoffen versehene Werkstoffe verursachen beim Fräsen ebenso wie beim Drehen und Bohren einen wesentlich größeren Verschleiß.

Beim *Fräsen* und *Sägen* von duroplastischen Werkstoffen und Schichtstoffen bzw. Hartgewebe [43] verhalten sich die Verschleißfestigkeiten von Werkzeugstahl zu Schnellarbeitsstahl und Hartmetall zueinander wie etwa 1 : 2 : 17.

Beim Fräsen von mit Glasfaser und Aluminiumoxid gefüllten Polyester- und Phenolharzen (Duroplaste) kann die Verschleißmarkenbreite schon nach einem kurzen Schnittweg – ähnlich wie beim Bohren von graphitgefülltem Polyamid – beträchtliche Größen annehmen [36]. Die von Vorschub, Schnittgeschwindigkeit und Spanwinkel abhängige Verschleißmarkenbreite bei bestimmten Zerspanbedingungen nach einem Schnittweg von etwa 1000 mm annähernd 0,5 mm.

Bei Anwendung geeigneter Kühlschmierstoffe kann der Verschleiß beim Fräsen von Glasfaser-Werkstoffen allerdings wesentlich herabgesetzt werden [36].

19.3.7 Richtwerte für die Zerspanung von Kunststoffen

Die in den Tabellen 6 bis 9 angeführten Richtwerte und Hinweise sind der VDI-Richtlinie 2003, Spanende Bearbeitung von Kunststoffen, entnommen. Diese Angaben stellen jedoch keine Optimalwerte dar, sondern sind vielmehr Mittelwerte aus Forschungsergebnissen bzw. praktische Erfahrungswerte. Um jedoch optimale Arbeitsergebnisse erzielen zu können, müssen bei den jeweiligen werkstoff- und bearbeitungsspezifischen Fertigungsaufgaben gesonderte Untersuchungen durchgeführt werden, da bei diesen Werkstoffen eine mehr oder weniger unterschiedliche Komponentenzusammensetzung im Fremdstoffzusatz andere Bearbeitungsbedingungen erfordern.

Als Hinweis für diesbezügliche Untersuchungen sollen insbesondere die in den Abschnitten 19.3.1 bis 19.3.6 beschriebenen Bearbeitungs- und Stoffmerkmale zugrundegelegt werden. Allgemein soll diese Richtlinie den Bearbeitern von Kunststoffen bei der Auswahl geeigneter Werkzeuge, Maschinen und Arbeitsbedingungen behilflich sein.

Tabelle 6. Richtwerte für das Drehen von Kunststoffen nach VDI-Richtlinie 2003

Legende:
- α Freiwinkel [°]
- γ Spanwinkel [°]
- ϰ Einstellwinkel [°]
- v Schnittgeschwindigkeit [m/min]
- s Vorschub [mm]
- a Schnittiefe [mm]

Kunststoffe	Füll- und Zusatzstoffe	Werkzeug – Werkstoffe	α	γ	ϰ	v	s	a
Kurzzeichen			α	γ	ϰ	v	s	a
Hp Hgw GFK und Typ 11 bis Typ 872	Organische Füllstoffe wie z. B. Fasern, Schnitzel und Bahnen aus Holz, Papier und Textilien (auch ungefüllte duroplastische Werkstoffe)	SS / HM	5 bis 10 / 10 bis 15	15 bis 25 / 10 bis 15	45 bis 60 / 45 bis 60	bis 80 / bis 400	0,05 bis 0,5	Spantiefe a in Abhängigkeit vom Vorschub bis zu 10 mm
	Anorganische Füllstoffe wie z. B. Glasfasern und Glaspulver, Asbestfasern und -schnüre, Gesteinsmehl, Glimmer u. a.	HM / Diamant	5 bis 11	0 bis 12	45 bis 60	bis 40		
PMMA AMMA		SS (HM)	5 bis 10	0 bis (–) 4	ca. 15	200 bis 300	0,1 bis 0,2	bis 6
PS SAN ABS SB		SS (HM)	5 bis 10	0 bis 2	ca. 15	50 bis 60	0,1 bis 0,2	bis 2
POM		SS (HM)	5 bis 10	0 bis 5	45 bis 60	200 bis 500	0,1 bis 0,5	bis 6
PC PTFE		SS (HM)	5 bis 10 / 10 bis 15	0 bis 5 / 15 bis 20	45 bis 60 / 9 bis 11	200 bis 300 / 100 bis 300	0,1 bis 0,5 / 0,05 bis 0,25	bis 6
PVC CA CAB		SS (HM)	5 bis 10	0 bis 5	45 bis 60	200 bis 500	0,1 bis 0,2	bis 6
PE, PP PA		SS (HM)	5 bis 15	0 bis 10	45 bis 60	200 bis 500	0,1 bis 0,5	bis 6

Tabelle 7. Richtwerte für das Bohren von Kunststoffen nach VDI-Richtlinie 2003

α Freiwinkel [°]
β Drallwinkel [°]
γ Spanwinkel [°]
σ Spitzenwinkel [°]
v Schnittgeschwindigkeit [m/min]
s Vorschub [mm]

Kunststoffe	Füll- und Zusatzstoffe	Werkzeug – Werkstoff	α	γ	σ	v	s	Bemerkung
Kurzzeichen			α	γ	σ	v	s	
Hp, Hgw, GFK und Typ 11 bis Typ 872	Organische Füllstoffe wie z.B. Fasern, Schnitzel und Bahnen aus Holz, Papier und Textilien (auch ungefüllte duroplastische Werkstoffe)	SS / HM	6 bis 8 / 6 bis 8	6 bis 10 / 6 bis 10	100 bis 120 / 100 bis 120	30 bis 40 / 100 bis 120	0,04 bis 0,6 je nach Bohrerdurchmesser und Füllstoff	Schnittgeschwindigkeit und Vorschub sind abhängig von der Bohrungstiefe
	Anorganische Füllstoffe wie z.B. Glasfasern und Glaspulver, Asbestfasern und -schnüre, Gesteinsmehl, Glimmer u.a.	HM / Diamant	6 bis 8	0 bis 6	80 bis 100	20 bis 40		
PMMA AMMA		SS (HM)	3 bis 8	0 bis 4	60 bis 90	20 bis 60	0,1 bis 0,5	
PS SAN ABS SB		SS (HM)	3 bis 8 / 3 bis 8 / 5 bis 8 / 8 bis 10	3 bis 5 / 3 bis 5 / 3 bis 5 / 3 bis 5	60 bis 90 / 60 bis 90 / 60 bis 90 / 60 bis 75	20 bis 60 / 20 bis 60 / 30 bis 80 / 30 bis 80	0,1 bis 0,5 / 0,1 bis 0,5 / 0,1 bis 0,5 / 0,1 bis 0,5	
POM		SS (HM)	5 bis 8	3 bis 5	60 bis 90	50 bis 100	0,1 bis 0,5	
PC PTFE		SS (HM)	5 bis 8 / 16	3 bis 5 / 3 bis 5	60 bis 90 / 130	50 bis 120 / 100 bis 300	0,2 bis 0,5 / 0,1 bis 0,3	
PVC VA CAB		SS (HM)	8 bis 10	3 bis 5	80 bis 110	30 bis 80	0,1 bis 0,5	
PE, PP PA		SS	10 bis 12	3 bis 5	60 bis 90	50 bis 100	0,2 bis 0,5	

Tabelle 8. Richtwerte für das Fräsen von Kunststoffen nach VDI-Richtlinie 2003

Kunststoffe	Füll- und Zusatzstoffe	Werkzeug – Werkstoff	α Freiwinkel [°] γ Spanwinkel [°] ϰ Einstellwinkel [°] v Schnittgeschwindigkeit [m/min] s_z Vorschub [mm][2)]			Bemerkungen
Kurz- zeichen			α	γ	v	
Hp Hgw GFK und Typ 11 bis Typ 872	Organische Füll- stoffe wie z.B. Fasern, Schnitzel und Bahnen aus Holz, Papier und Textilien (auch ungefüllte duroplastische Werkstoffe)	SS HM	bis 15 bis 10	15 bis 25 5 bis 15	bis 80 bis 1000	[1)] Kühlung ist allgemein erforderlich bei extrudiertem und gespritztem Material. Beim Fräsen ist auch bei gegossenem Material Kühlung erforderlich. Bei Acrylnitril-Mischpolymerisaten ist Schmierung notwendig. [2)] Der Vorschub s_z kann bis 0,5 mm betragen. [3)] Für Celluloseester
	Anorganische Füllstoffe wie z.B. Glasfasern und Glaspulver, Asbestfasern und -schnüre, Gesteinsmehl, Glimmer u.a.	HM Dia- mant	bis 10 Diamantkonzentration ca. 50% Korngröße D 125 bis 250	5 bis 15	bis 1000 bis 1500	
PMMA[1)] AMMA[1)]		SS HM	2 bis 10	1 bis 5	bis 2000	
PS SAN ABS SB			–	–	–	
POM		SS HM	5 bis 10	bis 10	bis 400	
PC PTFE		SS HM	5 bis 10	bis 10	bis 1000	
PVC CA CAB		SS HM	5 bis 10 5 bis 25[3)]	bis 15	bis 1000	
PE, PP PA		SS HM	5 bis 15	bis 15	bis 1000	

Tabelle 9. Richtwerte für das Sägen von Kunststoffen nach VDI-Richtlinie 2003

Kunststoffe	Füll- und Zusatzstoffe	Werkzeug – Werkstoff	α Freiwinkel [°] γ Spanwinkel [°] t Zahnteilung [mm] v Schnittgeschwindigkeit [m/min]			K Index für Kreissägen B Index für Bandsägen		
Kurz-zeichen			α	γ_K	γ_B	t	v_K	v_B
Hp Hgw GFK und Typ 11 bis Typ 872	Organische Füll-stoffe wie z.B. Fasern, Schnitzel und Bahnen aus Holz, Papier und Textilien (auch ungefüllte duroplastische Werkstoffe)	SS HM	30 bis 40 10 bis 15	5 bis 8 3 bis 6	5 bis 8	4 bis 8 8 bis 18	bis 3000 bis 5000	bis 2000
	Anorganische Füllstoffe wie z.B. Glasfasern und Glaspulver, Asbestfasern und -schnüre, Gesteinsmehl, Glimmer u.a.	HM Dia-mant					1000 bis 2000	300
PMMA AMMA PS SAN ABS SB POM PC PTFE PVC CA CAB PE, PP PA		SS (HM)	30 bis 40 SS 10 bis 15 HM	5 bis 8 SS 0 bis 5 HM	0 bis 8	2 bis 8		bis 3000

Literatur zu Kapitel 19

1. *Saechtling-Zebrowski:* Kunststoff-Taschenbuch. Carl Hanser Verlag, München 1974.
2. *Domininghaus, H.:* Die Kunststoffe und ihre Eigenschaften. VDI-Verlag, Düsseldorf 1976.
3. Entwicklungstendenzen bei den Kunststoffen. Klepzig Fachber. 76 (1968) 11, S. 702–703.
4. *Schnug, R.:* Kunststoff-Halbzeug. Ind. Eink. (1970) 1, S. 20–21.
5. *Kusik, A.:* Die Anwendung von Kunststoffen. VDI-Z. 119 (1977) 21, S. 1051.
6. *Domininghaus, H.:* Kunststoffe wurden technische Werkstoffe. VDI-Nachr. 32 (1978) 41, S. 7.
7. *Saechtling, Hj.:* Kunststoffkunde, Teil 1 und 2. Werkst. Bl. 400 und 401. Carl Hanser Verlag, München 1966.
8. *Hachmann, H.:* Polyamide als Werkstoffe für den Maschinenbau. ZwF 61 (1966) 4, S. 165–173.
9. *Reichherzer, R.:* Wartungsfreie Maschinenelemente aus Kunststoffen. Werkst. u. Betr. 98 (1965) 4, S. 205–210.
10. Extrudiertes Großrohrhalbzeug senkt Kosten für Präzisionsteile. VDI-Nachr. 32 (1978) 37, S. 17.
11. *Gut, H.:* Richtige und falsche Hauptzeitberechnung bei der Zerspanung von Kunststoffen. Plastverarb. 14 (1963) 9, S. 535–538.
12. *Carlyon, G.-C.:* To mold or to machine that is the question. Mod. Plast. 38 (1960) 10, S. 90.
13. *Benkelmann, W. D.:* Spritzgießen oder spanende Bearbeitung von Kunststoffteilen. Mod. Plast. 44 (1966) 1, S. 118–121.
14. *Diehl, W.:* Die Bestimmung der wirtschaftlichen Grenzstückzahl am Beispiel des Drehens oder Spritzgießens von Polyamid-Teilen. Kunststoffe 59 (1969) 9, S. 531–534.
15. *Klein, W.:* Untersuchungen über das Bohren von Kunststoffen mittels verschiedener Spiralbohrerformen. Diss. TH Dresden 1938.
16. *Schallbroch, H., v. Doderer, P.:* Zerspanbarkeitsuntersuchungen an geschichteten Kunstharzpreßstoffen. Berichte über betriebswissenschaftliche Arbeiten, Bd. 15. VDI-Verlag, Berlin 1943.
17. *Kobayashi, A., Saito, K.:* On the cutting mechanism of high polymers. J. Polym. Sci. 58 (1962), S. 1377–1395.
18. *Kobayashi, A.:* Machining Plastics. Mod. Plast. 42 (1964) 1.
19. *Kobayashi, A., Saitor, K.:* On the cutting mechanism of plastics. CIRP Ann. 9 (1964) 2, S. 82–90.
20. *Kobayashi, A.:* Machinability of Plastics. CIRP Ann. 14 (1967), S. 491–495.
21. *Kobayashi, A.:* Machining of Plastics. McGraw-Hill Book Comp., New York 1967.
22. *Frerichmann, B.:* Ermittlung fertigungsgerechter Arbeitsbedingungen und Untersuchung des Zerspanungsverhaltens beim Drehen thermoplastischer Kunststoffe. Diss. TH Aachen 1966.
23. *Böhme, H.:* Die Ermittlung fertigungsgerechter Arbeitsbedingungen beim Bohren von Kunststoffen mit Spiralbohrern. Diss. TH Aachen 1960.
24. *Tsukermann, L. T.:* Surface Finish in the fine turning of Plastics. Ind. Diamond Rev. 24 (1964) 280, S. 65–68.
25. *Grinberg, A.:* Turning the Thermoplastic Plastics. Russ. Engng. J. (1964) 1, S. 32–35.
26. *Rao, U. M., Cumming, J. D., Thomsen, E. G.:* Some Observations on the Mechanics of Orthogonal Cutting of Delrin and Zytel Plastics. Trans. ASME, Series B, J. Engng. Ind. 86 (1964) 2, S. 117–121.
27. *Rubenstein, C., Storie, R. M.:* The Cutting of Polymers. Int. J. Mach. Tool Des. Res. 9 (1969) 2, S. 117–130.

28. *Sadowy, M.:* Cutting Forces and Cutting Power in Orthogonal Cutting of Steel, Brass, and Plastics. Int. J. Mach. Tool Des. Res. 5 (1965) 1/2, S. 81–118.
29. *Ammi, S., Masuko, M.:* Tool Wear in the Cutting of Plastics. CIRP Ann. 13 (1966) 4, S. 389–397.
30. *Spur, G., Moslé, H. G.:* Oberflächengüte und Schnittkräfte beim Drehen von Polyamiden. Kunststoffe 17 (1967) 8, S. 504–506.
31. *Spur, G., Zug, G.:* Untersuchung der Zerspanbarkeit von Polyamiden beim Drehen. Werkst. u. Betr. 101 (1968) 6, S. 325–328.
32. *Spur, G., Zug., G.:* Thermoplastische Kunststoffe – eine neue Werkstoffgruppe in der spanenden Fertigung. Werkst. Techn. 59 (1969) 10, S. 485–490.
33. *Spur, G., Zug, G.:* Untersuchung der Spanentstehungszone beim Drehen von thermoplastischen Kunststoffen. ZwF 66 (1971) 3, S. 110–114.
34. *Zug, G.:* Einfluß der Zerspanbedingungen auf die Schnitt- und Vorschubkräfte beim Drehen thermoplastischer Kunststoffe. Maschine 9 (1971) 9, S. 81–84.
35. *Bogdanow, V. M.:* Tool wear when turning Plastics. Mach. Tool. 41 (1970) 3, S. 40–43.
36. *Tsueda, M., Hasegawa, Y., Hanasaki, S.:* On the Tool Wear in the intermittent cutting of the Reinforced Plastics. Bul. ISME 12 (1969) 51, S. 610–615 u. 616–622.
37. *Hasegawa, Y., Hanasaki, S.:* Cutting off of Plastics with Abrasive Belt. Technol. Rep. Osaka Univ. 23 (1973) 1144, S. 585–595.
38. *Hoffmann, V.:* Beitrag zur Untersuchung der Zerspanbarkeit thermoplastischer Kunststoffe beim Bohren. Diss. TU Berlin 1971.
39. *Lemke, E.:* Beitrag zur Untersuchung der Zerspanbarkeit von Plastomeren. Diss. TU Berlin 1972.
40. *Schmidt, H.-G.:* Gefahren beim Be- und Verarbeiten von Kunststoffen. ZwF 60 (1965) 6, S. 286–287.
41. *Hachmann, H., Strickle, E.:* Reibung und Verschleiß an der Gleitpaarung Kunststoff-Stahl bei Trockenlauf. Kunststoffe 59 (1969) 1, S. 45–50.
42. *Vadackorija, V. I.:* Oberflächengüte und Temperatur bei der Zerspanung von Kunststoffen. Masch.-Bau u. Fert.-Techn. UdSSR 5 (1963) 2, S. 73–76.
43. *Degner, W., Lutze, H., Smejkal, E.:* Spanende Formgebung, 8. Aufl. VEB-Verlag Technik, Berlin 1978.
44. *Beck, K.:* Spanende Bearbeitung von Polyamid – Erkenntnisse beim Stirnfräsen. Klepzig Fachber. 76 (1968) 8, S. 479–484.
45. *Beyer, W., Schaab, H.:* Glasfaserverstärkte Kunststoffe, 4. Aufl. Carl Hanser Verlag, München 1969.
46. *Schaaf, W.:* Standardmäßige Festlegung der Fertigungsgenauigkeit spanend bearbeiteter Formstoffe. Plaste u. Kautschuk 13 (1966) 12, S. 753–757.
47. *Durst, R.:* Spanabhebende Fertigung von Kunststoffen auf TRAUB-Einspindel-Drehautomaten. Informationsschrift der Hermann Traub Maschinenfabrik, Reichenbach/Fils 1969.
48. *Burkart, W.:* Schleifen und Polieren von Kunststoffen und Lacken. Werkstattblatt 350. Carl Hanser Verlag, München 1965.
49. *Hecker, A., Schulz, G.:* Drehen von Kunststoffen. Werkstattblatt 361. Carl Hanser Verlag, München 1965.
50. *Hecker, A., Schulz, G.:* Fräsen und Hobeln von Kunststoffen. Werkstattblatt 362. Carl Hanser Verlag, München 1965.
51. *Braun, M.:* Bohren und Gewindeschneiden von Kunststoffen. Werkstattblatt 388. Carl Hanser Verlag, München 1966.
52. *Braun M.:* Sägen und Schleifen von Kunststoffen. Werkstattblatt 394. Carl Hanser Verlag, München 1966.
53. *Saechtling, Hj.:* Kunststoffkunde, Teil I. Werkstattblatt 400. Carl Hanser Verlag, München 1966.

54. *Saechtling, Hj.:* Kunststoffkunde, Teil II. Werkstattblatt 401. Carl Hanser Verlag, München 1966.
55. DIN-Taschenbuch 18: Prüfnormen für Kunststoffe, mechanische, thermische und elektrische Eigenschaften. Beuth-Verlag, Berlin, Köln, Frankfurt/M. 1974.
56. DIN-Taschenbuch 21: Kunststoffnormen, Formenmassen. Beuth-Verlag, Berlin, Köln, Frankfurt/M. 1975.
57. DIN-Taschenbuch 48: Prüfnormen für Kunststoffe, chemische, optische, Gebrauchs- und Verarbeitungs-Eigenschaften. Beuth-Verlag, Berlin, Köln, Frankfurt/M. 1974.
58. DIN-Taschenbuch 51: Kunststoffnormen, Halbzeuge und Fertigerzeugnisse. Beuth-Verlag, Berlin, Köln, Frankfurt/M. 1975.

VDI-Richtlinie

VDI 2003 (1.76) Spanende Bearbeitung von Kunststoffen.

Nachweis der Bilder

in Kapitel 8

Gebr. Boehringer GmbH, Göppingen: Bild 27
Karl Hertel GmbH, Fürth/Bayern: Bilder 19, 20 A
Klopp-Werke KG, Solingen-Wald: Bilder 13, 32, 33, 37, 40, 42 bis 45, 50
Sandvik AB, Sandviken, Schweden: Bild 20 B
Adolf Waldrich Coburg Werkzeugmaschinenfabrik, Coburg: Bilder 6 bis 12, 18, 21, 23, 30, 31, 46 bis 49

in Kapitel 9

Kurt Hoffmann, Räumwerkzeug- und Maschinenfabrik, Pforzheim: Bilder 10, 17, 20, 23, 25, 29 bis 32, 36 bis 38, 40, 41
Karl Klink, Werkzeug- und Maschinenfabrik, Niefern: Bilder 33, 39

in Kapitel 11

Friedrich Dick GmbH, Werkzeug- und Feilenfabrik, Esslingen: Bilder 6, 8, 9
Hahn & Kolb, Werkzeugmaschinen und Werkzeuge, Stuttgart: Bild 11
Gebr. Thiel GmbH, Emstal: Bild 10

in Kapitel 12

BIAX Schmid & Wezel, Maulbronn: Bild 5
Dixi S. A., Le Locle, Schweiz: Bilder 2, 3, 7, 8
Starrfräsmaschinen AG, Rorschacherberg, Schweiz: Bilder 6, 9

in Kapitel 13

Deutsche Industrieanlagen Gesellschaft mbH (DIAG) Fritz Werner Werkzeugmaschinen, Berlin: Bilder 68, 73, 75 bis 79, 143, 146 bis 152
Diskus Werke Frankfurt am Main AG, Frankfurt/M.: Bilder 88 bis 92
Gottlieb Gühring KG, Albstadt: Bild 117
K. Jung GmbH, Göppingen: Bilder 80, 81, 92 bis 95
Naxos-Union, Schleifmittel- und Schleifmaschinenfabrik, Frankfurt-Fechenheim: Bild 28
J. E. Reinecker Maschinenbau KG, Ulm: Bild 112
Schaudt Maschinenbau GmbH, Stuttgart-Hedelfingen: Bilder 39, 41, 44, 45, 47, 48
Tyrolit Schleifmittelwerke Swarovski KG, Schwaz, Österreich: Bilder 96, 98, 106
Adolf Waldrich Coburg Werkzeugmaschinenfabrik, Coburg: Bilder 153 bis 164
H. A. Waldrich GmbH, Großwerkzeugmaschinen, Siegen: Bilder 136 bis 141

in Kapitel 14

Nagel Maschinen- und Werkzeugfabrik GmbH, Nürtingen: Bilder 16, 17, 27, 29, 31 bis 33, 36 bis 39, 41 bis 45, 50, 53, 55, 57, 61, 65 bis 67, 70 bis 76, 79, 84
Maschinenfabrik Ernst Thielenhaus, Wuppertal: Bilder 34, 80 bis 83

in Kapitel 15

Hahn & Kolb, Werkzeugmaschinen und Werkzeuge, Stuttgart: Bild 19
KLN Ultraschall-Gesellschaft mbH, Heppenheim: Bild 18
Adolf Waldrich Coburg Werkzeugmaschinenfabrik, Coburg: Bild 15
The Warner & Swasey Co., Worcester, Mass., USA: Bild 13
Peter Wolters, Rendsburg: Bilder 4 bis 12, 14, 16, 17

in Kapitel 16

Wilhelm Fette GmbH, Schwarzenbek: Bilder 87 bis 93
Gleason Stuttgart, Stuttgart: Bilder 22, 49, 67
Heidenreich & Harbeck, Werkzeugmaschinen GmbH, Hamburg: Bilder 33, 122
Dr.-Ing. W. Höfler GmbH, Ettlingen: Bild 43
W. F. Klingelnberg Söhne, Remscheid: Bilder 21, 24 bis 27, 50, 51, 85, 86, 96
Karl Klink, Werkzeug- und Maschinenfabrik, Niefern-Öschelbronn: Bild 34
Liebherr Verzahntechnik GmbH, Kempten: Bild 38
Maschinenfabrik Lorenz AG, Ettlingen: Bilder 35, 36, 106, 111, 112, 117, 119, 120
Maag-Zahnräder AG, Zürich, Schweiz: Bilder 31, 45, 47, 102, 104, 132, 133
Werkzeugmaschinenfabrik Oerlikon-Bührle AG, Zürich, Schweiz: Bilder 23, 80, 94, 141, 143
Hermann Pfauter Werkzeugmaschinenfabrik, Ludwigsburg: Bilder 18 bis 20, 28 bis 30, 39, 54
Reishauer AG, Wallisellen, Schweiz: Bilder 48, 135, 136, 140

in Kapitel 17

Burgsmüller & Söhne GmbH, Kreiensen: Bild 37
Gustav Wagner Maschinenfabrik, Reutlingen: Bilder 22, 23, Tabelle 1
Hahn & Kolb, Werkzeugmaschinen und Werkzeuge, Stuttgart: Bilder 11, 12
Herbert Lindner GmbH, Berlin: Bilder 44, 52 bis 54
Rems-Werk, Maschinen- und Werkzeugfabrik, Waiblingen: Bild 19
Adolf Waldrich Coburg Werkzeugmaschinenfabrik, Coburg: Bild 38
Wanderer Werke AG, München-Haar: Bild 43

Sachwortregister

Außenräummaschine 68 ff.
–, Automatisierung 71
–, Bauart 68 f.
–, Beladeeinrichtung 71 f.
–, Konstruktion 69
–, Tischarten 69 ff.
–, wirtschaftliche Stückzahl 71
Außenrundschleifmaschine 149 ff.
–, Anwendungsbereich 151
–, Arbeitsbeispiele 151 ff.
–, Bearbeitungszeit 152
–, Durchmessertoleranz 152
–, erzielbare Qualität 151
–, Gesamtzeit 155
–, Hauptzeit 155
–, Konstruktion 149 ff.
–, –, Abrichtgerät 151, 154
–, –, Auswuchteinrichtung 151
–, –, Bedienelemente 150
–, –, Hilfseinrichtungen 150 f.
–, –, Hydraulikanlage 150
–, –, Kühlschmierstoff 150
–, –, Maschinenbett 150
–, –, Reitstock 150
–, –, Schleifspindelantrieb 150
–, –, Schleifspindellagerung 150
–, –, Schleifspindelstock 150
–, –, Spannmittel 150
–, –, Werkstückschlitten 150
–, –, Werkstückspindelstock 150
–, –, Werkstücktisch 150
–, Kopfschleifmaschine 154 f.
–, Meßsteuerung 151
–, Nachformeinrichtung 157
–, numerische Steuerung 151
–, schleifbare Profilform 151
–, Schrägstellen der Schleifscheibe 152
–, spitzenlose: siehe spitzenlose Außenrundschleifmaschine
–, Unrundschleifen 157
–, Verkettung 156
–, Vorschubgeschwindigkeit 156
–, Werkstücklängsausrichtung 153
–, Werkstückwechseleinrichtung 155 f.
–, Zustellung 155
–, – der Schleifscheiben 152

Bandsägemaschine 78, 81 f.
–, Antrieb 82
–, Arbeitsweise 82
–, Konstruktion 81 f.
Bandschleifmaschine 117
Bügelsägemaschine 77, 80
–, Antrieb 80
–, Konstruktion 80

Doppeleinstechschleifmaschine 232 f.

Einständer-Hobelmaschine 3 ff.

Feilen 87 ff.
–, Nachform- 87 f.
–, Plan- 87 f.
–, Profil- 87 f.
–, Rund- 87 f.
–, Ungerad- 87 f.
Feilmaschine, Hub- 93
Feilscheibe 90 f.
Feilwerkzeug 89 ff.
–, Doppelhieb 89
–, Einhieb 89
–, Feilscheibe 90 f.
–, Fräserscheibe 90 f.
–, gefräst 90
–, gehauen 90
–, Hand- 90
–, Hiebschräge 90
–, Hiebteilung 89
–, Maschinen- 90
–, Präzisions- 91 f.
–, Raspel 90
–, Raspelscheibe 90 f.
–, Werkstatt- 91 f.
–, Zahnung 89
Flachschleifmaschine 116, 182 ff.
–, Abrichteinrichtung 184
–, –, automatische 192
–, Arbeitsbeispiele 188
–, Automatisierung 192
–, –, Arbeitsbeispiele 182
–, Bauart 182 ff.
–, Doppel- 189 f.
–, Konstruktion 184
–, –, Kreuzschlitten 184
–, –, Maschinenbett 184
–, –, Schleifspindellagerung 184 f.
–, Langtisch- 182 f.
–, Meßeinrichtung 184
–, Naßschleifeinrichtung 184
–, numerische Steuerung 194
–, Pendelschleifen 186
–, Positioniersteuerung 193
–, Profilschleifen 186
–, Rundtisch- 182 f.
–, Schleifscheibenumfangsgeschwindigkeit 187
–, Segmentschleifkopf 189
– mit senkrechter Spindel 182
– mit waagerechter Spindel 182
– –, Abrichteinrichtung 191
–, Stirnschleifen 182, 187 f.
–, –, Eingriffsverhältnisse 189
–, –, Schleifwirkung 190 f.
–, Umfangsschleifen 182, 185 f.
–, –, Gegenlauf 185
–, –, Gleichlauf 185
–, Vollschleifen 186
–, Werkstückaufspannung 184
–, Werkstückvorschubgeschwindigkeit 187
Fräserscheibe 90 f.

Führungsbahnenschleifmaschine 238 ff.
–, Abrichteinrichtung 243, 245
–, Auswuchteinrichtung 242 ff.
–, Automatisierung 248
–, Formelemente, typische 245 f.
–, Genauigkeit 247
–, Kühlschmierstoff 245
–, Maschinenfundament 245
–, Nachformeinrichtung 246 ff.
–, numerische Steuerung 248
–, Positionsanzeige 248
–, Querbalken 241
–, Schleifschlitten 241
–, Schleifspindelantrieb 242
–, Schleifspindellagerung 242, 244
–, Tischantrieb 240
–, Tischbewegung 239
–, Tischführung 239 f.
–, Umfangschleifschlitten 242
–, Universalschleifschlitten 244

Gewindebohreinrichtung, Mehrspindeldrehautomat 537 f.
Gewindebohrmaschine 517, 537
–, Drehrichtungsumkehr 537
Gewindedrehmaschine 517
–, Getriebeschema 526 ff.
Gewindefräsmaschine 517
–, Außengewinde 517
–, Innengewinde 517
–, Kurzgewinde 517, 545
–, –, Getriebeschema 545
–, Langgewinde 517, 546
Gewindeherstellung 514 ff.
–, Begriffe 517 ff.
–, –, Axialkraft 523
–, –, Eingriffsgröße 520
–, –, Normalkraft 523
–, –, Schnittiefe 520
–, –, Tangentialkraft 523
–, –, Zerspankraft 523
–, Berechnung 517 ff.
–, –, Hauptzeit 517 f.
–, –, Schnittgeschwindigkeit 519
–, –, Schraubenlinienlänge 520
–, –, Spanungsvolumen 520 f.
–, –, Steigungswinkel 523
–, –, Vorschubgeschwindigkeit 519
–, –, Wirkgeschwindigkeit 519
–, –, Zeitspanungsvolumen 521 f.
–, –, Zerspanleistung 524
Gewindebohren 516, 534 ff.
–, –, Gewindebohrkopf 537
Werkzeug 534
–, –, –, Drehmoment 534 f.
–, –, –, Handgewindebohrer 535
–, –, –, Kenngrößen 534
–, –, –, Maschinengewindebohrer 535 f.
–, –, –, –, Schnittgeschwindigkeit 535 f.
–, –, –, –, Spanwinkel 536
–, –, –, –, Vorschub 536
–, Gewindedrehen 516, 524 ff.
–, –, Außengewinde 526
–, –, Innengewinde 526

–, –, mehrgängiges Gewinde 526
–, –, Schnittaufteilung 525
–, –, Werkzeug 524
–, –, Zustellung 525
–, Gewindefräsen 543 ff.
–, –, Außengewinde 543
–, –, Gewindefräseinrichtung, Mehrspindeldrehautomat 543
–, –, Innengewinde 543
–, –, Kurzgewinde 544 ff.
–, –, –, Anwendungsbereich 545
–, –, –, Gegenlauf, Gleichlauf 544
–, –, –, Profilverzerrung 544
–, –, –, Werkzeug 544
–, –, Langgewinde 546
–, –, –, Anwendungsbereich 546
–, –, –, Gegenlauf, Gleichlauf 546
–, –, –, Werkzeug 546 f.
–, Gewindeschleifen 516, 546 ff.
–, –, Anwendungsbereich 546, 549
–, –, Außengewinde 548
–, –, Einstechschleifen 550 f.
–, –, Fertigungskosten 558
–, –, Grenzspanungsvolumen, bezogenes 555 f.
–, –, Innengewinde 548
–, –, Kühlschmierstoff 551
–, –, Längsschleifen 549 ff.
–, –, –, einprofilig 549
–, –, –, mehrprofilig 549 f.
–, –, –, –, Einweg- 550
–, –, –, –, Zweiweg- 550 f.
–, –, Normalkraft, bezogene 553 f.
–, –, Schleifscheibe 551
–, –, Schleifscheibenauswahl 557 f.
–, –, Schleifscheibenumfangsgeschwindigkeit 552 f., 557
–, –, Schleifscheibenverschleiß 551, 556
–, –, Spitzenverschleißfläche 554
–, –, Standvolumen 556
–, –, Werkstoffschädigung 551, 555
–, –, Werkstückumfangsgeschwindigkeit 551, 557
–, –, Zeitspanungsvolumen 552
–, Gewindeschneiden 516, 530 ff.
–, –, Werkzeug 530 ff.
–, –, –, Schneideisen 531
–, –, –, Schneidkluppe 531
–, –, –, Schneidkopf 531 f.
–, –, –, Schnittgeschwindigkeit 532 f.
–, Gewindestrehlen 516, 528 ff.
–, –, Leiteinrichtung 528 f.
–, –, Strehlkurve 529 f.
–, –, Werkzeug 528
–, Gewindewirbeln (-schälen) 539 ff.
–, –, Außengewinde 539 ff.
–, –, Eingriffsverhältnisse 540
–, –, Gegenlauf, Gleichlauf 539
–, –, Innengewinde 541
–, –, Meißelanordnung 540
–, –, Schnittaufteilung 540
–, –, Schnittgeschwindigkeit 539
–, –, Werkzeug 539 f.
Gewindeschälmaschine 517, 542
Gewindeschleifmaschine 517, 561 f.
–, Abrichteinrichtung 564

Sachwortregister

–, Arbeitsbereich 563
–, –, Schleifdurchmesser 563
–, –, Schleiflänge 563
–, –, Steigung 563
–, Arbeitsgenauigkeit 565 f.
–, –, Oberflächengüte 566
–, –, Profilformfehler 566
–, –, Steigungsfehler 565
–, –, Taumelfehler 565
–, Automatisierung 563 f.
–, Einstechschleifen 517
–, Gewindebohrer 564
–, Konstruktion 561 ff.
–, –, Drehbewegung 561
–, –, Getriebeschema 561 f.
–, –, Hinterschleifbewegung 561
–, –, Längsbewegung 561
–, –, Radialteileinrichtung 562
–, Längsschleifen 517
–, Zusatzeinrichtung 564
–, –, Innenschleifeinrichtung 564
–, –, Planschleifeinrichtung 565
–, –, Tangentialschleifeinrichtung 565
Gewindeschneidmaschine 517, 533
Gewindesystem 514 f.
Gewindewirbelmaschine 517, 542 f.

Hobelmaschine 3 ff., 19 ff.
–, Abmessungsbereich 23 f.
–, Arbeitsgenauigkeit 24 f.
–, Aufstellung 21
–, Automatisierung 26
–, Bearbeitungsmöglichkeit 25
–, Einständer- 3 ff.
–, Hauptantrieb 5
–, kombiniert mit Fräs- oder Schleifmaschine 5, 21 f.
–, Support 4 f., 21
–, Tischantrieb 19 f.
–, Werkstückform 22 f.
–, Werkzeugabhebung 21
–, Zweiständer- 4 f.
Hobeln 1 ff.
–, Antriebsleistung 6 ff.
–, Breitschlichten 2
–, Hauptzeit 15
–, Nebenzeit 15
–, Rüstgrundzeit 15
–, Schneidengeometrie 10 f.
–, Schnittbedingungen 10 f.
–, Schnittgeschwindigkeit 6 ff.
–, Schnittkraft 6 ff.
–, Schnittiefe 7 ff.
–, Zeitberechnung 12 ff.
Hobelwerkzeug 16
–, Satzwerkzeug 17
–, Schneidplatten 17
–, Wendeschneidplatten 17
–, Werkzeugaufnahme 17 f.
Honen 294 ff.
–, Berechnung 308 ff.
–, elektrochemisches 302

Honmaschine 302 ff.
–, Kurzhub- 307 ff., 353 ff.
–, –, Arbeitsbeispiele 358
–, –, Band- 357 ff.
–, –, Hongerät 354 f.
–, –, kombiniert mit Schleifmaschine 356 f.
–, –, Spitzen- 355 f.
–, –, spitzenlos 356
–, Langhub- 302 ff., 330 ff.
–, –, Einfach- 303
–, –, Einsatzbereich 330 f.
–, –, Groß- 305
–, –, Hand- 303
–, –, mit senkrechter Hauptspindel 303
–, –, mit waagerechter Hauptspindel 303
–, –, Hubbalkengerät 303
–, –, Korrektureinrichtung 331 f.
–, –, Maß- und Formgenauigkeit 331
–, –, Oberflächenstruktur 332
–, –, Produktions- 303
–, –, Rohr- 303
–, –, Senkrecht- 333 ff.
–, –, –, Arbeitsbeispiele 342 ff.
–, –, –, Außenhonen von Kolbenstangen 347 f.
–, –, –, Dornhonen 346
–, –, –, Formsteuereinrichtung 340 f.
–, –, –, Genauigkeitshonen 342
–, –, –, Honmeßeinrichtung 337
–, –, –, Konstruktion 333 ff.
–, –, –, Leistungshonen 343
–, –, –, Meßsteuerung 339 f.
–, –, –, Plateauhonen 344 f.
–, –, –, Schrupphonen von Stahlrohren 347
–, –, –, Zustelleinrichtung 335 f.
–, –, Sonder- 305 ff., 350 ff.
–, –, Vorbearbeitung 332 f.
–, –, Vor- und Fertighonen 331
–, –, Waagerecht- 348 ff.
–, –, –, Hand- 349
–, –, –, Langrohr- 349
–, –, –, Produktions- 349
Honwerkzeug 322 ff.
–, Außen- 327
–, Honbelag 327 ff.
–, –, Bindung 327
–, –, Bornitrid- 329
–, –, Diamant- 328
–, –, Gefüge 327
–, –, Härte 327
–, –, Kornart, Korngröße 327
, –, Innen- 323 ff.
–, –, Einleisten- 325
–, –, Großflächen 326
–, –, Hondorn 327
–, –, Mehrleisten- 324 f.
–, –, Schalen- 326
–, –, Scharnier- 325
–, –, Sonder- 326
–, Kühlschmierstoff 329 f.
–, pendelnde Aufnahme 322 f.
– mit fester Verbindungstange 323
Hubfeilmaschine 93
Hubsägemaschine 80
Hypoidgetriebe 456 f.

Innenräummaschine 63 ff.
–, Automatisierung 66 ff.
–, Bauart 63
–, Beladeeinrichtung 66 f.
–, Konstruktion 63 ff.
–, wirtschaftliche Stückzahl 68
Innenrundschleifmaschine 157 ff.
–, Abrichteinrichtung 161, 163
–, Antriebsleistung 165
–, Arbeitsbereich 165
–, Automat 168
–, Bauart 158 ff.
–, Einstechschleifen 165
–, –, Bohrkrone 168
–, –, Kugelinnenprofil 168
–, Einstechvorschubbewegung 157
–, elektrolytische 159
–, Karussell- 159
–, Kegelschleifen 166 f.
–, Konstruktion 160 ff.
–, –, Längsvorschubantrieb 160
–, –, Maschinenbett 158
–, –, Schleifspindelantrieb 161
–, –, Schleifspindelstock 158, 160
–, –, Werkstückschlitten 158
–, –, Werkstückspindelantrieb 160
–, –, Werkstückspindellagerung 160
–, –, Werkstückspindelstock 160
–, –, Werkstücktisch 158, 160
–, –, Zustellbewegung 161
–, –, Zustellfehler 161
–, Koordinaten- 159
–, Kreisformfehler 164
–, Kühlschmiereinrichtung 161
–, Längsvorschubbewegung 157
–, Maßhaltigkeit 164
–, Meßsteuerung 164, 168
–, mit gestuftem Maschinenbett 167
–, Nachformschleifeinrichtung 168
–, Nutenschleifeinrichtung 167
–, Pendelschleifen 159 f.
–, Planeten- 159
–, Planschleifeinrichtung 165 ff.
–, Schleifparameter 162 ff.
–, –, Hublänge 162 f.
–, –, Längsvorschubgeschwindigkeit 162
–, –, Schleifscheibenumfangsgeschwindigkeit 162
–, –, Werkstückumfangsgeschwindigkeit 162
–, –, Werkstückvorschubgeschwindigkeit 162 f.
–, Schleifscheibe 162
–, Schleifmittel 162
–, Schleifscheibenschutz 162
–, Schnittbewegung 157
–, Schuhschleifen 159 f.
–, Senkrecht- 158
–, Spezial- 159
–, spitzenlos Schleifen 159 f.
–, Steuerung 162
–, Tischhaltezeit 166
–, Vorschubbewegung 157
–, Waagerecht- 158
–, Werkstückvorschubbewegung 157
–, Zusatzeinrichtungen 166 f.
–, Zustellung 162 f.

Kegelrad 391 ff.
–, Achskreuzungswinkel 392 f.
–, Bestimmungsgrößen 392 f.
–, Bezugsprofil 394
–, bogenverzahnt 391 f., 394 f.
–, geradverzahnt 391
–, Hypoidgetriebe 391, 394, 456
–, Planradverzahnung 391, 395
–, Profilverschiebung 394
–, schrägverzahnt 391, 394
–, Teilkegelwinkel 391, 395
–, Zahnprofil 392
–, –, Balligkeit 394
Kegelradfräsmaschine 447, 454
–, Getriebeschema 454
Kegelradläppmaschine 510
Kegelrad-Teilwälzschleifmaschine 424
Kettenräummaschine 72 ff.
–, Automatisierung 73
–, Beladeeinrichtung 73
–, Konstruktion 72 f.
–, wirtschaftliche Stückzahl 74
Kettensägemaschine 85
Kobalt: siehe Sonderwerkstoff
Kreissägeblatt-Schärfmaschine 84
Kreissägemaschine 78, 83
–, Antrieb 83
–, Konstruktion 83
–, Vorschub 83 f.
Kunststoff, Anwendung 593
–, Bedeutung 592 f.
–, Entwicklung 592 f.
–, Erzeugung 593
Kunststoffbearbeitung 592 ff.
–, Bohren, Richtwerte 627
–, Drehen, Richtwerte 626
–, –, Spanbildung 599 f.
–, Duroplast 598, 604, 607, 610, 611, 615, 619,
  620, 621, 623, 625
–, –, Bohren 602
–, –, –, Oberflächengüte 610
–, –, –, Schnittkraft 620
–, –, –, Werkzeugverschleiß 623
–, –, –, Zerspantemperatur 615
–, –, Drehen 602
–, –, –, Oberflächenstruktur 607
–, –, –, Schnittkraft 619
–, –, –, Vorschubkraft 619
–, –, –, Zerspantemperatur 615
–, –, Fräsen 602
–, –, –, Oberflächengüte 611
–, –, –, Schnittkraft 621
–, –, –, Spanart 604 f.
–, –, –, Werkzeugverschleiß 625
–, –, –, Zerspantemperatur 615
–, Einflußfaktoren 594
–, Formgenauigkeit 595
–, Fräsen, Richtwerte 628
–, Füllstoff 595, 618, 621 f., 625
–, Kühlschmierstoff 619
–, Maßgenauigkeit 595
–, Sägen, Richtwerte 629
–, Schutzmaßnahmen 599
–, Spanbildung 594 f., 599 ff.

Sachwortregister

–, Spanform 594f., 599ff.
–, Thermoplast 593, 596f., 603, 605f., 607, 609, 610, 613, 614, 615ff., 621f.
–, –, Bohren 601
–, –, –, Drehmoment 619
–, –, –, Oberflächengüte 609
–, –, –, Oberflächenstruktur 606
–, –, –, Schnittmoment 619
–, –, –, Spanform 603, 605
–, –, –, Vorschubkraft 619
–, –, –, Werkzeugverschleiß 623
–, –, –, Zerspantemperatur 614
–, –, Drehen, Oberflächengüte 607
–, –, –, Oberflächenstruktur 605, 607
–, –, –, Schnittkraft 615f.
–, –, –, Spanart 601, 616
–, –, –, Spanform 602ff.
–, –, –, Vorschubkraft 615f.
–, –, –, Werkzeugverschleiß 621f.
–, –, –, Zerspantemperatur 613
–, –, Fräsen 604
–, –, –, Oberflächengüte 610f.
–, –, –, Oberflächenstruktur 606
–, –, –, Schnittkraft 620
–, –, –, Spanart 604
–, –, –, Spanform 604
–, –, –, Werkzeugverschleiß 623f.
–, –, –, Zerspantemperatur 615
–, Werkstoffeigenschaft 594f.
–, –, Festigkeit 595
–, –, Feuchtigkeitsaufnahme 595
–, –, Halbzeugvorbehandlung 595
–, –, Oberflächengestalt 595
–, –, Umwandlungstemperatur 595
–, –, Volumenänderung 595
–, –, Wärmeabfuhr 595
–, –, Wärmebeständigkeit 595
–, –, Wärmeleitfähigkeit 595
–, Werkstückaufnahme 595
–, Werkzeugverschleiß 595, 621ff.
–, Zusatzstoff 595, 608f.
Kurbelwellenschleifmaschine 234ff.
–, Diamantabrichtrolle 238
–, Hubzapfen- 235f.
–, –, Spann- und Teilkopf 236
–, Mittelzapfen- 235
–, Synchronlaufslünette 235, 237
Kurzhobler: siehe Waagerechtsstoßmaschine
Kurzhubhonen 294, 298ff.
–, Anpreßkraft 317
–, Außenprofilhonen 299
–, Außenrundhonen 298
–, Bandhonen 301
–, Innenfläche, kegelige 300
–, –, kreiszylindrische 300
–, –, profilierte 300
–, Kinematik 296
–, Kugellaufbahn 299
–, Werkstückaufnahme 322
–, Werkstückumfangsgeschwindigkeit 317

Läppdorn 378
Läppen 366ff.
–, Außenrund- 367f.

–, Bohrungs- 367f.
–, Ein- 368f.
–, Entgraten 369
–, Flächenbelastung 375
–, Kantenverrunden 369
–, Kugel- 368f.
–, Läppgeschwindigkeit 375
–, Maßtoleranz 382
–, Oberflächengüte 382
–, Plan- 367
–, Planparallel- 367f.
–, Polieren 369
–, Strahl- 368f.
–, Tauch- 368f.
–, Vorbearbeitung 375f.
–, Werkstückaufmaß 375f., 382
–, Zerspanvorgang 366
Läpphülse 378
Läppmaschine 370ff.
–, Arbeitsbeispiele 381
–, Automatisierung 383
–, Be- und Entladeeinrichtung 383
–, Bohrungs- 372f., 379f.
–, Einscheiben- 370, 373, 379f.
–, Läuferscheibenwechsel 383
–, Programmsteuerung 383
–, Tauch- 380f.
–, Werkstückaufnahme 376f.
–, –, Läuferscheibe 376f.
–, Zweischeiben- 371, 373, 378f.
Läppmittel 373f., 377f.
–, Flüssigkeit 373f., 378
–, Kornart 373f., 378
–, Korngröße 373f., 378
–, Menge 374
–, Mischungsverhältnis 374, 378
Läppscheibe 377f.
Langhubhonen 294ff.
–, Anpreßdruck 311f.
–, Außenprofilhonen 298
–, Außenrundhonen 298
–, Bearbeitungszugabe 313f.
–, Dornhonen 297
–, Honzeit 313f.
–, Hubgeschwindigkeit 309
–, Hublänge 308ff.
–, Hubzahl 308ff.
–, Innenprofilhonen 297
–, Innenrundhonen 296f.
–, Kinematik 295
–, Oberflächenrauhigkeit 314f.
–, Schnittgeschwindigkeit 308ff.
–, Schnittkraft 311f.
–, Spanbildung 333
–, Spindeldrehzahl 310
–, Überlauf 309
–, Überschneidungswinkel 309
–, Umfangsgeschwindigkeit 309
–, Werkstückaufnahme 317ff.
–, –, Bandspannvorrichtung 319
–, –, feste Einspannung 318
–, –, schwimmende Lagerung 319
–, –, Sonderspannvorrichtung 320ff.
–, –, Umfangsspannvorrichtung 319

Langhubhonen
–, Zeitspanungsvolumen 316
–, Zustellkraft 312

Molybdän: siehe Sonderwerkstoff

Nachformhobeln 1
Nachformstoßen 1
Nickel: siehe Sonderwerkstoff
Niob: siehe Sonderwerkstoff
Nockenwellenschleifmaschine 232 ff.

Pfeilzahn-Stoßmaschine 485
Planhonen 301
Profilfräsmaschine 408 f.
–, Kegelrad- 408 f., 452
–, –, Tauchbewegung 408
–, –, Werkzeug 409
–, Schnecken- 409
–, –, Getriebezug 409
–, –, Maschinenaufbau 409
–, –, Werkzeug 409
–, Zylinderrad- 408
–, –, Geradverzahnung 408
–, –, Schrägverzahnung 408
–, –, Werkzeug 408, 439 f.

Räumen 39 ff.
–, Arbeitsablauf 39
–, Außenflächen 39 f.
–, Innenflächen 39 f.
–, Passivkraft 42 ff.
–, Plan- 40
–, Profil- 41
–, Rund- 41
–, Schneidengeometrie 45 ff.
–, Schnittgeschwindigkeit 45
–, Schnittkraft 42 ff.
–, Schraub- 41
–, Spanraumfaktor 48
–, Spanungsdicke 47, 50
–, Standweg 44
–, Stückzeit 52
–, Taktzeit 51
–, Topf- 42
–, Tubus- 42
–, Umfang- 42
–, Vorschubkraft 42 ff.
–, Zerspanleistung 48 f.
–, Zugkraft 44 f.
Räummaschine 42, 60 ff.
–, Arbeitsgenauigkeit 62, 65 f.
–, Aufstellung 60 f.
–, Bauart 43
–, hydraulischer Antrieb 49, 60, 63 ff.
–, mechanischer Antrieb 60
–, Schwingungen 60 f.
Räumwerkzeug 48, 50 ff.
–, Aufnahme 55
–, Aufreißprofil 53
–, Ausführungsformen 53 ff.
–, Auslegung 50
–, Befestigung 56
–, Einsatz 55

–, Endstück 51
–, Instandhaltung 58 f.
–, Länge 51
–, Profilgefälle 53
–, Reserveteil 51
–, Schärfmaschine 58 f.
–, Schleifen 58 f.
–, Schlichtteil 51
–, Schruppteil 51
–, Seitenstaffelung 52 f., 63
–, Spanraumfaktor 48
–, Standweg 57 f.
–, Teilung 48, 51
–, Tiefenstaffelung 52 f., 63
–, Verschleiß 56 ff.
–, Zähnezahl 51
–, Zerspanungsschema 50
Rollieren 94 ff.
–, Anwendungsbereich 94
–, Bearbeitungszeit 97
–, Bearbeitungszugabe 97
–, Doppel- 95
–, Einstech- 94
–, Längs- 94
–, meßgesteuertes 98
–, Rollierkraft 97
–, Schmiermittel 97
–, Stirn- 94
–, Umformen beim 96
–, Werkstückumfangsgeschwindigkeit 97
Rolliermaschine 97
–, Doppel- 98
Rollierscheibe 95
–, Herstellung 96
–, Schleifen 96
–, Umfangsgeschwindigkeit 97
Rundschleifmaschine 115 f.

Sägeband, Werkstoff 82
Sägeband-Schärfmaschine 83
Sägemaschine, Be- und Entladeeinrichtung 85
–, Wirtschaftlichkeit 85
Sägen 77 ff.
Sägeverfahren 79 f.
–, Nachformsägen 79
–, Plansägen 79
–, Rundsägen 79
–, Schlitzsägen 79
–, Trennsägen 79
Sägewerkzeug,, Bandsägemaschine 78, 81 f.
–, Bewegungsvorgang 78
–, Kreissägemaschine 78, 83
–, Schränkung 78
Schabbearbeitung 103 ff.
–, Fertigschaben 104
–, Kosten 106
–, Oberflächengüte 104 f.
–, Vorbearbeitung 104
–, Vorschaben 103
–, Werkstoff 104
Schaben 99 ff.
–, Anwendungsbereich 99
–, Arbeitsgenauigkeit 99

Sachwortregister

Schaben
–, Hand- 99
–, Maschinen- 99
–, –, Edel- 101
–, –, Schlicht- 101
–, –, Schrupp- 101
–, Plan- 100
–, Rund- 100
–, Stoß- 100
–, Zieh- 100
–, Zubehör 102 f.
–, –, Meßgerät 103
–, –, Tuschierfarbe 102
–, –, Tuschierlineal 102
–, –, Tuschierplatte 102
Schabschnecke 466
Schabwerkzeug 100 ff.
–, Hand- 100
–, –, Dreikantschaber 100
–, –, Flachschaber 100
–, –, Schneidengeometrie 100
–, –, Schneidstoff 100
–, –, Standzeit 101
–, –, Stoßschaber 100
–, –, Ziehschaber 100
–, Maschinen- 101 f.
–, –, Hubzahl 101
–, –, Schneidengeometrie 101
Schleifen 107 ff.
–, Anwendungsbereich 107
–, Ausgangskenngrößen 110
–, Begriffserklärungen 107 ff.
–, Berechnung 117 ff.
–, bezogenes Zeitspanungsvolumen 194
–, Einstech- 112
–, Flach- 112
–, Gewinde- 112
– von Kegelrädern 508
–, Kühlschmierstoff 127 f.
–, Längs- 112
–, Nachform- 112
–, Oberflächenrauheit 128 ff.
–, Pendel- 112
–, Plan- 107, 112 f.
–, Profil- 112 f.
–, Rund- 107, 112 f.
–, Schraubflächen 112 f.
–, Spanabfluß 119
–, Spanbildung 119
–, Stirn- 112
–, Temperatur, Einfluß d. Schnittgeschwindigkeit 124 f.
–, –, Werkstoffeinfluß 124 f.
–, Temperaturfeld 123
–, Tief- 113
–, Trennvorgang 110
–, Umfang- 112
–, Verzahnung 112 f.
–, werkstückbezogene Kräfte 109 f.
–, Zerspantemperatur 123
Schleifen mit Schleifmitteln auf Unterlagen 249 ff.
–, Abschliffvolumen 264, 266
–, Anpreßkraft 265, 268, 271

–, Anwendung 249
–, Banddehnung 266
–, Bandspannung 266
–, Bandsteifheit 266
–, Ebenschleifen 252
–, Einflußgröße 266
–, Feinschleifen 252
–, Formschleifen 252, 264
–, –, Eingriffsfläche 264
–, –, Schnittweg 264
–, Formschleifmaschine 286
–, Hilfsstoffe 270
–, Kenngröße 263
–, Maßschleifen 252
–, Oberflächenstrukturerzeugung 287
–, Pflockschleifmaschine 287
–, Planschleifen 252, 263
–, –, Eingriffsfläche 263
–, –, Schnittweg 263
–, –, Werkstückbreite 263
–, Planschleifmaschine 285
–, Profilschleifen 252, 263
–, –, Eingriffsfläche 263
–, –, Profillänge 263
–, –, Schnittweg 263
–, Rauhtiefe 266
–, Rüstnebenzeit 249
–, Rüstzeit 249
–, Rundschleifen 252, 264
–, –, Eingriffsbreite 264
–, –, Schnittweg 264
–, Rundschleifmaschine 284
–, Schleifen von Holz 271 ff.
–, Schleifmaschine 262, 284
–, –, Automatisierung 284
–, –, Gesundheits- und Unfallschutz 284
–, –, Werkstück-Förder- und Führungseinrichtung 284
–, Schleifmethode 262
–, Schleifverfahren 252
–, Schleifverhältnis 266
–, Schneidenversatz 266
–, Schnittgeschwindigkeit 265
–, –, Werkstoffabhängigkeit 274
–, Schnittkraft 265
–, Schruppschleifen 252
–, Spanungsdicke, mittlere 265
–, spezifische Schnittkraft 265, 271
–, Standzeitkriterium 268
–, Störungsursachen 275
–, Strukturschleifen 252
–, Stützscheibe 266 f.
–, Vorschubgeschwindigkeit 264
–, Werkstückflächenform 254 ff.
–, Werkstückform 252
–, Werkstückstoff 252
–, Werkzeugschleifflächenform 253 ff.
–, Werkzeugverschleißvolumen 265
–, Zeitspanungsvolumen 264, 266, 268
Schleifkenngrößen 120 f.
–, Bearbeitungskosten 120 f.
–, Oberflächenrauheit 120 f.
–, Scheibenverschleiß 120 f.
–, Zerspankraftkomponenten 120 ff.

41 HdF 3/II

Schleifmaschine 114 ff.
–, Außen- 115
–, Band- 115
–, Einstech- 115
–, Fein- 115
–, Futter- 115
–, Innen 115
–, Längs- 115
–, Schrupp- 115
–, Senkrecht- 115
–, Spitzen- 115
–, Spitzenlos- 115
–, Stirn- 115
–, Umfang- 115
–, Waagerecht- 115
Schleifmittel 120
–, Bornitrid 120
–, Diamant 120
–, Elektrokorund 120
–, Siliziumkarbid 120
–, Werkstoffabhängigkeit 120
Schleifmittel auf Unterlagen 249 ff.
–, Bindemittel 249
–, Bindung 251
–, –, Deckbindung 251
–, –, Grundbindung 251
–, Fertigung 251
–, Handwerkzeug 249
–, Körnungsfolge 268 f.
–, Kornstoff 249
–, Lagenschleifscheibe 280
–, Lagenschleifstift 280
–, Lamellenschleifscheibe 280
–, Lamellenschleifstift 280
–, Lamellenschleifwalze 280
–, Maschinenwerkzeug 249
–, Schleifband 250, 276 f.
–, Schleifblatt 250, 276 f.
–, Schleifblattscheibe 276 f.
–, Schleifhülse 276 f.
–, Schleifmittel 249
–, Sonderschleifmittel 251
–, Streubild 251
–, Streuung 251
–, Unterlage 249 f.
–, –, Gewebe 250
–, –, Kunstfaservliesstoff 251
–, –, Papier 250
–, –, Vulkanfiber 250
–, Werkzeug 276 ff.
–, –, Spannelement 276 ff.
–, –, Stützelement 276 ff.
–, Werkzeugschleifflächengestalt 281 ff.
Schleifscheibe 117
–, Abrichten 144 f.
–, Abrichtwerkzeug 144 f.
–, Auswuchten 143 f.
–, –, Drei-Kugel-Verfahren 143
–, –, dynamisch 143
–, –, statisch 143 f.
–, Bimsstein 135
–, Bindung 139 f.
–, –, keramisch 140
–, –, Kunstharz- 140

–, –, metallisch 140
–, –, mineralisch 140
–, –, vegetabil 140
–, Borkarbid 135 f.
–, Bornitrid 135 f.
–, Diamant 135 f.
–, Elektrokorund 135 f.
–, Gefüge 139
–, Härtegrad 137
–, Härteprüfung 138 f.
–, Körnung 117, 137
–, Kontaktverhalten 138
–, Kornabstand 117
–, Korngröße 137
–, Mischkörnung 137
–, Naturkorund 135 f.
–, Packungsdichte 117
–, Quarz 135
–, Sandstein 135
–, Schleifverfahren 136
–, Schneidendichte 118 f.
–, Schneidenformfaktor 118
–, Schutzeinrichtung 145 ff.
–, Schutzsystem 147 f.
–, Segment 143
–, Siliziumkarbid 135 f.
–, Spanungsdicke 118
–, Spanungsquerschnitt 118 f.
–, Verschleiß 125
–, –, Druckerweichung der Schneide 125
–, –, Kantenverschleiß 126
–, –, Kornausbruch 126
–, –, Umfangverschleiß 126
–, Verschleißverhalten 138, 140
–, Werkstoffabhängigkeit 136, 139
–, Wirkhärte 138
–, Wirkverhalten 139
Schleifscheibenaufnahme 141 f.
–, Unfallverhütung 141, 145 ff.
–, zulässige Umfangsgeschwindigkeit 141 f.
Schleifverfahren 110, 112 ff.
Schnecke 395 ff.
–, Duplex- 398
–, Flankenform 396
–, Globoid- 395, 398
–, ZA- 396 f.
–, ZI- 396 f.
–, ZK- 396 f.
–, ZN- 396 f.
–, Zylinder- 395, 398
Schneckenfräsmaschine 409, 458
Schneckenherstellung 457 f.
–, Gewindeschleifmaschine 458
–, Schneckenfräsmaschine 458
–, Schneckenschleifmaschine 458
–, Teilverfahren 458
–, Universalfräsmaschine 457
–, Wälzfräsmaschine 457 f.
–, Wirbeln 458
Schneckenrad 398 f.
Schneckenradherstellung 459 ff.
–, Radialfräsen 428, 459 f.
–, Radial-Tangentialfräsen 461 f.
–, Tangentialfräsen 428, 460 f.

Sachwortregister

–, Wälzfräsen 398 f.
Schneckenrad-Wälzfräser 466
Schneckenwirbeln 459
Schnellhobler: siehe Waagerechtstoßmaschine
Schrägzahnkammwerkzeug 479
Schraubwälzschleifmaschine 504
Senkrechtstoßen 2 f.
Senkrechtstoßmaschine 5
–, Antriebsart 32 ff.
–, Arbeitsbereich 32
–, Bauart 32
–, Vorschubbewegung 34
Shapingmaschine: s. Waagerechtstoßmaschine
Sonderhobelmaschine 34 ff.
Sonderräummaschine 74 f.
Sonderschleifmaschine 116
Sonder-Waagerechtstoßmaschine 37
Sonderwerkstoff, Bearbeitung 570 ff.
–, –, Kobalt/Kobaltlegierung 578 f.
–, –, –, Bohren 578 f.
–, –, –, Drehen 578 f.
–, –, –, Fräsen 578 f.
–, –, –, Gewindebohren 578 f.
–, –, –, Kühlschmierstoff 578 f.
–, –, –, Schneidkeilgeometrie 578
–, –, –, Schneidstoff 578 f.
–, –, –, Schnittgeschwindigkeit 578 f.
–, –, –, Schnittiefe 578
–, –, –, Vorschub 578 f.
–, –, Molybdän/Molybdänlegierung 572 ff.
–, –, –, Bohren 573, 575
–, –, –, Drehen 573 f.
–, –, –, Fräsen 573, 575
–, –, –, Gewindebohren 575
–, –, –, Gewindeschneiden 573, 575
–, –, –, Hobeln 573, 575
–, –, –, Kühlschmierstoff 573, 574 f.
–, –, –, Schneidkeilgeometrie 573
–, –, –, Schneidstoff 573, 574 f.
–, –, –, Schnittgeschwindigkeit 573 f.
–, –, –, Schnittiefe 573 f.
–, –, –, Vorschub 573
–, –, –, Werkzeugverschleiß 574 f.
–, –, Nickel/Nickelbasislegierung 579 ff.
–, –, –, Bohren 584, 586
–, –, –, Drehen 580 ff.
–, –, –, Fräsen 580, 583 ff.
–, –, –, –, Gegenlauffräsen 585
–, –, –, –, Gleichlauffräsen 585
–, –, –, Gewindebohren 586 f.
–, –, –, Gewindeschneiden 580
–, –, –, Kühlschmierstoff 580, 586
–, –, –, Legierungseigenschaft 579
–, –, –, Oberflächengüte 580
–, –, –, Räumen 586
–, –, –, Schneidkeilgeometrie 580 ff.
–, –, –, Schneidstoff 580 ff.
–, –, –, Schnittgeschwindigkeit 580 ff.
–, –, –, Schnittiefe 581 ff.
–, –, –, Vorschub 580 ff.
–, –, –, Wärmebehandlung 580
–, –, –, Werkzeugverschleiß 580, 582 ff.
–, –, Niob/Nioblegierung 577 f.
–, –, –, Bohren 577

–, –, –, Drehen 577
–, –, –, Fräsen 577
–, –, –, Gewindeschneiden 577
–, –, –, Kühlschmierstoff 577 f.
–, –, –, Schneidkeilgeometrie 577 f.
–, –, –, Schneidstoff 577 f.
–, –, –, Schnittgeschwindigkeit 577 f.
–, –, –, Schnittiefe 577
–, –, –, Vorschub 577
–, –, Tantal/Tantallegierung 575 f.
–, –, –, Bohren 575 f.
–, –, –, Drehen 575 f.
–, –, –, Fräsen 575 f.
–, –, –, Gewindeschneiden 576
–, –, –, Kühlschmierstoff 576
–, –, –, Schneidkeilgeometrie 575 f.
–, –, –, Schneidstoff 575 f.
–, –, –, Schnittgeschwindigkeit 575 f.
–, –, –, Schnittiefe 575 f.
–, –, –, Vorschub 575 f.
–, –, Titan/Titanlegierung 587 ff.
–, –, –, Bohren 589 f.
–, –, –, Drehen 587 ff.
–, –, –, Explosionsgefahr 587
–, –, –, Fräsen 588 ff.
–, –, –, –, Gegenlauffräsen 588
–, –, –, –, Gleichlauffräsen 588
–, –, –, Gewindebohren 589 ff.
–, –, –, Kühlschmierstoff 587 ff.
–, –, –, Räumen 589, 591
–, –, –, Schneidkeilgeometrie 587 ff.
–, –, –, Schneidstoff 588 ff.
–, –, –, Schnittgeschwindigkeit 587 ff.
–, –, –, Schnittiefe 588 ff.
–, –, –, Vorschub 588 ff.
–, –, –, Werkzeugverschleiß 587 ff.
–, –, Wolfram/Wolframlegierung 570 ff.
–, –, –, Bohren 571
–, –, –, Drehen 571
–, –, –, Fräsen 571
–, –, –, Füllstoff 572
–, –, –, Gewindeschneiden 571 f.
–, –, –, Kühlschmierstoff 571 f.
–, –, –, Oberflächengüte 570 ff.
–, –, –, Schneidkeilgeometrie 571
–, –, –, Schneidstoff 571
–, –, –, Schnittgeschwindigkeit 570 ff.
–, –, –, Schnittiefe 571
–, –, –, Spanbildung 570, 572
–, –, –, Standzeit 570 ff.
–, –, –, Vorschub 571
Spitzenlose Außenrundschleifmaschine 169 ff.
–, Abrichteinrichtung 172 ff.
–, Arbeitsbereich 173
–, Arbeitsgenauigkeit 173
–, Auflagewinkel 169
–, Auswuchten der Schleifscheibe 178
–, Automatisierung 176 f.
–, bahngesteuertes Abrichten 177
–, Bauart 171 f.
–, Durchgangsschleifen 169 f.
–, –, Arbeitsbeispiele 170
–, Einstechschleifen 169 ff.
–, –, Arbeitsbeispiele 171

41*

Spitzenlose Außenrundschleifmaschine
-, Einstechschleifen, Lagebegrenzung 171
-, fliegendes Schleifen 175
-, Gewindeschleifen 174
-, Höheneinstellung 169
-, Kompensationseinrichtung 177
-, Konstruktion 172
-, Längsvorschubgeschwindigkeit 170
-, Meßsteuerung, Durchgangsschleifen 181
-, -, Einstechschleifen 182
-, Profilschleifen 174
-, Programmsteuerung 176 f.
-, Regelscheibe 169 f., 173 f.
-, -, Umfangsgeschwindigkeit 170
-, Regelscheibenspindelstock 172
-, Schleifen dünner Werkstücke 176
-, - langer Werkstücke 176
-, Schleifscheibe 173
-, Schleifscheibenantrieb 178
-, Schleifscheibenumfangsgeschwindigkeit 170
-, Schleifspindelstock 172
-, Steuerung 172
-, Verkettung 178
-, Werkstückauflage 169, 173
-, Werkstück-Be- und Entladeeinrichtung 172, 178 ff.
Stirnrad 387 ff.
Stoßen 1 ff.
-, Arbeitsgeschwindigkeit, mittlere 14
-, Hauptzeit 15
-, Nebenzeit 15
-, Rüstgrundzeit 15
-, Zeitberechnung 14
Stoßmaschine 3
Stoßwerkzeug 16
-, Schneidplatte 17
-, Wendeschneidplatte 17
-, Werkzeugaufnahme 18 f.

Tantal: siehe Sonderwerkstoff
Titan: siehe Sonderwerkstoff
Trennschleifmaschine 116, 194 ff.
-, Anwendungsbereich 195 f., 200
-, Arbeitsweise 202
-, Automatisierung 204 ff.
-, Drehschnitt 196, 199
-, Einflußgröße 197
-, Fahrschnitt 196, 199
-, Heißtrennschleifen 194, 203
-, hydropneumatische Zustellung 207
-, Kalttrennschleifen 194, 202 f.
-, Kappschnitt 196, 201
-, Kennwert 197 ff.
-, -, Kontaktlänge 197 ff.
-, -, Leistungsfaktor 197 ff.
-, -, Zeitspanungsfläche 197 f.
-, Konstruktion 196
-, -, Werkstückbewegung 196
-, -, Werkzeugbewegung 196
-, Kosten 205
-, Kühlschmierstoff 200
-, Leistungsbedarf 204
-, Leistungsregelung 207
-, Schleifscheibe 195

-, -, Füllstoff 201
-, Schnittart 196
-, Schnittgeschwindigkeit 200
-, Schwingschnitt 196
-, Umweltbelastung 201
-, Vorschubgeschwindigkeit 206
-, Wärmequelle 200
-, Wirtschaftlichkeit 203
-, Zeitspanungsvolumen, bezogenes 194

Ultraschallreinigung 380 f.

Verzahnmaschine 384, 386, 399 ff.
Verzahnungsherstellung 384 ff.
Verzahnverfahren 385
-, Profilverfahren 385, 390
-, Wälzverfahren 385, 390
Vorschaben 103

Waagerechtstoßen 1 f.
-, Schnittbedingungen 11 f.
Waagerechtstoßmaschine 5
-, Antriebsart 28 f.
-, Arbeitsgenauigkeit 29 f.
-, Einsatzbereich 26 ff.
-, Nachformeinrichtung 30 f.
-, Vorschubbewegung 28
Wälzfräsmaschine 399 ff.
-, Kegelrad- 401 ff., 444
-, -, Bewegungsablauf 404
-, -, Getriebeschema 403, 444 f.
-, -, Maschinenaufbau 446
-, -, Werkzeug 401 f., 446
-, Schnecke 407
-, Schneckenrad 407
-, -, Werkzeug 407
-, Spiralkegelrad 404 ff., 447 f.
-, -, Getriebeschema 405
-, -, kontinuierlich arbeitend 406
-, -, Maschinenaufbau 405 f.
-, -, Tauchvorschub 405
-, -, Werkzeug 407
-, Zylinderrad- 399 ff.
-, -, Bewegungsablauf 399 f.
-, -, Getriebeschema 400 f., 431
-, -, Maschinenaufbau 400, 431 f.
Wälzhobelmaschine 410 ff.
-, Kegelrad 411 f.
-, -, Getriebezug 412
-, -, Schablonenverfahren 412
-, Zylinderrad 410 f.
Wälzschälmaschine 415
-, Schnecken- 416 f., 497 f.
-, Zylinderrad- 415 f., 495
-, -, Kinematik 415
-, -, Werkzeug 415 f., 496
Wälzstoßmaschine, Abhebebewegung 486 f.
-, Getriebeschema 481 f.
-, Maschinenaufbau 480 ff.
-, Schnittaufteilung 485
-, Schnittgeschwindigkeit 485
-, Schraubbewegung (Schrägverzahnung) 487 f.
-, Vorschub 485
-, Zusatzeinrichtungen 484

Sachwortregister

–, –, Hinterstoßeinrichtung 484
–, –, Kronrad-Stoßeinrichtung 484
–, –, Zahnstangen-Stoßeinrichtung 484
–, Zustellung 486
–, Zylinderrad- 410f., 474ff.
–, –, Getriebeschema 411
–, –, Maschinenaufbau 410
–, –, Werkzeug 410
Walzenschleifmaschine 226ff.
–, Arbeitsbeispiele 229f.
–, Auswuchteinrichtung 227
–, Be- und Entladeeinrichtung 231f.
–, Feinschleifen 229f.
–, Feinstschleifen 229f.
–, Hochleistungs-Schruppschleifen 229
–, Hohl- und Balligschleifen 227f.
–, Kühlschmierstoff 231
–, Kugelschleifen 231
–, Längsschlitten 227
–, Lünette 228f.
–, Meßeinrichtung 232
–, Polierschleifen 229f.
–, Reitstock 228f.
–, Schleifscheibenumfangsgeschwindigkeit 229ff.
–, Schleifspindel 227
–, Schleifspindelantrieb 227
–, Schleifspindellagerung 227
–, Schleifspindelstock 227
–, Schruppschleifen 229f.
–, Umkehrverhalten 229
–, Werkstückspindelstock 228
–, Werkstückumfangsgeschwindigkeit 229ff.
–, Zusatzeinrichtungen 231f.
Werkstückaufnahme, Außenrundschleifen 131ff.
–, –, Dorn 131
–, –, Setzstock 131f.
–, –, Spannschale 132
–, –, Teileinrichtung 133
–, –, Zentrierspitze 131
–, Flachschleifen 133f.
–, –, Schraubstock 134
–, –, Teilapparat 134
–, –, Vorrichtung 134
–, Hobeln 15f.
–, Innenrundschleifen 133
–, –, Backenfutter 133
–, –, Dehnfutter 133
–, –, Setzstock 133
–, –, Sonderspanneinrichtung 133
–, –, Spannzange 133
–, Läppen 376f.
–, Räumen 49f.
–, –, Werkstückvorlage 49
–, Schleifen 131ff.
–, spitzenloses Schleifen 135
–, –, Auflageschiene 135
–, –, Regelscheibe 135
–, Stoßen 15f.
Werkzeugaufnahme, Hobeln 17f.
–, Stoßen 18f.
Werkzeugschleifmaschine 116, 209ff.
–, Balligabrichteinrichtung 222, 224
–, Drallschleifeinrichtung 223
–, Drehwerkzeug- 211

–, –, Spanleitstufe 214
–, Einstellung 210
–, elektrochemische Bearbeitung 210, 214
–, Fräswerkzeug- 216f.
–, –, Aufnahmedorn 216
–, –, Einstellung drallgenuteter Fräser 219ff.
–, –, – mit einer Drehachse 217f.
–, –, – mit zwei Drehachsen 217ff.
–, –, – mit drei Drehachsen 221
–, –, geradegenuteter Fräser 219
–, –, Freifläche 217
–, –, Nachschleifen 217
–, –, Planmesserkopf 221
–, –, Spanfläche 217
–, Gewindewerkzeug- 210
–, hinterdrehtes drallgenutetes Werkzeug 222f.
–, Hinterschleifeinrichtung 211
–, Hobelwerkzeug- 211
–, –, Spanleitstufe 214
–, Kreissäge- 210
–, Kühlschmiermittel 211
–, Messerkopf- 210
–, Nachform- 209
–, Naßschliff 211
–, Räumwerkzeug- 210, 224ff.
–, –, ausgebrochener Zahn 226
–, –, Freifläche 224
–, –, Schleifgrat 226
–, –, Spanbrechernut 226
–, –, Spanfläche 224
–, Rundungsschleifeinrichtung 211
–, Schleifscheibe 211ff.
–, Schraubschleifeinrichtung 210, 223
–, Spezial- 209
–, Spiralbohrer- 210, 214f.
–, –, Anschliffart 214
–, –, Ausspitzen 214
–, –, Freiwinkel 214
–, –, Nachschleifen 215
–, –, –, Fehler beim 215f.
–, –, Querschneidenwinkel 214
–, –, Spitzenwinkel 214
–, –, Stufenbohrer 215
–, –, Zentrierspitze 215
–, Teilapparat 210
–, Trockenschliff 211
–, Universal- 209
–, Wälzfräser- 209
–, Werkzeuge mit hinterdrehten Zähnen 221
Werkzeugschleifscheiben 211ff.
Wolfram: siehe Sonderwerkstoff

Zahnflankenschleifmaschine 418ff., 498ff.
–, Kegelrad- 424, 508
–, Zylinderrad- 418ff., 499ff.
–, –, kontinuierliches Wälzschleifen 423, 504ff.
–, –, –, Getriebeschema 423
–, –, –, Werkzeug 423
–, –, Teilwälzschleifen 418f., 499ff.
–, –, –, Getriebebezug 419f.
–, –, –, Rollbogenverfahren 420f.
–, –, –, –, Maschinenaufbau 422
Zahnradherstellung 384ff., 426ff.
–, Hypoidgetriebe 391, 394, 456f.

Zahnradherstellung
–, Kegelrad 386 f.
–, Läppen 508 ff.
–, Nachformstoßen, Kegelrad 493
–, Profilfräsen 385, 390, 438 f.
–, –, Kegelrad 452 f.
–, –, Zylinderrad 438 ff.
–, –, –, Anwendungsbereich 439
–, –, –, Einlaufweg 440
–, –, –, Gegenlauffräsen 440
–, –, –, Gleichlauffräsen 440
–, –, –, Maschinengrundzeit 441
–, –, –, Schlittenweg 440
–, –, –, Überlaufweg 440
–, –, –, Werkzeug 439 f.
–, Profilschleifen 385, 391, 499, 507
–, Profilstoßen, Zylinderrad 474
–, Räumen, Kegelrad 494
–, Schleifen 418 ff., 498 ff.
–, –, Anwendungsbereich 498 ff.
–, Schnecke 387
–, Schneckenrad 387
–, Schraubwälzschleifen 391, 499, 504 ff.
–, Teilwälzschleifen 499 ff.
–, –, Doppelkegelschleifscheibe 503 f.
–, –, Tellerschleifscheibe 499 ff.
–, –, –, 0°-Verfahren 499 ff.
–, –, –, 15/20°-Verfahren 499
–, Wälzfräsen 385, 390, 426, 442
–, –, Kegelrad- 442 ff.
–, –, –, Einstechverfahren 453
–, –, –, Geradverzahnung 442 f.
–, –, –, Kreisbogenverzahnung 443 ff., 447 ff.
–, –, –, Palloidverfahren 447 f.
–, –, –, Planradprinzip 453
–, –, –, Spirac-Verfahren 455
–, –, –, Spiroflex-Verfahren 451 f., 455
–, –, –, Zyklopalloidverfahren 449 ff.
–, –, Zylinderrad, Axialfräsen 427 ff.
–, –, –, Berechnung 432 ff.
–, –, –, –, Axialweg 435
–, –, –, –, Durchdringungskurve 432 f.
–, –, –, –, Einlaufweg 433
–, –, –, –, Fräserarbeitsbereich 434
–, –, –, –, Fräserlänge, verfügbare 434
–, –, –, –, Hauptzeit 436 f.
–, –, –, –, Kopfeingriffsstrecke 435
–, –, –, –, Profilausbildungszone 434
–, –, –, –, Schnittgeschwindigkeit 436
–, –, –, –, Überlaufweg 436
–, –, –, Diagonalfräsen 429
–, –, –, Doppelschrägverzahnung 437
–, –, –, Flankenlinien-Formabweichung 427
–, –, –, Gegenlauffräsen 428 f.
–, –, –, Gleichlauffräsen 427 f.
–, –, –, Profilformabweichung 427
–, –, –, Schälwälzfräsen 437 f.
–, –, –, Schrägfräsen 427
–, –, –, Schrägverzahnung 431
–, –, –, Teilverfahren 431
–, –, –, Werkzeug 426
–, Wälzhobeln 385, 390
–, Wälzschälen 390 f.
–, –, Globoidschnecke 498

–, –, Innenverzahnung 495
–, –, –, Hauptzeit 495
–, –, –, Schnittgeschwindigkeit 495
–, –, –, Überlaufweg 495
–, –, Schnecke 497
–, –, –, Axialverfahren 497
–, –, –, Einlaufweg 497
–, –, –, Radialverfahren 497
–, –, –, Tangentialverfahren 497
–, –, –, Tangentialweg 497
–, –, –, Überlaufweg 497
–, –, –, Werkzeug 497 f.
–, Wälzschleifen 385, 499
–, Wälzstoßen 385, 474 ff.
–, –, Arbeitsbeispiel 490 f.
–, –, Arbeitszeit 489
–, –, Innenzahnrad 479, 488 f.
–, – mit Kammeißel, Berechnung 476 f.
–, –, –, Einzelteilverfahren 476
–, –, –, Werkzeug 474
–, –, –, Zylinderrad 474 ff.
–, –, Kegelrad 491 ff.
–, –, Profilverfahren 476
–, – mit Schneidrad, Werkzeug 479 f., 490
–, –, –, Zylinderrad 479 ff.
–, –, Teilwälzverfahren 476
–, –, Zahnstange 479
–, –, Zylinderrad, Berechnung, Bearbeitungszeit 477
–, –, –, Werkzeug 477 ff.
–, Werkzeug 462 ff.
–, –, Messerkopf 467
–, –, Schabschnecke 466
–, –, Schlichtmesserkopf 467
–, –, Wälzfräser 462
–, –, Hartmetall- 465
–, –, –, für Innenverzahnung 465
–, –, –, Messerschienen 464
–, –, –, Räumzahn- 464
–, –, –, Schneckenrad- 466
–, –, –, Stirnrad- 463
–, –, –, –, hinterdreht, hinterschliffen 463
–, –, –, Stollen- 464
–, Werkzeugverschleiß 468
–, –, Aufbauschneide 470
–, –, Einflußparameter 468 f.
–, –, Flanken- 470
–, –, Freiflächen- 468 f.
–, –, Kolk- 468, 470 f.
–, –, Kühlschmierstoff 470
–, –, Schnittdaten 470 ff.
–, –, Verzahnungsabweichung 472 f.
–, Zylinderrad 386
Zahnradhonmaschine 425
Zahnradläppmaschine 425, 508
–, Kegelrad- 425
–, Zylinderrad- 425 f.
Zahnrad-Profilschleifmaschine 424, 507
Zahnradräummaschine 412 ff., 494
–, Kegelrad- 414 f., 494
–, Zylinderrad- 412 ff.
–, –, Außenverzahnung 413
–, –, –, Shear-Speed-Verfahren 413
–, –, –, –, Werkzeug 413

Sachwortregister

–, –, –, Tubusräumen 414
–, –, –, –, Werkzeug 414
–, –, Innenverzahnung 412
–, –, –, Werkzeug 413
Zahnradschleifmaschine, 0°-Verfahren, Maschinenaufbau 501 f.
–, 15/20°-Verfahren, Maschinenaufbau 502 f.
Zahnradstoßmaschine 475
–, Wälzbewegung 475
Zweiständer-Hobelmaschine 4 f.
Zylinderrad 387 ff.
–, außenverzahnt 387
–, Bestimmungsgrößen 387
–, Bezugsprofil 387 ff.
–, bogenverzahnt 389
–, doppelschrägverzahnt 389
–, Evolventenverzahnung 387
–, Flankenlinie 389
–, Flankenlinienkorrektur 389
–, geradverzahnt 389
–, innenverzahnt 387, 390
–, pfeilverzahnt 389
–, Planverzahnung (Zahnplatte) 388
–, Profilkorrektur 389
–, schrägverzahnt 389
–, Sonderverzahnung 387
–, Zahnform 387
Zylinderradschabmaschine 417 f.
–, Werkzeug 417 f.

ANZEIGENANHANG

Produktinformationen aus der Industrie

Bearbeitungscentrum
System 200

WANDERER WERKE AG, 8013 MÜNCHEN-HAAR
Gronsdorfer Straße 9, Postfach 13 60
Telefon 089/46 40 31, Telex 05 22295

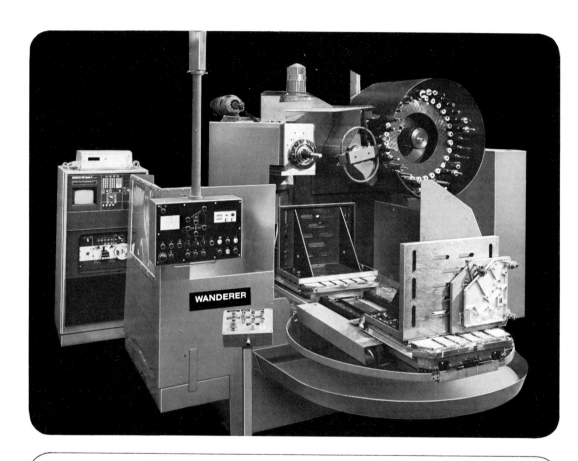

Das WANDERER horizontale Bearbeitungs-Centrum HC 200 T ist eine Variante des Baukastens »Zerspanungs System 200« und dient speziell zur Bearbeitung von Werkstücken mit mehreren Flächen in einer Aufspannung auf einem NC-Rund- oder Teiltisch 800 x 800 (630 x 630/1000 x 1000) mm.
Arbeitswege x/y/z = 1000/900/530 mm.
Hauptantrieb (Gleichst.) = 15 kW
Drehzahlen (stufenlos) = 25–3550 min^{-1}
Vorschübe (stufenlos) = 0–7000 mm/min
Eilgänge = 7000 mm/min
Wechselmagazin für 16/24/32 Werkzeuge. Steilkegel Nr. 50. CNC-Steuerungen BOSCH 5/SINUMERIK 7 M

Wegmeßsystem Inductosyn für lineare Achsen und NC-Rundtisch. Klimatisiergerät zur Temperaturstabilisierung des Hauptgetriebes.
Zusatzausrüstung auf Wunsch
- automat. Palettenwechsler mit Paletten 800 x 800 (630 x 630) mm,
- automat. abschwenkbarer Vertikal-Spindelkopf für Bearbeitung der 5. Seite am Werkstück,
- automat. Späneförderanlage,
- Vollkapselung.

Das WANDERER »Zerspanungs System 200« umfaßt horizontale und vertikale Fräs- und Bohrmaschinen in Bettbauweise sowie Bearbeitungscentren.

SCHIESS FRORIEP

Karusselldrehmaschinen

Postfach 111146, D-4000 Düsseldorf 11,   Telefon (0211) 586–1,   Telex 8584431

Wachsende Werkstückabmessungen erfordern komplexe Werkzeugmaschinen in immer größeren Dimensionen, deren Technik bis ins letzte Detail stimmen muß.

Wir beherrschen diese Technik im Großen und Kleinen.

Bei Karusselldrehmaschinen reicht die Palette von der Kompaktausführung bis zum Großbearbeitungs-Zentrum.

Wir liefern Präzision, die schwere Arbeit leichter macht.

Fachzeitschriften

Carl Hanser Verlag, Postfach 860420, 8000 München 86

Werkstatt und Betrieb
Die große internationale Fachzeitschrift für Maschinenbau, Konstruktion und Fertigung

Qualifizierte Fachleute aus aller Welt, meistens Praktiker der Industrie, berichten unabhängig und fachkundig, objektiv und kritisch über technische Fortschritte, über neue Fertigungsverfahren, über wissenschaftliche Forschungsergebnisse und deren Anwendungsmöglichkeiten in der Praxis. Die Zeitschrift behandelt dabei alle im Maschinen- und Apparatebau sowie bei der Metallverarbeitung auftretenden Fragen der Fertigung und Organisation.

Gesondert geführte Rubriken runden die Berichterstattung ab. Neben Hinweisen aus dem Patentwesen, wertvollen Wirtschaftsinformationen und aktuellen Firmennachrichten informiert Sie „Werkstatt und Betrieb" über Neukonstruktionen, Weiterentwicklungen und bewährte Standardausrüstungen von über 900 einschlägigen Firmen aus aller Welt.

„Werkstatt und Betrieb" bietet seit über 110 Jahren als geschätzte Fachzeitschrift von internationalem Rang Abonnenten in 60 Ländern jeden Monat kritische Aufsätze, redaktionelle Beiträge, eine Fülle von Mitteilungen und Anregungen für die berufliche Weiterbildung.

Jedem Fachmann in der Fertigung und Konstruktion wird diese bekannte Fachzeitschrift zur unentbehrlichen Wissensquelle.

Herausgeber:
Prof. em. Dr.-Ing. Carl Stromberger (interimistisch)
Mitwirkung für Umformtechnik:
Prof. Dr.-Ing. Dieter Schmoeckel

Gerne senden wir Ihnen ein kostenloses Probeheft zu.

ZWF
Zeitschrift für wirtschaftliche Fertigung

In exklusiven Originalaufsätzen und Kurzbeiträgen vermittelt diese traditionsreiche Fachzeitschrift einen umfassenden Überblick über den Entwicklungsstand der industriellen Produktionstechnik. Dabei stehen Problemlösungen und Maßnahmen zur Verbesserung der Wirtschaftlichkeit von Fertigungsprozessen im Vordergrund.

Schwerpunkte der redaktionellen Berichterstattung sind: Fertigungsplanung und Fertigungssteuerung – Automatisierung im Materialfluß – Automatisierung von Fertigungseinrichtungen – Fabrikplanung und Fabrikorganisation – neue Technologien in der Produktionstechnik mit den Schwerpunkten Wärmebehandlungstechnik, Härtereieinrichtungen und Werkstofftechnik.

In Kurzberichten wird aktuell über fertigungstechnische Neuerungen, neue Produkte, Ausstellungen und Veranstaltungen usw. informiert. Zur Unterstützung einer optimalen Planungsarbeit veröffentlicht die Zeitschrift Dokumentationen über den Entwicklungsstand ausgewählter Produktionsmittel.

Von vielen Abonnenten besonders geschätzt sind die ZWF-Lehrgänge, ein besonderer Teil der Zeitschrift, in dem kursartig umfassendes Fachwissen vermittelt wird. Die ZWF Zeitschrift für wirtschaftliche Fertigung ist auch Organ der „AWT-Arbeitsgemeinschaft Wärmebehandlung und Werkstoff-Technik e. V.". In ihrer gezielten und qualifizierten Berichterstattung ist diese angesehene Fachzeitschrift die fundierte und objektive Informationsquelle über alle Bereiche der modernen Fertigung.

Herausgeber:
Prof. Dr.-Ing. Günter Spur

Gerne senden wir Ihnen ein kostenloses Probeheft zu.

WALDRICH SIEGEN

V/H-Bearbeitungszentren

Werkzeugmaschinen GmbH
Postfach 10 11 63
D-5900 Siegen 1
Telefon (0271) 3 30 21

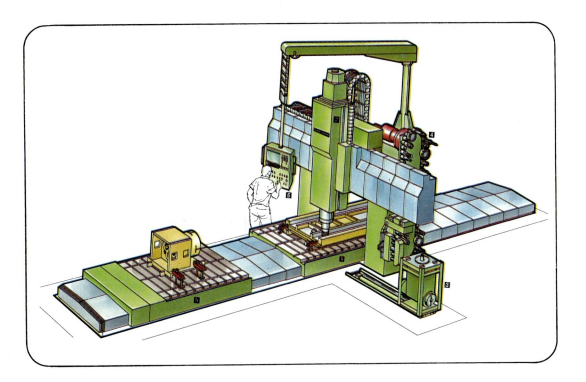

Der Einsatzbereich dieser CNC-gesteuerten Maschinen in Portalbauweise mit vertikaler und horizontaler Spindel und automatischem Werkzeugwechsler ist außergewöhnlich vielseitig.

Besonders lange Werkstücke sowie flache und kubisch geformte Teile können in ihrer natürlichen Lage aufgespannt und in einer Spannung 5-seitig komplett (d. h. Fräsen, Bohren, Gewindeschneiden etc.) bearbeitet werden.

Weiteres Bauprogramm

Portal-Fräs- und Bohrmaschinen

Horizontal-Fräs- und Bohrmaschinen

Mehrspindel-Fräsmaschinen

Walzendrehmaschinen

Walzenschleifmaschinen

Hochleistungs-Drehmaschinen

Kurbelwellen-Bearbeitungsmaschinen

Großwerkzeugmaschinen
in Sonderausführung

Transfer-Center

FRITZ WERNER WERKZEUGMASCHINEN
Ein Werk der Deutsche Industrieanlagen GmbH
Fritz-Werner-Strasse, D-1000 Berlin 48

WERNER Transfer-Center TC 22 und TC 2 SO

TC 22 $x = 1.600, y = 1.200$
$z = 1.400$ mm
TC 2 SO $x = 4.000 \ldots 10.000, y = 1.200$
$z = 1.200$ mm

- voll numerisch gesteuerte Bearbeitungszentren in ausgereifter, erprobter und funktionssicherer Konzeption, mit hoher Antriebsleistung – 50 kW
- Neben Einzelwerkzeugwechsel – 50 Werkzeuge – Ausbaumöglichkeit für automatischen Spindelstock- oder Bohrkopfwechsel aus einem Klein- oder Großmagazin
- Spindelstöcke für verschiedene Anwendungsfälle – vom Feinbohren bis zum Schruppfräsen
- Langbett-Transfercenter TC 2 – SO mit wahlweiser Ausrüstung wie z. B. Rundtische mit Werkstückträgerwechselbetrieb, Wendespanner, Aufspannplatten für Vorrichtungen usw.
- viele Ausbaumöglichkeiten bis zu flexiblen Fertigungssystemen durch Verkettung

DECKEL

NC-Bearbeitungszentrum

Friedrich Deckel Aktiengesellschaft
Plinganserstraße 150
8000 München 70

DZ4
Das neue Konzept des kleinen Bearbeitungszentrums

Ausgelegt
für die wirtschaftliche Fertigung kleiner bis mittelgroßer Werkstücke in kleinen bis mittelgroßen Serien.

Entwickelt
unter Berücksichtigung der neuen Generation intelligenter CNC-Steuerungen von Konstrukteuren mit langjähriger Erfahrung im NC-Maschinenbau.

Gebaut
getreu dem DECKEL-Prinzip für
– hohe Universalität und flexible Anpassung an unterschiedlichste Fertigungsaufgaben
– traditionelle Präzision und hohe Genauigkeit am Werkstück
– hohe Leistungsfähigkeit für wirtschaftlichen Späneabtrag
– besondere Bedienungs-, Service- und Umweltfreundlichkeit

Fräsen

Bohren, Gewindeschneiden

Ausdrehen

Fräsen

WALDRICH COBURG

Werkzeugmaschinenfabrik
Adolf Waldrich Coburg GmbH & Co.
D-8630 Coburg/Bayern
Telefon 09561-651 · Telex 0663225

Portal-Langfräsmaschinen

Standard-Bauprogramm

Tischbreiten
von 1000–6000 mm
Fräshöhen
von 1000–6000 mm
Fräslängen
von 2000–20000 mm
Fräs- und Bohrsupporte
von 40–150 kW

Ausführung mit verfahrbarem Tisch in Ein- oder Doppeltischausführung. Der Schlitten-Frässupport gestattet Rundumbearbeitung des Werkstückes in einer Aufspannung. Zusatzeinrichtungen für spezielle Fräs-, Bohr- und Gewindeschneidoperationen. Ausrüstbar mit NC für alle Achsen.

Gantry-Langfräsmaschinen

Standard-Bauprogramm

Aufspannplattenbreite
bis 6000 mm
Fräshöhen
bis 6000 mm
Fräslängen
unbegrenzt
Fräs- und Bohrsupporte
von 40–150 kW

Ausführung mit stationären Spannplatten und verfahrbarem Portal. Zusatzeinrichtungen und NC-Ausrüstung in gleicher Weise, wie bei Portal-Langfräsmaschinen, einsetzbar.
Vorteilhafter Einsatz, besonders für Bearbeitung von Großwerkstücken, wie z. B. im Turbinenbau, Dieselmotorenbau und Reaktorbau.

WALDRICH COBURG

Werkzeugmaschinenfabrik
Adolf Waldrich Coburg GmbH & Co.
D-8630 Coburg/Bayern
Telefon 09561-651 · Telex 0663225

Hobeln

Spezial-Hobelmaschinen

zur Bearbeitung von Weichenbau-Teilen

Standard-Bauprogramm
Tischbreite von 1100–1800 mm
Hobelhöhe von 350–800 mm
Hobellängen –15000 mm
Durchzugskraft von 120–450 kN

Ausführung:
Hydraulischer Tischantrieb. Hoher Automatisierungsgrad durch teilautomatische und programmierbare Arbeitsabläufe und Einsatz mechanisierter Spannvorrichtungen.
Hohe Zerspanungsleistung durch Einsatz optimal gestalteter Werkzeuge.

Stoßmaschinen

vertikal und horizontal.
In Sonderausführung auf Anfrage.

Kombinierte Hobel- und Schleifmaschinen

Standard-Bauprogramm
Tischbreite
von 1250–2500 mm
Arbeitshöhe
von 1250–2000 mm
Hobellängen
von 2000–12000 mm
Durchzugskraft
von 40–80 kN
Universalschleifsupport 7,5 kW
oder
Umfangschleifsupport 11 kW

Ausführung:
Diese kombinierte Maschine erfüllt hohe Ansprüche hinsichtlich Hobel- und Schleifgenauigkeiten durch Spezialquerbalken mit getrennten Führungen für Hobel- und Schleifeinheiten (DBGM 6911232).

Senkrechtrundtisch-schleifmaschinen

DÖRRIES

O. Dörries GmbH
Postfach 585
D-5160 Düren
Tel. 02421/4991

Gesamtprogramm Einständer-Senkrechtdrehmaschinen
Zweiständer-Senkrechtdrehmaschinen
Horizontal-Fräs- und Bohrwerke
sowie
Senkrechtrundtischschleifmaschinen VS-Baureihe

Schleifwerkzeuge

NORDDEUTSCHE SCHLEIFMITTEL-INDUSTRIE
CHRISTIANSEN & CO. (GMBH & Co.)
LURUPER HAUPTSTRASSE 106–122
2000 HAMBURG 53 .
Tel. 040/8 33 01   Telex: 02 12538

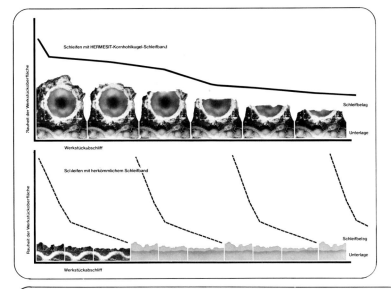

HERMESIT
SCHLEIFWERKZEUGE

enge
Rauheitstoleranzen
lange
Standzeiten
wirksam genutzte
Zerspanenergie

HERMES Schleifwerkzeuge aus Schleifmitteln auf Unterlagen

Schleifwerkzeuge mit Gewebeunterlagen, auch mit wasserfest appretiertem Gewebe

Schleifwerkzeuge mit Papierunterlagen, auch mit wasserfest imprägniertem Papier

Vulkanfiber-Schleifscheiben

Kunstfaservlies-Schleifwerkzeuge, auch mit Kunststoffschaum verstärkt

Schleifrollen · Schleifblätter · Schleifblattscheiben · Schleifhülsen
Schmalschleifbänder · Breitschleifbänder · Lamellenschleifscheiben
Lagenschleifscheiben · Wickelschleifscheiben und -walzen · Kleinschleifwerkzeuge zum

Planschleifen · Rundschleifen · Profilschleifen oder Formschleifen von
unlegiertem und legiertem Stahl, Sonderstahl, NE-Metall, Holz und Holzwerkstoff, Leder, Kunststoff, Lack, Glas, Keramik, Stein und Kunststein, Verbundwerkstoffen,

trocken, mit Fett, Schleiföl oder Kühlschmierstoffen verwendbar für

Handschleifmaschinen
ortsfeste Einzelschleifmaschinen
automatische Mehrstationenschleifmaschinen
Fertigungsstraßen

 SCHLEIFWERKZEUGE FÜR DIE OBERFLÄCHE, DIE IHR WERKSTÜCK BRAUCHT

Projektions-Formen-Schleifmaschine

**Werkzeugmaschinenbau
Präzisionstechnik GmbH
D-6980 Wertheim
Tel. (09342) 8141
Telex 0689114 ptw d**

PFS 2d

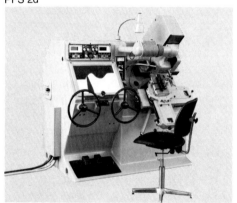

PFS 3u-se

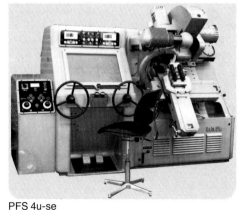

PFS 4u-se

Die von der Firma Werkzeugmaschinenbau Präzisions-Technik GmbH in Wertheim, Tel. 09342/8141, Telex 0689114 gebauten PeTeWe-Projektions-Formen-Schleifmaschinen sind eine Gipfelleistung des deutschen Werkzeugmaschinenbaues. Sie vermögen präzise, einfach und schnell das Schleifen schwierigster Formen – sei es im Flachformschliff, Flachform-Hinterschliff, in sich geschlossenem axialen Formschliff, radialen Formschliff, radialen und/oder axialen Rundformschliff – mit sehr hohen Genauigkeiten in Werkstücke aus gehärtetem Stahl, Hartmetall und anderen Werkstoffen. Die drei Grundtypen der Modellreihen PFS 2d, PFS 3u sowie PFS 4u-se besitzen zur Anpassung an die technologischen Forderungen vielgestaltigste Ausbaustufen. Die hohe Präzision des Profilschliffs ist durch die ständige Beobachtung des Bearbeitungsvorganges mit der gleichzeitigen Genauigkeitsprüfung im steten Vergleichen der Übereinstimmung der Werkstückform mit der Sollform über den gesamten Bildschirmbereich gewährleistet. Das Werkstück entsteht, während spielend leicht an dem ergonomisch vorbildlich angeordneten bequemen Bedienungsstand das Bild der Schleifscheibe entlang der in das Projektionspult eingelegten Sollform gesteuert wird. Hierbei überträgt sich die Sollform mit der durch die gewählte Projektionsvergrößerung vorgegebenen hohen Genauigkeit auf das mit telezentrischen Projektionsmeßoptiken in den gebräuchlichen Vergrößerungen $V = 10x$, $V = 20x$, $V = 50x$, $V = 100x$ mit Durchlicht oder Auflicht abgebildete Werkstück.

**Werkzeugmaschinenbau
Präzisionstechnik GmbH
D-6980 Wertheim
Tel. (09342) 8141
Telex 0689114 ptw d**

Projektions-Formen-Schleifmaschine

Für die Aufgabenstellung der Automatisierung und ihre Erfüllung werden mit dem Einsatz aller Erkenntnisse der Technik aus den serienmäßigen Grundtypen die PeTeWe-Projektions-Formen-Schleifmaschinen PFS 20 CNC, PFS 30 CNC und PFS 40 CNC bereitgestellt. In der Summe aller langjährigen Erfahrungen, gesammelt vom Prototyp, der im Jahre 1936 von Herrn Dipl.-Ing. Alfred Kolb, dem Inhaber der Firma PeTeWe, gebauten ersten Projektions-Formen-Schleifmaschine der Welt, wurden diese Konstruktionen als Krönung dem PeTeWe-Programm hinzugefügt.

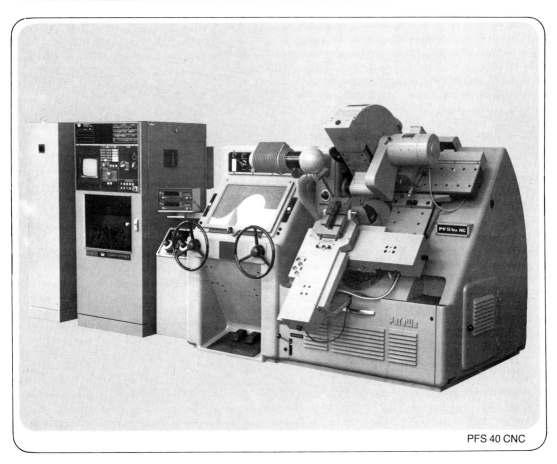

PFS 40 CNC

Universal-Rundschleifmaschinen

KELLENBERGER

L. Kellenberger & Co. AG
CH-9009 St. Gallen/Schweiz
Tel. 071/26 35 45   Telex 77 551

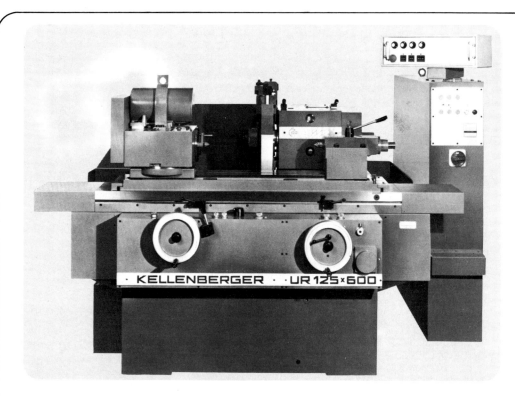

Universal-Rundschleifmaschinen　　　　　　　　　　　　　Type UR

mit 125 oder 175 mm Spitzenhöhe und 600, 1000 oder 1500 mm Spitzenweite

Moderne Zustellung mit elektromechanischem Schrittmotor-System bietet den Vorteil digital vorwählbarer und temperatur-unempfindlicher Zustellwerte

Parallel-Abrichteinrichtungen zum Aussenrund- und Innenschleifen mit halbautomatischem Zyklus und selbsttätiger Kompensation des Abrichtbetrages. Handbetätigte Kopier-Abrichtgeräte für Einzel- oder Kleinserienfertigung

Hohe Präzision auch bei Bearbeitung grosser und schwerer Werkstücke. Beispiel: Kreisformabweichung beim Fliegendschleifen $\Delta R = 0{,}2\ \mu m$

Eine einzige Aufspannung des Werkstückes um dieses aussenrund-, innen- und planzuschleifen dank 270° schwenkbarem und alle 90° indexierbarem Schleifkopf

Leistungsfähigkeit mit dem 4,4 kW (6 PS) Antrieb der 400 × 63 × 127 mm Schleifscheibe

Bewährte Lösungen wie Bedienungskomfort, stufenloser Werkstückantrieb, Lagerung von Schleif- und Werkstückspindel, maschinengetrennte Anordnung von schwingungs- und wärmeerzeugenden Baugruppen etc., sind von der bisherigen Maschinenreihe übernommen

REINECKER

Schleifmaschinen

J. E. Reinecker
Maschinenbau GmbH & Co. KG
D-7900 Ulm-Einsingen
Tel. 07305/8050   Telex 07-12754

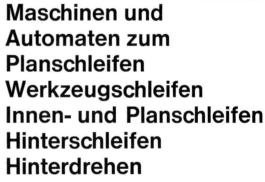

**Maschinen und
Automaten zum
Planschleifen
Werkzeugschleifen
Innen- und Planschleifen
Hinterschleifen
Hinterdrehen**

REINECKER hat das große Programm
leistungsfähiger Schleifmaschinen und
-automaten für den internationalen Markt.

**Deshalb mit
REINECKER
Maschinen arbeiten**

A 15

Außenrundschleifmaschine

HERMANN KOLB MASCHINENFABRIK
Ein Werk der Deutsche Industrieanlagen GmbH
Hospeltstr. 37–41, D-5000 Köln 30

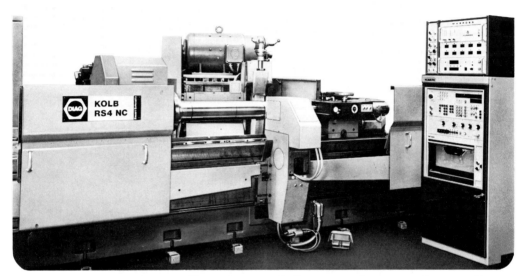

Schmaltz-Schleiftechnologie mit KOLB-NC-Erfahrung
KOLB-Rundschleifmaschinen R NC

NC-Rundschleifmaschinen aus unserem Baukastensystem zum Längsschleifen und Schrägwahlweise Gerade-Einstechschleifen. NC-Steuerung für automatischen Schleifzyklus mit Dateneingabe von Hand oder über Lochstreifen.

- NC-Achsen für Schleifscheibenzustellung und Tischbewegung wahlweise mit weiteren Achsen für zusätzliche Funktionen
- Schleifscheibenzustellung und Tischvorschub über Kugelrollspindeln und Gleichstromservomotoren
- Abrichten im automatischen Zyklus und mit Kompensation des Abrichtbetrages
- Radial-Meßeinrichtung direkt am Werkstück und Meßwertverarbeitung in der NC für bis zu 10 programmierbare Durchmesser
- Axialmeßeinrichtung direkt am Werkstück
- Automatische Konstanthaltung der Schleifscheiben-Umfangsgeschwindigkeit
- Reitstock mit Zylinderfehlerkompensation

Schleiflängen von 1000 bis 8000 mm
Max. Schleifdurchmesser von 400 bis 800 mm
Schleifscheiben-Antriebsleistung bis 35 kW
Schleifscheiben-Umfangsgeschwindigkeit bis 45 m/s

WALDRICH COBURG

**Werkzeugmaschinenfabrik
Adolf Waldrich Coburg GmbH & Co.
D-8630 Coburg/Bayern
Telefon 09561-651 · Telex 0663225**

Schleifen

Führungsbahnen- und Flächenschleifmaschinen

Standard-Bauprogramm
Tischbreiten von 600–3500 mm
Schleifhöhen von 500–3000 mm
Schleiflängen von 2000–15000 mm
Umfangschleifsupport von 11–37 kW
Universalschleifsupporte 7,5–11 kW

Ausführung:
Portalbauweise mit beweglichem Querbalken, hydrodynamische Schleifspindellagerung, vollautomatische Auswuchteinrichtung, selbstjustierende Tischführung.
Zusatzeinrichtungen zum Schleifen von Schwalbenschwanzführungen, Riffelwalzen für die Papierindustrie, Verzahnungen an großen Pleuelstangen, Scherenmesser mit gekrümmten Schneiden, usw.

Blechschleif- und Poliermaschinen

Standard-Bauprogramm
Blechbreiten von 800–3000 mm
Blechlängen von 1500–8000 mm

Ausführung:

Breitbandschleifmaschine

für große Abtragsleistung, hohe Oberflächenqualität und genaue Dickentoleranz

Pflock-Schleif- und Poliermaschinen

für richtungslosen Polierschliff

Walzenpoliermaschine

für Hoch-, Spiegel- und Mattglanz.
Für die Oberflächenbearbeitung und -veredelung von z.B. Preß-, Tiefzieh- und Dekorblechen sowie Druckplatten usw.

A 17

Rundschleifmaschinen

Wilhelm Bahmüller
Maschinenbau
Präzisionswerkzeuge GmbH
Postfach 280
D-7067 Plüderhausen

Präzisions-Rundschleifmaschinen
für den universellen Einsatz oder als maßgeschneiderte Problemlösung

Innen-, Plan- und Außenschleifen mit der Baureihe JP 10

- mit handbetätigtem Ablauf oder
- mit automatischem Ablauf
- mit Meßsteuerung
- mit hydraulischem Eilgang des Innenschleifspindelstocks und des Planschleifspindelstocks
- mit Kreuzschliff und Außenschleifen oder Peripherieschliff
- Schleifbereich: 5–250 mm Bohrungsdurchmesser
- Schwingdurchmesser: 390 mm
- Schleiftiefen: 200 und 400 mm
- Zustellung hydraulisch oder elektromechanisch

Automatisch Innen- und Planschleifen mit der Baureihe CP 100

- Mikroprozessorgesteuert
- Automatisches Schleifen von Stufenbohrungen und innenliegenden Planflächen
- Planschleifen mit Kreuzschliff oder Peripherieschliff
- Kürzeste Umrüstzeit durch Drucktasteneingabe, kein Einstellen von Nocken
- Elektromechanische Eilgang- und Zustellantriebe mit Digitalanzeige

Rundschleifen von kleinen und mittleren Präzisionsteilen mit der Baureihe AS

- Zustellung hydraulisch oder elektromechanisch
- Einstech- und Längsschleifen
- Automatisches Abrichten und Kompensieren
- Meßsteuerung für Durchmesser und Längsausrichten
- Feinschleifausführungen für Rundlaufgenauigkeit unter 0,5 my
- autom. Werkstückzu- und Abführungen
- Schleiflängen 200, 250 und 400 mm

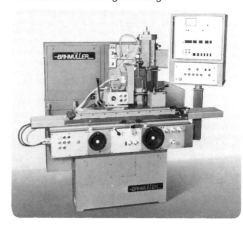

Bitte fordern Sie ausführliche Unterlagen an.

Maschinenfabrik Gehring GmbH & Co. KG
D-7302 Ostfildern-Nellingen
Telefon (0711) 3405-1 · Telex 7256685 mage

Honmaschinen

Original Gehring Honmaschinen
Baumuster M 2-40-10

Eine Neuentwicklung für die Bearbeitung kleiner Massenteile mit höchster Präzision, mit mechanischem Hub und mechanisch-automatischer Zustellung, besonders geeignet für die Bearbeitung von Sacklochbohrungen.

Beispielsweise werden bei Einspritzdüsen folgende Werte erreicht:

Oberfläche	0,6 μm Rt
Rundheit nach DIN 7184	0,0003 mm
Zylinderform nach DIN 7184	0,00075 mm
Abmessungen	6⌀ × 18 mm
Taktzeit	18 sec

Honmaschinen für jeden Zweck – Unsere weltweiten Erfahrungen, Ihr billigstes Kapital

A 19

Kurzhubhonen

MICROFINISH
ERNST THIELENHAUS

Maschinenfabrik Ernst Thielenhaus
Schwesterstraße 50, Posfach 20 09 20
D-5600 Wuppertal 2
Telefon (0202) 481-1, Telex 8 591 449

DIE METHODE

MICROFINISH ist eine spanabhebende Feinstbearbeitung, die allen umlaufenden, gleitenden und abdichtenden Flächen in kürzester Zeit eine den Forderungen genau entsprechende Oberflächengüte und Formgenauigkeit verleiht.
MICROFINISH vermindert den Verschleiß und erhöht Belastbarkeit und Lebensdauer bei gleichzeitiger Senkung der Kosten.

DIE ANWENDUNG

MICROFINISH für viele Flächen: ebene, und zylindrische und sphärische Flächen, Kegelflächen, ballige Flächen und Wälzlagerlaufbahnen. Und auch für eine Vielzahl von Werkstücken: Im Fahrzeugbau, in der Wälzlagerindustrie, für Pumpen und Armaturen, im Maschinenbau. Halbautomatisch, vollautomatisch und schnell genug für Transferstraßen.

MICROFINISH heißt: Die bessere Qualität in kürzerer Zeit!
Fordern Sie bitte über DIE METHODE und DIE ANWENDUNG Informationen an.

PETER WOLTERS
Maschinenfabrik GmbH & Co.
D–2370 Rendsburg · Postfach 122
Telefon (04331) 49 31, Telex 029488 pewor d

Läpp-, Hon- und Poliermaschinen

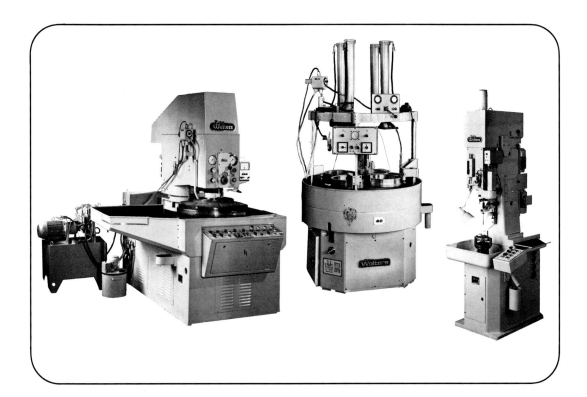

Bevor Sie experimentieren und falsch investieren, fragen Sie uns.

Wir sind Spezialisten für Läpp-, Hon- und Polierprobleme, in fast allen Branchen zu Hause und kennen viele Möglichkeiten, bei Feinstbearbeitungen Zeit und Kosten zu sparen oder Bearbeitungsergebnisse zu verbessern.

Maschinen und Maschinensysteme zum Läppen, Honen und Polieren zu entwickeln, zu bauen und einzurichten, individuelle Problemlösungen zu erarbeiten und zu verwirklichen, den internationalen Erfahrungsaustausch auf diesem Gebiet zu fördern, ist unser Konzept, von dem Sie profitieren können.

Führen Sie mit uns ein Gespräch, am besten schon im frühen Planungsstadium.

Fordern Sie das umfangreiche, weltweit bekannte Lieferprogramm mit Lösungsvorschlägen für Ihre besonderen Feinstbearbeitungsprobleme an. Sie entdecken dabei neue Aspekte, Alternativen, neue Maßstäbe und Möglichkeiten. Auch unsere Beratungs-Ingenieure stehen Ihnen auf Anforderung stets zur Verfügung. Nennen Sie uns Ihre Probleme. Nutzen Sie die Möglichkeiten unserer Versuchsabteilung. Sie sind stets willkommen in unserem Werk in Rendsburg.

Wir vermitteln Ihnen das know-how der PETER WOLTERS Läpp-, Hon- und Poliertechnik.

Honmaschinen
Superfinishmaschinen

Nagel Maschinen- und Werkzeugfabrik GmbH, 7440 Nürtingen

Honmaschinen für Leistungs- und Genauigkeitshonen.

Auf dieser 4 spindligen vollautomatischen Rundtischhonmaschine werden Einspritzpumpenelemente mit 10–13 mm ⌀ und 60 mm Länge gefertigt.

Vorbearbeitung: Tiefgebohrt und gehärtet.

Bearbeitungszugabe: 0,12 mm;

Taktzeit: 25 sec.;

Formgenauigkeit: $\leq 0{,}002$ mm.

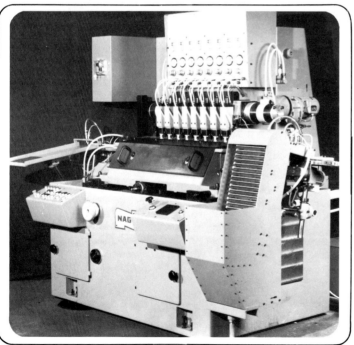

Superfinishmaschinen zur Erzeugung hoher Formgenauigkeit und Oberflächengüte.

Diese spitzenlose Superfinish-Durchlaufmaschine mit 8 Stationen ist für Stoßdämpferachsen, 18 mm ⌀ und 300 mm Länge (hartverchromt) eingerichtet.

Vorschub ca. 6 m/min. Erzielbare Rauhtiefe $R_z = 0{,}2 - 0{,}3\ \mu m$.

Zahnstangenfräsmaschinen

**Werkzeugmaschinenfabrik
Georg Kesel GmbH & Co. KG
Postfach 1924
D-8960 Kempten/Allgäu 1
Tel. 0831/26006**

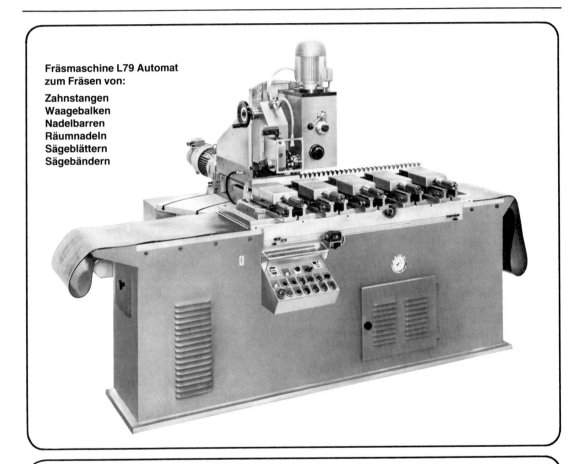

**Fräsmaschine L79 Automat
zum Fräsen von:**

Zahnstangen
Waagebalken
Nadelbarren
Räumnadeln
Sägeblättern
Sägebändern

Der Arbeitsablauf der KESEL-Zahnstangenfräsmaschinen ist vollautomatisch.
Die Maschine L79 Automat besitzt eine hydr. Tischklemmung, eine Überlastabschaltung des Fräsers sowie eine Schwenkbarkeit des Vorschubschlittens (Schrägverzahnung) und des Fräskopfes (Hinterfräsungen).
Auf Wunsch ist bei dieser Maschine eine integrierte Späneabfuhr mit Sammelcontainer lieferbar.

Technische Daten:			L 69 GL Aut.	L 79 Aut.
max. Modul in Stahl (C45 normal.)		m	4	10
Fräslänge		mm	1250	1250–2000
Bearbeitungsbreite		mm	275	320
Leitspindelgenauigkeit auf 1200		mm	± 0,03	± 0,03
Frässpindelmotor		kW	2,2	3–5,5
Energiebedarf, gesamt	ca.	kW	3,5	7–9,5
Gewicht, netto	ca.	kp	1750	3000–4500

Verzahnwerkzeuge

VERZAHNTECHNIK LORENZ GMBH & CO.
D-7505 Ettlingen, Postfach 1552
Telex: 0782874   Tel. 07243/3232

Wälzstoßmaschinen

werden immer leistungsfähiger.
Höhere Maschinenleistungen fordern höhere Werkzeugqualität. LORENZ-Schneidräder halten Schritt mit den Leistungen neuzeitlicher Wälzstoßmaschinen.

Schaftschneidräder

werden in besonderen Fällen mit verstärktem Schaft geliefert.

Scheibenschneidräder

sind den Stoßspindeln angepaßt und können aufgrund der vergrößerten Bohrung sehr stabil gespannt werden.

Hohlschneidräder

werden eingesetzt, wenn die Außenverzahnung an der Planseite eines größeren Rades eingelassen ist.

Werkzeuge für Sonderprofile

für Vierkant-, Sechskant- und Polygonprofile, sowie für Sperrverzahnungen, Freilaufprofile, Kurvenscheiben und Unrundräder.

Werkzeuge für höchste Beanspruchung

fertigen wir aus gesintertem Schnellarbeitsstahl.

57 a

Verzahnmaschinen

MASCHINENFABRIK LORENZ AG
D-7505 Ettlingen, Postfach 1556
Telex: 0782834   Tel. 07243/13011

Wälzfräsmaschinen

Mit der LF-Baureihe bieten wir eine geschlossene Maschinenreihe zum Verzahnen von Werkstücken bis 1250 mm ⌀ und Modul 15 mm an.

Wälzstoßmaschinen

(max. Werkstück-⌀ 1250 mm, Modul 15 mm)

Mit zwei Baureihen für den gleichen Arbeitsbereich können wir uns den Kundenwünschen weitgehend anpassen.

Maschinen der LS-Baureihe bieten wir an, wenn hohe Dauerleistung gefordert wird.

Die Maschinen der SN-Baureihe werden von Kunden bevorzugt, die vorwiegend in Einzelfertigung oder in Kleinserien verzahnen.

Automation

Bereits seit 1954 konstruieren und bauen wir automatische Werkstück-Zuführeinrichtungen und Transferstraßen.

Die Druckschrift
„25 Jahre LORENZ-Automation" (48 Seiten) zeigt zahlreiche konstruktive Lösungen von Automatisierungsaufgaben.

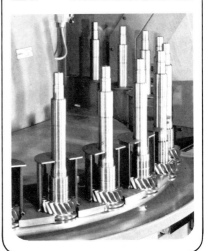

57 b

Gewindebohrmaschinen

Hagen & Goebel
Maschinenfabrik GmbH
D-4770 Soest/Westf., Am Osthofentor
Tel. 02921/4341, Telex 084366

Gewindebohren leicht gemacht

Einfache Handhabung und geringe Störanfälligkeit sind die leitenden Konstruktionsprinzipien unserer Gewindebohrmaschinen.

Elektrische Steuerung und automatische Arbeitsweise sind daher ebenso selbstverständlich wie die Absicherung gegen Werkzeugbruch durch Auflaufsicherung und Sicherheitsspannfutter.

● Gewindebohrmaschinen (in Normal- und Sonderausführung) mit Leitpatroneneinrichtung in sechs verschiedenen Typen von M 0,5 bis M 120 x 3

● Automatische Bohr- und Gewindebohreinheiten, Spindel- und Schlitteneinheiten

● Sondermaschinen, halb- und vollautomatisch zum Bohren, Senken, Reiben und Gewindebohren

WALDRICH COBURG

Werkzeugmaschinenfabrik
Adolf Waldrich Coburg GmbH & Co.
D-8630 Coburg/Bayern
Telefon 09561-651 · Telex 0663225

Gewinde-Herstellung

Langgewinde-Schälmaschinen

Standard-Bauprogramm
Type 16 GSL und 26 GSL
Durchmesserbereich der Gewinde
mm   25–90   25–150

Steigung
mm   2–16   2–26

Flugkreisdurchmesser
mm   27–100   27–165

Steigungswinkel
max. 15° bis mm Dmr.
     55   125

Steigungswinkel
abfallend auf 8° bis mm Dmr.
     90   150

Höchste Genauigkeit
Optimale Oberflächengüte
Kurze Fertigungszeiten
Niedrige Werkzeugkosten
Universeller Einsatzbereich
Gesteuerter Steigungsverlauf

Extruderschnecken-Fräsmaschinen

Standard-Bauprogramm
Type ESF 20–400, ESF 20–600,
     20 ESF
Durchmesserbereich der Werkstücke
mm   40–400   40–600   30–320

Steigungsbereich
mm   20–400   20–600   20–750

Antriebsleistung des Frässupportes
kW   15   15   30–40

Frässpindeldrehzahlbereich
stufenlos einstellbar
U/min 30–900 30–900   24–1700

NC-Ausführung und Kopieraus-
rüstungen für veränderliche Steigungen und Kerndurchmesser.
Umfangreiches Software-Programm.

Fachbücher

Carl Hanser Verlag,
Postfach 860420,
8000 München 86

Spur · Auer · Sinning
Industrieroboter
Steuerung – Programmierung und Daten von flexiblen Handhabungseinrichtungen
Herausgegeben von Prof. Dr.-Ing. Günter Spur, Berlin. Mit Beiträgen von Dr.-Ing. Bernd H. Auer und Dipl.-Ing. Holger Sinning. 196 Seiten, 102 Bilder und 10 Tabellen. 1979.

Durch die schnelle Entwicklung der Handhabungstechnik für den Einsatz im Fertigungsbereich ist auch für den Fachmann der Überblick über den aktuellen Stand der Technik schwierig geworden. Das vorliegende Buch soll dazu beitragen, diese Informationslücke zu schließen. Die Autoren wenden sich an einen Leserkreis, der Praktiker in der Fertigung und Wissenschaftler, Dozenten und Studenten aus den Bereichen Maschinenbau, Elektrotechnik und Informatik umfaßt.

Nach einer grundlegenden Beschreibung der Einflüsse auf die Flexibilität der Industrieroboter werden der Aufbau und die Funktionsweise von CNC-Steuerungen für Handhabungsgeräte erläutert. Die Programmierung handhabungstechnologischer Abläufe mit problemorientierten Sprachen wird anschließend behandelt. Exemplarische Entwicklungen zu den Problemkreisen Steuerung und Programmierung erweitern die Thematik.

Ein weiterer Abschnitt beschreibt den Aufbau von flexiblen Fertigungszellen. Entwicklungsarbeiten auf dem Gebiet der Sensoren für Handhabungsgeräte schließen das Buch ab.

Masing
Handbuch der Qualitätssicherung
Herausgegeben von Prof. Dr. Walter Masing, Erbach, Vorsitzender der Deutschen Gesellschaft für Qualität e. V., unter Mitarbeit von 56 Fachleuten. Etwa 800 Seiten, 200 Bilder. 1980.

Mit diesem Werk erscheint erstmals in deutscher Sprache ein Handbuch, welches das gesamte Wissen über die moderne industrielle Qualitätssicherung zusammenfaßt. Die 56 Autoren der einzelnen, sorgfältig aufeinander abgestimmten Kapitel sind bekannte und profilierte Fachleute. Sie gehören zum größten Teil Industriebetrieben und Behörden an, etwa ein Viertel von ihnen ist im Hochschulbereich tätig.

Theorie und Praxis kommen gleichberechtigt zu Wort, der Bezug zum täglichen Betriebsgeschehen dominiert jedoch in allen Darstellungen.

Nach einem einleitenden Kapitel über die Qualitätspolitik des Unternehmens und einem geschichtlichen Überblick, werden die relevanten Grundlagen, die Prüftechnik und die wichtigsten statistischen Verfahren behandelt. Der Hauptteil folgt dem Entstehungsprozeß eines Produktes vom Konzept bis zum Kunden. Abschließend sind Kapitel übergreifenden Themen gewidmet.

So ist dieses große, einmalige Handbuch als fundiertes Nachschlagewerk ein unentbehrliches Arbeitsmittel für jeden der verantwortlich in der Qualitätssicherung tätig ist.